Cartela Pedagógica Colorida

Mecânica e Termodinâmica

Vetores deslocamento e posição	→
Componente de vetores deslocamento e posição	→
Vetores velocidade linear ($\vec{v}$) e angular ($\vec{\omega}$)	→
Componente de vetores velocidade	→
Vetores força ($\vec{F}$)	→
Componente de vetores força	→
Vetores aceleração ($\vec{a}$)	→
Componente de vetores aceleração	→
Setas de transferência de energia	↪ W_{maq}
	↪ Q_f
	↪ Q_q
Seta de processo	⇒
Vetores momento linear ($\vec{p}$) e angular ($\vec{L}$)	→
Componente de vetores momento linear e angular	→
Vetores torque $\vec{\tau}$	→
Componente de vetores torque	→
Direção esquemática de movimento linear ou rotacional	↷ →
Seta dimensional de rotação	↻
Seta de alargamento	↪
Molas	⟋⟍⟋⟍
Polias	⊙

Eletricidade e Magnetismo

Campos elétricos	→
Vetores campo elétrico	→
Componentes de vetores campo elétrico	→
Campos magnéticos	→
Vetores campo magnético	→
Componentes de vetores campo magnético	→
Cargas positivas	⊕
Cargas negativas	⊖
Resistores	—⟋⟍⟋⟍—
Baterias e outras fontes de alimentação DC	—┤├—
Interruptores	—∘ ∘—
Capacitores	—||—
Indutores (bobinas)	—⟋⟍⟋⟍—
Voltímetros	—(V)—
Amperímetros	—(A)—
Fontes AC	—(∼)—
Lâmpadas	💡
Símbolo de terra	⏚
Corrente	→

Luz e Óptica

Raio de luz	→
Raio de luz focado	→
Raio de luz central	→
Lente convexa	⟨⟩
Lente côncava	)(
Espelho	▬
Espelho curvo	⌣
Corpos	↑
Imagens	↑

Algumas constantes físicas

Quantidade	Símbolo	Valor[a]
Unidade de massa atômica	u	$1,660538782(83) \times 10^{-27}\,\text{kg}$ $931,494028(23)\,\text{MeV}/c^2$
Número de Avogadro	N_A	$6,02214179(30) \times 10^{23}\,\text{partículas/mol}$
Magneton de Bohr	$\mu_B = \dfrac{e\hbar}{2m_e}$	$9,27400915(23) \times 10^{-24}\,\text{J/T}$
Raio de Bohr	$a_0 = \dfrac{\hbar^2}{m_e e^2 k_e}$	$5,2917720859(36) \times 10^{-11}\,\text{m}$
Constante de Boltzmann	$k_B = \dfrac{R}{N_A}$	$1,3806504(24) \times 10^{-23}\,\text{J/K}$
Comprimento de onda Compton	$\lambda_C = \dfrac{h}{m_e c}$	$2,4263102175(33) \times 10^{-12}\,\text{m}$
Constante de Coulomb	$k_e = \dfrac{1}{4\pi\epsilon_0}$	$8,987551788\ldots \times 10^9\,\text{N} \times \text{m}^2/\text{C}^2$ (exato)
Massa do dêuteron	m_d	$3,34358320(17) \times 10^{-27}\,\text{kg}$ $2,013553212724(78)\,\text{u}$
Massa do elétron	m_e	$9,10938215(45) \times 10^{-31}\,\text{kg}$ $5,4857990943(23) \times 10^{-4}\,\text{u}$ $0,510998910(13)\,\text{MeV}/c^2$
Elétron-volt	eV	$1,602176487(40) \times 10^{-19}\,\text{J}$
Carga elementar	e	$1,602176487(40) \times 10^{-19}\,\text{C}$
Constante dos gases perfeitos	R	$8,314472(15)\,\text{J/mol} \times \text{K}$
Constante gravitacional	G	$6,67428(67) \times 10^{-11}\,\text{N} \times \text{m}^2/\text{kg}^2$
Massa do nêutron	m_n	$1,674927211(84) \times 10^{-27}\,\text{kg}$ $1,00866491597(43)\,\text{u}$ $939,565346(23)\,\text{MeV}/c^2$
Magneton nuclear	$\mu_n = \dfrac{e\hbar}{2m_p}$	$5,05078324(13) \times 10^{-27}\,\text{J/T}$
Permeabilidade do espaço livre	μ_0	$4\pi \times 10^{-7}\,\text{T} \times \text{m/A}$ (exato)
Permissividade do espaço livre	$\epsilon_e = \dfrac{1}{\mu_0 c^2}$	$8,854187817\ldots \times 10^{-12}\,\text{C}^2/\text{N} \times \text{m}^2$ (exato)
Constante de Planck	h	$6,62606896(33) \times 10^{-34}\,\text{J} \times \text{s}$
	$\hbar = \dfrac{h}{2\pi}$	$1,054571628(53) \times 10^{-34}\,\text{J} \times \text{s}$
Massa do próton	m_p	$1,672621637(83) \times 10^{-27}\,\text{kg}$ $1,00727646677(10)\,\text{u}$ $938,272013(23)\,\text{MeV}/c^2$
Constante de Rydberg	R_H	$1,0973731568527(73) \times 10^7\,\text{m}^{-1}$
Velocidade da luz no vácuo	c	$2,99792458 \times 10^8\,\text{m/s}$ (exato)

Observação: Essas constantes são os valores recomendados em 2006 pela CODATA com base em um ajuste dos dados de diferentes medições pelo método de mínimos quadrados. Para uma lista mais completa, consulte P. J. Mohr, B. N. Taylor e D. B. Newell, CODATA Recommended Values of the Fundamental Physical Constants: 2006. *Rev. Mod. Fís.* **80**:2, 633-730, 2008.

[a] Os números entre parênteses nesta coluna representam incertezas nos últimos dois dígitos.

ões e símbolos *padrão para unidades*

olo	Unidade	Símbolo	Unidade
	ampère	K	kelvin
	unidade de massa atômica	kg	quilograma
	atmosfera	kmol	quilomol
	unidade térmica britânica	L ou l	litro
	coulomb	Lb	libra
	grau Celsius	Ly	ano-luz
	caloria	m	metro
	dia	min	minuto
	elétron-volt	mol	mol
	grau Fahrenheit	N	newton
	faraday	Pa	pascal
pé	pé	rad	radiano
G	gauss	rev	revolução
g	grama	s	segundo
H	henry	T	tesla
h	hora	V	volt
hp	cavalo de força	W	watt
Hz	hertz	Wb	weber
pol.	polegada	yr	ano
J	joule	Ω	ohm

Símbolos matemáticos *usados no texto e seus significados*

Símbolo	Significado
$=$	igual a
$\equiv$	definido como
$\neq$	não é igual a
$\propto$	proporcional a
$\sim$	da ordem de
$>$	maior que
$<$	menor que
$>>(<<)$	muito maior (menor) que
$\approx$	aproximadamente igual a
Δx	variação em x
$\displaystyle\sum_{i=1}^{N} x_i$	soma de todas as quantidades x_i de $i=1$ para $i=N$
$|x|$	valor absoluto de x (sempre uma quantidade não negativa)
$\Delta x \to 0$	Δx se aproxima de zero
$\dfrac{dx}{dt}$	derivada x em relação a t
$\dfrac{\partial x}{\partial t}$	derivada parcial de x em relação a t
$\displaystyle\int$	integral

Dados do Sistema Solar

Corpo	Massa (kg)	Raio mé
Mercúrio	$3,30 \times 10^{23}$	$2,44 \times$
Vênus	$4,87 \times 10^{24}$	$6,05 \times$
Terra	$5,97 \times 10^{24}$	$6,37 \times 1$
Marte	$6,42 \times 10^{23}$	$3,39 \times 10$
Júpiter	$1,90 \times 10^{27}$	$6,99 \times 10^{7}$
Saturno	$5,68 \times 10^{26}$	$5,82 \times 10^{7}$
Urano	$8,68 \times 10^{25}$	$2,54 \times 10^{7}$
Netuno	$1,02 \times 10^{26}$	$2,46 \times 10^{7}$
Plutão[a]	$1,25 \times 10^{22}$	$1,20 \times 10^{6}$
Lua	$7,35 \times 10^{22}$	$1,74 \times 10^{6}$
Sol	$1,989 \times 10^{30}$	$6,96 \times 10^{8}$

[a] Em agosto de 2006, a União Astronômica Internacional adotou uma definição de plan. agora é definido como um "planeta anão" (a exemplo do asteroide Ceres).

Dados físicos frequentemente utilizados

Distância média entre a Terra e a Lua

Distância média entre a Terra e o Sol

Raio médio da Terra

Densidade do ar (20 °C e 1 atm)

Densidade do ar (0 °C e 1 atm)

Densidade da água (20 °C e 1 atm)

Aceleração da gravidade

Massa da Terra

Massa da Lua

Massa do Sol

Pressão atmosférica padrão

Observação: Esses valores são os mesmos utilizados no texto.

Alguns prefixos para potências de dez

Potência	Prefixo	Abreviação	Potência	Pr
10^{-24}	iocto	y	10^{1}	de
10^{-21}	zepto	z	10^{2}	hec
10^{-18}	ato	a	10^{3}	quil
10^{-15}	fento	f	10^{6}	mega
10^{-12}	pico	p	10^{9}	giga
10^{-9}	nano	n	10^{12}	tera
10^{-6}	micro	μ	10^{15}	peta
10^{-3}	mili	m	10^{18}	exa
10^{-2}	centi	c	10^{21}	zeta
10^{-1}	deci	d	10^{24}	iota

Abrevia

Símb
A
u
atm
Btu
C
°C
ca
d
e
°

Física

para cientistas e engenheiros

Volume 4 ▪ Luz, óptica e física moderna

Dados Internacionais de Catalogação na Publicação (CIP)

S492f Serway, Raymond A.
      Física para cientistas e engenheiros : volume
4 : luz, óptica e física moderna / Raymond A.
Serway, John W. Jewett Jr ; tradução: Solange
Aparecida Visconte ; revisão técnica: Carlos
Roberto Grandini. – São Paulo, SP : Cengage,
2019.
      480 p. : il. ; 28 cm.

      Inclui índice e apêndice.
      Tradução de: Physics for scientists and
engineers (9. ed.).
      ISBN 978-85-221-2712-2

      1. Física. 2. Luz. 3. Óptica. I. Jewett Jr.,
John W. II. Visconte, Solange Aparecida. III.
Grandini, Carlos Roberto. IV. Título.

                                   CDU 535
                                   CDD 535

Índices para catálogo sistemático:
1. Luz : Óptica 535
2. Óptica : Luz 535
(Bibliotecária responsável: Sabrina Leal Araujo – CRB 10/1507)

Física
para cientistas e engenheiros
Volume 4 ▪ Luz, óptica e física moderna

Tradução da 9ª edição norte-americana

Raymond A. Serway
Professor Emérito, James Madison University

John W. Jewett, Jr.
Professor Emérito, California State Polytechnic University, Pomona

Com contribuições de Vahé Peroomian, *University of California, Los Angeles*

Tradução: Solange Aparecida Visconte

Revisão técnica: Carlos Roberto Grandini, FBSE
Professor Titular do Departamento de Física da UNESP, câmpus de Bauru

Física para cientistas e engenheiros
Volume 4 – Luz, óptica e física moderna
Tradução da 9ª edição norte-americana
Raymond A. Serway; John W. Jewett, Jr.
2ª edição brasileira

Gerente editorial: Noelma Brocanelli

Editora de desenvolvimento: Gisela Carnicelli

Supervisora de produção gráfica: Fabiana Alencar Albuquerque

Editora de aquisições: Guacira Simonelli

Especialista em direitos autorais: Jenis Oh

Título original: *Physics for Scientists and Engineers*
Vol. 2 (ISBN 13: 978-1-285-07031-5)

Tradução da 8ª edição norte-americana: EZ2 Translate

Tradução da 9ª edição norte-americana: Solange Aparecida Visconte

Revisão técnica: Carlos Roberto Grandini

Revisão: Fábio Gonçalves e Luicy Caetano de Oliveira

Indexação: Casa Editorial Maluhy

Diagramação: PC Editorial Ltda.

Pesquisa Iconográfica: Tempo Composto

Imagem da capa: Claudio Rozante/Shutterstock

Capa: BuonoDisegno

© 2014, 2010, 2008 por Raymond A. Serway
© 2020 Cengage Learning Edições Ltda.

Todos os direitos reservados. Nenhuma parte deste livro poderá ser reproduzida, sejam quais forem os meios empregados, sem a permissão, por escrito, da Editora. Aos infratores aplicam-se as sanções previstas nos artigos 102, 104, 106 e 107 da Lei nº 9.610, de 19 de fevereiro de 1998.

Esta Editora empenhou-se em contatar os responsáveis pelos direitos autorais de todas as imagens e de outros materiais utilizados neste livro. Se porventura for constatada a omissão involuntária na identificação de algum deles, dispomo-nos a efetuar, futuramente, os possíveis acertos.

A Editora não se responsabiliza pelo funcionamento dos sites contidos neste livro que possam estar suspensos.

Para informações sobre nossos produtos, entre em contato pelo telefone **0800 11 19 39**

Para permissão de uso de material desta obra, envie seu pedido para
direitosautorais@cengage.com

© 2020 Cengage Learning. Todos os direitos reservados.

ISBN-13 978-85-221-2712-2
ISBN-10 85-221-2712-3

Cengage Learning
Condomínio E-Business Park
Rua Werner Siemens, 111 – Prédio 11 – Torre A – cj. 12
Lapa de Baixo – CEP 05069-900 – São Paulo – SP
Tel.: (11) 3665-9900 – Fax: (11) 3665-9901
SAC: 0800 11 19 39

Para suas soluções de curso e aprendizado, visite
www.cengage.com.br

Impresso no Brasil
Printed in Brazil
1ª impressão – 2019

*Dedicamos este livro a nossas esposas, Elizabeth e Lisa,
e todos os nossos filhos e netos pela compreensão
quando estávamos escrevendo este livro em vez de estarmos com eles.*

Sumário

Parte 1

Luz e óptica   1

1   Natureza da luz e princípios da óptica geométrica   2

1.1   Natureza da luz   2
1.2   Medições da velocidade da luz   3
1.3   Aproximação de raio na óptica geométrica   4
1.4   Modelo de análise: onda sob reflexão   5
1.5   Modelo de análise: onda sob refração   9
1.6   Princípio de Huygens   14
1.7   Dispersão   16
1.8   Reflexão interna total   18

2   Formação de Imagens   33

2.1   Imagens formadas por espelhos planos   33
2.2   Imagens formadas por espelhos esféricos   36
2.3   Imagens formadas por refração   43
2.4   Imagens formadas por lentes delgadas   47
2.5   Aberrações nas lentes   56
2.6   A câmera fotográfica   57
2.7   O olho   59
2.8   A lente de aumento simples   61
2.9   O microscópio composto   62
2.10   O telescópio   63

3   Óptica Física   76

3.1   O experimento da fenda dupla de Young   76
3.2   Modelo de análise: ondas em interferência   78
3.3   Distribuição de intensidades do padrão de interferência da fenda dupla   82

3.4   Mudança de fase devida à reflexão   84
3.5   Interferência em filmes finos   85
3.6   O interferômetro de Michelson   88

4   Padrões de difração e polarização   100

4.1   Introdução aos padrões de difração   101
4.2   Padrões de difração de fendas estreitas   101
4.3   Resolução de aberturas circulares e de fenda única   106
4.4   A rede de difração   109
4.5   Difração de raios X por cristais   113
4.6   Polarização de ondas de luz   114

Parte 2

Física Moderna   129

5   Relatividade   130

5.1   O princípio da relatividade de Galileu   131
5.2   O experimento Michelson-Morley   134
5.3   O princípio da relatividade de Einstein   136
5.4   Consequências da teoria da relatividade especial   136
5.5   As equações de transformação de Lorentz   147
5.6   As equações de transformação de velocidade de Lorentz   149
5.7   Momento linear relativístico   152
5.8   Energia relativística   153
5.9   A teoria geral da relatividade   158

Sumário **vii**

6 Introdução à Física Quântica 170

6.1 A radiação do corpo negro e a hipótese de Planck 171
6.2 Efeito fotoelétrico 177
6.3 Efeito Compton 182
6.4 Natureza das ondas eletromagnéticas 185
6.5 Propriedades ondulatórias das partículas 185
6.6 Um novo modelo: a partícula quântica 188
6.7 O experimento da fenda dupla, considerado novamente 191
6.8 Princípio da incerteza 192

7 Mecânica Quântica 203

7.1 Função de onda 204
7.2 Modelo de análise: partícula quântica sob condições de contorno 208
7.3 Equação de Schrödinger 213
7.4 Uma partícula em um poço de altura finita 215
7.5 Tunelamento através de uma barreira de energia potencial 217
7.6 Aplicações de tunelamento 219
7.7 Oscilador harmônico simples 222

8 Física Atômica 233

8.1 Espectros atômicos dos gases 234
8.2 Primeiros modelos do átomo 236
8.3 Modelo de Bohr do átomo de hidrogênio 237
8.4 Modelo quântico do átomo de hidrogênio 242
8.5 Funções de onda do hidrogênio 245
8.6 Interpretação física dos números quânticos 247
8.7 Princípio da exclusão e a Tabela Periódica 253
8.8 Mais sobre espectros atômicos: luz visível e raios X 257
8.9 Transições espontâneas e estimuladas 259
8.10 Lasers 260

9 Moléculas e sólidos 273

9.1 Ligações moleculares 274
9.2 Estados de energia e espectros de moléculas 277
9.3 Ligação de sólidos 284
9.4 Teoria de elétrons livres em metais 287
9.5 Teoria de bandas de sólidos 291
9.6 Condução elétrica em metais, isolantes e semicondutores 293
9.7 Dispositivos semicondutores 296
9.8 Supercondutividade 300

10 Estrutura nuclear 310

10.1 Algumas propriedades dos núcleos 311
10.2 Energia nuclear de ligação 315
10.3 Modelos nucleares 316
10.4 Radioatividade 319
10.5 O processo de decaimento 323
10.6 Radioatividade natural 333
10.7 Reações nucleares 334
10.8 Ressonância magnética nuclear e ressonância magnética por imagem 335

11 Aplicações da Física Nuclear 346

11.1 Interações envolvendo nêutrons 346
11.2 Fissão nuclear 347
11.3 Reatores nucleares 349
11.4 Fusão nuclear 352
11.5 Danos por radiação 359
11.6 Usos da radiação 360

12 Física de Partículas e Cosmologia 372

12.1 Forças fundamentais da natureza 373
12.2 Pósitrons e outras antipartículas 374
12.3 Mésons e o início da Física de Partículas 375
12.4 Classificação de partículas 378
12.5 Leis de conservação 379
12.6 Partículas estranhas e estranheza 382
12.7 Descoberta de padrões em partículas 384
12.8 Quarks 386
12.9 Quarks multicoloridos 388
12.10 Modelo padrão 390
12.11 Conexão cósmica 391
12.12 Problemas e perspectivas 396

Apêndices

A Tabelas A-1
B Revisão matemática A-4
C Unidades do SI A-21
D Tabela periódica dos elementos A-22

Respostas aos testes rápidos e problemas ímpares R-1

Índice Remissivo I-1

Sobre os autores

Raymond A. Serway   recebeu o grau de doutor no Illinois Institute of Technology, e é Professor Emérito na James Madison University. Em 2011, ele foi premiado com o grau de doutor *honoris causa*, concedido pela Utica College. Em 1990, recebeu o prêmio Madison Scholar na James Madison University, onde lecionou por 17 anos. Dr. Serway começou sua carreira de professor na Clarkson University, onde realizou pesquisas e lecionou de 1967 a 1980. Recebeu o prêmio Distinguished Teaching na Clarkson University em 1977, e o Alumni Achievement da Utica College, em 1985. Como cientista convidado no IBM Research Laboratory em Zurique, Suíça, trabalhou com K. Alex Müller, que recebeu o Prêmio Nobel em 1987. Dr. Serway também foi pesquisador visitante no Argonne National Laboratory, onde colaborou com seu mentor e amigo, o falecido Dr. Sam Marshall. É é coautor de *College Physics*, 9ª edição; *Principles of Physics*, 5ª edição; *Essentials of College Physics*; *Modern Physics*, 3ª edição, e do livro didático para o ensino médio: *Physics*, publicado por Holt McDougal. Além disso, publicou mais de 40 trabalhos de pesquisa na área de Física da Matéria Condensada e ministrou mais de 60 palestras em encontros profissionais. Dr. Serway e sua esposa, Elizabeth, gostam de viajar, jogar golfe, pescar, cuidar do jardim, cantar no coro da igreja e, especialmente, passar um tempo precioso com seus quatro filhos e dez netos. E, recentemente, um bisneto.

John W. Jewett, Jr.   concluiu a graduação em Física na Drexel University e o doutorado na Ohio State University, especializando-se nas propriedades ópticas e magnéticas da matéria condensada. Dr. Jewett começou sua carreira acadêmica na Richard Stockton College, de Nova Jersey, onde lecionou de 1974 a 1984. Atualmente, é Professor Emérito de Física da California State Polytechnic University, em Pomona. Durante sua carreira de professor, tem atuado na promoção de um ensino efetivo de física. Além de receber quatro subvenções da National Science Foundation, ajudou no ensino da física, a fundar e dirigir o Southern California Area Modern Physics Institute (SCAMPI) e o Science IMPACT (Institute for Modern Pedagogy and Creative Teaching). Os títulos honoríficos do Dr. Jewett incluem Stockton Merit Award, na Richard Stockton College, em 1980, quando foi selecionado como Outstanding Professor na California State Polytechnic University em 1991/1992; e, ainda, recebeu o Excellence in Undergraduate Physics Teaching Award, da American Association of Physics Teachers (AAPT) em 1998. Em 2010, recebeu um prêmio Alumni Lifetime Achievement Award da Dresel University em reconhecimento de suas contribuições no ensino da física. Já apresentou mais de 100 palestras, tanto no país como no exterior, incluindo múltiplas apresentações nos encontros nacionais da AAPT. É autor de *The World of Physics: Mysteries, Magic, and Myth*, que apresenta muitas conexões entre a Física e várias experiências do dia a dia. É coautor de *Física para Cientistas e Engenheiros*, de *Principles of Physics*, 5ª edição, bem como de *Global Issues*, um conjunto de quatro volumes de manuais de instrução em ciência integrada para o ensino médio. Dr. Jewett gosta de tocar teclado com sua banda formada somente por físicos, gosta de viagens, fotografia subaquática, aprender línguas estrangeiras e de colecionar aparelhos médicos antigos que possam ser utilizados como instrumentos em suas aulas. E, o mais importante, ele adora passar o tempo com sua esposa, Lisa, e seus filhos e netos.

Prefácio

Ao escrever esta 9ª edição de *Física para Cientistas e Engenheiros*, continuamos nossos esforços progressivos para melhorar a clareza da apresentação e incluir novos recursos pedagógicos que ajudem nos processos de ensino e aprendizagem. Utilizando as opiniões dos usuários da 8ª edição, dados coletados, tanto entre os professores como entre os alunos, além das sugestões dos revisores, aprimoramos o texto para melhor atender às necessidades dos estudantes e professores.

Este livro destina-se a um curso introdutório de Física para estudantes universitários de Ciências ou Engenharia. Todo o conteúdo poderá ser abordado em um curso de três semestres, mas é possível utilizar o material em sequências menores, com a omissão de alguns capítulos e algumas seções. O ideal seria que o estudante tivesse como pré-requisito um semestre de cálculo. Se isso não for possível, deve-se entrar simultaneamente em um curso introdutório de cálculo.

Conteúdo

O material desta coleção aborda tópicos fundamentais na física clássica e apresenta uma introdução à física moderna. Esta coleção está dividida em quatro volumes. O Volume 1 compreende os Capítulos 1 a 14 e trata dos fundamentos da mecânica Newtoniana e da física dos fluidos; o Volume 2 aborda as oscilações, ondas mecânicas e o som, além do calor e da termodinâmica. O Volume 3 aborda temas relacionados à eletricidade e ao magnetismo. O Volume 4 trata de temas relacionados à luz e à óptica, além da relatividade e da física moderna.

Objetivos

A coleção Física para Cientistas e Engenheiros tem os seguintes objetivos: fornecer ao estudante uma apresentação clara e lógica dos conceitos e princípios básicos da Física (para fortalecer a compreensão de conceitos e princípios por meio de uma vasta gama de aplicações interessantes no mundo real) e desenvolver fortes habilidades de resolução de problemas por meio de uma abordagem bem organizada. Para atingir estes objetivos, enfatizamos argumentos físicos organizados e focamos na resolução de problemas. Ao mesmo tempo, tentamos motivar o estudante por meio de exemplos práticos que demonstram o papel da Física em outras disciplinas, entre elas, Engenharia, Química e Medicina.

Alterações nesta edição

Uma grande quantidade de alterações e melhorias foi realizada nesta edição. Algumas das novas características baseiam-se em nossas experiências e em tendências atuais do ensino científico. Outras mudanças foram incorporadas em resposta a comentários e sugestões oferecidas pelos leitores da oitava edição e pelos revisores. Os aspectos aqui relacionados representam as principais alterações:

Integração Aprimorada da Abordagem do Modelo de Análises para a Resolução de Problemas. Os estudantes são desafiados com centenas de problemas durante seus cursos de Física. Um número relativamente pequeno de princípios fundamentais forma a base desses problemas. Quando desafiado com um novo problema, um físico forma um *modelo* do problema que pode ser resolvido de uma maneira simples, identificando o princípio fundamental que é aplicável ao problema. Por exemplo, muitos problemas envolvem a conservação de energia, a Segunda Lei de Newton, ou equações

x   Física para cientistas e engenheiros

de cinemática. Como os físicos estudam extensivamente estes princípios e suas aplicações, eles podem aplicar este conhecimento como modelo para a resolução de um novo problema. Embora fosse ideal que os estudantes seguissem este mesmo processo, a maioria deles têm dificuldade em se familiarizar com todo o conjunto de princípios fundamentais que estão disponíveis. É mais fácil para os estudantes identificar uma *situação*, em vez de um princípio fundamental.

A *abordagem do Modelo de Análise* estabelece um conjunto padrão de situações que aparecem na maioria dos problemas de Física. Tais situações têm como base uma entidade em um de quatro modelos de simplificação: partícula, sistema, corpo rígido e onda. Uma vez que o modelo de simplificação é identificado, o estudante pensa sobre o que a entidade está fazendo ou como ela interage com seu ambiente. Isto leva o estudante a identificar um Modelo de Análise específico para o problema. Por exemplo, se um objeto estiver caindo, ele é reconhecido como uma partícula experimentando uma aceleração devida à gravidade, que é constante. O estudante aprendeu que o Modelo de Análise de uma *partícula sob aceleração constante* descreve esta situação. Além do mais, este modelo tem um pequeno número de equações associadas a ele para uso nos problemas iniciais – as equações de cinemática apresentadas no Capítulo 2 do Volume 1. Portanto, um entendimento da situação levou a um Modelo de Análise, que, então, identifica um número muito pequeno de equações para iniciar o problema, em vez de uma infinidade de equações que os estudantes veem no livro. Dessa maneira, o uso de Modelo de Análise leva o estudante a identificar o princípio fundamental. À medida que ele ganhar mais experiência, dependerá menos da abordagem do Modelo de Análise e começará a identificar princípios fundamentais diretamente.

Para melhor integrar a abordagem do Modelo de Análise para esta edição, **caixas descritivas de Modelo de Análise** foram acrescentadas no final de qualquer seção que introduza um novo Modelo de Análise. Este recurso recapitula o Modelo de Análise introduzido na seção e fornece exemplos dos tipos de problema que um estudante poderá resolver utilizando o Modelo de Análise. Estas caixas funcionam como um "lembrete" antes que os estudantes vejam os Modelos de Análise em uso nos exemplos trabalhados para determinada seção.

Os exemplos trabalhados no livro que utilizam Modelo de Análise são identificados com um ícone **MA** para facilitar a referência. As soluções desses exemplos integram a abordagem do Modelo de Análise para resolução de problemas. A abordagem é ainda mais reforçada no resumo do final de capítulo, com o título *Modelo de Análise para Resolução de Problemas*.

Analysis Model Tutorial, ou Tutoriais de Modelo de Análise (Disponível no Enhanced WebAssign).[1] John Jewett desenvolveu 165 tutoriais (indicados no conjunto de problemas de cada capítulo com o ícone **AMT**) que fortalecem as habilidades de resolução de problemas dos estudantes orientando-os através das etapas neste processo de resolução. As primeiras etapas importantes incluem fazer previsões e focar em conceitos de Física antes de resolver o problema quantitativamente. O componente crucial desses tutoriais é a seleção de um Modelo de Análise apropriado para descrever o que acontece no problema. Esta etapa permite que os alunos façam um link importante entre a situação no problema e a representação matemática da situação. Os tutoriais incluem um *feedback* significativo em cada etapa para ajudar os estudantes a praticar o processo de resolução de problemas e melhorar suas habilidades. Além disso, o *feedback* soluciona equívocos dos alunos e os ajuda a identificar erros algébricos e outros erros matemáticos. As soluções são desenvolvidas simbolicamente pelo maior tempo possível, com valores numéricos substituídos no final. Este recurso ajuda os estudantes a compreenderem os efeitos de mudar os valores de cada variável no problema, evita a substituição repetitiva desnecessária dos mesmos números e elimina erros de arredondamento. O *feedback* no final do tutorial encoraja os alunos a compararem a resposta final com suas previsões originais.

Novos itens Master It foram adicionados ao Enhanced WebAssign. Aproximadamente 50 novos itens Master It do Enhanced WebAssign foram acrescentados nesta edição, nos conjuntos de problemas de fim de capítulo.

Destaques desta edição

A lista a seguir destaca algumas das principais alterações para esta edição.

Capítulo 1

- Duas novas caixas descritivas de Modelo de Análise foram acrescentadas nas Seções 1.4 e 1.5.
- Várias seções de texto e alguns exemplos trabalhados foram revisados para tornar mais explícitas as referências aos Modelos de Análise.
- Cinco novos itens Master It foram adicionados ao conjunto de problemas de final de capítulo.

---

[1] O Enhanced WebAssign está disponível em inglês e o ingresso à ferramenta ocorre por meio de cartão de acesso. Para mais informações sobre o cartão e sua aquisição, contate vendas.brasil@cengage.com.

Capítulo 2

- A discussão sobre o Telescópio de Keck, na Seção 2.10, foi atualizada, e uma nova ilustração dele foi incluída, representando a primeira imagem óptica direta já obtida de um sistema solar além do nosso.
- Cinco novos itens Master It foram adicionados ao conjunto de problemas de final de capítulo.

Capítulo 3

- Uma caixa descritiva do Modelo de Análise foi acrescentada, na Seção 3.2.
- A discussão sobre o Observatório de Ondas Gravitacionais com Interferômetro a laser (Laser Interferometer Gravitational-Wave Observatory, ou LIGO), na Seção 3.6, foi atualizada.
- Três novos itens Master It foram adicionados ao conjunto de problemas de final de capítulo.

Capítulo 4

- Quatro novos itens Master It foram adicionados ao conjunto de problemas de final de capítulo.

Capítulo 5

- Várias seções de texto foram revisadas para tornar mais explícitas as referências aos Modelos de Análise.
- As Seções 5.8 e 5.9 da edição passada foram combinadas em uma única seção.
- Cinco novos itens Master It foram adicionados ao conjunto de problemas de final de capítulo.

Capítulo 6

- A discussão sobre o modelo de Planck para radiação de corpo negro, na Seção 6.1, foi revisada para seguir o esboço dos modelos estruturais introduzidos no Capítulo 7 do Volume 2.
- A discussão do modelo de Einstein para o efeito fotoelétrico, na Seção 6.2, foi revisada para seguir o esboço de modelos estruturais, introduzidos no Capítulo 7 do Volume 2.
- Várias seções de texto foram revisadas para tornar mais explícitas as referências aos Modelos de Análise.
- Dois novos itens Master It foram adicionados ao conjunto de problemas de final de capítulo.

Capítulo 7

- Uma caixa descritiva de Modelo de Análise foi adicionada na Seção 7.2.

Capítulo 8

- A discussão sobre o modelo de Bohr para o átomo de hidrogênio, na Seção 8.3, foi revisada para seguir o esboço de modelos estruturais introduzidos no Capítulo 7 do Volume 2.
- Na Seção 8.7, a tendência de os sistemas atômicos caírem para seus menores níveis de energia está relacionada à nova discussão sobre a segunda lei da termodinâmica, que aparece no Capítulo 8 do Volume 2.
- A discussão sobre as aplicações de lasers, na Seção 8.10, foi atualizada para incluir diodos a laser, lasers de dióxido de carbono e lasers excimer.
- Várias seções de texto foram revisadas para tornar mais explícitas as referências aos Modelos de Análise.
- Cinco novos itens Master It foram adicionados ao conjunto de problemas de final de capítulo.

Capítulo 9

- Um novo debate sobre a contribuição das moléculas de dióxido de carbono existentes na atmosfera para o aquecimento global foi acrescentado à Seção 9.2. Uma nova figura foi adicionada, mostrando a crescente concentração de dióxido de carbono nas últimas décadas.
- Uma nova análise sobre o grafeno (Prêmio Nobel de física, em 2010) e suas propriedades foi incluída na Seção 9.4.
- Foi atualizada a discussão referente às usinas de energia fotovoltaica, presentes no mundo, na Seção 9.7.
- A abordagem sobre a densidade de transistores em microchips, na Seção 9.7, também foi atualizada.
- Várias seções de textos e exemplos trabalhados foram revisados para tornar mais explícitas as referências aos Modelos de Análise.

Capítulo 10

- Dados relacionados ao átomo de hélio-4 foram acrescentados à Tabela 10.1.
- Várias seções de texto foram revisadas para tornar mais explícitas as referências aos Modelos de Análise.
- Três novos itens Master It foram adicionados ao conjunto de problemas de final de capítulo.

xii Física para cientistas e engenheiros

Capítulo 11

- A discussão referente ao International Thermonuclear Experimental Reactor, ou ITER, na Seção 11.4, foi atualizada.
- O debate sobre a National Ignition Facility (NIF), na Seção 11.4, foi atualizada.
- A discussão relacionada à dosagem de radiação, na Seção 11.5, foi estabelecida em termos de grays (Gy) e sieverts (Sv) em unidades do SI.
- A Seção 11.6 da edição passada foi excluída.
- Quatro novos itens Master It foram adicionados ao conjunto de problemas de final de capítulo.

Capítulo 12

- Uma discussão sobre o projeto ALICE (A Large Ion Collider Experiment), à procura do plasma de quark–glúons (Large Hadron Collider), foi adicionada à Seção 12.9.
- Um debate referente ao anúncio da descoberta da partícula de Higgs, em julho de 2012, realizada a partir dos projetos ATLAS (A Toroidal LHC Apparatus) e CMS (Compact Muon Solenoid), no LHC (Large Hadron Collider), foi incluído na Seção 12.10.
- Uma discussão sobre o encerramento de colisores devido ao início das operações no LHC (Large Hadron Collider) foi acrescentada à Seção 12.10.
- Uma análise das missões recentes e da nova missão de Planck para o estudo da radiação cósmica de fundo foi adicionada à Seção 12.11.
- Várias seções textuais foram revisadas para tornar mais explícitas as referências aos Modelos de Análise.
- Um novo item Master It foi adicionado ao conjunto de problemas de final de capítulo.

Características do texto

A maioria dos professores acredita que o livro didático selecionado para um curso deve ser o guia principal do estudante para a compreensão e aprendizagem do tema. Além disso, o livro didático deve ser facilmente acessível e escrito num estilo que facilite o ensino e a aprendizagem. Com esses pontos em mente, incluímos muitos recursos pedagógicos, relacionados a seguir, que visam melhorar sua utilidade tanto para estudantes quanto para professores.

Resolução de Problemas e Compreensão Conceitual

Estratégia Geral de Resolução de Problemas. Descrita no final do Capítulo 2 do Volume 1, oferece aos estudantes um processo estruturado para a resolução de problemas. Em todos os outros capítulos, a estratégia é empregada em cada exemplo, de maneira que os estudantes possam aprender como é aplicada. Os estudantes são encorajados a seguir esta estratégia ao trabalhar os problemas de final de capítulo.

Exemplos Trabalhados. Apresentados em um formato de duas colunas para reforçar os conceitos da Física, a coluna da esquerda mostra informações textuais que descrevem os passos para a resolução do problema; a da direita, as manipulações matemáticas e os resultados destes passos. Este esquema facilita a correspondência do conceito com sua execução matemática e ajuda os estudantes a organizarem seu trabalho. Os exemplos seguem estritamente a Estratégia Geral de Resolução de Problemas apresentada no Capítulo 2 do Volume 1 para reforçar hábitos eficazes de resolução de problemas. Todos os exemplos trabalhados no texto podem ser passados como tarefa de casa no Enhanced WebAssign.

São dois os exemplos. O primeiro (e o mais comum) apresenta um problema e uma resposta numérica. O segundo é de natureza conceitual. Para enfatizar a compreensão dos conceitos da Física, os muitos exemplos conceituais são assim marcados e elaborados para ajudar os estudantes a se concentrar na situação física do problema. Os exemplos trabalhados no livro que utilizam Modelos de Análise agora são marcados com um ícone MA para facilitar a referência, e as soluções desses exemplos estão completamente integradas à abordagem do Modelo de Análise para a Resolução de Problemas.

Com base no *feedback* de um revisor da oitava edição, fizemos revisões cuidadosas dos exemplos trabalhados, de modo que as soluções são apresentadas simbolicamente tanto quanto possível, com valores numéricos substituídos no final. Esta abordagem ajudará os estudantes a pensar simbolicamente quando resolverem problemas, em vez de desnecessariamente inserir números em equações intermediárias.

E se? Aproximadamente um terço dos exemplos trabalhados no texto contêm o recurso **E se?**. Como uma complementação à solução do exemplo, esta pergunta oferece uma variação da situação apresentada no texto do exemplo. Esse recurso

Exemplo 3.2 — Uma viagem de férias

Um carro percorre 20,0 km rumo ao norte e depois 35,0 km em uma direção 60,0° a noroeste como mostra a Figura 3.11a. Encontre o módulo e a direção do deslocamento resultante do carro.

SOLUÇÃO

Conceitualização Os vetores $\vec{A}$ e $\vec{B}$ desenhados na Figura 3.11a nos ajudam a conceitualizar o problema.

O vetor resultante $\vec{R}$ também foi desenhado. Esperamos que sua grandeza seja de algumas dezenas de quilômetros. Espera-se que o ângulo β que o vetor resultante faz com o eixo y seja menor do que 60°, o ângulo que o vetor $\vec{B}$ faz com o eixo y.

Categorização Podemos categorizar este exemplo como um problema de análise simples de adição de vetores. O deslocamento $\vec{R}$ é resultante da adição de dois deslocamentos individuais $\vec{A}$ e $\vec{B}$. Podemos ainda categorizá-lo como um problema de análise de triângulos. Assim, apelamos para nossa experiência em geometria e trigonometria.

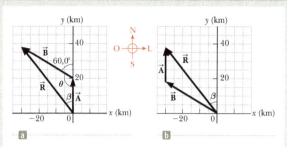

Figura 3.11 (Exemplo 3.2) (a) Método gráfico para encontrar o vetor deslocamento resultante $\vec{R} = \vec{A} + \vec{B}$. (b) Adicionando os vetores na ordem reversa $(\vec{B} + \vec{A})$ fornece o mesmo resultado para $\vec{R}$.

Análise Neste exemplo, mostramos duas maneiras de analisar o problema para encontrar a resultante de dois vetores. A primeira é resolvê-lo geometricamente com a utilização de papel milimetrado e um transferidor para medir o módulo de $\vec{R}$ e sua direção na Figura 3.11a. Na verdade, mesmo quando sabemos que vamos efetuar um cálculo, deveríamos esboçar os vetores para verificar os resultados. Com régua comum e transferidor, um diagrama grande normalmente fornece respostas com dois, mas não com três dígitos de precisão. Tente utilizar essas ferramentas em $\vec{R}$ na Figura 3.11a e compare com a análise trigonométrica a seguir.

A segunda maneira de resolver o problema é analisá-lo utilizando álgebra e trigonometria. O módulo de $\vec{R}$ pode ser obtido por meio da lei dos cossenos aplicada ao triângulo na Figura 3.11a (ver Apêndice B.4).

Use $R^2 = A^2 + B^2 - 2AB \cos\theta$ da lei dos cossenos para encontrar R:

$$R = \sqrt{A^2 + B^2 - 2AB\cos\theta}$$

Substitua os valores numéricos, observando que $\theta = 180° - 60° = 120°$:

$$R = \sqrt{(20{,}0\text{ km})^2 + (35{,}0\text{ km})^2 - 2(20{,}0\text{ km})(35{,}0\text{ km})\cos 120°}$$

$$= 48{,}2\text{ km}$$

Utilize a lei dos senos (Apêndice B.4) para encontrar a direção de $\vec{R}$ a partir da direção norte:

$$\frac{\operatorname{sen}\beta}{B} = \frac{\operatorname{sen}\theta}{R}$$

$$\operatorname{sen}\beta = \frac{B}{R}\operatorname{sen}\theta = \frac{35{,}0\text{ km}}{48{,}2\text{ km}}\operatorname{sen}120° = 0{,}629$$

$$\beta = 38{,}9°$$

O deslocamento resultante do carro é 48,2 km em uma direção 38,9° a noroeste.

Finalização O ângulo β que calculamos está de acordo com a estimativa feita a partir da observação da Figura 3.11a, ou com um ângulo real medido no diagrama com a utilização do método gráfico? É aceitável que o módulo de $\vec{R}$ seja maior que ambos os de $\vec{A}$ e $\vec{B}$? As unidades de $\vec{R}$ estão corretas?

Embora o método da triangulação para adicionar vetores funcione corretamente, ele tem duas desvantagens. A primeira é que algumas pessoas acham inconveniente utilizar as leis dos senos e cossenos. A segunda é que um triângulo só funciona quando se adicionam dois vetores. Se adicionarmos três ou mais, a forma geométrica resultante geralmente não é um triângulo. Na Seção 3.4, exploraremos um novo método de adição de vetores que tratará de ambas essas desvantagens.

E SE? Suponha que a viagem fosse feita com os dois vetores na ordem inversa: 35,0 km a 60,0° a oeste em relação ao norte primeiramente, e depois 20,0 km em direção ao norte. Qual seria a mudança no módulo e na direção do vetor resultante?

Resposta Elas não mudariam. A lei comutativa da adição de vetores diz que a ordem dos vetores em uma soma é irrelevante. Graficamente, a Figura 3.11b mostra que a adição dos vetores na ordem inversa nos fornece o mesmo vetor resultante.

xiv   Física para cientistas e engenheiros

encoraja os estudantes a pensarem sobre os resultados e também ajuda na compreensão conceitual dos princípios, além de prepará-los para encontrar novos problemas que podem ser incluídos nas provas. Alguns dos problemas do final de capítulo também incluem este recurso.

Testes Rápidos. Os estudantes têm a oportunidade de testar sua compreensão dos conceitos da Física apresentados por meio destes testes. As perguntas pedem que eles tomem decisões com base no raciocínio sólido, e algumas foram elaboradas para ajudá-los a superar conceitos errôneos. Os Testes Rápidos foram moldados num formato objetivo, incluindo testes de múltipla escolha, falso e verdadeiro e de classificação. As respostas de todos os Testes Rápidos encontram-se no final do livro. Muitos professores preferem utilizar tais perguntas em um estilo de *peer instruction* (interação com colega) ou com a utilização do sistema de respostas pessoais por meio de *clickers*, mas elas podem ser usadas também em um sistema padrão de teste. Um exemplo de Teste Rápido é apresentado a seguir.

> *Teste Rápido* **7.5** Um dardo é inserido em uma arma movida a mola e empurra a mola a uma distância x. Na próxima carga, a mola é comprimida a uma distância $2x$. Com que velocidade escalar o segundo dardo deixa a arma em comparação ao primeiro? **(a)** quatro vezes mais rápido **(b)** duas vezes mais rápido **(c)** a mesma **(d)** metade da velocidade **(e)** um quarto da velocidade.

Prevenções de Armadilhas.   Mais de duzentas Prevenções de Armadilhas são fornecidas para ajudar os estudantes a evitar erros e equívocos comuns. Esses recursos, que são colocados nas margens do texto, tratam tanto dos conceitos errôneos mais comuns dos estudantes quanto de situações nas quais eles frequentemente seguem caminhos que não são produtivos.

> **Prevenção de Armadilhas 1.1**
>
> **Valores sensatos**
> Intuir sobre valores normais de quantidades ao resolver problemas é importante porque se deve pensar no resultado final e determinar se ele parece sensato. Por exemplo, se ao calcular a massa de uma mosca chega-se a 100 kg, esta resposta é *insensata* e há um erro em algum lugar.

Resumos.   Cada capítulo contém um resumo que revisa os conceitos e equações importantes nele vistos, dividido em três seções: Definições, Conceitos e Princípios, e Modelos de Análise para Resolução de Problemas. Em cada seção, caixas chamativas focam cada definição, conceito, princípio ou modelo de análise.

Perguntas e Conjuntos de Problemas.   Para esta edição, os autores revisaram cada pergunta e problema e incorporaram revisões elaboradas para melhorar a legibilidade e a facilidade de atribuição. Mais de 10% dos problemas são novos nesta edição.

Perguntas.   A seção de Perguntas está dividida em duas: *Perguntas Objetivas* e *Perguntas Conceituais*. O professor pode selecionar itens para deixar como tarefa de casa ou utilizar em sala de aula, possivelmente fazendo uso do método de interação com um colega ou dos sistemas de respostas pessoais. Muitas Perguntas Objetivas e Conceituais foram incluídas nesta edição.

As Perguntas *Objetivas*.   São de múltipla escolha, verdadeiro/falso, classificação, ou outros tipos de múltiplas suposições. Algumas requerem cálculos elaborados para facilitar a familiaridade dos estudantes com as equações, as variáveis utilizadas, os conceitos que as variáveis representam e as relações entre os conceitos. Outras são de natureza mais conceitual, elaboradas para encorajar o pensamento conceitual. As perguntas objetivas também são escritas tendo em mente as respostas pessoais dos usuários do sistema, e muitas das perguntas poderiam ser facilmente utilizadas nesses sistemas.

As Perguntas *Conceituais*.   São mais tradicionais, com respostas curtas, do tipo dissertativas, requerendo que os estudantes pensem conceitualmente sobre uma situação física.

Problemas.   Um conjunto extenso de problemas foi incluído no final de cada capítulo. As respostas aos problemas ímpares são fornecidas no final do livro. Eles são organizados por seções em cada capítulo (aproximadamente dois terços dos problemas são conectados a seções específicas do capítulo). Em cada seção, os problemas levam os estudantes a um pensamento de ordem superior, apresentando primeiro todos os problemas simples da seção, seguidos pelos problemas intermediários.

PD Os *Problemas Dirigidos* ajudam os estudantes a dividir os problemas em etapas. Tipicamente, um problema de Física pede uma quantidade física em determinado contexto. Entretanto, com frequência, diversos conceitos devem ser utiliza-

Prefácio XV

dos e vários cálculos são necessários para obter a resposta final. Muitos estudantes não estão acostumados a esse nível de complexidade e, muitas vezes, não sabem por onde começar. Estes Problemas Dirigidos dividem um problema-padrão em passos menores, permitindo que os estudantes apreendam todos os conceitos e estratégias necessários para chegar à solução correta. Diferente dos problemas de Física padrão, a orientação é, em geral, incorporada no enunciado do problema. Os Problemas Dirigidos são exemplos de como um estudante pode interagir com o professor em sala de aula. Esses problemas ajudam a treinar os estudantes a decompor problemas complexos em uma série de problemas mais simples, uma habilidade essencial para a resolução de problemas. Segue aqui um exemplo de Problema Dirigido:

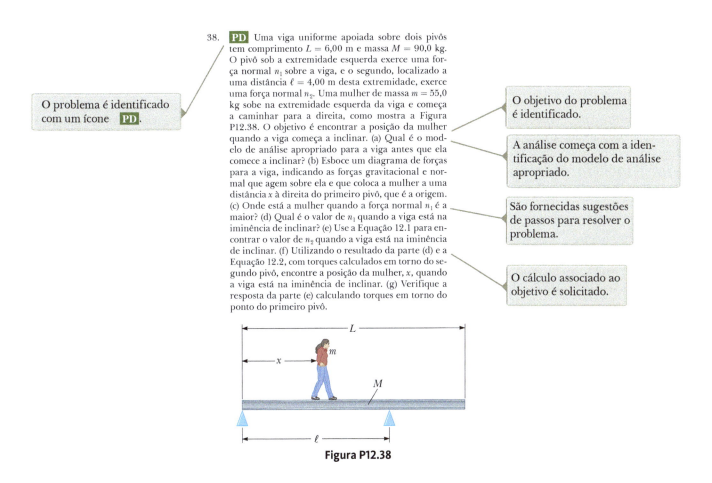

Figura P12.38

Problemas de impossibilidade. A pesquisa em ensino de Física enfatiza pesadamente as habilidades dos estudantes para a resolução de problemas. Embora a maioria dos problemas deste livro esteja estruturada de maneira a fornecer dados e pedir um resultado de cálculo, em média, dois em cada capítulo são estruturados como problemas de impossibilidade. Eles começam com a frase *Por que a seguinte situação é impossível?*, seguida pela descrição da situação. O aspecto impactante desses problemas é que não é feita nenhuma pergunta aos estudantes, a não ser o que está em itálico inicial. O estudante deve determinar quais perguntas devem ser feitas e quais cálculos devem ser efetuados. Com base nos resultados desses cálculos, o estudante deve determinar por que a situação descrita não é possível. Esta determinação pode requerer informações de experiência pessoal, senso comum, pesquisa na Internet ou em material impresso, medição, habilidades matemáticas, conhecimento das normas humanas ou pensamento científico. Esses problemas podem ser aplicados para criar habilidades de pensamento crítico nos estudantes. Eles também são divertidos, pelo seu aspecto de "mistérios da Física" para serem resolvidos pelos estudantes individualmente ou em grupos. Um exemplo de problema de impossibilidade aparece aqui:

xvi   Física para cientistas e engenheiros

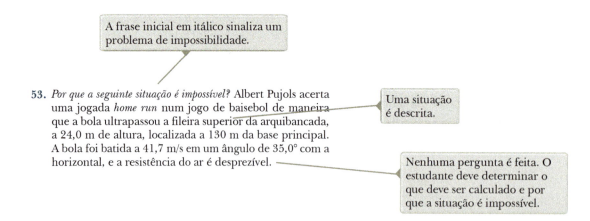

Problemas de Revisão.   Muitos capítulos incluem a revisão de problemas que requerem que o estudante combine conceitos abordados no capítulo com aqueles discutidos em capítulos anteriores. Estes problemas (marcados com a identificação: **Revisão**) refletem a natureza coesa dos princípios no livro e verificam que a Física não é um conjunto disperso de ideias. Ao nos depararmos com problemas do mundo real, como o aquecimento global ou a questão das armas nucleares, pode ser necessário recorrer a ideias referentes à Física de várias partes de um livro como este.

Problemas "de Fermi".   Na maioria dos capítulos, um ou mais problemas pedem que o estudante raciocine em termos de ordem de grandeza.

Problemas de Design.   Diversos capítulos contêm problemas que solicitam que o estudante determine parâmetros de design para um dispositivo prático, de modo que este funcione conforme requerido.

Problemas Baseados em Cálculos.   Cada capítulo contém pelo menos um problema que aplica ideias e métodos de cálculo diferencial e um problema que utiliza cálculo integral.

Integração com o Enhanced WebAssign.   A integração estreita deste livro com o conteúdo do Enhanced WebAssign (em inglês) propicia um ambiente de aprendizagem on-line que ajuda os estudantes a melhorar suas habilidades de resolução de problemas, oferecendo uma variedade de ferramentas para satisfazer seus estilos individuais de aprendizagem. Extensivos dados obtidos dos usuários, coletados por meio do WebAssign, foram utilizados para assegurar que problemas mais frequentemente designados foram mantidos nesta nova edição. Novos Tutoriais de Modelo de Análise acrescentados nesta edição já foram discutidos. Os Tutoriais *Master It* ajudam os estudantes a resolver problemas por meio de uma solução desenvolvida passo a passo. Ajudam os estudantes a resolver problemas, fazendo-os trabalhar por meio de uma solução por etapas. Problemas com estes tutoriais são identificados em cada capítulo por um ícone M. Além disso, vídeos *Watch It* são indicados no conjunto de problemas de cada capítulo com um ícone W e explicam estratégias fundamentais para a resolução de problemas a fim de ajudar os estudantes a solucioná-los.

Ilustrações.   As ilustração estão em estilo moderno, ajudando a expressar os princípios da Física de maneira clara e precisa.

Indicadores de foco estão incluídos em muitas figuras no livro; mostram aspectos importantes de uma figura ou guiam os estudantes por um processo ilustrado – desenho ou foto. Este formato ajuda os estudantes, que aprendem mais facilmente utilizando o sentido visual. Um exemplo de uma figura com um indicador de foco aparece a seguir.

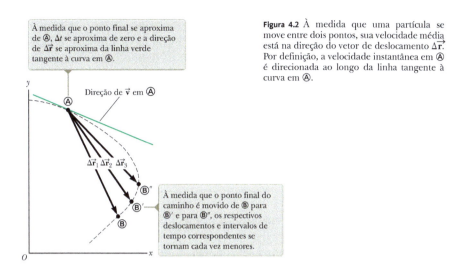

Figura 4.2 À medida que uma partícula se move entre dois pontos, sua velocidade média está na direção do vetor de deslocamento $\vec{\Delta r}$. Por definição, a velocidade instantânea em Ⓐ é direcionada ao longo da linha tangente à curva em Ⓐ.

Apêndice B – Revisão Matemática. Ferramenta valiosa para os estudantes, mostra os recursos matemáticos em um contexto físico. Ideal para estudantes que necessitam de uma revisão rápida de tópicos, como álgebra, trigonometria e cálculo.

Aspectos Úteis

Estilo. Para facilitar a rápida compreensão, escrevemos o livro em um estilo claro, lógico e atrativo. Escolhemos um estilo de escrita que é um pouco informal e descontraído, e os estudantes encontrarão textos atraentes e agradáveis de ler. Os termos novos são cuidadosamente definidos, evitando a utilização de jargões.

Definições e equações importantes. A maioria das definições é colocada em negrito ou destacada para dar mais ênfase e facilitar a revisão, assim como são também destacadas as equações importantes para facilitar a localização.

Notas de margem. Comentários e notas que aparecem na margem com o ícone ▶ podem ser utilizados para localizar afirmações, equações e conceitos importantes no texto.

Uso pedagógico da cor. Os leitores devem consultar a **cartela pedagógica colorida** para uma lista dos símbolos de código de cores utilizados nos diagramas do texto. O sistema é seguido consistentemente em todo o texto.

Nível matemático. Introduzimos cálculo gradualmente, lembrando que os estudantes, em geral, fazem cursos introdutórios de Cálculo e Física ao mesmo tempo. A maioria dos passos é mostrada quando equações básicas são desenvolvidas, e frequentemente se faz referência aos anexos de Matemática do final do livro. Embora os vetores sejam abordados em detalhe no Capítulo 3 deste volume, produtos de vetores são apresentados mais adiante no texto, onde são necessários para aplicações da Física. O produto escalar é apresentado no Capítulo 7 deste volume, que trata da energia de um sistema; o produto vetorial é apresentado no Capítulo 11 deste volume, que aborda o momento angular.

Algarismos significativos. Tanto nos exemplos trabalhados quanto nos problemas do final de capítulo, os algarismos significativos foram manipulados com cuidado. A maioria dos exemplos numéricos é trabalhada com dois ou três algarismos significativos, dependendo da precisão dos dados fornecidos. Os problemas do final de capítulo regularmente exprimem dados e respostas com três dígitos de precisão. Ao realizar cálculos estimados, normalmente trabalharemos com um único algarismo significativo. Mais discussão sobre algarismos significativos encontra-se no Capítulo 1.

Unidades. O sistema internacional de unidades (SI) é utilizado em todo o texto. O sistema comum de unidades nos Estados Unidos só é utilizado em quantidade limitada nos capítulos de Mecânica e Termodinâmica.

Anexos. Diversos anexos são fornecidos no começo e no final do livro. A maior parte do material anexo representa uma revisão dos conceitos de matemática e técnicas utilizadas no texto, incluindo notação científica, álgebra, geometria, trigonometria, cálculos diferencial e integral. A referência a esses anexos é feita em todo o texto. A maioria das seções de revisão de Matemática nos anexos inclui exemplos trabalhados e exercícios com respostas. Além das revisões de Matemática, os anexos contêm tabela de dados físicos, fatores de conversão e unidades no SI de quantidades físicas, além de uma tabela periódica dos elementos. Outras informações úteis – dados físicos e constantes fundamentais, uma lista de prefixos padrão, símbolos matemáticos, o alfabeto grego e abreviações padrão de unidades de medida – também estão disponíveis.

Soluções de curso que se ajustam às suas metas de ensino e às necessidades de aprendizagem dos estudantes

Avanços recentes na tecnologia educacional transformaram os sistemas de gestão de tarefas para casa em ferramentas poderosas e acessíveis que vão ajudá-lo a incrementar seu curso, não importando se você oferece um curso mais tradicional com base em texto, se está interessado em utilizar ou se atualmente utiliza um sistema de gestão de tarefas para casa, tal como o Enhanced WebAssign.

Sistemas de gestão de tarefas para casa

Enhanced WebAssign.   O Enhanced WebAssign oferece um programa on-line destinado à Física para encorajar a prática que é tão importante para o domínio de conceitos. A pedagogia e os exercícios meticulosamente trabalhados em nossos textos comprovadamente se tornam ainda mais eficazes ao se utilizar a ferramenta. Enhanced WebAssign inclui Cengage YouBook, um e-Book interativo altamente personalizável, assim como:

- **Problemas selecionados aprimorados, com *feedback* direcionado.** Eis um exemplo de *feedback* preciso:

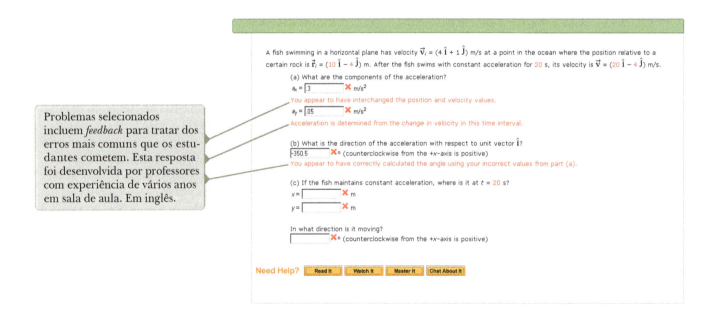

Problemas selecionados incluem *feedback* para tratar dos erros mais comuns que os estudantes cometem. Esta resposta foi desenvolvida por professores com experiência de vários anos em sala de aula. Em inglês.

- **Tutoriais Master It** (indicados no livro por um ícone M) para ajudar os estudantes a trabalhar no problema um passo de cada vez. Um exemplo de tutorial Master It:

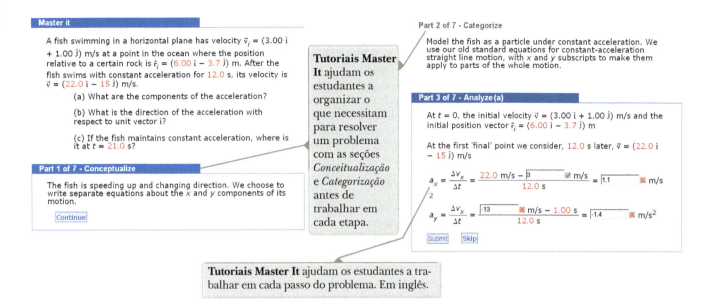

- **Vídeos de resolução Watch It** (indicados no livro por um ícone W), que explicam estratégias fundamentais de resolução de problemas para ajudar os alunos a passarem por todas as suas etapas. Além disso, os professores podem optar por incluir sugestões de estratégias de resolução de problemas. Uma tela de uma resolução Watch It aparece a seguir:

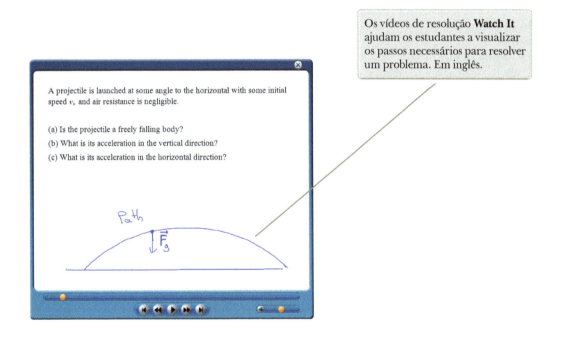

- **Verificação de Conceitos**.
- **Simulações de PhET**.
- **A maioria dos exemplos trabalhados**, aperfeiçoados com dicas e *feedback*, para ajudar a fortalecer as habilidades dos estudantes para a resolução de problemas.
- **Todos os Testes Rápidos**, proporcionando aos estudantes uma ampla oportunidade de testar seu entendimento conceitual.
- **Tutoriais de Modelo de Análises.** John Jewett desenvolveu 165 tutoriais (indicados nos conjuntos de problemas de cada capítulo com um ícone AMT), que fortalece as habilidades dos estudantes para a solução de problemas, orientando-os através das etapas necessárias no processo de resolução de problemas. Primeiras etapas importantes incluem fazer previsões e focar a estratégia sobre conceitos de Física, antes de começar a resolver o problema quantitativamente. Um componente fundamental desses tutoriais é a seleção de um apropriado Modelo de Análises para descrever qual

xx Física para cientistas e engenheiros

é o propósito do problema. Esta etapa permite aos estudantes fazer o importante link entre a situação no problema e a representação matemática da situação. Tutoriais de Modelo de Análise incluem *feedback* significativo em cada etapa para auxiliar os estudantes na prática do processo de solução de problemas e aprimorar suas habilidades. Além disso, o *feedback* aborda equívocos dos alunos e os ajuda a identificar erros algébricos e outros erros matemáticos. As soluções são desenvolvidas simbolicamente o maior tempo possível, com valores numéricos substituídos no final. Este recurso auxilia os estudantes a entenderem os efeitos de modificar os valores de cada variável no problema, evita a substituição repetitiva desnecessária dos mesmos números, e elimina erros de arrendondamento. O *feedback* no final do tutorial incentiva os estudantes a pensarem sobre como as respostas finais se comparam a suas previsões originais.

- **Plano de estudo personalizado.** Oferece avaliações de capítulos e seções, que mostram aos estudantes que material eles conhecem e quais áreas exigem maior trabalho. Para os itens que forem respondidos incorretamente, os estudantes podem clicar nos links que levam a recursos de estudos relacionados, como vídeos, tutoriais ou materiais de leitura. Indicadores de progresso codificados por cores possibilitam que eles vejam como está seu desempenho em diferentes tópicos. Você decide quais capítulos e seções irá incluir – e se deseja incluir o plano como parte da nota final ou como um guia de estudos, sem nenhuma pontuação envolvida.

- **Cengage YouBook.** WebAssign tem um e-Book personalizável e interativo, o **Cengage YouBook**, que permite a você adaptar o livro para se adequar ao seu curso e se conectar com seus alunos. É possível remover e rearranjar capítulos no sumário e adequar leituras designadas que correspondem exatamente ao seu currículo. Poderosas ferramentas de edição possibilitam fazer as modificações que você quiser – ou mantê-lo como desejar. Você pode destacar as passagens principais ou acrescentar "notas adesivas" a páginas para comentar sobre um conceito durante a leitura e, então, compartilhar qualquer um desses destaques e notas individuais com seus alunos, ou mantê-los para si mesmo. Também é possível editar conteúdo narrativo no livro, adicionando uma caixa de texto ou excluindo texto. Com uma útil ferramenta de link, você pode adicionar um ícone em qualquer ponto no e-Book, que permitirá vincular a suas próprias notas para dar aulas, resumos em áudio, aulas em vídeo, ou outros arquivos em um site pessoal ou em qualquer parte na Web. Um simples dispositivo no YouTube permite facilmente encontrar e inserir vídeos do YouTube diretamente nas páginas do e-Book. O Cengage YouBook ajuda os estudantes a ir além de simplesmente ler o livro, pois eles podem também destacar o texto, adicionar suas próprias anotações e marcadores de texto. Animações são reproduzidas na página, no ponto exato de aprendizagem, de modo que não sejam empecilhos à leitura, mas verdadeiras melhorias.

- Oferecido exclusivamente no WebAssign, a **Quick Prep (Preparação Rápida)** para a Física é a retificação matemática da álgebra e da trigonometria no âmbito das aplicações e princípios da Física. A Quick Prep ajuda os estudantes a obter sucesso utilizando narrativas ilustradas completas, com exemplos em vídeo. Os problemas do Master It tutorial permitem aos estudantes avaliar e redefinir sua compreensão do material. Os problemas práticos que acompanham cada tutorial possibilitam alunos e instrutores a testarem a compreensão obtida do material.

A Quick Prep inclui os seguintes recursos: 67 tutoriais interativos, 67 problemas práticos adicionais e visão geral completa de cada tópico, incluindo exemplos em vídeo. Pode ser realizada antes do início do semestre ou durante as primeiras semanas do curso, além de poder ser designada ao longo de cada capítulo para uma remediação "just in time". Os tópicos incluem unidades, notação científica e figuras significativas; o movimento dos objetos ao longo de uma linha; funções; aproximação e representação gráfica; probabilidade e erro; vetores, deslocamento e velocidade; esferas; força e projeções de vetores.

Opções de Ensino

Os tópicos nesta coleção são apresentados na seguinte sequência: mecânica clássica, oscilações e ondas mecânicas, calor e termodinâmica, seguidos por eletricidade e magnetismo, ondas eletromagnéticas, óptica, relatividade e Física Moderna. Esta apresentação representa uma sequência tradicional com o assunto de ondas mecânicas sendo apresentado antes de eletricidade e magnetismo. Alguns professores podem preferir discutir tanto mecânica como ondas eletromagnéticas após a conclusão de eletricidade e magnetismo. Neste caso, os Capítulos 2 a 4 do Volume 2 poderiam ser abordados com o Capítulo 12 do Volume 3. O capítulo sobre relatividade é colocado perto do final do livro, pois este tópico é frequentemente tratado como uma introdução à era da "Física Moderna". Se houver tempo, os professores podem escolher abordar o Capítulo 5 do Volume 4 após completar o Capítulo 13 do Volume 1 como conclusão ao material sobre mecânica newtoniana. Para os professores que trabalham numa sequência de dois semestres, algumas seções e capítulos poderiam ser excluídos sem qualquer perda de continuidade.

Agradecimentos

Esta coleção foi preparada com a orientação e assistência de muitos professores, que revisaram seleções do manuscrito, o texto de pré-revisão, ou ambos. Queremos agradecer aos seguintes professores e expressar nossa gratidão por suas sugestões, críticas e incentivo:

Benjamin C. Bromley, University of Utah; Elena Flitsiyan, University of Central Florida; Yuankun Lin, University of North Texas; Allen Mincer, New York University; Yibin Pan, University of Wisconsin-Madison; N. M. Ravindra, New Jersey Institute of Technology; Masao Sako, University of Pennsylvania; Charles Stone, Colorado School of Mines; Robert Weidman, Michigan Technological University; Michael Winokur, University of Wisconsin-Madison.

Antes do nosso trabalho nesta revisão, realizamos um levantamento entre professores. Suas opiniões e sugestões ajudaram a compor a revisão das perguntas e problemas e, portanto, gostaríamos de agradecer aos que participaram do levantamento:

Elise Adamson, Wayland Baptist University; Saul Adelman, The Citadel; Yiyan Bai, Houston Community College; Philip Blanco, Grossmont College; Ken Bolland, Ohio State University; Michael Butros, Victor Valley College; Brian Carter, Grossmont College; Jennifer Cash, South Carolina State University; Soumitra Chattopadhyay, Georgia Highlands College; John Cooper, Brazosport College; Gregory Dolise, Harrisburg Area Community College; Mike Durren, Lake Michigan College; Tim Farris, Volunteer State Community College; Mirela Fetea, University of Richmond; Susan Foreman, Danville Area Community College; Richard Gottfried, Frederick Community College; Christopher Gould, University of Southern California; Benjamin Grinstein, University of California, San Diego; Wayne Guinn, Lon Morris College; Joshua Guttman, Bergen Community College; Carlos Handy, Texas Southern University; David Heskett, University of Rhode Island; Ed Hungerford, University of Houston; Matthew Hyre, Northwestern College; Charles Johnson, South Georgia College; Lynne Lawson, Providence College; Byron Leles, Northeast Alabama Community College; Rizwan Mahmood, Slippery Rock University; Virginia Makepeace, Kankakee Community College; David Marasco, Foothill College; Richard McCorkle, University of Rhode Island; Brian Moudry, Davis & Elkins College; Charles Nickles, University of Massachusetts Dartmouth; Terrence O'Neill, Riverside Community College; Grant O'Rielly, University of Massachusetts Dartmouth; Michael Ottinger, Missouri Western State University; Michael Panunto, Butte College; Eugenia Peterson, Richard J. Daley College; Robert Pompi, Binghamton University, State University of New York; Ralph Popp, Mercer County Community College; Craig Rabatin, West Virginia University at Parkersburg; Marilyn Rands, Lawrence Technological University; Christina Reeves-Shull, Cedar Valley College; John Rollino, Rutgers University, Newark; Rich Schelp, Erskine College; Mark Semon, Bates College; Walther Spjeldvik, Weber State University; Mark Spraker, North Georgia College and State University; Julie Talbot, University of West Georgia; James Tressel, Massasoit Community College; Bruce Unger, Wenatchee Valley College; Joan Vogtman, Potomac State College.

A precisão deste livro foi cuidadosamente verificada por Grant Hart, Brigham Young University; James E. Rutledge, University of California at Irvine; *Riverside;* e Som Tyagi, *Drexel University.* Agradecemo-lhes por seus esforços sob a pressão do cronograma.

Belal Abas, Zinoviy Akkerman, Eric Boyd, Hal Falk, Melanie Martin, Steve McCauley e Glenn Stracher fizeram correções nos problemas obtidos nas edições anteriores. Harvey Leff forneceu inestimável orientação para a reestruturação da discussão sobre entropia, no Capítulo 8 do Volume 2. Somos gratos aos autores John R. Gordon e Vahé Peroomian, a Vahé Peroomian, Susan English e Linnea Cookson.

Agradecimentos especiais e reconhecimento à equipe profissional da Brooks/Cole – em particular, Charles Hartford, Ed Dodd, Stephanie VanCamp, Rebecca Berardy Schwartz, Tom Ziolkowski, Alison Eigel Zade, Cate Barr e Brendan Killion (que se responsabilizaram pelo programa auxiliar) – por seu excelente trabalho durante o desenvolvimento, a produção e a promoção deste livro. Reconhecemos o habilidoso serviço de produção e o ótimo trabalho de arte, proporcionados pela equipe da Lachina Publishing Services, e os dedicados esforços de pesquisa de fotografias feitos por Christopher Arena, no Bill Smith Group.

Finalmente, estamos profundamente em débito com nossas esposas, filhos e netos por seu amor, apoio e sacrifícios de longo prazo.

Raymond A. Serway
St. Petersburg, Flórida

John W. Jewett, Jr.
Anaheim, Califórnia

Materiais de apoio para professores

Estão disponíveis para download na página deste livro no site da Cengage os seguintes materiais para professores:

- Banco de testes;
- Manual do instrutor;
- Slides em ppt.

Todos os materiais estão disponíveis em inglês.

Ao Estudante

É apropriado oferecer algumas palavras de conselho que sejam úteis para você, estudante. Antes de fazê-lo, supomos que tenha lido o Prefácio, que descreve as várias características deste livro e dos materiais de apoio que o ajudarão durante o curso.

Como Estudar

Com frequência, os estudantes perguntam aos professores: "Como eu deveria estudar Física e me preparar para as provas?". Não há resposta simples para esta pergunta, mas podemos oferecer algumas sugestões com base em nossas experiências de ensino e aprendizagem durante anos.

Primeiro, mantenha uma atitude positiva em relação ao tema, tendo em mente que a Física é a mais fundamental das ciências naturais. Outros cursos de ciência no futuro utilizarão os mesmos princípios físicos, portanto, é importante entender e ser capaz de aplicar os vários conceitos e teorias discutidos neste livro.

Conceitos e Princípios

É essencial entender os conceitos e princípios básicos antes de tentar resolver os problemas. Você poderá alcançar esta meta com a leitura cuidadosa do capítulo do livro antes de assistir à aula sobre o assunto em questão. Ao ler o texto, anote os pontos que não lhe estão claros. Certifique-se, também, de tentar responder às perguntas dos Testes Rápidos durante a leitura. Trabalhamos muito para preparar perguntas que possam ajudá-lo a avaliar sua compreensão do material. Estude cuidadosamente os recursos **"E se?"** que aparecem em muitos dos exemplos trabalhados. Eles ajudarão a estender sua compreensão além do simples ato de chegar a um resultado numérico. As Prevenções de Armadilhas também ajudarão a mantê-lo longe dos erros mais comuns na Física. Durante a aula, tome nota atentamente e faça perguntas sobre as ideias que não entender com clareza. Tenha em mente que poucas pessoas são capazes de absorver todo o significado de um material científico após uma única leitura; várias leituras do texto, com suas anotações, podem ser necessárias. As aulas e o trabalho em laboratório suplementam o livro, e devem esclarecer as partes mais difíceis do assunto. Evite a simples memorização, porque, mesmo que bem-sucedida em relação às passagens do texto, equações e derivações, não indica necessariamente que você entendeu o assunto. Esta compreensão se dará melhor por meio de uma combinação de hábitos de estudo eficientes, discussões com outros estudantes e com professores, e sua capacidade de resolver os problemas apresentados no livro-texto. Faça perguntas sempre que acreditar que o esclarecimento de um conceito é necessário.

Horário de Estudo

É importante definir um horário regular de estudo, de preferência diariamente. Leia o programa do curso e cumpra o cronograma estabelecido pelo professor. As aulas farão muito mais sentido se você ler o material correspondente à aula *antes* de assisti-la. Como regra geral, seria bom dedicar duas horas de estudo para cada hora de aula. Caso tenha algum problema com o curso, peça a ajuda do professor ou de outros estudantes que fizeram o curso. Se achar necessário, você também pode recorrer à orientação de estudantes mais experientes. Com muita frequência, os professores oferecem aulas de revisão além dos períodos de aula regulares. Evite a prática de deixar o estudo para um dia ou dois antes da prova. Muito frequentemente esta prática tem resultados desastrosos. Em vez de empreender uma noite toda de estudo antes de uma prova, revise brevemente os conceitos e equações básicos, e tenha uma boa noite de descanso.

Use os Recursos

Faça uso dos vários recursos do livro discutidos no Prefácio. Por exemplo, as notas de margem são úteis para localizar e descrever equações e conceitos importantes, e o **negrito** indica definições importantes. Muitas tabelas úteis estão contidas nos anexos, mas a maioria é incorporada ao texto, onde são mencionadas com mais frequência. O Apêndice B é uma revisão conveniente das ferramentas matemáticas utilizadas no texto.

O sumarinho, no começo de cada capítulo, fornece uma visão geral de todo o texto, e o índice remissivo permite localizar um material específico rapidamente. Notas de rodapé são muitas vezes utilizadas para complementar o texto ou para citar outras referências sobre o assunto discutido.

Depois de ler um capítulo, você deve ser capaz de definir quaisquer quantidades novas apresentadas neste capítulo e discutir os princípios e suposições que foram utilizados para chegar a certas relações-chave. Você deve ser capaz de associar a cada quantidade física o símbolo correto utilizado para representar a quantidade e a unidade na qual ela é especificada. Além disso, deve ser capaz de expressar cada equação importante de maneira concisa e precisa.

Resolução de Problemas

R. P. Feynman, prêmio Nobel de Física, uma vez disse: "Você não sabe nada até que tenha praticado". Concordando com esta afirmação, aconselhamos que você desenvolva as habilidades necessárias para resolver uma vasta gama de problemas. Sua capacidade de resolver problemas será um dos principais testes de seus conhecimentos sobre Física; portanto, tente resolver tantos problemas quanto possível. É essencial entender os conceitos e princípios básicos antes de tentar resolvê-los. Uma boa prática consiste em tentar encontrar soluções alternativas para o mesmo problema. Por exemplo, podem-se resolver problemas de mecânica com a utilização das leis de Newton, mas frequentemente um método alternativo que se inspira nas considerações de energia é mais direto. Você não deve se enganar pensando que entende um problema meramente porque acompanhou sua resolução na aula. Mas, sim, ser capaz de resolver o problema e outros problemas similares sozinho.

A abordagem para resolver problemas deve ser cuidadosamente planejada. Um plano sistemático é especialmente importante quando um problema envolve vários conceitos. Primeiro, leia o problema várias vezes até que esteja confiante de que entendeu o que se está perguntando. Procure quaisquer palavras-chave que ajudarão a interpretar o problema e talvez permitir que sejam feitas algumas suposições. Sua capacidade de interpretar uma pergunta adequadamente é parte integrante da resolução do problema. Segundo, adquira o hábito de anotar as informações fornecidas em um problema e as quantidades que precisam ser encontradas; por exemplo, pode-se construir uma tabela listando as quantidades fornecidas e as quantidades a serem encontradas. Este procedimento é às vezes utilizado nos exemplos trabalhados do livro. Finalmente, depois que decidiu o método que acredita ser apropriado para determinado problema, prossiga com sua solução. A Estratégia Geral de Resolução de Problemas o orientará nos problemas complexos. Se seguir os passos deste procedimento (*conceitualização, categorização, análise, finalização*), você facilmente chegará a uma solução e terá mais proveito de seus esforços. Essa estratégia, localizada no final do Capítulo 2 deste volume, é utilizada em todos os exemplos trabalhados nos capítulos restantes, de maneira que você poderá aprender a aplicá-la. Estratégias específicas de resolução de problemas para certos tipos de situações estão incluídas no livro e aparecem com um título especial. Essas estratégias específicas seguem a essência da Estratégia Geral de Resolução de Problemas.

Frequentemente, os estudantes não reconhecem as limitações de certas equações ou leis físicas em uma situação específica. É muito importante entender e lembrar as suposições que fundamentam uma teoria ou formalismo em particular. Por exemplo, certas equações da cinemática aplicam-se apenas a uma partícula que se move com aceleração constante. Essas equações não são válidas para descrever o movimento cuja aceleração não é constante, tal como o de um objeto conectado a uma mola ou o de um objeto através de um fluido. Estude cuidadosamente o Modelo de Análise para Resolução de Problemas nos resumos do capítulo para saber como cada modelo pode ser aplicado a uma situação específica. Os modelos de análise fornecem uma estrutura lógica para resolver problemas e ajudam a desenvolver suas habilidades de pensar para que fiquem mais parecidas com as de um físico. Utilize a abordagem de modelo de análise para economizar tempo buscando a equação correta e resolva o problema com maior rapidez e eficiência.

Experimentos

Física é uma ciência baseada em observações experimentais. Portanto, recomendamos que você tente suplementar o texto realizando vários tipos de experiências práticas, seja em casa ou no laboratório. Tais experimentos podem ser utilizados para testar as ideias e modelos discutidos em aula ou no livro-texto. Por exemplo, a tradicional mola de brinquedo é excelente para estudar as ondas progressivas; uma bola balançando no final de uma longa corda pode ser utilizada para investigar o movimento de pêndulo; várias massas presas no final de uma mola vertical ou elástico podem ser utilizadas para determinar sua natureza elástica; um velho par de óculos de sol polarizado, algumas lentes descartadas e uma lente de aumento são componentes de várias experiências de óptica; e uma medida aproximada da aceleração da gravidade pode ser determinada simplesmente pela medição, com um cronômetro, do intervalo de tempo necessário para uma bola cair de uma altura conhecida. A lista dessas experiências é infinita. Quando modelos físicos não estão disponíveis, seja criativo e tente desenvolver seus próprios modelos.

Novos meios

Se disponível, incentivamos muito a utilização do **Enhanced WebAssign**, que é disponibilizado em inglês. É bem mais fácil entender Física se você a vê em ação, e os materiais disponíveis no Enhanced WebAsign permitirão que você se torne parte desta ação. Para mais informações sobre como adquirir o cartão de acesso à ferramenta, contate vendas.brasil@cengage.com.

Esperamos sinceramente que você considere a Física uma experiência excitante e agradável, e que se beneficie dessa experiência independentemente da profissão escolhida. Bem-vindo ao excitante mundo da Física!

> *O cientista não estuda a natureza porque é útil; ele a estuda porque se realiza fazendo isso e tem prazer porque ela é bela. Se a natureza não fosse bela, não seria suficientemente conhecida, e se não fosse suficientemente conhecida, a vida não valeria a pena.*

– Henri Poincaré

Luz e óptica

parte 1

Os *Grand Tetons* a oeste de Wyoming são refletidos em um lago calmo no pôr do sol. Os princípios ópticos que estudaremos na Parte 1 deste volume explicarão a natureza da imagem refletida das montanhas e por que o céu parece vermelho. *(Yongyut Kumsri/Shutterstock)*

A luz é básica para quase todas as formas de vida na Terra. Por exemplo, as plantas convertem a energia transferida pela luz do sol em energia química por meio da fotossíntese. Além do mais, a luz é o principal meio pelo qual somos capazes de transmitir e receber informações para e de corpos ao nosso redor e pelo Universo. A luz é uma forma de radiação eletromagnética que representa a transferência de energia da fonte ao observador.

Muitos fenômenos em nossa vida cotidiana dependem das propriedades da luz. Quando você assiste à televisão ou visualiza fotos em um monitor de computador, está vendo milhões de cores formadas a partir de combinações de somente três, que estão fisicamente na tela: vermelho, azul e verde. A cor azul do céu diurno é resultado do fenômeno óptico de *dispersão* da luz por moléculas de ar, assim como as cores vermelho e laranja do nascer e pôr do sol. Você vê sua imagem no espelho do banheiro de manhã ou as imagens de outros carros no seu espelho retrovisor quando está dirigindo. Essas imagens resultam da *reflexão* da luz. Se você usar óculos ou lentes de contato, então depende da *refração* da luz para uma visão clara. As cores do arco-íris resultam da *dispersão* da luz conforme ela passa pelas gotas da chuva no céu após uma tempestade. Se já viu os círculos coloridos da glória em volta da sombra de uma aeronave nas nuvens quando viaja acima delas, você está vendo um efeito que resulta da *interferência* da luz. Os fenômenos mencionados aqui foram estudados por cientistas e são bem compreendidos.

Na introdução do Capítulo 1, discutiremos a natureza dualista da luz. Em alguns casos, é melhor modelar a luz como um feixe de partículas; em outros, um modelo de onda funciona melhor. Os capítulos de 1 a 4 se concentram nesses aspectos da luz, que são mais bem compreendidos por meio do modelo de onda da luz. Na Parte 2, investigaremos a natureza de partícula da luz. ■

capítulo 1

Natureza da luz e princípios da óptica geométrica

1.1 Natureza da luz
1.2 Medições da velocidade da luz
1.3 Aproximação de raio na óptica geométrica
1.4 Modelo de análise: onda sob reflexão
1.5 Modelo de análise: onda sob refração
1.6 Princípio de Huygens
1.7 Dispersão
1.8 Reflexão interna total

O primeiro capítulo sobre óptica começa apresentando dois modelos históricos para a luz e discutindo os primeiros métodos de medição da sua velocidade. A seguir, estudaremos os fenômenos fundamentais da óptica geométrica: reflexão da luz em uma superfície e refração conforme a luz ultrapassa o limite entre dois meios. Também estudaremos a dispersão da luz conforme se refrata em materiais, resultando em visões como o arco-íris. Finalmente, investigaremos o fenômeno da reflexão interna total, que é a base para a operação das fibras ópticas e o desenvolvimento da tecnologia da fibra óptica.

Esta fotografia de um arco-íris mostra a faixa de cores do vermelho no topo até o violeta na parte inferior. A aparência do arco-íris depende dos três fenômenos ópticos que serão discutidos neste capítulo: reflexão, refração e dispersão. Os arcos tênues de cores pastel abaixo do arco-íris principal são chamados supernumerários. São formados pela interferência entre raios de luz que deixam gotas de chuva abaixo deles, causando o arco-íris principal. *(John W. Jewett, Jr.)*

1.1 Natureza da luz

Antes do início do século XIX, a luz era considerada um fluxo de partículas emitido pelo corpo visualizado, ou emanado dos olhos do observador. Newton, o arquiteto chefe do modelo de partículas da luz, sustentava que estas eram emitidas de uma fonte de luz e que estimulavam o senso de visão ao entrar nos olhos. Com essa ideia, ele foi capaz de explicar a reflexão e a refração.

A maioria dos cientistas aceitou o modelo de partículas de Newton. Entretanto, durante sua época, outro modelo, que argumentava que a luz pode ser um tipo de movimento de ondas, foi proposto. Em 1678, o físico e astrônomo holandês Christian Huygens mostrou que um modelo de onda de luz também podia explicar a reflexão e a refração. Em 1801, Thomas Young (1773-1829) proporcionou a primeira demonstração experimental clara da natureza de onda da luz. Young mostrou que, em condições apropriadas, raios de luz interferem uns nos outros de acordo com o princípio da superposição (Capítulo 4 do Volume 2). Esse comportamento não podia ser explicado na época por um modelo de partícula, porque não era concebível como duas ou mais partículas poderiam chegar juntas e cancelar uma a outra. Desenvolvimentos adicionais durante o século XIX levaram à aceitação geral do modelo de onda de luz, o mais importante resultante do trabalho de Maxwell que, em 1873, afirmou que a luz era uma forma de onda eletromagnética de alta frequência. Como discutido no Capítulo 12 do Volume 3, Hertz ofereceu confirmação experimental da teoria de Maxwell, em 1887, ao produzir e detectar ondas eletromagnéticas.

> **Christian Huygens**
> **Físico e astrônomo holandês (1629-1695)**
> Huygens é mais conhecido por suas contribuições no campo da óptica e da dinâmica. Para ele, a luz era um tipo de movimento vibratório, expandindo-se e produzindo a sensação de luz quando chegava aos olhos. Com base nesta teoria, deduziu as leis da reflexão e refração e explicou o fenômeno da refração dupla.

Embora o modelo de onda e a teoria clássica de Eletricidade e Magnetismo sejam capazes de explicar a maior parte das propriedades conhecidas da luz, não explicam os experimentos subsequentes. O fenômeno mais relevante é o Efeito Fotoelétrico, também descoberto por Hertz: quando a luz atinge uma superfície metálica, os elétrons são, às vezes, ejetados da superfície. Como exemplo das dificuldades que surgiram, os experimentos mostraram que a energia cinética de um elétron ejetado é independente da intensidade da luz. Essa descoberta contradizia o modelo de onda, que sustentava que um feixe intenso de luz podia acrescentar mais energia ao elétron. Einstein propôs uma explicação do efeito fotoelétrico em 1905, utilizando um modelo baseado no conceito de quantização desenvolvido por Max Planck (1858-1947), em 1900. O modelo de quantização supõe que a energia de uma onda de luz esteja presente em partículas chamadas *fótons*; desse modo, a energia é considerada quantizada. De acordo com a teoria de Einstein, a energia de um fóton é proporcional à frequência da onda eletromagnética:

$$E = hf \qquad (1.1) \quad \blacktriangleleft \text{ Energia de um fóton}$$

onde a constante de proporcionalidade $h = 6{,}63 \times 10^{-34}$ J · s é chamada *constante de Planck*. Estudaremos essa teoria no Capítulo 6 deste volume.

Em razão desses desenvolvimentos, a luz deve ser considerada tendo uma natureza dupla. Ou seja, tem características de uma onda em algumas situações e de uma partícula em outras. A luz é a luz, com certeza. Entretanto, a pergunta "a luz é uma onda ou uma partícula?" é inadequada. A luz, às vezes, se comporta como uma onda, e outras, como uma partícula. Nos capítulos a seguir investigaremos a natureza de onda da luz.

1.2 Medições da velocidade da luz

A luz propaga-se a uma velocidade tão alta (com três dígitos, $c = 3{,}00 \times 10^8$ m/s), que as primeiras tentativas de medir sua velocidade foram malsucedidas. Galileu tentou medi-la ao posicionar dois observadores em torres separadas por aproximadamente 10 km. Cada um deles transportava uma lanterna apagada. Um observador acendia a lanterna primeiro e depois o outro acendia a dele no momento em que via a luz da primeira. Galileu argumentou que, ao saber o tempo de tráfego dos feixes de luz de uma lanterna para outra e a distância entre as duas, ele podia obter a velocidade. Seus resultados não foram conclusivos. Hoje em dia, percebemos (como Galileu concluiu) que é impossível medir assim a velocidade da luz, porque o tempo de tráfego para a luz é muito menor que o tempo de reação dos observadores.

Método de Roemer

Em 1675, o astrônomo dinamarquês Ole Roemer (1644-1710) fez a primeira estimativa bem-sucedida para medir a velocidade da luz. Sua técnica envolvia observações astronômicas de Io, uma das luas de Júpiter. Io tem um período de revolução ao redor de Júpiter de aproximadamente 42,5 h. O período de revolução de Júpiter ao redor do Sol é por volta de 12 anos; portanto, conforme a Terra se move 90° ao redor do Sol, Júpiter faz uma revolução de somente $(\frac{1}{12})90° = 7{,}5°$ (Fig. 1.1).

Um observador utilizando o movimento orbital de Io como um relógio esperaria que a órbita tivesse um período constante. Após coletar dados por mais de um ano, entretanto, Roemer observou uma variação sistemática nesse período. Ele descobriu

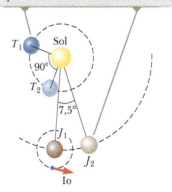

Figura 1.1 Método de Roemer para medir a velocidade da luz (desenho sem escala).

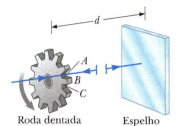

Figura 1.2 Método de Fizeau para medir a velocidade da luz utilizando uma roda dentada giratória. A fonte de luz é considerada no local da roda; portanto, a distância d é conhecida.

que os períodos eram mais longos que a média quando a Terra estava se distanciando de Júpiter e mais curtos quando estava se aproximando de Júpiter. Roemer atribuiu essa variação à distância que muda entre a Terra e Júpiter de uma observação a outra.

Utilizando os dados de Roemer, Huygens estimou o limite inferior para a velocidade da luz como aproximadamente $2,3 \times 10^8$ m/s. Esse experimento é importante historicamente porque demonstrou que a luz tem uma velocidade finita e ofereceu uma estimativa dessa velocidade.

Método de Fizeau

O primeiro método bem-sucedido de medição da velocidade da luz por meio de técnicas puramente terrestres foi desenvolvido em 1849 pelo físico francês Armand H. L. Fizeau (1819-1896). A Figura 1.2 representa um diagrama simplificado do aparato por ele criado. O procedimento básico é medir o intervalo total de tempo durante o qual a luz se propaga de um ponto até um espelho distante e volta. Se d é a distância entre a fonte de luz (considerada no local da roda) e o espelho e se o intervalo de tempo para um percurso de ida e volta foi Δt, a velocidade da luz é $c = 2d/\Delta t$.

Para medir o tempo do percurso, Fizeau utilizou uma roda dentada giratória, que converte um feixe contínuo de luz em uma série de pulsos de luz. A rotação dessa roda controla o que um observador vê na fonte de luz. Por exemplo, se o pulso propagando-se em direção ao espelho e passando pela abertura no ponto A na Figura 1.2 retornasse à roda no instante em que o dente B girou na posição para voltar, o pulso não atingiria o observador. Com uma taxa maior de rotação, a abertura no ponto C poderia se mover até a posição para permitir que o pulso refletido atingisse o observador. Conhecendo a distância d, o número de dentes na roda e a velocidade angular da roda, Fizeau chegou a um valor de $3,1 \times 10^8$ m/s. Medições semelhantes feitas por pesquisadores posteriores produziram valores mais precisos para c, o que levou ao valor atualmente aceito de $2,99792458 \times 10^8$ m/s.

Exemplo 1.1 — Medição da velocidade da luz com o modelo Fizeau

Suponha que a roda de Fizeau tenha 360 dentes e gire a 27,5 rev/s quando um pulso de luz que passa pela abertura A na Figura 1.2 é bloqueado pelo dente B na sua volta. Se a distância para o espelho é de 7.500 m, qual é a velocidade da luz?

SOLUÇÃO

Conceitualização Imagine um pulso de luz que passa pela abertura A na Figura 1.2 e se reflete do espelho. No momento em que o pulso retorna à roda, o dente B girou na posição previamente ocupada pela abertura A.

Categorização Modelamos a roda como um corpo rígido em velocidade angular constante e o pulso de luz como uma *partícula em velocidade constante*.

Análise A roda tem 360 dentes; então, deve ter 360 aberturas. Portanto, como a luz passa pela abertura A, mas é bloqueada pelo dente imediatamente adjacente a A, a roda deve girar por um deslocamento angular de $\frac{1}{720}$ rev no intervalo de tempo durante o qual o pulso de luz faz seu percurso de ida de volta.

Utilize a Equação 10.2, do Volume 1, com velocidade angular constante, para determinar o intervalo de ida e volta do pulso:

$$\Delta t = \frac{\Delta \theta}{\omega} = \frac{\frac{1}{720}\,\text{rev}}{27,5\,\text{rev/s}} = 5,05 \times 10^{-5}\,\text{s}$$

A partir da partícula no modelo de velocidade constante, encontre a velocidade do pulso da luz:

$$c = \frac{2d}{\Delta t} = \frac{2(7.500\,\text{m})}{5,05 \times 10^{-5}\,\text{s}} = 2,97 \times 10^8\,\text{m/s}$$

Finalização Este resultado é muito próximo do valor real da velocidade da luz.

1.3 Aproximação de raio na óptica geométrica

O campo da **óptica geométrica** (por vezes chamado *óptica de raio*) envolve o estudo da propagação da luz, que supõe que a luz se propaga em uma direção fixa em linha reta conforme atravessa um meio uniforme e muda de direção quando encontra a superfície de um meio diferente ou se as propriedades ópticas do meio são não uniformes no espaço ou no tempo. Em nosso estudo de óptica geométrica, aqui e no Capítulo 2 deste volume, utilizaremos o que é chamado **aproxi-**

mação de raio. Para compreender essa aproximação, note primeiro que os raios de uma determinada onda são linhas retas, perpendiculares às frentes de onda, como ilustrado na Figura 1.3, para uma onda plana. Na aproximação de raio, uma onda que se move por um meio se propaga em linha reta na direção de seus raios.

Se a onda atingir uma barreira na qual haja uma abertura circular cujo diâmetro seja muito maior que o comprimento de onda, como na Figura 1.4a, a onda que emerge da abertura continua a se mover em linha reta (a não ser por alguns pequenos efeitos de borda); assim, a aproximação de raio é válida. Se o diâmetro da abertura estiver na ordem do comprimento de onda, como na Figura 1.4b, as ondas se espalham da abertura em todas as direções. Este efeito, chamado *difração*, será estudado no Capítulo 3 deste volume. Finalmente, se a abertura for muito menor que o comprimento de onda, pode ser aproximada como uma fonte pontual de ondas, como mostrado na Fig. 1.4c.

Casos semelhantes são vistos quando ondas encontram um corpo opaco de dimensão d. Neste caso, quando $\lambda \ll d$, o corpo imprime uma sombra acentuada. A aproximação de raio e a suposição de que $\lambda \ll d$ serão utilizadas neste e no Capítulo 2, ambos lidando com óptica geométrica. Essa aproximação é muito eficiente para o estudo de espelhos, lentes, prismas e instrumentos ópticos associados, como telescópios, câmeras e óculos.

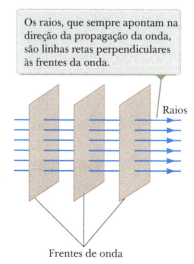

Figura 1.3 Onda plana propagando-se à direita.

1.4 Modelo de análise: onda sob reflexão

Apresentamos o conceito de reflexão de ondas em uma discussão sobre ondas nas cordas na Seção 2.4 do Volume 2. Assim como ondas nas cordas, quando um raio que percorre um meio encontra um limite com outro meio, parte da luz incidente é refletida. Para ondas em uma corda unidimensional, a onda refletida deve necessariamente estar restrita a uma direção ao longo da corda. Para ondas de luz que se propagam no espaço tridimensional, nenhuma restrição do tipo se aplica e as ondas de luz refletidas podem estar em direções diferentes da direção das ondas incidentes. A Figura 1.5a mostra vários raios de um feixe de luz incidente em uma superfície lisa, espelhada, reflexiva. Os raios refletidos estão paralelos uns aos outros, como indicado na figura. A direção de um raio refletido está no plano perpendicular à superfície reflexiva, que contém o raio incidente. A reflexão da luz dessa superfície lisa é chamada **reflexão especular**. Se a superfície reflexiva for irregular, como na Figura 1.5b, a superfície reflete os raios não somente como um conjunto paralelo, mas em várias direções. A reflexão de qualquer superfície irregular é conhecida como **reflexão difusa**. Uma superfície comporta-se como uma superfície lisa enquanto as variações da superfície forem muito menores que o comprimento de onda da luz incidente.

A diferença entre esses dois tipos de reflexão explica por que é mais difícil enxergar ao dirigir em uma noite chuvosa que em uma noite seca. Se a estrada estiver molhada, a superfície lisa da água reflete especularmente a maior parte dos feixes do farol para fora do seu carro (e provavelmente para os olhos dos motoristas que estão vindo na direção contrária). Quando a estrada está seca, sua superfície irregular reflete de modo difuso parte do feixe do seu farol de volta para

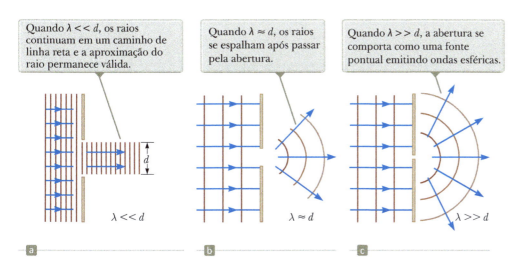

Figura 1.4 Uma onda plana de comprimento λ está incidindo em uma barreira na qual há uma abertura de diâmetro d.

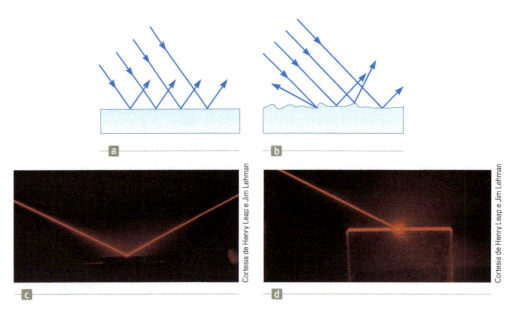

Figura 1.5 Representação esquemática (a) da reflexão especular, na qual os raios refletidos estão todos paralelos uns em relação aos outros e (b) da reflexão difusa, na qual os raios refletidos se propagam em direções aleatórias.

você, permitindo que veja a estrada mais claramente. O espelho do seu banheiro exibe reflexão especular, enquanto a luz que se reflete desta página experimenta reflexão difusa. Neste livro, restringimos nossos estudos à reflexão especular, à qual nos referiremos como *reflexão*.

Considere um raio de luz propagando-se no ar e incidente em um ângulo em uma superfície chata e lisa, como mostrado na Figura 1.6. Os raios incidente e refletido formam ângulos θ_1 e θ_1', respectivamente, medidos entre a normal e os raios (a normal é uma linha desenhada perpendicularmente à superfície em um ponto onde o raio incidente atinge a superfície). Experimentos e teoria mostram que o ângulo de reflexão é igual ao ângulo de incidência:

Lei da reflexão ▶ $$\theta_1' = \theta_1 \tag{1.2}$$

Esta relação é chamada **lei da reflexão**. Como a reflexão de ondas na interface entre dois meios é um fenômeno comum, identificamos um modelo de análise para esta situação: a **onda sob reflexão**. A Equação 1.2 é a representação matemática deste modelo.

 Teste Rápido **1.1** Nos filmes, você às vezes vê um ator olhando para um espelho e pode ver seu rosto no espelho. Pode-se afirmar com certeza que, durante a filmagem dessa cena, o que o ator vê no espelho: **(a)** o rosto dele **(b)** seu rosto **(c)** o rosto do diretor **(d)** a câmera do filme **(e)** impossível determinar.

Prevenção de Armadilhas 1.1

Notação de subscrito
O subscrito 1 refere-se aos parâmetros para a luz no meio inicial. Quando a luz se propaga de um meio para outro, utilizamos o subscrito 2 para os parâmetros associados com a luz no novo meio. Nesta discussão, a luz fica no mesmo meio; então, somente podemos utilizar o subscrito 1.

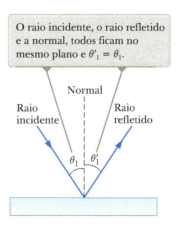

Figura 1.6 Modelo de onda sob reflexão.

Exemplo 1.2 — O raio de luz duplamente refletido MA

Dois espelhos formam um ângulo de 120° um em relação ao outro, como ilustrado na Figura 1.7a. Um raio é incidente no espelho M_1 a um ângulo de 65° em relação à normal. Encontre a direção do raio após ser refletido no espelho M_2.

SOLUÇÃO

Conceitualização A Figura 1.7a ajuda a conceitualizar esta situação. O raio incidente reflete no primeiro espelho, e o raio refletido é direcionado para o segundo espelho Portanto, há uma segunda reflexão no segundo espelho.

Categorização Como as interações com ambos os espelhos são simples reflexões, aplicamos a *onda no modelo de reflexão* e alguma geometria.

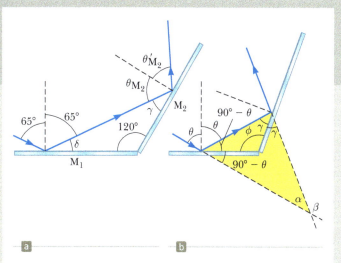

Figura 1.7 (Exemplo 1.2) (a) Os espelhos M_1 e M_2 formam um ângulo de 120° um em relação ao outro. (b) Geometria para um ângulo arbitrário do espelho.

Análise A partir da lei da reflexão, o primeiro raio refletido forma um ângulo de 65° com a normal.

Encontre o ângulo que o primeiro raio refletido forma com a horizontal:

$$\delta = 90° - 65° = 25°$$

A partir do triângulo formado pelo primeiro raio refletido e dos dois espelhos, encontre o ângulo que o raio refletido forma com M_2:

$$\gamma = 180° - 25° - 120° = 35°$$

Encontre o ângulo que o primeiro raio refletido forma com a normal a M_2:

$$\theta_{M_2} = 90° - 35° = 55°$$

A partir da lei de reflexão, encontre o ângulo que o segundo raio refletido forma com a normal a M_2:

$$\theta'_{M_2} = \theta_{M_2} = \boxed{55°}$$

Finalização Vamos explorar as variações no ângulo entre os espelhos como segue.

E SE? Se os raios de entrada e saída na Figura 1.7a forem expandidos atrás do espelho, eles se cruzam em um ângulo de 60° e a mudança geral na direção do raio de luz é de 120°. Esse ângulo é o mesmo que aquele entre os espelhos. E se o ângulo entre os espelhos for mudado? A mudança geral na direção do raio de luz é sempre igual ao ângulo entre os espelhos?

Resposta Fazer uma afirmação generalizada baseada em um dado pontual ou uma observação é sempre uma prática perigosa! Vamos investigar a mudança em direção a uma situação geral. A Figura 1.7b mostra os espelhos em um ângulo arbitrário ϕ e o raio de luz incidente que atinge o espelho em um ângulo arbitrário θ em relação à normal à superfície do espelho. De acordo com a lei da reflexão e a soma dos ângulos interiores de um triângulo, o ângulo γ é dado por $\gamma = 180° - (90° - \theta) - \phi = 90° + \theta - \phi$.

Considere o triângulo destacado em amarelo na Figura 1.7b e determine α:

$$\alpha + 2\gamma + 2(90° - \theta) = 180° \quad \rightarrow \quad \alpha = 2(\theta - \gamma)$$

Note, a partir da Figura 1.7b, que a mudança de direção do raio de luz é o ângulo β. Utilize a geometria na figura para resolver para β:

$$\beta = 180° - \alpha = 180° - 2(\theta - \gamma)$$
$$= 180° - 2[\theta - (90° + \theta - \phi)] = 360° - 2\phi$$

Note que β não é igual a ϕ. Para $\phi = 120°$, obtemos $\beta = 120°$, que é o mesmo que o ângulo do espelho; o que, entretanto, é verdade somente para este ângulo especial entre os espelhos. Por exemplo, se $\phi = 90°$, obtemos $\beta = 180°$. Neste caso, a luz é refletida direto de volta para sua origem.

Se o ângulo entre dois espelhos for 90°, o feixe refletido retorna para a fonte paralela a seu caminho original, como discutido na seção **E se?** do exemplo anterior. Esse fenômeno, chamado *retrorreflexão*, tem várias aplicações práticas. Se um terceiro espelho for posicionado perpendicularmente aos dois primeiros, de modo que os três formem o vértice de um cubo, a retrorreflexão funciona em três dimensões. Em 1969, um painel de vários refletores pequenos foi colocado na Lua pelos astronautas da *Apollo 11* (Fig. 1.8a). Um feixe de laser da Terra foi refletido diretamente em si mesmo e seu tempo de tráfego foi medido. Essa informação foi utilizada para determinar a distância até a Lua com uma imprecisão de 15 cm (imagine a dificuldade de alinhar um espelho plano regular de modo que o laser refletido atingisse um local específico na Terra!). Uma aplicação mais rotineira pode ser vista nos faróis traseiros de automóveis. Parte do plástico que compõe o farol traseiro é formada por vários vértices cúbicos minúsculos (Fig. 1.8b), fazendo com que os feixes dos faróis dianteiros que se aproximam da traseira sejam refletidos de volta para os motoristas. Em vez de vértices cúbicos, pequenas e claras esferas são às vezes utilizadas (Fig. 1.8c), feitas de um material de revestimento encontrado em várias placas rodoviárias. Devido à retrorreflexão dessas esferas, o sinal de parar na Figura 1.8d parece ser muito mais brilhante do que se fosse simplesmente uma superfície plana e brilhante. Os retrorrefletores também são utilizados para painéis reflexivos em tênis e roupas de corrida, permitindo assim que os praticantes possam ser vistos à noite.

Outra aplicação prática da lei da reflexão é a projeção digital de filmes, programas de televisão e apresentações de computador. Um projetor digital utiliza um chip semicondutor óptico chamado *dispositivo digital de microespelhos*. Esse dispositivo contém uma série de espelhos minúsculos (Fig. 1.9a) que podem ser acionados individualmente por meio de sinais a um eletrodo endereçado abaixo do vértice do espelho. Cada espelho corresponde a um pixel na imagem projetada. Quando o pixel correspondente a um espelho específico está brilhante, encontra-se na posição "ligado" e orientado para refletir luz de uma fonte que ilumina a série para a tela (Fig. 1.9b). Quando o pixel para esse espelho estiver escuro, o espelho está desligado e é ativado de modo que a luz seja refletida para fora da tela. O brilho do pixel é determinado pelo intervalo total de tempo durante o qual o espelho está na posição desligado durante a exibição da imagem.

Projetores digitais de filmes utilizam três dispositivos de microespelho, um para cada uma das cores primárias – vermelho, azul e verde –, de modo que possam ser exibidos com até 35 trilhões de cores. Como as informações são armazenadas como dados binários, um filme digital não se degrada com o tempo como acontece com os tradicionais. Além do mais, como o filme está inteiramente na forma de software de computador, pode ser fornecido a cinemas por meio de satélites, discos ópticos ou redes de fibra óptica.

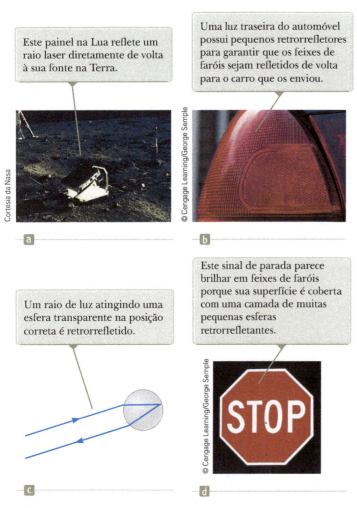

Figura 1.8 Aplicações de retrorreflexão.

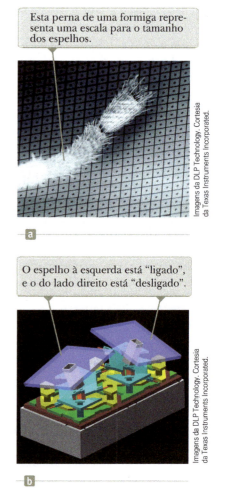

Figura 1.9 (a) Uma série de espelhos na superfície de um dispositivo digital de microespelho. Cada espelho tem uma área de aproximadamente 16 mm².
(b) Uma visão em close de dois microespelhos isolados.

Modelo de Análise — Ondas sob reflexão

Imagine uma onda (eletromagnética ou mecânica) percorrendo o espaço e atingindo uma superfície plana em um ângulo θ_1 em relação à normal para a superfície. A onda refletirá a partir da superfície em uma direção descrita pela **lei de reflexão** – o ângulo de reflexão θ_1' é igual ao ângulo de incidência θ_1:

$$\theta_1' = \theta_1 \qquad (1.2)$$

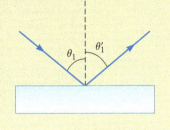

Exemplos:
- ondas sonoras emitidas por uma orquestra refletem a partir da concha acústica para a plateia
- um espelho é utilizado para desviar um raio laser durante um show de luz laser
- o espelho de seu banheiro reflete a luz de seu rosto novamente para você a fim de formar uma imagem de seu rosto (Capítulo 2)
- raios X refletidos a partir de um material cristalino criam um padrão óptico que pode ser utilizado para entender a estrutura do sólido (Capítulo 4)

1.5 Modelo de análise: onda sob refração

Além do fenômeno de reflexão discutido para ondas em cordas na Seção 2.4 do Volume 2, também descobrimos que uma parte da energia da onda incidente se transmite no novo meio. Por exemplo, considere as Figuras 2.15 e 2.16 do volume 2, em que o pulso em uma corda que se aproxima de uma junção com outra corda, reflete e transmite para além da junção e para a segunda corda. Do mesmo modo, quando um raio de luz que se propaga por um meio transparente encontra um limite que leva a outro meio transparente, como mostrado na Figura 1.10, parte da energia é refletida e parte entra no segundo meio. Assim como com a reflexão, a direção da onda transmitida tem um comportamento interessante devido à natureza tridimensional das ondas de luz. O raio que entra no segundo meio muda sua direção de propagação no limite e é considerado **refratado**. Os raios incidente, refletido e refratado ficam todos no mesmo plano. O **ângulo de refração**, θ_2, na Figura 1.10a, depende das propriedades dos dois meios e do ângulo de incidência θ_1 na relação

$$\frac{\operatorname{sen}\theta_2}{\operatorname{sen}\theta_1} = \frac{v_2}{v_1} \qquad (1.3)$$

onde v_1 é a velocidade da luz no primeiro meio e v_2 é a velocidade da luz no segundo meio.

O caminho de um raio de luz em uma superfície refratária é reversível. Por exemplo, o raio mostrado na Figura 1.10a propaga-se do ponto A ao ponto B. Se o raio se originasse em B, ele se propagaria ao longo da linha BA para atingir o ponto A e o raio refletido apontaria para baixo e à esquerda no vidro.

> **Teste Rápido 1.2** Se o feixe ① for o feixe recebido na Figura 1.10b, quais das outras quatro linhas vermelhas são feixes refletidos e quais são feixes refratados?

A partir da Equação 1.3, podemos inferir que, quando a luz se propaga de um material cuja velocidade é alta para um material cuja velocidade é mais baixa, como mostrado na Figura 1.11a, o ângulo de refração θ_2 é inferior ao ângulo de incidência θ_1 e o raio é inclinado *em direção* à normal. Se o raio se move de um material em que a luz se move lentamente para um material em que ela se move mais rapidamente, como ilustrado na Figura 1.11b, então θ_2 é maior que θ_1 e o raio é inclinado *em direção oposta* à normal.

O comportamento da luz conforme ela passa do ar para outra substância e depois reemerge no ar é geralmente uma fonte de confusão para os estudantes. Quando a luz se propaga no ar, sua velocidade é $3{,}00 \times 10^8$ m/s, mas esta é reduzida para aproximadamente 2×10^8 m/s quando a luz entra em um bloco de vidro. Quando a luz reemerge no ar, sua velocidade aumenta instantaneamente para seu valor original de $3{,}00 \times 10^8$ m/s. Este efeito é bem diferente do que acontece, por exemplo, quando uma bala é disparada através de um

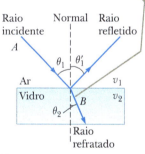

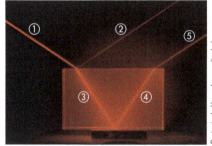

Figura 1.10 (a) Onda no modelo de refração. (b) **A luz incidente no bloco de Lucite** refrata tanto quando entra no bloco como quando sai.

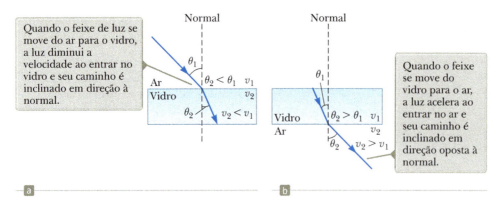

Figura 1.11 A refração da luz conforme (a) se move do ar para o vidro e (b) do vidro para o ar.

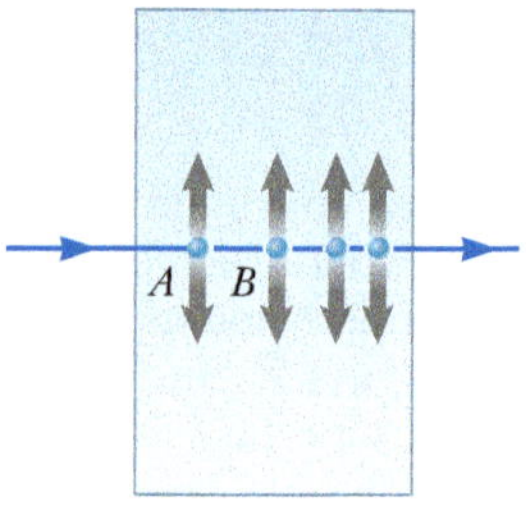

Figura 1.12 Luz passando de um átomo para outro em um meio. As esferas azuis são elétrons e as setas verticais representam suas oscilações.

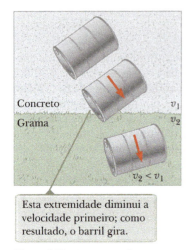

Figura 1.13 Vista aérea de um barril rolando do concreto para a grama.

bloco de madeira. Neste caso, a velocidade da bala diminui conforme se move pela madeira, porque uma parte de sua energia original é utilizada para separar as fibras da madeira. Quando a bala entra no ar novamente, emerge a uma velocidade menor que quando entrou.

Para ver por que a luz se comporta desta forma, considere a Figura 1.12, que representa um feixe de luz que entra em uma placa de vidro da esquerda. Uma vez dentro do vidro, a luz pode encontrar um elétron ligado a um átomo, indicado como ponto A. Vamos supor que a luz seja absorvida pelo átomo, o que faz com que o elétron oscile (um detalhe representado pelas setas verticais de duas cabeças). O elétron oscilante, então, atua como uma antena e irradia o feixe de luz em direção a um átomo de B, onde a luz é absorvida mais uma vez. Os detalhes dessas absorções e radiações são mais bem explicados em termos da Mecânica Quântica (Capítulo 8 deste volume). No momento, é suficiente pensar na luz que passa de um átomo para outro pelo vidro. Embora a luz se propague de um átomo para outro a $3,00 \times 10^8$ m/s, a absorção e radiação que acontecem fazem com que a velocidade *média* da luz no material caia para aproximadamente 2×10^8 m/s. Uma vez que a luz emerge no ar, a absorção e a radiação param e a luz se propaga a uma velocidade constante de $3,00 \times 10^8$ m/s.

Um análogo mecânico da refração é mostrado na Figura 1.13. Quando a extremidade esquerda do barril rolando atinge a grama, ela diminui a velocidade, enquanto a extremidade direita permanece no concreto e se move em sua velocidade original. Essa diferença nas velocidades faz com que o barril rode sobre o eixo, o que muda a direção do percurso.

Índice de refração

Em geral, a velocidade da luz em qualquer material é *inferior* à sua velocidade no vácuo. Na verdade, *a luz se propaga com sua velocidade máxima c no vácuo*. É conveniente definir o **índice de refração** n de um meio como sendo a relação

$$n \equiv \frac{\text{velocidade da luz no vácuo}}{\text{velocidade da luz em um meio}} \equiv \frac{c}{v} \quad (1.4)$$

◀ **Índice de refração**

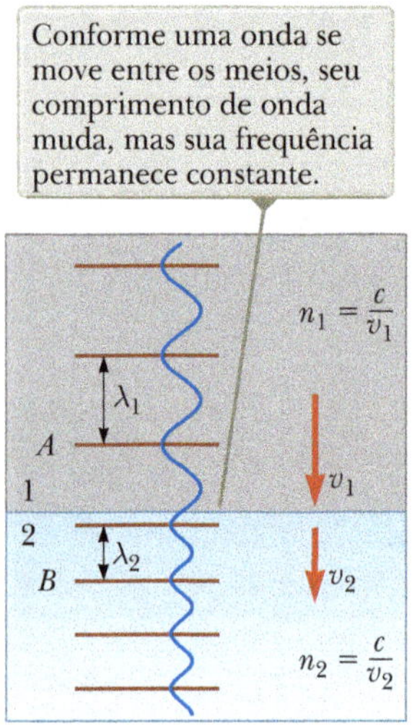

Essa definição mostra que o índice de refração é um número adimensional maior que a unidade, porque v é sempre menor que c. Além do mais, n é igual à unidade para o vácuo. Os índices de refração para várias substâncias estão listados na Tabela 1.1.

Conforme a luz se propaga de um meio para outro, sua frequência não muda, mas seu comprimento de onda sim. Para verificar o que é verdadeiro, considere a Figura 1.14. Ondas passam por um observador no ponto A no meio 1 com uma certa frequência e são incidentes no limite entre os meios 1 e 2. A frequência com a qual as ondas passam por um

Figura 1.14 Uma onda se propaga do meio 1 para o meio 2, no qual se move com velocidade inferior.

Prevenção de Armadilhas 1.2
Uma relação inversa
O índice de refração é *inversamente* proporcional à velocidade da onda. Conforme a velocidade v da onda diminui, o índice de refração n aumenta. Portanto, quanto maior o índice de refração de um material, mais ele *diminui a velocidade* da luz a partir da velocidade do vácuo. Quanto mais a velocidade da luz diminui, mais θ_2 difere de θ_1 na Equação 1.8.

Natureza da luz e princípios da óptica geométrica **11**

TABELA 1.1	Índices de refração			
Substância	Índice de refração	Substância	Índice de refração
Sólidos a 20 °C		*Líquidos a 20 °C*	
Zircônia cúbica	2,20	Benzeno	1,501
Diamante (C)	2,419	Dissulfeto de carbono	1,628
Fluoreto (CaF$_2$)	1,434	Tetracloreto de carbono	1,461
Quartzo fundido (SiO$_2$)	1,458	Álcool etílico	1,361
Fosfeto de gálio	3,50	Glicerina	1,473
Vidro, janela	1,52	Água	1,333
Vidro, sílex	1,66		
Gelo (H$_2$O)	1,309	*Gases a 0 °C, 1 atm*	
Poliestireno	1,49	Ar	1,000293
Cloreto de sódio (NaCI)	1,544	Dióxido de carbono	1,00045

Observação: Todos os valores são para luz com comprimento de onda de 589 nm no vácuo.

observador no ponto B no meio 2 deve ser igual àquela quando passam pelo ponto A. Se não fosse este o caso, a energia estaria se acumulando ou desaparecendo no limite. Como não há mecanismo para que isso ocorra, a frequência deve ser uma constante conforme um raio de luz passa de um meio para outro. Portanto, como a relação $v = \lambda f$ (Eq. 2.12 do Volume 2) deve ser válida em ambos os meios e como $f_1 = f_2 = f$, temos que

$$v_1 = \lambda_1 f \quad \text{e} \quad v_2 = \lambda_2 f \qquad \text{(1.5)}$$

Como $v_1 \neq v_2$, temos que $\lambda_1 \neq \lambda_2$, como mostrado na Figura 1.14.

Podemos obter uma relação entre índice de refração e comprimento de onda ao dividir a primeira Equação 1.5 pela segunda e utilizando, depois, a Equação 1.4:

$$\frac{\lambda_1}{\lambda_2} = \frac{v_1}{v_2} = \frac{c/n_1}{c/n_2} = \frac{n_2}{n_1} \qquad \text{(1.6)}$$

Esta expressão resulta em

$$\lambda_1 n_1 = \lambda_2 n_2$$

Se o meio 1 é o vácuo ou, para todos os fins práticos, ar, então $n_1 = 1$. Assim, temos, a partir da Equação 1.6, que o índice de refração de qualquer meio pode ser expresso como a relação

$$n = \frac{\lambda}{\lambda_n} \qquad \text{(1.7)}$$

onde λ é o comprimento de onda da luz no vácuo e λ_n é o comprimento de onda da luz no meio cujo índice de refração é n. A partir da Equação 1.7, vemos isso porque $n > 1$, $\lambda_n < \lambda$.

Estamos agora em posição para expressar a Equação 1.3 de forma alternativa. Ao substituir o termo v_2/v_1 na Equação 1.3 por n_1/n_2 da Equação 1.6, temos

> **Prevenção de Armadilhas 1.3**
>
> ***n* não é um inteiro aqui**
> O símbolo n tem sido utilizado diversas vezes como um inteiro, como no Capítulo 4 do Volume 2, para indicar o modo de onda estacionária em uma corda ou em uma coluna de ar. O índice de refração n *não* é um inteiro.

$$n_1 \operatorname{sen} \theta_1 = n_2 \operatorname{sen} \theta_2 \qquad \text{(1.8)} \quad \blacktriangleleft \text{ Lei da refração de Snell}$$

A descoberta experimental desta relação é geralmente creditada a Willebrord Snell (1591-1626), sendo, portanto, conhecida como **lei da refração de Snell**. Examinaremos essa equação adiante, na Seção 1.6. A refração das ondas em uma interface entre dois meios é fenômeno comum e por isso identificamos um modelo de análise para essa situação: a **onda sob refração**. A Equação 1.8 é a representação matemática desse modelo de radiação eletromagnética. Outras ondas, como sísmicas e sonoras, também têm refração de acordo com esse modelo e a representação matemática para essas ondas é a Equação 1.3.

Teste Rápido **1.3** A luz passa de um material com índice de refração 1,3 para outro com índice de refração 1,2. Comparando com o raio incidente, o que acontece com o raio refratado? **(a)** Inclina-se em direção à normal. **(b)** Não é desviado. **(c)** Inclina-se em direção contrária à normal.

Modelo de Análise — Onda sob reflexão

Imagine uma onda (eletromagnética ou mecânica) percorrendo o espaço e atingindo uma superfície plana em um ângulo θ_1 em relação ao normal para a superfície. Parte da energia da onda é refratada para o meio, abaixo da superfície, na direção θ_2 descrita pela **lei da refração** –

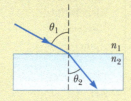

$$\frac{\operatorname{sen}\theta_2}{\operatorname{sen}\theta_1} = \frac{v_2}{v_1} \qquad (1.3)$$

onde v_1 e v_2 são as velocidades da onda nos meios 1 e 2, respectivamente. Para ondas de luz, a lei de refração, de Snell, estabelece que

$$n_1 \operatorname{sen}\theta_1 = n_2 \operatorname{sen}\theta_2 \qquad (1.8)$$

onde n_1 e n_2 são os índices de refração nos dois meios.

Exemplos:

- ondas sonoras se movendo para cima, a partir da beira de um lago, que se refratam em camadas de ar superiores mais quentes, acima do lago, e percorrem para baixo chegando até um ouvinte que está em um barco e soam, na beira do lago, mais baixo do que o esperado
- a luz do céu se aproxima de uma estrada movimentada, em um ângulo próximo do solo, e refrata para cima saindo da estrada e incidindo nos olhos de um motorista, dando a ilusão de uma piscina de água distante na estrada
- a luz é enviada por longas distâncias em uma fibra óptica por causa de uma diferença no índice de refração entre a fibra e o material circundante (Seção 1.8 deste volume)
- uma lupa forma uma imagem ampliada de um selo devido à refração da luz através de suas lentes (Capítulo 2 deste volume)

Exemplo **1.3** Ângulo de refração para o vidro [MA]

Um raio de luz de comprimento de onda de 589 nm, propagando-se pelo ar, é incidente em uma placa de vidro de janela liso em um ângulo de 30,0° em relação à normal.

(A) Encontre o ângulo de refração.

SOLUÇÃO

Conceitualização Estude a Figura 1.11a, que ilustra o processo de refração que ocorre neste problema. Esperamos $\theta_2 < \theta_1$ porque a velocidade da luz é menor no vidro.

Categorização Este é um problema típico no qual aplicamos o modelo de *onda sob refração*.

Análise Redisponha a lei da refração de Snell para encontrar sen θ_2:

$$\operatorname{sen}\theta_2 = \frac{n_1}{n_2} \operatorname{sen}\theta_1$$

Resolva para θ_2:

$$\theta_2 = \operatorname{sen}^{-1}\left(\frac{n_1}{n_2} \operatorname{sen}\theta_1\right)$$

Substitua os índices de refração da Tabela 1.1 e o ângulo incidente:

$$\theta_2 = \operatorname{sen}^{-1}\left(\frac{1,00}{1,52} \operatorname{sen} 30,0°\right) = \boxed{19,2°}$$

(B) Encontre a velocidade dessa luz quando ela entra no vidro.

Resolva a Equação 1.4 quanto à velocidade da luz no vidro:

$$v = \frac{c}{n}$$

Substitua os valores numéricos:

$$v = \frac{3,00 \times 10^8 \,\mathrm{m/s}}{1,52} = \boxed{1,97 \times 10^8 \,\mathrm{m/s}}$$

continua

1.3 cont.

(C) Qual é o comprimento de onda dessa luz no vidro?

SOLUÇÃO

Utilize a Equação 1.7 para encontrar o comprimento de onda no vidro:

$$\lambda_n = \frac{\lambda}{n} = \frac{589\,\text{nm}}{1{,}52} = \boxed{388\,\text{nm}}$$

Finalização Na parte (A), observe que $\theta_2 < \theta_1$, consistente com a menor velocidade da luz, determinada na parte (B). Na parte (C), vemos que o comprimento de onda da luz é menor no vidro do que no ar.

Exemplo 1.4 — Luz passando por uma placa MA

Um feixe de luz passa do meio 1 para o 2, este último uma placa espessa de material cujo índice de refração é n_2 (Fig. 1.15). Mostre que o feixe emergindo no meio 1 do outro lado está paralelo ao feixe incidente.

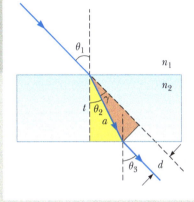

Figura 1.15 (Exemplo 1.4) A linha pontilhada desenhada paralelamente ao raio que sai da parte inferior da placa representa o caminho que a luz percorreria se a placa não estivesse lá.

SOLUÇÃO

Conceitualização Siga o caminho do feixe de luz conforme ele entra e sai da placa de material na Figura 1.15, onde supomos que $n_2 > n_1$. O raio inclina-se em direção à normal ao entrar, e em direção oposta à normal ao sair.

Categorização Como o Exemplo 1.3 deste volume, este é outro típico problema no qual aplicamos o modelo de *onda sob refração*.

Aplique a lei da refração de Snell para a superfície superior:

(1) $\operatorname{sen}\theta_2 = \dfrac{n_1}{n_2}\operatorname{sen}\theta_1$

Análise Aplique a lei de Snell para a superfície inferior:

(2) $\operatorname{sen}\theta_3 = \dfrac{n_2}{n_1}\operatorname{sen}\theta_2$

Substitua a Equação (1) na (2):

$\operatorname{sen}\theta_3 = \dfrac{n_2}{n_1}\left(\dfrac{n_1}{n_2}\operatorname{sen}\theta_1\right) = \operatorname{sen}\theta_1$

Finalização Portanto, $\theta_3 = \theta_1$, e a placa não altera a direção do feixe. E, por outro lado, desvia o feixe paralelo a si mesma pela distância d mostrada na Figura 1.15.

E SE? E se a espessura da placa for dobrada? A distância de desvio d também dobra?

Resposta Considere a região do caminho de luz na placa na Figura 1.15. A distância a é a hipotenusa de dois triângulos retângulos.

Encontre uma expressão para a a partir do triângulo amarelo:

$a = \dfrac{t}{\cos\theta_2}$

Encontre uma expressão para d a partir do triângulo vermelho:

$d = a\operatorname{sen}\gamma = a\operatorname{sen}(\theta_1 - \theta_2)$

Combine essas equações:

$d = \dfrac{t}{\cos\theta_2}\operatorname{sen}(\theta_1 - \theta_2)$

Para um ângulo incidente dado θ_1, o ângulo refratado θ_2 é determinado somente pelo índice de refração; então, a distância de desvio d é proporcional a t. Se a espessura dobrar, a distância de desvio também dobra.

No Exemplo 1.4, a luz passa pela placa de material com lados paralelos. O que acontece quando a luz atinge um prisma com lados não paralelos, como mostrado na Figura 1.16? Neste caso, o raio emergente não se propaga na mesma direção que o incidente. Um raio de luz de comprimento de onda único incidente no prisma da esquerda emerge no ângulo δ em relação à sua direção original de percurso. Este ângulo δ é chamado **ângulo de desvio**. O **ângulo do ápice** Φ do prisma, mostrado na figura, é definido como aquele entre a superfície na qual a luz entra no prisma e a segunda superfície que a luz encontra.

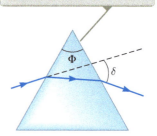

O ângulo do ápice Φ é o ângulo entre os lados do prisma, através do qual a luz incide e sai.

Figura 1.16 Um prisma refrata um raio de luz de comprimento de onda único por um ângulo de desvio δ.

Exemplo 1.5 — Medição de *n* utilizando um prisma MA

Embora não provemos isto aqui, o ângulo mínimo de desvio $\delta_{mín}$ para um prisma ocorre quando o ângulo de incidência θ_1 é tal que o raio refratado dentro do prisma forma o mesmo ângulo com a normal em relação às duas faces do prisma,[1] como mostrado na Figura 1.17. Obtenha uma expressão para o índice de refração do material do prisma em termos do ângulo mínimo de desvio e do ângulo Φ.

SOLUÇÃO

Conceitualização Estude a Figura 1.17 com cuidado e certifique-se de que você compreende por que o raio de luz sai do prisma propagando-se em uma direção diferente.

Categorização Neste exemplo, a luz entra em um material por uma superfície e sai em outra. Vamos aplicar o modelo de onda sob refração à luz que passa pelo prisma.

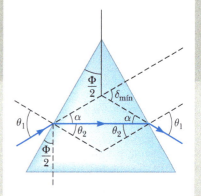

Figura 1.17 (Exemplo 1.5) Um raio de luz passando por um prisma no ângulo mínimo de desvio $\delta_{mín}$.

Análise Considere a geometria na Figura 1.17, em que utilizamos a simetria para nomear diversos ângulos. A reprodução do ângulo $\Phi/2$ no local do raio de luz incidente mostra que $\theta_2 = \Phi/2$. O teorema que diz que um ângulo exterior de qualquer triângulo é igual à soma dos dois ângulos interiores opostos mostra que $\delta_{mín} = 2\alpha$. A geometria também mostra que $\theta_1 = \theta_2 + \alpha$.

Combine esses três resultados geométricos:
$$\theta_1 = \theta_2 + \alpha = \frac{\Phi}{2} + \frac{\delta_{mín}}{2} = \frac{\Phi + \delta_{mín}}{2}$$

Aplique o modelo de onda sob refração na superfície esquerda e resolva para n:
$$(1,00)\,\mathrm{sen}\,\theta_1 = n\,\mathrm{sen}\,\theta_2 \quad \to \quad n = \frac{\mathrm{sen}\,\theta_1}{\mathrm{sen}\,\theta_2}$$

Substitua para os ângulos incidentes e refratados:
$$n = \frac{\mathrm{sen}\left(\dfrac{\Phi + \delta_{mín}}{2}\right)}{\mathrm{sen}(\Phi/2)} \tag{1.9}$$

Finalização Conhecendo o ângulo de vértice Φ do prisma e medindo $\delta_{mín}$, você pode calcular o índice de refração do material do prisma. Além do mais, um prisma oco pode ser utilizado para determinar os valores de n para vários líquidos que o preencham.

1.6 Princípio de Huygens

As leis de reflexão e refração foram formuladas, neste capítulo, sem provas. Nesta seção, desenvolveremos essas leis utilizando um método geométrico proposto por Huygens em 1678. **Princípio de Huygens** é uma construção geométrica para utilizar o conhecimento de uma frente de onda anterior a fim de determinar a posição de uma nova frente de onda em um instante:

---
[1] Os detalhes desta prova estão disponíveis em textos sobre óptica.

> Todos os pontos de uma dada frente de onda são supostos como fontes pontuais para a produção de ondas esféricas secundárias, chamadas ondinhas, que se propagam na direção externa por um meio com velocidades características de onda naquele meio. Após um intervalo de tempo ter passado, a nova posição da frente de onda é a superfície que tange as ondinhas.

Primeiro, considere uma onda plana movendo-se pelo espaço livre, como mostrado na Figura 1.18a. Em $t = 0$, a frente de onda é indicada pelo plano nomeado AA'. Na construção de Huygens, cada ponto nessa frente de onda é considerado uma fonte pontual. Por razões de clareza, somente três fontes pontuais em AA' são mostradas. Com essas fontes para as ondinhas, desenhamos arcos circulares, cada um de raio $c\,\Delta t$, onde c é a velocidade da luz no vácuo e Δt, um intervalo de tempo durante o qual a onda se propaga. A superfície desenhada tangente a essas ondinhas é o plano BB', que é a frente de onda em um tempo posterior e está paralela a AA'. De modo semelhante, a Figura 1.18b mostra a construção de Huygens para uma onda esférica.

> **Prevenção de Armadilhas 1.4**
> **Qual é o uso do princípio de Huygens?**
> Neste ponto, a importância do princípio de Huygens pode não estar evidente. A previsão da posição de uma frente de onda futura pode não parecer muito crítica. Utilizaremos o princípio de Huygens aqui a fim de gerar as leis de reflexão e refração em capítulos posteriores para explicar fenômenos adicionais de onda à luz.

Princípio de Huygens aplicado à reflexão e refração

Agora, derivaremos as leis da reflexão e da refração utilizando o princípio de Huygens.

Para a lei da reflexão, consulte a Figura 1.19. A linha AB representa uma frente de onda plana da luz incidente conforme o raio 1 atinge a superfície. Nesse instante, a onda em A envia uma ondinha de Huygens (que aparece em um tempo posterior como o arco circular marrom-claro que passa por D); a luz refletida forma um ângulo γ' com a superfície. Ao mesmo tempo, a onda em B emite uma ondinha de Huygens (o arco circular marrom-claro que passa por D), com a luz incidente formando um ângulo γ com a superfície. A Figura 1.19 mostra essas ondinhas após um intervalo de tempo Δt, após o qual o raio 2 atinge a superfície. Como os raios 1 e 2 se movem com a mesma velocidade, devemos ter $AD = BC = c\,\Delta t$.

O restante da nossa análise depende da geometria. Note que os dois triângulos ABC e ADC são congruentes porque têm a mesma hipotenusa AC e porque $AD = BC$. A Figura 1.19 mostra que

$$\cos\gamma = \frac{BC}{AC} \quad \text{e} \quad \cos\gamma' = \frac{AD}{AC}$$

onde $\gamma = 90° - \theta_1$ e $\gamma' = 90° - \theta_1'$. Como $AD = BC$,

$$\cos\gamma = \cos\gamma'$$

Portanto,

$$\gamma = \gamma'$$
$$90° - \theta_1 = 90° - \theta_1'$$

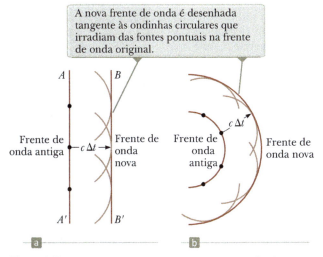

Figura 1.18 Construção de Huygens para (a) uma onda plana propagando-se para a direita e (b) uma onda esférica propagando-se para a direita.

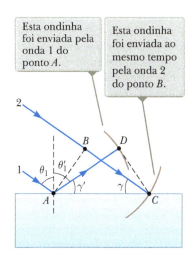

Figura 1.19 Construção de Huygens para provar a lei da reflexão.

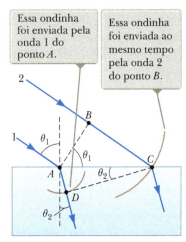

Figura 1.20 Construção de Huygens para provar a lei da refração de Snell.

e

$$\theta_1 = \theta_1'$$

que é a lei da reflexão.

Vamos utilizar, agora, o princípio de Huygens para derivar a lei da refração de Snell. Voltamos nossa atenção para o instante em que o raio 1 atinge a superfície e o intervalo de tempo subsequente até o raio 2 atingir a superfície, como na Figura 1.20. Durante esse intervalo de tempo, a onda em A envia uma ondinha de Huygens (o arco marrom-claro passando por D) e a luz refrata no material, formando um ângulo θ_2 com a normal à superfície. No mesmo intervalo de tempo, a onda em B envia uma ondinha de Huygens (o arco marrom-claro que passa por C) e a luz continua a se propagar na mesma direção. Como ambas as ondinhas percorrem meios diferentes, seus raios são diferentes. O raio da ondinha de A é $AD = v_2 \, \Delta t$, onde v_2 é a velocidade da luz no segundo meio. O raio da ondinha de B é $v_1 \, \Delta t$, onde v_1 é a velocidade da onda no meio original.

A partir dos triângulos ABC e ADC, temos que

$$\operatorname{sen} \theta_1 = \frac{BC}{AC} = \frac{v_1 \Delta t}{AC} \quad \text{e} \quad \operatorname{sen} \theta_2 = \frac{AD}{AC} = \frac{v_2 \Delta t}{AC}$$

Dividindo a primeira equação pela segunda, temos

$$\frac{\operatorname{sen} \theta_1}{\operatorname{sen} \theta_2} = \frac{v_1}{v_2}$$

A partir da Equação 1.4, contudo, sabemos que $v_1 = c/n_1$ e $v_2 = c/n_2$. Portanto,

$$\frac{\operatorname{sen} \theta_1}{\operatorname{sen} \theta_2} = \frac{c/n_1}{c/n_2} = \frac{n_1}{n_2}$$

e

$$n_1 \operatorname{sen} \theta_1 = n_2 \operatorname{sen} \theta_2$$

que é a lei da refração de Snell.

1.7 Dispersão

Uma propriedade importante do índice de refração n é que, para um dado material, o índice varia com o comprimento de onda da luz que passa pelo material, como mostra a Figura 1.21. Este comportamento é chamado **dispersão.** Como n é uma função do comprimento de onda, a lei da refração de Snell indica que a luz com comprimentos de onda diferentes é refratada em ângulos diferentes quando incidente em um material.

A Figura 1.21 mostra que o índice de refração geralmente diminui com o aumento do comprimento de onda. Por exemplo, a luz violeta refrata mais que a vermelha quando atravessa um material.

Suponha agora um feixe de *luz branca* (a combinação de todos os comprimentos de onda visíveis) incide em um prisma, como ilustrado na Figura 1.22. Claramente, o ângulo de desvio δ depende do comprimento de onda. Os raios que emergem se dividem em uma série de cores conhecida como **espectro visível.** Essas cores, em ordem decrescente de comprimento de onda, são: vermelho, laranja, amarelo, verde, azul e violeta. Newton mostrou que cada cor tem um ângulo específico de desvio e que elas podem ser recombinadas para formar a luz branca original.

A dispersão de luz no espectro é demonstrada mais vivamente na natureza na formação do arco-íris, que é geralmente visto por um observador posicionado entre o Sol e a chuva. Para compreender como um arco-íris é formado, considere a

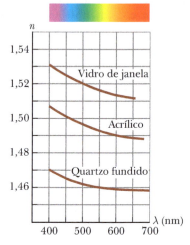

Figura 1.21 Variação do índice de refração no vácuo com o comprimento de onda para três materiais.

Figura 1.22 A luz branca entra em um prisma de vidro no lado superior esquerdo.

Natureza da luz e princípios da óptica geométrica 17

Figura 1.23. Nós precisaremos aplicar tanto o modelo de onda sob reflexão quanto o de onda sob refração. Um raio de luz solar (que é a luz branca) vindo de cima atinge uma gota de água na atmosfera e é refratado e refletido como se segue. É refratado primeiro na superfície frontal da gota, com a luz violeta desviando a maior parte e a vermelha, a menor parte. Na superfície traseira da gota, a luz é refletida e retorna à superfície frontal, onde mais uma vez sofre a refração conforme se move da água para o ar. Os raios saem da gota de modo que o ângulo entre a luz branca incidente e o raio violeta mais intenso que retorna é 40°, e o ângulo entre a luz branca incidente e o raio vermelho de retorno mais intenso é 42°. Essa pequena diferença angular entre os raios de retorno faz com que vejamos um arco colorido.

Suponha agora que um observador esteja vendo um arco-íris como o mostrado na Figura 1.24. Se uma gota de chuva no alto do céu estiver sendo observada, a luz vermelha mais intensa que retorna dela atinge o observador porque é desviada minimamente; a luz violeta mais intensa, entretanto, passa pelo observador porque é desviada maximamente. Assim, o observador vê luz vermelha saindo da gota. Do mesmo modo, uma gota mais abaixo no céu direciona a luz violeta mais intensa em direção ao observador, que agora parece violeta (a luz vermelha mais intensa dessa gota passa abaixo dos olhos do observador e não é vista). A luz mais intensa das outras cores do espectro atinge o observador das gotas de chuva que estão entre essas duas posições extremas.

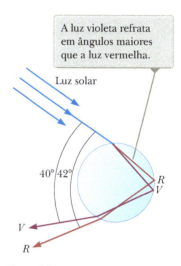

Figura 1.23 Caminho da luz solar por uma gota de chuva esférica. A luz que segue esse caminho contribui para o arco-íris visível.

A Figura 1.25 mostra um *arco-íris duplo*. O secundário é mais claro que o primário, e as cores estão invertidas. O arco-íris secundário surge da luz que forma dois reflexos na superfície interior antes de sair da gota de chuva. Em laboratório, foram observados arco-íris nos quais a luz forma mais de 30 reflexos antes de sair da gota de água. Como cada reflexo envolve alguma perda de luz devido à refração para fora da gota de água, a intensidade desses arco-íris de ordem mais alta é pequena comparada com a do arco-íris primário.

Teste Rápido **1.4** Em fotografia, as lentes de uma câmera utilizam a refração para formar uma imagem em uma superfície sensível à luz. Idealmente, você deseja que todas as cores na luz do corpo sejam fotografadas como sendo refratadas pela mesma quantidade. Dos materiais mostrados na Figura 1.21, quais você escolheria como uma lente de câmera de elemento único? **(a)** vidro de janela **(b)** acrílico **(c)** quartzo fundido **(d)** impossível determinar.

Prevenção de Armadilhas 1.5

Um arco-íris de vários raios de luz
Representações esquemáticas, como na Figura 1.23, estão sujeitas a interpretações equivocadas. A figura mostra um raio de luz incidindo na gota de chuva e sofrendo reflexão e refração, emergindo da gota de chuva numa faixa de 40° a 42° em relação ao raio incidente. Essa ilustração pode ser interpretada incorretamente como significando que *toda* luz que entra na gota de chuva sai nessa pequena faixa de ângulos. Na verdade, a luz sai da gota de chuva em uma faixa muito mais ampla de ângulos, de 0° a 42°. Uma análise cuidadosa da reflexão e da refração da gota de chuva esférica mostra que a faixa de 40° a 42° é onde a *luz de intensidade maior* sai da gota de chuva.

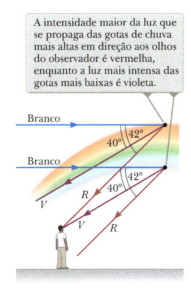

Figura 1.24 A formação de um arco-íris visto por um observador em pé com o Sol atrás de si.

Figura 1.25 Esta fotografia mostra um arco-íris secundário distinto com as cores invertidas.

1.8 Reflexão interna total

Um efeito interessante chamado **reflexão interna total** pode ocorrer quando a luz é direcionada de um meio com dado índice de refração em direção a outro com menor índice de refração. Considere a Figura 1.26a, na qual um raio de luz propaga-se no meio 1 e chega ao limite entre este e o meio 2, onde n_1 é superior a n_2. Na figura, os números de 1 a 5 indicam várias direções possíveis do raio consistente como modelo de onda sob refração. Os raios refratados são inclinados em relação à normal porque n_1 é superior a n_2. Em um ângulo específico de incidência θ_c, chamado **ângulo crítico**, o raio refratado de luz move-se paralelamente ao limite, de modo que $\theta_2 = 90°$ (Fig. 1.26b). Para ângulos de incidência superiores a θ_c, o raio está inteiramente refletido no limite, como mostrado pelo raio 5 na Figura 1.26a.

Podemos utilizar a lei da refração de Snell para encontrar o ângulo crítico. Quando $\theta_1 = \theta_c$, $\theta_2 = 90°$ e a Equação 1.8 resulta

$$n_1 \operatorname{sen} \theta_c = n_2 \operatorname{sen} 90° = n_2$$

$$\operatorname{sen} \theta_c = \frac{n_2}{n_1} \quad (\text{para } n_1 > n_2) \qquad (1.10)$$

◀ Ângulo crítico para reflexão interna total

Esta equação pode ser utilizada somente quando n_1 for superior a n_2. Isto é, a reflexão interna total ocorre somente quando a luz é direcionada de um meio com determinado índice de refração em direção a outro meio com índice de refração menor. Se n_1 fosse menor que n_2, a Equação 1.10 resultaria em sen $\theta_c > 1$, que é um resultado sem sentido, porque o seno de um ângulo nunca pode ser maior que a unidade.

O ângulo crítico para a reflexão interna total é pequeno quando n_1 é consideravelmente superior a n_2. Por exemplo, o ângulo crítico para um diamante no ar é 24°. Qualquer raio dentro do diamante que se aproximar da superfície a um ângulo superior a 24° é completamente refletido de volta nele. Essa propriedade, combinada com o facetamento apropriado, faz com que os diamantes brilhem. Os ângulos das facetas são cortados de modo que a luz seja "presa" dentro do cristal por várias reflexões internas. Essas reflexões múltiplas dão à luz um caminho longo pelo meio, ocorrendo assim uma dispersão substancial de cores. No momento em que a luz sai pela superfície superior do cristal, os raios associados com cores diferentes foram bem separados uns dos outros.

A zircônia cúbica também tem alto índice de refração e pode brilhar como um diamante. Se uma joia suspeita for imersa em xarope de milho, a diferença em n para a zircônia cúbica e para o xarope de milho é pequena e o ângulo crítico é, por isso, grande. Desse modo, mais raios escapam mais cedo e, como resultado, o brilho desaparece completamente. Um diamante verdadeiro não perde seu brilho quando colocado em xarope de milho.

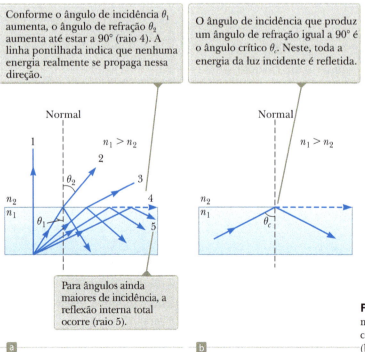

Figura 1.26 (a) Raios propagam-se de um meio com índice de refração n_1 para outro com índice de refração n_2, onde $n_2 < n_1$. (b) O raio 4 é descartado.

Teste Rápido 1.5 Na Figura 1.27, cinco raios de luz entram em um prisma de vidro pela esquerda. (i) Quantos desses raios vão sofrer reflexão interna total na superfície inclinada do prisma? (a) um (b) dois (c) três (d) quatro (e) cinco (ii) Suponha que o prisma na Figura 1.27 possa ser rotacionado no plano do papel. Para que *todos os cinco* raios sofram reflexão interna total na superfície inclinada, o prisma deve ser rotacionado (a) no sentido horário ou (b) no sentido anti-horário?

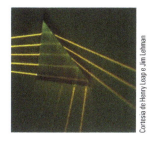

Figura 1.27 (Teste Rápido 1.5) Cinco raios de luz não paralelos entram num prisma de vidro pela esquerda.

Exemplo 1.6 — Uma visualização do olho do peixe

Encontre o ângulo crítico para um limite ar-água (suponha que o índice de refração da água seja 1,33).

SOLUÇÃO

Conceitualização Estude a Figura 1.26 para compreender o conceito de reflexão interna total e o significado de ângulo crítico.

Categorização Utilizamos conceitos desenvolvidos nesta seção; portanto, categorizamos este exemplo como um problema de substituição.

Aplique a Equação 1.10 para a interface ar-água:

$$\operatorname{sen}\theta_c = \frac{n_2}{n_1} = \frac{1,00}{1,33} = 0,752$$

$$\theta_c = \boxed{48,8°}$$

E SE? E, se um peixe numa lagoa de água parada olhar para cima em direção à superfície em diferentes ângulos relativos à superfície, como na Figura 1.28? O que ele verá?

Resposta Como o caminho de um raio de luz é reversível, a luz que se propaga do meio 2 para o 1 na Figura 1.26a segue os caminhos mostrados, mas na direção *oposta*. Um peixe olhando para cima em direção à superfície da água, como na Figura 1.28, pode ver para além da água se olhar em direção à superfície em um ângulo inferior ao crítico. Portanto, quando a linha de visão do peixe formar um ângulo de $\theta = 40°$ com a normal à superfície, por exemplo, a luz acima da água atinge seu olho. Em $\theta = 48,8°$, o ângulo crítico para a água, a luz tem que planar ao longo da superfície da água antes de ser refratada para o olho do peixe; neste ângulo, o peixe pode, em princípio, ver toda a margem da lagoa. Em ângulos superiores ao crítico, a luz que atinge o peixe chega por meio da reflexão interna total na superfície. Portanto, em $\theta = 60°$, ele vê uma reflexão do fundo da lagoa.

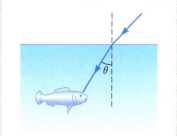

Figura 1.28 (Exemplo 1.6) E se? Um peixe olha para cima em direção à superfície da água.

Fibras ópticas

Outra aplicação interessante da reflexão interna total é o uso de hastes de vidro ou plástico transparente para "encanar" a luz de um local para outro. Como indicado na Figura 1.29, a luz está confinada propagando-se em uma haste, mesmo ao redor de curvas, como resultado das sucessivas reflexões internas totais. Esse tubo de luz é flexível se fibras finas forem utilizadas em vez de hastes espessas. Um tubo flexível de luz é chamado **fibra óptica**. Se um pacote de fibras paralelas for utilizado para construir uma linha de transmissão óptica, as imagens podem ser transferidas de um ponto para outro. Parte do Prêmio Nobel de Física de 2009 foi concedida a Charles K. Kao (1933-) por sua descoberta de como transmitir sinais de luz por longas distâncias por fibras de vidro finas. Essa descoberta levou ao desenvolvimento de uma grande indústria conhecida como *fibra óptica*.

Figura 1.29 A luz propaga-se em uma haste transparente curvada por múltiplas reflexões internas.

Uma fibra óptica prática consiste de um núcleo transparente cercado por um *revestimento*, um material que tem índice de refração mais baixo que o núcleo. A combinação pode ser cercada por uma *cobertura* plástica a fim de prevenir danos mecânicos. A Figura 1.30 mostra uma visualização seccionada dessa construção. Como o índice de refração do revestimento é inferior ao do núcleo, a luz que percorre o núcleo sofre reflexão interna total se chegar na interface entre o núcleo e o revestimento em um ângulo de incidência que excede o crítico. Neste caso, a luz "pula" ao longo do núcleo da fibra óptica, perdendo muito pouco de sua intensidade conforme se propaga.

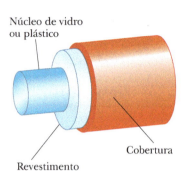

Figura 1.30 Construção de uma fibra óptica. A luz propaga-se no núcleo, que é cercado por um revestimento e uma cobertura protetora.

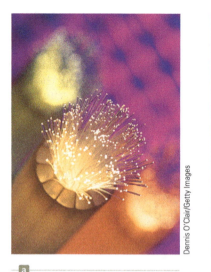
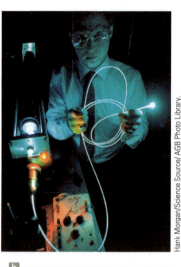

Figura 1.31 (a) Fios de fibras ópticas de vidro são utilizados para transportar sinais de voz, vídeo e dados em redes de telecomunicações. (b) Um conjunto de fibras ópticas é iluminado por um laser.

Qualquer perda de intensidade em uma fibra óptica se deve essencialmente às reflexões das duas extremidades e à absorção do material da fibra. Dispositivos de fibra óptica são especialmente úteis para visualizar um corpo em locais inacessíveis. Por exemplo, médicos frequentemente utilizam esses dispositivos para examinar órgãos internos do corpo ou fazer cirurgias sem grandes incisões. Os cabos de fibra óptica estão substituindo a fiação de cobre e cabos coaxiais nas telecomunicações, porque as fibras podem transportar um volume muito maior de chamadas telefônicas ou outras formas de comunicação que os fios elétricos.

A Figura 1.31a mostra um conjunto de fibras ópticas reunidas em um cabo óptico que pode ser utilizado para sinais de telecomunicações. A Figura 1.31b mostra a luz de laser seguindo as curvas de um pacote enrolado pela reflexão interna total. Vários computadores e outros equipamentos eletrônicos agora têm portas ópticas, assim como elétricas, para transferência de informações.

Resumo

Definições

O **índice de refração** n de um meio é definido pela relação

$$n \equiv \frac{c}{v} \qquad (1.4)$$

onde c é a velocidade da luz no vácuo e v, a velocidade da luz no meio.

Conceitos e Princípios

Em óptica geométrica, utilizamos a **aproximação por raio**, na qual uma onda se propaga por um meio uniforme em linhas retas na direção dos raios.

Reflexão interna total ocorre quando a luz se propaga de um meio de alto índice de refração até outro de índice de refração menor. O **ângulo crítico** θ_c, para o qual a reflexão interna total ocorre em uma interface é dado por

$$\operatorname{sen}\theta_c = \frac{n_2}{n_1} \quad (\text{para } n_1 > n_2) \qquad (1.10)$$

Modelo de Análise para Resolução de Problemas

Onda sob reflexão. A **lei da reflexão** afirma que, para um raio de luz (ou outro tipo de onda) incidente em uma superfície lisa, o ângulo de reflexão θ_1' é igual ao de incidência θ_1:

$$\theta_1' = \theta_1 \quad (1.2)$$

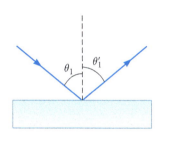

Onda sob refração. Uma onda que cruza um limite conforme se propaga do meio 1 para o 2 é **refratada**. O ângulo de refração θ_2 está relacionado ao incidente θ_1 pela relação

$$\frac{\operatorname{sen}\theta_2}{\operatorname{sen}\theta_1} = \frac{v_2}{v_1} \quad (1.3)$$

onde v_1 e v_2 são as velocidades da onda nos meios 1 e 2, respectivamente. Os raios incidente, refletido, refratado e a normal à superfície estão todos no mesmo plano. Para ondas de luz, a **lei da refração de Snell** afirma que

$$n_1 \operatorname{sen}\theta_1 = n_2 \operatorname{sen}\theta_2 \quad (1.8)$$

onde n_1 e n_2 são os índices de refração nos dois meios.

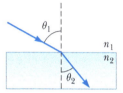

Perguntas Objetivas

1. Em cada uma das situações a seguir, a onda passa por uma abertura de uma parede absorvente. Ordene as situações na ordem em que a onda é mais bem descrita pela aproximação de raios até aquela em que a onda que entra na abertura se espalha mais igualmente em todas as direções no hemisfério além da parede. (a) O som de um assobio baixo a 1 kHz passa por uma porta de 1 m de largura. (b) Uma luz vermelha passa pela pupila de nosso olho. (c) A luz azul passa pela pupila de seu olho. (d) A transmissão de onda por uma estação de rádio AM passa por uma porta de 1 m de largura. (e) Um raio X passa pelo espaço entre os ossos da junta de seu cotovelo.

2. Uma fonte emite luz monocromática de comprimento de onda de 495 nm no ar. Quando a luz passa por um líquido, seu comprimento de onda se reduz para 434 nm. Qual é o índice de refração do líquido? (a) 1,26, (b) 1,49, (c) 1,14, (d) 1,33, (e) 2,03.

3. Dissulfeto de carbono ($n = 1,63$) é colocado em um contêiner feito de vidro de janela ($n = 1,52$). Qual é o ângulo crítico para a reflexão interna total de um raio de luz no líquido quando é incidente na superfície do líquido para o vidro? (a) 89,2°, (b) 68,8°, (c) 21,2°, (d) 1,07°, (e) 43,0°.

4. Uma onda de luz se move entre os meios 1 e 2. Quais das afirmações a seguir são corretas relacionadas à sua velocidade, frequência e comprimento de onda nos dois meios, os índices de refração dos meios e os ângulos de incidência e refração? Mais de uma afirmação pode estar correta. (a) $v_1/\operatorname{sen}\theta_1 = v_2/\operatorname{sen}\theta_2$, (b) $\operatorname{cossec}\theta_1/n_1 = \operatorname{cossec}\theta_2/n_2$, (c) $\lambda_1/\operatorname{sen}\theta_1 = \lambda_2/\operatorname{sen}\theta_2$, (d) $f_1/\operatorname{sen}\theta_1 = f_2/\operatorname{sen}\theta_2$, (e) $n_1/\cos\theta_1 = n_2/\cos\theta_2$.

5. O que acontece com uma onda de luz quando se propaga do ar para o vidro? (a) Sua velocidade permanece a mesma. (b) Sua velocidade aumenta. (c) Seu comprimento de onda aumenta. (d) Seu comprimento de onda permanece o mesmo. (e) Sua frequência permanece a mesma.

6. O índice de refração para a água é por volta de $\frac{4}{3}$. O que acontece quando um feixe de luz se propaga do ar até a água? (a) Sua velocidade aumenta para $\frac{4}{3}c$ e sua frequência diminui. (b) Sua velocidade diminui para $\frac{3}{4}c$ e seu comprimento de onda diminui por um fator de $\frac{3}{4}$. (c) Sua velocidade diminui para $\frac{3}{4}c$ e seu comprimento de onda aumenta por um fator de $\frac{4}{3}$. (d) Sua velocidade e frequência permanecem as mesmas. (e) Sua velocidade diminui para $\frac{3}{4}c$ e sua frequência aumenta.

7. A luz pode se propagar do ar para a água. Alguns caminhos possíveis para o raio de luz na água são mostrados na Figura PO1.7. Qual caminho, mais provavelmente, ela seguirá? (a) *A*, (b) *B*, (c) *C*, (d) *D*, (e) *E*.

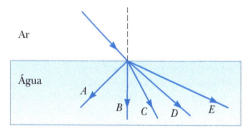

Figura PO1.7

8. Qual é a ordem de grandeza do intervalo de tempo necessário para que a luz viaje 10 km, como na tentativa de Galileu de medir a velocidade da luz? (a) vários segundos, (b) vários milissegundos, (c) vários microssegundos, (d) vários nanossegundos.

9. Um raio de luz com comprimentos de onda azul e vermelho é incidente em um ângulo em uma placa de vidro. Qual dos esboços na Figura PO1.9 representa o resultado mais provável? (a) *A*, (b) *B*, (c) *C*, (d) *D*, (e) nenhum deles.

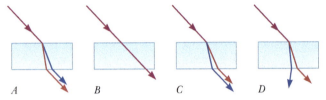

Figura PO1.9

10. Para as próximas questões, escolha a partir das seguintes alternativas: (a) sim; água, (b) não; água, (c) sim; ar, (d) não; ar. **(i)** A luz pode sofrer reflexão interna total em uma interface lisa entre ar e água? Se sim, em qual meio deve estar se propagando originalmente? **(ii)** O som pode sofrer reflexão interna total em uma interface lisa entre o ar e a água? Se sim, em qual meio ele deve se propagar originalmente?

11. Um raio de luz propaga-se do vácuo para a placa de um material com índice de refração n_1 com ângulo de incidência θ em relação à superfície. Ele passa, na subsequência, para uma segunda placa de material com índice de refração n_2 antes de passar de volta para o vácuo novamente. As superfícies dos diferentes materiais estão todas paralelas umas em relação às outras. Conforme a luz sai da segunda placa, o que pode ser dito do ângulo final ϕ que a luz de saída forma com a normal? (a) $\phi > \theta$. (b) $\phi < \theta$. (c) $\phi = \theta$. (d) O ângulo depende dos valores de n_1 e n_2. (e) O ângulo depende do comprimento de onda da luz.

12. Suponha que você descubra experimentalmente que duas cores de luz, A e B, originalmente propagando-se na mesma direção no ar, incidem num prisma de vidro e A muda de direção mais que B. Qual se propaga mais lentamente no prisma, A ou B? Alternativamente, há informações insuficientes para determinar esta resposta?

13. O núcleo de uma fibra óptica transmite luz com perda mínima se for cercado pelo quê? (a) água, (b) diamante, (c) ar, (d) vidro, (e) quartzo fundido.

14. Qual cor de luz refrata mais quando entra no vidro de janela do ar em um ângulo incidente θ em relação à normal? (a) violeta, (b) azul, (c) verde, (d) amarelo, (e) vermelho.

15. A luz que se propaga em um meio de índice de refração n_1 é incidente em outro com índice de refração n_2. Sob qual das condições a seguir a reflexão interna total pode ocorrer na interface dos dois meios? (a) Os índices de refração têm relação $n_2 > n_1$. (b) Os índices de refração têm relação $n_1 > n_2$. (c) A luz propaga-se mais lentamente no segundo meio do que no primeiro. (d) O ângulo de incidência é inferior ao crítico. (e) O ângulo de incidência deve ser igual ao de refração.

Perguntas Conceituais

1. O nível de água em um vidro claro e sem cor pode ser facilmente observado a olho nu. O nível do hélio líquido em um vaso de vidro claro é extremamente difícil de assim ser visto. Explique.

2. Um círculo completo de arco-íris pode, às vezes, ser visto de um avião. Com uma escada, um regador de jardim, num dia ensolarado, como você pode mostrar o círculo completo às crianças?

3. Você leva uma criança para passear na vizinhança. Ela adora ouvir ecos das casas quando grita ou bate palmas forte. Uma casa com um muro frontal grande e plano pode produzir um eco se você ficar em pé na frente dela e a uma distância razoável. (a) Desenhe uma vista aérea da situação para explicar a produção do eco. Sombreie a área onde você pode ficar para escutá-lo. Para as partes (b) a (e), explique suas respostas com diagramas. (b) **E se?** A criança ajuda você a descobrir que uma casa com piso em forma de L pode produzir ecos se estiver em pé em um espaço mais amplo. Você pode estar em pé em qualquer lugar razoavelmente distante a partir do qual pode visualizar a face interna. Explique o eco neste caso e compare com seu diagrama na parte (a). (c) **E se?** E se as duas partes da casa não forem perpendiculares? Você e a criança, ambos em pé, ouvirão ecos? (d) **E se?** E se uma casa retangular e sua garagem tiverem paredes perpendiculares que formam um vértice interno, mas há uma passagem coberta entre elas de modo que as paredes não se encontram? A estrutura produzirá ecos potentes o suficiente para pessoas em um espaço amplo?

4. O caça de combate F-117A (Fig. PC1.4) é desenvolvido especificamente para ser um *não* retrorrefletor de radar. Quais aspectos do seu design ajudam a atingir este objetivo?

Figura PC1.4

5. A retrorreflexão por esferas transparentes, mencionada na Seção 1.4, pode ser observada com gotas de orvalho. Para fazê-lo, olhe para onde está a sombra de sua cabeça na grama orvalhada. A exibição óptica ao redor da sombra de sua cabeça é chamada *heiligenschein* em alemão, o que quer dizer *luz sagrada*. O artista da renascença Benvenuto Cellini descreveu o fenômeno e sua reação em sua *Autobiografia*, no fim da Parte Um, e o filósofo norte-americano Henry David Thoreau fez o mesmo em *Walden*, "Baker Farm", segundo parágrafo. Pesquise na internet para saber mais sobre *heiligenschein*.

6. Ondas sonoras têm muito em comum com ondas de luz, incluindo as propriedades de reflexão e refração. Dê um exemplo de cada um desses fenômenos para ondas sonoras.

7. A reflexão interna total é aplicada ao periscópio de um submarino submerso para permitir que o usuário observe eventos acima da superfície da água. Nesse dispositivo, dois prismas são dispostos como mostrado na Figura PC1.7, de modo que um feixe incidente de luz segue o caminho mostrado. Espelhos inclinados, paralelos e prateados poderiam ser utilizados, mas prismas de vidro sem superfícies prateadas oferecem maior produção de luz. Apresente uma razão para essa maior eficiência.

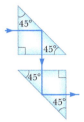

Figura PC1.7

8. Explique por que um diamante brilha mais que um cristal de vidro do mesmo formato e tamanho.
9. Um feixe de laser em uma solução não homogênea de açúcar segue um caminho curvado. Explique.
10. As vitrines de algumas lojas de departamento são inclinadas ligeiramente internamente. Isto é feito para diminuir o brilho das luzes da rua e do Sol, que fazem com que seja mais difícil para os clientes ver o lado de dentro das vitrines. Esboce uma reflexão de raio de luz dessa vitrine para mostrar como esse projeto funciona.
11. Em um restaurante, um trabalhador utiliza giz colorido para escrever os pratos do dia em um quadro-negro iluminado por uma luminária. Em outro, um trabalhador escreve com giz de cera colorido em uma folha plana e lisa de plástico acrílico transparente com um índice de refração de 1,55. O painel está pendurado na frente de um pedaço de feltro preto. Lâmpadas pequenas, brilhantes e fluorescentes estão instaladas em todos os cantos da folha, dentro de um canal opaco. A Figura PC1.11 mostra uma visualização seccionada da placa. (a) Explique por que os clientes em ambos os restaurantes veem as letras brilhantes em fundo preto. (b) Explique por que a placa no segundo res-

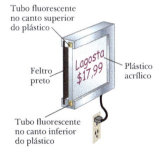

Figura PC1.11

taurante pode utilizar menos energia que o quadro-negro iluminado no primeiro. (c) Qual seria uma boa opção para o índice de refração do material em relação ao giz de cera?

12. (a) Sob quais condições uma miragem se forma? Ao dirigir em um dia quente, às vezes parece que há água na estrada bem à sua frente. Ao chegar ao local da água, a estrada está perfeitamente seca. Explique esse fenômeno. (b) A miragem chamada *fada Morgana* geralmente ocorre sobre água ou em regiões cobertas com neve ou gelo, e pode fazer, eventualmente, com que ilhas se tornem visíveis, embora não estejam normalmente porque estão abaixo do horizonte devido à curvatura da Terra. Explique esse fenômeno.

13. A Figura PC1.13 mostra um lápis parcialmente imerso num copo de água. Por que o lápis parece estar curvado?

Figura PC1.13

14. Certo catálogo de suprimentos científicos anuncia um material com um índice de refração de 0,85. Ele é um bom produto para comprar? Por que sim, ou por que não?
15. Por que os astrônomos que olham para galáxias distantes dizem que estão olhando para trás no tempo?
16. Tente fazer esse experimento simples. Pegue duas xícaras opacas, coloque uma moeda na parte inferior de cada uma próxima da borda e encha uma delas com água. Em seguida, visualize ambas em um ângulo do lado, de modo que a moeda na água seja tão visível quanto mostrado à esquerda na Figura PC1.16. Note que a moeda no ar não é visível, como mostrado à direita da figura. Explique essa observação.

Figura PC1.16

17. A Figura PC 1.17a mostra um globo ornamental contendo uma fotografia. A fotografia plana está no ar, dentro de uma ranhura vertical localizada atrás de um compartimento cheio de água com a forma de metade de um cilindro. Suponha que você esteja olhando o centro da fotografia e depois gire o globo sobre um eixo vertical. Você acha que o centro da fotografia desaparece quando gira o globo além de certo ângulo máximo (Fig. PC 1.17b). (a) Explique esse fenômeno e (b) descreva o que você vê quando você gira o globo além desse ângulo.

Figura PC1.17

Problemas

> **WebAssign** Os problemas que se encontram neste capítulo podem ser resolvidos *on-line* no Enhanced WebAssign (em inglês).
>
> 1. denota problema simples;
> 2. denota problema intermediário;
> 3. denota problema de desafio;
>
> **AMT** *Analysis Model Tutorial* disponível no Enhanced WebAssign (em inglês);
>
> **M** denota tutorial *Master It* disponível no Enhanced WebAssign (em inglês);
>
> **PD** denota problema dirigido;
>
> **W** solução em vídeo *Watch It* disponível no Enhanced WebAssign (em inglês).

Seção 1.1 Natureza da luz
Seção 1.2 Medições da velocidade da luz

1. **M** Encontre a energia de (a) um fóton com uma frequência de $5,0 \times 10^{17}$ Hz e (b) um fóton com um comprimento de onda de $3,0 \times 10^2$ nm. Expresse suas respostas em unidades de elétron-volts, observando que 1 eV $= 1,60 \times 10^{-19}$ J.

2. Os astronautas da *Apollo 11* configuraram um painel de retrorrefletores eficientes de vértices de cubo na superfície da Lua. A velocidade da luz pode ser descoberta ao medir o intervalo de tempo necessário para um feixe de laser se propagar da Terra, refletir no painel e voltar à Terra. Suponha que esse intervalo seja medido como 2,51 s na estação onde a Lua está no zênite e considere a distância de centro a centro da Terra para a Lua como $3,84 \times 10^8$ m. (a) Qual é a velocidade medida da luz? (b) Explique se é necessário considerar os tamanhos da Terra e da Lua no seu cálculo.

3. **AMT** **M** Em um experimento para medir a velocidade da luz utilizando o aparato de Armand H. L. Fizeau (consulte a Fig. 1.2), a distância entre a fonte de luz e o espelho era de 11,45 km e a roda tinha 720 entalhes. O valor experimentalmente determinado de c era $2,998 \times 10^8$ m/s quando a luz de saída passou por um entalhe e depois voltou pelo próximo. Calcule a velocidade angular mínima da roda para esse experimento.

4. Como resultado de suas observações, Ole Roemer concluiu que os eclipses de Io por Júpiter foram atrasados em 22 min durante um período de seis meses conforme a Terra se moveu do ponto em sua órbita onde está mais próxima de Júpiter até o ponto diametralmente oposto, onde está mais longe de Júpiter. Utilizando o valor $1,50 \times 10^8$ km como o raio médio da órbita da Terra ao redor do Sol, calcule a velocidade da luz a partir desses dados.

Seção 1.3 Aproximação de raio na óptica geométrica
Seção 1.4 Modelo de análise: onda sob reflexão
Seção 1.5 Modelo de análise: onda sob refração

> *Observação:* Você pode obter índices de refração na Tabela 1.1. A não ser que tenha sido indicado de outra forma, suponha que o meio no qual circula um pedaço de material seja o ar, com $n = 1,000293$.

5. **W** O comprimento de onda da luz vermelha do laser hélio-neônio no ar é 632,8 nm. (a) Qual é sua frequência? (b) Qual é o comprimento de onda no vidro que tem índice de refração de 1,50? (c) Qual é a velocidade da luz no vidro?

6. **W** Um mergulhador submerso vê o Sol em um ângulo aparente de 45,0° acima da horizontal. Qual é a elevação real do Sol acima da horizontal?

7. Um raio de luz é incidente em uma superfície plana de um bloco de vidro de janela que está rodeado por água. O ângulo de refração é 19,6°. Descubra o ângulo de reflexão.

8. **W** A Figura P1.8 mostra um feixe de luz refratada em óleo de linhaça, que forma um ângulo de $\alpha = 20,0°$ com a linha normal NN'. O índice de refração do óleo de linhaça é 1,48. Determine os ângulos (a) θ e (b) θ'.

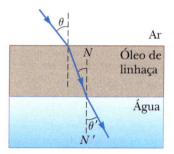

Figura P1.8

9. Encontre a velocidade da luz em (a) vidro sílex, (b) água e (c) zircônia cúbica.

10. Um salão de dança é construído sem pilares e com teto horizontal a 7,20 m acima do piso. Um espelho plano é fixado em uma seção do teto. Após um terremoto, o espelho está no lugar e não se quebrou. Um engenheiro faz uma inspeção rápida para saber se o teto está solto, direcionando um feixe vertical de luz de laser no espelho e observando sua reflexão no piso. (a) Mostre que, se o espelho está virado de modo a formar um ângulo ϕ com a horizontal, a normal ao espelho forma um ângulo ϕ com a vertical. (b) Mostre que a luz de laser refletida forma um ângulo 2ϕ com a vertical. (c) Suponha que a luz de laser refletida forme um ponto no piso a 1,40 cm fora do ponto verticalmente abaixo do laser. Encontre o ângulo ϕ.

11. Um raio de luz propaga-se do ar para outro meio, formando um ângulo de $\theta_1 = 45°$ com a normal, como na Figura P1.11. Encontre o ângulo de refração θ_2 se o segundo meio for (a) quartzo fundido, (b) dissulfeto de carbono e (c) água.

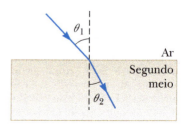

Figura P1.11

12. Um raio de luz atinge um bloco plano de vidro ($n = 1,50$) de espessura de 2,00 cm em um ângulo de 30,0° com a normal. Trace o feixe de luz pelo vidro e encontre os ângulos de incidência e refração em cada superfície.

13. **M** Um prisma que tem um ângulo de vértice de 50,0° é feito de zircônia cúbica. Qual é o ângulo mínimo de desvio?

14. **W** Uma onda sonora no plano no ar a 20 °C, com comprimento de onda 589 mm, é incidente em uma superfície lisa de água a 25 °C em um ângulo de incidência de 13,0°. Determine (a) o ângulo de refração para a onda sonora e (b) o comprimento de onda do som na água. Um estreito feixe de luz amarela de sódio, com comprimento de onda de 589 nm no vácuo, é incidente do ar em uma superfície lisa de água em um ângulo de incidência de 13,0°. Determine (c) o ângulo de refração e (d) o comprimento de onda da luz na água. (e) Compare e contraste o comportamento das ondas sonoras e de luz neste problema.

15. Um raio de luz inicialmente na água entra em uma substância transparente em um ângulo de incidência de 37,0°, e o raio transmitido é refratado em um ângulo de 25,0°. Calcule a velocidade da luz na substância transparente.

16. Um feixe de laser é incidente em um ângulo de 30,0° a partir da vertical para uma solução de xarope de milho na água. O feixe é refratado a 19,24° a partir da vertical. (a) Qual é o índice de refração da solução de xarope de milho? Suponha que a luz é vermelha, com comprimento de onda no vácuo de 632,8 nm. Encontre (b) o seu comprimento de onda, (c) a sua frequência e (d) a sua velocidade na solução.

17. **M** Um raio de luz atinge o ponto médio de uma face de um prisma de vidro ($n = 1,5$) equiangular (60° – 60° – 60°), em um ângulo de incidência de 30°. (a) Trace o caminho do raio de luz através do vidro e encontre os ângulos de incidência e refração em cada superfície. (b) Se uma pequena fração de luz também é refletida em cada superfície, quais são os ângulos de reflexão nas superfícies?

18. As superfícies refletoras de dois espelhos planos cruzados estão em um ângulo θ (0° < θ < 90°) como mostrado na Figura P1.18. Para um raio de luz que atinge o espelho horizontal, mostre que o raio emergente vai interceptar o raio incidente em um ângulo $\beta = 180° - 2\theta$.

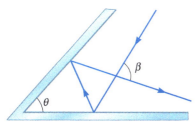

Figura P1.18

19. Quando você olha através de uma janela, por que intervalo de tempo a luz que você vê é atrasada por ter que atravessar o vidro em vez do ar? Faça uma estimativa de ordem de grandeza com base nos dados especificados. Por quantos comprimentos de onda ela está atrasada?

20. Dois espelhos planos e retangulares, ambos perpendiculares a uma folha horizontal de papel, são ajustados de canto a canto, com suas superfícies reflexivas perpendiculares uma à outra. (a) Um raio de luz no plano do papel atinge um dos espelhos em um ângulo arbitrário de incidência θ_1. Prove que a direção final do raio, após a reflexão de ambos os espelhos, está oposta a sua direção inicial. (b) **E se?** Suponha agora que o papel seja substituído por um terceiro espelho plano, tocando os cantos com os outros dois e perpendiculares a ambos, criando um retrorrefletor de vértice de cubo. Um raio de luz é incidente de qualquer direção com o oitante do espaço limitado pelas superfícies reflexivas. Argumente que o raio refletirá uma vez de cada espelho e que sua direção final será oposta à original. Os astronautas da *Apollo 11* colocaram um painel de retrorrefletores de vértice de cubo na Lua. A análise dos dados de temporização levados com ele revela que o raio da órbita da Lua está aumentando na taxa de 3,8 cm/ano conforme perde energia cinética devido ao atrito das marés.

21. **W** Os dois espelhos ilustrados na Figura P1.21 encontram-se no ângulo direito. O feixe de luz no plano vertical indicado pelas linhas pontilhadas atinge o espelho 1 como mostrado. (a) Determine a distância em que o feixe de luz refletido se propaga antes de atingir o espelho 2. (b) Em qual direção o feixe de luz se propaga após ser refletido do espelho 2?

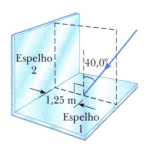

Figura P1.21

22. **W** Quando o raio de luz ilustrado na Figura P1.22 passa por um bloco de vidro de índice de refração $n = 1,50$, é movido lateralmente pela distância d. (a) Encontre o valor de d. (b) Encontre o intervalo de tempo necessário para a luz passar por um bloco de vidro.

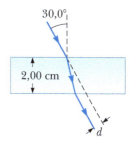

Figura P1.22

23. Dois pulsos de luz são emitidos simultaneamente de uma fonte. Ambos se propagam pelo mesmo comprimento total de ar até um detector, mas os espelhos desviam um pulso ao longo de um caminho que o transporta por um comprimento extra de 6,20 m de gelo ao longo do caminho. Determine a diferença nos tempos dos pulsos de chegada no detector.

24. A luz passa do ar para o vidro de sílex em um ângulo de incidência diferente de zero. (a) É possível para a componente de sua velocidade perpendicular à interface permanecer constante? Explique sua resposta. (b) **E se?** A componente da velocidade paralela à interface pode permanecer constante durante a refração? Explique sua resposta.

25. Um feixe de laser com comprimento de onda no vácuo 632,8 nm é incidente do ar em um bloco de Lucite, como mostrado na Figura 1.10b. A linha de visão da fotografia é perpendicular ao plano em que a luz se move. Encontre (a) a velocidade, (b) a frequência e (c) o comprimento de onda da luz no Lucite. *Sugestão*: Use um transferidor.

26. Um feixe estreito de ondas ultrassônicas reflete o tumor de fígado ilustrado na Figura P1.26. A velocidade da onda é 10,0% inferior no fígado que no meio que o circula. Determine a profundidade do tumor.

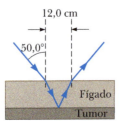

Figura P1.26

27. AMT M W Um tanque cilíndrico opaco com a parte superior aberta tem diâmetro de 3,00 m e está completamente cheio de água. Quando o Sol da tarde atinge um ângulo de 28,0° acima do horizonte, a luz solar para de iluminar qualquer região da parte inferior do tanque. Qual a profundidade do tanque?

28. Um prisma triangular de vidro com ângulo de vértice de 60,0° tem índice de refração de 1,50. (a) Mostre que, se seu ângulo de incidência na primeira superfície é $\theta_1 = 48,6°$, a luz passa simetricamente por ele, como mostrado na Figura 1.17. (b) Encontre o ângulo de desvio $\delta_{mín}$ para $\theta_1 = 48,6°$. (c) **E se?** Encontre o ângulo de desvio se o ângulo de incidência na primeira superfície for 45,6°. (d) Encontre o ângulo de desvio se $\theta_1 = 51,6°$.

29. A luz de comprimento de onda de 700 nm é incidente na face de um prisma de quartzo fundido ($n = 1,458$ a 700 nm) em um ângulo de incidência de 75,0°. O ângulo de vértice do prisma é 60,0°. Calcule o ângulo (a) de refração na primeira superfície, (b) de incidência na segunda superfície, (c) de refração na segunda superfície e (d) entre os raios incidente e emergente.

30. A Figura P1.30 mostra um raio de luz incidente em uma série de placas com índices de refração diferentes, onde $n_1 < n_2 < n_3 < n_4$. Note que o caminho do raio se curva progressivamente em direção à normal. Se a variação em n fosse contínua, o caminho formaria uma curva suave. Utilize essa ideia e um diagrama de raio para explicar por que você pode ver o Sol quando se põe após ter caído abaixo do horizonte.

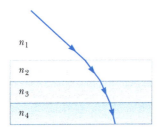

Figura P1.30

31. Três folhas de plástico têm índices desconhecidos de refração. A folha 1 está posicionada no topo da 2 e um feixe de laser está direcionado para as folhas de cima. O feixe de laser entra na folha 1 e depois atinge a interface entre ela e a 2 em um ângulo de 26,5° com a normal. O feixe refratado na folha 2 forma um ângulo de 31,7° com a normal. O experimento é repetido com a folha 3 no topo da 2 e, com o mesmo ângulo de incidência na interface folha 3-folha 2, o feixe refratado forma um ângulo de 36,7° com a normal. Se o experimento for repetido novamente com a folha 1 no topo da 3, com o mesmo ângulo de incidência da interface da folha 1-folha 3, qual é o ângulo esperado de refração na folha 3?

32. Uma pessoa olhando para um contêiner vazio pode ver o canto mais afastado da sua parte inferior, como mostrado na Figura P1.32a. A altura do contêiner é h e sua largura é d. Quando estiver completamente cheio com um fluido de índice de refração n e visto do mesmo ângulo, a pessoa pode ver o centro de uma moeda no meio da parte inferior do contêiner, como mostrado na Figura P1.32b.

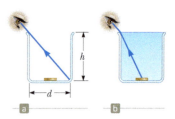

Figura P1.32

(a) Mostre que a relação h/d é dada por

$$\frac{h}{d} = \sqrt{\frac{n^2-1}{4-n^2}}$$

(b) Supondo que o contêiner tenha uma largura de 8,00 cm e esteja cheio de água, utilize a expressão acima para encontrar sua altura. (c) Para qual faixa de valores de n o centro da moeda não será visível para nenhum valor de h e d?

33. Um feixe de laser é incidente em um prisma de 45°-45°-90° perpendicular a uma de suas faces, como mostrado na Figura P1.33. O feixe transmitido que sai da hipotenusa do prisma forma um ângulo de $\theta = 15,0°$ com a direção do feixe incidente. Encontre o índice de refração do prisma.

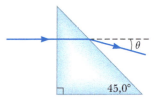

Figura P1.33

34. PD Um submarino está horizontalmente a 300 m da margem de um lago de água doce e a 100 m abaixo da superfície da água. Um feixe de laser é enviado do submarino, de modo que atinja a superfície da água a 210 m da margem. Um edifício fica na margem e o feixe de laser atinge o alvo no topo do edifício. O objetivo é encontrar a altura do alvo acima do nível do mar. (a) Desenhe um diagrama da situação, identificando os dois triângulos que são importantes para a descoberta da solução. (b) Encontre o ângulo de incidência do feixe que atinge a interface água-ar. (c) Encontre o ângulo de refração. (d) Qual ângulo o feixe refratado forma com o horizontal? (e) Encontre a altura do alvo acima do nível do mar.

35. Um feixe de luz reflete e refrata na superfície entre o ar e o vidro, como mostrado na Figura P1.35. Se o índice de refração do vidro for n_v, encontre o ângulo de incidência θ_1 no ar que resultaria nos raios refletido e refratado sendo perpendiculares uns aos outros.

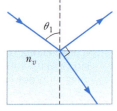

Figura P1.35

Seção 1.6 Princípio de Huygens
Seção 1.7 Dispersão

36. O índice de refração para luz vermelha na água é 1,331, e para a luz azul é 1,340. Se um raio de luz branca entra na água em um ângulo de incidência de 83,0°, quais são os ângulos de refração sob a água para os componentes (a) vermelho e (b) azul da luz?

37. Um feixe de luz contendo comprimentos de onda vermelho e violeta é incidente em uma placa de quartzo em um ângulo de incidência de 50,0°. O índice de refração do quartzo é 1,455 a 600 nm (luz vermelha) e seu índice de refração é 1,468 a 410 nm (luz violeta). Encontre a dispersão da placa, definida como a diferença dos ângulos de refração para os dois comprimentos de onda.

38. A velocidade de uma onda de água é descrita por $v = \sqrt{gd}$, onde d é a profundidade da água, suposta como pequena se comparada ao comprimento de onda. Como sua velocidade muda, as ondas de água refratam quando se movem em uma região de profundidade diferente. (a) Esboce um mapa de uma praia no lado leste de uma massa terrestre. Mostre linhas de contorno de profundidade constante sob a água, supondo uma descida razoavelmente uniforme. (b) Suponha que as ondas se aproximem da costa a partir de uma tempestade longínqua movendo-se na direção norte-nordeste. Demonstre que as ondas se movem praticamente perpendiculares ao litoral quando atingem a praia. (c) Esboce um mapa de uma linha costeira com baías e penínsulas alternadas, como sugerido na Figura P1.38. Faça, novamente, uma suposição razoável sobre o formato das linhas de contorno de profundidade constante. (d) Suponha que as ondas se aproximem da costa transportando energia com densidade uniforme ao longo de frentes de onda originalmente retas. Mostre que a energia que atinge a costa está concentrada nas penínsulas e tem menor intensidade nas baías.

Figura P1.38

39. **M** O índice de refração para a luz violeta em vidro de sílex é 1,66 e o da luz vermelha é 1,62. Qual é a disseminação angular da luz visível que passa por um prisma de ângulo de vértice de 60,0° se o ângulo de incidência for 50,0°? Consulte a Figura P1.39.

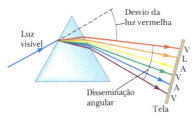

Figura P1.39 Problemas 39 e 40

40. O índice de refração para a luz violeta em vidro de sílex é n_V, e o da luz vermelha é n_R. Qual é a dispersão angular da luz visível que passa por um prisma de ângulo de ápice Φ se o ângulo de incidência for θ? Consulte a Figura P1.39.

Seção 1.8 Reflexão interna total

41. Uma fibra óptica de vidro ($n = 1,50$) é submersa na água ($n = 1,33$). Qual é o ângulo crítico para que a luz fique dentro da fibra?

42. **W** Para luz de 589 nm, calcule o ângulo crítico para os materiais a seguir cercados pelo ar: (a) zircônia cúbica, (b) vidro sílex e (c) gelo.

43. **M** Um prisma de vidro triangular com ângulo de ápice $\Phi = 60,0°$ tem índice de refração $n = 1,50$ (Fig. P1.43). Qual é o menor ângulo de incidência θ_1 para o qual um raio de luz pode emergir do outro lado?

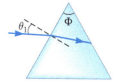

Figura P1.43
Problemas 43 e 44

44. Um prisma de vidro triangular com ângulo de ápice Φ tem índice de refração n (Fig. P1.43). Qual é o menor ângulo de incidência θ_1 para o qual um raio de luz pode emergir do outro lado?

45. Suponha uma haste transparente de diâmetro $d = 2,00$ μm que tem índice de refração de 1,36. Determine o ângulo máximo θ para o qual os raios de luz incidentes na extremidade da haste na Figura P1.45 estão sujeitos à reflexão interna total ao longo das paredes da haste. Sua resposta define o tamanho do *cone de aceitação* para a haste.

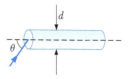

Figura P1.45

46. Considere um raio de luz propagando-se entre o ar e um corte de diamante na forma mostrada na Figura P1.46. (a) Encontre o ângulo crítico para a reflexão interna total da luz no diamante incidente na interface entre o diamante e o ar externo. (b) Considere o raio de luz incidente normalmente na superfície superior do diamante, como mostrado na Figura P1.46. Mostre que a luz que se propaga em direção ao ponto P no diamante está totalmente refletida. **E se?** Suponha que o diamante esteja imerso na água. (c) Qual é o ângulo crítico na interface diamante-água? (d) Quando o diamante é imerso na água, o raio de luz que entra na superfície superior na Figura P1.46 sofre reflexão interna total em P? Explique. (e) Se o raio de luz que entra no diamante permanece vertical, como mostrado na Figura P1.46, de que maneira, na água, ele deveria ser girado por um eixo perpendicular à página, que passa por O, de modo que a luz saia do diamante em P? (f) Em qual ângulo de rotação na parte (e) a luz sairá primeiro do diamante no ponto P?

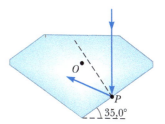

Figura P1.46

47. **M** Considere uma miragem comum formada por ar superaquecido imediatamente acima de uma estrada. Um caminhoneiro, cujos olhos estão 2,00 m acima da estrada, onde $n = 1,000293$, olha para a frente. Ele percebe a ilusão de uma mancha de água além de um ponto na estrada no qual sua linha de visão forma um ângulo de 1,20° abaixo da horizontal. Encontre o índice de refração do ar imediatamente acima da superfície da estrada.

48. Uma sala contém ar no qual a velocidade do som é 343 m/s. Suas paredes são feitas de concreto, no qual a velocidade do som é 1,850 m/s. (a) Encontre o ângulo crítico para reflexão interna total do som no limite concreto-ar. (b) Em qual meio o som deve inicialmente se propagar se sofrer reflexão interna total? (c) "Uma parede de concreto é um espelho altamente eficiente para o som." Apresente evidências a favor ou contra essa afirmação.

49. Uma fibra óptica tem índice de refração n e diâmetro d e é cercada pelo vácuo. A luz é enviada para a fibra ao longo de seu eixo, como mostrado na Figura P1.49. (a) Encontre o menor raio externo $R_{mín}$ permitido para uma curva na fibra se nenhuma luz escapar. (b) **E se?** Qual resultado a parte (a) prevê conforme d se aproxima de zero? Este comportamento é razoável? Explique. (c) Conforme n aumenta? (d) Conforme n se aproxima de 1? (e) Avalie $R_{mín}$ supondo que o diâmetro da fibra seja 100 μm e seu índice de refração seja 1,40.

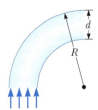

Figura P1.49

50. Por volta de 1968, os engenheiros da Toro Company inventaram um indicador de gasolina para pequenos motores, mostrado na Figura P1.50. O indicador não tem partes móveis. Ele consiste de uma placa plana de plástico transparente que se encaixa verticalmente em uma fenda na tampa do tanque de gasolina. Nenhuma parte do plástico tem revestimento reflexivo. O plástico projeta-se do topo horizontal até praticamente a parte inferior do tanque opaco. Seu canto inferior é cortado com facetas formando ângulos de 45° com a horizontal. Um operador de cortador de grama olha para baixo e vê um limite entre brilho e escuridão no indicador. A localização do limite, pela largura do plástico, indica a quantidade de gasolina no tanque. (a) Explique como o indicador funciona. (b) Explique os requisitos de projeto, se for o caso, para o índice de refração do plástico.

Figura P1.50

Problemas Adicionais

51. **M** Um feixe de luz é incidente a partir do ar na superfície de um líquido. Se o ângulo de incidência for 30,0° e o ângulo de refração for 22,0°, encontre o ângulo crítico para a reflexão interna total para o líquido quando cercado pelo ar.

52. Considere uma interface horizontal entre o ar acima e um vidro de índice de refração 1,55 abaixo. (a) Desenhe um raio de luz incidente do ar no ângulo de incidência 30,0°. Determine os ângulos dos raios refletido e refratado e mostre-os no diagrama. (b) **E se?** Suponha, agora, que o raio de luz seja incidente do vidro no ângulo de 30,0°. Determine os ângulos dos raios refletido e refratado e mostre todos os três raios no novo diagrama. (c) Para raios incidentes do ar na superfície ar-vidro, determine e tabule os ângulos de reflexão e refração para todos os ângulos de incidência de 10,0° em intervalos de 0° a 90,0°. (d) Faça o mesmo para raios de luz que chegam da interface pelo vidro.

53. **M** Uma pequena luminária na parte inferior de uma piscina está a 1,00 m abaixo da superfície. A luz que emerge da água parada forma um círculo na superfície. Qual é o diâmetro desse círculo?

54. *Por que a seguinte situação é impossível?* Enquanto está no fundo de um calmo lago de água doce, um mergulhador vê o Sol em um ângulo aparente de 38,0° acima da horizontal.

55. Um DVD registra informações em uma via espiral de aproximadamente 1 μm de largura. A via consiste de uma série de buracos na camada de informações (Fig. P1.55a) que dispersa a luz de um feixe de laser focalizada neles. O laser brilha abaixo do plástico transparente de espessura $t = 1,20$ mm e índice de refração 1,55 (Fig. P1.55b). Suponha que a largura do feixe de laser na camada de informações deva ser $a = 1,00$ μm para ler a partir de uma via somente, e não de seus vizinhos. Suponha que a largura do feixe conforme entra no plástico transparente seja $w = 0,700$ mm. Uma lente faz com que o feixe convirja em um cone com ângulo de vértice $2\theta_1$ antes de entrar no DVD. Encontre o ângulo de incidência θ_1 da luz no canto do feixe cônico. Esse projeto é relativamente imune a partículas de poeira que degradam a qualidade do vídeo.

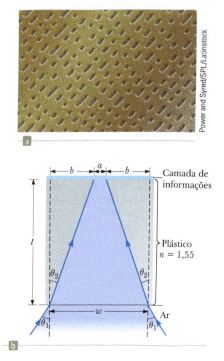

Figura P1.55

56. **AMT** Quantas vezes o feixe incidente mostrado na Figura P1.56 é refletido por cada um dos espelhos em paralelo?

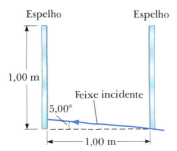

Figura P1.56

57. Quando a luz incide normalmente sobre a interface entre dois meios ópticos transparentes, a intensidade da luz refletida é dada pela expressão.

$$S_1' = \left(\frac{n_2 - n_1}{n_2 + n_1}\right)^2 S_1$$

Nesta equação, S_1 representa a intensidade média do vetor de Poynting na luz incidente (a intensidade incidente), S_1' é a intensidade refletida, e n_1 e n_2 são os índices de refração dos dois meios. (a) Que fração da intensidade incidente é refletida para uma luz de 589 nm, normalmente incidente em uma interface entre o ar e o vidro? (b) Na parte (a) faz diferença se a luz está no ar ou no vidro, à medida que ela atinge a interface?

58. Consulte o Problema 57 para ver sua descrição da intensidade da luz refletida normalmente incidente em uma interface entre dois meios transparentes. (a) Para a luz normalmente incidente em uma interface entre o vácuo e um meio transparente de índice n, mostre que a intensidade S_2 da luz transmitida é dada por $S_2/S_1 = 4n/(n + 1)^2$. (b) A luz viaja perpendicularmente através de uma "placa" de diamante, cercada por ar, com superfícies paralelas de entrada e saída. Aplique a fração de transmissão na parte (a) para determinar, em porcentagem, a transmissão geral aproximada através da "placa" de diamante. Ignore a luz refletida para a frente e para trás dentro da "placa".

59. **M** Um raio de luz entra na atmosfera da Terra e desce verticalmente em direção à superfície a uma distância $h = 100$ km. O índice de refração no qual a luz entra na atmosfera é 1,00 e aumenta linearmente com a distância para chegar ao valor $n = 1,000293$ na superfície da Terra. (a) Em qual intervalo de tempo a luz percorre esse caminho? (b) Em qual porcentagem o intervalo de tempo é maior que o necessário na ausência da atmosfera da Terra?

60. Um raio de luz entra na atmosfera de um planeta e desce verticalmente em direção à superfície a uma distância h. O índice de refração no qual a luz entra na atmosfera é 1,00 e aumenta linearmente com a distância para chegar ao valor n na superfície do planeta. (a) Em qual intervalo de tempo a luz percorre esse caminho? (b) Em que fração o intervalo de tempo é maior que o necessário na ausência de uma atmosfera?

61. Um feixe estreito de luz é incidente do ar na superfície do vidro com índice de refração 1,56. Encontre o ângulo de incidência para o qual o ângulo correspondente de refração é metade do de incidência. *Sugestão*: Você pode querer utilizar a identidade trigonométrica sen $2\theta = 2$ sen θ cos θ.

62. Uma técnica para medição do ângulo de ápice de um prisma é mostrado na Figura P1.62. Dois raios paralelos de luz são direcionados para este vértice, de modo que os raios se refletem de faces opostas do prisma. A separação angular γ dos dois raios refletidos pode ser medida. Mostre que $\phi = \frac{1}{2}\gamma$.

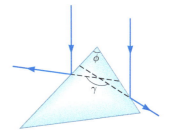

Figura P1.62

63. Um ladrão esconde uma joia preciosa ao posicioná-la no fundo de uma piscina. Ele posiciona uma boia circular diretamente acima e centrada na joia, como mostrado na Figura P1.63. A superfície da água é calma. A boia, de diâmetro $d = 4,54$ m, impede que a joia seja vista por qualquer observador acima da água, na boia ou na lateral da piscina. Qual é a profundidade máxima h da piscina para que a joia permaneça sem ser vista?

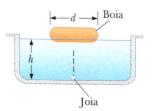

Figura P1.63

64. **Revisão.** Em geral, os espelhos são "prateados" com alumínio. Ajustando a espessura da película metálica, podemos fazer uma folha de vidro dentro de um espelho, que reflete qualquer coisa entre 3% e 98% da luz incidente, transmitindo o restante. Prove que é impossível construir um espelho "de mão única" que refletiria 90% das ondas eletromagnéticas incidentes de um lado e 10% daquelas incidentes no outro lado. Sugestão: utilize o enunciado de Clausius da Segunda Lei da Termodinâmica.

65. **M** O feixe de luz na Figura P1.65 atinge a superfície 2 no ângulo crítico. Determine o ângulo de incidência θ_1.

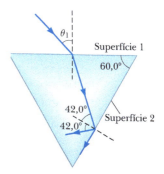

Figura P1.65

66. *Por que a seguinte situação é impossível?* Um feixe de laser atinge uma extremidade da placa de material de comprimento $L = 42,0$ cm e espessura $t = 3,10$ mm, como mostrado na Figura P1.66 (fora de escala). Ele entra no material no centro da extremidade esquerda, atingindo-o em um ângulo de incidência $\theta = 50,0°$. O índice de refração da placa é $n = 1{,}48$. A luz faz 85 reflexões internas da parte superior e inferior da placa antes de sair na outra extremidade.

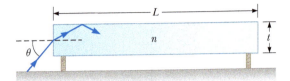

Figura P1.66

67. **W** Uma vara de 4,00 m de comprimento está colocada verticalmente em um lago de água doce com profundidade de 2,00 m. O Sol está a 40,0° acima da horizontal. Determine o comprimento da sombra da vara no fundo do lago.

68. Um raio de luz de comprimento de onda de 589 nm é incidente em um ângulo θ na superfície superior de um bloco de poliestireno, como mostrado na Figura P1.68. (a) Encontre o valor máximo de θ para o qual o raio refratado sofre reflexão interna total no ponto P localizado na face vertical esquerda do bloco. **E se?** Repita o cálculo para o caso no qual o bloco de poliestireno é imerso em (b) água e (c) dissulfeto de carbono. Explique suas respostas.

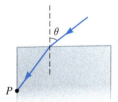

Figura P1.68

69. **AMT** Um raio de luz que se propaga no ar é incidente em uma face de um prisma de ângulo reto com índice de refração $n = 1{,}50$, como mostrado na Figura P1.69 e segue o caminho mostrado na figura. Supondo que $\theta = 60{,}0°$ e a base do prisma seja espelhada, determine o ângulo ϕ feito pelo raio de saída com a normal na face direita do prisma.

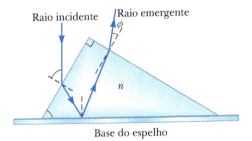

Figura P1.69

70. Conforme a luz solar entra na atmosfera terrestre, muda de direção devido à pequena diferença entre as suas velocidades no vácuo e no ar. A duração de um dia *óptico* é definida como o intervalo de tempo entre os instantes quando o topo do Sol nascente é visível logo acima do horizonte e quando o topo do Sol desaparece logo abaixo do plano horizontal. A duração do dia *geométrico* é definida como o intervalo de tempo entre os instantes em que uma linha matematicamente reta entre um observador e o topo do sol surge no horizonte e em que essa linha fica abaixo do horizonte. (a) Explique qual é mais longo: um dia óptico ou um geométrico. (b) Encontre a diferença entre esses dois intervalos de tempo. Modele a atmosfera da Terra como uniforme, com índice de refração 1,000293, superfície superior bem definida e profundidade de 8.614 m. Suponha que o observador esteja no equador da Terra, de modo que o caminho aparente do Sol nascente e poente esteja perpendicular ao horizonte.

71. Um material com índice de refração n está cercado pelo vácuo e tem forma de um quarto de círculo de raio R (Fig. P1.71). Um raio de luz paralelo à base do material é incidente da esquerda a uma distância L acima da base e emerge do material no ângulo θ. Determine uma expressão para θ em termos de n, R e L.

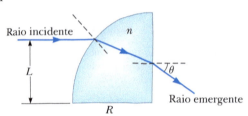

Figura P1.71

72. Um raio de luz passa do ar para a água. Para seu ângulo de desvio $\delta = |\theta_1 - \theta_2|$ ser 10,0°, qual deve ser seu ângulo de incidência?

73. Como mostrado na Figura P1.73, um raio de luz é incidente normal a uma face de um bloco de vidro sílex de 30°-60°-90° (um prisma) imerso na água. (a) Determine o ângulo de saída θ_3 do raio. (b) Uma substância é dissolvida na água para aumentar o índice de refração n_2. Em qual valor de n_2 a reflexão interna total para no ponto P?

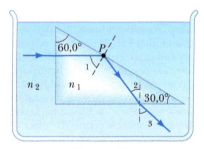

Figura P1.73

74. Um cilindro transparente de raio $R = 2{,}00$ m tem uma superfície espelhada na sua metade direita, como mostrado na Figura P1.74. Um raio de luz que se propaga no ar é incidente no lado esquerdo do cilindro. O raio de luz incidente e saindo do raio de luz estão paralelos e $d = 2{,}00$ m. Determine o índice de refração do material.

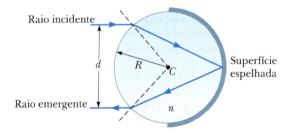

Figura P1.74

75. A Figura P1.75 mostra o caminho de um feixe de luz por várias placas com índices de refração diferentes. (a) Se $\theta_1 = 30{,}0°$, qual é o ângulo θ_2 do feixe emergente? (b) Qual deve

ser o ângulo incidente θ_1 para ter reflexão interna total na superfície entre o meio com $n = 1,20$ e o com $n = 1,00$?

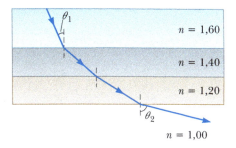

Figura P1.75

76. O método de A. H. Pfund para medir o índice de refração do vidro é ilustrado na Figura P1.76. Uma face de uma placa de espessura t é pintada de branco e um pequeno buraco cavado no ponto P serve como fonte de raios divergentes quando a placa é iluminada por baixo. O raio PBB' atinge a superfície clara no ângulo crítico e é totalmente refletido, como são os raios como PCC'. Aqueles como PAA' emergem de uma superfície clara. Na superfície pintada aparece um círculo escuro de diâmetro d cercado por uma região iluminada, ou auréola. (a) Obtenha uma equação para n em termos das quantidades medidas d e t. (b) Qual é o diâmetro do círculo escuro se $n = 1,52$ para uma placa de espessura de $0,600$ cm? (c) Se a luz branca for utilizada, as dispersões fazem com que o ângulo crítico dependa da cor. A parte interna da auréola branca é colorida com luz vermelha ou violeta? Explique.

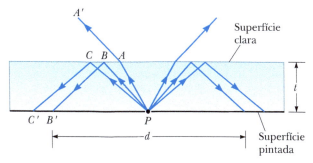

Figura P1.76

77. **W** Um raio de luz incide em um bloco retangular de plástico em um ângulo $\theta_1 = 45,0°$ e emerge em um ângulo $\theta_2 = 76,0°$, como mostrado na Figura P1.77. (a) Determine o índice de refração do plástico. (b) Se o raio de luz entra no plástico em um ponto $L = 50,0$ cm da face inferior, que intervalo de tempo é necessário para que o raio de luz se mova pelo plástico?

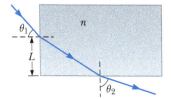

Figura P1.77

78. Estudantes permitem que um feixe estreito de laser atinja uma superfície de água. Eles medem o ângulo de refração para ângulos selecionados de incidência e registram os dados mostrados na tabela a seguir. (a) Utilize os dados para verificar a lei da refração de Snell ao representar o seno do ângulo de incidência pelo seno do ângulo de refração. (b) Explique o que o formato do gráfico demonstra. (c) Utilize a representação resultante para deduzir o índice de refração da água, explicando como você fez.

Ângulo de incidência (graus)	Ângulo de refração (graus)
10,0	7,5
20,0	15,1
30,0	22,3
40,0	28,7
50,0	35,2
60,0	40,3
70,0	45,3
80,0	47,7

79. As paredes de um santuário antigo estão perpendiculares às quatro direções cardeais da bússola. No primeiro dia da primavera, a luz do Sol nascente entra em uma janela retangular na parede leste. A luz percorre 2,37 m na horizontal, incidindo perpendicularmente na parede oposta à janela. Um turista observa a mancha de luz movendo-se na parede oeste. (a) Com qual velocidade o retângulo iluminado se move? (b) O turista segura um pequeno espelho plano e quadrado na parede oeste em uma face do retângulo de luz. Esse espelho reflete a luz de volta a um local na parede leste ao lado da janela. Com qual velocidade o quadrado menor de luz se move pela parede? (c) Visto a partir da latitude de $40,0°$ ao norte, o Sol nascente se move pelo céu ao longo de uma linha, formando um ângulo de $50,0°$ com o horizonte sudeste. Em qual direção a mancha retangular de luz na parede oeste do santuário se move? (d) Em qual direção o menor quadrado de luz na parede leste se move?

80. A Figura P1.80 mostra a vista aérea de uma estrutura quadrada. As superfícies internas são espelhos planos. Um raio de luz entra em um pequeno buraco no centro de um espelho. (a) Em qual ângulo θ o raio deve entrar se sair pelo buraco após ser refletido uma vez para cada um dos outros três espelhos? (b) **E se?** Há outros valores de θ para os quais o raio pode sair após várias reflexões? Se sim, esboce um dos caminhos do raio.

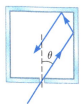

Figura P1.80

Problemas de Desafio

81. Um caronista está em um pico de montanha isolada próximo do pôr do sol e observa um arco-íris causado por gotículas de água no ar a uma distância de 8,00 km ao longo de sua linha de visão para a luz mais intensa do arco-íris. O vale está a 2,00 km abaixo do pico da montanha e inteiramente plano. Qual fração do arco circular completo do arco-íris é visível para o caronista?

82. *Por que a seguinte situação é impossível?* A distância perpendicular de uma lâmpada a um grande espelho plano é duas

vezes a distância perpendicular de uma pessoa ao espelho. A luz da lâmpada atinge a pessoa por dois caminhos: (1) propaga-se até o espelho e reflete dele para a pessoa, e (2) propaga-se diretamente à pessoa sem refletir no espelho. A distância total percorrida pela luz no primeiro caso é 3,10 vezes a distância percorrida pela luz no segundo caso.

83. A Figura P1.83 mostra uma vista aérea de uma sala de área de piso quadrada e lado L. No centro está um espelho configurado em um plano vertical, que gira em um eixo vertical em velocidade angular ω em um eixo que sai da página. Um feixe de laser vermelho brilhante entra do ponto central em uma parede da sala e atinge o espelho. Conforme este gira, o feixe refletido de laser cria um ponto vermelho que varre as paredes da sala. (a) Quando o ponto de luz na parede estiver a uma distância x do ponto O, qual é sua velocidade? (b) Qual valor de x corresponde ao valor mínimo para a velocidade? (c) Qual é o valor mínimo para a velocidade? (d) Qual é a velocidade máxima do ponto na parede? (e) Em qual intervalo de tempo o ponto muda da sua velocidade mínima para a máxima?

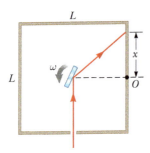

Figura P1.83

84. Pierre de Fermat (1601-1665) mostrou que, quando a luz se propaga de um ponto para outro, seu caminho real é aquele que requer o menor intervalo de tempo. Esta afirmação é conhecida como *Princípio de Fermat*. O exemplo mais simples é para a propagação da luz em um meio homogêneo. Ela se move em uma linha reta porque esta é a distância mais curta entre dois pontos. Derive a lei da refração de Snell a partir do Princípio de Fermat. Proceda como segue. Na Figura P1.84, um raio de luz propaga-se do ponto P no meio 1 para o ponto Q no meio 2. Os dois pontos estão, respectivamente, nas distâncias perpendiculares a e b da interface. O deslocamento de P para Q tem a componente d paralelamente à interface e temos x representando a coordenada do ponto onde o raio entra no segundo meio. Seja $t = 0$ o instante em que a luz inicia a partir de P. (a) Mostre que o tempo no qual a luz chega em Q é

$$t = \frac{r_1}{v_1} + \frac{r_2}{v_2} = \frac{n_1\sqrt{a^2 + x^2}}{c} + \frac{n_2\sqrt{b^2 + (d-x)^2}}{c}$$

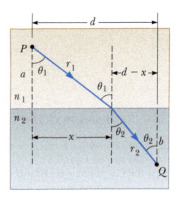

Figura P1.84

(b) Para obter o valor de x para o qual t tem seu valor mínimo, diferencie t com relação a x e configure a derivada igual a zero. Mostre que o resultado implica

$$\frac{n_1 x}{\sqrt{a^2 + x^2}} = \frac{n_2(d-x)}{\sqrt{b^2 + (d-x)^2}}$$

(c) Mostre que esta expressão, por sua vez, resulta na lei de Snell,

$$n_1 \text{ sen } \theta_1 = n_2 \text{ sen } \theta_2$$

85. Consulte o Problema 84 para a afirmação do Princípio de Fermat do menor tempo. Derive a lei da refração (Eq. 1.2) do Princípio de Fermat.

86. Suponha que uma esfera luminosa de raio R_1 (como o Sol) seja circulada por uma atmosfera uniforme de raio $R_2 > R_1$ e índice de refração n. Quando a esfera é vista de um local acima no vácuo, qual é seu raio aparente quando (a) $R_2 > nR_1$ e (b) $R_2 < nR_1$?

87. Este problema tem como base os resultados dos Problemas 57 e 58. A luz viaja perpendicularmente através de uma "placa" de diamante, cercada por ar, com superfícies paralelas de entrada e saída. A intensidade da luz transmitida representa qual fração da intensidade incidente? Inclua os efeitos da luz refletida para trás e para a frente dentro da "placa".

capítulo 2

Formação de imagens

2.1 Imagens formadas por espelhos planos
2.2 Imagens formadas por espelhos esféricos
2.3 Imagens formadas por refração
2.4 Imagens formadas por lentes delgadas
2.5 Aberrações nas lentes
2.6 A câmera fotográfica
2.7 O olho
2.8 A lente de aumento simples
2.9 O microscópio composto
2.10 O telescópio

Esse capítulo trata de imagens que resultam do encontro de raios de luz com superfícies planas ou curvas entre dois meios. As imagens podem ser formadas por reflexão ou refração devido a essas superfícies. Podemos projetar espelhos e lentes para formar imagens com as características desejadas. Neste capítulo, continuaremos a utilizar a aproximação dos raios e a assumir que a luz se move em linhas retas. Primeiro estuda-

Os raios de luz que vêm das folhas no plano de fundo desta cena não formam uma imagem focada na câmera fotográfica que tirou essa imagem. Consequentemente, o fundo da foto aparece bastante borrado. Os raios de luz que passam pela gota d'água, entretanto, foram alterados para formar uma imagem focada das folhas do plano de fundo para a câmera. Neste capítulo, investigaremos a formação de imagens pelo reflexo dos raios de luz em espelhos e pela refração através de lentes. *(Wolfgang Kaehler/Light Rocket via Getty Images)*

remos a formação de imagens por espelhos e lentes e as técnicas para a localização de uma imagem e a determinação de seu tamanho. Depois investigaremos como combinar esses elementos em vários instrumentos ópticos úteis, como microscópios e telescópios.

2.1 Imagens formadas por espelhos planos

A formação de imagens por espelhos pode ser compreendida por intermédio da análise dos raios de luz seguindo o modelo da onda em reflexão. Começamos considerando o espelho mais simples possível, o plano. Considere uma fonte de luz pontual localizada em O na Figura 2.1 a uma distância p em frente ao espelho plano. A distância p é chamada **distância do objeto**. Raios de luz divergentes saem da fonte e são refletidos pelo espelho. No momento

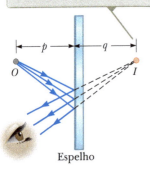

O ponto de imagem *I* está localizado atrás do espelho a uma distância *q* do espelho. A imagem é virtual.

Figura 2.1 Uma imagem formada por reflexão de um espelho plano.

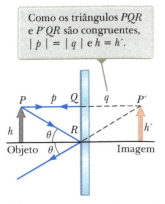

Como os triângulos *PQR* e *P'QR* são congruentes, $|p| = |q|$ e $h = h'$.

Figura 2.2 Uma construção geométrica utilizada para localizar a imagem de um objeto colocado em frente a um espelho plano.

O polegar está no lado esquerdo das duas mãos reais e no lado esquerdo da imagem. Que o polegar não está no lado direito da imagem indica que não há reversão da esquerda para a direita.

Figura 2.3 A imagem no espelho da mão direita de uma pessoa é invertida de frente para trás, o que faz com que a mão direita pareça ser uma mão esquerda.

da reflexão, os raios continuam a divergir. As linhas pontilhadas na Figura 2.1 são extensões dos raios divergentes de volta a um ponto de intersecção em *I*. Para quem olha, os raios divergentes parecem se originar no ponto *I* atrás do espelho. Esse ponto, que está a uma distância *q* atrás do espelho, é chamado **imagem** do objeto em *O*. A distância *q* é chamada **distância da imagem**. Independente do sistema que está sendo estudado, as imagens podem sempre estar localizadas em um ponto onde os raios de luz *realmente* divergem ou em um ponto a partir do qual *parecem* divergir.

As imagens são classificadas como *reais* e *virtuais*. **Imagem real** é formada quando os raios de luz passam por um ponto de imagem e divergem dele. **Imagem virtual** é formada quando os raios de luz *não* passam pelo ponto de imagem, mas parecem apenas divergir a partir daquele ponto. A imagem formada pelo espelho na Figura 2.1 é virtual. Não há raios de luz partindo do objeto atrás do espelho, no local da imagem, o que faz com que os raios de luz em frente ao espelho pareçam estar divergindo apenas de *I*. A imagem de um objeto visto em um espelho plano é *sempre* virtual. Imagens reais podem ser exibidas numa tela (como no cinema), mas as virtuais não. Veremos um exemplo de uma imagem real na Seção 2.2.

Podemos utilizar a geometria simples na Figura 2.2 para examinar as propriedades de objetos estendidos formados por espelhos planos. Mesmo que haja um número infinito de escolhas de direções pelas quais os raios de luz podem deixar cada ponto sobre o objeto (representado pela seta cinza), devemos escolher apenas dois raios para determinar onde uma imagem é formada. Um desses raios começa em *P*, segue um caminho perpendicular ao espelho e se reflete sobre si mesmo. O segundo segue o caminho oblíquo *PR* e reflete como mostrado na Figura 2.2, de acordo com a lei da reflexão. Um observador em frente ao espelho estenderia os dois raios refletidos de volta ao ponto em que parecem ter se originado, que é o ponto *P'* atrás do espelho. Uma continuação desse processo para pontos diferentes de *P* sobre o objeto resultaria em uma imagem virtual (representada pela seta rosa) do objeto inteiro atrás do espelho. Como os triângulos *PQR* e *P'QR* são congruentes, $PQ = P'Q$, então $|p| = |q|$. Portanto, a imagem formada de um objeto colocado em frente a um espelho plano está tão longe do espelho quanto o objeto que está em frente a ele.

A geometria na Figura 2.2 também revela que a altura do objeto *h* é igual à altura *h'* da imagem. Vamos definir a **ampliação lateral** *M* de uma imagem da seguinte maneira:

$$M = \frac{\text{altura da imagem}}{\text{altura do objeto}} = \frac{h'}{h} \quad (2.1)$$

Essa definição geral da ampliação lateral de uma imagem em qualquer tipo de espelho também é válida para imagens formadas por lentes, que estudaremos na Seção 2.4. Para um espelho plano, $M = +1$ para qualquer imagem, porque $h' = h$. O valor positivo da ampliação significa que a imagem está em pé. Por "em pé" queremos dizer que se a seta do objeto aponta para cima, como na Figura 2.2, a da imagem assim também aponta.

Um espelho plano produz uma imagem que possui uma reversão direita/esquerda *aparente*. Você pode ver essa reversão ficando em frente a um espelho e levantando a mão direita (Figura 2.3). A imagem que você vê levanta a mão esquerda. Da mesma forma, seu cabelo parece estar penteado para o lado oposto de sua parte real e uma verruga em sua face direita parece estar na esquerda.

Essa reversão de esquerda/direita não é *real*. Imagine, por exemplo, deitar sobre o lado direito no chão com o corpo paralelo à superfície do espelho. Sua cabeça está à esquerda e os pés do lado direito. Se você mexer os pés, a imagem não move sua cabeça! Entretanto, se erguer a mão direita, a imagem, novamente, levantará a mão esquerda. Portanto, o espelho parece produzir, novamente, uma reversão esquerda/direita, mas, agora, é de cima/baixo!

A reversão na realidade é do tipo *frente/trás*, causada pelos raios de luz que vão para a frente em direção ao espelho e depois são refletidos de volta. Um exercício interessante é ficar diante de um espelho segurando uma transparência de apresentação na sua frente de modo que consiga ler o que está escrito nela. E você será capaz de fazer isto. Você deve ter tido uma experiência similar se já colou um adesivo transparente com escritos na janela traseira do seu carro. Se o adesivo pode ser lido de fora do carro, também é possível lê-lo quando se olha pelo espelho retrovisor de dentro do carro.

> **Prevenção de Armadilhas 2.1**
> **Ampliação não significa necessariamente aumento**
> Para elementos ópticos diferentes de espelhos planos, a ampliação definida na Equação 2.1 pode resultar em um número de magnitude maior *ou* menor que 1. Portanto, apesar do uso cultural da palavra *ampliação* significar *aumento*, a imagem pode ser menor que o objeto.

Teste Rápido 2.1 Você está parado a uma distância aproximada de 2 m de um espelho, que possui luzes em sua superfície. Verdadeiro ou falso: você consegue ver as luzes e sua imagem em foco ao mesmo tempo.

Exemplo conceitual 2.1 — Imagens múltiplas formadas por dois espelhos

Dois espelhos planos estão colocados de forma perpendicular um ao outro, como mostrado na Figura 2.4 e um objeto está colocado no ponto *O*. Nesta situação, múltiplas imagens são formadas. Localize a posição delas.

SOLUÇÃO

A imagem do objeto está em I_1 no espelho 1 (raios verdes) e em I_2 no espelho 2 (raios vermelhos). Além disso, uma terceira imagem está formada em I_3 (raios azuis). Essa terceira imagem é a de I_1 no espelho 2, ou, de maneira equivalente, a de I_2 no espelho 1. Isto é, a imagem em I_1 (ou I_2) serve como objeto para I_3. Para formar essa imagem em I_3, os raios refletem duas vezes após deixar o objeto em *O*.

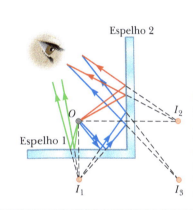

Figura 2.4 (Exemplo conceitual 2.1) Quando um objeto está localizado em frente a dois espelhos mutuamente perpendiculares, como mostrado, três imagens são formadas. Siga os raios de luz de cores diferentes para compreender a formação de cada imagem.

Exemplo conceitual 2.2 — O espelho retrovisor inclinado

A maioria dos espelhos retrovisores dos carros possui uma posição para o dia e outra noturna. Essa última diminui bastante a intensidade da imagem para que as luzes dos veículos que estão atrás não ceguem temporariamente o motorista. Como esse espelho funciona?

SOLUÇÃO

A Figura 2.5 mostra uma visão da seção transversal de um espelho retrovisor em cada posição. Essa unidade consiste em um revestimento refletor nas costas de uma cunha de vidro. Na posição diurna (Fig. 2.5a), a luz de um objeto atrás do carro atinge a cunha de vidro no ponto 1. A maior parte da luz entra na cunha, refratando conforme cruza a superfície frontal e refletindo pela superfície traseira para retornar à superfície frontal, onde mais uma vez é refratada quando entra novamente no ar como o raio *B* (de *brilho*). Além disso, uma pequena parte da luz é refletida na superfície frontal do vidro, como indicado pelo raio *E* (de *escuro*).

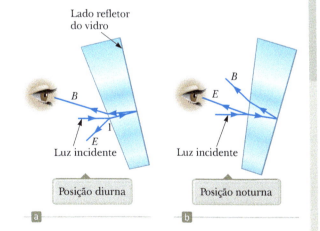

Figura 2.5 (Exemplo conceitual 2.2) Vistas da seção transversal de um espelho retrovisor.

Essa luz escura refletida é responsável pela imagem observada quando o espelho está em posição noturna (Fig. 2.5b). Neste caso, a cunha é girada para que o caminho seguido pela luz brilhante (raio *B*) não chegue até o olho. Em vez disso, a luz escura refletida pela superfície frontal da cunha propaga-se até o olho e o brilho das luzes dos carros que vêm atrás não se torna um perigo.

2.2 Imagens formadas por espelhos esféricos

Na seção anterior, consideramos as imagens formadas por espelhos planos. Agora estudaremos as formadas por espelhos curvos. Embora uma variedade de curvaturas seja possível, restringiremos nossa investigação aos espelhos esféricos. Como o próprio nome diz, o **espelho esférico** tem a forma de uma seção de uma esfera.

Espelhos côncavos

Primeiro, consideraremos a reflexão da luz proveniente da superfície côncava interna de um espelho esférico, como mostrado na Figura 2.6. Esse tipo de superfície refletora é chamada **espelho côncavo**. A Figura 2.6a mostra que o espelho possui um raio de curvatura R, e seu centro de curvatura é o ponto C. O ponto V é o centro da seção esférica e a linha que vai de C a V é chamada **eixo principal** do espelho. A Figura 2.6a mostra uma seção transversal de um espelho esférico com a superfície representada pela linha inteira e curva azul-escuro. A faixa azul mais clara representa o suporte estrutural da superfície do espelho, como um pedaço de vidro curvo sobre o qual uma superfície refletora prata é depositada. Esse tipo de espelho foca raios paralelos que chegam a ele a partir de um ponto, como demonstrado pelos raios de luz coloridos na Figura 2.7.

Agora, considere uma fonte de luz pontual localizada no ponto O na Figura 2.6b, onde O é qualquer ponto sobre o eixo principal à esquerda de C. São exibidos dois raios de luz divergentes que se originam em O. Depois de refletidos pelo espelho, esses raios convergem e se cruzam no ponto I da imagem. E, então, continuam a divergir de I como se houvesse um objeto ali. Como resultado, a imagem no ponto I é real.

Nesta seção, devemos considerar somente raios que divirjam do objeto e formem um pequeno ângulo com o eixo principal. Tais raios são chamados **raios paraxiais**, que refletem através do ponto da imagem, como mostrado na Figura 2.6b. Os raios que estão longe do eixo principal, como os mostrados na Figura 2.8, convergem para outros pontos sobre o eixo principal, produzindo uma imagem borrada. Esse efeito, chamado *aberração esférica*, está presente em alguma extensão de qualquer espelho esférico e será discutido na Seção 2.5.

Se a distância do objeto p e o raio de curvatura R são conhecidos, podemos utilizar a Figura 2.9 para calcular a distância da imagem q. Por convenção, essas distâncias são medidas a partir do ponto V. A Figura 2.9 mostra dois raios saindo da ponta do objeto. O raio vermelho passa pelo centro de curvatura C do espelho, atingindo-o perpendicularmente na sua superfície e refletindo de volta sobre si mesmo. O raio azul atinge o espelho em seu centro (ponto V) e reflete como mostrado, obedecendo à lei da reflexão. A imagem da ponta da seta está localizada no ponto onde esses dois raios fazem a intersecção. Do grande triângulo retângulo laranja da Figura 2.9, vemos que $\theta = h/p$; e do triângulo retângulo amarelo, vemos que $\theta = -h'/q$. O sinal negativo é introduzido porque a imagem está invertida, então h' é considerado negativo. Portanto, da Equação 2.1 e desses resultados, descobrimos que a ampliação da imagem é

$$M = \frac{h'}{h} = -\frac{q}{p} \tag{2.2}$$

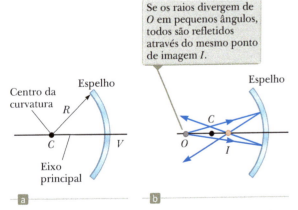

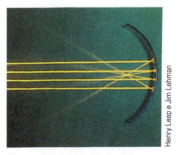

Figura 2.6 (a) Um espelho côncavo de raio R. O centro de curvatura C está localizado no eixo principal. (b) Um objeto pontual colocado em O em frente a um espelho esférico côncavo de raio R, onde O é qualquer ponto sobre o eixo principal mais afastado que R da superfície do espelho, que forma uma imagem real em I.

Figura 2.7 Reflexão de raios paralelos de um espelho côncavo.

Figura 2.8 Um espelho esférico côncavo exibe uma aberração esférica quando os raios de luz formam grandes ângulos com o eixo principal.

Formação de imagens 37

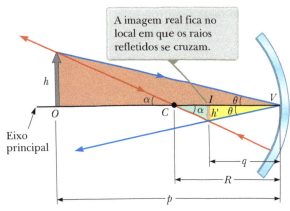

Figura 2.9 A imagem formada por um espelho esférico côncavo quando o objeto O fica fora do centro de curvatura C. Essa construção geométrica é utilizada para derivar a Equação 2.4.

Uma antena parabólica é um refletor côncavo para sinais de televisão de um satélite em órbita ao redor da Terra. Como o satélite está tão distante, os sinais são transportados por micro-ondas que são paralelas quando chegam ao prato. Essas ondas refletem do prato e estão focadas no receptor.

Observe também, no triângulo retângulo verde na Figura 2.9 e no triângulo retângulo vermelho menor, que

$$\operatorname{tg} \alpha = \frac{-h'}{R-q} \quad \text{e} \quad \operatorname{tg} \alpha = \frac{h'}{p-R}$$

do que segue

$$\frac{h'}{h} = -\frac{R-q}{p-R} \tag{2.3}$$

Comparando as Equações 2.2 e 2.3 temos

$$\frac{R-q}{p-R} = \frac{q}{p}$$

A álgebra simples reduz essa expressão a

$$\frac{1}{p} + \frac{1}{q} = \frac{2}{R} \tag{2.4}$$

◀ **Equação do espelho em termos de raios de curvatura**

que é chamada *equação do espelho*. Apresentaremos uma versão modificada dessa equação em breve.

Se o objeto está muito longe do espelho – isto é, se p é tão maior do que R que se pode dizer que p se aproxima do infinito –, então $1/p \approx 0$ e a Equação 2.4 mostra que $q \approx R/2$. Isto é, quando o objeto está muito longe do espelho, o ponto da imagem está no meio do caminho entre o centro de curvatura e o ponto central dele, como mostrado na Figura 2.10. Os raios que chegam do objeto são essencialmente paralelos nesta figura porque supõe-se que a fonte esteja muito longe

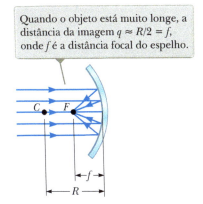

Figura 2.10 Raios de luz de um objeto distante ($p \to \infty$) se refletem em um espelho côncavo através do ponto F.

Prevenção de Armadilhas 2.2

Ponto *focal* não é o ponto de *foco*
Ponto focal *geralmente não é* o ponto onde os raios de luz se focalizam para formar a imagem. Ele é determinado unicamente pela curvatura do espelho; não depende da localização do objeto. Em geral, uma imagem se forma em um ponto diferente do ponto focal de um espelho (ou de uma lente). A *única* exceção é quando o objeto se localiza infinitamente distante do espelho.

do espelho. O ponto de imagem, neste caso especial, é chamado **ponto focal F** e a distância da imagem é chamada **distância focal** *f*, onde

Distância focal ▶
$$f = \frac{R}{2} \qquad (2.5)$$

O ponto focal está a uma distância *f* do espelho, conforme observado na Figura 2.10. Na Figura 2.7, os raios estão se propagando paralelos ao eixo principal e o espelho reflete todas as três faixas para o ponto focal. Observe que no ponto em que as três faixas fazem a intersecção, a soma de cores é branca.

Como a distância focal é um parâmetro particular de um dado espelho, pode ser utilizada para comparar um espelho com outro. Combinando as Equações 2.4 e 2.5, a **equação do espelho** pode ser expressa em termos da distância focal.

Equação do espelho em termos da distância focal ▶
$$\frac{1}{p} + \frac{1}{q} = \frac{1}{f} \qquad (2.6)$$

Observe que a distância focal de um espelho depende apenas da sua curvatura e não do material de que é feito, porque a formação da imagem resulta dos raios refletidos na superfície do material. A situação é diferente para as lentes; neste caso, a luz realmente passa através do material e a distância focal depende do tipo de material do qual as lentes são confeccionadas. (Veja a Seção 2.4.)

Espelhos convexos

A Figura 2.11 mostra a formação da imagem por um **espelho convexo**, isto é, um espelho prateado para que a luz seja refletida da superfície externa, convexa. Ele é por vezes chamado **espelho divergente**, porque os raios de qualquer ponto sobre um objeto divergem após a reflexão, como se estivessem vindo de algum ponto atrás do espelho. A imagem na Figura 2.11 é virtual porque os raios refletidos aparecem somente para gerar a imagem no ponto como indicado pelas linhas pontilhadas. Além disso, a imagem está sempre em pé e é menor que o objeto. Esse tipo de espelho é frequentemente utilizado para vigiar ladrões em lojas. Um único espelho pode ser utilizado para inspecionar um grande campo de visão, pois forma uma imagem menor do interior da loja.

Não apresentamos nenhuma equação para espelhos esféricos convexos porque as Equações 2.2, 2.4 e 2.6 podem ser utilizadas tanto para côncavos como para convexos se aderirmos ao seguinte procedimento. Iremos nos referir à região em que os raios de luz se originam e se movem em direção ao espelho como *lado frontal* do espelho e o outro como *lado traseiro*. Por exemplo, nas Figuras 2.9 e 2.11, o lado à esquerda dos espelhos é o frontal e o lado à direta do espelho é o traseiro. A Figura 2.12 mostra as convenções de sinais para as distâncias de imagem e do objeto e a Tabela 2.1 resume as convenções de sinais para todas as quantidades. Uma entrada da tabela, *objeto virtual*, será formalmente introduzida na Seção 2.4.

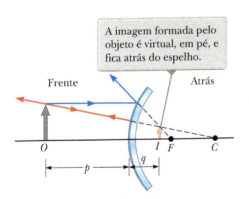

Figura 2.11 Formação de uma imagem por um espelho esférico convexo.

Diagramas de raios para espelhos

As posições e tamanhos de imagens formadas pelos espelhos podem ser convenientemente determinados com um *diagrama de raios*. Essas represen-

> **Prevenção de Armadilhas 2.3**
> **Preste atenção em seus sinais**
> O sucesso no trabalho com problemas de espelhos (assim como com aqueles envolvendo superfícies refratárias e lentes delgadas) é em grande parte determinado por escolhas de sinal adequadas no momento da substituição nas equações. O melhor caminho para o sucesso é trabalhar você mesmo uma grande quantidade de problemas.

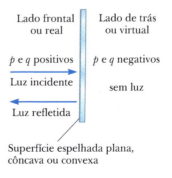

Figura 2.12 Sinais de *p* e *q* para espelhos côncavos ou convexos.

Formação de imagens **39**

TABELA 2.1	Convenções de sinais para espelhos	
Quantidade	**Positivo quando...**	**Negativo quando...**
Localização do objeto (p)	o objeto está em frente ao espelho (objeto real).	o objeto está atrás do espelho (objeto virtual).
Localização da imagem (q)	a imagem está em frente ao espelho (imagem real).	a imagem está atrás do espelho (imagem virtual).
Altura da imagem (h')	a imagem está de pé.	a imagem está invertida.
Comprimento focal (f) e raio (R)	o espelho é côncavo.	o espelho é convexo.
Ampliação (M)	a imagem está em pé.	a imagem está invertida.

> **Prevenção de Armadilhas 2.4**
>
> **Escolha um pequeno número de raios**
> Um número *muito grande* de raios deixa cada ponto em um objeto (e passa por cada ponto em uma imagem). Em um diagrama de raios, que exibe as características da imagem, escolhemos apenas alguns poucos raios que seguem regras simples. A localização da imagem através de cálculos complementa o diagrama.

tações esquemáticas revelam a natureza da imagem e podem ser utilizadas para a verificação dos resultados calculados das representações matemáticas que utilizam o espelho e as equações de ampliação. Para traçar um diagrama de raios, você deve conhecer a posição do objeto e as localizações do ponto focal e do centro de curvatura do espelho. Então, desenhe três raios para localizar a imagem, como mostrado pelos exemplos na Figura 2.13. Esses raios começam a partir do mesmo ponto no objeto e são traçados como segue. Você pode escolher qualquer ponto no objeto; aqui escolheremos o topo, por questões de simplicidade. Para espelhos côncavos (veja as Figuras 2.13a e 2.13b), trace os três raios seguintes:

- Raio 1: do topo do objeto paralelo ao eixo principal e refletido através do ponto focal F.
- Raio 2: a partir do topo do objeto através do ponto focal (ou como se estivesse vindo do ponto focal se $p < f$) e refletido paralelo ao eixo principal.
- Raio 3: do topo do objeto através do centro de curvatura C (ou como se estivesse vindo do centro C se $p < f$) e refletido de volta sobre si mesmo.

A intersecção de dois raios quaisquer localiza a imagem. O terceiro raio serve como verificação da construção. O ponto da imagem assim obtido deve sempre concordar com o valor de q calculado na equação do espelho. A imagem real e invertida na Figura 2.13a move-se para a esquerda e fica maior conforme o objeto se aproxima do ponto focal. Quando o objeto está neste ponto, a imagem fica infinitamente mais longe à esquerda. Quando o objeto está entre o ponto focal e a superfície do espelho, como mostrado na Figura 2.13b, entretanto, a imagem fica à direita, atrás do objeto, virtual, em pé e aumentada. Essa última situação se aplica quando você usa um espelho para fazer a barba ou para maquiagem, ambos côncavos. Sua face fica mais perto do espelho que o ponto focal e você vê uma imagem em pé e aumentada do seu rosto.

Para espelhos convexos (veja a Figura 2.13c), trace os três raios seguintes:

- Raio 1: traçado do topo do objeto paralelo ao eixo principal e refletido *para longe* do ponto focal F.
- Raio 2: traçado do topo do objeto em direção ao ponto focal na parte de trás do espelho e refletido paralelo ao eixo principal.
- Raio 3: traçado do topo do objeto em direção ao centro de curvatura C no lado de trás do espelho e refletido de volta sobre si mesmo.

Em um espelho convexo, a imagem de um objeto é sempre virtual, em pé e reduzida, como mostrado na Figura 2.13c. Neste caso, conforme a distância do objeto diminui, a imagem virtual aumenta e se move para longe do ponto focal em direção ao espelho conforme o objeto se aproxima dele. Você deve construir outros diagramas para verificar como a posição da imagem varia com a posição do objeto.

40 Física para cientistas e engenheiros

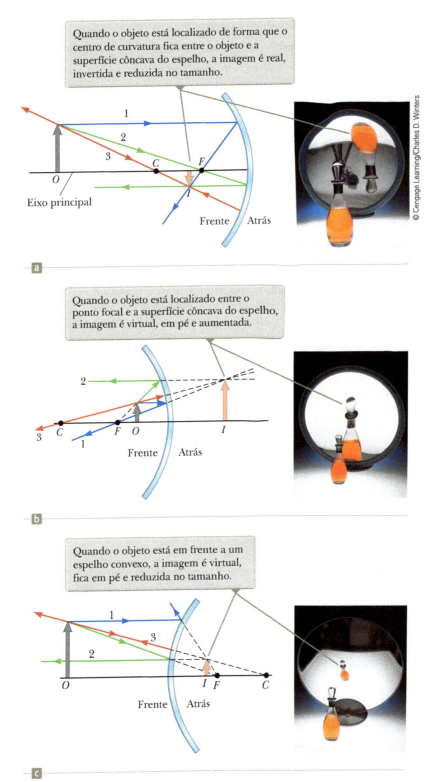

Figura 2-13 Diagramas de raio de espelhos esféricos com as fotografias correspondentes das imagens de frascos.

Teste Rápido **2.2** Você quer atear fogo refletindo a luz do Sol com um espelho em um papel sob uma pilha de madeira. Qual seria a melhor escolha de tipo de espelho? **(a)** plano **(b)** côncavo **(c)** convexo.

Teste Rápido **2.3** Considere a imagem no espelho da Figura 2.14. Com base na aparência desta imagem, você concluiria que **(a)** o espelho é côncavo e a imagem é real, **(b)** o espelho é côncavo e a imagem é virtual, **(c)** o espelho é convexo e a imagem é real ou **(d)** o espelho é convexo e a imagem é virtual?

Figura 2.14 (Teste Rápido 2.3) Que tipo de espelho é mostrado aqui?

Exemplo 2.3 — A imagem formada por um espelho côncavo

Um espelho esférico possui distância focal de +10,0 cm.

(A) Localize e descreva a imagem para uma distância do objeto de 25,0 cm.

SOLUÇÃO

Conceitualização Como o comprimento focal do espelho é positivo, trata-se de um espelho côncavo (veja a Tabela 2.1). Esperamos a possibilidade de imagens tanto reais quanto virtuais.

Categorização Como a distância do objeto nesta parte do problema é maior que o comprimento focal, esperamos que a imagem seja real. Essa situação é análoga à da Figura 2.12a.

Análise Encontre a distância da imagem utilizando a Equação 2.6:

$$\frac{1}{q} = \frac{1}{f} - \frac{1}{p}$$

$$\frac{1}{q} = \frac{1}{10,0\,\text{cm}} - \frac{1}{25,0\,\text{cm}}$$

$$q = 16,7\,\text{cm}$$

Encontre a ampliação da imagem com a Equação 2.2:

$$M = -\frac{q}{p} = -\frac{16,7\,\text{cm}}{25,0\,\text{cm}} = -0,667$$

Finalização O valor absoluto de *M* é menor que a unidade. Então, a imagem é menor que o objeto e o sinal negativo para *M* nos mostra que a imagem está invertida. Como *q* é positivo, a imagem está localizada no lado frontal do espelho e é real. Olhe dentro da concavidade de uma colher brilhante ou fique parado longe de um espelho para fazer a barba e veja essa imagem.

(B) Localize e descreva a imagem para uma distância do objeto de 10,0 cm.

SOLUÇÃO

Categorização Como o objeto está no ponto focal, esperamos que a imagem fique infinitamente longe.

Análise Encontre a distância de imagem utilizando a Equação 2.6:

$$\frac{1}{q} = \frac{1}{f} - \frac{1}{p}$$

$$\frac{1}{q} = \frac{1}{10,0\,\text{cm}} - \frac{1}{10,0\,\text{cm}}$$

$$q = \infty$$

continua

2.3 cont.

Finalização Esse resultado significa que os raios que se originam de um objeto posicionado no ponto focal de um espelho são refletidos de forma que a imagem é formada a uma distância infinita do espelho; isto é, os raios estão paralelos uns aos outros após a reflexão. Esse é o caso de uma lanterna ou de um farol de automóvel, onde o filamento da lâmpada fica localizado no ponto focal de um refletor, produzindo um facho de luz paralelo.

(C) Localize e descreva a imagem para uma distância do objeto de 5,00 cm.

Categorização Como a distância do objeto é menor que a focal, esperamos que a imagem seja virtual. Essa situação é análoga à da Figura 2.13b.

Análise Encontre a distância da imagem utilizando a Equação 2.6:

$$\frac{1}{q} = \frac{1}{f} - \frac{1}{p}$$

$$\frac{1}{q} = \frac{1}{10,0\,\text{cm}} - \frac{1}{5,00\,\text{cm}}$$

$$q = -10,0\,\text{cm}$$

Encontre a ampliação da imagem a partir da Equação 2.2:

$$M = -\frac{q}{p} = -\left(\frac{-10,0\,\text{cm}}{5,00\,\text{cm}}\right) = +2,00$$

Finalização A imagem é duas vezes maior que o objeto, e o sinal positivo para M indica que ela fica de pé (veja a Figura 2.13b). O valor negativo da distância da imagem nos diz que ela é virtual, como esperado. Coloque seu rosto próximo a um espelho para fazer barba e veja esse tipo de imagem.

E SE? Suponha que você monte o aparato de frasco e espelho ilustrado na Figura 2.13a, descrito aqui, na parte (A). Enquanto ajusta o aparato, você acidentalmente esbarra no frasco, que começa a rolar em direção ao espelho com velocidade v_p. Com que velocidade a imagem do frasco se move?

Resposta Resolva a equação do espelho, 2.6, para q:

$$q = \frac{fp}{p-f}$$

Diferencie essa equação em relação ao tempo para encontrar a velocidade da imagem:

$$(1)\quad v_q = \frac{dq}{dt} = \frac{d}{dt}\left(\frac{fp}{p-f}\right) = -\frac{f^2}{(p-f)^2}\frac{dp}{dt} = -\frac{f^2 v_p}{(p-f)^2}$$

Substitua os valores numéricos da parte (A):

$$v_q = -\frac{(10,0\,\text{cm})^2 v_p}{(25,0\,\text{cm} - 10,0\,\text{cm})^2} = -0,444 v_p$$

Portanto, a velocidade da imagem é menor que a do objeto neste caso.

Podemos ver dois comportamentos interessantes na função para v_q na Equação (1). Primeiro, a velocidade é negativa, independente do valor de p ou f. Portanto, se o objeto se move em direção ao espelho, a imagem se move à esquerda na Figura 2.13, sem relação com o lado do ponto focal no qual o objeto está localizado ou se o espelho é côncavo ou convexo. Segundo, no limite de $p \to 0$, a velocidade v_q se aproxima de $-v_p$. Conforme o objeto se move muito próximo ao espelho, esse parece plano, a imagem está muito longe, atrás do espelho, quando o objeto está na frente e tanto o objeto quanto a imagem se movem com a mesma velocidade.

Exemplo 2.4 A imagem formada por um espelho convexo

O espelho retrovisor de um automóvel, como o da Figura 2.15, mostra a imagem de um caminhão localizado a 10,0 metros do espelho. A distância focal do espelho é −0,60 m.

(A) Encontre a posição da imagem do caminhão.

Figura 2.15 (Exemplo 2.4) Um caminhão que se aproxima é visto em um espelho convexo do lado direito do automóvel. Observe que a imagem do caminhão está em foco, mas a borda do espelho não, o que mostra que a imagem não está no mesmo local da superfície do espelho.

2.4 cont.

SOLUÇÃO

Conceitualização Essa situação é retratada na Figura 2.13c.

Categorização Como o espelho é convexo, esperamos uma imagem em pé, reduzida e virtual da posição do objeto.

Análise Encontre a distância da imagem utilizando a Equação 2.6:

$$\frac{1}{q} = \frac{1}{f} - \frac{1}{p}$$

$$\frac{1}{q} = \frac{1}{-0,60\,\text{m}} - \frac{1}{10,0\,\text{m}}$$

$$q = -0,57\,\text{m}$$

(B) Encontre a ampliação da imagem.

SOLUÇÃO

Análise Use a Equação 2.2:

$$M = -\frac{q}{p} = -\left(\frac{-0,57\,\text{m}}{10,0\,\text{m}}\right) = +0,057$$

Finalização O valor negativo de q na parte (A) indica que a imagem é virtual ou atrás do espelho, como mostrado na Figura 2.13c. A ampliação na parte (B) indica que a imagem é muito menor que o caminhão e está de pé, porque M é positivo. A imagem é reduzida, então o caminhão parece estar muito mais longe do que realmente está. Por causa do tamanho menor da imagem, esses espelhos carregam a inscrição: "Os objetos no espelho estão mais perto do que parecem". Olhe pelo espelho retrovisor do seu carro ou na parte de trás de uma colher brilhante para ver uma imagem desse tipo.

2.3 Imagens formadas por refração

Nesta seção, descreveremos como as imagens se formam quando os raios de luz seguem a onda sob o modelo de refração no limite entre dois materiais transparentes. Considere dois meios transparentes tendo índices de refração n_1 e n_2, em que o limite entre eles é uma superfície esférica de raio R (Fig. 2.16). Vamos supor que o objeto em O esteja no meio para o qual o índice de refração é n_1. Consideremos os raios paraxiais saindo de O. Como podemos ver, todos esses raios são refratados na superfície externa e focam um ponto único I, o de imagem.

A Figura 2.17 mostra um raio único deixando o ponto O e refratando no ponto I. A lei de refração de Snell aplicada a esse raio nos dá

$$n_1\,\text{sen}\,\theta_1 = n_2\,\text{sen}\,\theta_2$$

Como supomos que θ_1 e θ_2 são pequenos, podemos utilizar a aproximação de ângulo pequeno sen $\theta \approx \theta$ (com ângulos em radianos) e escrever a lei de Snell como

$$n_1 \theta_1 = n_2 \theta_2$$

Sabemos que o ângulo externo de um triângulo é igual à soma dos dois ângulos opostos interiores. Então, aplicando essa regra aos triângulos OPC e PIC na Figura 2.17, temos

$$\theta_1 = \alpha + \beta$$

$$\beta = \theta_2 + \gamma$$

Combinando as três expressões e eliminando θ_1 e θ_2, temos

$$n_1 \alpha + n_2 \gamma = (n_2 - n_1)\beta \qquad (2.7)$$

A Figura 2.17 mostra três triângulos retângulos que possuem um lado vertical comum de comprimento d. Para os raios paraxiais (diferente do raio que forma

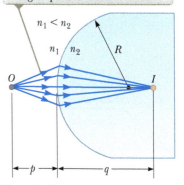

Raios que formam pequenos ângulos com o eixo principal divergem de um objeto pontual em O e são refratados através da imagem pontual I.

Figura 2.16 Uma imagem formada por refração em uma superfície esférica.

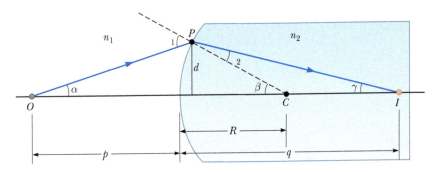

Figura 2.17 Geometria utilizada para derivar a Equação 2.8, assumindo $n_1 < n_2$.

um ângulo relativamente grande mostrado na Fig. 2.17), os lados horizontais destes triângulos são aproximadamente p para o triângulo que contém o ângulo α; R para o triângulo que contém o ângulo β; e q para o triângulo que contém o ângulo γ. Na aproximação de ângulo pequeno, tg $\theta \approx \theta$ e podemos redigir as relações de aproximação desses triângulos da seguinte maneira:

$$\text{tg}\,\alpha \approx \alpha \approx \frac{d}{p} \qquad \text{tg}\,\beta \approx \beta \approx \frac{d}{R} \qquad \text{tg}\,\gamma \approx \gamma \approx \frac{d}{q}$$

Substituindo essas expressões na Equação 2.7 e dividindo por d, temos

▶ **Relação entre a distância do objeto e a distância da imagem para uma superfície refratária**

$$\frac{n_1}{p} + \frac{n_2}{q} = \frac{n_2 - n_1}{R} \qquad (2.8)$$

Para uma distância fixa do objeto p, a distância da imagem q é independente do ângulo que o raio forma com o eixo. Esse resultado nos diz que todos os raios paraxiais focam no mesmo ponto I.

Como com os espelhos, precisamos utilizar uma convenção de sinais para aplicar a Equação 2.8 a uma variedade de casos. Definimos o lado da superfície na qual o raio se origina como o frontal. O outro é chamado de trás. Em contraste com o espelho, onde imagens reais são formadas em frente a uma superfície refletora, imagens reais são formadas pela refração de raios de luz no lado de trás da superfície. Por causa da diferença na localização das imagens reais, as convenções de sinais de refração para q e R são opostas àquelas de reflexão. Por exemplo, q e R são ambos positivos na Figura 2.17. As convenções de sinais para superfícies esféricas refratárias estão resumidas na Tabela 2.2.

Obtivemos a Equação 2.8 por meio de uma suposição de que $n_1 < n_2$ na Figura 2.17. Entretanto, essa suposição não é necessária. A Equação 2.8 é válida independente de qual índice de refração é maior.

Superfícies refratárias planas

Se uma superfície é plana, então R é infinito e a Equação 2.8 se reduz a

$$\frac{n_1}{p} = -\frac{n_2}{q}$$

$$q = -\frac{n_2}{n_1} p \qquad (2.9)$$

TABELA 2.2 *Convenções de sinais para superfícies refratárias*

Quantidade	Positivo quando...	Negativo quando...
Localização do objeto (p)	o objeto está na frente da superfície (objeto real).	o objeto está atrás da superfície (objeto virtual).
Localização da imagem (q)	a imagem está atrás da superfície (imagem real).	a imagem está na frente da superfície (imagem virtual).
Altura da imagem (h')	a imagem está de pé.	a imagem está invertida.
Raio (R)	o centro de curvatura está atrás da superfície.	o centro de curvatura está na frente da superfície.

A partir desta expressão vemos que o sinal de q é oposto ao de p. Portanto, de acordo com a Tabela 2.2, a imagem formada por uma superfície refratária plana está do mesmo lado da superfície que o objeto, como ilustrado na Figura 2.18 para a situação na qual o objeto está em um meio com índice n_1 e esse é maior que n_2. Neste caso, uma imagem virtual é formada entre o objeto e a superfície. Se n_1 for menor que n_2, os raios no lado de trás divergem uns dos outros em ângulos menores que os da Figura 2.18. Como resultado, a imagem virtual se forma à esquerda do objeto.

Teste Rápido 2.4 Na Figura 2.16, o que acontece com a imagem pontual I conforme o objeto pontual O se move para a direita de muito longe até muito perto da superfície refratária? (**a**) Fica sempre à direita da superfície. (**b**) Fica sempre do lado esquerdo. (**c**) Começa na esquerda e em alguma posição de O, I se move para a direita da superfície. (**d**) Começa na direita e em alguma posição de O, I se move para a esquerda da superfície.

Teste Rápido 2.5 Na Figura 2.18, o que acontece com a imagem pontual I conforme o objeto pontual O se move em direção à superfície do lado direito do material de índice de refração n_1? (**a**) Fica sempre entre O e a superfície, chegando a ela quando O assim chega. (**b**) Move-se em direção à superfície mais devagar que O para que esse finalmente passe I. (**c**) Aproxima-se da superfície e depois se move para sua direita.

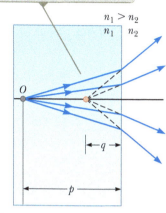

Figura 2.18 Imagem formada por uma superfície refratária plana. Supõe-se que todos os raios sejam paraxiais.

Exemplo conceitual **2.5** **Vamos mergulhar!**

Objetos vistos debaixo d'água a olho nu parecem borrados e fora de foco. Um mergulhador utilizando máscara, entretanto, tem uma visão nítida sob a água. Explique como isso funciona utilizando a informação de que os índices de refração da córnea, da água e do ar são 1,376, 1,333 e 1,00029, respectivamente.

SOLUÇÃO

Como a água e a córnea possuem índices de refração quase idênticos, ocorre muito pouca refração quando uma pessoa debaixo d'água vê objetos a olho nu. Neste caso, os raios de luz vindos de um objeto focam atrás da retina, resultando uma imagem borrada. Quando uma máscara é utilizada, entretanto, o espaço de ar entre o olho e a superfície da máscara fornece a quantidade normal de refração para a interface olho-ar; e, por consequência, a luz vinda do objeto se focaliza na retina.

Exemplo **2.6** **Contemplando uma bola de cristal**

Um conjunto de moedas é embutido em um peso de papel plástico esférico cujo raio é 3,0 cm. O índice de refração do plástico é $n_1 = 1,50$. Uma moeda está localizada a 2,0 cm da borda da esfera (Fig. 2.19). Descubra a posição da imagem da moeda.

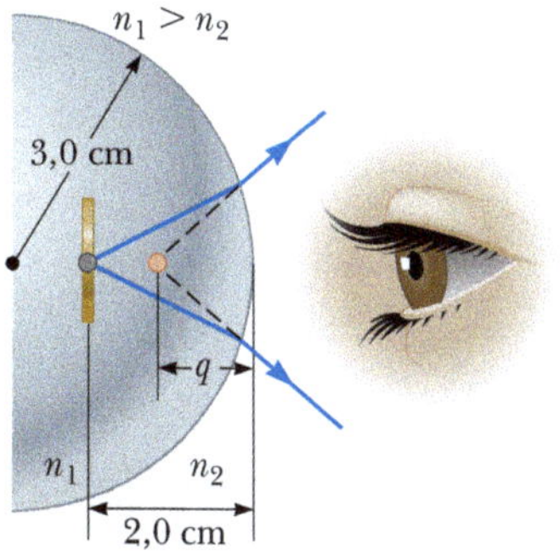

SOLUÇÃO

Conceitualização Como $n_1 > n_2$, onde $n_2 = 1,00$ é o índice de refração do ar, os raios originários da moeda na Figura 2.19 são refratados para fora da normal na superfície e divergem para fora. A ampliação dos raios que saem para trás mostra um ponto de imagem dentro da esfera.

Figura 2.19 (Exemplo 2.6) Raios de luz vindos de uma moeda embutida em uma esfera de plástico formam uma imagem virtual entre as superfícies do objeto e da esfera. Como o objeto está dentro da esfera, o lado frontal da superfície refratária é interior à esfera.

continua

2.6 cont.

SOLUÇÃO

Categorização Como os raios de luz se originam de um material e depois passam por uma superfície curva para outro, esse exemplo envolve uma imagem formada por refração.

Análise Aplique a Equação 2.8, observando, da Tabela 2.2, que R é negativo:

$$\frac{n_2}{q} = \frac{n_2 - n_1}{R} - \frac{n_1}{p}$$

Substitua valores numéricos e resolva para q:

$$\frac{1}{q} = \frac{1,00 - 1,50}{-3,0 \text{ cm}} - \frac{1,50}{2,0 \text{ cm}}$$

$$q = -1,7 \text{ cm}$$

Finalização O sinal negativo para q indica que a imagem está na frente da superfície; em outras palavras, está no mesmo meio que o objeto mostrado na Figura 2.19. Portanto, a imagem deve ser virtual (veja a Tabela 2.2). A moeda parece estar mais perto da superfície do peso de papel do que realmente está.

Exemplo 2.7 — Aquele que escapou

Um pequeno peixe está a uma profundidade d abaixo da superfície de um tanque (Fig. 2.20).

(A) Qual é a profundidade aparente do peixe quando visto diretamente de cima?

SOLUÇÃO

Conceitualização Como $n_1 > n_2$, onde $n_2 = 1,00$ é o índice de refração do ar, os raios originários do peixe na Figura 2.20a são refratados de forma não perpendicular à superfície e divergem para fora. A ampliação dos raios que saem para trás mostra um ponto de imagem sob a água.

Categorização Como a superfície refratária é plana, R é infinito. Assim, podemos utilizar a Equação 2.9 para determinar a localização da imagem com $p = d$.

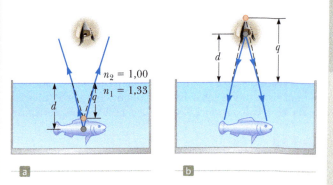

Figura 2.20 (Exemplo 2.7) (a) A profundidade aparente q do peixe é menor que a real d. Supõe-se que todos os raios sejam paraxiais. (b) Para o peixe, seu rosto parece estar mais acima da superfície do que realmente está.

Análise Utilize os índices de refração fornecidos pela Figura 2.20a na Equação 2.9:

$$q = -\frac{n_2}{n_1}p = -\frac{1,00}{1,33}d = \boxed{-0,752\,d}$$

Finalização Como q é negativo, a imagem é virtual, como indicado pelas linhas pontilhadas na Figura 2.20a. A profundidade aparente é aproximadamente três quartos da real.

(B) Se seu rosto está a uma distância d acima da superfície da água, a que distância aparente da superfície o peixe vê seu rosto?

SOLUÇÃO

Conceitualização Os raios de luz que saem do seu rosto são mostrados na Figura 2.20b. Como os raios refratam em direção perpendicular, seu rosto parece estar mais acima da superfície do que realmente está.

Categorização Como a superfície refratária é plana, R é infinito. Assim, podemos utilizar a Equação 2.9 para determinar a localização da imagem com $p = d$.

2.7 cont.

Análise Use a Equação 2.9 para encontrar a distância de imagem:

$$q = -\frac{n_2}{n_1}p = -\frac{1,33}{1,00}d = \boxed{-1,33\,d}$$

Finalização O sinal negativo de q indica que a imagem está no meio do qual a luz se origina, que é o ar acima da água.

E SE? E se você olhasse mais atentamente para o peixe e medisse sua *altura* a partir de sua nadadeira superior até a inferior? A altura aparente do peixe h' é diferente da real h?

Resposta Como todos os pontos sobre o peixe parecem estar parcialmente mais próximos do observador, esperamos que sua altura seja menor. Considere a distância d na Figura 2.20a medida até a nadadeira superior e a distância até a nadadeira inferior como $d + h$. Então, as imagens da parte superior e inferior do peixe estão localizadas em

$$q_{\text{superior}} = -0,752\,d$$
$$q_{\text{inferior}} = -0,752\,(d + h)$$

A altura aparente h' do peixe é

$$h' = q_{\text{superior}} - q_{\text{inferior}} = -0,752\,d - [-0,752\,(d + h)] = 0,752\,h$$

Assim, o peixe parece ter aproximadamente três quartos de sua altura.

2.4 Imagens formadas por lentes delgadas

As lentes são comumente utilizadas para formar imagens por refração em instrumentos ópticos, como câmeras fotográficas, telescópios e microscópios. Vamos utilizar o que acabamos de aprender sobre as imagens formadas por superfícies refratárias para nos ajudar a localizar a imagem formada por uma lente. A luz que passa através de uma lente experimenta a refração em duas superfícies. O desenvolvimento que devemos observar é baseado na noção de que a imagem formada por uma superfície refratária serve de objeto para a segunda superfície. Primeiro, analisaremos uma lente espessa e, depois, deixaremos a espessura da lente se aproximar de zero.

Considere uma lente que tem índice de refração n e duas superfícies esféricas com raios de curvatura R_1 e R_2, como na Figura 2.21. Observe que R_1 é o raio de curvatura da superfície da lente, na qual a luz do objeto chega primeiro, e R_2 é o raio de curvatura da outra superfície. Um objeto está colocado no ponto O a uma distância p_1 na frente da superfície 1.

Vamos começar com a imagem formada na superfície 1. Utilizando a Equação 2.8 e assumindo $n_1 = 1$, pois a lente está rodeada pelo ar, descobrimos que a imagem I_1 formada na superfície 1 satisfaz à equação

$$\frac{1}{p_1} + \frac{n}{q_1} = \frac{n-1}{R_1} \tag{2.10}$$

onde q_1 é a posição da imagem formada na superfície 1. Se a imagem formada pela superfície 1 é virtual (Fig. 2.21a), então q_1 é negativo; ele seria positivo se a imagem fosse real (Fig. 2.21b).

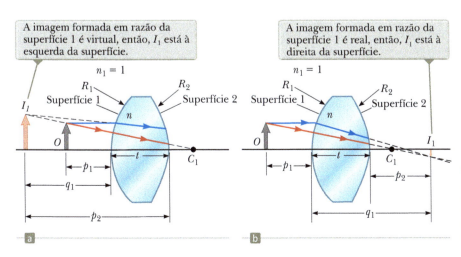

Figura 2.21 Para localizar a imagem formada por uma lente, utilizamos a imagem virtual em I, formada pela superfície 1, como o objeto para a imagem formada pela superfície 2. O ponto C é o centro de curvatura da superfície 1.

Agora, vamos aplicar a Equação 2.8 à superfície 2, utilizando $n_1 = n$ e $n_2 = 1$. Fazemos essa mudança no índice porque os raios de luz que se aproximam da superfície 2 estão *no material da lente*, que tem índice de refração n. Tomando p_2 como a distância do objeto à superfície 2 e q_2 como a distância à imagem, temos

$$\frac{n}{p_2} + \frac{1}{q_2} = \frac{1-n}{R_2} \qquad (2.11)$$

Então, apresentamos matematicamente que a imagem formada pela primeira superfície atua como objeto para a segunda. Se a imagem da superfície 1 é virtual, como na Figura 2.21a, vemos que p_2, medido a partir da superfície 2, está relacionado com q_1, como $p_2 = -q_1 + t$, onde t é a espessura das lentes. Como q_1 é negativo, p_2 é um número positivo. A Figura 2.21b mostra o caso da imagem da superfície 1 sendo real. Nesta situação, q_1 é positivo e $p_2 = -q_1 + t$, e a imagem da superfície 1 atua como **objeto virtual**, então p_2 é negativo. Independente do tipo de imagem da superfície 1, a mesma equação descreve a localização do objeto para a superfície 2 com base em nossa convenção de sinais. Para lentes *delgadas*, ou *finas* (uma cuja espessura seja pequena quando comparada ao raio de curvatura), podemos desprezar t. Nesta aproximação, $p_2 = -q_1$ para qualquer tipo de imagem originada na superfície 1. Assim, a Equação 2.11 se torna

$$-\frac{n}{q_1} + \frac{1}{q_2} = \frac{1-n}{R_2} \qquad (2.12)$$

Adicionando as Equações 2.10 e 2.12, temos

$$\frac{1}{p_1} + \frac{1}{q_2} = (n-1)\left(\frac{1}{R_1} - \frac{1}{R_2}\right) \qquad (2.13)$$

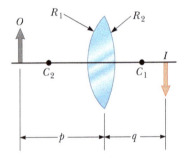

Figura 2.22 Geometria simplificada para uma lente delgada.

Para uma lente delgada, podemos omitir os subscritos em p_1 e q_2 na Equação 2.13 e chamar a distância do objeto de p e a da imagem de q, como na Figura 2.22. Assim, podemos escrever a Equação 2.13 como

$$\frac{1}{p} + \frac{1}{q} = (n-1)\left(\frac{1}{R_1} - \frac{1}{R_2}\right) \qquad (2.14)$$

Essa expressão relaciona a distância da imagem q daquela formada por uma lente delgada, com a distância do objeto p e as propriedades da lente (índice de refração e raios de curvatura). Isto somente é válido para raios paraxiais e somente quando a espessura da lente é bem menor que R_1 e R_2.

A **distância focal** f de uma lente delgada é a da imagem que corresponde a uma distância finita do objeto, assim como nos espelhos. Deixando p se aproximar de ∞ e q de f na Equação 2.14, vemos que o inverso da distância focal para uma lente delgada é

► **Equação dos fabricantes de lente**

$$\boxed{\frac{1}{f} = (n-1)\left(\frac{1}{R_1} - \frac{1}{R_2}\right)} \qquad (2.15)$$

Essa relação é chamada **equação dos fabricantes de lente**, porque pode ser utilizada para determinar os valores de R_1 e R_2 necessários para um dado índice de refração e uma distância focal f desejada. De maneira contrária, se o índice de refração e os raios de curvatura das lentes são fornecidos, essa equação pode ser utilizada para encontrar a distância focal. Se a lente estiver imersa em algo diferente do ar, essa mesma equação pode ser utilizada com n interpretado como sendo a *razão* do índice de refração do material das lentes e o do fluido circundante.

Utilizando a Equação 2.15, podemos escrever a Equação 2.14 de forma idêntica à 2.6 para os espelhos:

$$\boxed{\frac{1}{p} + \frac{1}{q} = \frac{1}{f}} \qquad (2.16)$$

Essa equação, chamada **equação da lente delgada**, pode ser utilizada para relacionar as distâncias da imagem e do objeto para uma lente delgada.

Como a luz pode se propagar em ambas as direções por uma lente, cada lente possui dois pontos focais, um para os raios de luz que passam em uma direção e outro para os que passam em outra direção. Esses dois pontos focais são ilustrados pela Figura 2.23 para uma lente plano-convexa (convergente) e para uma lente plano-côncava (divergente).

A Figura 2.24 é útil para a obtenção dos sinais de p e q e a Tabela 2.3 fornece as convenções de sinal para lentes delgadas. Essas convenções são as mesmas que aquelas para superfícies refratárias (veja a Tabela 2.2).

Formação de imagens   49

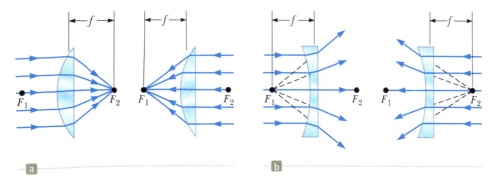

Figura 2.23 Raios de luz paralelos passam por (a) uma lente convergente e (b) por uma lente divergente. A distância focal é a mesma para os raios de luz que passam através de uma dada lente em ambas as direções. Os dois pontos focais, F_1 e F_2, estão à mesma distância das lentes.

Vários formatos de lentes são exibidos na Figura 2.25. Observe que uma lente convergente é mais espessa no centro do que na borda, enquanto a divergente é mais delgada no centro do que na borda.

Amplificação de imagens

Considere uma lente delgada através da qual passam raios de luz vindos de um objeto. Como com os espelhos (Eq. 2.2), uma construção geométrica mostra que a ampliação lateral da imagem é

$$M = \frac{h'}{h} = -\frac{q}{p} \qquad (2.17)$$

Prevenção de Armadilhas 2.5

Uma lente possui dois pontos focais, mas apenas uma distância focal
Uma lente possui um ponto focal em cada lado, frontal e traseiro. Entretanto, há apenas uma distância focal; cada um dos dois pontos focais está localizado à mesma distância da lente (Fig. 2.23). Como resultado, a lente forma a imagem de um objeto no mesmo ponto se for virada. Na prática, isso não deve ocorrer, porque lentes reais não são infinitesimalmente delgadas.

Figura 2.24 Diagrama para a obtenção dos sinais de p e q para uma lente delgada. Esse diagrama também se aplica a uma superfície refratária.

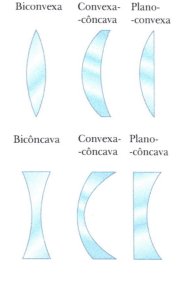

Figura 2.25 Vários formatos de lentes. (a) Lentes convergentes possuem distância focal positiva e são mais espessas no centro. (b) Lentes divergentes têm distância focal negativa e são mais espessas nas bordas.

TABELA 2.3 *Convenções de sinais para lentes delgadas*

Quantidade	Positivo quando...	Negativo quando...
Localização do objeto (p)	o objeto está na frente da lente (objeto real).	o objeto está atrás da lente (objeto virtual).
Localização da imagem (q)	a imagem está atrás da lente (imagem real).	a imagem está na frente da lente (imagem virtual).
Altura da imagem (h')	a imagem está de pé.	a imagem está invertida.
R_1 e R_2	o centro de curvatura está atrás da lente.	o centro de curvatura está na frente da lente.
Distância focal (f)	lente convergente.	lente divergente.

Dessa expressão segue que, quando M é positivo, a imagem fica em pé e do mesmo lado da lente que o objeto. Quando negativo, a imagem fica invertida e no lado da lente oposto ao objeto.

Diagramas de raio para lentes delgadas

Diagramas de raio são convenientes para a localização de imagens formadas por lentes delgadas ou sistemas de lentes. Também ajudam a esclarecer nossas convenções de sinais. A Figura 2.26 mostra tais diagramas para as três situações de lentes.

Para localizar a imagem de uma lente *convergente* (Figuras 2.26a e 2.26b), os três raios seguintes são traçados a partir do topo do objeto:

- Raio 1: traçado em paralelo ao eixo principal. Depois de ser refratado pelas lentes, esse raio passa através do ponto focal no lado de trás da lente.
- Raio 2: traçado passando pelo ponto focal no lado frontal da lente (ou como se estivesse vindo do ponto focal se $p < f$) e emerge dela em paralelo ao eixo principal.
- Raio 3: traçado passando pelo centro da lente e continuando em linha reta.

Para localizar a imagem de uma lente *divergente* (Figura 2.26c), os três raios seguintes são traçados a partir do topo do objeto:

- Raio 1: traçado em paralelo ao eixo principal. Depois de ser refratado pela lente, esse raio emerge direcionado para longe do ponto focal no lado frontal da lente.
- Raio 2: traçado na direção do sentido do ponto focal no lado de trás da lente e emerge dela paralelo ao eixo principal.
- Raio 3: traçado passando pelo centro da lente e continuando em linha reta.

Para a lente convergente na Figura 2.26a, na qual o objeto está à esquerda do ponto focal ($p > f$), a imagem é real e invertida. Quando o objeto está entre o ponto focal e a lente ($p < f$), como na Figura 2.26b, a imagem é virtual e está em pé. Neste caso, a lente atua como uma de aumento, que estudaremos mais detalhadamente na Seção 2.8. Para uma lente divergente (Figura 2.26c), a imagem é sempre virtual e em pé, independente da localização do objeto. Essas construções geométricas são razoavelmente precisas somente se a distância entre os raios e o eixo principal for bem menor que os raios das superfícies das lentes.

A refração ocorre somente na superfície das lentes. Certo projeto de lentes tira vantagem desse comportamento para produzir as *lentes Fresnel* – do tipo poderosa sem grande espessura. Como apenas a curvatura da superfície é importante nas qualidades de refração das lentes, o material no meio de uma lente Fresnel é removido, como mostrado nas seções transversais das lentes da Figura 2.27. Como as bordas dos segmentos curvos podem causar distorção, essas lentes geralmente são utilizadas em situações nas quais a qualidade da imagem é menos importante do que a redução do peso. Um projetor para salas de aula geralmente utiliza uma lente Fresnel; as bordas circulares entre os segmentos das lentes podem ser vistas olhando de perto a luz projetada sobre uma tela.

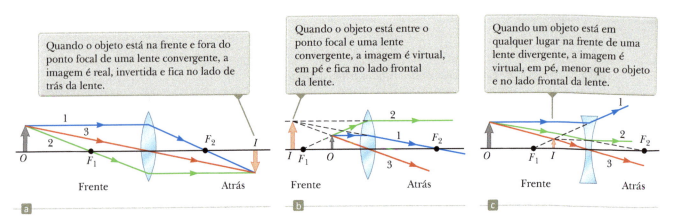

Figura 2.26 Diagramas de raio para a localização da imagem formada por uma lente delgada.

Formação de imagens   51

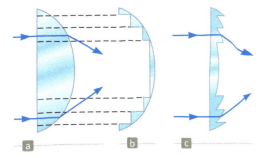

Figura 2.27 Uma visão lateral da construção das lentes Fresnel. (a) A lente espessa refrata o raio de luz como mostrado. (b) O material da lente e seu volume são retirados, restando apenas o material próximo à superfície curva. (c) Os pequenos pedaços do material restante são movidos para a esquerda para formar uma superfície plana à direita da lente Fresnel com sulcos na superfície direita. De uma vista frontal, esses sulcos teriam forma circular. Essas novas lentes refratam a luz da mesma maneira que as lentes em (a). (d) Lente Fresnel utilizada em um farol mostra os vários segmentos com os sulcos discutidos em (c).

Teste Rápido **2.6** Qual a distância focal de uma vidraça? (**a**) zero (**b**) infinito (**c**) a espessura do vidro (**d**) impossível determinar.

Exemplo **2.8** — Imagens formadas por lentes convergentes

Uma lente convergente possui distância focal de 10,0 cm.

(A) Um objeto é colocado a 30,0 cm da lente. Construa um diagrama de raios, encontre a distância da imagem e descreva a imagem.

SOLUÇÃO

Conceitualização Como a lente é convergente, a distância focal é positiva (veja a Tabela 2.3). Esperamos encontrar imagens reais e virtuais.

Categorização Como a distância do objeto é maior do que a focal, esperamos que a imagem seja real. O diagrama de raio para essa situação é mostrado na Figura 2.28a.

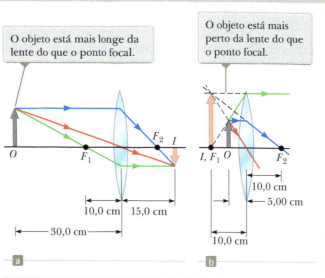

Figura 2.28 (Exemplo 2.8) Imagem formada por uma lente convergente.

Análise Encontre a distância da imagem utilizando a Equação 2.16:

$$\frac{1}{q} = \frac{1}{f} - \frac{1}{p}$$

$$\frac{1}{q} = \frac{1}{10,0\,\text{cm}} - \frac{1}{30,0\,\text{cm}}$$

$$q = \boxed{+15,0\,\text{cm}}$$

Encontre a ampliação da imagem com a Equação 2.17:

$$M = -\frac{q}{p} = -\frac{15,0\,\text{cm}}{30,0\,\text{cm}} = \boxed{-0,500}$$

continua

Finalização O sinal positivo para a distância da imagem nos informa que ela é, de fato, real e se posiciona atrás da lente. A ampliação da imagem nos informa que a imagem é reduzida pela metade em sua altura e o sinal negativo para M nos informa que a imagem é invertida.

(B) Um objeto é colocado a 10,0 cm das lentes. Encontre a distância da imagem e a descreva.

SOLUÇÃO

Categorização Como o objeto está no ponto focal, esperamos que a imagem esteja infinitesimalmente distante.

Análise Encontre a distância da imagem utilizando a Equação 2.16:

$$\frac{1}{q} = \frac{1}{f} - \frac{1}{p}$$

$$\frac{1}{q} = \frac{1}{10{,}0 \text{ cm}} - \frac{1}{10{,}0 \text{ cm}}$$

$$q = \infty$$

Finalização Esse resultado significa que os raios originários de um objeto posicionado no ponto focal de uma lente são refratados para que a imagem seja formada a uma distância infinita da lente; isto é, os raios são paralelos uns aos outros após a refração.

(C) Um objeto é colocado a 5,00 cm da lente. Construa um diagrama de raio, encontre a distância da imagem e descreva a imagem.

Categorização Como a distância do objeto é menor que a focal, esperamos que a imagem seja virtual. O diagrama de raio para essa situação é exibido na Figura 2.28b.

Análise Encontre a distância da imagem utilizando a Equação 2.16:

$$\frac{1}{q} = \frac{1}{f} - \frac{1}{p}$$

$$\frac{1}{q} = \frac{1}{10{,}0 \text{ cm}} - \frac{1}{5{,}00 \text{ cm}}$$

$$q = -10{,}0 \text{ cm}$$

Encontre a ampliação da imagem da Equação 2.17:

$$M = -\frac{q}{p} = -\left(\frac{-10{,}0 \text{ cm}}{5{,}00 \text{ cm}}\right) = +2{,}00$$

Finalização A distância da imagem negativa nos indica que a imagem é virtual e formada no lado da lente no qual a luz é incidente, o frontal. A imagem é aumentada e o sinal positivo para M nos diz que a imagem está em pé.

E SE? E se o objeto se mover diretamente até a superfície da lente para que $p \to 0$? Onde está a imagem?

Resposta Neste caso, como $p \ll R$, onde R é um dos raios das superfícies da lente, a curvatura da lente pode ser ignorada. A lente deve parecer ter o mesmo efeito de um pedaço plano de material, o que sugere que a imagem está no lado frontal da lente, em $q = 0$. Essa conclusão pode ser verificada matematicamente reorganizando a equação para lente delgada:

$$\frac{1}{q} = \frac{1}{f} - \frac{1}{p}$$

Se deixarmos $p \to 0$, o segundo termo à direita se torna muito grande em comparação ao primeiro e podemos desprezar $1/f$. A equação se torna

$$\frac{1}{q} = -\frac{1}{p} \to q = -p = 0$$

Portanto, q está no lado frontal das lentes (porque tem o sinal oposto de p) e à direita na superfície da lente.

Exemplo 2.9 — Imagens formadas por lentes divergentes

Uma lente divergente tem distância focal de 10,0 cm.

(A) Um objeto é colocado a 30,0 cm da lente. Construa um diagrama de raio, encontre a distância da imagem e descreva a imagem.

SOLUÇÃO

Conceitualização Como a lente é divergente, a distância focal é negativa (veja a Tabela 2.3). O diagrama de raio para essa situação é mostrado na Figura 2.29a.

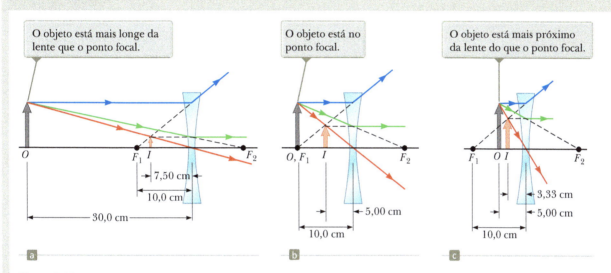

Figura 2.29 (Exemplo 2.9) Imagem formada por uma lente divergente.

Categorização Como a lente é divergente, esperamos que forme uma imagem virtual reduzida, em pé, a qualquer distância do objeto.

Análise Encontre a distância da imagem utilizando a Equação 2.16:

$$\frac{1}{q} = \frac{1}{f} - \frac{1}{p}$$

$$\frac{1}{q} = \frac{1}{-10,0 \text{ cm}} - \frac{1}{30,0 \text{ cm}}$$

$$q = \boxed{-7,50 \text{ cm}}$$

Encontre a ampliação da imagem com a Equação 2.17:

$$M = -\frac{q}{p} = -\left(\frac{-7,50 \text{ cm}}{30,0 \text{ cm}}\right) = \boxed{+0,250}$$

Finalização Esse resultado confirma que a imagem é virtual, menor que o objeto e está em pé. Olhe através de uma lente divergente, como o olho mágico de uma porta, para ver esse tipo de imagem.

(B) Um objeto está colocado a 10,0 cm da lente. Construa um diagrama de raio, encontre a distância da imagem e a descreva.

SOLUÇÃO

O diagrama de raio para essa situação é mostrado na Figura 2.29b.

continua

54 Física para cientistas e engenheiros

2.9 *cont.*

Análise Encontre a distância da imagem utilizando a Equação 2.16:

$$\frac{1}{q} = \frac{1}{f} - \frac{1}{p}$$

$$\frac{1}{q} = \frac{1}{-10,0 \text{ cm}} - \frac{1}{10,0 \text{ cm}}$$

$$q = \boxed{-5,00 \text{ cm}}$$

Encontre a ampliação da imagem da Equação 2.17:

$$M = -\frac{q}{p} = -\left(\frac{-5,00 \text{ cm}}{10,0 \text{ cm}}\right) = \boxed{+0,500}$$

Finalização Observe a diferença entre essa situação e a da lente convergente. Para essa última, um objeto no ponto focal não produz uma imagem infinitamente distante.

(C) Um objeto é colocado a 5,00 cm da lente. Construa um diagrama de raio, encontre a distância da imagem e a descreva.

O diagrama de raio para essa situação é mostrado na Figura 2.29c.

Análise Encontre a distância da imagem utilizando a Equação 2.16:

$$\frac{1}{q} = \frac{1}{f} - \frac{1}{p}$$

$$\frac{1}{q} = \frac{1}{-10,0 \text{ cm}} - \frac{1}{5,0 \text{ cm}}$$

$$q = \boxed{-3,33 \text{ cm}}$$

Encontre a ampliação da imagem da Equação 2.17:

$$M = -\left(\frac{-3,33 \text{ cm}}{5,00 \text{ cm}}\right) = \boxed{+0,667}$$

Finalização Para as três posições do objeto, a posição da imagem é negativa e a ampliação é um número positivo menor que 1, o que confirma que a imagem é virtual, menor que o objeto e em pé.

Combinação de lentes delgadas

Se duas lentes delgadas forem utilizadas para formar uma imagem, o sistema pode ser tratado da seguinte maneira. Primeiro, a imagem formada pela primeira lente é localizada como se a segunda lente não estivesse presente. Depois, desenha-se um diagrama de raio para a segunda lente, com a imagem formada pela primeira servindo agora como objeto para essa segunda. A segunda imagem formada é a final do sistema. Se a formada pela primeira lente se posiciona no lado de trás da segunda, a imagem é tratada como um objeto virtual para a segunda lente (isto é, na equação da lente delgada, p é negativo). O mesmo procedimento pode ser estendido a um sistema com três lentes ou mais. Como a ampliação devido à segunda lente é realizada na imagem ampliada devido à primeira lente, a ampliação geral da imagem devido à combinação das lentes é o produto das ampliações individuais:

$$M = M_1 M_2 \tag{2.18}$$

Essa equação pode ser usada para combinações de quaisquer elementos ópticos, como uma lente e um espelho. Para mais de dois elementos ópticos, as ampliações devidas a todos os elementos são multiplicadas juntas.

Consideremos o caso especial de um sistema de duas lentes de comprimento focal f_1 e f_2 em contato uma com a outra. Se $p_1 = p$ é a distância do objeto para a combinação, a aplicação da equação da lente delgada (Eq. 2.16) à primeira lente nos dá

$$\frac{1}{p} + \frac{1}{q_1} = \frac{1}{f_1}$$

em que q_1 é a distância da imagem para a primeira lente. Tratando essa imagem como o objeto da segunda lente, vemos que a distância do objeto para uma segunda lente deve ser $p_2 = -q_1$. As distâncias são as mesmas porque as lentes estão em contato e são assumidas como infinitesimalmente delgadas. A distância do objeto é negativa porque o objeto é virtual se a imagem da primeira lente for real. Portanto, para a segunda lente,

$$\frac{1}{p_2} + \frac{1}{q_2} = \frac{1}{f_2} \quad \rightarrow \quad -\frac{1}{q_1} + \frac{1}{q} = \frac{1}{f_2}$$

onde $q = q_2$ é a distância da imagem final da segunda lente, que é a distância da imagem para a combinação. Acrescentando as equações para as duas lentes, elimina-se q_1, o que nos dá

$$\frac{1}{p} + \frac{1}{q} = \frac{1}{f_1} + \frac{1}{f_2}$$

Se a combinação for substituída por uma lente única que forma a imagem no mesmo local, sua distância focal deve estar relacionada às distâncias focais individuais pela expressão

$$\frac{1}{f} = \frac{1}{f_1} + \frac{1}{f_2} \qquad (2.19)$$

◀ **Distância focal para uma combinação de duas lentes delgadas em contato**

Portanto, duas lentes em contato são equivalentes a uma única lente delgada cuja distância focal é dada pela Equação 2.19.

Exemplo 2.10 | Onde está a imagem final?

Duas lentes convergentes de comprimentos focais $f_1 = 10{,}0$ cm e $f_2 = 20{,}0$ cm são separadas por 20,0 cm, como ilustrado na Figura 2.30. Um objeto é colocado 30,0 cm à esquerda da lente 1. Encontre a posição e a ampliação da imagem final.

SOLUÇÃO

Conceitualização Imagine raios de luz passando pela primeira lente e formando uma imagem real (porque $p > f$) na ausência de uma segunda lente. A Figura 2.30 mostra esses raios de luz formando a imagem invertida I_1. Uma vez que os raios de luz convergem para o ponto da imagem, eles não param. Continuam através do ponto da imagem e interagem com a segunda lente. Os raios quando deixam o ponto da imagem comportam-se da mesma maneira que aqueles que deixam o objeto. Portanto, a imagem da primeira lente serve como objeto da segunda.

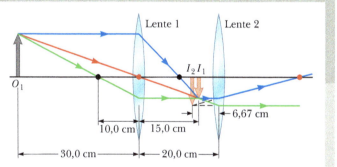

Figura 2.30 (Exemplo 2.10) Combinação de duas lentes convergentes. O diagrama de raio mostra a localização da imagem final (I_2) devido à combinação das lentes. Os pontos pretos são os focais da lente 1 e os pontos vermelhos são os focais da lente 2.

Categorização Categorizamos esse problema como um problema no qual a equação da lente delgada é aplicada de maneira gradual às duas lentes.

Análise Encontre a localização da imagem formada pela lente 1 através da equação da lente delgada:

$$\frac{1}{q_1} = \frac{1}{f} - \frac{1}{p_1}$$

$$\frac{1}{q_1} = \frac{1}{10{,}0 \text{ cm}} - \frac{1}{30{,}0 \text{ cm}}$$

$$q_1 = +15{,}0 \text{ cm}$$

Encontre a ampliação da imagem através da Equação 2.17:

$$M_1 = -\frac{q_1}{p_1} = -\frac{15{,}0 \text{ cm}}{30{,}0 \text{ cm}} = -0{,}500$$

continua

2.10 cont.

A imagem formada por essa lente atua como o objeto para a segunda. Portanto, a distância do objeto para a segunda lente é 20,0 cm − 15,0 cm = 5,00 cm.

Encontre a localização da imagem formada pela lente 2 a partir da equação da lente delgada:

$$\frac{1}{q_2} = \frac{1}{20,0 \text{ cm}} - \frac{1}{5,00 \text{ cm}}$$

$$q_2 = \boxed{-6,67 \text{ cm}}$$

Encontre a ampliação de imagem da Equação 2.17:

$$M_2 = -\frac{q_2}{p_2} = -\frac{(-6,67 \text{ cm})}{5,00 \text{ cm}} = +1,33$$

Encontre a ampliação geral do sistema a partir da Equação 2.18:

$$M = M_1 M_2 = (-0,500)(1,33) = \boxed{-0,667}$$

Finalização O sinal negativo da ampliação geral indica que a imagem final é invertida em relação ao objeto inicial. Como o valor absoluto da ampliação é menor que 1, a imagem final é menor que o objeto. Como q_2 é negativo, a imagem final está no lado frontal ou esquerdo da lente 2. Essas conclusões são consistentes com o diagrama de raio da Figura 2.30.

E SE? Suponha que você queira criar uma imagem em pé com esse sistema de duas lentes. Quanto a segunda lente deve ser movida?

Resposta Como o objeto está mais distante da primeira lente do que sua distância focal, a primeira imagem é invertida. Por consequência, a segunda lente deve inverter a imagem mais uma vez para que a imagem final fique em pé. Uma imagem invertida somente é formada por uma lente convergente se o objeto estiver fora do ponto focal. Portanto, a imagem formada pela primeira lente deve ficar à esquerda do ponto focal da segunda na Figura 2.30. Para fazer com que isso aconteça, você deve mover a segunda lente para tão longe da primeira quanto a soma $q_1 + f_2 = 15,0$ cm + 20,0 cm = 35,0 cm.

2.5 Aberrações nas lentes

Nossa análise de espelhos e lentes supõe que os raios formam ângulos pequenos com o eixo principal e que as lentes são delgadas. Neste modelo simples, todos os raios que deixam uma fonte pontual focam um ponto único, produzindo uma imagem nítida. Evidentemente, isso nem sempre é verdade. Quando as aproximações utilizadas nessa análise não se mantêm, imagens imperfeitas são formadas.

Uma análise precisa da formação da imagem exige rastrear cada raio utilizando a lei de Snell em cada superfície refratária e a lei de reflexão em cada superfície refletora. Esse procedimento mostra que os raios de um objeto pontual não focam um único ponto, resultando uma imagem borrada. O afastamento das imagens reais do ideal previsto por nosso modelo simplificado é chamado **aberração**.

Aberração esférica

Aberração esférica ocorre porque os pontos focais de raios distantes do eixo principal de lentes esféricas (ou espelhos) são diferentes daqueles de raios de mesmo comprimento de onda que passam próximos ao eixo. A Figura 2.31 ilustra a aberração esférica para os raios paralelos que passam através de uma lente convergente. Os raios que passam por pontos próximos ao centro da lente formam imagens mais distantes da lente do que os que passam através de pontos próximos às bordas. A Figura 2.8 mostrou uma situação similar para um espelho esférico.

Muitas câmeras fotográficas possuem uma abertura ajustável para controlar a intensidade de luz e reduzir a aberração esférica. Essa abertura é um orifício que controla a intensidade de luz que passa pela lente. Imagens nítidas são produzidas quando o tamanho da abertura é reduzido; com uma pequena abertura, somente a porção central da lente é exposta à luz e, portanto, maior porcentagem de raios é paraxial. Ao mesmo tempo, entretanto, menos luz passa através da lente. Para compensar essa intensidade de luz mais baixa, é utilizado um tempo de exposição maior.

No caso dos espelhos, a aberração esférica pode ser minimizada pelo uso de uma superfície refletora parabólica em vez de uma superfície esférica. Entretanto, as

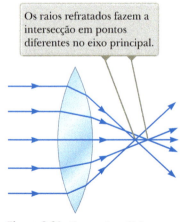

Figura 2.31 Aberração esférica causada por uma lente convergente. Lentes convergentes podem provocar aberrações esféricas?

Os raios refratados fazem a intersecção em pontos diferentes no eixo principal.

superfícies parabólicas não são utilizadas com frequência, porque aquelas com óptica de alta qualidade são de fabricação muito cara. Raios de luz paralelos que incidem em uma superfície parabólica focam um ponto comum, independente de sua distância do eixo principal. Superfícies refletoras parabólicas são utilizadas em muitos telescópios astronômicos para o aprimoramento da qualidade de imagem.

Aberração cromática

No Capítulo 1 descrevemos a dispersão pela qual um índice de refração de um material varia com o comprimento de onda. Por causa desse fenômeno, os raios violeta são mais refratados que os vermelhos quando a luz branca passa pelas lentes (Fig. 2.32). A figura mostra que a distância focal de uma lente é maior para a luz vermelha do que para a violeta. Outros comprimentos de onda (não exibidos na Fig. 2.32) têm pontos focais intermediários entre os dos raios vermelhos e violeta, o que causa uma imagem borrada, chamada **aberração cromática**.

Aberração cromática para uma lente divergente também resulta em uma distância focal mais curta para os raios violeta do que para os vermelhos, mas no lado frontal da lente. Essa aberração pode ser bastante reduzida pela combinação de uma lente convergente feita de um tipo de vidro e outra divergente feita de outro tipo de vidro.

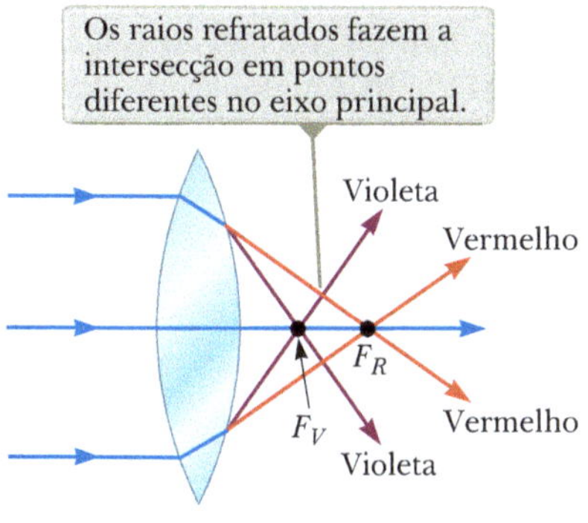

Figura 2.32 Aberração cromática causada por uma lente convergente.

2.6 A câmera fotográfica

Câmera fotográfica é um instrumento óptico simples cujas características essenciais são exibidas na Figura 2.33. Consiste de uma câmara à prova de luz, uma lente convergente que produz imagem real e um componente sensível à luz atrás da lente no qual a imagem se forma.

A imagem em uma câmera digital é formada em um *dispositivo de carga acoplada* (CCD), que digitaliza a imagem, transformando-a em um código binário. CCD será descrito na Seção 6.2. A informação digital é então armazenada em um cartão de memória para reprodução na tela de exibição da câmera ou pode ser baixada em um computador. Câmeras de filme são similares às digitais, exceto que a luz forma uma imagem em um filme sensível à luz em vez de no CCD. O filme precisa depois ser processado quimicamente para produzir a imagem sobre papel. Na discussão que segue, assumimos que a câmera é digital.

Uma câmera é focada através da variação da distância entre a lente e o CCD. Para um foco adequado – necessário à formação de imagens nítidas –, a distância da lente até o CCD depende da distância do objeto, assim como da distância focal da lente.

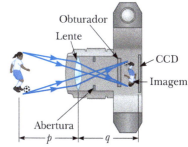

Figura 2.33 Vista da seção transversal de uma câmera digital simples. CCD é um componente sensível à luz da câmera. Em uma câmera analógica, a luz da lente recai sobre o filme fotográfico. Na realidade, $p \gg q$.

O obturador, posicionado atrás da lente, é um dispositivo mecânico que é aberto em intervalos de tempo escolhidos, chamados *tempo de exposição*. Você pode fotografar objetos móveis utilizando tempos de exposição curtos, ou cenas escuras (com baixos níveis de luminosidade) utilizando longos tempos. Se esse ajuste não estivesse disponível, seria impossível tirar fotos que imobilizam o movimento. Por exemplo, um veículo rodando rapidamente poderia se mover o bastante no intervalo de tempo durante o qual o obturador está aberto, produzindo assim uma imagem borrada. Outra grande causa de imagens borradas é o movimento da câmera enquanto o obturador está aberto. Para preveni-lo, tanto um curto tempo de exposição quanto um tripé podem ser utilizados, mesmo para objetos parados. As velocidades típicas do obturador (isto é, os tempos de exposição) são $\frac{1}{30}$ s, $\frac{1}{60}$ s, $\frac{1}{125}$ s e $\frac{1}{250}$ s. Na prática, objetos parados normalmente são fotografados com uma velocidade intermediária do obturador de $\frac{1}{60}$ s.

A intensidade I da luz que alcança o CCD é proporcional à área da lente. Como essa área é proporcional ao quadrado do diâmetro D, segue-se que I também é proporcional a D^2. A intensidade da luz é uma medida da taxa na qual a energia é recebida pelo CCD por unidade de área da imagem. Como a área da imagem é proporcional a q^2 e $q \approx f$ (quando $p \gg f$, então p pode ser aproximado como infinito), concluímos que a intensidade também é proporcional a $1/f^2$ e, portanto, que $I \propto D^2/f^2$.

A razão f/D é chamada **número f** de uma lente:

$$\text{número } f \equiv \frac{f}{D} \qquad (2.20)$$

Assim, a intensidade da luz que incide no CCD varia de acordo com a seguinte proporcionalidade:

$$I \propto \frac{1}{(f/D)^2} \propto \frac{1}{(\text{número } f)^2} \qquad (2.21)$$

O número f, com frequência, é fornecido como uma descrição da "velocidade" da lente. Quanto menor for esse número, maior será a abertura e mais alta a taxa na qual a energia da lente expõe o CCD; portanto, uma lente com número f baixo é uma lente "rápida". A notação convencional para um número f é "$f/$" seguido pelo número real. Por exemplo, "$f/4$" significa o número f 4; isto *não significa* que f seja dividido por 4! Lentes extremamente rápidas, que possuem número f tão baixo quanto aproximadamente $f/1,2$, são caras porque é muito difícil manter as aberrações aceitavelmente pequenas com os raios de luz passando por uma grande área das lentes. Sistemas de lentes em câmeras (isto é, combinações de lentes com aberturas ajustáveis) geralmente são marcados com múltiplos números f, geralmente $f/2,8$, $f/4$, $f/5,6$, $f/8$, $f/11$ e $f/16$. Qualquer um desses conjuntos pode ser selecionado por intermédio do ajuste da abertura que modifica o valor de D. Aumentando o conjunto de um número f para o próximo valor mais alto (por exemplo, de $f/2,8$ para $f/4$), a área da abertura diminui por um fator de 2. O conjunto mais baixo de número f da lente de uma câmera corresponde a uma abertura completa e ao uso da maior área possível da lente.

Em geral, câmeras simples possuem distância focal e tamanho de abertura fixos, com número f de cerca de $f/11$. Esse alto valor para o número f permite uma maior **profundidade de campo**, significando que os objetos a um variado alcance de distâncias da lente formam imagens razoavelmente nítidas no CCD. Em outras palavras, a câmera não precisa ser focalizada.

Teste Rápido **2.7** A câmera fotográfica pode ser modelada como uma lente convergente simples que foca uma imagem no CCD e atua como a tela. A câmera está inicialmente focada em um objeto distante. Para focar a imagem de um objeto próximo à câmera, as lentes devem ser (**a**) movidas para longe do CCD, (**b**) deixadas onde estão ou (**c**) movidas em direção ao CCD?

Exemplo **2.11** — Encontrando o tempo de exposição correto

A lente de uma câmera digital possui comprimento focal de 55 mm e velocidade (número f) de $f/1,8$. O tempo de exposição correto para essa velocidade sob certas condições é conhecido como 1/500 s.

(A) Determine o diâmetro da lente.

SOLUÇÃO

Conceitualização Lembre-se de que o número f para uma lente relaciona sua distância focal ao seu diâmetro.

Categorização Determinamos os resultados utilizando as equações desenvolvidas nesta seção; portanto, categorizamos esse exemplo como um problema de substituição.

Resolva a Equação 2.20 para D e substitua os valores numéricos:

$$D = \frac{f}{\text{número } f} = \frac{55 \text{ mm}}{1,8} = \boxed{31 \text{ mm}}$$

(B) Calcule o tempo de exposição correto se o número f for mudado para $f/4$ sob as mesmas condições de luminosidade.

SOLUÇÃO

A energia de luz total que atinge o CCD é proporcional ao produto da intensidade e do tempo de exposição. Se I é a intensidade de luz que alcança o CCD, a energia por unidade de área recebida pelo CCD em um intervalo de tempo Δt é proporcional a $I\Delta t$. Comparando as duas situações, temos que $I_1 \Delta t_1 = I_2 \Delta t_2$, onde Δt_1 é o tempo de exposição correto para $f/1,8$, e Δt_2, o tempo de exposição correto para $f/4$.

Utilize esse resultado e substituía por I na Equação 2.21:

$$I_1 \Delta t_1 = I_2 \Delta t_2 \rightarrow \frac{\Delta t_1}{(\text{número } f_1)^2} = \frac{\Delta t_2}{(\text{número } f_2)^2}$$

Resolva para Δt_2 e substitua os valores numéricos:

$$\Delta t_2 = \left(\frac{\text{número } f_2}{\text{número } f_1} \right)^2 \Delta t_1 = \left(\frac{4}{1,8} \right)^2 \left(\frac{1}{500} \text{ s} \right) \approx \boxed{\frac{1}{100} \text{ s}}$$

Conforme o tamanho da abertura é reduzido, o tempo de exposição deve aumentar.

2.7 O olho

Como uma câmera fotográfica, o olho normal foca a luz e produz uma imagem nítida. Os mecanismos pelos quais o olho controla a quantidade de luz admitida e se ajusta para produzir imagens corretamente focadas, entretanto, são bem mais complexos, intricados e eficazes que, inclusive, os presentes na câmera mais sofisticada. Em todos os aspectos o olho é uma maravilha fisiológica.

A Figura 2.34 mostra as partes básicas do olho humano. A luz que entra nos olhos passa por uma estrutura transparente chamada *córnea*, atrás da qual está um líquido transparente (*humor aquoso*), uma abertura variável (*pupila*, que é uma abertura na *íris*) e pelo *cristalino*. A maior parte da refração ocorre na superfície externa do olho, onde a córnea é coberta por um filme de lágrima. Relativamente pouca refração ocorre no cristalino, porque o humor aquoso em contato com ele tem um índice médio de refração próximo ao do cristalino. A íris, parte colorida do olho, é um diafragma muscular que controla o tamanho da pupila. Ela regula a quantidade de luz que entra nos olhos dilatando (ou abrindo) a pupila em condições de baixa luminosidade e contraindo-a (ou fechando) em condições de alta luminosidade. A faixa do número f do olho humano é de aproximadamente $f/2,8$ a $f/16$.

O sistema córnea-cristalino foca a luz na superfície traseira do olho, a *retina*, que consiste em milhões de receptores sensíveis chamados *bastonetes* e *cones*. Quando estimulados pela luz, esses receptores enviam impulsos através do nervo óptico ao cérebro, onde uma imagem é percebida. Por esse processo, a imagem distinta de um objeto é observada quando cai na retina.

O olho foca um objeto variando a forma do cristalino dobrável através de um processo chamado **acomodação**. Os ajustes do cristalino acontecem tão rapidamente, que nem nos damos conta da mudança. A acomodação é limitada, e por isso objetos muito próximos ao olho produzem imagens borradas. **Ponto próximo** é a distância mais próxima na qual o cristalino pode se acomodar para focalizar a luz na retina. Essa distância geralmente aumenta com a idade e tem valor médio de 25 cm. Aos 10 anos, o ponto próximo é de aproximadamente 18 cm; cresce até aproximadamente 25 cm aos 20 anos; 50 cm aos 40; e 500 cm ou mais aos 60 anos. **Ponto remoto** do olho representa a maior distância para a qual o cristalino do olho relaxado pode focar a luz na retina. Uma pessoa com visão normal pode ver objetos muito distantes e, portanto, possui um ponto remoto que pode se aproximar do infinito.

A retina é coberta por dois tipos de células sensíveis à luz, denominadas **bastonetes** e **cones**. Os bastonetes não são sensíveis a cores, mas são mais sensíveis à luz do que os cones. Os bastonetes são responsáveis pela *visão escotópica*, ou visão adaptada ao escuro. Os bastonetes estão espalhados por toda a retina e permitem boa visão periférica para todos os níveis de luz e detecção de movimento no escuro. Os cones estão concentrados na fóvea, que são células sensíveis a diferentes comprimentos de onda da luz. As três categorias dessas células são chamadas cones vermelhos, verdes e azuis, por causa dos picos das faixas de cores às quais respondem (Figura 2.35). Se os cones vermelhos e verdes são estimulados simultaneamente (como seria o caso se a luz amarela estivesse brilhando sobre eles), o cérebro interpreta o que é visto como amarelo. Se os três tipos de cones são estimulados pelas cores separadas, vermelho, azul e verde, a luz branca é vista. Se todos os três tipos de cones são estimulados por luz que contém *todas* as cores, como a luz do Sol, novamente é vista a luz branca.

Televisores e monitores de computador usufruem da ilusão visual, porque possuem somente pontos vermelhos, verdes e azuis na tela. Com combinações específicas de brilho dessas três cores primárias, pode-se fazer com que nossos olhos vejam qualquer cor do arco-íris. Portanto, o limão amarelo que você vê em um comercial de televisão na verdade não é amarelo, mas sim verde e vermelho! O papel no qual essa página está impressa é feito de minúsculas fibras transparentes entrelaçadas que dispersam a luz em todas as direções e a mistura de cores resultante aparece como branco aos

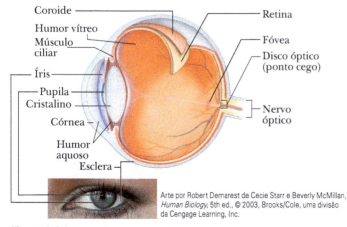

Figura 2.34 Partes importantes do olho.

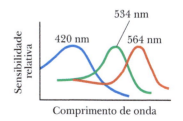

Figura 2.35 Sensibilidade a cor aproximada dos três tipos de cones na retina.

olhos. Neve, nuvens e cabelo branco na realidade não são brancos. Na verdade, não há pigmento branco. Essa aparência é uma consequência da dispersão da luz que contém todas as cores, que interpretamos como branco.

Condições do olho

Quando o olho sofre uma incompatibilidade entre a faixa de foco do sistema lente-córnea e seu comprimento, resultando que os raios de luz de um objeto próximo alcancem a retina antes de convergir para formar uma imagem, como mostrado na Figura 2.36a, a condição é conhecida como **hipermetropia**. Uma pessoa portadora desta condição geralmente consegue enxergar objetos distantes de maneira clara, mas não os mais próximos. Embora o ponto próximo de um olho seja de aproximadamente 25 cm, esse, para uma pessoa com hipermetropia, fica muito mais distante. O poder de refração na córnea e cristalino é insuficiente para focar a luz de todos os objetos satisfatoriamente, menos aqueles distantes. A condição pode ser corrigida com a colocação de uma lente convergente em frente aos olhos, como mostrado na Figura 2.36b. A lente refrata os raios que entram em direção ao eixo principal antes de entrar no olho, permitindo que convirjam e foquem na retina.

Uma pessoa com **miopia**, outra condição de incompatibilidade, pode focar objetos próximos, mas não os distantes. O ponto distante de um olho míope não é infinito e pode ser inferior a 1 m. A distância focal máxima de um olho míope é insuficiente para produzir uma imagem nítida na retina; raios a partir de um objeto distante convergem num ponto de foco antes dela e continuam passando naquele ponto, divergindo antes, até que finalmente atinjam a retina e causem uma visão borrada (Fig. 2.37a). A miopia pode ser corrigida com uma lente divergente, como mostrado na Figura 2.37b. A lente refrata os raios que entram mais afastados do eixo principal antes de entrarem no olho, permitindo que sejam focados na retina.

A partir da meia-idade, a maioria das pessoas perde um pouco de sua capacidade de acomodação conforme seus músculos visuais se enfraquecem e o cristalino se endurece. Diferente da miopia, que é uma má combinação entre o poder de focalização e a dureza do cristalino, a **presbiopia** (literalmente "visão envelhecida") se deve à redução da capacidade de acomodação. A córnea e o cristalino não possuem poder de focalização suficiente para trazer os objetos próximos ao foco na retina. Os sintomas são os mesmos da hipermetropia e a condição pode ser corrigida com lentes convergentes.

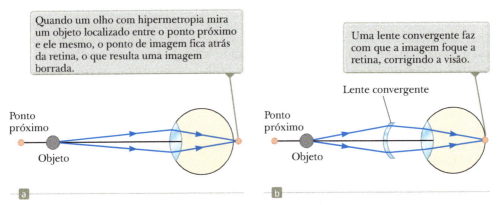

Figura 2.36 (a) Olho com hipermetropia sem correção. (b) Olho com hipermetropia corrigido com uma lente convergente.

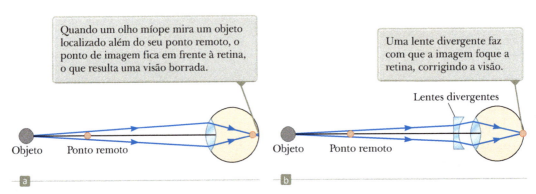

Figura 2.37 (a) Olho míope não corrigido. (b) Olho míope corrigido com uma lente divergente.

Nos olhos que possuem a falha conhecida como **astigmatismo**, a luz de uma fonte pontual produz uma imagem alinhada na retina. Essa condição surge quando a córnea, o cristalino, ou ambos, não estão perfeitamente simétricos. Essa falha pode ser corrigida com lentes com diferentes curvaturas em duas direções mutuamente perpendiculares.

Optometristas e oftalmologistas em geral prescrevem lentes[1] medidas em **dioptrias**: a **potência** P de uma lente em dioptria é igual ao inverso da distância focal em metros: $P = 1/f$. Por exemplo, uma lente convergente de distância focal +20 cm tem potência de +5,0 dioptrias; uma lente divergente de distância focal –40 cm tem uma potência de –2,5 dioptrias.

> *Teste Rápido* 2.8 Duas pessoas num acampamento querem acender uma fogueira durante o dia. Um deles é míope e o outro tem hipermetropia. Os óculos de quem deve ser utilizado para focar os raios do sol em um pouco de papel para começar o fogo? (**a**) qualquer um, (**b**) os do míope ou (**c**) os do que tem hipermetropia.

2.8 A lente de aumento simples

Lente de aumento simples, ou vidro ampliador, consiste de uma lente convergente simples. Esse dispositivo aumenta o tamanho aparente de um objeto.

Suponha que um objeto seja visto a certa distância p do olho, como ilustrado na Figura 2.38. O tamanho da imagem formada na retina depende do ângulo θ formado pelo objeto e o olho. Conforme o objeto se move para perto do olho, θ aumenta e uma imagem maior é observada. O olho humano normal, entretanto, não pode focar um objeto mais próximo do que 25 cm, o ponto próximo (Fig. 2.39a). Portanto, θ é máximo no ponto próximo.

Para aumentar mais o tamanho angular aparente de um objeto, uma lente convergente pode ser colocada na frente do olho, como na Figura 2.39b, com o objeto localizado no ponto O, imediatamente dentro do ponto focal da lente. Nesta posição, a lente forma uma imagem aumentada, em pé e virtual. Definimos **ampliação angular** m como a razão do ângulo formado por um objeto com uma lente em uso (ângulo θ na Fig. 2.39b) e do ângulo formado pelo objeto colocado no ponto próximo sem o uso da lente (ângulo θ_0 na Fig. 2.39a):

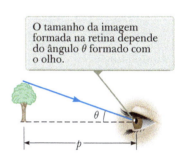

Figura 2.38 Um observador olha para um objeto à distância p.

$$m \equiv \frac{\theta}{\theta_0} \quad (2.22)$$

A ampliação angular é máxima quando a imagem está no ponto próximo do olho, isto é, quando $q = -25$ cm. A distância do objeto que corresponde a essa distância da imagem pode ser calculada com a equação para lente delgada:

$$\frac{1}{p} + \frac{1}{-25 \text{ cm}} = \frac{1}{f} \rightarrow p = \frac{25f}{25 + f}$$

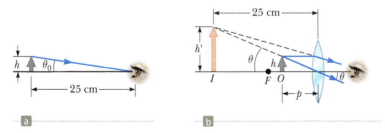

Figura 2.39 (a) Um objeto colocado no ponto próximo do olho ($p = 25$ cm) forma um ângulo $\theta_0 \approx h/25$ cm com o olho. (b) Um objeto colocado próximo ao ponto focal de uma lente convergente produz uma imagem ampliada que forma um ângulo $\theta \approx h'/25$ cm com o olho.

Um amplificador simples, também chamado de lupa, é usado para visualizar uma imagem ampliada de uma porção de um mapa.

---

[1] A palavra *lente* vem de *lentilha*. Você já deve ter comido sopa de lentilha. Os primeiros óculos eram chamados de "lentilhas de vidro", porque a forma biconvexa de suas lentes lembrava a forma dessa leguminosa. As primeiras lentes para hipermetropia e presbiopia apareceram por volta de 1280; óculos côncavos para a correção da miopia apareceram somente depois de 100 anos.

62 Física para cientistas e engenheiros

onde f é a distância focal da lente em centímetros. Se fizermos a aproximação do ângulo pequeno

$$\operatorname{tg} \theta_0 \approx \theta_0 \approx \frac{h}{25} \quad \text{e} \quad \operatorname{tg} \theta \approx \theta \approx \frac{h}{p} \tag{2.23}$$

A Equação 2.22 se torna

$$m_{\text{máx}} = \frac{\theta}{\theta_0} = \frac{h/p}{h/25} = \frac{25}{p} = \frac{25}{25f/(25 + f)} \tag{2.24}$$

$$m_{\text{máx}} = 1 + \frac{25 \text{ cm}}{f}$$

Embora o olho possa focar uma imagem formada em qualquer lugar entre o ponto próximo e o infinito, fica mais relaxado quando a imagem está no infinito. Para que a imagem formada pelas lentes de ampliação apareça no infinito, o objeto precisa estar no ponto focal da lente. Neste caso, as Equações 2.23 se tornam

$$\theta_0 \approx \frac{h}{25} \quad \text{e} \quad \theta \approx \frac{h}{f}$$

e a ampliação é

$$m_{\text{mín}} = \frac{\theta}{\theta_0} = \frac{25 \text{ cm}}{f} \tag{2.25}$$

Com uma lente simples, é possível obter ampliações angulares de até cerca de 4 vezes sem sérias aberrações. Ampliações de até cerca de 20 vezes podem ser alcançadas através do uso de uma ou duas lentes dimensionais para corrigir as aberrações.

Exemplo 2.12   A ampliação de uma lente

Qual é a ampliação máxima possível com uma lente cuja distância focal é de 10 cm e qual é a ampliação dessa lente quando o olho está relaxado?

SOLUÇÃO

Conceitualização Estude a Figura 2.39b para a situação na qual uma lente de aumento forma uma imagem aumentada de um objeto colocado dentro do ponto focal. A ampliação máxima ocorre quando a imagem está localizada no ponto próximo do olho. Quando o olho está relaxado, a imagem está no infinito.

Categorização Obtemos os resultados utilizando as equações desenvolvidas nesta seção; portanto, categorizamos esse exemplo como um problema de substituição.

Obtenha a ampliação máxima usando a Equação 2.24:

$$m_{\text{máx}} = 1 + \frac{25 \text{ cm}}{f} = 1 + \frac{25 \text{ cm}}{10 \text{ cm}} = \boxed{3,5}$$

Obtenha a ampliação mínima, quando o olho está relaxado, usando a Equação 2.25:

$$m_{\text{mín}} = \frac{25 \text{ cm}}{f} = \frac{25 \text{ cm}}{10 \text{ cm}} = \boxed{2,5}$$

2.9 O microscópio composto

A lente de aumento simples fornece apenas uma assistência limitada na inspeção de detalhes diminutos de um objeto. Uma ampliação maior pode ser alcançada por intermédio da combinação de um dispositivo de duas lentes, chamado **microscópio composto**, exibido na Figura 2.40a. Ele consiste de uma lente, a *objetiva*, que possui distância focal muito curta, $f_0 < 1$ cm e uma segunda lente, a *ocular*, que tem distância focal f_e de poucos centímetros. As duas lentes se separam por uma distância L, que é muito maior que f_0 ou f_e. O objeto, que é colocado fora do ponto focal da objetiva, forma uma imagem real e invertida em I_1 e essa imagem se localiza próximo do ponto focal da ocular, que serve como uma lente de aumento simples e produz em I_2 uma imagem virtual e aumentada de I_1; a ampliação lateral M_1 da primeira imagem é $-q_1/p_1$. Observe, da Figura 2.40a, que q_1 é aproximadamente igual a L e que o objeto está muito perto do ponto focal da objetiva: $p_1 \approx f_o$. Portanto, a ampliação lateral realizada pela objetiva é

$$M_o \approx -\frac{L}{f_o}$$

A ampliação lateral realizada pela ocular para um objeto (correspondendo à imagem em I_1) colocado no ponto focal da ocular é, pela Equação 2.25,

$$m_e = \frac{25\text{ cm}}{f_e}$$

A ampliação geral da imagem formada por um microscópio composto é definida como o produto das ampliações laterais e angulares:

$$M = M_o m_e = -\frac{L}{f_o}\left(\frac{25\text{ cm}}{f_e}\right) \tag{2.26}$$

O sinal negativo indica que a imagem está invertida.

O microscópio aumentou a visão humana a ponto em que podemos ver detalhes até então desconhecidos de objetos incrivelmente pequenos. As capacidades desse instrumento aumentaram gradualmente com técnicas aprimoradas de retificação da precisão das lentes. Uma pergunta feita com frequência sobre microscópios é, "se uma pessoa fosse extremamente paciente e cuidadosa, seria possível construir um microscópio que permitiria ao olho humano ver um átomo?". A resposta é não, já que a luz é utilizada para iluminar o objeto. Para que um objeto possa ser visto sob um microscópio óptico (que utilize a luz visível), ele precisa ser, no mínimo, tão grande quanto o comprimento de onda da luz. Como o diâmetro de qualquer átomo é muitas vezes menor que os comprimentos de onda da luz visível, os mistérios do átomo devem ser provados através do uso de outros "microscópios".

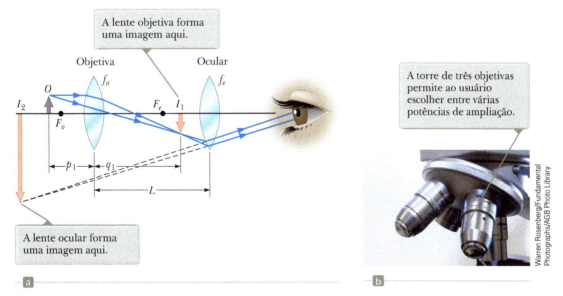

Figura 2.40 (a) Diagrama de um microscópio composto, que consiste de uma lente objetiva e uma lente ocular. (b) Microscópio composto.

2.10 O telescópio

Existem dois tipos fundamentalmente diferentes de **telescópios**, ambos projetados para ajudar a ver objetos distantes, como planetas do nosso Sistema Solar. O primeiro tipo, **refratário**, utiliza uma combinação de lentes para formar uma imagem.

64 Física para cientistas e engenheiros

Como o microscópio composto, esse telescópio, mostrado na Figura 2.41, possui uma objetiva e uma ocular. As duas lentes são dispostas para que a objetiva forme uma imagem real e invertida de um objeto distante muito próximo à ocular. Como o objeto está essencialmente no infinito, esse ponto no qual I_1 se forma é o focal da objetiva. A ocular, então, forma, em I_2, uma imagem invertida e aumentada da imagem em I_1. Para fornecer a maior ampliação possível, a distância da imagem para a ocular é infinita. Portanto, a imagem devida à lente objetiva, que funciona como objeto para a lente ocular, deve estar localizada no ponto focal da ocular. Assim, as duas lentes são separadas por uma distância $f_0 + f_e$, que corresponde ao comprimento do tubo do telescópio.

A ampliação angular do telescópio é fornecida por θ/θ_0, onde θ_0 é o ângulo formado pelo objeto na objetiva e θ o ângulo formado pela imagem final no olho da pessoa que vê. Considere a Figura 2.41, na qual o objeto está a uma distância muito grande à esquerda da figura. O ângulo θ_0 (à *esquerda* da objetiva) formado pelo objeto na objetiva é igual ao ângulo (à *direita* da objetiva) formado pela primeira imagem na objetiva. Portanto,

$$\operatorname{tg}\theta_o \approx \theta_o \approx -\frac{h'}{f_o}$$

onde o sinal negativo indica que a imagem está invertida.

O ângulo θ formado pela imagem final no olho é igual ao que um raio vindo da ponta de I_1 paralelo ao eixo principal forma com o eixo principal depois que passa através da lente. Portanto,

$$\operatorname{tg}\theta \approx \theta \approx \frac{h'}{f_e}$$

Não utilizamos sinal negativo nesta equação porque a imagem final não é invertida; o objeto que cria essa imagem I_2 é I_1, e tanto esse como I_2 apontam para a mesma direção. Portanto, a ampliação angular do telescópio pode ser expressa como

$$m = \frac{\theta}{\theta_o} = \frac{h'/f_e}{-h'/f_o} = -\frac{f_o}{f_e} \tag{2.27}$$

Esse resultado mostra que a ampliação angular de um telescópio é igual à razão das distâncias focal da objetiva e da focal da ocular. O sinal negativo indica que a imagem está invertida.

Quando você olha através de um telescópio para objetos relativamente próximos, como a Lua e os planetas, a ampliação é importante. Estrelas individuais em nossa galáxia, entretanto, estão tão distantes que sempre aparecem como pontos de luz, não importa quão grande seja a ampliação. Para reunir o máximo de luz possível, grandes telescópios de pesquisa utilizados para estudar objetos muito distantes devem possuir grande diâmetro. É difícil, e custa caro, construir grandes lentes para telescópios refratários. Outra dificuldade com lentes grandes é que seu peso leva a um arqueamento, que é uma fonte adicional de aberração.

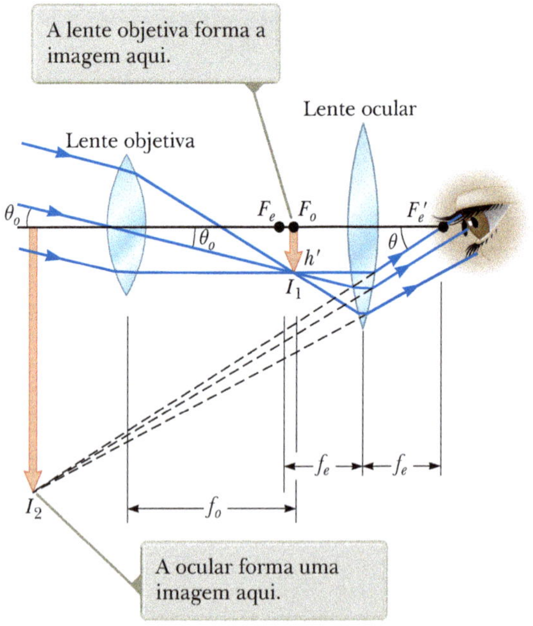

Esses problemas associados às grandes lentes podem ser parcialmente superados pela substituição da objetiva por um espelho côncavo, o que resulta em outro tipo de telescópio, o **refletor**. Como a luz é refletida pelo espelho e não passa por uma lente, o espelho pode possuir suportes rígidos em sua parte traseira. Tais suportes eliminam o problema do arqueamento.

A Figura 2.42a mostra o projeto de um típico telescópio refletor. Os raios de luz que entram são refletidos por um espelho parabólico em sua base. Esses raios refletidos convergem em direção ao ponto A na figura, onde uma imagem seria formada. Antes que essa seja formada, entretanto, um pequeno espelho plano M reflete a luz em direção a uma abertura no lado do tubo e passa à ocular. Diz-se que esse projeto particular possui um foco newtoniano, porque foi Newton quem o desenvolveu. A Figura 2.42b mostra um telescópio como esse. Observe que a luz nunca passa através

Figura 2.41 Disposição da lente em um telescópio refratário com o objeto no infinito.

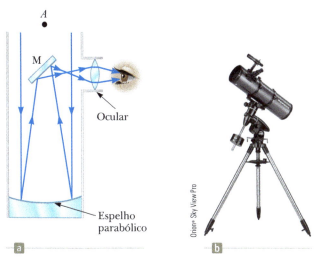

Figura 2.42 (a) Telescópio refletor de foco newtoniano. (b) Telescópio refletor.

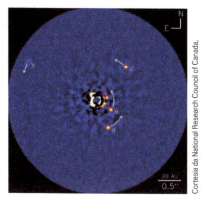

Figura 2.43 Uma imagem óptica direta de um sistema solar em torno da estrela HR8799, desenvolvida no Observatório Keck, no Havaí.

do vidro (exceto pela pequena ocular) no telescópio refletor. Como resultado, os problemas associados à aberração cromática são virtualmente eliminados. Esse telescópio pode ser construído ainda menor, orientando o espelho plano para que ele reflita a luz de volta em direção ao espelho objetivo e a luz entre por uma ocular num orifício no meio do espelho.

O maior telescópio refletor do mundo encontra-se no observatório Keck, em Mauna Kea, Havaí. O local abriga dois telescópios com diâmetro de 10 m, cada um contendo 36 espelhos hexagonais controlados por computador, que trabalham em conjunto para formar uma grande superfície refletora. Planos e discussões foram iniciados para telescópios com diferentes espelhos trabalhando juntos, como neste observatório, resultando em um diâmetro efetivo de até 30 m. Em contraste, o maior telescópio refratário do mundo fica no observatório Yerkes, em Williams Bay, Wisconsin, com diâmetro de apenas 1 metro.

A Figura 2.43 mostra uma notável imagem óptica, feita pelo observatório Keck, de um sistema solar em torno da estrela HR8799, localizada a 129 anos-luz da Terra. Os planetas identificados como b, c e d foram vistos em 2008, e o planeta mais interno, identificado como e, foi observado em dezembro de 2010. Essa fotografia representa a primeira imagem direta de outro sistema solar, e se tornou possível graças à tecnologia de adaptação óptica utilizada no Observatório Keck.

Resumo

Definições

Ampliação lateral M da imagem devida a um espelho ou lente é definida como a razão entre as alturas da imagem h' e do objeto h. É igual ao negativo da razão entre as distâncias da imagem q e do objeto p:

$$M = \frac{\text{altura da imagem}}{\text{altura do objeto}} = \frac{h'}{h} = -\frac{q}{p} \quad \text{(2.1, 2.2, 2.17)}$$

Ampliação angular m é a razão entre o ângulo formado pelo objeto com a lente em uso (ângulo θ na Fig. 2.39b) e o formado pelo objeto colocado no ponto próximo sem lentes em uso (ângulo θ_0 na Fig. 2.39a):

$$m \equiv \frac{\theta}{\theta_0} \quad \text{(2.22)}$$

A razão entre a distância focal da lente de uma câmera e o diâmetro da lente é chamada **número f da lente**:

$$\text{número } f \equiv \frac{f}{D} \quad \text{(2.20)}$$

continua

66 Física para cientistas e engenheiros

Conceitos e Princípios

Na aproximação do raio paraxial, a distância do objeto p e a da imagem q para um espelho esférico de raio R são relacionadas pela **equação do espelho**:

$$\frac{1}{p} + \frac{1}{q} = \frac{2}{R} = \frac{1}{f} \qquad \text{(2.4, 2.6)}$$

onde $f = R/2$ é a **distância focal** do espelho.

Uma imagem pode ser formada pela refração em uma superfície esférica de raio R. As distâncias da imagem e do objeto para a refração em tal superfície são relacionadas por

$$\frac{n_1}{p} + \frac{n_2}{q} = \frac{n_2 - n_1}{R} \qquad \text{(2.8)}$$

onde a luz é incidente no meio para o qual o índice de refração é n_1 e é refratada no meio para o qual esse índice é n_2.

O inverso da **distância focal** f de uma lente delgada rodeada pelo ar é dado pela **equação dos fabricantes de lente**:

$$\frac{1}{f} = (n - 1)\left(\frac{1}{R_1} - \frac{1}{R_2}\right) \qquad \text{(2.15)}$$

Lentes convergentes possuem distâncias focais positivas e **as divergentes**, distâncias focais negativas.

Para uma lente delgada, na aproximação de raio paraxial, as distâncias da imagem e do objeto são relacionadas pela **equação da lente delgada**:

$$\frac{1}{p} + \frac{1}{q} = \frac{1}{f} \qquad \text{(2.16)}$$

A ampliação máxima de uma lente simples de distância focal f usada como lente de aumento simples é

$$m_{\text{máx}} = 1 + \frac{25 \text{ cm}}{f} \qquad \text{(2.24)}$$

A ampliação total da imagem formada por um microscópio composto é

$$M = -\frac{L}{f_o}\left(\frac{25 \text{ cm}}{f_e}\right) \qquad \text{(2.26)}$$

onde f_0 e f_e são as distâncias focais das lentes objetiva e ocular, respectivamente e L é a distância entre as lentes.

A ampliação angular de um telescópio refrator pode ser expressa como

$$m = -\frac{f_o}{f_e} \qquad \text{(2.27)}$$

onde f_0 e f_e são as distâncias focais das lentes objetiva e ocular, respectivamente.

A ampliação angular de um telescópio é dada pela mesma expressão, onde f_0 é a distância focal do espelho objetivo.

Perguntas Objetivas

1. A face de vidro de uma máscara de mergulho pode ser feita de uma lente corretiva para um mergulhador que não possui visão perfeita. O projeto adequado permite que a pessoa veja com clareza tanto embaixo d'água quanto no ar. Óculos normais possuem lentes com as superfícies frontais e traseiras curvas. As lentes da máscara de mergulho deveriam ser curvas (a) somente na superfície externa, (b) somente na parte interna, (c) em ambas as superfícies?

2. Lulu olha para sua imagem num espelho de maquiagem. Ela está aumentada quando Lulu está perto do espelho. Conforme ela se afasta, a imagem fica maior, depois, impossível de identificar quando ela está a 30,0 cm do espelho; depois invertida, quando ela está a mais de 30,0 cm; e finalmente invertida, pequena e nítida quando ela está muito mais longe do espelho. **(i)** O espelho é (a) convexo, (b) plano ou (c) côncavo? **(ii)** A amplitude de sua distância focal é (a) 0, (b) 15,0 cm, (c) 30,0 cm, (d) 60,0 cm ou (e) ∞?

3. Um objeto está localizado a 50,0 cm de uma lente convergente cuja distância focal é de 15,0 cm. Qual das seguintes afirmações é verdadeira em relação à imagem formada pela lente? (a) Está em pé, é virtual, invertida e maior que o objeto. (b) É real, invertida e menor que o objeto. (c) É virtual, invertida e menor que o objeto. (d) É real, invertida e maior que o objeto. (e) É real, em pé e maior que o objeto.

4. **(i)** Quando a imagem de um objeto é formada por uma lente convergente, quais das seguintes afirmações são *sempre* verdadeiras? Mais de uma afirmação pode estar correta. (a) Ela é virtual. (b) É real. (c) Está de pé. (d) É invertida. (e) Nenhuma destas afirmações é sempre verdadeira. **(ii)** Quando a imagem de um objeto é formada por uma lente divergente, quais das afirmações anteriores é *sempre* verdade?

5. Uma lente convergente em um plano vertical recebe luz de um objeto e forma uma imagem invertida numa tela. Um cartão opaco é então colocado próximo à lente, convergindo apenas a metade superior da lente. O que acontece

com a lente na tela? (a) A metade superior da imagem desaparece. (b) A metade inferior da imagem desaparece. (c) A imagem desaparece completamente. (d) A imagem inteira continua visível, mas está mais escurecida. (e) Não ocorre nenhuma mudança na imagem.

6. Se o rosto de Josh está a 30,0 cm na frente de um espelho côncavo para fazer a barba, criando uma imagem 1,5 vezes maior que o objeto, qual é a distância focal do espelho? (a) 12,0 cm, (b) 20,0 cm, (c) 70,0 cm, (d) 90,0 cm, (e) nenhuma das respostas.

7. Duas lentes delgadas de distâncias focais $f_1 = 15{,}0$ e $f_2 = 10{,}0$ cm, respectivamente, são separadas por 35,0 cm num eixo comum. A lente f_1 está localizada à esquerda da f_2. Um objeto está agora 50,0 cm à esquerda da lente f_1 e uma imagem final é formada devido à luz passando pelas duas lentes. Por qual fator o tamanho da imagem final é diferente do objeto? (a) 0,600, (b) 1,20, (c) 2,40, (d) 3,60, (e) nenhuma das respostas.

8. Se você aumentar o diâmetro de abertura de uma câmera por um fator de 3, qual é a intensidade da luz que atinge o filme afetado? (a) Aumenta por um fator de 3. (b) Decai por um fator de 3. (c) Aumenta por um fator de 9. (d) Diminui por um fator de 9. (e) O aumento do tamanho da abertura não afeta a intensidade.

9. Uma pessoa, dentro do barco, pescando com um arpão, vê um peixe parado a alguns metros em uma direção cerca de 30° abaixo da horizontal. Para pegar o peixe, supondo que o arpão não mude de direção quando entra na água, a pessoa deve (a) mirar acima de onde vê o peixe, (b) mirar abaixo do peixe ou (c) mirar precisamente no peixe?

10. Modele cada um dos seguintes dispositivos como uma lente convergente simples. Classifique os casos de acordo com a razão entre a distância entre o objeto e a lente e a distância focal da lente, da razão maior para a menor. (a) Um projetor de filmes analógico exibindo um filme, (b) uma lente de aumento sendo utilizada para examinar um selo postal, (c) um telescópio refrator astronômico sendo utilizado para a obtenção de uma imagem nítida das estrelas em um detector eletrônico, (d) um holofote sendo utilizado para produzir um facho de raios paralelos a partir de uma fonte pontual, (e) uma lente de câmera sendo utilizada para fotografar um jogo de futebol.

11. Uma lente convergente feita de vidro óptico tem distância focal de 15,0 cm quando utilizada no ar. Se a lente for imersa em água, qual é a distância focal? (a) Negativa, (b) menor que 15,0 cm, (c) igual a 15,0, (d) maior que 15,0 cm, (e) nenhuma das respostas.

12. Uma lente convergente de distância focal 8 cm forma uma imagem nítida de um objeto em uma tela. Qual é a menor distância possível entre o objeto e a tela? (a) 0, (b) 4 cm, (c) 8 cm, (d) 16 cm, (e) 32 cm.

13. (i) Quando a imagem de um objeto é formada por um espelho plano, quais das seguintes afirmações são *sempre* verdadeiras? Mais de uma afirmação pode estar correta. (a) Ela é virtual. (b) É real. (c) Está em pé. (d) Está invertida. (e) Nenhuma destas afirmações é sempre verdadeira. (ii) Quando a imagem de um objeto é formada por um espelho côncavo, quais das afirmações anteriores são *sempre* verdadeiras? (iii) Quando a imagem de um objeto é formada por um espelho convexo, quais das afirmações precedentes são *sempre* verdadeiras?

14. Um objeto, representado pela seta cinza, encontra-se em frente a um espelho plano. Quais diagramas da Figura PO2.14 descrevem corretamente a imagem representada pela seta alaranjada?

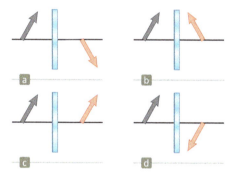

Figura PO2.14

Perguntas Conceituais

1. Uma lente convergente de distância focal curta pode pegar a luz divergente de uma pequena fonte e refratá-la em um facho de raios paralelos. Uma lente Fresnel, como a mostrada na Figura 2.27, é utilizada em faróis para esse propósito. Um espelho côncavo pega a luz divergente de uma pequena fonte e a reflete em um facho de raios paralelos. (a) É possível criar um espelho Fresnel? (b) Essa ideia é original ou isto já foi feito?

2. Explique essa afirmação: "O ponto focal de uma lente é a localização da imagem de um objeto pontual no infinito". (a) Discuta a noção de infinidade em termos reais, já que ela se aplica a distâncias de objetos. (b) Com base nesta afirmação, você consegue pensar em um método simples para a determinação da distância focal de uma lente convergente?

3. Por que alguns veículos de emergência possuem o símbolo AMBULÂNCIA escritos em sua parte dianteira?

4. Explique por que um espelho não pode dar origem a uma aberração cromática.

5. (a) Uma lente convergente pode ser feita para divergir a luz se for colocada em um líquido? (b) **E se?** E um espelho convergente?

6. Explique por que um peixe em um aquário esférico para espécies douradas aparece maior do que na realidade é?

7. Na Figura 2.26a, suponha que a seta do objeto cinza seja substituída por uma muito maior que a lente. (a) Quantos raios partindo do topo do objeto atingirão a lente? (b) Quantos raios principais podem ser traçados em um diagrama de raio?

8. As lentes utilizadas em óculos, convergentes ou divergentes, sempre são projetadas para que o meio delas se curve para longe dos olhos, como as lentes centrais das Figuras 2.25a e 2.25b. Por quê?

9. Suponha que você queira utilizar uma lente convergente para projetar a imagem de duas árvores em uma tela. Como mostrado na Figura PC2.9, uma árvore está à distância x da lente e a outra a $2x$. Você ajusta a imagem para que a árvore mais próxima fique focada. Se agora você quiser

focar a mais distante, precisa mover a tela em direção à lente ou para longe dela?

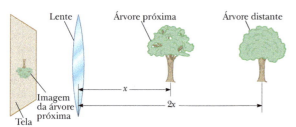

Figura PC2.9

10. Considere um espelho côncavo esférico com um objeto colocado à sua esquerda depois de seu ponto focal. Utilizando diagramas de raio, mostre que a imagem se move para a esquerda conforme o objeto se aproxima da distância focal.

11. Nas Figuras PC2.11a e PC2.11b, quais óculos corrigem a miopia e quais a hipermetropia?

Figura PC2.11 Perguntas conceituais 11 e 12.

12. Bethany experimenta tanto os óculos para hipermetropia de seu avô como os para miopia de seu irmão e reclama: "Tudo parece borrado". Por que os olhos de uma pessoa usando óculos não parecem borrados? (Veja a Fig. PC2.11.)

13. Em um romance de Júlio Verne, um pedaço de metal é modelado para se transformar em uma lente ampliadora que foca a luz do sol para dar início ao fogo. Isto é possível?

14. Uma fornalha solar pode ser construída utilizando o espelho para refletir e focar a luz do sol no seu interior. Quais fatores no projeto do espelho refletor garantiriam temperaturas bastante altas?

15. Você deve conhecer uma litografia de M. C. Escher, intitulada *Mão com esfera refletora (Autorretrato em espelho esférico)*. Escher comentou sobre o trabalho: "A imagem mostra um espelho esférico, segurado por uma mão esquerda. Mas, como uma impressão no lado reverso do desenho original em pedra, está minha mão direita que você vê decalcada. Sendo canhoto, precisava da minha mão esquerda para desenhar. Essa reflexão do globo capta quase todo o entorno de uma pessoa numa imagem em forma de disco. A sala toda, as quatro paredes, o chão e o teto, tudo, apesar de distorcido, é comprimido em um pequeno círculo. Sua própria cabeça, ou mais exatamente o ponto entre seus olhos, é o centro absoluto. Não importa o quanto você vire ou gire, não consegue sair do ponto central. Você é o foco fixo, o centro inabalável de seu mundo". Pesquise sobre a imagem e comente a precisão da descrição de Escher.

16. Se um cilindro de vidro sólido ou plástico transparente é colocado em cima das palavras LEAD OXIDE e visto pelo lado, como mostrado na Figura PC2.16, a palavra LEAD aparece invertida, mas OXIDE não. Explique.

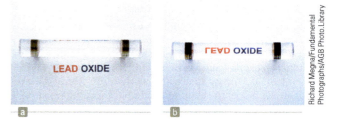

Figura PC2.16

17. As equações $1/p + 1/q = 1/f$ e $M = -q/p$ aplicam-se à imagem formada no espelho plano? Explique sua resposta.

Problemas

WebAssign Os problemas que se encontram neste capítulo podem ser resolvidos *on-line* no Enhanced WebAssign (em inglês)

1. denota problema simples;
2. denota problema intermediário;
3. denota problema de desafio;

AMT *Analysis Model Tutorial* disponível no Enhanced WebAssign (em inglês);

M denota tutorial *Master It* disponível no Enhanced WebAssign (em inglês);

PD denota problema dirigido;

W solução em vídeo *Watch It* disponível no Enhanced WebAssign (em inglês).

Seção 2.1 Imagens formadas por espelhos planos

1. **AMT M W** Determine a altura mínima de um espelho plano vertical no qual uma pessoa de 178 cm de altura vê sua imagem completa. *Sugestão*: Desenhar um diagrama de raio pode ser útil.

2. **AMT** Em uma sala de ensaio de coral, duas paredes paralelas estão a 5,30 m de distância. Os cantores posicionam-se contra a parede norte. A organista, em direção à parede sul, sentando-se a 0,800 m de distância da parede. Para que ela consiga ver o coro, um espelho plano de 0,600 m

de largura está montado na parede sul, bem na sua frente. Qual é a largura da parede norte que pode ser vista pela organista? *Sugestão*: Desenhe um diagrama da vista superior para justificar sua resposta.

3. (a) O espelho do seu banheiro mostra você mais velho ou mais novo do que realmente é? (b) Calcule uma estimativa de ordem de grandeza para a diferença de idade com base nos dados que você especificar.

4. Uma pessoa entra em uma sala que possui dois espelhos planos nas paredes opostas. Os espelhos produzem múltiplas imagens da pessoa. Considere *somente* aquelas formadas no espelho da esquerda. Quando a pessoa se coloca a 2,00 m do espelho da parede da esquerda e a 4,00 m do da direita, encontre a distância da pessoa para as três primeiras imagens vistas no espelho da parede esquerda.

5. Um periscópio (Fig. P2.5) é útil para visualizar objetos que não podem ser vistos diretamente. Ele pode ser utilizado em submarinos e para assistir a partidas de golfe ou desfiles quando se está atrás numa arquibancada lotada. Suponha que o objeto esteja a uma distância p_1 do espelho superior e os centros dos dois espelhos planos estão separados por uma distância h. (a) Qual é a distância da imagem final em relação ao espelho inferior? (b) A imagem final é real ou virtual? (c) Ela está em pé ou invertida? (d) Qual é sua ampliação? (e) Ela parece estar invertida da esquerda para a direita?

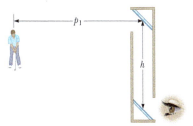

Figura P2.5

6. Dois espelhos planos estão com suas faces refletoras viradas uma de frente à outra, de modo que o ângulo entre os espelhos é (α). Quando um objeto é colocado entre os espelhos, uma série de imagens são formadas. Em geral, se o ângulo α é tal que $n(α) = 360°$, onde n é um inteiro, o número de imagens formadas é $n - 1$. Graficamente, encontre todas as posições de imagem para o caso $n = 6$ quando um objeto pontual é colocado entre os espelhos (mas não no ângulo bissetor).

7. Dois espelhos planos estão com a face virada um para o outro, a 3,00 m de distância e uma mulher está entre eles. Ela olha para um espelho à distância de 1,00 m e mantém seu braço esquerdo do lado do seu corpo com a palma da mão paralela ao espelho mais próximo. (a) Qual é a posição aparente da imagem mais próxima da sua mão esquerda, medida perpendicularmente a partir da superfície do espelho na sua frente? (b) Ela mostra a palma ou as costas da mão? (c) Qual é a posição da segunda imagem mais próxima? (d) Ela mostra a palma ou as costas da mão? (e) Qual é a posição da terceira imagem mais próxima? (f) Ela mostra a palma ou as costas da mão? (g) Quais das imagens são virtuais e quais são reais?

Seção 2.2 Imagens formadas por espelhos esféricos

8. Um objeto está colocado a 50,0 cm de distância de um espelho côncavo esférico de distância focal 20,0 cm. (a) Descubra a localização da imagem. (b) Qual é a ampliação da imagem? (c) A imagem é real ou virtual? (d) Está em pé ou invertida?

9. **M** Um espelho côncavo esférico tem raio de curvatura de 20,0 cm. (a) Descubra a localização da imagem para as distâncias do objeto de **(i)** 40,0 cm, **(ii)** 20,0 cm, e **(iii)** 10,0 cm. Para cada caso, diga se a imagem é (b) real ou virtual, e (c) se está em pé ou invertida. (d) Encontre a ampliação em cada caso.

10. Um objeto é colocado a 20,0 cm de um espelho côncavo esférico de distância focal de 40,0 cm. (a) Utilize um papel milimetrado para construir um diagrama de raio preciso para essa situação. (b) Em seu diagrama de raio, determine a localização da imagem. (c) Qual é a ampliação da imagem? (d) Verifique suas respostas nas partes (b) e (c) utilizando a equação do espelho.

11. **M** Um espelho convexo esférico tem raio de curvatura de 40,0 cm. Determine a posição da imagem virtual e a ampliação para as distâncias do objeto de (a) 30,0 cm e (b) 60,0 cm. (c) As imagens nas partes (a) e (b) estão em pé ou invertidas?

12. **M** **W** Em uma intersecção de corredores de um hospital, um espelho convexo esférico é montado no alto de uma parede para ajudar as pessoas a evitar colisões. O raio de curvatura do espelho é de 0,550 m. (a) Localize a imagem de um paciente a 10,0 m do espelho e (b) indique se a imagem está em pé ou invertida. (c) Determine a ampliação da imagem.

13. Um objeto de altura 2,00 cm está colocado a 30,0 cm de um espelho côncavo esférico de distância focal 10,0 cm. (a) Encontre a localização da imagem. (b) Indique se a imagem está em pé ou invertida. (c) Determine a altura da imagem.

14. Um dentista utiliza um espelho esférico para examinar um dente. Esse está a 1,00 cm em frente ao espelho e a imagem é formada a 10,0 cm atrás do espelho. Determine (a) o raio de curvatura do espelho e (b) a ampliação da imagem.

15. Uma grande sala de um museu possui um nicho em uma parede. Do plano do chão, o nicho aparece como um entalhe semicircular de raio 2,50 m. Um turista está na linha de centro do nicho, 2,00 m para fora do ponto mais profundo, e diz "Oi". Onde o som se concentra depois da reflexão do nicho?

16. *Por que a seguinte situação é impossível?* Em um canto cego de uma feira ao ar livre, um espelho convexo é montado para que os pedestres possam ver além da esquina antes de ali chegar e trombar em alguém que vem pela direção perpendicular. Os instaladores do espelho falharam ao levar em conta a posição do Sol; por isso, o espelho foca os raios de sol em um arbusto próximo e ateia fogo.

17. Para colocar uma lente de contato no olho de um paciente, um *ceratômetro* pode ser utilizado para medir a curvatura da superfície do olho, a córnea. Esse instrumento coloca um objeto iluminado a uma distância p da córnea. Essa reflete alguma luz do objeto, formando uma imagem dele. A ampliação M da imagem é medida pelo uso de um pequeno telescópio que permite a comparação da imagem formada pela córnea com a segunda imagem calibrada projetada no campo de visão por um arranjo prismático. Determine o raio de curvatura da córnea para o caso $p = 30,0$ cm e $M = 0,0130$.

18. Certo enfeite de árvore de Natal é uma esfera prateada com diâmetro de 8,50 cm. (a) Se o tamanho da imagem criada por reflexão no enfeite é três quartos do tamanho real do objeto refletido, determine a localização do objeto. (b) Utilize um diagrama de raio principal para determinar se a imagem está em pé ou invertida.

19. **W** (a) Um espelho côncavo esférico forma uma imagem invertida 4,00 vezes maior que o objeto. Supondo que a dis-

tância entre o objeto e a imagem seja de 0,600 m, encontre a distância focal do espelho. (b) **E se?** Suponha que o espelho seja convexo. A distância entre a imagem e o objeto é a mesma que na parte (a), mas a imagem é 0,500 o tamanho do objeto. Determine a distância focal do espelho.

20. (a) Um espelho côncavo esférico forma uma imagem invertida e de tamanho diferente do objeto por um fator de $a > 1$. A distância entre o objeto e a imagem é d. Encontre a distância focal do espelho. (b) **E se?** Suponha que o espelho seja convexo, uma imagem em pé seja formada e $a < 1$. Determine a distância focal do espelho.

21. **W** Um objeto com 10,0 centímetros de altura é colocado na marca zero de uma régua. Um espelho esférico localizado em algum ponto da régua cria uma imagem do objeto que fica em pé, com 4,00 cm de altura e localizada na marca de 42,0 cm da régua. (a) O espelho é côncavo ou convexo? (b) Onde está o espelho? (c) Qual é a distância focal do espelho?

22. Um espelho côncavo esférico tem raio de curvatura de 24,0 cm. (a) Determine a posição do objeto cuja a imagem resultante está em pé e maior que ele por um fator de 3,00. (b) Desenhe um diagrama de raio para determinar a posição da imagem. (c) A imagem é real ou virtual?

23. **W** Um dedicado fã de carros esporte está polindo as superfícies interior e exterior de uma calota, que é uma delgada seção de esfera. Quando ele olha em um lado da calota, vê a imagem do seu rosto 30,0 cm atrás da calota. Então, vira a calota e vê outra imagem do seu rosto a 10,0 cm atrás da calota. (a) A que distância seu rosto está da calota? (b) Qual é o raio de curvatura da calota?

24. Um espelho esférico convexo possui distância focal de 8,00 cm. (a) Qual é a localização de um objeto para o qual a distância da imagem é um terço da do objeto? (b) Descubra a ampliação da imagem e (c) diga se está em pé ou invertida.

25. **M** Um espelho esférico é utilizado para formar uma imagem 5,00 vezes o tamanho de um objeto numa tela localizada a 5,00 m deste. (a) O espelho necessário deve ser côncavo ou convexo? (b) Qual é o raio de curvatura necessário para o espelho? (c) Onde o espelho deve ser posicionado em relação ao objeto?

26. **AMT Revisão.** Uma bola é solta a partir do repouso em $t = 0$ a 3,00 m diretamente acima do centro de um espelho côncavo esférico que tem raio de curvatura de 1,00 m e se coloca em um plano horizontal. (a) Descreva o movimento da imagem da bola no espelho. (b) Em qual instante ou instantes a bola e sua imagem coincidem?

27. Você estima, inconscientemente, a distância de um objeto do ângulo que ele forma em seu campo de visão. Esse ângulo θ em radianos está relacionado à altura linear do objeto h e à distância d por $\theta = h/d$. Suponha que você esteja dirigindo e outro carro, com 1,50 m de altura, está a 24,0 m atrás de você. (a) Suponha que seu carro tenha um espelho retrovisor plano no lado do passageiro a 1,55 m dos seus olhos. A que distância dos seus olhos está a imagem do carro que o está seguindo? (b) Que ângulo a imagem forma em seu campo de visão? (c) **E se?** Agora, suponha que seu carro tenha um espelho retrovisor convexo com raio de curvatura de 2,00 m (como sugerido na Fig. 2.15). A que distância dos seus olhos está a imagem do carro atrás de você? (d) Que ângulo a imagem forma com seus olhos? (e) Com base no seu tamanho angular, a que distância o carro seguinte parece estar?

28. **M** Um homem de 1,52 m está em frente de um espelho de barbear que produz uma imagem invertida de 18,0 cm na frente dele. Qual distância do espelho ele deve estar se quer formar uma imagem ereta de seu queixo que é duas vezes o tamanho real do queixo?

Seção 2.3 Imagens formadas por refração

29. Uma extremidade de uma longa haste de vidro ($n = 1,50$) tem a forma de uma superfície convexa com raio de curvatura de 6,00 cm. Um objeto está localizado junto ao eixo da haste. Encontre as posições da imagem correspondentes às distâncias do objeto de (a) 20,0 cm, (b) 10,0 cm e (c) 3,00 cm da extremidade convexa da haste.

30. Um bloco de gelo cúbico de 50,0 cm de lado é colocado sobre uma partícula de poeira no nível do chão. Encontre a localização da imagem da partícula quando vista de cima. O índice de refração do gelo é 1,309.

31. O topo de uma piscina fica no nível do solo. Se a piscina tem 2,00 m de profundidade, a que distância seu fundo parece estar localizado quando (a) a piscina está completamente cheia de água? (b) Quando a piscina está com água pela metade?

32. A ampliação da imagem formada por uma superfície refratária é fornecida por

$$M = -\frac{n_1 q}{n_2 p}$$

onde n_1, n_2, p e q são definidos como na Figura 2.17 e na Equação 2.8. Um peso de papel é feito de um hemisfério de vidro sólido com índice de refração 1,50. O raio da seção transversal circular é 4,00 cm. O hemisfério está colocado em uma superfície plana, com o centro diretamente sobre uma linha de 2,50 mm de comprimento desenhada em uma folha de papel. Qual é o comprimento dessa linha quando vista por alguém olhando verticalmente para baixo sobre o hemisfério?

33. Uma placa de vidro sílex fica na parte inferior de um aquário. A placa tem 8,00 cm de espessura (dimensão vertical) e é coberta por uma camada de água com 12,0 cm de profundidade. Calcule a espessura aparente da placa vista diretamente por cima da água.

34. A Figura P2.34 mostra uma superfície curva separando um material com índice de refração n_1 de outro com índice de refração n_2. A superfície forma uma imagem I do objeto O. O raio mostrado em vermelho passa através da superfície ao longo da linha radial. Seus ângulos de incidência e refração são zero; portanto, sua direção não muda na superfície. A partir do raio em azul, a direção muda de acordo com a lei de Snell, $n_1 \operatorname{sen} \theta_1 = n_2 \operatorname{sen} \theta_2$. Para raios paraxiais, assumimos que θ_1 e θ_2 são pequenos, então podemos escrever $n_1 \operatorname{tg} \theta_1 = n_2 \operatorname{tg} \theta_2$. A ampliação é definida por $M = h'/h$. Prove que a ampliação é dada por $M = -n_1 q/n_2 p$.

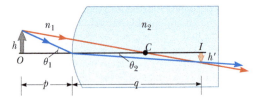

Figura P2.34

35. **M** Uma esfera de vidro ($n = 1,50$) com raio de 15,0 cm possui uma pequena bolha de ar 5,00 cm acima do seu centro. A esfera é vista por cima ao longo do raio estendido contendo a bolha. Qual é a profundidade aparente da bolha abaixo da superfície da esfera?

36. Ben e Jacob olham um aquário que tem uma frente curva feita de plástico com espessura uniforme e um raio de curvatura R = 2,25 m. (a) Localize as imagens dos peixes que estão localizados (i) 5,0 cm e (II) 25,0 cm da parede frontal do aquário. b) Encontre a ampliação das imagens (i) e (II) da parte anterior (consulte o problema 32 para encontrar uma expressão para a ampliação de uma imagem formada por uma superfície refratante). (c) Explique por que você não precisa saber o índice de refração do plástico para resolver esse problema. (d) Se esse aquário for muito longo de frente para trás, a imagem de um peixe nunca poderia estar mais longe da superfície da frente do que o próprio peixe está? (e) Se não, explique por que não. Se assim for, dê um exemplo e encontre a ampliação.

37. **W** Um peixe dourado está nadando a 2,00 cm/s em direção à parede frontal de um aquário. Qual é a velocidade aparente do peixe medida por um observador olhando de fora da parede frontal do aquário?

Seção 2.4 Imagens formadas por lentes delgadas

38. Uma lente fina tem uma distância focal de 25,0 cm. Localize e descreva a imagem quando o objeto é colocado (a) 26,0 cm e (b) 24,0 cm na frente da lente.

39. Um objeto localizado 32,0 cm na frente de uma lente forma uma imagem em uma tela 8,0 cm atrás da lente. (a) Encontre a distância focal da lente. (b) Determine a ampliação. (c) A lente é convergente ou divergente?

40. **M** Um objeto está localizado a 20,0 cm à esquerda de uma lente divergente cuja distância focal é $f = -32,0$ cm. Determine (a) a localização e (b) a ampliação da imagem. (c) Construa um diagrama de raio para essa disposição.

41. **W** A lente de projeção em certo projetor de slides é uma delgada simples. Um slide de 24,0 mm de altura será projetado de forma que a imagem preencha uma tela de 1,80 m de altura. A distância do slide para a tela é de 3,00 m. (a) Determine a distância focal da lente de projeção. (b) A que distância do slide a lente do projetor deve ser colocada para que a imagem se forme na tela?

42. A distância do objeto para uma lente convergente é 5,00 vezes a distância focal. (a) Determine a localização da imagem. Expresse a resposta como uma fração da distância focal. (b) Encontre a ampliação da imagem e indique se ela (c) está em pé ou invertida e se (d) é real ou virtual.

43. **W** Uma lente de contato é feita de plástico com índice de refração de 1,50. Ela tem diâmetro de curvatura externo de +2,00 cm e raio de curvatura interno de +2,50 cm. Qual é a distância focal da lente?

44. Uma lente convergente tem distância focal de 10,0 cm. Construa um diagrama de raio preciso para as distâncias do objeto de **(i)** 20,0 cm e **(ii)** 5,00 cm. (a) A partir dos seus diagramas, determine a localização de cada imagem. (b) A imagem é real ou virtual? (c) Está em pé ou invertida? (d) Qual é a ampliação da imagem? (e) Compare seus resultados com os valores encontrados algebricamente. (f) Comente as dificuldades na construção do gráfico que poderiam levar a diferenças entre as respostas gráficas e algébricas.

45. Uma lente convergente tem distância focal de 10,0 cm. Localize o objeto se uma imagem real for colocada a uma distância da lente de (a) 20,0 cm e (b) 50,0 cm. **E se?** Refaça os cálculos se as imagens forem virtuais e localizadas a uma distância da lente de (c) 20,0 cm e (d) 50,0 cm.

46. Uma lente divergente tem distância focal de 20,0 cm. (a) Encontre a imagem para as distâncias do objeto de **(i)** 40,0 cm, **(ii)** 20,0 cm, e **(iii)** 10,0 cm. Para cada caso, diga se a imagem é (b) real ou virtual e (c) em pé ou invertida. (d) Para cada caso, descubra a ampliação.

47. A imagem da moeda na Figura P2.47 tem o dobro do diâmetro da moeda e está a 2,84 cm da lente. Determine a distância focal da lente.

Figura P2.47

48. Suponha que um objeto tenha espessura dp, de forma que se estende da distância do objeto p para $p + dp$. (a) Prove que a espessura dq da imagem é dada por $(-q^2/p^2)dp$. (b) A ampliação longitudinal do objeto é $M_{\text{comprimento}} = dq/dp$. Como a ampliação longitudinal se relaciona com a ampliação lateral M?

49. A face esquerda de uma lente biconvexa tem raio de curvatura de 12,0 cm e a face direita, de 18,0 cm. O índice de refração do vidro é 1,44. (a) Calcule a distância focal da lente para a luz que incide da esquerda. (b) **E se?** Depois que a lente é virada para o intercâmbio dos raios de curvatura das duas faces, calcule a distância focal da lente para a luz que incide da esquerda.

50. Na Figura P2.50, uma lente convergente delgada de distância focal 14,0 cm forma a imagem de um quadrado $abcd$, que tem $h_c = h_b = 10,0$ cm de altura e se posiciona entre as distâncias $p_d = 20,0$ cm e $p_a = 30,0$ cm da lente. Considere que a', b', c' e d' representam os respectivos lados da imagem. Considere que q_a representa a distância da imagem para os pontos a' e b', q_d a distância para c' e d', h'_b a distância da imagem do ponto b' para o eixo, e h'_c a altura de c'. (a) Encontre q_a, q_d, h'_b, e h'_c. (b) Faça um esboço da imagem. (c) A área do objeto é 100 cm². Realizando os seguintes passos você avaliará a área da imagem. Deixe q representar a distância da imagem de qualquer ponto entre a' e d', para o qual a distância do objeto seja p. Considere que h' representa a distância do eixo para o ponto na borda da imagem entre b' e c' à distância da imagem q. Demonstre que

$$|h'| = 10,0q\left(\frac{1}{14,0} - \frac{1}{q}\right)$$

onde h' e q estão em centímetros. (d) Explique por que a área geométrica da imagem é dada por

$$\int_{q_a}^{q_d} |h'|\, dq$$

(e) Realize a integração para descobrir a área da imagem.

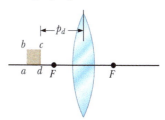

Figura P2.50

51. **W** Um antílope está a uma distância de 20,0 m de uma lente convergente de distância focal 30,0 cm. A lente forma uma imagem dele. (a) Se o antílope foge da lente a uma velocidade de 5,00 m/s, qual é a rapidez com que a imagem se move? (b) A imagem se move em direção à lente ou para longe dela?

52. *Por que a seguinte situação é impossível?* Um objeto iluminado é colocado a uma distância $d = 2,00$ m de uma tela. Posicio-

nando uma lente convergente de distância focal $f = 60{,}0$ cm em dois locais entre o objeto e a tela, uma imagem real e nítida do objeto pode ser formada na tela. Em uma localização da lente, a imagem é maior que o objeto e na outra, é menor.

53. **M** Um objeto de 1,00 cm de altura é colocado 4,00 cm à esquerda de uma lente convergente de comprimento focal igual a 8,00 cm. Uma lente divergente de comprimento focal de –16,00 cm está 6,00 cm à direita da lente convergente. Determine a posição e a altura da imagem final. A imagem está na posição correta ou está invertida? Real ou virtual?

Seção 2.5 Aberrações nas lentes

54. Os raios de curvatura são 32,5 cm e 42,5 cm para as duas faces de uma lente bicôncava. O vidro tem índice de refração de 1,53 para a luz violeta e 1,51 para a luz vermelha. Para um objeto muito distante, localize (a) a imagem formada pela luz violeta e (b) a imagem formada pela luz vermelha.

55. Dois raios paralelos ao eixo principal atingem uma grande lente plano-convexa com índice de refração de 1,60 (Fig. P2.55). Se a face convexa é esférica, um raio próximo à borda não passa pelo ponto focal (ocorre aberração esférica). Suponha que essa face tenha raio de curvatura de $R = 20{,}0$ cm e os dois raios estão às distâncias $h_1 = 0{,}500$ cm e $h_2 = 12{,}0$ cm do eixo principal. Encontre a diferença Δx nas posições em que cada um cruza o eixo principal.

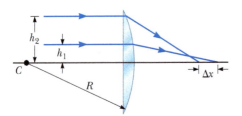

Figura P2.55

Seção 2.6 A câmera fotográfica

56. Uma câmera fotográfica está sendo utilizada com exposição correta em $f/4$ e velocidade de obturador de 1/15 s. Além dos números f relacionados na Seção 2.6, essa câmera tem números f: $f/1$, $f/1{,}4$ e $f/2$. Para fotografar uma matéria que se move rapidamente, a velocidade do obturador é modificada para 1/125 s. Encontre o novo conjunto de números f necessário para essa câmera para manter a exposição correta.

57. A Figura 2.33 é o diagrama do corte transversal de uma câmera. Ela tem uma lente única, de comprimento focal igual a 65,0 mm, que é utilizada para formar uma imagem no dispositivo de carga acoplada, na parte detrás da câmera. Suponha que a posição da lente foi ajustada para focalizar a imagem de um objeto distante. A que distância e em que direção a lente deve ser movida para formar uma imagem nítida de um objeto que está a 2,00 m de distância?

Seção 2.7 O olho

58. Uma pessoa com miopia não consegue ver objetos com clareza além de 25,0 cm de distância (seu ponto remoto). Se ela não tem astigmatismo e lentes de contato foram prescritas, (a) que potência e (b) que tipo de lentes são necessárias para corrigir sua visão?

59. O ponto próximo dos olhos de uma pessoa é 60,0 cm. Para ver objetos claramente a uma distância de 25,0 cm, qual deve ser (a) o comprimento focal, e (b) a capacidade da lente corretiva apropriada? Considere desprezível a distância entre a lente e os olhos.

60. Uma pessoa vê claramente usando óculos com uma capacidade de –4,00 dioptrias quando a lente está 2,00 cm à frente de seus olhos. (a) Qual é o comprimento focal da lente? (b) Essa pessoa é míope ou hipermétrope? (c) Se a pessoa quiser mudar para lentes de contato colocadas diretamente nos olhos, que capacidade de lente deve ser prescrita?

61. **M** **W** Os limites de acomodação para os olhos de uma pessoa com miopia são 18,0 cm e 80,0 cm. Quando ela utiliza seus óculos, consegue ver objetos distantes com clareza. A que distância mínima ela consegue enxergá-los com clareza?

62. O ponto próximo de uma criança está a 10,0 cm; seu ponto a distância (com os olhos relaxados) está a 125 cm. Cada lente está a 2,00 cm da retina. (a) Entre que limites, medidos em dioptrias, a capacidade desta combinação lente-córnea varia? (b) Calcule a capacidade das lentes dos óculos que a criança deverá usar para visão relaxada a distância. As lentes devem ser convergentes ou divergentes?

63. Uma pessoa resolve usar óculos bifocais. Ela pode ver claramente quando o objeto estiver entre 30 cm e 1,5 m dos olhos. (a) A parte superior dos bifocais (Figura P2.63) deve ser projetada para possibilitar que a pessoa veja objetos distantes claramente. Que potência eles devem ter? (b) A parte inferior dos bifocais deve permitir que a pessoa veja objetos localizados a 25 cm em frente dos olhos. Que potência eles devem ter?

Figura P2.63

64. Um modelo simples do olho humano ignora totalmente sua lente. A maior parte do que o olho faz à luz acontece na superfície externa da córnea transparente. Suponha que essa superfície tem um raio de curvatura igual a 6,00 mm e que o globo ocular contém apenas um fluido com um índice de refração de 1,40. Prove que um objeto muito distante terá sua imagem formada na retina, 21,0 mm atrás da córnea. Descreva a imagem.

65. Um paciente tem um ponto próximo a 45,0 cm e um ponto distante a 85,0 cm. (a) Um único par de óculos pode corrigir a visão do paciente? Explique as opções do paciente. (b) Calcule a potência da lente, necessária para corrigir o ponto próximo, de modo que o paciente possa ver objetos a 25,0 cm distante. Despreze a distância entre os olhos e a lente. (c) Calcule a potência da lente necessária para corrigir o ponto distante do paciente; mais uma vez, despreze a distância entre os olhos e a lente.

Seção 2.8 A lente de aumento simples

66. Uma lente que tem distância focal de 5,00 cm é utilizada como uma lupa. (a) Para obter uma ampliação máxima e uma imagem que pode ser vista claramente por um olho normal, onde o objeto poderia ser posicionado? (b) Qual é a ampliação?

Seção 2.9 O microscópio composto

67. A distância entre as lentes ocular e objetiva em certo microscópio composto é de 23,0 cm. A distância focal da ocular é 2,50 cm e a da objetiva é 0,400 cm. Qual é a ampliação total do microscópio?

Seção 2.10 O telescópio

68. **M** O telescópio refratário do Observatório Yerkes tem uma lente objetiva com diâmetro de 1,00 m e distância focal de 20,0 cm. Suponha que seja utilizada uma ocular de distância focal 2,50 cm. (a) Determine a ampliação de Marte como visto através deste telescópio. (b) As calotas polares marcianas estão com o lado certo para cima ou de cabeça para baixo?

69. Certo telescópio tem um espelho objetivo com diâmetro de abertura de 200 mm e distância focal de 2.000 mm. Ele captura a imagem de uma nebulosa no filme fotográfico em seu foco principal com tempo de exposição de 1,50 min. Para produzir a mesma energia luminosa por área de unidade no filme, qual o tempo de exposição necessário para fotografar a mesma nebulosa com um telescópio menor que tem objetiva com diâmetro de 60,0 mm e distância focal de 900 mm?

70. Com frequência, astrônomos fotografam apenas com lentes ou espelhos objetivos, sem a ocular. (a) Mostre que o tamanho da imagem h' para tal telescópio é fornecida por $h' = fh/(f-p)$, onde f é a distância focal da objetiva, h o tamanho da objetiva e p a distância do objeto. (b) **E se?** Simplifique a expressão na parte (a) para o caso no qual a distância do objeto é muito maior que a focal da objetiva. (c) A "envergadura" da Estação Espacial Internacional é 108,6 m, a largura geral da sua configuração de painel solar. Quando a estação está orbitando em uma altitude de 407 km, descubra a largura da imagem formada pela objetiva do telescópio com distância focal de 4,00 m.

Problemas Adicionais

71. A equação dos fabricantes de lente aplica-se a uma lente imersa em um líquido se o n da equação for substituído por n_2/n_1. Aqui, n_2 refere-se ao índice de refração do material da lente e n_1 ao do meio que cerca a lente. (a) Certa lente tem distância focal de 79,0 cm no ar e é índice de refração de 1,55. Encontre sua distância focal na água. (b) Certo espelho tem distância focal de 79,0 cm no ar. Encontre sua distância focal na água.

72. Um objeto real está localizado na extremidade zero de uma régua. Um grande espelho esférico côncavo na extremidade de 100 cm da régua forma uma imagem do objeto na posição 70,0 cm. Um pequeno espelho esférico convexo colocado na posição 20,0 cm forma uma imagem final no ponto 10,0 cm. Qual é o raio de curvatura do espelho convexo?

73. A distância entre um objeto e sua imagem em pé é de 20,0 cm. Se a ampliação é de 0,500, qual é a distância focal da lente utilizada para formar essa imagem?

74. A distância entre um objeto e sua imagem em pé é d. Se a ampliação é M, qual é a distância focal da lente utilizada para formar essa imagem?

75. **M** Uma pessoa decide usar um antigo par de óculos para fazer alguns instrumentos ópticos. Ele sabe que o ponto próximo de seu olho esquerdo está a 50,0 cm e que o ponto próximo de seu olho direito está a 100 cm. (a) Qual é a ampliação angular máxima que ele pode produzir em um telescópio? (b) Se ele utilizar as lentes separadas por 10,0 cm, qual é a ampliação máxima geral que ele pode produzir em um microscópio? *Dica*: Consulte os princípios básicos e utilize a equação para lentes finas para resolver a parte (b).

76. Você está projetando um endoscópio para uso dentro de uma cavidade do corpo cheia de ar. Uma lente na extremidade do endoscópio formará uma imagem cobrindo a extremidade de um feixe de fibras ópticas. Essa imagem será, então, transportada pelas fibras ópticas para uma lente ocular na extremidade externa do fibroscópio. O raio do feixe é de 1,00 mm. A cena dentro do corpo que aparece na imagem preenche um círculo de raio igual a 6,00 cm. A lente estará localizada a 5,00 cm dos tecidos que você deseja observar. (a) A que distância a lente deve estar localizada da extremidade de um feixe de fibra óptica? (b) Qual é a distância focal da lente requerida?

77. A lente e o espelho na Figura P2.77 estão separados por $d = 1,00$ m e têm distância focal de $+80,0$ cm e $-50,0$ cm, respectivamente. Um objeto está colocado em $p = 1,00$ m à esquerda da lente, como mostrado. (a) Localize a imagem final formada pela luz que passou duas vezes pela lente. (b) Determine a ampliação geral da imagem e (c) diga se ela está em pé ou invertida.

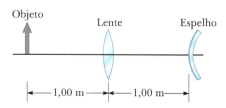

Figura P2.77

78. Duas lentes convergentes de distância focal $f_1 = 10,0$ cm e $f_2 = 20,0$ cm estão colocadas a uma distância $d = 50,0$ cm uma da outra, como mostrado na Figura P2.78. A imagem devida à luz que passa pelas duas lentes está localizada entre as lentes na posição $x = 31,0$ cm, conforme indicada. (a) Em que valor de p o objeto deve estar posicionado à esquerda da primeira lente? (b) Qual é a ampliação da imagem final? (c) Essa imagem está em pé ou invertida? (d) Ela é real ou virtual?

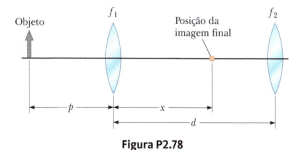

Figura P2.78

79. A Figura P2.79 mostra um pedaço de vidro com índice de refração $n = 1,50$ cercado pelo ar. As extremidades são hemisférios com raios $R_1 = 2,00$ cm e $R_2 = 4,00$ cm e os centros das extremidades hemisféricas são separados por uma distância $d = 8,00$ cm. Um objeto pontual está no ar, a uma distância $p = 1,00$ cm da extremidade esquerda do vidro. (a) Localize a imagem do objeto devida à refração nas duas superfícies esféricas. (b) A imagem final é real ou virtual?

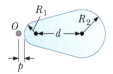

Figura P2.79

80. Um objeto está originalmente na posição $x_i = 0$ cm da régua localizada no eixo x. Uma lente convergente de distância focal 26,0 cm está fixa na posição 32,0 cm. Então, deslizamos gradualmente o objeto para a posição $x_f = 12,0$ cm. (a) Encontre a localização x' da imagem do objeto como função da sua posição x. (b) Descreva o padrão de movimento da imagem com referência a um gráfico ou tabela de valores. (c) Conforme o objeto se move 12,0 cm para a direita, a que distância a imagem se move? (d) Em que direção, ou direções?

81. O objeto na Figura P2.81 está no meio do caminho entre a lente e o espelho, que estão separados por uma distância $d = 25,0$ cm. O raio de curvatura do espelho é de 20,0 cm e a lente tem distância focal de –16,7 cm. (a) Considerando apenas a luz que deixa o objeto e vai, primeiro, em direção ao espelho, localize a imagem final formada por esse sistema. (b) Essa imagem é real ou virtual? (c) Ela está em pé ou invertida? (d) Qual é a ampliação total?

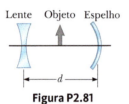

Figura P2.81

82. Em muitas aplicações, é necessário expandir ou diminuir o diâmetro de um facho de raios de luz paralelos, o que pode ser feito através do uso de duas lentes, uma convergente e outra divergente, em combinação. Suponha que você possua uma lente convergente de distância focal 21,0 cm e outra divergente de distância focal –12,0 cm. (a) Como você pode dispor essas lentes para aumentar o diâmetro de um facho de raios de luz paralelos? (b) Por qual fator o diâmetro aumentará?

83. **Revisão.** Uma lâmpada esférica de diâmetro 3,20 cm irradia luz igualmente em todas as direções com potência de 4,50 W. (a) Descubra a intensidade da luz na superfície da lâmpada. (b) Descubra a intensidade da luz a 7,20 m do centro da lâmpada. (c) À distância de 7,20 m, uma lente é colocada com seu eixo apontando em direção à lâmpada. A lente tem face circular com diâmetro de 15,0 cm e distância focal de 35,0 cm. Encontre o diâmetro da imagem da lâmpada. (d) Descubra a intensidade da luz na imagem.

84. Um facho de luz paralelo entra em um hemisfério de vidro perpendicular à superfície plana, como mostrado na Figura P2.84. O raio do hemisfério é $R = 6,00$ cm e seu índice de refração é $n = 1,560$. Supondo que os raios sejam paraxiais, determine o ponto no qual o facho foca.

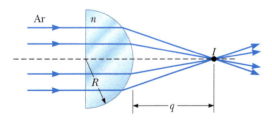

Figura P2.84

85. Duas lentes feitas de tipos de vidros que têm índices de refração diferentes n_1 e n_2 são cimentadas juntas para formar uma *parelha óptica*. Em geral, parelhas ópticas são utilizadas para a correção de aberrações cromáticas em dispositivos ópticos. A primeira lente de certa parelha possui índice de refração n_1, um lado plano e um côncavo com raio de curvatura R. A segunda lente possui índice de refração n_2 e dois lados convexos com raios de curvatura também R. Mostre que a parelha pode ser modelada como uma lente delgada simples de distância focal descrita por

$$\frac{1}{f} = \frac{2n_2 - n_1 - 1}{R}$$

86. *Por que a seguinte situação é impossível?* Considere a combinação espelho/lente exibida na Figura P2.86. A lente tem distância focal $f_L = 0,200$ m e o espelho, $f_M = 0,500$ m. A lente e o espelho estão separados por uma distância $d = 1,30$ m e um objeto está colocado em $p = 0,300$ m da lente. Movendo uma tela por várias posições à esquerda da lente, um estudante encontra duas que produzem uma imagem nítida do objeto. Uma destas posições corresponde à luz que deixa o objeto e vai à esquerda através da lente. A outra, à luz que vai à direita do objeto, sendo refletida pelo espelho e passando pela lente.

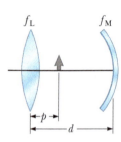

Figura P2.86

87. **M** Um objeto está colocado 12,0 cm à esquerda de uma lente divergente de distância focal –6,00 cm. Uma lente convergente de distância focal 12,0 cm é colocada a uma distância d à direita da divergente. Encontre a distância d para que a imagem final fique infinitamente distante à direita.

88. Um objeto está colocado a uma distância p à esquerda de uma lente divergente de distância focal f_1. Uma lente convergente de distância focal f_2 é colocada a uma distância d à direita da divergente. Encontre a distância d para que a imagem final fique infinitamente distante à direita.

89. Um observador à direita da combinação mostrada na Figura P2.89 (sem escala) vê duas imagens reais que têm o mesmo tamanho e estão no mesmo local. Uma imagem está em pé e a outra invertida. Ambas são 1,50 vezes maior que o objeto. A lente tem distância focal de 10,0 cm. A lente e o espelho estão separados por 40,0 cm. Determine a distância focal do espelho.

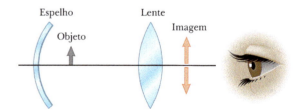

Figura P2.89

90. **M** **PD** Numa sala escurecida, uma vela acesa está colocada a 1,50 m de uma parede branca. Uma lente está colocada entre a vela e a parede num local que faz com que uma imagem maior e invertida se forme na parede. Quando a lente está nesta posição, a distância do objeto é p_1. Quando a lente é movida 90,0 cm em direção à parede, outra imagem da vela é formada na parede. A partir desta informação,

queremos encontre p_1 e a distância focal da lente. (a) A partir da equação da lente para a primeira posição da lente, escreva uma equação relacionando a distância focal f da lente com a distância do objeto p_1, sem outras variáveis na equação. (b) A partir da equação da lente para a segunda posição da lente, escreva outra equação relacionando a distância focal f da lente com a distância do objeto p_1. (c) Resolva as equações das partes (a) e (b) simultaneamente para encontrar p_1. (d) Utilize o valor parcial (c) para encontrar a distância focal f da lente.

91. O disco do Sol forma um ângulo de 0,533° com a Terra. Quais são (a) a posição e (b) o diâmetro da imagem solar formada por um espelho esférico convexo com raio de curvatura de 3,00 m?

92. Um objeto de 2,00 cm de altura é colocado a 40,0 cm à esquerda da uma lente convergente com distância focal de 30,0 cm. Uma lente divergente com distância focal de −20,0 cm é colocada a 110 cm à direita da convergente. Determine (a) a posição e (b) a ampliação da imagem final. (c) A imagem está em pé ou invertida? (d) **E se?** Repita as partes de (a) a (c) para o caso em que a segunda lente é convergente com distância focal de 20,0 cm.

Problemas de Desafio

93. Suponha que a intensidade da luz solar seja 1,00 kW/m² em um lugar particular. Um espelho côncavo altamente refletor é apontado em direção ao Sol para produzir uma potência de pelo menos 350 W no ponto da imagem. (a) Supondo que o disco do Sol forme um ângulo de 0,533° com a Terra, descubra o raio necessário R_a da área circular da face do espelho. (b) Agora, suponha que a intensidade da luz seja de no mínimo 120 kW/m² na imagem. Encontre a relação necessária entre R_a e o raio de curvatura R do espelho.

94. O sistema de *zoom* da lente é uma combinação de lentes que produz uma ampliação variável de um objeto fixo enquanto mantém uma posição de imagem fixa. A ampliação é variada através do movimento de uma ou mais lentes ao longo do eixo. Lentes múltiplas são usadas na prática, mas o efeito do *zoom* em um objeto pode ser demonstrado com um sistema simples de duas lentes. Um objeto, duas lentes convergentes e uma tela estão montados em uma bancada óptica. A lente 1, que está à direita do objeto, tem distância focal $f_1 = 5,00$ cm, e a 2, que está à direita da primeira, tem distância focal $f_2 = 10,0$ cm. A tela está à direita da lente 2. Inicialmente, um objeto está situado a uma distância de 7,50 cm à esquerda da lente 1 e a imagem formada na tela tem ampliação de +1,00. (a) Descubra a distância entre o objeto e a tela. (b) Ambas as lentes são movidas ao longo de seu eixo comum, enquanto o objeto e a tela se mantêm em posições fixas até que a imagem produzida na tela atinja uma ampliação de +3,00. Encontre o deslocamento de cada lente a partir de sua posição inicial na parte (a). (c) Essas lentes podem ser movidas em mais de uma direção?

95. A Figura P2.95 mostra uma lente convergente delgada para a qual os raios de curvatura de suas superfícies são 9,00 cm e 11,0 cm. A lente está na frente de um espelho esférico côncavo com raio de curvatura $R = 8,00$ cm. Suponha que os pontos focais F_1 e F_2 das lentes estejam a 5,00 cm do centro da lente. (a) Determine o índice de refração do material da lente. A lente e o espelho estão a 20,0 cm de distância e um objeto está colocado a 8,00 cm à esquerda da lente.

Determine (b) a posição da imagem final e (c) sua ampliação como vista pelo olho como na figura. (d) A imagem final está invertida ou em pé? Explique.

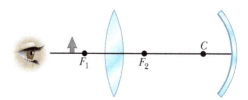

Figura P2.95

96. A ilusão de um morango flutuante é alcançada com dois espelhos parabólicos, cada um com distância focal de 7,50 cm, um de frente para o outro, como mostrado na Figura P2.96. Se o morango está localizado no espelho inferior, uma imagem dele se forma na pequena abertura ao centro do espelho superior, 7,50 cm acima do ponto mais baixo do espelho inferior. A posição do olho na Figura P2.96a corresponde à vista do aparato na Figura P2.96b. Considere o caminho da luz marcado por *A*. Observe que esse caminho de luz é bloqueado pelo espelho superior para que o próprio morango não possa ser observado diretamente. O caminho de luz marcado por *B* corresponde ao olho que vê a imagem do morango formada na abertura no topo do aparato. (a) Mostre que a imagem final é formada no local e descreva suas características. (b) Um efeito bastante surpreendente se dá ao apontar o facho de uma lanterna sobre a imagem. Mesmo de um ângulo certeiro, o facho de luz que chega é igualmente refletido a partir da imagem! Explique.

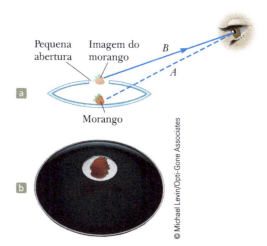

Figura P2.96

97. Considere a disposição lente-espelho mostrada na Figura P2.86. Há duas posições da imagem final à esquerda da lente de distância focal f_L. Uma posição da imagem deve-se à luz que vai do objeto para a esquerda e passa através da lente. A outra posição, à luz que vai para a direita do objeto, refletindo no espelho de distância focal f_M e depois passando pela lente. Para uma posição do objeto p entre a lente e o espelho, medida em relação à lente, há duas distâncias de separação d que farão com que as duas imagens descritas acima fiquem na mesma posição. Encontre as duas posições.

capítulo 3

Óptica Física

3.1 Experimento da fenda dupla de Young
3.2 Modelo de análise: ondas em interferência
3.3 Distribuição de intensidades do padrão de interferência da fenda dupla
3.4 Mudança de fase devida à reflexão
3.5 Interferência em filmes finos
3.6 O interferômetro de Michelson

No Capítulo 2 estudamos os raios de luz passando por uma lente ou sendo refletidos por um espelho para descrever a formação de imagens. Esta discussão completou nosso estudo da *óptica geométrica*. Neste capítulo e no próximo, trataremos da *Óptica Física*, também chamada *Óptica Ondulatória*, o estudo da interferência, difração e polarização da luz. Estes fenômenos não podem ser explicados adequadamente com a óptica geométrica utilizada nos Capítulos 1 e 2. Agora aprenderemos como tratar a luz como ondas, em vez de raios, levando a uma descrição satisfatória de tais fenômenos.

As cores em várias penas do beija-flor não se devem ao pigmento. A *iridescência*, que forma as cores brilhantes que frequentemente aparecem no pescoço e abdômen do pássaro, se deve a um efeito de interferência causado por estruturas nas penas. As cores variarão com o ângulo de visão.
(Dec Hogan/Shutterstock.com)

3.1 Experimento da fenda dupla de Young

No Capítulo 4 do Volume 2, estudamos as ondas no modelo de interferência e descobrimos que a sobreposição de duas ondas mecânicas pode ser construtiva ou destrutiva. Na interferência construtiva, a amplitude da onda resultante é maior que a da onda individual, enquanto na destrutiva, a amplitude resultante é menor que a de uma onda individual. Ondas de luz também interferem umas nas outras. Fundamentalmente, toda interferência associada às ondas de luz ocorre quando os campos eletromagnéticos que constituem as ondas individuais se combinam.

A interferência em ondas de luz provenientes de duas fontes foi demonstrada pela primeira vez por Thomas Young em 1801. Um diagrama esquemático do aparato utilizado por Young é mostrado na Figura 3.1a. Ondas planas de luz chegam a uma barreira que contém

Óptica Física 77

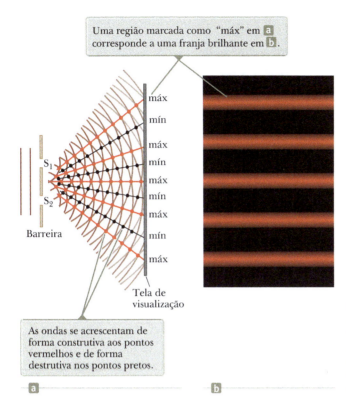

Figura 3.1 (a) Diagrama esquemático do experimento da fenda dupla de Young. As fendas S_1 e S_2 se comportam como fontes coerentes de ondas de luz que produzem um padrão de interferência na tela de visualização (desenho sem escala). (b) Uma simulação de um alargamento do centro de um padrão de franja formado na tela de visualização.

duas fendas, S_1 e S_2. A luz de S_1 e S_2 produz na tela de visualização um padrão visível de faixas paralelas claras e escuras chamadas **franjas** (Fig. 3.1b). Quando as luzes de S_1 e de S_2 chegam a um ponto da tela de modo que a interferência construtiva ocorra naquele local, uma franja clara aparece. Quando a luz das duas fendas se combinam de forma destrutiva em qualquer localização na tela, a franja escura aparece.

A Figura 3.2 é a fotografia vista de cima em um padrão de interferência produzido na superfície de um tanque de água por duas fontes vibratórias. As regiões lineares da interferência construtiva, como mostrado em A e da interferência destrutiva, como mostrado em B, irradiando da área entre as fontes são análogas às linhas vermelhas e pretas na Figura 3.1a.

A Figura 3.3 mostra algumas maneiras pelas quais duas ondas podem se combinar na tela. Na 3.3a, as duas ondas, que deixam as duas fendas em fase, atingem a tela no ponto central O. Como ambas percorrem a mesma distância, elas chegam a O em fase. Como resultado, a interferência construtiva ocorre nesse local e observa-se uma franja clara. Na Figura 3.3b, as duas ondas também iniciam em fase, mas, aqui, a onda inferior precisa percorrer um comprimento de onda a mais do que a onda superior para alcançar P. Como a onda inferior chega atrás da superior exatamente em um comprimento de onda, elas ainda assim chegam em fase em P e uma segunda franja clara aparece nesse local. No ponto R da Figura 3.3c, entretanto, entre os pontos O e P, a onda inferior chegou meio comprimento de onda atrás da onda superior, e uma crista da onda superior sobrepôs um vale da onda inferior, dando ensejo à interferência destrutiva no ponto R. Uma franja escura é, portanto, observada nesse local.

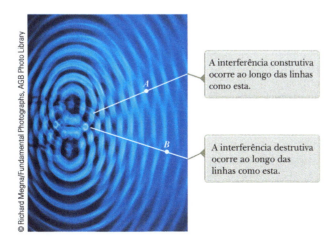

Figura 3.2 Um padrão de interferência envolvendo ondas de água é produzido por duas fontes vibratórias na superfície da água.

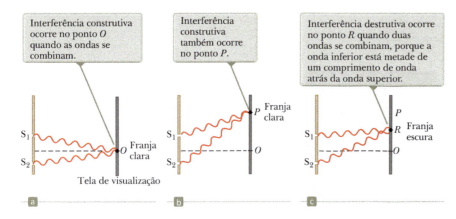

Figura 3.3 Ondas deixam as fendas e se combinam em vários pontos na tela de visualização. As figuras não estão em escala.

Figura 3.4 (a) Se as ondas de luz não se espalhassem após passar através das fendas, nenhuma interferência ocorreria. (b) As ondas de luz das duas fendas se sobrepõem conforme se espalham, preenchendo com luz o que esperávamos como regiões sombreadas e produzindo franjas de interferência em uma tela colocada à direita das fendas.

Se duas lâmpadas forem colocadas lado a lado de forma que a luz de ambas se combinem, nenhum efeito de interferência é observado, pois as ondas de luz de uma lâmpada são emitidas independentemente das da outra. As emissões das duas lâmpadas não mantêm uma relação constante de fase uma com a outra ao longo do tempo. Ondas de luz de uma fonte normal, como uma lâmpada, sofrem mudanças de fase aleatórias em intervalos de tempo de menos de um nanossegundo. Portanto, as condições para as interferências construtiva, destrutiva ou algum estado intermediário são somente mantidas para esses curtos intervalos de tempo. Como o olho não consegue seguir tais mudanças rápidas, não se observa nenhum efeito de interferência. Essas fontes de luz são chamadas **incoerentes**.

Para observar a interferência de duas ondas, as seguintes condições devem ser atendidas: ◀ **Condições para interferência**

- As fontes precisam ser **coerentes**; isto é, manter uma fase constante uma em relação à outra.
- As fontes precisam ser **monocromáticas**; isto é, devem possuir um único comprimento de onda.

Como um exemplo, ondas de som de frequência única emitidas por alto-falantes lado a lado controlados por um único amplificador podem interferir umas com as outras porque os dois alto-falantes são coerentes. Em outras palavras, eles respondem ao amplificador da mesma maneira e ao mesmo tempo.

Um método comum para a produção de duas fontes de luz coerentes é utilizar uma fonte monocromática para iluminar uma barreira contendo duas pequenas aberturas, geralmente na forma de fendas, como no caso do experimento de Young mostrado na Figura 3.1. A luz que emerge das duas fendas é coerente porque uma única fonte produz o facho de luz original e as duas fendas servem apenas para separar o facho original em duas partes (o que, afinal de contas, é feito com o sinal de som proveniente dos dois alto-falantes lado a lado). Qualquer mudança aleatória na luz emitida pela fonte ocorre em ambos os fachos ao mesmo tempo. Como resultado, os efeitos de interferência podem ser observados quando a luz das duas fendas chega à tela de visualização.

Se a luz se propagasse apenas em sua direção original depois de passar pelas fendas, como mostrado na Figura 3.4a, as ondas não se sobreporiam e nenhum padrão de interferência seria observado. Em vez disso, como discutimos em nosso tratamento do princípio de Huygens (Seção 1.6), as ondas se espalharam a partir das fendas, como mostrado na Figura 3.4b. Em outras palavras, a luz se desvia de um caminho em linha reta e entra na região em que, de outra forma, estaria escurecida. Como observado na Seção 1.3, essa divergência da luz de sua linha de percurso inicial é chamada **difração**.

3.2 Modelo de análise: ondas em interferência

Discutimos o princípio de sobreposição para ondas em cordas na Seção 4.1 do Volume 2, que leva a uma versão unidimensional das ondas no modelo de análise de interferência. No Exemplo 4.1 do Volume 2, discutimos brevemente um fenômeno de interferência em duas dimensões para o som de dois alto-falantes. Andando do ponto O para o ponto P

na Figura 4.5 do Volume 2, o ouvinte experimentou o máximo em intensidade sonora em *O* e mínimo em *P*. Essa experiência é exatamente análoga à de um observador olhando para o ponto *O* na Figura 3.3, vendo uma franja clara e depois passando seus olhos acima, para o ponto *R*, onde há um mínimo de intensidade de luz.

Vamos olhar mais detalhadamente para a natureza bidimensional do experimento de Young com a ajuda da Figura 3.5. A tela de visualização está localizada a uma distância perpendicular *L* da barreira que contém as duas fendas, S_1 e S_2 (Fig. 3.5a). Essas fendas são separadas por uma distância *d* e a fonte é monocromática. Para alcançar um ponto arbitrário *P* na metade superior da tela, uma onda partindo da fenda inferior precisa percorrer uma distância a mais que uma onda partindo da fenda superior. Essa distância é chamada **diferença de percurso** δ (delta). Supondo que os raios denominados r_1 e r_2 sejam paralelos, o que é aproximadamente verdadeiro se *L* for muito maior que *d*, então δ é fornecido por

$$\delta = r_2 - r_1 = d \operatorname{sen} \theta \tag{3.1}$$

O valor de δ determina se as duas ondas estão em fase quando chegam ao ponto *P*. Se δ é zero ou um múltiplo inteiro de um comprimento de onda, ambas estão em fase no ponto *P* e a interferência construtiva é resultante. Portanto, a condição para franjas claras, ou **interferência construtiva**, no ponto *P* é

$$d \operatorname{sen} \theta_{\text{claro}} = m\lambda \qquad m = 0, \pm 1, \pm 2, \ldots \tag{3.2}$$

◀ Condição para a interferência construtiva

O número *m* é chamado **número de ordem**. Para a interferência construtiva, esse número é igual ao de comprimentos de onda que representam a diferença de percurso entre as ondas das duas fendas. A franja clara central em $\theta_{\text{claro}} = 0$ é chamada *máximo de ordem zero*. O primeiro máximo em ambos os lados, onde $m = \pm 1$, é chamado *máximo de primeira ordem*, e assim por diante.

Quando δ é um múltiplo ímpar de $\lambda/2$, as duas ondas que chegam ao ponto *P* estão 180° fora de fase e dão origem à interferência destrutiva. Portanto, a condição para as franjas escuras, ou **interferência destrutiva**, no ponto *P* é

$$d \operatorname{sen} \theta_{\text{escuro}} = (m + \tfrac{1}{2})\lambda \qquad m = 0, \pm 1, \pm 2, \ldots \tag{3.3}$$

◀ Condição para a interferência destrutiva

Essas equações fornecem as posições *angulares* das franjas. E também são úteis para obter as expressões para as posições *lineares* medidas ao longo da tela de *O* a *P*. A partir do triângulo *OPQ* na Figura 3.5a, vemos que

$$\operatorname{tg} \theta = \frac{y}{L} \tag{3.4}$$

Utilizando esse resultado, as posições lineares das franjas claras e escuras são fornecidas por

$$y_{\text{claro}} = L \operatorname{tg} \theta_{\text{claro}} \tag{3.5}$$

$$y_{\text{escuro}} = L \operatorname{tg} \theta_{\text{escuro}} \tag{3.6}$$

onde θ_{claro} e θ_{escuro} são fornecidos pelas Equações 3.2 e 3.3.

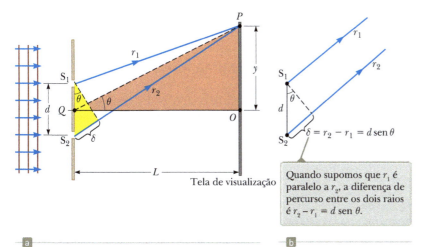

Figura 3.5 (a) Construção geométrica para a descrição do experimento de fenda dupla de Young (sem escala). (b) As fendas são representadas como fontes e os raios de luz que saem são supostos como paralelos conforme viajam até *P*. Para alcançar isso na prática, é essencial que $L \gg d$.

80   Física para cientistas e engenheiros

Quando os ângulos das franjas são pequenos, as posições destas são lineares próximas ao centro do padrão. Isso pode ser verificado quando se observa que para pequenos ângulos, tg $\theta \approx$ sen θ, e a Equação 3.5 fornece as posições das franjas claras como $y_{\text{claro}} = L$ sen θ. Incorporando a Equação 3.2, temos

$$y_{\text{claro}} = L\frac{m\lambda}{d} \quad \text{(ângulos pequenos)} \tag{3.7}$$

Esse resultado mostra que y_{claro} é linear no número de ordem m, então as franjas são igualmente espaçadas por ângulos pequenos. De maneira similar, para franjas escuras,

$$y_{\text{escuro}} = L\frac{(m + \frac{1}{2})\lambda}{d} \quad \text{(ângulos pequenos)} \tag{3.8}$$

Como demonstrado no Exemplo 3.1, o experimento de fenda dupla de Young fornece um método para medir o comprimento de onda da luz. Na verdade, Young utilizou essa técnica exatamente para fazer isso. Além disso, seu experimento deu uma grande credibilidade ao modelo de onda para a luz. Era inconcebível que partículas de luz vindas de fendas pudessem se cancelar de maneira que explicassem as franjas escuras.

Os princípios discutidos nesta seção são as bases do modelo de análise das **ondas em interferência**, que foi aplicado a ondas mecânicas em uma dimensão no Capítulo 4 do Volume 2. Aqui, vemos os detalhes da aplicação desse modelo em três dimensões para a luz.

> *Teste Rápido* **3.1** Quais das seguintes alternativas fazem que as franjas em um padrão de interferência de duas fendas se movam para longe umas das outras? (**a**) Diminuição do comprimento de onda da luz, (**b**) diminuição da distância da tela L, (**c**) diminuição do espaçamento das fendas d, (**d**) imergindo-se todo o aparato em água.

Modelo de Análise   Ondas em interferência

Imagine um amplo feixe de luz que ilumina uma fenda dupla em um material opaco. Um padrão de interferência, de franjas brilhantes e escuras, é criado em uma tela distante. A condição para as franjas brilharem (interferência construtiva) é

$$d \text{ sen } \theta_{\text{claro}} = m\lambda \qquad m = 0, \pm1, \pm2,... \tag{3.2}$$

A condição para franjas escuras (**interferência destrutiva**) é

$$d \text{ sen } \theta_{\text{escuro}} = (m + \tfrac{1}{2})\lambda \qquad m = 0, \pm1, \pm2,... \tag{3.3}$$

O número m é chamado número de ordem da franja.

Exemplos:

- uma fina camada de óleo em cima da água mostra redemoinhos de cores (Seção 3.5)
- raios X passando através de um sólido cristalino se combinam para formar um padrão de Laue (Capítulo 4)
- um interferômetro de Michelson (Seção 3.6 deste volume) é utilizado para procurar o éter que representa o meio através do qual a luz se propaga (Capítulo 5)
- elétrons exibem interferência, exatamente como as ondas de luz quando passam através de uma fenda dupla (Capítulo 6)

Exemplo **3.1**   Medida do comprimento de onda de uma fonte de luz   **MA**

Uma tela de visualização está separada de uma fenda dupla por 4,80 m. A distância entre as duas fendas é de 0,0300 mm. Uma luz monocromática está direcionada no sentido da fenda dupla e forma um padrão de interferência na tela. A primeira faixa escura está a 4,50 cm da linha de centro na tela.

(**A**) Determine o comprimento de onda da luz.

SOLUÇÃO

Conceitualização Estude a Figura 3.5 para se assegurar de que entendeu o fenômeno de interferência de ondas de luz. Nesta figura, a distância de 4,50 cm é y. Como $L \gg y$, os ângulos para as franjas são pequenos.

Óptica Física **81**

3.1 *cont.*

Categorização Este problema é uma aplicação simples do modelo de *ondas em interferência*.

Análise

Resolva a Equação 3.8 para o comprimento de onda e substitua os valores numéricos, assumindo que $m = 0$ para a primeira franja escura:

$$\lambda = \frac{y_{escuro}\, d}{(m + \frac{1}{2})L} = \frac{(4,50 \times 10^{-2}\,\text{m})(3,00 \times 10^{-5}\,\text{m})}{(0 + \frac{1}{2})(4,80\,\text{m})}$$

$$= 5,62 \times 10^{-7}\,\text{m} = \boxed{562\,\text{nm}}$$

(B) Calcule a distância entre as franjas claras adjacentes.

SOLUÇÃO

Encontre a distância entre as franjas claras adjacentes a partir da Equação 3.7 e dos resultados da parte (A):

$$y_{m+1} - y_m = L\frac{(m+1)\lambda}{d} - L\frac{m\lambda}{d}$$

$$= L\frac{\lambda}{d} = 4,80\,\text{m}\left(\frac{5,62 \times 10^{-7}\,\text{m}}{3,00 \times 10^{-5}\,\text{m}}\right)$$

$$= 9,00 \times 10^{-2}\,\text{m} = \boxed{9,00\,\text{cm}}$$

Finalização Para praticar, encontre o comprimento de onda do som no Exemplo 4.1 do Volume 2 usando o procedimento (A) deste exemplo.

Exemplo 3.2 — Separando franjas de fenda dupla de dois comprimentos de onda   MA

Uma fonte emite luz visível de dois comprimentos de onda: $\lambda = 430$ nm e $\lambda' = 510$ nm. Ela é utilizada em um experimento de interferência de fenda dupla no qual $L = 1,50$ m e $d = 0,0250$ mm. Encontre a distância de separação entre a franja clara de terceira ordem para os dois comprimentos de onda.

SOLUÇÃO

Conceitualização Na Figura 3.5a, imagine a luz de dois comprimentos de onda incidindo nas fendas e formando dois padrões de interferência na tela. Nos mesmos pontos, as franjas de duas cores podem se sobrepor, mas na maioria dos pontos não.

Categorização Este problema é uma aplicação da representação matemática do modelo de análise de ondas em interferência.

Análise

Utilize a Equação 3.7 para encontrar as posições das franjas que correspondem a estes dois comprimentos de onda e os subtraia:

$$\Delta y = y'_{claro} - y_{claro} = L\frac{m\lambda'}{d} - L\frac{m\lambda}{d} = \frac{Lm}{d}(\lambda' - \lambda)$$

Substitua os valores numéricos:

$$\Delta y = \frac{(1,50\,\text{m})(3)}{0,0250 \times 10^{-3}\,\text{m}}(510 \times 10^{-9}\,\text{m} - 430 \times 10^{-9}\,\text{m})$$

$$= 0,0144\,\text{m} = \boxed{1,44\,\text{cm}}$$

Finalização Vamos explorar mais detalhes do padrão de interferência no **E se?** a seguir.

E SE? E se examinarmos o padrão de interferência completo devido aos dois comprimentos de onda e procurarmos por franjas em sobreposição? Há locais na tela onde as franjas claras de dois comprimentos de onda se sobrepõem exatamente?

Resposta Encontre o local definindo a localização de qualquer franja clara devido a λ igual a outra devido a λ', utilizando a Equação 3.7:

$$L\frac{m\lambda}{d} = L\frac{m'\lambda'}{d} \quad \rightarrow \quad \frac{m'}{m} = \frac{\lambda}{\lambda'}$$

continua

82 Física para cientistas e engenheiros

> **3.2** *cont.*
>
> Substitua os comprimentos de onda:
> $$\frac{m'}{m} = \frac{430\ \text{nm}}{510\ \text{nm}} = \frac{43}{51}$$
>
> Portanto, a 51ª franja da luz com 430 nm se sobrepõe à 43ª com 510 nm.
>
> Utilize a Equação 3.7 para descobrir o valor de y para estas franjas:
> $$y = (1,50\ \text{m})\left[\frac{51(430 \times 10^{-9}\,\text{m})}{0,0250 \times 10^{-3}\,\text{m}}\right] = 1,32\ \text{m}$$
>
> Este valor de y é comparável a L, então, a aproximação do ângulo pequeno utilizado na Equação 3.7 *não* é válida. Essa conclusão sugere que não devemos esperar que essa equação nos forneça o resultado correto. Se você utilizar a Equação 3.5, pode mostrar que as franjas de fato se sobrepõem quando a mesma condição, $m'/m = \lambda/\lambda'$, é atendida (veja o Problema 48). Portanto, a 51ª franja da luz com 430 nm se sobrepõe com a 43ª com 510 nm, mas não na localização 1,32 m. Como parte do Problema 48, encontre a localização correta.

3.3 Distribuição de intensidades do padrão de interferência da fenda dupla

Observe que as bordas das franjas claras na Figura 3.1b não são afiadas, em vez disso, há uma mudança gradual de claro para escuro. Até agora discutimos as localizações apenas dos centros das franjas claras e escuras em uma tela distante. Voltemos a atenção para a intensidade da luz em outros pontos entre a posição das interferências máximas construtivas e destrutivas. Em outras palavras, calcularemos agora a distribuição da intensidade da luz associada ao padrão de interferência da fenda dupla.

Novamente, suponha que duas fendas representem fontes coerentes de ondas senoidais de forma que as duas ondas das fendas possuam a mesma frequência angular ω e estejam em fase. O módulo total do campo elétrico no ponto P na tela da Figura 3.5 é a sobreposição das duas ondas. Supondo que ambas as ondas possuam a mesma amplitude E_0, podemos escrever o módulo do campo elétrico no ponto P devido a cada onda separadamente como

$$E_1 = E_0\, \text{sen}\ \omega t \quad \text{e} \quad E_2 = E_0\, \text{sen}\ (\omega t + \phi) \tag{3.9}$$

Embora as ondas estejam em fase nas fendas, sua diferença de fase ϕ em P depende da diferença de caminho $\delta = r_2 - r_1 = d\, \text{sen}\ \theta$. Uma diferença de caminho de λ (para a interferência construtiva) corresponde à diferença de fase de 2π rad. Uma diferença δ é a mesma fração de λ que a de fase ϕ é de 2π. Podemos descrever esta fração matematicamente com a razão

$$\frac{\delta}{\lambda} = \frac{\phi}{2\pi}$$

que nos fornece

Diferença de fase ▶
$$\phi = \frac{2\pi}{\lambda}\delta = \frac{2\pi}{\lambda}d\, \text{sen}\ \theta \tag{3.10}$$

Essa equação mostra como a diferença de fase ϕ depende do ângulo θ na Figura 3.5.

Utilizando o princípio da superposição e a Equação 3.9, obtemos a seguinte expressão para o módulo do campo elétrico resultante no ponto P:

$$E_P = E_1 + E_2 = E_0[\text{sen}\ \omega t + \text{sen}\ (\omega t + \phi)] \tag{3.11}$$

Podemos simplificar essa expressão utilizando a identidade trigonométrica

$$\text{sen}\ A + \text{sen}\ B = 2\text{sen}\left(\frac{A + B}{2}\right)\cos\left(\frac{A - B}{2}\right)$$

Tomando $A = \omega t + \phi$ e $B = \omega t$, a Equação 3.11 se torna

$$E_P = 2E_0\cos\left(\frac{\phi}{2}\right)\text{sen}\left(\omega t + \frac{\phi}{2}\right) \tag{3.12}$$

Esse resultado indica que o campo elétrico no ponto P possui a mesma frequência ω que a luz nas fendas, mas esta amplitude do campo é multiplicada pelo fator $2\cos\ (\phi/2)$. Para verificar a consistência desse resultado, observe que, se $\phi = 0$, 2π, 4π, ..., o módulo do campo elétrico no ponto P é $2E_0$, correspondendo à condição de interferência construtiva máxima. Esses valores de ϕ são consistentes com a Equação 3.2 para a interferência construtiva. Da mesma forma, se $\phi = \pi, 3\pi, 5\pi, \ldots$, o módulo do campo elétrico no ponto P é zero, o que é consistente com a Equação 3.3 para a interferência destrutiva total.

Finalmente, para obter uma expressão para a intensidade da luz no ponto P, lembre-se da Seção 12.4 do Volume 3, em que a intensidade de uma onda é proporcional ao quadrado do módulo do campo elétrico resultante naquele ponto (Eq. 12.24 do Volume 3). Utilizando a Equação 3.12, podemos, portanto, expressar a intensidade da luz no ponto P

$$I \propto E_P^2 = 4E_0^2 \cos^2\left(\frac{\phi}{2}\right) \text{sen}^2\left(\omega t + \frac{\phi}{2}\right)$$

A maioria dos instrumentos que detectam a luz mede a intensidade desta pela média no tempo e o valor médio no tempo de $\text{sen}^2(\omega t + \phi/2)$ em um ciclo é ½. Veja a Fig. 11.5 do Volume 3. Portanto, podemos escrever a intensidade de luz média no ponto P como

$$I = I_{\text{máx}} \cos^2\left(\frac{\phi}{2}\right) \tag{3.13}$$

onde $I_{\text{máx}}$ é a intensidade máxima na tela e a expressão representa a média temporal. Substituindo o valor ϕ por aquele dado pela Equação 3.10, temos

$$I = I_{\text{máx}} \cos^2\left(\frac{\pi d \,\text{sen}\, \theta}{\lambda}\right) \tag{3.14}$$

De maneira alternativa, como $\text{sen}\, \theta \approx y/L$ para valores pequenos de θ na Figura 3.5, podemos escrever a Equação 3.14 na forma

$$I = I_{\text{máx}} \cos^2\left(\frac{\pi d}{\lambda L} y\right) \quad \text{(ângulos pequenos)} \tag{3.15}$$

A interferência construtiva, que produz a intensidade de luz máxima, ocorre quando a quantidade $\pi dy/\lambda L$ é um múltiplo inteiro de π, correspondendo a $y = (\lambda L/d)m$ onde m é o número de ordem. Esse resultado é consistente com a Equação 3.7.

Um gráfico da intensidade de luz *versus* $d\,\text{sen}\,\theta$ é dado pela Figura 3.6. O padrão de interferência consiste em franjas igualmente espaçadas de intensidade igual.

A Figura 3.7 mostra gráficos similares de intensidade de luz *versus* $d\,\text{sen}\,\theta$ para a luz passando através de fendas múltiplas. Para mais de duas fendas, o padrão contém máximos primários e secundários. Para três fendas, note que os máximos primários são nove vezes mais intensos que os secundários medidos pela altura da curva, porque a intensidade varia segundo E^2. Para N fendas, a intensidade dos máximos primários é N^2 vezes maior que os devidos a uma única fenda. Conforme o número de fendas aumenta, os máximos primários aumentam em intensidade e se tornam mais

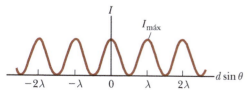

Figura 3.6 Intensidade de luz *versus* $d\,\text{sen}\,\theta$ para um padrão de interferência de fenda dupla quando a tela encontra-se distante das duas fendas ($L \gg d$).

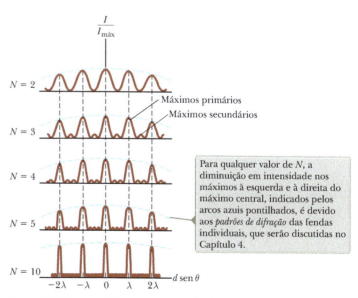

Figura 3.7 Padrões de interferência de fendas múltiplas. Como N, o número de fendas, é aumentado, os máximos primários (os picos mais altos em cada gráfico) se tornam mais estreitos, mas permanecem fixos na posição e o número de máximos secundários aumenta.

estreitos, enquanto os secundários diminuem em intensidade em relação aos primários. A Figura 3.7 também mostra que, conforme o número de fendas aumenta, o de máximos secundários também aumenta. Na verdade, o número de máximos secundários é sempre $N - 2$, onde N é o número de fendas. Na Seção 4.4 investigaremos o padrão para um grande número de fendas em um dispositivo chamado *grade de difração*.

Teste Rápido **3.2** Utilizando a Figura 3.7 como modelo, esboce o padrão de interferência para seis fendas.

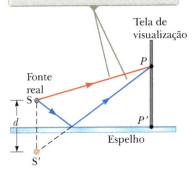

Figura 3.8 Espelho de Lloyd. O raio refletido sofre uma mudança de fase de 180°.

3.4 Mudança de fase devida à reflexão

O método de Young para a produção de duas fontes de luz coerentes envolve a iluminação de um par de fendas com uma única fonte. Outra disposição simples, ainda que engenhosa, para a produção de um padrão de interferência com uma única fonte de luz é conhecida como *espelho de Lloyd*[1] (Fig. 3.8). Uma fonte pontual de luz S é colocada próxima a um espelho e uma tela de visualização é posicionada afastada e em posição perpendicular a ele. Ondas de luz conseguem alcançar o ponto P na tela tanto diretamente de S a P quanto pelo caminho envolvendo a reflexão no espelho. O raio refletido pode ser tratado como um raio que se origina de uma fonte virtual S'. Como resultado, podemos pensar nesse arranjo como uma fonte de fenda dupla na qual a distância d entre as fontes S e S' na Figura 3.8 é análoga ao comprimento d na Figura 3.5. Assim, nos pontos de observação distantes da fonte ($L \gg d$), esperamos que ondas vindas de S e S' formem um padrão de interferência exatamente igual ao formado por duas fontes coerentes reais. De fato, um padrão de interferência é observado. As posições das franjas claras e escuras, entretanto, são reversas em relação ao padrão criado por duas fontes reais coerentes (experimento de Young). Tal reversão somente pode ocorrer se as fontes coerentes S e S' diferirem em fase por 180°.

Para ilustrar melhor, considere o ponto P', aquele em que o espelho faz a intersecção com a tela. Esse ponto é equidistante das fontes S e S'. Se somente a diferença de caminho fosse responsável pela diferença de fase, veríamos uma franja clara em P' (porque a diferença de caminho é zero para esse ponto), correspondendo à franja clara central do padrão de interferência de duas fendas. Em vez disso, observa-se uma franja escura em P'. Concluímos, portanto, que uma mudança de fase de 180° deve ser produzida pela reflexão no espelho. Em geral, uma onda eletromagnética sofre mudança de fase de 180° no momento da reflexão por um meio que possui um índice de refração maior que aquele no qual a onda se propaga.

É útil fazer uma analogia entre as ondas de luz refletidas e as reflexões de um pulso transversal em uma corda esticada (Seção 2.4 do Volume 2). O pulso refletido em uma corda sofre uma mudança de fase de 180° quando refletido pelo limite de uma corda mais densa ou um suporte rígido, mas não há mudança de fase quando é refletido pelo limite de uma corda menos densa ou por uma extremidade com suporte livre. De maneira similar, uma onda eletromagnética sofre uma mudança de fase de 180° quando refletida de um limite que leva a um meio opticamente mais denso (definido como um meio com um índice de refração mais alto), mas nenhuma mudança de fase ocorre quando a onda é refletida por um limite que leva a um meio menos denso. Essas regras, resumidas pela Figura 3.9, podem ser deduzidas pelas equações de Maxwell, mas o tratamento está além do escopo deste texto.

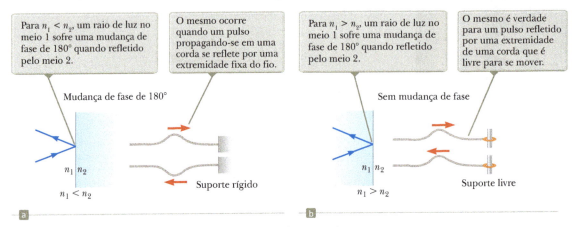

Figura 3.9 Comparações de reflexões de ondas de luz e ondas em cordas.

---

[1] Desenvolvido em 1834 por Humphrey Lloyd (1800-1881), professor de filosofia natural e experimental no Trinity College, Dublin.

3.5 Interferência em filmes finos

Efeitos de interferência são comumente observados em filmes finos, como finas camadas de óleo na água ou a fina superfície de uma bolha de sabão. As variadas cores observadas quando a luz branca incide em tais filmes resultam da interferência de ondas refletidas pelas duas superfícies do filme.

Considere um filme de espessura uniforme t e índice de refração n. O comprimento de onda da luz λ_n no filme (veja a Seção 1.5) é

$$\lambda_n = \frac{\lambda}{n}$$

onde λ é o comprimento de onda da luz no espaço livre (vácuo) e n, o índice de refração do material do filme. Vamos supor que os raios de luz que se propagam no ar são quase perpendiculares às duas superfícies do filme, como mostrado na Figura 3.10.

O raio refletido 1, que é refletido pela superfície superior (A) na Figura 3.10, sofre uma mudança de fase de 180° em relação ao raio incidente. O raio refletido 2, que é refletido pela superfície inferior do filme (B), não sofre nenhuma mudança de fase, pois é refletido por um meio (ar) que possui índice de refração mais baixo. Portanto, o raio 1 está 180° fora de fase com o raio 2, o que é equivalente à diferença de caminho de $\lambda_n/2$. Entretanto, precisamos considerar também que o raio 2 percorre uma distância extra de $2t$ antes que as ondas se recombinem no ar acima da superfície A. Lembre-se de que estamos considerando raios de luz próximos à posição perpendicular em relação à superfície. Se os raios não estiverem próximos à posição perpendicular, a diferença de caminho é maior que $2t$. Se $2t = \lambda_n/2$, os raios 1 e 2 se recombinam em fase e o resultado é a interferência construtiva. Em geral, a condição para a interferência *construtiva* em filmes finos é [2]

$$2t = (m + \tfrac{1}{2})\lambda_n \quad m = 0, 1, 2, \dots \tag{3.16}$$

Essa condição leva em conta dois fatores: (1) a diferença no comprimento do caminho para dois raios (o termo $m\lambda_n$) e (2) a mudança de fase de 180° no momento da reflexão (o termo ½ λ_n). Como $\lambda_n = \lambda/n$, podemos escrever a Equação 3.16 como

$$2nt = (m + \tfrac{1}{2})\lambda \quad m = 0, 1, 2, \dots \tag{3.17}$$

Se a distância extra $2t$ percorrida pelo raio 2 corresponde a um múltiplo inteiro de λ_n, as duas ondas se combinam fora de fase e o resultado é a interferência destrutiva. A equação geral para a interferência *destrutiva* em filmes finos é

$$2nt = m\lambda \quad m = 0, 1, 2, \dots \tag{3.18}$$

As condições antecedentes para interferências construtivas e destrutivas são válidas quando o meio acima da superfície superior do filme é o mesmo abaixo da inferior, ou, se houver meios diferentes acima e abaixo do filme, o índice de refração dos dois for abaixo de n. Se o filme for colocado entre dois meios diferentes, um com $n < n_{\text{filme}}$ e outro com $n > n_{\text{filme}}$, as condições para interferências construtivas e destrutivas são inversas. Neste caso, se houver uma mudança de fase de 180° para o raio 1 refletindo da superfície A e para o raio 2 refletindo da superfície B, ou se não houver mudanças nos raios, então a mudança resultante na fase relativa devida às reflexões é zero.

Os raios 3 e 4 na Figura 3.10 levam a efeitos de interferência na luz transmitida pelo filme fino. A análise destes efeitos é similar à da luz refletida. Os problemas 35, 36 e 38 pedem que você explore a luz transmitida.

> *Teste Rápido* **3.3** Uma lâmina de microscópio é colocada em cima de outra com suas bordas esquerdas em contato e um cabelo humano sob a borda direita da lâmina superior. Como resultado, há uma bolha de ar entre os slides. Um padrão de interferência resulta quando a luz monocromática incide sobre a bolha. O que se forma nas bordas esquerdas das lâminas? **(a)** uma franja escura **(b)** uma franja clara **(c)** impossível determinar.

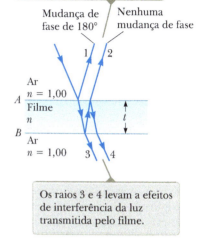

Figura 3.10 Caminhos de luz através de um filme fino.

Prevenção de Armadilhas 3.1

Cuidado com filmes finos
Certifique-se de incluir os *dois* efeitos – comprimento do caminho e mudança de fase – quando for analisar o padrão de interferência resultante de um filme fino. A possível mudança de fase é uma nova característica que não precisávamos considerar para a interferência de fenda dupla. Pense também com cuidado sobre o material em ambos os lados do filme. Se houver diferentes materiais nos dois lados do filme, você pode ter uma situação em que há mudança de fase de 180° nas *duas* superfícies, ou em *nenhuma*.

---

[2] O efeito de interferência completo em um filme fino exige uma análise de um número infinito de reflexões para a frente e para trás nas superfícies superior e inferior do filme. Focamos aqui somente uma reflexão simples da parte inferior do filme, o que nos fornece maior contribuição para o efeito de interferência.

Anéis de Newton

Outro método para a observação de interferências em ondas de luz é colocar uma lente plano-convexa no topo de uma superfície de vidro plana, como mostrado na Figura 3.11a. Com essa disposição, a camada de ar entre as superfícies de vidro varia em espessura de zero no ponto de contato até algum valor t no ponto P. Se o raio de curvatura R da lente for muito maior que a distância r e o sistema for visto de cima, um padrão de anéis claros e escuros será observado, como mostrado na Figura 3.11b. Essas franjas circulares, descobertas por Newton, são chamadas **anéis de Newton**.

O efeito de interferência se deve à combinação do raio 1, refletido pela placa plana, com o raio 2, refletido pela superfície curva da lente. O raio 1 sofre uma mudança de fase de 180° no momento da reflexão (porque é refletido por um meio que possui índice de refração maior), enquanto o raio 2 não sofre mudanças de fase (porque é refletido por um meio com índice de refração inferior). Dessa forma, as condições de interferências destrutiva e construtiva são fornecidas pelas Equações 3.17 e 3.18, respectivamente, com $n = 1$ porque o filme está no ar. Como não há diferença de caminho e a mudança total de fase é devido apenas a 180° no momento da reflexão, o ponto de contato em O é escuro, como visto na Figura 3.11b.

Utilizando a geometria mostrada na Figura 3.11a, podemos obter expressões para os raios das faixas clara e escura em termos do raio de curvatura R e do comprimento de onda λ. Por exemplo, os anéis escuros possuem raios dados pela expressão $r \approx \sqrt{m\lambda R/n}$. Os detalhes são deixados como um problema (veja o Problema 66). Podemos obter o comprimento de onda da luz que causa o padrão de interferência através da medição dos raios dos anéis, contanto que R seja conhecido. Do contrário, podemos utilizar um comprimento de onda conhecido para obter R.

Uma utilização importante dos anéis de Newton está no teste de lentes ópticas. Um padrão circular, como o exibido na Figura 3.11b, é obtido somente quando a lente é cunhada com uma curvatura simétrica perfeita. Variações em tal simetria produzem um padrão com franjas que variam de uma forma circular e lisa. Essas variações indicam como as lentes devem ser cunhadas e polidas novamente para a remoção das imperfeições.

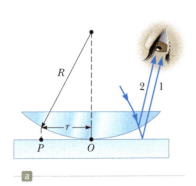
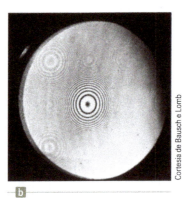

Figura 3.11 (a) A combinação de raios refletidos pela placa plana e pela superfície curva da lente origina um padrão de interferência conhecido como anéis de Newton. (b) Fotografia dos anéis de Newton.

(a) Um filme fino de óleo flutuando em água exibe interferência, mostrada pelo padrão de cores quando a luz branca incide no filme. As variações na espessura do filme produzem esse interessante padrão de cores. A lâmina de barbear fornece uma ideia do tamanho das faixas coloridas. (b) Interferência em bolhas de sabão. As cores se devem à interferência entre os raios de luz refletidos pelas superfícies frontal e traseira do fino filme de sabão que forma a bolha. A cor depende da espessura do filme, indo do preto, onde o filme é mais fino, à cor magenta, onde é mais grosso.

Óptica Física **87**

Estratégia para resolução de problemas

INTERFERÊNCIA EM FILMES FINOS

Deve-se ter em mente as seguintes características quando se trabalha com problemas de interferência em filmes finos.

1. Conceitualização. Pense sobre o que está acontecendo fisicamente nos problemas. Identifique a fonte de luz e a localização do observador.

2. Categorização. Confirme a necessidade de utilizar técnicas para interferência de filme fino através da identificação do filme fino que causa a interferência.

3. Análise. O tipo de interferência que ocorre é determinado pela relação de fase entre a porção da onda refletida na parte superior do filme e a refletida pela inferior. As diferenças de fase entre as duas porções têm duas causas: diferenças nas distâncias percorridas pelas duas porções e as mudanças de fase que ocorrem na reflexão. *Ambos* os casos precisam ser considerados no momento da determinação do tipo de interferência que ocorre. Se os meios acima e abaixo do filme tiverem índice de refração maior que o do filme, ou se ambos tiverem índice menor, utilize a Equação 3.17 para interferência construtiva e a Equação 3.18 para a destrutiva. Se o filme estiver localizado entre dois meios diferentes, um com $n < n_{\text{filme}}$ e o outro com $n > n_{\text{filme}}$, inverta estas duas equações para interferências destrutiva e construtiva.

4. Finalização. Verifique seus resultados finais para ver se faz sentido fisicamente e se têm um tamanho adequado.

Exemplo **3.3** — Interferência em um filme de sabão

Calcule a espessura mínima de um filme de uma bolha de sabão que resulta em interferência construtiva da luz refletida se for iluminado com uma luz cujo comprimento de onda é $\lambda = 600$ nm. O índice de refração do filme do sabão é 1,33.

SOLUÇÃO

Conceitualização Imagine que o filme da Figura 3.10 é de sabão, com ar em ambos os lados.

Categorização Determinamos o resultado utilizando uma equação desta seção; portanto, categorizamos este exemplo como um problema de substituição.

A espessura mínima do filme para a interferência construtiva na luz refletida corresponde a $m = 0$ na Equação 3.17. Solucione esta equação para t e substitua os valores numéricos:

$$t = \frac{(0 + \frac{1}{2})\lambda}{2n} = \frac{\lambda}{4n} = \frac{(600\,\text{nm})}{4(1,33)} = \boxed{113\,\text{nm}}$$

E SE? E se o filme tivesse o dobro da espessura? A situação produziria interferência construtiva?

Resposta Utilizando a Equação 3.17, podemos obter a solução para a espessura em que ocorre a interferência construtiva:

$$t = (m + \tfrac{1}{2})\frac{\lambda}{2n} = (2m + 1)\frac{\lambda}{4n} \quad m = 0, 1, 2, \ldots$$

Os valores permitidos de m mostram que a interferência construtiva ocorre para múltiplos *ímpares* da espessura que corresponde a $m = 0$, $t = 113$ nm. Portanto, a interferência construtiva *não* ocorre para um filme com o dobro da espessura.

Exemplo **3.4** — Revestimentos não refletores para células solares

Células solares – dispositivos que geram eletricidade quando expostos à luz do sol – com frequência são revestidos com um fino filme transparente de monóxido de silício (SiO, $n = 1,45$) para minimizar as perdas refletivas da superfície. Suponha que uma célula solar de silício ($n = 3,5$) seja revestida com um fino filme de monóxido de silício para esse propósito (Fig. 3.12a). Determine a espessura mínima do filme que produza a menor reflexão a um comprimento de onda de 550 nm próxima ao centro do espectro visível.

continua

3.4 cont.

Conceitualização A Figura 3.12a nos ajuda a visualizar o caminho de raios no filme de SiO que resulta na interferência da luz refletida.

Categorização Com base na geometria da camada de SiO, categorizamos este exemplo como um problema de interferência em filme fino.

Análise A luz refletida é mínima quando os raios 1 e 2 na Figura 3.12a atendem à condição de interferência destrutiva. Nesta situação, *ambos* os raios sofrem uma mudança de fase de 180° no momento da reflexão; o raio 1 na superfície superior de SiO e o 2 na superfície inferior de SiO. A mudança resultante devida à reflexão é zero e a condição para a reflexão mínima exige uma diferença de caminho de $\lambda_n/2$, onde λ_n é o comprimento de onda em SiO. Assim, $2nt = \lambda/2$, onde λ é o comprimento de onda da luz no ar e n, o índice de refração do SiO.

Resolva a equação $2nt = \lambda/2$ para t e substitua os valores numéricos:

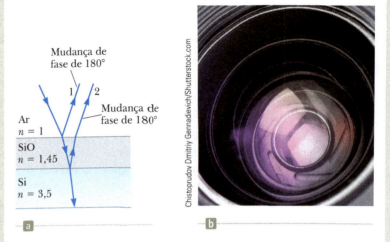

Figura 3.12 (Exemplo 3.4) (a) As perdas refletivas de uma célula solar de silício são minimizadas pelo revestimento da superfície da célula com um filme fino de monóxido de silício. (b) A luz refletida por uma lente revestida de uma câmera geralmente tem aparência violeta-avermelhada.

$$t = \frac{\lambda}{4n} = \frac{550\,\text{nm}}{4(1,45)} = \boxed{94,8\,\text{nm}}$$

Finalização Uma célula solar normal sem revestimento sofre perdas refletidas de até 30%, mas o revestimento de SiO pode reduzir esse valor a cerca de 10%. Essa diminuição significativa das perdas refletivas aumenta a eficiência da célula porque menos reflexão resulta que mais luz solar entra no silício para criar transportadores de carga na célula. Nenhum revestimento pode ser produzido totalmente não refletor porque a espessura exigida depende do comprimento de onda e a luz incidente abrange uma vasta gama de comprimentos de onda.

Lentes de vidro utilizadas em câmeras e outros instrumentos ópticos geralmente são revestidas com um filme fino transparente para reduzir ou eliminar reflexos não desejados e para melhorar a transmissão de luz através da lente. A lente da câmera na Figura 3.12b possui vários revestimentos (de diferentes espessuras) para minimizar os reflexos das ondas de luz com comprimentos de onda próximos ao centro do espectro visível. Como resultado, a pequena quantidade de luz que é refletida pela lente tem uma proporção maior de extremidades distantes do espectro e geralmente parecem violeta-avermelhado.

3.6 O interferômetro de Michelson

O **interferômetro**, inventado pelo físico americano A. A. Michelson (1852-1931), divide um facho de luz em duas partes e depois as recombina para formar um padrão de interferência. O dispositivo pode ser utilizado para medir comprimentos de onda ou outros comprimentos com grande precisão porque um deslocamento mensurável maior e mais preciso de um dos espelhos se relaciona com um número de comprimentos de onda de luz exatamente contável.

Um diagrama esquemático do interferômetro é exibido na Figura 3.13. Um raio de luz de uma fonte monocromática é dividido em dois pelo espelho M_0, que está inclinado 45° em relação ao facho de luz incidente. O espelho M_0, chamado *divisor de facho*, transmite metade da luz incidente e reflete o resto. Um raio é refletido em M_0 à direita em direção ao espelho M_1 e o segundo é transmitido verticalmente através de M_0 em direção ao espelho M_2. Assim, ambos percorrem caminhos separados, L_1 e L_2. Depois de refletir em M_1 e M_2, os dois raios finalmente se recombinam em M_0 para produzir um padrão de interferência que pode ser visto através do telescópio.

A condição de interferência para os dois raios é determinada pela diferença de comprimento de seus caminhos. Quando dois espelhos estão exatamente perpendiculares um ao outro, o padrão de interferência no alvo é do tipo de franjas circulares claras e escuras. Conforme M_1 é movido, o padrão de franjas se quebra ou se expande, dependendo da direção do movimento. Por exemplo, se um círculo aparece no centro do padrão alvo (correspondendo à interferência destrutiva) e M_1 é, então, movido a uma distância $\lambda/4$ em direção a M_0, a diferença de caminho muda por $\lambda/2$. O que era um círculo escuro no centro agora se torna um círculo claro. Conforme M_1 é movido a uma distância adicional de $\lambda/4$ em direção a M_0, o círculo claro se torna escuro novamente. Portanto, o padrão de franjas muda em metade de uma franja a cada vez que M_1 é movido uma distância $\lambda/4$. O comprimento de onda da luz é agora medido através da conta-

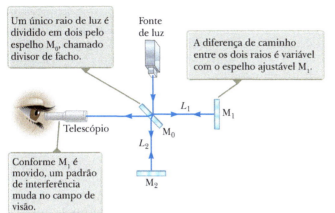

Figura 3.13 Diagrama do interferômetro de Michelson.

gem do número de mudanças na franja para um dado deslocamento de M_1. Se o comprimento de onda é conhecido com precisão, os deslocamentos do espelho podem ser medidos para dentro de uma fração de comprimento de onda.

Veremos um importante uso histórico do interferômetro de Michelson em nossa discussão sobre Relatividade no Capítulo 5. Usos modernos incluem as duas aplicações: a espectroscopia de infravermelho pela transformada de Fourier e o observatório de onda gravitacional por interferômetro a laser.

A espectroscopia de infravermelho pela transformada de Fourier

Espectroscopia é o estudo da distribuição do comprimento de onda da radiação de uma amostra, que pode ser utilizado para identificar as características de átomos e moléculas na amostra. A espectroscopia de infravermelho é particularmente importante para químicos orgânicos na análise de moléculas orgânicas. A espectroscopia tradicional envolve o uso de um elemento óptico, como um prisma (Seção 1.5), ou uma grade de difração (Seção 4.4), que dissemina vários comprimentos de luz em um sinal óptico complexo de certa amostra em diferentes ângulos. Assim, os vários comprimentos de onda da radiação e suas intensidades no sinal podem ser determinados. Esses tipos de dispositivos possuem resolução e eficácia limitadas porque precisam ser escaneados através dos vários desvios angulares da radiação.

A técnica da *espectroscopia de infravermelho pela transformada de Fourier* (FTIR) é utilizada para criar um espectro de alta resolução num intervalo de tempo de um segundo, que poderia exigir 30 minutos em um espectrômetro comum. Nesta técnica, a radiação de uma amostra entra em um interferômetro de Michelson. O espelho móvel é colocado na condição de diferença de caminho zero e a intensidade da radiação na posição de visualização é registrada. O resultado é um conjunto complexo de dados que relacionam a intensidade da luz como uma função da posição do espelho, chamada *interferograma*. Como há uma relação entre a posição do espelho e a intensidade da luz para um dado comprimento de onda, o interferograma disponibiliza a informação sobre todos os comprimentos de onda no sinal.

Na Seção 4.8 do Volume 2, discutimos a análise de Fourier de uma forma de onda, uma função que contém informações sobre todos os componentes de frequência individuais que a compõem.[3] A Equação 4.13 do Volume 2 mostra como a forma de onda é gerada a partir dos componentes individuais de frequência. De maneira similar, o interferograma pode ser analisado por computador, num processo chamado *transformada de Fourier*, para fornecer todos os componentes de comprimento de onda. Essa informação é a mesma que a gerada pelo espectroscópio tradicional, mas a resolução do espectroscópio da FTIR é muito mais alta.

O observatório de onda gravitacional por interferômetro a laser

A teoria geral da relatividade de Einstein (Seção 5.9) prevê a existência de *ondas gravitacionais*. Estas se propagam do local de qualquer distúrbio gravitacional, que pode ser periódico e previsível, como a rotação de uma estrela dupla em torno de um centro de massa, ou imprevisível, como a explosão de uma supernova ou uma estrela gigante.

Na teoria de Einstein, a gravitação é equivalente à distorção do espaço. Portanto, um distúrbio gravitacional causa uma distorção adicional que se propaga através do espaço de maneira similar às ondas mecânicas ou eletromagnéticas. Quando as ondas gravitacionais de um distúrbio passam pela Terra, criam uma distorção do espaço local. O aparato do observatório de onda gravitacional por interferômetro a laser (LIGO) é projetado para detectar essa distorção. Ele emprega um interferômetro de Michelson que utiliza fachos de laser com comprimento de caminho efetivo de vários quilômetros. Na extremidade do braço do interferômetro, um espelho é montado em um grande pêndulo. Quando uma onda gravitacional passa por ele, o pêndulo e o espelho conectados se movem e o padrão de interferência devido ao facho de laser dos dois braços muda.

---

[3] Na acústica, é comum falarmos sobre os componentes de um sinal complexo em termos de frequência. Na óptica, é mais comum identificar os componentes por comprimento de onda.

Figura 3.14 Observatório de onda gravitacional por interferômetro a laser (LIGO) próximo a Richland, Washington. Observe os dois braços perpendiculares do interferômetro de Michelson.

Dois locais para interferômetros foram desenvolvidos nos Estados Unidos – em Richland, Washington e Livingston, Louisiana – para propiciar estudos de coincidência de ondas gravitacionais. A Figura 3.14 mostra o de Washington, no qual os dois braços do interferômetro de Michelson estão em evidência. Seis leituras de dados foram realizadas a partir de 2010. Essas leituras foram coordenadas com outros detectores de onda, como o GEO em Hannover, na Alemanha, TAMA, em Mitaka, no Japão, e VIRGO, em Cascina, na Itália. Até agora, ondas gravitacionais ainda não foram detectadas, mas a leitura de dados forneceu informações críticas para modificações e características de projeto para a sexta geração de detectores. Verbas foram aprovadas para o LIGO avançado, uma otimização que deve aumentar a sensibilidade para o observatório por um fator de 10. A data alvo para o começo das operações científicas do LIGO avançado é 2014.

Resumo

Conceitos e Princípios

Interferência em ondas de luz ocorre sempre que duas ou mais ondas se sobrepõem em certo ponto. Observa-se um padrão de interferência se (1) as fontes são coerentes e (2) se elas possuem comprimentos de onda idênticos.

A **intensidade** em um ponto num padrão de interferência de fenda dupla é

$$I = I_{\text{máx}} \cos^2\left(\frac{\pi d \, \text{sen}\, \theta}{\lambda}\right) \quad (3.14)$$

onde $I_{\text{máx}}$ é a intensidade máxima sobre a tela e a expressão representa a média no tempo.

Uma onda propagando-se por um meio de índice de refração n_1 em direção a um meio de índice de refração n_2 sofre uma mudança de fase de 180° no momento da reflexão quando $n_2 > n_1$ e não sofre mudanças de fase quando $n_2 < n_1$.

A condição para a interferência construtiva em um filme de espessura t e índice de refração n cercado pelo ar é

$$2nt = (m + \tfrac{1}{2})\lambda \quad m = 0, 1, 2, \ldots \quad (3.17)$$

onde λ é o comprimento de onda da luz no espaço livre.

De maneira similar, a condição para a interferência destrutiva em um filme fino cercado pelo ar é

$$2nt = m\lambda \quad m = 0, 1, 2, \ldots \quad (3.18)$$

Modelo de Análise para Resolução de Problemas

Ondas em interferência. O experimento da fenda dupla de Young serve de protótipo para os fenômenos de interferência envolvendo radiação eletromagnética. Neste experimento, duas fendas separadas por uma distância d são iluminadas por uma fonte de luz de comprimento de onda único. A condição para franjas claras (**interferência construtiva**) é

$$d \, \text{sen}\, \theta_{\text{claro}} = m\lambda \quad m = 0, \pm 1, \pm 2, \ldots \quad (3.2)$$

A condição para franjas escuras (**interferência destrutiva**) é

$$d \, \text{sen}\, \theta_{\text{escuro}} = (m + \tfrac{1}{2})\lambda \quad m = 0, \pm 1, \pm 2, \ldots \quad (3.3)$$

O número m é chamado **número de ordem** da franja.

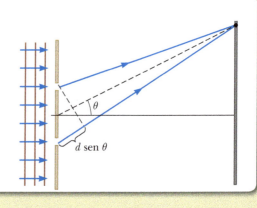

Perguntas Objetivas

1. Utilizando um interferômetro de Michelson (mostrado na Figura 3.13), você vê um círculo escuro no centro do padrão de interferência. **(i)** Conforme você move gradualmente a fonte de luz em direção ao espelho central M_0 por uma distância $\lambda/2$, o que vê? (a) Não há mudança no padrão. (b) O círculo escuro se transforma em um claro. (c) O círculo escuro se transforma em um claro e, depois, novamente em escuro. (d) O círculo escuro se transforma em um claro, depois em um escuro e depois, novamente, em claro. **(ii)** Conforme você move gradualmente o espelho em direção ao espelho central M_0, pela distância de $\lambda/2$, o que vê? Escolha entre as mesmas alternativas.

2. Quatro testes do experimento da fenda dupla de Young são conduzidos. (a) No primeiro, a luz azul passa através das duas fendas a 400 μm de distância e forma um padrão de interferência na tela a 4 m de distância. (b) No segundo, a luz vermelha passa através das mesmas fendas e recai sobre a mesma tela. (c) Um terceiro é realizado com luz vermelha e a mesma tela, mas as fendas se encontram a 800 μm de distância. (d) Um teste final é realizado com luz vermelha, fendas a 800 μm de distância e a tela a 8 m. **(i)** Classifique os testes (a) até (d), do maior ao menor valor, do ângulo entre o máximo central e o máximo de primeira ordem. Em sua classificação, anote qualquer caso de igualdade. **(ii)** Classifique os mesmos testes de acordo com a distância entre o máximo central e o máximo de primeira ordem na tela.

3. Suponha que o experimento de fenda dupla de Young seja realizado no ar utilizando luz vermelha com o aparato imerso em água. O que acontece com o padrão de interferência na tela? (a) Desaparece. (b) As franjas claras e escuras ficam no mesmo local, mas o contraste é reduzido. (c) As franjas claras ficam próximas umas das outras. (d) As franjas claras ficam distanciadas. (e) Nenhuma mudança ocorre no padrão de interferência.

4. A luz verde possui comprimento de onda de 500 nm no ar. **(i)** Assuma que essa luz é refletida de um espelho com ângulo de incidência 0°. A onda refletida e a incidente juntas constituem uma onda fixa com qual distância de um nó para o outro? (a) 1.000 nm, (b) 500 nm, (c) 250 nm, (d) 125 nm, (e) 62,5 nm. **(ii)** Essa mesma luz é enviada a um interferômetro de Michelson, ajustado para produzir um círculo claro central. A que distância o espelho móvel do interferômetro deve ser movido para mudar o centro do padrão em um círculo escuro? Escolha entre as mesmas alternativas da parte (i). **(iii)** Essa luz verde é refletida perpendicularmente de um filme fino de um plástico com índice de refração de 2,00. O filme parece claro na luz refletida. Qual espessura adicional faria com que o filme parecesse escuro?

5. Uma fina camada de óleo ($n = 1,25$) flutua na água ($n = 1,33$). Qual é a espessura mínima diferente de zero do óleo na região que reflete luz verde forte ($\lambda = 530$ nm)? (a) 500 nm, (b) 313 nm, (c) 404 nm, (d) 212 nm (e) 285 nm.

6. Um feixe de luz monocromática de comprimento de onda de 500 nm ilumina uma fenda dupla com separação de $2,00 \cdot 10^{-5}$ m. Qual é o ângulo da franja clara de segunda ordem? (a) 0,0500 rad, (b) 0,0250 rad, (c) 0,100 rad, (d) 0,250 rad, (e) 0,0100 rad.

7. De acordo com a Tabela 1.1, o índice de refração do vidro de sílica é 1,66 e o do vidro óptico é 1,52. **(i)** Um filme formado por uma gota de óleo de sassafrás em uma superfície horizontal de um bloco de vidro de sílica é visto pela luz refletida. O filme aparece mais claro em sua margem externa, onde é mais fino. Um filme do mesmo óleo em um vidro óptico aparece escuro em sua margem externa. O que você pode dizer do índice de refração do óleo? (a) Deve ser menor que 1,52. (b) Deve estar entre 1,52 e 1,66. (c) Deve ser maior que 1,66. (d) Nenhuma destas afirmações é necessariamente verdadeira. **(ii)** Um filme muito fino de outro líquido poderia parecer claro quando refletido em ambos os blocos de vidro? **(iii)** Poderia aparecer escuro em ambos os tipos de vidro? **(iv)** Poderia aparecer escuro no vidro óptico e claro no de sílica? Os experimentos descritos por Tomas Young sugeriram essa questão.

8. Suponha que você esteja realizando o experimento da fenda dupla de Young com uma separação de fendas levemente menor que o comprimento de onda da luz. Como tela, você utiliza uma grande metade de cilindro com semieixo ao longo da linha média entre as fendas. Qual padrão de interferência encontrará na superfície interior do cilindro? (a) Franjas claras e escuras tão próximas que se tornam indistinguíveis. (b) Uma franja clara central e apenas duas escuras. (c) Uma tela completamente branca sem franjas escuras. (d) Uma franja escura central e apenas duas claras. (e) Uma tela completamente escura sem franjas claras.

9. Uma onda de luz plana e monocromática incide em uma fenda dupla, ilustrada na Figura 3.1. **(i)** Conforme a tela de visualização é movida para longe da fenda dupla, o que acontece com a separação entre as franjas de interferência na tela? (a) Aumenta. (b) Diminui. (c) Permanece a mesma. (d) Pode aumentar ou diminuir, dependendo do comprimento de onda da luz. (e) Mais informações são necessárias. **(ii)** Conforme a separação entre as fendas aumenta, o que acontece com a separação entre as franjas de interferência na tela? Escolha entre as mesmas alternativas.

10. Um filme de óleo em uma poça num estacionamento exibe uma variedade de cores em caminhos na forma de redemoinho. O que você pode dizer sobre a espessura desse filme? (a) É muito menor que o comprimento de onda da luz visível. (b) É da mesma ordem de grandeza do que o comprimento da luz visível. (c) É muito maior que o comprimento de onda da luz visível. (d) Deve possuir alguma relação com o comprimento de onda da luz visível.

Perguntas Conceituais

1. Por que a lente de uma câmera fotográfica de boa qualidade é revestida com um filme fino?

2. Um filme de sabão é mantido verticalmente no ar e visto na luz refletida, como na Figura PC3.2. Explique por que o filme parece estar escuro na parte superior.

92 Física para cientistas e engenheiros

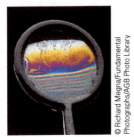

Figura PC3.2 Pergunta conceitual 2 e Problema 70.

3. Explique por que duas lanternas mantidas próximas não produzem um padrão de interferência em uma tela distante.

4. Uma lente com raio de curvatura externo R e índice de refração n está sobre uma placa de vidro plano. A combinação é iluminada com luz branca em cima e observada do alto. (a) Há uma mancha escura ou clara no centro da lente? (b) O que significa se os anéis observados não forem circulares?

5. Considere uma franja escura em um padrão de interferência de fenda dupla no qual quase nenhuma energia luminosa está chegando. A luz de ambas as fendas chega ao local da franja escura, mas as ondas se cancelam. Para onde a energia nas posições das franjas escuras vai?

6. (a) Em um experimento de fenda dupla de Young, por que utilizamos luz monocromática? (b) Se luz branca for utilizada, como o padrão se modificaria?

7. Qual é a condição necessária da diferença de comprimento de caminho entre duas ondas que se interferem (a) construtivamente e (b) destrutivamente?

8. Em um acidente de laboratório, você derrama dois líquidos em duas partes diferentes de uma superfície de água. Nenhum deles se mistura com a água, mas ambos formam filmes finos na sua superfície. Conforme os filmes se espalham e se tornam bastante finos, você nota que um deles fica mais claro e o outro mais escuro na luz refletida. Por quê?

9. Uma máquina de fumaça cenográfica preenche o espaço entre a barreira e a tela de projeção no experimento da fenda dupla de Young mostrado na Figura PC3.9. A fumaça mostraria evidências de interferência dentro deste espaço? Explique sua resposta.

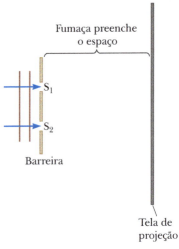

Figura PC3.9

Problemas

WebAssign Os problemas que se encontram neste capítulo podem ser resolvidos *on-line* no Enhanced WebAssign (em inglês)

1. denota problema simples;
2. denota problema intermediário;
3. denota problema de desafio;

AMT *Analysis Model Tutorial* disponível no Enhanced WebAssign (em inglês);

M denota tutorial *Master It* disponível no Enhanced WebAssign (em inglês);

PD denota problema dirigido;

W solução em vídeo *Watch It* disponível no Enhanced WebAssign (em inglês).

Seção 3.1 Experimento da fenda dupla de Young
Seção 3.2 Modelo de análise: ondas em interferência

Observação: Os problemas 3, 5, 8, 10 e 13 do Capítulo 4 do Volume 2, podem ser resolvidos também nesta seção.

1. Duas fendas são separadas por 0,320 mm. Um raio de luz de 500 nm incide nas fendas, produzindo um padrão de interferência. Determine o número de máximos observados no intervalo angular $-30,0° < \theta < 30,0°$.

2. Uma luz de comprimento de onda de 530 nm ilumina um par de fendas separadas por 0,300 mm. Se uma tela for colocada a 2,00 m das fendas, determine a distância entre a primeira e a segunda franja escura.

3. Um feixe de laser incide em duas fendas com uma separação de 0,200 mm e uma tela é colocada a 5,00 m da fenda. Um padrão de interferência aparece na tela. Se o ângulo da franja central com a primeira franja clara ao lado é 0,181°, qual é o comprimento de onda da luz do laser?

4. **W** Um experimento de interferência de Young é realizado com uma luz de argônio azul-verde. A separação entre as fendas é 0,500 mm e a tela está localizada a 3,30 m das fendas. A primeira franja clara está localizada a 3,40 mm do centro do padrão de interferência. Qual é o comprimento de onda da luz do laser de argônio?

5. **W** O experimento da fenda dupla de Young é realizado com uma luz de 589 nm e uma distância de 2,00 m entre as fendas e a tela. O décimo mínimo de interferência é observado a 7,26 mm do máximo central. Determine o espaçamento das fendas.

6. *Por que a seguinte situação é impossível?* Duas fendas estreitas estão separadas por 8,00 mm em um pedaço de metal. Um

feixe de micro-ondas atinge o metal perpendicularmente, passa pelas duas fendas e então continua em direção a uma parede a certa distância. Você sabe que o comprimento de onda da radiação é 1,00 cm ± 5%, mas deseja medi-lo mais precisamente. Movendo um detector de micro-ondas ao longo da parede para estudar o padrão de interferência, você mede a posição da franja clara $m = 1$, que leva a uma medição bem-sucedida do comprimento de onda da radiação.

7. Uma luz de comprimento de onda de 620 nm recai sobre uma fenda dupla e a primeira franja clara do padrão de interferência é vista em um ângulo de 15,0° com o plano horizontal. Encontre a separação entre as fendas.

8. Em um experimento de fenda dupla de Young, duas fendas paralelas com uma separação de 0,100 mm são iluminadas por luz de comprimento de onda de 589 nm e o padrão de interferência é observado em uma tela localizada a 4,00 m das fendas. (a) Qual é a diferença nos comprimentos dos caminhos para cada fenda que se dirigem para o local do centro de uma franja clara de terceira ordem na tela? Qual a diferença nos comprimentos dos caminhos das duas fendas que se dirigem ao local do centro da terceira franja escura para longe do centro do padrão?

9. **AMT M** Um par de fendas estreitas e paralelas separadas por 0,250 mm é iluminado por luz verde ($\lambda = 546,1$ nm). O padrão de interferência é observado em uma tela a 1,20 m de distância do plano das fendas paralelas. Calcule a distância (a) do máximo central para a primeira região branca em ambos os lados do máximo central e (b) entre a primeira e a segunda faixas escuras no padrão de interferência.

10. Uma luz com comprimento de onda 442 nm passa por um sistema de fenda dupla que possui uma separação de fenda $d = 0,400$ mm. Determine a qual distância uma tela deve ser posicionada para que as franjas escuras apareçam diretamente opostas às duas fendas, com apenas uma franja clara entre elas.

11. **AMT M** Os dois alto-falantes de uma caixa de som estão separados em 35,0 cm. Um único oscilador faz com que os alto-falantes vibrem em fase com frequência de 2,00 kHz. Em que ângulos, medidos a partir da bissetriz perpendicular à linha que une os alto-falantes, um observador distante ouviria o som em intensidade máxima? E o som em sua intensidade mínima? Assuma que a velocidade do som é de 340 m/s.

12. Em um local onde a velocidade do som é 343 m/s, uma onda de som de 2.000 Hz choca-se sobre duas fendas com 30,0 cm de distância uma da outra. (a) Em que ângulo o primeiro máximo de intensidade sonora se localiza? (b) **E se?** Se a onda sonora for substituída por micro-ondas de 3,00 cm, qual separação das fendas fornece o mesmo ângulo para o primeiro máximo de intensidade das micro-ondas? (c) **E se?** Se a separação das fendas for de 1,00 μm, qual frequência de luz fornece o mesmo ângulo para o primeiro máximo de intensidade de luz?

13. **AMT M** Duas antenas de rádio separadas por $d = 300$ m, como mostrado na Figura P3.13, simultaneamente transmitem sinais idênticos no mesmo comprimento de onda. Um carro vai para o norte ao longo de uma linha reta na posição $x = 1.000$ m do ponto central entre as antenas e seu rádio recebe os sinais. (a) Se o carro está na posição do segundo máximo depois do ponto O quando se moveu uma distância $y = 400$ m em direção ao norte, qual é o comprimento de onda dos sinais? (b) Qual distância o carro ainda precisa percorrer a partir dessa posição para encontrar o próximo mínimo na recepção? *Observação*: não utilize a aproximação de ângulo pequeno neste problema.

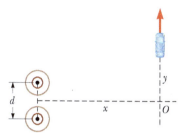

Figura P3.13

14. **W** Um armazém na beira do rio tem várias portas pequenas viradas para o rio. Duas delas estão abertas como mostrado na Figura P3.14. As paredes do armazém estão alinhadas com material que absorve o som. Duas pessoas estão a uma distância $L = 150$ m da parede com as portas abertas. A pessoa A está posicionada junto a uma linha que passa pelo ponto médio entre as portas abertas e a pessoa B está a uma distância $y = 20$ m ao seu lado. Um barco no rio faz soar a buzina. Para a pessoa A, o som é alto e claro. Para a B, é quase inaudível. O comprimento de onda principal das ondas sonoras é 3,00 m. Supondo que a pessoa B esteja na posição do primeiro mínimo, determine a distância d entre as portas, centro a centro.

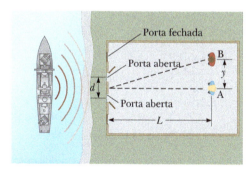

Figura P3.14

15. Um estudante segura um laser que emite luz de comprimento de onda 632,8 nm. O facho do laser passa através de um par de fendas separadas por 0,300 mm em uma placa de vidro conectada na frente do laser. O facho então incide perpendicularmente em uma tela, criando um padrão de interferência sobre ela. O estudante começa a andar diretamente em direção à tela a 3,00 m/s. O máximo central na tela é fixo. Encontre a velocidade dos máximos de 50ª ordem na tela.

16. Um estudante segura um laser que emite luz de comprimento de onda λ. O facho do laser passa através de um par de fendas separadas por uma distância d em uma placa de vidro conectada na frente do laser. O facho então incide perpendicularmente em uma tela, criando um padrão de interferência sobre ela. O estudante começa a andar diretamente em direção à tela com velocidade v. O máximo central na tela é fixo. Encontre a velocidade dos máximos de mª ordem na tela, onde m pode ser bem grande.

17. Ondas de rádio de comprimento de onda de 125 m de uma galáxia atingem um radiotelescópio por dois caminhos separados, como mostrado na Figura P3.17. Um é caminho direto para o receptor, que está situado na margem de um penhasco alto à beira do oceano, o outro é por reflexão da

água. Conforme a galáxia aparece ao leste sobre a água, o primeiro mínimo da interferência destrutiva ocorre quando a galáxia está $\theta = 25{,}0°$ acima do horizonte. Descubra a altura da antena do radiotelescópio parabólico acima da água.

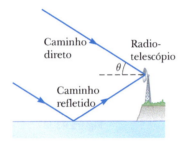

Figura P3.17 Problemas 17 e 69.

18. **M** Na Figura P3.18 (sem escala), sejam $L = 1{,}20$ m e $d = 0{,}120$ mm e suponha que o sistema de fenda seja iluminado com luz monocromática de 500 nm. Calcule a diferença de fase entre as duas frentes de onda que chegam a P, quando (a) $\theta = 0{,}500°$ e (b) $y = 5{,}00$ mm. (c) Qual é o valor de θ para o qual a diferença de fase é 0,333 rad? (d) Qual é o valor de θ para o qual a diferença de caminho é $\lambda/4$?

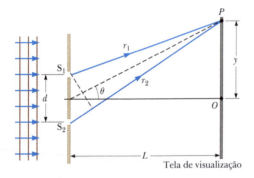

Figura P3.18 Problemas 18 e 25.

19. Raios de luz coerentes de comprimento de onda λ atingem um par de fendas separadas por uma distância d em um ângulo θ_1 em relação ao plano perpendicular que contém as fendas, como mostrado na Figura P3.19. Os raios que deixam as fendas formam um ângulo θ_2 em relação ao plano perpendicular e um máximo de interferência é formado pelos raios na tela que está a uma grande distância das fendas. Mostre que o ângulo θ_2 é dado por

$$\theta_2 = \operatorname{sen}^{-1}\left(\operatorname{sen}\theta_1 - \frac{m\lambda}{d}\right)$$

onde m é um inteiro.

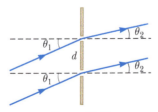

Figura P3.19

20. **PD** Uma luz monocromática de comprimento de onda λ incide em um par de fendas separadas por $2{,}40 \times 10^{-4}$ m e forma um padrão de interferência em uma tela colocada a 1,80 m das fendas. A franja clara de primeira ordem está em uma posição $y_{\text{claro}} = 4{,}52$ mm medida a partir do centro do máximo central. A partir dessa informação, gostaríamos de prever onde a franja para $n = 50$ se localizaria. (a) Supondo que as franjas se colocam linearmente ao longo da tela, descubra a posição da franja $n = 50$ multiplicando a posição da franja $n = 1$ por 50,0. (b) Encontre a tangente do ângulo que a franja clara de primeira ordem forma em relação à linha que se estende do ponto médio entre as fendas e o centro do máximo central. (c) Utilizando o resultado da parte (b) e a Equação 3.2, calcule o comprimento de onda da luz. (d) Calcule o ângulo para a franja clara de 50ª ordem usando a Equação 3.2. (e) Descubra a posição da franja clara de 50ª ordem na tela usando a Equação 3.5. (f) Comente sobre a conformidade entre as respostas das partes (a) e (e).

21. **W** Na disposição das duas fendas da Figura P3.21, $d = 0{,}150$ mm, $L = 140$ cm, $\lambda = 643$ nm e $y = 1{,}80$ cm. (a) Qual é a diferença de caminho δ para os raios das duas fendas que chegam a P? (b) Expresse essa diferença de caminho em termos de λ. (c) P corresponde a um máximo, um mínimo ou uma condição intermediária? Forneça evidências para sua resposta.

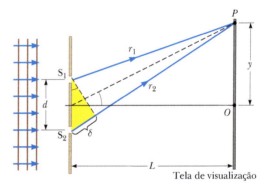

Figura P3.21

22. Um experimento de fenda dupla de Young sustenta o *sistema de aterrissagem por instrumentos*, utilizado para guiar a aeronave em pousos seguros em alguns aeroportos quando a visibilidade é baixa. Embora sistemas reais sejam mais complicados que o exemplo aqui descrito, eles operam a partir dos mesmos princípios. Um piloto está tentando alinhar seu avião com uma pista, como sugerido pela Figura P3.22.

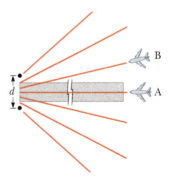

Figura P3.22

Duas antenas de rádio (os pontos pretos na figura) estão posicionadas adjacentes à pista, separadas por $d = 40{,}0$ m. Elas transmitem ondas de rádio coerentes não moduladas em 30,0 MHz. As linhas vermelhas na Figura P3.22 representam os caminhos junto aos quais há um padrão de interferência das ondas de rádio. (a) Descubra o comprimento das ondas. O piloto "trava sobre" o forte sinal irradiado ao longo de um máximo de interferência e vira o avião para manter forte o sinal recebido. Se ele encontrou o máximo central, o avião terá o alinhamento preciso do nariz para a aterrissagem quando chegar à pista, como mostrado pelo avião A. (b) **E se?** Suponha que o avião esteja voando junto ao primeiro máximo lateral, como no caso do avião B. A que distância da linha central da pista o avião estará quando posicionado a 2,00 km das antenas, medidos ao longo de sua direção de percurso? (c) É possível dizer ao piloto que ele está no máximo errado enviando dois sinais de cada antena e equipando a aeronave com um receptor de dois canais. A razão entre as duas frequências não pode ser a razão de dois números inteiros (como $\frac{3}{4}$). Explique como esse sistema de duas frequências funcionaria e por que não funcionaria necessariamente se as frequências estivessem relacionadas por uma razão de número inteiro.

Seção 3.3 Distribuição de intensidades do padrão de interferência da fenda dupla

23. Duas fendas estão separadas por 0,180 mm. Um padrão de interferência é formado em uma tela a 80,0 cm de distância por uma luz de 656,3 nm. Calcule a fração da intensidade máxima a uma distância $y = 0,600$ cm do máximo central.

24. Mostre que as duas ondas com funções de onda fornecidas por $E_1 = 6,00$ sen $(100\pi t)$ e $E_2 = 8,00$ sen $(100\pi t + \pi/2)$ se somam para fornecer uma onda com função de onda E_R sen $(100\pi t + \phi)$. Encontre os valores necessários para E_R e ϕ.

25. **M** Na Figura P3.18, sejam $L = 120$ cm e $d = 0,250$ cm. As fendas são iluminadas com luz coerente de 600 nm. Calcule a distância y do máximo central para o qual a intensidade média na tela seja 75,0% do máximo.

26. Uma luz coerente monocromática de amplitude E_0 e frequência angular ω passa através de três fendas paralelas cada uma, separadas por uma distância d da fenda ao lado. (a) Mostre que a intensidade média temporal como uma função do ângulo θ é

$$I(\theta) = I_{máx}\left[1 + 2\cos\left(\frac{2\pi d \, \text{sen}\,\theta}{\lambda}\right)\right]^2$$

(b) Explique como essa expressão descreve os máximos primários e secundários. (c) Determine a razão das intensidades dos máximos primários e secundários.

27. A intensidade na tela em certo ponto em um padrão de interferência de fenda dupla é 64,0% do valor máximo. (a) Qual a diferença de fase mínima (em radianos) entre as fontes que produzem este resultado? (b) Expresse essa diferença de fase como uma diferença do caminho para uma luz de 486,1 nm.

28. Uma luz verde ($\lambda = 546$ nm) ilumina um par de fendas estreitas paralelas separadas por 0,250 mm. Faça um gráfico de $I/I_{máx}$ como uma função de θ para o padrão de interferência observado em uma tela a 1,20 m de distância do plano de fendas paralelas. Deixe θ variar sobre o intervalo de $-0,3°$ a $+0,3°$.

29. **W** Duas fendas paralelas estreitas separadas por 0,850 mm são iluminadas por uma luz de 600 nm e uma tela de visualização está a 2,80 m das fendas. (a) Qual é a diferença de fase entre as duas ondas interferentes em uma tela num ponto a 2,50 mm da franja clara central? (b) Qual é a razão da intensidade nesse ponto e a intensidade no centro de uma franja clara?

Seção 3.4 Mudança de fase devida à reflexão
Seção 3.5 Interferência em filmes finos

30. Uma bolha de sabão ($n = 1,33$) flutuando no ar tem a forma de uma concha esférica com paredes de espessura de 120 nm. (a) Qual é o comprimento de onda da luz visível que é refletido com mais força? (b) Explique como uma bolha de diferentes espessuras poderia também refletir fortemente a luz com mesmo comprimento de onda. (c) Descubra as duas menores espessuras para o filme maiores que 120 nm que podem produzir luz fortemente refletida com o mesmo comprimento de onda.

31. **W** Um filme fino de óleo ($n = 1,25$) está localizado em um pavimento molhado e liso. Quando visto de maneira perpendicular ao pavimento, o filme reflete mais forte a luz vermelha a 640 nm e a luz verde a 512 nm. Qual a espessura do filme de óleo?

32. Um material que tem índice de refração de 1,30 é utilizado em um revestimento antirreflexo numa peça de vidro ($n = 1,50$). Qual deve ser a espessura mínima desse filme para minimizar o reflexo de uma luz de 500 nm?

33. **M** Um meio possível de fazer com que um avião fique invisível no radar é revesti-lo com um polímero antirreflexo. Se as ondas do radar têm comprimento de onda de 3,00 cm e o índice de refração do polímero é $n = 1,50$, com que espessura o revestimento deve ser feito?

34. Um filme de MgF_2 ($n = 1,38$) com espessura $1,00 \times 10^{-5}$ cm é utilizado para revestir a lente de uma câmera. (a) Quais os três comprimentos de onda mais longos que são intensificados na luz refletida? (b) Algum desses comprimentos de onda está no espectro visível?

35. **W** Um facho de luz de 580 nm passa por duas placas de vidro com um pequeno espaçamento entre elas com incidência próxima ao plano perpendicular, como mostrado na Figura P3.35. Para qual valor mínimo, diferente de zero, da separação d das placas a luz transmitida é clara?

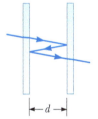

Figura P3.35

36. **M** Um filme de óleo ($n = 1,45$) flutuando na água é iluminado por luz branca em incidência perpendicular. O filme tem 280 nm de espessura. Encontre (a) o comprimento de onda e a cor da luz no espectro visível que são refletidas com mais força e (b) o comprimento de onda e a cor da luz no espectro que são transmitidas com mais força. Explique seu raciocínio.

37. **M** Uma cunha de ar é formada entre duas placas de vidro separadas em uma ponta por um fio bastante fino de seção transversal circular, como mostrado na Figura P3.37. Quando a cunha é iluminada de cima por uma luz com 600 nm e vista de baixo, observam-se 30 franjas escuras. Calcule o diâmetro d do fio.

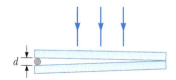

Figura P3.37 Problemas 37, 41, 49 e 59.

38. Astrônomos observam a cromosfera do Sol com um filtro que deixa passar a linha espectral vermelha do hidrogênio de comprimento de onda de 656,3 nm, chamada linha H_α.

O filtro consiste de um dielétrico transparente de espessura d preso entre duas placas de vidro parcialmente aluminizadas. O filtro é mantido em temperatura constante. (a) Encontre o valor mínimo de d que produz transmissões máximas da luz H_α perpendicular se o dielétrico tem índice de refração de 1,378. (b) **E se?** Se a temperatura do filtro aumenta acima do valor normal, aumentando sua espessura, o que acontece com o comprimento de onda transmitido? (c) O dielétrico deixará passar também qual comprimento de onda aproximadamente visível? Uma das placas de luz é de cor vermelha para absorver essa luz.

39. **W** Quando um líquido é introduzido no espaço de ar entre as lentes e a placa no aparato dos anéis de Newton, o diâmetro do décimo anel muda de 1,50 para 1,31 cm. Descubra o índice de refração do líquido.

40. Uma lente feita de vidro ($n_g = 1{,}52$) é revestida com um filme fino de MgF_2 ($n_s = 1{,}38$) de espessura t. A luz visível incide perpendicularmente sobre a lente revestida, como na Figura P3.40. (a) Para qual valor mínimo de t a luz refletida de comprimento 540 nm (no ar) desaparecerá? (b) Há outros valores de t que minimizarão a luz refletida nesse comprimento de onda? Explique.

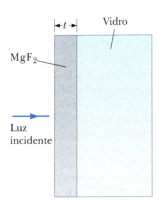

Figura P3.40

41. Duas placas de vidro de 10,0 cm de comprimento fazem contato em uma extremidade, e, na outra, estão separadas por um fio com diâmetro $d = 0{,}0500$ mm (Fig. P3.37). Uma luz contendo os dois comprimentos de onda 400 nm e 600 nm incide perpendicularmente e é vista pelo reflexo. A que distância do ponto de contato está a próxima franja escura?

Seção 3.6 O interferômetro de Michelson

42. **M** O espelho M_1 na Figura 3.13 é movido através de um deslocamento ΔL. Durante esse deslocamento, 250 reversões de franja (formação de sucessivas faixas claras ou escuras) são contadas. A luz utilizada possui comprimento de onda de 632,8 nm. Calcule o deslocamento ΔL.

43. **M** O interferômetro de Michelson pode ser utilizado para medir o índice de refração de um gás colocando-se um tubo transparente evacuado no percurso da luz ao longo de um braço do dispositivo. Deslocamentos nas franjas ocorrem à medida que o gás é lentamente adicionado ao tubo. Suponha que é utilizada uma luz de 600 nm, que o tubo tem 5,00 cm de comprimento e que 160 franjas brilhantes passam na tela à medida que a pressão do gás no tubo aumenta até chegar à pressão atmosférica. Qual é o indice de refração do gás? *Dica*: os deslocamentos da franja ocorrem porque o comprimento de onda da luz se modifica dentro do tubo cheio de gás.

44. Uma perna de um interferômetro de Michelson contém um cilindro evacuado de comprimento L que possui placas de vidro nas extremidades. Um gás é vagarosamente introduzido no cilindro até que se alcance a pressão de 1 atm. Se N franjas claras passam na tela durante este processo quando o comprimento de onda da luz λ é utilizado, qual é o índice de refração do gás? *Dica*: os deslocamentos da franja ocorrem porque o comprimento de onda da luz se modifica dentro do tubo cheio de gás.

Problemas Adicionais

45. O rádio transmissor A, que opera a 60,0 MHz, está a 10,0 m de um transmissor similar B, que está 180° fora de fase em relação a A. Que distância um observador precisa se mover de A para B ao longo da linha que conecta os dois transmissores para alcançar o ponto mais próximo onde os dois feixes estão em fase?

46. Um quarto tem 6,0 m de comprimento e 3,0 m de largura. Na frente do quarto, ao longo de uma das paredes de 3,0 m de largura, dois alto-falantes estão separados por 1,0 m, com o ponto central entre eles coincidindo com o ponto central da parede. Os alto-falantes emitem uma onda sonora de uma única frequência, e uma intensidade sonora máxima é ouvida no centro da parede de trás, a 6,0 m dos alto-falantes. Qual é a mais elevada frequência possível do som dos alto-falantes se nenhuma outra máxima for ouvida ao longo da parede de trás?

47. Em um experimento similar ao do Exemplo 3.1, a luz verde de comprimento de onda de 560 nm, enviada através de um par de fendas distantes 30,0 μm, produz franjas claras com 2,24 cm de distância na tela, a 1,20 m de distância. Se o aparato, agora, estiver submerso em um tanque contendo uma solução de açúcar com índice de refração de 1,38, calcule a separação da franja para esse mesmo arranjo.

48. Na Seção **E se?** do Exemplo 3.2 foi dito que franjas sobrepostas em um padrão de interferência de fenda dupla para dois comprimentos de onda diferentes obedecem à seguinte relação, mesmo para valores grandes do ângulo θ:

$$\frac{m'}{m} = \frac{\lambda}{\lambda'}$$

(a) Prove essa afirmativa. (b) Utilizando esses dados no Exemplo 3.2, encontre um valor diferente de zero para y na tela no qual as franjas de dois comprimentos de onda coincidem pela primeira vez.

49. Um investigador encontra uma fibra na cena de um crime que gostaria de usar como evidência contra um suspeito. Ele dá a fibra a um técnico para testar suas propriedades. Para medir o diâmetro d da fibra, o técnico a coloca entre duas plaquetas em suas extremidades, como na Figura P3.37. Quando as plaquetas de comprimento 14,0 cm são iluminadas de cima com uma luz de comprimento de onda 650 nm, ele observa faixas de interferência separadas por 0,580 mm. Qual é o diâmetro da fibra?

50. Levante a mão e mantenha-a esticada. Pense no espaço entre o indicador e o dedo médio como uma fenda e no espaço entre o dedo médio e o dedo anular como uma segunda fenda. (a) Considere a interferência resultante do envio de luz visível coerente de forma perpendicular por esse par de aberturas. Calcule uma estimativa de ordem de grandeza para o ângulo entre as zonas adjacentes da interferência construtiva. (b) Para tornar os ângulos no padrão de interferência mais fáceis de serem medidos, com um transferidor de plástico, você deve utilizar uma onda eletromagnética

com frequência de qual ordem de grandeza? (c) Como essa onda é classificada no espectro eletromagnético?

51. Duas ondas coerentes, vindas de fontes de diferentes localizações, se movem junto ao eixo x. Suas funções de onda são

$$E_1 = 860\,\text{sen}\left[\frac{2\pi x_1}{650} - 924\pi t + \frac{\pi}{6}\right]$$

e

$$E_2 = 860\,\text{sen}\left[\frac{2\pi x_2}{650} - 924\pi t + \frac{\pi}{8}\right]$$

onde E_1 e E_2 estão em volts por metro, x_1 e x_2 em nanômetros e t em picos-segundos. Quando as duas ondas estão sobrepostas, determine a relação entre x_1 e x_2 que produz interferência construtiva.

52. Em um experimento de interferência de Young, as duas fendas estão separadas por 0,150 mm e a luz incidente inclui dois comprimentos de onda: $\lambda_1 = 540$ nm (verde) e $\lambda_2 = 450$ nm (azul), e os padrões de interferência de sobreposição são observados em uma tela a 1,40 m das fendas. Calcule a distância mínima do centro da tela ao ponto onde a franja clara da luz verde coincide com a franja clara da luz azul.

53. Em um experimento de fenda dupla de Young utilizando luz de comprimento de onda λ, um pedaço fino de vidro plástico (plexiglas) com índice de refração n cobre uma das fendas. Se o ponto central na tela é uma mancha escura em vez de clara, qual é a espessura mínima do plexiglas?

54. **AMT** **Revisão.** Um pedaço plano de vidro é mantido parado e em posição horizontal acima da extremidade intensamente polida e plana de uma haste vertical de metal de 10,0 cm de comprimento que tem sua extremidade inferior rigidamente fixa. Observa-se que o filme fino de ar entre a haste e o vidro é claro devido à luz refletida quando iluminado por luz de comprimento de onda de 500 nm. Conforme a temperatura é lentamente aumentada em 25,0 °C, o filme passa de claro a escuro e de volta ao claro 200 vezes. Qual é o coeficiente de expansão linear do metal?

55. Certo grau de óleo cru tem índice de refração 1,25. Um navio acidentalmente derrama 1,00 m³ desse óleo no oceano e o óleo se espalha numa mancha fina e uniforme. Se o filme produz um máximo de primeira ordem de luz com comprimento de onda de 500 nm incidindo perpendicularmente sobre ele, qual a área da superfície do oceano que o óleo cobre? Suponha que o índice de refração da água do oceano seja 1,34.

56. As ondas de uma estação de rádio podem alcançar um receptor caseiro por dois caminhos. O primeiro é um caminho em linha reta do transmissor para a casa, uma distância de 30,0 km. O segundo, através da reflexão da ionosfera (uma camada de moléculas de ar ionizado alto na atmosfera). Suponha que essa reflexão aconteça em um ponto no meio do caminho entre o transmissor e o receptor, que o comprimento de onda transmitido pela estação de rádio seja de 350 m e que nenhuma mudança de fase ocorra na reflexão. Encontre a altura mínima da camada ionosférica que poderia produzir interferência destrutiva entre as ondas diretas e as refletidas.

57. Efeitos de interferência são produzidos no ponto P em uma tela como resultado de raios diretos de uma fonte de 500 nm e raios refletidos de um espelho, como mostrado na Figura P3.57. Suponha que a fonte esteja a 100 m à esquerda da tela e 1,00 cm acima do espelho. Descubra a distância y para a primeira faixa escura acima do espelho.

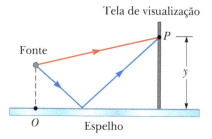

Figura P3.57

58. Medidas da distribuição de intensidade dentro da franja clara central em um padrão de interferência de Young (veja a Figura 3.6) são realizadas. Em um valor particular de y, descobre-se que $I/I_{\text{máx}} = 0,810$ quando a luz de 600 nm é utilizada. Qual comprimento de onda deve ser utilizado para reduzir a intensidade relativa no mesmo local para 64,0% da intensidade máxima?

59. Muitas células são transparentes e sem cor. Estruturas de grande interesse na biologia e na medicina podem ser praticamente invisíveis ao microscópio ordinário. Para indicar o tamanho e a forma das estruturas da célula, um *microscópio de interferência* revela um índice de refração como uma mudança nas franjas de interferência. A ideia é exemplificada no seguinte problema. Uma cunha de ar é formada entre duas placas de vidro em contato junto a uma borda e levemente separadas na borda oposta, como na Figura P3.37. Quando as placas são iluminadas de cima com luz monocromática, a luz refletida tem 85 franjas escuras. Calcule o número de franjas escuras que aparece se água ($n = 1,33$) substituir o ar entre as placas.

60. **W** Considere a disposição de fenda dupla mostrada na Figura P3.60, onde a separação das fendas é d e a distância entre a fenda e a tela é L. Uma folha de plástico transparente com índice de refração n e espessura t é colocada sobre a fenda superior. Como resultado, o máximo central do padrão de interferência se move para cima a uma distância y'. Encontre y'.

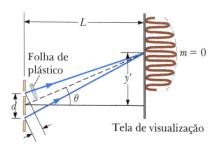

Figura P3.60

61. A Figura P3.61 mostra um transmissor de onda de rádio e um receptor separados por uma distância $d = 50,0$ m, estando ambos a uma distância $h = 35,0$ m acima do solo. O receptor pode receber sinais tanto diretamente do transmissor como indiretamente de sinais refletidos no solo. Suponha que o solo esteja nivelado entre o receptor e o transmissor e que uma mudança de fase de 180° ocorra no momento da reflexão. Determine os comprimentos de

onda mais longos que interferem (a) construtivamente e (b) destrutivamente.

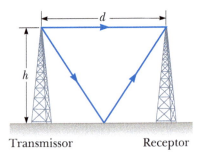

Figura P3.61 Problemas 61 e 62.

62. A Figura P3.61 mostra um transmissor de ondas de rádio e um receptor separados por uma distância d, estando ambos a uma distância h acima do solo. O receptor pode receber sinais tanto diretamente do transmissor como sinais refletidos no solo. Suponha que o solo esteja nivelado entre o receptor e o transmissor e que uma mudança de fase de 180° ocorra no momento da reflexão. Determine os comprimentos de onda mais longos que interferem (a) construtivamente e (b) destrutivamente.

63. Em um experimento de anéis de Newton, uma lente de vidro plano-convexo ($n = 1,52$) com raio $r = 5,00$ cm é colocada em uma placa plana, como mostrado na Figura P3.63. Quando a luz de comprimento de onda $\lambda = 650$ nm incide perpendicularmente, observam-se 55 franjas claras, com a última precisamente na borda da lente. (a) Qual é o raio R de curvatura da superfície convexa da lente? (b) Qual é a distância focal da lente?

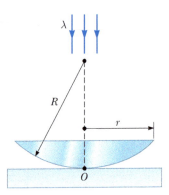

Figura P3.63

64. *Por que a seguinte situação é impossível?* Um pedaço de material transparente com índice de refração $n = 1,50$ é cortado em forma de cunha, como mostrado na Figura P3.64. As superfícies inferior e superior da cunha fazem contato com o ar. Uma luz monocromática com comprimento de onda de $\lambda = 632,8$ nm incide normalmente de cima, e a cunha é observada de cima. Considere $h = 1,00$ mm representando a altura da cunha e $\ell = 0,500$ m seu comprimento. Um padrão de interferência de filme fino aparece na cunha devido à reflexão nas superfícies inferior e superior. A você foi atribuída a tarefa de contar o número de franjas claras que aparecem em todo o comprimento ℓ da cunha. Você acha essa tarefa tediosa e sua concentração será quebrada por um barulho depois de contar precisamente 5.000 franjas claras.

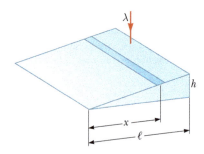

Figura P3.64

65. Uma lente plano-côncava com índice de refração 1,50 é colocada em uma placa de vidro plana, como mostrado na Figura P3.65. Sua superfície curva, com raio de curvatura 8,00 m, está virada para baixo. A lente é iluminada de cima por luz de sódio amarela com comprimento de onda 589 nm e uma série de anéis concêntricos claros e escuros é observada por reflexo. O padrão de interferência possui uma mancha escura no centro, que é circundado por 50 anéis escuros, o maior dos quais está mais externo na borda da lente. (a) Qual é a espessura da camada de ar no centro do padrão de interferência? (b) Calcule o raio do anel escuro mais externo. (c) Encontre a distância focal da lente.

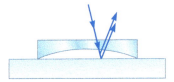

Figura P3.65

66. Uma lente plano-convexa tem índice de refração n. Seu lado curvo tem raio de curvatura R e fica sobre a superfície de um vidro plano com o mesmo índice de refração, com um filme com índice de refração n_{filme} entre eles, como mostrado na Figura 3.66. A lente é iluminada de cima com uma luz de comprimento de onda λ. Mostre que os anéis de Newton escuros possuem raios aproximados com

$$r \approx \sqrt{\frac{m\lambda R}{n_{filme}}}$$

onde $r \ll R$ e m é um número inteiro.

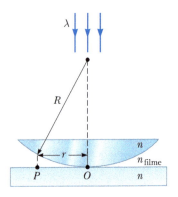

Figura P3.66

67. Franjas de interferência são produzidas com o uso do espelho de Lloyd e uma fonte S de comprimento de onda $\lambda = 606$ nm, como mostrado na Figura P3.67. Franjas separadas por $\Delta y = 1,20$ mm são formadas em uma tela a uma

distância $L = 2,00$ m da fonte. Encontre a distância vertical h da fonte acima da superfície refletora.

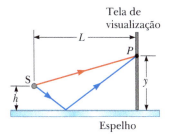

Figura P3.67

68. A quantidade nt nas Equações 3.17 e 3.18 é chamada *comprimento do caminho óptico*, que corresponde à distância geométrica t e é análoga à quantidade δ na Equação 3.1, a diferença de caminho. O comprimento do caminho óptico é proporcional a n porque um índice de refração maior encurta o comprimento de onda, então mais ciclos de uma onda se encaixam em uma distância geométrica particular. (a) Suponha que uma mistura de xarope de milho e água seja preparada em um tanque, com seu índice de refração n aumentando uniformemente de 1,33 a $y = 20,0$ cm na parte superior para 1,90 a $y = 0$. Escreva o índice de refração $n(y)$ como uma função de y. (b) Calcule o comprimento do caminho óptico que corresponde a 20,0 cm de altura do tanque calculando

$$\int_0^{20\,\text{cm}} n(y)\,dy$$

(c) Suponha que um feixe estreito de luz seja dirigido à mistura a um ângulo diferente de zero em relação ao plano perpendicular à superfície da mistura. Descreva o caminho qualitativamente.

69. **M** Astrônomos observam uma fonte de rádio de 60,0 MHz diretamente e através do reflexo do mar, como mostrado na Figura P3.17. Se a parabólica receptora está a 20,0 m acima do nível do mar, qual é o ângulo da fonte de rádio acima do horizonte no primeiro máximo?

70. A Figura PC3.2 mostra um filme de sabão contínuo em uma estrutura circular. A espessura do filme aumenta, de cima para baixo, primeiro devagar e depois rapidamente. Como um modo mais simples, considere o filme de sabão ($n = 1,33$) contido dentro de uma estrutura de fio retangular. A estrutura é mantida verticalmente para que o filme escoe para baixo e forme uma cunha com faces planas. A espessura do filme na parte superior é essencialmente zero. O filme é visto na luz branca refletida com a incidência próxima ao perpendicular e a primeira faixa de interferência violeta ($\lambda = 420$ nm) é observada a 3,00 cm da borda superior do filme. (a) Localize a primeira faixa de interferência vermelha ($\lambda = 680$ nm). (b) Determine a espessura do filme nas posições das faixas violeta e vermelha. (c) Qual é o ângulo da cunha do filme?

Problemas de Desafio

71. Nossa discussão das técnicas para determinar as interferências construtiva e destrutiva através do reflexo de um filme fino no ar foi limitada a raios que atingem um filme próximo à incidência perpendicular. **E se?** Suponha que um raio incida em um ângulo de 30,0° (em relação a um plano perpendicular) em um filme com índice de refração 1,38 cercado pelo vácuo. Calcule a espessura mínima para a interferência construtiva da luz de sódio de comprimento de onda de 590 nm.

72. A condição para a interferência construtiva por reflexo de um filme fino no ar como desenvolvido na Seção 3.5 supõe uma incidência próxima ao plano perpendicular. **E se?** Suponha que a luz incida em um filme em um ângulo θ_1 diferente de zero (relativo ao plano perpendicular). O índice de refração do filme é n e o filme está cercado pelo vácuo. Encontre a condição para a interferência construtiva que relaciona a espessura t do filme, seu índice de refração n, o comprimento de onda λ da luz e o ângulo de incidência θ_1.

73. Ambos os lados de um filme uniforme possuem índice de refração n e espessura d e estão em contato com o ar. Para a incidência normal da luz, um mínimo de intensidade é observado na luz refletida em λ_2, e um máximo é observado em λ_1, onde $\lambda_1 > \lambda_2$. (a) Supondo que nenhum mínimo de intensidade seja observado entre λ_1 e λ_2, encontre uma expressão para o número inteiro m nas Equações 3.17 e 3.18 em termos dos comprimentos de onda λ_1 e λ_2. (b) Supondo que $n = 1,40$, $\lambda_1 = 500$ nm e que $\lambda_2 = 370$ nm, determine a melhor estimativa para a espessura do filme.

74. A fenda 1 de uma fenda dupla é mais larga que a 2, de modo que a luz da fenda 1 possui uma amplitude 3,00 vezes maior que a da luz da 2. Mostre que a Equação 3.13 é substituída pela Equação $I = I_{\text{máx}}(1 + 3\cos^2\phi/2)$ para essa situação.

75. Uma luz monocromática de comprimento de onda 620 nm passa através de uma fenda S bastante fina e depois atinge uma tela na qual estão duas fendas paralelas, S_1 e S_2, como mostrado na Figura P3.75. A fenda S_1 está alinhada diretamente com S a uma distância $L = 1,20$ m de S, enquanto S_2 é deslocada a uma distância d para um lado. A luz é detectada no ponto P em uma segunda tela, equidistante de S_1 e S_2. Quando a fenda S_1 ou S_2 é aberta, intensidades de luz iguais são medidas no ponto P. Quando ambas as fendas são abertas, a intensidade é três vezes maior. Encontre o valor mínimo possível para a separação de fendas d.

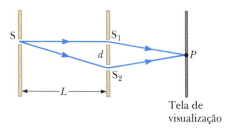

Figura P3.75

76. Uma lente plano-convexa com raio de curvatura $r = 4,00$ m está colocada em uma superfície de vidro convexa cujo raio de curvatura é $R = 12,0$ m, como mostrado pela Figura P3.76. Supondo que uma luz de 500 nm incida perpendicularmente na superfície plana da lente, determine o raio de curvatura do 100º anel claro.

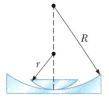

Figura P3.76

capítulo 4

Padrões de difração e polarização

4.1 Introdução aos padrões de difração
4.2 Padrões de difração de fendas estreitas
4.3 Resolução de aberturas circulares e de fenda única
4.4 A rede de difração
4.5 Difração de raios X por cristais
4.6 Polarização de ondas de luz

Quando ondas planas de luz passam através de uma pequena abertura ou uma barreira opaca, a abertura age como se fosse uma fonte pontual de luz, com ondas entrando na região escurecida atrás da barreira. Esse fenômeno, conhecido como difração, somente pode ser descrito com um modelo de onda para a luz, como discutido na Seção 1.3. Nesse capítulo, investigaremos as características do *padrão de difração* que ocorre quando se permite que a luz da abertura incida sobre uma tela.

No Capítulo 12 do Volume 3, aprendemos que as ondas eletromagnéticas são transversais, isto é, os vetores campos magnético e elétrico associados a ondas eletromagnéticas são perpendiculares à direção da propagação da onda. Neste, mostraremos que, sob certas condições, essas ondas transversais com vetores de campo elétrico em todas as posições transversais possíveis podem ser *polarizadas* em várias direções. Em outras palavras, apenas algumas direções dos vetores campo elétrico estão presentes na onda polarizada.

O telescópio espacial Hubble faz sua visualização acima da atmosfera e não sofre com a desfocalização atmosférica, causada pela turbulência do ar, que atinge os telescópios com base no solo. Apesar desta vantagem, ele possui limitações devido aos efeitos da difração. Neste capítulo, mostraremos como a natureza ondulatória da luz limita a capacidade de qualquer sistema óptico de fazer a distinção de corpos com espaçamento próximo. *(NASA Hubble Space Telescope Collection)*

4.1 Introdução aos padrões de difração

Nas Seções 1.3 e 3.1, discutimos que a luz de comprimento de onda comparável a ou maior que a largura de uma fenda se espalha em todas as direções à frente, no momento em que passa pela fenda. Esse fenômeno é chamado *difração*. Quando a luz passa por uma fenda, espalha-se além do caminho estreito definido pela fenda em regiões que ficariam escuras caso se movesse em linha reta. Outras ondas, como as sonoras e aquáticas, também possuem essa propriedade de se espalhar quando passam por aberturas e bordas agudas.

Você deveria esperar que a luz que passa através de uma pequena abertura resultasse simplesmente em uma região mais ampla de luz em uma tela devido ao seu espalhamento conforme passa pela abertura. Entretanto, encontramos algo mais interessante. Observa-se um **padrão de difração** consistindo de áreas escuras e claras, de alguma maneira similar ao padrão de interferência discutido anteriormente. Por exemplo, quando uma fenda estreita se localiza entre uma fonte de luz distante (ou um feixe de laser) e uma tela, a luz produz um padrão de difração como o mostrado na Figura 4.1, que consiste de uma faixa central clara e intensa (chamada **máximo central**) ladeada por uma série de faixas adicionais mais estreitas e menos intensas (chamadas **máximos laterais** ou **secundários**) e por uma série de faixas escuras intervenientes (ou **mínimos**). A Figura 4.2 mostra um padrão de difração associado à luz que passa pela borda de um corpo. Novamente vemos franjas claras e escuras, reminiscências de um padrão de interferência.

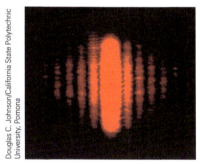

Figura 4.1 O padrão de difração que aparece em uma tela quando a luz passa através de uma fenda vertical estreita. O padrão consiste em uma franja larga central e uma série de franjas mais estreitas e menos intensas laterais.

Considere um padrão de difração associado à sombra de uma moeda (Figura 4.3). Ocorre uma mancha clara no centro e franjas circulares estendendo-se para fora da borda da sombra. Podemos explicar essa mancha branca central utilizando a teoria de ondas de luz, que prevê uma interferência construtiva nesse ponto. Do ponto de vista da óptica geométrica (na qual a luz é vista como raios que se propagam em linhas retas), esperamos que o centro da sombra seja escuro, porque aquela parte da tela de visualização está completamente bloqueada pela moeda.

Pouco antes de a mancha clara central ser observada pela primeira vez, um dos defensores da óptica geométrica, Simeon Poisson, argumentou que, se a teoria de ondas de luz de Augustin Fresnel fosse válida, uma mancha clara central seria observada na sombra de um corpo circular iluminado por uma fonte de luz pontual. Para surpresa de Poisson, a mancha foi observada, logo depois, por Dominique Arago. Portanto, a previsão de Poisson reforçou a teoria das ondas, em vez de refutá-la.

4.2 Padrões de difração de fendas estreitas

Consideremos uma situação comum em que a luz passa por uma abertura estreita em forma de fenda e é projetada sobre uma tela. Para simplificar nossa análise, vamos supor que a tela de observação esteja distante da fenda e os raios que a alcançam, sejam aproximadamente paralelos. Essa situação também pode ser encontrada experimentalmente com o uso

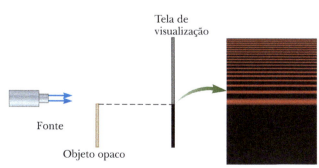

Figura 4.2 A luz de uma pequena fonte passa pela borda de um corpo opaco e continua por uma tela. Um padrão de difração consistindo em franjas escuras e claras aparece sobre a tela na região acima da borda do corpo.

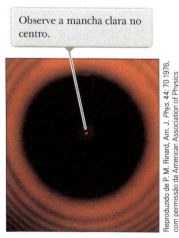

Figura 4.3 Padrão de difração criado pela iluminação de um centavo, com o centavo colocado a meio caminho entre a tela e a fonte de luz.

> **Prevenção de Armadilhas 4.1**
>
> **Difração versus padrão de difração**
> *Difração* refere-se ao comportamento geral de ondas que se espalham quando passam por uma fenda. Já a utilizamos quando da explicação da existência de um padrão de interferência no Capítulo 3. *Padrão de difração* é, na verdade, uma denominação imprópria, mas profundamente arraigada na linguagem da Física, que, visto em uma tela quando uma fenda única é iluminada, é, na verdade, outro padrão de interferência. A interferência ocorre entre as partes da luz incidente que iluminam diferentes regiões da fenda.

de uma lente convergente para focar os raios paralelos em uma tela próxima. Nesse modelo, o padrão em uma tela é chamado **padrão de difração de Fraunhofer**.[1]

A Figura 4.4a mostra a estrutura da franja entrando em uma fenda única pela esquerda e difratando conforme se propaga em direção à tela. A Figura 4.4b mostra a estrutura da franja de um padrão de difração Fraunhofer. Observa-se uma franja clara ao longo do eixo em $\theta = 0$, com franjas claras e escuras alternadas em cada lado da franja clara central.

Até agora, supusemos as fendas como fontes pontuais de luz. Nesta seção abandonamos essa suposição e veremos como a largura finita das fendas é a base para a compreensão da difração de Fraunhofer. Podemos explicar algumas características importantes desse fenômeno examinando ondas que vêm de várias porções da fenda, como mostrado na Figura 4.5. De acordo com o princípio de Huygens, cada porção da fenda atua como uma fonte de ondas de luz. Assim, a luz proveniente de uma porção da fenda pode interferir na luz de outra porção e a intensidade da luz resultante em uma tela de visualização depende de θ. Com base nessa análise, reconhecemos que o padrão de difração é, na verdade, do tipo de interferência, no qual as diferentes fontes de luz são as diferentes porções de uma única fenda! Portanto, os padrões de difração que discutimos neste capítulo são aplicações do modelo de análise de ondas em interferência.

Para analisar o padrão de difração, vamos dividir a fenda em duas metades, como mostrado pela Figura 4.5. Tendo em mente que todas as ondas estão em fase quando deixam a fenda, considere os raios 1 e 3. Conforme estes se propagam em direção a uma tela de visualização, afastada, à direita da figura, o raio 1 percorre um caminho maior que o 3 em uma quantidade igual à diferença de caminho $(a/2)\,\text{sen}\,\theta$, onde a é a largura da fenda. De maneira similar, a diferença de caminho entre os raios 2 e 4 também é $(a/2)\,\text{sen}\,\theta$, assim como a diferença entre os 3 e 5. Se essa diferença de caminho é exatamente metade de um comprimento de onda (correspondendo à diferença de fase de 180°), os pares de onda cancelam uns aos outros, resultando um padrão de interferência. Esse cancelamento ocorre para dois raios quaisquer que se originam em pontos separados por metade da largura de uma fenda, porque a diferença de fase entre esses dois pontos é de 180°. Portanto, ondas da metade superior da fenda interferem destrutivamente nas da metade inferior quando

$$\frac{a}{2}\,\text{sen}\,\theta = \pm\frac{\lambda}{2}$$

ou, se considerarmos ondas no ângulo θ, ambas acima da linha pontilhada na Figura 4.5 e a seguir,

$$\text{sen}\,\theta = \pm\frac{\lambda}{a}$$

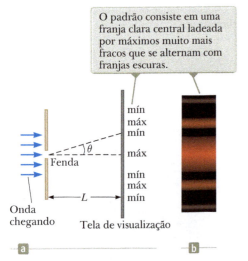

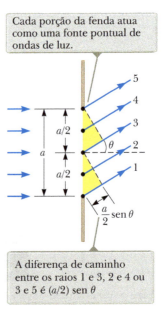

Figura 4.4 (a) Geometria para a análise do padrão de difração de Fraunhofer de fenda única. Desenho fora de escala. (b) Simulação de um padrão de difração Fraunhofer de uma única fenda.

Figura 4.5 Os caminhos dos raios de luz que encontram uma fenda estreita de largura a e difratam em direção à tela na direção descrita pelo ângulo θ (sem escala).

---
[1] Se a tela é trazida para perto da fenda (e nenhuma lente é usada), apresenta-se o padrão de difração de Fresnel. Este é mais difícil de se analisar, por isso restringiremos nossa discussão à difração de Fraunhofer.

Dividindo a fenda em quatro partes iguais e utilizando um raciocínio similar, descobrimos que a tela de visualização também fica escura quando

$$\operatorname{sen} \theta = \pm 2 \frac{\lambda}{a}$$

Da mesma forma, dividir a fenda em seis partes iguais mostra que a escuridão aparece na tela quando

$$\operatorname{sen} \theta = \pm 3 \frac{\lambda}{a}$$

Portanto, a condição geral para a interferência destrutiva é

$$\operatorname{sen} \theta_{escuro} = m \frac{\lambda}{a} \quad m = \pm 1, \pm 2, \pm 3, \ldots \quad (4.1)$$

◀ **Condição para interferência destrutiva de uma única fenda**

Esta equação fornece os valores de θ_{escuro} para os quais o padrão de difração possui zero de intensidade luminosa, isto é, quando se forma uma franja escura. Entretanto, isto não nos diz nada sobre a variação da intensidade luminosa junto à tela. As características gerais da distribuição de intensidade são mostradas pela Figura 4.4. Observa-se uma franja clara larga central; esta é ladeada por franjas claras muito mais fracas, alternadas com franjas escuras. As várias franjas escuras ocorrem em valores de θ_{escuro} que satisfazem a Equação 4.1. Cada pico de franja clara fica aproximadamente na metade do caminho entre seus mínimos de franja escura vizinhos. Observe que não há máximo de franja escura central, o que é representado pela ausência de $m = 0$ na Equação 4.1.

Prevenção de Armadilhas 4.2
Advertência de equação similar!
A Equação 4.1 possui exatamente a mesma forma da 3.2, com d, a separação da fenda, nela utilizada, e a, a largura da fenda, utilizada na Equação 4.1. A Equação 3.2, entretanto, descreve as regiões *claras* em um padrão de interferência de dupla fenda, enquanto a 4.1, as regiões *escuras* em um padrão de difração de fenda única.

Teste Rápido **4.1** Suponha que a largura da fenda na Figura 4.4 seja metade do seu tamanho. A franja clara central (**a**) fica mais larga, (**b**) permanece igual ou (**c**) se torna mais estreita?

Exemplo 4.1 **Onde estão as franjas escuras?** MA

Luz de comprimento de onda 580 nm incide em uma fenda de largura de 0,300 mm. A tela de visualização está a 2,00 m da fenda. Encontre a largura da franja clara central.

SOLUÇÃO

Conceitualização Com base na afirmação do problema, imaginamos um padrão de difração de fenda única similar ao da Figura 4.3.

Categorização Categorizamos este exemplo como uma aplicação direta de nossa discussão de padrões de difração de fenda única, que se origina das *ondas* no modelo de análise de *interferência*.

Análise Use a Equação 4.1 para as duas franjas escuras que ladeiam a franja clara central, que corresponde a $m = \pm 1$:

$$\operatorname{sen} \theta_{escuro} = \pm \frac{\lambda}{a}$$

Considere y representando a posição vertical junto à tela de visualização na Figura 4.4, medida a partir do ponto na tela imediatamente atrás da fenda. Então, tg $\theta_{escuro} = y_1/L$, onde o subscrito 1 refere-se à primeira franja clara. Como θ_{escuro} é muito pequeno, podemos utilizar a aproximação sen $\theta_{escuro} \approx$ tg θ_{escuro}; portanto, $y_1 = L$ sen θ_{escuro}.

A largura da franja clara central é duas vezes o valor absoluto de y_1:

$$2|y_1| = 2|L \operatorname{sen} \theta_{escuro}| = 2\left|\pm L \frac{\lambda}{a}\right| = 2L\frac{\lambda}{a} = 2(2,00 \text{ m}) \frac{580 \times 10^{-9} \text{m}}{0,300 \times 10^{-3} \text{m}}$$

$$= 7,73 \times 10^{-3} \text{m} = \boxed{7,73 \text{ mm}}$$

continua

4.1 *cont.*

Finalização Observe que esse valor é muito maior que a largura da fenda. Mais à frente vamos explorar o que acontece se modificarmos a largura da fenda.

E SE? E se a largura da fenda for aumentada por uma ordem de grandeza para 3,00 mm? O que acontece com o padrão de difração?

Resposta Com base na Equação 4.1, esperamos que os ângulos nos quais as franjas escuras aparecem diminuam conforme a aumenta. Portanto, o padrão de difração se estreita.

Repita o cálculo com uma fenda de largura maior:
$$2|y_1| = 2L\frac{\lambda}{a} = 2(2,00\,\text{m})\frac{580 \times 10^{-9}\,\text{m}}{3,00 \times 10^{-3}\,\text{m}} = 7,73 \times 10^{-4}\,\text{m} = \boxed{0,773\,\text{mm}}$$

Observe que esse resultado é *menor* que a largura da fenda. Em geral, para grandes valores de a, os vários máximos e mínimos são espaçados de maneira tão próxima que somente uma área grande e clara central semelhante à imagem geométrica é observada. Esse conceito é muito importante no desempenho de instrumentos ópticos como telescópios.

Intensidade de padrões de difração de fenda única

As análises da variação de intensidade em um padrão de difração de uma fenda única de largura a mostram que a intensidade é fornecida por

Intensidade de um padrão de difração de Fraunhofer de fenda única ▶
$$I = I_{\text{máx}}\left[\frac{\text{sen}(\pi a\,\text{sen}\,\theta/\lambda)}{\pi a\,\text{sen}\,\theta/\lambda}\right]^2 \qquad (4.2)$$

onde $I_{\text{máx}}$ é a intensidade em $\theta = 0$ (o máximo central) e λ é o comprimento de onda da luz utilizada para iluminar a fenda. Esta expressão mostra que os *mínimos* ocorrem quando

$$\frac{\pi a\,\text{sen}\,\theta_{\text{escuro}}}{\lambda} = m\pi$$

ou

Condição para os mínimos de intensidade para uma fenda única ▶
$$\text{sen}\,\theta_{\text{escuro}} = m\frac{\lambda}{a} \quad m = \pm 1, \pm 2, \pm 3, \ldots$$

de acordo com a Equação 4.1.

A Figura 4.6a representa um gráfico da intensidade em um padrão de fenda única, conforme dado pela Equação 4.2, e a Figura 4.6b é uma simulação da Equação 4.2. Observe que a maior parte da intensidade da luz está concentrada na franja brilhante central.

Intensidade de padrões de difração de fenda dupla

Quando mais de uma fenda está presente, devemos considerar não apenas padrões de difração devidos a fendas individuais, mas também padrões de interferência devidos às ondas que chegam de fendas diferentes. Observe que as linhas curvas pontilhadas na Figura 3.8 indicam uma diminuição na intensidade do máximo de interferência conforme θ aumenta. Essa diminuição se deve a um padrão de difração. Os padrões de interferência na figura se localizam intei-

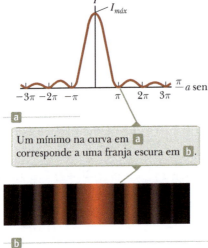

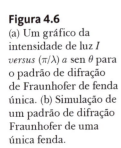

Figura 4.6
(a) Um gráfico da intensidade de luz I versus $(\pi/\lambda)a\,\text{sen}\,\theta$ para o padrão de difração de Fraunhofer de fenda única. (b) Simulação de um padrão de difração Fraunhofer de uma única fenda.

Um mínimo na curva em **a** corresponde a uma franja escura em **b**.

ramente dentro da franja clara central do padrão de difração, então o único indício que vemos do padrão de difração é a queda da intensidade em direção ao exterior do padrão. Para determinar os efeitos da interferência de fenda dupla e de um padrão de difração de fenda única de cada fenda através de um ponto de vista mais amplo que o da Figura 3.7, combinamos as Equações 3.14 e 4.2:

$$I = I_{\text{máx}} \cos^2\left(\frac{\pi d \operatorname{sen}\theta}{\lambda}\right) \left[\frac{\operatorname{sen}(\pi a \operatorname{sen}\theta/\lambda)}{\pi a \operatorname{sen}\theta/\lambda}\right]^2 \quad (4.3)$$

Embora essa expressão pareça complicada, representa simplesmente o padrão de difração de fenda única (o fator nos colchetes) atuando como uma "envoltória" em um padrão de interferência de fenda dupla (fator do cosseno ao quadrado), como mostrado na Figura 4.7. A curva azul nela tracejada representa o fator dos colchetes na Equação 4.3. O próprio fator do cosseno quadrado forneceria uma série de picos, todos com a mesma altura do mais alto da curva vermelho-amarronzada na Figura 4.7. Por causa do efeito no fator dos colchetes, entretanto, esses picos variam em altura, como mostrado.

A Equação 3.2 indica que as condições para os máximos de interferência é $d \operatorname{sen}\theta = m\lambda$, onde d é a distância entre as duas fendas. A Equação 4.1 especifica que o primeiro mínimo de difração ocorre quando $a \operatorname{sen}\theta = \lambda$, onde a é a largura da fenda. Dividindo a Equação 3.2 pela 4.1 (com $m = 1$), podemos determinar quais máximos de interferência coincidem com o primeiro mínimo de difração:

$$\frac{d \operatorname{sen}\theta}{a \operatorname{sen}\theta} = \frac{m\lambda}{\lambda}$$

$$\frac{d}{a} = m \quad (4.4)$$

Na Figura 4.7, $d/a = 18\ \mu\text{m}/3{,}0\ \mu\text{m} = 6$. Portanto, o sexto máximo de interferência (se contarmos o máximo central como $m = 0$) está alinhado com o primeiro mínimo de difração e é escuro.

Teste Rápido **4.2** Considere o pico central na envoltória de difração na Figura 4.7. Suponha que o comprimento de onda da luz seja modificado para 450 nm. O que acontece com esse pico central? (**a**) Sua largura diminui e o número de franjas de interferência que envolve diminui. (**b**) Sua largura diminui e o número de franjas de interferência que envolve aumenta. (**c**) Sua largura diminui e o número de franjas de interferência que envolve permanece o mesmo. (**d**) Sua largura aumenta e o número de franjas de interferência que envolve diminui. (**e**) Sua largura aumenta e o número de franjas de interferência que envolve aumenta. (**f**) Sua largura aumenta e o número de franjas de interferência que envolve permanece o mesmo. (**g**) Sua largura permanece a mesma e o número de franjas de interferência que envolve diminui. (**h**) Sua largura permanece a mesma e o número de franjas de interferência que envolve aumenta. (**i**) Sua largura permanece a mesma e o número de franjas de interferência que envolve permanece o mesmo.

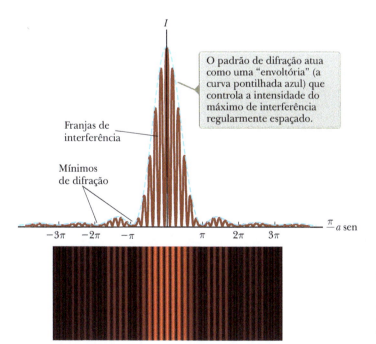

Figura 4.7 Os efeitos combinados de interferência de fenda única e dupla. Esse padrão é produzido quando ondas de luz de 650 nm passam por duas fendas de 3,0 μm que estão a 18 μm.

4.3 Resolução de aberturas circulares e de fenda única

A capacidade de sistemas ópticos de distinguir entre corpos com pouca distância entre si é limitada por causa da natureza ondulatória da luz. Para compreender essa limitação, considere a Figura 4.8, que mostra duas fontes de luz distantes de uma fenda estreita de largura a. As fontes podem ser dois pontos de luz não coerentes S_1 e S_2; por exemplo, poderiam ser duas estrelas distantes. Se nenhuma interferência ocorresse entre a luz que passa através das diferentes partes da fenda, duas manchas claras distantes (ou imagens) seriam observadas na tela de visualização. Por causa de tal interferência, entretanto, cada fonte é imaginada como uma região clara central ladeada por franjas mais fracas claras e escuras, um padrão de difração. O que se observa na tela é a soma de dois padrões de difração, um de S_1 e outro de S_2.

Se duas fontes estiverem distantes uma da outra o suficiente para evitar a sobreposição de seu máximo central, como na Figura 4.8a, suas imagens podem ser distinguidas e se diz serem *resolutas*. Se as fontes estiverem próximas, como na Figura 4.8b, entretanto, os dois máximos centrais se sobrepõem e as imagens não ficam resolutas. Para determinar se as duas imagens são resolutas, a seguinte condição frequentemente é empregada:

> Quando o máximo central de uma imagem recai sobre o primeiro mínimo de outra imagem, diz-se que as imagens são quase resolutas. Essa condição de resolução limitante é conhecida como **critério de Rayleigh.**

Partindo do critério de Rayleigh, podemos determinar a separação mínima angular θ_{min} formada pelas fontes e a fenda na Figura 4.8a, para as quais as imagens são quase resolutas. A Equação 4.1 indica que o primeiro mínimo em um padrão de difração de fenda única ocorre no ângulo para o qual

$$\operatorname{sen}\theta = \frac{\lambda}{a}$$

onde a é a largura da fenda. De acordo com o critério de Rayleigh, esta expressão fornece a menor separação angular para a qual as duas imagens são resolutas. Como $\lambda \ll a$ na maioria das situações, $\operatorname{sen}\theta$ é pequeno e podemos utilizar a aproximação $\operatorname{sen}\theta \approx \theta$. Portanto, o ângulo de resolução limitante para uma fenda de largura a é

$$\theta_{min} = \frac{\lambda}{a} \tag{4.5}$$

onde θ_{min} é expresso em radianos. Assim, o ângulo formado pelas duas fontes com a fenda deve ser maior que λ/a se as imagens tiverem resolução.

Muitos sistemas ópticos utilizam aberturas circulares em vez de fendas. O padrão de difração de uma abertura circular, como o mostrado nas fotografias da Figura 4.9, consiste em um disco circular central e claro cercado por anéis claros e escuros progressivamente mais fracos. Esta figura mostra os padrões de difração para três situações nas quais a luz de

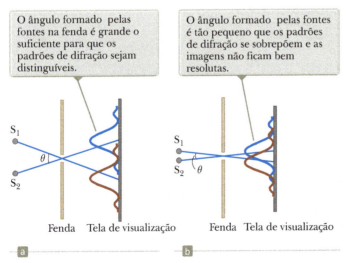

Figura 4.8 Duas fontes pontuais de luz distantes de uma fenda estreita produzem cada uma um padrão de difração. (a) As fontes são separadas por um ângulo grande. (b) As fontes são separadas por um ângulo pequeno. Observe que os ângulos são bastante exagerados. O desenho não tem escala.

Padrões de difração e polarização

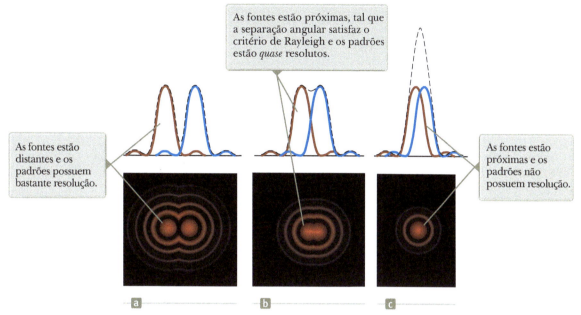

Figura 4.9 Padrões de difração individual de duas fontes de luz pontuais (curvas sólidas) e os padrões resultantes (curvas pontilhadas) para várias separações angulares das fontes conforme a luz passa através da abertura circular. Em cada caso, a linha pontilhada é a soma das duas curvas sólidas.

duas fontes pontuais passa através de uma abertura circular. Quando as fontes estão distantes, suas imagens ficam com uma boa resolução (Fig. 4.9a). Quando a separação angular das fontes satisfaz o critério de Rayleigh, as imagens ficam quase resolutas (Fig. 4.9b). Por fim, quando as fontes estão próximas, diz-se que as imagens não possuem resolução (Fig. 4.9c) e os padrões se parecem com o de uma fonte única.

As análises mostram que o ângulo de resolução limitante da abertura circular é

$$\theta_{\text{mín}} = 1{,}22 \frac{\lambda}{D} \qquad (4.6)$$

◀ **Ângulo de resolução limitante para uma abertura circular**

onde D é o diâmetro da abertura. Esta expressão é similar à Equação 4.5, exceto pelo fator 1,22, que resulta de uma análise matemática da difração para a abertura circular.

Teste Rápido **4.3** O olhos dos gatos têm pupilas que podem se modelar como fendas verticais. À noite, eles seriam mais bem-sucedidos na resolução de (**a**) faróis de um carro distante ou (**b**) luzes verticalmente separadas no mastro de um barco distante?

Teste Rápido **4.4** Suponha que você esteja observando uma estrela binária com um telescópio e tendo dificuldades com a resolução das duas estrelas. Você decide utilizar um filtro colorido para maximizar a resolução. Um filtro de certa cor transmite somente aquela cor de luz. Que filtro colorido você deveria escolher? (**a**) azul (**b**) verde (**c**) amarelo (**d**) vermelho.

Exemplo **4.2** Resolução do olho

Uma luz de comprimento 500 nm, próxima ao centro do espectro visível, entra no olho humano. Embora o diâmetro da pupila varie de pessoa para pessoa, vamos estimar que um diâmetro diurno seja de 2 mm.

(A) Estime o ângulo de resolução limitante para estes olhos, supondo que sua resolução seja limitada apenas pela difração.

continua

4.2 cont.

SOLUÇÃO

Conceitualização Identifique a pupila do olho como a abertura através da qual a luz percorre. A luz passando através desta pequena abertura causa padrões de difração que ocorrem na retina.

Categorização Determinamos o resultado utilizando as equações desenvolvidas nesta seção; portanto, categorizamos este exemplo como um problema de substituição.

Utilize a Equação 4.6, tomando $\lambda = 500$ nm e $D = 2$ mm:

$$\theta_{\text{mín}} = 1{,}22\frac{\lambda}{D} = 1{,}22\left(\frac{5{,}00 \times 10^{-7}\,\text{m}}{2 \times 10^{-3}\,\text{m}}\right)$$

$$= \boxed{3 \times 10^{-4}\,\text{rad}} \approx \boxed{1\,\text{mín de arco}}$$

(B) Determine a distância de separação mínima d entre as duas fontes pontuais que o olho pode distinguir se as fontes pontuais estiverem a uma distância $L = 25$ cm do observador (Fig. 4.10).

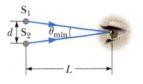

Figura 4.10 (Exemplo 4.2) Duas fontes pontuais separadas por uma distância d como observadas pelo olho.

SOLUÇÃO

Observando que $\theta_{\text{mín}}$ é pequeno, encontre d:

$$\text{sen}\,\theta_{\text{mín}} \approx \theta_{\text{mín}} \approx \frac{d}{L} \rightarrow d = L\theta_{\text{mín}}$$

Substitua os valores numéricos:

$$d = (25\,\text{cm})(3 \times 10^{-4}\,\text{rad}) = \boxed{8 \times 10^{-3}\,\text{cm}}$$

Este resultado é aproximadamente igual à espessura de um cabelo humano.

Exemplo 4.3 — Resolução de um telescópio

Cada um dos dois telescópios do Observatório de Keck, no vulcão adormecido Mauna Kea, no Havaí, possui um diâmetro efetivo de 10 m. Qual é o ângulo de resolução limitante para uma luz de 600 nm?

SOLUÇÃO

Conceitualização Identifique a abertura através da qual a luz percorre como a abertura do telescópio. A luz passando por essa abertura causa um padrão de difração que ocorre na imagem final.

Categorização Determinamos o resultado utilizando as equações desenvolvidas nesta seção; portanto, categorizamos este exemplo como um problema de substituição.

Utilize a Equação 4.6, tomando $\lambda = 6{,}00 \times 10^{-7}$ m e $D = 10$ m:

$$\theta_{\text{mín}} = 1{,}22\frac{\lambda}{D} = 1{,}22\left(\frac{6{,}00 \times 10^{-7}\,\text{m}}{10\,\text{m}}\right)$$

$$= \boxed{7{,}3 \times 10^{-8}\,\text{rad}} \approx \boxed{0{,}015\,\text{s de arco}}$$

Quaisquer duas estrelas que formem um ângulo maior ou igual a este valor são resolutas (se as condições atmosféricas forem ideais).

E SE? E se considerarmos os radiotelescópios? Eles têm diâmetro muito maior que os telescópios ópticos, mas resoluções angulares melhores? Por exemplo, o radiotelescópio em Arecibo, Porto Rico, tem diâmetro de 305 m e é projetado para detectar ondas de rádio de 0,75 m de comprimento de onda. Como sua resolução se compara à de um dos telescópios de Keck?

Resposta O aumento no diâmetro poderia sugerir que os radiotelescópios têm uma resolução melhor que um telescópio de Keck, mas a Equação 4.6 mostra que $\theta_{\text{mín}}$ depende *tanto* do diâmetro como do comprimento. Calculando o ângulo de resolução mínimo para o radiotelescópio, descobrimos

$$\theta_{\text{mín}} = 1{,}22\frac{\lambda}{D} = 1{,}22\left(\frac{0{,}75\,\text{m}}{305\,\text{m}}\right)$$

$$= 3{,}0 \times 10^{-3}\,\text{rad} \approx 10\,\text{mín de arco}$$

Esse ângulo de resolução limitante é medido em *minutos* de arco, em vez de *segundos* de arco, como no telescópio óptico. Portanto, a mudança no comprimento de onda da luz mais do que compensa o aumento do diâmetro. O ângulo de resolução limitante para o radiotelescópio de Arecibo é mais de 40.000 vezes maior (isto é, *inferior*) que o mínimo de Keck.

Um telescópio, como o discutido no Exemplo 4.3, nunca pode alcançar seu limite de difração por causa do ângulo de resolução limitante sempre colocado pelo borrão atmosférico em comprimentos de ondas ópticas. Este limite de visualização é geralmente cerca de 1 s de arco e nunca menor que cerca de 0,1 s de arco. O borrão atmosférico é causado por variações no índice de refração com as variações de temperatura no ar. Esse borrão é uma razão para a superioridade das fotografias do telescópio espacial Hubble, que vê corpos celestes de uma posição orbital acima da atmosfera.

Como exemplo dos efeitos do borrão atmosférico, considere as imagens telescópicas de Plutão e sua lua, Charon. Na Figura 4.11a, uma imagem tomada em 1978 representa a descoberta de Charon. Nesta fotografia, obtida por um telescópio baseado na Terra, a turbulência atmosférica faz com que a imagem de Charon apareça apenas como um inchaço na borda de Plutão. Para comparação, a Figura 4.11b mostra uma fotografia tirada pelo telescópio espacial Hubble. Sem os problemas da turbulência atmosférica, Plutão e sua lua apresentam uma clara resolução.

4.4 A rede de difração

A **rede de difração**, um útil dispositivo para a análise de fontes de luz, consiste em um grande número de fendas paralelas igualmente espaçadas. Uma *rede de transmissão* pode ser construída cortando-se ranhuras paralelas em uma placa de vidro com uma máquina de precisão. Os espaços entre as ranhuras são transparentes à luz e, assim, atuam como fendas separadas. Já a *rede de reflexão* pode ser fabricada fazendo-se ranhuras paralelas na superfície de um material refletivo. O reflexo da luz dos espaços entre as ranhuras é especular e o reflexo das ranhuras feitas no material é difuso. Portanto, os espaços entre as ranhuras atuam como fontes paralelas de luz refletida, como as fendas na rede de transmissão. A tecnologia atual pode produzir redes que têm espaçamentos entre fendas bastante pequenos. Por exemplo, uma rede típica marcada com 5.000 ranhuras/cm tem espaçamento de fendas de $d = (1/5.000)$ cm $= 2,00 \times 10^{-4}$ cm.

Uma seção de rede de difração é ilustrada na Figura 4.12. Uma onda plana incide da esquerda, perpendicular ao plano da rede. O padrão observado na tela, afastada, à direita da rede, é o resultado dos efeitos de interferência e difração combinados. Cada fenda produz difração e os feixes difratados interferem um com o outro para produzir o padrão final.

As ondas de todas as fendas estão em fase quando deixam as fendas. Para uma direção arbitrária θ medida da horizontal, entretanto, as ondas precisam percorrer caminhos de comprimentos diferentes antes de alcançar a tela. Observe na Figura 4.12 que a diferença de trajetória δ entre os raios de duas fendas adjacentes quaisquer é igual a d sen θ. Se essa diferença de trajetória é igual a um comprimento de onda ou algum múltiplo inteiro de um comprimento de onda, as ondas de todas as fendas ficam em fase na tela e observa-se uma franja clara. Portanto, a condição para os *máximos* no padrão de interferência a um ângulo θ_{claro} é

> **Prevenção de Armadilhas 4.3**
> **Rede de difração é uma rede de interferência**
> Assim como *padrão de difração*, *rede de difração* é uma nomeação equivocada, mas profundamente arraigada na linguagem da Física. Ela depende da difração da mesma maneira que uma fenda dupla, espalhando a luz para que as luzes provenientes de fendas diferentes possam se interferir. Seria mais correto chamá-la de *rede de interferência*, mas *rede de difração* é o nome em uso.

$$d \operatorname{sen} \theta_{claro} = m\lambda \quad m = 0, \pm 1, \pm 2, \pm 3, \ldots \quad (4.7)$$

◄ **Condição para os máximos de interferência para uma rede**

Podemos utilizar essa expressão para calcular o comprimento de onda se conhecermos o espaçamento d e o ângulo θ_{claro}. Se a radiação incidente contém vários comprimentos de onda, o máximo de m-ésima ordem para cada comprimento de onda ocorre a um ângulo específico. Todos os comprimentos de onda são vistos em $\theta = 0$, correspondendo a $m = 0$,

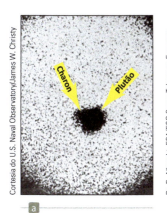
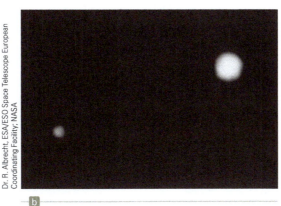

Figura 4.11 (a) Fotografia na qual Charon, a lua de Plutão, foi descoberta em 1978. De um telescópio baseado na Terra, o borrão atmosférico faz que Charon apareça somente como um sutil inchaço na borda de Plutão. (b) Foto de Plutão e de Charon do telescópio espacial Hubble, com a clara resolução de dois corpos.

110 Física para cientistas e engenheiros

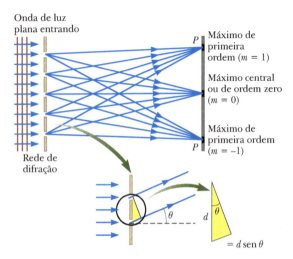

Figura 4.12 Vista lateral de uma rede de difração. A separação entre as fendas é d e a diferença de caminho entre as fendas adjacentes é $d\,\mathrm{sen}\,\theta$.

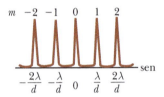

Figura 4.13 Intensidade *versus* sen θ para uma rede de difração. São exibidos os máximos de 0ª, 1ª e 2ª ordens.

o máximo de 0ª ordem. O máximo de primeira ordem ($m = 1$) é observado em um ângulo que satisfaz a relação $\theta_{\text{claro}} = \lambda/d$; o máximo de segunda ordem ($m = 2$) é observado em um ângulo maior θ_{claro}; e assim por diante. Para os menores valores de d típicos em uma rede de difração, os ângulos θ_{claro} são maiores, como vemos no Exemplo 4.5.

A distribuição de intensidade para uma rede de difração obtida com o uso de uma fonte monocromática é mostrada na Figura 4.13. Observe a agudeza do máximo principal e largueza das áreas escuras, comparadas à largura característica das franjas claras do padrão de interferência (veja a Figura 3.6). Você deve também revisar a Figura 3.7, que mostra que a largura dos máximos de intensidade diminui conforme o número de fendas aumenta. Como os máximos principais são bastante agudos, são muito mais claros que os máximos de interferência de fenda dupla.

Teste Rápido **4.5** Uma luz ultravioleta de comprimento de onda 350 nm incide em uma rede de difração com espaçamento de fenda d e forma um padrão de interferência em uma tela a uma distância L. As posições angulares θ_{claro} dos máximos de interferência são grandes. As localizações das franjas claras estão marcadas na tela. Então, uma luz vermelha de comprimento de onda de 700 nm é utilizada com uma rede de difração para formar outro padrão de difração na tela. As franjas claras desse padrão se localizarão nas marcas na tela se (**a**) for movida a uma distância $2L$ da rede, (**b**) for movida a uma distância $L/2$ da rede, (**c**) a rede for substituída por outra com espaçamento de fenda $2d$, (**d**) a rede for substituída por outra com espaçamento $d/2$ ou (**e**) nada for modificado?

Exemplo conceitual **4.4**   **O CD é uma rede de difração**

A luz refletida pela superfície de um *compact disc* (CD) é multicolorida. As cores e suas intensidades dependem da orientação do CD em relação ao olho e à fonte de luz. Explique como isso acontece.

SOLUÇÃO

A superfície do CD possui uma faixa entalhada em espiral (com as ranhuras adjacentes tendo separação na ordem de 1 μm). Portanto, atua como uma rede de reflexão. A luz refletindo das regiões entre essas ranhuras com espaçamento próximo interfere construtivamente somente em certas direções que dependem do comprimento de onda e da direção da luz incidente. Qualquer seção do CD serve como uma rede de difração para a luz branca, enviando diferentes cores em diferentes direções. As diversas cores vistas no momento da visualização de uma seção mudam quando a fonte de luz, o CD ou você mudam de posição, o que faz que o ângulo de incidência ou o da luz difratada seja alterado.

Figura 4.14 (Exemplo conceitual 4.4) Um disco compacto observado sob luz branca. As cores observadas na luz refletida e suas intensidades dependem da orientação do CD em relação ao olho e em relação à fonte de luz.

Exemplo 4.5 — As ordens de uma rede de difração

A luz monocromática de um laser de hélio-neônio ($\lambda = 632{,}8$ nm) incide perpendicularmente em uma rede de difração que contém 6.000 ranhuras por centímetro. Encontre os ângulos nos quais os máximos de primeira e segunda ordens são observados.

SOLUÇÃO

Conceitualização Estude a Figura 4.12 e imagine que a luz vinda da esquerda se origina do laser de hélio-neônio. Vamos avaliar os possíveis valores do ângulo θ.

Categorização Determinamos os resultados utilizando as equações desenvolvidas nesta seção; portanto, categorizamos este exemplo como um problema de substituição.

Calcule a separação de fendas como o inverso do número de ranhuras por centímetros:

$$d = \frac{1}{6.000}\,\text{cm} = 1{,}667 \times 10^{-4}\,\text{cm} = 1.667\,\text{nm}$$

Resolva a Equação 4.7 para sen θ e substitua os valores numéricos para o máximo de primeira ordem ($m = 1$) para encontrar θ_1:

$$\operatorname{sen}\theta_1 = \frac{(1)\lambda}{d} = \frac{632{,}8\,\text{nm}}{1.667\,\text{nm}} = 0{,}3797$$

$$\boxed{\theta_1 = 22{,}31°}$$

Repita para o máximo de segunda ordem ($m = 2$):

$$\operatorname{sen}\theta_2 = \frac{(2)\lambda}{d} = \frac{2(632{,}8\,\text{nm})}{1.667\,\text{nm}} = 0{,}7594$$

$$\boxed{\theta_2 = 49{,}41°}$$

E SE? E se olhasse para o máximo de terceira ordem? Você o encontraria?

Resposta Para $m = 3$, encontramos sen $\theta_3 = 1{,}139$. Como sen θ não pode exceder a unidade, este resultado não representa uma solução realista. Assim, somente os máximos de 0ª, 1ª e 2ª ordens podem ser observados para essa situação.

Aplicações de redes de difração

O desenho esquemático de um aparato simples utilizado para medir ângulos em um padrão de difração é exibido na Figura 4.15. Este aparato é um *espectrômetro de rede de difração*. A luz a ser analisada passa através de uma fenda e o feixe de luz colimado incide na rede. A luz difratada deixa a rede em ângulos que satisfazem a Equação 4.7 e um telescópio é utilizado para visualizar a imagem da fenda. O comprimento de onda pode ser determinado pela medida dos ângulos precisos nos quais as imagens da fenda aparecem para as várias ordens.

O espectrômetro é uma ferramenta útil na *espectroscopia atômica*, na qual a luz de um átomo é analisada para que se encontrem os componentes do comprimento de onda que podem ser utilizados para identificar um átomo. Vamos investigar os espectros atômicos no Capítulo 8.

Outra aplicação das redes de difração é a GLV (sigla de *grating light valve*), que está presente em algumas aplicações de exibição de vídeos com os dispositivos de microespelho digital (DMD), discutidos na Seção 1.4. GLV é um microchip de silício com uma série de faixas paralelas de nitreto de silício revestidas por uma fina camada de alumínio. Cada faixa tem aproximadamente 20 μm de comprimento e 5 μm de largura e está separada do substrato de silício por uma lacuna de ar na ordem de 100 nm. Sem nenhuma tensão aplicada, todas as faixas ficam no mesmo nível. Nessa situação, a série de faixas atua como uma superfície plana, refletindo especularmente a luz incidente.

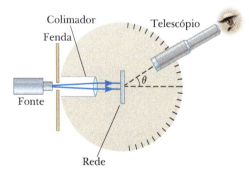

Figura 4.15 Diagrama de um espectrômetro de rede de difração. O feixe colimado que incide na rede é espalhado em várias componentes de comprimento de onda com interferência construtiva para um comprimento de onda particular ocorrendo em ângulos θ_{claro} que satisfazem a Equação $\theta_{\text{claro}} = m\lambda$, onde $m = 0, \pm 1, \pm 2, \ldots$

Quando uma tensão é aplicada entre uma faixa e o eletrodo no substrato de silício, uma força elétrica empurra as faixas para baixo, para mais perto do substrato. Faixas alternadas podem ser rebaixadas, enquanto as que ficam no meio delas permanecem na posição elevada. Como resultado, a série de faixas atua como uma rede de difração tal que a interferência construtiva para uma luz de comprimento de onda particular pode ser direcionada para uma tela ou outro sistema de exibição óptico. Se forem utilizados três dispositivos como este, uma para cada luz – azul, verde e vermelha –, um display colorido torna-se possível.

Além de ser empregado em display de vídeo, a GLV encontrou aplicações na tecnologia de sensores de navegação óptica a laser, impressões comerciais de computador para placa e outros tipos de representações de imagens.

Outra aplicação interessante de redes de difração é a **holografia**, produção de imagens tridimensionais de corpos. A Física da holografia foi desenvolvida por Dennis Gabor (1900-1979) em 1948 e lhe resultou o prêmio Nobel de Física em 1971. A exigência de luz coerente para a holografia adiou a realização das imagens holográficas do trabalho de Gabor até o desenvolvimento dos lasers na década de 1960.

A Figura 4.16 mostra como um holograma é feito. A luz do laser é dividida em duas partes por um espelho com uma metade prateada em B. Uma parte do feixe reflete o corpo a ser fotografado e atinge um filme fotográfico comum. A outra metade do feixe é divergida pela lente L_2, reflete nos espelhos M_1 e M_2 e, por fim, atinge o filme. Os dois feixes se sobrepõem para formar um padrão de interferência extremamente complexo no filme. Tal padrão somente pode ser produzido se a relação de fase das duas ondas for constante durante toda a exposição do filme. Essa condição é atendida iluminando-se a cena com luz que vem através do furo ou com uma radiação de luz coerente. O holograma registra não apenas a intensidade da luz difundida pelo corpo (como na fotografia convencional), mas também a diferença de fase entre o feixe de referência e o feixe difundido pelo corpo. Por causa dessa diferença de fase, forma-se um padrão de interferência que produz uma imagem na qual todas as informações tridimensionais disponíveis da perspectiva de qualquer ponto no holograma são preservadas.

Na imagem de uma fotografia normal, uma lente é utilizada para focalizar a imagem para que cada ponto do corpo corresponda a um único ponto no filme. Observe que nenhuma lente é utilizada na Figura 4.16 para focalizar a luz sobre o filme. Portanto, a luz de cada ponto do corpo alcança *todos* os pontos no filme. Como resultado, cada região do filme fotográfico no qual o holograma é registrado contém informações sobre todos os pontos iluminados no corpo, o que leva a um resultado impressionante: se uma pequena seção do holograma é cortada do filme, uma imagem completa pode ser formada a partir desse pequeno pedaço! A qualidade da imagem é reduzida, mas a imagem completa está presente.

Um holograma é mais bem visualizado quando se permite que a luz coerente passe através do filme desenvolvido conforme se olha para trás junto à direção de onde o raio vem. O padrão de interferência no filme atua como uma rede de difração. A Figura 4.17 mostra dois raios atingindo e atravessando o filme. Para cada raio, os raios $m = 0$ e $m = \pm 1$ no padrão de difração são mostrados emergindo pelo lado direito do filme. Os $m = +1$ convergem para formar uma imagem real da cena, que não é a normalmente vista. Estendendo os raios de luz correspondentes a $m = -1$ atrás do filme, vemos que há uma imagem virtual localizada ali, com sua luz exatamente na mesma trajetória da que veio do corpo real quando o filme foi exposto. Essa imagem é a que se vê quando se olha através do filme holográfico.

Os hologramas estão encontrando várias aplicações. Você deve ter um em seu cartão de crédito. Esse tipo especial é chamado *holograma arco-íris*, projetado para ser visto na luz branca refletida.

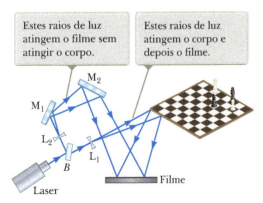

Figura 4.16 Disposição experimental para a produção de um holograma.

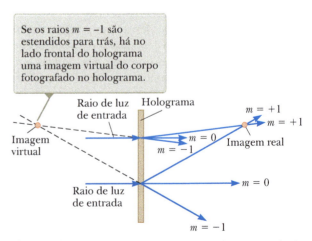

Figura 4.17 Dois raios de luz atingem um holograma em incidência perpendicular. Para cada raio são mostrados raios de saída correspondentes a $m = 0$ e $m = \pm 1$.

Padrões de difração e polarização 113

4.5 Difração de raios X por cristais

A princípio, o comprimento de onda de qualquer onda eletromagnética pode ser determinado se uma rede com espaçamento adequado (na ordem de λ) estiver disponível. Os raios X, descobertos por Wilhelm Roentgen (1845-1923) em 1895, são ondas eletromagnéticas de comprimento de onda bastante curto (na ordem de 0,1 nm). Seria impossível construir uma rede tendo um espaçamento tão pequeno através do processo de entalhamento descrito no início da Seção 4.4. Entretanto, sabe-se que um espaçamento atômico em um sólido tem cerca de 0,1 nm. Em 1913, Max von Laue (1879-1960) sugeriu que o arranjo regular de átomos em um cristal poderia atuar como uma rede de difração tridimensional para os raios X. Experimentos posteriores confirmaram essa sugestão. Os padrões de difração de cristais são complexos por causa da natureza tridimensional de sua estrutura. No entanto, a difração de raios X provou ser uma técnica inestimável para a elucidação dessas estruturas e para a compreensão da estrutura da matéria.

A Figura 4.18 mostra um aparato experimental para a observação da difração de um raio X por um cristal. Um feixe colimado de raios X monocromáticos incide em um cristal. Os raios difratados são bastante intensos em algumas direções, correspondendo à interferência construtiva de ondas refletidas por camadas de átomos no cristal. Os feixes difratados, que podem ser detectados por um filme fotográfico, formam uma série de manchas conhecidas como *padrão de Laue*, como mostrado na Figura 4.19a. Pode-se deduzir a estrutura cristalina através da análise da posição e da intensidade das várias manchas no padrão. A Figura 4.19b mostra o padrão de Laue de uma enzima cristalina, utilizando uma vasta gama de comprimentos de onda para resultar em um padrão de redemoinho.

A disposição dos átomos em um cristal de cloreto de sódio (NaCl) é exibida na Figura 4.20. Cada célula unitária (o sólido geométrico que se repete ao longo do cristal) é um cubo com comprimento de lado a. Um exame claro da estrutura do NaCl mostra que os íons ficam nos planos discretos (as áreas sombreadas na Figura 4.20). Agora, suponha que um raio X incidente forme um ângulo θ com um dos planos, como na Figura 4.21. O feixe pode ser refletido tanto pelo plano superior quanto pelo inferior, mas o feixe refletido do plano inferior viaja mais distante que o refletido pelo plano superior. A diferença de caminho efetiva é $2d\ \text{sen}\ \theta$. Os dois feixes se sobrepõem (interferência construtiva) quando essa diferença de cami-

> **Prevenção de Armadilhas 4.4**
> **Ângulos diferentes**
> Observe na Figura 4.21 que o ângulo θ é medido com a superfície refletora, em vez da normal, como no caso da lei de reflexão do Capítulo 1. Com fendas e redes de difração, medimos também o ângulo θ da normal para a série de fendas. Por causa da tradição histórica, o ângulo é medido de maneira diferente na difração de Bragg; portanto, interprete a Equação 4.8 com cuidado.

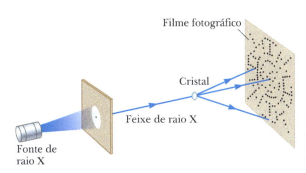

Figura 4.18 Diagrama esquemático da técnica utilizada para observar a difração de raios X por um cristal. A série de manchas formadas no filme é chamada padrão de Laue.

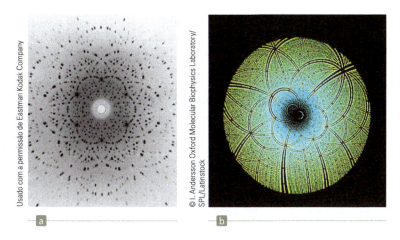

Figura 4.19 (a) Padrão de Laue de um monocristal do mineral berílio (*beryllium aluminum silicate*). Cada ponto representa um ponto de interferência construtiva. (b) Padrão de Laue da enzima Rubisco, produzida por espectro de raio X de banda larga. Essa enzima está presente em plantas e faz parte do processo da fotossíntese. O padrão de Laue é utilizado para determinar a estrutura cristalina da Rubisco.

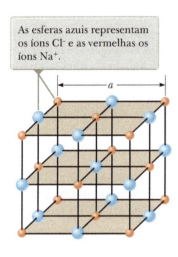

Figura 4.20 Estrutura cristalina do cloreto de sódio (NaCl). O comprimento da aresta do cubo é $a = 0,562737$ nm.

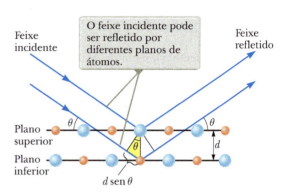

Figura 4.21 Descrição em duas dimensões da reflexão de um feixe de raio X por dois planos cristalinos paralelos separados por uma distância d. O feixe refletido pelo plano superior percorre uma distância $2d \operatorname{sen} \theta$ maior que o refletido pelo inferior.

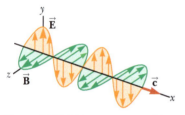

Figura 4.22 Diagrama esquemático de uma onda eletromagnética que se propaga à velocidade $\vec{c}$ na direção x. O campo elétrico vibra no plano xy, e o magnético, no xz.

nho é igual a algum múltiplo inteiro de λ. O mesmo é verdade para a reflexão de toda a família de planos paralelos. Assim, a condição para a interferência *construtiva* (máximos no feixe refletido) é

Lei de Bragg ▶ $\qquad 2d \operatorname{sen} \theta = m\lambda \qquad m = 1, 2, 3, \ldots \qquad$ (4.8)

Essa condição é conhecida como **Lei de Bragg**, de W. L. Bragg (1890-1971), o primeiro a derivar essa relação. Se o comprimento de onda e o ângulo de difração forem medidos, a Equação 4.8 pode ser utilizada para calcular o espaçamento entre os planos atômicos.

4.6 Polarização de ondas de luz

No Capítulo 12 do Volume 3, descrevemos a natureza transversal da luz e todas as outras ondas eletromagnéticas. A polarização, discutida nesta seção, é uma forte evidência dessa natureza transversal.

Qualquer feixe de luz comum consiste em um grande número de ondas emitidas pelos átomos da fonte de luz. Cada átomo produz uma onda que tem uma orientação particular do vetor campo elétrico $\vec{E}$ correspondendo à direção da vibração atômica. A *direção da polarização* de cada onda individual é definida como a direção na qual o campo elétrico vibra. Na Figura 4.22, esta direção se coloca junto ao eixo y. Todas as ondas eletromagnéticas individuais que se propagam na direção x têm um vetor $\vec{E}$ paralelo ao plano yz, mas esse vetor poderia estar em qualquer ângulo possível em relação ao eixo y. Como todas as direções de vibração de uma fonte de onda são possíveis, a onda eletromagnética resultante é uma sobreposição de ondas que vibram em várias direções diferentes. O resultado é um feixe de luz **não polarizada**, representado pela Figura 4.23a. A direção da propagação da onda nesta figura é perpendicular à página. As setas apontam algumas poucas direções possíveis dos vetores campo elétrico para as ondas individuais que compõem o feixe resultante. Em qualquer ponto e em um instante de tempo, todos estes vetores individuais campos elétricos se somam para resultar em um vetor campo elétrico.

Como observado na Seção 12.3 do Volume 3, diz-se que uma onda é **linearmente polarizada** se o vetor campo elétrico resultante $\vec{E}$ vibra na mesma direção *em todos os instantes* em um ponto particular, como mostrado na Figura 4.23b. Às vezes, uma

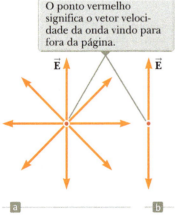

Figura 4.23 (a) Representação de um feixe de luz não polarizada visto junto à direção de propagação. O campo elétrico transversal pode vibrar em qualquer direção no plano da página com probabilidades iguais. (b) Feixe de luz polarizada com o campo elétrico vibrando na direção vertical.

onda assim é descrita como *plano-polarizada*, ou apenas *polarizada*. O plano formado por $\vec{E}$ e a direção da propagação são chamados de *plano de polarização* da onda. Se a onda na Figura 4.22 representa a resultante de todas as ondas individuais, o plano de polarização é o *xy*.

Um feixe linearmente polarizado pode ser obtido de um feixe não polarizado por intermédio da remoção de todas as ondas do feixe, exceto aquelas cujos vetores campo elétrico oscilam em um único plano. Discutiremos agora quatro processos de produção de luz polarizada a partir de luz não polarizada.

Polarização por absorção seletiva

A técnica mais comum para a produção de luz polarizada é utilizar um material que transmita ondas cujos campos elétricos vibram em um plano paralelo a certa direção e que absorva ondas cujos campos elétricos vibrem em todas as outras direções.

Em 1938, E. H. Land (1909-1991) descobriu um material, ao qual deu o nome de *polaroyd*, que polariza a luz através de absorção seletiva. Esse material é fabricado em folhas finas de hidrocarbonetos de cadeia longa. As folhas são esticadas durante a fabricação para que as moléculas de cadeia longa se alinhem. Depois que a folha é mergulhada em uma solução contendo iodo, as moléculas se tornam boas condutoras de eletricidade. A condução ocorre primariamente junto às cadeias de hidrocarbonetos porque os elétrons somente conseguem se mover com facilidade ao longo das cadeias. Se a luz cujo vetor campo elétrico estiver paralela às cadeias incidir sobre o material, o campo elétrico acelera os elétrons ao longo das cadeias e a energia é absorvida da radiação. Portanto, a luz não passa pelo material. A luz cujo vetor campo elétrico é perpendicular às cadeias passa através do material porque os elétrons não podem se mover de uma molécula para outra. Como resultado, quando a luz não polarizada incide sobre o material, a luz existente é polarizada perpendicularmente às cadeias moleculares.

É comum referir-se à direção perpendicular às cadeias moleculares como *eixos de transmissão*. Em um polarizador ideal, todas as luzes com $\vec{E}$ paralelo ao eixo de transmissão são transmitidas e todas as luzes com $\vec{E}$ perpendicular à transmissão do eixo são absorvidas.

A Figura 4.24 representa um feixe de luz não polarizado incidindo em uma primeira folha de polarização, chamada *polarizadora*. Como o eixo de transmissão está voltado verticalmente na figura, a luz transmitida através dessa folha é assim polarizada. Uma segunda folha de polarização, chamada *analisadora*, intercepta o feixe. Na Figura 4.24, o eixo de transmissão da folha analisadora é colocado em um ângulo θ em relação ao da polarizadora. Chamamos o vetor campo elétrico do primeiro feixe transmitido $\vec{E}_0$. O componente de $\vec{E}_0$ perpendicular ao eixo da analisadora é completamente absorvido. O componente de $\vec{E}_0$ paralelo ao eixo da analisadora, que é transmitido por ela, é $E_0 \cos \theta$. Como a intensidade do feixe transmitido varia conforme o quadrado de seu módulo, concluímos que a intensidade de *I* do feixe transmitido (polarizado) através da analisadora varia conforme

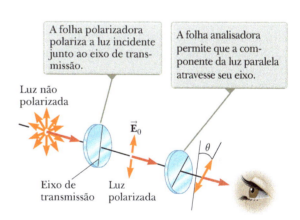

Figura 4.24 Duas folhas polarizadoras cujos eixos de transmissão formam um ângulo θ um com o outro. Somente uma fração da luz polarizada que incide na folha analisadora é transmitida através dela.

$$I = I_{máx} \cos^2 \theta \quad (4.9) \quad \blacktriangleleft \textbf{Lei de Malus}$$

onde $I_{máx}$ é a intensidade do feixe polarizado que incide na folha analisadora. Esta expressão, conhecida como **Lei de Malus**,[2] aplica-se a quaisquer dois materiais polarizantes cujos eixos de transmissão estejam em um ângulo θ um com o outro. Esta expressão mostra que a intensidade do feixe transmitido é máxima quando os eixos de transmissão são paralelos ($\theta = 0$ ou $180°$) e zero (absorção completa pela analisadora) quando os eixos de transmissão estão perpendiculares um em relação ao outro. Essa variação é a intensidade transmitida através de um par de folhas de polarização, como ilustrado na Figura 4.25. Como o valor médio do $\cos^2 \theta$ é $\frac{1}{2}$, a intensidade da luz inicialmente não polarizada é reduzida por um fator de um meio quando a luz passa através de uma polarizadora única ideal.

---

[2] Assim nomeada em homenagem a descobridor, E. L. Malus (1775-1882), que descobriu que a luz refletida era polarizada visualizando-a através de um cristal de calcita ($CaCO_3$).

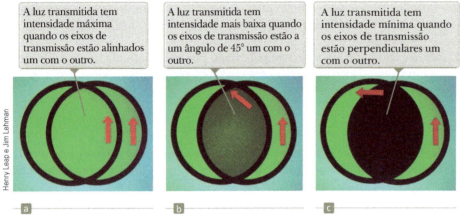

Figura 4.25 A intensidade da luz transmitida através de dois polarizadores depende da orientação relativa de seus eixos de transmissão. A flecha vermelha indica os eixos de transmissão dos polarizadores.

Polarização por reflexão

Quando um feixe de luz não polarizada é refletido por uma superfície, a polarização da luz refletida depende do ângulo de incidência. Se o ângulo de incidência é 0°, o feixe refletido é não polarizado. Para outros ângulos de incidência, a luz refletida é polarizada em alguma extensão e para um ângulo particular de incidência, a luz refletida é completamente polarizada. Vamos investigar agora a reflexão em um ângulo especial.

Suponha que um feixe de luz não polarizada incida em uma superfície, como na Figura 4.26a. Cada vetor campo elétrico individual pode ser separado em duas componentes: uma paralela à superfície (e perpendicular à página, na Fig. 4.26, representada pelos pontos) e outra (representada pelas setas laranja) perpendicular tanto em relação à primeira componente quanto à direção de propagação. Portanto, a polarização do feixe inteiro pode ser descrita por dois componentes do campo elétrico nestas direções. Descobriu-se que a componente paralela representada pelos pontos reflete com mais força do que a outra, representada pelas setas, resultando em um feixe refletido parcialmente polarizado. Além disso, o feixe refratado também é polarizado parcialmente.

Agora, suponha que o ângulo de incidência θ_1 seja variado até que o ângulo entre os feixes refletidos e refratados seja de 90°, como na Figura 4.26b. Neste ângulo particular de incidência, o feixe refletido é completamente polarizado (com seu vetor campo elétrico paralelo à superfície) e o feixe refratado ainda permanece parcialmente polarizado. O ângulo de incidência no qual essa polarização ocorre é chamado **ângulo polarizador** θ_p.

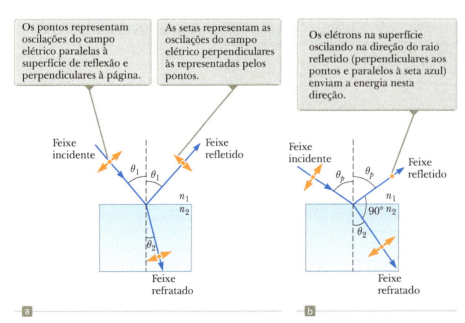

Figura 4.26 (a) Quando a luz não polarizada incide em uma superfície refletora, os feixes refletidos e refratados são parcialmente polarizados. (b) O feixe refletido é completamente polarizado quando o ângulo de incidência é igual ao de polarização θ_p, o que satisfaz a equação $n_2/n_1 = \operatorname{tg} \theta_p$. Nesse ângulo incidente, os raios refletidos e refratados são perpendiculares um ao outro.

Podemos obter uma expressão que relaciona o ângulo polarizador ao índice de refração da substância refletora utilizando a Figura 4.26b. A partir dela, vemos que $\theta_p + 90° + \theta_2 = 180°$; portanto, $\theta_2 = 90° - \theta_p$. Utilizando a lei de refração de Snell (Eq. 1.8), temos

$$\frac{n_2}{n_1} = \frac{\operatorname{sen}\theta_1}{\operatorname{sen}\theta_2} = \frac{\operatorname{sen}\theta_p}{\operatorname{sen}\theta_2}$$

Como $\operatorname{sen}\theta_2 = \operatorname{sen}(90° - \theta_p) = \cos\theta_p$, podemos escrever esta expressão como $n_2/n_1 = \operatorname{sen}\theta_p/\cos\theta_p$, o que significa que

$$\operatorname{tg}\theta_p = \frac{n_2}{n_1} \qquad (4.10) \qquad \blacktriangleleft \text{ Lei de Brewster}$$

Essa expressão é chamada **Lei de Brewster** e o ângulo de polarização θ_p é por vezes chamado **ângulo de Brewster**, em homenagem a seu descobridor, David Brewster (1781-1868). Como n varia com o comprimento de onda para uma dada substância, o ângulo de Brewster também é uma função de comprimento de onda.

Podemos entender a polarização por reflexão imaginando que o campo elétrico na luz incidente coloca os elétrons na superfície do material em oscilação na Figura 4.26b. As direções de oscilação das componentes são (1) paralelas às setas mostradas no feixe de luz refratado e, portanto, paralelas ao feixe refletido, e (2) perpendiculares à página. Os elétrons oscilantes atuam como antenas dipolo irradiando luz com uma polarização paralela à direção de oscilação. Consulte a Figura 12.12 do Volume 3, que mostra um padrão de irradiação de uma antena dipolo. Observe que não há irradiação no ângulo de $\theta = 0$, ou seja, junto à direção de oscilação da antena. Portanto, para as oscilações na direção 1, não há irradiação na direção do raio refletido. Para oscilações na direção 2, os elétrons irradiam luz com polarização perpendicular à página. Portanto, a luz refletida da superfície nesse ângulo é completamente polarizada paralela à superfície.

A polarização por reflexão é um fenômeno comum. A luz do Sol refletida na água, vidro e neve é parcialmente polarizada. Se a superfície for horizontal, o vetor campo elétrico da luz refletida tem uma forte componente horizontal. Óculos de sol feitos de material polarizado reduzem o ofuscamento da luz refletida. Os eixos de transmissão de tais lentes são orientados verticalmente para que absorvam a forte componente horizontal da luz refletida. Se você girar os óculos de sol 90°, não serão tão eficazes no bloqueio do ofuscamento de superfícies horizontais brilhantes.

Polarização por dupla refração

Os sólidos podem ser classificados com base em sua estrutura interna. Aqueles nos quais os átomos estão dispostos em uma ordem específica são chamados *cristalinos*; a estrutura do NaCl da Figura 4.20 é um exemplo de sólido cristalino. Aqueles nos quais os átomos estão distribuídos aleatoriamente são chamados *amorfos*. Quando a luz propaga-se através de um material amorfo como o vidro, ela atua com velocidade igual em todas as direções. Ou seja, o vidro possui um único índice de refração. Em alguns materiais cristalinos, como a calcita e o quartzo, entretanto, a velocidade da luz não é a mesma em todas as direções. Nestes, essa velocidade depende da direção de propagação *e* do plano de polarização da luz. Tais materiais são caracterizados por dois índices de refração. Assim, com frequência são chamados de materiais **duplorrefratários** ou **birrefringentes**.

Quando a luz não polarizada entra em um material birrefringente, ela pode se dividir em dois raios: um **ordinário (O)** e um **extraordinário (E)**, que possuem polarizações mutuamente perpendiculares e se propagam com diferentes velocidades através do material. As duas velocidades correspondem a dois índices de refração, n_O para o raio ordinário e n_E para o raio extraordinário.

Há uma direção, chamada **eixo óptico**, ao longo da qual os raios ordinários e os extraordinários possuem a mesma velocidade. Se a luz entra em um material birrefringente com um ângulo em relação ao eixo óptico, entretanto, os diferentes índices de refração farão com que os dois raios polarizados se dividam e se propaguem em diferentes direções, como mostrado na Figura 4.27.

O índice de refração n_O para o raio ordinário é o mesmo em todas as direções. Se fosse possível colocar uma fonte pontual de luz dentro do cristal, como na Figura 4.28, as ondas ordinárias se espalhariam da fonte em forma de esferas. O índice de refração n_E varia com a direção de propagação. Uma fonte pontual envia uma onda extraordinária possuindo frentes de onda de secção transversal elípticas. A diferença na velocidade para os dois raios é um máximo na direção perpendicular ao eixo óptico. Por exemplo, na calcita, $n_O = 1{,}658$ em um comprimento de onda de 589,3 nm, e n_E varia de 1,658 ao longo do eixo óptico a 1,486 perpendicular ao eixo óptico.

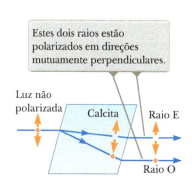

Figura 4.27 A luz não polarizada que incide em um ângulo em relação ao eixo óptico em um cristal de calcita divide-se em um raio ordinário (O) e um raio extraordinário (E) (sem escala).

TABELA 4.1	Índices de refração para alguns cristais de dupla refração a um comprimento de onda de 589,3 nm		
Cristal	n_O	n_E	n_O/n_E
Calcita (CaCO$_3$)	1,658	1,486	1,116
Quartzo (SiO$_2$)	1,544	1,553	0,994
Nitrato de sódio (NaNO$_3$)	1,587	1,336	1,188
Sulfeto de sódio (NaSO$_3$)	1,565	1,515	1,033
Cloreto de zinco (ZnCl$_2$)	1,687	1,713	0,985
Sulfeto de zinco (ZnS)	2,356	2,378	0,991

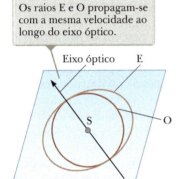

Figura 4.28 Uma fonte pontual S dentro de um cristal de dupla refração produz uma frente de onda esférica correspondendo ao raio ordinário (O) e uma frente de onda elíptica correspondendo ao raio (E) extraordinário.

Figura 4.29 Um cristal de calcita produz uma imagem dupla porque é um material birrefringente (de refração dupla).

Valores para n_O e o valor extremo de n_E para vários cristais de dupla refração são fornecidos na Tabela 4.1.

Se colocar um cristal de calcita em uma folha de papel e depois olhar através dele para algum texto no papel, você verá duas imagens, como mostrado na Figura 4.29. Como pode ser visto nessa figura, as duas imagens correspondem a uma formada por um raio ordinário e outra por um extraordinário. Se as duas imagens forem vistas através de uma folha de vidro polarizado giratório, aparecerão e desaparecerão alternadamente porque os raios ordinários e extraordinários estão planopolarizados ao longo de direções mutuamente perpendiculares.

Alguns materiais, como o vidro e o plástico, se tornam birrefringentes quando esticados. Suponha que um pedaço de plástico não esticado seja colocado entre duas folhas, uma polarizadora e outra analisadora. Quando o plástico não está esticado e o eixo da folha analisadora está perpendicular ao da polarizadora, nenhuma luz polarizada passa pela primeira. Em outras palavras, o plástico não esticado não afeta a passagem da luz por ele. Entretanto, se o plástico for esticado, as regiões com maior tensão se tornam birrefringentes e a polarização da luz que passa através do plástico é modificada. Assim, uma série de faixas claras e escuras é observada na luz transmitida com as faixas brancas correspondendo às áreas de maior tensão.

Engenheiros, com frequência, utilizam essa técnica, chamada *análise de tensão óptica*, no projeto de estruturas, que vão de pontes a pequenas ferramentas. Eles constroem um modelo plástico e o analisam sob diferentes condições de carga para determinar as regiões de potencial fraqueza e falha sob tensão.

Polarização por espalhamento

Quando a luz incide em um material, os elétrons nele podem absorver e irradiar novamente parte da luz. Tal absorção e reirradiação da luz pelos elétrons em moléculas de gás que formam o ar são o que fazem com que a luz do Sol que atinge um observador na Terra seja parcialmente polarizada. Você pode observar esse efeito – chamado **espalhamento** – olhando diretamente para o céu com óculos escuros cujas lentes são feitas de material polarizado. Menos luz passa através de certa orientação da lente do que em outras.

A Figura 4.30 ilustra como a luz do Sol se torna polarizada quando é difusa. O fenômeno é similar ao que cria uma luz completamente polarizada no momento da reflexão de uma superfície em ângulo de Brewster. Um feixe de luz não polarizada propagando-se em direção horizontal (paralela ao chão) atinge uma molécula de um dos gases que formam o ar, colocando os elétrons da molécula em vibração. Essas cargas vibratórias atuam como aquelas vibrantes em uma antena. A componente horizontal do vetor de campo elétrico na onda incidente resulta em uma componente horizontal da vibração das cargas e a componente vertical resulta em uma componente vertical de vibração. Se o observador na Figura 4.30 está olhando diretamente para cima (perpendicular à direção original de propagação da luz), oscilações verticais das cargas não enviam radiação em direção ao observador. Portanto, o observador vê a luz que está completamente polarizada na direção horizontal, como indicado pelas setas laranja. Se o observador olha por outras direções, a luz é parcialmente polarizada na direção horizontal.

As variações na cor da luz difusa na atmosfera podem ser compreendidas da seguinte maneira. Quando a luz de vários comprimentos de onda λ incide sobre moléculas de gás de diâmetro d, onde $d \ll \lambda$, a intensidade relativa da luz difusa varia conforme $1/\lambda^4$. A condição $d \ll \lambda$ é satisfeita para a difusão das moléculas de oxigênio (O_2) e nitrogênio (N_2) na atmosfera, cujos diâmetros possuem cerca de 0,2 nm. Assim, comprimentos de onda curtos (luz violeta) são difusos de maneira mais eficiente do que comprimentos de onda longos (luz vermelha). Portanto, quando a luz é difundida por moléculas de gás no ar, a radiação de comprimento de onda curto (violeta) é difundida com mais intensidade que a de comprimento de onda longo (vermelha).

Quando você olha para o céu em uma direção diferente da do Sol, vê a luz difundida, que é predominantemente violeta. Seus olhos, entretanto, não são muito sensíveis à luz violeta. A luz da próxima cor do espectro, azul, é difundida com menos intensidade que a violeta, mas seus olhos são bem mais sensíveis a ela que à violeta. Assim, você vê o céu azul. Se olhar em direção ao oeste no momento do pôr do sol (ou para o leste, no nascer do Sol), você estará olhando na direção do Sol e vendo a luz que passou por uma grande distância de ar. A maior parte da luz azul foi difundida pelo ar entre você e o sol. A luz que sobrevive a essa propagação pelo ar até você teve a maior parte de sua componente azul difundida e está, portanto, fortemente direcionada à extremidade vermelha do espectro; como resultado, você vê as cores vermelha e laranja do pôr do sol (ou nascer do sol).

Figura 4.30 Difusão da luz do Sol não polarizada pelas moléculas de ar.

Atividade óptica

Muitas aplicações importantes da luz polarizada envolvem materiais que exibem **atividade óptica**. Diz-se que um material é opticamente ativo se gira o plano de polarização de qualquer luz transmitida através dele. O ângulo através do qual a luz é girada por um material específico depende do comprimento da trajetória através do material e da concentração do material se estiver em solução. A solução comum de açúcar dextrose é um material opticamente ativo. Um método padrão para determinar a concentração de soluções de açúcar é medir a rotação produzida por um comprimento fixo da solução.

A assimetria molecular determina se o material é opticamente ativo. Por exemplo, algumas proteínas são opticamente ativas graças a sua forma de espiral.

As telas de cristal líquido encontradas na maioria das calculadoras possuem sua atividade óptica modificada pela aplicação do potencial elétrico através de diferentes partes da tela. Tente usar um par de óculos escuros polarizadores para investigar a polarização utilizada na tela de sua calculadora.

Teste Rápido **4.6** Um polarizador de micro-ondas pode ser produzido com uma rede de fios de metal paralelos com aproximadamente 1 cm de distância. O vetor campo elétrico para as micro-ondas transmitidas por esse polarizador é (**a**) paralelo ou (**b**) perpendicular aos fios de metal?

Teste Rápido **4.7** Você está andando por um longo corredor que tem várias luminárias no teto muito brilhante, recentemente polido. Quando olha para o chão, vê os reflexos de cada luminária. Agora, você coloca óculos escuros que são polarizados. Alguns dos reflexos das luminárias não podem mais ser vistos. (Tente isso!) Os reflexos que desaparecem são aqueles, em relação a você: (**a**) próximos, (**b**) mais distantes ou (**c**) a uma distância intermediária?

120 Física para cientistas e engenheiros

Resumo

Conceitos e Princípios

Difração é o desvio da luz de uma trajetória em linha reta quando a luz passa por uma abertura ou por um obstáculo. A difração se deve à natureza ondulatória da luz.

O **padrão de difração de Fraunhofer** produzido por uma única fenda de largura a em uma tela distante consiste em uma franja clara central e franjas claras e escuras alternadas de intensidade muito menor. Os ângulos θ_{escuro} no qual o padrão de difração tem zero de intensidade, correspondentes à interferência destrutiva, são fornecidos por

$$\text{sen } \theta_{escuro} = m\frac{\lambda}{a} \quad m = \pm1, \pm2, \pm3, \ldots \tag{4.1}$$

O **critério de Rayleigh**, que é uma condição de resolução limitante, afirma que as duas imagens formadas por uma abertura são apenas distinguíveis se o máximo central do padrão de difração de uma imagem recair sobre o primeiro mínimo do padrão de difração da outra. O ângulo de resolução limitante para uma fenda de largura a é $\theta_{mín} = \lambda/a$ e o ângulo de resolução limitante para uma abertura circular de diâmetro D é dado por $\theta_{mín} = 1{,}22\lambda/D$.

Uma **rede de difração** consiste em um grande número de fendas idênticas igualmente espaçadas. As condições para um máximo de intensidade no padrão de interferência de uma rede de difração para incidência perpendicular é

$$d\,\text{sen } \theta_{claro} = m\lambda \quad m = 0, \pm1, \pm2, \pm3, \ldots \tag{4.7}$$

onde d é o espaçamento entre as fendas adjacentes e m, o número da ordem do máximo de intensidade.

Quando a luz polarizada de intensidade $I_{máx}$ é emitida por uma folha polarizadora e então incide em uma folha analisadora, a luz transmitida por esta última tem uma intensidade igual a $I_{máx} \cos^2 \theta$, onde θ é o ângulo entre os eixos de transmissão das folhas polarizadora e analisadora.

Em geral, a luz refletida é parcialmente polarizada. Essa luz, entretanto, é completamente polarizada quando o ângulo de incidência é tal que o ângulo entre os feixes refletido e refratado é de 90°. Esse ângulo de incidência, chamado **ângulo de polarização** θ_p, satisfaz a **lei de Brewster**:

$$\text{tg } \theta_p = \frac{n_2}{n_1} \tag{4.10}$$

onde n_1 é o índice de refração do meio no qual a luz se propaga inicialmente e n_2, o índice de refração do meio refletor.

Perguntas Objetivas

1. Certos óculos de sol utilizam um material polarizador para reduzir a intensidade da luz refletida pela água ou para-brisa de veículos. Qual orientação os filtros polarizadores deveriam ter para ser mais eficazes? (a) Absorver a luz com o campo elétrico horizontal. (b) Absorver a luz com o campo elétrico vertical. (c) Absorver os campos elétricos verticais e horizontais. (d) Não absorver campos elétricos verticais ou horizontais.

2. O que é mais provável de acontecer a um feixe de luz refletido por uma superfície metálica em um ângulo arbitrário? Escolha a melhor resposta. (a) É totalmente absorvido pela superfície. (b) É totalmente polarizado. (c) É totalmente não polarizado. (d) É parcialmente polarizado. (e) É necessário mais informação.

3. Na Figura 4.4, suponha que a fenda se encontre em uma barreira que é opaca a raios X e à luz visível. O que acontecerá se o experimento for repetido com raios X como a onda incidente e sem nenhuma outra mudança? (a) O padrão de difração é similar. (b) Não há padrão de difração

observado, mas sim uma sombra de alta intensidade projetada na tela com a mesma largura da fenda. (c) O máximo central é muito mais largo e os mínimos ocorrem em ângulos maiores que com a luz visível. (d) Nenhum raio X alcança a tela.

4. Um padrão de difração Fraunhofer é produzido em uma tela localizada a 1,00 m de uma fenda única. Se uma fonte de luz de comprimento de onda de $5{,}00 \times 10^{-7}$ m for utilizada e a distância do centro da franja clara central para a primeira franja escura for $5{,}00 \times 10^{-3}$ m, qual é a largura da fenda? (a) 0,0100 mm, (b) 0,100 mm, (c) 0,200 mm, (d) 1,00 mm, (e) 0,00500 mm.

5. Considere uma onda passando por uma fenda única. O que acontece com a largura do máximo central de seu padrão de difração se a fenda for feita com a metade de sua largura? (a) Torna-se um quarto maior. (b) Torna-se a metade da largura. (c) Não muda. (d) Torna-se duas vezes mais larga. (e) Torna-se quatro vezes mais larga.

6. Suponha que a Figura 4.1 tenha sido fotografada com a luz vermelha de comprimento de onda λ_0. A luz passou por uma fenda única de largura a e percorreu uma distância L até a tela onde a fotografia foi feita. Considere a largura da franja clara central, medida entre os centros das franjas escuras de ambos os lados. Classifique as larguras da franja central, da menor para a maior, nas seguintes situações e anote qualquer caso de igualdade. (a) O experimento é realizado conforme é fotografado. (b) O experimento é realizado com a luz cuja frequência é aumentada em 50%. (c) O experimento é realizado com uma luz cujo comprimento de onda é aumentado em 50%. (d) O experimento é realizado com a luz original e com uma fenda de largura $2a$. (e) O experimento é realizado com a luz a fenda originais e com uma distância $2L$ da tela.

7. Se uma luz plana e polarizada passa através de dois polarizadores, a primeira a 45° do plano de polarização original e a segunda a 90°, qual fração da intensidade de polarização original passa através do último polarizador? (a) 0, (b) $\frac{1}{4}$, (c) $\frac{1}{2}$, (d) $\frac{1}{8}$, (e) $\frac{1}{10}$.

8. Por que é vantajoso utilizar uma objetiva de diâmetro grande em um telescópio? (a) Ela difrata a luz com mais eficácia do que lentes objetivas com diâmetro menor. (b) Ela diminui sua ampliação. (c) Ela lhe permite ver mais corpos no campo de visão. (d) Ela reflete comprimentos de luz não desejados. (e) Ela aumenta sua resolução.

9. Qual combinação de fenômenos ópticos causa os padrões de cores claras, algumas vezes vistos em ruas molhadas cobertas por uma camada de óleo? Escolha a melhor reposta. (a) Difração e polarização, (b) interferência e difração, (c) polarização e reflexão, (d) refração e difração, (e) reflexão e interferência.

10. Quando você se submete a um raio X peitoral no hospital, os raios passam por uma série de costelas paralelas em seu peito. Suas costelas atuam como uma rede de difração para os raios X? (a) Sim. Elas produzem feixes difratados que podem ser observados separadamente. (b) Não em uma extensão mensurável. As costelas estão muito distantes. (c) Basicamente não. As costelas são muito próximas umas às outras. (d) Basicamente não. As costelas são poucas em número. (e) Absolutamente não. Os raios X não podem ser difratados.

11. Quando uma luz não polarizada passa por uma rede de difração, torna-se polarizada? (a) Não, não se torna. (b) Sim, se torna, com o eixo de transmissão paralelo às fendas ou ranhuras na rede. (c) Sim, se torna, com o eixo de transmissão perpendicular às fendas ou ranhuras na rede. (d) Possivelmente sim, porque um campo elétrico acima de certo limiar é bloqueado pela rede se o campo estiver perpendicular às fendas.

12. Ao longe, você vê os faróis de um carro, mas não se distinguem do único farol de uma motocicleta. Suponha agora que os faróis do carro sejam mudados do baixo para o alto de modo que a intensidade que você recebe é três vezes maior. O que acontece então com sua capacidade de distinguir as duas fontes de luz? (a) Aumenta por um fator de 9. (b) Aumenta por um fator de 3. (c) Permanece a mesma. (d) Torna-se um terço melhor. (e) Torna-se um nono melhor.

Perguntas Conceituais

1. Os átomos em um cristal ficam em planos separados por alguns décimos de nanômetro. Eles podem produzir um padrão de difração para a luz visível como fazem com os raios X? Explique sua resposta com referência à lei de Bragg.

2. Com a mão, você rapidamente consegue bloquear a luz do Sol que chega aos olhos. Por que não consegue bloquear o som colocando a mão sobre os ouvidos da mesma maneira?

3. Como o índice de refração de um pedaço plano de obsidiana opaca poderia ser determinado?

4. (a) A luz do céu é polarizada? (b) Por que as nuvens vistas através de lentes polaroides se destacam em um forte contraste com o céu?

5. Um feixe de luz incide a um ângulo raso em uma régua horizontal de um maquinista, que possui uma escala bem calibrada. As marcas gravadas na escala geram um padrão de difração na tela vertical. Discuta como você pode utilizar essa técnica para obter uma medida do comprimento de onda da luz do laser.

6. Se uma moeda for colada em uma lâmina de vidro e este arranjo for segurado em frente ao feixe de um laser, a sombra projetada terá anéis de difração em volta de sua borda e uma mancha clara em seu centro. Como esses efeitos são possíveis?

7. Digitais deixadas em um pedaço de vidro semelhante ao de uma janela com frequência exibem um espectro colorido como o de uma rede de difração. Por quê?

8. Um laser produz um feixe de poucos milímetros de largura com intensidade uniforme ao longo de sua largura. Um cabo é esticado verticalmente na frente do laser para cruzá-lo. (a) Como é o padrão de difração que ele produz em uma tela distante em relação à da fenda vertical de largura igual à do cabo? (b) Como você poderia determinar a largura do cabo a partir das medidas de seu padrão de difração?

9. Uma estação de rádio serve aos ouvintes em uma cidade ao noroeste do local de transmissão. Transmite de três torres adjacentes em uma cadeia de montanhas junto a uma linha que corre de leste a oeste, que é chamado de *série faseada*. Mostre que, introduzindo espaços de tempo entre os sinais que as torres individuais irradiam, a estação pode maximizar a intensidade de sua rede na direção da cidade (e na direção oposta) e minimizar o sinal transmitido em outras direções.

10. John William Strutt, Lord Rayleigh (1842-1919), aperfeiçoou a invenção de uma buzina de neblina. Para advertir navios sobre a linha da costa, esse tipo de buzina deve irradiar o som em um vasto plano horizontal sobre a superfície do oceano e não deve desperdiçar energia emitindo som para cima ou para baixo. A corneta da buzina de neblina de Rayleigh é exibida em duas configurações possíveis, horizontal e vertical, na Figura PC4.10. Qual é a posição correta da orientação? Decida se a longa dimensão da abertura retangular deve ser vertical ou horizontal e argumente a favor de sua decisão.

Figura PC4.10

11. Por que você consegue ouvir no outro lado da esquina, mas não consegue ver o que acontece?

12. Construa uma descrição teórica de como um megafone funciona. Você pode assumir que o som da sua voz se irradia somente através da abertura de sua boca. A maioria das informações em uma fala é carregada não em um sinal a uma frequência fundamental, mas em ruídos e harmônicas, com frequências de poucos milhares de Hertz. Sua teoria permite alguma previsão do que é simples de testar?

Problemas

WebAssign Os problemas que se encontram neste capítulo podem ser resolvidos *on-line* no Enhanced WebAssign (em inglês)

1. denota problema simples;
2. denota problema intermediário;
3. denota problema de desafio;

AMT *Analysis Model Tutorial* disponível no Enhanced WebAssign (em inglês);

M denota tutorial *Master It* disponível no Enhanced WebAssign (em inglês);

PD denota problema dirigido;

W solução em vídeo *Watch It* disponível no Enhanced WebAssign (em inglês).

Seção 4.1 Introdução aos padrões de difração

Seção 4.2 Padrões de difração de fendas estreitas

1. **M** Luz de comprimento de onda igual a 587,5 nm ilumina uma fenda de largura de 0,75 mm. (a) A que distância da fenda deve ser colocada uma tela se o primeiro mínimo no padrão de difração tiver de ser de 0,85 mm do máximo central? (b) Calcule a largura do máximo central.

2. **W** A luz de um laser de hélio-neônio ($\lambda = 632,8$ nm) é enviada através de uma fenda única de 0,300 mm de largura. Qual é a largura do máximo central em uma tela a 1,00 m da fenda?

3. Um som com frequência de 650 Hz de uma fonte distante passa por uma passagem de 1,10 m de largura em uma parede que absorve o som. Descubra (a) o número e (b) as direções angulares dos mínimos de difração em posições de audição ao longo de uma linha paralela à parede.

4. Um feixe de laser horizontal de comprimento de onda 632,8 nm tem uma seção transversal circular de 2,00 mm de diâmetro. Uma abertura retangular deve ser colocada no centro do feixe para que, quando a luz incidir perpendicularmente sobre uma parede a 4,50 m de distância, o máximo central preencha um retângulo de 110 mm de largura e 6,00 mm de altura. As dimensões são medidas entre os mínimos que sustentam o máximo central. Descubra a (a) largura e (b) a altura necessárias da abertura. (c) A dimensão mais longa do caminho claro central no padrão de difração é vertical ou horizontal? (d) A dimensão mais longa da abertura é horizontal ou vertical? (e) Explique a relação entre estes dois retângulos, utilizando um diagrama.

5. Micro-ondas coerentes de comprimento de onda de 5,00 cm incidem em uma janela alta e estreita num prédio essencialmente opaco a elas. Se a janela tiver 36,0 cm de largura, qual é a distância do máximo central até o mínimo de segunda ordem ao longo de uma parede a 6,50 m da janela?

6. Uma luz de comprimento de onda de 540 nm passa através de uma fenda de largura de 0,200 mm. (a) A largura do máximo central na tela é de 8,10 mm. A que distância da tela fica a fenda? (b) Determine a largura da primeira franja clara ao lado do máximo central.

7. **M** Uma tela é colocada a 50,0 cm de uma fenda única, que é iluminada com luz de comprimento de onda 690 nm. Se a distância entre o primeiro e o terceiro mínimos no padrão de difração for 3,00 mm, qual é a largura da fenda?

8. Uma tela é colocada a uma distância L de uma fenda única de largura a, que é iluminada com luz de comprimento de onda λ. Suponha que $L \gg a$. Se a distância entre os mínimos para $m = m_1$ e $m = m_2$ no padrão de difração for Δy, qual é a largura da fenda?

9. Suponha uma luz com comprimento de onda de 650 nm através de duas fendas com 3,00 μm de largura com seus centros a 9,00 μm de distância. Faça um esboço dos padrões de interferência e difração combinados na forma de um gráfico de intensidade *versus* $\phi = (\pi a \, \text{sen} \, \theta)/\lambda$. Você pode utilizar a Figura 4.7 como ponto de partida.

10. **E se?** Suponha que a luz atinja uma fenda única de largura a em um ângulo β da direção perpendicular, como mostrado na Figura P4.10. Mostre que a Equação 4.1, a condição para interferência destrutiva, deve ser modificada para

$$\text{sen} \, \theta_{\text{escuro}} = m\frac{\lambda}{a} - \text{sen} \, \beta \quad m = \pm 1, \pm 2, \pm 3, \ldots$$

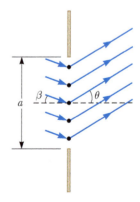

Figura P4.10

11. **M** Um padrão de difração é formado em uma tela de 120 cm de fenda única com 400 mm de largura. Uma luz monocromática de 546,1 nm é utilizada. Calcule a intensidade fracional $I/I_{máx}$ em um ponto da tela a 4,10 mm do centro do máximo principal.

12. **PD** Uma luz coerente de comprimento de onda 501,5 nm é enviada através de duas fendas paralelas a um material opaco. Cada fenda tem 0,700 μm de largura. A luz então incide em uma tela semicilíndrica, com seu eixo na linha central entre as fendas. Gostaríamos de descrever a aparência do padrão de luz visível na tela. (a) Descubra a direção para cada máximo de interferência de fenda dupla na tela como um ângulo do bissetor da linha que une as fendas. (b) Quantos ângulos representam os máximos de interferência de fenda dupla? (c) Descubra a direção para cada mínimo de interferência de fenda única na tela como um ângulo do bissetor da linha que une as fendas. (d) Quantos ângulos representam os mínimos de interferência de fenda única? (e) Quantos ângulos na parte (d) são idênticos aos da parte (a)? (f) Quantas franjas claras são visíveis na tela? (g) Se a intensidade da franja central é $I_{máx}$, qual é a intensidade da última franja visível na tela?

13. Um feixe de luz monocromática incide em uma fenda única de largura 0,600 mm. Um padrão de difração se forma em uma parede 1,30 m além da fenda. A distância entre as posições de intensidade zero em ambos os lados do máximo central é de 2,00 mm. Calcule o comprimento de onda da luz.

Seção 4.3 Resolução de aberturas circulares e de fenda única

> Nos Problemas 14, 19, 22, 23 e 67 você deve utilizar o critério de ângulo de resolução limitante para um olho. O padrão pode ser excessivamente otimista para a visão humana.

14. A pupila do olho de um gato estreita-se para formar uma fenda vertical de 0,500 mm de largura na luz diurna. Suponha que o comprimento de onda médio da luz seja de 500 nm. Qual é a resolução angular? Qual é a resolução angular para camundongos horizontalmente separados?

15. A resolução angular de um radiotelescópio é de 0,100° quando as ondas incidentes têm comprimento de 3,00 mm. Qual diâmetro mínimo é necessário para a antena parabólica do telescópio?

16. Uma *câmera pinhole* possui uma pequena abertura circular de diâmetro D. A luz de corpos distantes passa através da abertura em uma caixa preta, recaindo sobre uma tela na outra extremidade da caixa. A abertura neste tipo de câmera tem diâmetro D = 0,600 mm. Duas fontes pontuais de luz de comprimento de onda de 550 nm estão a uma distância L do orifício. A separação entre as fontes é de 2,80 cm e elas são quase resolvidas pela câmera. Qual o valor de L?

17. A lente objetiva de certo telescópio refratário tem diâmetro de 58,0 cm. O telescópio é montado em um satélite que orbita em volta da Terra a uma altitude de 270 km para visualizar corpos na superfície desta. Supondo um comprimento de onda médio de 500 nm, encontre a distância mínima entre dois corpos no solo para que suas imagens possam ser vistas com resolução por esta lente.

18. A luz amarela de comprimento de onda de 589 nm é utilizada para visualizar um corpo sob um microscópio. A lente objetiva tem diâmetro de 9,00 mm. (a) Qual é o ângulo de resolução limitante? (b) Suponha que seja possível utilizar a luz visível de qualquer comprimento de onda. Qual cor você escolheria para fornecer o menor ângulo de resolução possível e qual é este ângulo? (c) Suponha que a água preencha o espaço entre o corpo e a objetiva. Qual efeito esta mudança possui em relação ao poder de resolução quando uma luz de 589 nm é utilizada?

19. Qual é o tamanho aproximado do menor corpo na Terra que os astronautas podem distinguir visualmente quando estão orbitando a 250 km da Terra? Suponha $\lambda = 500$ nm e o diâmetro da pupila como 5,00 mm.

20. **M** Um laser de hélio-neônio emite luz de comprimento de onda de 632,8 nm. A abertura circular através da qual o feixe emerge tem diâmetro de 0,500 cm. Estime o diâmetro do feixe a 10,0 km do laser.

21. **M** Para aumentar o poder de resolução de um microscópio, o objeto e a objetiva são imersos em óleo (n = 1,5). Se o ângulo de resolução limitante sem o óleo for de 0,60 μrad, qual é o ângulo de resolução limitante com o óleo? *Dica*: o óleo modifica o comprimento de onda da luz.

22. Tubos paralelos e estreitos preenchidos com gás brilhante em uma variedade de cores constituem letras maiúsculas que formam o nome de um clube noturno. Os tubos adjacentes estão todos a 2,80 cm de distância. Os que formam uma letra estão preenchidos com neônio e irradiam predominantemente a luz vermelha de comprimento de onda de 640 nm. Para outra letra, eles emitem predominantemente luz azul a 440 nm. A pupila adaptada ao escuro do olho do espectador tem 5,20 mm de diâmetro. (a) Qual cor é mais fácil de ser distinguida? Diga como você decidiu. (b) Se ela está a certa série de distâncias, o espectador consegue distinguir os tubos separados de uma cor, mas não de outra. A distância do espectador deve estar em qual faixa para que distinga os tubos de apenas uma destas duas cores?

23. **M** O pintor expressionista Georges Seurat criou pinturas com um grande número de pontos de pigmento puro, cada um dos quais com aproximadamente 2,00 mm de diâmetro. A ideia era ter cores como vermelho e verde próximas umas das outras para formar uma tela cintilante como nesta obra-prima, *A Sunday afternoon on the island of La Grande Jatte* (Fig. P4.23). Suponha que $\lambda = 500$ nm e o diâmetro de uma pupila tenha 5,00 mm. Além desta distância, um espectador seria capaz de discernir os pontos individuais na tela?

Figura P4.23

24. **W** Uma antena de radar circular em um navio da guarda costeira possui diâmetro de 2,10 m e irradia frequência de 15,0 GHz. Dois pequenos barcos estão localizados a 9,00 km do navio. A qual proximidade um do outro os barcos poderiam estar e ainda ser detectados como dois corpos?

Seção 4.4 A rede de difração

Observação: Nos seguintes problemas, suponha que a luz incida perpendicularmente nas redes.

25. Um laser de hélio-neônio ($\lambda = 632,8$ nm) é utilizado para calibrar uma rede de difração. Se o máximo de primeira ordem ocorre em 20,5°, qual é o espaçamento entre as ranhuras adjacentes na rede?

26. **M** Luz branca é espalhada em seus componentes espectrais por uma rede de difração. Se a rede possui 2.000 ranhuras por centímetro, em que ângulo a luz de comprimento de onda de 640 nm aparece na primeira ordem?

27. Considere uma série de fios paralelos com espaçamento uniforme de 1,30 cm entre os centros. No ar a 20,0 °C, uma onda de ultrassom de frequência 37,2 kHz de uma fonte distante incide perpendicularmente sobre a série. (a) Encontre o número de direções no lado oposto da série no qual há um máximo de intensidade. (b) Encontre o ângulo para cada uma das direções em relação à direção do feixe incidente.

28. **W** Três linhas espectrais discretas ocorrem em ângulos de 10,1°, 13,7° e 14,8° no espectro de primeira ordem de um espectrômetro de rede. (a) Se a rede possui 3.660 fendas/cm, quais são os comprimentos de onda da luz? (b) Em quais ângulos estas linhas são encontradas no espectro de segunda ordem?

29. O laser de um CD player deve seguir precisamente a faixa espiral do CD, ao longo da qual a distância entre uma volta da espiral para a próxima é cerca de 1,25 μm. A Figura P4.29 mostra como uma rede de difração é utilizada para fornecer informações a fim de manter o feixe sobre a faixa. A luz do laser passa por uma rede de difração antes de alcançar o CD. O máximo central mais forte do padrão de difração é utilizado para ler as informações na faixa de sulcos. Os dois máximos laterais de primeira ordem são projetados para recair na superfície plana em ambos os lados da faixa de informações e utilizados para a direção. Enquanto os dois feixes estão sendo refletidos por superfícies lisas sem sulcos, são detectados com uma intensidade alta constante. Se o feixe principal sai da faixa, entretanto, um dos feixes laterais começa a atingir os sulcos na faixa de informações e a luz refletida diminui. Esta mudança é utilizada com um circuito eletrônico para guiar

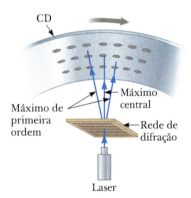

Figura P4.29

o feixe de volta ao local desejado. Suponha que a luz do laser possua comprimento de onda de 780 nm e a rede de difração esteja posicionada a 6,90 μm do disco. Suponha que os feixes de primeira ordem recairão no CD a 0,400 μm em ambos os lados da faixa de informação. Qual deveria ser o número de ranhuras por milímetro na rede?

30. Uma rede com 250 ranhuras/mm é utilizada com fonte de luz incandescente. Suponha que o espectro visível varie de um comprimento de onda de 400 nm a 700 nm. Em quantas ordens se pode ver (a) todo o espectro visível e (b) a região de comprimento de onda curto do espectro visível?

31. Uma rede de difração possui 4.200 marcações/cm. Em uma tela, distante 2,00 m da rede, descobre-se que, para uma ordem m particular, os máximos correspondentes a dois comprimentos de onda de sódio (589,0 nm e 589,6 nm) têm espaçamento próximo de 1,54 mm. Determine o valor de m.

32. **M** O espectro de hidrogênio inclui uma linha vermelha a 656 nm e uma linha azul-violeta a 434 nm. Quais são as separações angulares entre estas duas linhas espectrais para todas as ordens visíveis, obtidas com uma rede de difração que possui 4.500 ranhuras/cm?

33. **W** A luz de laser de argônio atinge uma rede de difração que possui 5.310 ranhuras por centímetro. Os máximos principais central e de primeira ordem estão separados por 0,488 m em uma parede a 1,72 m da rede. Determine o comprimento de onda da luz do laser.

34. Mostre que, sempre que a luz branca passa através de uma rede de difração com qualquer tamanho de espaçamento, a extremidade violeta do espectro na terceira ordem sobre uma tela sempre se sobrepõe à extremidade vermelha do espectro de segunda ordem.

35. Uma luz com comprimento de onda de 500 nm incide perpendicularmente em uma rede de difração. Se o máximo de terceira ordem do padrão de difração é observado a 32,0°, (a) qual é o número de marcações por centímetro para a rede? (b) Determine o número total de máximos primários que podem ser observados nesta situação.

36. Um largo feixe de luz de laser com comprimento de onda de 632,8 nm é direcionado através de diversas fendas paralelas estreitas, separadas por 1,20 mm e incide em uma folha de filme fotográfico a 1,40 m de distância. O tempo de exposição é escolhido para que o filme fique sem exposição em todas as suas partes, exceto na região central de cada franja clara. (a) Encontre a distância entre estes máximos de interferência. O filme é impresso como uma transparência e opaco em todos os lugares, menos nas linhas expostas. Depois, o mesmo feixe de luz de laser é direcionado através da transparência e incide em uma tela a 1,40 m de distância. (b) Discuta o fato de que várias regiões claras estreitas e paralelas, separadas por 1,20 mm, aparecem na tela como imagens reais das fendas originais. Uma linha de pensamento similar, em um jogo de futebol, levou Dennis Gabor a inventar a holografia.

37. Um feixe de luz vermelha de comprimento de onda 654 nm passa através de uma rede de difração. Cercando o espaço além da rede está uma tela semicilíndrica centrada na rede, com seu eixo paralelo às fendas na rede. Quinze manchas brancas aparecem na tela. Encontre (a) o máximo e (b) o mínimo valores possíveis para a separação das fendas na rede de difração.

Seção 4.5 Difração de raios X por cristais

38. **M** Se o espaçamento entre os planos de átomos em um cristal de NaCl é de 0,281 nm, qual é o ângulo previsto no qual os raios X de 0,140 nm são difratados em um máximo de primeira ordem?

39. **AMT M** O iodeto de potássio (KI) possui a mesma estrutura cristalina que o NaCl, com planos atômicos separados por 0,353 nm. Um feixe de raio X monocromático mos-

tra um máximo de difração de primeira ordem quando o ângulo é 7,60°. Calcule o comprimento de onda do raio X.

40. Raios X monocromáticos ($\lambda = 0{,}166$ nm) de um alvo de níquel incidem em uma superfície de um cristal de cloreto de potássio (KCl). O espaçamento entre os planos de átomos no KCl é de 0,314 nm. Em qual ângulo (relativo à superfície) o feixe deveria ser direcionado para que um máximo de segunda ordem fosse observado?

41. O máximo de difração de primeira ordem é observado a 12,6° para um cristal que tem espaçamento entre os planos de átomos de 0,250 nm. (a) Um raio X de qual comprimento de onda é utilizado para observar este padrão de primeira ordem? (b) Quantas ordens podem ser observadas através deste cristal neste comprimento de onda?

Seção 4.6 Polarização de ondas de luz

> O Problema 52 do Capítulo 12 (vol. 3) pode ser resolvido nesta seção.

42. *Por que a seguinte situação é impossível?* Um técnico está medindo o índice de refração de um material sólido observando a polarização da luz refletida em sua superfície. Ele nota que, quando o feixe de luz está projetado do ar para a superfície do material, a luz refletida é totalmente polarizada paralela à superfície quando o ângulo incidente é 41,0°.

43. **M** Uma luz plano-polarizada incide em um disco de polarização com a direção de $\vec{E}_0$ paralela à direção do eixo de transmissão. Em qual ângulo o disco deve ser girado para que a intensidade no feixe transmitido seja reduzida por um fator de (a) 3,00, (b) 5,00 e (c) 10,0?

44. **AMT** O ângulo de incidência de um feixe de luz em uma superfície refletora é continuamente variável. O raio refletido no ar é completamente polarizado quando o ângulo de incidência é 48,0°. Qual é o índice de refração do material refletor?

45. A luz não polarizada passa através de duas folhas polaroide ideais. O eixo da primeira é vertical e o da segunda está a 30,0° da vertical. Qual fração da luz incidente é transmitida?

46. Dois transceptores de rádio portáteis com antenas dipolo estão separados por uma grande distância fixa. Se a antena transmissora estiver na vertical, qual fração da máxima potência recebida aparecerá na antena receptora quando ela estiver inclinada em relação à vertical em (a) 15,0°, (b) 45,0° e (c) 90,0°?

47. Você utiliza uma sequência de filtros polarizadores especiais, cada um com seu eixo formando o mesmo ângulo com o eixo dos filtros precedentes, para girar o plano de polarização de um feixe de luz polarizada em um total de 45,0°. Você gostaria de ter uma redução de intensidade não maior que 10,0%. (a) De quantos polarizadores você precisa para atingir sua meta? (b) Qual é o ângulo entre os polarizadores adjacentes?

48. Um feixe não polarizado de luz incide em uma pilha de filtros polarizadores ideais. O eixo do primeiro filtro está perpendicular ao do último da pilha. Encontre a fração pela qual a intensidade dos feixes transmitidos é reduzida nos três casos seguintes. (a) Três filtros estão na pilha, cada um com seu eixo de transmissão a 45,0° em relação ao precedente. (b) Quatro filtros estão na pilha, cada um com seu eixo de transmissão a 30,0° em relação ao precedente. (c) Sete filtros estão na pilha, cada um com seu eixo de transmissão a 15,0° em relação ao precedente. (d) Comente sobre a comparação das respostas das partes (a), (b) e (c).

49. O ângulo crítico para a reflexão interna total para a safira rodeada pelo ar é 34,4°. Calcule o ângulo de polarização para a safira.

50. Para um meio transparente particular cercado pelo ar, encontre um ângulo de polarização θ_p em termos do ângulo crítico para a reflexão interna total θ_c.

51. **M** Três placas de polarização cujos planos são paralelos estão centradas em um eixo comum. As direções dos eixos de transmissão em relação à direção vertical comum são mostradas na Figura P4.51. Um raio de luz linearmente polarizado com plano de polarização paralelo à direção de referência vertical é incidente a partir da esquerda no primeiro disco com unidades de intensidade $I_i = 10{,}0$ (arbitrária). Calcule a intensidade transmitida I_f quando $\theta_1 = 20{,}0°$, $\theta_2 = 40{,}0°$ e $\theta_3 = 60{,}0°$. *Dica*: utilize repetidamente a Lei de Malus.

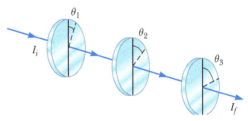

Figura P4.51

52. Duas folhas de polarização são colocadas juntas com seus eixos de transmissão cruzados, de modo que nenhuma luz é transmitida. Uma terceira folha é inserida entre elas com seu eixo de transmissão em um ângulo de 45,0° em relação a cada um dos outros eixos. Determine a fração da intensidade de luz incidente não polarizada transmitida pela combinação das três folhas. Suponha que cada folha de polarização é ideal.

Problemas Adicionais

53. Em um padrão de difração de fenda dupla, supondo que cada máximo lateral esteja na metade da trajetória entre os mínimos adjacentes, descubra a razão da intensidade do (a) máximo lateral de primeira ordem e (b) do máximo lateral de segunda ordem com a intensidade do máximo central.

54. A luz do laser de comprimento de onda de 632,8 nm é direcionada através de uma ou duas fendas e incide em uma tela a 2,60 m de distância. A Figura P4.54 mostra o padrão na tela, com uma régua em centímetros. (a) A luz passa por uma ou duas fendas? Explique como você pode determinar esta resposta. (b) Se for uma fenda, descubra sua largura. Se forem duas, encontre a distância entre seus centros.

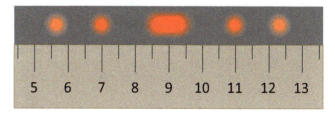

Figura P4.54

55. Em uma água de profundidade uniforme, um largo píer é sustentado por pilares em várias séries paralelas a 2,80 m de distância. As ondas do oceano, com comprimento de onda uniforme, entram por baixo do píer, movendo-se em uma direção que forma um ângulo de 80,0° com as séries

de pilares. Encontre os três comprimentos de onda mais longos que são fortemente refletidos pelos pilares.

56. A franja escura de segunda ordem em um padrão de difração de fenda dupla está a 1,40 mm do centro do máximo central. Supondo que a tela esteja a 85,0 cm de uma fenda de largura 0,800 mm e que a luz incidente seja monocromática, calcule o comprimento de onda da luz incidente.

57. A luz de um laser de hélio-neônio ($\lambda = 632,8$ nm) incide em uma fenda única. Qual é a largura máxima da fenda para a qual nenhum mínimo de difração é observado?

58. **W** Duas motocicletas separadas lateralmente por 2,30 m estão se aproximando de um observador que utiliza óculos para visão noturna sensível à luz infravermelha de comprimento de onda de 885 nm. (a) Supondo que a luz se propague através do ar perfeitamente uniforme e estacionário, que diâmetro de abertura é necessário se os faróis das motocicletas são distinguíveis a uma distância de 12,0 km? (b) Comente sobre o quão realista é a suposição da parte (a).

59. O *Very Large Array* (VLA) é um conjunto de 27 antenas parabólicas radiotelescópicas nos condados de Catron e Socorro, no Novo México (Fig. P4.59). Elas podem ser movidas em pistas de trilhos e seus sinais combinados fornecem um poder de resolução de uma abertura sintética de 36,0 km de diâmetro. (a) Se os detectores fossem colocados em uma frequência de 1,40 GHz, qual seria a resolução angular do VLA? (b) Nuvens de hidrogênio interestelar irradiam na frequência utilizada na parte (a). Qual deve ser a distância da separação de duas nuvens no centro da galáxia, 26.000 anos-luz de distância, para que sejam distinguidas? (c) **E se?** Conforme o telescópio se volta para cima, um falcão circulando olha para baixo. Suponha que o falcão seja mais sensível à luz verde de comprimento de onda de 500 nm e tenha uma pupila de diâmetro 12,0 mm. Encontre a resolução angular do olho do falcão. (d) Um rato está no solo a 30,0 m abaixo. A que distância os bigodes do rato devem estar separados para que o falcão consiga distingui-los?

Figura P4.59

60. Dois comprimentos de onda λ e $\lambda + \Delta\lambda$ (com $\Delta\lambda \ll \lambda$) são incidentes em uma rede de difração. Mostre que a separação angular entre as linhas espectrais de m-ésima ordem no espectro é:

$$\Delta\theta = \frac{\Delta\lambda}{\sqrt{(d/m)^2 - \lambda^2}}$$

61. **Revisão.** Um feixe de luz de 541 nm incide em uma rede de difração que possui 400 ranhuras/mm. (a) Determine o ângulo do raio de segunda ordem. (b) **E se?** Se todo o aparato for imerso em água, qual é o novo ângulo de difração de segunda ordem? (c) Mostre que os dois raios difratados das partes (a) e (b) se relacionam através da lei de refração.

62. *Por que a seguinte situação é impossível?* Um técnico envia uma luz de laser de comprimento de onda de 632,8 nm através de um par de fendas separadas por 30,0 μm. Cada fenda possui largura de 2,00 μm. A tela sobre a qual ele projeta o padrão não é larga o bastante, então a luz do máximo de interferência $m = 15$ perde a borda da tela e passa para a próxima estação do laboratório, surpreendendo outro funcionário.

63. Um feixe de luz de 750 nm no ar atinge a superfície plana de certo líquido e é dividido em dois raios, um refletido e outro refratado. Se o raio refletido é completamente polarizado quando está a 36,0° em relação à superfície, qual é o comprimento de onda do raio refratado?

64. Penas iridescentes de pavão são exibidas na Figura P4.64a. A superfície de uma bárbula microscópica é composta de queratina transparente que sustenta hastes de melanina marrom-escura em uma trama regular, representada pela Figura P4.64b (suas unhas são feitas de queratina e a melanina é o pigmento escuro que dá cor à pele humana.) Em uma porção da pena que pode parecer turquesa (azul-esverdeado), suponha que as hastes de melanina estejam separadas uniformemente por 0,25 μm, com ar entre elas. (a) Explique como esta porção também pode parecer turquesa quando não há nenhum pigmento verde nem azul. (b) Explique como também pode parecer violeta se a luz recair sobre ela em diferentes direções. (c) Explique como ela pode apresentar cores diferentes a seus dois olhos simultaneamente, o que é uma característica da iridescência. (d) Um CD pode parecer possuir qualquer cor do arco-íris. Explique por que esta porção da pena na Figura P4.64b não pode parecer amarela ou vermelha. (e) O que poderia ser diferente sobre a série de hastes de melanina em uma porção da pena que parece ser vermelha?

Figura P4.64

65. **AMT** A luz no ar atinge a superfície da água no ângulo de polarização. A parte do feixe refratada na água atinge uma laje submersa de material com índice de refração $n = 1,62$, como mostrado na Figura P4.65. A luz refletida pela superfície superior da laje é completamente polarizada. Encontre o ângulo θ entre as superfícies da água e da laje.

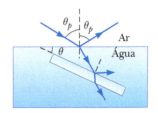

Figura P4.65 Problemas 65 e 66.

Padrões de difração e polarização **127**

66. A luz no ar (suponha $n = 1$) atinge a superfície de um líquido com índice de refração n_ℓ no ângulo de polarização. A parte do feixe refratada no líquido atinge uma laje submersa de material com índice de refração n, como mostrado na Figura P4.65. A luz refletida pela superfície superior da laje é completamente polarizada. Encontre o ângulo θ entre as superfícies da água e da laje como uma função de n e n_ℓ.

67. Uma imagem de televisão analógica americana padrão (não digital), também conhecido como NTSC, é composta de aproximadamente 485 linhas horizontais visíveis de intensidade de luz variável. Suponha que sua capacidade de distinguir as linhas seja limitada apenas ao critério de Rayleigh, que as pupilas do seu olho tenham diâmetro de 5,00 mm e que o comprimento de onda médio da luz que vem da tela seja 550 nm. Calcule a razão entre a distância mínima da tela e a dimensão vertical da imagem de modo que você não seja capaz de distinguir as linhas.

68. Uma câmera pinhole possui uma pequena abertura circular de diâmetro D. A luz de corpos distantes passa através da abertura em uma caixa preta, recaindo sobre uma tela a uma distância L. Se D for muito grande, o display na tela se tornará pouco claro, pois um ponto claro no campo de visão enviará luz em um círculo de diâmetro levemente maior que D. Por outro lado, se D for muito pequeno, a difração borrará o display na tela. A tela mostra uma imagem razoavelmente nítida se o diâmetro do disco central do padrão de difração, especificado pela Equação 4.6, for igual a D na tela. (a) Mostre que, para a luz monocromática com frentes de onda planas e $L \gg D$, a condição para uma visão nítida é atendida se $D^2 = 2,44\lambda L$. (b) Encontre o diâmetro ideal do orifício da câmera para uma luz de 500 nm projetada em uma tela a 15,0 cm de distância.

69. A *escala* de um mapa é um número de quilômetros por centímetro especificando o espaço no solo que uma distância representa no mapa. A escala de um espectro é sua *dispersão*, um número de nanômetros por centímetro que especifica a mudança no comprimento de onda que uma distância no espectro representa. Você precisa conhecer a dispersão se quiser comparar um espectro com outro ou uma medida de, por exemplo, uma variação Doppler. Considere y representando a posição relativa ao centro de um padrão de difração projetado em uma tela plana à distância L por uma rede de difração com espaçamento de fenda d. A dispersão é $d\lambda/dy$. (a) Prove que a dispersão é fornecida por

$$\frac{d\lambda}{dy} = \frac{L^2 d}{m(L^2 + y^2)^{3/2}}$$

(b) Uma luz com comprimento de onda principal de 550 nm é analisada com uma rede que tem 8.000 marcações/cm projetada em uma tela a 2,40 m de distância. Calcule a dispersão na primeira ordem.

70. (a) A luz propagando-se em um meio de índice de refração n_1 incide com ângulo θ na superfície de um meio com índice n_2. O ângulo entre os raios refratados e refletidos é β. Mostre que

$$\operatorname{tg}\theta = \frac{n_2 \operatorname{sen}\beta}{n_1 - n_2 \cos\beta}$$

(b) **E se?** Mostre que esta expressão para $\operatorname{tg}\theta$ se reduz à Lei de Brewster quando $\beta = 90°$.

71. A intensidade da luz em um padrão de difração de fenda única é descrita pela equação

$$I = I_{\text{máx}} \frac{\operatorname{sen}^2\phi}{\phi^2}$$

onde $\phi = (\pi a \operatorname{sen}\phi)/\lambda$. O máximo central está em $\phi = 0$ e os máximos laterais *aproximadamente* em $\phi = (m + \frac{1}{2})\pi$ para $m = 1, 2, 3, \ldots$ Determine mais precisamente (a) a localização do primeiro máximo lateral, onde $m = 1$ e (b) a localização do segundo máximo lateral. *Sugestão*: observe, na Figura 4.6a, que o gráfico de intensidade *versus* ϕ tem uma tangente horizontal nos máximos e também nos mínimos.

72. Qual a quantidade de espalhamento na difração que um feixe de luz sofre? Uma resposta quantitativa é a *largura total na metade do máximo* de um máximo central do padrão de difração Fraunhofer de fenda única. Você pode avaliar este ângulo de espalhamento neste problema. (a) Na Equação 4.2, defina $\phi = \pi a \operatorname{sen}\theta/\lambda$ e mostre que no ponto em que $I = 0,5 I_{\text{máx}}$ precisamos ter $\phi = \sqrt{2}\operatorname{sen}\phi$. (b) Faça $y_1 = \operatorname{sen}\phi$ e $y_2 = \phi/\sqrt{2}$. Trace y_1 e y_2 no mesmo conjunto de eixos sobre uma série de $\phi = 1$ rad a $\phi = \pi/2$ rad. Determine ϕ no ponto de intersecção das duas curvas. (c) Mostre então que, se a fração λ/a não for grande, a largura total angular na metade da intensidade do máximo de difração central é $\theta = 0,885 \, \lambda/a$. (d) **E se?** Outro método para resolver a equação transcendental $\phi = \sqrt{2} \operatorname{sen}\phi$ da parte (a) é atribuir um primeiro valor de ϕ, utilizar um computador ou uma calculadora para ver com que proximidade ele continua a atualizar sua estimativa até que a equação se equilibre. Quantos passos (interações) este processo tem?

73. Dois comprimentos de onda de luz espaçados proximamente incidem em uma rede de difração. (a) Começando com a Equação 4.7, mostre que a dispersão angular da rede é dada por

$$\frac{d\theta}{d\lambda} = \frac{m}{d \cos\theta}$$

(b) Uma rede quadrada com 2,00 cm de cada lado contendo 8.000 fendas igualmente espaçadas é utilizada para analisar o espectro do mercúrio. Duas linhas espaçadas em proximidade, emitidas por este elemento, têm comprimentos de onda de 579,065 nm e 576,959 nm. Qual é a separação angular destes dois comprimentos de onda no espectro de segunda ordem?

74. Uma luz de comprimento de onda de 632,8 nm ilumina uma fenda única e um padrão de difração é formado na tela a 1,00 m da fenda. (a) Utilizando os dados na tabela seguinte, trace a intensidade relativa *versus* a posição. Escolha um valor apropriado para a fenda com largura a e, no mesmo gráfico utilizado para os dados experimentais, trace a expressão teórica para a intensidade relativa

$$\frac{I}{I_{\text{máx}}} = \frac{\operatorname{sen}^2\phi}{\phi^2}$$

onde $\phi = (\pi a \operatorname{sen}\theta)/\lambda$. (b) Qual valor de a se encaixa melhor na teoria e no experimento?

Posição relativa ao máximo central (mm)	Intensidade relativa
0	1,00
0,8	0,95
1,6	0,80
3,2	0,39
4,8	0,079
6,5	0,003
8,1	0,036
9,7	0,043
11,3	0,013
12,9	0,0003
14,5	0,012
16,1	0,015
17,7	0,0044
19,3	0,0003

Problemas de Desafio

75. A Figura P4.75a é um esboço tridimensional de um cristal birrefringente. As linhas pontilhadas ilustram como uma placa com faces paralelas de material poderia ser cortada a partir do modelo maior com o eixo óptico do cristal paralelo às faces da placa. Uma seção cortada do cristal desta maneira é conhecida como *placa de retardamento*. Quando um feixe de luz incide na placa perpendicular em direção ao eixo óptico, como mostrado na Figura P4.75b, os raios O e E se propagam em uma única linha reta, mas com velocidades diferentes. A figura mostra as frentes de onda para ambos os raios. (a) Deixe a espessura da placa ser d. Mostre que a diferença de fase entre os raios O e E depois de se propagarem pela espessura da placa é

$$\theta = \frac{2\pi d}{\lambda}|n_O - n_E|$$

onde λ é o comprimento de onda no ar. (b) Num caso particular, a luz incidente tem comprimento de onda de 550 nm. Encontre o valor mínimo de d para uma placa de quartzo para a qual $\theta = \pi/2$, chamada *placa de quarto de onda*. Utilize os valores de n_O e n_E da Tabela 4.1.

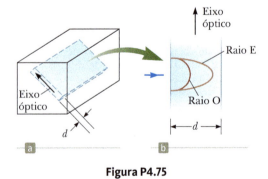

Figura P4.75

76. Um satélite espião pode consistir de um espelho côncavo de grande diâmetro formando uma imagem num detector de câmera digital que envia a imagem ao receptor de ondas de rádio no solo. Na verdade, trata-se de um telescópio astronômico em órbita olhando para baixo, em vez de para o alto. (a) Este tipo de satélite consegue ler a placa de um carro? (b) E a data em uma moeda? Argumente em suas respostas fazendo um cálculo de ordem de grandeza, especificando os dados que estimou.

77. Suponha que a fenda única na Figura 4.4 tenha 6,00 cm de largura e esteja em frente a uma fonte de micro-ondas operando a 7,50 GHz. (a) Calcule o ângulo para o primeiro mínimo no padrão de difração. (b) Qual é a intensidade relativa $I/I_{máx}$ em $\theta = 15,0°$? (c) Suponha que duas fontes iguais à citada estejam separadas lateralmente por 20,0 cm e atrás da fenda. Qual deve ser a distância máxima entre o plano das fontes e da fenda, se os padrões de difração devem ser distinguidos? Neste caso, a aproximação sen $\theta \approx$ tg θ não é válida por causa do valor relativamente pequeno de a/λ.

78. Na Figura P4.78, suponha que eixos de transmissão de discos polarizadores da esquerda e da direita sejam perpendiculares um ao outro. E, ainda, deixe o disco central ser girado em um eixo comum com uma velocidade angular ω. Mostre que se a luz não polarizada incidir no disco da esquerda com uma intensidade $I_{máx}$, a intensidade do feixe emergindo do disco direito é

$$I = \tfrac{1}{16} I_{máx}(1 - \cos\ 4\omega t)$$

Este resultado significa que a intensidade do feixe emergente é modulada a uma taxa quatro vezes a de rotação do disco central. *Sugestão*: Utilize as identidades trigonométricas $\cos^2\theta = \tfrac{1}{2}(1 + \cos 2\theta)$ e $\operatorname{sen}^2\theta = \tfrac{1}{2}(1 - \cos 2\theta)$.

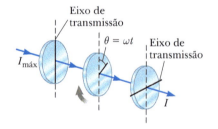

Figura P4.78

79. Considere uma onda de luz passando através de uma fenda e se propagando em direção a uma tela distante. A Figura P4.79 mostra a variação de intensidade para o padrão na tela. Forneça um argumento matemático de que mais de 90% da energia transmitida estão no máximo central do padrão de difração. *Sugestão*: Não se espera que você calcule a porcentagem precisa, mas que explique os passos de seu raciocínio. Você pode utilizar a identificação

$$\frac{1}{1^2} + \frac{1}{3^2} + \frac{1}{5^2} + \ldots = \frac{\pi^2}{8}$$

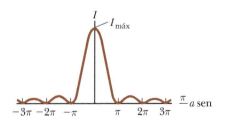

Figura P4.79

Física Moderna

parte 2

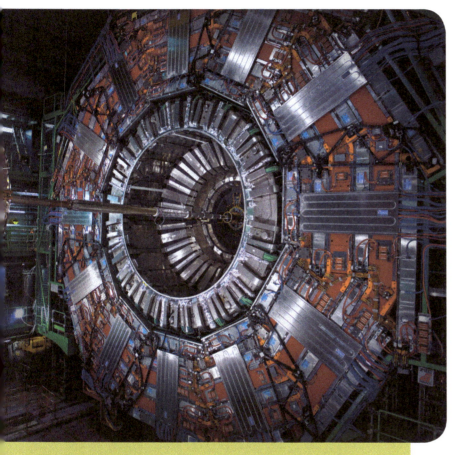

O Detector Solenoide de Múon Compacto (CMS) é uma parte do Grande Colisor de Hádrons do Laboratório europeu para a Física de Partículas operado pelo CERN (European Organization for Nuclear Research – Conselho Europeu para a Pesquisa Nuclear). É um dos vários detectores que buscam partículas elementares. Para uma noção da escala, a estrutura verde à esquerda do detector e que se estende até o topo tem cinco andares de altura. (*CERN*)

No final do século XIX, muitos cientistas acreditavam que tinham aprendido a maior parte do que havia para saber sobre a Física. As leis de movimento e a teoria da gravitação universal de Newton, o trabalho teórico de Maxwell da unificação de Eletricidade e Magnetismo, as Leis da Termodinâmica, a Teoria Cinética e os princípios da Óptica eram altamente bem-sucedidos na explicação de diversos fenômenos.

Entretanto, na virada do século XXI, uma grande revolução abalou o mundo da Física. Em 1900, Max Planck forneceu as ideias básicas que levaram à Teoria Quântica e, em 1905, Albert Einstein formulou sua teoria da relatividade. A empolgação desses tempos é resumida pelas palavras do próprio Einstein: "Foi um tempo maravilhoso para se estar vivo". Ambas as teorias teriam um efeito profundo na compreensão da natureza. Dentro de algumas décadas, inspiraram novos desenvolvimentos nos campos da Física Atômica, Nuclear e na Física da Matéria Condensada.

No Capítulo 5, introduziremos a Teoria da Relatividade Especial, que nos fornece uma nova e profunda visão das leis da Física. Embora as previsões dessa teoria, com frequência, violem o senso comum, descreve corretamente os resultados de experimentos envolvendo velocidades próximas à da luz.

Mesmo que a Física desenvolvida no século XX tenha levado a um grande número de importantes descobertas tecnológicas, a história ainda está incompleta. As descobertas continuarão a se desenvolver durante nossas vidas e muitas delas vão aprofundar ou refinar nossa compreensão da natureza e do universo à nossa volta. Ainda é "um tempo maravilhoso para se estar vivo". ∎

capítulo 5

Relatividade

5.1 O princípio da relatividade de Galileu

5.2 O experimento Michelson-Morley

5.3 O princípio da relatividade de Einstein

5.4 Consequências da teoria da relatividade especial

5.5 As equações de transformação de Lorentz

5.6 As equações de transformação de velocidade de Lorentz

5.7 Momento linear relativístico

5.8 Energia relativística

5.9 A teoria geral da relatividade

Nossas experiências e observações do dia a dia envolvem corpos que se movem a velocidades muito menores que a da luz. A Mecânica Newtoniana foi formulada através da observação e da descrição do movimento de tais corpos e esse formalismo é muito bem-sucedido na descrição de uma grande variedade de fenômenos que ocorrem a baixas velocidades. Apesar de tudo, ela falha na descrição adequada do movimento dos corpos cujas velocidades se aproximam da velocidade da luz.

Nos ombros de um gigante. **David Serway, filho de um dos autores, cuida de dois de seus filhos, Nathan e Kaitlyn, enquanto brincam nos braços da estátua de Albert Einstein, no Memorial Einstein, em Washington. É sabido que Einstein, o principal arquiteto da relatividade, gostava muito de crianças.** (*Emily Serway*)

Experimentalmente, as previsões da teoria de Newton podem ser testadas em altas velocidades acelerando elétrons ou outras partículas carregadas através de uma grande diferença de potencial elétrico. Por exemplo, é possível acelerar um elétron a uma velocidade de $0,99c$ (onde c é a velocidade da luz) utilizando uma diferença de potencial de milhões de volts. De acordo com a Mecânica Newtoniana, se essa diferença for aumentada por um fator de 4, a energia cinética dos elétrons é quatro vezes maior e sua velocidade dobra para $1,98c$. Entretanto, experiências mostram que a velocidade dos elétrons – assim como a de qualquer outro corpo no universo – sempre permanece abaixo da velocidade da luz, independentemente do tamanho da tensão de aceleração. Como não coloca limite máximo para a velocidade, a Mecânica Newtoniana é contrária aos resultados experimentais modernos e claramente uma teoria limitada.

Em 1905, com apenas 26 anos de idade, Einstein publicou sua teoria da relatividade especial. Ele escreveu:

A teoria da relatividade resultou da necessidade de sérias e profundas contradições na velha teoria das quais não via saída.

A força da nova teoria reside na consistência e na simplicidade com a qual resolve todas essas dificuldades.[1]

Embora Einstein tenha feito outras contribuições importantes para a ciência, somente a teoria da relatividade especial representa uma das grandes realizações intelectuais de todos os tempos. Com ela, observações experimentais podem ser corretamente previstas sobre uma variação de velocidade de $v = 0$ àquelas próximas à velocidade de luz. Em velocidades baixas, a teoria de Einstein reduz a Mecânica de Newton a uma situação limitante. É importante reconhecer que Einstein trabalhava com o Eletromagnetismo quando desenvolveu sua teoria da relatividade especial. Ele se convencera de que as equações de Maxwell estavam corretas e, para reconciliá-las com um de seus postulados, foi forçado em direção à noção revolucionária de assumir que o espaço e o tempo não eram absolutos.

Esse capítulo oferece uma introdução à teoria da relatividade especial com ênfase em algumas de suas previsões. Além de seu conhecido e essencial papel na Física Teórica, essa teoria possui aplicações práticas, incluindo o projeto de usinas de energia nuclear e do sistema de posicionamento global (GPS). Esses dispositivos dependem dos princípios relativísticos para a operação e o projeto adequado.

5.1 O princípio da relatividade de Galileu

Para descrever um evento físico, devemos estabelecer um referencial. Você deve se lembrar, do Capítulo 5 do Volume 1, que um referencial inercial é aquele no qual se observa que um corpo não possui nenhuma velocidade quando nenhuma força age sobre ele. Além disso, qualquer referencial que se mova a uma velocidade constante em relação a um referencial inercial também deve ser um referencial inercial.

Não há referenciais inerciais absolutos. Portanto, os resultados de um experimento realizado com um veículo movendo-se a uma velocidade uniforme devem ser idênticos aos do mesmo experimento realizado com um veículo parado. O enunciado formal desse resultado é chamado **princípio da relatividade de Galileu**:

> As Leis da Mecânica devem ser as mesmas em todos os referenciais inerciais. ◀ **Princípio da relatividade de Galileu**

Vamos considerar uma observação que ilustra as equivalências das leis da Mecânica em diferentes referenciais inerciais. A picape na Figura 5.1a move-se a uma velocidade constante em relação ao solo. Se um passageiro na picape joga uma bola para cima e os efeitos do ar forem negligenciados, ele observa que a bola se move em um caminho vertical. O movimento da bola parece ser precisamente igual ao que a bola faria se jogada por uma pessoa parada na Terra. A Lei da Gravitação Universal e as equações de movimento sob aceleração constante são obedecidas se a picape estiver parada ou em movimento uniforme.

Considere também um observador no solo, como na Figura 5.1b. Ambos os observadores concordam com as leis da Física: o da picape joga a bola para cima, e ela sobe e desce novamente para sua mão. Eles concordam sobre o caminho da bola arremessada pelo observador na picape? O observador no solo vê o caminho da bola como uma parábola, como ilustrado na Figura 5.1b, enquanto, como mencionado, o da picape a vê percorrer um caminho vertical. Além disso, segundo o observador no solo, a bola possui uma componente de velocidade horizontal igual à velocidade da picape. Embora ambos discordem sobre certos aspectos da situação, concordam com a validade das Leis de Newton e os princípios clássicos, como os da conservação de energia e da conservação do momento linear. Esse acordo implica que nenhum experimento mecânico pode detectar uma diferença entre dois referenciais inerciais. A única coisa que pode ser detectada é o movimento relativo de um referencial em relação ao outro.

 Teste Rápido **5.1** Qual observador na Figura 5.1 vê o caminho *correto* da bola? **(a)** o da picape **(b)** o do solo **(c)** ambos.

Suponha que um fenômeno físico, a que chamamos *evento*, ocorra e seja visto por um observador parado em um referencial inercial. A expressão, "em um referencial" significa que o observador está parado em relação à origem daquele referencial. A localização e o tempo de ocorrência do evento podem ser especificados por quatro coordenadas (x, y, z, t). Gostaríamos de ser capazes de transformar essas coordenadas, das de um observador em um referencial inercial nas de outro em um referencial se movendo com velocidade relativa uniforme comparada à do primeiro referencial.

---

[1] A. Einstein e L. Infield, *The Evolution of Physics* (Nova York: Simon and Schuster, 1961).

Figura 5.1 Dois observadores veem o trajeto de uma bola arremessada e obtêm diferentes resultados.

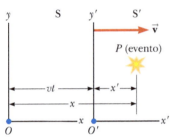

Figura 5.2 Um evento ocorre no ponto P. É visto por dois observadores nos referenciais inerciais S e S′, onde S′ move-se com a velocidade $\vec{v}$ em relação a S.

Considere dois referenciais inerciais S e S′ (Fig. 5.2). O referencial S′ move-se a uma velocidade constante $\vec{v}$ junto aos eixos comuns x e x', onde $\vec{v}$ é medido em relação a S. Supomos que as origens de S e S′ coincidam em $t = 0$, em que um evento ocorre no ponto P no espaço em algum instante do tempo. Por questões de simplicidade, mostramos o observador O no referencial S e o O′ no referencial S′ como pontos azuis nas origens de suas coordenadas na Figura 5.2, mas isso não é necessário; ambos os observadores poderiam estar em qualquer localização fixa em seu referencial. O observador O descreve o evento com coordenadas espaço-tempo (x, y, z, t), enquanto o O′ em S′ utiliza as coordenadas (x', y', z', t') para descrever o mesmo evento. Como vemos na geometria da Figura 5.2, a relação entre essas várias coordenadas pode ser escrita como

Equações de transformação de Galileu ▶
$$x' = x - vt \quad y' = y \quad z' = z \quad t' = t \tag{5.1}$$

Essas são as **equações de transformação de espaço e tempo de Galileu**. Note que se assume que o tempo é o mesmo nos dois referenciais inerciais. Isto é, dentro do sistema da Mecânica Clássica, todos os relógios funcionam no mesmo ritmo, independentemente de sua velocidade, de modo que o tempo no qual um evento ocorre para um observador em S é igual ao do mesmo evento em S′. Por consequência, o intervalo de tempo entre dois eventos sucessivos deve ser o mesmo para dois observadores. Embora essa concepção possa parecer óbvia, revela-se incorreta em situações nas quais v é comparável à velocidade da luz.

Suponha, então, que uma partícula se mova por um deslocamento dx junto ao eixo x em um intervalo de tempo dt, como medido pelo observador em S. Segue-se da Equação 5.1 que o deslocamento correspondente dx' medido pelo observador em S′ é $dx' = dx - v\,dt$, onde o referencial S′ move-se com uma velocidade v na direção x relativa ao referencial S. Como $dt = dt'$, descobrimos que

$$\frac{dx'}{dt'} = \frac{dx}{dt} - v$$

ou

$$u'_x = u_x - v \tag{5.2}$$

onde u_x e u'_x são as componentes x da velocidade da partícula medida pelos observadores em S e S′, respectivamente. Utilizamos o símbolo $\vec{u}$ em vez de $\vec{v}$ para a velocidade da partícula porque $\vec{v}$ já é utilizado para a velocidade relativa dos dois referenciais. A Equação 5.2 é a **equação de transformação de velocidade de Galileu**. É consistente com nossa noção intuitiva de espaço e tempo, assim como com nossas discussões na Seção 4.6 do Volume 1. Entretanto, como veremos em breve, leva a sérias contradições quando aplicada a ondas magnéticas.

Prevenção de Armadilhas 5.1
A relação entre os referenciais S e S′ Muitas das representações matemáticas neste capítulo são verdadeiras *somente* para a relação específica entre S e S′. Os eixos x e x' coincidem, exceto que suas origens são diferentes. Os eixos y e y' (e os z e z') são paralelos, mas coincidem apenas em um instante por causa do deslocamento da origem de S′ em relação à de S. Escolhemos o tempo $t = 0$ para ser o instante no qual as origens dos dois sistemas de coordenadas coincidem. Se o referencial S′ se move na direção positiva x em relação a S, então v é positivo; do contrário, é negativo.

> **Teste Rápido 5.2** Um lançador de beisebol com uma bola rápida de 90 mph lança uma bola de cima de um vagão movendo-se a 110 mph. A bola é arremessada na mesma direção da velocidade do trem. Se você aplicar a equação de transformação de velocidade de Galileu a essa situação, a velocidade da bola em relação à Terra será **(a)** 90 mph, **(b)** 110 mph, **(c)** 20 mph, **(d)** 200 mph ou **(e)** impossível de ser determinada.

A velocidade da luz

É bastante comum questionar se o princípio da relatividade de Galileu também se aplica à eletricidade, ao magnetismo e à óptica. Os experimentos indicam que a resposta é não. Lembre-se, do Capítulo 12 do Volume 3, que Maxwell mostrou que a velocidade da luz no espaço livre é $c = 3{,}00 \times 10^8$ m/s. Os físicos do final dos anos 1800 pensavam que as ondas de luz se propagavam através de um meio chamado *éter* e a velocidade da luz é c somente em um referencial especial absoluto em repouso em relação ao éter. Esperava-se que as equações de transformação de velocidade de Galileu representassem observações sobre a luz feitas por um observador em qualquer referencial movendo-se a uma velocidade v em relação ao referencial do éter absoluto. Isto é, se a luz se move junto ao eixo x e um observador se move à velocidade $\vec{v}$ junto ao eixo x, a velocidade da luz medida por um observador é $c \pm v$, dependendo das direções de percurso do observador e da luz.

Como a existência da preferência por um referencial do éter absoluto mostraria que a luz é similar a outras ondas clássicas e que as ideias newtonianas eram verdadeiras, uma importância considerável foi atribuída ao estabelecimento da existência do referencial do éter. Antes do final dos anos 1800, os experimentos que envolviam a luz se propagando em um meio em movimento na mais alta velocidade atingível em laboratório não eram capazes de detectar diferenças tão pequenas quanto as entre c e $c \pm v$. No início dos anos 1880, os cientistas decidiram utilizar a Terra como referencial móvel na tentativa de aprimorar as chances de detecção dessas pequenas mudanças na velocidade da luz.

Observadores fixos na Terra podem ver que estão parados e que o referencial do éter absoluto contendo o meio para a propagação da luz se move passando por eles a uma velocidade v. Determinar a velocidade da luz sob essas circunstâncias é igual a definir a velocidade de uma aeronave viajando em uma corrente de ar móvel ou vento; em consequência, falamos do "vento de éter" que sopra por nosso aparato fixo na Terra.

Um método direto para detectar um vento de éter seria utilizar um aparato fixo na Terra para medir a influência desse vento na velocidade da luz. Se v é a velocidade do éter relativa à Terra, a luz deveria ter sua velocidade máxima $c + v$ quando estivesse se propagando na direção do vento, como na Figura 5.3a. Da mesma maneira, a velocidade da luz deveria ter seu valor mínimo $c - v$ quando a luz estivesse se propagando contra o vento, como na Figura 5.3b e um valor intermediário $(c^2 - v^2)^{1/2}$ quando a luz estivesse dirigida de forma a se propagar perpendicularmente ao vento de éter, como na Figura 5.3c. Neste último caso, o vetor $\vec{c}$ deve estar apontado contra o vento para que a velocidade esteja perpendicular a ele, como o barco na Figura 4.20b do Volume 1. Se assumirmos que o Sol está em repouso no éter, a velocidade do vento de éter será igual à orbital da Terra em torno do Sol, o que tem aproximadamente um valor de 30 km/s ou 3×10^4 m/s. Como $c = 3 \times 10^8$ m/s é necessário detectar uma mudança de velocidade de aproximadamente 1 parte em 10^4 para medidas nas direções contra e a favor do vento. Embora uma mudança como essa seja experimentalmente mensurável, todas as tentativas para detectar essas mudanças e estabelecer a existência do vento de éter (e, portanto, a do referencial absoluto) são comprovadamente fúteis! Discutiremos a pesquisa experimental clássica para o éter na Seção 5.2.

O princípio da relatividade de Galileu refere-se apenas às leis da mecânica. Se supusermos que as leis da eletricidade e do magnetismo são as mesmas em todos os referenciais inerciais, imediatamente um paradoxo que concerne à velocidade da luz é gerado. Isto pode ser compreendido através do reconhecimento de que as equações de Maxwell implicam que a velocidade sempre tem o valor fixo de $3{,}00 \times 10^8$ m/s em todos os referenciais inerciais, um resultado em contradição direta com o que se espera com base nas equações de transformação de velocidade de Galileu. Segundo a relatividade de Galileu, a velocidade da luz *não* deve ser igual em todos os referenciais inerciais.

Para resolver essa contradição nas teorias, devemos concluir que (1) as leis da eletricidade e do magnetismo não são as mesmas em todos os referenciais inerciais, ou (2) que a equação de transformação de velocidade de Galileu está incorreta. Se

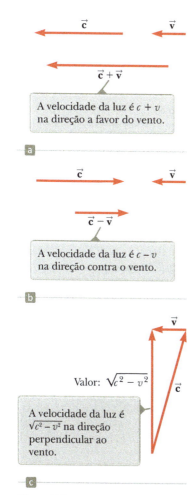

Figura 5.3 Se a velocidade do vento de éter em relação à Terra é $\vec{v}$ e a da luz relativa ao éter é $\vec{c}$, a velocidade da luz em relação à Terra depende da direção de sua velocidade.

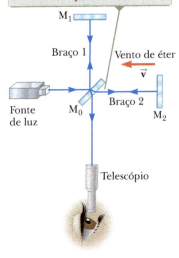

Figura 5.4 Um interferômetro de Michelson é utilizado na tentativa de detectar o vento de éter.

assumirmos a primeira alternativa, deve existir um referencial preferencial no qual a velocidade da luz possui um valor c e a velocidade medida deve ser maior ou menor que esse valor em qualquer outro referencial, de acordo com a equação de transformação de velocidade de Galileu. Se assumirmos a segunda, devemos abandonar as noções de espaço e tempo absolutos que formam a base das equações de transformação de espaço e tempo de Galileu.

5.2 O experimento Michelson-Morley

O experimento mais famoso projetado para detectar pequenas mudanças na velocidade da luz foi realizado pela primeira vez em 1881, por A. A. Michelson (veja a Seção 3.6 desse volume) e mais tarde repetido sob várias condições por Michelson e Edward Morley (1838-1923). Como veremos, o resultado do experimento contradisse ambas as hipóteses.

O experimento foi projetado para determinar a velocidade da Terra em relação à do éter hipotético. A ferramenta experimental utilizada foi o interferômetro de Michelson, discutido na Seção 3.6 e exibido novamente na Figura 5.4. O braço 2 é alinhado junto à direção do movimento da Terra no espaço. A Terra movendo-se pelo éter à velocidade v é equivalente ao éter fluindo pela Terra na direção oposta a essa velocidade. Esse vento de éter soprando na direção oposta à do movimento da Terra deveria fazer com que a velocidade da luz medida no referencial da Terra fosse $c - v$ conforme a Terra se aproxima do espelho M_2 e $c + v$ após a reflexão, onde c é a velocidade da luz no referencial do éter.

Os dois feixes de luz se refletem nos espelhos M_1 e M_2, recombinam-se e um padrão de interferência se forma, como discutido na Seção 3.6. Então, o padrão de interferência é observado enquanto o interferômetro é girado em um ângulo de 90°. Essa rotação faz o intercâmbio da velocidade do vento de éter entre os dois braços do interferômetro. A rotação deve fazer com que o padrão de franjas mude levemente, mas ainda assim seja capaz de ser medido. Entretanto, as medidas falharam na indicação de qualquer mudança no padrão de interferência! O experimento Michelson-Morley foi repetido em diferentes momentos do ano, quando se esperava que o vento de éter mudaria de direção e valor, mas os resultados eram sempre os mesmos: nenhuma mudança de intensidade nas franjas foi *jamais* observada.[2]

Os resultados negativos do experimento de Michelson-Morley não apenas contradisseram as duas hipóteses, mas também mostraram que é impossível medir a velocidade absoluta da Terra em relação ao referencial de éter. Entretanto, Einstein ofereceu um postulado para sua teoria da relatividade especial que apresentou uma interpretação bastante diferente sobre esses resultados nulos. Nos últimos anos, quando se soube mais sobre a natureza da luz, a ideia de um éter que permeia todos os espaços foi abandonada. Hoje, a luz é entendida como uma onda eletromagnética que não requer nenhum meio para sua propagação. Como resultado, a ideia de um éter no qual essas ondas se propagam se tornou ultrapassada.

Detalhes do experimento de Michelson-Morley

Para entender o resultado do experimento de Michelson-Morley, vamos supor que os dois braços do interferômetro na Figura 5.4 tenham o mesmo comprimento L. Analisaremos essa situação como se houvesse um vento de éter, pois era isso o que Michelson e Morley esperavam encontrar. Como observado acima, a velocidade do feixe de luz junto ao braço 2 deveria ser $c - v$ conforme o feixe se aproximasse de M_2 e $c + v$ depois da reflexão. Modelamos um pulso de luz como uma partícula em velocidade constante. Portanto, o intervalo de tempo para que o pulso se propague para a direita é $\Delta t = L/(c - v)$ e para que se propague para a esquerda é $\Delta t = L/(c + v)$. O intervalo de tempo total para o percurso de ida e volta junto ao braço 2 é

$$\Delta t_{\text{braço 2}} = \frac{L}{c+v} + \frac{L}{c-v} = \frac{2Lc}{c^2 - v^2} = \frac{2L}{c}\left(1 - \frac{v^2}{c^2}\right)^{-1}$$

---

[2] Do ponto de vista de um observador na Terra, mudanças na velocidade e na direção do movimento da Terra no curso de um ano são vistas conforme o vento de éter muda. Mesmo que a velocidade da Terra em relação ao éter fosse zero em algum momento, seis meses depois sua velocidade seria de 60 km/h em relação ao éter e, como resultado, uma mudança na franja deveria ser notada. Entretanto, nenhuma mudança jamais foi observada.

Considere agora o feixe de luz propagando-se junto ao braço 1, perpendicular ao vento de éter. Como a velocidade do feixe em relação à Terra é $(c^2 - v^2)^{1/2}$ neste caso (veja a Figura 5.3c), o intervalo de tempo para percorrer cada metade do percurso é $\Delta t = L/(c^2 - v^2)^{1/2}$ e o total para o percurso completo é

$$\Delta t_{\text{braço 1}} = \frac{2L}{(c^2 - v^2)^{1/2}} = \frac{2L}{c}\left(1 - \frac{v^2}{c^2}\right)^{-1/2}$$

A diferença de tempo Δt entre os percursos completos horizontal (braço 2) e vertical (braço 1) é

$$\Delta t = \Delta t_{\text{braço 2}} - \Delta t_{\text{braço 1}} = \frac{2L}{c}\left[\left(1 - \frac{v^2}{c^2}\right)^{-1} - \left(1 - \frac{v^2}{c^2}\right)^{-1/2}\right]$$

Como $v^2/c^2 \ll 1$, podemos simplificar a expressão utilizando a seguinte expansão nominal depois de desprezar todos os termos acima da segunda ordem:

$$(1 - x)^n \approx 1 - nx \quad (\text{para } x \ll 1)$$

Em nosso caso, $x = v^2/c^2$ e descobrimos que

$$\Delta t = \Delta t_{\text{braço 2}} - \Delta t_{\text{braço 1}} \approx \frac{Lv^2}{c^3} \tag{5.3}$$

Essa diferença de tempo entre os dois instantes nos quais os feixes refletidos chegam ao telescópio de visualização dá origem a uma diferença de fase entre eles, produzindo um padrão de interferência quando se combinam na posição do telescópio. Uma mudança no padrão de interferência deveria ser detectada quando o interferômetro fosse girado em 90° em um plano horizontal para que os dois feixes trocassem. Essa rotação resulta em uma diferença de tempo duas vezes aquela fornecida pela Equação 5.3. Portanto, a diferença de caminho que corresponde a essa diferença de tempo é

$$\Delta d = c(2\Delta t) = \frac{2Lv^2}{c^2}$$

Como uma mudança no caminho de um comprimento de onda corresponde a uma mudança de uma franja, esse deslocamento correspondente é igual a essa diferença de caminho dividida pelo comprimento de onda da luz:

$$\text{Deslocamento} = \frac{2Lv^2}{\lambda c^2} \tag{5.4}$$

Nos experimentos de Michelson e Morley, cada feixe de luz era refletido por espelhos várias vezes para fornecer um caminho efetivo L de aproximadamente 11 m. Utilizando esse valor, tomando v como igual a $3,0 \times 10^4$ m/s (a velocidade da Terra em torno do Sol) e 500 nm para o comprimento de onda da luz, esperamos uma mudança de franja de

$$\text{Deslocamento} = \frac{2(11 \text{ m})(3,0 \times 10^4 \text{ m/s})^2}{(5,0 \times 10^{-7} \text{ m})(3,0 \times 10^8 \text{ m/s})^2} = 0,44$$

O instrumento utilizado por Michelson e Morley podia detectar mudanças tão pequenas nas franjas quanto 0,01, mas não detectou nenhuma mudança de nenhuma forma no padrão de franjas! O experimento foi repetido várias vezes desde então, por diferentes cientistas, sob uma grande variedade de condições, mas nunca se detectou nenhuma alteração nas franjas. Portanto, concluiu-se que o movimento da Terra em relação ao éter postulado não pode ser detectado.

Muitos esforços foram feitos para explicar os resultados nulos do experimento de Michelson-Morley e para salvar o conceito do referencial de éter e a equação de transformação de velocidade de Galileu para a luz. Todas as propostas deles resultantes foram provadas como erradas. Nenhum experimento na história da Física recebeu tantos esforços valiosos para explicar a falta de um resultado esperado como o experimento de Michelson-Morley. O palco foi preparado para Einstein, que resolveu o problema, em 1905, com sua teoria da relatividade especial.

5.3 O princípio da relatividade de Einstein

Na seção anterior, observamos a impossibilidade de medir a velocidade do éter em relação à Terra e a falha da equação de transformação da velocidade de Galileu no caso da luz. Einstein propôs uma teoria que removeu corajosamente essas dificuldades e, ao mesmo tempo, alterou completamente nossa noção de tempo e espaço.[3] Ele baseou sua teoria da relatividade especial em dois postulados:

> 1. **O princípio da relatividade**: As leis da Física devem ser iguais em todos os referenciais inerciais.
> 2. **A constância da velocidade da luz**: A velocidade da luz no vácuo tem o mesmo valor, $c = 3,00 \times 10^8$ m/s, em todos os referenciais inerciais, independentemente da velocidade do observador ou da velocidade da fonte emissora de luz.

Albert Einstein
Físico teuto-americano (1879-1955)

Einstein, um dos maiores físicos de todos os tempos, nasceu em Ulm, na Alemanha. Em 1905, aos 26 anos, publicou quatro trabalhos científicos que revolucionaram a Física. Dois desses tratavam do que hoje se conhece como sua mais importante contribuição: a teoria da relatividade especial.

Em 1916, Einstein publicou seu trabalho sobre a teoria geral da relatividade. A previsão mais surpreendente dessa teoria é o grau pelo qual a luz é defletida por um campo gravitacional. Medidas feitas por astrônomos em estrelas brilhantes nas proximidades do Sol eclipsado em 1919 confirmaram as previsões de Einstein, que, como resultado, se tornou uma celebridade mundial. Einstein ficou muito perturbado com o desenvolvimento da Mecânica Quântica nos anos 1920, apesar da própria missão como revolucionário científico. Em particular, não pôde jamais aceitar a visão probabilística dos eventos na natureza, característica principal da teoria quântica. As últimas décadas da vida dele foram devotadas a uma busca sem sucesso pela unificação da teoria que combinaria gravitação e eletromagnetismo.

O primeiro postulado afirma que *todas* as leis da Física – aquelas que tratam da mecânica, eletricidade e magnetismo, a óptica e a termodinâmica, e assim por diante – são as mesmas em todos referenciais inerciais movendo-se a uma velocidade constante um em relação ao outro. Esse postulado é a generalização do princípio da relatividade de Galileu, que se refere apenas às leis da mecânica. De um ponto de vista experimental, o princípio de relatividade de Einstein significa que qualquer tipo de experimento (medindo a velocidade da luz, por exemplo) realizado em repouso num laboratório deve fornecer o mesmo resultado quando realizado em movimento, em laboratório, a uma velocidade constante em relação ao primeiro. Assim, não existe nenhum referencial inercial preferencial e é impossível detectar o movimento absoluto.

Observe que o postulado 2 é necessário ao 1: se a velocidade da luz não fosse a mesma em todos os referenciais inerciais, as medidas de diferentes velocidades tornariam possível a distinção entre referenciais inerciais. Como resultado, um referencial absoluto preferencial poderia ser identificado, em contradição com o postulado 1.

Embora o experimento Michelson-Morley tenha sido realizado antes de Einstein ter publicado seu trabalho sobre a relatividade, não fica claro se esse último estava ou não ciente dos detalhes do experimento. Apesar de tudo, o resultado nulo do experimento pode ser prontamente compreendido na estrutura da teoria de Einstein. Segundo seu princípio de relatividade, as premissas do experimento de Michleson-Morley estavam incorretas. No processo de tentar explicar os resultados esperados, afirmamos que, quando a luz se propagou contra o vento de éter, sua velocidade era de $c - v$, de acordo com a equação de transformação de velocidade de Galileu. Entretanto, se o estado de movimento do observador ou da fonte não tem nenhuma influência sobre o valor encontrado para a velocidade da luz, sempre se mede o valor como c. Da mesma forma, a luz se propaga de retorno após a reflexão no espelho a uma velocidade c, e não $c + v$. Portanto, o movimento da Terra não influencia no padrão de franja observado no experimento Michelson-Morley e deve-se esperar um resultado nulo.

Se aceitarmos a teoria da relatividade de Einstein, devemos concluir que o movimento relativo não tem importância na medição da velocidade da luz. Ao mesmo tempo, devemos alterar nossa noção de senso comum de espaço e tempo e estar preparados para algumas consequências surpreendentes. Enquanto estiver lendo as páginas adiante, tenha em mente que nossas ideias de senso comum são baseadas em uma vida de experiências diárias e não em observações de corpos que se movem a centenas de milhares de quilômetros por segundo. Portanto, esses resultados podem parecer estranhos, mas isso ocorre somente por não termos experiência com eles.

5.4 Consequências da teoria da relatividade especial

Conforme examinamos algumas das consequências da relatividade nesta seção, restringimos nossa discussão aos conceitos de simultaneidade, intervalos de espaço e tempo, todos bastante diferentes na mecânica relativística do que são na mecânica newtoniana. Na mecânica relativística, por exemplo, a distância entre dois pontos e o intervalo de tempo entre dois eventos dependem do referencial no qual são medidos.

---

[3] A. Einstein, "On the Electrodynamics of Moving Bodies", *Ann. Physik* **17**:891, 1905. Para uma tradução em inglês desse artigo e outras publicações de Einstein, veja o livro de H. Lorentz, A. Einstein, H. Minkowski, e H. Weyl, *The Principle of Relativity* (Nova York: Dover, 1958).

A simultaneidade e a relatividade do tempo

Uma premissa básica da Física Newtoniana é que há uma escala de tempo universal igual para todos os observadores. Newton e seus seguidores menosprezaram a simultaneidade. Em sua teoria da relatividade especial, Einstein abandonou essa suposição.

Einstein desenvolveu o seguinte experimento para ilustrar esse ponto. Um vagão de trem move-se à velocidade uniforme e dois raios atingem suas extremidades, como ilustrado na Figura 5.5a, deixando marcas no vagão e no chão. As marcas no vagão estão indicadas como A' e B' e as do chão, A e B. Um observador O' movendo-se com o vagão está no meio do caminho entre A' e B' e outro, O, encontra-se no solo, no meio do caminho entre A e B. Os eventos registrados pelos observadores são os golpes dos dois raios no vagão.

Os sinais de luz emitidos de A e B no instante em que os raios atingem o vagão alcançam depois o observador O no mesmo momento indicado pela Figura 5.5b. Esse observador percebe que os sinais se moveram à mesma velocidade sobre distâncias iguais e conclui então que os eventos em A e B ocorreram simultaneamente. Agora, considere os mesmos eventos vistos pelo observador O'. No momento em que os sinais tiverem atingido o observador O, o O' terá se movido como indicado na Figura 5.5b. Portanto, o sinal de B' já terá passado por O', mas o de A' ainda não terá alcançado O'. Em outras palavras, O' vê o sinal de B' antes de ver o de A'. Segundo Einstein, *os dois observadores precisam achar que a luz se move com a mesma velocidade*. Portanto, o observador O' conclui que um raio atinge a frente do vagão *antes* de outro atingir sua traseira.

Esse experimento mental demonstra claramente que dois eventos que parecem ocorrer simultaneamente ao observador O *não* parecem ser simultâneos ao observador O'. A simultaneidade não é um conceito absoluto; em vez disso, depende do estado de movimento do observador. O experimento mental de Einstein demonstrou que ambos os observadores podem discordar sobre a simultaneidade dos dois eventos. Essa discordância, entretanto, depende do tempo de trânsito da luz para os observadores e, portanto, *não* demonstra o significado mais profundo da relatividade. Na análise relativística de situações em altas velocidades, a simultaneidade é relativa mesmo quando o tempo de trânsito é subtraído. Na verdade, em todos os efeitos relativísticos que discutimos, ignoramos as diferenças causadas pelo tempo de trânsito da luz para os observadores.

> **Prevenção de Armadilhas 5.2**
> **Quem está certo?**
> Você deve se perguntar qual observador está correto na Figura 5.5 em relação aos dois raios. *Ambos estão*, porque o princípio de relatividade afirma que *não há referencial inercial preferível*. Embora os dois cheguem a diferentes conclusões, ambos estão corretos em seus próprios referenciais, porque o conceito de simultaneidade não é absoluto. Esse, na verdade, é o ponto central da relatividade: qualquer referencial que se mova uniformemente pode ser utilizado para descrever eventos e fazer Física.

Dilatação do tempo

Para ilustrar que os observadores em referenciais inerciais diferentes podem medir diferentes intervalos de tempo entre um par de eventos, considere um veículo movendo-se para a direita com velocidade v, como o vagão mostrado na Figura 5.6a. Um espelho é fixado no teto do vagão e o observador O' parado na estrutura ligada ao vagão segura uma lanterna a uma distância d abaixo do espelho. Em um instante, a lanterna emite um pulso de luz dirigido em direção ao espelho (evento 1) e algum tempo depois, após ser refletido pelo espelho, o pulso chega de volta à lanterna (evento 2). O observador O' carrega um relógio e o utiliza para medir o intervalo de tempo Δt_p entre esses dois eventos. O subscrito p significa *próprio*, como veremos adiante. Modelamos um pulso da luz como uma partícula em velocidade

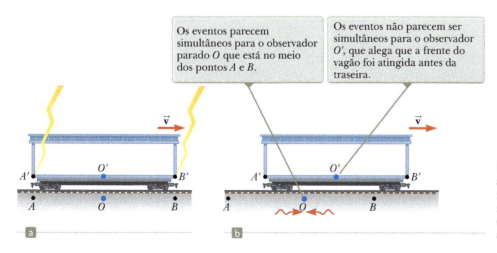

Figura 5.5 (a) Dois raios atingem as extremidades de um vagão em movimento. (b) O sinal de luz que se move para a esquerda já passou por O', mas o que se move para a direita ainda não atingiu O'.

138 Física para cientistas e engenheiros

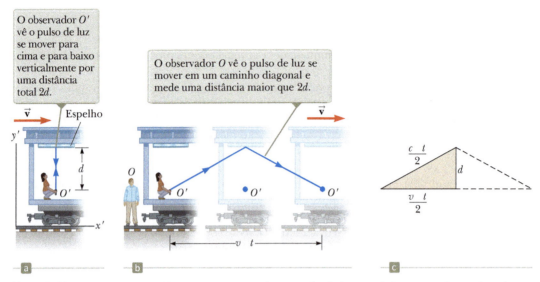

Figura 5.6 (a) Um espelho é fixado em um vagão móvel e um pulso de luz é enviado por um observador O' em repouso dentro do vagão. (b) Em relação a um observador O parado ao lado do vagão, o espelho e O' se movem com velocidade v. (c) Triângulo retângulo para o cálculo da relação entre Δt e Δt_p.

constante. Como o pulso de luz tem a velocidade c, o intervalo de tempo necessário para que o pulso se mova de O' para o espelho e retorne é

$$\Delta t_p = \frac{\text{distância percorrida}}{\text{velocidade}} = \frac{2d}{c} \tag{5.5}$$

Considere agora o mesmo par de eventos como visto pelo observador O em um segundo referencial em repouso em relação ao solo, como mostrado na Figura 5.6b. Segundo esse observador, o espelho e a lanterna se movem para a direita com velocidade v e, como resultado, a sequência de eventos parece inteiramente diferente. No momento em que a luz da lanterna alcança o espelho, esse já se moveu para a direita a uma distância $v\,\Delta t/2$, onde Δt é o intervalo de tempo necessário para que a luz se propague de O' para o espelho e de volta a O' como medido por O. Esse último observador conclui que, por causa do movimento do vagão, se a luz atingir o espelho, ele deve deixar a lanterna em um ângulo em relação à direção vertical. Comparando a Figura 5.6a com a 5.6b, vemos que a luz precisa se propagar mais longe na parte (b) do que na (a). Note que nenhum observador "sabe" que está se movendo. Cada um está em repouso em seu próprio referencial inercial.

De acordo com o segundo postulado da teoria da relatividade especial, ambos os observadores devem medir c para a velocidade da luz. Como a luz se move mais segundo O, o intervalo de tempo Δt medido por esse é maior que o intervalo de tempo Δt_p medido por O'. Para obter uma relação entre esses dois intervalos de tempo, vamos utilizar o triângulo retângulo mostrado na Figura 5.6c. O teorema de Pitágoras nos fornece

$$\left(\frac{c\Delta t}{2}\right)^2 = \left(\frac{v\Delta t}{2}\right)^2 + d^2$$

Resolvendo para Δt, temos

$$\Delta t = \frac{2d}{\sqrt{c^2 - v^2}} = \frac{2d}{c\sqrt{1 - \dfrac{v^2}{c^2}}} \tag{5.6}$$

Como $\Delta t_p = 2d/c$, podemos expressar esse resultado como

Dilatação do tempo ▶

$$\Delta t = \frac{\Delta t_p}{\sqrt{1 - \dfrac{v^2}{c^2}}} = \gamma \Delta t_p \tag{5.7}$$

onde

$$\gamma = \frac{1}{\sqrt{1 - \dfrac{v^2}{c^2}}} \tag{5.8}$$

Como γ é sempre maior que a unidade, a Equação 5.7 mostra que o intervalo de tempo Δt medido por um observador movendo-se em relação a um relógio é maior que aquele medido por outro em repouso em relação ao relógio. Esse efeito é conhecido como **dilatação do tempo**.

A dilatação do tempo não é observada em nossa vida cotidiana, mas pode ser compreendida através da consideração do fator γ. Esse fator se afasta significativamente da unidade somente para velocidades muito altas, como mostrado na Figura 5.7 e na Tabela 5.1. Por exemplo, para uma velocidade de $0,1c$, o valor de γ é 1,005. Portanto, há uma dilatação do tempo de somente 0,5% de um décimo da velocidade da luz. As velocidades encontradas em nosso dia a dia são muito menores que $0,1c$, de forma que não experimentamos uma dilatação do tempo em situações normais.

O intervalo de tempo Δt_p nas Equações 5.5 e 5.7 é chamado **intervalo de tempo próprio**. Einstein utilizou o termo alemão *Eigenzeit*, que significa "tempo próprio". Em geral, o intervalo de tempo próprio é o intervalo de tempo entre dois eventos medidos por um observador *que os vê ocorrerem no mesmo ponto do espaço*.

Se um relógio se move na sua direção, você observará que o intervalo de tempo entre os barulhos dos ponteiros do relógio que se move são maiores que o barulho dos ponteiros de um relógio idêntico em seu referencial. Portanto, frequentemente se diz que um relógio móvel tem seu funcionamento medido como mais lento que um relógio medido em seu referencial por um fator γ. Podemos generalizar esse resultado afirmando que todos os processos físicos, incluindo os mecânicos, químicos e biológicos, são medidos mais lentos que aqueles que ocorrem em um referencial que se move em relação ao observador. Por exemplo, os batimentos cardíacos de um astronauta que se move pelo espaço mantêm o tempo com um relógio dentro da nave espacial. Tanto o relógio quanto os batimentos do astronauta serão medidos como mais lentos por um relógio com base na Terra (embora o astronauta não tenha a sensação de que o ritmo da vida diminuiu dentro da nave espacial).

> **Prevenção de Armadilhas 5.3**
> **Intervalo de tempo próprio**
> É *muito* importante nos cálculos relativísticos identificar corretamente o observador que mede o intervalo de tempo próprio. O intervalo de tempo próprio entre dois eventos é sempre aquele medido por um observador para o qual os dois eventos acontecem na mesma posição.

Teste Rápido 5.3 Suponha que um observador O' no trem da Figura 5.6 mire sua lanterna na parede mais distante do vagão e a ligue e desligue, enviando um pulso de luz em direção à parede distante. Tanto O' quanto O medem o intervalo de tempo entre quando o pulso deixa a lanterna e quando atinge a parede do vagão. Qual observador mede o tempo de intervalo próprio entre esses dois eventos? **(a)** O', **(b)** O, **(c)** ambos, **(d)** nenhum.

TABELA 5.1

Valores aproximados para γ e várias velocidades

v/c	γ
0	1
0,0010	1,0000005
0,010	1,00005
0,10	1,005
0,20	1,021
0,30	1,048
0,40	1,091
0,50	1,155
0,60	1,250
0,70	1,400
0,80	1,667
0,90	2,294
0,92	2,552
0,94	2,931
0,96	3,571
0,98	5,025
0,99	7,089
0,995	10,01
0,999	22,37

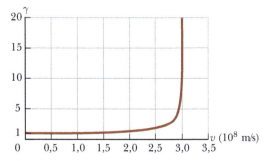

Figura 5.7 Gráfico de γ *versus* v. Conforme a velocidade se aproxima da velocidade da luz, γ aumenta rapidamente.

Teste Rápido 5.4 A tripulação em uma espaçonave assiste a um filme de duas horas de duração. A espaçonave está se movendo a uma grande velocidade pelo espaço. Um observador baseado na Terra que vê a tela na aeronave, utilizando um telescópio superpoderoso, mede a duração do tempo do filme **(a)** mais longa, **(b)** mais curta ou **(c)** igual a duas horas?

A dilatação do tempo é um fenômeno bastante real que foi verificado por vários experimentos envolvendo relógios naturais. Um desses, veiculado por J. C. Hafete e R. E. Keating, forneceu evidências diretas dessa dilatação.[4] Os intervalos de tempo medidos com quatro relógios atômicos de césio em um voo a jato foram comparados a intervalos de tempo medidos com base em relógios atômicos baseados na Terra. Para comparar esses resultados com a teoria, muitos fatores precisavam ser observados, incluindo os períodos de aceleração e desaceleração relativos à Terra, às variações na direção da viagem e ao campo gravitacional mais fraco experimentado pelos relógios em voo, em relação aos baseados em Terra. Os resultados ficaram de acordo com as previsões da teoria da relatividade especial, e explicados em termos do movimento relativo entre a Terra e a aeronave a jato. Em seu trabalho, Hafele e Keating afirmaram que "em relação à escala atômica de tempo do Observatório Naval dos EUA, os relógios em voo perderam 59 ± 10 ns durante o percurso para o leste e ganharam 273 ± 7 ns durante o percurso para o oeste".

Outro exemplo interessante da dilatação do tempo envolve a observação dos *múons*, partículas elementares instáveis que têm carga igual a de um elétron, mas possuem massa 207 vezes a do elétron. Múons podem ser produzidos por colisão de radiação cósmica com átomos bem altos na atmosfera; aqueles com baixa velocidade de movimento no laboratório têm uma expectativa de vida medida para ser o intervalo de tempo próprio $\Delta t_p = 2,2$ μs. Se tomarmos 2,2 μs como o tempo de vida médio de um múon e assumirmos que sua velocidade é próxima à da luz, descobriremos que essas partículas podem percorrer uma distância de $(3,0 \times 10^8 \text{ m/s})(2,2 \times 10^{-6}\text{s}) \approx 6,6 \times 10^2$ m antes de decair (Fig. 5.8a). Assim, provavelmente eles não alcançam a superfície da Terra do alto da atmosfera, onde são produzidos. Experimentos mostram, entretanto, que um grande número de múons a alcança. O fenômeno da dilatação do tempo explica esse efeito. Medidos por um observador na Terra, os múons têm um tempo de vida dilatado igual a $\gamma \Delta t_p$. Por exemplo, para $v = 0,99c$, $\gamma \approx 7,1$ e $\gamma \Delta t_p \approx 16$ μs. Assim, a distância média percorrida pelos múons neste intervalo de tempo medido pelo observador na Terra é aproximadamente $(0,99)(3,0 \times 10^8 \text{ m/s})(16 \times 10^{-6} \text{ s}) \approx 4,8 \times 10^3$ m, como indicado na Figura 5.8b.

Em 1976, no laboratório do CERN, em Genebra, os múons injetados em um grande anel de armazenamento alcançaram velocidades de aproximadamente $0,9994c$. Os elétrons produzidos pelos múons decadentes foram detectados por contadores ao redor do anel, permitindo aos cientistas medir a taxa de decaimento e, assim, o tempo de vida do múon. O tempo de vida dos múons móveis foi medido em aproximadamente 30 vezes mais longo que o daqueles em repouso, de acordo com a previsão da relatividade dentro de duas partes em mil.

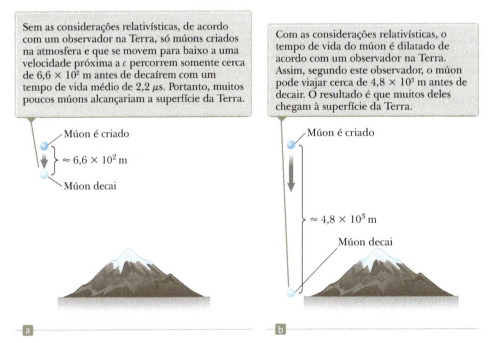

Figura 5.8 Movimento dos múons segundo um observador na Terra.

---

[4] J. C. Hafele e R. E. Keating, "Around the World Atomic Clocks: Relativistic Time Gains Observed", *Science* **177**:168, 1972.

Relatividade **141**

Exemplo **5.1** — Qual é o período do pêndulo?

O período de um pêndulo é medido em 3,00 s no seu referencial. Qual é o período quando medido por um observador movendo-se a uma velocidade de 0,960c em relação ao pêndulo?

SOLUÇÃO

Conceitualização Vamos trocar os referenciais. Em vez de o observador se mover a 0,960c, podemos pegar o ponto de vista equivalente ao do observador em repouso e o pêndulo movendo-se a 0,960c passando pelo observador parado. Assim, o pêndulo é um exemplo de um relógio movendo-se em alta velocidade em relação ao observador.

Categorização Com base na etapa de Conceitualização, podemos categorizar esse exemplo como um problema de substituição envolvendo a dilatação do tempo.

O intervalo de tempo próprio, medido no referencial em repouso do pêndulo, é $\Delta t_p = 3,00$ s.

Utilize a Equação 5.7 para encontrar o intervalo de tempo dilatado:

$$\Delta t = \gamma \Delta t_p = \frac{1}{\sqrt{1 - \dfrac{(0,960c)^2}{c^2}}} \Delta t_p = \frac{1}{\sqrt{1 - 0,9216}} \Delta t_p$$

$$= 3,57(3,00 \text{ s}) = \boxed{10,7 \text{ s}}$$

O resultado mostra que um pêndulo móvel é de fato medido para levar mais tempo para completar um período do que um em repouso. O período aumenta por um fator de $\gamma = 3,57$.

E SE? E se a velocidade do observador aumenta em 4,00%? O intervalo de tempo dilatado aumenta em 4,00%?

Resposta Com base no comportamento altamente linear não de γ como uma função de v na Figura 5.7, arriscaríamos que o aumento em Δt seria diferente de 4,00%.

Encontre a nova velocidade se ela aumentar em 4,00%:

$$v_{\text{novo}} = (1,0400)(0,960c) = 0,9984c$$

Realize novamente o cálculo da dilatação do tempo:

$$\Delta t = \gamma \Delta t_p = \frac{1}{\sqrt{1 - \dfrac{(0,9984c)^2}{c^2}}} \Delta t_p = \frac{1}{\sqrt{1 - 0,9968}} \Delta t_p$$

$$= 17,68(3,00 \text{ s}) = 53,1 \text{s}$$

Portanto, o aumento de 4,00% na velocidade resulta em um aumento de quase 400% do tempo dilatado!

Exemplo **5.2** — Qual foi a duração da sua viagem?

Suponha que você esteja dirigindo seu carro em uma viagem de negócios a 30 m/s. Seu chefe, que o espera no destino, espera que a viagem leve 5 horas. Quando chega atrasado, a desculpa que dá é de que o relógio em seu carro registrou a passagem das 5 horas, mas você estava dirigindo rápido e, portanto, seu relógio girou mais lentamente do que o do escritório do seu chefe. Se realmente o relógio do seu carro indicou uma viagem de 5 horas, qual foi o tempo decorrido no relógio do seu chefe, que estava em repouso na Terra?

SOLUÇÃO

Conceitualização O observador é seu chefe em repouso na Terra. O relógio está no seu carro, movendo-se a 30 m/s em relação ao seu chefe.

Categorização A baixa velocidade de 30 m/s sugere que podemos categorizar esse exemplo como um no qual utilizamos equações e conceitos clássicos. Com base no enunciado do problema que nos diz que o relógio em movimento se move mais lentamente do que o em repouso, entretanto, categorizamos esse problema como um que envolve a dilatação do tempo.

Análise O intervalo de tempo próprio, medido no referencial em repouso do carro, é $\Delta t_p = 5,0$ h.

continua

5.2 cont.

Utilize a Equação 5.8 para avaliar γ:

$$\gamma = \frac{1}{\sqrt{1-\frac{v^2}{c^2}}} = \frac{1}{\sqrt{1-\frac{(3{,}0\times 10^1\text{ m/s})^2}{(3{,}0\times 10^8\text{ m/s})^2}}} = \frac{1}{\sqrt{1-10^{-14}}}$$

Se você tentar determinar esse valor em sua calculadora, provavelmente obterá $\gamma = 1$. Em vez disso, faça uma expansão binominal:

$$\gamma = (1-10^{-14})^{-1/2} \approx 1 + \tfrac{1}{2}(10^{-14}) = 1 + 5{,}0\times 10^{-15}$$

Utilize a Equação 5.7 para descobrir o intervalo de tempo dilatado medido por seu chefe:

$$\Delta t = \gamma \Delta t_p = (1 + 5{,}0\times 10^{-15})(5{,}0\,\text{h})$$
$$= 5{,}0\,\text{h} + 2{,}5\times 10^{-14}\,\text{h} = \boxed{5{,}0\,\text{h} + 0{,}090\,\text{ns}}$$

Finalização O relógio do seu chefe estaria somente 0,090 ns adiantado em relação ao do seu carro. Você deveria pensar em outra desculpa!

O paradoxo dos gêmeos

Uma consequência intrigante da dilatação do tempo é o *paradoxo dos gêmeos* (Fig. 5.9). Considere um experimento envolvendo gêmeos, chamados Speedo e Goslo. Quando estão com 20 anos, Speedo, o mais aventureiro dos dois, parte em uma jornada épica da Terra para o planeta X, localizado a 20 anos-luz de distância. Um ano-luz (ly) é a distância que a luz percorre pelo espaço em um ano. Além disso, a aeronave de Speedo é capaz de atingir uma velocidade de $0{,}95c$ em relação ao referencial inercial de seu irmão gêmeo, em casa, na Terra. Depois de alcançar o planeta X, Speedo fica doente e retorna imediatamente à Terra, à mesma velocidade de $0{,}95c$. Em seu retorno, Speedo se surpreende porque seu irmão envelheceu 42 anos, e agora está com 62. Speedo, por outro lado, envelheceu apenas 13.

O paradoxo *não* é que os gêmeos envelheceram em velocidades diferentes. Esse é o paradoxo aparente. Do referencial de Goslo, ele estava em repouso, enquanto seu irmão viajou a uma grande velocidade para longe dele e depois retornou. Segundo Speedo, entretanto, ele próprio ficou em repouso, enquanto Goslo e a Terra foram para longe dele e depois voltaram. Portanto, poderíamos esperar que Speedo alegasse que Goslo envelhece mais lentamente que ele. A situação parece ser simétrica do ponto de vista dos gêmeos. Qual deles *realmente* envelhece mais devagar?

Na verdade, a situação não é simétrica. Considere um terceiro observador movendo-se a uma velocidade constante em relação a Goslo. Segundo esse terceiro, Goslo nunca muda de referencial. A velocidade dele relativa ao terceiro observador é sempre a mesma. O terceiro observador nota, entretanto, que Speedo acelera durante sua jornada quando reduz a velocidade e começa a retornar à Terra, *trocando de referencial no processo*. A partir da perspectiva do terceiro observador, há algo muito diferente no movimento de Goslo quando comparado ao de Speedo. Portanto, não há paradoxo; apenas Goslo, que está sempre em um único referencial, pode fazer previsões corretas com base na relatividade especial. Goslo descobre que, em vez de envelhecer 42 anos, Speedo envelheceu apenas $(1 - v^2/c^2)^{1/2}(42\text{ anos}) = 13$ anos. Desses 13 anos, Speedo gastou 6,5 viajando até o planeta X e mais 6,5 retornando à Terra.

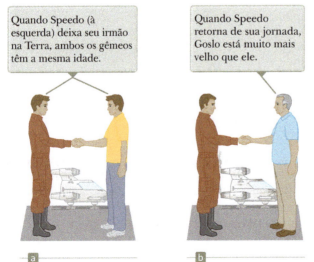

Figura 5.9 O paradoxo dos gêmeos. Speedo faz uma jornada para um planeta a 20 anos-luz de distância e retorna à Terra.

Teste Rápido **5.5** Suponha que astronautas sejam pagos de acordo com a quantidade de tempo que gastam viajando no espaço. Após uma longa viagem a uma velocidade que se aproxima de c, uma tripulação preferiria ser paga segundo **(a)** um relógio com base na Terra, **(b)** o relógio de sua espaçonave ou **(c)** ambos os relógios?

Contração do espaço

A distância medida entre dois pontos no espaço também depende do referencial do observador. O **comprimento próprio** L_p de um corpo é aquele medido por um observador *em repouso em relação ao corpo*. O comprimento de um corpo medido por alguém em um referencial que esteja se movendo em relação ao corpo é sempre menor que o comprimento próprio. Esse efeito é conhecido como **contração do espaço**.

Para compreender a contração do espaço, considere uma espaçonave viajando a uma velocidade v de uma estrela para outra. Há dois observadores: um na Terra e outro na espaçonave. O observador em repouso na Terra (e também assumidamente em repouso em relação às duas estrelas) mede a distância entre as estrelas como sendo o comprimento próprio L_p. Segundo esse observador, o intervalo de tempo necessário para a nave completar a viagem é $\Delta t = L_p/v$. As passagens das duas estrelas pela espaçonave ocorrem na mesma posição para o viajante no espaço. Portanto, ele mede o intervalo de tempo próprio como Δt_p. Por causa da dilatação de tempo, o intervalo de tempo próprio é relacionado ao de tempo medido da Terra por $\Delta t_p = \Delta t/\gamma$. Como o viajante do espaço alcança a segunda estrela no tempo Δt_p, conclui que a distância L entre as estrelas é

$$L = v\Delta t_p = v\frac{\Delta t}{\gamma}$$

> **Prevenção de Armadilhas 5.4**
> **Comprimento próprio**
> Assim como com o intervalo de tempo próprio, é *muito* importante nos cálculos relativísticos identificar corretamente o observador que mede o comprimento próprio. Esse comprimento entre dois pontos no espaço é sempre aquele medido por um observador em repouso em relação aos pontos. Geralmente, o intervalo de tempo próprio e o comprimento próprio não são medidos pelo mesmo observador.

Como a distância adequada é $L_p = v\Delta t$, vemos que

$$L = \frac{L_p}{\gamma} = L_p\sqrt{1 - \frac{v^2}{c^2}} \quad (5.9) \quad \blacktriangleleft \text{ Contração do espaço}$$

onde $\sqrt{1 - v^2/c^2}$ é um fator menor que uma unidade. Se um corpo possui comprimento próprio L_p quando medido por um observador em repouso em relação ao corpo, seu comprimento L, quando se move a uma velocidade v em uma direção paralela a seu comprimento, apresenta medidas menores segundo a Equação 5.9.

Por exemplo, suponha que uma trena passe por um observador baseado na Terra com uma velocidade v, como na Figura 5.10. O comprimento da trena, medido por um observador em uma estrutura ligada a ela, é o comprimento próprio L_p exibido na Figura 5.10a. O comprimento L da trena medido pelo observador na Terra é menor que L_p pelo fator $(1 - v^2/c^2)^{1/2}$, como sugerido pela Figura 5.10b. Observe que a contração do espaço ocorre somente junto à direção do movimento.

O comprimento próprio e o intervalo de tempo próprio são definidos de forma diferente. O primeiro é medido por um observador para o qual os pontos das extremidades do comprimento permanecem fixos no espaço; o segundo é

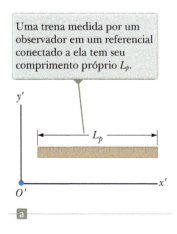
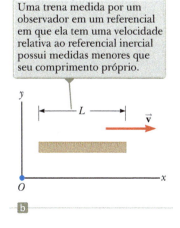

Figura 5.10 O comprimento de uma trena é medido por dois observadores.

medido por alguém para quem os dois eventos acontecem na mesma posição no espaço. Como um exemplo para essa ideia, vamos retornar aos múons em decaimento, que se movem a velocidades próximas à da luz. Um observador no referencial dos múons mede o tempo de vida próprio, enquanto outro, baseado na Terra, mede o comprimento próprio (a distância entre os pontos de criação e de decaimento na Fig. 5.8b). No referencial dos múons, não há dilatação do tempo, mas a distância para a superfície é menor quando medida neste referencial. Da mesma maneira, no referencial do observador na Terra não há dilatação do tempo, mas a distância da viagem é medida como sendo igual ao comprimento próprio. Portanto, quando os cálculos sobre os múons são realizados em ambos os referenciais, o resultado do experimento em um referencial é igual ao do outro: mais múons alcançam a superfície do que seria previsto sem os efeitos relativísticos.

Teste Rápido **5.6** Você está fazendo as malas para uma viagem a outra estrela. Durante a jornada, viajará a $0{,}99c$. Você está tentando decidir se deveria comprar tamanhos menores para suas roupas, porque estará mais magro em sua viagem por causa da contração do espaço. Você também planeja economizar dinheiro reservando uma cabine menor para dormir, porque estará menor quando se deitar. Você deveria **(a)** comprar tamanhos de roupa menores, **(b)** reservar uma cabine menor, **(c)** não fazer nenhuma dessas coisas ou **(d)** fazer ambas?

Teste Rápido **5.7** Você está observando uma espaçonave movendo-se para longe. Você a mede menor que quando estava no solo ao seu lado. E também vê um relógio através da janela da espaçonave e observa que a passagem do tempo nele mostra-se mais lenta do que em seu relógio de pulso. Comparando-a quando a aeronave estava no solo, o que você medirá se a espaçonave fizer meia-volta e vier *na sua direção* na mesma velocidade? **(a)** A espaçonave terá medidas maiores e o relógio andará mais rápido. **(b)** A espaçonave terá medidas menores e o relógio andará mais lentamente. **(c)** A espaçonave terá medidas menores e o relógio andará mais rápido. **(d)** A espaçonave terá medidas menores e o relógio andará mais devagar.

Gráficos de espaço-tempo

Por vezes, é útil representar uma situação física com um **gráfico de espaço-tempo**, no qual ct é a ordenada e a posição x, a abscissa. O paradoxo dos gêmeos é exibido no gráfico da Figura 5.11 do ponto de vista de Goslo. Um trajeto pelo tempo e espaço é chamado **linha de universo**. Na origem, as linhas de universo de Speedo (azul) e Goslo (verde) coincidem, porque os gêmeos estão no mesmo local e no mesmo tempo. Depois que Speedo parte em sua viagem, essa linha de universo diverge da de seu irmão. A de Goslo é vertical, porque ele permanece em um local fixo. No momento da reunião entre Goslo e Speedo, as duas linhas de universo se juntam novamente. Seria impossível para Speedo ter uma linha de universo que cruzasse o trajeto de um facho de luz que deixou a Terra juntamente com ele. Para isso, precisaria ter uma velocidade maior que c (o que, como mostrado nas Seções 5.6 e 5.7, não é possível).

Linhas de universo para feixes de luz são diagonais nos gráficos de espaço-tempo, desenhadas normalmente a 45° à esquerda ou à direita da vertical (supondo que os eixos x e ct tenham as mesmas escalas), dependendo se o feixe de luz se propaga na direção de x crescente ou decrescente. Todos os eventos futuros possíveis para Goslo e Speedo estão acima do eixo x e entre as linhas marrom-avermelhadas na Figura 5.11, pois nenhum dos gêmeos pode viajar mais rápido que a luz. Os únicos eventos passados que Goslo e Speedo poderiam ter experimentado ocorrem entre duas linhas similares a 45° que se aproximam da origem abaixo do eixo x.

Se a Figura 5.11 for girada em torno do eixo ct, as linhas marrom-avermelhadas formarão um cone, chamado *cone de luz*, o que generaliza a Figura 5.11 a duas dimensões no espaço. O eixo y pode ser imaginado saindo da página. Todos os eventos futuros para um observador na origem devem ficar dentro do cone de luz. Podemos imaginar outra rotação que generalizaria o cone de luz em três dimensões espaciais para incluir z, mas, por causa da necessidade de quatro dimensões (três dimensões espaciais e o tempo), não podemos representar essa situação em um desenho de duas dimensões no papel.

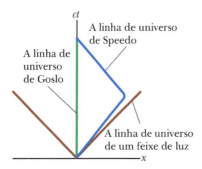

Figura 5.11 O paradoxo dos gêmeos em um gráfico de espaço-tempo. O gêmeo que fica na Terra tem uma linha de universo ao longo do eixo ct (verde). O caminho do gêmeo viajante através do espaço-tempo é representado por uma linha de universo que muda de direção (azul). As marrom-avermelhadas são as linhas de universo para os feixes de luz que se propagam na direção x positiva (à direita) ou na direção x negativa (à esquerda).

Relatividade **145**

Exemplo 5.3 — Uma viagem a Sirius `MA`

Um astronauta faz uma viagem a Sirius, que se localiza a uma distância de 8 anos-luz da Terra. Ele mede o tempo da jornada de ida em 6 anos. Se a espaçonave se move à velocidade de 0,8c, como a distância de 8 ly pode ser reconciliada com o tempo de viagem de 6 anos medido pelo astronauta?

SOLUÇÃO

Conceitualização Um observador na Terra mede que a luz precisa de 8 anos para fazer a viagem entre Sirius e a Terra. O astronauta mede um intervalo de tempo de 6 anos para sua viagem. Ele está viajando mais rápido que a luz?

Categorização Como o astronauta está medindo um espaço entre a Terra e Sirius, que está em movimento em relação àquela, categorizamos esse exemplo como um problema de contração do espaço. Também modelamos o astronauta como uma partícula que se move com velocidade constante.

Análise A distância de 8 ly representa o comprimento próprio entre a Terra e Sirius medido por um observador na Terra vendo ambos os corpos quase em repouso.

Calcule o espaço contraído medido pelo astronauta utilizando a Equação 5.9:

$$L = \frac{8\ \text{ly}}{y} = (8\ \text{ly})\sqrt{1 - \frac{v^2}{c^2}} = (8\ \text{ly})\sqrt{1 - \frac{(0,8c)^2}{c^2}} = 5\ \text{ly}$$

Utilize a partícula sob velocidade constante para encontrar o tempo de viagem no relógio do astronauta:

$$\Delta t = \frac{L}{v} = \frac{5\ \text{ly}}{0,8c} = \frac{5\ \text{ly}}{0,8(1\ \text{ly/ano})} = 6\ \text{anos}$$

Finalização Observe que utilizamos o valor para a velocidade da luz como $c = 1$ ly/ano. A viagem tem um intervalo de tempo mais curto do que 8 anos para o astronauta porque, para ele, a distância entre a Terra e Sirius é menor.

E SE? E se essa viagem fosse observada com um telescópio bastante potente por um técnico no controle da missão na Terra? Em que momento esse técnico *vê* que o astronauta chegou a Sirius?

Resposta O intervalo de tempo que o técnico mede para a chegada do astronauta é

$$\Delta t = \frac{L_p}{v} = \frac{8\ \text{ly}}{0,8c} = 10\ \text{anos}$$

Para o técnico *ver* a chegada, a luz do momento da chegada se propaga de volta à Terra e entra no telescópio. Esse percurso necessita de um intervalo de tempo de

$$\Delta t = \frac{L_p}{v} = \frac{8\ \text{ly}}{c} = 8\ \text{anos}$$

Portanto, o técnico vê a chegada depois de 10 anos + 8 anos = 18 anos. Se o astronauta retorna imediatamente para casa, ele chega, segundo o técnico, 20 anos depois de ter saído, apenas 2 anos *depois de o técnico vê-lo chegar*! Além disso, o astronauta teria envelhecido apenas 12 anos.

Exemplo 5.4 — O paradoxo da vara e do celeiro `MA`

O paradoxo dos gêmeos, discutido anteriormente, é um "paradoxo" clássico da relatividade. Outro "paradoxo" é o seguinte. Suponha que um corredor se movendo a 0,75c carregue uma vara horizontal de 15 m de comprimento em direção a um celeiro de 10 m de comprimento. O celeiro possui portas frontais e traseiras inicialmente abertas. Um observador no solo pode instantânea e simultaneamente abrir e fechar ambas as portas com um controle remoto. Quando a vara e o corredor estão dentro do celeiro, o observador no solo fecha e depois abre as portas para que o corredor e a vara fiquem momentaneamente capturados lá dentro e depois saiam pela porta traseira. O corredor e o observador no solo concordam que o primeiro atravessa o celeiro com segurança?

SOLUÇÃO

Conceitualização A partir de sua experiência no dia a dia, você ficaria surpreso de ver uma vara de 15 metros caber em um celeiro de 10 metros, mas estamos nos acostumando com resultados surpreendentes em situações relativísticas.

continua

5.4 cont.

Categorização A vara está em movimento em relação ao observador no solo, de modo que esse mede seu comprimento contraído, enquanto o celeiro em repouso tem comprimento próprio de 10 m. Categorizamos esse exemplo como um problema de contração do espaço. O corredor que carrega a vara é modelado como uma *partícula sob velocidade constante*.

Análise Utilize a Equação 5.9 para encontrar o comprimento contraído da vara segundo o observador no solo:

$$L_{\text{vara}} = L_p \sqrt{1 - \frac{v^2}{c^2}} = (15\,\text{m})\sqrt{1 - (0,75)^2} = 9,9\,\text{m}$$

Portanto, o observador no solo mede a vara levemente mais curta que o celeiro e, assim, não há problema em capturar a vara dentro do celeiro. O "paradoxo" surge quando consideramos o ponto de vista do corredor.

Utilize a Equação 5.9 para descobrir o comprimento contraído do celeiro segundo o corredor:

$$L_{\text{celeiro}} = L_p \sqrt{1 - \frac{v^2}{c^2}} = (10\,\text{m})\sqrt{1 - (0,75)^2} = 6,6\,\text{m}$$

Como a vara está no referencial em repouso do corredor, esse a mede com seu comprimento próprio de 15 m. Agora a situação parece ainda pior: como uma vara de 15 m pode caber em um celeiro de *6,6 m*? Embora essa questão seja a clássica a ser feita, ela não é a que nos propusemos, porque não é a importante. Nós perguntamos: "*O corredor atravessa o celeiro com segurança?*".

A resolução do "paradoxo" está na relatividade da simultaneidade. O fechamento das duas portas é medido como sendo simultâneo pelo observador no solo. Como as portas estão em diferentes posições, entretanto, não se fecham simultaneamente segundo as medidas do corredor. A porta traseira se fecha e depois a primeira abre, permitindo que a extremidade da frente da vara saia. A porta frontal do celeiro não se fecha até que a ponta traseira da vara passe por ela.

Podemos analisar esse "paradoxo" utilizando um gráfico de espaço-tempo. A Figura 5.12a mostra um do ponto de vista do observador no solo. Escolhemos $x = 0$ como a posição da porta frontal do celeiro e $t = 0$ como o instante no qual a extremidade frontal da vara se localiza na porta frontal do celeiro. As linhas de universo para as duas portas estão separadas por 10 m e são verticais, pois o celeiro não está se movendo em relação a esse observador. Para a vara, seguimos as duas linhas de universo inclinadas, uma para cada extremidade da vara se movendo. Essas linhas estão separadas por 9,9 m horizontalmente, o que corresponde ao comprimento contraído visto pelo observador no solo. Como visto na Figura 5.12a, a vara está inteiramente dentro do celeiro em algum instante.

A Figura 5.12b mostra o gráfico de espaço-tempo segundo o corredor. Nela, as linhas de universo para a vara estão separadas por 15 m e são verticais, pois a vara está em repouso no referencial do corredor. O celeiro está sendo empurrado *em direção* ao corredor, então as linhas de universo para as portas frontais e traseiras estão inclinadas para a esquerda. As linhas de universo para o celeiro estão separadas por 6,6 m, o comprimento contraído medido pelo corredor. A ponta frontal da vara deixa a porta traseira do celeiro muito antes de a ponta traseira entrar. Portanto, a abertura da porta traseira ocorre antes do fechamento da frontal.

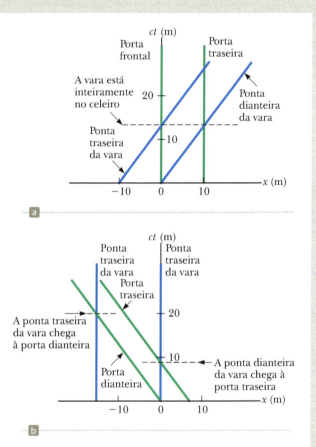

Figura 5.12 (Exemplo 5.4) Gráficos de espaço-tempo para o paradoxo do celeiro e da vara (a) do ponto de vista do observador no solo e (b) do ponto de vista do corredor.

Do ponto de vista do observador no solo, utilize o modelo da partícula sob velocidade constante para encontrar o tempo antes de $t = 0$ no qual a extremidade traseira da vara entra no celeiro:

$$(1) \quad t = \frac{\Delta x}{v} = \frac{9,9\,\text{m}}{0,75c} = \frac{13,2\,\text{m}}{c}$$

> **5.4 cont.**
>
> Do ponto de vista do corredor, utilize o modelo da partícula em velocidade constante para encontrar o tempo no qual a ponta dianteira da vara deixa o celeiro:
>
> (2) $\quad t = \dfrac{\Delta x}{v} = \dfrac{6,6 \text{ m}}{0,75c} = \dfrac{8,8 \text{ m}}{c}$
>
> Encontre o tempo no qual a ponta traseira da vara chega à porta dianteira do celeiro:
>
> (3) $\quad t = \dfrac{\Delta x}{v} = \dfrac{15 \text{ m}}{0,75c} = \dfrac{20 \text{ m}}{c}$
>
> **Finalização** Na Equação (1), a vara deveria estar completamente dentro do celeiro no tempo correspondente a $ct = 13{,}2$ m. Essa situação é consistente com o ponto no eixo ct na Figura 5.12a, onde a vara se encontra dentro do celeiro. Na Equação (2), a ponta dianteira da vara deixa o celeiro em $ct = 8{,}8$ m. Essa situação é consistente com o ponto no eixo ct na Figura 5.12b, onde a ponta dianteira da vara chega à porta traseira do celeiro. A Equação (3) fornece $ct = 20$ m, o que está de acordo com o instante mostrado na Figura 5.12b, no qual a ponta traseira da vara chega à porta frontal do celeiro.

O efeito doppler relativístico

Outra importante consequência da dilatação do tempo é a mudança na frequência observada para a luz emitida por átomos em movimento em oposição à luz emitida por átomos em repouso. Esse fenômeno, conhecido como efeito Doppler, foi introduzido no Capítulo 3 do Volume 2 em relação às ondas sonoras. No caso do som, o movimento da fonte em relação ao meio de propagação pode ser distinguido daquele do observador em relação ao meio. Entretanto, as ondas de luz precisam ser analisadas de forma diferente, porque *não necessitam de nenhum meio para se propagar*, e não há método de distinção da velocidade de uma fonte de luz e da velocidade do observador. A única velocidade mensurável é a *velocidade relativa*, v, entre a fonte e o observador.

Se uma fonte de luz e um observador se aproximam um do outro a uma velocidade relativa v, a frequência f' medida pelo observador é

$$f' = \frac{\sqrt{1 + v/c}}{\sqrt{1 - v/c}} f \qquad (5.10)$$

onde f é a frequência da fonte medida em seu referencial inercial. Essa equação relativística de mudança de Doppler, diferente da de mudança de Doppler para o som, depende apenas da velocidade relativa v da fonte e do observador e vale para velocidades relativas menores que c. Como você deve esperar, a equação prevê que $f' > f$ quando a fonte e o observador se aproximam um do outro. Obtemos a expressão para o caso no qual a fonte e o observador se afastam um em relação ao outro substituindo os valores negativos por v na Equação 5.10.

O uso mais espetacular e surpreendente do efeito Doppler relativístico é a medida de mudanças na frequência da luz emitida por um corpo astronômico móvel, como uma galáxia, por exemplo. A luz emitida pelos átomos, encontrada normalmente na região extrema violeta do espectro, é mudada para a extremidade vermelha desse para os átomos em outras galáxias, indicando que essas estão se *afastando* em relação a nós. O astrônomo norte-americano Edwin Hubble (1889-1953) realizou medições extensivas dessa *mudança vermelha* para confirmar que a maioria das galáxias está se movendo para longe de nós, o que indica que o universo está se expandindo.

5.5 As equações de transformação de Lorentz

Suponha que dois eventos ocorram nos pontos P e Q e sejam reportados por dois observadores, um em repouso no referencial S e outro no referencial S', que se move para a direita com velocidade v, como na Figura 5.13. O observador em S reporta os eventos com as coordenadas de espaço-tempo (x, y, z, t) e o em S' os reporta utilizando as coordenadas (x', y', z', t'). A Equação 5.1 prevê que a distância entre os dois pontos no espaço nos quais os eventos ocorrem não dependem do movimento do observador: $\Delta x = \Delta x'$. Como essa previsão é contraditória à noção de contração do espaço, a transformação de Galileu não é válida quando v se aproxima da velocidade da luz. Nesta seção, apresentaremos as equações de transformação corretas que se aplicam a todas as velocidades na faixa $0 < v < c$.

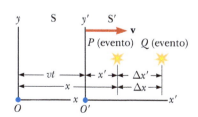

Figura 5.13 Os eventos ocorrem nos pontos P e Q e são observados por um observador em repouso no referencial S, e por outro no referencial S', que se move para a direita com a velocidade v.

148 Física para cientistas e engenheiros

As equações que são válidas para todas as velocidades e nos permitem transformar as coordenadas de S para S' são as **equações de transformação de Lorentz**:

Transformação de Lorentz ▶
para S   S

$$x' = \gamma(x - vt) \quad y' = y \quad z' = z \quad t' = \gamma\left(t - \frac{v}{c^2}x\right)$$

(5.11)

Essas equações de transformação foram desenvolvidas por Hendrik A. Lorentz (1853-1928), em 1890, em conexão com o eletromagnetismo. Entretanto, foi Einstein quem reconheceu seu significado físico e deu o corajoso passo de interpretá-las dentro da estrutura da teoria da relatividade especial.

Observe a diferença entre as equações de tempo de Galileu e as de Lorentz. No caso da primeira, $t = t'$. Já no da segunda, entretanto, o valor para t' atribuído a um evento por um observador O' no referencial S', na Figura 5.13, depende tanto do tempo t quanto da coordenada x medidos pelo observador O no referencial S, o que é consistente com a noção de que um evento se caracteriza por quatro coordenadas de espaço e tempo (x, y, z, t). Em outras palavras, na relatividade, espaço e tempo *não* são conceitos separados, mas sim intimamente entrelaçados um ao outro.

Se você deseja transformar as coordenadas do referencial S' em coordenadas do referencial S, apenas substitua v por $-v$ e troque as coordenadas com e sem aspas simples na Equação 5.11:

Transformação inversa de ▶
Lorentz para S   S

$$x = \gamma(x' + vt') \quad y = y' \quad z = z' \quad t = \gamma\left(t' + \frac{v}{c^2}x'\right)$$

(5.12)

Quando $v \ll c$, as equações de transformação de Lorentz devem se reduzir às de Galileu. Conforme v se aproxima de zero, $v/c \ll 1$; portanto, $\gamma \to 1$, e as Equações 5.11 de fato se reduzem a equações de transformação de espaço e tempo na Equação 5.1.

Em muitas situações, gostaríamos de saber as diferenças nas coordenadas entre dois eventos ou o intervalo de tempo entre dois eventos como vistos pelos observadores O e O'. Das Equações 5.11 e 5.12, podemos expressar as diferenças entre as quatro variáveis x, x', t e t' na forma

$$\left.\begin{array}{l} \Delta x' = \gamma(\Delta x - v\,\Delta t) \\ \Delta t' = \gamma\left(\Delta t - \dfrac{v}{c^2}\Delta x\right) \end{array}\right\} S \to S'$$

(5.13)

$$\left.\begin{array}{l} \Delta x = \gamma(\Delta x' + v\,\Delta t') \\ \Delta t = \gamma\left(\Delta t' + \dfrac{v}{c^2}\Delta x'\right) \end{array}\right\} S' \to S$$

(5.14)

onde $\Delta x' = x'_2 - x'_1$ e $\Delta t' = t'_2 - t'_1$ são as variações medidas pelo observador O', e $\Delta x = x_2 - x_1$ e $\Delta t = t_2 - t_1$ são as variações medidas pelo observador O. Não incluímos as expressões relacionando as coordenadas y e z, pois elas não são afetadas pelo movimento ao longo da direção x.[5]

Exemplo 5.5   Simultaneidade e dilatação do tempo revisitadas

(A) Utilize as equações de transformação de Lorentz na forma de variações para mostrar que simultaneidade não é um conceito absoluto.

SOLUÇÃO

Conceitualização Imagine dois eventos que sejam simultâneos e separados no espaço conforme medido no referencial S', de forma que $\Delta t' = 0$ e $\Delta x' \neq 0$. Essas medidas são feitas por um observador O' que se move a uma velocidade v em relação a O.

Categorização O enunciado do problema nos leva a categorizar esse exemplo como um que envolve o uso da transformação de Lorentz.

---

[5] Embora o movimento relativo dos dois referenciais junto ao eixo x não modifique as coordenadas y e z de um objeto, modifica os componentes da velocidade y e z de um objeto que se move em ambos os referenciais, como observado na Seção 5.6.

Relatividade **149**

> **5.5** *cont.*
>
> **Análise** Da expressão para Δt dada na Equação 5.14, encontre o intervalo de tempo Δt medido pelo observador O:
>
> $$\Delta t = \gamma\left(\Delta t' + \frac{v}{c^2}\Delta x'\right) = \gamma\left(0 + \frac{v}{c^2}\Delta x'\right) = \gamma\frac{v}{c^2}\Delta x'$$
>
> **Finalização** O intervalo de tempo para os mesmos dois eventos conforme medido por O é diferente de zero, então eles não parecem ser simultâneos para O.
>
> **(B)** Utilize as equações de transformação de Lorentz na forma de variações para mostrar que um relógio que se move gira mais devagar que um em repouso em relação ao observador.
>
> **SOLUÇÃO**
>
> **Conceitualização** Imagine que o observador O' carrega um relógio, que utiliza para medir um intervalo de tempo $\Delta t'$. Ele acha que os dois eventos ocorrem no mesmo local em seu referencial ($\Delta x' = 0$), mas em momentos diferentes ($\Delta t' \neq 0$). O observador O' move-se a uma velocidade v em relação a O.
>
> **Categorização** O enunciado do problema nos leva a categorizar esse exemplo como um que envolve o uso da transformação de Lorentz.
>
> **Análise** Da expressão para Δt fornecida pela Equação 5.14, descubra o intervalo de tempo Δt medido pelo observador O:
>
> $$\Delta t = \gamma\left(\Delta t' + \frac{v}{c^2}\Delta x'\right) = \gamma\left[\Delta t' + \frac{v}{c^2}(0)\right] = \gamma\,\Delta t'$$
>
> **Finalização** Esse resultado é a equação para a dilatação do tempo já encontrada (Eq. 5.7), onde $\Delta t' = \Delta t_p$ é o intervalo de tempo próprio medido pelo relógio carregado pelo observador O'. Portanto, O mede que o relógio em movimento gira mais devagar.

5.6 As equações de transformação de velocidade de Lorentz

Suponha que dois observadores em movimento relativo um ao outro estejam observando o movimento de um corpo. Antes, definimos um evento que ocorre em um instante no tempo. Agora, interpretaremos o "evento" como o movimento do corpo. Sabemos que a transformação de velocidade de Galileu (Eq. 5.2) é válida para baixas velocidades. Como as medidas dos observadores sobre velocidade de um corpo se relacionam umas com as outras se a velocidade de um corpo ou a velocidade relativa dos observadores é próxima à velocidade da luz? Novamente, S' é nosso referencial que se move a uma velocidade relativa v para S. Suponha que um corpo tenha uma componente de velocidade u'_x medida no referencial S', onde

$$u'_x = \frac{dx'}{dt'} \tag{5.15}$$

Utilizando a Equação 5.11, temos

$$dx' = \gamma(dx - v\,dt)$$

$$dt' = \gamma\left(dt - \frac{v}{c^2}\,dx\right)$$

Substituindo esses valores na Equação 5.15 temos

$$u'_x = \frac{dx - v\,dt}{dt - \frac{v}{c^2}\,dx} = \frac{\frac{dx}{dt} - v}{1 - \frac{v}{c^2}\frac{dx}{dt}}$$

O termo dx/dt, entretanto, é simplesmente a componente de velocidade u_x do corpo medida por um observador em S; então, essa expressão se torna

Transformação de velocidade de Lorentz para S → S′
$$u'_x = \frac{u_x - v}{1 - \dfrac{u_x v}{c^2}} \quad (5.16)$$

Se o corpo tem uma componente de velocidade ao longo dos eixos y e z, as componentes como medidas por um observador em S′ são

$$u'_y = \frac{u_y}{\gamma\left(1 - \dfrac{u_x v}{c^2}\right)} \quad \text{e} \quad u'_z = \frac{u_z}{\gamma\left(1 - \dfrac{u_x v}{c^2}\right)} \quad (5.17)$$

Prevenção de Armadilhas 5.5

Com o que os observadores podem concordar?
Vimos várias medidas com as quais os observadores O e O' não concordam: (1) o intervalo de tempo entre os eventos que acontecem na mesma posição em um de seus referenciais, (2) a distância entre dois pontos que permanece fixa em um de seus referenciais, (3) as componentes da velocidade de uma partícula se movendo e (4) se dois eventos que ocorrem em locais diferentes em ambos os referenciais são simultâneos ou não. Eles *podem* concordar com (1) suas velocidades de movimento relativas v em relação um ao outro, (2) a velocidade c de qualquer raio de luz e (3) a simultaneidade de dois eventos que ocorrem na mesma posição *e* tempo em algum referencial.

Observe que u'_y e u'_z não contêm o parâmetro v no numerador porque a velocidade relativa está ao longo do eixo x.

Quando v é muito menor que c (caso não relativístico), o denominador da Equação 5.16 se aproxima da unidade e então $u'_x \approx u_x - v$, que é a equação de transformação de velocidade de Galileu. No outro extremo, quando $u_x = c$, a Equação 5.16 se torna

$$u'_x = \frac{c - v}{1 - \dfrac{cv}{c^2}} = \frac{c\left(1 - \dfrac{v}{c}\right)}{1 - \dfrac{v}{c}} = c$$

Esse resultado mostra que a velocidade medida como c por um observador em S também é medida como c por um observador em S′, independente do movimento relativo de S e S′. Essa conclusão é consistente com o segundo postulado de Einstein: a velocidade da luz é c relativa a todos os referenciais inerciais. Além disso, descobrimos que a velocidade de um corpo nunca pode ser medida como maior que c, isto é, a velocidade da luz é a máxima. Retornaremos a esse ponto mais tarde.

Para obter u_x em termos de u'_x, substituímos v por $-v$ na Equação 5.16 e trocamos os papéis de u_x e u'_x:

$$u_x = \frac{u'_x + v}{1 + \dfrac{u'_x v}{c^2}} \quad (5.18)$$

Teste Rápido 5.8 Você está dirigindo em uma rodovia a uma velocidade relativística. **(i)** Diretamente a sua frente, um técnico no solo liga um farolete e um feixe de luz se move verticalmente exatamente para cima conforme o ponto de vista do técnico. Quando olha para o feixe de luz, você mede o módulo da componente vertical de sua velocidade como (a) igual a c, (b) maior que c ou (c) menor que c? **(ii)** Se o técnico aponta o farolete diretamente em sua direção em vez de para cima, você mede o módulo da componente horizontal da velocidade do feixe como (a) igual a c, (b) maior que c ou (c) menor que c?

Exemplo 5.6 | A velocidade relativa de duas espaçonaves

Duas espaçonaves A e B movem-se em direções opostas, como mostrado na Figura 5.14. Um observador na Terra mede a velocidade da espaçonave A como $0{,}750c$ e a da B como $0{,}850c$. Descubra a velocidade da espaçonave B conforme observada pela tripulação da espaçonave A.

SOLUÇÃO

Conceitualização Há dois observadores, um (O) na Terra e outro (O') na espaçonave A. O evento é o movimento da espaçonave B.

5.6 cont.

Categorização Como o problema nos pede para descobrir uma velocidade observada, categorizamos esse exemplo como um que exige a transformação de velocidade de Lorentz.

Análise O observador baseado na Terra em repouso no referencial S faz duas medidas, uma de cada espaçonave. Queremos descobrir a velocidade da espaçonave B conforme medida pela tripulação da espaçonave A. Portanto $u_x = -0{,}850c$. A velocidade da espaçonave A é também a do observador em repouso na espaçonave A (o referencial S') relativo ao observador em repouso na Terra. Portanto, $v = 0{,}750c$.

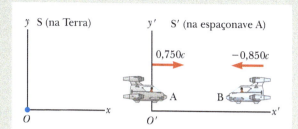

Figura 5.14 (Exemplo 5.6) Duas espaçonaves, A e B, se movem em direções opostas. A velocidade da B relativa à A é *menor* que c e obtida da equação de transformação de velocidade relativística.

Obtenha a velocidade u'_x da espaçonave B relativa à A utilizando a Equação 5.16:

$$u'_x = \frac{u_x - v}{1 - \dfrac{u_x v}{c^2}} = \frac{-0{,}850c - 0{,}750c}{1 - \dfrac{(-0{,}850c)(0{,}750c)}{c^2}} = -0{,}977c$$

Finalização O sinal negativo indica que a espaçonave B se move na direção x negativa conforme observado pela tripulação na espaçonave A. Isto está de acordo com suas expectativas da Figura 5.14? Observe que a velocidade é menor que c. Isto é, um corpo cuja velocidade é menor que c em um referencial deve ter uma velocidade menor que c em qualquer outro referencial. Se você tivesse utilizado a equação de transformação de velocidade neste exemplo, teria descoberto que $u'_x = u_x - v = -0{,}850c - 0{,}750c = -1{,}60c$, o que é impossível. A equação de transformação de Galileu não funciona em situações relativísticas.

E SE? E se as duas espaçonaves passam uma pela outra? Quais são as suas velocidades relativas agora?

Resposta O cálculo que utiliza a Equação 5.16 envolve somente velocidades das duas espaçonaves e não depende de suas localizações. Após passarem uma pela outra, elas têm a mesma velocidade, de modo que a da espaçonave B, conforme observada pela tripulação da A, é a mesma, $-0{,}977c$. A única diferença depois de passarem é que a espaçonave B está recuando em relação à A, enquanto estava se aproximando da A antes de passá-la.

Exemplo 5.7 — Líderes relativísticos do grupo

Dois líderes de grupos de motocicletas, chamados David e Emily, estão correndo em velocidades relativísticas ao longo de caminhos perpendiculares, como mostrado na Figura 5.15. Com que velocidade Emily se afasta conforme visto sobre o ombro direito de David?

SOLUÇÃO

Conceitualização Os dois observadores são David e o Policial na Figura 5.15. O evento é o movimento de Emily. A Figura 5.15 representa a situação vista pelo policial em repouso no referencial S. O referencial S' move-se junto com David.

Categorização Como o problema pede que se encontre uma velocidade observada, categorizamos esse exemplo como um dos que necessitam da transformação de velocidade de Lorentz. Os dois movimentos ocorrem em duas dimensões.

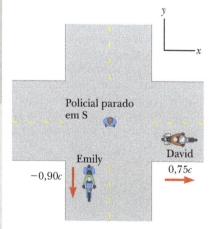

Figura 5.15 (Exemplo 5.7) David se move para o leste com uma velocidade de $0{,}75c$ em relação ao policial e Emily viaja para o Sul a uma velocidade $0{,}90c$ em relação ao policial.

continua

152   Física para cientistas e engenheiros

5.7 cont.

Análise Identifique as componentes da velocidade de David e Emily de acordo com o policial:

David: $v_x = v = 0{,}75c \quad v_y = 0$

Emily: $u_x = 0 \quad u_y = -0{,}90c$

Utilizando as Equações 5.16 e 5.17, calcule u'_x e u'_y para Emily conforme medida por David:

$$u'_x = \frac{u_x - v}{1 - \dfrac{u_x v}{c^2}} = \frac{0 - 0{,}75c}{1 - \dfrac{(0)(0{,}75c)}{c^2}} = -0{,}75c$$

$$u'_y = \frac{u_y}{\gamma\left(1 - \dfrac{u_x v}{c^2}\right)} = \frac{\sqrt{1 - \dfrac{(0{,}75c)^2}{c^2}}\,(-0{,}90c)}{1 - \dfrac{(0)(0{,}75c)}{c^2}} = -0{,}60c$$

Utilizando o teorema de Pitágoras, descubra a velocidade de Emily conforme medida por David:

$$u' = \sqrt{(u'_x)^2 + (u'_y)^2} = \sqrt{(-0{,}75c)^2 + (-0{,}60c)^2} = \boxed{0{,}96c}$$

Finalização Essa velocidade é menor que c, conforme exigido pela teoria da relatividade especial.

5.7 Momento linear relativístico

> **Prevenção de Armadilhas 5.6**
>
> **Cuidado com a "massa relativística"**
> Alguns antigos tratamentos da relatividade mantinham o princípio da conservação de momento em altas velocidades utilizando um modelo no qual a massa de uma partícula aumentava com a velocidade. Você ainda pode encontrar essa noção de "massa relativística" em várias outras leituras, especialmente em livros mais antigos. Esteja ciente de que essa noção não é mais amplamente aceita; hoje, a massa é considerada *invariante*, independentemente de sua velocidade. A massa de um corpo em todos os referenciais é considerada aquela medida por um observador em repouso em relação ao corpo.

Para descrever adequadamente o movimento das partículas dentro da estrutura da teoria da relatividade especial, você precisa substituir as equações de transformação de Galileu pelas de transformação de Lorentz. Como as leis da Física não podem mudar sob a transformação de Lorentz, precisamos generalizar as leis de Newton e as definições de momento linear e energia conforme as equações de transformação de Lorentz e o princípio da relatividade. Essas definições generalizadas precisam se reduzir às definições clássicas (não relativísticas) para $v \ll c$.

Primeiro, relembre o modelo de sistema isolado: quando duas partículas (ou corpos que podem ser modelados como partículas) colidem, o momento total do sistema isolado das duas partículas permanece constante. Suponha que observemos essa colisão em um referencial inercial S e confirmamos que o momento do sistema se conserva. Agora, imagine que os momentos das partículas são medidos por um observador em um segundo referencial S′ movendo-se com velocidade $\vec{v}$ relativa ao primeiro. Utilizando a equação de transformação de velocidade de Lorentz e a definição clássica de momento linear, $\vec{p} = m\vec{u}$ (onde $\vec{u}$ é a velocidade de uma partícula), descobrimos que o momento linear *não* é medido como conservado pelo observador em S′. Entretanto, como as leis da Física são as mesmas em todos os referenciais inerciais, o momento linear do sistema precisa estar conservado em todos os referenciais. Temos, portanto, uma contradição. Em vista dela e assumindo que a equação de transformação de velocidade de Lorentz é correta, precisamos modificar a definição do momento linear para que o momento de um sistema isolado fique conservado para todos os observadores. Para qualquer partícula, a equação relativística correta para o momento linear que satisfaz essa condição é

Definição do momento ▶
linear relativístico

$$\vec{p} \equiv \frac{m\vec{u}}{\sqrt{1 - \dfrac{u^2}{c^2}}} = \gamma m\vec{u} \tag{5.19}$$

onde m é a massa da partícula e $\vec{u}$ sua velocidade. Quando u é muito menor que c, $\gamma = (1 - u^2/c^2)^{-1/2}$ se aproxima da unidade e $\vec{p}$ de $m\vec{u}$. Portanto, a equação relativística para $\vec{p}$ se reduz à expressão clássica quando u é muito menor que c, como deveria ser.

A força relativística $\vec{F}$ atuando em uma partícula cujo momento linear é $\vec{p}$ é definida como

$$\vec{F} \equiv \frac{d\vec{p}}{dt} \tag{5.20}$$

onde $\vec{p}$ é fornecido pela Equação 5.19. Essa expressão, a forma relativística da Segunda Lei de Newton, é razoável porque preserva a mecânica clássica no limite das baixas velocidades e está de acordo com o momento linear para um sistema isolado ($\vec{F}_{ext} = 0$) tanto relativística quanto classicamente.

Isto foi deixado como um problema de final de capítulo (Problema 88) para mostrar que, sob condições relativísticas, a aceleração $\vec{a}$ de uma partícula diminui sob a ação de uma força constante, no caso $a \propto (1 - u^2/c^2)^{3/2}$. Essa proporcionalidade mostra que, conforme a velocidade das partículas se aproxima de c, a aceleração causada por qualquer força finita se aproxima de zero. Assim, é impossível acelerar uma partícula do repouso até a velocidade $u \geq c$. Esse argumento reforça que a velocidade da luz é a máxima, a velocidade limite do universo. É a mais alta velocidade possível para a transferência de energia. Qualquer corpo com massa precisa se mover a uma velocidade mais baixa.

Exemplo 5.8 — Momento linear de um elétron

Um elétron, que tem massa de $9{,}11 \times 10^{-31}$ kg, se move a uma velocidade de $0{,}750c$. Descubra o módulo de seu momento relativístico e compare esse valor com o momento calculado a partir da expressão clássica.

SOLUÇÃO

Conceitualização Imagine que um elétron se mova em alta velocidade. Ele carrega momento, mas o módulo do seu momento não é fornecido por $p = mu$ porque a velocidade é relativística.

Categorização Categorizamos esse exemplo como um problema de substituição envolvendo uma equação relativística.

Utilize a Equação 5.19 com $u = 0{,}750c$ para encontrar o momento:

$$p = \frac{m_e u}{\sqrt{1 - \dfrac{u^2}{c^2}}}$$

$$p = \frac{(9{,}11 \times 10^{-31}\ \text{kg})(0{,}750)(3{,}00 \times 10^8\ \text{m/s})}{\sqrt{1 - \dfrac{(0{,}750c)^2}{c^2}}}$$

$$= 3{,}10 \times 10^{-22}\ \text{kg} \cdot \text{m/s}$$

A expressão clássica (utilizada aqui incorretamente) fornece $p_{\text{clássico}} = m_e u = 2{,}05 \times 10^{-22}$ kg $\times$ m/s. Assim, o resultado relativístico correto é 50% maior que o resultado clássico!

5.8 Energia relativística

Vimos que a definição do momento linear exige a generalização para se tornar compatível com os postulados de Einstein. Essa conclusão implica que a definição de energia cinética deve, provavelmente, ser modificada.

Para derivar a forma relativística de um teorema trabalho-energia cinética, imagine uma partícula movendo-se em uma dimensão ao longo do eixo x. Uma força na direção x faz com que o momento da partícula mude segundo a Equação 5.20. No que segue, supomos que a partícula seja acelerada do repouso a uma velocidade final u. O trabalho feito pela força F sobre a partícula é

$$W = \int_{x_1}^{x_2} F\, dx = \int_{x_1}^{x_2} \frac{dp}{dt}\, dx \tag{5.21}$$

Para realizar essa integração e encontrar o trabalho feito sobre a partícula e a energia cinética relativa como uma função de u, primeiro avaliamos dp/dt:

$$\frac{dp}{dt} = \frac{d}{dt} \frac{mu}{\sqrt{1 - \dfrac{u^2}{c^2}}} = \frac{m}{\left(1 - \dfrac{u^2}{c^2}\right)^{3/2}} \frac{du}{dt}$$

Substituindo essa expressão por dp/dt e $dx = u\,dt$ na Equação 5.21, temos

$$W = \int_0^t \frac{m}{\left(1 - \dfrac{u^2}{c^2}\right)^{3/2}} \frac{du}{dt}(u\,dt) = m\int_0^u \frac{u}{\left(1 - \dfrac{u^2}{c^2}\right)^{3/2}}\,du$$

onde utilizamos os limites 0 e u na integral, pois a integração composta foi modificada de t para u. Avaliando a integral temos

$$W = \frac{mc^2}{\sqrt{1 - \dfrac{u^2}{c^2}}} - mc^2 \qquad (5.22)$$

Lembre-se, do Capítulo 7 do Volume 1, que o trabalho feito por uma força atuando em um sistema consistindo de uma única partícula é igual à mudança na energia cinética da partícula: $W = \Delta K$. Como assumimos que a velocidade inicial da partícula é zero, sua energia cinética inicial é zero, então $W = K - K_i = K - 0 = K$. Portanto, o trabalho W na Equação 5.22 é equivalente à energia cinética relativa K:

Energia cinética ▶ relativística
$$K = \frac{mc^2}{\sqrt{1 - \dfrac{u^2}{c^2}}} - mc^2 = \gamma mc^2 - mc^2 = (\gamma - 1)mc^2 \qquad (5.23)$$

Essa equação é rotineiramente confirmada por experimentos utilizando aceleradores de partícula de alta energia.

Em velocidades baixas, onde $u/c \ll 1$, a Equação 5.23 deve se reduzir à expressão clássica $K = \tfrac{1}{2}mu^2$. Podemos verificar isto utilizando a expansão binominal $(1 - \beta^2)^{-1/2} \approx 1 + \tfrac{1}{2}\beta^2 + \cdots$ para $\beta \ll 1$, onde as potências de ordem alta de β são desprezadas nesta expansão. Nos tratamentos da relatividade, β é um símbolo comum utilizado para representar u/c ou v/c. Em nosso caso, $\beta = u/c$, então

$$\gamma = \frac{1}{\sqrt{1 - \dfrac{u^2}{c^2}}} = \left(1 - \dfrac{u^2}{c^2}\right)^{-1/2} \approx 1 + \tfrac{1}{2}\dfrac{u^2}{c^2}$$

Substituindo esse resultado na Equação 5.23, temos

$$K \approx \left[\left(1 + \tfrac{1}{2}\dfrac{u^2}{c^2}\right) - 1\right]mc^2 = \tfrac{1}{2}mu^2 \quad (\text{para } u/c \ll 1)$$

que é a expressão clássica para a energia cinética. Um caminho comparando as expressões relativísticas e não relativísticas é fornecido pela Figura 5.16. No caso relativístico, a velocidade da partícula nunca excede c, independentemente da energia cinética. As duas curvas estão em bom acordo quando $u \ll c$.

O termo constante mc^2 na Equação 5.23, que é independentemente da velocidade da partícula, é chamado **energia de repouso**, E_R, da partícula:

$$E_R = mc^2 \qquad (5.24)$$

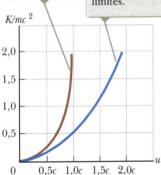

Figura 5.16 Gráfico comparando a energia cinética relativística e não relativística de uma partícula em movimento. As energias são traçadas como uma função da velocidade da partícula u.

A Equação 5.24 mostra que a **massa é uma forma de energia**, onde c^2 é simplesmente um fator de conversão constante. Essa expressão também mostra que uma massa pequena corresponde a uma enorme quantidade de energia, um conceito fundamental para as físicas nuclear e de partículas elementares.

O termo γmc^2 na Equação 5.23, que depende da velocidade da partícula, é a soma das energias cinética e de repouso. Ele é chamado **energia total** E:

Energia total = energia cinética + energia de repouso

$$E = K + mc^2 \qquad (5.25)$$

ou

$$E = \frac{mc^2}{\sqrt{1 - \dfrac{u^2}{c^2}}} = \gamma mc^2$$

(5.26) ◀ **Energia total de uma partícula relativística**

Em muitas situações, o momento linear ou energia de uma partícula são medidos em vez de sua velocidade. Portanto, é útil ter uma expressão que relacione a energia total E ao momento linear relativístico p, que é alcançado através do uso das expressões $E = \gamma mc^2$ e $p = \gamma mc$. Elevando essas equações à potência quadrada e subtraindo, podemos eliminar u (Problema 58). O resultado, depois da álgebra, é[6]

$$E^2 = p^2c^2 + (mc^2)^2$$

(5.27) ◀ **Relação energia-momento para uma partícula relativística**

Quando a partícula está em repouso, $p = 0$, então $E = E_R = mc^2$.

Na Seção 1.1, introduzimos o conceito para uma partícula de luz, chamada **fóton**. Para partículas de massa zero, como os fótons, estabelecemos $m = 0$ na Equação 5.27 e encontramos que

$$E = pc$$

(5.28)

Essa equação é uma expressão exata que relaciona a energia total e o momento linear para os fótons que sempre se propagam à velocidade da luz (no vácuo).

Por fim, como a massa m de uma partícula é independente de seu movimento, m precisa ter o mesmo valor em todos os referenciais. Por essa razão, m é frequentemente chamado **massa invariante**. Por outro lado, como a energia total e o momento linear de uma partícula dependem da velocidade, essas quantidades dependem do referencial no qual são medidas.

Quando lidamos com partículas subatômicas, é conveniente expressar sua energia em volts (Seção 3.1 do Volume 3), porque as partículas geralmente recebem essa energia pela aceleração através de uma diferença de potencial. O fator de conversão, como você se lembra da Equação 3.5 do Volume 3, é

$$1 \text{ eV} = 1{,}602 \times 10^{-19} \text{J}$$

Por exemplo, a massa de um elétron é $9{,}109 \times 10^{-31}$ kg. Assim, a energia de repouso do elétron é

$$m_e c^2 = (9{,}109 \times 10^{-31} \text{ kg})(2{,}998 \times 10^8 \text{ m/s})^2 = 8{,}187 \times 10^{-14} \text{J}$$

$$= (8{,}187 \times 10^{-14} \text{J})(1 \text{ eV}/1{,}602 \times 10^{-19} \text{J}) = 0{,}511 \text{ MeV}$$

Teste Rápido 5.9 Os seguintes *pares* de energia – partícula 1: *E*, 2*E*; partícula 2: *E*, 3*E*; partícula 3: 2*E*, 4*E* – representam a energia de repouso e a energia total de três partículas diferentes. Classifique as partículas, da maior para a menor segundo suas **(a)** massas, **(b)** energia cinética e **(c)** velocidade.

Exemplo 5.9 — A energia de um próton veloz

(A) Encontre a energia de repouso de um próton em unidades de elétrons-volt.

SOLUÇÃO

Conceitualização Mesmo que o próton não esteja se movendo, tem sua energia associada à sua massa. Se ele se move, tem mais energia, com o total da energia sendo a soma de suas energias cinética e de repouso.

Categorização A expressão "energia de repouso" sugere que devemos usar uma abordagem relativística, em vez da clássica, neste problema.

continua

---

[6] Uma maneira de se lembrar dessa relação é desenhar um triângulo retângulo com hipotenusa de comprimento E e catetos de comprimentos pc e mc^2.

156 Física para cientistas e engenheiros

5.9 cont.

Análise Utilize a Equação 5.24 para encontrar a energia de repouso:

$$E_R = m_p c^2 = (1,673 \times 10^{-27} \, \text{kg})(2,998 \times 10^8 \, \text{m/s})^2$$

$$= (1,504 \times 10^{-10} \, \text{J}) \left(\frac{1,00 \, \text{eV}}{1,602 \times 10^{-19} \, \text{J}} \right) = \boxed{938 \, \text{MeV}}$$

(B) Se a energia total de um próton é três vezes sua energia de repouso, qual é a sua velocidade?

SOLUÇÃO

Utilize a Equação 5.26 para relacionar a energia total do próton com a energia de repouso:

$$E = 3m_p c^2 = \frac{m_p c^2}{\sqrt{1 - \dfrac{u^2}{c^2}}} \rightarrow 3 = \frac{1}{\sqrt{1 - \dfrac{u^2}{c^2}}}$$

Resolva para u:

$$1 - \frac{u^2}{c^2} = \tfrac{1}{9} \rightarrow \frac{u^2}{c^2} = \tfrac{8}{9}$$

$$u = \frac{\sqrt{8}}{3} c = 0,943c = \boxed{2,83 \times 10^8 \, \text{m/s}}$$

(C) Determine a energia cinética do próton em unidades de elétrons-volt.

Utilize a Equação 5.25 para encontrar a energia cinética do próton:

$$K = E - m_p c^2 = 3m_p c^2 - m_p c^2 = 2m_p c^2$$

$$= 2(938 \, \text{MeV}) = \boxed{1,88 \times 10^3 \, \text{MeV}}$$

(D) Qual é o momento do próton?

Utilize a Equação 5.27 para calcular o momento:

$$E^2 = p^2 c^2 + (m_p c^2) = (3m_p c^2)^2$$

$$p^2 c^2 = 9(m_p c^2)^2 - (m_p c^2)^2 = 8(m_p c^2)^2$$

$$p = \sqrt{8} \, \frac{m_p c^2}{c} = \sqrt{8} \, \frac{938 \, \text{MeV}}{c} = \boxed{2,65 \times 10^3 \, \text{MeV/}c}$$

Finalização A unidade do momento na parte (D) é MeV/c, que é uma unidade comum na Física de partículas. Por comparação, você pode querer resolver esse exemplo utilizando as equações clássicas.

E SE? Na Física clássica, se o momento de uma partícula dobra, a energia cinética aumenta por um fator de 4. O que acontece com a energia cinética do próton neste exemplo se seu momento dobrar?

Resposta Com base no que vimos até agora na relatividade, é provável que você responderia que a energia cinética não aumenta por um fator de 4.

Encontre o novo momento dobrado:

$$p_{\text{novo}} = 2 \left(\sqrt{8} \, \frac{m_p c^2}{c} \right) = 4\sqrt{2} \, \frac{m_p c^2}{c}$$

Utilize esse resultado na Equação 5.27 para descobrir a nova energia total:

$$E_{\text{novo}}^2 = p_{\text{novo}}^2 c^2 + (m_p c^2)^2$$

$$E_{\text{novo}}^2 = \left(4\sqrt{2} \, \frac{m_p c^2}{c} \right)^2 c^2 + (m_p c^2)^2 = 33(m_p c^2)^2$$

$$E_{\text{novo}} = \sqrt{33} \, m_p c^2 = 5,7 m_p c^2$$

Utilize a Equação 5.25 para descobrir a nova energia cinética:

$$K_{\text{novo}} = E_{\text{novo}} - m_p c^2 = 5,7 m_p c^2 - m_p c^2 = 4,7 m_p c^2$$

5.9 cont.

Esse valor é um pouco maior que o dobro da energia cinética encontrado na parte (C) e não quatro vezes. Em geral, o fator pelo qual a energia cinética aumenta se o momento dobra depende do momento inicial, mas aproxima-se de 4 conforme o momento se aproxima de zero. Nesta última situação, a Física Clássica descreve corretamente a situação.

A Equação 5.26, $E = \gamma mc^2$, representa a energia total da partícula. Essa importante equação sugere que, mesmo quando uma partícula está em repouso ($\gamma = 1$), ela ainda possui uma enorme energia através de sua massa. A prova experimental mais clara da equivalência de massa e energia ocorre nas interações de partículas elementares nucleares, nas quais acontece a conversão de massa em energia cinética. Em consequência, não podemos utilizar o princípio de conservação de energia em situações relativísticas, conforme sublinhado no Capítulo 8 do Volume 1. Precisamos modificar o princípio, incluindo a energia de repouso como outra forma de armazenamento de energia.

Esse conceito é importante nos processos nucleares e atômicos, nos quais a mudança da massa é uma fração relativamente grande da massa inicial. Em um reator nuclear convencional, por exemplo, o núcleo do urânio sofre *fissão*, uma reação que resulta em diversos fragmentos mais leves que têm energia cinética considerável. No caso do ^{235}U, utilizado como combustível em usinas nucleares, os fragmentos são dois núcleos mais leves e alguns nêutrons. A massa total dos fragmentos é menor que a massa do ^{235}U em uma quantia Δm. A energia correspondente, Δmc^2, associada a essa diferença de massa, é exatamente igual à soma das energias cinéticas dos fragmentos. A energia cinética é absorvida conforme os fragmentos se movem pela água, aumentando a energia interna da água. Essa energia interna é utilizada para produzir vapor para a geração de eletricidade.

A seguir, considere a reação básica de *fusão*, na qual dois átomos de deutério se combinam para formar um átomo de hélio. A diminuição da massa que resulta da criação de um átomo de hélio e dois de deutério é $\Delta m = 4,25 \times 10^{-29}$ kg. Assim, a energia correspondente que resulta de uma reação de fusão é $\Delta mc^2 = 3,83 \times 10^{-12}$ J = 23,9 MeV. Para apreciar o valor desse resultado, considere que, se somente 1 g de deutério fosse convertido em hélio, a energia liberada seria da ordem de 10^{12} J! No custo da energia nuclear em 2010, essa energia valeria aproximadamente \$ 30.000. Vamos apresentar mais detalhes desses processos nucleares no Capítulo 11.

Exemplo 5.10 — Onde está a imagem final?

O núcleo do ^{216}Po é instável e exibe radioatividade (Capítulo 10). Ele decai a ^{212}Pb emitindo uma partícula alfa, que é um núcleo de hélio, ^{4}He. As massas relevantes em unidades de massa atômica (Veja a Tabela A.1 no Apêndice A) são $m_i = m(^{216}\text{Po}) = 216,001915$ u e $m_f = m(^{212}\text{Pb}) + m(^4\text{He}) = 211,991898$ u + 4,002603 u.

(A) Encontre a variação de massa do sistema neste decaimento.

SOLUÇÃO

Conceitualização O sistema inicial é o núcleo ^{216}Po. Imagine a massa do sistema diminuindo durante o decaimento e se transformando na energia cinética de uma partícula alfa e em núcleos ^{212}Pb após o decaimento.

Categorização Utilizaremos os conceitos discutidos nesta seção; portanto, categorizamos esse exemplo como um problema de substituição.

Calcule a variação de massa utilizando os valores de massa dados no enunciado do problema.

$$\Delta m = 216,001915 \text{ u} - (211,991898 \text{ u} + 4,002603 \text{ u})$$
$$= 0,007414 \text{ u} = \boxed{1,23 \times 10^{-29} \text{ kg}}$$

(B) Encontre a energia que essa variação de massa representa.

Utilize a Equação 5.24 para encontrar a energia associada a essa variação de massa:

$$E = \Delta mc^2 = (1,23 \times 10^{-29} \text{ kg})(3,00 \times 10^8 \text{ m/s})^2$$
$$= 1,11 \times 10^{-12} \text{ J} = \boxed{6,92 \text{ MeV}}$$

5.9 A teoria geral da relatividade

Até agora estivemos delineando um quebra-cabeças minucioso. A massa possui aparentemente duas propriedades diferentes: uma *atração gravitacional* para outras massas e uma propriedade *inercial* que representa uma resistência à aceleração. Já discutimos esses dois atributos para a massa na Seção 5.5. Para designar esses dois atributos, utilizamos os subscritos g e i e escrevemos

$$\text{Propriedade gravitacional:} \quad F_g = m_g g$$
$$\text{Propriedade inercial:} \quad \Sigma F = m_i a$$

O valor para a constante gravitacional G foi escolhido para tornar os valores de m_g e m_i numericamente iguais. Independente de como G é escolhido, entretanto, a estrita proporcionalidade de m_g e m_i foi estabelecida experimentalmente a um grau extremamente alto: algumas partes em 10^{12}. Portanto, parece que as massas gravitacional e inercial devem ser de fato proporcionais.

Por quê então? Elas parecem envolver dois conceitos inteiramente diferentes: uma força de atração gravitacional entre duas massas e a resistência de uma única massa à aceleração. Essa questão, que embaraçou Newton e muitos outros físicos durante anos, foi resolvida por Einstein, em 1916, quando publicou sua teoria da gravitação, conhecida como *teoria geral da relatividade*. Como se trata de uma teoria matematicamente complexa, oferecemos apenas um pouco de sua elegância e inteligência.

Na visão de Einstein, o comportamento duplo da massa era uma prova da conexão básica e bastante íntima entre os dois comportamentos. Ele ressaltou que nenhum experimento mecânico (como deixar cair um corpo) poderia distinguir entre as duas situações ilustradas nas Figuras 5.17a e 5.17b. Na 5.17a, uma pessoa em um elevador na superfície do planeta sente-se pressionada em direção ao solo devido à força gravitacional. Se soltar sua maleta, ela a observará indo em direção ao chão a uma aceleração $\vec{g} = -g\hat{j}$. Na Figura 5.17b, a pessoa está em um elevador no espaço vazio acelerando para cima a $\vec{a}_{el} = +g\hat{j}$. Ela se sente pressionada em direção ao solo com a mesma força que na Figura 5.17a. Se soltar sua maleta, ela a observará indo em direção ao chão com a aceleração g, exatamente como na situação anterior. Em cada situação, um corpo solto por um observador sofre uma aceleração para baixo, de módulo g, em relação ao solo. Na Figura 5.17a, a pessoa está em repouso em um referencial inercial em um campo gravitacional devido ao planeta. Na 5.17b, ela está em um referencial não inercial acelerando em um espaço livre da gravidade. Einstein alega que essas duas situações são completamente equivalentes.

Einstein levou essa ideia adiante e propôs que *nenhum* experimento, mecânico ou qualquer outro, poderia distinguir entre as duas situações. Essa expansão, que inclui todos os fenômenos (não apenas os mecânicos), tem consequências interessantes. Por exemplo, suponha que um pulso de luz seja enviado horizontalmente pelo elevador, como na Figura

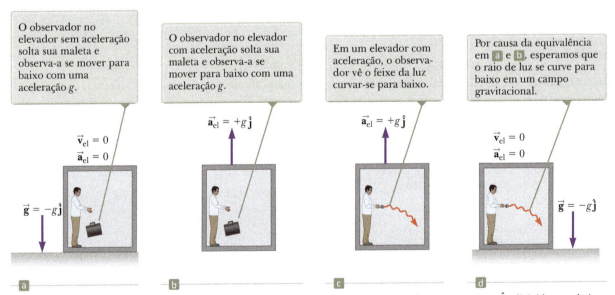

Figura 5.17 (a) O observador está em repouso num elevador em um campo gravitacional uniforme $\vec{g} = -g\hat{j}$, dirigido para baixo. (b) O observador está em uma região onde a gravidade é desprezível, mas o elevador se move para cima com uma aceleração $\vec{a}_{el} = +g\hat{j}$. Segundo Einstein, os referenciais em (a) e (b) são equivalentes em todas as situações. Nenhum experimento pode distinguir qualquer diferença entre os dois referenciais. (c) Um observador vê um feixe de luz num elevador com aceleração. (d) A previsão de Einstein para o comportamento de um feixe de luz em um campo gravitacional.

5.17c, na qual o elevador está em aceleração para cima no espaço vazio. Do ponto de vista de um observador em um referencial inercial fora do elevador, a luz se propaga em linha reta, enquanto o chão do elevador acelera para cima. Entretanto, segundo o observador no elevador, a trajetória do feixe de luz curva-se para baixo enquanto o elevador (e o observador) acelera para cima. Portanto, com base na equidade das partes (a) e (b) da figura, Einstein propôs que um feixe de luz também deveria se curvar graças a um campo gravitacional, como na Figura 5.17d. Experimentos verificaram o efeito, embora o encurvamento seja pequeno. Um laser apontado para o horizonte cai menos de um centímetro após viajar 6.000 km. Esse encurvamento não é previsto na teoria gravitacional de Newton.

A **teoria geral da relatividade** compreende dois postulados:

- Todas as leis da natureza têm a mesma forma para observadores em qualquer referencial, acelerado ou não.
- Na vizinhança de qualquer ponto, um campo gravitacional é equivalente a um referencial acelerado num espaço livre de gravidade (**princípio da equivalência**).

Um interessante efeito previsto pela teoria geral é que o tempo é alterado pela gravidade. Um relógio em presença da gravidade gira mais devagar do que outro localizado onde a gravidade é desprezível. Por consequência, as frequências de radiação emitidas pelos átomos na presença de um forte campo gravitacional são *mudadas para o vermelho* para frequências mais baixas quando comparadas com as mesmas emissões na presença de um campo fraco. Essa mudança gravitacional para o vermelho foi detectada em linhas espirais emitidas por átomos em grandes estrelas. E também na Terra, através da comparação das frequências de raios gama emitidas por núcleos separados verticalmente por cerca de 20 m.

O segundo postulado sugere que um campo gravitacional pode ser "transformado" em qualquer ponto se escolhermos um referencial acelerado adequado que caia livremente. Einstein desenvolveu um método engenhoso para descrever a aceleração necessária para fazer o campo gravitacional "desaparecer". Ele especificou um conceito, a *curvatura do espaço-tempo*, que descreve o efeito gravitacional em qualquer ponto. Na verdade, a curvatura do espaço-tempo substitui inteiramente a teoria da gravidade de Newton. Segundo Einstein, a força gravitacional não existe. Em vez disso, a presença de uma massa causa uma curvatura do espaço-tempo em volta da massa e essa curvatura determina o caminho no espaço-tempo que todos os corpos com movimento livre têm de seguir.

Como um exemplo dos efeitos da curvatura do espaço-tempo, imagine dois viajantes movendo-se em caminhos paralelos a alguns metros de distância na superfície da terra e mantendo uma direção exata para o norte junto a duas linhas longitudinais. Conforme se observam próximos ao equador, eles alegam que seus caminhos são exatamente paralelos. Conforme se aproximam do polo norte, entretanto, percebem que estão se avizinhando e que lá se encontrarão. Portanto, alegam ter percorrido caminhos paralelos, mas se movem em direção um ao outro, *como se houvesse uma força atrativa entre eles*. Os viajantes chegam a essa conclusão com base em suas experiências cotidianas, movendo-se em superfícies planas. Através de nossa representação mental, entretanto, percebemos que eles estão andando em uma superfície curva e é a geometria dessa superfície, e não uma força atrativa, que faz com que convirjam. De maneira similar, a relatividade geral substitui a noção de forças com o movimento de corpos através do espaço-tempo curvo.

Uma previsão da teoria geral da relatividade é a de que um raio de luz passando próximo ao Sol deveria ser defletido no espaço-tempo curvo criado pela massa do Sol, que foi confirmada quando astrônomos detectaram o desvio da luz de uma estrela próxima ao Sol durante um eclipse solar total ocorrido logo após a Primeira Guerra Mundial (Fig. 5.18). Quando essa descoberta foi anunciada, Einstein tornou-se uma celebridade internacional.

Se a concentração de uma massa se torna muito grande, como se acredita ocorrer quando uma grande estrela expele seu combustível nuclear e se reduz a um volume muito pequeno, um **buraco negro** pode se formar, como discutido no Capítulo 13 do Volume 1. Aqui, o espaço-tempo curvo é tão extremo que, dentro de certa distância do centro do buraco negro, toda matéria e luz ficam presas, como discutido na Seção 13.6 do Volume 1.

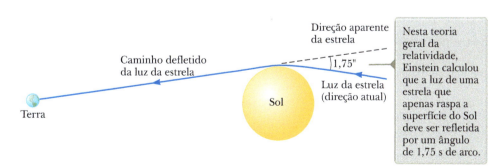

Figura 5.18 Deflexão da luz de uma estrela passando próxima ao Sol. Por causa desse efeito, o Sol, ou algum corpo remoto, pode atuar como uma *lente gravitacional*.

160   Física para cientistas e engenheiros

Resumo

Definições

A expressão relativística para o **momento linear** de uma partícula movendo-se a uma velocidade $\vec{u}$ é

$$\vec{p} \equiv \frac{m\vec{u}}{\sqrt{1 - \dfrac{u^2}{c^2}}} = \gamma\, m\vec{u} \qquad (5.19)$$

A força relativística $\vec{F}$ atuando sobre uma partícula cujo momento linear é $\vec{p}$ é definida como

$$\vec{F} \equiv \frac{d\vec{p}}{dt} \qquad (5.20)$$

Conceitos e Princípios

Os dois postulados básicos da teoria da relatividade especial são:

- As leis da Física devem ser as mesmas em todos os referenciais inerciais.
- A velocidade da luz no vácuo tem o mesmo valor, $c = 3,00 \times 10^8$ m/s, em todos os referenciais inerciais, independente da velocidade do observador ou da velocidade da fonte emissora de luz.

As três consequências da teoria da relatividade especial são:

- Os eventos que são medidos como simultâneos para um observador não são necessariamente simultâneos para outro que está em movimento em relação ao primeiro.
- Os relógios em movimento relativo a um observador têm seus giros medidos como mais vagarosos por um fator de $\gamma = (1 - v^2/c^2)^{-1/2}$. Esse fenômeno é conhecido como **dilatação do tempo**.
- O comprimento dos corpos em movimento tem suas medidas contraídas na direção do movimento por um fator $1/\gamma = (1 - v^2/c^2)^{1/2}$. Esse fenômeno é conhecido como **contração do espaço**.

Para satisfazer os postulados da teoria da relatividade especial, as equações de transformação de Galileu devem ser substituídas pelas **Equações de transformação de Lorentz**:

$$x' = \gamma(x - vt) \quad y' = y \quad z' = z \quad t' = \gamma\left(t - \frac{v}{c^2}x\right) \qquad (5.11)$$

onde $\gamma = (1 - v^2/c^2)^{-1/2}$ e o referencial S′ se move na direção x a uma velocidade v em relação ao referencial S.

A forma relativística da **equação de transformação de velocidade de Lorentz** é

$$u_x' = \frac{u_x - v}{1 - \dfrac{u_x v}{c^2}} \qquad (5.16)$$

onde u_x' é a componente x da velocidade de um corpo medida no referencial S′ e u_x sua componente conforme medida no referencial S.

A expressão relativística para a **energia cinética** de uma partícula é

$$K = \frac{mc^2}{\sqrt{1 - \dfrac{u^2}{c^2}}} - mc^2 = (\gamma - 1)\, mc^2 \qquad (5.23)$$

O termo constante mc^2 na Equação 5.23 é chamado **energia de repouso**, E_R, da partícula

$$E_R = mc^2 \qquad (5.24)$$

A energia total E de uma partícula é dada por

$$E = \frac{mc^2}{\sqrt{1 - \dfrac{u^2}{c^2}}} = \gamma\, mc^2 \qquad (5.26)$$

O momento linear relativístico de uma partícula é relacionado a sua energia total através da equação

$$E^2 = p^2 c^2 + (mc^2)^2 \qquad (5.27)$$

Perguntas Objetivas

1. **(i)** A velocidade de um elétron tem um limite superior? (a) Sim, a velocidade da luz c, (b) sim, outro valor, (c) não. **(ii)** O módulo do momento de um elétron tem um limite superior? (a) Sim, $m_e c$, (b) sim, outro valor, (c) não. **(iii)** A energia cinética de um elétron tem um limite superior? (a) Sim, $m_e c^2$, (b) sim, $1/2\ m_e c^2$, (c) sim, outro valor, (d) não.

2. Uma aeronave passa pela Terra com velocidade constante. Um observador na Terra mede que um relógio não danificado na espaçonave gira a uma velocidade de um terço da velocidade de outro na Terra. O que um observador na espaçonave mede de um relógio baseado na Terra? (a) Que gira mais de três vezes mais rápido que o seu. (b) Que gira três vezes mais rápido que o seu. (c) Que gira na mesma velocidade que o seu. (d) Que gira a um terço da velocidade do seu. (e) Que gira a menos de um terço que o seu.

3. Conforme um carro segue por uma estrada, movendo-se a uma velocidade v, distanciando-se do observador no solo, quais das seguintes afirmativas são verdadeiras sobre a velocidade medida do feixe de luz do farol do carro? Mais de uma afirmativa pode ser verdadeira. (a) O observador no solo mede a velocidade da luz como $c + v$. (b) O motorista mede a velocidade da luz como c. (c) O observador no solo mede a velocidade da luz como c. (d) O motorista mede a velocidade da luz como $c - v$. (e) O observador no solo mede a velocidade da luz como $c - v$.

4. Uma espaçonave construída na forma de esfera passa por um observador na Terra com velocidade de $0,500c$. Qual é o formato que o observador mede conforme a espaçonave passa? (a) Esférico, (b) de charuto, alongado junto à direção do movimento, (c) de almofada redonda, achatada junto à direção de movimento, (d) cônico, apontando para a direção do movimento.

5. Uma astronauta está viajando em uma aeronave no espaço em linha reta numa velocidade constante de $0,500c$. Quais dos seguintes efeitos ela experimentaria? (a) Sentir-se-ia mais pesada. (b) Acharia difícil respirar. (c) Seu ritmo cardíaco se alteraria. (d) Algumas das dimensões da sua espaçonave diminuiriam. (e) Nenhuma dessas respostas é correta.

6. Você mede o volume de um cubo em repouso como V_0. Então, mede esse mesmo volume quando o cubo passa por você em uma direção paralela a um lado dele. A velocidade do cubo é $0,980c$, então $\gamma \approx 5$. O volume que você mede é próximo a (a) $V_0/25$, (b) $V_0/5$, (c) V_0, (d) $5V_0$ ou (e) $25V_0$?

7. Dois relógios idênticos são colocados lado a lado e sincronizados. Um permanece na Terra, enquanto o outro é colocado em órbita e se move rapidamente em direção ao leste. **(i)** Conforme medido por um observador na Terra, o relógio em órbita (a) gira mais rápido que o na Terra, (b) gira na mesma velocidade ou (c) gira mais devagar? **(ii)** O relógio em órbita é retornado a sua posição original e trazido ao repouso em relação ao que está na Terra. O que acontece então? (a) Seus ponteiros estão cada vez mais atrasados em relação ao relógio que ficou na Terra. (b) Está atrasado em relação àquele na Terra por uma quantidade constante. (c) Está sincronizado com àquele na Terra. (d) Está adiantado na Terra em uma quantidade constante. (e) Fica cada vez mais adiantado em relação ao que está na Terra.

8. As três partículas seguintes possuem a mesma energia total: (a) um fóton, (b) um próton e (c) um elétron. Classifique os módulos dos momentos das partículas do maior para o menor.

9. Quais das seguintes afirmativas são postulados fundamentais da teoria da relatividade especial? Mais de uma afirmativa pode estar correta. (a) A luz se move através de uma substância chamada éter. (a) A velocidade da luz depende do referencial inercial no qual é medida. (c) As leis da Física dependem do referencial inercial no qual são utilizadas. (d) As leis da Física são as mesmas em todos os referenciais. (e) A velocidade da luz é independente do referencial inercial no qual é medida.

10. Um corpo astronômico distante (um quasar) está se afastando de nós com velocidade cujo valor é metade da velocidade da luz. Qual é a velocidade da luz que recebemos do quasar? (a) maior que c, (b) c, (c) entre $c/2$ e c, (d) $c/2$, (e) entre 0 e $c/2$.

Perguntas Conceituais

1. Em vários casos, uma estrela próxima é encontrada com um grande planeta orbitando a sua volta, embora a luz do planeta não possa ser vista separadamente daquela estrela. Utilizando as ideias de um sistema girando em torno de seu centro de massa e da mudança Doppler da luz, explique como um astrônomo poderia determinar a presença do planeta invisível.

2. Explique por que, quando da definição do comprimento de uma haste, é necessário especificar que as posições das suas extremidades devem ser medidas simultaneamente.

3. Um trem se aproxima a uma velocidade muito alta quando você está ao lado da via. Quando um observador no trem passa por você, ambos começam a tocar a mesma versão gravada de uma sinfonia de Beethoven em iPods idênticos. (a) Segundo você, qual iPod termina a sinfonia primeiro? (b) **E se?** Segundo o observador do trem, qual iPod termina a sinfonia primeiro? (c) Qual iPod, na verdade, termina primeiro a sinfonia?

4. Enumere três maneiras de como nosso dia a dia mudaria se a velocidade da luz fosse apenas 50 m/s.

5. Como a aceleração é indicada em um gráfico de espaço-tempo?

6. (a) "A mecânica de Newton descreve corretamente os corpos que se movem em velocidades comuns e a mecânica relativística descreve corretamente os corpos que se movem muito rápido." (b) "A mecânica relativística precisa fazer uma leve transição conforme se reduz à mecânica de Newton no caso em que a velocidade de um corpo se torna pequena se comparada à velocidade da luz". Argumente a favor ou contra as afirmações (a) e (b).

7. A velocidade da luz na água é 230 Mm/s. Suponha que um elétron se mova pela água a 250 Mm/s. Isto viola o princípio da relatividade? Explique.

8. Uma partícula está se movendo a uma velocidade abaixo de $c/2$. Se essa velocidade for dobrada, o que acontece com seu momento?

9. Forneça um argumento físico que mostre que é impossível acelerar um corpo de massa m à velocidade da luz, mesmo com uma força contínua atuando sobre ele.
10. Explique como o efeito Doppler sobre as micro-ondas é utilizado para determinar a velocidade de um automóvel.
11. Diz-se que Einstein, na adolescência, fez a seguinte pergunta: "O que eu veria em um espelho se o carregasse nas mãos e corresse a uma velocidade próxima à da luz?". Como você responderia a essa pergunta?
12. **(i)** Um corpo é colocado na posição $p > f$ em um espelho côncavo, como mostrado na Figura PC5.12a, onde f é a distância focal do espelho. Em um intervalo de tempo infinito, o corpo é movido para a direita para uma posição no ponto focal F do espelho. Mostre que a imagem do corpo se move a uma velocidade maior que a da luz. **(ii)** Uma caneta laser é suspensa em um plano horizontal e colocada em rotação rápida, como mostrado na Figura PC5.12b. Mostre que a marca de luz que ela produz em uma tela distante pode se mover pela tela a uma velocidade maior que a da luz. Se você realizar esse experimento, certifique-se de não apontar o laser diretamente para os olhos de alguém.

(iii) Argumente que os experimentos nas partes (i) e (ii) não invalidam o princípio de que nenhum material, energia ou informação pode se mover mais rápido que a luz no vácuo.

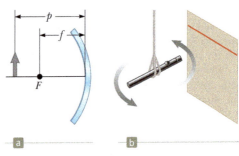

Figura PC5.12

13. Em relação aos referenciais, como a relatividade geral difere da relatividade especial?
14. Dois relógios idênticos estão na mesma casa, um no andar de cima, em um quarto, e outro no térreo, na cozinha. Qual deles gira mais lentamente? Explique.

Problemas

WebAssign Os problemas que se encontram neste capítulo podem ser resolvidos *on-line* no Enhanced WebAssign (em inglês)

1. denota problema simples;
2. denota problema intermediário;
3. denota problema de desafio;

AMT *Analysis Model Tutorial* disponível no Enhanced WebAssign (em inglês);

M denota tutorial *Master It* disponível no Enhanced WebAssign (em inglês);

PD denota problema dirigido;

W solução em vídeo *Watch It* disponível no Enhanced WebAssign (em inglês).

Seção 5.1 O princípio da relatividade de Galileu

Os Problemas 46-48, 50, 51, 53-54 e 79 do Capítulo 4 do Volume 1 podem ser resolvidos nesta seção.

1. O caminhão na Figura P5.1 move-se a uma velocidade de 10,0 m/s em relação ao solo. A pessoa em cima da caçamba arremessa uma bola de beisebol para trás a uma velocidade de 20,0 m/s em relação ao caminhão. Qual é a velocidade da bola conforme medida pelo observador no solo?

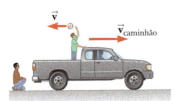

Figura P5.1

2. Em um referencial de laboratório, um observador nota que a Segunda Lei de Newton não é válida. Suponha que as forças e massas sejam medidas iguais em qualquer referencial para velocidades pequenas comparadas à velocidade da luz. (a) Mostre que a Segunda Lei de Newton também é válida para um observador que se move a uma velocidade constante pequena comparada à velocidade da luz em relação ao referencial do laboratório. (b) Mostre que a Segunda Lei de Newton *não* é válida em um referencial que se move passando pelo referencial do laboratório com uma aceleração constante.

3. A velocidade da Terra em sua órbita é 29,8 km/s. Se esse é o módulo da velocidade $\vec{v}$ do vento de éter na Figura P5.3, encontre o ângulo ϕ entre a velocidade da luz $\vec{c}$ no vácuo e a velocidade da luz resultante se houvesse o éter.

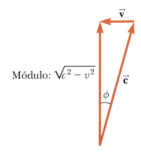

Figura P5.3

4. **AMT** Um carro de massa 2.000 kg movendo-se a uma velocidade de 20,0 m/s colide e se prende a um carro de 1.500 kg em repouso sob uma placa de pare. Mostre que

Relatividade **163**

o momento é conservado em um referencial se movendo a 10,0 m/s na direção do carro em movimento.

Seção 5.2 O experimento de Michelson-Morley

Seção 5.3 O princípio da relatividade de Einstein

Seção 5.4 Consequências da teoria da relatividade especial

> O Problema 83 no Capítulo 4 do Volume 1 pode ser resolvido nesta seção.

5. Uma estrela está a 5,00 ly da Terra. A que velocidade uma espaçonave precisa se mover em seu caminho até a estrela para que a distância entre ela e a Terra medida no referencial da espaçonave seja de 2,00 ly?

6. Uma trena movendo-se a $0,900c$ em relação à superfície da Terra se aproxima de um observador em repouso em relação à superfície da Terra. (a) Qual é o comprimento da trena medido pelo observador? (b) Qualitativamente, como a resposta à parte (a) mudaria se o observador começasse a correr em direção à trena?

7. W Em quais velocidades um relógio se move se for medido com a velocidade de um terço da de outro em repouso em relação ao observador?

8. Um múon formado alto na atmosfera da Terra é medido por um observador na Terra com uma velocidade $v = 0,900c$ por uma distância de 4,60 km antes de sofrer um decaimento para um elétron, um neutrino e um antineutrino ($\mu^- \rightarrow e^- + \nu + \bar{\nu}$). (a) Por qual intervalo de tempo o múon vive conforme medido em seu referencial? (b) Que distância a Terra se move segundo as medidas do referencial do múon?

9. W Com que velocidade uma trena precisa se mover se seu comprimento for medido com um encolhimento de 0,500 m?

10. Um astronauta está viajando em um veículo espacial que se move a $0,500c$ em relação à Terra. Ele mede sua frequência cardíaca, cujo valor é 75,0 batidas por minuto. Os sinais gerados pelo seu pulso são enviados por rádio para a Terra enquanto o veículo se move em uma direção perpendicular à linha que o conecta com um observador na Terra. (a) Qual é o valor dos batimentos que um observador na Terra mede? (b) **E se?** Qual seria a frequência cardíaca se a velocidade do veículo fosse aumentada para $0,900c$?

11. Um físico passa no farol vermelho. Quando é parado, diz ao policial que a mudança de Doppler fez com que a luz vermelha com comprimento de onda de 650 nm aparecesse verde para ele, com um comprimento de onda de 520 nm. O policial o multa por velocidade. A qual velocidade o físico dirigia, segundo seu próprio testemunho?

12. W Um colega astronauta passa por você em uma espaçonave que se move em alta velocidade. Ele lhe diz que sua nave possui 20,0 m de comprimento e que a nave idêntica na qual você está sentado mede 19,0 m. Segundo suas observações, (a) qual é o comprimento de sua espaçonave, (b) qual é o comprimento da nave do astronauta e (c) qual é a velocidade da nave do astronauta em relação à sua?

13. Um veículo espacial se distancia da Terra a uma velocidade de $0,800c$. Um astronauta no veículo mede um intervalo de tempo de 3,00 s para girar seu corpo em 1,00 rev enquanto flutua no veículo. Qual intervalo de tempo é necessário para essa rotação segundo um observador na Terra?

14. Para qual valor de v representa $\gamma = 1,0100$? Observe que, para velocidades abaixo desse valor, a dilatação do tempo e a contração do espaço são efeitos que contabilizam menos que 1%.

15. Um supertrem com comprimento próprio de 100 m move-se a uma velocidade de $0,950c$ quando passa através de um túnel com comprimento próprio de 50,0 m. Conforme visto por um observador ao lado da via, o trem em algum momento fica completamente dentro do túnel? Se sim, em que medida as extremidades do trem deixam as do túnel?

16. M A vida média de um méson pi em seu próprio referencial (ou seja, a própria vida) é $2,6 \times 10^{-8}$ s. Se o méson se move com uma velocidade de 0,98c, qual é (a) sua vida média medida por um observador na Terra, e (b) qual a distância média que ele percorre antes do decaimento, medida por um observador na Terra? (c) Que distância poderia percorrer se a dilatação do tempo não ocorrer?

17. Um astrônomo na Terra observa um meteoroide no céu, ao sul, se aproximando da Terra, a uma velocidade de $0,800c$. O momento da descoberta desse meteoroide é 20,0 ly da Terra. Calcule (a) o intervalo requerido para o meteoroide atingir a Terra, conforme medido pelo astrônomo terrestre, (b) esse intervalo conforme medido por um turista que está no meteoroide, e (c) a distância da Terra medida pelo turista.

18. Um cubo de aço tem um volume de $1,00$ cm^3 e uma massa de 8,00 g quando em repouso na Terra. Se esse cubo assumir agora uma velocidade $u = 0,900c$, qual é sua densidade medida por um observador estacionário? Observe que a densidade relativística é definida como E_R/c^2V.

19. AMT M Uma espaçonave com comprimento próprio de 300 m passa por um observador na Terra. Segundo esse observador, leva 0,750 μs para a espaçonave passar por um ponto fixo. Determine a velocidade da espaçonave medida pelo observador baseado na Terra.

20. Uma espaçonave com comprimento próprio L_p passa por um observador na Terra. Segundo esse observador, leva um intervalo de tempo de Δt para a espaçonave passar por um ponto fixo. Determine a velocidade da espaçonave medida pelo observador que está na Terra.

21. Uma fonte de luz afasta-se de um observador com velocidade v_s pequena se comparada a c. (a) Mostre que a variação fracional no comprimento de onda medido é fornecida pela expressão

$$\frac{\Delta\lambda}{\lambda} \approx \frac{v_S}{c}$$

Esse fenômeno é conhecido como *mudança para o vermelho* porque a luz visível é modificada em direção a essa cor. (b) Medidas espectroscópicas da luz em $\lambda = 397$ nm vinda de uma galáxia na Ursa Maior revelaram uma mudança para o vermelho de 20,0 nm. Qual é a velocidade de afastamento da galáxia?

22. **Revisão.** Em 1963, o astronauta Gordon Cooper orbitou a Terra 22 vezes. A imprensa afirmou que, para cada órbita, ele envelheceu dois milionésimos de segundo a mais do que se tivesse permanecido na Terra. Supondo que Cooper estava a 160 km acima da Terra em uma órbita circular, determine a diferença no tempo decorrido entre alguém da Terra e o astronauta em órbita durante 22 órbitas completas. Você pode utilizar a aproximação

$$\frac{1}{\sqrt{1-x}} \approx 1 + \frac{x}{2}$$

para x pequeno. (b) A informação da imprensa foi precisa? Explique.

23. O radar da polícia detecta a velocidade de um carro (Fig. P5.23) como segue. Micro-ondas de uma frequência precisamente conhecida são transmitidas para o carro. O carro em movimento reflete as microondas com um deslocamento Doppler. As ondas refletidas são recebidas e combinadas com uma versão atenuada da onda transmitida. Batimentos ocorrem entre os dois sinais de micro-ondas. A frequência do batimento é medida. (a) Para uma onda eletromagnética refletida de volta a sua fonte a partir de um espelho se aproximando na velocidade v, mostre que a onda refletida tem frequência:

$$f' = \frac{c + v}{c - v} f$$

onde f é a frequência da fonte. (b) Notando que v é muito menor do que c, mostre que a frequência de batimento pode ser escrita como $f_{beat} = 2v/\lambda$. (c) Qual frequência de batimento é medida para uma velocidade do carro de 30,0 m/s se as micro-ondas têm frequência de 10,0 GHz? (d) Se a medida da frequência de batimento na parte (c) for precisamente ±5,0 Hz, quão preciso é a medição de velocidade?

Figura P5.23

24. Os gêmeos idênticos Speedo e Goslo se unem para uma migração da Terra para o Planeta X, a 20,0 ly em um referencial no qual ambos se encontram em repouso. Os gêmeos, de mesma idade, partem no mesmo momento em diferentes espaçonaves. A de Speedo viaja continuamente a $0,950c$ e a de Goslo a $0,750c$. (a) Calcule a diferença de idade entre os gêmeos depois que a espaçonave de Goslo aterrissa no Planeta X. (b) Qual deles estará mais velho?

25. Um relógio atômico move-se a 1.000 km/h por 1,00 h conforme medido por um relógio idêntico na Terra. Ao final do intervalo de 1,00 h, quantos nanossegundos mais lento o relógio em movimento estará em relação ao baseado na Terra?

26. **Revisão.** Uma civilização alienígena ocupa um planeta que orbita outro, o anão marrom, a vários anos luz de distância. O plano da órbita do planeta é perpendicular a uma linha do planeta anão marrom ao Sol, de forma que o planeta está quase em uma posição fixa em relação ao Sol. Os extraterrestres acabaram se apaixonando pelo programa *McGyver*, no canal 2 da televisão, na frequência 57,0 MHz. A linha de visão deles em relação a nós é o plano da órbita da Terra. Descubra a diferença entre as frequências mais altas e mais baixas recebidas por eles devida ao movimento orbital da Terra em torno do Sol.

Seção 5.5 As equações de transformação de Lorentz

27. W Uma luz vermelha ilumina na posição $x_R = 3,00$ m e o tempo $t_R = 1,00 \times 10^{-9}$ s, e outra, azul, ilumina em $x_B = 5,00$ m e $t_B = 9,00 \times 10^{-9}$ s, tudo medido no referencial S. O referencial S' move-se uniformemente para a direita e tem sua origem no mesmo ponto que S em $t = t' = 0$. Ambas as luzes ocorrem no mesmo local em S'. (a) Encontre a velocidade relativa entre S e S'. (b) Encontre a localização das luzes no referencial S'. (c) Em que momento a luz vermelha ilumina no referencial S'?

28. Shannon observa os dois pulsos de luz emitidos do mesmo local, mas separados no tempo por 3,00 μs. Kimmie observa a emissão dos mesmos dois pulsos com uma separação de tempo de 9,00 μs. (a) Com que velocidade Kimmie se move em relação a Shannon? (b) Segundo Kimmie, qual é a separação no espaço dos dois pulsos?

29. Uma haste móvel tem comprimento observado de $\ell = 2,00$ m e está orientada a um ângulo $\theta = 30,0°$ em relação à direção de movimento, como mostrado na Figura P5.29. A haste tem velocidade de $0,995c$. (a) Qual é o comprimento próprio da haste? (b) Qual é o ângulo de orientação no referencial próprio?

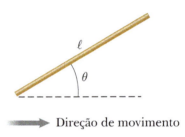

Figura P5.29

30. Uma haste se movendo com uma velocidade v ao longo da direção horizontal é observada como tendo comprimento ℓ e formando um ângulo θ em relação à direção do movimento, conforme mostra a Figura P5.29. (a) Mostre que o comprimento da haste, medido por um observador em repouso em relação à haste é $\ell_p = \ell[1 - (v^2/c^2) \cos^2 \theta]^{1/2}$. (b) Mostre que o ângulo θ_p, que a haste faz com o eixo x, de acordo com um observador em repouso em relação à haste, pode ser determinada a partir de tg $\theta_p = \gamma$ tg θ. Esses resultados mostram que a haste é observada e verifica-se que ela é contraída e girada. Considere que a extremidade inferior da haste está na origem do sistema de coordenadas no qual a haste está em repouso.

31. Keilah, no referencial S, mede dois eventos simultâneos. O evento A ocorre no ponto (50,0 m, 0, 0) no instante 9:00:00 do tempo universal em 15 de janeiro de 2010. O evento B ocorre no ponto (150 m, 0, 0) no mesmo momento. Torrey, passando a uma velocidade de $0,800c\hat{\mathbf{i}}$, também observa os dois eventos. No referencial dela, S', qual evento ocorreu primeiro e qual foi o intervalo de tempo decorrido entre os eventos?

Seção 5.6 As equações de transformação de velocidade de Lorentz

32. M A Figura P5.32 mostra o jato de um material (no lado direito superior) sendo ejetado pela galáxia M87 (no lado esquerdo inferior). Acredita-se que tais jatos sejam a evidência de imensos buracos negros no centro de uma galáxia. Suponha que dois jatos de material do centro de uma galáxia sejam ejetados em direções opostas. Ambos se movem a $0,750c$ em relação ao centro da galáxia. Determine a velocidade de um jato em relação ao outro.

Relatividade   165

Figura P5.32

33. Uma espaçonave inimiga distancia-se da Terra a uma velocidade $v = 0,800c$ (Fig. P5.33). Uma patrulha galáctica a segue a uma velocidade $u = 0,900c$ em relação à Terra. Observadores na Terra medem que a espaçonave patrulha está ultrapassando a inimiga por uma velocidade de $0,100c$. Com qual velocidade a espaçonave patrulha está ultrapassando a inimiga segundo a tripulação da primeira?

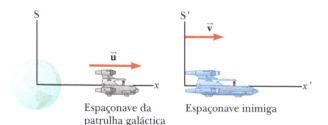

Figura P5.33

34. Uma nave especial é lançada da superfície da Terra com um velocidade de $0,600c$ em um ângulo de $50,0°$ acima do eixo x horizontal positivo. Outra nave espacial a ultrapassa com uma velocidade de $0,700c$ na direção negativa x. Determine o módulo e a direção da velocidade da primeira espaçonave medida pelo piloto da segunda espaçonave.

35. **M** Um foguete se move com uma velocidade de $0,92c$ para a direita em relação a um observador estacionário A. Um observador B se movendo em relação a um observador A verifica que o foguete está se movendo com uma velocidade de $0,95c$ para a esquerda. Qual é a velocidade do observador B em relação ao observador A? *Dica:* considere a velocidade do observador B no quadro de referência do foguete.

Seção 5.7 Momento linear relativístico

36. **W** Calcule o momento de um elétron movendo-se com uma velocidade (a) $0,0100c$, (b) $0,500c$ e (c) $0,900c$.

37. Um elétron tem momento três vezes maior que seu momento clássico. (a) Descubra a velocidade do elétron. (b) **E se?** Como seu resultado mudaria se a partícula fosse um próton?

38. Mostre que a velocidade de um objeto com momento de magnitude p e massa m é

$$u = \frac{c}{\sqrt{1 + (mc/p)^2}}$$

39. (a) Calcule o momento clássico de um próton viajando a $0,990c$, desprezando efeitos relativísticos. (b) Repita o cálculo enquanto inclui efeitos relativísticos. (c) Faz sentido desprezar a relatividade a essas velocidades?

40. O limite de velocidade em certa rodovia é de 90,0 km/h. Suponha que as multas de velocidade sejam dadas proporcionalmente à quantidade pela qual o momento do veículo excede o momento que teria se estivesse se movendo na velocidade limite. A multa para quem dirige a 190 km/h (isto é, 100 km/h acima da velocidade limite) é $ 80,00. Qual seria então a multa para quem se move a (a) 1.090 km/h? (b) 1.000.000.090 km/h?

41. Uma bola de golfe move-se a uma velocidade de 90,0 m/s. Por qual fração o módulo do seu momento relativístico p difere do seu valor clássico mu? Isto é, descubra a razão $(p - mu)/mu$.

42. **M** A expressão não relativística para o momento de uma partícula $p = mu$ concorda com o experimento se $u \ll c$. Para qual velocidade o uso dessa equação dá erro no momento medido de (a) 1,00% e (b) 10,0%?

43. **M** Uma partícula instável em repouso espontaneamente se divide em dois fragmentos de massas desiguais. A massa do primeiro fragmento é $2,50 \times 10^{-28}$ kg e a do outro, $1,67 \times 10^{-27}$ kg. Se o fragmento mais leve tem velocidade de $0,893c$ após sua quebra, qual é a velocidade do mais pesado?

Seção 5.8 Energia relativística

44. Determine a energia necessária para acelerar um elétron a partir de (a) $0,500c$ para $0,900c$ e (b) $0,900c$ a $0,990c$.

45. Um elétron tem uma energia cinética cinco vezes maior que sua energia de repouso. Encontre (a) sua energia total e (b) sua velocidade.

46. Prótons em um acelerador no Laboratório Nacional Fermi, próximo a Chicago, são acelerados a uma energia total 400 vezes sua energia de repouso. (a) Qual é a velocidade desses prótons em relação a c? (b) Qual é sua energia cinética em MeV?

47. Um próton se move a $0,950c$. Calcule sua (a) energia de repouso, (b) energia total, e (c) energia cinética.

48. (a) Encontre a energia cinética de uma espaçonave de 78,0 kg lançada no sistema solar a uma velocidade de 106 km/s utilizando a equação clássica $K = \frac{1}{2} mu^2$. (b) **E se?** Calcule sua energia cinética utilizando a equação relativística. (c) Explique o resultado comparando as respostas das partes (a) e (b).

49. **AMT** **M** Um próton em um acelerador potente move-se a uma velocidade de $c/2$. Utilize o teorema do trabalho-energia cinética para descobrir o trabalho necessário para aumentar sua velocidade a (a) $0,750c$ e (b) $0,995c$.

50. Mostre que, para qualquer corpo movendo-se a menos de um décimo da velocidade da luz, a energia cinética relativística concorda com o resultado da equação clássica $K = \frac{1}{2} mu^2$ dentro de menos de 1%. Portanto, para a maioria dos propósitos, a equação clássica é suficiente para descrever esses corpos.

51. A energia total de um próton é duas vezes sua energia de repouso. Descubra o momento do próton em unidades MeV/c.

52. Considere os elétrons acelerados a uma energia total de 20,0 GeV no acelerador linear de Stanford com 3,0 km de comprimento. (a) Qual é o fator γ para os elétrons? (b) Qual é a velocidade do elétron na energia dada? (c) Qual é o comprimento do acelerador no referencial dos elétrons quando estão se movendo com a velocidade mais alta?

53. **W** Quando 1,00 g de hidrogênio se combina com 8,00 g de oxigênio, 9,00 g de água são formados. Durante essa reação química, são liberados $2,86 \times 10^5$ J de energia. (a)

A massa da água é maior ou menor que a massa dos reagentes? (b) Qual é a diferença em massa? (c) Explique se é provável detectar a variação na massa.

54. **W** Em uma usina nuclear, as hastes de combustível duram três anos, antes de serem substituídas. A usina pode transformar energia a uma taxa máxima possível de 1,00 GW. Supondo que ela opere a 80,0% de sua capacidade durante 3,00 anos, qual é a perda de massa do combustível?

55. A emissão de energia do Sol é de $3{,}85 \times 10^{26}$ W. Quanto a massa do Sol diminui a cada segundo?

56. Um raio gama (um fóton de energia elevada) pode produzir um elétron (e⁻) e um pósitron (e⁺) de massa igual quando entra no campo elétrico de um núcleo pesado: $\gamma \to e^+ + e^-$. Que energia mínima do raio gama é requerida para realizar essa tarefa?

57. Uma espaçonave de massa $2{,}40 \times 10^6$ kg é acelerada à velocidade de $0{,}700c$. (a) Qual quantidade de energia mínima essa aceleração exige do combustível da espaçonave, supondo uma eficiência perfeita? (b) Quanto combustível seria necessário para fornecer essa quantidade de energia se toda a energia de repouso do combustível pudesse ser transformada em energia cinética da espaçonave?

58. Mostre que a relação momento-energia na Equação 5.27, $E^2 = p^2c^2 + (mc^2)^2$, provém das expressões $E = \gamma mc^2$ e $p = \gamma mu$.

59. A energia de repouso de um elétron é 0,511 MeV. A energia de repouso de um próton é 938 MeV. Suponha que ambas as partículas tenham energias cinéticas de 2,00 MeV. Encontre a velocidade do (a) elétron e (b) próton. (c) Por qual fator a velocidade do elétron excede a do próton? (d) Repita os cálculos nas partes (a) a (c) supondo que ambas as partículas tenham energias cinéticas de 2.000 MeV.

60. Considere um carro movendo-se em uma rodovia com velocidade u. Sua energia cinética real é maior ou menor que $1/2\ mu^2$? Faça uma estimativa da ordem de grandeza da quantidade pela qual sua energia cinética real difere de $\frac{1}{2}mu^2$. Em sua solução, informe as quantidades que utilizou como dados e os valores que mediu ou estimou a partir delas. O Apêndice B.5 pode ser útil para esse caso.

61. **M** Um píon em repouso ($m_\pi = 273\ m_e$) decresce a um múon ($m_\mu = 207\ m_e$) e um antineutrino ($m_{\bar{\nu}} \approx 0$). A reação é escrita como $\pi^- \to \mu^- + \bar{\nu}$. Descubra (a) a energia cinética do múon e (b) a energia do antineutrino em elétron-volt.

62. **PD** Uma partícula instável com massa $m = 3{,}34 \times 10^{-27}$ kg está inicialmente em repouso. Ela decai em dois fragmentos que se movem junto ao eixo x com componentes de velocidade $u_1 = 0{,}987c$ e $u_2 = -0{,}868c$. Partindo dessa informação, queremos determinar as massas dos fragmentos 1 e 2. (a) O sistema inicial da partícula instável, que se torna um sistema de dois fragmentos, é isolado ou não isolado? (b) Com base em sua resposta à parte (a), quais dois modelos de análises são apropriados para essa situação? (c) Encontre os valores de γ para os dois fragmentos após o decaimento. (d) Utilizando um dos modelos de análise da parte (b), encontre a relação entre as massas m_1 e m_2 dos fragmentos. (e) Utilizando o segundo modelo de análise da parte (b), encontre uma segunda relação entre as massas m_1 e m_2. (f) Resolva as relações das partes (b) e (e) simultaneamente para as massas m_1 e m_2.

63. Grandes estrelas encerram suas vidas em explosões de supernovas que produzem núcleos de todos os átomos da metade inferior da tabela periódica através da fusão de núcleos menores. Esse problema modela esse processo em linhas gerais. Uma partícula de massa $m = 1{,}99 \times 10^{-26}$ kg movendo-se a uma velocidade $\vec{\mathbf{u}} = 0{,}500c\hat{\mathbf{i}}$ colide e se prende a uma partícula de massa $m' = m/3$ que se move a uma velocidade $\vec{\mathbf{u}} = -0{,}500c\hat{\mathbf{i}}$. Qual é a massa da partícula resultante?

64. Grandes estrelas encerram suas vidas em explosões de supernovas que produzem núcleos de todos os átomos da metade inferior da tabela periódica através da fusão de núcleos menores. Esse problema modela esse processo em linhas gerais. Uma partícula de massa m movendo-se ao longo do eixo x com uma componente de velocidade $+u$ colide e se prende a uma partícula de massa $m/3$ que se move ao longo do eixo x com uma componente de velocidade $-u$. (a) Qual é a massa M da partícula resultante? (b) Avalie a expressão da parte (a) no limite $u \to 0$. (c) Explique se o resultado concorda com o que você esperava da Física não relativística.

Seção 5.9 A teoria geral da relatividade

65. **Revisão.** O sistema de posicionamento global via satélite (GPS) move-se numa órbita circular com um período de 11h58 min. (a) Determine o raio da sua órbita. (b) Determine sua velocidade. (c) O sinal de GPS não militar é emitido a uma frequência 1.575,42 MHz no referencial do satélite. Quando é recebido na superfície da Terra por um receptor GPS (Figura P5.65), qual é a mudança fracional nessa frequência devida à dilatação do tempo conforme descrito pela relatividade especial? (d) A mudança gravitacional da frequência para o azul segundo a relatividade geral é um efeito separado. Tem esse nome de mudança para o azul para indicar a mudança para uma frequência mais alta. A intensidade dessa mudança fracional é fornecida por

$$\frac{\Delta f}{f} = \frac{\Delta U_g}{mc^2}$$

onde U_g é a mudança na energia potencial gravitacional do sistema Terra-corpo quando o corpo de massa m é movido entre dois pontos onde há sinal. Calcule essa mudança fracional na frequência devida à mudança na posição do satélite na superfície da Terra para sua posição orbital. (e) Qual é a mudança fracional geral na frequência devida tanto à dilatação do tempo como à mudança gravitacional para o azul?

Figura P5.65

Problemas Adicionais

66. Um elétron possui velocidade de $0{,}750c$. (a) Encontre a velocidade de um próton que tem a mesma energia cinética do elétron. (b) **E se?** Encontre a velocidade do próton que tem o mesmo momento de um elétron.

67. **M** A reação de fusão nuclear líquida dentro do Sol pode ser escrita como $4\,^1\text{H} \to {}^4\text{He} + E$. A energia de repouso

Relatividade **167**

de cada átomo de hidrogênio é de 938,78 MeV e a energia do átomo hélio-4 é 3.728,4 MeV. Calcule a porcentagem da massa inicial que é transformada em outras formas de energia.

68. *Por que a seguinte situação é impossível*? Em seu aniversário de 40 anos, os gêmeos Speedo e Goslo se despedem enquanto Speedo parte para um planeta a 50 ly de distância. Ele viaja a uma velocidade constante de $0,85c$ e imediatamente dá meia-volta e retorna à Terra após chegar ao planeta. Depois de chegar de volta à Terra, Speedo tem um feliz encontro com Goslo.

69. Uma estação de radar meteorológico Doppler transmite um pulso de ondas de rádio a uma frequência de 2,85 GHz. A partir de um agrupamento relativamente pequeno de gotas de chuva girando a 38,6° a nordeste, a estação recebe um pulso refletido após 180 ms com uma frequência deslocada para cima de 254 Hz. A partir de um agrupamento semelhante de gotas de chuva girando a 39,6° a esse do norte, a estação recebe um pulso refletido após o mesmo período decorrido, com uma frequência deslocada para baixo de 254 Hz. Esses pulsos têm as maiores e menores frequências que a estação recebe. (a) Calcule os componentes da velocidade radial dos dois agrupamentos de gotas de chuva. (b) Assuma que essas gotas de chuva estão girando em um vórtice de rotação uniforme. Determine a velocidade angular de sua rotação.

70. Um objeto com massa igual a 900 kg e viajando a uma velocidade de $0,850c$ colide com um objeto estacionário com massa igual a 1.400 kg. Os dois objetos ficam unidos. Determine (a) a velocidade e (b) a massa do objeto composto.

71. $\boxed{\text{M}}$ Um astronauta quer visitar a galáxia de Andrômeda, fazendo uma viagem só de ida que demorará 30,0 anos no quadro de referência da espaçonave. Suponha que essa galáxia está a 2,00 milhões de anos-luz de distância e que sua velocidade é constante. (a) Com que velocidade ele deve viajar em relação à Terra? (b) Qual será a energia cinética de sua espaçonave, que tem massa igual a $1,00 \times 10^6$ kg? (c) Qual é o custo dessa energia se ela for adquirida por um preço típico de consumidor para a energia elétrica, 13,0¢ por kWh? A aproximação a seguir se mostrará útil:

$$\frac{1}{\sqrt{1+x}} \approx 1 - \frac{x}{2} \text{ para } x \ll 1$$

72. Uma professora de Física na Terra aplica uma prova aos seus alunos, que estão em uma espaçonave viajando à velocidade v em relação à Terra. No momento em que a espaçonave passa pela professora, ela sinaliza que a prova deve começar. Ela quer que seus alunos tenham um intervalo T_0 (tempo da espaçonave) para concluir a prova. Mostre que ela deve esperar um intervalo (tempo da Terra) de

$$T = T_0 \sqrt{\frac{1 - v/c}{1 + v/c}}$$

antes de enviar um sinal de luz dizendo que eles devem parar. *Sugestão*: lembre-se de que leva algum tempo para o segundo sinal de luz viajar da professora até os alunos.

73. $\boxed{\text{M}}$ Uma sonda espacial interestelar foi lançada da Terra. Depois de um breve período de aceleração, ela se move com uma velocidade constante, que é 70,0% da velocidade da luz. Suas baterias de energia nuclear fornecem energia para manter seu transmissor de dados ativo continuamente. As baterias têm uma vida útil de 15,0 anos, conforme medição em um quadro de repouso. (a) Qual é o tempo de duração das baterias na sonda espacial, medido pelo controle

da missão, na Terra? (b) A que distância a sonda está da Terra quando suas baterias falham, conforme medição pelo controle da missão, na Terra? (c) A que distância a sonda está da Terra, conforme medição feita por seu odômetro de viagem, embutido, quando suas baterias falham? (d) Por quanto tempo no total após o lançamento os dados da sonda são recebidos pelo controle da missão? Observe que as ondas de rádio viajam a velocidade da luz e preenchem o espaço entre a sonda e a Terra no momento em que as baterias falham.

74. A equação

$$K = \left(\frac{1}{\sqrt{1 - u^2/c^2}} - 1 \right) mc^2$$

fornece a energia cinética de uma partícula movendo-se à velocidade u. (a) Resolva a equação para u, identifique o valor mínimo da velocidade e sua energia cinética correspondente. (c) Identifique a velocidade máxima possível e sua energia cinética correspondente. (d) Diferencie a equação para u em relação ao tempo para obter outra que descreva a aceleração de uma partícula como função de sua energia cinética e a potência de entrada da partícula. (e) Observe que para a partícula não relativística temos $u = (2K/m)^{1/2}$ e que, diferenciando essa equação em relação ao tempo, temos $a = P/(2mK)^{1/2}$. Obtenha a forma de limitação da expressão na parte (d) em energia baixa. Informe como ela se compara à expressão relativística. (f) Obtenha a forma limitante da expressão na parte (d) em alta energia. (g) Considere a partícula com potência de entrada constante. Explique como a resposta ajuda a contabilizar a resposta da parte (c).

75. Considere o astronauta planejando a viagem para Andrômeda, no Problema 71. (a) Com três algarismos significativos, qual é o valor de γ para a velocidade encontrada na parte (a) do Problema 71? (b) Assim que o astronauta parte em sua viagem, com velocidade constante, um raio de luz também é enviado na direção de Andrômeda. De acordo com o observador na Terra, quanto tempo depois da chegada do raio de luz o astronauta chega em Andrômeda?

76. Um corpo se desintegra em dois fragmentos. Um deles tem massa de 1,00 MeV/c^2 e momento de 1,75 MeV/c na direção x positiva; o outro tem massa de 1,50 MeV/c^2 e momento de 2,00 MeV/c na direção y positiva. Encontre (a) a massa e (b) a velocidade do corpo original.

77. $\boxed{\text{M}}$ Raios cósmicos de mais alta energia são os prótons que possuem a energia cinética na ordem de 10^{13} MeV. (a) Conforme medidos no referencial do próton, qual intervalo de tempo um próton com essa quantidade de energia exigiria para viajar através da Via Láctea, que possui um diâmetro próprio de $\sim 10^5$ ly? (b) Do ponto de vista do próton, quantos quilômetros de diâmetro a galáxia tem?

78. $\boxed{\text{M}}$ A espaçonave I, que transporta estudantes realizando um exame de Física, se aproxima da Terra a uma velocidade de $0,600c$ (em relação à Terra), enquanto a espaçonave II, transportando professores que supervisionam o exame, move-se a $0,280c$ (em relação à Terra) diretamente em direção aos estudantes. Se os professores interrompem o exame após 50,0 min decorridos em seus relógios, qual intervalo de tempo corresponde à duração do exame medida (a) pelos estudantes e (b) por um observador na Terra?

79. **Revisão**. Em torno do núcleo de um reator nuclear, blindado por uma grande piscina de água, a radiação Cerenkov aparece como um brilho azul. Veja a Figura P3.38 do

Volume 2. A radiação Cerenkov ocorre quando uma partícula se move mais rápido através de um meio do que a velocidade da luz no mesmo meio. É o equivalente eletromagnético de uma onda proveniente de um estrondo sônico. Um elétron move-se pela água a uma velocidade 10,0% mais rápida que a da luz na água. Determine (a) a energia total, (b) a energia cinética e (c) o momento do elétron. (d) Descubra o ângulo entre a onda de choque e a direção de movimento do elétron.

80. O movimento de um meio transparente influencia a velocidade da luz. Esse efeito foi observado pela primeira vez por Fizeau, em 1851. Considere um feixe de luz na água. A água se move com a velocidade v em um cano horizontal. Suponha que a luz se mova na mesma direção da água. A velocidade da luz em relação à água é c/n, onde $n = 1,33$ é o índice de refração da água. (a) Utilize a equação de transformação de velocidade para mostrar que a velocidade da luz medida no referencial do laboratório é

$$u = \frac{c}{n}\left(\frac{1+nv/c}{1+v/nc}\right)$$

(b) Mostre que para $v \ll c$, a expressão da parte (a) se torna, para uma boa aproximação,

$$u \approx \frac{c}{n} + v - \frac{v}{n^2}$$

(c) Argumente a favor ou contra a visão de que deveríamos esperar que o resultado fosse $u = (c/n) + v$ segundo a transformação de Galileu e que a presença do termo $-v/n^2$ representa um efeito relativístico que aparece até em velocidades "não relativísticas". (d) Avalie u no limite conforme a velocidade da água se aproxima de c.

81. Imagine que todo o Sol, de massa M_S, comprime-se em uma esfera de raio R_g de maneira que o trabalho necessário para remover uma pequena massa m da superfície seria igual a sua energia de repouso mc^2. Esse raio é chamado *raio gravitacional* para o Sol. (a) Utilize essa abordagem para mostrar que $R_g = GM_S/c^2$. (b) Encontre um valor numérico para R_g.

82. *Por que a seguinte situação é impossível?* Uma pesquisadora está acelerando elétrons para uso na sondagem de um material. Ela descobre que, quando os acelera através de uma diferença de potencial de 84,0 kV, os elétrons atingem metade da velocidade desejada. Ela quadruplica a diferença de potencial para 336 kV e os elétrons acelerados atingem a velocidade desejada.

83. Uma espaçonave alienígena movendo-se a 0,600c em direção à Terra lança um módulo de aterrissagem. O módulo move-se na mesma direção a uma velocidade de 0,800c em relação à nave mãe. Conforme medido na Terra, a espaçonave está a 0,200 ly da Terra quando o módulo de aterrissagem é lançado. (a) Qual velocidade os observadores baseados na Terra medem para o módulo de aterrissagem que se aproxima? (b) Qual é a distância para a Terra no momento do lançamento do módulo medida pelos alienígenas? (c) Qual tempo de viagem é necessário para que o módulo alcance a Terra segundo as medidas dos alienígenas da nave mãe? (d) Se o módulo possui massa de $4,00 \times 10^5$ kg, qual é a sua energia cinética conforme medida no referencial da Terra?

84. (a) Prepare um gráfico da energia cinética relativística e da energia cinética clássica, ambas como uma função da velocidade, para um corpo com uma massa de sua escolha. (b) A que velocidade a energia cinética clássica subestima o valor experimental em 1%? (c) Em 5%? (d) Em 50%?

85. **AMT** Um observador em uma espaçonave de cruzeiro move-se em direção a um espelho à velocidade $v = 0,650c$ relativa ao referencial S na Figura P5.85. O espelho está parado em relação a S. Um pulso de luz é emitido por uma espaçonave que viaja em direção ao espelho e refletido de volta à espaçonave. A espaçonave está a uma distância $d = 5,66 \times 10^{10}$ m do espelho (conforme medidos pelos observadores em S) no momento em que o pulso de luz deixa a espaçonave. Qual é o tempo total de viagem do pulso conforme medido pelos observadores (a) no referencial S e (b) na espaçonave?

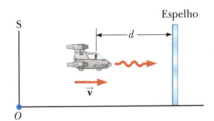

Figura P5.85 Problemas 85 e 86.

86. Um observador em uma espaçonave de cruzeiro move-se em direção a um espelho a uma velocidade v relativa ao referencial S da Figura P5.85. O espelho está parado em relação a S. Um pulso de luz é emitido por uma espaçonave que viaja em direção ao espelho e refletido de volta à espaçonave. A espaçonave está a uma distância d do espelho (conforme medido pelos observadores em S) no momento em que o pulso de luz deixa a espaçonave. Qual é o tempo total de viagem do pulso conforme medido pelos observadores (a) no referencial S e (b) na espaçonave?

87. Um núcleo de ^{57}Fe em repouso emite um fóton de 14,0 KeV. Utilize a conservação de energia e o momento para encontrar a energia cinética do núcleo em elétron-volt. Use $Mc^2 = 8,60 \times 10^{-9}$ J para o estado final do núcleo ^{57}Fe.

Problemas de Desafio

88. Uma partícula com carga elétrica q move-se ao longo de uma linha reta num campo elétrico uniforme $\vec{E}$ à velocidade u. A força elétrica exercida sobre a carga é $q\vec{E}$. A velocidade da partícula e o campo elétrico estão ambos na direção x. (a) Mostre que a aceleração da partícula na direção x é dada por

$$a = \frac{du}{dt} = \frac{qE}{m}\left(1 - \frac{u^2}{c^2}\right)^{3/2}$$

(b) Discuta o significado da dependência da aceleração em relação à velocidade. (c) **E se?** Se a partícula começa do repouso em $x = 0$ a $t = 0$, como você procederia para encontrar a velocidade da partícula e sua posição no tempo t?

89. A criação e o estudo de novas e imensas partículas elementares são uma parte importante da Física contemporânea. Para criar uma partícula de massa M é necessária uma energia Mc^2. Com energia suficiente, uma partícula exótica pode ser criada, permitindo-se que um próton com alta velocidade colida com uma partícula alvo similar. Considere uma colisão inelástica perfeita entre dois prótons:

um incidente, com massa m_p, energia cinética K e módulo do momento p se junta ao outro alvo originalmente em repouso para formar uma única partícula produto com massa M. Nem toda a energia cinética do próton incidente está disponível para criar a partícula produto, porque a conservação do momento exige que o sistema como um todo ainda tenha alguma energia cinética após sua colisão. Portanto, apenas uma fração da energia da partícula incidente está disponível para criar uma nova. (a) Mostre que a energia disponível para criar uma partícula produto é fornecida por

$$Mc^2 = 2m_p c^2 \sqrt{1 + \frac{K}{2m_p c^2}}$$

Esse resultado mostra que, quando a energia cinética K do próton incidente é grande, comparada a sua energia de repouso $m_p c^2$, então M se aproxima de $(2m_p K)^{1/2}/c$. Portanto, se a energia do próton de entrada for aumentada por um fator de 9, a massa que você consegue criar aumenta apenas por um fator de 3, não por um fator de 9 como seria de esperar. (b) Esse problema pode ser suavizado através do uso de *feixes colidentes*, como é o caso na maioria dos aceleradores modernos. Aqui o momento total de um par de partículas interagindo pode ser zero. O centro de massa pode ficar em repouso após a colisão; então, a princípio, toda a energia cinética pode ser utilizada para a criação da partícula. Mostre que

$$Mc^2 = 2mc^2\left(1 + \frac{K}{mc^2}\right)$$

onde K é a energia cinética de duas partículas colidentes idênticas. Aqui, se $K \gg mc^2$, temos M diretamente proporcional a K como tínhamos desejado.

90. Suponha que nosso Sol esteja para explodir. Em um esforço para fugir, partimos em uma espaçonave com $v = 0,800c$ em direção à estrela Tau Ceti, a 12,0 ly de distância. Quando alcançamos a metade da jornada, vemos nosso Sol explodir e, infelizmente, no mesmo instante, vemos Tau Ceti explodir também. (a) No referencial da espaçonave, deveríamos concluir que as duas explosões ocorreram simultaneamente? Se não, qual ocorreu primeiro? (b) **E se?** Em um referencial no qual o Sol e Tau Ceti estão em repouso, eles explodiriam simultaneamente? Se não, qual explodiria primeiro?

91. Owen e Dina estão em repouso no referencial S′, que se move a $0,600c$ em relação a S. Eles brincam de jogar a bola um para o outro enquanto Ed, em repouso no referencial S, assiste à ação (Fig. P5.91). Owen arremessa a bola para Dina a $0,800c$ (segundo Owen) e a separação (medida em S′) é igual a $1,80 \times 10^{12}$ m. (a) Segundo Dina, a bola se move a que velocidade? (b) Segundo Dina, qual é o intervalo de tempo necessário para que a bola a alcance? Segundo Ed, (c) qual a distância entre Owen e Dina, (d) com que velocidade a bola se move e (e) qual intervalo de tempo é necessário para que a bola alcance Dina?

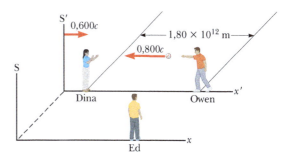

Figura P5.91

capítulo 6
Introdução à Física Quântica

6.1 A radiação do corpo negro e a hipótese de Planck
6.2 Efeito fotoelétrico
6.3 Efeito Compton
6.4 Natureza das ondas eletromagnéticas
6.5 Propriedades ondulatórias das partículas
6.6 Um novo modelo: a partícula quântica
6.7 O experimento da fenda dupla, considerado novamente
6.8 Princípio da incerteza

Esse filamento de lâmpada brilha com uma cor alaranjada. Por quê? A Física Clássica não é capaz de explicar a distribuição de comprimentos de onda observada experimentalmente da radiação eletromagnética de um corpo aquecido. Uma teoria proposta em 1900 que descreveu a radiação de tais corpos representa o nascimento da Física Quântica. (Steve Cole/Getty Images)

Como discutimos no Capítulo 5, devemos substituir a mecânica newtoniana pela teoria da relatividade especial de Einstein ao estudar velocidades de partícula comparáveis à velocidade da luz. No decorrer do século XX, muitos problemas experimentais e teóricos foram resolvidos pela teoria da relatividade especial. No entanto, para muitos outros problemas, nem a relatividade nem a Física Clássica puderam fornecer uma solução teórica. Tentativas de aplicação das leis da Física Clássica para explicar o comportamento da matéria na escala atômica foram consistentemente malsucedidas. Por exemplo, a emissão de comprimentos de onda de luz discretos pelos átomos em um gás a alta temperatura não pôde ser explicada nos moldes da Física Clássica.

Enquanto os físicos procuravam novos meios para solucionar essas questões, outra revolução ocorria na Física entre 1900 e 1930. Uma nova teoria, chamada *Mecânica Quântica*, foi muito bem-sucedida ao explicar o comportamento das partículas de dimensões microscópicas. Como no caso da teoria da relatividade especial, a teoria quântica requer uma modificação de nossas ideias referentes ao mundo físico.

Introdução à Física Quântica 171

O primeiro a empregar a teoria quântica para explicar um fenômeno foi Max Planck. Muitos desenvolvimentos e interpretações matemáticas subsequentes foram feitos por vários físicos renomados, incluindo Einstein, Bohr, De Broglie, Schrödinger e Heisenberg. Apesar do grande sucesso da teoria quântica, Einstein frequentemente atuou como seu crítico, especialmente em relação à maneira pela qual a teoria era interpretada.

Como um estudo aprofundado da teoria quântica excede o âmbito deste livro, esse capítulo é uma simples introdução aos seus princípios básicos.

> **Prevenção de Armadilhas 6.1**
> **Prepare-se para ser desafiado**
> Se as discussões sobre Física Quântica neste capítulo e nos subsequentes parecerem estranhas e confusas, a razão é que toda sua experiência de vida ocorre no mundo macroscópico, onde os efeitos quânticos não são evidentes.

6.1 A radiação do corpo negro e a hipótese de Planck

Um corpo a qualquer temperatura emite ondas eletromagnéticas na forma de **radiação térmica** de sua superfície, como discutido na Seção 6.7 do Volume 2. As características dessa radiação dependem da temperatura e das propriedades da superfície do corpo. Estudos minuciosos demonstram que a radiação consiste em uma distribuição contínua de comprimentos de onda de todas as partes do espectro eletromagnético. Se o corpo estiver à temperatura ambiente, os comprimentos de onda da radiação térmica estarão principalmente na região do infravermelho e, desta forma, a radiação não será detectada pelo olho humano. À medida que a temperatura superficial do corpo aumenta, esse finalmente começa a brilhar com luz visível vermelha, como a resistência de uma torradeira. A temperaturas suficientemente altas, o corpo brilha com uma cor branca, como no caso do filamento de tungstênio quente de uma lâmpada incandescente.

De uma perspectiva clássica, a radiação térmica origina-se de partículas carregadas aceleradas em átomos próximo da superfície do corpo. Essas partículas carregadas emitem radiação de modo muito semelhante ao de pequenas antenas. As partículas termicamente agitadas podem ter uma distribuição de energias, o que explica o espectro contínuo da radiação emitida pelo corpo. Porém, no final do século XIX, tornou-se evidente que a teoria clássica da radiação térmica era inadequada. O problema básico era entender a distribuição de comprimentos de onda observada na radiação emitida por um corpo negro. Como definido na Seção 6.7 do Volume 2, um **corpo negro** é um sistema ideal que absorve toda a radiação que incide sobre ele. A radiação eletromagnética emitida pelo corpo negro é chamada **radiação de corpo negro**.

Uma boa aproximação de um corpo negro é um pequeno orifício que leva ao interior de um corpo oco, como mostrado na Figura 6.1. Qualquer radiação de fora da cavidade incidente no orifício entra através dele e se reflete várias vezes nas paredes internas da cavidade. Deste modo, o orifício atua como um absorvedor ideal. A natureza da radiação que sai da cavidade através do orifício depende apenas da temperatura das paredes da cavidade e não do material do qual elas são feitas. Os espaços entre os pedaços de carvão quente (Fig. 6.2) emitem luz muito semelhante à radiação de corpo negro.

A radiação emitida por osciladores nas paredes da cavidade (Fig. 6.1) é definida por condições de contorno. Quando a radiação reflete nas paredes da cavidade, ondas eletromagnéticas estacionárias se estabelecem no interior tridimensional da cavidade. Vários modos de onda estacionária são possíveis e a distribuição da energia na cavidade entre esses modos determina a distribuição de comprimentos de onda da radiação que sai da cavidade através do orifício.

A distribuição de comprimentos de onda da radiação das cavidades foi estudada de modo experimental no fim do século XIX. A Figura 6.3 mostra como a intensidade da radiação de corpo negro varia com a temperatura e o comprimento de onda. As duas descobertas experimentais consistentes a seguir foram consideradas especialmente significativas:

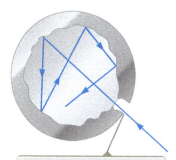

Figura 6.1 Um modelo físico de corpo negro.

A abertura de uma cavidade dentro de um corpo oco é uma boa aproximação de um corpo negro – o orifício atua como um absorvedor ideal.

Figura 6.2 O brilho que emana dos espaços entre esses briquetes de carvão quente é, para uma aproximação próxima, radiação de corpo negro. A cor da luz depende apenas da temperatura dos briquetes.

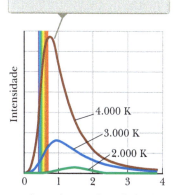

A curva de 4.000 K tem um pico próximo da faixa visível. E representa um corpo que brilha com uma cor branco-amarelada.

Figura 6.3 Intensidade da radiação de corpo negro em função do comprimento de onda a três temperaturas. A faixa visível dos comprimentos de onda é de 0,4 μm a 0,7 μm. A aproximadamente 6.000 K, o pico está localizado no centro dos comprimentos de onda visíveis, e o corpo brilha com a cor branca.

1. **A potência total da radiação emitida aumenta com a temperatura.** Esse comportamento foi discutido brevemente no Capítulo 6 do Volume 2, quando introduzimos a **Lei de Stefan**:

Lei de Stefan ▶
$$P = \sigma A e T^4 \tag{6.1}$$

onde P é a potência em watts irradiada em todos os comprimentos de onda da superfície de um corpo; $\sigma = 5{,}670 \times 10^{-8}$ W/m$^2 \cdot$ K^4 é a constante de Stefan-Boltzmann; A é a área superficial do corpo em metros quadrados; e a emissividade da superfície e T, a temperatura superficial em kelvins. No caso de um corpo negro, a emissividade é exatamente $e = 1$.

2. **O pico da distribuição de comprimentos de onda muda para comprimentos mais curtos à medida que a temperatura aumenta.** Esse comportamento é descrito pela relação a seguir, chamada **lei do deslocamento de Wien**:

Lei do deslocamento ▶
de Wien
$$\lambda_{\text{máx}} T = 2{,}898 \times 10^{-3} \text{ m} \cdot \text{K} \tag{6.2}$$

onde $\lambda_{\text{máx}}$ é o comprimento de onda para o qual a curva apresenta um pico e T é a temperatura absoluta da superfície do corpo que emite a radiação. O comprimento de onda no pico da curva é inversamente proporcional à temperatura absoluta; isto é, quando a temperatura aumenta, o pico "se desloca" para comprimentos de onda mais curtos (Figura 6.3).

A lei do deslocamento de Wien é consistente com o comportamento do corpo mencionado no início desta seção. À temperatura ambiente, o corpo não parece brilhar, porque o pico está na região do infravermelho do espectro eletromagnético. Em temperaturas mais altas, ele brilha com a cor vermelha, pois o pico está na região próxima do infravermelho, com parte da radiação na extremidade vermelha do espectro visível; em temperaturas ainda mais altas, ele brilha com a cor branca, porque o pico está na região visível, de modo que todas as cores são emitidas.

> *Teste Rápido* **6.1** A Figura 6.4 mostra duas estrelas na constelação de Orion. Betelgeuse parece brilhar em vermelho, enquanto Rigel parece azul. Qual estrela tem superfície maior de temperatura? (A) Betelgeuse (b) Rigel (c) tanto o mesmo (d) impossível de determinar.

Figura 6.4 (Teste rápido 6.1) Qual estrela é mais quente, Betelgeuse ou Rigel?

Uma teoria correta da radiação de corpo negro deve determinar a forma das curvas na Figura 6.3, a dependência da temperatura, expressa pela Lei de Stefan e o deslocamento do pico com a temperatura, descrito pela lei do deslocamento de Wien. As primeiras tentativas de aplicação de ideias clássicas para explicar as formas das curvas na Figura 6.3 falharam.

Consideremos uma dessas primeiras tentativas. Para descrever a distribuição de energia de um corpo negro, definimos $I(\lambda, T)\, d\lambda$ como a intensidade, ou a potência por unidade de área, emitida no intervalo de comprimento de onda $d\lambda$. O resultado de um cálculo com base em uma teoria clássica da radiação de corpo negro conhecida como **Lei de Rayleigh-Jeans** é

Lei de Rayleigh-Jeans ▶
$$I(\lambda, T) = \frac{2\pi c k_B T}{\lambda^4} \tag{6.3}$$

onde k_B é a constante de Boltzmann. O corpo negro é modelado como o orifício que leva ao interior de uma cavidade (Figura 6.1), resultando em vários modos de oscilação do campo eletromagnético criado por cargas aceleradas nas paredes da cavidade e na emissão de ondas eletromagnéticas em todos os comprimentos de onda. Na teoria clássica aplicada para a obtenção da Equação 6.3, a energia média para cada comprimento de onda dos modos de onda estacionária é considerada proporcional a $k_B T$, com base no Teorema da Equipartição da Energia, discutida na Seção 7,1 do Volume 2.

Um gráfico experimental do espectro de radiação de corpo negro, juntamente com a determinação teórica da Lei de Rayleigh-Jeans, são mostrados na Figura 6.5. Para comprimentos de onda longos, a Lei de Rayleigh-Jeans apresenta uma correspondência razoável aos dados experimentais. Porém, para comprimentos de onda curtos, uma grande defasagem é observada.

Quando λ se aproxima de zero, a função $I(\lambda, T)$, dada pela Equação 6.3, se aproxima do infinito. Desta forma, de acordo com a teoria clássica, não apenas comprimentos de onda curtos deveriam ser predominantes no espectro de um corpo negro, mas também a energia emitida por qualquer corpo negro se tornar infinita no limite do comprimento de onda zero. Em contraste com esse resultado esperado, os dados experimentais apresentados na Figura 6.5 mostram que, à medida que λ se aproxima de zero, $I(\lambda, T)$ assim também se aproxima. Essa inconsistência entre a teoria e os dados experimentais foi tão desconcertante que os cientistas a chamaram *catástrofe do ultravioleta*. Essa "catástrofe" – energia infinita – ocorre quando o comprimento de onda se aproxima de zero. O termo *ultravioleta* foi empregado, porque os comprimentos de onda do ultravioleta são curtos.

Em 1900, Max Planck desenvolveu uma teoria da radiação de corpo negro que leva a uma equação para $I(\lambda, T)$ que corresponde totalmente aos resultados experimentais para todos os comprimentos de onda. Ao discutir essa teoria, utilizamos o esboço das propriedades de modelos estruturais, introduzido no Capítulo 7 do Volume 2:

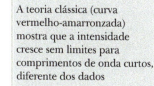

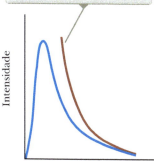

Figura 6.5 Comparação dos resultados experimentais com a curva determinada pela Lei de Rayleigh-Jeans para a distribuição da radiação de corpo negro.

Max Planck
Físico alemão (1858-1947)

Planck introduziu o conceito do "*quantum* de ação" (constante de Planck, *h*) ao tentar explicar a distribuição espectral da radiação de corpo negro, o que estabeleceu os fundamentos da Teoria Quântica. Em 1918, recebeu o prêmio Nobel de Física pela descoberta dessa natureza quantizada da energia.

1. *Componentes físicos*:
   Planck supôs que a radiação da cavidade vinha dos osciladores atômicos nas paredes da cavidade, na Figura 6.1.
2. *Comportamento das componentes*:
   (a) A energia de um oscilador pode ter apenas determinados valores *discretos* E_n:

$$E_n = nhf \qquad (6.4)$$

onde n é um inteiro positivo chamado **número quântico**,[1] f a frequência do oscilador e h um parâmetro introduzido por Planck, atualmente conhecido como **constante de Planck**. Visto que a energia de cada oscilador pode ter apenas valores discretos determinados pela Equação 6.4, dizemos que a energia é quantizada. Cada valor discreto de energia corresponde a um **estado quântico** diferente, representado pelo número quântico n. Quando o oscilador está no estado quântico $n = 1$, sua energia é hf, e quando está no estado quântico $n = 2$, sua energia é $2hf$, e assim por diante.

(b) Os osciladores emitem ou absorvem energia ao transitar de um estado quântico para outro. Toda a diferença de energia entre os estados inicial e final na transição é emitida ou absorvida na forma de um único *quantum* de radiação. Se a transição for de um estado para outro adjacente inferior – por exemplo, do estado $n = 3$ para $n = 2$ –, a Equação 6.4 demonstrará que a quantidade de energia emitida pelo oscilador e conduzida pelo *quantum* de radiação é

$$E = hf \qquad (6.5)$$

De acordo com a propriedade 2(b), um oscilador emite ou absorve energia somente quando muda de estados quânticos. Se permanecer apenas em um, nenhuma energia é absorvida ou emitida. A Figura 6.6 é um **diagrama de nível de energia** mostrando os níveis de energia quantizada e transições permitidas propostas por Planck. Essa importante repre-

---

[1] Número quântico é, em geral, um inteiro (embora números quânticos semi-inteiros possam ser encontrados) que descreve um estado permitido do sistema, tal como os valores de *n* que descrevem os modos normais de oscilação de uma corda fixa nas duas extremidades, como discutido na Seção 4,3 do Volume 2.

> **Prevenção de Armadilhas 6.2**
>
> **n é novamente um inteiro**
> Nos capítulos anteriores sobre óptica, utilizamos o símbolo n para o índice de refração que não era um inteiro. Depois, o utilizamos novamente no Capítulo 4 do Volume 2 para indicar o modo de onda estacionária em uma corda ou em uma coluna de ar. Na Física Quântica, n é utilizado com frequência como um número quântico inteiro para indicar um determinado estado quântico de um sistema,

sentação semigráfica é utilizada muitas vezes na Física Quântica,[2] O eixo vertical é linear na energia e os níveis de energia permitidos são representados por linhas horizontais. O sistema quantizado pode ter apenas as energias representadas por essas linhas.

O ponto essencial na teoria de Planck é a suposição radical dos estados de energia quantizada. Esse desenvolvimento – uma clara divergência da Física Clássica – marcou o nascimento da teoria quântica.

No modelo de Rayleigh-Jeans, a energia média associada a um comprimento de onda, em particular das ondas estacionárias na cavidade, é a mesma para todos os comprimentos de onda e igual a $k_B T$. Planck utilizou as mesmas ideias clássicas do modelo de Rayleigh-Jeans para obter a densidade de energia como um produto das constantes e da energia média para um determinado comprimento de onda, mas a energia média não é fornecida pelo teorema da equipartição. A energia média de uma onda é a média da diferença de energia entre os níveis do oscilador, *ponderada de acordo com a probabilidade de a onda estar sendo emitida*. Essa ponderação tem como base a ocupação dos estados de energia mais alta, como descrito pela Lei de distribuição de Boltzmann, discutida na Seção 7,5 do Volume 2. Segundo essa lei, a probabilidade de um estado ocupado é proporcional ao fator $e^{-E/k_B T}$, onde E é a energia do estado.

Para baixas frequências (comprimentos de onda longos), de acordo com a propriedade 2(a), os níveis de energia estão próximos uns dos outros, como à direita na Figura 6.7, e muitos dos estados de energia são excitados, porque o fator de Boltzmann $e^{-E/k_B T}$ é relativamente grande para esses. Portanto, existem várias contribuições para a radiação de saída, apesar de cada contribuição ter uma energia muito pequena. Agora, considere a radiação de alta frequência, isto é, aquela com comprimento de onda curto. Para que essa radiação seja obtida, as energias permitidas devem estar muito distantes umas das outras, como mostrado à esquerda na Figura 6.7. A probabilidade de a agitação térmica excitar esses níveis de energia altos é pequena, por causa do valor pequeno do fator de Boltzmann para valores

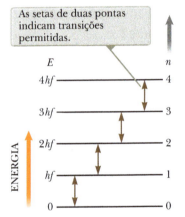

Figura 6.6 Níveis de energia permitidos para um oscilador com frequência f.

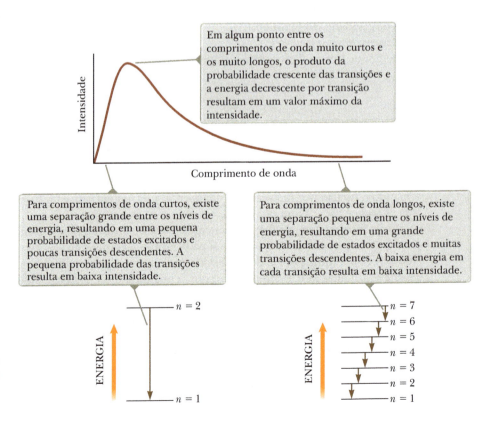

Figura 6.7 No modelo de Planck, a energia média associada a um determinado comprimento de onda é o produto da energia de uma transição e um fator relacionado com a probabilidade de ocorrência da transição,

---

[2] Vimos um diagrama de nível de energia pela primeira vez na Seção 7,3 do Volume 2,

grandes de E. Para altas frequências, a pequena probabilidade de excitação resulta na contribuição extremamente pequena para a energia total, apesar de cada *quantum* ter uma energia grande. Essa probabilidade pequena "vira a curva", igualando-a a zero novamente para comprimentos de onda curtos.

Ao aplicar esse método, Planck obteve uma expressão teórica para a distribuição de comprimentos de onda que apresentava uma excelente correspondência com as curvas experimentais na Figura 6.2:

$$I(\lambda, T) = \frac{2\pi hc^2}{\lambda^5 (e^{hc/\lambda k_B T} - 1)} \quad (6.6)$$

◀ **Função de distribuição de comprimentos de onda de Planck**

Essa função inclui o parâmetro h, que Planck ajustou de modo que sua curva correspondesse aos dados experimentais para todos os comprimentos de onda. O valor desse parâmetro é considerado independente do material do qual o corpo negro é feito e da temperatura. Trata-se de uma constante fundamental da natureza. O valor de h, a constante de Planck, em princípio introduzida no Capítulo 1, é

$$h = 6{,}626 \times 10^{-34} \text{ J} \cdot \text{s} \quad (6.7)$$

◀ **Constante de Planck**

Para comprimentos de onda longos, a Equação 6.6 se reduz à expressão de Rayleigh-Jeans, Equação 6.3 (consulte o Problema 14), e para os curtos, essa equação determina uma redução exponencial em $I(\lambda, T)$ com um comprimento de onda decrescente, de acordo com resultados experimentais.

Quando Planck apresentou sua teoria, a maioria dos cientistas (incluindo ele mesmo!) não considerou o conceito do *quantum* como realístico. Eles acreditavam que se tratava de um artifício matemático que, por acaso, antecipava resultados corretos. Assim, Planck e outros continuaram a procurar uma explicação mais "racional" da radiação de corpo negro. Entretanto, desenvolvimentos subsequentes demonstraram que uma teoria com base no conceito do *quantum* (em vez de conceitos clássicos) tinha de ser aplicada para explicar não apenas a radiação de corpo negro, mas também vários outros fenômenos no nível atômico.

Em 1905, Einstein derivou novamente os resultados de Planck, supondo que as oscilações do campo eletromagnético também fossem quantizadas. Em outras palavras, ele propôs que a quantização é uma propriedade fundamental da luz e de outras radiações eletromagnéticas, o que levou ao conceito dos fótons, que será discutido na Seção 6.2. Essencial para o sucesso da teoria do *quantum* ou do fóton foi a relação entre energia e frequência que a teoria clássica foi totalmente incapaz de prever.

É possível que, em um consultório médico, sua temperatura corporal tenha sido medida por meio de um *termômetro auricular*, que pode medi-la com muita rapidez (Fig 6.8). Em fração de segundos, esse tipo de termômetro mede a quantidade de radiação infravermelha emitida pelo tímpano. Depois, o aparelho converte a quantidade de radiação em uma leitura de temperatura. Esse dispositivo é muito sensível, porque a temperatura é elevada à quarta potência na Lei de Stefan. Suponha que você tenha uma febre de 1 °C acima do normal. Visto que as temperaturas absolutas são determinadas por meio da adição de 273 àquelas em Celsius, a razão da temperatura de sua febre pela temperatura corporal normal de 37 °C é

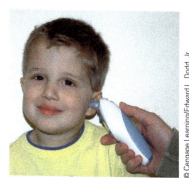

Figura 6.8 Um termômetro de orelha mede a temperatura do paciente detectando a intensidade da radiação infravermelha que sai do tímpano.

$$\frac{T_{\text{febre}}}{T_{\text{normal}}} = \frac{38 \text{ °C} + 273 \text{ °C}}{37 \text{ °C} + 273 \text{ °C}} = 1{,}0032$$

que representa um aumento de apenas 0,32% na temperatura. Entretanto, o aumento na potência irradiada é proporcional à quarta potência da temperatura, de modo que

$$\frac{P_{\text{febre}}}{P_{\text{normal}}} = \left(\frac{38 \text{ °C} + 273 \text{ °C}}{37 \text{ °C} + 273 \text{ °C}} \right)^4 = 1{,}013$$

O resultado é um aumento de 1,3% na potência irradiada, que é medida com facilidade por sensores de radiação infravermelha modernos.

176 Física para cientistas e engenheiros

Exemplo 6.1 — Radiação térmica de vários corpos

(A) Determine o comprimento de onda do pico da radiação de corpo negro emitida pelo corpo humano quando a temperatura cutânea for 35 °C,

SOLUÇÃO

Conceitualização A radiação térmica é emitida da superfície de qualquer corpo. O comprimento de onda do pico está relacionado à temperatura superficial, de acordo com a lei do deslocamento de Wien (Eq. 6.2).

Categorização Avaliamos os resultados aplicando uma equação desenvolvida nesta seção; portanto, categorizamos esse exemplo como um problema de substituição.

Resolva a Equação 6.2 para $\lambda_{máx}$:

$$(1) \quad \lambda_{máx} = \frac{2,898 \times 10^{-3}\,\text{m} \cdot \text{K}}{T}$$

Aplique o valor da temperatura superficial:

$$\lambda_{máx} = \frac{2,898 \times 10^{-3}\,\text{m} \cdot \text{K}}{308\,\text{K}} = \boxed{9,41\ \mu\text{m}}$$

Essa radiação está na região do infravermelho do espectro e é invisível ao olho humano. Alguns animais (víboras, por exemplo) são capazes de detectar a radiação deste comprimento de onda e, portanto, podem localizar presas de sangue quente mesmo no escuro,

(B) Determine o comprimento de onda do pico da radiação de corpo negro emitida pelo filamento de tungstênio de uma lâmpada que funciona a 2.000 K,

SOLUÇÃO

Aplique a temperatura do filamento à Equação (1):

$$\lambda_{máx} = \frac{2,898 \times 10^{-3}\,\text{m} \cdot \text{K}}{2.000\,\text{K}} = \boxed{1,45\ \mu\text{m}}$$

Essa radiação também está no infravermelho, isto é, a maior parte da energia emitida por uma lâmpada não é visível aos seres humanos,

(C) Determine o comprimento de onda do pico da radiação de corpo negro emitida pelo Sol, que tem uma temperatura superficial de cerca de 5.800 K,

SOLUÇÃO

Aplique a temperatura superficial à Equação (1):

$$\lambda_{máx} = \frac{2,898 \times 10^{-3}\,\text{m} \cdot \text{K}}{5.800\,\text{K}} = \boxed{0,500\ \mu\text{m}}$$

Essa radiação está próxima do centro do espectro visível e tem cor amarelo-esverdeada, semelhante à de uma bola de tênis. Uma vez que essa é a cor que mais prevalece na luz solar, nossos olhos evoluíram para ser mais sensíveis à luz com comprimentos de onda aproximadamente iguais a esse.

Exemplo 6.2 — Oscilador quantizado **MA**

Um bloco de 2,00 kg está preso a uma mola sem massa, que tem constante de força $k = 25,0$ N/m. A mola é esticada 0,400 m em relação à sua posição de equilíbrio e solta do ponto de repouso.

(A) Calcule a energia total do sistema e a frequência de oscilação de acordo com os cálculos clássicos,

SOLUÇÃO

Conceitualização Conhecemos os detalhes do movimento do bloco, graças ao nosso estudo do movimento harmônico simples no Capítulo 1 do Volume 2. Se necessário, reveja-o.

Categorização A frase "de acordo com os cálculos clássicos" informa que devemos categorizar essa parte do problema como uma análise clássica do oscilador. Modelamos o bloco como uma *partícula em movimento harmônico simples*.

6.2 *cont,*

Análise Com base no modo pelo qual o bloco é colocado em movimento, sua amplitude é de 0,400 m.

Calcule a energia total do sistema bloco-mola, aplicando a Equação 1,21 (Volume 2):

$$E = \tfrac{1}{2}kA^2 = \tfrac{1}{2}(25{,}0 \text{ N/m})(0{,}400 \text{ m})^2 = \boxed{2{,}00 \text{ J}}$$

Calcule a frequência de oscilação, utilizando a Equação 1,14 (Volume 2):

$$f = \frac{1}{2\pi}\sqrt{\frac{k}{m}} = \frac{1}{2\pi}\sqrt{\frac{25{,}0 \text{ N/m}}{2{,}00 \text{ kg}}} = \boxed{0{,}563 \text{ Hz}}$$

(B) Supondo que a energia do oscilador seja quantizada, determine o número quântico n para o sistema que oscila com essa amplitude,

SOLUÇÃO

Categorização Essa parte do problema é categorizada como uma análise quântica do oscilador. Modelamos o sistema bloco-mola como um oscilador de Planck.

Análise Resolva a Equação 6.4 para o número quântico n:

$$n = \frac{E_n}{hf}$$

Substitua os valores numéricos:

$$n = \frac{2{,}00 \text{ J}}{(6{,}626 \times 10^{-34} \text{ J} \cdot \text{s})(0{,}563 \text{ Hz})} = \boxed{5{,}36 \times 10^{33}}$$

Finalização Note que $5{,}36 \times 10^{33}$ é um número quântico muito grande, típico dos sistemas macroscópicos. Variações entre os estados quânticos do oscilador são analisadas a seguir.

E SE? Suponha que o oscilador apresente uma transição do estado $n = 5{,}36 \times 10^{33}$ para o correspondente a $n = 5{,}36 \times 10^{33} - 1$. Qual é a variação da energia do oscilador nessa mudança de um *quantum*?

Resposta Segundo a Equação 6.5 e o resultado para a parte (A), a energia transferida durante a transição entre os estados que se diferenciam em n por 1 é

$$E = hf = (6{,}626 \times 10^{-34} \text{ J} \cdot \text{s})(0{,}563 \text{ Hz}) = 3{,}73 \times 10^{-34} \text{ J}$$

Essa variação de energia causada por uma mudança de um *quantum* é fracionadamente igual a $3{,}73 \times 10^{-34}$ J/2,00 J, ou na ordem de uma parte em 10^{34}! Essa fração da energia total do oscilador é tão pequena que não pode ser detectada. Portanto, apesar de a energia de um sistema bloco-mola macroscópico ser quantizada e realmente decrescer em pequenos saltos quânticos, nossos sentidos percebem uma diminuição contínua. Os efeitos quânticos se tornam importantes e detectáveis apenas no nível submicroscópico dos átomos e das moléculas,

6.2 Efeito fotoelétrico

A radiação do corpo negro foi o primeiro fenômeno a ser explicado por meio de um modelo quântico. No fim do século XIX, ao mesmo tempo que dados sobre a radiação térmica eram coletados, experimentos demonstraram que a luz incidente sobre determinadas superfícies metálicas fazia com que essas emitissem elétrons. Esse fenômeno, inicialmente discutido na Seção 1,1, é conhecido como **efeito fotoelétrico** e os elétrons emitidos são chamados **fotoelétrons**.[3]

A Figura 6.9 é o diagrama de um aparelho utilizado no estudo do efeito fotoelétrico. Um tubo de vidro ou quartzo com vácuo contém uma placa metálica E (o emissor) conectada ao terminal negativo de uma bateria e outra placa metálica C (o coletor) conectada ao terminal positivo. Quando o tubo é mantido no escuro, o amperímetro mostra um valor zero, indicando que não há corrente no circuito. Entretanto, quando a placa E é iluminada por uma luz com comprimento de onda adequado, uma corrente é detectada pelo amperímetro, que indica um fluxo de cargas através do espaço entre as placas E e C. Essa corrente é estabelecida por fotoelétrons emitidos da placa E coletados na C.

A Figura 6.10 é um gráfico da corrente fotoelétrica em função da diferença de potencial ΔV aplicada entre as placas E e C para duas intensidades de luz. Para grandes valores de ΔV, a corrente alcança um valor máximo, pois todos os elétrons emitidos de E são coletados em C e a corrente não pode mais aumentar. Além disso, a corrente máxima aumenta

---

[3] Fotoelétrons não são diferentes de outros elétrons. Essas partículas recebem esse nome apenas pelo fato de serem ejetadas de um metal pela luz no efeito fotoelétrico,

178 Física para cientistas e engenheiros

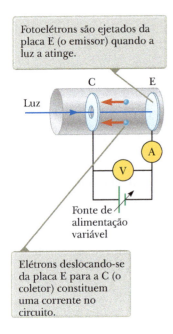

Figura 6.9 Diagrama de circuito para o estudo do efeito fotoelétrico.

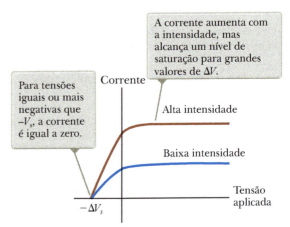

Figura 6.10 A corrente fotoelétrica em função da diferença de potencial aplicada para duas intensidades de luz.

à medida que a intensidade da luz incidente aumenta, como era de esperar, pois mais elétrons são ejetados pela luz de intensidade mais alta. Finalmente, quando ΔV é negativa – isto é, quando a bateria no circuito é invertida com a placa E positiva e a C negativa – a corrente cai, porque muitos dos fotoelétrons emitidos de E são repelidos pela placa C, agora negativa. Nessa situação, apenas os fotoelétrons com energia cinética superior a $e|\Delta V|$ alcançam a placa C, onde e é o valor da carga no elétron. Quando ΔV é igual ou mais negativo que $-\Delta V_s$, onde ΔV_s é o **potencial de parada**, nenhum fotoelétron alcança C e a corrente é igual a zero.

Modelemos a combinação do campo elétrico entre as placas e um elétron ejetado da placa E como um sistema isolado. Suponhamos que esse elétron pare no instante em que atinge a placa C. Visto que o sistema é isolado, a redução apropriada da Equação 8.2 do Volume 1 é

$$\Delta k + \Delta v = 0$$

onde a configuração inicial refere-se ao instante em que o elétron sai do metal com energia cinética K_i e a configuração final f é estabelecida quando o elétron para no instante antes de tocar a placa C. Se definirmos a energia potencial elétrica do sistema na configuração inicial como zero, obtemos

$$(0 - K_i) + [(q)(\Delta V) - 0] = 0 \quad \rightarrow \quad K_i = q\Delta V = -e\Delta V$$

Agora, suponha que a diferença de potencial ΔV aumente no sentido negativo até o instante em que a corrente se iguala a zero em $\Delta V = -\Delta S_s$. Neste caso, o elétron que para imediatamente antes de alcançar a placa C tem energia cinética máxima possível ao sair da superfície do metal. A equação anterior pode, então, ser expressa como

$$K_{máx} = e\,\Delta V_s \tag{6.8}$$

Essa equação nos permite medir $K_{máx}$ experimentalmente, determinando a tensão ΔV_s na qual a corrente cai a zero.

Várias características do efeito fotoelétrico estão relacionadas a seguir. Para cada uma delas, comparamos os resultados esperados de uma abordagem clássica, utilizando o modelo ondulatório da luz, com os resultados experimentais.

1. Dependência da energia cinética do fotoelétron em relação à intensidade da luz
   Resultado clássico esperado: Os elétrons devem absorver a energia, de modo contínuo, das ondas eletromagnéticas. Quando a intensidade da luz incidente sobre um metal aumenta, a energia deve ser transferida para ele a uma proporção maior e os elétrons serem ejetados com uma energia cinética maior.
   Resultado experimental: A energia cinética máxima dos fotoelétrons é *independente* da intensidade da luz, como mostrado na Figura 6.10, com as duas curvas caindo para zero à *mesma* tensão negativa. Conforme a Equação 6.8, a energia cinética máxima é proporcional ao potencial de parada.
2. Intervalo de tempo entre a incidência da luz e a ejeção dos fotoelétrons
   Resultado clássico esperado: Para intensidades de luz baixas, um intervalo de tempo mensurável deve ser decorrido entre o instante em que a luz é acesa e aquele em que um elétron é ejetado do metal. Esse intervalo de tempo é

Introdução à Física Quântica **179**

requerido para que o elétron absorva a radiação incidente antes que a partícula adquira energia suficiente para escapar do metal.

Resultado experimental: Os elétrons são emitidos da superfície do metal quase *instantaneamente* (menos de 10^{-9} s após a superfície ser iluminada), mesmo para intensidades de luz muito baixas.

3. Dependência da ejeção dos elétrons em relação à frequência da luz

Resultado clássico esperado: Os elétrons devem ser ejetados do metal a qualquer frequência de luz incidente, desde que a intensidade da luz seja alta o suficiente, porque a energia é transferida para o metal, independente da frequência da luz incidente.

Resultado experimental: Nenhum elétron é emitido se a frequência da luz incidente cair abaixo de uma **frequência de corte** f_c cujo valor é característico do material iluminado. Nenhum elétron é ejetado abaixo desta frequência de corte, *independente* da intensidade da luz.

4. Dependência da energia cinética do fotoelétron em relação à frequência da luz

Resultado clássico esperado: *Não* deve existir relação entre a frequência da luz e a energia cinética do elétron. A energia cinética deve estar relacionada com a intensidade da luz.

Resultado experimental: A energia cinética máxima dos fotoelétrons aumenta para frequências de luz mais altas.

Para essas características, os resultados experimentais contradizem *todos os quatro* clássicos esperados. Uma explicação aceitável do efeito fotoelétrico foi dada por Einstein, em 1905, mesmo ano em que publicou sua teoria da relatividade especial. Como parte de um artigo geral sobre a radiação eletromagnética, pelo qual recebeu o prêmio Nobel de Física em 1921. Einstein estendeu o conceito de quantização de Planck às ondas eletromagnéticas, como mencionado na Seção 6.1. Ele supôs que a luz (ou qualquer outra onda eletromagnética) de frequência f de *qualquer* fonte poderia ser considerada uma corrente de *quanta*. Hoje, chamamos esses *quanta* de **fótons**. Cada fóton tem uma energia E dada pela Equação 6.5. $E = hf$ e cada um se desloca no vácuo à velocidade da luz c, onde $c = 3,00 \times 10^8$ m/s.

> **Teste Rápido 6.2** Ao ficar fora de casa em uma noite, você é exposto a quatro tipos de radiação eletromagnética: à luz amarela de uma lâmpada de sódio de iluminação pública, às ondas de rádio de uma estação AM, às ondas de rádio de uma estação FM e às micro-ondas de uma antena de sistema de comunicações. Classifique esses tipos de onda de acordo com a energia do fóton, da mais alta para a mais baixa.

Vamos organizar o modelo de Einstein para o efeito fotoelétrico utilizando as propriedades dos modelos estruturais:

1. *Componentes físicos*:

   Imaginamos que o sistema consiste de dois componentes físicos: (1) um elétron que será ejetado por um fóton que está sendo absorvido, e (2) o restante do metal.

2. *Comportamento dos componentes*:

   (a) No modelo de Einstein, um fóton da luz incidente fornece *toda* sua energia hf para um único elétron no metal. Portanto, a absorção de energia pelos elétrons não é um processo contínuo, conforme previsto no modelo de onda, mas, sim, um processo descontínuo, no qual a energia é fornecida para os elétrons em feixes. A transferência de energia é realizada por meio de um evento entre um fóton/um elétron.[4]

   (b) Podemos descrever a evolução temporal do sistema aplicando o modelo de sistema não isolado para energia durante um período que inclui a absorção de um fóton e a ejeção do elétron correspondente. A energia é transferida para o sistema pela radiação eletromagnética, o fóton. O sistema tem dois tipos de energia: a energia potencial do sistema metal-elétron e a energia cinética do elétron ejetado. Desse modo, podemos escrever a equação de conservação de energia (Equação 8,2) como

$$\Delta K + \Delta U = T_{RE} \tag{6.9}$$

A transferência de energia para o sistema é aquela do fóton, $T_{RE} = hf$. Durante o processo, a energia cinética do elétron aumenta de zero até seu valor final, que supomos seja o valor máximo possível $K_{máx}$. A energia potencial do sistema aumenta porque o elétron é afastado do metal para o qual está sendo atraído. Definimos a energia potencial do sistema como sendo igual a zero quando o elétron está fora do metal. Quando o elétron está no metal, a energia potencial é $U = -\phi$, onde ϕ é denominada função trabalho do metal. A função trabalho representa a energia mínima com a qual um elétron está ligado ao metal e é da ordem de alguns elétrons-volts. A Tabela 6.1 enumera valores selecionados. O aumento na energia potencial do sistema quando o elétron é removido do metal é a função trabalho ϕ. Substituindo essas energias na Equação 6.9, temos

$$(K_{máx} - 0) + [0 - (-\phi)] = hf$$

$$K_{máx} + \phi = hf \tag{6.10}$$

---

[4] Em princípio, dois fotons poderiam de combinar para fornecer a um elétron e sua energia combinada. No entanto, isso se torna muito importante sem a alta intensidade de radiação disponibilizada por lasers muito fortes,

TABELA 6.1
Funções trabalho de determinados metais

Metal	ϕ (eV)
Na	2,46
Al	4,08
Fe	4,50
Cu	4,70
Zn	4,31
Ag	4,73
Pt	6,35
Pb	4,14

Observação: Os valores são típicos dos metais relacionados. Os reais podem variar, dependendo da natureza do metal, isto é, se o metal é um monocristal ou um policristal. E também podem depender da face da qual os elétrons são ejetados dos metais cristalinos. Além disso, procedimentos experimentais diferentes podem produzir valores diferentes,

Se o elétron colide com outros elétrons ou íons de metais à medida que está sendo ejetado, parte da energia recebida é transferida para o metal e o elétron é ejetado com menos energia cinética do que $K_{máx}$.

A previsão feita por Einstein é uma equação para a energia cinética máxima de um elétron ejetado como uma função de frequência da radiação iluminante. Essa equação pode ser determinada rearranjando-se a Equação 6.10:

Equação do efeito ▶ fotoelétrico
$$K_{máx} = hf - \phi \quad (6.11)$$

Com o modelo estrutural de Einstein, é possível explicar as características observadas do efeito fotoelétrico que não podem ser compreendidas utilizando-se conceitos clássicos:

1. **Dependência da energia cinética do fotoelétron em relação à intensidade da luz**
   A Equação 6.11 demonstra que $K_{máx}$ é independente da intensidade da luz. A energia cinética máxima de qualquer elétron, que é igual a $hf - \phi$, depende apenas da frequência da luz e da função trabalho. Se a intensidade da luz for dobrada, o número de fótons que incidem por tempo unitário será dobrado, o que dobra a proporção com a qual os fotoelétrons são emitidos. A energia cinética máxima de qualquer fotoelétron, no entanto, permanecerá a mesma.
2. **Intervalo de tempo entre a incidência da luz e a ejeção dos fotoelétrons**
   A emissão quase instantânea de elétrons é consistente com o modelo do fóton da luz. A energia incidente assume a forma de pacotes pequenos e existe uma interação um-para-um entre fótons e elétrons. Se a luz incidente tiver uma intensidade muito baixa, existirão muito poucos fótons que incidem por intervalo de tempo unitário. Entretanto, cada fóton pode ter energia suficiente para ejetar um elétron imediatamente.
3. **Dependência da ejeção dos elétrons em relação à frequência da luz**
   Visto que o fóton deve ter uma energia superior à da função trabalho ϕ para ejetar um elétron, o efeito fotoelétrico não pode ser observado abaixo de uma determinada frequência de corte. Se a energia de um fóton incidente não satisfizer esse requisito, um elétron não poderá ser ejetado da superfície, mesmo que muitos fótons por unidade de tempo incidam sobre o metal em um feixe de luz muito intenso.
4. **Dependência da energia cinética do fotoelétron em relação à frequência da luz**
   Um fóton de frequência superior transporta mais energia e, assim, ejeta um fotoelétron com mais energia cinética que um fóton de frequência inferior.

O modelo de Einstein propõe uma relação linear (Eq. 6.11) entre a energia cinética máxima do elétron $K_{máx}$ e a frequência da luz f. A observação experimental de uma relação linear entre $K_{máx}$ e f seria a confirmação final da teoria de Einstein. De fato, tal relação é observada como esboçado na Figura 6.11 e a inclinação das linhas neste gráfico é a constante de Planck, h. A interceptação no eixo horizontal fornece a frequência de corte abaixo da qual nenhum fotoelétron é emitido. A relação entre a frequência de corte e a função trabalho é dada por $f_c = \phi/h$. A frequência de corte corresponde a um **comprimento de onda de corte** λ_c, onde

Comprimento de ▶ onda de corte
$$\lambda_c = \frac{c}{f_c} = \frac{c}{\phi/h} = \frac{hc}{\phi} \quad (6.12)$$

e c é a velocidade da luz. Comprimentos de onda maiores que λ_c que incidem sobre um material com uma função trabalho ϕ não resultam na emissão de fotoelétrons.

A combinação hc na Equação 6.12 ocorre, às vezes, quando relacionamos a energia de um fóton ao seu comprimento de

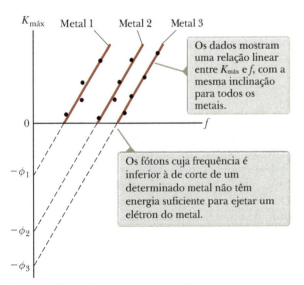

Figura 6.11 Gráfico de $K_{máx}$ dos fotoelétrons em função da frequência da luz incidente em um experimento típico de efeito fotoelétrico,

onda. Um atalho comum adotado na resolução de problemas é expressar essa combinação em unidades úteis, de acordo com a seguinte aproximação:

$$hc = 1{,}240 \text{ eV} \cdot \text{nm}$$

Uma das primeiras aplicações práticas do efeito fotoelétrico foi o detector no fotômetro em uma câmera. A luz refletida do corpo a ser fotografado atinge uma superfície fotoelétrica no fotômetro, fazendo com que esse emita fotoelétrons que, depois, atravessam um amperímetro sensível. O valor da corrente no amperímetro depende da intensidade da luz.

O tubo fotoelétrico, outra entre as primeiras aplicações do efeito fotoelétrico, funciona de modo muito semelhante a uma chave em um circuito elétrico, produzindo uma corrente no circuito quando uma luz de frequência suficientemente alta incide sobre uma placa de metal em seu interior, não produzindo nenhuma corrente no escuro. Os tubos fotoelétricos foram utilizados em alarmes contra furtos e na detecção de trilhas sonoras em filmes. Atualmente, dispositivos semicondutores modernos substituíram dispositivos mais antigos com base no efeito fotoelétrico.

Hoje, o efeito fotoelétrico é utilizado na operação de tubos fotomultiplicadores. A Figura 6.12 mostra a estrutura de um desses dispositivos. Ao atingir o fotocatodo, um fóton ejeta um elétron por meio do efeito fotoelétrico. Esse elétron acelera através da diferença de potencial entre o fotocatodo e o primeiro *dinodo*, mostrado a +200 V em relação ao fotocatodo na Figura 6.12. O elétron de alta energia atinge o dinodo e ejeta várias vezes mais elétrons. O mesmo processo é repetido ao longo de uma série de dinodos de potencial crescente até que um pulso elétrico seja produzido, quando milhões de elétrons atingem o último dinodo. Assim, o tubo é chamado *multiplicador* – um fóton na entrada resulta em milhões de elétrons na saída.

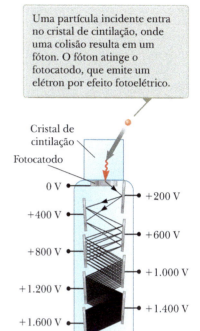

Figura 6.12 Multiplicação dos elétrons em um tubo fotomultiplicador.

O tubo fotomultiplicador é utilizado em detectores nucleares para localizar fótons produzidos pela interação de partículas carregadas energizadas ou raios gama com determinados materiais. O dispositivo também é utilizado na astronomia, em uma técnica chamada *fotometria fotoelétrica*. Nesta, a luz coletada por um telescópio de uma única estrela entra em um tubo fotomultiplicador durante um determinado intervalo de tempo. O tubo mede a energia total transferida pela luz durante o intervalo de tempo, que pode, então, ser convertida em uma medida da luminosidade da estrela.

Esse tipo de tubo está sendo substituído em muitas observações astronômicas por um *dispositivo de carga acoplada* (CCD), que é o mesmo utilizado em uma câmera digital (Seção 2,6). Metade do prêmio Nobel de Física de 2009 foi concedida a Willard S. Boyle (1924-) e a George E. Smith (1930-) pela invenção de 1969 do dispositivo de carga acoplada. Em um CCD, um arranjo de pixels é formado sobre a superfície de silício de um circuito integrado (Seção 9,7). Quando a superfície é exposta à luz de uma imagem astronômica através de um telescópio, ou uma imagem terrestre através de uma câmera digital, os elétrons gerados pelo efeito fotoelétrico são coletados em "armadilhas" abaixo da superfície. O número de elétrons está relacionado com a intensidade da luz que atinge a superfície. Um processador de sinais mede o número de elétrons associado a cada pixel e converte essa informação em um código digital que o computador pode utilizar para reconstruir e exibir a imagem.

A *câmera CCD de bombardeamento de elétrons* tem sensibilidade mais alta que a câmera CCD convencional. Neste dispositivo, os elétrons ejetados de um fotocatodo pelo efeito fotoelétrico são acelerados através de uma alta tensão antes de atingir um arranjo CCD. A energia mais alta dos elétrons resulta em um detector muito sensível de radiação de baixa intensidade.

Teste Rápido **6.3** Considere uma das curvas na Figura 6.10. Suponha que a intensidade da luz incidente seja mantida fixa, mas sua frequência seja aumentada. O potencial de parada na Figura 6.10 **(a)** permanece fixo, **(b)** desloca-se para a direita ou **(c)** desloca-se para a esquerda?

Teste Rápido **6.4** Suponha que físicos clássicos tivessem a ideia de fazer um gráfico de $K_{\text{máx}}$ em função de f, como na Figura 6.11. Trace a curva que seria esperada com base no modelo ondulatório da luz.

Exemplo 6.3 — Efeito fotoelétrico no sódio

Uma superfície de sódio é iluminada com luz de comprimento de onda de 300 nm. Como indicado na Tabela 6.1, a função trabalho para o sódio metálico é de 2,46 eV.

(A) Determine a energia cinética máxima dos fotoelétrons ejetados.

SOLUÇÃO

Conceitualização Considere um fóton que atinge a superfície do metal e ejeta um elétron. O elétron com a energia máxima é do tipo próximo da superfície que não interage com outras partículas no metal que reduziriam sua energia no percurso.

Categorização Avaliamos os resultados utilizando as equações desenvolvidas nesta seção; portanto, categorizamos esse exemplo como um problema de substituição.

Determine a energia de cada fóton do feixe de luz de iluminação aplicando a Equação 6.5:

$$E = hf = \frac{hc}{\lambda}$$

Utilizando a Equação 6.11, calcule a energia cinética máxima de um elétron:

$$K_{máx} = \frac{hc}{\lambda} - \phi = \frac{1{,}240 \text{ eV} \cdot \text{nm}}{300 \text{ nm}} - 2{,}46 \text{ eV} = \boxed{1{,}67 \text{ eV}}$$

(B) Determine o comprimento de onda de corte λ_c do sódio.

SOLUÇÃO

Calcule λ_c aplicando a Equação 6.12:

$$\lambda_c = \frac{hc}{\phi} = \frac{1{,}240 \text{ eV} \cdot \text{nm}}{2{,}46 \text{ eV}} = \boxed{504 \text{ nm}}$$

Arthur Holly Compton
Físico americano (1892-1962)

Compton nasceu em Wooster, Ohio, e foi aluno da Wooster College e da Princeton University. Tornou-se diretor do Laboratório da Universidade de Chicago, onde foram conduzidos trabalhos experimentais referentes a reações nucleares em cadeias contínuas. Esse trabalho foi essencial para a construção da primeira arma nuclear. Sua descoberta do efeito Compton garantiu a ele o prêmio Nobel de Física de 1927, compartilhado com Charles Wilson.

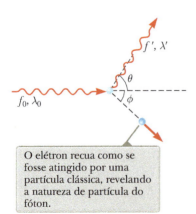

Figura 6.13 O modelo quântico do espalhamento do raio X da colisão com um elétron,

O elétron recua como se fosse atingido por uma partícula clássica, revelando a natureza de partícula do fóton.

6.3 Efeito Compton

Em 1919, Einstein concluiu que um fóton de energia E se desloca em um único sentido e tem quantidade de movimento igual a $E/c = hf/c$. Em 1923, Arthur Holly Compton (1892-1962) e Peter Debye (1884-1966), independentemente, estenderam a ideia de Einstein da quantidade de movimento do fóton.

Antes de 1922, Compton e seus colegas reuniram provas que demonstravam que a teoria ondulatória clássica da luz falhou em explicar o espalhamento dos raios X dos elétrons. Segundo a teoria clássica, as ondas eletromagnéticas de frequência f incidentes sobre os elétrons deveriam ter dois efeitos: (1) a pressão da radiação (consulte a Seção 12,5 do Volume 3) deveria acelerar os elétrons no sentido da propagação das ondas e (2) o campo elétrico oscilante da radiação incidente deveria colocar os elétrons em oscilação na frequência aparente f', onde f' é a frequência no referencial dos elétrons em movimento. Essa frequência aparente é diferente da f da radiação incidente, por causa do efeito Doppler (consulte a Seção 3.4 do Volume 2). Primeiro, cada elétron absorve a radiação como uma partícula móvel, depois, reirradia como uma partícula móvel, exibindo, assim, dois desvios Doppler na frequência da radiação.

Diferentes elétrons se movem a velocidades diferentes após a interação. Portanto, dependendo da quantidade de energia absorvida das ondas eletromagnéticas, a frequência das ondas espalhadas em um determinado ângulo em relação à radiação incidente deveria apresentar uma distribuição de valores alterados por efeito Doppler. Contrariando esse comportamento esperado, os experimentos de Compton demonstraram que, para um determinado ângulo, apenas *uma* frequência de radiação é observada. Compton e seus colegas explicaram esses experimentos, tratando os fótons não como ondas, mas como partículas pontuais com energia hf e momento hf/c e supondo que a energia e o momento do sistema isolado do par elétron-fóton em colisão sejam conservados. Compton adotou um modelo de partícula para algo que era sabidamente uma onda; e, hoje, esse fenômeno de espalhamento é chamado **efeito Compton**. A Figura 6.13 mostra a imagem quântica da colisão entre um fóton de raio X de frequência f_0 e um elétron. No modelo quântico, o elétron é espalhado em um ângulo ϕ em relação a essa direção numa colisão do tipo bola de bilhar. O símbolo ϕ utilizado neste texto é um ângulo; não deve ser confundido com a função trabalho, discutida na seção precedente. Compare a Figura 6.13 com a colisão bidirecional mostrada na Figura 9.11 do Volume 1.

A Figura 6.14 é um diagrama esquemático do aparelho utilizado por Compton. Os raios X, espalhados de um alvo de carbono, foram difratados por um espectrômetro de cristal rotativo e a intensidade foi medida com uma câmara de ionização que gerou uma corrente proporcional à intensidade. O feixe incidente consistia em raios X monocromáticos de comprimento de onda $\lambda_0 = 0{,}071$ nm. Os gráficos da intensidade experimental em função do comprimento de onda observados por Compton para quatro ângulos de espalhamento (correspondendo a θ na Figura 6.13) são mostrados na Figura 6.15. Os gráficos dos três ângulos diferentes de zero mostram dois picos, um em λ_0 e um em $\lambda' > \lambda_0$. O pico deslocado em λ' é causado pelo espalhamento dos raios X da colisão com elétrons livres, o que, segundo Compton, dependeria do ângulo de espalhamento como

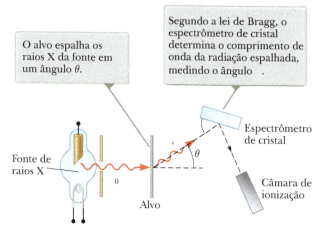

Figura 6.14 Diagrama esquemático do aparelho de Compton.

$$\lambda' - \lambda_0 = \frac{h}{m_e c}(1 - \cos\theta) \qquad (6.13)$$

◀ **Equação do deslocamento de Compton**

onde m_e é a massa do elétron. Essa expressão é conhecida como **equação do deslocamento de Compton** e descreve corretamente as posições dos picos na Figura 6.15. O fator $h/m_e c$, chamado **comprimento de onda de Compton** do elétron, tem valor atualmente aceito de

$$\lambda_C = \frac{h}{m_e c} = 0{,}00243 \text{ nm}$$

◀ **Comprimento de onda de Compton**

O pico que não se desloca em λ_0 na Figura 6.15 é criado por raios X espalhados de elétrons fortemente ligados aos átomos-alvo. Esse pico sem deslocamento também é esperado segundo a Equação 6.13, se a massa do elétron for substituída pela massa de um átomo de carbono, que é aproximadamente 23.000 vezes maior que a massa do elétron. Portanto, existe um deslocamento de comprimento de onda para o espalhamento de um elétron ligado a um átomo, mas esse deslocamento é tão pequeno, que não foi detectado no experimento de Compton.

As medições de Compton apresentaram uma excelente correspondência com os resultados esperados da Equação 6.13 e foram os primeiros a convencer muitos físicos da validade fundamental da teoria quântica.

Teste Rápido **6.5** Para qualquer ângulo de espalhamento θ, a Equação 6.13 fornece o mesmo valor para o deslocamento de Compton para qualquer comprimento de onda. Considerando esse fato, responda: para quais dos seguintes tipos de radiação o deslocamento fracionário no comprimento de onda a um determinado ângulo de espalhamento é o maior? **(a)** Ondas de rádio, **(b)** micro-ondas, **(c)** luz visível, **(d)** raios X.

Obtenção da equação de deslocamento de Compton

Podemos obter a equação de deslocamento de Compton supondo que o fóton se comporte como uma partícula e colida elasticamente com um elétron livre inicialmente em repouso, como mostrado na Figura 6.13. O fóton é tratado como uma partícula com energia $E = hf = hc/\lambda$ e energia de repouso igual a zero. Aplicamos os modelos de sistema isolado para energia e quantidade de movimento ao fóton e ao elétron. No processo de

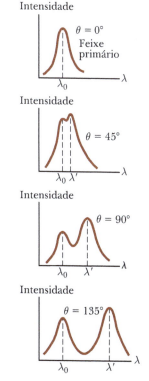

Figura 6.15 Intensidade dos raios X espalhados em função do comprimento de onda para o espalhamento Compton a $\theta = 0°$, $45°$, $90°$ e $135°$.

184 Física para cientistas e engenheiros

espalhamento, a energia total e a quantidade de movimento linear total do sistema são conservadas. Aplicando o princípio da conservação da energia a esse processo, obtemos

$$\Delta K_{\text{fóton}} + \Delta K_e = 0 \rightarrow \frac{hc}{\lambda_0} = \frac{hc}{\lambda'} + K_e$$

onde hc/λ_0 é a energia do fóton incidente, hc/λ' a energia do fóton espalhado e K_e a energia cinética do elétron que recua. O elétron pode recuar a uma velocidade comparável à da luz. Portanto, devemos utilizar a expressão relativística $K_e = (\gamma - 1)m_e c^2$ (Eq. 5.23). Desta forma,

$$\frac{hc}{\lambda_0} = \frac{hc}{\lambda'} + (\gamma - 1)m_e c^2 \tag{6.14}$$

onde $\gamma = 1/\sqrt{1 - (u^2/c^2)}$ e u é a velocidade escalar do elétron.

A seguir, apliquemos a lei da conservação do momento linear a essa colisão, observando que as componentes x e y do momento são conservadas de modo independente. A Equação 5.28 demonstra que o momento de um fóton tem módulo $p = E/c$. Sabemos que, segundo a Equação 6.5, $E = hf$. Portanto, $p = hf/c$. Substituindo c por λf (Eq. 12.20 do Volume 3) nesta expressão, temos $p = h/\lambda$. Uma vez que a expressão relativística do momento do elétron que recua é $p_e = \gamma m_e u$ (Eq. 5.19), obtemos as seguintes expressões para as componentes x e y do momento linear, onde os ângulos são os descritos na Figura 6.13:

$$\text{componente } x: \quad \frac{hc}{\lambda_0} = \frac{hc}{\lambda'} \cos \theta + \gamma m_e u \cos \phi \tag{6.15}$$

$$\text{componente } y: \quad 0 = \frac{h}{\lambda'} \operatorname{sen} \theta - \gamma m_e u \operatorname{sen} \phi \tag{6.16}$$

Eliminando u e ϕ das Equações 6.14 a 6.16, obtemos uma única expressão que relaciona as três variáveis restantes (λ', λ_0 e θ). Após alguns cálculos algébricos (consulte o Problema 64), obtemos a Equação 6.13.

Exemplo **6.4** — Espalhamento Compton a 45°

Os raios X de comprimento de onda $\lambda_0 = 0,200000$ nm são espalhados de um bloco de material e observados a um ângulo de 45,0° em relação ao feixe incidente. Calcule seu comprimento de onda,

SOLUÇÃO

Conceitualização Considere o processo na Figura 6.13 com o fóton espalhado a 45° de sua direção original.

Categorização Calculamos o resultado utilizando uma equação desenvolvida nesta seção; portanto, categorizamos esse exemplo como um problema de substituição.

Resolva a Equação 6.13 para o comprimento de onda do raio X espalhado:

$$(1) \quad \lambda' = \lambda_0 + \frac{h(1 - \cos \theta)}{m_e c}$$

Substitua os valores numéricos:

$$\lambda' = 0,200000 \times 10^{-9}\,\text{m} + \frac{(6,626 \times 10^{-34}\,\text{J} \cdot \text{s})(1 - \cos 45,0°)}{(9,11 \times 10^{-31}\,\text{kg})(3,00 \times 10^8\,\text{m/s})}$$

$$= 0,200000 \times 10^{-9}\,\text{m} + 7,10 \times 10^{-13}\,\text{m} = \boxed{0,200710\ \text{nm}}$$

E SE? E se o detector for deslocado, de modo que os raios X espalhados sejam detectados a um ângulo superior a 45°? O comprimento de onda desses raios X aumenta ou diminui quando o ângulo θ aumenta?

Resposta Na Equação (1), se o ângulo θ aumentar, $\cos \theta$ diminui. Por consequência, o fator $(1 - \cos \theta)$ aumenta. Assim, o comprimento de onda espalhado aumenta.

Também poderíamos aplicar um argumento com base na energia para obter o mesmo resultado. Quando o ângulo de espalhamento aumenta, mais energia é transferida do fóton incidente para o elétron. Como resultado, a energia do fóton espalhado diminui com o aumento do ângulo de espalhamento. Visto que $E = hf$, a frequência do fóton espalhado diminui, e, já que $\lambda = c/f$, o comprimento de onda aumenta,

6.4 Natureza das ondas eletromagnéticas

Na Seção 1,1, introduzimos a noção de modelos concorrentes da luz – partículas e ondas. Vamos entender essa discussão. Fenômenos, tais como os efeitos fotoelétricos e Compton, oferecem provas claras de que, quando a luz (ou outras formas de radiação eletromagnética) e a matéria interagem, a luz se comporta como se fosse composta por partículas com energia hf e momento h/λ. Como a luz pode ser considerada um fóton (em outras palavras, uma partícula), quando sabemos que é uma onda? Por um lado, descrevemos a luz como fótons com energia e momento; por outro, a luz e outras ondas eletromagnéticas apresentam efeitos de interferência e difração, o que é consistente apenas em uma interpretação ondulatória.

Qual modelo é o correto? A luz é uma onda ou uma partícula? A resposta depende do fenômeno observado. Alguns experimentos podem ser mais bem explicados apenas pelo modelo do fóton, enquanto outros são mais bem explicados somente pelo modelo ondulatório. Devemos aceitar os dois modelos e reconhecer que a verdadeira natureza da luz não pode ser descrita em função de nenhuma explicação clássica isolada. O mesmo feixe de luz que pode ejetar fotoelétrons de um metal (o que significa que o feixe consiste em fótons) também pode ser difratado por uma rede (o que significa que o feixe é uma onda). Em outras palavras, os modelos da partícula e ondulatório da luz se complementam.

O sucesso do modelo da partícula da luz em explicar o efeito fotoelétrico e o efeito Compton suscita muitas outras questões. Se a luz é uma partícula, qual é o significado da "frequência" e do "comprimento de onda" da partícula e qual dessas duas propriedades determina sua energia e momento linear? A luz é *simultaneamente* uma onda e uma partícula? Apesar de os fótons não possuírem energia de repouso (uma grandeza não observável, pois um fóton não pode permanecer em repouso), existe uma expressão simples para a *massa efetiva* de um fóton em movimento? Se os fótons têm massa efetiva, são afetados pela atração gravitacional? Qual é a extensão espacial de um fóton e como um elétron absorve ou espalha um fóton? Algumas dessas questões podem ser respondidas, enquanto outras requerem uma abordagem dos processos atômicos, que é demasiadamente pictórica e literal. Muitas delas originam-se de analogias clássicas, como colisões de bolas de bilhar e ondas do mar que se quebram na costa. A Mecânica Quântica concede à luz uma natureza mais flexível, tratando os modelos da partícula e ondulatório da luz como necessários e complementares. Nenhum dos modelos pode ser aplicado de modo exclusivo para descrever todas as propriedades da luz. O comportamento observado da luz pode ser plenamente entendido apenas se os dois modelos forem combinados de maneira complementar.

6.5 Propriedades ondulatórias das partículas

Em geral, ao ser apresentada a natureza dual da luz, os alunos consideram o conceito difícil de ser aceito. No mundo como o percebemos, estamos habituados a considerar corpos, como bolas de beisebol, por exemplo, exclusivamente como partículas e outras coisas, como as ondas sonoras, por exemplo, apenas como formas de movimento ondulatório. Cada observação em larga escala pode ser interpretada quando consideramos uma explicação dos modelos ondulatório ou de partícula, mas no mundo dos fótons e elétrons, esse tipo de distinção não é tão palpável.

Ainda mais desconcertante é o fato de que, em determinadas condições, o que chamamos, sem ambiguidade, "partículas" apresenta características ondulatórias. Em sua dissertação de doutorado de 1923, Louis De Broglie postulou que, visto que os fótons têm características de onda e de partícula, talvez todas as formas da matéria tenham as duas propriedades. Essa ideia ousadamente revolucionária não foi confirmada experimentalmente na época. Segundo De Broglie, os elétrons, assim como a luz, têm uma natureza dual partícula-onda.

Na Seção 6.3, concluímos que o momento linear de um fóton pode ser expresso como

$$p = \frac{h}{\lambda}$$

Louis De Broglie
Físico francês (1892-1987)

De Broglie nasceu em Dieppe, França. Na Sorbonne, em Paris, estudou história como preparação para o que, esperava, seria uma carreira no serviço diplomático. Para a sorte do mundo da ciência, ele mudou o caminho de sua carreira para se tornar um físico teórico. De Broglie ganhou o prêmio Nobel de Física em 1929 por propor a natureza ondulatória dos elétrons,

Essa equação demonstra que o comprimento de onda do fóton pode ser especificado por seu momento linear: $\lambda = h/p$. De Broglie sugeriu que as partículas de material com momento linear p têm comprimento de onda característico que é dado pela *mesma expressão*. Uma vez que o módulo do momento linear de uma partícula de massa m e velocidade escalar u é $p = mu$, o **comprimento de onda de De Broglie** para essa partícula é[5]

$$\lambda = \frac{h}{p} = \frac{h}{mu} \tag{6.17}$$

---

[5] O comprimento de onda de De Broglie para uma partícula deslocando-se a *qualquer* velocidade escalar u é $\lambda = h/\gamma mu$, onde $\gamma = [1 - (u^2/c^2)]^{-1/2}$,

186 Física para cientistas e engenheiros

Além disso, fazendo uma analogia com os fótons. De Broglie postulou que as partículas obedecem à relação de Einstein $E = hf$, onde E é a energia total da partícula. Assim, a frequência de uma partícula é

$$f = \frac{E}{h}$$ **(6.18)**

A natureza dual da matéria é evidenciada nas Equações 6.17 e 6.18, porque cada uma contém grandezas de partícula (p e E) e grandezas de onda (λ e f).

O problema do entendimento da natureza dual da matéria e da radiação é conceitualmente difícil, pois ambos os modelos parecem se contradizer. Esse problema, na forma aplicada à luz, foi discutido anteriormente. O **princípio da complementaridade** afirma que

os modelos ondulatório e de partícula da matéria ou da radiação se complementam,

Nenhum dos modelos pode ser utilizado independentemente para descrever a matéria ou a radiação de modo correto. Os humanos tendem a gerar imagens mentais com base em suas experiências cotidianas (bolas de beisebol, ondas na água etc,). Assim, utilizamos as duas descrições de maneira complementar para explicar qualquer conjunto de dados do mundo quântico.

O experimento de Davisson-Germer

A proposição feita em 1923 por De Broglie, de que a matéria apresenta propriedades de onda e de partícula, foi considerada pura especulação. Se partículas, como os elétrons, tivessem propriedades ondulatórias, sob as condições corretas, deveriam exibir efeitos de difração. Após apenas três anos, C. J. Davisson (1881-1958) e L. H. Germer (1896-1971) conseguiram medir o comprimento de onda dos elétrons. Sua importante descoberta forneceu a primeira confirmação experimental das ondas propostas por De Broglie.

É interessante notar que o objetivo inicial do experimento de Davisson-Germer não era confirmar a hipótese de De Broglie. Na realidade, sua descoberta foi um acidente (como em geral ocorre). O experimento envolveu o espalhamento de elétrons de baixa energia (aproximadamente 54 eV) de um alvo de níquel no vácuo. Durante um experimento, a superfície de níquel foi severamente oxidada por conta de um vazamento acidental no sistema de vácuo. Após o alvo ser aquecido em um jato de hidrogênio para a remoção da camada de óxido, os elétrons espalhados apresentavam máximos e mínimos de intensidade em ângulos específicos. Finalmente, os experimentos mostraram que grandes regiões cristalinas haviam se formado no níquel durante o aquecimento e que os planos espaçados de modo regular dos átomos nessas regiões serviram como um retículo de difração para os elétrons. Consulte a discussão sobre a difração dos raios X em cristais na Seção 4.5.

Pouco tempo depois, Davisson e Germer conduziram medições mais extensivas da difração dos elétrons espalhados de alvos de cristal simples. Seus resultados demonstraram, de modo conclusivo, a natureza ondulatória dos elétrons e confirmaram a relação de De Broglie, $p = h/\lambda$. No mesmo ano, G. P. Thomson (1892-1975), um cientista escocês, também observou padrões de difração de elétrons que passavam através de folhas de ouro extremamente delgadas. A partir de então, padrões de difração foram observados no espalhamento dos átomos de hélio e hidrogênio e dos nêutrons. Assim, a natureza ondulatória das partículas foi confirmada de diversas formas.

Prevenção de Armadilhas 6.3

O que é ondulação?
Se as partículas têm propriedades ondulatórias, o que é ondulação? Estamos familiarizados com ondas em cordas, algo muito concreto. As ondas sonoras são mais abstratas, mas talvez não causem tanta estranheza. Já as eletromagnéticas são ainda mais abstratas, mas ao menos podem ser descritas em função das variáveis físicas e dos campos elétricos e magnéticos. Em contraste, as ondas associadas com partículas são completamente abstratas e não podem ser associadas com nenhuma variável física. No Capítulo 7, descreveremos a onda associada com uma partícula em função da probabilidade,

---

Teste Rápido 6.6 Um elétron e um próton se movem a velocidades não relativísticas e têm o mesmo comprimento de onda de De Broglie. Qual das seguintes grandezas também é a mesma para as duas partículas? **(a)** Velocidade escalar, **(b)** energia cinética, **(c)** momento linear, **(d)** frequência.

Exemplo 6.5 **Comprimentos de onda para corpos micro e macroscópicos**

(A) Calcule o comprimento de onda de De Broglie de um elétron ($m_e = 9,11 \times 10^{-31}$ kg) que se move a $1,00 \times 10^7$ m/s,

6.5 cont,

SOLUÇÃO

Conceitualização Considere o elétron deslocando-se através do espaço. De uma perspectiva clássica, essa é uma partícula em velocidade vetorial constante. Do ponto de vista quântico, o elétron tem comprimento de onda associado.

Categorização Calculamos o resultado aplicando uma equação desenvolvida nesta seção; portanto, categorizamos esse exemplo como um problema de substituição.

Calcule o comprimento de onda utilizando a Equação 6.17:
$$\lambda = \frac{h}{m_e u} = \frac{6{,}626 \times 10^{-34}\,\text{J}\cdot\text{s}}{(9{,}11 \times 10^{-31}\,\text{kg})(1{,}00 \times 10^{7}\,\text{m/s})} = \boxed{7{,}27 \times 10^{-11}\,\text{m}}$$

A natureza ondulatória do elétron pode ser percebida por meio de técnicas de difração, como as do experimento de Davisson-Germer, por exemplo,

(B) Uma rocha de massa 50 g é arremessada a uma velocidade escalar de 40 m/s. Qual é o comprimento de onda de De Broglie?

SOLUÇÃO

Determine o comprimento de onda De Broglie utilizando a Equação 6.17:
$$\lambda = \frac{h}{mu} = \frac{6{,}626 \times 10^{-34}\,\text{J}\cdot\text{s}}{(50 \times 10^{-3}\,\text{kg})(40\,\text{m/s})} = \boxed{3{,}3 \times 10^{-34}\,\text{m}}$$

Esse comprimento de onda é muito menor que qualquer abertura através da qual a rocha poderia passar. Portanto, não poderíamos observar efeitos de difração e, como resultado, as propriedades ondulatórias de corpos de grande escala não podem ser observadas.

Microscópio eletrônico

Um dispositivo prático que funciona com base nas características ondulatórias dos elétrons é o **microscópio eletrônico**. A Figura 6.16 mostra um deles, do tipo de *transmissão*, utilizado no exame de amostras planas e delgadas. Em muitos

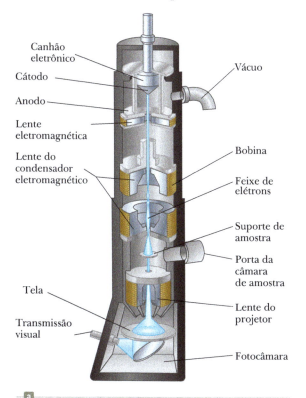
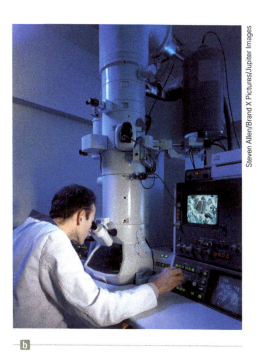

Figura 6.16 (a) Diagrama de um microscópio eletrônico de transmissão para exame de amostras cortadas em fatias delgadas. As "lentes" que controlam o feixe de elétrons são bobinas de deflexão magnética. (b) Um microscópio eletrônico em uso.

Figura 6.17 Uma fotografia de microscópio eletrônico de varredura mostra detalhes significativos de um ácaro do queijo. *Tyrolichus casei*. O ácaro é tão pequeno, com comprimento máximo de 0,70 mm, que os microscópios comuns não revelam pequenos detalhes anatômicos,

aspectos, o aparelho é similar a um microscópio óptico. Entretanto, o eletrônico tem uma resolução muito maior, pois pode acelerar elétrons até que alcancem energias cinéticas muito altas, estabelecendo comprimentos de onda muito curtos. Nenhum microscópio oferece resolução para detalhes que sejam significativamente menores que o comprimento de onda utilizado para iluminar o corpo. Os comprimentos de onda mais curtos dos elétrons proporcionam a um microscópio eletrônico uma resolução que pode ser 1.000 vezes melhor que a da luz visível utilizada em microscópios ópticos. Como resultado, um microscópio eletrônico com lentes ideais seria capaz de distinguir detalhes aproximadamente 1.000 vezes menores do que aqueles distinguidos por um microscópio óptico. A radiação eletromagnética com o mesmo comprimento de onda dos elétrons em um microscópio eletrônico está na região dos raios X do espectro.

O feixe de elétrons em um microscópio eletrônico é controlado por meio de deflexão eletrostática ou magnética, que atua sobre os elétrons para focar o feixe e formar uma imagem. Em vez de examinar a imagem através de uma ocular, como em um microscópio óptico, o usuário observa uma imagem formada em um monitor ou outro tipo de visor. A Figura 6.17 mostra o detalhe extraordinário obtido com um microscópio eletrônico.

6.6 Um novo modelo: a partícula quântica

As discussões apresentadas nas seções anteriores podem ser muito inquietantes, pois considerávamos os modelos da partícula e da onda distintos. A noção de que a luz e as partículas materiais têm propriedades de partícula e onda não concorda com essa distinção. No entanto, resultados experimentais demonstram que essa conclusão é exatamente o que devemos aceitar. O reconhecimento desta natureza dual leva a um novo modelo, a **partícula quântica**, que é uma combinação dos modelos da partícula, apresentado no Capítulo 2 do Volume 1, e ondulatório, discutido no Capítulo 2 do Volume 2. Neste novo modelo, as entidades têm características de partícula e de onda, e devemos escolher o comportamento adequado – partícula ou onda – para entender um determinado fenômeno.

Nesta seção, exploraremos esse modelo para que nos familiarizemos com essa ideia. Faremos isso demonstrando que uma entidade que apresenta propriedades de uma partícula pode ser constituída de ondas.

Primeiro, devemos recordar algumas características das partículas e das ondas ideais. Uma partícula ideal tem dimensões iguais a zero. Portanto, uma característica essencial de uma partícula é que ela está *localizada* no espaço. Uma onda ideal tem uma única frequência e é infinitamente longa, como sugere a Figura 6.18a. Portanto, uma onda ideal *não está localizada* no espaço. Uma entidade localizada pode consistir em ondas infinitamente longas, como a seguir. Imagine uma onda ao longo do eixo x, com uma das cristas localizada em $x = 0$, como no topo da Figura 6.18b. Agora, imagine uma segunda onda, com a mesma amplitude, mas uma frequência diferente, com uma de suas cristas também em $x = 0$. Como resultado da superposição dessas duas ondas, existem *batimentos* quando as ondas alternam os estados dentro e fora de fase. Os batimentos foram discutidos na Seção 4,7, do Volume 2. A curva inferior na Figura 6.18b mostra os resultados da superposição dessas duas ondas.

Observe que estabelecemos a localização ao sobrepor as duas ondas. Uma única onda tem a mesma amplitude em todo o espaço; nenhum ponto do espaço é diferente de outro. Entretanto, quando adicionamos uma segunda onda, existe uma diferença entre os pontos em fase e os fora de fase.

Agora, imagine que mais e mais ondas são adicionadas às nossas duas originais, cada uma das novas com uma nova frequência. Cada nova onda é adicionada de modo que uma de suas cristas está em $x = 0$. Assim, o resultado é que todas são adicionadas construtivamente em $x = 0$. Quando muitas ondas são adicionadas, a probabilidade de um valor positivo de uma função de onda em qualquer ponto $x \neq 0$ é igual à probabilidade de um valor negativo e existe interferência destrutiva *em todos os pontos*, exceto próximo de $x = 0$, onde todas as cristas estão sobrepostas. O resultado é mostrado na Figura 6.19. A pequena região de interferência construtiva é chamada **pacote de ondas**. Essa região localizada do espaço é diferente

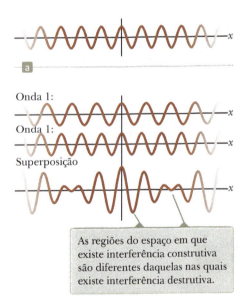

Figura 6.18 (a) Uma onda idealizada com uma única frequência exata é a mesma ao longo do espaço e do tempo, (b) Se duas ondas ideais com frequências ligeiramente diferentes forem combinadas, batimentos serão produzidos (Seção 4,7. Volume 2),

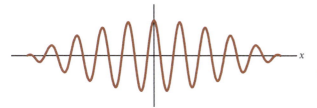

Figura 6.19 Se muitas ondas forem combinadas, o resultado será um pacote de ondas, que representa uma partícula,

de todas as outras. Podemos identificar o pacote de ondas como uma partícula, porque ele tem a natureza localizada de uma partícula! A localização do pacote de ondas corresponde à posição da partícula.

A natureza localizada desta entidade é a *única* característica de uma partícula que foi gerada neste processo. Não discutimos como o pacote de ondas pode adquirir características de partícula como massa, carga elétrica e spin. Portanto, podemos não estar completamente convencidos de que criamos uma partícula. Como outra prova de que o pacote de ondas pode representar a partícula, provemos que ele tem outra característica de uma partícula.

Para simplificar a representação matemática, retornemos à nossa combinação de duas ondas. Considere-as com a mesma amplitude, mas frequências angulares diferentes, ω_1 e ω_2. Podemos representá-las matematicamente como

$$y_1 = A \cos(k_1 x - \omega_1 t) \quad \text{e} \quad y_2 = A \cos(k_2 x - \omega_2 t)$$

onde, como no Capítulo 2 do Volume 2, $k = 2\pi/\lambda$ e $\omega = 2\pi f$. Aplicando o princípio da superposição, somemos as ondas:

$$y = y_1 + y_2 = A \cos(k_1 x - \omega_1 t) + A \cos(k_2 x - \omega_2 t)$$

É conveniente escrever essa expressão em uma forma que utilize a identidade trigonométrica

$$\cos a + \cos b = 2 \cos\left(\frac{a-b}{2}\right) \cos\left(\frac{a+b}{2}\right)$$

Considerando $a = k_1 x - \omega_1 t$ e $b = k_2 x - \omega_2 t$, obtemos

$$y = 2A \cos\left[\frac{(k_1 x - \omega_1 t) - (k_2 x - \omega_2 t)}{2}\right] \cos\left[\frac{(k_1 x - \omega_1 t) + (k_2 x - \omega_2 t)}{2}\right]$$

$$y = \left[2A \cos\left(\frac{\Delta k}{2} x - \frac{\Delta \omega}{2} t\right)\right] \cos\left(\frac{k_1 + k_2}{2} x - \frac{\omega_1 + \omega_2}{2} t\right) \quad (6.19)$$

onde $\Delta k = k_1 - k_2$ e $\Delta \omega = \omega_1 - \omega_2$. O segundo fator de cosseno representa uma onda com número de onda e frequência iguais às médias dos valores para as ondas individuais.

Na Equação 6.19, o fator entre colchetes representa a envoltória da onda, como mostrado pela curva tracejada na Figura 6.20. Esse fator também tem a forma matemática de uma onda. Essa envoltória da combinação pode se deslocar através do espaço a uma velocidade escalar diferente da velocidade das ondas individuais. Como um exemplo extremo desta possibilidade, considere a combinação de duas ondas idênticas deslocando-se em sentidos opostos. Ambas as ondas

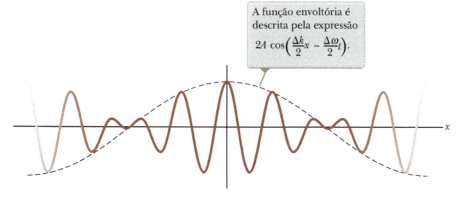

A função envoltória é descrita pela expressão $2A \cos\left(\frac{\Delta k}{2} x - \frac{\Delta \omega}{2} t\right)$.

Figura 6.20 O padrão de batimentos da Figura 6.18b, com uma função envoltória (curva tracejada) sobreposta,

190 Física para cientistas e engenheiros

se movem à mesma velocidade escalar, mas a envoltória tem velocidade escalar igual a *zero*, porque criamos uma onda estacionária que estudamos na Seção 4.2 do Volume 2.

No caso de uma onda individual, a velocidade escalar é dada pela Equação 2,11 do Volume 2

Velocidade de fase de uma ▶
onda em um pacote de ondas
$$v_{\text{fase}} = \frac{\omega}{k}$$
(6.20)

Essa velocidade escalar é chamada **velocidade de fase**, pois é a proporção de avanço de uma crista em uma única onda, que é um ponto de fase fixa. A Equação 6.20 pode ser interpretada como: a velocidade de fase de uma onda é a razão do coeficiente da variável temporal t pelo coeficiente da variável espacial x na equação que representa a onda, $y = A \cos (kx - \omega t)$.

O fator entre colchetes na Equação 6.19 é da forma de uma onda, de modo que se move a uma velocidade escalar dada por essa mesma razão:

$$v_g = \frac{\text{coeficiente de variável temporal } t}{\text{coeficiente de variável espacial } x} = \frac{(\Delta\omega/2)}{(\Delta k/2)} = \frac{\Delta\omega}{\Delta k}$$

O g subscrito da velocidade escalar indica que essa é chamada comumente **velocidade de grupo** ou a velocidade escalar do pacote de ondas (o *grupo* de ondas) que criamos. Geramos essa expressão para a simples adição de duas ondas. Quando muitas ondas são sobrepostas para formar um pacote de ondas, essa razão se torna uma derivada:

Velocidade de grupo de um ▶
pacote de ondas
$$v_g = \frac{d\omega}{dk}$$
(6.21)

Ao multiplicarmos o numerador e o denominador por $\hbar$, onde $\hbar = h/2\pi$, obtemos

$$v_g = \frac{\hbar \, d\omega}{\hbar \, dk} = \frac{d(\hbar \, \omega)}{d(\hbar \, k)}$$
(6.22)

Examinemos os termos entre parênteses da Equação 6.22 separadamente. Para o numerador,

$$\hbar\omega = \frac{h}{2\pi}(2\pi f) = hf = E$$

Para o denominador,

$$\hbar k = \frac{h}{2\pi}\left(\frac{2\pi}{\lambda}\right)\frac{h}{\lambda} = p$$

Portanto, a Equação 6.22 pode ser expressa como

$$v_g = \frac{d(\hbar\omega)}{d(\hbar k)} = \frac{dE}{dp}$$
(6.23)

Visto que estudamos a possibilidade de que a envoltória das ondas combinadas represente a partícula, considere uma partícula livre deslocando-se a uma velocidade escalar u, pequena, comparada com a velocidade da luz. A energia da partícula é sua energia cinética:

$$E = \tfrac{1}{2}mu^2 = \frac{p^2}{2m}$$

Diferenciando essa equação em relação a p, obtemos

$$v_g = \frac{dE}{dp} = \frac{d}{dp}\left(\frac{p^2}{2m}\right) = \frac{1}{2m}(2p) = u$$
(6.24)

Portanto, a velocidade de grupo do pacote de ondas é idêntica à escalar da partícula para a qual o pacote foi modelado para representar, garantindo que o pacote de ondas é um modo lógico de criar uma partícula.

Teste Rápido **6.7** Como analogia aos pacotes de onda, considere um "pacote de automóveis" que se forma próximo do local de um acidente em uma rodovia. A velocidade de fase é análoga à velocidade de cada um dos carros quando se movem através do acúmulo de veículos causado pelo acidente. A velocidade de grupo pode ser identificada como a escalar da frente do pacote de carros. A velocidade de grupo do pacote de automóveis é **(a)** igual à de fase, **(b)** menor que a de fase ou **(c)** maior que a de fase?

6.7 O experimento da fenda dupla, considerado novamente

Atualmente, a dualidade onda-partícula é um conceito firmemente aceito, apoiado por resultados experimentais, incluindo os do experimento de Davisson-Germer. Entretanto, assim como no caso dos postulados da relatividade especial, muitas vezes esse conceito leva a contradições em relação a padrões de raciocínio familiares que mantemos com base na experiência cotidiana.

Um modo de consolidar nossas ideias sobre a dualidade onda-partícula do elétron é por meio de um experimento no qual os elétrons são disparados em direção a uma fenda dupla. Considere um feixe paralelo de elétrons monoenergéticos incidindo sobre uma fenda dupla, como na Figura 6.21. Suponhamos que a largura das fendas seja pequena comparada com o comprimento de onda dos elétrons, de modo que não precisemos nos preocupar com os máximos e mínimos de difração da luz, discutidos na Seção 4.2. Uma tela de detecção de elétrons é posicionada a uma distância das fendas muito maior que d, o espaçamento entre as fendas. Se essa tela coletar elétrons durante um tempo suficientemente longo, observaremos um padrão típico de interferência de onda para contagens por minuto, ou probabilidade de chegada dos elétrons. Tal padrão de interferência não seria esperado se os elétrons se comportassem como partículas clássicas, o que fornece uma evidência clara de que os elétrons se interferem, um comportamento ondulatório distinto.

Se medirmos os ângulos θ nos quais os elétrons atingem a tela de detecção com a intensidade máxima na Figura 6.21, observaremos que eles são descritos exatamente pela mesma equação referente à luz, $d \operatorname{sen} \theta = m\lambda$ (Eq. 3.2), onde m é o número de ordem e λ, o comprimento de onda do elétron. Portanto, a natureza dual do elétron é evidenciada de modo claro neste experimento: os elétrons são detectados como partículas em um ponto localizado na tela de detecção em um determinado instante, mas a probabilidade de chegada no ponto O é por meio do cálculo da intensidade de duas ondas que se interferem.

Agora, imagine que diminuamos a intensidade do feixe, de modo que um elétron alcance a fenda dupla de cada vez, É difícil não supor que o elétron passe através da fenda 1 ou 2. Pode-se argumentar que não há efeitos de interferência, porque não há um segundo elétron passando através da outra fenda para interferir com o primeiro. Entretanto, essa suposição coloca muita ênfase no modelo de partícula do elétron. O padrão de interferência ainda será observado se o intervalo de tempo para a medição for suficientemente longo para que muitos elétrons alcancem a tela de detecção! Essa situação é ilustrada pelos padrões simulados por computador, na Figura 6.22, onde o padrão de interferência se torna cada vez mais claro à medida que o número de elétrons que alcançam a tela de detecção aumenta. Assim, nossa suposição de que o elétron está localizado e passa através de apenas uma fenda quando as duas estão abertas deve estar errada (uma conclusão desconcertante!).

Para interpretar esses resultados, somos forçados a concluir que um elétron interage com as duas fendas *simultaneamente*. Se tentarmos determinar experimentalmente por qual fenda ele passa, o ato de medir destrói o padrão de interferência. Portanto, essa determinação é impossível. De fato, podemos dizer apenas que o elétron passa através das *duas* fendas! As mesmas afirmações aplicam-se aos fótons.

Se nos restringirmos somente ao modelo de partícula, a noção de que o elétron pode estar presente nas duas fendas ao mesmo tempo se tornará perturbadora. Porém, no modelo da partícula quântica, a partícula pode ser considerada

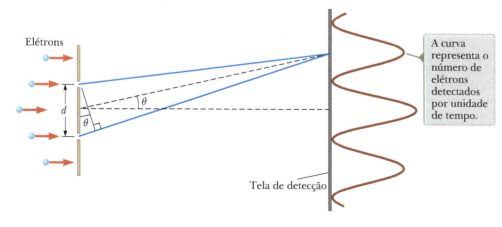

Figura 6.21 Interferência de elétrons. O espaçamento entre as fendas d é muito maior que a largura de cada fenda e muito menor que a distância entre as fendas e a tela de detecção.

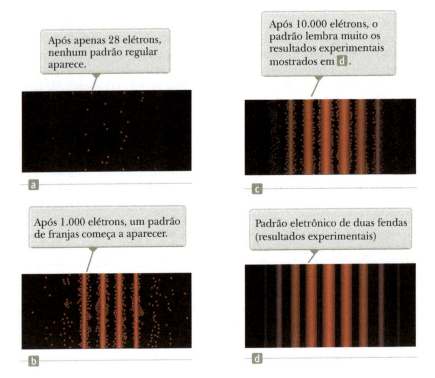

Figura 6.22 (a) – (c) Padrões de interferência simulados por computador para um feixe de elétrons incidentes sobre uma fenda dupla, (d) Simulação computacional de um padrão de interferência de fenda dupla produzido por muitos elétrons,

constituída de ondas que existem em todo o espaço. Dessa forma, os componentes ondulatórios do elétron estão presentes nas duas fendas ao mesmo tempo e esse modelo leva a uma interpretação mais aceitável do experimento.

6.8 Princípio da incerteza

Sempre que se tenta medir a posição ou a velocidade de uma partícula em qualquer instante, incertezas experimentais são estabelecidas nas medições. De acordo com a Mecânica Clássica, não existe limite fundamental para o refinamento definitivo dos aparelhos ou dos procedimentos experimentais. Em outras palavras, em princípio, é possível fazer tais medições com uma incerteza arbitrariamente pequena. No entanto, a teoria quântica afirma que é fundamentalmente impossível efetuar medições simultâneas da posição e do momento linear de uma partícula com exatidão infinita.

Em 1927, Werner Heisenberg (1901-1976) introduziu essa noção, que conhecemos atualmente como **Princípio da Incerteza de Heisenberg**:

> Se a medida da posição de uma partícula for efetuada com uma incerteza Δx e a simultânea de seu componente x do momento linear com uma incerteza Δp_x, o produto das duas incertezas nunca poderá ser menor que $\hbar/2$:
>
> $$\Delta x \, \Delta p_x \geq \frac{\hbar}{2} \tag{6.25}$$

Isto é, não é fisicamente possível medir simultânea e exatamente a posição e o momento linear de uma partícula. Heisenberg foi cuidadoso ao observar que as inevitáveis incertezas Δx e Δp_x não são geradas por imperfeições práticas dos instrumentos de medição, mas, sim, pela estrutura quântica da matéria.

Para entender o princípio da incerteza, imagine que uma partícula tem um único comprimento de onda cujo valor *exato* é conhecido. Desse modo, segundo a relação de De Broglie, $\lambda = h/p$, saberíamos que o momento linear seria precisamente $p = h/\lambda$. Na realidade, uma onda de comprimento único existiria em todo o espaço. Qualquer região ao longo desta onda é igual a qualquer outra região (Figura 6.18a). Suponha que perguntemos onde está a partícula que essa onda representa? Nenhum local em especial no espaço ao longo da onda poderia se identificar com a partícula, pois todos são iguais. Portanto, temos uma incerteza *infinita* referente à posição da partícula e não sabemos nada sobre sua localização. O conhecimento perfeito do momento linear da partícula nos custou toda a informação sobre sua localização.

Em comparação, considere agora uma partícula cujo momento linear seja incerto, de modo que tenha uma variedade de valores possíveis de momento linear. De acordo com a relação de De Broglie, o resultado é uma variedade de comprimentos de onda. Portanto, a partícula não é representada por um comprimento de onda único, mas por uma combinação de comprimentos de onda dentro dessa variedade. Essa combinação forma um pacote de ondas, como discutido na Seção 6.6 e ilustrado na Figura 6.19. Caso nos fosse requerido determinar a localização da partícula, poderíamos dizer somente que ela estaria em algum ponto na região definida pelo pacote de ondas, pois há uma diferença clara entre essa região e o restante do espaço. Desse modo, perdendo parte da informação sobre o momento linear da partícula, ganhamos informação acerca de sua posição.

Se perdêssemos *toda* a informação sobre o momento linear, estaríamos somando ondas de todos os comprimentos de onda possíveis, resultando em um pacote de ondas de comprimento igual a zero. Assim, se não soubermos nada sobre o momento linear, saberemos exatamente onde a partícula está.

A forma matemática do princípio da incerteza afirma que o produto das incertezas sobre a posição e o momento linear é sempre maior que algum valor mínimo. Esse valor pode ser calculado com base nos tipos de argumentação discutidos anteriormente e o resultado é o valor de $\hbar/2$ na Equação 6.25.

Outra forma do princípio da incerteza pode ser gerada ao reconsiderarmos a Figura 6.19. Imagine que o eixo horizontal seja o tempo em vez da posição espacial x. Assim, podemos fazer as mesmas argumentações anteriores sobre o conhecimento do comprimento de onda e da posição no domínio do tempo. As variáveis correspondentes seriam a frequência e o tempo. Uma vez que a frequência está relacionada com a energia da partícula por $E = hf$, o princípio da incerteza nesta forma é

$$\Delta E \, \Delta t \geq \frac{\hbar}{2} \quad (6.26)$$

A forma do princípio da incerteza dada pela Equação 6.26 sugere que a conservação da energia pode parecer ter sido violada por uma quantidade ΔE, mesmo que apenas por um curto intervalo de tempo Δt consistente com a equação. Aplicaremos essa noção para calcular as energias de repouso das partículas no Capítulo 12.

Teste Rápido 6.8 A localização de uma partícula é medida e especificada como exatamente $x = 0$, com uma incerteza igual a *zero* na direção x. Como essa localização afeta a incerteza de sua componente de velocidade vetorial na direção y? **(a)** Não a afeta, **(b)** Torna-a infinita, **(c)** Torna-a igual a zero.

Werner Heisenberg
Físico teórico alemão (1901-1976)
Heisenberg obteve seu Ph.D., em 1923, na Universidade de Munique. Enquanto outros físicos tentavam desenvolver modelos físicos dos fenômenos quânticos, Heisenberg desenvolveu um modelo matemático abstrato chamado *mecânica matricial*. Os modelos físicos mais amplamente aceitos mostraram-se equivalentes à mecânica matricial. Heisenberg deu muitas outras contribuições importantes para a Física, incluindo seu famoso princípio da incerteza, pelo qual recebeu o prêmio Nobel de Física em 1932, a proposição de duas formas de hidrogênio molecular e modelos teóricos do núcleo,

Prevenção de Armadilhas 6.4
O princípio da incerteza
Alguns alunos interpretam de modo incorreto o princípio da incerteza como se esse afirmasse que uma medida interfere com o sistema. Por exemplo, se um elétron for observado em um experimento hipotético por meio de microscópio óptico, o fóton utilizado para a visualização do elétron colide com esse, fazendo-o se deslocar, gerando uma incerteza em seu momento linear. Esse cenário *não* representa a base do princípio da incerteza, que é independente do processo de medida e tem como base a natureza ondulatória da matéria,

---

Exemplo 6.6 — Localização de um elétron

A velocidade escalar de um elétron é medida, seu valor é $5{,}00 \times 10^3$ m/s, com uma exatidão de 0,00300%. Calcule a incerteza mínima na determinação da posição deste elétron.

SOLUÇÃO

Conceitualização O valor fracionário dado para a exatidão na velocidade escalar do elétron pode ser interpretado como a incerteza fracionária de seu momento linear. Essa corresponde a uma incerteza mínima na posição do elétron segundo o princípio da incerteza.

Categorização Avaliamos o resultado aplicando conceitos desenvolvidos nesta seção; portanto, categorizamos esse exemplo como um problema de substituição.

Suponha que o elétron esteja se movendo ao longo do eixo x e determine a incerteza em p_x, considerando f a representação da exatidão da medição de sua velocidade escalar:

$$\Delta p_x = m\,\Delta v_x = mfv_x$$

Resolva a Equação 6.25 para a incerteza na posição do elétron e substitua os valores numéricos:

$$\Delta x \geq \frac{\hbar}{2\,\Delta p_x} = \frac{\hbar}{2mfv_x} = \frac{1{,}055 \times 10^{-34}\,\text{J}\cdot\text{s}}{2(9{,}11 \times 10^{-31}\,\text{kg})(0{,}0000300)(5{,}00 \times 10^3\,\text{m/s})}$$

$$= 3{,}86 \times 10^{-4}\,\text{m} = \boxed{0{,}386\ \text{mm}}$$

194 Física para cientistas e engenheiros

Exemplo 6.7 — Largura de linha de emissões atômicas

Os átomos têm níveis de energia quantizados similares aos dos osciladores de Planck, apesar de os níveis de energia de um átomo, em geral, não estarem espaçados de modo uniforme. Quando um átomo faz uma transição entre estados, a energia é emitida na forma de um fóton. Embora um átomo excitado possa irradiar em qualquer instante de $t = 0$ a $t = \infty$, o intervalo de tempo médio após a excitação durante o qual um átomo irradia é chamado **tempo de vida** τ. Se $\tau = 1,0 \times 10^{-8}$ s, aplique o princípio da incerteza para calcular a largura de linha Δf produzida por esse tempo de vida finito,

SOLUÇÃO

Conceitualização O tempo de vida τ dado para o estado excitado pode ser interpretado como a incerteza t no instante em que a transição ocorre, que corresponde a uma incerteza mínima na frequência do fóton irradiado segundo o princípio da incerteza.

Categorização Avaliamos o resultado aplicando conceitos desenvolvidos nesta seção; portanto, categorizamos esse exemplo como um problema de substituição.

Utilize a Equação 6.5 para relacionar a incerteza na frequência do fóton com aquela em sua energia:

$$E = hf \quad \rightarrow \quad \Delta E = h\,\Delta f \quad \rightarrow \quad \Delta f = \frac{\Delta E}{h}$$

Utilize a Equação 6.26 para aplicar a incerteza na energia do fóton, fornecendo o valor mínimo de Δf:

$$\Delta f \geq \frac{1}{h}\frac{\hbar}{2\,\Delta t} = \frac{1}{h}\frac{h/2\pi}{2\,\Delta t} = \frac{1}{4\pi\,\Delta t} = \frac{1}{4\pi\tau}$$

Substitua o tempo de vida do estado excitado:

$$\Delta f \geq \frac{1}{4\pi(1,0\times 10^{-8}\text{s})} = \boxed{8,0 \times 10^{6}\ \text{Hz}}$$

E SE? E se o mesmo tempo de vida estivesse associado a uma transição que emite uma onda de rádio em vez de uma de luz visível de um átomo? A largura de linha fracionária $\Delta f/f$ seria maior ou menor que a da luz visível?

Resposta Visto que supomos o mesmo tempo de vida para as duas transições, Δf é independente da frequência da radiação. As ondas de rádio têm frequências inferiores às das de luz, de modo que a razão $\Delta f/f$ será maior para as ondas de rádio. Supondo uma frequência de onda de luz f de $6,00 \times 10^{14}$ Hz, a largura de linha fracionária será

$$\frac{\Delta f}{f} = \frac{8,0 \times 10^{6}\ \text{Hz}}{6,00 \times 10^{14}\ \text{Hz}} = 1,3 \times 10^{-8}$$

Essa largura estreita pode ser medida por meio de um interferômetro sensível. Normalmente, no entanto, os efeitos de temperatura e pressão se sobrepõem à largura de linha natural e alargam a linha por meio de mecanismos associados ao efeito Doppler e às colisões.

Supondo uma frequência de onda de rádio f de $94,7 \times 10^{6}$ Hz, a largura de linha fracionária é

$$\frac{\Delta f}{f} = \frac{8,0 \times 10^{6}\ \text{Hz}}{94,7 \times 10^{6}\ \text{Hz}} = 8,4 \times 10^{-2}$$

Portanto, para a onda de rádio, essa mesma largura de linha absoluta corresponde a uma largura de linha fracionária de mais de 8%,

Introdução à Física Quântica   **195**

Resumo

Conceitos e Princípios

As características da **radiação de corpo negro** não podem ser explicadas por meio de conceitos clássicos. Planck introduziu o conceito do *quantum* e a constante de Planck, h, quando supôs que osciladores atômicos que existiam apenas em estados de energia discretos eram responsáveis por essa radiação. No modelo de Planck, a radiação é emitida em pacotes quantizados únicos sempre que um oscilador faz uma transição entre estados de energia discretos. A energia de um pacote é

$$E = hf \tag{6.5}$$

onde f é a frequência do oscilador. Einstein estendeu, com sucesso, a hipótese do *quantum* de Planck às ondas estacionárias da radiação eletromagnética em uma cavidade utilizada no modelo de radiação de corpo negro,

O **efeito fotoelétrico** é um processo no qual os elétrons são ejetados da superfície de um metal quando a luz incide sobre ela. No modelo de Einstein, a luz é considerada um fluxo de partículas, ou **fótons**, cada uma com energia $E = hf$, onde h é a constante de Planck e f a frequência. A energia cinética máxima do fotoelétron ejetado é

$$K_{\text{máx}} = hf - \phi \tag{6.11}$$

onde ϕ é a **função trabalho** do metal,

Raios X são espalhados em vários ângulos por elétrons em um alvo. Em um evento de espalhamento, um deslocamento no comprimento de onda dos raios X espalhados é observado, fenômeno conhecido como **efeito Compton**. A Física Clássica não determina o comportamento correto nesse efeito. Se o raio X for tratado como um fóton e a conservação da energia e do momento linear forem aplicadas às colisões elétron-fóton, obteremos para o deslocamento de Compton.

$$\lambda' - \lambda_0 = \frac{h}{m_e c}(1 - \cos\theta) \tag{6.13}$$

onde m_e é a massa do elétron, c a velocidade da luz e θ o ângulo de espalhamento,

---

A luz tem uma natureza dual com características de onda e partícula. Alguns experimentos podem ser mais bem explicados somente pelo modelo da partícula, enquanto outros podem ser mais bem explicados somente pelo modelo da onda,

Todo corpo de massa m e momento linear $p = mu$ tem propriedades de onda com um **comprimento de onda de De Broglie** dado por

$$\lambda = \frac{h}{p} = \frac{h}{mu} \tag{6.17}$$

Quando muitas ondas são combinadas, uma única região de interferência construtiva, chamada **pacote de ondas**, pode ser criada. O pacote de ondas tem características de localização como uma partícula, mas também propriedades de onda, pois é constituído de ondas. Para uma onda individual no pacote de ondas, a **velocidade de fase** é

$$v_{\text{fase}} = \frac{\omega}{k} \tag{6.20}$$

Para o pacote de ondas como um todo, a **velocidade de grupo** é

$$v_g = \frac{d\omega}{dk} \tag{6.21}$$

Para um pacote de ondas que representa uma partícula, é possível demonstrar que a velocidade de grupo é igual à velocidade escalar da partícula,

O **princípio da incerteza de Heisenberg** afirma que, se uma medição da posição de uma partícula for feita com uma incerteza Δx e uma medida simultânea de seu momento linear com uma incerteza Δp_x, o produto das duas incertezas será restrita a

$$\Delta x \, \Delta p_x \geq \frac{\hbar}{2} \tag{6.25}$$

Outra forma do princípio da incerteza refere-se a medidas da energia e do tempo:

$$\Delta E \, \Delta t \geq \frac{\hbar}{2} \tag{6.26}$$

196 Física para cientistas e engenheiros

Perguntas Objetivas

1. Classifique, do mais longo para o mais curto, os comprimentos de onda das seguintes partículas quânticas. Se quaisquer das partículas tiverem comprimentos de onda iguais, indique isso em sua classificação, (a) Um fóton com energia de 3 eV, (b) um elétron com energia cinética de 3 eV, (c) um próton com energia cinética de 3 eV, (d) um fóton com energia de 0,3 eV, (e) um elétron com momento linear de 3 eV/c.

2. Um fóton de raio X é espalhado por um elétron originalmente estacionário. Em se tratando da frequência do fóton incidente, a do fóton espalhado (a) é inferior, (b) é superior ou (c) permanece a mesma?

3. Em um experimento de espalhamento Compton, um fóton de energia E é espalhado de um elétron em repouso. Após o espalhamento, qual das seguintes afirmações é verdadeira? (a) A frequência do fóton é maior que E/h, (b) A energia do fóton é menor que E, (c) O comprimento de onda do fóton é menor que hc/E, (d) O momento linear do fóton aumenta, (e) Nenhuma das afirmações é verdadeira.

4. Em determinado experimento, o filamento em uma lâmpada com vácuo conduz uma corrente I_1 e medimos o espectro da luz emitida pelo filamento que se comporta como um corpo negro à temperatura T_1. O comprimento de onda emitido com a intensidade mais alta (simbolizado por $\lambda_{máx}$) tem valor λ_1. Depois, aumentamos a diferença de potencial no filamento por um fator de oito e a corrente aumenta por um fator de dois, (i) Após essa alteração, qual é o novo valor da temperatura do filamento? (a) $16T_1$, (b) $8T_1$, (c) $4T_1$, (d) $2T_1$, (e) permanece T_1, (ii) Qual é o novo valor do comprimento de onda emitido com a intensidade mais alta? (a) $4\lambda_1$, (b) $2\lambda_1$, (c) λ_1, (d) $\frac{1}{2}\lambda_1$, (e) $\frac{1}{4}\lambda_1$.

5. Quais das seguintes afirmações são verdadeiras de acordo com o princípio da incerteza? Mais de uma afirmação pode estar correta, (a) É impossível determinar simultaneamente a posição e o momento linear de uma partícula ao longo do mesmo eixo com uma exatidão arbitrária, (b) É impossível determinar simultaneamente a energia e o momento linear de uma partícula com uma exatidão arbitrária, (c) É impossível determinar a energia de uma partícula com uma exatidão arbitrária em um intervalo de tempo finito, (d) É impossível medir a posição de uma partícula com uma exatidão arbitrária em um intervalo de tempo finito, (e) É impossível medir simultaneamente a energia e a posição de uma partícula com uma exatidão arbitrária.

6. Um feixe de luz monocromática incide sobre um alvo de bário, que tem uma função trabalho de 2,50 eV. Se uma diferença de potencial de 1,00 V for requerida para que todos os elétrons ejetados retornem, qual será o comprimento de onda do feixe de luz? (a) 355 nm, (b) 497 nm (c) 744 nm (d) 1,42 pm (e) nenhuma das alternativas.

7. Quais das seguintes radiações têm a maior probabilidade de causar queimadura solar ao transmitir mais energia a moléculas individuais nas células da pele? (a) Luz infravermelha, (b) luz visível, (c) luz ultravioleta, (d) micro-ondas, (e) as alternativas (a) a (d) têm a mesma probabilidade.

8. Qual dos fenômenos a seguir demonstra de modo mais claro a natureza ondulatória dos elétrons? (a) efeito fotoelétrico, (b) radiação de corpo negro, (c) efeito Compton, (d) difração dos elétrons por cristais, (e) nenhuma das alternativas.

9. Qual é o comprimento de onda de De Broglie de um elétron acelerado do repouso através de uma diferença de potencial de 50,0 V? (a) 0,100 nm, (b) 0,139 nm, (c) 0,174 nm, (d) 0,834 nm, (e) nenhuma das alternativas.

10. Um próton, um elétron e um núcleo de hélio se deslocam a uma velocidade escalar v. Classifique, do maior para o menor, os comprimentos de onda de De Broglie.

11. Considere (a) um elétron, (b) um fóton e (c) um próton que se deslocam no vácuo. Escolha todas as repostas corretas para cada questão, (i) Qual das três partículas tem energia de repouso? (ii) Qual das partículas tem carga? (iii) Qual das partículas tem energia? (iv) Qual das partículas tem momento linear? (v) Qual das partículas se move à velocidade da luz? (vi) Qual das partículas tem um comprimento de onda que caracteriza seu movimento?

12. Um elétron e um próton são acelerados do repouso através da mesma diferença de potencial, deslocando-se em sentidos opostos. Qual partícula tem o comprimento de onda mais longo? (a) O elétron, (b) O próton, (c) As duas partículas têm o mesmo comprimento de onda, (d) Nenhuma tem comprimento de onda.

13. Qual dos seguintes fenômenos demonstra de modo mais claro a natureza de partícula da luz? (a) difração, (b) efeito fotoelétrico, (c) polarização, (d) interferência, (e) refração.

14. Um elétron e um próton são acelerados à mesma velocidade escalar e a incerteza experimental na velocidade é a mesma para as duas partículas. As posições de ambas também são medidas. A incerteza mínima possível da posição do elétron é (a) menor que a incerteza mínima possível na posição do próton, (b) igual à do próton, (c) maior que a do próton ou (d) impossível de ser determinada com base nas informações fornecidas?

Perguntas Conceituais

1. A fotografia no início deste capítulo mostra o filamento de uma lâmpada em funcionamento. Observe com atenção as últimas voltas do fio nas extremidades superior e inferior do filamento. Por que essas voltas têm brilho menos intenso que as outras?

2. Como o efeito Compton difere do efeito fotoelétrico?

3. Se a matéria tem natureza ondulatória, por que essa característica de onda não é observável em nosso cotidiano?

4. Se o efeito fotoelétrico for observado em um metal, podemos concluir que esse efeito também será observado em outro metal nas mesmas condições? Explique.

5. No caso do efeito fotoelétrico, explique por que o potencial de parada depende da frequência da luz, mas não da intensidade.

6. Por que a existência de uma frequência de corte no efeito fotoelétrico favorece a teoria da partícula da luz em detrimento da teoria ondulatória?

7. O que tem mais energia, um fóton de radiação ultravioleta ou um fóton de luz amarela? Explique.

8. Todos os corpos irradiam energia. Então, por que não vemos todos os corpos em uma sala escura?

9. O elétron é uma onda ou uma partícula? Fundamente sua resposta citando alguns resultados experimentais.

10. Suponha que uma fotografia do rosto de uma pessoa fosse registrada utilizando-se apenas alguns fótons. O resultado seria simplesmente uma imagem muito obscura? Explique sua resposta.

11. Por que um microscópio eletrônico é mais adequado que um óptico para "ver" corpos menores que 1 μm?

12. A luz é uma onda ou uma partícula? Fundamente sua resposta citando provas experimentais específicas.

13. (a) O que a inclinação das linhas na Figura 6.11 representa? (b) O que a intersecção em y representa? (c) Compare tais gráficos para diferentes metais.

14. Por que a demonstração da difração do elétron de Davisson e Germer foi um experimento importante?

15. *Iridescência* é o fenômeno responsável pelas cores brilhantes das penas dos pavões, colibris, quetzais-resplandecentes e mesmo patos e estorninhos. Sem pigmentos, ela dá cores a borboletas-azuis (Figura PC6.15), mariposas urânia, alguns besouros e moscas, trutas arco-íris e madrepérolas em conchas de abalone. As cores iridescentes mudam quando um corpo é virado. Elas são produzidas por uma grande variedade de estruturas intrincadas nas diferentes espécies. O Problema 64 no Capítulo 4 descreve as estruturas que produzem a iridescência em uma pena de pavão que permaneceram desconhecidas até a invenção do microscópio eletrônico. Explique por que os microscópios ópticos não podem revelar tais estruturas.

Figura PC6.15

16. Ao descrever a passagem de elétrons através de uma fenda e sua chegada a uma tela, o físico Richard Feynman disse que "os elétrons chegam em grupos, como partículas, mas a probabilidade de chegada desses grupos é determinada como seria a intensidade das ondas, É neste sentido que o elétron às vezes se comporta como uma partícula e, às vezes, como uma onda". Elabore esse raciocínio com suas palavras. Para uma discussão mais aprofundada, consulte R. Feynman. *The Character of Physical Law* (Cambridge. MA: MIT Press, 1980). Capítulo 6.

17. O modelo clássico da radiação do corpo negro definido pela Lei de Rayleigh-Jeans tem duas grandes falhas, (a) Identifique-as e (b) explique como a Lei de Planck as trata.

Problemas

> **WebAssign** Os problemas que se encontram neste capítulo podem ser resolvidos *on-line* no Enhanced WebAssign (em inglês)
>
> 1. denota problema simples;
> 2. denota problema intermediário;
> 3. denota problema de desafio;
>
> **AMT** *Analysis Model Tutorial* disponível no Enhanced WebAssign (em inglês);
>
> **M** denota tutorial *Master It* disponível no Enhanced WebAssign (em inglês);
>
> **PD** denota problema dirigido;
>
> **W** solução em vídeo *Watch It* disponível no Enhanced WebAssign (em inglês),

Seção 6.1 A radiação do corpo negro e a hipótese de Planck

1. A temperatura de um elemento de aquecimento elétrico é de 150 °C. Em qual comprimento de onda a radiação emitida do elemento de aquecimento alcança seu valor de pico?

2. Modele o filamento de tungstênio de uma lâmpada como um corpo negro a uma temperatura de 2.900 K, (a) Determine o comprimento de onda da luz emitida pelo filamento com a maior intensidade, (b) Explique por que a resposta da parte (a) sugere que a maior parte da energia da lâmpada está na forma de radiação infravermelha, em vez de luz visível.

3. **W** O relâmpago produz uma temperatura máxima do ar da ordem de 10^4 K, enquanto uma explosão nuclear produz uma temperatura da ordem de 10^7 K, (a) Aplique a lei do deslocamento de Wien para determinar a ordem de grandeza do comprimento de onda dos fótons produzidos termicamente e irradiados com a intensidade mais alta por essas duas fontes, (b) Qual é a parte do espectro eletromagnético de cada fonte em que podemos esperar a maior intensidade de radiação?

4. A Figura P6.4 mostra o espectro da luz emitida por um vaga-lume, (a) Determine a temperatura de um corpo negro que emite uma radiação com valor de pico no mesmo comprimento de onda, (b) Com base no resultado, explique se a radiação do vaga-lume é de corpo negro.

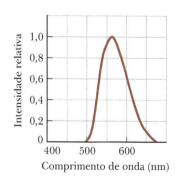

Figura P6.4

198 Física para cientistas e engenheiros

5. $\boxed{W}$ O limiar médio da visão adaptada à escuridão (escotópica) é de $4,00 \times 10^{-11}$ W/m^2 em um comprimento de onda central de 500 nm. Se a luz com essa intensidade e comprimento de onda alcançar o olho com a pupila aberta em seu diâmetro máximo de 8,50 mm, quantos fótons por segundo entram no olho?

6 $\boxed{M}$ **(i)** Calcule a energia, em elétrons-volt, de um fóton cuja frequência é de (a) 620 THz, (b) 3,10 GHz e (c) 46,0 MHz, **(ii)** Determine os comprimentos de onda correspondentes para os fótons relacionados nas Partes **(i)** e **(iii)** classifique-os no espectro eletromagnético.

7. (a) Qual é a temperatura superficial de Betelgeuse, uma estrela gigante vermelha na constelação de Órion, que irradia com um comprimento de onda de pico de cerca de 970 nm? (b) Rigel, uma estrela branco-azulada em Órion, irradia com um comprimento de onda de pico de 145 nm. Calcule a temperatura superficial de Rigel.

8. $\boxed{M}$ Um transmissor de rádio FM tem potência de saída de 150 kW e funciona à frequência de 99,7 MHz. Quantos fótons por segundo o transmissor emite?

9. $\boxed{W}$ O olho humano é mais sensível à luz de 560 nm (verde). Qual é a temperatura de um corpo negro que irradia com maior intensidade neste comprimento de onda?

10. $\boxed{W}$ O raio do nosso Sol é de $6,96 \times 10^8$ m e sua potência de saída total é de $3,85 \times 10^{26}$ W. (a) Supondo que a superfície do Sol emita como um corpo negro, calcule sua temperatura superficial, (b) Utilizando o resultado da parte (a), determine o $\lambda_{máx}$ do Sol.

11. $\boxed{W}$ Um corpo negro a 7,500 K consiste em uma abertura de 0,0500 mm de diâmetro, voltada para um forno. Determine o número de fótons que escapam por segundo através da abertura com comprimentos de onda entre 500 nm e 501 nm.

12. Considere um corpo negro com área superficial de 20,0 cm^2 e temperatura de 5.000 K, (a) Qual é a potência irradiada pelo corpo? (b) Em qual comprimento de onda o corpo irradia com a maior intensidade? Calcule a potência espectral por intervalo de comprimento de onda (c) neste comprimento de onda e nos de (d) 1,00 nm (raio X ou gama), (e) 5,00 nm (luz ultravioleta ou raio X), (f) 400 nm (no limite entre a luz UV e a luz visível), (g) 700 nm (no limite entre a luz visível e a luz infravermelha), (h) 1,00 mm (luz infravermelha ou micro-onda) e (i) 10,0 cm (micro-onda ou onda de rádio), (j) Aproximadamente quanta potência o corpo irradia como luz visível?

13. **Revisão.** Esse problema é sobre o quanto estão vinculadas a radiação e a matéria, questão que originou a Mecânica Quântica. Para um modelo simples, considere uma esfera de ferro sólida de raio de 2,00 cm. Suponha que sua temperatura seja sempre uniforme em todo seu volume, (a) Determine a massa da esfera, (b) Suponha que a esfera esteja a 20,0 °C e tenha emissividade de 0,860. Calcule a potência com a qual a esfera irradia ondas eletromagnéticas, (c) Se a esfera fosse o único corpo no universo, qual seria a proporção da variação de sua temperatura? (d) Suponha que a lei de Wien descreva a esfera. Determine o comprimento de onda $\lambda_{máx}$ da radiação eletromagnética que a esfera emite com a maior intensidade. Apesar de emitir um espectro de ondas com todos os vários comprimentos de onda, suponha que sua potência de saída seja transmitida por fótons com comprimento de onda $\lambda_{máx}$. Calcule (e) a energia de um fóton e (f) o número de fótons que a esfera emite a cada segundo.

14. Demonstre que, para comprimentos de onda longos, a lei da radiação de Planck (Eq. 6.6) se reduz à lei de Rayleigh-Jeans (Eq. 6.3).

15. Um pêndulo simples tem comprimento de 1,00 m e massa de 1,00 kg. O deslocamento horizontal máximo do prumo do pêndulo em relação ao ponto de equilíbrio é de 3,00 cm. Calcule o número quântico n do pêndulo.

16. Um laser de rubi pulsado emite luz a 694,3 nm. Para um pulso de 14,0 ps contendo 3,00 J de energia, determine (a) o comprimento físico do pulso à medida que se propaga pelo espaço e (b) o número de fótons em seu interior, (c) Supondo que o feixe tenha um corte transversal circular de 0,600 cm de diâmetro, determine o número de fótons por milímetro cúbico.

Seção 6.2 Efeito fotoelétrico

17. O molibdênio tem uma função trabalho de 4,20 eV, (a) Determine o comprimento de onda de corte e a frequência de corte para o efeito fotoelétrico, (b) Qual é o potencial de parada se a luz incidente tiver um comprimento de onda de 180 nm?

18. A função trabalho do zinco é de 4,31 eV, (a) Determine o comprimento de onda de corte do zinco, (b) Qual é a frequência mais baixa da luz incidente sobre ele que libera fotoelétrons de sua superfície? (c) Se fótons de energia 5,50 eV incidirem sobre o zinco, qual será a energia cinética máxima dos fotoelétrons ejetados?

19. Duas fontes de luz são utilizadas em um experimento fotoelétrico para a determinação da função trabalho de uma determinada superfície de metal. Quando a luz verde de uma lâmpada de mercúrio ($\lambda = 546,1$ nm) é aplicada, um potencial de parada de 0,376 V reduz a fotocorrente para zero, (a) Com base nesta medida, qual é a função trabalho deste metal? (b) Qual potencial de parada seria observado se a luz amarela de uma válvula de descarga de hélio fosse utilizada ($\lambda = 587,5$ nm)?

20. $\boxed{W}$ Lítio, berílio e mercúrio têm funções trabalho de 2,30 eV, 3,90 eV e 4,50 eV, respectivamente. A luz com comprimento de onda de 400 nm incide sobre cada um desses metais, (a) Determine qual deles apresenta o efeito fotoelétrico para essa luz incidente. Explique seu raciocínio, (b) Determine a energia cinética máxima para os fotoelétrons em cada caso.

21. Elétrons são ejetados de uma superfície metálica com velocidade de até $4,60 \times 10^5$ m/s quando uma luz com comprimento de onda de 625 nm é aplicada, (a) Qual é a função trabalho da superfície? (b) Qual é a frequência de corte dessa superfície?

22. Com base no espalhamento da luz solar. J. J. Thomson calculou o raio clássico do elétron de $2,82 \times 10^{-15}$ m. A luz solar com intensidade de 500 W/m^2 incide sobre um disco com esse raio. Suponha que a luz seja uma onda clássica e totalmente absorvida ao incidir sobre o disco, (a) Calcule o intervalo de tempo requerido para uma energia de 1,00 eV ser acumulada, (b) Compare seu resultado da parte (a) com a observação de que os fotoelétrons são emitidos imediatamente (dentro de 10^{-9} s).

23. $\boxed{AMT}$ **Revisão.** Uma esfera de cobre isolada de raio de 5,00 cm, inicialmente descarregada, é iluminada por uma luz ultravioleta de comprimento de onda de 200 nm. A função trabalho do cobre é 4,70 eV. Qual carga o efeito fotoelétrico induz na esfera?

24. **PD** A função trabalho da platina é 6,35 eV. Luz ultravioleta de comprimento de 150 nm incide sobre a superfície limpa de uma amostra de platina. Desejamos calcular a tensão de parada requerida para os elétrons ejetados da superfície, (a) Qual é a energia do fóton da luz ultravioleta? (b) Como saber se os fótons ejetarão elétrons da platina? (c) Qual é a energia cinética máxima dos fotoelétrons ejetados? (d) Qual tensão de parada seria requerida para reter a corrente de fotoelétrons?

Seção 6.3 Efeito Compton

25. Raios X são espalhados de um alvo num ângulo de 55,0° em relação à direção do feixe incidente. Calcule o desvio do comprimento de onda dos raios X espalhados.

26. Um fóton com comprimento de onda λ se espalha de um elétron livre em A (Figura P6.26), produzindo um segundo fóton com comprimento de onda λ'. Depois, esse fóton se espalha de outro elétron livre em B, produzindo um terceiro fóton com comprimento de onda λ'' deslocando-se no sentido oposto ao do fóton original, como mostrado na figura. Determine o valor de $\Delta\lambda = \lambda'' - \lambda$.

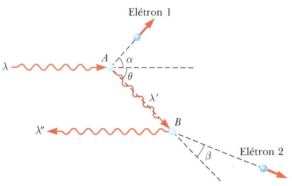

Figura P6.26

27. Um fóton de 0,110 nm colide com um elétron estacionário. Após a colisão, o elétron avança e o fóton recua para trás, Encontre o momento e a energia cinética do elétron.

28. Raios X com comprimento de onda de 120,0 pm apresentam espalhamento Compton, (a) Calcule os comprimentos de onda dos fótons espalhados nos ângulos de 30,0°, 60,0°, 90,0°, 120°, 150° e 180°, (b) Calcule a energia do elétron espalhado em cada caso, (c) Qual dos ângulos de espalhamento fornece o elétron com a maior energia? Explique se é possível responder a essa questão sem fazer nenhum cálculo.

29. **M** Um fóton de 0,00160 nm se espalha de um elétron livre. Para qual ângulo de espalhamento (fóton) o elétron que recua tem energia cinética igual à energia do fóton espalhado?

30. Após um fóton de raio X de 0,800 nm se espalhar de um elétron livre, esse recua a $1,40 \times 10^6$ m/s, (a) Qual é o deslocamento de Compton no comprimento de onda do fóton? (b) Qual é o ângulo de espalhamento do fóton?

31. **W** Um fóton com energia $E_0 = 0,880$ MeV é espalhado por um elétron livre inicialmente em repouso, de modo que o ângulo de espalhamento do elétron espalhado é igual ao do fóton espalhado, como mostrado na Figura P6.31, (a) Determine o ângulo de espalhamento do fóton e do elétron, (b) Determine a energia e o momento linear do fóton espalhado, (c) Determine a energia cinética e o momento linear do elétron espalhado.

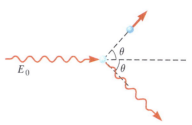

Figura P6.31 Problemas 31 e 32.

32. Um fóton com energia E_0 é espalhado por um elétron livre inicialmente em repouso, de modo que o ângulo de espalhamento do elétron espalhado é igual ao do fóton espalhado, como mostrado na Figura P6.31, (a) Determine o ângulo θ, (b) Determine a energia e o momento linear do fóton espalhado, (c) Determine a energia cinética e o momento linear do elétron espalhado.

33. Raios X com energia de 300 keV apresentam espalhamento Compton de um alvo. Os raios espalhados são detectados a 37,0° em relação aos raios incidentes. Determine (a) o deslocamento de Compton nesse ângulo, (b) a energia do raio X espalhado e (c) a energia do elétron que recua.

34. Em um experimento de espalhamento Compton, um fóton é espalhado em um ângulo de 90,0° e o elétron é colocado em movimento numa direção a um ângulo de 20,0° em relação à direção original do fóton, (a) Explique como essas informações são suficientes para determinar exclusivamente o comprimento de onda do fóton espalhado e (b) calcule esse comprimento de onda.

35. Em um experimento de espalhamento Compton, um fóton de raio X se espalha em um ângulo de 17,4° de um elétron livre inicialmente em repouso. O elétron recua a uma velocidade de 2,180 km/s. Calcule (a) o comprimento de onda do fóton incidente e (b) o ângulo de espalhamento do elétron.

36. Determine a perda fracional máxima de energia para um raio gama de 0,511 MeV desviado por espalhamento Compton de (a) um elétron livre e (b) um próton livre.

Seção 6.4 Natureza das ondas eletromagnéticas

37. Uma onda eletromagnética é chamada *radiação ionizante* se a energia de seus fótons for maior que, por exemplo, 10,0 eV, de modo que um único fóton tem energia suficiente para partir um átomo. Em relação à Figura P6.37, explique qual região, ou regiões, do espectro eletromagnético corresponde a essa definição de radiação ionizante e qual não corresponde.

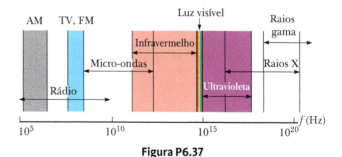

Figura P6.37

38. **W Revisão.** Um laser de hélio-neônio produz feixe de 1,75 mm de diâmetro, com $2,00 \times 10^{18}$ fótons/s. Cada fóton tem comprimento de onda de 633 nm. Calcule as amplitudes (a) dos campos elétricos e (b) dos campos magnéticos

dentro do feixe, (c) Se incidir perpendicularmente sobre uma superfície perfeitamente refletora, quais forças o feixe exercerá sobre a superfície? (d) Se o feixe for absorvido por um bloco de gelo a 0 °C por 1,50 h, qual será a massa de gelo derretida?

Seção 6.5 Propriedades ondulatórias das partículas

39. (a) Calcule o momento linear de um fóton cujo comprimento de onda é $4,00 \times 10^{-7}$ m, (b) Determine a velocidade de um elétron com o mesmo momento linear do fóton da parte (a).

40. (a) Um elétron tem energia cinética de 3,00 eV. Determine seu comprimento de onda, (b) **E se?** Um fóton tem energia de 3,00 eV. Calcule seu comprimento de onda.

41. A resolução de um microscópio depende do comprimento de onda utilizado. Se desejarmos "ver" um átomo, um comprimento de onda de aproximadamente $1,00 \times 10^{-11}$ m será requerido, (a) Se elétrons forem utilizados (em um microscópio eletrônico), qual será a energia cinética mínima requerida? (b) **E se?** Se fótons fossem utilizados, qual energia de fótons mínima seria necessária para a obtenção da resolução requerida?

42. Calcule o comprimento de onda de De Broglie para um próton deslocando-se à velocidade de $1,00 \times 10^6$ m/s.

43. No experimento de Davisson-Germer, elétrons de 54,0 eV foram difratados de um retículo de níquel. Se o primeiro máximo no padrão de difração foi observado a $\phi = 50,0°$ (Figura P6.43), qual era o espaçamento a no retículo entre as colunas de átomos verticais na figura?

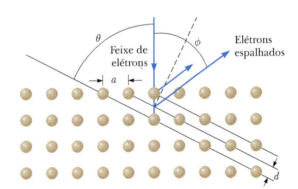

Figura P6.43

44. O núcleo de um átomo tem diâmetro da ordem de 10^{-14} m. Para que um elétron fique confinado em um núcleo, seu comprimento de onda de De Broglie tem de ser desta ordem de grandeza ou menor, (a) Qual seria a energia cinética de um elétron confinado nessa região? (b) Calcule a ordem de grandeza da energia potencial elétrica de um sistema de um elétron dentro de um núcleo atômico, (c) Poderíamos esperar encontrar um elétron em um núcleo? Explique.

45. Robert Hofstadter ganhou o prêmio Nobel de Física de 1961 por seu trabalho pioneiro no estudo do espalhamento de elétrons de 20 GeV dos núcleos, (a) Qual é o fator γ de um elétron com energia total de 20,0 GeV, definido por $\gamma = 1/\sqrt{1 - u^2/c^2}$? (b) Determine o momento linear do elétron, (c) Determine o comprimento de onda do elétron, (d) Compare o comprimento de onda com o diâmetro de um núcleo atômico, em geral, da ordem de 10^{-14} m.

46. *Por que a seguinte situação é impossível?* Após aprender sobre a hipótese de De Broglie de que partículas materiais com momento linear p se deslocam como ondas com comprimento $\lambda = h/p$, um aluno de 80 kg passa a temer a possibilidade de ser difratado ao passar através de um portal de largura $w = 75$ cm. Suponha que a difração significativa ocorra quando a largura da abertura de difração for inferior a dez vezes o comprimento da onda difratada. Junto com seus colegas de classe, o aluno conduz experimentos precisos e descobre que ele realmente apresenta uma difração mensurável.

47. Um fóton tem energia igual à energia cinética de um elétron com velocidade escalar u, que pode ser aproximadamente a da luz, c. (a) Calcule a razão entre os comprimentos de onda do fóton e do elétron. (b) Calcule a razão para a velocidade escalar da partícula $u = 0,900c$, (c) **E se?** O que aconteceria com a resposta da parte (b) se a partícula material fosse um próton, em vez de um elétron? (d) Determine a razão para a velocidade escalar da partícula $u = 0,00100c$, (e) De qual valor a razão entre os comprimentos de onda se aproxima a velocidades escalares altas da partícula? (f) E a velocidades escalares baixas da partícula?

48. (a) Demonstre que a frequência f e o comprimento de onda λ de uma partícula quântica com massa deslocando-se livremente se relacionam de acordo com a expressão

$$\left(\frac{f}{c}\right)^2 = \frac{1}{\lambda^2} + \frac{1}{\lambda_C^2}$$

onde $\lambda_C = h/mc$ é o comprimento de onda Compton da partícula, (b) É possível que uma partícula com massa diferente de zero tenha o mesmo comprimento de onda e a mesma frequência de um fóton? Explique.

Seção 6.6 Um novo modelo: a partícula quântica

49. Considere uma partícula quântica movendo-se livremente com massa m e velocidade escalar u. Sua energia é $E = K = 1/2\ mu^2$, (a) Determine a velocidade de fase da onda quântica que representa a partícula e (b) demonstre que essa velocidade é diferente da velocidade escalar com a qual a partícula transporta massa e energia.

50. Para uma partícula quântica relativística livre movendo-se a uma velocidade escalar u, a energia total é $E = hf = \hbar\omega = \sqrt{p^2c^2 + m^2c^4}$ e o momento linear é $p = h/\lambda = \hbar k = \gamma m u$. Para a onda quântica que representa a partícula, a velocidade de grupo é $v_g = d\omega/dk$. Demonstre que a velocidade de grupo da onda é igual à velocidade escalar da partícula.

Seção 6.7 O experimento da fenda dupla, considerado novamente

51. **M** Nêutrons que se deslocam a 0,400 m/s são direcionados através de um par de fendas separadas por 1,00 mm. Um conjunto de detectores é posicionado a 10,0 m das fendas, (a) Qual é o comprimento de onda de De Broglie dos nêutrons? (b) Qual é o desvio em relação ao eixo do primeiro ponto com intensidade igual a zero no conjunto de detectores? (c) Quando um nêutron alcança um detector, podemos determinar por qual fenda essa partícula passou? Explique.

52. Em uma determinada válvula eletrônica, elétrons saem gradualmente de um catodo quente a uma proporção contínua e aceleram do repouso através de uma diferença de potencial de 45,0 V e, depois, percorrem 28,0 cm ao passar através de um conjunto de fendas, atingindo uma tela e produzindo um padrão de interferência. Se a corrente do feixe estiver abaixo de um determinado valor, apenas um elétron

por vez se deslocará na válvula. Nesta situação, o padrão de interferência ainda aparece, indicando que cada elétron pode interferir consigo mesmo. Qual é o valor máximo da corrente do feixe que resultará em apenas um elétron se deslocando por vez na válvula?

53. **W** Um osciloscópio modificado é utilizado em um experimento de interferência de elétrons. Os elétrons incidem sobre um par de fendas estreitas separadas por 0,0600 μm. As franjas brilhantes no padrão de interferência estão espaçadas por 0,400 mm em uma tela a 20,0 cm das fendas. Determine a diferença de potencial através da qual os elétrons foram acelerados para produzir esse padrão.

Seção 6.8 Princípio da incerteza

54. Suponha que um pato viva em um universo no qual $h = 2\pi$ J·s. O pato tem massa de 2,00 kg e está inicialmente em uma lagoa de 1,00 m de largura, (a) Qual é a incerteza mínima na componente da velocidade vetorial do pato paralelo à largura da lagoa? (b) Supondo que essa incerteza na velocidade escalar prevalece por 5,00 s, determine a incerteza na posição do pato após esse intervalo de tempo.

55. **M** Um elétron e uma bala de 0,0200 kg têm velocidade vetorial de módulo 500 m/s, com exatidão de 0,0100%. Para qual limite inferior poderíamos determinar a posição de cada corpo ao longo do sentido da velocidade vetorial?

56. Um bloco de 0,500 kg está em repouso sobre a superfície de gelo sem atrito de uma lagoa congelada. Se a localização do bloco for medida com uma precisão de 0,150 cm e sua massa exata for conhecida, qual será a incerteza mínima na velocidade escalar do bloco?

57. A meia-vida de um múon é cerca de 2 μs. Calcule a incerteza mínima na energia de repouso de um múon.

58. *Por que a seguinte situação é impossível?* Uma carabina de ar comprimido é utilizada para atirar partículas de 1,00 g à velocidade $v_x = 100$ m/s. O cano da carabina tem diâmetro de 2,00 mm. A carabina está montada sobre um suporte perfeitamente rígido, de modo que é disparada exatamente na mesma direção todas as vezes. Entretanto, por causa do princípio da incerteza, após muitos disparos, o diâmetro da rajada de balas em um alvo de papel é de 1,00 cm.

59. Aplique o princípio da incerteza para demonstrar que, se estivesse confinado dentro de um núcleo atômico com diâmetro da ordem de 10^{-14} m, um elétron teria de se mover de modo relativístico, enquanto um próton confinado no mesmo núcleo poderia se deslocar de modo não relativístico.

Problemas Adicionais

60. A tabela a seguir relaciona dados obtidos em um experimento sobre efeito fotoelétrico, (a) Utilizando esses dados, trace um gráfico similar ao da Figura 6.11, que plota uma linha reta. Utilizando o gráfico, determine (b) um valor experimental para a constante de Planck (em joules-segundo) e (c) a função trabalho (em elétron-volts) para a superfície. Dois dígitos significativos são suficientes para cada resposta.

Comprimento de onda (nm)	Energia cinética máxima dos fotoelétrons (eV)
588	0,67
505	0,98
445	1,35
399	1,63

61. **AMT M** Fótons de comprimento de onda 450 nm são incidentes em um metal. Os elétrons mais energéticos ejetados do metal são dobrados em um arco circular de raio 20,0 cm por um campo magnético com uma magnitude de $2,00 \times 10^{25}$ T. Qual é a função trabalho do metal?

62. **Revisão.** Fótons de comprimento de onda λ incidem sobre um metal. Os elétrons de maior energia ejetados do metal descrevem uma trajetória que é curvada em um arco circular com raio R por um campo magnético de módulo B. Qual é a função trabalho do metal?

63. **Revisão.** Projete um filamento de lâmpada incandescente. Um fio de tungstênio irradia ondas eletromagnéticas com potência de 75,0 W quando suas extremidades estão conectadas a uma fonte de alimentação de 120 V. Suponha que sua temperatura de operação constante seja de 2.900 K e sua emissividade 0,450; e, também, que o filamento receba energia apenas por transmissão elétrica e emita energia apenas por radiação eletromagnética. Podemos considerar uma resistividade de $7,13 \times 10^{-7}$ Ω·m para o tungstênio a 2.900 K. Especifique (a) o raio e (b) o comprimento do filamento.

64. Derive a equação do deslocamento de Compton (Eq. 6.13) das Equações 6.14 a 6.16.

65. A Figura P6.65 mostra um gráfico do potencial de parada em função da frequência do fóton incidente do efeito fotoelétrico para o sódio. Utilize o gráfico para determinar (a) a função de trabalho do sódio, (b) a razão h/e e (c) o comprimento de onda de corte. Os dados são de R. A. Millikan. *Physical Review* **7**:362 (1916).

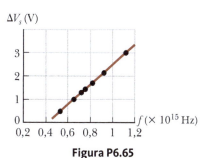

Figura P6.65

66. Um fóton de energia inicial E_0 apresenta espalhamento Compton a um ângulo θ a partir de um elétron livre (de massa m_e) inicialmente em repouso. Obtenha a seguinte relação para a energia final E' do fóton espalhado:

$$E' = \frac{E_0}{1 + \left(\dfrac{E_0}{m_e c^2}\right)(1 - \cos\theta)}$$

67. O truque favorito de um doidivanas é saltar de uma janela do 16º andar de um prédio e mergulhar em uma piscina 50,0 m abaixo. Um repórter tira uma fotografia do doidivanas de 75,0 kg instantes antes de ele alcançar a superfície da piscina, utilizando um tempo de exposição de 5,00 ms. Determine (a) o comprimento de onda de De Broglie do doidivanas nesse momento, (b) a incerteza na medida de sua energia cinética durante o intervalo de tempo de 5,00 ms e (c) o erro porcentual causado por tal incerteza.

68. Demonstre que a razão do comprimento de onda Compton λ_C pelo comprimento de onda de De Broglie $\lambda = h/p$ para um elétron relativístico é

202 Física para cientistas e engenheiros

$$\frac{\lambda_C}{\lambda} = \left[\left(\frac{E}{m_e c^2} \right)^2 - 1 \right]^{1/2}$$

onde E é a energia total do elétron e m_e é sua massa.

69. Uma luz ultravioleta monocromática com intensidade $550 \ W/m^2$ incide na direção normal sobre a superfície de um metal que tem função trabalho de 3,44 eV. Fotoelétrons são emitidos com velocidade máxima de 420 km/s, (a) Determine a proporção máxima possível de emissão de fotoelétrons de $1,00 \ cm^2$ da superfície, supondo que cada fóton produza um fotoelétron, (b) Calcule a corrente elétrica constituída por esses elétrons, (c) Compare a corrente real com essa corrente máxima possível.

70. Méson π^0 é uma partícula instável produzida em colisões de partículas de alta energia. Sua energia de repouso é cerca de 135 MeV e seu tempo de vida de apenas $8,70 \times 10^{-17}$ s antes de decair em dois raios gama. Aplicando o princípio da incerteza, calcule a incerteza fracionária $\Delta m/m$ na determinação de sua massa.

71. O nêutron tem massa de $1,67 \times 10^{-27}$ kg. Nêutrons emitidos em reações nucleares podem ser desacelerados por colisões com a matéria. Essas partículas são chamadas nêutrons térmicos após alcançarem o equilíbrio térmico com o ambiente. A energia cinética média ($\frac{3}{2}k_B T$) de um nêutron térmico é de aproximadamente 0,04 eV, (a) Calcule o comprimento de onda de De Broglie de um nêutron com energia cinética de 0,0400 eV, (b) Compare sua resposta com o espaçamento atômico característico em um cristal, (c) Explique se podemos ou não esperar que nêutrons térmicos apresentem efeitos de difração quando espalhados por um cristal.

Problemas de Desafio

72. Uma mulher em uma escada derruba pequenos grânulos em direção a um alvo pontual no chão, (a) Mostre que, de acordo com o princípio da incerteza, a distância média de erro deve ser de pelo menos

$$\Delta x_f = \left(\frac{2\hbar}{m} \right)^{1/2} \left(\frac{2H}{g} \right)^{1/4}$$

onde H é a altura inicial de cada grânulo acima do chão e m é a massa de cada grânulo. Suponha que a dispersão nos pontos de impacto é dada por $\Delta xf = \Delta xi + (\Delta vx)t$, (b) Se $H = 2,00$ m e $m = 0,500$ g, qual é o Δxf?

73. **Revisão.** Uma fonte de luz emitindo radiação a uma frequência de $7,00 \times 10^{14}$ Hz não é capaz de ejetar fotoelétrons de um determinado metal. Em uma tentativa de utilizar essa fonte para ejetar fotoelétrons do metal, ela é deslocada a uma velocidade vetorial na direção do metal, (a) Explique como esse procedimento pode produzir fotoelétrons, (b) Quando a velocidade escalar da fonte de luz é igual a $0,280c$, os fotoelétrons começam a ser ejetados do metal. Qual é a função trabalho do metal? (c) Quando a velocidade escalar da fonte de luz é aumentada para $0,900c$, determine a energia cinética máxima dos fotoelétrons.

74. Aplicando os princípios da conservação, demonstre que um fóton não pode transferir toda sua energia para um elétron livre.

75. A potência total por unidade de área irradiada por um corpo negro a uma temperatura T é a área sob a curva de $I(\lambda. T)$ em função de λ, como mostrado na Figura 6.3, (a) Demonstre que essa potência por unidade de área é

$$\int_0^\infty I(\lambda,T) \ d\lambda = \sigma T^4$$

onde $I(\lambda. T)$ é dada pela lei da radiação de Planck e σ uma constante independente de T. Esse resultado é conhecido como a Lei de Stefan. Consulte a Seção 6.7 do Volume 2. Para efetuar a integração, devemos efetuar a troca de variável $x = hc/\lambda k_B T$ e utilizar

$$\int_0^\infty \frac{x^3 \ dx}{e^x - 1} = \frac{\pi^4}{15}$$

(b) Demonstre que a constante de Stefan-Boltzmann σ tem o valor

$$\sigma = \frac{2\pi^5 k_B{}^4}{15 c^2 h^3} = 5,67 \times 10^{-8} \ W/m^2 \cdot K^4$$

76. (a) Derive a lei do deslocamento de Wien da lei de Planck. Proceda como descrito a seguir. Na Figura 6.3, observe que o comprimento de onda com o qual um corpo negro irradia com a intensidade mais alta é o comprimento de onda para o qual o gráfico de $I(\lambda. T)$ em função de λ tem uma tangente horizontal. Aplicando a Equação 6.6, calcule a derivada $dI/d\lambda$. Defina-a com um valor igual a zero. Resolva numericamente a equação transcendental resultante para demonstrar que $hc/\lambda_{máx} k_B T = 4,965,,,$ ou $\lambda_{máx} T = hc/4,965 k_B$, (b) Calcule a constante com a maior precisão possível e compare o resultado com o valor experimental de Wien,

capítulo 7

Mecânica Quântica

7.1 Função de onda

7.2 Modelo de análise: partícula quântica sob condições de contorno

7.3 Equação de Schrödinger

7.4 Uma partícula em um poço de altura finita

7.5 Tunelamento através de uma barreira de energia potencial

7.6 Aplicações de tunelamento

7.7 Oscilador harmônico simples

Uma unidade flash (pen drive) aberta. Esse tipo de dispositivo é utilizado como armazenamento externo para dados de um computador. Unidades flash são empregadas extensivamente em computadores, câmeras digitais, telefones celulares e outros aparelhos. Gravar e excluir dados de unidades flash envolve o fenômeno do tunelamento quântico, que estudaremos neste capítulo. (© Vasilius, 2009. Sob licença da Shutterstock.com)

Neste capítulo, introduziremos a Mecânica Quântica, uma teoria extremamente bem-sucedida que explica o comportamento das partículas microscópicas. Essa teoria, desenvolvida na década de 1920 por Erwin Schrödinger, Werner Heisenberg e outros, permite-nos entender uma variedade de fenômenos que envolvem átomos, moléculas, núcleos e sólidos. A discussão aqui tem como base o modelo da partícula quântica desenvolvido no Capítulo 6 e incorpora algumas das características das ondas do modelo das condições de contorno, estudado no Capítulo 4 do Volume 2. Também discutiremos aplicações práticas da Mecânica Quântica, incluindo o microscópio de varredura por tunelamento e dispositivos de nanoescala, que poderão ser utilizados em futuros computadores quânticos. Finalmente, retornaremos ao oscilador harmônico simples, apresentado no Capítulo 1 do Volume 2 e o estudaremos de uma perspectiva da Mecânica Quântica.

204 Física para cientistas e engenheiros

7.1 Função de onda

No Capítulo 6, introduzimos algumas ideias novas e surpreendentes. Em particular, concluímos, fundamentados em provas experimentais, que tanto a matéria quanto a radiação eletromagnética são, em alguns casos, modeladas de modo mais preciso como partículas e, em outros, como ondas, dependendo do fenômeno observado. Podemos entender melhor a Física Quântica estabelecendo outro vínculo entre partículas e ondas, aplicando a noção de probabilidade, um conceito introduzido no Capítulo 6.

Começaremos pela discussão da radiação eletromagnética, aplicando o modelo da partícula. A probabilidade por unidade de volume de encontrarmos um fóton em determinada região do espaço em um instante é proporcional ao número de fótons por unidade de volume no instante:

$$\frac{\text{Probabilidade}}{V} \propto \frac{N}{V}$$

O número de fótons por unidade de volume é proporcional à intensidade da radiação:

$$\frac{N}{V} \propto I$$

Agora, estabeleçamos uma ligação entre os modelos da partícula e da onda, recordando que a intensidade da radiação eletromagnética é proporcional ao quadrado da amplitude do campo elétrico E para a onda eletromagnética (Eq. 12.24 do Volume 3):

$$I \propto E^2$$

Ao igualarmos o início e o fim desta série de proporcionalidades, obtemos

$$\frac{\text{Probabilidade}}{V} \propto E^2 \qquad (7.1)$$

Desta forma, para a radiação eletromagnética, a probabilidade por unidade de volume de encontrarmos uma partícula associada com essa radiação (o fóton) é proporcional ao quadrado da amplitude da onda eletromagnética associada.

Ao reconhecermos a dualidade onda-partícula da radiação eletromagnética e da matéria, devemos considerar uma proporcionalidade paralela de uma partícula material: a probabilidade por volume unitário de a encontrarmos é proporcional ao quadrado da amplitude de uma onda que representa a partícula. No Capítulo 6, constatamos que existe uma onda de De Broglie associada a cada partícula. A amplitude deste tipo de onda assim associada não é uma grandeza mensurável, pois a função de onda que representa uma partícula é, em geral, complexa, como discutiremos a seguir. Em contraste, o campo elétrico de uma onda eletromagnética é uma função real. A matéria análoga à Equação 7.1 relaciona o quadrado da amplitude da onda à probabilidade por unidade de volume de a partícula ser encontrada. Assim, a amplitude da onda associada à partícula é chamada **amplitude de probabilidade** ou **função de onda**, e seu símbolo é Ψ.

Em geral, a função de onda completa Ψ de um sistema depende da posição de todas as partículas nele e do tempo. Portanto, podemos escrever $\Psi(\vec{r}_1, \vec{r}_2, \vec{r}_3, \dots \vec{r}_j, \dots, t)$, onde $\vec{r}_j$ é o vetor posição da j-ésima partícula no sistema. Para muitos sistemas de interesse, incluindo todos os estudados neste livro, a função de onda Ψ é matematicamente separável no espaço e no tempo e pode ser expressa como um produto de uma função do espaço ψ para uma partícula do sistema e uma função do tempo complexa:[1]

Função de onda dependente ▶
do espaço e do tempo
$$\Psi(\vec{r}_1, \vec{r}_2, \vec{r}_3 \dots, \vec{r}_j, \dots, t) = \psi(\vec{r}_j)e^{-i\omega t} \qquad (7.2)$$

onde $\omega \, (= 2\pi f)$ é a frequência angular da função de onda e $i = \sqrt{-1}$.

Para qualquer sistema em que a energia potencial seja independente do tempo e dependa somente da posição das partículas no sistema, a informação importante acerca do sistema está contida na parte espacial da função de onda. A parte temporal é simplesmente o fator $e^{-i\omega t}$. Portanto, entender o significado de Ψ é aspecto essencial de um determinado problema.

---

[1] A forma padrão de um número complexo é $a + ib$. A notação $e^{i\theta}$ é equivalente à forma padrão como mostrado a seguir:
$$e^{i\theta} = \cos\theta + i\,\text{sen}\,\theta$$
Portanto, a notação $e^{-i\omega t}$ na Equação 7.2 é equivalente a $\cos(-\omega t) + i\,\text{sen}\,(-\omega t) = \cos\omega t - i\,\text{sen}\,\omega t$.

Em muitos casos, a função de onda ψ tem valores complexos. O quadrado absoluto $|\psi|^2 = \psi^*\psi$, onde ψ^* é o complexo conjugado[2] de ψ, é sempre real, positivo e proporcional à probabilidade por unidade de volume de encontrarmos uma partícula em determinado ponto em algum instante. A função de onda contém todas as informações que podem ser obtidas referentes à partícula.

Apesar de ψ não poder ser medida, podemos medir a grandeza real $|\psi|^2$, que pode ser interpretada como a seguir. Se ψ representar uma única partícula, então, $|\psi|^2$ – chamada **densidade de probabilidade** – será a probabilidade relativa por unidade de volume de que a partícula será encontrada em qualquer ponto no volume. Essa interpretação também pode ser definida como demonstrado a seguir. Se dV for um elemento de volume pequeno em torno de algum ponto, a probabilidade de encontrarmos a partícula no elemento de volume será

◀ **Densidade de probabilidade** ψ^2

$$P(x, y, z) \; dV = |\psi|^2 \, dV$$

(7.3)

Essa interpretação probabilística da função de onda foi sugerida pela primeira vez por Max Born (1882-1970) em 1928. Em 1926, Erwin Schrödinger propôs uma equação de onda que descreve a maneira pela qual a função de onda muda no espaço e no tempo. A *equação de onda de Schrödinger*, que analisaremos na Seção 7.3, representa um elemento básico na teoria da Mecânica Quântica.

Por mais modernos que possam parecer, os conceitos da Mecânica Quântica foram desenvolvidos com base em ideias clássicas. De fato, quando as técnicas da Mecânica Quântica são aplicadas a sistemas macroscópicos, os resultados são essencialmente idênticos aos da Física Clássica. Essa combinação das duas abordagens ocorre quando o comprimento de onda de De Broglie é pequeno comparado com as dimensões do sistema. A situação é similar à da combinação entre a Mecânica Relativística e a Mecânica Clássica, quando $v \ll c$.

Na Seção 6.5, concluímos que a equação de De Broglie relaciona a quantidade de movimento de uma partícula com seu comprimento de onda por meio da relação $p = h/\lambda$. Se uma partícula livre ideal tiver uma quantidade de movimento conhecida com precisão p_x, sua função de onda será uma onda senoidal infinitamente longa de comprimento $\lambda = h/p_x$ e a partícula terá uma probabilidade igual de estar em qualquer ponto ao longo do eixo x (Fig. 6.18a). A função de onda ψ para essa partícula livre deslocando-se ao longo do eixo x pode ser expressa como

> **Prevenção de Armadilhas 7.1**
>
> **A função de onda pertence a um sistema**
>
> A linguagem comum na Mecânica Quântica é associar uma função de onda a uma partícula. No entanto, a função de onda é determinada pela partícula *e* sua interação com o ambiente, de modo que mais precisamente ela pertence a um sistema. Em muitos casos, a partícula é a única parte do sistema que apresenta uma alteração, o que explica por que a linguagem comum assim se desenvolveu. No futuro, veremos exemplos nos quais será mais adequado considerar uma função de onda de sistema, em vez de uma função de onda de partícula.

$$\psi(x) = A e^{ikx}$$

(7.4) ◀ **Função de onda de uma partícula livre**

onde A é uma amplitude constante e $k = 2\pi/\lambda$ é o número de onda angular (Eq. 2.8 do Volume 2) da onda que representa a partícula.[3]

Funções de onda unidimensionais e valores esperados

Essa seção discute apenas sistemas unidimensionais, nos quais a partícula deve estar localizada ao longo do eixo x, de modo que a probabilidade $|\psi|^2 \, dV$ na Equação 7.3 seja modificada para se tornar $|\psi|^2 \, dx$. A probabilidade de que a partícula seja encontrada no intervalo infinitesimal dx em torno do ponto x é

$$P(x) \; dx = |\psi|^2 \, dx$$

(7.5)

Apesar de não ser possível especificar a posição de uma partícula com precisão total, podemos aplicar $|\psi|^2$ para determinar a probabilidade de a observarmos em uma região em torno de determinado ponto x. A probabilidade de encontrarmos a partícula no intervalo arbitrário $a \leq x \leq b$ é

$$P_{ab} = \int_a^b |\psi|^2 \, dx$$

(7.6)

---

[2] No caso de um número complexo $z = a + ib$, o complexo conjugado é determinado quando i é alterado para $-i$: $z^* = a - ib$. O produto de um número complexo por seu complexo conjugado é sempre real e positivo. Isto é, $z^*z = (a - ib)(a + ib) = a^2 - (ib)^2 = a^2 - (i)^2 b^2 = a^2 + b^2$.

[3] Para a partícula livre, a função de onda total, com base na Equação 7.2, é

$$\Psi(x, t) = A e^{ikx} e^{-i\omega t} = A e^{i(kx - \omega t)} = A[\cos(kx - \omega t) + i \operatorname{sen}(kx - \omega t)]$$

A parte real desta função de onda tem a mesma forma das ondas que somamos para formar pacotes de ondas na Seção 6.6.

A probabilidade P_{ab} é a área sob a curva de $|\psi|^2$ em função de x entre os pontos $x = a$ e $x = b$, como na Figura 7.1.

Experimentalmente, existe uma probabilidade finita de encontrarmos uma partícula em um intervalo próximo de algum ponto em determinado instante. O valor desta probabilidade deve estar entre os limites 0 e 1. Por exemplo, se a probabilidade for 0,30, há uma chance de 30% de encontrarmos a partícula no intervalo.

Uma vez que a partícula deve estar em algum ponto ao longo do eixo x, a soma das probabilidades para todos os valores de x deve ser igual a 1:

Condição de normalização em ψ ▶
$$\int_{-\infty}^{\infty} |\psi|^2 \, dx = 1 \tag{7.7}$$

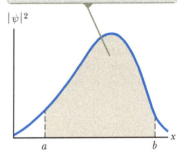

A probabilidade de uma partícula estar no intervalo $a \leq x \leq b$ é a área sob a curva de densidade de probabilidade de a a b.

Figura 7.1 Curva de densidade de probabilidade arbitrária de uma partícula.

Qualquer função de onda que satisfaça a Equação 7.7 é considerada **normalizada**. Normalização é simplesmente a afirmação de que a partícula existe em determinado ponto no espaço.

Uma vez conhecida a função de onda de uma partícula, é possível calcular a posição média na qual esperamos encontrá-la após muitas medições. Essa posição média é chamada **valor esperado** de x, definida pela equação

Valor esperado da posição x ▶
$$\langle x \rangle \equiv \int_{-\infty}^{\infty} \psi^* x \psi \, dx \tag{7.8}$$

Colchetes, $\langle ... \rangle$, são utilizados para denotar valores esperados. Além disso, podemos determinar o valor esperado de qualquer função $f(x)$ associada à partícula aplicando a seguinte equação:[4]

Valor esperado de uma função $f(x)$ ▶
$$\langle f(x) \rangle \equiv \int_{-\infty}^{\infty} \psi^* f(x) \psi \, dx \tag{7.9}$$

 Teste Rápido **7.1** Considere a função de onda da partícula livre, Equação 7.4. Para qual valor de x a probabilidade de encontrarmos a partícula em um determinado instante é maior? **(a)** $x = 0$ **(b)** pequenos valores de x diferentes de zero **(c)** valores grandes de x **(d)** em qualquer ponto ao longo do eixo x.

Exemplo 7.1 | Função de onda de uma partícula

Considere uma partícula cuja função de onda seja ilustrada pelo gráfico na Figura 7.2 e dada por

$$\psi(x) = A e^{-ax^2}$$

(A) Qual será o valor de A, se essa função de onda for normalizada?

SOLUÇÃO

Conceitualização Essa não é uma partícula livre, porque a função de onda não é senoidal. A Figura 7.2 indica que a partícula está restrita a permanecer próxima de $x = 0$ em todos os instantes. Considere um sistema físico no qual a partícula sempre permaneça próxima a um determinado ponto. Exemplos de tais sistemas são um bloco posicionado sobre uma mola, uma bola de gude no fundo de uma bacia e o prumo de um pêndulo simples.

Categorização Uma vez que o enunciado do problema descreve a natureza ondulatória de uma partícula, esse exemplo requer uma abordagem quântica, em vez de uma clássica.

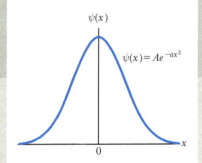

Figura 7.2 (Exemplo 7.1) Função de onda simétrica de uma partícula, definida por $\psi(x) = A e^{-ax^2}$.

continua

---

[4] Os valores esperados são análogos às "médias ponderadas", nas quais cada valor possível de uma função é multiplicado pela probabilidade da ocorrência do valor antes da soma de todos os valores possíveis. Expressamos o valor esperado como $\int_{-\infty}^{\infty} \psi^* f(x) \psi \, dx$, em vez de $\int_{-\infty}^{\infty} \psi f(x) \psi^2 \, dx$, pois $f(x)$ pode ser representado por um operador (tal como uma derivada) em vez de uma função multiplicativa simples em tratamentos mais avançados da Mecânica Quântica. Nessas situações, o operador é aplicado apenas a ψ, e não a ψ^*.

7.1 *cont.*

Análise Aplique a condição de normalização, Equação 7.7, à função de onda:

$$\int_{-\infty}^{\infty} |\psi|^2 \, dx = \int_{-\infty}^{\infty} (Ae^{-ax^2})^2 \, dx = A^2 \int_{-\infty}^{\infty} e^{-2ax^2} \, dx = 1$$

Expresse a integral como a soma de duas integrais:

$$(1) \quad A^2 \int_{-\infty}^{\infty} e^{-2ax^2} \, dx = A^2 \left(\int_{0}^{\infty} e^{-2ax^2} \, dx + \int_{-\infty}^{0} e^{-2ax^2} \, dx \right) = 1$$

Mude a variável de integração de x para $-x$ na segunda integral:

$$\int_{-\infty}^{0} e^{-2ax^2} \, dx = \int_{\infty}^{0} e^{-2a(-x)^2} \, (-dx) = -\int_{\infty}^{0} e^{-2ax^2} \, dx$$

Inverta a ordem dos limites, o que introduz um sinal negativo:

$$-\int_{\infty}^{0} e^{-2ax^2} \, dx = \int_{0}^{\infty} e^{-2ax^2} \, dx$$

Substitua essa expressão na segunda integral da Equação (1):

$$A^2 \left(\int_{0}^{\infty} e^{-2ax^2} \, dx + \int_{0}^{\infty} e^{-2ax^2} \, dx \right) = 1$$

$$(2) \quad 2A^2 \int_{0}^{\infty} e^{-2ax^2} \, dx = 1$$

Resolva a integral, consultando a Tabela B.6 no Apêndice B:

$$\int_{0}^{\infty} e^{-2ax^2} \, dx = \frac{1}{2} \sqrt{\frac{\pi}{2a}}$$

Substitua esse resultado na Equação (2) e resolva para A:

$$2A^2 \left(\frac{1}{2} \sqrt{\frac{\pi}{2a}} \right) = 1 \;\; \rightarrow \;\; \boxed{A = \left(\frac{2a}{\pi} \right)^{1/4}}$$

(B) Qual é o valor esperado de x para essa partícula?

SOLUÇÃO

Calcule o valor esperado aplicando a Equação 7.8:

$$\langle x \rangle \equiv \int_{-\infty}^{\infty} \psi^* x \psi \, dx = \int_{-\infty}^{\infty} (Ae^{-ax^2}) x (Ae^{-ax^2}) \, dx$$

$$= A^2 \int_{-\infty}^{\infty} x e^{-2ax} \, dx$$

Como na parte (A), expresse a integral como a soma de duas integrais:

$$(3) \quad \langle x \rangle = A^2 \left(\int_{0}^{\infty} x e^{-2ax^2} \, dx + \int_{-\infty}^{0} x e^{-2ax^2} \, dx \right)$$

Mude a variável de integração de x para $-x$ na segunda integral:

$$\int_{-\infty}^{0} x e^{-2ax^2} \, dx = \int_{\infty}^{0} -x e^{-2a(-x)^2} \, (-dx) = \int_{\infty}^{0} x e^{-2ax^2} \, dx$$

Inverta a ordem dos limites, o que introduz um sinal negativo:

$$\int_{\infty}^{0} x e^{-2ax^2} \, dx = -\int_{0}^{\infty} x e^{-2ax^2} \, dx$$

Substitua essa expressão na segunda integral na Equação (3):

$$\langle x \rangle = A^2 \left(\int_{0}^{\infty} x e^{-2ax^2} \, dx - \int_{0}^{\infty} x e^{-2ax^2} \, dx \right) = \boxed{0}$$

Finalização Dada a simetria da função de onda em torno de $x = 0$ na Figura 7.2, esperamos que a posição média da partícula seja $x = 0$. Na Seção 7.7 demonstraremos que a função de onda estudada neste exemplo representa o estado de energia mais baixo do oscilador harmônico quântico.

7.2 Modelo de análise: partícula quântica sob condições de contorno

A partícula livre discutida na Seção 7.1 não tem condições de contorno, e pode estar em qualquer ponto no espaço. A do Exemplo 7.1 não é uma partícula livre. A Figura 7.2 mostra que a partícula está sempre restrita a posições próximas de $x = 0$. Nesta seção, investigaremos os efeitos das restrições ao movimento de uma partícula quântica.

Partícula em uma caixa

Começamos pela aplicação de algumas das ideias desenvolvidas para um problema físico simples: uma partícula confinada a uma região unidimensional do espaço, chamada *partícula em uma caixa* (mesmo sendo a "caixa" unidimensional!). De um ponto de vista clássico, se estiver rebatendo elasticamente para a frente e para trás ao longo do eixo x entre duas paredes impenetráveis separadas por uma distância L, como na Figura 7.3a, a partícula poderá ser modelada como tendo velocidade escalar constante. Se a velocidade escalar da partícula for u, o módulo de seu momento linear mu permanecerá constante, assim como sua energia cinética. Lembre-se de que, no Capítulo 5, utilizamos u para a velocidade escalar da partícula, distinguindo-a de v, a de um sistema de referência. A Física Clássica não impõe qualquer restrição aos valores do momento linear e da energia de uma partícula. Já a abordagem da Mecânica Quântica em relação a esse problema é muito diferente, e requer que determinemos a função de onda adequada, consistente com as condições da situação.

Visto que as paredes são impenetráveis, a probabilidade de encontrarmos a partícula fora da caixa é igual a zero, de modo que a função de onda $\psi(x)$ deve ser igual a zero para $x < 0$ e $x > L$. Para que a função apresente um comportamento matematicamente adequado, $\psi(x)$ deve ser contínua no espaço. O valor da função de onda não deve apresentar saltos descontínuos em nenhum ponto.[5] Portanto, se ψ for igual a zero do lado de fora das paredes, seu valor também deverá ser zero *nas* paredes; isto é, $\psi(0) = 0$ e $\psi(L) = 0$. Apenas as funções de onda que satisfazem essas condições de contorno são permitidas.

A Figura 7.3b, representação gráfica do problema da partícula em uma caixa, mostra a energia potencial do sistema partícula-ambiente como uma função da posição da partícula. Enquanto a partícula estiver dentro da caixa, a energia potencial do sistema não dependerá da sua localização, e poderemos considerar seu valor constante igual a zero. Fora da caixa, devemos garantir que a função de onda seja igual a zero. Podemos fazer isto definindo a energia potencial do sistema como infinitamente grande, se a partícula estiver fora da caixa. Desta forma, o único modo pelo qual uma partícula poderia estar fora da caixa seria se o sistema tivesse uma quantidade de energia infinita, o que é impossível.

A função de onda de uma partícula na caixa pode ser expressa como uma função senoidal real:[6]

$$\psi(x) = A \operatorname{sen}\left(\frac{2\pi x}{\lambda}\right) \tag{7.10}$$

onde λ é o comprimento de onda de De Broglie associado à partícula. Essa função de onda deve satisfazer as condições de contorno nas paredes. A condição de contorno $\psi(0) = 0$ está satisfeita, porque a função seno é igual a zero quando $x = 0$. A condição de contorno $\psi(L) = 0$ fornece

$$\psi(L) = 0 = A \operatorname{sen}\left(\frac{2\pi L}{\lambda}\right)$$

que pode ser verdadeira somente se

$$\frac{2\pi L}{\lambda} = n\pi \quad \rightarrow \quad \lambda = \frac{2L}{n} \tag{7.11}$$

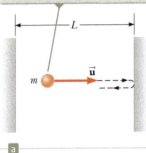

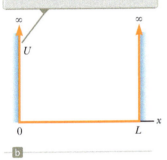

Figura 7.3 (a) A partícula em uma caixa. (b) A função da energia potencial do sistema.

---

[5] Se a função de onda não fosse contínua em um ponto, sua derivada neste ponto seria infinita. Esse resultado gera dificuldades na equação de Schrödinger, para a qual a função de onda é uma solução, como discutido na Seção 7.3.
[6] Demonstraremos esse resultado de modo explícito na Seção 7.3.

onde $n = 1, 2, 3, \ldots$. Portanto, apenas determinados comprimentos de onda da partícula são permitidos! Cada um destes corresponde a um estado quântico do sistema e n é o número quântico. Ao incorporarmos a Equação 7.11 na 7.10, obtemos

$$\psi(x) = A \operatorname{sen}\left(\frac{2\pi x}{2L/n}\right) = A \operatorname{sen}\left(\frac{n\pi x}{L}\right) \qquad (7.12)$$

◀ **Funções de onda de uma partícula em uma caixa**

Normalizando essa função de onda demonstramos que $A = \sqrt{2/L}$. Consulte o Problema 18. Assim, a função de onda normalizada para a partícula em uma caixa é

$$\psi_n(x) = \sqrt{\frac{2}{L}} \operatorname{sen}\left(\frac{n\pi x}{L}\right) \qquad (7.13)$$

◀ **Função de onda normalizada para uma partícula em uma caixa**

As Figuras 7.4a e b são representações gráficas de ψ em função de x e $|\psi|^2$ em função de x para $n = 1, 2$ e 3 para a partícula em uma caixa.[7] Embora uma função de onda geral ψ possa ter valores positivos e negativos, $|\psi|^2$ é sempre positivo. Uma vez que $|\psi|^2$ representa uma densidade de probabilidade, um valor negativo de $|\psi|^2$ não teria significado.

Uma análise mais detalhada da Figura 7.4b mostra que $|\psi|^2$ é igual a zero nos limites, o que satisfaz nossas condições de contorno. Além disso, $|\psi|^2$ é zero em outros pontos, dependendo do valor de n. Para $n = 2$, $|\psi|^2 = 0$ em $x = L/2$; para $n = 3$, $|\psi|^2 = 0$ em $x = L/3$ e $x = 2L/3$. O número de pontos iguais a zero aumenta em um cada vez que o número quântico assim também aumenta.

Visto que os comprimentos de onda da partícula estão restritos pela condição $\lambda = 2L/n$, o módulo do momento linear da partícula também está restrito a valores específicos, que podem ser determinados por meio da expressão do comprimento de onda de De Broglie, Equação 6.17:

$$p = \frac{h}{\lambda} = \frac{h}{2L/n} = \frac{nh}{2L}$$

> **Prevenção de Armadilhas 7.2**
> **Nota: Energia pertence a um sistema**
> Muitas vezes, referimo-nos à energia de uma partícula na linguagem utilizada de modo comum. Como na Prevenção de Armadilhas 7.1, estamos, na realidade, descrevendo a energia do *sistema* da partícula e de qualquer ambiente estabelecendo as paredes impenetráveis. No caso da partícula em uma caixa, o único tipo de energia é a cinética, pertencente à partícula, que é a origem da descrição comum.

Escolhemos a energia potencial igual a zero para o sistema quando a partícula está dentro da caixa. Portanto, a energia do sistema é simplesmente a cinética da partícula e os valores permitidos são dados por

$$E_n = \tfrac{1}{2}mu^2 = \frac{p^2}{2m} = \frac{(nh/2L)^2}{2m}$$

$$\boxed{E_n = \left(\frac{h^2}{8mL^2}\right)n^2 \quad n = 1, 2, 3, \ldots} \qquad (7.14)$$

◀ **Energias quantizadas de uma partícula dentro de uma caixa**

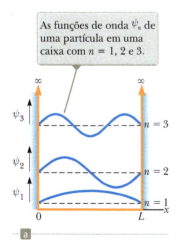
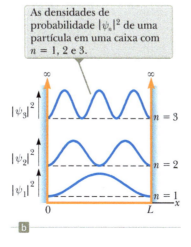

Figura 7.4 Os três primeiros estados permitidos para uma partícula confinada a uma caixa unidimensional, mostrados sobrepostos sobre a função da energia potencial da Figura 7.3b. As funções de onda e as densidades de probabilidade são plotadas na vertical de eixos separados deslocados verticalmente para tornar a figura clara. As posições desses eixos na função da energia potencial sugerem as energias relativas dos estados.

---

[7] Observe que $n = 0$ não é permitido, pois, de acordo com a Equação 7.12, a função de onda seria $\psi = 0$, o que não corresponde a uma função de onda fisicamente lógica. Por exemplo, a expressão não pode ser normalizada, porque $\int_{-\infty}^{\infty} |\psi|^2 \, dx = \int_{-\infty}^{\infty} (0) \, dx = 0$, mas a Equação 7.7 indica que essa integral deve ser igual a um.

Essa expressão demonstra que a energia da partícula é quantizada. A energia mais baixa permitida corresponde ao **estado fundamental**, que é o mais baixo para qualquer sistema. Para a partícula em uma caixa, o estado fundamental corresponde a $n = 1$, para o qual $E_1 = h^2/8mL^2$. Uma vez que $E_n = n^2 E_1$, os **estados excitados** correspondendo a $n = 2, 3, 4, \ldots$ têm energias dadas por $4E_1, 9E_1, 16E_1, \ldots$.

A Figura 7.5 é um diagrama de níveis de energia que descreve os respectivos valores dos estados permitidos. A energia mais baixa da partícula em uma caixa é diferente de zero e, portanto, de acordo com a Mecânica Quântica, a partícula nunca poderá estar em repouso! A energia mais baixa permitida, que corresponde a $n = 1$, é chamada **energia do estado fundamental**. Esse resultado contradiz o ponto de vista clássico, no qual $E = 0$ é um estado aceitável, como são *todos* os valores positivos de E.

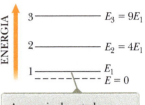

A energia do estado fundamental, a mais baixa permitida, é $E_1 = h^2/8mL^2$.

Figura 7.5 Diagrama de níveis de energia de uma partícula confinada a uma caixa unidimensional de comprimento L.

> *Teste Rápido* **7.2** Considere um elétron, um próton e uma partícula alfa (um núcleo de hélio), cada um confinado separadamente em caixas idênticas.
> **(i)** Qual partícula corresponde à energia de estado fundamental mais alta? (a) O elétron (b) o próton (c) a partícula alfa (d) a energia é a mesma em todos os três casos. **(ii)** Qual partícula tem comprimento de onda mais longo quando o sistema está no estado fundamental? (a) O elétron (b) o próton (c) a partícula alfa (d) todas as três partículas têm o mesmo comprimento de onda.

> *Teste Rápido* **7.3** Uma partícula está em uma caixa de comprimento L. De repente, o comprimento da caixa é aumentado para $2L$. O que ocorre com os níveis de energia mostrados na Figura 7.5? **(a)** Nada; permanecem inalterados. **(b)** Distanciam-se uns dos outros. **(c)** Aproximam-se uns dos outros.

Exemplo 7.2 — Partículas micro e macroscópicas em caixas

(A) Um elétron está confinado entre duas paredes impenetráveis separadas por 0,200 nm. Determine os níveis de energia para os estados $n = 1, 2$ e 3.

SOLUÇÃO

Conceitualização Na Figura 7.3a, imagine que a partícula seja um elétron e as paredes estejam muito próximas umas das outras.

Categorização Calculamos os níveis de energia utilizando uma equação desenvolvida nesta seção; portanto, categorizamos esse exemplo como um problema de substituição.

Aplique a Equação 7.14 para o estado $n = 1$:

$$E_1 = \frac{h^2}{8m_e L^2}(1)^2 = \frac{(6{,}63 \times 10^{-34}\,\text{J}\cdot\text{s})^2}{8(9{,}11 \times 10^{-31}\,\text{kg})(2{,}00 \times 10^{-10}\,\text{m})^2}$$

$$= 1{,}51 \times 10^{-18}\,\text{J} = \boxed{9{,}42\,\text{eV}}$$

Utilizando $E_n = n^2 E_1$, determine a energia dos estados $n = 2$ e $n = 3$:

$$E_2 = (2)^2 E_1 = 4(9{,}42\,\text{eV}) = \boxed{37{,}7\,\text{eV}}$$

$$E_3 = (3)^2 E_1 = 9(9{,}42\,\text{eV}) = \boxed{84{,}8\,\text{eV}}$$

(B) Determine a velocidade escalar do elétron no estado $n = 1$.

SOLUÇÃO

Resolva a expressão clássica da energia cinética para a velocidade escalar da partícula:

$$K = \tfrac{1}{2} m_e u^2 \quad \rightarrow \quad u = \sqrt{\frac{2K}{m_e}}$$

Reconheça que a energia cinética da partícula é igual à do sistema e substitua E_n por K:

$$(1) \quad u = \sqrt{\frac{2E_n}{m_e}}$$

continua

7.2 *cont.*

Substitua os valores numéricos da parte (A):
$$u = \sqrt{\frac{2(1,51 \times 10^{-18} \text{ J})}{9,11 \times 10^{-31} \text{ kg}}} = \boxed{1,82 \times 10^{6} \text{ m/s}}$$

Simplesmente colocar o elétron na caixa resulta em uma velocidade escalar *mínima* do elétron igual a 0,6% da velocidade da luz!

(C) Uma bola de beisebol de 0,500 kg está confinada entre duas paredes rígidas de um estádio, que pode ser modelado como uma caixa de 100 m de comprimento. Calcule a velocidade escalar mínima da bola.

SOLUÇÃO

Conceitualização Na Figura 7.3a, imagine que a partícula seja uma bola de beisebol e que as paredes sejam as do estádio.

Categorização Essa parte do exemplo é um problema de substituição no qual aplicamos a abordagem quântica a um objeto macroscópico.

Utilize a Equação 7.14 para o estado $n = 1$:
$$E_1 = \frac{h^2}{8\,mL^2}(1)^2 = \frac{(6,63 \times 10^{-34} \text{ J} \cdot \text{s})^2}{8(0,500 \text{ kg})(100 \text{ m})^2} = 1,10 \times 10^{-71} \text{ J}$$

Utilize a Equação (1) para determinar a velocidade escalar:
$$u = \sqrt{\frac{2(1,10 \times 10^{-71} \text{ J})}{0,500 \text{ kg}}} = \boxed{6,63 \times 10^{-36} \text{ m/s}}$$

Essa velocidade é tão pequena que o objeto pode ser considerado em repouso, que é o que se espera para a velocidade escalar mínima de um objeto macroscópico.

E SE? E se um jogador acertar uma tacada precisa, de modo que a bola de beisebol se desloque a uma velocidade de 150 m/s? Qual é o número quântico do estado da bola de beisebol nessas condições?

Resposta Espera-se que o número quântico seja muito grande, porque a bola é um objeto macroscópico.

Calcule a energia cinética da bola de beisebol:
$$\tfrac{1}{2}mu^2 = \tfrac{1}{2}(0,500 \text{ kg})(150 \text{ m/s})^2 = 5,62 \times 10^3 \text{ J}$$

Aplicando a Equação 7.14, calcule o número quântico n:
$$n = \sqrt{\frac{8mL^2 E_n}{h^2}} = \sqrt{\frac{8(0,500 \text{ kg})(100 \text{ m})^2(5,62 \times 10^3 \text{ J})}{(6,63 \times 10^{-34} \text{ J} \cdot \text{s})^2}} = 2,26 \times 10^{37}$$

Esse resultado é um número quântico extremamente grande. Ao empurrar o ar para fora do seu caminho, atingir o solo e rolar até parar, a bola passa por mais de 10^{37} estados quânticos. Em se tratando da energia, esses estados estão tão próximos um do outro que não podemos observar suas transições. Em vez disso, percebemos o que parece ser uma variação contínua na velocidade escalar da bola. A natureza quântica do universo simplesmente não é evidente no movimento dos objetos macroscópicos.

Exemplo 7.3 **Valores esperados para a partícula em uma caixa**

Uma partícula de massa m está confinada em uma caixa unidimensional entre $x = 0$ e $x = L$. Determine o valor esperado da posição x da partícula no estado caracterizado pelo número quântico n.

SOLUÇÃO

Conceitualização A Figura 7.4b mostra que a probabilidade de que a partícula esteja em determinada posição varia com a localização dentro da caixa. Podemos calcular o valor esperado de x com base na simetria das funções de onda?

Categorização O enunciado do exemplo categoriza o problema – devemos nos concentrar em uma partícula quântica em uma caixa e no cálculo de seu valor esperado de x.

Análise Na Equação 7.8, a integração de $-\infty$ a ∞ reduz-se aos limites 0 a L, pois $\psi = 0$ em todos os pontos, exceto na caixa.

212 Física para cientistas e engenheiros

7.3 *cont.*

Substitua a Equação 7.13 na 7.8 para determinar o valor esperado para x:

$$\langle x \rangle = \int_{-\infty}^{\infty} \psi_n * x \, \psi_n \, dx = \int_0^L x \left[\sqrt{\frac{2}{L}} \operatorname{sen}\left(\frac{n\pi x}{L}\right) \right]^2 dx$$

$$= \frac{2}{L} \int_0^L x \operatorname{sen}^2\left(\frac{n\pi x}{L}\right) dx$$

Calcule a integral, consultando uma tabela de integrais ou por integração matemática:[8]

$$\langle x \rangle = \frac{2}{L} \left[\frac{x^2}{4} - \frac{x \operatorname{sen}\left(2\frac{n\pi x}{L}\right)}{4\frac{n\pi}{L}} - \frac{\cos\left(2\frac{n\pi x}{L}\right)}{8\left(\frac{n\pi}{L}\right)^2} \right]_0^L$$

$$= \frac{2}{L} \left[\frac{L^2}{4} \right] = \boxed{\frac{L}{2}}$$

Finalização Esse resultado indica que o valor esperado de x está no centro da caixa para todos os valores de n. Isto é o que se espera da simetria do quadrado das funções de onda (a densidade de probabilidade) em torno do centro (Figura 7.4b).

A função de onda $n = 2$ na Figura 7.4b tem valor igual a zero no ponto intermediário da caixa. O valor esperado da partícula pode estar em uma posição na qual ela tem probabilidade de existência igual a zero? Lembre-se de que o valor esperado é a posição *média*. Portanto, a probabilidade de encontrarmos a partícula à direita ou à esquerda do ponto intermediário é a mesma, de modo que a posição média está no ponto intermediário, mesmo que a probabilidade de a partícula estar neste ponto seja igual a zero. Como uma analogia, considere um grupo de alunos cuja pontuação média de seus exames finais seja de 50%. Não existe um requisito de que algum dos alunos alcance uma pontuação de exatamente 50% para que a média de todos os seja de 50%.

Condições de contorno para partículas em geral

A discussão sobre a partícula em uma caixa é muito similar àquela do Capítulo 4 do Volume 2 sobre ondas estacionárias em cordas:

- Visto que as extremidades da corda devem ser nós, as funções de onda para ondas permitidas devem ser iguais a zero nos limites da corda. Uma vez que a partícula em uma caixa não pode existir fora desta, as funções de onda permitidas para a partícula devem ser iguais a zero nos limites.
- As condições de contorno nas ondas da corda estabelecem valores quantizados de comprimento de onda e frequência para as ondas. As condições de contorno na função de onda para a partícula em uma caixa estabelecem valores quantizados de comprimento de onda e frequência para a partícula.

Na Mecânica Quântica, é muito comum as partículas estarem sujeitas a condições de contorno. Assim, introduzimos um novo modelo de análise, a **partícula quântica sob condições de contorno**. De muitos modos, esse modelo é similar ao das ondas sob condições de contorno estudado na Seção 4.3 do Volume 2. De fato, os comprimentos de onda permitidos para a função de onda de uma partícula em uma caixa (Eq. 7.11) são idênticos em forma aos de onda permitidos para ondas mecânicas em uma corda fixa nas duas extremidades (Eq. 4.4 do Volume 2).

O modelo da partícula quântica sob condições de contorno *difere* em alguns aspectos do das ondas sob condições de contorno:

- Na maioria dos casos das partículas quânticas, a função de onda *não* é senoidal simples, como aquela para ondas em cordas. Além disso, a função de onda de uma partícula quântica pode ser complexa.
- Para uma partícula quântica, a frequência está relacionada à energia por meio de $E = hf$, de modo que as frequências quantizadas levam a energias quantizadas.
- Podem não existir "nós" estacionários associados à função de onda de uma partícula quântica sob condições de contorno. Sistemas mais complicados do que a partícula em uma caixa têm funções de onda mais complexas, e algumas condições de contorno podem não levar a zeros da função de onda em pontos fixos.

---

[8] Para integrar essa função, primeiro substitua $\operatorname{sen}^2 (n\pi x/L)$ por $\frac{1}{2}(1 - \cos 2n\pi x/L)$ (consulte a Tabela B.3, no Apêndice B), o que permite que o valor $\langle x \rangle$ seja expresso como duas integrais. Assim, a segunda integral pode ser calculada por integração parcial (Seção B.7, no Apêndice B).

Em geral,

> a interação de uma partícula quântica com seu ambiente representa uma ou mais condições de contorno e se a interação restringir a partícula a uma região finita do espaço, resulta na quantização da energia do sistema.

As condições de contorno nas funções de onda quântica estão relacionadas com as coordenadas que descrevem o problema. Para a partícula em uma caixa, a função de onda deve ser igual a zero para dois valores de x. No caso de um sistema tridimensional, tal como o átomo de hidrogênio, que discutiremos no Capítulo 8, o problema é mais bem apresentado em *coordenadas esféricas*. Essas coordenadas, uma extensão das polares planas, introduzidas na Seção 3.1 do Volume 1, consistem em uma coordenada radial r e duas angulares. A geração da função de onda e a aplicação das condições de contorno do átomo de hidrogênio estão além do escopo deste livro. No entanto, estudaremos o comportamento de algumas das funções de onda do átomo de hidrogênio no Capítulo 8.

As condições de contorno nas funções de onda que existem para todos os valores de x requerem que a função de onda se aproxime de zero quando $x \to \infty$ (de modo que essa função possa ser normalizada) e permaneça finita quando $x \to 0$. Uma condição de contorno em qualquer parte angular das funções de onda é que a adição de 2π radianos ao ângulo deve retornar o mesmo valor da função de onda, pois a adição de 2π resulta na mesma posição angular.

Modelo de Análise — Partícula quântica em condições-limite

Imagine uma partícula descrita pela Física Quântica que está sujeita a uma ou mais condições-limite. Se a partícula estiver restrita a uma região finita do espaço em virtude de suas condições-limite, a energia do sistema é quantizada. Associado a cada energia quantizada está um estado quântico caracterizado por uma função de onda e um número quântico.

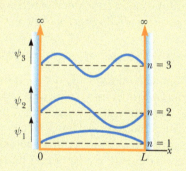

Exemplos:
- um elétron em um *quantum* não pode escapar, quantizando as energias do elétron (Seção 7.4)
- um elétron em um átomo de hidrogênio está restrito a permanecer próximo do núcleo do átomo, quantizando as energias do átomo (Capítulo 8)
- dois átomos são ligados para formar uma molécula diatômica, quantizando as energias de vibração e rotação da molécula (Capítulo 9)
- um próton está preso em um núcleo, quantizando seus níveis de energia (Capítulo 10)

7.3 Equação de Schrödinger

Na Seção 12.3 do Volume 3, discutimos uma equação de onda para a radiação eletromagnética que tem como base as equações de Maxwell. As ondas associadas às partículas também satisfazem uma equação de onda. A equação de onda para partículas materiais é diferente da associada a fótons, porque as partículas materiais têm energia de repouso diferente de zero. A equação de onda correta foi desenvolvida por Schrödinger, em 1926. Na análise do comportamento de um sistema quântico, o método consiste em determinar uma solução para essa equação e, depois, aplicar as condições de contorno apropriadas à solução. Esse processo gera as funções de onda permitidas e os níveis de energia do sistema considerado. A manipulação adequada da função de onda permite o cálculo de todas as características mensuráveis do sistema.

A equação de Schrödinger na forma aplicada a uma partícula de massa m restrita a se deslocar ao longo do eixo x e interagir com seu ambiente segundo uma função de energia potencial $U(x)$ é

$$-\frac{\hbar^2}{2m}\frac{d^2\psi}{dx^2} + U\psi = E\psi \qquad (7.15)$$

◀ Equação de Schrödinger independente do tempo

Erwin Schrödinger
Físico teórico austríaco (1887-1961)
Schrödinger é mais conhecido como um dos pais da Mecânica Quântica, cuja abordagem é comprovadamente equivalente, no que se refere aos aspectos matemáticos, à mecânica matricial mais abstrata desenvolvida por Heisenberg. Schrödinger também produziu artigos importantes nos campos da Mecânica Estatística, da visão em cores e da relatividade geral.

214 Física para cientistas e engenheiros

onde E é uma constante igual à energia total do sistema (a partícula e seu ambiente). Visto que é independente do tempo, essa equação é chamada comumente **equação de Schrödinger independente do tempo**. Não discutiremos a equação de Schrödinger dependente do tempo neste livro.

A equação de Schrödinger é consistente com o princípio da conservação da energia mecânica de um sistema. O Problema 44 demonstra, para uma partícula livre e outra em uma caixa, que o primeiro termo na equação de Schrödinger se reduz à energia cinética da partícula multiplicada pela função de onda. Portanto, a Equação 7.15 indica que a energia total do sistema é a soma da cinética e da potencial e que essa energia é uma constante: $K + U = E = $ constante.

Em princípio, se a função da energia potencial U de um sistema for conhecida, poderemos resolver a Equação 7.15 e obter as funções de onda e as energias dos estados permitidos do sistema. Além disso, em muitos casos, a função de onda ψ deve satisfazer as condições de contorno. Portanto, uma vez obtida uma solução preliminar para a equação de Schrödinger, impomos as seguintes condições para determinar a solução exata e as energias permitidas:

- ψ deve ser normalizável. Isto é, a Equação 7.7 deve ser satisfeita.
- ψ deve tender a 0 quando $x \to \pm \infty$ e permanecer finita quando $x \to 0$.
- ψ deve ser contínua em x e ter um valor único em todos os pontos; as soluções da Equação 7.15 em diferentes regiões devem se unir consistentemente nos limites entre as regiões.
- $d\psi/dx$ deve ser finita e contínua e ter um valor único em todos os pontos para valores finitos de U. Se $d\psi/dx$ não for contínua, não poderemos calcular o fator $d^2\psi/dx^2$ na Equação 7.15 no ponto de descontinuidade.

A resolução da equação de Schrödinger pode ser muito difícil, dependendo da forma da função da energia potencial. Como evidenciado, essa equação é extremamente bem-sucedida ao explicar o comportamento dos sistemas atômicos e nucleares, enquanto a Física Clássica falha ao descrever tal comportamento. Além disso, quando a Mecânica Quântica é aplicada a objetos macroscópicos, os resultados correspondem aos da Física Clássica.

Partícula em uma caixa considerada novamente

> **Prevenção de Armadilhas 7.3**
>
> **Poços de potencial**
> Poço de potencial, como o da Figura 7.3b, é uma representação gráfica da energia, não um diagrama. Portanto, essa forma não pode ser observada quando a situação é examinada. Uma partícula desloca-se *apenas horizontalmente* em uma posição vertical fixa num diagrama de energia potencial, representando a energia conservada do sistema da partícula e do seu ambiente.

Para saber como o modelo da partícula quântica sob condições de contorno é aplicado a um problema, consideremos mais uma vez nossa partícula em uma caixa unidimensional de comprimento L (veja a Fig. 7.3) e analisemos esse sistema por meio da equação de Schrödinger. A Figura 7.3b é o diagrama da energia potencial que descreve esse problema. Os diagramas de energia potencial são representações úteis para o entendimento e a resolução de problemas por meio da equação de Schrödinger.

Por conta da forma da curva na Figura 7.3b, consideramos que a partícula em uma caixa, em alguns casos, está em um **poço quadrado**[9] – sendo **poço** a região voltada para cima da curva em um diagrama de energia potencial. Uma região voltada para baixo é chamada *barreira*, que estudaremos na Seção 7.5. A Figura 7.3b mostra um poço quadrado infinito.

Na região $0 < x < L$, onde $U = 0$, podemos expressar a equação de Schrödinger na forma

$$\frac{d^2\psi}{dx^2} = \frac{-2\,mE}{\hbar^2}\,\psi = -k^2\psi \qquad \textbf{(7.16)}$$

onde

$$k = \frac{\sqrt{2mE}}{\hbar}$$

A solução da Equação 7.16 é uma função ψ cuja segunda derivada é a negativa da mesma função multiplicada por uma constante k^2. As funções seno e cosseno atendem a esse requisito. Portanto, a solução mais geral da equação é uma combinação linear das duas soluções:

$$\psi(x) = A \operatorname{sen} kx + B \cos kx$$

onde A e B são constantes determinadas pelas condições de contorno e normalização.

---

[9] Consideramos o poço quadrado, mesmo que sua forma seja a de um retângulo em um diagrama de energia potencial.

A primeira condição de contorno na função de onda é que $\psi(0) = 0$:

$$\psi(0) = A \text{ sen } 0 + B \cos 0 = 0 + B = 0$$

o que significa que $B = 0$. Portanto, nossa solução se reduz a

$$\psi(x) = A \text{ sen } kx$$

Ao ser aplicada à solução reduzida, a segunda condição de contorno, $\psi(L) = 0$, fornece

$$\psi(L) = A \text{ sen } kL = 0$$

Poderíamos satisfazer essa equação definindo $A = 0$, mas isto significaria $\psi = 0$ em todos os pontos, que não é uma função de onda válida. A condição de contorno será satisfeita se kL for um múltiplo inteiro de π, isto é, se $kL = n\pi$, onde n é um inteiro. Substituindo $k = \sqrt{2mE}/\hbar$ nesta expressão, obtemos

$$kL = \frac{\sqrt{2mE}}{\hbar}L = n\pi$$

Cada valor do inteiro n corresponde a uma energia quantizada chamada E_n. Ao resolvermos para as energias permitidas E_n, obtemos

$$E_n = \left(\frac{h^2}{8mL^2}\right)n^2 \tag{7.17}$$

que são idênticas às energias permitidas na Equação 7.14.

Substituindo os valores de k na função de onda, temos que as funções de onda permitidas $\psi_n(x)$ são dadas por

$$\psi_n(x) = A \text{ sen }\left(\frac{n\pi x}{L}\right) \tag{7.18}$$

que é a função de onda (Eq. 7.12) utilizada em nossa discussão inicial sobre a partícula em uma caixa.

7.4 Uma partícula em um poço de altura finita

Consideremos uma partícula em um poço de potencial *finito*, isto é, um sistema com energia potencial igual a zero, quando a partícula está na região $0 < x < L$ e igual a um valor finito U quando a partícula está fora dessa região, como na Figura 7.6. De um ponto de vista clássico, se a energia total E do sistema for inferior a U, a partícula permanecerá retida no poço de potencial. Se ela estivesse fora do poço, sua energia cinética teria de ser negativa, o que seria impossível. No entanto, segundo a Mecânica Quântica, existe uma probabilidade finita de que a partícula possa ser encontrada fora do poço, mesmo se $E < U$. Isto é, a função de onda ψ é, em geral, diferente de zero fora do poço – regiões I e III na Figura 7.6 –, de modo que a densidade de probabilidade $|\psi|^2$ também é diferente de zero nessas regiões. Apesar de essa noção parecer difícil de ser aceita, o princípio da incerteza indica que a energia do sistema é incerta. Essa incerteza permite que a partícula esteja fora do poço, desde que a violação aparente da conservação da energia não exista em nenhuma forma mensurável.

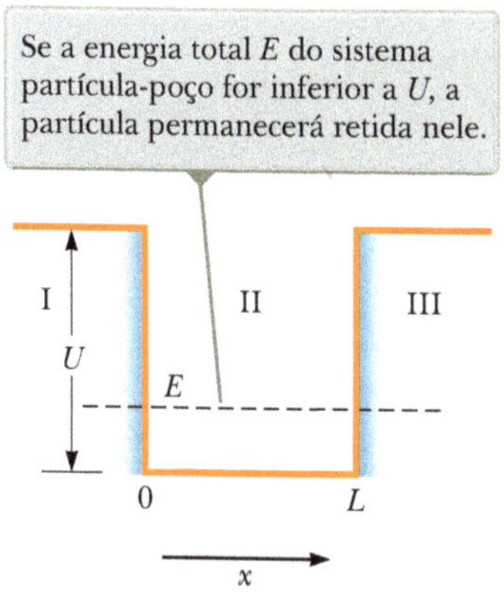

Na região II, onde $U = 0$, as funções de onda permitidas são novamente senoidais, porque representam soluções da Equação 7.16. Entretanto, as condições de contorno não mais requerem que ψ seja igual a zero nas extremidades do poço, como no caso do poço quadrado infinito.

A equação de Schrödinger para as regiões I e III pode ser expressa como

Se a energia total E do sistema partícula-poço for inferior a U, a partícula permanecerá retida nele.

Figura 7.6 Diagrama da energia potencial de um poço de altura U e comprimento L finitos.

$$\frac{d^2\psi}{dx^2} = \frac{2m(U - E)}{\hbar^2}\psi \tag{7.19}$$

216 Física para cientistas e engenheiros

Uma vez que $U > E$, o coeficiente de ψ no lado direito é necessariamente positivo. Portanto, podemos expressar a Equação 7.19 como

$$\frac{d^2\psi}{dx^2} = C^2\psi \tag{7.20}$$

onde $C^2 = 2m(U - E)/\hbar^2$ é uma constante positiva nas regiões I e III. Como podemos verificar por substituição, a solução geral da Equação 7.20 é

$$\psi = Ae^{Cx} + Be^{-Cx} \tag{7.21}$$

onde A e B são constantes.

Podemos utilizar essa solução geral como ponto de partida para a determinação da solução apropriada para as regiões I e III. A solução deve permanecer finita quando $x \to \pm\infty$. Portanto, na região I, onde $x < 0$, a função ψ não pode conter o termo Be^{-Cx}. Satisfazemos esse requisito definindo $B = 0$ nessa região para evitar um valor infinito de ψ para valores negativos grandes de x. Da mesma forma, na região III, onde $x > L$, a função ψ não pode conter o termo Ae^{Cx}. Atendemos a esse requisito definindo $A = 0$ nessa região para evitar um valor infinito de ψ para valores positivos grandes de x. Assim, as soluções nas regiões I e III são

$$\psi_{\text{I}} = Ae^{Cx} \qquad \text{para } x < 0$$

$$\psi_{\text{III}} = Be^{-Cx} \qquad \text{para } x > L$$

Na região II, a função de onda é senoidal e tem a forma geral

$$\psi_{\text{II}}(x) = F \operatorname{sen} kx + G \cos kx$$

onde F e G são constantes.

Esses resultados demonstram que as funções de onda fora do poço de potencial (onde a Física Clássica proíbe a presença da partícula) decaem exponencialmente com a distância. Para valores negativos grandes de x, ψ_{I} se aproxima de zero; para valores positivos grandes de x, ψ_{III} se aproxima de zero. Essas funções, juntamente com a solução senoidal na região II, são mostradas na Figura 7.7a para os três primeiros estados de energia. Para o cálculo da função de onda completa, impomos as seguintes condições de contorno:

$$\psi_{\text{I}} = \psi_{\text{II}} \quad \text{e} \quad \frac{d\psi_{\text{I}}}{dx} = \frac{d\psi_{\text{II}}}{dx} \quad \text{em } x = 0$$

$$\psi_{\text{II}} = \psi_{\text{III}} \quad \text{e} \quad \frac{d\psi_{\text{II}}}{dx} = \frac{d\psi_{\text{III}}}{dx} \quad \text{em } x = L$$

Essas quatro condições de contorno e a condição de normalização (Eq. 7.7) são suficientes para determinar as quatro constantes A, B, F e G e os valores permitidos da energia E. A Figura 7.7b plota as densidades de probabilidade para esses estados. Em cada caso, as funções de onda dentro e fora do poço de potencial unem-se consistentemente nos limites.

A noção de retenção de partículas em poços de potencial é aplicada ao florescente campo da **nanotecnologia**, que trata do projeto e da aplicação de dispositivos com dimensões que variam de 1 a 100 nm. A fabricação de tais dispositivos envolve, muitas vezes, a manipulação de átomos ou pequenos grupos de átomos para formar estruturas ou mecanismos diminutos.

Uma área da nanotecnologia de interesse para os pesquisadores é o **ponto quântico**, uma pequena região que é criada em um cristal de silício e atua como um poço de potencial. Essa região pode reter elétrons em estados com energias quantizadas. As funções de onda de uma partícula em um ponto quântico parecem similares às da Figura 7.7a para L na ordem de nanômetros. O armazenamento de informações binárias por meio de pontos quânticos é um campo de pesquisa ativo. Um esquema binário simples envolve a associação de um número um a um ponto quântico contendo um elétron e um número zero a um ponto vazio. Outros esquemas envolvem células de pontos múltiplos cujos arranjos de elétrons entre os pontos correspondem a uns e zeros. Vários laboratórios de pesquisa estudam as propriedades e as aplicações potenciais dos pontos quânticos. Nos próximos anos, esses laboratórios fornecerão novas informações com frequência.

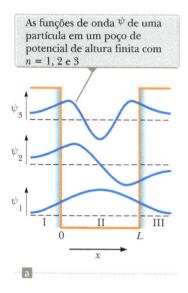
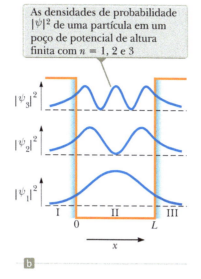

Figura 7.7 Três primeiros estados permitidos de uma partícula em um poço de potencial de altura finita, mostrados sobrepostos sobre a função de energia potencial da Figura 7.6. As funções de onda e as densidades de probabilidade são plotadas na vertical de eixos separados deslocados verticalmente para tornar a figura clara. As posições desses eixos na função da energia potencial sugerem as energias relativas dos estados.

7.5 Tunelamento através de uma barreira de energia potencial

Considere a função de energia potencial mostrada na Figura 7.8. Nesta situação, a energia potencial tem valor constante U na região de largura L e é igual a zero em todas as outras regiões.[10] Uma função de energia potencial com essa forma é chamada **barreira quadrada** e U, **altura da barreira**. Um fenômeno muito estranho e interessante ocorre quando uma partícula em movimento alcança tal barreira de altura e largura finitas. Suponha que uma partícula de energia $E < U$ incida sobre a barreira da esquerda (Fig. 7.8). De uma perspectiva clássica, a partícula é refletida pela barreira. Se ela estivesse localizada na região II, sua energia cinética seria negativa, o que não é permitido no sistema clássico. Por consequência, a região II e, portanto, a III são ambas *proibidas* do ponto de vista clássico para a partícula que incide da esquerda. Entretanto, segundo a Mecânica Quântica, todas as regiões podem ser alcançadas pela partícula, independentemente de sua energia (embora todas as regiões sejam acessíveis, a probabilidade de a partícula estar em uma região classicamente proibida é muito pequena). De acordo com o princípio da incerteza, a partícula pode estar no interior da barreira durante um intervalo de tempo curto, consistente com a Equação 6.26. Se a barreira for relativamente estreita, esse intervalo poderá permitir que a partícula passe através da barreira.

Tratemos desta situação utilizando uma representação matemática. A equação de Schrödinger tem soluções válidas em todas as três regiões. Aquelas nas regiões I e III são senoidais, como a Equação 7.18. Na região II, a solução é exponencial, como a Equação 7.21. Aplicando as condições de contorno, de modo que as funções de onda nas três regiões e suas derivadas se unam consistentemente nos limites, podemos encontrar uma solução total, tal como a representada pela curva na Figura 7.8. Visto que a probabilidade de localizarmos a partícula é proporcional a $|\psi|^2$, a de encontrarmos a partícula além da barreira na região III é diferente de zero. Esse resultado discorda totalmente da Física Clássica. O movimento da partícula em direção à extremidade mais afastada da barreira é chamado **tunelamento**, ou **penetração de barreira**.

A probabilidade do tunelamento pode ser descrita com um **coeficiente de transmissão** T e um **coeficiente de reflexão** R. O de transmissão representa a probabilidade de a partícula penetrar a barreira, passando para o outro lado; e o de reflexão é a probabilidade de que a partícula seja refletida pela barreira. Uma vez que a partícula incidente é refletida ou transmitida, requeremos que $T + R = 1$.

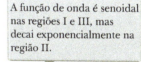
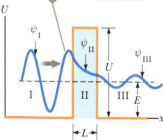

Figura 7.8 Função de onda ψ de uma partícula incidente da esquerda sobre uma barreira de altura U e largura L. A função de onda é plotada verticalmente de um eixo posicionado na energia da partícula.

Prevenção de Armadilhas 7.4

"Altura" em um diagrama de energia
A palavra *altura* (como no termo *altura da barreira*) refere-se a uma energia nas discussões de barreiras nos diagramas de energia potencial. Por exemplo, podemos dizer que a altura de uma barreira é de 10 eV. Por outro lado, a *largura* da barreira refere-se à aplicação tradicional da palavra e é a medida da extensão física real entre as posições dos dois lados verticais da barreira.

---

[10] Na Física, é comum nos referirmos a L como o *comprimento* de um poço, ou seja, a *largura* de uma barreira.

218 Física para cientistas e engenheiros

Uma expressão aproximada do coeficiente de transmissão obtida para o caso em que $T \ll 1$ (uma barreira muito larga ou muito alta, isto é, $U \gg E$) é

$$T \approx e^{-2CL} \tag{7.22}$$

onde

$$C = \frac{\sqrt{2m(U-E)}}{\hbar} \tag{7.23}$$

Esse modelo quântico da penetração de barreira e, especificamente, a Equação 7.22 mostram que T pode ser diferente de zero. O fato de que o fenômeno do tunelamento é observado experimentalmente confirma a validade dos princípios da Física Quântica.

Teste Rápido **7.4** Quais das seguintes mudanças aumentariam a probabilidade da transmissão de uma partícula através de uma barreira de potencial? Mais de uma alternativa pode estar correta. **(a)** Reduzir a largura da barreira, **(b)** aumentar a largura da barreira, **(c)** reduzir a altura da barreira, **(d)** aumentar a altura da barreira **(e)** reduzir a energia cinética da partícula incidente, **(f)** aumentar a energia cinética da partícula incidente

---

Exemplo 7.4 — Coeficiente de transmissão de um elétron

Um elétron de 30 eV incide sobre uma barreira quadrada de altura de 40 eV.

(A) Qual é a probabilidade de que o elétron atravesse a barreira por tunelamento, se sua largura for de 1,0 nm?

SOLUÇÃO

Conceitualização Uma vez que a energia da partícula é inferior à altura da barreira de potencial, esperamos que o elétron reflita da barreira com uma probabilidade de 100%, de acordo com a Física Clássica. Entretanto, por causa do fenômeno do tunelamento, existe uma probabilidade finita de que a partícula possa aparecer no outro lado da barreira.

Categorização Calculamos a probabilidade aplicando uma equação desenvolvida nesta seção; portanto, categorizamos esse exemplo como um problema de substituição.

Calcule a quantidade $U - E$, que aparece na Equação 7.23:

$$U - E = 40 \text{ eV} - 30 \text{ eV} = 10 \text{ eV}\left(\frac{1{,}6 \times 10^{-19} \text{ J}}{1 \text{ eV}}\right) = 1{,}6 \times 10^{-18} \text{ J}$$

Calcule a quantidade $2CL$ utilizando a Equação 7.23:

$$(1) \quad 2CL = 2\frac{\sqrt{2(9{,}11 \times 10^{-31} \text{ kg})(1{,}6 \times 10^{-18} \text{ J})}}{1{,}055 \times 10^{-34} \text{ J} \cdot \text{s}}(1{,}0 \times 10^{-9} \text{ m}) = 32{,}4$$

Por meio da Equação 7.22, determine a probabilidade de tunelamento através da barreira:

$$T \approx e^{-2CL} = e^{-32{,}4} = \boxed{8{,}5 \times 10^{-15}}$$

(B) Qual a probabilidade de que o elétron atravesse a barreira por tunelamento, se a largura for de 0,10 nm?

SOLUÇÃO

Neste caso, a largura L na Equação (1) é um décimo do valor anterior. Portanto, calcule o novo valor de $2CL$:

$$2CL = (0{,}1)(32{,}4) = 3{,}24$$

Da Equação 7.22, determine a nova probabilidade de tunelamento através da barreira:

$$T \approx e^{-2CL} = e^{-3{,}24} = \boxed{0{,}039}$$

Na parte (A), o elétron tem aproximadamente uma chance em 10^{14} de atravessar a barreira por tunelamento. No entanto, na parte (B), tem uma probabilidade muito maior (3,9%) de penetrar a barreira. Assim, reduzir a largura da barreira por apenas uma ordem de grandeza aumenta a probabilidade de tunelamento em cerca de 12 ordens de grandeza!

7.6 Aplicações de tunelamento

Como pudemos observar, o tunelamento é um fenômeno quântico, uma manifestação da natureza ondulatória da matéria. Existem muitos exemplos (nas escalas atômica e nuclear) nos quais o tunelamento é muito importante.

Decaimento alfa

Uma forma de decaimento radioativo é a emissão de partículas alfa (os núcleos nos átomos de hélio) de núcleos pesados instáveis (Capítulo 10). Para escapar do núcleo, uma partícula alfa deve penetrar uma barreira cuja altura é várias vezes maior que a energia do sistema núcleo-partícula alfa, como mostrado na Figura 7.9. A barreira é o resultado da combinação da força nuclear atrativa (que será discutida no Capítulo 10) e da repulsão de Coulomb (discutida no Capítulo 1 do Volume 3) entre a partícula alfa e o restante do núcleo. Às vezes, uma partícula alfa atravessa a barreira por tunelamento, o que explica o mecanismo básico deste tipo de decaimento e as grandes variações nas meias-vidas de vários núcleos radioativos.

A Figura 7.8 mostra a função de onda de uma partícula que atravessa uma barreira por tunelamento em uma dimensão. Uma função de onda similar com simetria esférica descreve a penetração da barreira de uma partícula alfa que sai de um núcleo radioativo. A função de onda existe dentro e fora do núcleo e sua amplitude é constante no tempo. Desta forma, a função de onda descreve corretamente a pequena, mas constante, probabilidade de que o núcleo decairá. O instante do decaimento não pode ser estabelecido com antecedência. Em geral, a Mecânica Quântica implica a indeterminação do futuro. Essa característica contrasta com a Mecânica

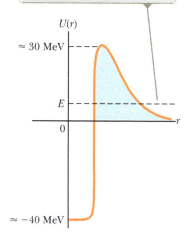

Figura 7.9 O poço de potencial para uma partícula alfa em um núcleo.

Clássica, para a qual a trajetória de um objeto pode ser calculada com uma precisão arbitrariamente alta com base no conhecimento preciso sobre sua posição e velocidade vetorial iniciais e as forças exercidas sobre ele. Não devemos concluir que o futuro é indeterminado simplesmente porque nossas informações sobre o presente são incompletas. A função de onda contém todas as informações acerca do estado de um sistema. Às vezes, podemos estipular com precisão, como no caso da energia de um sistema restrito, mas, em outros, apenas probabilidades sobre o futuro. As leis fundamentais da natureza são probabilísticas. Portanto, parece que a célebre declaração de Einstein referente à Mecânica Quântica, "Deus não joga dados", estava errada.

Um detector de radiação pode ser utilizado para demonstrar que um núcleo decai ao emitir uma partícula em determinado instante e direção. Para enfatizar o contraste entre esse resultado experimental e a função de onda que o descreve, Schrödinger imaginou uma caixa contendo um gato, uma amostra de material radioativo, um contador de radiação e um frasco de veneno. Quando um núcleo na amostra decai, o contador dispara a administração do veneno letal ao gato. A Mecânica Quântica calcula corretamente a probabilidade de encontrarmos o gato morto quando a caixa for aberta. Antes de a caixa ser aberta, o gato tem uma função de onda que o descreve como fracionadamente morto, com alguma chance de estar vivo?

Essa questão está sob investigação contínua, nunca com gatos, mas, às vezes, com experimentos de interferência com base no experimento descrito na Seção 6.7. O ato de medirmos altera o sistema de um estado probabilístico para um definido? Quando uma partícula emitida por um núcleo radioativo é detectada em uma determinada localização, a função de onda que a descreve cai instantaneamente para zero em todos os pontos no Universo? Einstein chamava essa mudança de estado "ação assombrosa a distância". Existe uma diferença fundamental entre os sistemas quântico e macroscópico? Não existe resposta para tais questões.

Fusão nuclear

A reação básica que fornece energia ao Sol e, indiretamente, a quase tudo no sistema solar é a fusão, que estudaremos no Capítulo 11. Em uma etapa do processo que ocorre no núcleo do Sol, prótons devem se aproximar uns dos outros a uma distância tão pequena que terminam por se fundir, formando um núcleo de deutério. Consulte a Seção 11.4. Segundo a Física Clássica, esses prótons não podem vencer e penetrar a barreira gerada por sua repulsão elétrica mútua. Entretanto, do ponto de vista da Mecânica Quântica, os prótons são capazes de atravessar a barreira por tunelamento e se fundir.

Microscópios de varredura por tunelamento

O microscópio de varredura por tunelamento (STM) permite aos cientistas obter imagens altamente detalhadas das superfícies com resoluções comparáveis ao tamanho de um *único átomo*. A Figura 7.10, que mostra a superfície de um pedaço de grafite, evidencia o que os STMs podem fazer. O que torna essa imagem tão notável é sua resolução de aproximadamente 0,2 nm. Para um microscópio óptico, a resolução é limitada pelo comprimento de onda da luz utilizada para gerar a imagem. Portanto, um microscópio óptico tem resolução máxima de 200 nm, cerca da metade do comprimento de onda da luz visível, de modo que nunca poderia mostrar os detalhes exibidos na Figura 7.10.

A alta resolução dos microscópios de varredura por tunelamento é alcançada por meio da aplicação da ideia básica mostrada na Figura 7.11. Uma sonda condutora de eletricidade com uma ponta muito fina é posicionada próximo da superfície a ser estudada. O espaço vazio entre a ponta e a superfície representa a "barreira", que discutimos; a ponta e a superfície são as duas paredes do "poço de potencial". Visto que obedecem a regras quânticas em vez de newtonianas, os elétrons podem atravessar a barreira do espaço vazio por tunelamento. Se uma tensão for aplicada entre a superfície e a ponta, os elétrons nos átomos do material da superfície poderão estabelecer o tunelamento, preferencialmente da superfície para a ponta, para produzir uma corrente de tunelamento. Desta forma, a ponta recolhe dados de amostra da distribuição dos elétrons imediatamente acima da superfície.

No espaço vazio entre a ponta e a superfície, a função de onda dos elétrons cai exponencialmente (veja a região II na Fig. 7.8 e consulte o Exemplo 7.4). Para distâncias da ponta à superfície $z > 1$ nm (isto é, distâncias superiores a poucos diâmetros atômicos), essencialmente nenhum tunelamento ocorre. Esse comportamento exponencial faz com que a corrente dos elétrons no tunelamento da superfície à ponta dependa de modo crítico de z. Ao monitorar a corrente de tunelamento quando a ponta varre a superfície, os cientistas obtêm uma medida detalhada da topografia da distribuição de elétrons sobre a superfície. O resultado dessa varredura é utilizado para a obtenção de imagens como a da Figura 7.10. Deste modo, o STM pode medir a altura das características superficiais com detalhes de até 0,001 nm, aproximadamente 1/100 de um diâmetro atômico!

Podemos verificar a sensibilidade dos STMs examinando a Figura 7.10. Dos seis átomos de carbono em cada anel, três aparecem mais baixos que os outros. De fato, todos os seis átomos estão à mesma altura, mas todos têm distribuições de elétrons ligeiramente diferentes. Os três que parecem mais baixos estão ligados a outros átomos de carbono diretamente abaixo deles, na camada atômica subjacente. Como resultado, suas distribuições de elétrons, responsáveis pelas ligações, se estendem para baixo da superfície. Os átomos na camada superficial que parecem mais altos não estão posicionados diretamente sobre aqueles sob a superfície e, portanto, não estão ligados a nenhum átomo subjacente. Para os que parecem mais altos, a distribuição de elétrons se estende para cima no espaço acima da superfície. Uma vez que os STMs mapeiam a topografia da distribuição de elétrons, essa densidade de elétrons extra faz com que esses átomos pareçam mais altos na Figura 7.10.

O STM tem uma grave limitação: seu funcionamento depende da condutividade elétrica da amostra e da ponta. Infelizmente, a maioria dos materiais não é eletricamente condutora em sua superfície. Mesmo os metais, que, em geral, são excelentes condutores elétricos, são cobertos por óxidos não condutores. Um tipo mais recente de microscópio, de força atômica, ou AFM (*atomic force microscope*), vence essa limitação.

Dispositivos de tunelamento ressonante

Vamos entender a discussão sobre o ponto quântico da Seção 7.4 estudando o **dispositivo de tunelamento ressonante**. A Figura 7.12a mostra sua estrutura física. A ilha de arseneto de gálio no centro é um ponto quântico localizado entre duas barreiras formadas pelas extensões delgadas de arseneto de alumínio. A Figura 7.12b mostra as duas barreiras de potencial encontradas pelos elétrons que incidem da esquerda e os níveis de energia quantizada no ponto quântico. Essa situação difere da mostrada na Figura 7.8, pois existem níveis de energia quantizada à direita da primeira barreira. Nesta

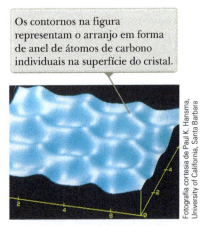

Figura 7.10 A superfície de grafite "vista" por meio de um microscópio de varredura por tunelamento. Esse tipo de microscópio permite aos cientistas observar detalhes com resolução lateral de cerca de 0,2 nm e vertical de 0,001 nm.

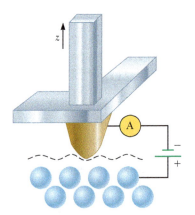

Figura 7.11 Vista esquemática de um microscópio de varredura por tunelamento (*scanning tunneling microscope*-STM). Uma varredura da ponta sobre a amostra pode revelar contornos superficiais no nível atômico. Uma imagem STM é composta por uma série de varreduras deslocadas lateralmente umas em relação às outras. Com base no desenho de P. K. Hansma, V. B. Elings, O. Marti e C. Bracker, *Science* **242**: 209, 1988. © 1988 por AAAS.

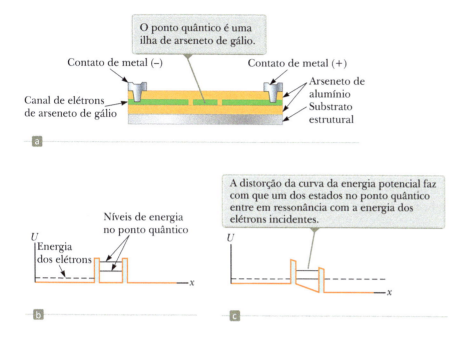

Figura 7.12 (a) Estrutura física de um dispositivo de tunelamento ressonante. (b) Diagrama da energia potencial mostrando a barreira dupla representando as paredes do ponto quântico. (c) Uma tensão é aplicada entre as extremidades do dispositivo.

figura, um elétron que atravessa a barreira por tunelamento é considerado uma partícula livre e pode ter qualquer energia. Em contraste, a segunda barreira na Figura 7.12b impõe condições de contorno à partícula e quantiza sua energia no ponto quântico. Na Figura 7.12b, quando encontra a primeira barreira, o elétron com a energia mostrada não tem níveis de energia correspondente disponíveis no lado direito da barreira, o que reduz muito a probabilidade do tunelamento.

A Figura 7.12c mostra o efeito da aplicação de uma tensão: o potencial diminui com a posição à medida que nos deslocamos para a direita no dispositivo. A deformação da barreira de potencial resulta em um nível de energia no ponto quântico que coincide com a energia dos elétrons incidentes. Essa "ressonância" das energias dá ao dispositivo seu nome. Quando a tensão é aplicada, a probabilidade de tunelamento aumenta muito e o dispositivo conduz a corrente. Dessa forma, o dispositivo pode ser utilizado como um interruptor muito rápido em uma escala nanotecnológica.

Transistores de tunelamento ressonante

A Figura 7.13a mostra a adição de um eletrodo de desbloqueio no topo do dispositivo de tunelamento ressonante sobre o ponto quântico. Esse eletrodo transforma o dispositivo em um **transistor de tunelamento ressonante**, cuja função básica é a amplificação, convertendo uma pequena tensão variável em outra grande. A Figura 7.13b, que representa um diagrama de energia potencial do transistor de tunelamento, tem inclinação na parte inferior do ponto quântico causada por tensões diferentes nos eletrodos de fonte e de dreno. Nesta configuração, não há ressonância entre as energias dos elétrons fora do ponto quântico e as energias quantizadas dentro do ponto. Quando uma tensão pequena é aplicada ao eletrodo de desbloqueio, como na Figura 7.13c, as energias quantizadas podem entrar em ressonância com a energia dos elétrons fora do poço e o tunelamento ressonante ocorre. A corrente resultante gera uma tensão em um resistor externo que é muito maior que a tensão de desbloqueio. Assim, o dispositivo amplifica o sinal de entrada para o eletrodo de desbloqueio.

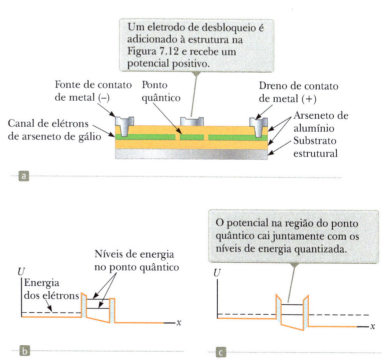

Figura 7.13 (a) Transistor de tunelamento ressonante. (b) Diagrama da energia potencial mostrando a barreira dupla representando as paredes do ponto quântico. (c) Uma tensão é aplicada ao eletrodo de desbloqueio.

7.7 Oscilador harmônico simples

Considere uma partícula sujeita a uma força de restauração linear $F = -kx$, onde k é uma constante e x a posição da partícula em relação ao ponto de equilíbrio ($x = 0$). O movimento clássico de uma partícula sujeita a tal força é o harmônico simples, discutido no Capítulo 1 do Volume 2. A energia potencial do sistema é, de acordo com a Equação 1.20 do Volume 2,

$$U = \tfrac{1}{2}kx^2 = \tfrac{1}{2}m\omega^2 x^2$$

onde a frequência angular da vibração é $\omega = \sqrt{k/m}$. Do ponto de vista clássico, se for deslocada em relação à sua posição de equilíbrio e solta, a partícula oscilará entre os pontos $x = -A$ e $x = A$, onde A é a amplitude do movimento. Além disso, sua energia total E será, segundo a Equação 1.21 do Volume 2,

$$E = K + U = \tfrac{1}{2}kA^2 = \tfrac{1}{2}m\omega^2 A^2$$

No modelo clássico, qualquer valor de E é permitido, inclusive $E = 0$, que é a energia total quando a partícula está em repouso em $x = 0$.

Analisemos como o oscilador harmônico simples é tratado do ponto de vista quântico. A equação de Schrödinger para esse problema é obtida por meio da substituição de $U = \tfrac{1}{2}m\omega^2 x^2$ na Equação 7.15:

$$-\frac{\hbar^2}{2m}\frac{d^2\psi}{dx^2} + \tfrac{1}{2}m\omega^2 x^2 \psi = E\psi \tag{7.24}$$

A técnica matemática para resolver essa equação não está no escopo deste livro. Não obstante, é instrutivo pensar em uma resolução. Consideremos a seguinte função de onda:

$$\psi = Be^{-Cx^2} \tag{7.25}$$

Substituindo essa função na Equação 7.24, demonstramos que essa é uma solução satisfatória para a equação de Schrödinger, desde que

$$C = \frac{m\omega}{2\hbar} \quad \text{e} \quad E = \tfrac{1}{2}\hbar\omega$$

Concluímos que a resolução que havíamos considerado corresponde ao estado fundamental do sistema, que tem uma energia $\tfrac{1}{2}\hbar\omega$. Visto que $C = m\omega/2\hbar$, temos da Equação 7.25 que a função de onda deste estado é

▶ **Função de onda do estado fundamental de um oscilador harmônico simples**

$$\psi = Be^{-(m\omega/2\hbar)x^2} \tag{7.26}$$

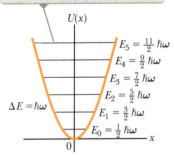

Figura 7.14 Diagrama de níveis de energia de um oscilador harmônico simples, sobreposto à função de energia potencial.

onde B é uma constante a ser determinada com base na condição de normalização. Esse resultado é apenas uma solução para a Equação 7.24. As outras soluções que descrevem os estados excitados são mais complicadas, mas todas incluem o fator exponencial e^{-Cx^2}.

Os níveis de energia de um oscilador harmônico são quantizados, como esperávamos, porque a partícula em oscilação deve permanecer próxima de $x = 0$. A energia de um estado com um número quântico arbitrário n é

$$E_n = (n + \tfrac{1}{2})\hbar\omega \quad n = 0, 1, 2, \ldots \tag{7.27}$$

O estado $n = 0$ corresponde ao estado fundamental, cuja energia é $E_0 = \frac{1}{2}\hbar\omega$; o estado $n = 1$ corresponde ao primeiro estado excitado, cuja energia é $E_1 = \frac{3}{2}\hbar\omega$, e assim por diante. O diagrama de níveis de energia deste sistema é mostrado na Figura 7.14. As separações entre os níveis adjacentes são iguais, dadas por

$$\Delta E = \hbar\omega \tag{7.28}$$

Note que os níveis de energia do oscilador harmônico na Figura 7.14 são igualmente espaçados, exatamente como proposto por Planck para os osciladores nas paredes da cavidade utilizada no modelo da radiação do corpo negro na Seção 6.1. A Equação 6.4 de Planck para os níveis de energia dos osciladores difere da 7.27 apenas no termo $\frac{1}{2}$ adicionado a n, que não afeta a energia emitida em uma transição, dada pela Equação 6.5, equivalente à 7.28. O fato de Planck ter concebido esses conceitos sem a ajuda da equação de Schrödinger é um testemunho de sua genialidade.

Exemplo 7.5 Calor específico molar do gás hidrogênio

Na Figura 7.6 do Volume 2 (Seção 7.3), que mostra o calor específico molar do hidrogênio como uma função da temperatura, a vibração não contribui para esse calor à temperatura ambiente. Explique por que, modelando a molécula de hidrogênio como um oscilador harmônico simples, a constante elástica efetiva para a ligação na molécula de hidrogênio é de 573 N/m.

SOLUÇÃO

Conceitualização Imagine o único modo de vibração disponível para uma molécula diatômica. Esse modo (mostrado na Fig. 7.5c do Volume 2) consiste em dois átomos sempre se deslocando em sentidos opostos com a mesma velocidade escalar.

Categorização Categorizamos esse exemplo como um problema de oscilador harmônico quântico, com a molécula modelada como um sistema de duas partículas.

Análise O movimento das partículas em relação ao centro de massa pode ser analisado ao considerarmos a oscilação de uma única partícula com massa reduzida μ. Consulte o Problema 40.

Utilize o resultado do Problema 40 para calcular a massa reduzida da molécula de hidrogênio, na qual as massas das duas partículas são iguais:

$$\mu = \frac{m_1 m_2}{m_1 + m_2} = \frac{m^2}{2m} = \frac{1}{2}m$$

Utilizando a Equação 7.28, calcule a energia necessária para excitar a molécula e retirá-la do seu estado vibratório fundamental e colocá-la em seu primeiro estado vibratório excitado:

$$\Delta E = \hbar\omega = \hbar\sqrt{\frac{k}{\mu}} = \hbar\sqrt{\frac{k}{\frac{1}{2}m}} = \hbar\sqrt{\frac{2k}{m}}$$

Substitua os valores numéricos, observando que m é a massa de um átomo de hidrogênio:

$$\Delta E = (1{,}055 \times 10^{-34}\,\text{J}\cdot\text{s})\sqrt{\frac{2(573\,\text{N/m})}{1{,}67 \times 10^{-27}\,\text{kg}}} = 8{,}74 \times 10^{-20}\,\text{J}$$

Defina essa energia igual a $\frac{3}{2}k_B T$ da Equação 7.19 do Volume 2 e determine a temperatura na qual a energia cinética translacional molecular é igual à requerida para excitar o primeiro estado vibratório da molécula:

$$\frac{3}{2}k_B T = \Delta E$$

$$T = \frac{2}{3}\left(\frac{\Delta E}{k_B}\right) = \frac{2}{3}\left(\frac{8{,}74 \times 10^{-20}\,\text{J}}{1{,}38 \times 10^{-23}\,\text{J/K}}\right) = 4{,}22 \times 10^3\,\text{K}$$

Finalização A temperatura do gás deve ser superior a 4.000 K para que a energia cinética translacional seja comparável à energia requerida para excitar o primeiro estado vibratório. Essa energia de excitação deve ser gerada pelas colisões entre as moléculas, de modo que, se não tiverem energia cinética translacional suficiente, elas não poderão ser excitadas para o primeiro estado vibratório e a vibração não contribuirá para o calor específico molar. Portanto, a curva na Figura 7.6 do Volume 2 não alcançará um valor correspondente à contribuição da vibração até que a temperatura do gás hidrogênio tenha aumentado para milhares kelvin.

A Figura 7.6 do Volume 2 mostra que os níveis de energia de rotação devem estar separados por um espaçamento menor para energia do que os níveis de vibração, porque estão excitados a uma temperatura menor que esses últimos. Os níveis de energia de translação são os de uma partícula em uma caixa tridimensional que contém o gás, dados por uma expressão similar à Equação 7.14. Uma vez que a caixa tem dimensões macroscópicas, L é muito grande e os níveis de energia estão muito próximos uns dos outros. De fato, eles estão tão próximos, que os níveis de energia de translação são excitados por frações de um kelvin.

224 Física para cientistas e engenheiros

Resumo

Definições

A **função de onda** Ψ de um sistema é uma função matemática que pode ser expressa como um produto de uma função espacial ψ de uma partícula do sistema por uma função temporal complexa:

$$\Psi(\vec{\mathbf{r}}_1, \vec{\mathbf{r}}_2, \vec{\mathbf{r}}_3 \dots, \vec{\mathbf{r}}_j, \dots, t) = \psi(\vec{\mathbf{r}}_j)e^{-i\omega t} \qquad (7.2)$$

onde $\omega\ (= 2\pi f)$ é a frequência angular da função de onda, e $i = \sqrt{-1}$. A função de onda contém todas as informações acerca da partícula.

A posição medida x da partícula, cujo valor médio é calculado em vários experimentos, é chamada **valor esperado** de x, definida por

$$\langle x \rangle \equiv \int_{-\infty}^{\infty} \psi^* x \psi \ dx \qquad (7.8)$$

Conceitos e Princípios

Na Mecânica Quântica, uma partícula em um sistema pode ser representada por uma função de onda $\psi(x, y, z)$. A probabilidade por unidade de volume (ou densidade de probabilidade) de que uma partícula seja encontrada em um ponto é $|\psi|^2 = \psi^*\psi$, onde ψ^* é o complexo conjugado de ψ. Se a partícula estiver restrita a se deslocar ao longo do eixo x, a probabilidade de que esteja localizada em um intervalo dx será $|\psi|^2\ dx$. Além disso, a soma de todas essas probabilidades para todos os valores de x deve ser igual a 1:

$$\int_{-\infty}^{\infty} |\psi|^2\ dx = 1 \qquad (7.7)$$

Essa expressão é chamada **condição de normalização**.

Se uma partícula de massa m estiver restrita a se deslocar em uma caixa unidimensional de comprimento L, cujas paredes sejam impenetráveis, ψ deverá ser igual a zero nas paredes e fora da caixa. As funções de onda deste sistema são dadas por

$$\psi(x) = A\ \mathrm{sen}\left(\frac{n\pi x}{L}\right) \quad n = 1, 2, 3, \dots \qquad (7.12)$$

onde A é o valor máximo de ψ. Os estados permitidos de uma partícula em uma caixa têm energias quantizadas dadas por

$$E_n = \left(\frac{h^2}{8\,mL^2}\right)n^2 \quad n = 1, 2\ ,3, \dots \qquad (7.14)$$

A função de onda de um sistema deve satisfazer a **equação de Schrödinger** que, independentemente do tempo para uma partícula restrita a se deslocar ao longo do eixo x, é

$$-\frac{\hbar^2}{2m}\frac{d^2\psi}{dx^2} + U\psi = E\psi \qquad (7.15)$$

onde U é a energia potencial do sistema e E a energia total.

continua

Modelo de Análise para Resolução de Problemas

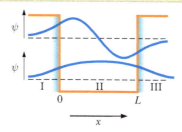

Partícula quântica sob condições de contorno. Uma interação de uma partícula quântica com seu ambiente representa uma ou mais condições de contorno. Se a interação confinar a partícula a uma região finita do espaço, a energia do sistema será quantizada. Todas as funções de onda devem satisfazer às quatro condições de contorno a seguir: (1) $\psi(x)$ deve permanecer finita quando x se aproximar de zero, (2) $\psi(x)$ deve se aproximar de zero quando x se aproximar de $\pm\infty$, (3) $\psi(x)$ deve ser contínua para todos os valores de x e (4) $d\psi/dx$ deve ser contínua para todos os valores finitos de $U(x)$. Se a solução da Equação 7.15 tiver uma propriedade específica, as condições (3) e (4) deverão ser aplicadas aos limites entre as regiões de x nas quais a Equação 7.15 foi resolvida.

Perguntas Objetivas

1. Um feixe de partículas quânticas com energia cinética de 2,00 eV é refletido de uma barreira de potencial de largura pequena e altura original de 3,00 eV. Como a fração das partículas refletidas muda quando a altura da barreira é reduzida para 2,01 eV? (a) Aumenta, (b) diminui, (c) permanece constante em zero, (d) permanece constante em um, (e) permanece constante em outro valor.

2. Uma partícula quântica de massa m_1 está em um poço quadrado com paredes de altura infinita e comprimento de 3 nm. Classifique as situações (a) a (e) de acordo com a energia da partícula, da mais alta à mais baixa, indicando quaisquer casos de igualdade. (a) A partícula de massa m_1 está no estado fundamental do poço. (b) A mesma partícula está no estado excitado $n = 2$ do mesmo poço. (c) Uma partícula de massa $2m_1$ está no estado fundamental do mesmo poço. (d) Uma partícula de massa m_1 está no estado fundamental do mesmo poço, e o princípio da incerteza foi anulado, isto é, a constante de Planck foi reduzida a zero. (e) Uma partícula de massa m_1 está no estado fundamental de um poço de comprimento de 6 nm.

3. Cada uma das afirmações a seguir de (a) a (e) é verdadeira ou falsa para um fóton? (a) Trata-se de uma partícula quântica que se comporta, em alguns experimentos, como uma partícula clássica e, em outros, como uma onda clássica. (b) Sua energia de repouso é igual a zero. (c) Transmite energia em seu movimento. (d) Transmite momento linear em seu movimento. (e) Seu movimento é descrito por uma função de onda que tem comprimento de onda e satisfaz uma equação de onda.

4. Cada uma das afirmações a seguir de (a) a (e) é verdadeira ou falsa para um elétron? (a) Trata-se de uma partícula quântica que se comporta, em alguns experimentos, como uma partícula clássica e, em outros, como uma onda clássica. (b) Sua energia de repouso é igual a zero. (c) Transmite energia em seu movimento. (d) Transmite momento linear em seu movimento. (e) Seu movimento é descrito por uma função de onda que tem comprimento de onda e satisfaz uma equação de onda.

5. Uma partícula em uma caixa rígida de comprimento L está no primeiro estado excitado para o qual $n = 2$ (Fig. PO7.5). Em que ponto a probabilidade de a partícula ser encontrada é

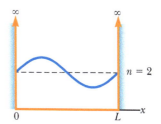

Figura PO7.5

maior? (a) No centro da caixa. (b) Em uma das extremidades da caixa. (c) Todos os pontos da caixa têm a mesma probabilidade. (d) A um quarto do percurso de qualquer extremidade da caixa. (e) Nenhuma das alternativas está correta.

6. Dois poços quadrados têm o mesmo comprimento. O 1 tem paredes de altura finita e o 2, paredes de altura infinita. Ambos contêm partículas quânticas idênticas, uma em cada um. **(i)** O comprimento de onda da função de onda no estado fundamental é (a) maior para o poço 1, (b) maior para o poço 2, ou (c) igual para os dois? **(ii)** O módulo do momento linear no estado fundamental é (a) maior para o poço 1, (b) maior para o poço 2 ou (c) igual para os

dois? **(iii)** A energia no estado fundamental da partícula é (a) maior para o poço 1, (b) maior para o poço 2 ou (c) igual para os dois?

7. A probabilidade de encontrarmos uma determinada partícula quântica no segmento do eixo x entre $x = 4$ nm e $x = 7$ nm é de 48%. A função de onda da partícula $\psi(x)$ é constante nessa faixa. Qual valor numérico pode ser atribuído a $\psi(x)$, em unidades de nm$^{-1/2}$? (a) 0,48, (b) 0,16, (c) 0,12, (d) 0,69, (e) 0,40.

8. Suponha que uma corrente de tunelamento em um dispositivo eletrônico atravesse uma barreira de energia potencial. Essa corrente é pequena, porque a largura da barreira é grande e a barreira é alta. O que deveríamos fazer para aumentar a corrente de modo mais eficaz? (a) Reduzir a largura da barreira. (b) Reduzir a altura da barreira. (c) As opções (a) e (b) são igualmente eficazes. (d) Nenhuma das alternativas, (a) ou (b), aumenta a corrente.

9. Diferente do diagrama idealizado da Figura 7.11, uma ponta típica utilizada em um microscópio de varredura por tunelamento apresenta grande inconsistência na escala atômica com vários pontos espaçados de modo irregular. Para tal ponta, a maior parte da corrente de tunelamento ocorre entre a amostra e (a) todos os pontos da ponta igualmente, (b) o ponto localizado mais próximo ao centro, (c) o ponto mais próximo da amostra ou (d) o ponto mais afastado da amostra?

10. A Figura PO7.10 representa a função de onda de uma partícula quântica hipotética em uma determinada região. No caso das alternativas *a* a *e*, para qual valor de x a partícula tem maior probabilidade de ser encontrada?

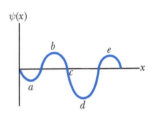

Figura PO7.10

Perguntas Conceituais

1. Richard Feynman declarou: "Certa vez, um filósofo disse que 'é uma condição fundamental da ciência que as mesmas condições sempre produzam os mesmos resultados', mas isto não ocorre!". Considerando as discussões neste capítulo, apresente um argumento demonstrando que a afirmação do filósofo é falsa. Como podemos reformular a declaração para torná-la verdadeira?

2. Discuta a relação entre a energia do estado fundamental e o princípio da incerteza.

3. Para uma partícula quântica em uma caixa, a densidade de probabilidade em determinados pontos é igual a zero, como mostra a Figura PC7.3. Esse valor implica o fato de a partícula não poder se deslocar por esses pontos? Explique.

4. Por que as funções de onda a seguir não são fisicamente possíveis para todos os valores de x? (a) $\psi(x) = Ae^x$, (b) $\psi(x) = A\,\text{tg}\,x$.

5. Qual é o significado da função de onda ψ?

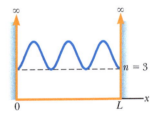

Figura PC7.3

6. Na Mecânica Quântica, é possível que a energia E de uma partícula seja inferior à energia potencial, mas, de uma perspectiva clássica, essa condição não é possível. Explique.

7. Considere as funções de onda na Figura PC7.7. Quais delas não têm significado físico no intervalo mostrado? Em relação a essas, explique por que não se qualificam.

8. Quão útil é a equação de Schrödinger na descrição dos fenômenos quânticos?

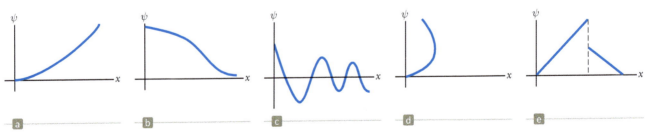

Figura PC7.7

Problemas

WebAssign Os problemas que se encontram neste capítulo podem ser resolvidos *on-line* no Enhanced WebAssign (em inglês)

1. denota problema simples;

2. denota problema intermediário;

3. denota problema de desafio;

AMT *Analysis Model Tutorial* disponível no Enhanced WebAssign (em inglês);

M denota tutorial *Master It* disponível no Enhanced WebAssign (em inglês);

PD denota problema dirigido;

W solução em vídeo *Watch It* disponível no Enhanced WebAssign (em inglês).

Seção 7.1 Função de onda

1. **M** Um elétron livre tem função de onda

$$\psi(x) = Ae^{i(5,00\times10^{10}\,x)}$$

onde x tem valor em metros. Determine (a) seu comprimento de onda de De Broglie, (b) seu momento linear e (c) sua energia cinética em elétron-volts.

2. A função de onda de uma partícula é dada por $\psi(x) = Ae^{-|x|/a}$, onde A e a são constantes. (a) Esboce essa função para valores de x no intervalo $-3a < x < 3a$. (b) Determine o valor de A. (c) Calcule a probabilidade de a partícula ser encontrada no intervalo $-a < x < a$.

3. A função de onda de uma partícula quântica é dada por $\psi(x) = Ax$ entre $x = 0$ e $x = 1,00$ e $\psi(x) = 0$ em outros pontos. Determine (a) o valor da constante de normalização A, (b) a probabilidade de que a partícula seja encontrada entre $x = 0,300$ e $x = 0,400$ e (c) o valor esperado da posição da partícula.

4. A função de onda de uma partícula quântica é

$$\psi(x) = \sqrt{\frac{a}{\pi(x^2 + a^2)}}$$

para $a > 0$ e $-\infty < x < +\infty$. Determine a probabilidade de a partícula ser localizada em algum ponto entre $x = -a$ e $x = +a$.

Seção 7.2 Modelo de análise: partícula quântica sob condições de contorno

5. (a) Aplique o modelo da partícula quântica em uma caixa para calcular os três primeiros níveis de energia de um nêutron preso em um núcleo atômico de 20,0 fm de diâmetro. (b) Explique se as diferenças de nível de energia têm uma ordem real de grandeza.

6. Um elétron, que tem energia de aproximadamente 6 eV, desloca-se entre paredes de altura infinita, separadas por 1,00 nm. Determine (a) o número quântico n do estado de energia ocupado pelo elétron e (b) a energia precisa do elétron.

7. Um elétron está contido em uma caixa unidimensional de comprimento 0,100 nm. (a) Esboce um diagrama de níveis de energia para o elétron em níveis de até $n = 4$. (b) Fótons são emitidos pelo elétron, que faz transições descendentes que finalmente poderiam levá-lo do estado $n = 4$ para o $n = 1$. Determine os comprimentos de onda de todos esses fótons.

8. *Por que a seguinte situação é impossível?* Um próton está em um poço de potencial de profundidade infinita de comprimento 1,00 nm. A partícula absorve um fóton de microonda de comprimento de onda de 6,06 mm e é excitada até o próximo estado quântico disponível.

9. **AMT** Um laser de rubi emite luz de 694,3 nm. Suponha que a luz com esse comprimento de onda se origine de uma transição de um elétron em uma caixa de seu estado $n = 2$ para $n = 1$. Calcule o comprimento da caixa.

10. Um laser emite luz com comprimento de onda λ. Suponha que essa luz se origine de uma transição de um elétron em uma caixa de seu estado $n = 2$ para $n = 1$. Calcule o comprimento da caixa.

11. A energia potencial nuclear que liga prótons e nêutrons em um núcleo é, em alguns casos, aproximada por um poço quadrado. Imagine um próton confinado em um poço quadrado de altura infinita de comprimento de 10,0 fm e diâmetro nuclear típico. Supondo que o próton faz uma transição do estado $n = 2$ para o estado fundamental, calcule (a) a energia e (b) o comprimento de onda do fóton emitido. (c) Identifique a região do espectro eletromagnético à qual esse comprimento de onda pertence.

12. **W** Um próton está restrito a se mover em uma caixa unidimensional de comprimento de 0,200 nm. (a) Determine a energia mais baixa possível do próton. (b) **E se?** Qual é a energia mais baixa possível de um elétron confinado à mesma caixa? (c) Como podemos explicar a grande diferença entre os resultados das partes (a) e (b)?

13. **W** Um elétron está confinado em uma região unidimensional na qual a energia de seu estado fundamental ($n = 1$) é de 2,00 eV. (a) Qual é o comprimento L da região? (b) Qual energia deve ser consumida para colocar o elétron em seu primeiro estado excitado?

14. Uma partícula de 4,00 g confinada em uma caixa de comprimento L tem velocidade escalar de 1,00 mm/s. (a) Qual é a energia cinética clássica da partícula? (b) Se a energia do primeiro estado excitado ($n = 2$) for igual à energia cinética encontrada na parte (a), qual será o valor de L? (c) O resultado encontrado na parte (b) é realista? Explique.

15. Um fóton com comprimento de onda λ é absorvido por um elétron confinado em uma caixa. Como resultado disso, o elétron se move do estado $n = 1$ para o $n = 4$. (a) Determine o comprimento da caixa. (b) Qual é o comprimento de onda λ' do fóton emitido na transição desse elétron do estado $n = 4$ para i estado $n = 2$?

16. Para uma partícula quântica de massa m no estado fundamental de um poço quadrado de comprimento L e paredes de altura infinita, a incerteza na posição é $\Delta x \approx L$. (a) Aplique o princípio da incerteza para determiná-la em seu momento linear. (b) Visto que a partícula permanece dentro da caixa, seu momento linear médio deve ser igual a zero. Portanto, seu momento linear médio elevado ao quadrado é $\langle p^2 \rangle \approx (\Delta p)^2$. Calcule a energia da partícula. (c) Compare o resultado da parte (b) com a energia real no estado fundamental.

228   **Física para cientistas e engenheiros**

17. Uma partícula quântica é descrita pela função de onda

$$\psi(x) = \begin{cases} A\cos\left(\dfrac{2\pi}{L}\right) & \text{para } -\dfrac{L}{4} \leq x \leq \dfrac{L}{4} \\ 0 & \text{em outro lugar} \end{cases}$$

(a) Determine a constante de normalização A. (b) Qual é a probabilidade de que a partícula será encontrada entre $x = 0$ e $x = L/8$ se sua posição for medida?

18. A função de onda de uma partícula quântica restrita a se deslocar em uma caixa unidimensional localizada entre $x = 0$ e $x = L$ é

$$\psi(x) = A\,\text{sen}\left(\frac{n\pi x}{L}\right)$$

Aplique a condição de normalização a ψ, para demonstrar que

$$A = \sqrt{\frac{2}{L}}$$

19. Uma partícula quântica em um poço quadrado de profundidade infinita tem função de onda dada por

$$\psi_2(x) = \sqrt{\frac{2}{L}}\,\text{sen}\left(\frac{2\pi x}{L}\right)$$

para $0 \leq x \leq L$ e zero em outras condições. (a) Determine o valor esperado de x. (b) Determine a probabilidade de a partícula ser encontrada próxima de ½ L, calculando a probabilidade de ela estar posicionada na faixa de $0{,}490\,L \leq x \leq 0{,}510\,L$. (c) **E se?** Determine a probabilidade de encontrarmos a partícula próxima de ¼ L, calculando a probabilidade de ela estar posicionada na faixa de $0{,}240\,L \leq x \leq 0{,}260\,L$. (d) Discuta o fato de que o resultado da parte (a) não contradiz os resultados das partes (b) e (c).

20. Um elétron em um poço quadrado de profundidade infinita tem função de onda dada por

$$\psi_3(x) = \sqrt{\frac{2}{L}}\,\text{sen}\left(\frac{3\pi x}{L}\right)$$

para $0 \leq x \leq L$ e igual a zero em outros pontos. (a) Quais são as posições mais prováveis do elétron? (b) Explique como identificá-las.

21. Um elétron está preso em um poço de potencial de profundidade infinita de 0,300 nm de comprimento. (a) Se o elétron estiver em seu estado fundamental, qual será a probabilidade de o encontrarmos dentro de uma faixa de 0,100 nm da parede esquerda? (b) Identifique a probabilidade clássica de encontrarmos o elétron nesse intervalo e compare o resultado com a resposta da parte (a). (c) Repita as partes (a) e (b) supondo que a partícula esteja no 99º estado de energia.

22. Uma partícula quântica está no estado $n = 1$ de um poço quadrado de profundidade infinita com paredes a $x = 0$ e $x = L$. Considere ℓ um valor arbitrário de x entre $x = 0$ e $x = L$. (a) Determine uma expressão para a probabilidade, como uma função de ℓ, de que a partícula seja encontrada entre $x = 0$ e $x = \ell$. (b) Esboce a probabilidade como uma função da variável ℓ/L. Escolha valores de ℓ/L variando de 0 a 1,00 em passos de 0,100. (c) Explique por que a função de probabilidade deve ter valores particulares em $\ell/L = 0$ e $\ell/L = 1$. (d) Determine o valor de ℓ para o qual a probabilidade de encontrarmos a partícula entre $x = 0$ e

$x = \ell$ é o dobro da de encontrarmos a partícula entre $x = \ell$ e $x = L$. *Sugestão*: Resolva a equação transcendental para ℓ/L numericamente.

23. **M** Uma partícula quântica em um poço quadrado de profundidade infinita tem função de onda dada por

$$\psi_1(x) = \sqrt{\frac{2}{L}}\,\text{sen}\left(\frac{\pi x}{L}\right)$$

para $0 \leq x \leq L$ e igual a zero em outros pontos. (a) Determine a probabilidade de encontrarmos a partícula entre $x = 0$ e $x = \frac{1}{3}L$. (b) Aplique o resultado deste cálculo e um argumento de simetria para determinar a probabilidade de encontrarmos a partícula entre $x = \frac{1}{3}L$ e $x = \frac{2}{3}L$. Não calcule novamente a integral.

Seção 7.3 **Equação de Schrödinger**

24. Demonstre que a função de onda $\psi = Ae^{i(kx - \omega t)}$ é uma solução da equação de Schrödinger (Eq. 7.15), onde $k = 2\pi/\lambda$ e $U = 0$.

25. A função de onda de uma partícula quântica de massa m é

$$\psi(x) = A\cos(kx) + B\,\text{sen}(kx)$$

onde A, B e k são constantes. (a) Supondo que a partícula seja livre ($U = 0$), demonstre que $\psi(x)$ é uma solução da equação de Schrödinger (Eq. 7.15). (b) Determine a energia E correspondente da partícula.

26. Considere uma partícula quântica deslocando-se em uma caixa unidimensional cujas paredes estão a $x = -L/2$ e $x = L/2$. (a) Expresse as funções de onda e as densidades de probabilidade para $n = 1$, $n = 2$ e $n = 3$. (b) Esboce-as.

27. Em uma região do espaço, uma partícula quântica com energia total igual a zero tem função de onda

$$\psi(x) = Axe^{-x^2/L^2}$$

(a) Calcule a energia potencial U como uma função de x. (b) Esboce $U(x)$ em função de x.

28. Uma partícula quântica de massa m move-se em um poço de potencial de comprimento $2L$. Sua energia potencial é infinita para $x < -L$ e para $x > +L$. Na região $-L < x < L$, sua energia potencial é dada por

$$U(x) = \frac{-\hbar^2 x^2}{mL^2(L^2 - x^2)}$$

Além disso, a partícula está em estado estacionário descrito pela função de onda $\psi(x) = A(1 - x^2/L^2)$ para $-L < x < +L$ e por $\psi(x) = 0$ em outros pontos. (a) Determine a energia da partícula em função de $\hbar$, m e L. (b) Determine a constante de normalização A. (c) Determine a probabilidade de que a partícula esteja localizada entre $x = -L/3$ e $x = +L/3$.

Seção 7.4 **Uma partícula em um poço de altura finita**

29. Esboce (a) a função de onda $\psi(x)$ e (b) a densidade de probabilidade $|\psi(x)|^2$ para o estado $n = 4$ de uma partícula quântica em um poço de potencial finito. Veja a Figura 7.7.

30. Suponha que uma partícula quântica esteja em seu estado fundamental em uma caixa que tem paredes de altura infinita (veja a Figura 7.4a). Suponha que a parede esquerda seja baixada repentinamente para uma altura e uma largura finitas. (a) Esboce qualitativamente a função de onda da partícula após um intervalo de tempo curto. (b) Se a caixa tiver um comprimento L, qual será o comprimento da onda que penetra a parede esquerda?

Seção 7.5 Tunelamento através de uma barreira de energia potencial

31. **M** Um elétron com energia cinética $E = 5,00$ eV incide sobre uma barreira de largura $L = 0,200$ nm e altura $U = 10,0$ eV (Fig. P7.31). Qual é a probabilidade de que o elétron (a) atravesse a barreira por tunelamento? (b) A partícula é refletida?

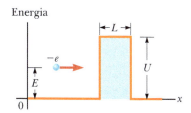

Figura P7.31 Problemas 31 e 32.

32. **W** Um elétron com energia total $E = 4,50$ eV se aproxima de uma barreira de energia retangular com $U = 5,00$ eV e $L = 950$ pm, como mostrado na Figura P7.31. De uma perspectiva clássica, o elétron não pode passar através da barreira, porque $E < U$. No entanto, do ponto de vista da Mecânica Quântica, a probabilidade de tunelamento é diferente de zero. (a) Calcule essa probabilidade, que é o coeficiente de transmissão. (b) Para qual valor a largura L da barreira de potencial teria de ser aumentada para que a chance de um elétron incidente de 4,50 eV atravessar a barreira por tunelamento seja de uma em um milhão?

33. **W** Um elétron tem energia cinética de 12,0 eV. Ele incide sobre uma barreira retangular de altura de 20,0 eV e largura de 1,00 nm. Caso o elétron absorva toda a energia de um fóton de luz verde (com comprimento de onda de 546 nm) no instante em que alcança a barreira, por qual fator a probabilidade de ele atravessar a barreira por tunelamento aumenta?

Seção 7.6 Aplicações de tunelamento

34. **W** Um microscópio de varredura por tunelamento (STM) é capaz de determinar com precisão as profundidades em uma superfície, pois a corrente através de sua ponta é muito sensível a diferenças no tamanho do espaço entre a ponta e a superfície da amostra. Suponha que a função de onda do elétron caia exponencialmente nessa direção com uma distância de decaimento de 0,100 nm, isto é, com $C = 10,0$ nm^{-1}. Determine a proporção da corrente quando a ponta do STM está 0,500 nm acima de uma superfície com a corrente correspondente à ponta a 0,515 nm acima da superfície.

35. **M** O critério de projeto para um microscópio de varredura por tunelamento (STM) típico especifica que esse deve ser capaz de detectar, na amostra abaixo de sua ponta, características superficiais que variem em altura apenas 0,00200 nm. Supondo que o coeficiente de transmissão de elétrons seja e^{-2CL} com $C = 10,0$ nm^{-1}, qual alteração porcentual na transmissão de elétrons o sistema eletrônico do STM deve ser capaz de detectar para alcançar essa resolução?

Seção 7.7 Oscilador harmônico simples

36. A função de onda de um oscilador harmônico unidimensional é

$$\psi = Axe^{-bx^2}$$

(a) Demonstre que ψ satisfaz a Equação 7.24. (b) Calcule b e a energia total E. (c) Essa função de onda refere-se ao estado fundamental ou ao primeiro estado excitado?

37. **W** Um oscilador harmônico simples quântico consiste em uma partícula de massa m ligada por uma força de restauração proporcional à sua posição relativa a um determinado ponto de equilíbrio. A constante de proporcionalidade é k. Qual é o comprimento de onda mais longo da luz que pode excitar o oscilador?

38. Um oscilador harmônico simples quântico consiste em um elétron ligado por uma força de restauração proporcional à sua posição relativa a um determinado ponto de equilíbrio. A constante de proporcionalidade é k. Qual é o comprimento de onda mais longo da luz que pode excitar o oscilador?

39. (a) Normalize a função de onda para o estado fundamental de um oscilador harmônico simples. Isto é, aplique as Equações 7.7 à 7.26 e determine o valor requerido para a constante B em função de m, ω e das constantes fundamentais. (b) Determine a probabilidade de encontrarmos o oscilador em um intervalo estreito $-\delta/2 < x < \delta/2$ em torno de sua posição de equilíbrio.

40. Duas partículas com massas m_1 e m_2 se combinam a uma mola leve de constante de força k. O sistema vibra ao longo de uma linha reta com seu centro de massa fixo. (a) Demonstre que a energia total

$$\tfrac{1}{2}m_1 u_1^2 + \tfrac{1}{2}m_2 u_2^2 + \tfrac{1}{2}kx^2$$

pode ser expressa como $\tfrac{1}{2}\mu u^2 + \tfrac{1}{2}kx^2$, onde $u = |u_1| + |u_2|$ é a velocidade escalar *relativa* das partículas e $\mu = m_1 m_2/(m_1 + m_2)$ é a massa reduzida do sistema. Esse resultado demonstra que o par de partículas em vibração livre pode ser modelado com precisão como uma única partícula vibrando em uma extremidade de uma mola, com a outra fixa. (b) Diferencie a equação

$$\tfrac{1}{2}\mu u^2 + \tfrac{1}{2}kx^2 = \text{constante}$$

em relação a x. Prossiga e demonstre que o sistema executa um movimento harmônico simples. (c) Calcule sua frequência.

41. A energia total de um sistema partícula-mola no qual a partícula se desloca em um movimento harmônico simples ao longo do eixo x é

$$E = \frac{p_x^2}{2m} + \frac{kx^2}{2}$$

onde p_x é o momento linear da partícula quântica e k, a constante elástica. (a) Aplicando o princípio da incerteza, demonstre que essa expressão também pode ser escrita como

$$E \geq \frac{p_x^2}{2m} + \frac{k\hbar^2}{8p_x^2}$$

(b) Demonstre que a energia mínima do oscilador harmônico é

$$E_{\text{mín}} = K + U = \tfrac{1}{4}\hbar\sqrt{\frac{k}{m}} + \frac{\hbar\omega}{4} = \frac{\hbar\omega}{2}$$

42. Demonstre que a Equação 7.26 é uma solução da 7.24 com energia $E = \tfrac{1}{2}\hbar\omega$.

230 Física para cientistas e engenheiros

Problemas Adicionais

43. **W** Uma partícula de massa $2{,}00 \times 10^{-28}$ kg está confinada em uma caixa unidimensional de comprimento $1{,}00 \times 10^{-10}$ m. Para $n = 1$, qual é (a) o comprimento de onda da partícula, (b) seu momento linear e (c) sua energia no estado fundamental?

44. Demonstre que o primeiro termo na equação de Schrödinger, $-(\hbar^2/2m)(d^2\psi/dx^2)$, reduz-se à energia cinética da partícula quântica multiplicada pela função de onda (a) para uma partícula movendo-se livremente, com a função de onda dada pela Equação 7.4 e (b) para uma partícula em uma caixa, com a função de onda dada pela Equação 7.13.

45. Uma partícula em uma caixa unidimensional de comprimento L está em seu primeiro estado excitado, correspondente a $n = 2$. Determine a probabilidade de a encontrarmos entre $x = 0$ e $x = L/4$.

46. Demonstre que, ao supormos $n = 0$ para uma partícula quântica em um poço de potencial de profundidade infinita, violamos o princípio da incerteza $\Delta p_x\, \Delta x \geq \hbar/2$.

47. Calcule a probabilidade de transmissão para tunelamento mecânico quântico em cada um dos casos a seguir. (a) Um elétron com déficit de energia de $U - E = 0{,}0100$ eV incidente sobre uma barreira quadrada de largura $L = 0{,}100$ nm. (b) Um elétron com déficit de energia de $1{,}00$ eV incidente sobre a mesma barreira. (c) Uma partícula alfa (massa $6{,}64 \times 10^{-27}$ kg) com um déficit de energia de $1{,}00$ MeV incidente sobre uma barreira quadrada de largura de $1{,}00$ fm. (d) Uma bola de boliche de $8{,}00$ kg com um déficit de energia de $1{,}00$ J incidente sobre uma barreira quadrada de largura de $2{,}00$ cm.

48. Um elétron em um poço de potencial de profundidade infinita tem energia de estado fundamental de $0{,}300$ eV. (a) Demonstre que o fóton emitido em uma transição do estado $n = 3$ para $n = 1$ tem comprimento de onda de 517 nm, que o torna uma luz visível verde. (b) Determine o comprimento de onda e a região espectral para cada uma das outras cinco transições que ocorrem entre os quatro níveis de energia mais baixos.

49. **W** Um átomo em um estado excitado de $1{,}80$ eV acima do estado fundamental permanece neste estado $2{,}00$ μs antes de se deslocar para o fundamental. Determine (a) a frequência e (b) o comprimento de onda do fóton emitido. (c) Determine a incerteza aproximada na energia do fóton.

50. Uma bola de gude rola para a frente e para trás em uma caixa de sapatos com velocidade constante de $0{,}8$ m/s. Calcule a ordem de grandeza da probabilidade de ela escapar através da parede da caixa por tunelamento quântico. Informe as grandezas utilizadas, como dados e os valores medidos ou calculados para elas.

51. Um elétron confinado em uma caixa absorve um fóton com comprimento de onda λ. Como resultado, o elétron faz uma transição do estado $n = 1$ para o estado $n = 3$. (a) Determine o comprimento da caixa. (b) Qual é o comprimento de onda λ' do fóton emitido quando o elétron faz uma transição do estado $n = 3$ para o estado $n = 2$?

52. Para uma partícula quântica descrita por uma função de onda $\psi(x)$, o valor esperado de uma grandeza física $f(x)$ associada a ela é definido por

$$\langle f(x) \rangle \equiv \int_{-\infty}^{\infty} \psi^* f(x)\, \psi\; dx$$

Para uma partícula em uma caixa unidimensional de profundidade infinita estendendo-se de $x = 0$ a $x = L$, demonstre que

$$\langle x^2 \rangle = \frac{L^2}{3} - \frac{L^2}{2n^2\pi^2}$$

53. Uma partícula quântica de massa m está posicionada em uma caixa unidimensional de comprimento L. Suponha que a caixa seja tão pequena, que o movimento da partícula é relativístico e $K = p^2/2m$ não é válido. (a) Obtenha uma expressão para os níveis de energia cinética da partícula. (b) Suponha que a partícula seja um elétron em uma caixa de comprimento $L = 1{,}00 \times 10^{-12}$ m. Determine sua energia cinética mais baixa possível. (c) Qual é o erro porcentual da equação não relativística? *Sugestão*: Consulte a Equação 5.23.

54. *Por que a seguinte situação é impossível?* Uma partícula está no estado fundamental de um poço quadrado infinito de comprimento L. Uma fonte de luz é ajustada, de modo que os fótons de comprimento de onda λ são absorvidos por ela quando faz uma transição para o primeiro estado excitado. Uma partícula idêntica está no estado fundamental de um poço quadrado finito de comprimento L. A fonte de luz emite fótons de mesmo comprimento de onda λ em direção a ela. Os fótons não são absorvidos, porque as energias permitidas do poço quadrado finito são diferentes das do poço quadrado infinito. Para que os fótons sejam absorvidos, deslocamos a fonte de luz a uma alta velocidade em direção à partícula no poço quadrado finito. Podemos determinar uma velocidade na qual os fótons deslocados por efeito Doppler são absorvidos quando a partícula faz uma transição para o primeiro estado excitado.

55. Uma partícula quântica tem uma função de onda

$$\psi(x) = \begin{cases} \sqrt{\dfrac{2}{a}}\, e^{-x/a} & \text{para } x > 0 \\[2mm] 0 & \text{para } x < 0 \end{cases}$$

(a) Determine e esboce a densidade de probabilidade. (b) Calcule a probabilidade de que a partícula esteja em qualquer ponto onde $x < 0$. (c) Demonstre que ψ é normalizada e, depois, (d) calcule a probabilidade de encontrarmos a partícula entre $x = 0$ e $x = a$.

56. **PD** Um elétron está restrito a se mover no plano xy em um retângulo cujas dimensões são L_x e L_y. Isto é, ele está preso em um poço de potencial bidimensional de comprimentos L_x e L_y. Nesta situação, as energias permitidas do elétron dependem de dois números quânticos, n_x e n_y e são dadas por

$$E = \frac{h^2}{8m_e}\left(\frac{n_x^2}{L_x^2} + \frac{n_y^2}{L_y^2}\right)$$

Utilizando essas informações, desejamos determinar o comprimento de onda de um fóton necessário para excitar o elétron do estado fundamental para o segundo estado excitado, supondo que $L_x = L_y = L$. (a) Com base na suposição sobre os comprimentos, escreva uma expressão para as energias permitidas do elétron em função dos números quânticos n_x e n_y. (b) Quais valores de n_x e n_y correspondem ao estado fundamental? (c) Determine a energia do estado fundamental. (d) Quais são os valores possíveis de n_x e n_y para o primeiro estado excitado, isto é, o próximo estado mais alto no que se refere à energia? (e) Quais são os valores possíveis de n_x e n_y para o segundo estado excitado? (f) Utilizando os valores da parte (e), calcule a energia do segundo estado excitado. (g) Qual é a diferença de energia entre os estados fundamental e o segundo excitado? (h) Qual é o comprimento de onda de um fóton que causa a transição entre os estados fundamental e o segundo excitado?

57. As funções de onda normalizadas para o estado fundamental, $\psi_0(x)$ e o primeiro estado excitado, $\psi_1(x)$, de um oscilador harmônico quântico são

$$\psi_0(x) = \left(\frac{a}{\pi}\right)^{1/4} e^{-ax^2/2} \quad \psi_1(x) = \left(\frac{4a^3}{\pi}\right)^{1/4} xe^{-ax^2/2}$$

onde $a = m\omega/\hbar$. Um estado misto, $\psi_{01}(x)$, é estabelecido com base nesses estados:

$$\psi_{01}(x) = \frac{1}{\sqrt{2}}[\psi_0(x) + \psi_1(x)]$$

O símbolo $\langle q \rangle_s$ denota o valor esperado da grandeza q para o estado $\psi_s(x)$. Calcule os valores esperados (a) $\langle x \rangle_0$, (b) $\langle x \rangle_1$, e (c) $\langle x \rangle_{01}$.

58. Um experimento de difração de elétrons de duas fendas é realizado com fendas de larguras *diferentes*. Quando apenas a fenda 1 está aberta, o número de elétrons que alcançam a tela por segundo é 25,0 vezes o número de elétrons que alcançam por segundo quando apenas a fenda 2 está aberta. Quando ambas estão abertas, um padrão de interferência é estabelecido no qual a interferência destrutiva não é completa. Determine a razão entre as probabilidades de um elétron que alcança um máximo de interferência e de um elétron que alcança um mínimo de interferência adjacente. *Sugestão*: Aplique o princípio da superposição.

Problemas de Desafio

59. Partículas que incidem da esquerda na Figura P7.59 encontram um degrau na energia potencial. O degrau tem altura U em $x = 0$. As partículas têm energia $E > U$. Do ponto de vista clássico, todas elas continuariam a se deslocar para a frente com velocidade reduzida. No entanto, segundo a Mecânica Quântica, uma fração das partículas é refletida no degrau. (a) Demonstre que o coeficiente de reflexão R neste caso é

$$R = \frac{(k_1 - k_2)^2}{(k_1 + k_2)^2}$$

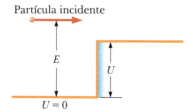

Figura P7.59

onde $k_1 = 2\pi/\lambda_1$ e $k_2 = 2\pi/\lambda_2$ são os números de onda para as partículas incidentes e transmitidas, respectivamente. Prossiga como indicado a seguir. Demonstre que a função de onda $\psi_1 = Ae^{ik_1x} + Be^{-ik_1x}$ satisfaz a equação de Schrödinger na região 1, para $x < 0$. Aqui, Ae^{ik_1x} representa o feixe incidente, e Be^{-ik_1x}, as partículas refletidas. Demonstre que $\psi_2 = Ce^{ik_2x}$ satisfaz a equação de Schrödinger na região 2 para $x > 0$. Imponha as condições de contorno $\psi_1 = \psi_2$ e $d\psi_1/dx = d\psi_2/dx$, em $x = 0$, para determinar a relação entre B e A. Depois, calcule $R = B^2/A^2$. Uma partícula que tem energia cinética $E = 7,00$ eV incide de uma região onde a energia potencial é igual a zero sobre outra em que $U = 5,00$ eV. Determine (b) sua probabilidade de ser refletida e (c) sua probabilidade de ser transmitida.

60. Considere um "cristal" que consiste em dois íons fixos de carga $+e$ e dois elétrons, como mostrado na Figura P7.60. (a) Considerando todos os pares de interações, calcule a energia potencial do sistema como uma função de d. (b) Supondo que os elétrons estejam confinados a uma caixa unidimensional de comprimento $3d$, calcule a energia cinética mínima dos dois elétrons. (c) Determine o valor de d para o qual a energia total é mínima. (d) Compare esse valor de d com o espaçamento dos átomos no lítio, que tem densidade de $0,530$ g/cm³ e massa molar de $6,94$ g/mol.

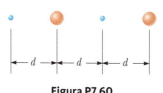

Figura P7.60

61. Um elétron está preso em um ponto quântico, que pode ser modelado como uma caixa de paredes rígidas unidimensional de comprimento $1,00$ nm. (a) Considerando $x = 0$ como o lado esquerdo da caixa, calcule a probabilidade de encontrarmos o elétron entre $x_1 = 0,150$ nm e $x_2 = 0,350$ nm para o estado $n = 1$. (b) Repita a parte (a) para o estado $n = 2$. Calcule as energias em elétrons-volt (c) no estado $n = 1$ e (d) no estado $n = 2$.

62. Um elétron é representado pela função de onda independente do tempo

$$\psi(x) = \begin{cases} Ae^{-\alpha x} & \text{para } x > 0 \\ Ae^{+\alpha x} & \text{para } x < 0 \end{cases}$$

(a) Esboce a função de onda como uma função de x. (b) Esboce a densidade de probabilidade que representa a probabilidade de o elétron ser encontrado entre x e $x + dx$. (c) Apenas um valor infinito da energia potencial poderia produzir a descontinuidade na derivada da função de onda em $x = 0$. Além desta característica, explique como $\psi(x)$ pode ser uma função de onda com significado físico. (d) Normalize a função de onda. (e) Determine a probabilidade de encontrarmos o elétron em algum ponto na faixa

$$-\frac{1}{2\alpha} \leq x \leq \frac{1}{2\alpha}$$

63. A função de onda

$$\psi = Bxe^{-(m\omega/2\hbar)x^2}$$

é uma solução do problema do oscilador harmônico simples. (a) Determine a energia deste estado. (b) Em qual posição a probabilidade de encontrarmos a partícula é menor? (c) Em quais posições essa probabilidade é maior? (d) Determine o valor de B requerido para normalizar a função de onda. (e) **E se?** Determine a probabilidade clássica de encontrarmos a partícula em um intervalo de comprimento pequeno δ centrado na posição $x = 2(\hbar/m\omega)^{1/2}$. (f) Qual é a probabilidade real de encontrarmos a partícula neste intervalo?

64. (a) Determine a constante de normalização A para uma função de onda estabelecida pelos dois estados mais baixos de uma partícula quântica em uma caixa que se estende de $x = 0$ a $x = L$:

$$\psi(x) = A\left[\mathrm{sen}\left(\frac{\pi x}{L}\right) + 4\,\mathrm{sen}\left(\frac{2\pi x}{L}\right)\right]$$

(b) Uma partícula é descrita no espaço $-a \leq x \leq a$ pela função de onda

$$\psi(x) = A\cos\left(\frac{\pi x}{2a}\right) + B\,\mathrm{sen}\left(\frac{\pi x}{a}\right)$$

Determine a relação entre os valores de A e B requeridos para a normalização.

capítulo 8

Física Atômica

- 8.1 Espectros atômicos dos gases
- 8.2 Primeiros modelos do átomo
- 8.3 Modelo de Bohr do átomo de hidrogênio
- 8.4 Modelo quântico do átomo de hidrogênio
- 8.5 Funções de onda do hidrogênio
- 8.6 Interpretação física dos números quânticos
- 8.7 Princípio da exclusão e a Tabela Periódica
- 8.8 Mais sobre espectros atômicos: luz visível e raios X
- 8.9 Transições espontâneas e estimuladas
- 8.10 Lasers

No Capítulo 7, introduzimos algumas técnicas e conceitos básicos aplicados à Mecânica Quântica, juntamente com suas aplicações a vários sistemas unidimensionais. Neste, aplicaremos a Mecânica Quântica a sistemas atômicos. Uma parte considerável deste capítulo está focada na aplicação da Mecânica Quântica ao estudo do átomo de hidrogênio. Entender esse átomo, o sistema atômico mais simples, é importante por várias razões:

- Ele é o único sistema atômico que pode ser resolvido com exatidão.
- Muito do que aprendemos no século XX acerca do átomo de hidrogênio, com seu único elétron, pode ser estendido a íons de um elétron, tais como o He$^+$ e o Li^{2+}.
- É um sistema ideal para a execução de testes precisos de comparação entre a teoria e experimentos e para ampliar nossos conhecimentos gerais sobre a estrutura atômica.

Essa rua no bairro de Ginza, Tóquio, exibe muitos letreiros de lâmpadas de néon de várias cores brilhantes. A luz dessas lâmpadas é gerada por transições entre estados de energia quantizada nos átomos contidos nas lâmpadas. Neste capítulo, estudaremos tais transições. (© Ken Straiton/Corbis)

- Os números quânticos utilizados na caracterização dos estados permitidos do hidrogênio também podem ser empregados no estudo de átomos mais complexos. Tal descrição nos possibilita entender a Tabela Periódica dos elementos; conhecimento esse que é um dos grandes triunfos da Mecânica Quântica.
- As ideias básicas sobre a estrutura atômica devem ser entendidas plenamente antes que tentemos analisar as complexidades das estruturas moleculares e a estrutura eletrônica dos sólidos.

234 Física para cientistas e engenheiros

A solução matemática integral da equação de Schrödinger aplicada ao átomo de hidrogênio fornece uma descrição perfeita e completa das propriedades do átomo. No entanto, visto que os procedimentos matemáticos envolvidos estão além do escopo deste livro, muitos detalhes serão omitidos. As soluções para alguns estados do hidrogênio serão discutidas, juntamente com os números quânticos utilizados na caracterização de vários estados permitidos. Também discutiremos o significado físico dos números quânticos e o efeito de um campo magnético sobre determinados estados quânticos.

Uma nova ideia física, o *princípio da exclusão*, será apresentada neste capítulo. Esse princípio é extremamente importante para o entendimento das propriedades dos átomos multieletrônicos e do arranjo dos elementos na Tabela Periódica.

Finalmente, aplicaremos nosso conhecimento sobre a estrutura atômica para descrever os mecanismos envolvidos na produção dos raios X e no funcionamento de um laser.

8.1 Espectros atômicos dos gases

Como observado na Seção 6.1, todos os objetos emitem radiação térmica caracterizada por uma distribuição *contínua* de comprimentos de onda. Em contraste flagrante com esse está o **espectro de linhas** *discretas*, observado quando um gás de baixa pressão é sujeito a uma descarga elétrica (a descarga elétrica ocorre quando uma diferença de potencial é estabelecida no gás, criando um campo elétrico maior que sua resistência dielétrica). A observação e a análise dessas linhas espectrais são a base da **espectroscopia de emissão**.

Quando a luz de uma descarga num gás é analisada por meio de um espectrômetro (veja a Figura 4.15), observa-se que ela consiste em algumas linhas de cor brilhante sobre um fundo geralmente escuro. Esse espectro de linhas discretas contrasta de modo evidente com as cores contínuas de um arco-íris vistas quando um sólido brilhante é observado através do mesmo instrumento. A Figura 8.1 mostra que os comprimentos de onda contidos em determinado espectro de linha são característicos do elemento que emite a luz. O espectro de linha mais simples é o do átomo de hidrogênio, e vamos descrever esse espectro em detalhes. Devido ao fato de que não há dois elementos que têm o mesmo espectro de linha, esse fenômeno representa uma prática e sensível técnica para identificar os elementos presentes em amostras desconhecidas.

Outra forma de espectroscopia muito útil na análise de substâncias é a **espectroscopia de absorção**. Um espectro de absorção é obtido quando uma luz branca de uma fonte contínua passa através de um gás ou uma solução diluída do elemento a ser analisado. O espectro de absorção consiste em uma série de linhas escuras sobrepostas ao espectro contínuo da fonte luminosa, conforme mostrado na Figura 8.1b para o hidrogênio.

O espectro de absorção de um elemento tem muitas aplicações práticas. Por exemplo, o espectro contínuo da radiação emitida pelo Sol deve passar através dos gases mais frios da atmosfera solar. As várias linhas de absorção observadas

> **Prevenção de Armadilhas 8.1**
> **Por que linhas?**
> Em geral, a frase "linhas espectrais" é utilizada na discussão da radiação de átomos. As linhas são visualizadas porque a luz passa através de uma fenda longa e muito estreita, antes de serem divididas por comprimentos de onda. Notaremos que muitas referências a essas "linhas" serão feitas em Física e Química.

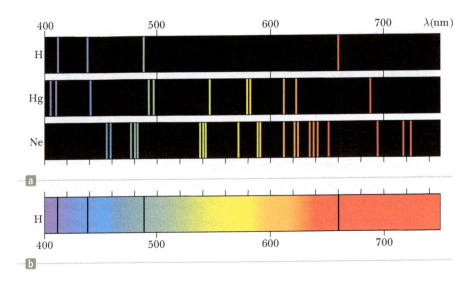

Figura 8.1 (a) Espectros de linha de emissão para hidrogênio, mercúrio e neônio. (B) O espectro de absorção para hidrogênio. Observe que as linhas de absorção escura ocorrem nos mesmos comprimentos de onda que as linhas de emissão de hidrogênio em (a). (K. W. Whitten, R. E. Davis, M. L. Peck, G. G. Stanley, *General Chemistry*, 7th ed., Belmont, CA, Brooks/Cole, 2004.)

Física Atômica   **235**

no espectro solar têm sido utilizadas para identificar elementos na atmosfera da estrela. Nos primeiros estudos do espectro solar, pesquisadores encontraram algumas linhas que não correspondiam a nenhum elemento conhecido. Um novo elemento foi descoberto! E foi chamado hélio, da palavra grega para Sol, *helios*. E, na sequência, foi isolado de um gás subterrâneo da Terra.

Por meio dessa técnica, cientistas têm examinado a luz das estrelas, que não nosso Sol e nunca detectaram elementos diferentes dos presentes na Terra. A espectroscopia de absorção também é útil na análise da contaminação por metais pesados na cadeia alimentar. Por exemplo, a primeira detecção de altos níveis de mercúrio em atuns foi realizada graças à espectroscopia de absorção atômica.

As emissões discretas da luz de descargas em gases são utilizadas em letreiros de néon, tais como os mostrados na primeira fotografia deste capítulo. O neônio, primeiro gás utilizado nesse tipo de letreiro, cujo nome o identifica, emite de modo intenso na região do vermelho. Como resultado, um tubo de vidro cheio desse gás emite luz vermelha brilhante quando uma tensão aplicada gera uma descarga contínua. Os primeiros letreiros utilizavam diferentes gases para a obtenção de cores variadas, apesar de seu brilho ser, em geral, muito fraco. Muitos dos letreiros de neônio modernos contêm vapor de mercúrio, que emite intensamente na faixa do ultravioleta do espectro eletromagnético. A parte interna dos tubos de vidro dos letreiros atuais é revestida com um material que emite uma determinada cor quando absorve a radiação ultravioleta do mercúrio. Essa cor é resultado particular da seleção do material. Uma lâmpada fluorescente doméstica funciona da mesma maneira, com um material de emissão de luz branca revestindo o interior do tubo de vidro.

De 1860 a 1885, os cientistas acumularam muitas informações sobre as emissões atômicas utilizando medições espectroscópicas. Em 1885, um professor suíço, Johann Jacob Balmer (1825-1898), formulou uma equação empírica que calculava corretamente os comprimentos de onda de quatro linhas de emissão visíveis do hidrogênio: H_α (vermelha), H_β (verde-azulada), H_γ (azul-violeta) e H_δ (violeta). A Figura 8.2 mostra essas e outras linhas (na faixa do ultravioleta) no espectro de emissão do hidrogênio. As quatro linhas visíveis ocorrem nos comprimentos de onda de 656,3 nm, 486,1 nm, 434,1 nm e 410,2 nm. O conjunto completo de linhas é chamado **série de Balmer**. Os comprimentos de onda dessas linhas podem ser descritos pela equação a seguir, que é uma modificação feita por Johannes Rydberg (1854-1919) da equação original de Balmer:

$$\frac{1}{\lambda} = R_H \left(\frac{1}{2^2} - \frac{1}{n^2} \right) \quad n = 3, 4, 5, \ldots \qquad \text{(8.1)} \qquad \blacktriangleleft \text{ Série de Balmer}$$

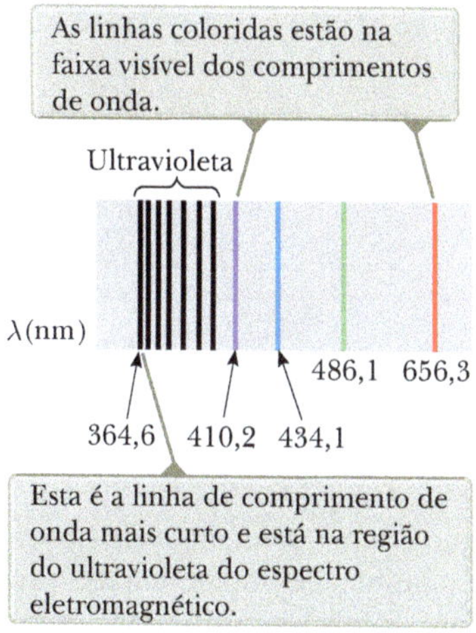

onde R_H é uma constante agora chamada **constante de Rydberg**, cujo valor é $1,0973732 \times 10^7$ m^{-1}. Os valores inteiros de n de 3 a 6 fornecem as quatro linhas visíveis de 656,3 nm (vermelha) a 410,2 nm (violeta). A Equação 8.1 também descreve as linhas espectrais do ultravioleta na série de Balmer, se n for estendido para além de $n = 6$. O **limite da série** é o comprimento de onda mais curto na série e corresponde a $n \to \infty$, com comprimento de onda de 364,6 nm, como na Figura 8.2. As linhas espectrais medidas correspondem à equação empírica, a 8.1, com uma precisão de 0,1%.

Depois da descoberta feita por Balmer, outras linhas no espectro do hidrogênio foram encontradas. Esses espectros são chamados séries de Lyman, Paschen e Brackett, em homenagem a seus descobridores. Os comprimentos de onda das linhas nessas séries podem ser calculados por meio das seguintes equações empíricas:

As linhas coloridas estão na faixa visível dos comprimentos de onda.

Figura 8.2 A série de Balmer de linhas espectrais do hidrogênio atômico, com várias linhas marcadas com o comprimento de onda em nanômetros (o eixo horizontal de comprimentos de onda não está em escala).

$$\frac{1}{\lambda} = R_H \left(1 - \frac{1}{n^2} \right) \quad n = 2, 3, 4, \ldots \qquad \text{(8.2)} \qquad \blacktriangleleft \text{ Série de Lyman}$$

$$\frac{1}{\lambda} = R_H \left(\frac{1}{3^2} - \frac{1}{n^2} \right) \quad n = 4, 5, 6, \ldots \qquad \text{(8.3)} \qquad \blacktriangleleft \text{ Série de Paschen}$$

$$\frac{1}{\lambda} = R_H \left(\frac{1}{4^2} - \frac{1}{n^2} \right) \quad n = 5, 6, 7, \ldots \qquad \text{(8.4)} \qquad \blacktriangleleft \text{ Série de Brackett}$$

Não havia base teórica para essas equações; elas simplesmente funcionavam. A mesma constante R_H aparece em cada uma delas e todas envolvem inteiros pequenos. Na Seção 8.3 discutiremos o feito notável de uma teoria do átomo do hidrogênio que forneceu uma explicação para essas equações.

Joseph John Thomson
Físico inglês (1856-1940)
Ganhador do prêmio Nobel de Física em 1906, Thomson é geralmente considerado o descobridor do elétron. Ele abriu o campo da Física das partículas subatômicas com seu trabalho extensivo sobre a deflexão dos raios catódicos (elétrons) em um campo elétrico.

8.2 Primeiros modelos do átomo

O modelo do átomo na época de Newton consistia em uma pequena esfera, dura e indestrutível. Não obstante esse modelo tenha fornecido uma boa base para a teoria cinética dos gases (Capítulo 7 do Volume 2), novos modelos tiveram de ser formulados quando experimentos revelaram a natureza elétrica dos átomos. Em 1897, J. J. Thomson estabeleceu a razão carga/massa dos elétrons. No ano seguinte, Thomson sugeriu um modelo que descreve o átomo como uma região na qual a carga positiva está espalhada no espaço com elétrons incrustados em toda a região, de modo muito parecido com as sementes em uma melancia ou ameixas em um pudim consistente (Fig. 8.3). O átomo como um todo seria eletricamente neutro.

Em 1911, Ernest Rutherford (1871-1937) e seus alunos Hans Geiger e Ernest Marsden conduziram um experimento crucial que demonstrou que o modelo de Thomson poderia não estar correto. Nesse experimento, um feixe de partículas alfa carregadas positivamente (núcleos de hélio) foi projetado sobre uma folha delgada de metal, como o alvo na Figura 8.4a. A maioria das partículas passou através da folha, como se essa fosse um espaço vazio, mas alguns dos resultados do experimento foram impressionantes. Muitas das partículas que defletiram de sua direção de deslocamento original espalharam-se em ângulos *grandes*. Algumas defletiram até mesmo para trás, invertendo completamente o sentido de deslocamento! Quando informado por Geiger de que algumas partículas alfa haviam se espalhado para trás, Rutherford registrou: "Esse foi simplesmente o evento mais incrível que ocorreu em minha vida. Era quase como se você disparasse um cartucho de 15 polegadas contra uma folha de papel de seda e o projétil voltasse e o alvejasse".

Com base no modelo de Thomson, tais grandes deflexões não eram esperadas. De acordo com esse modelo, a carga positiva de um átomo na folha é espalhada num volume tão grande (todo o átomo) que não há concentração suficiente para gerar deflexões em ângulos grandes das partículas alfa carregadas positivamente. Além disso, os elétrons são tão menos massivos que as partículas alfa, que também não causam espalhamento em ângulos grandes. Rutherford explicou seus resultados impressionantes desenvolvendo um novo modelo atômico, no qual supunha-se que a carga positiva no átomo estivesse concentrada em uma região que era pequena em comparação com o tamanho do átomo. Ele chamou essa concentração de cargas positivas de **núcleo** do átomo. Supôs-se, então, que quaisquer elétrons pertencentes ao átomo estivessem no volume relativamente grande fora do núcleo. Para explicar por que esses elétrons não eram puxados para o núcleo pela força atrativa elétrica, Rutherford os modelou se deslocando em órbitas em torno do núcleo da mesma maneira pela qual os planetas orbitam o Sol (Fig. 8.4b). Por esse motivo, esse modelo é, em geral, chamado modelo planetário do átomo.

Existem duas dificuldades básicas no modelo planetário de Rutherford. Como vimos na Seção 8.1, um átomo emite (e absorve) determinadas frequências características da radiação eletromagnética e não outras. Mas esse modelo não pode explicar esse fenômeno. A segunda dificuldade é que os elétrons de Rutherford estão sujeitos a uma aceleração centrípeta. Segundo a teoria de Maxwell do Eletromagnetismo, cargas aceleradas centripetamente girando com frequência f devem irradiar ondas eletromagnéticas de frequência f. Infelizmente, esse modelo clássico leva à autodestruição quando aplicado ao átomo. Identificando o elétron e o próton como um sistema não isolado para energia, a Equação 8.2 se torna $\Delta K + \Delta U = T_{RE}$, onde K é a energia cinética do elétron, U é a energia elétrica potencial do sistema elétron-núcleo, e T_{RE} representa a radiação eletromagnética resultante. À medida que a energia deixa o sistema, o raio da órbita do elétron

Figura 8.3 Modelo do átomo de Thomson.

Os elétrons são pequenas cargas negativas em vários locais dentro do átomo.

A carga positiva do átomo está distribuída uniformemente em um volume esférico.

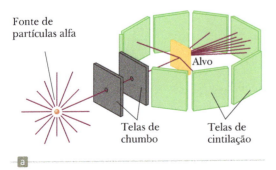

Fonte de partículas alfa

Alvo

Telas de chumbo

Telas de cintilação

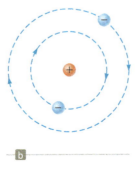

Figura 8.4 (a) Técnica de Rutherford para observação do espalhamento de partículas alfa de um alvo de folha delgada. A fonte é uma substância radioativa que ocorre naturalmente, tal como o rádio. (b) Modelo planetário do átomo de Rutherford.

diminui constantemente (Figura 8.5). Esse é um sistema não isolado para momento angular porque não existe torque no sistema. Desse modo, à medida que o elétron se mover para mais próximo do núcleo, a velocidade angular do elétron vai aumentar, exatamente como acontece com o skatista, na Figura 11.10, Seção 11.4 do Volume 1. Esse processo leva a uma frequência cada vez maior de radiação emitida e a um colapso definitivo do átomo à medida que o elétron mergulha no núcleo.

8.3 Modelo de Bohr do átomo de hidrogênio

Dada a situação descrita no final da Seção 8.2, o palco estava preparado para Niels Bohr, em 1913, quando apresentou um novo modelo do átomo de hidrogênio, que superou as dificuldades do modelo planetário de Rutherford. Bohr aplicou as ideias de Planck dos níveis de energia quantizada (Seção 6.1) aos elétrons atômicos em órbita concebidos por Rutherford. A teoria de Bohr foi historicamente importante para o desenvolvimento da Física Quântica e parecia explicar a série de linhas espectrais descrita pelas Equações 8.1 a 8.4. Apesar de o modelo de Bohr ser, agora, considerado obsoleto e ter sido totalmente substituído por uma teoria mecânico-quântica probabilística, podemos utilizá-lo para desenvolver as noções de quantização da energia e da quantidade de movimento angular, como aplicadas a sistemas de dimensões atômicas.

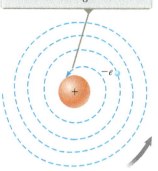

Figura 8.5 O modelo clássico do átomo nuclear prevê seu decaimento.

Bohr combinou ideias da teoria quântica original de Planck, o conceito de fóton de Einstein, o modelo planetário do átomo de Rutherford e a mecânica newtoniana para estabelecer um modelo semiclássico estrutural com base em algumas ideias revolucionárias. Os postulados da teoria de Bohr, como aplicados ao átomo de hidrogênio, são os seguintes:

1. *Componentes físicos*
   O elétron se move em órbitas circulares em torno do próton sob a influência da força elétrica de atração, como mostrado na Figura 8.6.
2. *Comportamento dos componentes*
   (a) Apenas determinadas órbitas do elétron são estáveis. Quando em um desses **estados estacionários**, como Bohr os chamou, o elétron não emite energia na forma de radiação, mesmo em aceleração. Portanto, a energia total do átomo permanece constante e a Mecânica Clássica pode ser utilizada para descrever o movimento do elétron. O modelo de Bohr afirma que o elétron em aceleração centrípeta não emite radiação de forma contínua, perdendo energia e, finalmente, espiralando até o núcleo, como previsto pela Física Clássica na forma do modelo planetário de Rutherford.

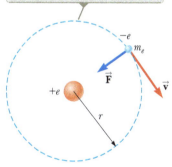

Figura 8.6 Diagrama representando o modelo de Bohr do átomo de hidrogênio.

   (b) O átomo emite radiação quando o elétron faz uma transição de um estado estacionário, inicialmente de maior energia, para outro estacionário de menor energia. Essa transição não pode ser visualizada ou tratada de modo clássico. Em particular, a frequência f do fóton emitido na transição está relacionada à alteração na energia do átomo e não é igual à frequência do movimento orbital do elétron. A frequência da radiação emitida é determinada pela expressão da conservação de energia

$$E_i - E_f = hf \tag{8.5}$$

onde E_i é a energia do estado inicial, E_f a energia do estado final e $E_i > E_f$. Além disso, a energia de um fóton incidente pode ser absorvida pelo átomo, mas apenas se o fóton tiver uma energia que corresponda exatamente à diferença de energia entre um estado permitido do átomo e outro de energia mais alta. Logo após a absorção, o fóton desaparece e o átomo faz uma transição para o estado de energia mais alta.
   (c) As dimensões da órbita permitida de um elétron são determinadas por uma condição imposta ao momento angular orbital do elétron – as órbitas permitidas são aquelas para as quais o momento angular orbital do elétron em torno do núcleo é quantizado e igual a um múltiplo inteiro de $\hbar = h/2\pi$,

$$m_e v r = n\hbar \qquad n = 1, 2, 3, \ldots \tag{8.6}$$

onde m_e é a massa do elétron, v a velocidade escalar do elétron em sua órbita e r o raio orbital.

Esses postulados são uma combinação dos princípios estabelecidos e ideias totalmente novas e não testadas naquela época. A Propriedade 1, da Mecânica Clássica, trata do elétron em órbita em torno do núcleo do mesmo modo pelo qual

Niels Bohr
Físico dinamarquês (1885-1962)

Bohr foi um participante ativo no desenvolvimento inicial da Mecânica Quântica e definiu boa parte de sua estrutura filosófica. Durante as décadas de 1920 e 1930, foi chefe do Instituto de Estudos Avançados em Copenhague. O instituto era um ponto de convergência para muitos dos melhores físicos do mundo e um fórum para a troca de ideias. Bohr recebeu o prêmio Nobel de Física de 1922 por sua pesquisa sobre a estrutura de átomos e da radiação que emana deles. Quando Bohr visitou os Estados Unidos em 1939 para participar de uma conferência científica, ele apresentou relatos de que a fissão do urânio havia sido observada por Hahn e Strassman em Berlim. Os resultados foram os fundamentos da arma nuclear desenvolvida nos Estados Unidos durante a Segunda Guerra Mundial.

tratamos um planeta em órbita circular de uma estrela utilizando o modelo de análise de partícula em movimento circular uniforme. A Propriedade 2(a) foi uma nova ideia radical em 1913, totalmente contrária ao que se conhecia acerca do eletromagnetismo até então. A Propriedade 2(b) representa o princípio da conservação da energia conforme descrito pelo modelo de sistema não isolado para energia. A Propriedade (c) era outra nova ideia que não tinha base na Física Clássica.

A Propriedade 2(b) implica qualitativamente a existência de um espectro característico de linhas de emissão discretas *e também* um espectro de linhas de absorção. Aplicando esses postulados, calculamos os níveis de energia permitidos e determinamos os valores quantitativos dos comprimentos de onda de emissão do átomo de hidrogênio.

A energia potencial elétrica do sistema mostrado na Figura 8.6 é determinada pela Equação 3.13 do Volume 3, $U = k_e q_1 q_2 / r = -k_e e^2 / r$, onde k_e é a constante de Coulomb e o sinal negativo origina-se da carga $-e$ no elétron. Portanto, a energia *total* do átomo, que consiste na energia cinética do elétron e na energia potencial do sistema, é

$$E = K + U = \tfrac{1}{2} m_e v^2 - k_e \frac{e^2}{r} \qquad (8.7)$$

O elétron é modelado como uma partícula em movimento circular uniforme, de modo que a força elétrica $k_e e^2 / r^2$ exercida sobre o elétron deve ser igual ao produto de sua massa por sua aceleração centrípeta ($a_c = v^2/r$):

$$\frac{k_e e^2}{r^2} = \frac{m_e v^2}{r}$$

$$v^2 = \frac{k_e e^2}{m_e r} \qquad (8.8)$$

Da Equação 8.8, determinamos que a energia cinética do elétron é

$$K = \tfrac{1}{2} m_e v^2 = \frac{k_e e^2}{2r}$$

Substituindo esse valor de K na Equação 8.7, obtemos a seguinte expressão para a energia total do átomo:[1]

$$E = - \frac{k_e e^2}{2r} \qquad (8.9)$$

Uma vez que a energia total é *negativa*, o que indica um sistema elétron-próton limitado, a energia na quantidade de $k_e e^2 / 2r$ deve ser adicionada ao átomo para que o elétron seja removido e a energia total do sistema seja igual a zero.

Podemos obter uma expressão para r, o raio das órbitas permitidas, resolvendo a Equação 8.6 para v^2 e igualando-a à 8.8:

$$v^2 = \frac{n^2 \hbar^2}{m_e^2 r^2} = \frac{k_e e^2}{m_e r}$$

$$r_n = \frac{n^2 \hbar^2}{m_e k_e e^2} \qquad n = 1, 2, 3, \ldots \qquad (8.10)$$

A Equação 8.10 mostra que os raios das órbitas permitidas têm valores discretos, isto é, são quantizados. O resultado tem como base a *suposição* de que o elétron possa existir apenas em determinadas órbitas permitidas, definidas pelo inteiro n (postulado 2(c) de Bohr).

A órbita com o menor raio, chamado **raio de Bohr** a_0, corresponde a $n = 1$, cujo valor é

Raio de Bohr ▶

$$a_0 = \frac{\hbar^2}{m_e k_e e^2} = 0,0529 \text{ nm} \qquad (8.11)$$

---

[1] Compare a Equação 8.9 com sua correspondente gravitacional, a Equação 13.19 do Volume 1.

Substituindo a Equação 8.11 na 8.10, obtemos uma expressão geral para o raio de qualquer órbita no átomo de hidrogênio:

$$r_n = n^2 a_0 = n^2 (0{,}0529 \text{ nm}) \qquad n = 1, 2, 3, \ldots \qquad (8.12)$$

◀ **Raios das órbitas de Bohr no hidrogênio**

A teoria de Bohr determina um valor para o raio de um átomo de hidrogênio na ordem de grandeza correta com base em medições experimentais. Esse resultado foi um grande triunfo da sua teoria. As três primeiras órbitas de Bohr estão mostradas em escala na Figura 8.7.

A quantização dos raios da órbita leva à quantização da energia. Substituindo $r_n = n^2 a_0$ na Equação 8.9, obtemos

$$E_n = -\frac{k_e e^2}{2 a_0}\left(\frac{1}{n^2}\right) \quad n = 1, 2, 3, \ldots \qquad (8.13)$$

Aplicando valores numéricos nesta expressão, concluímos que

$$E_n = -\frac{13{,}606 \text{ eV}}{n^2} \quad n = 1, 2, 3, \ldots \qquad (8.14)$$

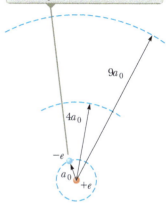

Figura 8.7 As três primeiras órbitas circulares previstas pelo modelo de Bohr do átomo de hidrogênio.

Apenas energias que satisfazem a essa equação são permitidas. O nível mais baixo de energia permitido, o estado fundamental, tem $n = 1$ e energia $E_1 = -13{,}606$ eV. O próximo nível, o primeiro estado excitado, tem $n = 2$ e energia $E_2 = E_1/2^2 = -3{,}401$ eV. A Figura 8.8 é um diagrama de níveis de energia que mostra as energias desses estados de energia discretos e os números quânticos n correspondentes. O nível mais alto corresponde a $n = \infty$ (ou $r = \infty$) e $E = 0$.

Observe o quanto as energias permitidas do átomo de hidrogênio diferem das da partícula em uma caixa. As energias dessa última (Eq. 7.14) aumentam para n^2, de modo que a diferença entre elas aumenta quando n aumenta. Por outro lado, as energias do átomo de hidrogênio (Eq. 8.14) variam inversamente com n^2, de modo que a separação entre as energias se torna menor quando n aumenta. A separação entre os níveis de energia se aproxima de zero quando n se aproxima do infinito, e a energia, de zero.

Energia igual a zero representa o limite entre um sistema limitado de um elétron e um próton e um sistema ilimitado. Se a energia do átomo aumentar do estado fundamental para qualquer energia maior que zero, o átomo será **ionizado**. A energia mínima requerida para ionizar o átomo em seu estado fundamental é chamada **energia de ionização**. Como podemos observar na Figura 8.8, a energia de ionização do hidrogênio no estado fundamental, com base no cálculo de Bohr, é de 13,6 eV. Essa descoberta foi outro resultado importante da teoria de Bohr, porque a energia de ionização do hidrogênio já tinha sido medida em 13,6 eV.

As Equações 8.5 e 8.13 podem ser aplicadas para calcular a frequência do fóton emitido quando o elétron faz a transição de uma órbita externa para uma interna:

$$f = \frac{E_i - E_f}{h} = \frac{k_e e^2}{2 a_0 h}\left(\frac{1}{n_f^2} - \frac{1}{n_i^2}\right) \qquad (8.15)$$

Visto que a grandeza medida experimentalmente é o comprimento de onda, é conveniente utilizar $c = f\lambda$ para expressar a Equação 8.15 em função do comprimento de onda:

$$\frac{1}{\lambda} = \frac{f}{c} = \frac{k_e e^2}{2 a_0 h c}\left(\frac{1}{n_f^2} - \frac{1}{n_i^2}\right) \qquad (8.16)$$

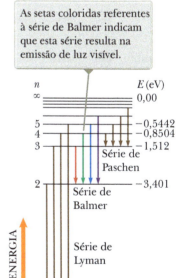

Figura 8.8 Diagrama de níveis de energia do átomo de hidrogênio. Números quânticos são indicados à esquerda, e as energias (em elétrons-volt) à direita. As setas verticais representam as quatro transições de energia mais baixas para cada série espectral mostrada.

Deve-se observar que essa expressão, puramente teórica, é *idêntica* à forma geral das relações empíricas descobertas por Balmer e Rydberg, dada pelas Equações 8.1 a 8.4:

240 Física para cientistas e engenheiros

$$\frac{1}{\lambda} = R_{\mathrm{H}} \left(\frac{1}{n_f^2} - \frac{1}{n_i^2} \right) \tag{8.17}$$

> **Prevenção de Armadilhas 8.2**
>
> **O modelo de Bohr é sensacional, mas...**
>
> O modelo de Bohr prevê corretamente a energia de ionização e as características gerais do espectro do hidrogênio, mas não pode explicar os espectros de átomos mais complexos e é incapaz de determinar muitos detalhes sutis dos espectros do hidrogênio e outros átomos simples. Experimentos de espalhamento demonstram que o elétron em um átomo de hidrogênio não se move em um círculo plano em torno do núcleo. Em vez disso, o átomo é esférico. O momento angular no estado fundamental do átomo é igual a zero, e não $\hbar$.

desde que a constante $k_e e^2/2a_0 hc$ seja igual à constante de Rydberg determinada experimentalmente. Logo após Bohr ter demonstrado que essas duas grandezas apresentavam uma correspondência com uma variação de aproximadamente 1%, essa pesquisa foi reconhecida como o maior marco de sua nova teoria quântica do átomo de hidrogênio. Além disso, Bohr demonstrou que todas as séries espectrais do hidrogênio têm uma interpretação natural em sua teoria. As diferentes séries correspondem a transições para diferentes estados finais caracterizados pelo número quântico n_f. A Figura 8.8 mostra a origem dessas séries espectrais como transições entre níveis de energia.

Bohr estendeu seu modelo do hidrogênio para outros elementos nos quais todos, menos um elétron, haviam sido removidos. Esses sistemas têm a mesma estrutura do átomo de hidrogênio, mas com a carga nuclear maior. Acreditava-se que elementos ionizados, tais como He^+, Li^{2+} e Be^{3+}, existissem em atmosferas estelares quentes, onde colisões atômicas têm com frequência energia suficiente para remover totalmente um ou mais elétrons atômicos. Bohr demonstrou que muitas linhas misteriosas observadas nos espectros do Sol e de várias outras estrelas não poderiam ser causadas pelo hidrogênio, mas, sim, previstas corretamente por sua teoria se atribuídas ao hélio ionizado individualmente. Em geral, o número de prótons no núcleo de um átomo é chamado **número atômico** do elemento, indicado pelo símbolo Z. Para descrever um único elétron orbitando um núcleo fixo de carga $+Ze$, a teoria de Bohr fornece

$$r_n = (n^2)\frac{a_0}{Z} \tag{8.18}$$

$$E_n = -\frac{k_e e^2}{2a_0} \left(\frac{Z^2}{n^2} \right) \quad n = 1, 2, 3, \ldots \tag{8.19}$$

Embora bem-sucedida ao confirmar alguns resultados experimentais referentes ao átomo de hidrogênio, a teoria de Bohr apresentou algumas dificuldades. Uma das primeiras indicações de que essa teoria precisava ser modificada apareceu quando técnicas espectroscópicas aprimoradas foram aplicadas à análise das linhas espectrais do hidrogênio. Constatou-se que muitas das linhas na série de Balmer e em outras séries não eram únicas. Em vez disso, cada uma era um grupo de linhas separadas por um espaçamento muito pequeno. Outra dificuldade foi notada em algumas situações quando determinadas linhas espectrais únicas se dividiam em três, separadas por um espaçamento pequeno, quando os átomos eram colocados em um campo magnético intenso. Tentativas de explicar essas e outras contradições em relação ao modelo de Bohr levaram a modificações na teoria e, finalmente, à sua substituição por outra, que discutiremos na Seção 8.4.

Princípio da correspondência de Bohr

Em nosso estudo da relatividade, descobrimos que a mecânica newtoniana é um caso especial da mecânica relativística, que se aplica somente a velocidades muito inferiores a c. De modo similar,

> a Física Quântica concorda com a clássica quando a diferença entre os níveis quantizados se torna extremamente pequena.

Esse princípio, formulado inicialmente por Bohr, é chamado **princípio da correspondência**.[2]

Por exemplo, considere um elétron orbitando o átomo de hidrogênio com $n > 10.000$. Para tais valores grandes de n, as diferenças de energia entre níveis adjacentes se aproximam de zero. Dessa forma, os níveis são quase contínuos. Em consequência, o modelo clássico é preciso o suficiente para descrever o sistema para valores grandes de n. Segundo o ponto de vista clássico, a frequência da luz emitida pelo átomo é igual à de revolução do elétron em sua órbita em torno do núcleo. Cálculos demonstram que, para $n > 10.000$, essa frequência é diferente da prevista pela Mecânica Quântica por menos de 0,015%.

---

[2] Na realidade, o princípio da correspondência é o ponto inicial da Propriedade 1 de Bohr sobre a quantização do momento angular. Para saber como essa propriedade se origina do princípio da correspondência, consulte J. W. Jewett Jr., *Physics Begins with Another M... Mysteries, Magic, Myth, and Modern Physics* (Boston: Allyn & Bacon, 1996), p. 353-356.

Física Atômica **241**

Teste Rápido 8.1 Um átomo de hidrogênio está em seu estado fundamental. Um fóton com energia de 10,5 eV incide sobre o átomo. Qual é o resultado? **(a)** O átomo é excitado e transferido para um estado superior permitido. **(b)** O átomo é ionizado. **(c)** O fóton passa pelo átomo sem interação.

Teste Rápido 8.2 Um átomo de hidrogênio faz uma transição do nível $n = 3$ para o $n = 2$. Depois, a partícula faz uma transição do nível $n = 2$ para o $n = 1$. Qual transição resulta na emissão do fóton com o comprimento de onda mais longo? **(a)** A primeira, **(b)** a segunda, **(c)** nenhuma, pois o comprimento de onda é o mesmo para ambas.

Exemplo 8.1   Transições eletrônicas no hidrogênio

(A) O elétron em um átomo de hidrogênio faz uma transição do nível de energia $n = 2$ para o fundamental ($n = 1$). Determine o comprimento de onda e a frequência do fóton emitido.

SOLUÇÃO

Conceitualização Imagine o elétron em uma órbita circular em torno do núcleo, como no modelo de Bohr na Figura 8.6. Ao fazer uma transição para um estado estacionário inferior, o elétron emite um fóton com uma determinada frequência e cai para uma órbita circular de raio menor

Categorização Calculamos os resultados utilizando equações desenvolvidas nesta seção, de modo que categorizamos esse exemplo como um problema de substituição.

Utilize a Equação 8.17 para obter λ, com $n_i = 2$ e $n_f = 1$:

$$\frac{1}{\lambda} = R_H\left(\frac{1}{1^2} - \frac{1}{2^2}\right) = \frac{3R_H}{4}$$

$$\lambda = \frac{4}{3R_H} = \frac{4}{3(1,097 \times 10^7\,\text{m}^{-1})} = 1,22 \times 10^{-7}\,\text{m} = \boxed{122\,\text{nm}}$$

Utilize a Equação 12.20 do Volume 3 para determinar a frequência do fóton:

$$f = \frac{c}{\lambda} = \frac{3,00 \times 10^8\,\text{m/s}}{1,22 \times 10^{-7}\,\text{m}} = \boxed{2,47 \times 10^{15}\,\text{Hz}}$$

(B) No espaço interestelar, átomos de hidrogênio altamente excitados, chamados átomos de Rydberg, têm sido observados. Determine o comprimento de onda que os radioastrônomos devem sintonizar para detectar sinais de elétrons caindo do nível $n = 273$ para $n = 272$.

SOLUÇÃO

Utilize a Equação 8.17, agora com $n_i = 273$ e $n_f = 272$:

$$\frac{1}{\lambda} = R_H\left(\frac{1}{n_f^2} - \frac{1}{n_i^2}\right) = R_H\left(\frac{1}{(272)^2} - \frac{1}{(273)^2}\right) = 9,88 \times 10^{-8}\,R_H$$

Resolva para λ:

$$\lambda = \frac{1}{9,88 \times 10^{-8}\,R_H} = \frac{1}{(9,88 \times 10^{-8})(1,097 \times 10^7\,\text{m}^{-1})} = \boxed{0,922\,\text{m}}$$

(C) Qual é o raio da órbita do elétron de um átomo de Rydberg para o qual $n = 273$?

SOLUÇÃO

Utilize a Equação 8.12 para determinar o raio da órbita:

$$r_{273} = (273)^2\,(0,0529\,\text{nm}) = \boxed{3,94\,\mu\text{m}}$$

Esse raio é grande o suficiente para que o átomo esteja prestes a se tornar macroscópico!

(D) Com qual velocidade o elétron se move em um átomo de Rydberg para o qual $n = 273$?

SOLUÇÃO

Resolva a Equação 8.8 para a velocidade escalar do elétron:

$$v = \sqrt{\frac{k_e e^2}{m_e r}} = \sqrt{\frac{(8,99 \times 10^9\,\text{N} \cdot \text{m}^2/\text{C}^2)(1,60 \times 10^{-19}\,\text{C})^2}{(9,11 \times 10^{-31}\,\text{kg})(3,94 \times 10^{-6}\,\text{m})}}$$

$$= \boxed{8,01 \times 10^3\,\text{m/s}}$$

continua

8.1 cont.

E SE? E se a radiação do átomo de Rydberg na parte (B) for tratada de modo clássico? Qual é o comprimento de onda da radiação emitida pelo átomo no nível $n = 273$?

Resposta Do ponto de vista clássico, a frequência da radiação emitida é a da radiação do elétron em torno do núcleo.

Calcule essa frequência aplicando o período definido na Equação 4.15 do Volume 1:
$$f = \frac{1}{T} = \frac{v}{2\pi r}$$

Aplique o raio e a velocidade das partes (C) e (D):
$$f = \frac{v}{2\pi r} = \frac{8{,}02 \times 10^3 \text{m/s}}{2\pi(3{,}94 \times 10^{-6}\text{m})} = 3{,}24 \times 10^8 \text{ Hz}$$

Determine o comprimento de onda da radiação da Equação 12.20 do Volume 3:
$$\lambda = \frac{c}{f} = \frac{3{,}00 \times 10^8 \text{m/s}}{3{,}24 \times 10^8 \text{Hz}} = 0{,}927 \text{ m}$$

Esse valor é menos de 0,5% diferente do comprimento de onda calculado na parte (B). Como indicado na discussão sobre o princípio da correspondência de Bohr, essa diferença se torna até mesmo menor para valores maiores de n.

8.4 Modelo quântico do átomo de hidrogênio

Na seção anterior, descrevemos como, no modelo de Bohr, o elétron é considerado uma partícula orbitando o núcleo em níveis de energia quantizados não irradiantes. Esse modelo combina os conceitos clássico e quântico. Apesar de ele demonstrar uma excelente correspondência com alguns resultados experimentais, não pode explicar outros. Essas dificuldades foram superadas quando um modelo quântico completo, envolvendo a equação de Schrödinger, foi utilizado para descrever o átomo de hidrogênio.

O procedimento formal para resolver o problema do átomo de hidrogênio é substituir a função de energia potencial apropriada na equação de Schrödinger, determinar as soluções da equação e aplicar as condições de contorno, como fizemos no caso da partícula em uma caixa, no Capítulo 7. A função de energia potencial para o átomo de hidrogênio refere-se à interação elétrica entre o elétron e o próton (consulte a Seção 3.3 do Volume 3):

$$U(r) = -k_e \frac{e^2}{r} \tag{8.20}$$

onde é a constante de Coulomb e r, a distância radial do próton (situado a $r = 0$) ao elétron.

A matemática para o átomo de hidrogênio é mais complicada que a da partícula em uma caixa por duas razões principais: (1) átomo é tridimensional e (2) U não é constante, mas, em vez disso, depende da coordenada radial r. Se a equação de Schrödinger independente do tempo (Eq. 7.15) for estendida para coordenadas retangulares tridimensionais, o resultado será

$$-\frac{\hbar^2}{2m}\left(\frac{\partial^2 \psi}{\partial x^2} + \frac{\partial^2 \psi}{\partial y^2} + \frac{\partial^2 \psi}{\partial z^2}\right) + U\psi = E\psi$$

É mais fácil resolver essa equação para o átomo de hidrogênio se as coordenadas retangulares forem convertidas para coordenadas polares esféricas, uma extensão das coordenadas polares planas introduzidas na Seção 3.1 do Volume 1. Em coordenadas polares esféricas, um ponto no espaço é representado pelas três variáveis r, θ e ϕ, onde r é a distância radial da origem, $r = \sqrt{x^2 + y^2 + z^2}$. Com o ponto representado na extremidade de um vetor posição $\vec{r}$, como mostrado na Figura 8.9, a coordenada angular θ especifica sua posição angular relativa ao eixo z. Uma vez que o vetor posição está projetado sobre o plano xy, a coordenada angular ϕ especifica a posição angular da projeção (e, portanto, do ponto) relativa ao eixo x.

A conversão da equação de Schrödinger tridimensional independente do tempo de $\psi(x, y, z)$ para a forma equivalente de $\psi(r, \theta, \phi)$ é direta, mas muito cansativa, de

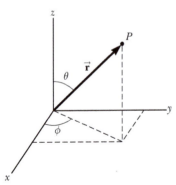

Figura 8.9 Um ponto P no espaço é localizado por meio de um vetor posição $\vec{r}$. Em coordenadas cartesianas, as componentes desse vetor são x, y e z. Em coordenadas polares esféricas, o ponto é descrito por r, a distância da origem, θ, o ângulo entre $\vec{r}$ e o eixo z, e ϕ, o ângulo entre o eixo x e uma projeção de $\vec{r}$ sobre o plano xy.

Física Atômica **243**

modo que omitiremos os detalhes.[3] No Capítulo 7, separamos a dependência do tempo da do espaço na função de onda geral Ψ. Neste caso do átomo de hidrogênio, podemos separar as três variáveis espaciais em $\psi(r, \theta, \phi)$ de modo similar, expressando a função de onda como um produto de funções de cada variável:

$$\psi(r, \theta, \phi) = R(r) f(\theta) g(\phi)$$

Dessa forma, a equação de Schrödinger, que é uma do tipo diferencial parcial tridimensional, pode ser transformada em três equações diferenciais ordinárias separadas: para $R(r)$, para $f(\theta)$ e para $g(\phi)$. Cada uma dessas funções está sujeita a condições de contorno. Por exemplo, $R(r)$ deve permanecer finita quando $r \to 0$ e $r \to \infty$. Além disso, $g(\phi)$ deve ter o mesmo valor de $g(\phi + 2\pi)$.

A função de energia potencial dada na Equação 8.20 depende *apenas* da coordenada radial r e não de alguma das coordenadas angulares; portanto, aparece apenas na equação para $R(r)$. Como resultado, as equações para θ e ϕ são independentes do sistema particular e suas soluções são válidas para *qualquer* sistema que apresente rotação.

Quando todo o conjunto de condições de contorno for aplicado a todas as três funções, três números quânticos diferentes serão determinados para cada estado permitido do átomo de hidrogênio, um para cada equação diferencial em separado. Esses números quânticos estão restritos a valores inteiros e correspondem aos três graus de liberdade independentes (três dimensões espaciais).

O primeiro número quântico, associado à função radial $R(r)$ da função de onda completa, é chamado **número quântico principal**, cujo símbolo é n. A equação diferencial para $R(r)$ leva a funções que determinam a probabilidade de encontrarmos o elétron a uma determinada distância radial do núcleo. Na Seção 8.5 descreveremos duas dessas funções de onda radiais. As energias dos estados permitidos do átomo de hidrogênio estão relacionadas com n como a seguir:

$$E_n = -\left(\frac{k_e e^2}{2a_0}\right)\frac{1}{n^2} = -\frac{13{,}606\ eV}{n^2} \qquad n = 1, 2, 3, \dots \qquad (8.21)$$

◀ **Energias permitidas do átomo de hidrogênio quântico**

Esse resultado corresponde exatamente ao obtido na teoria de Bohr (Eqs. 8.13 e 8.14)! Essa correspondência é *notável*, porque a teoria de Bohr e toda a teoria quântica fornecem o resultado de pontos de partida totalmente diferentes.

O **número quântico orbital**, simbolizado por ℓ, origina-se da equação diferencial de $f(\theta)$ e está associado ao momento angular orbital do elétron. O **número quântico orbital magnético** m_ℓ origina-se da equação diferencial de $g(\phi)$. Ambos, ℓ e m_ℓ, são inteiros. Estenderemos nossa discussão sobre esses dois números quânticos na Seção 8.6, na qual também introduziremos um quarto número quântico (não inteiro), resultante de um tratamento relativístico do átomo de hidrogênio.

A aplicação das condições de contorno às três partes da função de onda completa leva a relações importantes entre os três números quânticos, bem como a determinadas restrições em seus valores:

Os valores de n são inteiros que podem variar de 1 a ∞.

Os valores de ℓ são inteiros que podem variar de 0 a $n - 1$.

Os valores de m_ℓ são inteiros que podem variar de $-\ell$ a ℓ.

◀ **Restrições aos valores dos números quânticos do átomo de hidrogênio**

Por exemplo, se $n = 1$, apenas $\ell = 0$ e $m_\ell = 0$ são permitidos. Se $n = 2$, então ℓ pode ser 0 ou 1; se $\ell = 0$, então, $m_\ell = 0$; mas, se $\ell = 1$, então, m_ℓ pode ser 1, 0 ou –1. A Tabela 8.1 resume as regras para a determinação dos valores permitidos de ℓ e m_ℓ para um determinado n.

Por motivos históricos, considera-se que todos os estados com o mesmo número quântico principal formam uma **camada**. As camadas são identificadas pelas letras K, L, M, ..., que designam os estados para ao quais $n = 1, 2, 3,\dots$ Da mesma forma, dizemos que todos os estados com os mesmos valores de n e ℓ formam uma **subcamada**. As letras[4] s, p, d, f, g, h,... são utilizadas para designar as subcamadas para as quais $\ell = 0, 1, 2, 3,\dots$ O estado designado por $3p$, por exemplo, tem os números quânticos $n = 3$ e $\ell = 1$; o estado $2s$, $n = 2$ e $\ell = 0$. Essas notações estão resumidas nas Tabelas 8.2 e 8.3.

Prevenção de Armadilhas 8.3

A energia depende de _n_ apenas no caso do hidrogênio

A dedução de que a energia depende apenas do número quântico n na Equação 8.21 é verdadeira apenas no caso do átomo de hidrogênio. Para átomos mais complexos, utilizaremos os mesmos números quânticos desenvolvidos aqui para o hidrogênio. Os níveis de energia para esses átomos dependem primariamente de n, mas também, em menor grau, de outros números quânticos.

Prevenção de Armadilhas 8.4

Números quânticos descrevem um sistema

É comum atribuir números quânticos a um elétron. Entretanto, lembre-se de que esses números se originam da equação de Schrödinger, que envolve uma função de energia potencial para o *sistema* do elétron e do núcleo. Portanto, é mais *adequado* atribuí-los ao átomo, mas é mais *popular* atribuí-los a um elétron. Adotamos essa última aplicação, pois é muito comum.

---

[3] Descrições das soluções da equação de Schrödinger para o átomo de hidrogênio estão disponíveis em livros de Física Moderna, tais como R. A. Serway, C. Moses e C. A. Moyer, *Modern Physics*, 3. ed. (Belmont, CA: Brooks/Cole, 2005).

[4] As quatro primeiras letras são das primeiras classificações das linhas espectrais: pontual, principal, difusa e fundamental. As demais estão em ordem alfabética.

244 Física para cientistas e engenheiros

TABELA 8.1 Três números quânticos do átomo de hidrogênio

Número quântico	Nome	Valores permitidos	Número de estados permitidos
n	Número quântico principal	1, 2, 3, ...	Qualquer número
ℓ	Número quântico orbital	0, 1, 2, ..., $n-1$	n
m_ℓ	Número quântico orbital magnético	$-\ell, -\ell+1, ..., 0, ..., \ell-1, \ell$	$2\ell+1$

TABELA 8.2 Notações de camada atômica

n	Símbolo da camada
1	K
2	L
3	M
4	N
5	O
6	P

TABELA 8.3 Notações de subcamada atômica

n	Símbolo da subcamada
0	s
1	p
2	d
3	f
4	g
5	h

Os estados que violam as regras relacionadas na Tabela 8.1 não existem (eles não satisfazem às condições de contorno da função de onda). Por exemplo, o estado 2d, que teria $n = 2$ e $\ell = 2$, não pode existir, porque o valor mais alto permitido de ℓ é $n-1$, que, neste caso, é 1. Portanto, para $n = 2$, os estados 2s e 2p são permitidos, mas 2d, 2f,... não. Para $n = 3$, as subcamadas permitidas são 3s, 3p e 3d.

 Teste Rápido **8.3** Quantas subcamadas possíveis existem para o nível $n = 4$ do hidrogênio? **(a)** 5 **(b)** 4 **(c)** 3 **(d)** 2 **(e)** 1.

 Teste Rápido **8.4** Quando o número quântico principal é $n = 5$, quantos valores diferentes de **(a)** ℓ e **(b)** m_ℓ são possíveis?

Exemplo **8.2** O nível *n* = 2 do hidrogênio

Para um átomo de hidrogênio, determine os estados permitidos correspondentes ao número quântico principal $n = 2$ e calcule suas energias.

SOLUÇÃO

Conceitualização Considere o átomo no estado quântico $n = 2$. Existe apenas um estado deste tipo na teoria de Bohr, mas nossa discussão sobre a teoria quântica possibilita mais, graças aos valores possíveis de ℓ e m_ℓ.

Categorização Calculamos os resultados aplicando regras discutidas nesta seção; portanto, categorizamos esse exemplo como um problema de substituição.

Da Tabela 8.1, determinamos que quando $n = 2$, ℓ pode ser 0 ou 1. Calcule os valores possíveis de m_ℓ aplicando a Tabela 8.1:

$\ell = 0 \rightarrow m_\ell = 0$
$\ell = 1 \rightarrow m_\ell = -1, 0,$ ou 1

Assim, temos um estado, designado 2s, que está associado aos números quânticos $n = 2$, $\ell = 0$ e $m_\ell = 0$ e três estados, designados 2p, para os quais os números quânticos são $n = 2$, $\ell = 1$ e $m_\ell = -1$, $n = 2$, $\ell = 1$ e $m_\ell = 0$ e $n = 2$, $\ell = 1$ e $m_\ell = 1$.

Encontre a energia de todos os quatro estados com $n = 2$ da Equação 8.21:

$$E_2 = -\frac{13,606 \text{ eV}}{2^2} = \boxed{-3,401 \text{ eV}}$$

8.5 Funções de onda do hidrogênio

Visto que a energia potencial do átomo de hidrogênio depende apenas da distância radial r entre o núcleo e o elétron, alguns dos estados permitidos para esse átomo podem ser representados por funções de onda que dependem apenas de r. Para esses estados, $f(\theta)$ e $g(\phi)$ são constantes. A função de onda mais simples para o hidrogênio é a que descreve o estado 1s, designada $\psi_{1s}(r)$:

$$\psi_{1s}(r) = \frac{1}{\sqrt{\pi a_0^3}} e^{-r/a_0} \quad (8.22)$$

◀ **Função de onda do hidrogênio e de seu estado fundamental**

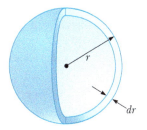

Figura 8.10 Uma camada esférica de raio r e espessura dr tem volume igual a $4\pi r^2\, dr$.

onde a_0 é o raio de Bohr. (No Problema 26, podemos verificar que essa função satisfaz à equação de Schrödinger.) Observe que ψ_{1s} aproxima-se de zero quando r se aproxima de ∞ e é normalizada como apresentada (consulte a Eq. 7.7). Além disso, uma vez que depende apenas de r, ψ_{1s} é *esfericamente simétrica*. Essa simetria existe para todos os estados s.

Lembre-se de que a probabilidade de encontrarmos uma partícula em qualquer região é igual a uma integral da densidade de probabilidade $|\psi|^2$ para a partícula sobre a região. A densidade de probabilidade para o estado 1s é

$$|\psi_{1s}|^2 = \left(\frac{1}{\pi a_0^3}\right) e^{-2r/a_0} \quad (8.23)$$

Considerando o núcleo fixo no espaço em $r = 0$, podemos atribuir essa densidade de probabilidade ao problema da localização do elétron. De acordo com a Equação 7.3, a chance de encontrarmos o elétron em um elemento de volume dV é $|\psi|^2\, dV$. É conveniente definir a *função de densidade de probabilidade radial* $P(r)$ como a chance por unidade de comprimento radial de encontrarmos o elétron em uma camada esférica de raio r e espessura dr. Portanto, $P(r)\, dr$ é a chance de encontrarmos o elétron nessa camada. O volume dV de tal camada infinitesimalmente delgada é igual à sua área superficial $4\pi r^2$ multiplicada pela espessura da camada dr (Fig. 8.10), de modo que podemos escrever essa probabilidade como

$$P(r)\, dr = |\psi|^2\, dV = |\psi|^2\, 4\pi r^2\, dr$$

Portanto, a função de densidade de probabilidade radial para um estado s é

$$P(r) = 4\pi r^2 |\psi|^2 \quad (8.24)$$

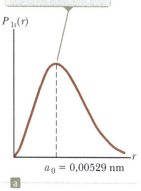

Substituindo a Equação 8.23 na 8.24, obtemos a função de densidade de probabilidade radial para o átomo de hidrogênio em seu estado fundamental:

$$P_{1s}(r) = \left(\frac{4r^2}{a_0^3}\right) e^{-2r/a_0} \quad (8.25)$$

◀ **Densidade de probabilidade radial para o estado 1s do hidrogênio**

A Figura 8.11a mostra um gráfico da função $P_{1s}(r)$ em função de r. O pico da curva corresponde ao valor mais provável de r para esse estado particular. No Exemplo 8.3 demonstramos que esse pico ocorre no raio de Bohr, a posição radial do elétron quando o átomo de hidrogênio está em seu estado fundamental na teoria de Bohr, outra correspondência notável entre a teoria de Bohr e a teoria quântica.

De acordo com a Mecânica Quântica, o átomo não apresenta um limite bem definido como sugerido pela teoria de Bohr. A distribuição de probabilidade na Figura 8.11a sugere que a carga do elétron pode ser modelada como estendida em toda uma região do espaço, comumente chamada *nuvem de elétrons*. A Figura 8.11b mostra a densidade de probabilidade do elétron em um átomo de hidrogênio no estado 1s como uma função da posição no plano *xy*. A cor azul mais escura corresponde ao valor da densidade de probabilidade. A porção mais escura da distribuição aparece em $r = a_0$, correspondendo ao valor mais provável de r para o elétron.

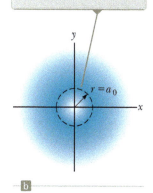

Figura 8.11 (a) Probabilidade de encontrarmos o elétron como uma função da distância ao núcleo para o átomo de hidrogênio no estado 1s (fundamental). (b) Seção transversal no plano *xy* da distribuição esférica de carga eletrônica para o átomo de hidrogênio em seu estado 1s.

246   Física para cientistas e engenheiros

Exemplo 8.3   Estado fundamental do hidrogênio

(A) Calcule o valor mais provável de r para um elétron no estado fundamental do átomo de hidrogênio.

SOLUÇÃO

Conceitualização Deixamos de considerar o elétron em órbita do próton, como na teoria de Bohr do átomo de hidrogênio. Em vez disso, imagine a carga do elétron distribuída no espaço em torno do próton em uma nuvem de elétrons com simetria esférica.

Categorização Visto que o enunciado do problema solicita a determinação do "valor mais provável de r", categorizamos esse exemplo como um problema no qual a abordagem quântica é aplicada. (No átomo de Bohr, o elétron move-se em uma órbita com um valor *exato* de r.)

Análise O valor mais provável de r corresponde ao máximo no gráfico de $P_{1s}(r)$ em função de r. Podemos calcular o valor mais provável de r definindo $dP_{1s}/dr = 0$ e resolvendo para r.

Diferencie a Equação 8.25 e defina o resultado igual a zero:

$$\frac{dP_{1s}}{dr} = \frac{d}{dr}\left[\left(\frac{4r^2}{a_0{}^3}\right)e^{-2r/a_0}\right] = 0$$

$$e^{-2r/a_0}\frac{d}{dr}(r^2) + r^2\frac{d}{dr}\left(e^{-2r/a_0}\right) = 0$$

$$2re^{-2r/a_0} + r^2(-2/a_0)e^{-2r/a_0} = 0$$

$$(1)\quad 2r[1-(r/a_0)]e^{-2r/a_0} = 0$$

Defina a expressão entre colchetes igual a zero e resolva para r:

$$1 - \frac{r}{a_0} = 0 \quad \rightarrow \quad r = \boxed{a_0}$$

Finalização O valor mais provável de r é o raio de Bohr! A Equação (1) também é satisfeita em $r = 0$ e quando $r \rightarrow \infty$. Esses pontos são localizações da probabilidade *mínima*, que é igual a zero, como observado na Figura 8.11a.

(B) Calcule a probabilidade de que o elétron no estado fundamental do hidrogênio será encontrado fora do primeiro raio de Bohr.

SOLUÇÃO

Análise A probabilidade é calculada por meio da integração da função de densidade de probabilidade radial $P_{1s}(r)$ para esse estado, do raio de Bohr a_0 ao ∞.

Defina essa integral utilizando a Equação 8.25:

$$P = \int_{a_0}^{\infty} P_{1s}(r)\,dr = \frac{4}{a_0{}^3}\int_{a_0}^{\infty} r^2 e^{-2r/a_0}\,dr$$

Coloque a integral em uma forma sem dimensões, mudando as variáveis de r para $z = 2r/a_0$, observando que $z = 2$ quando $r = a_0$ e que $dr = (a_0/2)\,dz$:

$$P = \frac{4}{a_0{}^3}\int_2^{\infty}\left(\frac{za_0}{2}\right)^2 e^{-z}\left(\frac{a_0}{2}\right)dz = \tfrac{1}{2}\int_2^{\infty} z^2 e^{-z}\,dz$$

Calcule a integral, aplicando a integração parcial (consulte o Apêndice B.7):

$$P = -\tfrac{1}{2}\left(z^2 + 2z + 2\right)e^{-z}\Big|_2^{\infty}$$

Calcule entre os limites:

$$P = 0 - \left[-\tfrac{1}{2}(4 + 4 + 2)e^{-2}\right] = 5e^{-2} = \boxed{0,677 \text{ ou } 67,7\%}$$

Finalização Essa probabilidade é maior que 50%. A razão para esse valor é a assimetria na função de densidade de probabilidade radial (Fig. 8.11a), que tem uma área maior à direita do pico que à esquerda.

E SE? E, se tivéssemos de determinar o valor *médio* de r para o elétron no estado fundamental, em vez do valor mais provável?

Resposta O valor médio de r é igual ao esperado para r.

8.3 cont.

Aplique a Equação 8.25 para calcular o valor médio de r:

$$r_{méd} = \langle r \rangle = \int_0^\infty r P(r)\, dr = \int_0^\infty r \left(\frac{4r^2}{a_0^3}\right) e^{-2r/a_0} dr$$

$$= \left(\frac{4}{a_0^3}\right) \int_0^\infty r^3 e^{-2r/a_0} dr$$

Calcule a integral com ajuda da primeira integral relacionada na Tabela B.6 no Apêndice B:

$$r_{méd} = \left(\frac{4}{a_0^3}\right)\left(\frac{3!}{(2/a_0)^4}\right) = \tfrac{3}{2} a_0$$

Novamente, o valor médio é superior ao mais provável, por causa da assimetria na função de onda, como podemos observar na Figura 8.11a.

A próxima função de onda mais simples para o átomo de hidrogênio é a que corresponde ao estado $2s$ ($n = 2$, $\ell = 0$). A função de onda normalizada para esse estado é

$$\psi_{2s}(r) = \frac{1}{4\sqrt{2\pi}} \left(\frac{1}{a_0}\right)^{3/2} \left(2 - \frac{r}{a_0}\right) e^{-r/2a_0} \quad (8.26)$$

◀ **Função de onda para o hidrogênio no estado 2s**

Novamente, observe que ψ_{2s} depende apenas de r e é esfericamente simétrica. A energia que corresponde a esse estado é $E_2 = -(13{,}606/4)$ eV $= -3{,}401$ eV. Esse nível de energia representa o primeiro estado excitado do hidrogênio. A Figura 8.12 mostra um gráfico da função de densidade de probabilidade radial para esse estado em comparação com o $1s$. O gráfico para o estado $2s$ tem dois picos. Neste caso, o valor mais provável corresponde ao de r, que tem o valor mais alto de P ($\approx 5a_0$). Um elétron no estado $2s$ estaria muito mais afastado do núcleo (em média) do que outro no $1s$.

8.6 Interpretação física dos números quânticos

O número quântico principal n de um estado particular no átomo de hidrogênio determina sua energia, segundo a Equação 8.21. Agora, vejamos ao que os outros números quânticos em nosso modelo atômico correspondem fisicamente.

Número quântico orbital ℓ

Começamos essa discussão retornando brevemente ao modelo do átomo de Bohr. Se o elétron se mover em um círculo de raio r, o módulo de seu momento angular em relação ao centro do círculo será $L = m_e v r$. A direção de $\vec{L}$ é perpendicular ao plano do círculo e indicada pela regra da mão direita. De acordo com a Física Clássica, o módulo L do momento angular orbital pode ter qualquer valor. Entretanto, o modelo de Bohr do hidrogênio postula que o módulo do momento angular do elétron está restrito a múltiplos de $\hbar$, isto é, $L = n\hbar$. Esse modelo deve ser modificado, pois afirma (incorretamente) que o estado fundamental do hidrogênio tem valor unitário para o momento angular. Além disso, se L for considerado igual a zero no modelo de Bohr, o elétron terá de ser tratado como uma partícula oscilando ao longo de uma linha reta que atravessa o núcleo, o que é uma situação fisicamente inaceitável.

Essas dificuldades serão resolvidas pelo modelo mecânico quântico do átomo, apesar de termos de abandonar a conveniente representação mental de um elétron orbitando em um percurso circular bem definido. Apesar da falta dessa representação, o átomo precisa ter um momento angular e esse continua a ser chamado momento angular orbital. De acordo com a Mecânica Quântica, um átomo em um estado cujo número quântico principal é n pode assumir os seguintes valores *discretos* do módulo do momento angular orbital:[5]

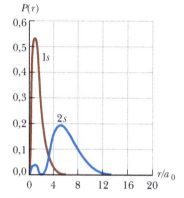

Figura 8.12 Função de densidade de probabilidade radial em função de r/a_0 para os estados $1s$ e $2s$ do átomo de hidrogênio.

$$L = \sqrt{\ell(\ell+1)}\,\hbar \quad \ell = 0, 1, 2, \ldots, n-1 \quad (8.27)$$

◀ **Valores permitidos de L**

---

[5] A Equação 8.27 é um resultado direto da solução matemática da equação de Schrödinger e da aplicação das condições de contorno angular. Esse desenvolvimento, no entanto, está além do escopo deste livro.

248 Física para cientistas e engenheiros

Dados os valores permitidos de ℓ, sabemos que $L = 0$ (correspondendo a $\ell = 0$) é um valor aceitável do módulo do momento angular. O fato de que L pode ser igual a zero nesse modelo serve para indicar as dificuldades inerentes a qualquer tentativa de descrever resultados com base na Mecânica Quântica em função de um modelo basicamente do tipo partícula (clássico). Na interpretação da Mecânica Quântica, a nuvem de elétrons do estado $L = 0$ é esfericamente simétrica e não tem eixo de rotação fundamental.

Número quântico magnético orbital m_ℓ

Uma vez que o momento angular é um vetor, seu sentido deve ser especificado. Lembre-se de que, no Capítulo 7 do Volume 3, vimos que uma espira de corrente tem momento magnético correspondente $\vec{\mu} = I\vec{A}$ (Eq. 7.15 do Volume 3), onde I é a corrente na espira e $\vec{A}$ é um vetor perpendicular a ele, cujo módulo é a área da espira. Tal momento colocado em um campo magnético $\vec{B}$ interage com esse. Suponha que um campo magnético fraco aplicado ao longo do eixo z defina um sentido no espaço. Segundo a Física Clássica, a energia do sistema espira-campo depende do sentido do momento magnético da espira em relação ao campo magnético, como descrito pela Equação 7.18 do Volume 3, $U_B = -\vec{\mu} \cdot \vec{B}$. Qualquer energia entre $-\mu B$ e $+\mu B$ é permitida pela Física Clássica.

Na teoria de Bohr, o elétron em movimento circular representa uma espira de corrente. Na abordagem Mecânica Quântica do átomo de hidrogênio, abandonamos o ponto de vista da órbita circular da teoria de Bohr, mas o átomo ainda tem momento angular orbital. Portanto, existe um sentido de rotação do elétron em torno do núcleo e um momento magnético é gerado por esse momento angular.

Como mencionado na Seção 8.3, observam-se linhas espectrais de alguns átomos dividindo-se em grupos de três linhas separadas por um pequeno espaçamento quando os átomos são colocados em um campo magnético. Suponha que o átomo de hidrogênio seja posicionado em um campo magnético. Segundo a Mecânica Quântica, existem sentidos *discretos* permitidos para o vetor momento magnético $\vec{\mu}$ em relação ao vetor campo magnético $\vec{B}$. Essa situação é muito diferente da estabelecida na Física Clássica, na qual todos os sentidos são permitidos.

Visto que o momento magnético $\vec{\mu}$ do átomo pode ser relacionado[6] ao vetor momento angular $\vec{L}$, os sentidos discretos de $\vec{\mu}$ são transferidos para o do vetor $\vec{L}$ sendo quantizado. Essa quantização significa que L_z (a projeção de $\vec{L}$ ao longo do eixo z) pode ter apenas valores discretos. O número quântico magnético orbital m_ℓ especifica os valores permitidos da componente z do momento angular orbital de acordo com a expressão[7]

Valores permitidos de L_z ▶
$$L_z = m_\ell \hbar$$
(8.28)

A quantização das orientações possíveis de $\vec{L}$ em relação a um campo magnético externo é, em geral, chamada **quantização espacial**.

Examinemos os módulos e orientações possíveis de $\vec{L}$ para um determinado valor de ℓ. Lembre-se de que m_ℓ pode ter valores que variam de $-\ell$ a ℓ. Se $\ell = 0$, então, $L = 0$ e o único valor permitido de m_ℓ é $m_\ell = 0$ e $L_z = 0$. Se $\ell = 1$, então, $L = \sqrt{2}\,\hbar$ da Equação 8.27. Os valores possíveis de m_ℓ são $-1, 0$ e 1, portanto, conforme a Equação 8.28, L_z pode ser $-\hbar$, 0 ou $\hbar$. Se $\ell = 2$, o módulo do momento angular orbital é $\sqrt{6}\,\hbar$. O valor de m_ℓ pode ser $-2, -1, 0, 1$ ou 2, correspondendo a valores de L_z de $-2\hbar, -\hbar, 0, \hbar$ ou $2\hbar$, e assim por diante.

A Figura 8.13a mostra um **modelo vetorial** que descreve a quantização espacial para o caso em que $\ell = 2$. Observe que $\vec{L}$ nunca poderá ser alinhado de modo paralelo ou antiparalelo a $\vec{B}$, porque o valor máximo de L_z é $\ell\hbar$, que é inferior ao módulo do momento angular $L = \sqrt{\ell(\ell + 1)}\,\hbar$. O vetor momento angular $\vec{L}$ pode ser perpendicular a $\vec{B}$, o que corresponde ao caso em que $L_z = 0$ e $\ell = 0$.

O vetor $\vec{L}$ não aponta em um sentido específico. Se $\vec{L}$ fosse conhecido com exatidão, todos os três componentes, L_x, L_y e L_z, seriam especificados, o que é inconsistente com uma versão do momento angular do princípio da incerteza. Como podem o módulo e a componente z de um vetor ser especificados, mas o vetor não sê-lo totalmente? Para responder, imagine que L_x e L_y não têm nenhuma especificação, de modo que $\vec{L}$ está em qualquer ponto sobre a superfície de um cone que faz um ângulo θ com o eixo z, como mostrado na Figura 8.13b. Na figura, observamos que θ também é quantizado e seus valores são especificados pela relação

$$\cos\theta = \frac{L_z}{L} = \frac{m_\ell}{\sqrt{\ell(\ell + 1)}}$$
(8.29)

Se o átomo estivesse em um campo magnético, a energia $U = -\vec{\mu} \cdot \vec{B}$ seria adicional para o sistema átomo-campo além da descrita na Equação 8.21. Visto que os sentidos de $\vec{\mu}$ são quantizados, existem energias totais discretas para

---

[6] Consulte a Equação 8.22 do Volume 3, que define essa relação derivada segundo o ponto de vista clássico. A Mecânica Quântica fornece o mesmo resultado.

[7] Como no caso da Equação 8.27, a relação expressa na 8.28 é fornecida pela solução da equação de Schrödinger e pela aplicação das condições de contorno.

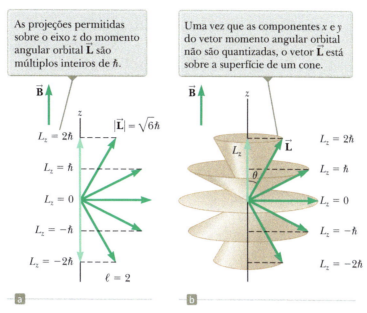

Figura 8.13 Modelo vetorial para $\ell = 2$.

o átomo, correspondendo a diferentes valores de m_ℓ. A Figura 8.14a mostra uma transição entre dois níveis atômicos na ausência de um campo magnético. Na Figura 8.14b, um campo magnético é aplicado e o nível superior, com $\ell = 1$, divide-se em três níveis, correspondendo aos diferentes sentidos de $\vec{\mu}$. Agora, existem três transições possíveis da subcamada $\ell = 1$ à subcamada $\ell = 0$. Dessa forma, em um conjunto de átomos, há átomos em todos os três estados e a única linha espectral na Figura 8.14a divide-se em três. Esse fenômeno é chamado *efeito Zeeman*.

O efeito Zeeman pode ser utilizado na medida de campos magnéticos fora da Terra. Por exemplo, a divisão de linhas espectrais na luz de átomos de hidrogênio na superfície do Sol pode ser utilizada no cálculo do módulo do campo magnético nessa região. Esse efeito é um de muitos fenômenos que não podem ser explicados pelo modelo de Bohr, mas são pelo modelo quântico do átomo.

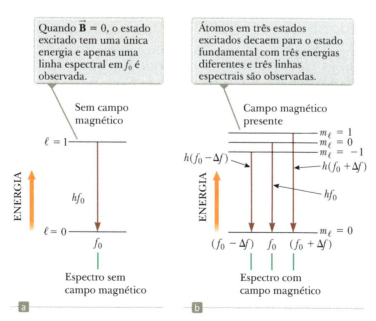

Figura 8.14 O efeito Zeeman. (a) Níveis de energia para o estado fundamental e o primeiro estado excitado de um átomo de hidrogênio. (b) Quando o átomo é imerso em um campo magnético $\vec{B}$, o estado com $\ell = 1$ se divide em três, originando linhas de emissão em f_0, $f_0 + \Delta f$ e $f_0 - \Delta f$, onde Δf é o deslocamento em frequência da emissão causado pelo campo magnético.

250 Física para cientistas e engenheiros

Exemplo 8.4 — Quantização espacial do hidrogênio

Considere o átomo de hidrogênio no estado $\ell = 3$. Calcule o módulo de $\bar{L}$, os valores permitidos de L_z e os ângulos correspondentes θ que $\bar{L}$ faz com o eixo z.

SOLUÇÃO

Conceitualização Considere a Figura 8.13a, que é um modelo vetorial para $\ell = 2$. Trace tal modelo vetorial para $\ell = 3$, a fim de auxiliar neste problema.

Categorização Calculamos os resultados utilizando equações desenvolvidas nesta seção; portanto, categorizamos esse exemplo como um problema de substituição.

Calcule o módulo do momento angular orbital utilizando a Equação 8.27:

$$L = \sqrt{\ell(\ell+1)}\,\hbar = \sqrt{3(3+1)}\,\hbar = \boxed{2\sqrt{3}\,\hbar}$$

Calcule os valores permitidos de L_z aplicando a Equação 8.28 com $m_\ell = -3, -2, -1, 0, 1, 2$ e 3:

$$L_z = \boxed{-3\hbar,\ -2\hbar,\ -\hbar,\ 0,\ \hbar,\ 2\hbar,\ 3\hbar}$$

Calcule os valores permitidos de $\cos\theta$ utilizando a Equação 8.29:

$$\cos\theta = \frac{\pm 3}{2\sqrt{3}} = \pm 0{,}866 \qquad \cos\theta = \frac{\pm 2}{2\sqrt{3}} = \pm 0{,}577$$

$$\cos\theta = \frac{\pm 1}{2\sqrt{3}} = \pm 0{,}289 \qquad \cos\theta = \frac{0}{2\sqrt{3}} = 0$$

Determine os ângulos que correspondem a esses valores de $\cos\theta$:

$$\theta = \boxed{30{,}0°,\ 54{,}7°,\ 73{,}2°,\ 90{,}0°,\ 107°,\ 125°,\ 150°}$$

E SE? E se o valor de ℓ fosse um inteiro arbitrário? Para um valor arbitrário de ℓ, quantos valores de m_ℓ são permitidos?

Resposta Para um determinado valor de ℓ, os valores de m_ℓ variam de $-\ell$ a $+\ell$ em passos de 1. Portanto, existem 2ℓ valores diferentes de zero de m_ℓ (especificamente, $\pm 1, \pm 2, ..., \pm\ell$). Além disso, mais de um valor de $m_\ell = 0$ é possível, para um total de $2\ell + 1$ valores de m_ℓ. Esse resultado é essencial para o entendimento daqueles do experimento de Stern-Gerlach, descrito a seguir, em se tratando do spin.

Número quântico magnético do spin m_s

Os três números quânticos n, ℓ e m_ℓ discutidos até agora são gerados por meio da aplicação das condições de contorno às soluções da equação de Schrödinger e podemos atribuir uma interpretação física a cada número quântico. Consideremos o **spin do elétron**, que *não* se origina da equação de Schrödinger.

No Exemplo 8.2, determinamos quatro estados quânticos que correspondem a $n = 2$. Na realidade, tais estados são oito. Os outros quatro podem ser explicados quando um quarto número quântico é requerido para cada um, o **número quântico magnético do spin m_s**.

Uma característica incomum observada no espectro de determinados gases, como o vapor de sódio, requer esse novo número quântico. A análise cuidadosa de uma linha proeminente no espectro de emissão do sódio revela que ela, chamada *dubleto*,[8] na realidade, consiste em duas linhas separadas por um pequeno espaçamento. Os comprimentos de onda dessas linhas ocorrem na região do amarelo do espectro eletromagnético em 589,0 nm e 589,6 nm. Ao ser observado pela primeira vez, em 1925, o *dubleto* não pôde ser explicado pela teoria atômica da época. Para resolver o dilema, Samuel Goudsmit (1902-1978) e George Uhlenbeck (1900-1988), seguindo a sugestão do físico austríaco Wolfgang Pauli, propuseram o número quântico do spin.

Para descrever esse novo número quântico, é conveniente (mas tecnicamente incorreto) imaginarmos o elétron girando em torno do seu eixo enquanto orbita o núcleo, como descrito na Seção 8.6 do Volume 3. Como ilustrado na Figura 8.15, existem apenas dois sentidos para o spin do elétron. Se esse sentido for o mostrado na Figura 8.15a, o elétron terá um *spin para cima*. Se for o mostrado na Figura 8.15b, terá um *spin para baixo*. Na presença de um campo magnético, a energia do elétron é ligeiramente diferente para os dois sentidos de spin. Essa diferença de energia explica o *dubleto* do sódio.

---

[8] Esse fenômeno é um efeito Zeeman para o spin, e tem a mesma natureza deste efeito para o momento angular orbital discutido antes do Exemplo 8.4, exceto o fato de que nenhum campo magnético externo é requerido. O campo magnético para esse efeito Zeeman é interno ao átomo e gerado pelo movimento relativo do elétron e do núcleo.

A descrição clássica do spin do elétron – como resultado de um elétron girando – está incorreta. Uma teoria mais recente indica que o elétron é uma partícula pontual, sem extensão espacial. Portanto, o elétron não pode ser considerado em movimento giratório. Apesar dessa dificuldade conceitual, todas as provas experimentais apoiam a ideia de que um elétron tem certo momento angular intrínseco, que pode ser descrito pelo número quântico magnético do spin. Paul Dirac (1902-1984) demonstrou que esse quarto número quântico se origina das propriedades relativísticas do elétron.

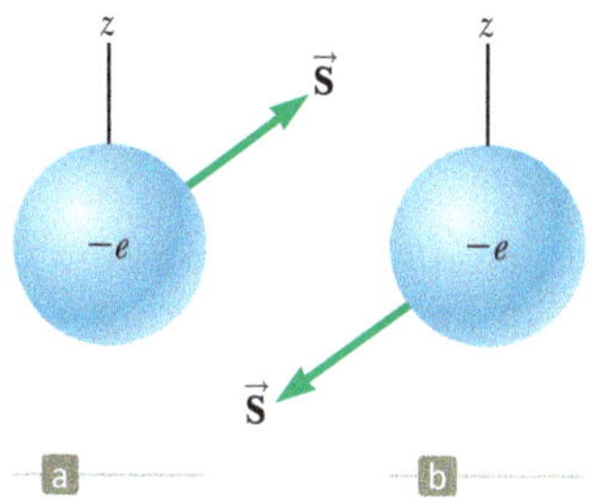

Em 1921, Otto Stern (1888-1969) e Walter Gerlach (1889-1979) realizaram um experimento que demonstrou a quantização espacial. Entretanto, seus resultados não correspondiam quantitativamente à teoria atômica da época. Nesse experimento, um feixe de átomos de prata disparado através de um campo magnético não uniforme foi dividido em dois componentes discretos (Fig. 8.16). Stern e Gerlach o repetiram, utilizando outros átomos, e, em cada caso, o feixe se dividiu em dois ou mais componentes. A argumentação clássica é exposta a seguir. Se o sentido z for escolhido como o sentido da não uniformidade máxima de $\vec{B}$, a força magnética líquida sobre os átomos será aplicada ao longo do eixo z e proporcional à componente do momento magnético $\vec{\mu}$ do átomo no sentido z. De uma perspectiva clássica, $\vec{\mu}$ pode ter qualquer orientação, de modo que o feixe defletido deve ser espalhado de modo contínuo. Entretanto, segundo a Mecânica Quântica, o feixe defletido tem um número inteiro de componentes discretos e esse número determina o de valores possíveis de μ_z. Dessa forma, visto que o experimento de Stern-Gerlach mostrou feixes divididos, a quantização espacial foi, ao menos, confirmada qualitativamente.

Por enquanto, suponhamos que o momento magnético do átomo seja gerado pelo momento angular orbital. Uma vez que μ_z é proporcional a m_ℓ, o número de valores possíveis de μ_z é $2\ell + 1$, como constatado na Seção "E se?" do Exemplo 8.4. Além disso, visto que ℓ é um inteiro, o número de valores de μ_z é sempre ímpar. Esse resultado não é consistente com a observação de Stern e Gerlach de dois componentes (um número *par*) no feixe defletido de átomos de prata. Assim, a Mecânica Quântica está incorreta ou o modelo precisa ser aprimorado.

Em 1927, T. E. Phipps e J. B. Taylor repetiram o experimento de Stern-Gerlach utilizando um feixe de átomos de hidrogênio. E foi importante, porque envolveu um átomo contendo um único elétron em seu estado fundamental, para o qual a teoria quântica oferece cálculos confiáveis. Lembre-se de que $\ell = 0$ para o hidrogênio em seu estado fundamental, de modo que $m_\ell = 0$. Portanto, não esperaríamos que o feixe fosse defletido pelo campo magnético, pois o momento magnético $\vec{\mu}$ do átomo é igual a zero. No entanto, o feixe no experimento de Phipps--Taylor foi, novamente, dividido em dois componentes! Com base nesse resultado, devemos concluir que algo que não o movimento orbital do elétron contribui para o momento magnético atômico.

Como observamos anteriormente, Goudsmit e Uhlenbeck haviam proposto que o elétron tem momento angular intrínseco, o spin, além do seu momento angular orbital. Em outras palavras, o momento angular total do elétron em um estado eletrônico particular contém uma contribuição orbital $\vec{L}$ e uma contribuição de spin $\vec{S}$. O resultado de Phipps--Taylor confirmou a hipótese de Goudsmit e Uhlenbeck.

Figura 8.15 O spin de um elétron pode ser (a) para cima ou (b) para baixo em relação a um eixo z especificado. Como no caso do momento angular orbital, as componentes x e y do vetor momento angular do spin não são quantizadas.

Prevenção de Armadilhas 8.5

O elétron não gira

Apesar de ser conceitualmente útil, a ideia de um elétron girando não deve ser considerada de modo literal. O spin da Terra é uma rotação mecânica. Por outro lado, o spin do elétron é um efeito puramente quântico que dá ao elétron um momento angular, como se estivesse girando fisicamente.

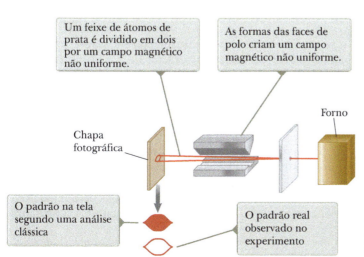

Figura 8.16 Técnica empregada por Stern e Gerlach para verificar a quantização espacial.

Em 1929, Dirac aplicou a forma relativística da energia total de um sistema para resolver a equação de onda relativística para o elétron em um poço de potencial. Suas análises confirmaram a natureza fundamental do spin do elétron (o spin, assim como a massa e a carga, é uma propriedade *intrínseca* de uma partícula, independente de seu ambiente). Além disso, a análise mostrou que o spin do elétron[9] pode ser descrito por um único número quântico s cujo valor pode ser apenas $s = \frac{1}{2}$. O momento angular do spin do elétron *nunca muda*. Essa noção contradiz as leis clássicas, que determinam que uma carga em rotação desacelera na presença de um campo magnético aplicado, por causa da fem de Faraday que acompanha o campo variável (Capítulo 9 do Volume 3). Além disso, se o elétron fosse visto como uma esfera de carga em rotação sujeita a leis clássicas, partes do elétron próximo de sua superfície girariam a velocidades que excederiam à da luz. Assim, o ponto de vista clássico não deve ser forçado. Finalmente, o spin de um elétron é uma entidade quântica que desafia qualquer descrição clássica simples.

Visto que é uma forma de momento angular, o spin deve obedecer às mesmas regras quânticas que definem o momento angular orbital. De acordo com a Equação 8.27, o módulo do **momento angular do spin $\vec{S}$** para o elétron é

Módulo do momento angular do spin de um elétron ▶
$$S = \sqrt{s(s+1)}\,\hbar = \frac{\sqrt{3}}{2}\hbar \quad (8.30)$$

Como o momento angular orbital $\vec{L}$, o do spin, $\vec{S}$, apresenta a quantização espacial, como descrita na Figura 8.17 e pode ter duas orientações relativas a um eixo z, especificadas pelo **número quântico magnético do spin** $m_s = \pm\frac{1}{2}$. Assim como a Equação 8.28 do momento angular orbital, a componente z do momento angular do spin é

Valores permitidos de S_z ▶
$$S_z = m_s \hbar = \pm\tfrac{1}{2}\hbar \quad (8.31)$$

Os dois valores $\pm \hbar/2$ para S_z correspondem às duas orientações possíveis de $\vec{S}$, mostradas na Figura 8.17. O valor $m_s = +\frac{1}{2}$ refere-se ao caso do spin para cima e $m_s = -\frac{1}{2}$, ao do spin para baixo. Observe que as Equações 8.30 e 8.31 não permitem que o vetor spin se localize no eixo z. A direção real de $\vec{S}$ está a um ângulo relativamente grande em relação a esse eixo, como mostrado nas Figuras 8.15 e 8.17.

Como discutido na Seção "E se?" do Exemplo 8.4, existem $2\ell + 1$ valores possíveis de m_ℓ para o momento angular orbital. De modo similar, para o momento angular do spin, há $2s + 1$ valores de m_s. Para um spin de $s = \frac{1}{2}$, o número de valores de m_s é $2s + 1 = 2$. Essas duas possibilidades para m_s levam à divisão dos feixes em dois componentes nos experimentos de Stern-Gerlach e Phipps-Taylor.

O momento magnético do spin $\vec{\mu}_{spin}$ do elétron está relacionado ao seu momento angular do spin $\vec{S}$ pela expressão

$$\vec{\mu}_{spin} = -\frac{e}{m_e}\vec{S} \quad (8.32)$$

onde e é a carga eletrônica e m_e, a massa do elétron. Visto que $S_z = \pm\frac{1}{2}\hbar$, a componente z do momento magnético do spin pode ter os valores

$$\vec{\mu}_{spin,\,z} = \pm\frac{e\hbar}{2m_e} \quad (8.33)$$

Como aprendemos na Seção 8.6 do Volume 3, a grandeza $e\hbar/2m_e$ é o magneton de Bohr $\mu_B = 9{,}27 \times 10^{-24}$ J/T. A razão do momento magnético pelo momento angular é duas vezes maior para o momento angular do spin (Eq. 8.32) comparada com a do orbital (Eq. 8.22 do Volume 3). O fator de 2 é explicado em um tratamento relativístico inicialmente conduzido por Dirac.

Atualmente, físicos explicam os experimentos de Stern-Gerlach e Phipps-Taylor como a seguir. Os momentos magnéticos observados para a prata e o hidrogênio são gerados apenas pelo momento angular do spin, sem contribuição do momento angular orbital. No experimento de Phipps-Taylor, o único elétron no átomo de hidrogênio tem seu spin quantizado no campo magnético, de modo que a componente z do momento angular do spin é $\frac{1}{2}\hbar$ ou $-\frac{1}{2}\hbar$, correspondendo a $m_s = \pm\frac{1}{2}$. Elétrons com spin $+\frac{1}{2}$ são defletidos para baixo e os com spin $-\frac{1}{2}$ são para cima. No experimento de Stern-Gerlach, 46 de 47 elétrons de um átomo de prata estão em subcamadas ocupadas com spins pareados. Portanto, a contribuição líquida dos

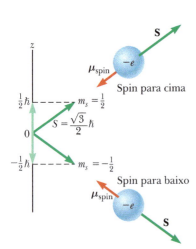

Figura 8.17 O momento angular do spin $\vec{S}$ apresenta quantização espacial. A figura mostra as duas orientações permitidas do vetor momento angular do spin $\vec{S}$ e o momento magnético do spin $\vec{\mu}_{spin}$ para uma partícula de spin $\frac{1}{2}$, tal como o elétron.

---

[9] Os cientistas, em geral, utilizam a palavra *spin* ao se referir ao número quântico do momento angular do spin. Por exemplo, é comum dizer "o elétron tem um spin de meio".

Física Atômica **253**

46 elétrons é igual a zero para as quantidades de movimento angular orbital e de spin para o átomo. O momento angular do átomo é gerado apenas pelo 47º elétron. Esse se localiza na subcamada 5s, de modo que não há contribuição do momento angular orbital. Como resultado, os átomos de prata têm momento angular originado apenas do spin de um elétron e o mesmo comportamento em um campo magnético não uniforme, como os átomos de hidrogênio no experimento de Phipps-Taylor.

O experimento de Stern-Gerlach forneceu dois resultados importantes. Primeiro, a confirmação do conceito da quantização do espaço. Segundo, a verificação da existência do momento angular do spin, mesmo que essa propriedade não tenha sido reconhecida até quatro anos após os experimentos terem sido conduzidos.

Como já mencionado, existem oito estados quânticos correspondentes a $n = 2$ no átomo de hidrogênio, e não quatro, como observado, no Exemplo 8.2. Cada um dos quatro estados nele apresentados consiste, na realidade, em dois, por causa dos dois valores possíveis de m_s. A Tabela 8.4 relaciona os números quânticos correspondentes aos oito estados.

8.7 Princípio da exclusão e a Tabela Periódica

Descobrimos que o estado de um átomo de hidrogênio é especificado por quatro números quânticos: n, ℓ, m_ℓ e m_s. Comprova-se que o número de estados disponíveis para outros átomos também pode ser calculado por esse mesmo conjunto. De fato, esses quatro números quânticos podem ser utilizados para descrever todos os estados eletrônicos de um átomo, independente do número de elétrons em sua estrutura.

Para nossa discussão sobre os átomos com muitos elétrons, é, em geral, mais fácil atribuir os números quânticos aos elétrons no átomo em vez de ao átomo todo. Uma pergunta óbvia é levantada: "quantos elétrons podem estar em um estado quântico particular?". Pauli respondeu a essa importante questão em 1925, em um enunciado conhecido como o **princípio da exclusão**:

> Não podem existir dois elétrons no mesmo estado quântico e, portanto, dois elétrons no mesmo átomo não podem ter o mesmo conjunto de números quânticos.

Se esse princípio não fosse válido, um átomo poderia irradiar energia até cada um de seus elétrons estarem no estado de energia mais baixa possível; portanto, o comportamento químico dos elementos seria muito modificado. A natureza, como a conhecemos, não existiria.

Na realidade, podemos visualizar a estrutura eletrônica de átomos complexos como uma sucessão de níveis ocupados de energia crescente. Como regra geral, a ordem de ocupação das subcamadas de um átomo é a descrita a seguir. Uma vez

Prevenção de Armadilhas 8.6

O princípio da exclusão é mais geral
Uma forma mais geral do princípio da exclusão, que será discutido no Capítulo 12, afirma que não podem existir dois *férmions* no mesmo estado quântico. Férmions são partículas com spin de metade de um inteiro (1/2, 3/2, 5/2, e assim por diante).

Wolfgang Pauli
Físico teórico austríaco (1900-1958)
Um teórico extremamente talentoso, cujas contribuições foram importantes em muitas áreas da Física Moderna, Pauli ganhou o reconhecimento público aos 21 anos de idade, graças a um primoroso artigo sobre a relatividade, que ainda é considerado uma das melhores e mais completas introduções ao assunto. Outras de suas mais importantes contribuições foram a descoberta do princípio da exclusão, a explicação do vínculo entre o spin das partículas e a estatística, as teorias da eletrodinâmica quântica relativística, as hipóteses do neutrino e do spin nuclear.

TABELA 8.4 *Números quânticos para o estado* $n = 2$ *do hidrogênio*

n	ℓ	m_ℓ	m_s	Subcamada	Camada	Número de estados na subcamada
2	0	0	$\frac{1}{2}$	2s	L	2
2	0	0	$-\frac{1}{2}$			
2	1	1	$\frac{1}{2}$	2p	L	6
2	1	1	$-\frac{1}{2}$			
2	1	0	$\frac{1}{2}$			
2	1	0	$-\frac{1}{2}$			
2	1	-1	$\frac{1}{2}$			
2	1	-1	$-\frac{1}{2}$			

254   Física para cientistas e engenheiros

ocupada uma subcamada, o próximo elétron passa para a mais baixa subcamada de energia vazia. Podemos entender esse comportamento reconhecendo que, se não estivesse no estado de energia mais baixo disponível, o átomo irradiaria energia até alcançá-lo. Essa tendência de um sistema quântico de atingir o estado de energia inferior é consistente com a Segunda Lei da termodinâmica, discutida no Capítulo 8 do Volume 2. A entropia do Universo é aumentada pelos fótons emitidos pelo sistema, de modo que a energia é dissipada por um maior volume de espaço.

Antes de discutirmos a configuração eletrônica de vários elementos, é conveniente definirmos um *orbital* como o estado atômico caracterizado pelos números quânticos n, ℓ e m_ℓ. O princípio da exclusão determina que apenas dois elétrons podem existir em um orbital. Um deles tem número quântico magnético de spin $m_s = +\frac{1}{2}$ e o outro, $m_s = -\frac{1}{2}$. Visto que cada orbital está limitado a dois elétrons, o número de elétrons que podem ocupar as várias camadas também é limitado.

A Tabela 8.5 relaciona os estados quânticos permitidos para um átomo até $n = 3$. As setas que apontam para cima indicam um elétron descrito por $m_s = +\frac{1}{2}$ e as que apontam para baixo, $m_s = -\frac{1}{2}$. A camada $n = 1$ pode acomodar apenas dois elétrons, pois $m_\ell = 0$ significa que apenas um orbital é permitido (os três números quânticos que descrevem esse orbital são $n = 1$, $\ell = 0$ e $m_\ell = 0$). A camada $n = 2$ tem duas subcamadas, uma para $\ell = 0$ e outra para $\ell = 1$. A primeira limita-se a dois elétrons, porque $m_\ell = 0$. A segunda tem três orbitais permitidos, correspondendo a $m_\ell = 1$, 0 e –1. Cada orbital pode acomodar dois elétrons e, dessa forma, a subcamada $\ell = 1$ pode ter seis elétrons. Portanto, a camada $n = 2$ pode conter oito elétrons, como mostrado na Tabela 8.4. A camada $n = 3$ tem três subcamadas ($\ell = 0$, 1, 2) e nove orbitais, acomodando até 18 elétrons. Em geral, cada camada pode conter até $2n^2$ elétrons.

O princípio da exclusão pode ser ilustrado ao examinarmos o arranjo eletrônico em alguns dos átomos mais leves. O número atômico Z de qualquer elemento é o de prótons no núcleo de um átomo do elemento. Um átomo neutro do elemento tem Z elétrons. O hidrogênio ($Z = 1$) tem apenas um elétron, que, no estado fundamental do átomo, pode ser descrito por um dos dois conjuntos de números quânticos n, ℓ, m_ℓ, m_s: 1, 0, 0, $\frac{1}{2}$ ou 1, 0, 0, $-\frac{1}{2}$. Essa configuração eletrônica é, em geral, expressa como $1s^1$. A notação $1s$ refere-se a um estado para o qual $n = 1$ e $\ell = 0$ e o sobrescrito indica que um elétron está presente na subcamada s.

O hélio ($Z = 2$) tem dois elétrons. No estado fundamental, seus números quânticos são 1, 0, 0, $\frac{1}{2}$ e 1, 0, 0, $-\frac{1}{2}$. Não existem outras combinações possíveis de números quânticos para esse nível; dizemos que a camada K está ocupada. Essa configuração eletrônica é expressa como $1s^2$.

O lítio ($Z = 3$) tem três elétrons. No estado fundamental, dois deles estão na subcamada $1s$. O terceiro está na $2s$, porque essa subcamada tem energia ligeiramente inferior à da $2p$.[10] Assim, a configuração eletrônica para o lítio é $1s^2 2s^1$.

A Figura 8.18 mostra as configurações eletrônicas do lítio e dos próximos vários elementos. A do berílio ($Z = 4$), com seus quatro elétrons, é $1s^2 2s^2$ e o boro ($Z = 5$) tem uma configuração $1s^2 2s^2 2p^1$. O elétron $2p$ no boro pode ser descrito por qualquer dos seis conjuntos igualmente prováveis de números quânticos relacionados na Tabela 8.4. Na Figura 8.18, mostramos esse elétron na caixa $2p$ mais à esquerda com spin para cima, mas a probabilidade de o encontrarmos em qualquer caixa $2p$ com spin para cima ou para baixo é a mesma.

O carbono ($Z = 6$) tem seis elétrons, o que levanta uma questão sobre como atribuir os dois elétrons $2p$. Tais elétrons ocupam o mesmo orbital com spins pareados (↑ ↓) ou diferentes orbitais com spins não pareados (↑ ↑)? Dados experimentais demonstram que a configuração mais estável (isto é, cuja energia é a mais baixa) é a última, na qual os spins não são pareados. Deste modo, os dois elétrons $2p$ no carbono e os três $2p$ no nitrogênio ($Z = 7$) têm spins não pareados, como na Figura 8.18. A regra geral que define essas situações, chamada **regra de Hund**, afirma que

> quando um átomo tem orbitais de mesma energia, a ordem na qual são ocupados por elétrons é tal que um número máximo de elétrons tem spins não pareados.

Ocorrem algumas exceções a essa regra em elementos com subcamadas na iminência de serem ocupadas ou semiocupadas.

Em 1871, muito antes de a Mecânica Quântica ter sido desenvolvida, o químico russo Dmitri Mendeleev (1834-1907) fez uma primeira tentativa de discernir alguma ordem entre os elementos químicos. Mendeleev tentava organizar os

TABELA 8.5   *Estados quânticos permitidos para um átomo até $n = 3$*

Camada	n	1	2			3								
Subcamada	ℓ	0	0	1		0	1			2				
Orbital	m_ℓ	0	0	1	0	–1	0	1	0	–1	2	1	0	–1	–2
	m_s	↑↓	↑↓	↑↓	↑↓	↑↓	↑↓	↑↓	↑↓	↑↓	↑↓	↑↓	↑↓	↑↓	↑↓

---

[10] Como uma primeira aproximação, a energia depende apenas do número quântico n, como discutimos. Entretanto, por causa dos efeitos de blindagem da carga eletrônica que envolve a carga nuclear, a energia também depende de ℓ em átomos multieletrônicos. Discutiremos tais efeitos de blindagem na Seção 8.8.

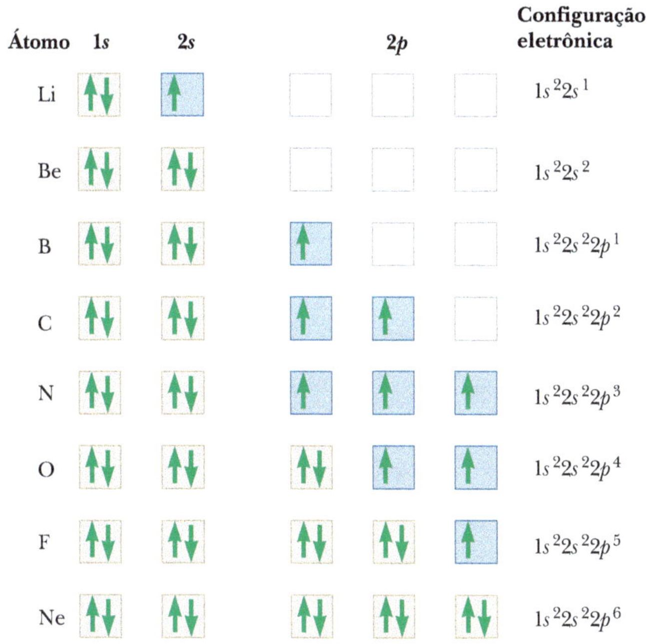

Átomo	1s	2s		2p		Configuração eletrônica
Li	↑↓	↑				$1s^2 2s^1$
Be	↑↓	↑↓				$1s^2 2s^2$
B	↑↓	↑↓	↑			$1s^2 2s^2 2p^1$
C	↑↓	↑↓	↑	↑		$1s^2 2s^2 2p^2$
N	↑↓	↑↓	↑	↑	↑	$1s^2 2s^2 2p^3$
O	↑↓	↑↓	↑↓	↑	↑	$1s^2 2s^2 2p^4$
F	↑↓	↑↓	↑↓	↑↓	↑	$1s^2 2s^2 2p^5$
Ne	↑↓	↑↓	↑↓	↑↓	↑↓	$1s^2 2s^2 2p^6$

Figura 8.18 A ocupação dos estados eletrônicos deve observar o princípio da exclusão e a regra de Hund.

elementos para o índice de um livro que redigia e dispôs os átomos em uma tabela similar à mostrada na Figura 8.19, de acordo com sua massa atômica e similaridades químicas. A primeira tabela proposta por Mendeleev continha muitos espaços vazios. Desafiadoramente, o pesquisador disse que os vazios existiam apenas porque os elementos correspondentes ainda não haviam sido descobertos. Ao anotar as colunas nas quais alguns elementos ausentes deveriam ser colocados, ele foi capaz de fazer estimativas aproximadas acerca de suas propriedades químicas. Dentro de um período de 20 anos desde sua proposição, a maioria desses elementos realmente foi descoberta.

Os elementos na **Tabela Periódica** (Fig. 8.19) estão dispostos de modo que todos aqueles em uma coluna têm propriedades químicas similares. Por exemplo, considere os elementos na última coluna, que são todos gases à temperatura ambiente: He (hélio), Ne (neônio), Ar (argônio), Kr (criptônio), Xe (xenônio) e Rn (radônio). A característica notável de todos é que normalmente eles não fazem parte de reações químicas, isto é, não se juntam de imediato com outros átomos para formar moléculas. Tais elementos são chamados *gases inertes* ou *nobres*.

Podemos entender parcialmente esse comportamento observando as configurações eletrônicas na Figura 8.19. O comportamento químico de um elemento depende da camada mais externa que contém elétrons. A configuração eletrônica do hélio é $1s^2$ e a camada $n = 1$ (que é a mais externa, pois única) está ocupada. Além disso, a energia do átomo nesta configuração é consideravelmente mais baixa que a da configuração na qual um elétron está no próximo nível disponível, a subcamada $2s$. Agora, observemos a configuração eletrônica do neônio, $1s^2 2s^2 2p^6$. Novamente, a camada mais externa ($n = 2$ neste caso) está ocupada e existe uma grande separação entre as energias da subcamada $2p$ ocupada e da próxima disponível, a $3s$. O argônio tem a configuração $1s^2 2s^2 2p^6 3s^2 3p^6$. Neste caso, apenas a subcamada $3p$ está ocupada, mas, de novo, há uma grande separação entre as energias dessa e da próxima subcamada disponível, a $3d$. Esse padrão se repete em todos os gases nobres. O criptônio tem uma subcamada $4p$ ocupada; o xenônio, uma $5p$ ocupada; e o radônio, uma $6p$ ocupada.

A coluna à esquerda dos gases nobres na Tabela Periódica consiste em um grupo de elementos chamados *halogênios*: flúor, cloro, bromo, iodo e astatínio. À temperatura ambiente, flúor e cloro são gases, bromo é líquido, iodo e astatínio, sólidos. Em cada um desses átomos, um elétron é necessário para completar a ocupação da subcamada externa. Assim, os halogênios são quimicamente muito ativos, aceitando de imediato um elétron de outro átomo para formar uma camada fechada e tendem a estabelecer ligações iônicas fortes com átomos no outro lado da Tabela Periódica (discutiremos as ligações iônicas no Capítulo 9). Em uma lâmpada de halogênio, os átomos de bromo ou iodo se combinam com os de tungstênio evaporados do filamento e os transferem de volta para o filamento, o que resulta em uma lâmpada mais durável. Além disso, o filamento pode funcionar a uma temperatura mais alta do que em lâmpadas comuns, proporcionando uma luz mais branca e brilhante.

No lado esquerdo da Tabela Periódica, os elementos do Grupo I consistem no hidrogênio e nos *metais alcalinos*: lítio, sódio, potássio, rubídio, césio e frâncio. Cada um desses átomos contém um elétron em uma subcamada fora de uma subcamada fechada. Portanto, esses elementos formam com facilidade íons positivos, pois o elétron único está ligado com uma energia relativamente baixa e pode ser facilmente removido. Deste modo, os átomos de metal alcalino são quimicamente ativos e estabelecem ligações muito fortes com átomos de halogênio. Por exemplo, o sal de cozinha, NaCl, é uma combinação de um metal alcalino e um halogênio. O elétron externo está fracamente ligado e, por isso, metais alcalinos

Tabela Periódica dos Elementos

Grupo I	Grupo II		Elementos de transição								Grupo III	Grupo IV	Grupo V	Grupo VI	Grupo VII	Grupo 0
H 1 $1s^1$															H 1 $1s^1$	He 2 $1s^2$
Li 3 $2s^1$	Be 4 $2s^2$										B 5 $2p^1$	C 6 $2p^2$	N 7 $2p^3$	O 8 $2p^4$	F 9 $2p^5$	Ne 10 $2p^6$
Na 11 $3s^1$	Mg 12 $3s^2$										Al 13 $3p^1$	Si 14 $3p^2$	P 15 $3p^3$	S 16 $3p^4$	Cl 17 $3p^5$	Ar 18 $3p^6$
K 19 $4s^1$	Ca 20 $4s^2$	Sc 21 $3d^14s^2$	Ti 22 $3d^24s^2$	V 23 $3d^34s^2$	Cr 24 $3d^54s^1$	Mn 25 $3d^54s^2$	Fe 26 $3d^64s^2$	Co 27 $3d^74s^2$	Ni 28 $3d^84s^2$	Cu 29 $3d^{10}4s^1$	Zn 30 $3d^{10}4s^2$	Ga 31 $4p^1$	Ge 32 $4p^2$	As 33 $4p^3$	Se 34 $4p^4$	Br 35 $4p^5$	Kr 36 $4p^6$
Rb 37 $5s^1$	Sr 38 $5s^2$	Y 39 $4d^15s^2$	Zr 40 $4d^25s^2$	Nb 41 $4d^45s^1$	Mo 42 $4d^55s^1$	Tc 43 $4d^55s^2$	Ru 44 $4d^75s^1$	Rh 45 $4d^85s^1$	Pd 46 $4d^{10}$	Ag 47 $4d^{10}5s^1$	Cd 48 $4d^{10}5s^2$	In 49 $5p^1$	Sn 50 $5p^2$	Sb 51 $5p^3$	Te 52 $5p^4$	I 53 $5p^5$	Xe 54 $5p^6$
Cs 55 $6s^1$	Ba 56 $6s^2$	57–71*	Hf 72 $5d^26s^2$	Ta 73 $5d^36s^2$	W 74 $5d^46s^2$	Re 75 $5d^56s^2$	Os 76 $5d^66s^2$	Ir 77 $5d^76s^2$	Pt 78 $5d^96s^1$	Au 79 $5d^{10}6s^1$	Hg 80 $5d^{10}6s^2$	Tl 81 $6p^1$	Pb 82 $6p^2$	Bi 83 $6p^3$	Po 84 $6p^4$	At 85 $6p^5$	Rn 86 $6p^6$
Fr 87 $7s^1$	Ra 88 $7s^2$	89–103**	Rf 104 $6d^27s^2$	Db 105 $6d^37s^2$	Sg 106 $6d^47s^2$	Bh 107 $6d^57s^2$	Hs 108 $6d^67s^2$	Mt 109 $6d^77s^2$	Ds 110 $6d^87s^2$	Rg 111 $6d^97s^1$	Cn 112	113	Fl 114	115	Lv 116	117	118

*Série dos lantanídeos

La 57 $5d^16s^2$	Ce 58 $5d^14f^16s^2$	Pr 59 $4f^36s^2$	Nd 60 $4f^46s^2$	Pm 61 $4f^56s^2$	Sm 62 $4f^66s^2$	Eu 63 $4f^76s^2$	Gd 64 $5d^14f^76s^2$	Tb 65 $5d^14f^86s^2$	Dy 66 $4f^{10}6s^2$	Ho 67 $4f^{11}6s^2$	Er 68 $4f^{12}6s^2$	Tm 69 $4f^{13}6s^2$	Yb 70 $4f^{14}6s^2$	Lu 71 $5d^14f^{14}6s^2$

**Série dos actinídeos

Ac 89 $6d^17s^2$	Th 90 $6d^27s^2$	Pa 91 $5f^26d^17s^2$	U 92 $5f^36d^17s^2$	Np 93 $5f^46d^17s^2$	Pu 94 $5f^67s^2$	Am 95 $5f^77s^2$	Cm 96 $5f^76d^17s^2$	Bk 97 $5f^86d^17s^2$	Cf 98 $5f^{10}7s^2$	Es 99 $5f^{11}7s^2$	Fm 100 $5f^{12}7s^2$	Md 101 $5f^{13}7s^2$	No 102 $5f^{14}7s^2$	Lr 103 $5f^{14}6d^17s^2$

Figura 8.19 A Tabela Periódica dos elementos – que mostra seu símbolo químico, número atômico e configuração dos elétrons – é uma representação tabular organizada dos elementos que mostra seu comportamento químico periódico. Os elementos em uma determinada coluna têm comportamento químico similar. Uma Tabela Periódica mais abrangente está disponível no Apêndice D.

puros tendem a ser bons condutores elétricos. No entanto, já que sua atividade química é alta, não são, em geral, encontrados na natureza na forma pura.

É interessante fazer um gráfico da energia de ionização em função do número atômico Z, como na Figura 8.20. Observe o padrão de $\Delta Z = 2, 8, 8, 18, 18, 32$ para os vários picos, definido pelo princípio da exclusão, que ajuda a explicar por que os elementos repetem suas propriedades químicas em grupos. Por exemplo, os picos em $Z = 2, 10, 18$ e 36 correspondem aos gases nobres hélio, neônio, argônio e criptônio, respectivamente, que, como mencionamos, ocupam todos as camadas mais externas. Esses elementos têm energias de ionização relativamente altas e comportamento químico similar.

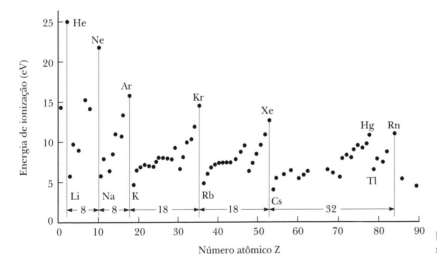

Figura 8.20 Energia de ionização dos elementos em função do número atômico.

8.8 Mais sobre espectros atômicos: luz visível e raios X

Na Seção 8.1, discutimos a observação e a primeira interpretação das linhas espectrais visíveis dos gases. Essas linhas originam-se de transições entre estados atômicos quantizados. Analisaremos tais transições mais detalhadamente nestas três seções finais do capítulo.

Um diagrama de níveis de energia modificado para o hidrogênio é mostrado na Figura 8.21. Nele, os valores permitidos de ℓ para cada camada estão separados na horizontal. Essa figura evidencia apenas os estados até $\ell = 2$. As camadas de $n = 4$ para cima têm mais conjuntos de estados à direita, que não são mostrados. As transições para as quais ℓ não varia, chamadas *transições proibidas*, têm uma probabilidade muito pequena de ocorrer (na realidade, tais transições podem ocorrer, mas sua probabilidade é muito pequena comparada à das transições "permitidas"). As várias linhas diagonais representam transições permitidas entre estados estacionários. Sempre que um átomo faz uma transição de um estado de energia mais alto para um mais baixo, um fóton de luz é emitido. A frequência do fóton é $f = \Delta E/h$, onde ΔE é a diferença de energia entre os dois estados e h, a constante de Planck. As **regras de seleção** para as *transições permitidas* são

$$\Delta \ell = \pm 1 \quad \text{e} \quad \Delta m_\ell = 0, \pm 1 \qquad (8.34)$$

◂ **Regras de seleção para transições atômicas permitidas**

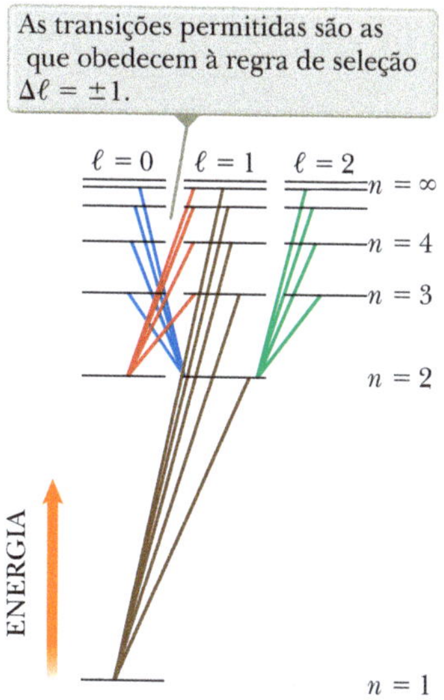

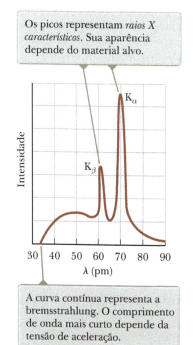

> As transições permitidas são as que obedecem à regra de seleção $\Delta \ell = \pm 1$.

Figura 8.21 Algumas transições eletrônicas permitidas para o hidrogênio, representadas pelas linhas coloridas.

A Figura 8.21 mostra que o momento angular orbital de um átomo se modifica quando ele faz uma transição para um estado de energia inferior. Portanto, o átomo sozinho é um sistema *não isolado* para momento angular. No entanto, se considerarmos o sistema átomo-fóton, ele deve ser um sistema *isolado* para o momento angular porque nada mais está interagindo com esse sistema. O fóton envolvido no processo deve levar o momento angular para longe do átomo quando a transição ocorre. Na verdade, o fóton tem um momento angular equivalente àquele da partícula que tem um *spin* igual a 1. Já determinamos em vários capítulos que um fóton tem energia, momento linear e momento angular, e cada um desses aspectos é conservado em processos atômicos.

Lembre-se de que a Equação 8.19 determina que as energias permitidas para íons e átomos de um elétron, como o hidrogênio e o He^+, são

$$E_n = -\frac{k_e e^2}{2a_0}\left(\frac{Z^2}{n^2}\right) = -\frac{(13,6 \text{ eV})Z^2}{n^2} \qquad (8.35)$$

Essa equação foi desenvolvida com base na teoria de Bohr, mas serve como uma boa primeira aproximação também na teoria quântica. Para átomos multieletrônicos, a carga nuclear positiva Ze tem uma grande blindagem de carga negativa dos elétrons de camada interna. Portanto, os elétrons externos interagem com uma carga líquida inferior à nuclear. A expressão das energias permitidas para átomos multieletrônicos tem a mesma forma da Equação 8.35 com Z substituído por um número atômico efetivo Z_{ef}:

$$E_n = -\frac{(13,6 \text{ eV})Z_{ef}^2}{n^2} \qquad (8.36)$$

onde Z_{ef} depende de n e ℓ.

Espectros de raios X

Quando elétrons de alta energia ou quaisquer outras partículas carregadas bombardeiam um alvo metálico, raios X são emitidos. O espectro de raios X típico consiste em uma faixa larga e contínua que contém uma série de linhas finas, como mostrado na Figura 8.22. Na Seção 12.6 do Volume 3 mencionamos que uma carga elétrica acelerada emite radiação eletromagnética. Os raios X na Figura 8.22 são o resultado da desaceleração de elétrons de alta energia ao atingirem o alvo. Podem ser necessárias várias interações com os átomos do alvo antes que o elétron perca toda sua energia cinética. A quantidade dessa energia perdida em qualquer intera-

> Os picos representam *raios X característicos*. Sua aparência depende do material alvo.

> A curva contínua representa a bremsstrahlung. O comprimento de onda mais curto depende da tensão de aceleração.

Figura 8.22 Espectro de raios X de um alvo metálico. Os dados mostrados foram obtidos quando elétrons de 37 keV bombardearam um alvo de molibdênio.

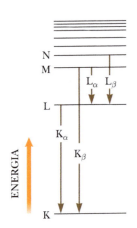

Figura 8.23 Transições entre níveis de energia atômica mais altos e mais baixos que geram fótons de raios X de átomos pesados quando esses são bombardeados com elétrons de alta energia.

ção pode variar de zero até toda a energia cinética do elétron. Dessa forma, o comprimento de onda da radiação dessas interações está em uma faixa contínua de um valor mínimo até o infinito. Essa desaceleração geral dos elétrons gera a curva contínua na Figura 8.22, que mostra o corte dos raios X abaixo de um valor mínimo de comprimento de onda, que, por sua vez, depende da energia cinética dos elétrons incidentes. A radiação de raios X com sua origem na desaceleração dos elétrons é chamada **bremsstrahlung**, palavra alemã para "radiação de frenagem".

A bremsstrahlung de energia extremamente alta pode ser utilizada no tratamento de tecidos cancerosos. Essa radiação é direcionada ao tumor no corpo do paciente.

As linhas discretas na Figura 8.22, chamadas **raios X característicos**, descobertas em 1908, têm origem diferente, que permaneceu inexplicável até que os detalhes da estrutura atômica fossem conhecidos. A primeira etapa na produção de raios X característicos ocorre quando um elétron incidente colide contra um átomo alvo. O elétron deve ter energia suficiente para remover um elétron de camada interna do átomo. O vazio criado na camada é ocupado quando um elétron em um nível mais alto cai para o nível onde está o vazio. A existência de linhas características em um espectro de raios X é mais uma evidência direta da quantização de energia em sistemas atômicos.

O intervalo de tempo para que isso ocorra é muito curto, menos de 10^{-9} s. Essa transição é acompanhada pela emissão de um fóton cuja energia é igual à diferença de energia entre os dois níveis. Normalmente, a energia de tais transições é superior a 1.000 eV e os fótons de raios X emitidos têm comprimentos de onda na faixa de 0,01 nm a 1 nm.

Suponhamos que o elétron incidente tenha desalojado um elétron atômico da camada mais interna, K. Se o vazio for ocupado por um elétron vindo da próxima camada mais alta, L, o fóton emitido terá energia correspondente à linha de raios X característico, K_α, na curva da Figura 8.22. Nesta notação, K refere-se ao nível final do elétron e o subscrito α, a *primeira* letra do alfabeto grego, ao nível inicial, como o *primeiro* acima do nível final. A Figura 8.23 mostra essa transição, bem como outras discutidas adiante. Se o vazio na camada K for ocupado por um elétron que cai da camada M, a linha K_β na Figura 8.22 será criada.

Outras linhas de raios X característico são formadas quando elétrons caem de níveis mais altos para vazios que não os da camada K. Por exemplo, as linhas L são produzidas quando vazios na camada L são ocupados por elétrons que vêm de camadas mais altas. Uma linha L_α é produzida quando um elétron cai da camada M para a camada L e uma linha L_β é criada por uma transição da camada N para a camada L.

Apesar de os átomos multieletrônicos não poderem ser analisados com exatidão por meio do modelo de Bohr ou da equação de Schrödinger, podemos aplicar a Lei de Gauss, do Capítulo 2 do Volume 3, para fazer algumas estimativas surpreendentemente precisas das energias e dos comprimentos de onda de raios X esperados. Considere um átomo de número atômico Z no qual um dos dois elétrons na camada K foi ejetado. Imagine que esteja traçando uma esfera gaussiana imediatamente dentro do raio mais provável dos elétrons L. O campo elétrico na posição dos elétrons L é uma combinação dos campos criados pelo núcleo, pelo único elétron K, pelos outros elétrons L e pelos elétrons externos. As funções de onda dos elétrons externos são tais que os elétrons têm probabilidade muito alta de estar mais distantes do núcleo que os elétrons L. Portanto, os elétrons externos têm probabilidade muito maior de estar fora da superfície gaussiana do que dentro, e, em média, não contribuem de modo significativo para o campo elétrico na posição dos elétrons L. A carga efetiva no interior da superfície gaussiana é a positiva nuclear e uma negativa fornecida pelo único elétron K. Ignorando as interações entre os elétrons L, um único elétron L comporta-se como se afetado por um campo elétrico gerado por uma carga $(Z-1)e$ encerrada pela superfície gaussiana. A carga nuclear é blindada pelo elétron na camada K, de modo que Z_{ef} na Equação 8.36 é $Z-1$. Para camadas de nível mais alto, a carga nuclear é blindada por elétrons em todas as camadas internas.

Agora, podemos utilizar a Equação 8.36 para calcular a energia associada a um elétron na camada L:

$$E_L = -(Z-1)^2 \frac{13,6\,\text{eV}}{2^2}$$

Após o átomo concluir a transição, existirão dois elétrons na camada K. Podemos aproximar a energia associada a um desses elétrons como a de um átomo de um elétron (na realidade, a carga nuclear é ligeiramente reduzida pela carga negativa do outro elétron – mas vamos ignorar esse efeito). Assim,

$$E_K \approx -Z^2(13,6\,\text{eV}) \tag{8.37}$$

Como demonstrado no Exemplo 8.5, a energia do átomo com um elétron em uma camada M pode ser calculada de modo similar. Considerando a diferença de energia entre os níveis inicial e final, podemos calcular a energia e o comprimento de onda do fóton emitido.

Em 1914, Henry G. J. Moseley (1887-1915) fez um gráfico de $\sqrt{1/\lambda}$ em função dos valores Z para vários elementos nos quais λ é o comprimento de onda da linha K_α de cada um deles. Moseley notou que o gráfico era uma linha reta, como na Figura 8.24, o que é consistente com os cálculos aproximados dos níveis de energia dados pela Equação 8.37. Com base neste gráfico, Moseley determinou os valores de Z dos elementos que ainda não haviam sido descobertos e produziu uma Tabela Periódica que apresentava uma excelente correspondência com as propriedades químicas conhecidas dos elementos. Antes do experimento, os números atômicos eram meros indicadores dos elementos relacionados, de acordo com a massa, na Tabela Periódica.

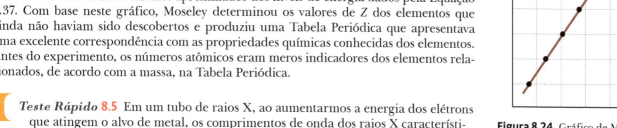

Figura 8.24 Gráfico de Moseley de $\sqrt{1/\lambda}$ em função de Z, onde λ é o comprimento de onda da linha de raios X K_α do elemento de número atômico Z.

Teste Rápido **8.5** Em um tubo de raios X, ao aumentarmos a energia dos elétrons que atingem o alvo de metal, os comprimentos de onda dos raios X característicos (a) aumentam (b) diminuem ou (c) permanecem constantes?

Teste Rápido **8.6** Falso ou verdadeiro? É possível que um espectro de raios X exiba o espectro contínuo de raios X sem a presença dos raios X característicos.

Exemplo 8.5 — Cálculo da energia de um raio X

Calcule a energia do raio X característico, emitido de um alvo de tungstênio, quando um elétron cai de uma camada M (estado $n = 3$) para um vazio na camada K (estado $n = 1$). O número atômico do tungstênio é $Z = 74$.

SOLUÇÃO

Conceitualização Imagine um elétron acelerado atingindo um átomo de tungstênio e ejetando um elétron da camada K ($n = 1$). Na sequência, um elétron na camada M ($n = 3$) cai para ocupar o vazio e a diferença de energia entre os estados é emitida na forma de um fóton de raios X.

Categorização Calculamos os resultados utilizando equações desenvolvidas nesta seção; portanto, categorizamos esse exemplo como um problema de substituição.

Aplique a Equação 8.37 e $Z = 74$ para o tungstênio para determinar a energia associada ao elétron na camada K:

$$E_K \approx -(74)^2 (13,6 \text{ eV}) = -7,4 \times 10^4 \text{ eV}$$

Utilize a Equação 8.36 e considere o fato de que nove elétrons blindam a carga nuclear (oito no estado $n = 2$ e um em $n = 1$) para calcular a energia da camada M:

$$E_M \approx \frac{(13,6 \text{ eV})(74 - 9)^2}{(3)^2} \approx -6,4 \times 10^3 \text{ eV}$$

Determine a energia do fóton de raios X emitido:

$$hf = E_M - E_K \approx -6,4 \times 10^3 \text{ eV} - (-7,4 \times 10^4 \text{ eV})$$
$$\approx 6,8 \times 10^4 \text{ eV} = \boxed{68 \text{ keV}}$$

Uma consulta às tabelas de raios X mostra que as energias de transição M-K no tungstênio variam de 66,9 keV a 67,7 keV, e a faixa das energias é produzida por valores de energia ligeiramente diferentes para estados de ℓ diferentes. Portanto, nosso cálculo difere do ponto intermediário dessa faixa medida de modo experimental por aproximadamente 1%.

8.9 Transições espontâneas e estimuladas

Aprendemos que um átomo absorve e emite radiação eletromagnética apenas com frequências que correspondem às diferenças de energia entre estados permitidos. Analisemos, agora, mais detalhes destes processos. Considere um átomo com os níveis de energia permitidos identificados como $E_1, E_2, E_3, \ldots$ Quando a radiação é incidente sobre o átomo, apenas os fótons cuja energia hf corresponde à separação ΔE entre dois níveis de energia podem ser absorvidos pelo átomo, como representado na Figura 8.25. Esse processo é chamado **absorção estimulada**, pois o fóton estimula o átomo a fazer a transição ascendente. Em temperaturas normais, a maioria dos átomos em uma amostra está no estado fundamental. Se um recipiente contendo vários átomos de um elemento gasoso for iluminado com uma radiação de todas as frequências de fóton possíveis (isto é, um espectro contínuo), apenas os fótons com energia $E_2 - E_1$, $E_3 - E_1$,

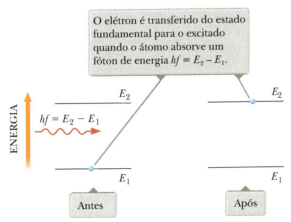

Figura 8.25 Absorção estimulada de um fóton.

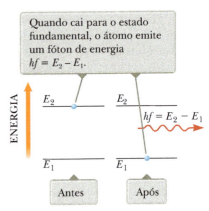

Figura 8.26 Emissão espontânea de um fóton por um átomo que está inicialmente no estado excitado E_2.

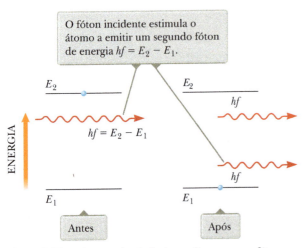

Figura 8.27 Emissão estimulada de um fóton por um fóton incidente de energia $hf = E_2 - E_1$. Inicialmente, o átomo está no estado excitado.

$E_4 - E_1$ etc. serão absorvidos pelos átomos. Como resultado dessa absorção, alguns dos átomos serão transferidos para estados excitados.

Uma vez no estado excitado, o átomo pode fazer a transição de volta a um nível de energia inferior, emitindo um fóton, como na Figura 8.26. Esse processo é conhecido como **emissão espontânea**, pois ocorre naturalmente, sem requerer um evento para disparar a transição. Em geral, um átomo permanece em um estado excitado por apenas cerca de 10^{-8} s.

Além da espontânea, a **emissão estimulada** também ocorre. Suponha que um átomo esteja em um estado excitado E_2, como na Figura 8.27. Se esse for um *estado metaestável* – isto é, se sua vida for muito mais longa que a típica de 10^{-8} s dos estados excitados, o intervalo de tempo para que a emissão espontânea ocorra será relativamente longo. Imaginemos que, durante esse intervalo de tempo, um fóton de energia $hf = E_2 - E_1$ incida sobre o átomo. Uma possibilidade é que a energia do fóton seja suficiente para que esse ionize o átomo. Outra possibilidade é que a interação entre o fóton incidente e o átomo faça com que esse retorne ao estado fundamental[11] e, então, emita um segundo fóton com energia $hf = E_2 - E_1$. Neste processo, o fóton incidente não é absorvido. Portanto, após a emissão estimulada, existem dois fótons com energia idêntica – o incidente e o emitido, ambos em fase e se deslocando no mesmo sentido, o que é uma consideração importante no caso dos lasers, discutidos a seguir.

8.10 Lasers

Nesta seção, estudaremos a natureza da luz laser e uma variedade de aplicações dos lasers em nossa sociedade tecnológica. As propriedades primárias dessa luz, que a tornam útil nessas aplicações tecnológicas, são:

- A luz laser é coerente. Os raios de luz individuais em um feixe de laser mantêm relação de fase fixa uns em relação aos outros.
- A luz laser é monocromática. A luz em um feixe de laser tem uma faixa muito estreita de comprimentos de onda.
- A luz laser tem ângulo de divergência pequeno. O feixe se espalha muito pouco, mesmo ao longo de grandes distâncias.

Para entender a origem dessas propriedades, vamos combinar nosso conhecimento sobre os níveis de energia atômica deste capítulo com alguns requisitos especiais para os átomos que emitem luz laser.

---

[11] Esse fenômeno é causado fundamentalmente pela *ressonância*. O fóton incidente tem uma frequência e estimula o sistema do átomo nela. Visto que a frequência de excitação corresponde à associada a uma transição entre estados – uma das frequências naturais do átomo –, ocorre uma grande resposta: o átomo faz a transição.

Descrevemos como um fóton incidente pode iniciar transições de energia atômica ascendente (absorção estimulada) ou descendente (emissão estimulada). Os dois processos têm a mesma probabilidade. Em geral, quando a luz incide sobre um grupo de átomos, uma absorção líquida de energia ocorre, pois, quando o sistema está em equilíbrio térmico, muito mais átomos estão no estado fundamental do que nos estados excitados. No entanto, se a situação puder ser invertida, de modo que mais átomos estejam em um estado excitado do que no fundamental, uma emissão líquida de fótons pode ocorrer. Tal condição é chamada **inversão de população**.

Essa inversão é, de fato, o princípio fundamental envolvido no funcionamento de um **laser** (sigla para *light amplification by stimulated emission of radiation*, ou seja, amplificação da luz por emissão estimulada de radiação). O nome completo indica um dos requisitos para a luz laser: para estabelecer a ação laser, o processo de emissão estimulada deve ocorrer.

Suponha que um átomo esteja no estado excitado E_2, como na Figura 8.27, e um fóton com energia $hf = E_2 - E_1$ incida sobre o átomo. Como descrito na Seção 8.9, o fóton incidente pode estimular o átomo excitado a retornar ao estado fundamental e, então, emitir um segundo fóton com a mesma energia hf deslocando-se no mesmo sentido. O fóton incidente não será absorvido, de modo que, após a emissão estimulada, existirão dois fótons idênticos – o incidente e o emitido. O fóton emitido estará em fase com o incidente. Esses podem estimular outros átomos a emitir fótons em uma cadeia de processos similares. Os vários fótons assim produzidos são a fonte da luz intensa e coerente em um laser.

Para que a emissão estimulada gere luz laser, deve existir um acúmulo de fótons no sistema. As três condições a seguir devem ser satisfeitas para que esse acúmulo ocorra:

- O sistema deve estar em um estado de inversão de população – devem existir mais átomos em um estado excitado do que no fundamental. Isto deve ser verdadeiro, porque o número de fótons emitidos deve ser maior que o dos absorvidos.
- O estado excitado do sistema deve ser *metaestável*, o que significa que sua vida deve ser longa em comparação com as geralmente breves dos estados excitados, que são, em geral, de 10^{-8} s. Neste caso, a inversão de população poderá ser estabelecida e a emissão estimulada provavelmente ocorrerá antes da emissão espontânea.
- Os fótons emitidos devem estar confinados no sistema durante tempo suficiente para que sejam capazes de estimular mais emissões de outros átomos excitados. Isto é possível por meio da utilização de espelhos nas extremidades do sistema. Uma extremidade é total e a outra é parcialmente reflexiva. Uma fração da intensidade da luz passa através da extremidade parcialmente reflexiva, formando o feixe de luz laser (Fig. 8.28).

Um dispositivo que apresenta emissão estimulada de radiação é o laser de gás hélio-neônio. A Figura 8.29 é um diagrama de níveis de energia do átomo de neônio neste sistema. A mistura de hélio e neônio está confinada em um tubo de vidro vedado nas extremidades por espelhos. Uma tensão aplicada entre as extremidades do tubo faz com que elétrons o atravessem, colidindo com os átomos dos gases e colocando-os em estados excitados. Os átomos de neônio são excitados até o estado E_3^* por esse processo (o asterisco indica estado metaestável) e também como resultado das colisões com átomos de hélio excitados. A emissão estimulada ocorre, fazendo com que os átomos de neônio realizem transições para o estado E_2. Os átomos vizinhos em estado excitado também são estimulados. O resultado é a produção de luz coerente com um comprimento de onda de 632,8 nm.

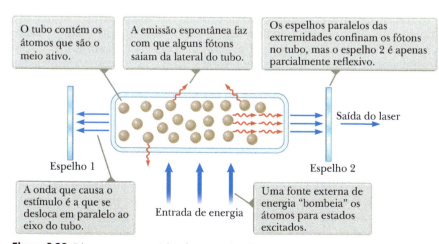

Figura 8.28 Diagrama esquemático de um projeto laser.

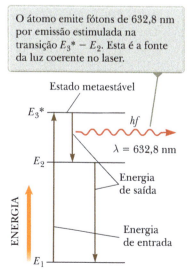

Figura 8.29 Diagrama de níveis de energia para um átomo de neônio em um laser de hélio-neônio.

Figura 8.30 Esse robô que carrega tesoura a laser, que pode cortar até 50 camadas de tecido por vez, é uma das muitas aplicações da tecnologia laser.

Aplicações

Desde o desenvolvimento do primeiro laser, em 1960, essa tecnologia apresentou um crescimento espantoso. Hoje, contamos com lasers que cobrem comprimentos de onda nas regiões do infravermelho, visível e ultravioleta. *Diodos lasers* são utilizados como ponteiros laser, e também em topógrafos de levantamento e construção, comunicação por fibra óptica, leitores de DVDs e Blu-Ray, e leitores de código de barra. *Lasers de dióxido de carbono* são empregados na indústria para soldagem e corte, como no processo mostrado para cortar tecidos, na Figura 8.30. *Lasers de excimer* são utilizados em cirurgias oculares Lasik. Existe uma variedade de outros tipos de lasers que são empregados em várias outras aplicações. Essas, e outras, são possíveis graças às características únicas da luz laser que, além de ser altamente monocromática, também é altamente direcional e pode ser focada ao extremo para produzir regiões de energia luminosa intensa (com densidades de energia 10^{12} vezes a da chama de um maçarico comum).

Lasers são utilizados na medição precisa de longas distâncias (telemetria). Nos últimos anos, esse procedimento se tornou importante na astronomia e na geofísica para a medição mais precisa possível das distâncias de vários pontos na superfície da Terra a um ponto na da Lua. Para facilitar essas medições, os astronautas da *Apollo* montaram um quadro de prismas refletores de 0,5 m na Lua, que permite que pulsos de laser direcionados de uma estação na Terra sejam refletidos de volta para a mesma estação (veja a Fig. 1.8a). Com base na velocidade conhecida da luz e no tempo de viagem de ida e volta de um pulso de laser, a distância Terra-Lua pode ser determinada com uma precisão melhor que 10 cm.

Uma vez que vários comprimentos de onda de laser podem ser absorvidos em tecidos biológicos específicos, os lasers podem ser utilizados em várias aplicações médicas. Por exemplo, determinados procedimentos a laser têm reduzido de modo significativo a cegueira em pacientes com glaucoma – doença dos olhos generalizada, caracterizada por alta pressão do fluido nos olhos, que pode resultar na destruição do nervo óptico. Uma simples operação a laser (iridectomia) pode abrir um pequeno furo em uma membrana obstruída, aliviando a pressão destrutiva. Um grave efeito colateral da diabetes é a neovascularização, ou seja, proliferação de vasos sanguíneos debilitados, que, muitas vezes, causa hemorragia. Quando essa condição ocorre na retina, a visão se deteriora (retinopatia diabética) e, finalmente, é destruída. Atualmente, é possível direcionar a luz verde de um laser de íon de argônio através do meio translúcido do cristalino e do fluido dos olhos, colocar o foco sobre as bordas da retina e fotocoagular os vasos que causam a hemorragia. Mesmo portadores de pequenos defeitos da visão, como a miopia, beneficiam-se da utilização de lasers para alterar a forma da córnea, modificando sua distância focal e reduzindo a necessidade do uso de óculos.

Cirurgias a laser são, agora, algo comum em hospitais e clínicas em todo o mundo. A luz infravermelha a 10 μm de um laser de dióxido de carbono pode cortar o tecido muscular, basicamente vaporizando a água contida no material celular. Tal técnica requer uma potência de laser de aproximadamente 100 W. A vantagem do "bisturi laser" em relação aos métodos convencionais é que a radiação do laser corta o tecido e coagula o sangue ao mesmo tempo, proporcionando uma redução significativa da perda sanguínea. Além disso, a técnica elimina virtualmente a migração de células, um fator importante a ser considerado quando tumores são removidos.

Um feixe de laser pode ser mantido em finas guias de luz feitas de fibra óptica (endoscópios) por meio da reflexão interna total. O endoscópio pode ser inserido através de orifícios naturais, conduzido em torno de órgãos internos e direcionado a locais internos específicos, eliminando a necessidade de cirurgia invasiva. Por exemplo, a hemorragia no trato gastrointestinal pode ser cauterizada opticamente por meio de endoscópios inseridos através da boca do paciente.

Em muitos casos, nas pesquisas biológicas e médicas, é importante isolar e coletar células incomuns para estudo e cultura. Um separador de células laser utiliza a marcação de células específicas com tintas fluorescentes. Todas as células são despejadas através de um bico fino, carregadas e varridas a laser para detecção das marcas de tinta. Disparada pela marca de emissão de luz correta, uma pequena tensão aplicada a placas paralelas deflete a célula eletricamente carregada, fazendo-a cair e direcionando-a para um béquer de coleta.

Uma instigante área de pesquisa e aplicações de tecnologia apareceu na década de 1990 com o desenvolvimento da *captura a laser* de átomos. Um sistema, chamado *melaço óptico*, desenvolvido por Steven Chu, da Stanford University, e seus colegas, envolve seis feixes laser focados sobre uma região pequena na qual átomos devem ser retidos. Cada par de lasers está direcionado ao longo de um dos eixos x, y e z e emite luz em sentidos opostos (Fig. 8.31). A frequência da luz laser é ajustada ligeiramente abaixo da de absorção do átomo a ser capturado. Imagine que um átomo tenha sido colocado na região de retenção e se mova ao longo do eixo x positivo em direção ao

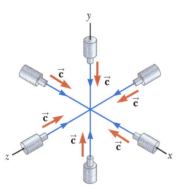

Figura 8.31 Armadilha óptica para átomos forma-se no ponto de intersecção de seis feixes de laser em propagação oposta ao longo de eixos mutuamente perpendiculares.

laser que emite luz em sua direção (o laser mais à direita na Fig. 8.31). Visto que o átomo está em movimento, a luz do laser aparece com uma frequência mais alta por deslocamento Doppler no sistema de referência do átomo. Dessa forma, uma correspondência entre a frequência do laser deslocada pelo efeito Doppler e a de absorção do átomo é estabelecida e o átomo absorve fótons.[12] O momento transmitido por esses fótons empurra o átomo de volta ao centro da armadilha. Ao incorporar seis lasers, os átomos são empurrados de volta à armadilha, independentemente do percurso em que se deslocam ao longo de quaisquer dos eixos.

Em 1986, Chu desenvolveu a *pinça óptica*, dispositivo que utiliza um único feixe de laser extremamente focado para reter e manipular partículas pequenas. Combinadas com microscópios, essas pinças oferecem muitas novas possibilidades para biólogos, e têm sido utilizadas para manipular bactérias vivas, sem causar danos, deslocar cromossomos dentro do núcleo celular e medir as propriedades elásticas de uma única molécula de DNA. Chu dividiu o prêmio Nobel de Física de 1997 com dois de seus colegas pelo desenvolvimento das técnicas de captura óptica.

Uma extensão da captura a laser, *resfriamento a laser*, é possível graças ao fato de que as altas velocidades normais dos átomos são reduzidas quando as partículas são confinadas na região da armadilha. Como resultado, a temperatura de coleta dos átomos pode ser reduzida a poucos microkelvins. A técnica do resfriamento a laser permite aos cientistas estudar o comportamento dos átomos a temperaturas extremamente baixas (Fig. 8.32).

Figura 8.32 Um membro da equipe do Instituto Nacional de Padrões e Tecnologia vê uma amostra de átomos de sódio aprisionados arrefecidos a uma temperatura inferior a 1 mK.

Resumo

Conceitos e Princípios

Os comprimentos de onda das linhas espectrais do hidrogênio, chamadas **série de Balmer**, podem ser descritos pela equação

$$\frac{1}{\lambda} = R_H \left(\frac{1}{2^2} - \frac{1}{n^2} \right) \quad n = 3, 4, 5, \ldots \quad (8.1)$$

onde R_H é a **constante de Rydberg**. As linhas espectrais correspondentes aos valores de n de 3 a 6 estão na faixa visível do espectro eletromagnético. Os valores de n superiores a 6 correspondem a linhas espectrais na região do ultravioleta do espectro.

O modelo do átomo de Bohr é bem-sucedido ao descrever alguns detalhes dos espectros do hidrogênio atômico e dos íons do tipo hidrogênio. Uma suposição básica do modelo é que o elétron pode existir apenas em órbitas discretas, de modo que o momento angular do elétron é um múltiplo inteiro de $h/2\pi = \hbar$. Quando supomos órbitas circulares e uma atração de Coulomb simples entre o elétron e o próton, as energias dos estados quânticos calculados do hidrogênio são

$$E_n = -\frac{k_e e^2}{2a_0} \left(\frac{1}{n^2} \right) \quad n = 1, 2, 3, \ldots \quad (8.13)$$

onde n é um inteiro chamado **número quântico**, k_e é a constante de Coulomb, e a carga eletrônica, e $a_0 = 0{,}0529$ nm o **raio de Bohr**.

Se o elétron em um átomo de hidrogênio fizer transição de uma órbita cujo número quântico é n_i para outra cujo número quântico é n_f, onde $n_f < n_i$, um fóton será emitido pelo átomo. A frequência desse fóton será

$$f = \frac{k_e e^2}{2a_0 h} \left(\frac{1}{n_f^2} - \frac{1}{n_i^2} \right) \quad (8.15)$$

continua

---

[12] A frequência da luz laser que se desloca no mesmo sentido do átomo é reduzida por efeito Doppler, de modo que não há absorção. Portanto, o átomo não é empurrado para fora da armadilha pelo laser diametralmente oposto.

A Mecânica Quântica pode ser aplicada ao átomo de hidrogênio por meio da utilização da função da energia potencial $U(r) = -k_e e^2/r$ na equação de Schrödinger. A resolução dessa equação fornece as funções de onda para os estados permitidos e as energias permitidas:

$$E_n = -\left(\frac{k_e e^2}{2a_0}\right)\frac{1}{n^2} = -\frac{13,606 \text{ eV}}{n^2} \qquad n = 1, 2, 3, \dots \qquad \text{(8.21)}$$

onde n é o **número quântico principal**. As funções de onda permitidas dependem de três números quânticos: n, ℓ e m_ℓ, onde ℓ é o **número quântico orbital**, e m_ℓ o **número quântico orbital magnético**. As restrições aos números quânticos são

$$n = 1, 2, 3, \dots$$
$$\ell = 0, 1, 2, \dots, n-1$$
$$m_\ell = -\ell, -\ell+1, \dots, \ell-1, \ell$$

Todos os estados com o mesmo número quântico principal n formam uma **camada**, identificada pelas letras K, L, M,... (correspondendo a $n = 1, 2, 3,...$). Todos os estados com os mesmos valores de n e ℓ formam uma **subcamada**, designada pelas letras $s, p, d, f,...$ (correspondendo a $\ell = 0, 1, 2, 3,...$).

Um átomo em um estado caracterizado por um valor específico de n pode ter os seguintes valores de L, o módulo do momento angular orbital do átomo, $\vec{L}$:

$$L = \sqrt{\ell(\ell+1)}\,\hbar$$
$$\ell = 0, 1, 2, \dots, n-1 \qquad \text{(8.27)}$$

Os valores permitidos da projeção de $\vec{L}$ ao longo do eixo z são

$$L_z = m_\ell \hbar \qquad \text{(8.28)}$$

Apenas valores discretos de L_z são permitidos, como determinado pelas restrições em m_ℓ. Essa quantização de L_z é chamada **quantização espacial**.

O elétron tem momento angular intrínseco chamado **momento angular do spin**. O spin do elétron pode ser descrito por um único número quântico $s = \frac{1}{2}$. Para descrever totalmente um estado quântico é necessário incluir um quarto número quântico m_s, chamado **número quântico magnético do spin**. Esse pode ter apenas dois valores, $\pm\frac{1}{2}$. O módulo do momento angular do spin é

$$S = \frac{\sqrt{3}}{2}\hbar \qquad \text{(8.30)}$$

e a componente z de $\vec{S}$ é

$$S_z = m_s \hbar = \pm\tfrac{1}{2}\hbar \qquad \text{(8.31)}$$

Isto é, o momento angular do spin também é quantizado no espaço, como especificado pelo número quântico magnético do spin $m_s = \pm\frac{1}{2}$.

O **princípio da exclusão** determina que **não podem existir dois elétrons em um átomo no mesmo estado quântico**. Em outras palavras, dois elétrons não podem ter o mesmo conjunto de números quânticos n, ℓ, m_ℓ e m_s. Aplicando esse princípio, podemos determinar as configurações eletrônicas dos elementos; ele serve como base para entendermos a estrutura atômica e as propriedades químicas dos elementos.

O momento magnético $\vec{\mu}_{\text{spin}}$ associado ao momento angular do spin de um elétron é

$$\vec{\mu}_{\text{spin}} = -\frac{e}{m_e}\vec{S} \qquad \text{(8.32)}$$

O componente z de $\vec{\mu}_{\text{spin}}$ pode ter os valores

$$\vec{\mu}_{\text{spin, } z} = \pm\frac{e\hbar}{2m_e} \qquad \text{(8.33)}$$

O espectro de raios X de um alvo de metal consiste em um conjunto de linhas finas características sobrepostas num espetro largo e contínuo. **Bremsstrahlung** é a radiação X com sua origem na desaceleração de elétrons de alta energia quando esses atingem o alvo. **Raios X característicos** são emitidos por átomos quando um elétron realiza transição de uma camada externa para um vazio em uma camada interna.

As transições atômicas podem ser descritas por três processos: **absorção estimulada**, na qual um fóton incidente coloca o átomo em um estado de energia mais alta; **emissão espontânea**, na qual o átomo faz uma transição para um estado de energia mais baixa, emitindo um fóton; e **emissão estimulada**, na qual um fóton incidente faz com que um átomo excitado realize uma transição descendente, emitindo um fóton idêntico ao incidente.

Física Atômica   265

Perguntas Objetivas

1. **(i)** Qual é o número quântico principal do estado inicial de um átomo quando esse emite uma linha M_β em um espectro de raios X? (a) 1, (b) 2, (c) 3, (d) 4, (e) 5. **(ii)** Qual é o número quântico principal do estado final dessa transição? Escolha entre as mesmas alternativas da parte (i).

2. Se tiver os números quânticos $n = 3$, $\ell = 2$, $m_\ell = 1$ e $m_s = 1/2$, um elétron em um átomo estará em qual estado? (a) $3s$, (b) $3p$, (c) $3d$, (d) $4d$, (e) $3f$.

3. Um elétron no nível de energia $n = 5$ do hidrogênio faz uma transição para o nível de energia $n = 3$. Qual é o comprimento de onda do fóton emitido pelo átomo neste processo? (a) $2,28 \times 10^{-6}$ m, (b) $8,20 \times 10^{-7}$ m, (c) $3,64 \times 10^{-7}$ m, (d) $1,28 \times 10^{-6}$ m, (e) $5,92 \times 10^{-5}$ m.

4. Considere o nível de energia $n = 3$ em um átomo de hidrogênio. Quantos elétrons podem ser colocados nesse nível? (a) 1, (b) 2, (c) 8, (d) 9, (e) 18.

5. Qual das alternativas a seguir *não* é uma das suposições básicas do modelo de Bohr para o hidrogênio? (a) Apenas determinadas órbitas dos elétrons são estáveis e permitidas. (b) O elétron move-se em órbitas circulares em torno do próton sob a influência da força de Coulomb. (c) A carga no elétron é quantizada. (d) A radiação é emitida pelo átomo quando o elétron se desloca de um estado de energia mais alta para outro de energia mais baixa. (e) O momento angular associado ao movimento orbital do elétron é quantizado.

6. Suponha que $-E$ represente a energia de um átomo de hidrogênio. **(i)** Qual é a energia cinética do elétron? (a) $2E$, (b) E, (c) 0, (d) $-E$, (e) $-2E$. **(ii)** Qual é a energia potencial do átomo? Escolha entre as mesmas alternativas de (a) a (e).

7. A Tabela Periódica tem como base quais dos princípios a seguir? (a) O da incerteza. (b) Todos os elétrons em um átomo devem ter o mesmo conjunto de números quânticos. (c) A energia é conservada em todas as interações. (d) Todos os elétrons em um átomo estão em orbitais com a mesma energia. (e) Dois elétrons em um átomo não podem ter o mesmo conjunto de números quânticos.

8. (a) Um átomo de hidrogênio no estado fundamental pode absorver um fóton de energia inferior a 13,6 eV? (b) Esse átomo pode absorver um fóton de energia superior a 13,6 eV?

9. Quais das seguintes configurações eletrônicas *não* são permitidas para um átomo? Escolha todas as alternativas corretas. (a) $2s^2 2p^6$, (b) $3s^2 3p^7$, (c) $3d^7 4s^2$, (d) $3d^{10} 4s^2 4p^6$, (e) $1s^2 2s^2 2d^1$.

10. O que podemos concluir acerca de um átomo de hidrogênio com seu elétron no estado d? (a) Ele é ionizado. (b) O número quântico orbital é $\ell = 1$. (c) O número quântico principal é $n = 2$. (d) Ele está em seu estado fundamental. (e) Seu momento angular orbital é diferente de zero.

11. **(i)** Classifique as transições a seguir para um átomo de hidrogênio da de maior ganho de energia para a de maior perda, indicando quaisquer casos de igualdade. (a) $n_i = 2$; $n_f = 5$, (b) $n_i = 5$; $n_f = 3$, (c) $n_i = 7$; $n_f = 4$, (d) $n_i = 4$; $n_f = 7$. **(ii)** Classifique as mesmas transições como na parte (i) de acordo com o comprimento de onda, do maior para o menor, do fóton absorvido ou emitido por um átomo que de outra forma estaria isolado.

12. O que ocorre quando um átomo emite um fóton? (a) Um de seus elétrons sai do átomo. (b) O átomo se move para um estado de energia mais alta. (c) O átomo se move para um estado de energia mais baixa. (d) Um de seus elétrons colide com outra partícula. (e) Nenhum desses eventos ocorre.

13. (a) No átomo de hidrogênio, o número quântico n pode aumentar sem limite? (b) A frequência de linhas discretas possíveis no espectro do hidrogênio pode aumentar sem limite? (c) O comprimento de onda de linhas discretas possíveis no espectro do hidrogênio pode aumentar sem limite?

14. Considere os números quântico (a) n, (b) ℓ, (c) m_ℓ e (d) m_s. **(i)** Quais deles são fracionários em vez de inteiros? **(ii)** Quais podem, às vezes, alcançar valores negativos? **(iii)** Quais podem ser iguais a zero?

15. Quando colide com um átomo, um elétron pode transferir toda ou parte de sua energia. Um átomo de hidrogênio está em seu estado fundamental. Vários elétrons incidem sobre o átomo, cada um com energia cinética de 10,5 eV. Qual é o resultado? (a) O átomo pode ser excitado para um estado permitido mais alto. (b) O átomo é ionizado. (c) Os elétrons passam pelo átomo sem interação.

Perguntas Conceituais

1. Por que a emissão estimulada é tão importante no funcionamento de um laser?

2. Uma energia de cerca de 21 eV é requerida para excitar um elétron em um átomo de hélio do estado $1s$ para $2s$. A mesma transição para o íon de He^+ requer aproximadamente duas vezes mais energia. Explique por quê.

3. Por que são necessários três números quânticos para descrever o estado de um átomo de um elétron (ignorando o spin)?

4. Compare a teoria de Bohr e o tratamento de Schrödinger do átomo de hidrogênio, comentando especificamente sobre seu tratamento da energia total e do momento angular orbital do átomo.

5. O experimento de Stern-Gerlach poderia ser realizado com íons em vez de átomos neutros? Explique.

6. Por que um campo magnético *não uniforme* é utilizado no experimento de Stern-Gerlach?

7. Discuta algumas consequências do princípio da exclusão.

8. (a) Segundo o modelo de Bohr do átomo de hidrogênio, qual é a incerteza na coordenada radial do elétron? (b) Qual é a incerteza na componente radial da velocidade vetorial do elétron? (c) De que modo o modelo viola o princípio da incerteza?

9. Por que o lítio, o potássio e o sódio apresentam propriedades químicas similares?

10. É fácil entender como dois elétrons (um spin para cima e um para baixo) ocupam a camada $n = 1$ ou K de um átomo de hélio. Como é possível que mais oito elétrons sejam permitidos na camada $n = 2$, ocupando as camadas K e L para um átomo de neônio?

11. Suponha que o elétron no átomo de hidrogênio obedeça à Mecânica Clássica, em vez da Mecânica Quântica. Por que um gás composto por tais átomos hipotéticos emite um espectro contínuo em vez do de linhas observado?

12. A intensidade da luz de um laser cai de acordo com a razão $1/r^2$? Explique.

266 Física para cientistas e engenheiros

Problemas

WebAssign Os problemas que se encontram neste capítulo podem ser resolvidos *on-line* no Enhanced WebAssign (em inglês)

1. denota problema simples;

2. denota problema intermediário;

3. denota problema de desafio;

AMT *Analysis Model Tutorial* disponível no Enhanced WebAssign (em inglês);

M denota tutorial *Master It* disponível no Enhanced WebAssign (em inglês);

PD denota problema dirigido;

W solução em vídeo *Watch It* disponível no Enhanced WebAssign (em inglês).

Seção 8.1 Espectros atômicos dos gases

1. Os comprimentos de onda da série de Lyman para o hidrogênio são dados por

$$\frac{1}{\lambda} = R_{\mathrm{H}}\left(1 - \frac{1}{n^2}\right) \quad n = 2, 3, 4, \ldots$$

(a) Calcule os comprimentos de onda das três primeiras linhas dessa série. (b) Identifique a região do espectro eletromagnético na qual essas linhas aparecem.

2. Os comprimentos de onda da série de Paschen para o hidrogênio são dados por

$$\frac{1}{\lambda} = R_{\mathrm{H}}\left(\frac{1}{3^2} - \frac{1}{n^2}\right) \quad n = 4, 5, 6, \ldots$$

(a) Calcule os comprimentos de onda para as três primeiras linhas dessa série. (b) Identifique a região do espectro eletromagnético na qual essas linhas aparecem.

3. Um átomo isolado de determinado elemento emite luz de comprimento de onda de 520 nm quando cai do quinto estado excitado para o segundo. O átomo emite um fóton de comprimento de onda de 410 nm ao cair do sexto estado excitado para o segundo. Determine o comprimento de onda da luz irradiada quando o átomo faz uma transição do sexto para o quinto estado excitado.

4. Um átomo isolado de determinado elemento emite luz de comprimento de onda λ_{m1} quando cai do estado com número quântico m para o fundamental de número quântico 1. O átomo emite um fóton de comprimento de onda λ_{n1} quando cai do estado com número quântico n para o fundamental. (a) Determine o comprimento de onda da luz irradiada quando o átomo faz uma transição do estado m para o n. (b) Demonstre que $k_{mn} = |k_{m1} - k_{n1}|$, onde $k_{ij} = 2\pi/\lambda_{ij}$ é o número de onda do fóton. Esse problema exemplifica o *princípio da combinação de Ritz*, uma regra empírica formulada em 1908.

5. (a) Qual valor de n_i está associado à linha espectral de 94,96 nm na série de Lyman do hidrogênio? (b) **E se?** Esse comprimento de onda poderia ser associado à série de Paschen? (c) E à série de Balmer?

Seção 8.2 Primeiros modelos do átomo

6. Segundo a Física Clássica, uma carga e que se desloca com aceleração a irradia energia a uma taxa

$$\frac{dE}{dt} = -\frac{1}{6\pi\varepsilon_0}\frac{e^2 a^2}{c^3}$$

(a) Demonstre que um elétron em um átomo de hidrogênio clássico (veja a Fig. 8.5) espirala em direção ao núcleo a uma velocidade

$$\frac{dr}{dt} = -\frac{e^4}{12\pi^2\varepsilon_0^{\,2}m_e^2c^3}\left(\frac{1}{r^2}\right)$$

(b) Calcule o intervalo de tempo requerido para que o elétron alcance $r = 0$, começando por $r_0 = 2,00 \times 10^{-10}$ m.

7. **Revisão**. No experimento de espalhamento de Rutherford, partículas alfa de 4,00 MeV são espalhadas de núcleos de ouro (contendo 79 prótons e 118 nêutrons). Suponha que uma determinada partícula alfa se mova diretamente para o núcleo de ouro e se espalhe para trás a 180°, com o núcleo de ouro permanecendo fixo durante todo o processo. Determine (a) a menor distância de aproximação da partícula alfa ao núcleo de ouro e (b) a força máxima exercida sobre a partícula alfa.

Seção 8.3 Modelo de Bohr do átomo de hidrogênio

Observação: Nesta seção, a menos que indicado de outra forma, suponha que o átomo de hidrogênio seja tratado de acordo com o modelo de Bohr.

8. Mostre que a velocidade do elétron na enésima órbita de Bohr no hidrogênio é dada por

$$v_n = \frac{k_e e^2}{n\hbar}$$

9. Quanta energia é requerida para ionizar o hidrogênio (a) quando ele está no estado fundamental e (b) quando ele está no estado para o qual $n = 3$?

10. **M** Qual seria a energia de um fóton que, ao ser absorvido por um átomo de hidrogênio, poderia causar uma transição eletrônica (a) do estado $n = 2$ para o $n = 5$ e (b) do estado $n = 4$ para o $n = 6$?

11. Um fóton é emitido quando um átomo de hidrogênio faz uma transição do estado $n = 5$ para o $n = 3$. Calcule (a) a energia (em elétrons-volt), (b) o comprimento de onda e (c) a frequência do fóton emitido.

12. A série de Balmer para o átomo de hidrogênio corresponde a transições eletrônicas que terminam no estado com número quântico $n = 2$, como mostrado na Figura P8.12. Considere o fóton com o comprimento de onda mais longo correspondente a uma transição mostrada na figura. Determine (a) sua energia e (b) seu comprimento de onda. Considere a linha espectral de comprimento de onda mais curto correspondente a uma transição mostrada na figura. Determine (c) sua energia de fóton e (d) seu comprimento de onda. (e) Qual é o comprimento de onda mais curto possível na série de Balmer?

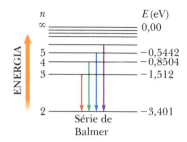

Figura P8.12

13. No caso de um átomo de hidrogênio no estado fundamental, calcule (a) a velocidade escalar orbital do elétron, (b) a energia cinética do elétron e (c) a energia potencial elétrica do átomo.

14. **AMT** Dois átomos de hidrogênio colidem de frente e acabam com energia cinética zero. Cada átomo então emite luz com um comprimento de onda de 121,6 nm (transição de $n = 2$ para $n = 1$). A que velocidade os átomos se moviam antes da colisão?

15. (a) Calcule o momento angular da Lua devido a seu movimento orbital em torno da Terra. Em seu cálculo, utilize $3,84 \times 10^8$ m como a distância média entre a Terra e a Lua, e $2,36 \times 10^6$ s como o período da Lua em sua órbita. (b) Suponha que o momento angular da Lua é descrito pelo pressuposto de Bohr de que $mvr = n\hbar$. Determine o número quântico correspondente. (c) Em que fração a distância entre a Terra e a Lua precisa ser aumentada para elevar o número quântico em 1?

16. **W** Um feixe monocromático de luz é absorvido por um conjunto de átomos de hidrogênio no estado fundamental, de modo que seis comprimentos de onda diferentes são observados quando o hidrogênio volta ao estado fundamental. (a) Qual é o comprimento de onda do feixe incidente? Explique as etapas em sua resolução. (b) Qual é o comprimento de onda mais longo no espectro de emissão desses átomos? (c) A que porção do espectro eletromagnético e (d) a que série esse comprimento de onda pertence? (e) Qual é o comprimento de onda mais curto? (f) A que porção do espectro eletromagnético e (g) a que série esse comprimento de onda pertence?

17. Um átomo de hidrogênio está em seu segundo estado excitado, correspondente a $n = 3$. Calcule (a) o raio da órbita de Bohr do elétron e (b) o comprimento de onda de De Broglie do elétron nessa órbita.

18. **M** **W** Um átomo de hidrogênio está no primeiro estado excitado ($n = 2$). Calcule (a) o raio da órbita, (b) o momento linear do elétron, (c) o momento angular do elétron, (d) a energia cinética do elétron, (e) a energia potencial do sistema e (f) a energia total do sistema.

19. Um fóton com energia 2,28 eV é absorvido por um átomo de hidrogênio. Determine (a) o n mínimo para um átomo de hidrogênio que pode ser ionizado por tal fóton e (b) a velocidade escalar do elétron liberado do estado na alternativa (a) a uma grande distância do núcleo.

20. Um elétron está na n-ésima órbita de Bohr do átomo de hidrogênio. (a) Demonstre que o período do elétron é $T = n^3 t_0$ e determine o valor numérico de t_0. (b) Em média, um elétron permanece na órbita $n = 2$ por cerca de 10 μs antes de cair para a órbita $n = 1$ (estado fundamental). Quantas voltas são completadas pelo elétron no estado excitado? (c) Defina o período de uma volta como um ano do elétron, análogo ao ano terrestre, período do movimento da Terra em torno do Sol. Explique se deveríamos considerar o elétron na órbita $n = 2$ como uma "partícula de vida longa".

21. (a) Construa um diagrama de níveis de energia para o íon de He$^+$, para o qual $Z = 2$, utilizando o modelo de Bohr. (b) Qual é a energia de ionização para o He$^+$?

Seção 8.4 Modelo quântico do átomo de hidrogênio

22. Uma expressão geral para os níveis de energia de íons e átomos de um elétron é

$$E_n = -\frac{\mu k_e^2 q_1^2 q_2^2}{2\hbar^2 n^2}$$

onde μ é a massa reduzida do átomo, dada por $\mu = m_1 m_2/(m_1 + m_2)$, onde m_1 é a massa do elétron e m_2 a do núcleo, k_e é a constante de Coulomb e q_1 e q_2 as cargas do elétron e do núcleo, respectivamente. O comprimento de onda para a transição de $n = 3$ para $n = 2$ do átomo de hidrogênio é 656,3 nm (luz vermelha visível). Quais são os comprimentos de onda para essa transição (a) no positrônio, que consiste em um elétron e um pósitron e (b) no hélio ionizado individualmente? *Observação*: Pósitron é um elétron carregado positivamente.

23. Átomos do mesmo elemento, mas com números de nêutrons diferentes no núcleo, são chamados *isótopos*. O gás hidrogênio normal é uma mistura de dois isótopos contendo núcleos de uma ou duas partículas. Esses isótopos são o hidrogênio 1, com um núcleo de próton, e o hidrogênio 2, chamado deutério, com um núcleo de dêuteron, que é um próton e um nêutron ligados juntos. O hidrogênio 1 e o deutério têm propriedades químicas idênticas, mas podem ser separados por meio de uma ultracentrífuga ou outros métodos. Seus espectros de emissão apresentam linhas de mesmas cores com comprimentos de onda ligeiramente diferentes. (a) Utilize a equação dada no Problema 22 para demonstrar que a diferença de comprimento de onda entre as linhas espectrais do hidrogênio 1 e do deutério associadas a uma determinada transição eletrônica é dada por

$$\lambda_H - \lambda_D = \left(1 - \frac{\mu_H}{\mu_D}\right)\lambda_H$$

(b) Determine a diferença de comprimento de onda para a linha alfa de Balmer do hidrogênio, com comprimento de onda de 656,3 nm, emitida por um átomo que faz uma transição de um estado $n = 3$ para um $n = 2$. Harold Urey observou essa diferença de comprimento de onda em 1931, confirmando sua descoberta do deutério.

24. Um elétron de momento p está a uma distância r de um próton estacionário. O elétron tem energia cinética $K = p^2/2m_e$. O átomo tem energia potencial $U = -k_e e^2/r$ e energia total $E = K + U$. Se o elétron estiver ligado ao próton para formar um átomo de hidrogênio, sua posição média estará no próton, mas a incerteza em sua posição será aproximadamente igual ao raio r de sua órbita. O vetor momento linear médio do elétron é igual a zero, mas seu momento linear médio ao quadrado é aproximadamente igual à incerteza ao quadrado em seu momento linear como determinado pelo princípio da incerteza. Tratando o átomo como um sistema unidimensional, (a) calcule a incerteza no momento linear do elétron em função de r. Calcule (b) a energia cinética e (c) a energia total do elétron em função de r. O valor verdadeiro de r é o que *minimiza a energia total*, resultando em um átomo estável. Determine (d) esse valor

268 Física para cientistas e engenheiros

de r e (e) a energia total resultante. (f) Compare suas respostas com o estipulado pela teoria de Bohr.

Seção 8.5 Funções de onda do hidrogênio

25. Faça um gráfico da função de onda $\psi_{1s}(r)$ em função de r (consulte a Eq. 8.22) e da função de densidade de probabilidade radial $P_{1s}(r)$ em função de r (consulte a Eq. 8.25) para o hidrogênio. Considere r variando de 0 a $1,5a_0$, onde a_0 é o raio de Bohr.

26. Para um estado esfericamente simétrico de um átomo de hidrogênio, a equação de Schrödinger em coordenadas esféricas é

$$-\frac{\hbar^2}{2m_e}\left(\frac{d^2\psi}{dr^2} + \frac{2}{r}\frac{d\psi}{dr}\right) - \frac{k_e e^2}{r}\psi = E\psi$$

(a) Demonstre que a função de onda 1s para um elétron no hidrogênio

$$\psi_{1s}(r) = \frac{1}{\sqrt{\pi a_0^3}}e^{-r/a_0}$$

satisfaz à equação de Schrödinger. (b) Qual é a energia do átomo para esse estado?

27. A função radial $R(r)$ da função de onda para um átomo de hidrogênio no estado 2p é

$$\psi_{2p} = \frac{1}{\sqrt{3}(2a_0)^{3/2}}\frac{r}{a_0}e^{-r/2a_0}$$

Qual é a distância mais provável do núcleo para encontrar um elétron no estado 2p?

28. A função de onda do estado fundamental para o elétron em um átomo de hidrogênio é

$$\psi_{1s}(r) = \frac{1}{\sqrt{\pi a_0^3}}e^{-r/a_0}$$

onde r é a coordenada radial do elétron e a_0 é o raio de Bohr. (a) Demonstre que a função de onda dada está normalizada. (b) Determine a probabilidade de localizarmos o elétron entre $r_1 = a_0/2$ e $r_2 = 3a_0/2$.

29. Em certo experimento, um grande número de elétrons é disparado em direção a uma amostra de átomos de hidrogênio neutros, observando-se então como as partículas incidentes se espalham. O elétron no estado fundamental de um átomo de hidrogênio está temporariamente a uma distância $a_0/2$ do núcleo em 1.000 observações. No conjunto de testes, quantas vezes o elétron atômico é observado a uma distância $2a_0$ do núcleo?

Seção 8.6 Interpretação física dos números quânticos

30. Relacione os conjuntos de números quânticos possíveis para o átomo de hidrogênio associados às subcamadas (a) 3d e (b) 3p.

31. Se um átomo de hidrogênio tem um momento angular igual a $4,714 \times 10^{-34}$ J $\cdot$ s, qual é o número quântico orbital para o estado do átomo?

32. Determine todos os valores possíveis de (a) L, (b) Lz e (c) θ para um átomo de hidrogênio em um estado 3d.

33. Calcule o módulo do momento angular orbital para um átomo de hidrogênio (a) no estado 4d e (b) no estado 6f.

34. Quantos conjuntos de números quânticos são possíveis para um átomo de hidrogênio para o qual (a) $n = 1$, (b) $n = 2$, (c) $n = 3$, (d) $n = 4$ e (e) $n = 5$?

35. Um elétron em um átomo de sódio está na camada N. Determine o valor máximo que a componente z de seu momento angular pode alcançar.

36. **W** (a) Determine a densidade de massa de um próton, modelando-o como uma esfera sólida de raio $1,00 \times 10^{-15}$ m. (b) **E se?** Considere um modelo clássico de um elétron como uma esfera sólida uniforme com a mesma densidade do próton. Calcule seu raio. (c) Imagine que esse elétron tenha um momento angular de spin $I\omega = \hbar/2$ estabelecido pela rotação clássica em torno do eixo z. Determine a velocidade escalar de um ponto no equador do elétron. (d) Compare essa velocidade escalar com a da luz.

37. Um átomo de hidrogênio está em seu quinto estado excitado, com número quântico principal 6. O átomo emite um fóton com um comprimento de onda de 1.090 nm. Determine o módulo máximo possível do momento angular orbital do átomo após a emissão.

38. *Por que a seguinte situação é impossível?* Um fóton de comprimento de onda de 88,0 nm atinge uma superfície limpa de alumínio, ejetando um fotoelétron. Depois, o fotoelétron atinge um átomo de hidrogênio em seu estado fundamental, transferindo a energia para esse e excitando-o até um estado quântico superior.

39. **M** O méson ρ^- tem carga de $-e$, número quântico de spin 1 e massa 1.507 vezes maior que a do elétron. Os valores possíveis para seu número quântico magnético de spin são -1, 0 e 1. **E se?** Imagine que os elétrons nos átomos sejam substituídos por mésons ρ^-. Relacione os conjuntos possíveis de números quânticos para mésons ρ^- na subcamada 3d.

Seção 8.7 Princípio da exclusão e a Tabela Periódica

40. (a) Quando examinamos a Tabela Periódica no sentido descendente, qual subcamada é ocupada primeiro, 3d ou 4s? (b) Qual configuração eletrônica tem energia inferior, [Ar]3$d^4$4s^2 ou [Ar]3$d^5$4s^1? *Observação*: A notação [Ar] representa a configuração preenchida do argônio. *Sugestão*: Qual tem o maior número de spins não emparelhados? (c) Identifique o elemento com a configuração eletrônica na parte (b).

41. (a) Descreva a configuração eletrônica do estado fundamental do nitrogênio ($Z = 7$). (b) Determine os valores do possível conjunto de números quânticos n, ℓ, m_ℓ e m_s para os elétrons no nitrogênio.

42. Prepare uma tabela similar à mostrada na Figura 8.18 para átomos contendo de 11 a 19 elétrons. Utilize a regra de Hund e suposições bem fundamentadas.

43. Um determinado elemento tem seu elétron mais externo em uma subcamada 3p. Sua valência é $+3$, porque tem três elétrons a mais que um determinado gás nobre. Que elemento é esse?

44. Analisando a Figura 8.19 no sentido crescente dos números atômicos, observe que os elétrons, em geral, ocupam as subcamadas de modo que aquelas com os valores menores de $n + \ell$ são ocupadas antes. Se duas subcamadas tiverem o mesmo valor de $n + \ell$, a de valor mais baixo de n será, em geral, ocupada antes. Aplicando essas duas regras, escreva a ordem na qual as subcamadas são ocupadas para $n + \ell = 7$.

45. Dois elétrons no mesmo átomo têm $n = 3$ e $\ell = 1$. Suponha que os elétrons sejam distinguíveis, de modo que seu intercâmbio define um novo estado. (a) Quantos estados do átomo são possíveis, considerando os números quânticos que esses dois elétrons podem ter? (b) **E se?** Quantos estados seriam possíveis se o princípio da exclusão não fosse válido?

46. No caso de um átomo neutro do elemento 110, qual seria a configuração eletrônica provável no estado fundamental?

47. Revisão. Para um elétron com momento magnético $\vec{\mu}_s$ em um campo magnético $\vec{B}$, a Seção 7.5 do Volume 3 determina que o sistema elétron-campo pode estar em um estado de energia mais alta, com a componente z do momento magnético do elétron oposto ao campo, ou um estado de energia mais baixa, com a componente z do momento magnético no sentido do campo. A diferença de energia entre os dois estados é $2\mu_B B$.

Com alta resolução, muitas linhas espectrais em dubleto são observadas. O dubleto mais conhecido é o das duas linhas amarelas no espectro do sódio (as linhas D), com comprimentos de onda de 588,995 nm e 589,592 nm. Sua existência foi explicada em 1925 por Goudsmit e Uhlenbeck, que postularam que um elétron tem momento angular de spin intrínseco. Quando o átomo de sódio é excitado com seu elétron mais externo em um estado $3p$, o movimento orbital do elétron mais externo cria um campo magnético. A energia do átomo é ligeiramente diferente, dependendo do spin, para cima ou para baixo, do elétron nesse campo. Então, a energia do fóton que o átomo irradia durante sua transição de volta ao estado fundamental depende da energia do estado excitado. Calcule o módulo do campo magnético interno, mediando essa suposta combinação spin-órbita.

Seção 8.8 Mais sobre espectros atômicos: luz visível e raios X

48. Na produção de raios X, os elétrons são acelerados através de uma alta voltagem ΔV e, então, são desacelerados ao atingirem um alvo. Mostre que o comprimento de onda mais curto de um raio X, que pode ser produzido, é

$$\lambda_{min} = \frac{1.240 \text{ nm} \cdot \text{V}}{\Delta V}$$

49. Qual tensão de aceleração mínima seria requerida para produzir raios X com um comprimento de onda de 70,0 pm?

50. Um alvo de tungstênio é atingido por elétrons acelerados do repouso por meio de uma diferença de potencial de 40,0 keV. Determine o comprimento de onda mais curto da radiação emitida.

51. Um alvo de bismuto é atingido por elétrons e raios X são emitidos. Calcule (a) a energia de transição da camada M para a L para o bismuto e (b) o comprimento de onda do raio X emitido quando um elétron cai da camada M para a L.

52. O nível $3p$ do sódio tem energia de –3,0 eV e o $3d$, de –1,5 eV. (a) Determine Z_{ef} para cada um desses estados. (b) Explique a diferença.

53. (a) Determine os valores possíveis dos números quânticos ℓ e m_ℓ para o íon He$^+$ no estado correspondente a $n = 3$. (b) Qual é a energia deste estado?

54. [M] A série K do espectro de raios X discretos do tungstênio contém comprimentos de onda de 0,0185 nm, 0,0209 nm e 0,0215 nm. A energia de ionização da camada K é de 69,5 keV. (a) Determine as energias de ionização das camadas L, M e N.

55. [M] Utilize o método ilustrado no Exemplo 8.5 para calcular o comprimento de onda dos raios X emitidos de um alvo de molibdênio ($Z = 42$) quando um elétron se move da camada L ($n = 2$) para a K ($n = 1$).

56. Na produção de raios X, os elétrons são acelerados por meio de uma alta tensão e, depois, desacelerados ao atingir um alvo. (a) Para possibilitar a produção de raios X de comprimento de onda λ, qual é a diferença de potencial mínima ΔV por meio da qual os elétrons devem ser acelerados? (b) Descreva como a diferença de potencial requerida depende do comprimento de onda. (c) Explique se seu resultado corresponde ao comprimento de onda mínimo correto na Figura 8.22. (d) A relação da parte (a) aplica-se a outros tipos de radiação eletromagnética além dos raios X? (e) De qual valor a diferença de potencial se aproxima quando λ tende a zero? (f) De qual valor a diferença de potencial se aproxima quando λ aumenta sem limite?

57. Quando um elétron cai da camada M ($n = 3$) para um vazio na camada K ($n = 1$), o comprimento de onda medido dos raios X emitidos é de 0,101 nm. Identifique o elemento.

Seção 8.9 Transições espontâneas e estimuladas
Seção 8.10 Lasers

58. A Figura P8.58 mostra partes dos diagramas de níveis de energia dos átomos de hélio e de neônio. Uma descarga elétrica excita o átomo de He de seu estado fundamental (designado arbitrariamente como a energia $E_1 = 0$) para o excitado de 20,61 eV. O átomo de He excitado colide com um átomo de Ne em seu estado fundamental e excita esse átomo até o estado a 20,66 eV. A geração de luz coerente ocorre para transições eletrônicas de E_3^* a E_2 nos átomos de Ne. De acordo com os dados na figura, demonstre que o comprimento de onda da luz laser vermelha de He-Ne é de aproximadamente 633 nm.

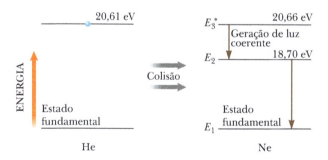

Figura P8.58

59. O laser de dióxido de carbono é um dos mais poderosos já desenvolvidos. A diferença de energia entre os dois níveis de laser é de 0,117 eV. Determine (a) a frequência e (b) o comprimento de onda da radiação emitida por esse laser. (c) Em qual porção do espectro eletromagnético está a radiação?

60. Revisão. Um laser de hélio-neônio pode produzir um feixe de laser verde em vez de vermelho. A Figura P8.60 mostra as transições envolvidas para a formação do feixe vermelho e do verde. Após uma inversão de população ser estabelecida, os átomos de neônio fazem várias transições descendentes ao caírem do estado identificado como E_4^* até, finalmente, o nível E_1 (designado arbitrariamente como a energia $E_1 = 0$). Os átomos emitem luz vermelha com comprimento de onda de 632,8 nm em uma transição $E_4^* - E_3$, e luz verde com comprimento de onda de 543 nm, em outra transição $E_4^* - E_2$. (a) Qual é a energia E_2? Suponha que os átomos estejam em uma cavidade entre espelhos projetados para refletir a luz verde com alta frequência e permitir que a luz vermelha saia da cavidade imediatamente. Depois, a emissão estimulada pode levar ao acúmulo de um feixe colimado de luz verde entre os espelhos com intensidade maior que a da luz vermelha. Para gerar o feixe de laser irradiado, permite-se que uma pequena fração da luz verde escape por transmissão através de um espelho. Os espelhos que formam a cavidade ressonante podem ser feitos de camadas de dióxido de silício (índice de refração $n = 1,458$) e de dióxido de titânio (índice de refração entre 1,9 e 2,6). (b) Qual a espessura de uma camada de dióxido de silício, entre camadas de dióxido de titânio, para minimizar a reflexão da luz vermelha? (c) Qual deve ser a espessura de uma camada similar, porém separada, de dióxido de silício para maximizar a reflexão da luz verde?

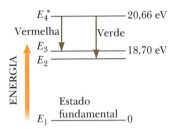

Figura P8.60 Problemas 60 e 62.

61. **M** Um laser de rubi gera pulso de 10,0 ns de potência média de 1,00 MW. Se os fótons tiverem um comprimento de onda de 694,3 nm, quantos fótons existem no pulso?

62. O número N de átomos em um estado particular é chamado população do estado. Esse número depende da energia do estado e da temperatura. No equilíbrio térmico, a população de átomos em um estado de energia E_n é dada por uma expressão de distribuição de Boltzmann

$$N = N_g e^{-(E_n - E_\ell)/k_B T}$$

onde N_g é a população do estado fundamental de energia E_g, k_B a constante de Boltzmann e T a temperatura absoluta. Para simplificar, suponha que cada nível de energia tenha apenas um estado quântico associado. (a) Antes de a força ser aplicada, os átomos de neônio em um laser estão em equilíbrio térmico a 27,0 °C. Determine a razão de equilíbrio das populações dos estados E_4^* e E_3 exibidos para a transição vermelha na Figura P8.60. Os lasers funcionam por meio da produção artificial hábil de uma "inversão de população" entre os estados de energia atômica superior e inferior envolvidos na transição laser. Esse termo significa que mais átomos estão no estado excitado superior do que no inferior. Considere a transição $E_4^* - E_3$ na Figura P8.60. Suponha que 2% a mais de átomos ocorrem no estado superior do que no inferior. (b) Para demonstrar o quanto anormal é essa situação, determine a temperatura para qual a distribuição de Boltzmann descreve uma inversão de população de 2,00%. (c) Por que tal situação não ocorre de modo natural?

63. **M** **W** Um laser de neodímio-ítrio-alumínio utilizado em cirurgias oculares emite pulso de 3,00 mJ em 1,00 ns, focado em um ponto de 30,0 μm de diâmetro na retina. (a) Calcule o valor (em unidades do SI) da potência por área unitária na retina (na indústria óptica, essa grandeza é chamada *irradiância*). (b) Qual é a energia fornecida pelo pulso a uma área de tamanho molecular, considerada uma área circular de 0,600 nm de diâmetro?

64. **AMT** **Revisão.** A Figura 8.29 representa a luz oscilando entre dois espelhos em uma cavidade feita a laser, como duas ondas viajantes. Essas ondas viajantes se movendo em direções opostas constituem uma onda estacionária. Se as superfícies refletivas forem películas metálicas, o campo elétrico terá nós em ambas as extremidades. A onda eletromagnética estacionária é análoga à onda de corda estacionária representada na Figura 18.10. (a) Suponha que um laser de hélio-neônio tem precisamente espelhos planos e paralelos que estão 35.124,103 cm distantes entre si. Suponha que o meio ativo possa amplificar eficientemente apenas a luz com comprimentos de onda entre 632,80840 nm e 632,80980 nm. Determine o número de componentes que constituem a luz laser, e o comprimento de onda de cada componente, com exatamente oito dígitos. (b) Determine a raiz quadrada média da velocidade para um átomo de neônio a 120 °C. (c) Mostre que a essa temperatura o efeito Doppler para emissão de luz movendo átomos de neônio deverá realisticamente tornar a largura de banda do amplificador de luz maior do que a de 0,00140 nm, suposta na parte (a).

Problemas Adicionais

65. Qual quantidade de energia é requerida para ionizar um átomo de hidrogênio quando esse está (a) no estado fundamental e (b) no estado $n = 3$?

66. A força sobre um momento magnético μ_z em um campo magnético não uniforme B_z é dada por $F_z = \mu_z (dB_z/dz)$. Se um feixe de átomos de prata percorrer uma distância horizontal de 1,00 m através de tal campo e cada átomo tiver uma velocidade escalar de 100 m/s, quão intenso deverá ser o gradiente do campo dB_z/dz para defletir o feixe em 1,00 mm?

67. Suponha que um átomo de hidrogênio esteja no estado $2s$, com sua função de onda dada pela Equação 8.26. Considerando $r = a_0$, calcule os valores para (a) $\psi_{2s}(a_0)$, (b) $|\psi_{2s}(a_0)|^2$ e (c) $P_{2s}(a_0)$.

68. **W** Revisão. (a) Qual quantidade de energia é requerida para mover um elétron no hidrogênio do estado $n = 1$ para o $n = 2$? (b) Suponha que o átomo ganhe essa energia por meio de colisões entre os átomos de hidrogênio a uma alta temperatura. A qual temperatura a energia cinética atômica média $3/2\, k_B T$ seria grande o suficiente para excitar o elétron? Neste caso, k_B é a constante de Boltzmann.

69. **M** Na técnica conhecida como ressonância de spin de elétron (ESR), uma amostra contendo elétrons não emparelhados é colocada em um campo magnético. Considere a situação na qual um único elétron (*não* contido em um átomo) é imerso neste campo. Nesta situação simples, apenas dois estados de energia são possíveis, correspondendo a $m_s = \pm 1/2$. Em ESR, a absorção de um fóton causa o salto do momento magnético de spin do elétron do estado de energia mais baixo para o mais alto. De acordo com a Seção 7.5 do Volume 3, a mudança na energia é de $2\mu_B B$ (o estado de energia mais baixo corresponde ao caso no qual a componente z do momento magnético $\vec{\mu}_{spin}$ está alinhada com o campo magnético e o mais alto ao caso em que a componente z de $\vec{\mu}_{spin}$ está direcionada em oposição ao campo). Qual é a frequência do fóton requerida para excitar uma transição ESR em um campo magnético de 0,350 T?

70. Um elétron no cromo desloca-se do estado $n = 2$ para o $n = 1$ sem emitir um fóton. Em vez disso, a energia excessiva é transferida para um elétron externo (no estado $n = 4$), que é, depois, ejetado pelo átomo. Neste processo Auger, o elétron ejetado é chamado elétron de Auger. Utilize a teoria de Bohr para determinar a energia cinética deste elétron.

71. Os estados da matéria são sólido, líquido, gás e plasma. O plasma pode ser descrito como um gás de partículas carregadas ou um gás de átomos ionizados. A maior parte

da matéria no Sistema Solar é plasma (em todo o interior do Sol). De fato, a maior parte da matéria no Universo é plasma; assim como uma chama de vela. Use as informações na Figura 8.20 para fazer uma estimativa da ordem de grandeza para a temperatura à qual um típico elemento químico deve ser elevado para se transformar em plasma ionizando a maior parte dos átomos em uma amostra. Explique seu raciocínio.

72. Mostre que a função de onda para um átomo de hidrogênio no estado 2s

$$\psi_{2s}(r) = \frac{1}{4\sqrt{2\pi}} \left(\frac{1}{a_0}\right)^{3/2} \left(2 - \frac{r}{a_0}\right) e^{-r/2a_0}$$

satisfaz a equação de Schrödinger esfericamente simétrica, dada no Problema 26.

73. Determine o valor médio (expectativa) de $1/r$ no estado $1s$ do hidrogênio. Observe que a expressão geral é dada por

$$\langle 1/r \rangle = \int_{\text{todo espaço}} |\psi|^2 (1/r) \, dV = \int_0^\infty P(r)(1/r) \, dr$$

O resultado é igual ao inverso do valor médio de r?

74. *Por que a seguinte situação é impossível?* Um experimento é efetuado em um átomo. Medições deste quando está em um determinado estado excitado indicam cinco valores possíveis da componente z do momento angular orbital, variando entre $3,16 \times 10^{-34}$ kg·m²/s e $-3,16 \times 10^{-34}$ kg·m²/s.

75. No modelo de Bohr do átomo de hidrogênio, um elétron desloca-se em um percurso circular. Considere esse caso, com mesmo percurso: um único elétron movendo-se perpendicularmente a um campo magnético $\vec{B}$. Lev Davidovich Landau (1908-1968) resolveu a equação de Schrödinger para esse caso. O elétron pode ser considerado um átomo modelo sem núcleo ou o limite quântico irredutível do cíclotron. Landau provou que sua energia é quantizada em passos uniformes de $e\hbar B/m_e$. Em 1999, um único elétron foi capturado por uma equipe de pesquisadores da Harvard University em um recipiente de metal a vácuo de dimensões em centímetros resfriado a uma temperatura de 80 mK. Em um campo magnético de intensidade 5,26 T, o elétron circulou por horas em seu nível de energia mais baixa. (a) Calcule o tamanho de um salto quântico na energia do elétron. (b) Para comparação, determine $k_B T$ como uma medida da energia disponível para o elétron em radiação de corpo negro das paredes de seu recipiente. A radiação de micro-ondas foi aplicada para excitar o elétron. Calcule (c) a frequência e (d) o comprimento de onda do fóton absorvido pelo elétron quando esse saltou para seu segundo nível de energia. A medição da frequência de absorção ressonante confirmou a teoria e permitiu a determinação precisa das propriedades do elétron.

76. Quando a Terra se move em torno do Sol, suas órbitas são quantizadas. (a) Siga as etapas da análise de Bohr do átomo de hidrogênio para demonstrar que os raios permitidos da órbita da Terra são dados por

$$r = \frac{n^2 \hbar^2}{GM_S M_T^2}$$

onde n é um número quântico inteiro, M_S a massa do Sol e M_T a da Terra. (b) Calcule o valor numérico de n para o sistema Sol-Terra. (c) Calcule a distância entre a órbita para o número quântico n e a próxima órbita em torno do Sol que corresponde ao número quântico $n + 1$. (d) Discuta o significado de seus resultados das partes (b) e (c).

77. Um teorema elementar em estatística determina que a incerteza da média quadrática em uma grandeza r é dada por $\Delta r = \sqrt{\langle r^2 \rangle - \langle r \rangle^2}$. Determine a incerteza na posição radial do elétron no estado fundamental do átomo de hidrogênio. Utilize o valor médio de r calculado no Exemplo 8.3: $\langle r \rangle = 3a_0/2$. O valor médio da distância ao quadrado entre o elétron e o próton é dado por

$$\langle r^2 \rangle = \int_{\text{todo espaço}} |\psi|^2 r^2 \, dV = \int_0^\infty P(r) r^2 \, dr$$

78. O Exemplo 8.3 calcula os valores mais provável e médio da coordenada radial r do elétron no estado fundamental de um átomo de hidrogênio. Para comparação com esses valores modal e médio, determine o valor mediano de r. Proceda como descrito a seguir. (a) Obtenha uma expressão para a probabilidade, como função de r, de o elétron no estado fundamental do hidrogênio ser encontrado fora de uma esfera de raio r centrada no núcleo. (b) Trace um gráfico da probabilidade em função de r/a_0. Escolha valores de r/a_0 variando de 0 a 4,00 em passos de 0,250. (c) Calcule o valor de r para o qual a probabilidade de encontrarmos o elétron fora de uma esfera de raio r seja igual à de o encontrarmos dentro da esfera. Resolva uma equação transcendental numericamente – seu gráfico é um bom começo.

79. AMT M (a) Para um átomo de hidrogênio fazendo uma transição do estado $n = 4$ para o $n = 2$, determine o comprimento de onda do fóton criado no processo. (b) Supondo que o átomo estava inicialmente em repouso, determine a velocidade de recuo do átomo de hidrogênio quando esse emite esse fóton.

80. Astrônomos observam uma série de linhas espectrais na luz de uma galáxia distante. Na hipótese de que as linhas formem a série de Lyman para um (novo?) átomo de um elétron, os pesquisadores começam a construir o diagrama de níveis de energia mostrado na Figura P8.80, que fornece os comprimentos de onda das quatro primeiras linhas e o limite de comprimento de onda curto dessa série. Com base nessas informações, calcule (a) as energias do estado fundamental e dos quatro primeiros estados excitados para esse átomo de um elétron e (b) os comprimentos de onda das três primeiras linhas e o limite de comprimento de onda curto na série de Balmer deste átomo. (c) Demonstre que os comprimentos de onda das quatro primeiras linhas e o limite de comprimento de onda curto da série de Lyman para o átomo de hidrogênio são todos 60,0% dos comprimentos de onda da série de Lyman no átomo de um elétron na galáxia distante. (d) Com base nesta observação, explique por que esse átomo poderia ser o de hidrogênio.

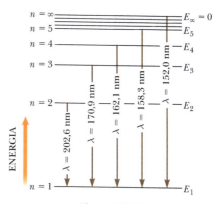

Figura P8.80

272 Física para cientistas e engenheiros

81. **PD** Desejamos demonstrar que a posição radial mais provável para um elétron no estado $2s$ do hidrogênio é $r = 5{,}236a_0$. (a) Utilize as Equações 8.24 e 8.26 para determinar a densidade de probabilidade radial para o estado $2s$ do hidrogênio. (b) Calcule a derivada da densidade de probabilidade radial em relação a r. (c) Defina a derivada na parte (b) igual a zero e identifique três valores de r que representam mínimos na função. (d) Determine dois valores de r que representam máximos na função. (e) Identifique qual dos valores na parte (c) representa a probabilidade mais alta.

82. Todos os átomos têm o mesmo tamanho numa ordem de grandeza. (a) Para demonstrar esse fato, calcule os diâmetros atômicos para o alumínio (massa molar de 27,0 g/mol e densidade de 2,70 g/cm³) e o urânio (massa molar de 238 g/mol e densidade de 18,9 g/cm³). (b) O que os resultados na parte (a) implicam no que se refere às funções de onda dos elétrons de camada interna, à medida que progredimos para átomos de massa atômica cada vez maior?

83. Um laser de pulsos de rubi emite luz a 694,3 nm. Para um pulso de 14,0 ps contendo 3,00 J de energia, determine (a) o comprimento físico do pulso quando esse percorre o espaço e (b) o número de fótons no pulso. (c) O feixe tem seção transversal circular de 0,600 cm de diâmetro. Determine o número de fótons por milímetro cúbico.

84. Um laser de pulsos emite luz de comprimento de onda λ. Para um pulso de duração Δt com energia T_{RE}, determine (a) o comprimento físico do pulso quando esse percorre o espaço e (b) o número de fótons no pulso. (c) O feixe tem seção transversal circular de diâmetro d. Determine o número de fótons por unidade de volume.

85. Suponha que três partículas idênticas sem carga de massa m e spin $\frac{1}{2}$ estejam contidas em uma caixa unidimensional de comprimento L. Qual é a energia do estado fundamental deste sistema?

86. Suponha que a energia de ionização de um átomo seja de 4,10 eV. No espectro deste mesmo átomo, observamos linhas de emissão com comprimentos de onda de 310 nm, 400 nm e 1.377,8 nm. Utilize essas informações para construir o diagrama de níveis de energia com o menor número de níveis. Suponha que os mais altos estejam próximos uns dos outros.

87. Para o hidrogênio no estado $1s$, qual é a probabilidade de encontrarmos o elétron mais distante que $2{,}50a_0$ do núcleo?

88. Para o hidrogênio no estado $1s$, qual é a probabilidade de encontrarmos o elétron mais distante que βa_0 do núcleo, onde β é um número arbitrário?

Problemas de Desafio

89. Pósitron é a antipartícula do elétron, tem a mesma massa do elétron e carga elétrica positiva de mesmo módulo. Positrônio é um átomo semelhante ao hidrogênio, consistindo de um pósitron e um elétron, girando um em torno do outro. Aplicando o modelo de Bohr, determine (a) as distâncias permitidas entre as duas partículas e (b) as energias permitidas do sistema.

90. **Revisão**. Steven Chu, Claude Cohen-Tannoudji e William Phillips receberam o prêmio Nobel de Física de 1997 pelo "desenvolvimento de métodos para resfriar e capturar átomos por meio de luz laser". Uma parte desse trabalho envolveu um feixe de átomos (massa $\sim 10^{-25}$ kg) que se deslocava a uma velocidade da ordem de 1 km/s, similar à das moléculas no ar à temperatura ambiente. Um feixe de luz laser intenso ajustado em uma transição atômica visível (suponha 500 nm) é direcionado diretamente para o feixe atômico, isto é, esse e o feixe de luz se deslocam em sentidos opostos. Um átomo no estado fundamental absorve imediatamente um fóton. O momento linear total do sistema é conservado no processo de absorção. Após uma vida da ordem de 10^{-8} s, o átomo excitado irradia por emissão espontânea. O átomo tem probabilidade igual de emitir um fóton em qualquer direção. Portanto, o "recuo" médio do átomo é igual a zero ao longo de muitos ciclos de absorção e emissão. (a) Calcule a desaceleração média do feixe atômico. (b) Qual é a ordem de grandeza da distância percorrida pelos átomos no feixe durante a desaceleração até a parada?

91. (a) Utilize o modelo de Bohr do átomo de hidrogênio para demonstrar que, quando o elétron se move do estado n para o $n - 1$, a frequência da luz emitida é

$$f = \left(\frac{2\pi^2 m_e k_e^2 e^4}{h^3} \right) \frac{2n - 1}{n^2 (n-1)^2}$$

(b) O princípio da correspondência de Bohr afirma que os resultados quânticos devem se reduzir a resultados clássicos no limite dos números quânticos grandes. Demonstre que, para $n \to \infty$, essa expressão varia como $1/n^3$ e se reduz à frequência clássica que se espera que o átomo emita. *Sugestão*: Para calcular a frequência clássica, observe que a frequência de rotação é $v/2\pi r$, onde v é a velocidade escalar do elétron e r é dado pela Equação 8.10.

Moléculas e sólidos

capítulo 9

9.1 Ligações moleculares
9.2 Estados de energia e espectros de moléculas
9.3 Ligação de sólidos
9.4 Teoria de elétrons livres em metais
9.5 Teoria de bandas de sólidos
9.6 Condução elétrica em metais, isolantes e semicondutores
9.7 Dispositivos semicondutores
9.8 Supercondutividade

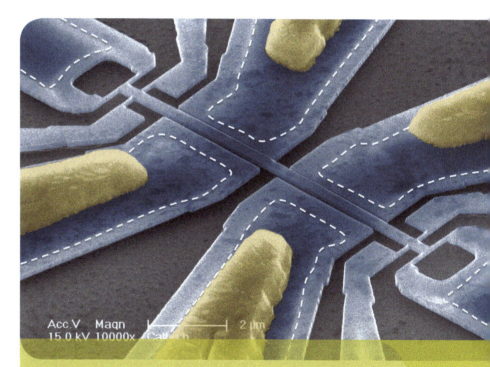

A disposição atômica mais aleatória, aquela de um gás, era bem compreendida nos anos 1800, como discutido no Capítulo 7 do Volume 2. Em um sólido cristalino, os átomos não estão dispostos aleatoriamente, mas formam uma cadeia regular. A simetria da disposição dos átomos estimulou e permitiu um progresso rápido no campo da Física do Estado Sólido no século XX. Recentemente, nossa compreensão de líquidos e sólidos amorfos avançou (em um sólido amorfo, como vidro ou parafina, os átomos não formam uma cadeia regular). O interesse recente na Física de materiais amorfos de baixo custo foi motivado por seu emprego em dispositivos como células solares, elementos de memória e guias de onda de fibra óptica. Com a adição de líquidos, sólidos amorfos e outras formas de matéria mais exóticas, como condensados de Bose-Einstein, a Física de Estado Sólido expandiu-se no meio do século XX para se tornar conhecida como *Física de Matéria Condensada*.

Iniciamos esse capítulo estudando os agregados dos átomos, conhecidos como moléculas. Serão descritos os mecanismos de ligação nas moléculas, os vários modos de excitação molecular e a radiação emitida ou absorvida pelas moléculas. Em seguida, mostraremos como as moléculas se combinam para formar sólidos. Depois, ao examinar sua estrutura de níveis de energia, são explicadas as diferenças entre materiais isolantes, condutores, semicondutores e supercondutores. O capítulo também inclui discussões sobre junções semicondutoras e vários dispositivos semicondutores.

A fotografia mostra um ressonador de *NEMS*, em que NEMS é um acrônimo para *nanoelectromechanical system* (sistema nanoeletromecânico). O dispositivo emprega uma ponte semicondutora vibrando em uma onda estacionária, como as cordas, no Capítulo 4 do Volume 2. Quando uma única molécula ou outra partícula adere à ponte, as frequências de ressonância dos modos normais mudam de forma mensurável. Cientistas podem determinar a massa da partícula a partir das mudanças nas frequências. O novo dispositivo se mostra promissor em permitir que as massas de moléculas e de muitas partículas biológicas sejam medidas com grande precisão. *(Caltech/Scott Kelberg and Michael Roukes)*

9.1 Ligações moleculares

Os mecanismos de ligação em uma molécula devem-se fundamentalmente a forças elétricas entre os átomos (ou íons). Essas forças, no sistema de uma molécula, estão relacionadas a uma função de energia potencial. Uma molécula estável é esperada em uma configuração para a qual a energia potencial para a molécula tenha um valor mínimo (consulte a Seção 7.9 do Volume 1).

Uma função de energia potencial que pode ser utilizada para modelar uma molécula deve abranger duas características de ligação molecular conhecidas:

1. A força entre os átomos é repulsiva em distâncias de separação muito pequenas. Quando dois átomos se aproximam um do outro, algumas das camadas do elétron sobrepõem-se, resultando na repulsão entre elas. Essa repulsão é parcialmente eletrostática na origem e parcialmente o resultado do princípio de exclusão. Como todos os elétrons têm de obedecer a esse princípio, alguns elétrons nas camadas sobrepostas são forçados para estados de energia mais altos e a energia do sistema aumenta como se existisse uma força repulsiva entre os átomos.
2. Em separações maiores, a força entre os átomos é atrativa. Se isso não fosse verdade, os átomos em uma molécula não se ligariam.

Levando em conta essas duas características, a energia potencial para um sistema de dois átomos pode ser representada por uma expressão como

$$U(r) = -\frac{A}{r^n} + \frac{B}{r^m} \tag{9.1}$$

onde r é a distância internuclear de separação entre os dois átomos e n e m são inteiros pequenos. O parâmetro A está associado com a força atrativa e B com a repulsiva. O Exemplo 7.9 do Volume 1 oferece um modelo comum dessa função de energia potencial, o potencial de Lennard-Jones.

A energia potencial pela distância de separação internuclear para um sistema de dois átomos está representada graficamente na Figura 9.1. Em grandes distâncias de separação entre os dois átomos, o sentido da curva é positivo, correspondendo a uma força líquida atrativa. Na distância de separação de equilíbrio, as forças atrativas e repulsivas se equilibram. Nesse ponto, a energia potencial tem seu valor mínimo e a inclinação da curva é zero.

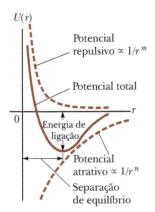

Figura 9.1 Energia potencial total como função da distância de separação internuclear para um sistema de dois átomos.

Uma descrição completa dos mecanismos de ligação nas moléculas é altamente complexa porque a ligação envolve as interações mútuas de várias partículas. Nesta seção discutiremos somente modelos simplificados.

Ligação iônica

Quando dois átomos se combinam de modo que um ou mais elétrons externos são transferidos de um átomo para outro, a ligação formada é chamada **ligação iônica**, fundamentalmente causada pela atração de Coulomb entre íons opostamente carregados.

Exemplo familiar de um sólido ionicamente ligado é o cloreto de sódio, NaCl, o sal de cozinha comum. O sódio, que tem a configuração eletrônica $1s^2 2s^2 2p^6 3s^1$, é ionizado de modo relativamente fácil, abandonando seus elétrons $3s$ para formar um íon Na$^+$. A energia necessária para ionizar o átomo para formar Na$^+$ é 5,1 eV. O cloro, que tem a configuração eletrônica $1s^2 2s^2 2p^5$, está a um elétron da estrutura de camada preenchida do argônio. Se compararmos a energia do sistema de um elétron livre e um átomo de Cl a outro no qual o elétron junta o átomo para formar o íon Cl$^-$, descobrimos que a energia do íon é inferior. Quando o elétron forma uma transição do estado $E = 0$ para o estado de energia negativa associado à camada disponível no átomo, é liberada energia. Essa quantidade de energia é chamada **afinidade eletrônica** do átomo. Para o cloro, a afinidade eletrônica é 3,6 eV. Portanto, a energia necessária para formar Na$^+$ e Cl$^-$ de átomos isolados é 5,1 − 3,6 = 1,5 eV. São gastos 5,1 eV para remover o elétron do átomo de Na, mas 3,6 eV são adquiridos de volta dele quando o elétron se junta ao átomo de Cl.

Imagine agora que esses dois íons carregados interagem um com o outro para formar uma "molécula" NaCl.[1] A energia total da molécula de NaCl pela distância de separação internuclear está representada graficamente na Figura 9.2. Em distâncias de separação muito grandes, a energia do sistema de íons é 1,5 eV, como calculado anteriormente. A energia total tem um valor mínimo de −4,2 eV na distância de separação de equilíbrio, que é aproximadamente 0,24 nm. Assim, a energia necessária para quebrar a ligação Na$^+$–Cl$^-$ e formar átomos neutros de sódio e cloro, chamada **energia**

---

[1] NaCl não tende a formar uma molécula isolada em temperatura ambiente. No estado sólido, ele forma uma cadeia cristalina de íons, descrita na Seção 9.3. No estado líquido ou na solução com água, os íons Na$^+$ e Cl$^-$ se dissociam e ficam livres para se mover em relação um ao outro.

Moléculas e sólidos 275

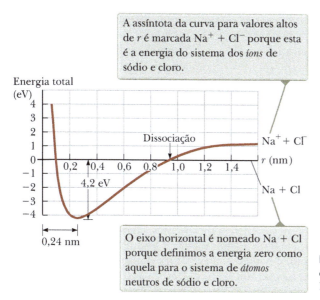

Figura 9.2 Energia total pela distância de separação internuclear para os íons Na$^+$ e Cl$^-$.

de dissociação, é 4,2 eV. A energia da molécula é inferior à do sistema de dois átomos neutros. Por consequência, é **energeticamente favorável** para a molécula se formar: se existir um estado de energia inferior, o sistema tende a emitir energia para atingir esse estado de energia inferior. O sistema de átomos neutros de sódio e cloro pode reduzir sua energia total ao transferir a energia do sistema (por radiação eletromagnética, por exemplo) e formar a molécula NaCl.

Ligação covalente

Ligação covalente entre dois átomos é aquela na qual os elétrons fornecidos por qualquer um ou por ambos sejam compartilhados pelos dois. Várias moléculas diatômicas – como H_2, F_2 e CO – devem sua estabilidade a ligações covalentes. A ligação entre dois átomos de hidrogênio pode ser descrita ao utilizar funções de onda atômicas. A função de onda do estado fundamental para um átomo de hidrogênio (Capítulo 8) é

$$\psi_{1s}(r) = \frac{1}{\sqrt{\pi a_0^3}} e^{-r/a_0}$$

Prevenção de Armadilhas 9.1

Ligações iônicas e covalentes
Na prática, essas descrições de ligações iônicas e covalentes representam pontas extremas de um espectro de ligações envolvendo transferência de elétrons. Em uma ligação real, o elétron pode não ser *completamente* transferido como na iônica ou *igualmente* compartilhado como em uma covalente. Portanto, ligações reais ficam em algum ponto entre esses extremos.

Essa função está representada graficamente na Figura 9.3a para dois átomos de hidrogênio separados. Há muito pouca sobreposição das funções de onda $\psi_1(r)$ para o átomo 1, localizado em $r = 0$, e $\psi_2(r)$ para o átomo 2, localizado a alguma distância. Agora, suponha que os dois átomos sejam aproximados. Quando isto acontecer, suas funções de onda se sobrepõem e formam a função de onda composta $\psi_1(r) + \psi_2(r)$ mostrada na Figura 9.3b. Note que a amplitude de probabilidade é maior entre os átomos que em qualquer um dos lados da sua combinação. Como resultado, a probabilidade é maior que os elétrons associados com os átomos se localizem entre os átomos do que nas regiões externas do sistema.

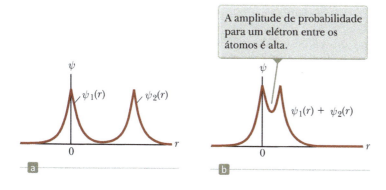

Figura 9.3 Funções de estado fundamental $\psi_1(r)$ e $\psi_2(r)$ para dois átomos que formam uma ligação covalente. (a) Os átomos estão distantes e suas funções de onda se sobrepõem minimamente. (b) Os átomos estão juntos, formando uma função de onda composta $\psi_1(r) + \psi_2(r)$ para o sistema.

276 Física para cientistas e engenheiros

Em consequência, a posição média da carga negativa no sistema está na metade do caminho entre os átomos. Esse cenário pode ser modelado como se houvesse uma carga negativa fixa entre os átomos, exercendo forças atrativas de Coulomb em ambos os núcleos. Portanto, há uma força atrativa geral entre os átomos, resultando em uma ligação covalente.

Por causa do princípio de exclusão, os dois elétrons no estado fundamental do H_2 devem ter spins antiparalelos. Também em razão deste mesmo princípio, se um terceiro átomo de H for aproximado da molécula de H_2, o terceiro elétron teria que ocupar um nível mais alto de energia, o que não é uma situação energeticamente favorável. Por essa razão, a molécula H_3 não é estável e não se forma.

Ligação de van der Waals

Ligações iônicas e covalentes acontecem entre átomos para formar moléculas ou sólidos iônicos; portanto, podem ser descritas como ligações dentro das moléculas. Dois tipos adicionais de ligações, as de van der Waals e as pontes de hidrogênio, podem ocorrer *entre* moléculas.

Você pode pensar que duas moléculas neutras não interagem por meio de força elétrica porque têm carga líquida zero. Elas são atraídas umas às outras, entretanto, por forças eletrostáticas fracas, chamadas **forças de van der Waals**. Do mesmo modo, átomos que não formam ligações iônicas ou covalentes são atraídos uns em relação aos outros pelas forças de van der Waals. Átomos de gás nobre, por exemplo, devido a sua estrutura de camada preenchida, geralmente não formam moléculas ou se ligam um com o outro para formar um líquido. Devido às forças de van der Waals, entretanto, em temperaturas suficientemente baixas, nas quais excitações térmicas são irrelevantes, gases nobres se condensam primeiro em líquidos e depois se solidificam (exceção é o hélio, que não se solidifica na pressão atmosférica).

A força de van der Waals resulta da situação a seguir. Enquanto é eletricamente neutra, uma molécula tem distribuição de carga com centros positivos e negativos em posições diferentes. Como resultado, pode agir como um dipolo elétrico (consulte a Seção 1.4 do Volume 3). Por causa dos campos deste dipolo, duas moléculas podem interagir de modo que haja uma força atrativa entre elas.

Há três tipos de forças de van der Waals. O primeiro, chamado *força dipolo-dipolo*, é uma interação entre duas moléculas, cada uma com momento de dipolo elétrico permanente. Por exemplo, moléculas polares como HCl têm momentos de dipolo elétrico permanentes e atraem outras moléculas polares.

O segundo tipo, *força dipolo-dipolo induzida*, resulta quando uma molécula polar com momento de dipolo elétrico permanente induz momento de dipolo em uma molécula não polar. Neste caso, o campo elétrico da molécula polar cria o momento de dipolo na molécula não polar, o que, então, resulta em força atrativa entre as moléculas.

O terceiro tipo é chamado *força de dispersão*, uma força atrativa que ocorre entre duas moléculas não polares. Neste caso, embora o momento de dipolo médio de uma molécula não polar seja zero, a média do quadrado do momento de dipolo é diferente de zero devido às flutuações da carga. Duas moléculas não polares próximas uma da outra tendem a ter momentos de dipolo que estão correlacionados no tempo para produzir uma força atrativa de van der Waals.

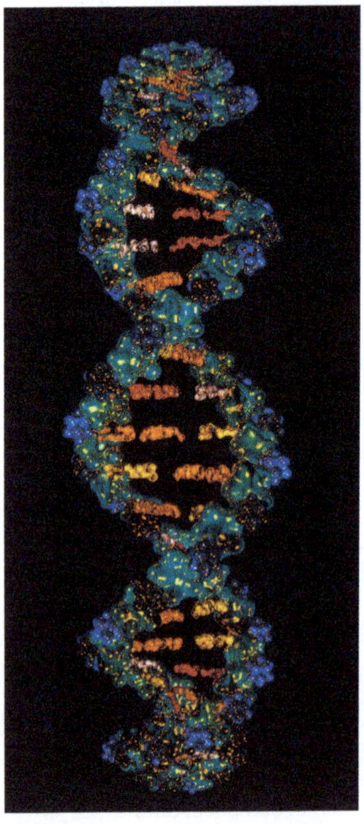

Figura 9.4 As moléculas de DNA são mantidas unidas por ligações de hidrogênio.

Pontes de hidrogênio

Como o hidrogênio tem somente um elétron, espera-se que forme uma ligação covalente somente com outro átomo em uma molécula. Um átomo de hidrogênio em dada molécula pode também formar um segundo tipo de ligação entre as moléculas, chamada **ponte de hidrogênio**. Vamos utilizar a molécula de água, H_2O, como exemplo. Em suas duas ligações covalentes, os elétrons dos átomos de hidrogênio estão mais propensos a ser encontrados no átomo de oxigênio que próximos aos de hidrogênio, deixando prótons essencialmente puros nas posições destes últimos átomos. Essa carga positiva não protegida pode ser atraída para a extremidade negativa de outra molécula polar. Como o próton é desprotegido pelos elétrons, a extremidade negativa da outra molécula pode se aproximar muito do próton para formar uma ligação forte o suficiente para gerar uma estrutura cristalina sólida, como o gelo comum. As ligações em uma molécula de água são covalentes, mas aquelas entre as moléculas de água no gelo são pontes de hidrogênio.

A ponte de hidrogênio é relativamente fraca em comparação com outras ligações químicas e pode ser quebrada com uma energia de aproximadamente 0,1 eV. Devido a essa fraqueza, o gelo derrete na temperatura baixa de 0 °C. Embora a ligação seja fraca, entretanto, a ponte de hidrogênio é um mecanismo crítico responsável pela ligação de moléculas biológicas e polímeros. Por exemplo, no caso da molécula de DNA (ácido desoxirribonucleico), que tem uma estrutura de dupla hélice (Fig. 9.4), as pontes de hidrogênio formadas pelo compartilhamento de um próton entre dois átomos criam conexões entre as voltas da hélice.

Teste Rápido **9.1** Para cada um dos átomos ou moléculas a seguir, identifique o tipo mais provável de ligação que ocorre entre os átomos ou entre as moléculas. Escolha a partir da lista a seguir: iônica, covalente, van der Waals, hidrogênio. **(a)** Átomos de criptônio, **(b)** átomos de potássio e cloro, **(c)** moléculas de fluoreto de hidrogênio (HF), **(d)** átomos de cloro e oxigênio em um íon de hipoclorito (ClO⁻).

9.2 Estados de energia e espectros de moléculas

Considere uma molécula individual na fase gasosa de uma substância. A energia E da molécula pode ser dividida em quatro categorias: (1) energia eletrônica (E_{el}), devido às interações entre os elétrons e os núcleos da molécula; (2) energia translacional (E_{trans}), devido ao movimento do centro de massa da molécula pelo espaço; (3) energia rotacional (E_{rot}), devido à rotação da molécula por seu centro de massa; e (4) energia vibracional (E_{vib}), devido à vibração dos átomos constituintes da molécula:

$$E = E_{el} = E_{trans} + E_{rot} + E_{vib}$$

◀ **Energia total da molécula**

Exploramos os papéis da energia translacional, rotacional e vibracional das moléculas ao determinar os calores específicos molares dos gases nas Seções 7.2 e 7.3 do Volume 2. Como a energia translacional não está relacionada à estrutura interna, a energia molecular não é relevante para interpretar espectros moleculares. A energia eletrônica de uma molécula é muito complexa porque envolve a interação de várias partículas carregadas, mas muitas técnicas foram desenvolvidas para aproximar seus valores. Embora as energias eletrônicas possam ser estudadas, informações relevantes sobre uma molécula podem ser determinadas ao analisar seus estados de energias rotacional e vibracional quantificados. As transições entre esses estados resultam nas linhas espectrais nas regiões de micro-ondas e infravermelho no espectro eletromagnético, respectivamente.

Movimento rotacional das moléculas

Consideremos a rotação de uma molécula ao redor de seu centro de massa, limitando nossa discussão à molécula diatômica (Fig. 9.5a), mas percebendo que as mesmas ideias podem ser estendidas para moléculas poliatômicas. Uma molécula diatômica alinhada ao longo do eixo y tem somente dois graus rotacionais de liberdade, correspondentes às rotações nos eixos x e z que passam pelo seu centro de massa. Discutimos a rotação dessa molécula e sua contribuição para o calor específico de um gás na Seção 7.3 do Volume 2. Se ω é a frequência angular de rotação em um desses eixos, a energia cinética rotacional da molécula naquele eixo pode ser expressa com a Equação 10.24 do Volume 1:

$$E_{rot} = \tfrac{1}{2} I \omega^2 \qquad (9.2)$$

Nesta equação, I é o momento de inércia da molécula em seu centro de massa, dado por

$$I = \left(\frac{m_1 m_2}{m_1 + m_2}\right) r^2 = \mu r^2 \qquad (9.3)$$

◀ **Momento de inércia para uma molécula diatômica**

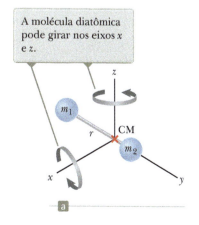

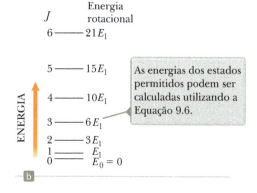

Figura 9.5 Rotação de uma molécula diatômica em seu centro de massa. (a) Molécula diatômica orientada ao longo do eixo y. (b) Energias rotacionais permitidas de uma molécula diatômica expressada como múltiplos de $E_1 = \hbar^2/I$.

278 Física para cientistas e engenheiros

onde m_1 e m_2 são as massas dos átomos que formam a molécula, r é a separação atômica e μ é a **massa reduzida** da molécula (consulte o Exemplo 7.5 e o Problema 40 no Capítulo 7):

$$\mu = \frac{m_1 m_2}{m_1 + m_2}$$

(9.4) ◀ **Massa reduzida de uma molécula diatômica**

O módulo da quantidade de movimento angular da molécula em seu centro de massa é dado pela Equação 11.14 do Volume 1, $L = I\omega$, que classicamente pode ter qualquer valor. A Mecânica Quântica, entretanto, restringe a molécula a certas frequências rotacionais quantificadas de modo que a quantidade de movimento angular da molécula tenha os valores[2]

Valores permitidos de quantidade de movimento angular ▶
$$L = \sqrt{J(J+1)}\,\hbar \quad J = 0, 1, 2, \ldots$$

(9.5)

onde J é um inteiro chamado **número quântico rotacional**. Ao combinar as equações 9.5 e 9.2, obtemos uma expressão para os valores permitidos da energia cinética rotacional da molécula:

$$E_{\text{rot}} = \tfrac{1}{2} I\omega^2 = \frac{1}{2I}(I\omega)^2 = \frac{L^2}{2I} = \frac{\left(\sqrt{J(J+1)}\,\hbar\right)^2}{2I}$$

Valores permitidos de energia rotacional ▶
$$E_{\text{rot}} = E_J = \frac{\hbar^2}{2I} J(J+1) \quad J = 0, 1, 2, \ldots$$

(9.6)

As energias tradicionais permitidas de uma molécula diatômica estão representadas graficamente na Figura 9.5b. Conforme o número quântico J sobe, os estados se separam, como mostrado para níveis de energia rotacional na Figura 7.7 do Volume 2.

Para a maior parte das moléculas, as transições entre níveis de energia rotacional adjacentes resultam em radiação que fica na abrangência de frequência de micro-ondas ($f \sim 10^{11}$ Hz). Quando uma molécula absorve um fóton de micro-ondas, ela salta de um nível de energia rotacional inferior a um superior. As transições rotacionais permitidas de moléculas lineares são reguladas pela regra de seleção $\Delta J = \pm 1$. Dada essa regra, todas as linhas de absorção no espectro de uma molécula linear correspondem às separações de energia iguais a $E_J - E_{J-1}$, onde $J = 1, 2, 3, \ldots$ A partir da Equação 9.6, vemos que as energias dos fótons absorvidos são dadas por

Energia de um fóton absorvida em uma transição entre níveis rotacionais adjacentes ▶

$$E_{\text{fóton}} = \Delta E_{\text{rot}} = E_J - E_{J-1} = \frac{\hbar^2}{2I}\left[J(J+1) - (J-1)J \right]$$

$$E_{\text{fóton}} = \frac{\hbar^2}{I} J = \frac{h^2}{4\pi^2 I} J \quad J = 1, 2, 3, \ldots$$

(9.7)

onde J é o número quântico rotacional do estado de energia mais alto. Como $E_{\text{fóton}} = hf$, onde f é a frequência do fóton absorvido, vemos que a frequência permitida para a transição de $J = 0$ para $J = 1$ é $f_1 = h/4\pi^2 I$. A frequência correspondente à transição $J = 1$ para $J = 2$ é $2f_1$, e assim por diante. Essas previsões estão de acordo com as frequências observadas.

> **Teste Rápido 9.2** Um gás de moléculas diatômicas idênticas absorve radiação eletromagnética em uma ampla faixa de frequências. A molécula 1 está no estado de rotação $J = 0$ e faz uma transição para o estado $J = 1$. A 2 está no estado $J = 2$ e faz uma transição para o estado $J = 3$. A relação da frequência do fóton que excitou a molécula excitada 2 com a do fóton que excitou a molécula 1 é igual a **(a)** 1, **(b)** 2, **(c)** 3, **(d)** 4, ou **(e)** impossível de determinar?

---

[2] A Equação 9.5 é semelhante à 8.27 quanto à quantidade de movimento angular orbital em um átomo. A relação entre o módulo e a quantidade de movimento angular de um sistema e o número quântico associado é a mesma que nessas equações para qualquer sistema que possui rotação enquanto a função energia potencial para o sistema estiver esfericamente simétrica.

Moléculas e sólidos **279**

> ### *Exemplo* **9.1** | **Rotação da molécula de CO**
>
> A transição rotacional de $J = 0$ para $J = 1$ da molécula de CO ocorre na frequência de $1,15 \times 10^{11}$ Hz.
> **(A)** Utilize essa informação para calcular o momento de inércia da molécula.
>
> #### SOLUÇÃO
>
> **Conceitualização** Imagine que os dois átomos na Figura 9.4a são carbono e oxigênio. O centro da massa da molécula não está na metade do caminho entre os átomos devido à diferença nas massas dos átomos C e O.
>
> **Categorização** A formulação deste problema nos diz para categorizar esse exemplo como um dos que envolvem tratamento quantomecânico e restringir a investigação ao movimento rotacional da molécula diatômica.
>
> **Análise** Utilize a Equação 9.7 para encontrar a energia de um fóton que excita a molécula do nível rotacional de $J = 0$ para $J = 1$:
>
> $$E_{\text{fóton}} = \frac{h^2}{4\pi^2 I}(1) = \frac{h^2}{4\pi^2 I}$$
>
> Equacione essa energia para $E = hf$ para o fóton absorvido e resolva para I:
>
> $$\frac{h^2}{4\pi^2 I} = hf \;\rightarrow\; I = \frac{h}{4\pi^2 f}$$
>
> Substitua a frequência dada na formulação do problema:
>
> $$I = \frac{6,626 \times 10^{-34}\,\text{J} \cdot \text{s}}{4\pi^2 (1,15 \times 10^{11}\,\text{s}^{-1})} = \boxed{1,46 \times 10^{-46}\,\text{kg} \cdot \text{m}^2}$$
>
> **(B)** Calcule o comprimento da ligação da molécula.
>
> #### SOLUÇÃO
>
> Encontre a massa reduzida μ da molécula de CO:
>
> $$\mu = \frac{m_1 m_2}{m_1 + m_2} = \frac{(12\text{u})(16\text{u})}{12\text{u} + 16\text{u}} = 6,86\,\text{u}$$
>
> $$= (6,86\,\text{u})\left(\frac{1,66 \times 10^{-27}\,\text{kg}}{1\text{u}}\right) = 1,14 \times 10^{-26}\,\text{kg}$$
>
> Resolva a Equação 9.3 quanto a r e substitua a massa reduzida e o momento de inércia da parte (A):
>
> $$r = \sqrt{\frac{I}{\mu}} = \sqrt{\frac{1,46 \times 10^{-46}\,\text{kg} \cdot \text{m}^2}{1,14 \times 10^{-26}\,\text{kg}}}$$
>
> $$= 1,13 \times 10^{-10}\,\text{m} = \boxed{0,113\,\text{nm}}$$
>
> **Finalização** O momento de inércia da molécula e a distância de separação entre os átomos são muito pequenos, como esperado em um sistema microscópico.
>
> **E SE?** E se outro fóton de frequência $1,15 \times 10^{11}$ Hz for incidente na molécula de CO enquanto ela estiver no estado $J = 1$? O que acontece?
>
> **Resposta** Como os estados quânticos rotacionais não estão igualmente espaçados na energia, a transição de $J = 1$ para $J = 2$ não tem a mesma energia que a de $J = 0$ para $J = 1$. Portanto, a molécula *não* será excitada para o estado $J = 2$. Há duas possibilidades. O fóton poderia passar pela molécula sem interação, ou poderia induzir uma emissão estimulada, semelhante àquela para os átomos e discutidas na Seção 8.9. Neste caso, a molécula faz uma transição de volta para o estado $J = 0$ e o fóton original e um segundo, idêntico, saem da cena da interação.

Movimento vibracional de moléculas

Se considerarmos uma molécula uma estrutura flexível na qual os átomos são ligados por "molas efetivas", como mostrado na Figura 9.6a, podemos aplicar o modelo de análise da partícula em movimento harmônico simples à molécula desde que os átomos na molécula não estejam muito longe de suas posições de equilíbrio. Lembre-se, da Seção 1.3 do Volume 2, que a função de energia potencial para um oscilador harmônico simples é parabólica, variando conforme o quadrado do deslocamento de equilíbrio (consulte a Eq. 1.20 e a Fig. 1.9b do Volume 2). A Figura 9.6b mostra uma representação gráfica da energia potencial em função da separação atômica para uma molécula diatômica, onde r_0 é a

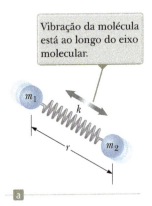 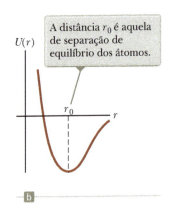

Figura 9.6 (a) Modelo de mola efetiva de uma molécula diatômica. (b) Representação gráfica da energia potencial de uma molécula diatômica pela distância de separação atômica.

separação atômica de equilíbrio. Para separações próximas a r_0, o formato da curva de energia potencial assemelha-se à forma parabólica da função de energia potencial no modelo de partícula em movimento harmônico simples.

De acordo com a Mecânica Clássica, a frequência de vibração para o sistema mostrado na Figura 9.5a é dada pela Equação 1.14 do Volume 2:

$$f = \frac{1}{2\pi}\sqrt{\frac{k}{\mu}} \tag{9.8}$$

onde k é a constante de mola efetiva e μ é a massa reduzida dada pela Equação 9.4. Na Seção 7.4, do Volume 2, estudamos a contribuição da vibração de uma molécula aos calores específicos dos gases.

A Mecânica Quântica prevê que uma molécula vibra em estados quantificados como descrito na Seção 7.7. O movimento vibracional e a energia quantizada vibracional podem ser alterados se a molécula adquirir energia de valor adequado para causar uma transição entre estados vibracionais quantizados. Como discutido na Seção 7.7, as energias vibracionais permitidas são

$$E_{vib} = (v + \tfrac{1}{2})hf \quad v = 0, 1, 2, \ldots \tag{9.9}$$

onde v é um inteiro chamado **número quântico vibracional** (utilizamos n na Seção 7.7 para um oscilador harmônico geral, mas v é geralmente utilizado para o número quântico ao discutir vibrações moleculares). Se o sistema está no menor estado vibracional, para o qual $v = 0$, sua energia de estado fundamental é $\tfrac{1}{2}hf$. No primeiro estado vibracional excitado, $v = 1$, a energia é $\tfrac{3}{2}hf$, e assim por diante.

A substituição da Equação 9.8 pela 9.9 resulta na seguinte expressão para as energias vibracionais permitidas:

Valores permitidos de ▶ energia vibracional

$$E_{vib} = \left(v + \tfrac{1}{2}\right)\frac{h}{2\pi}\sqrt{\frac{k}{\mu}} \quad v = 0, 1, 2, \ldots \tag{9.10}$$

A regra de seleção para as transições vibracionais permitidas é $\Delta v = \pm 1$. As transições entre níveis vibracionais são causadas pela absorção de fótons na região do infravermelho do espectro. A energia de um fóton absorvido é igual à diferença de energia entre dois níveis vibracionais sucessivos quaisquer. Portanto, a energia do fóton é dada por

$$E_{fóton} = \Delta E_{vib} = \frac{h}{2\pi}\sqrt{\frac{k}{\mu}} \tag{9.11}$$

As energias vibracionais de uma molécula diatômica são representadas graficamente na Figura 9.7. Em temperaturas normais, a maioria das moléculas tem energias vibracionais que correspondem ao estado $v = 0$, porque o espaçamento entre os estados vibracionais é muito superior que $k_B T$, onde k_B é a constante de Boltzmann e T, a temperatura.

Teste Rápido **9.3** Um gás de moléculas diatômicas idênticas absorve radiação eletromagnética por uma faixa ampla de frequências. A molécula 1, inicialmente no estado vibracional $v = 0$, faz uma transição para o estado $v = 1$. A 2, inicialmente no estado $v = 2$, faz uma transição para o estado $v = 3$. Qual é a relação da frequência do fóton que excitou a molécula 2 com o fóton que excitou a 1? **(a)** 1 **(b)** 2 **(c)** 3 **(d)** 4 **(e)** impossível de determinar.

Moléculas e sólidos 281

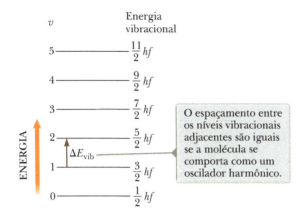

Figura 9.7 Energias vibracionais permitidas de uma molécula diatômica, onde f é a frequência de vibração da molécula, dada pela Equação 9.8.

Exemplo 9.2 | Vibração da molécula de CO MA

A frequência do fóton que causa a transição de $v = 0$ para $v = 1$ na molécula de CO é $6{,}42 \times 10^{13}$ Hz. Ignoramos quaisquer alterações na energia rotacional para esse exemplo.

(A) Calcule a constante de força k para essa molécula.

SOLUÇÃO

Conceitualização Imagine que os dois átomos na Figura 9.6a são carbono e oxigênio. Conforme a molécula vibra, um ponto específico na mola imaginária está em repouso. Esse ponto não está na metade do caminho entre os átomos devido à diferença nas massas dos átomos C e O.

Categorização A formulação do problema nos diz para categorizar esse exemplo como um dos que envolvem tratamento quantomecânico e restringir a investigação ao movimento vibracional de uma molécula diatômica. A molécula é analisada com partes do modelo de análise de *partícula em movimento harmônico simples*.

Análise Configure a Equação 9.11 igual à energia de fóton hf e resolva para a constante de força:

$$\frac{h}{2\pi}\sqrt{\frac{k}{\mu}} = hf \rightarrow k = 4\pi^2 \mu f^2$$

Substitua a frequência dada na formulação do problema e a massa reduzida do Exemplo 9.1:

$$k = 4\pi^2 (1{,}14 \times 10^{-26}\,\text{kg})(6{,}42 \times 10^{13}\,\text{s}^{-1})^2 = \boxed{1{,}85 \times 10^3\,\text{N/m}}$$

(B) Qual é a amplitude clássica A da vibração para essa molécula no estado vibracional $v = 0$?

SOLUÇÃO

Equacione a energia potencial elástica máxima $\frac{1}{2}kA^2$ na molécula (Eq. 1.21 do Volume 2) na energia vibracional dada pela Equação 9.10 com $v = 0$ e resolva para A:

$$\frac{1}{2}kA^2 = \frac{h}{4\pi}\sqrt{\frac{k}{\mu}} \rightarrow A = \sqrt{\frac{h}{2\pi}}\left(\frac{1}{\mu k}\right)^{1/4}$$

Substitua o valor de k da parte (A) e o valor para μ:

$$A = \sqrt{\frac{6{,}626 \times 10^{-34}\,\text{J}\cdot\text{s}}{2\pi}}\left[\frac{1}{(1{,}14 \times 10^{-26}\,\text{kg})(1{,}85 \times 10^3\,\text{N/m})}\right]^{1/4}$$

$$= 4{,}79 \times 10^{-12}\,\text{m} = \boxed{0{,}00479\,\text{nm}}$$

Finalização A comparação deste resultado com o comprimento de ligação de 0,113 nm que calculamos no Exemplo 9.1 mostra que a amplitude clássica de vibração é aproximadamente 4% do comprimento da ligação.

Espectros moleculares

Em geral, uma molécula vibra e gira simultaneamente. Para uma primeira aproximação, esses movimentos são independentes um do outro, de modo que a energia total da molécula para esses movimentos é a soma das Equações 9.6 e 9.9:

$$E = (v + \tfrac{1}{2})hf + \frac{\hbar^2}{2I}J(J+1) \quad (9.12)$$

Os níveis de energia de qualquer molécula podem ser calculados a partir dessa expressão e cada nível é indexado pelos dois números quânticos v e J. A partir desses cálculos, um diagrama de nível de energia como o mostrado na Figura 9.8a pode ser construído. Para cada valor permitido do número quântico vibracional v há um conjunto completo de níveis rotacionais correspondentes a $J = 0, 1, 2, \ldots$ A separação de energia entre níveis rotacionais sucessivos é muito menor que aquela entre níveis vibracionais sucessivos. Como visto, a maior parte das moléculas em temperaturas normais está no estado vibracional $v = 0$; essas moléculas podem estar em vários estados rotacionais, como mostra a Figura 9.8a.

Quando uma molécula absorve um fóton com energia adequada, o número quântico vibracional v aumenta em uma unidade, enquanto o número quântico rotacional J aumenta ou diminui em uma unidade, como pode ser visto na Figura 9.8. Portanto, o espectro de absorção molecular na Figura 9.8b consiste em dois grupos de linhas: um à direita do centro, que satisfaz às regras de seleção $\Delta J = +1$ e $\Delta v = +1$, e outro à esquerda do centro, que satisfaz às regras de seleção $\Delta J = -1$ e $\Delta v = +1$.

As energias dos fótons absorvidos podem ser calculadas a partir da Equação 9.12:

$$E_{\text{fóton}} = \Delta E = hf + \frac{\hbar^2}{I}(J+1) \quad J = 0, 1, 2, \ldots \; (\Delta J = +1) \quad (9.13)$$

$$E_{\text{fóton}} = \Delta E = hf - \frac{\hbar^2}{I}J \quad J = 1, 2, 3, \ldots \; (\Delta J = -1) \quad (9.14)$$

onde J é o número quântico rotacional do estado *inicial*. A Equação 9.13 gera a série de linhas igualmente espaçadas *maior* que a frequência f, enquanto a 9.14, a série *inferior* a essa frequência. As linhas adjacentes são separadas na frequência pela unidade fundamental $\hbar/2\pi I$. A Figura 9.8b mostra as frequências esperadas no espectro de absorção da molécula; essas mesmas frequências aparecem no espectro de emissão.

O espectro de absorção experimental da molécula HCL, mostrado na Figura 9.9, segue esse padrão muito bem e reforça nosso modelo. Entretanto, uma peculiaridade é aparente: cada linha é dividida em um dipolo. Essa duplica-

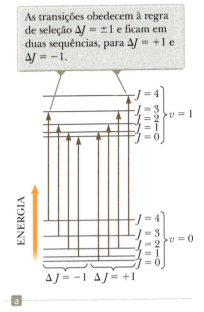
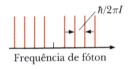

Figura 9.8 (a) Transições com absorção entre os estados vibracionais $v = 0$ e $v = 1$ de uma molécula diatômica. Compare os níveis de energia nesta figura com os da Figura 7.8 do Volume 2. (b) Linhas esperadas no espectro de absorção de uma molécula. Essas mesmas linhas aparecem no espectro de emissão.

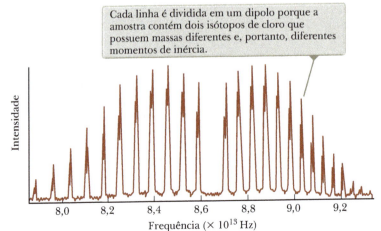

Figura 9.9 Espectro de absorção experimental da molécula HCL.

ção acontece porque dois isótopos de cloro (Cl-35 e Cl-37) estavam presentes na amostra utilizada para obter esse espectro. Como os isótopos têm massas diferentes, as duas moléculas HCl têm valores diferentes de I.

A intensidade das linhas espectrais na Figura 9.9 segue um padrão interessante, aumentando primeiro conforme se move em direção contrária ao intervalo central (localizado em aproximadamente $8,65 \times 10^{13}$ Hz, correspondente à transição proibida $J = 0$ para $J = 0$) e depois caindo. Essa intensidade é determinada por um produto de duas funções de J. A primeira corresponde ao número de estados disponíveis para um valor específico de J. Essa função é $2J + 1$, correspondente ao número de valores de m_J, a rotação molecular análoga a m_ℓ para estados atômicos. Por exemplo, o estado $J = 2$ tem cinco subestados com cinco valores de m_J ($m_J = -2, -1, 0, 1, 2$), enquanto $J = 1$ tem somente três subestados ($m_J = -1, 0, 1$). Portanto, em média e sem conexão com a segunda função descrita abaixo, cinco terços das moléculas fazem a transição do estado $J = 2$ para o estado $J = 1$.

A segunda função que determina a envoltória da intensidade das linhas espectrais é o fator Boltzmann, apresentado na Seção 7.5 do Volume 2. O número de moléculas em um estado rotacional excitado é dado por

$$n = n_0 e^{-\hbar^2 J(J+1)/(2Ik_B T)}$$

onde n_0 é o número de moléculas no estado $J = 0$.

A multiplicação desses fatores indica que a intensidade das linhas espectrais deve ser descrita por uma função de J como segue:

$$I \propto (2J + 1)e^{-\hbar^2 J(J+1)/(2Ik_B T)} \quad (9.15)$$

◀ **Variação de intensidade no espectro de vibração-rotação de uma molécula**

O fator $(2J + 1)$ aumenta com J, enquanto o segundo fator exponencial diminui. O produto dos dois fatores resulta em um comportamento que descreve a envoltória das linhas espectrais na Figura 9.9.

A excitação dos níveis de energia rotacional e vibracional é uma consideração importante nos modelos atuais de aquecimento global. A maior parte das linhas de absorção para CO_2 está na parte do infravermelho do espectro. Portanto, a luz visível do Sol não é absorvida pelo CO_2 atmosférico, mas atinge a superfície da Terra, aquecendo-a. Por sua vez, a superfície da Terra, estando em uma temperatura muito mais baixa que o Sol, emite radiação térmica que atinge o pico na parte do infravermelho do espectro eletromagnético (Seção 6.1). Essa radiação infravermelha é absorvida pelas moléculas CO_2 no ar, em vez de irradiá-la no espaço. O CO_2 age como uma válvula de direção única do Sol e é responsável, juntamente com algumas outras moléculas atmosféricas, pelo aumento da temperatura na superfície da Terra acima de seu valor na ausência de uma atmosfera. Esse fenômeno é comumente chamado Efeito Estufa. A queima de combustíveis fósseis na sociedade industrializada atual acrescenta mais CO_2 à atmosfera. Essa adição aumenta a absorção de radiação infravermelha, elevando mais a temperatura da Terra. Por sua vez, esse aumento na temperatura causa mudanças climáticas significativas.

Como se pode ver na Figura 9.10, a quantidade de dióxido de carbono na atmosfera vem aumentando constantemente desde a metade do século XX. Esse gráfico mostra dados concretos que indicam que a atmosfera está passando por uma mudança distinta, embora nem todos os cientistas concordem quanto à interpretação do que essa mudança significa no que se refere a temperaturas globais.

O IPCC (Intergovernmental Panel on Climate Change, ou Painel Intergovernamental sobre Mudanças Climáticas) é uma organização científica que avalia as informações disponíveis com relação ao aquecimento global e aos efeitos associados referentes às mudanças climáticas. Originalmente, foi estabelecido em 1988 por duas organizações que fazem parte

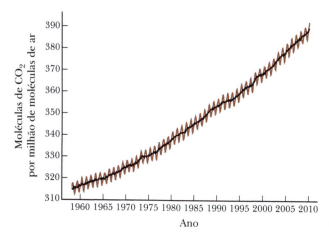

Figure 9.10 A concentração de dióxido de carbono atmosférico em partes por milhão (ppm) de ar seco como uma função do tempo. Esses dados foram registrados no Mauna Loa Observatory (Observatório de Mauna Loa), no Havaí. As variações anuais (curva vermelho-amarronzada) coincidem com as estações de crescimento, porque a vegetação absorve o dióxido de carbono do ar. O crescimento constante da concentração média (curva negra) é uma preocupação dos cientistas.

284 Física para cientistas e engenheiros

das Nações Unidas, a World Meteorological Organization (Organização Meteorológica Mundial) e o United Nations Environment Programme (Programa Ambiental das Nações Unidas). O IPCC já publicou quatro relatórios de avaliação sobre mudanças climáticas, o mais recente, em 2007, e um quinto relatório estava programado para ser divulgado em 2014. O relatório de 2007 concluiu que existe uma probabilidade de mais de 90% de que o aumento na temperatura global, medido pelos cientistas, se deve à liberação de gases de efeito estufa, como o dióxido de carbono, na atmosfera pelos seres humanos. O relatório também prevê um aumento na temperatura global entre 1 °C e 6 °C no século XXI, uma elevação do nível do mar de 18 cm a 59 cm, e probabilidades muito grandes de extremos climáticos, incluindo ondas de calor, secas, ciclones e fortes chuvas.

Além de seus aspectos científicos, o aquecimento global é uma questão social com muitas facetas, as quais abrangem política e economia internacionais, uma vez que o aquecimento global é um problema de âmbito mundial. A modificação de nossas políticas exige custos reais para resolver o problema. O aquecimento global também tem aspectos tecnológicos, e novos métodos de fabricação, transporte e fornecimento de energia devem ser projetados para desacelerar ou reverter o aumento na temperatura.

Exemplo conceitual 9.3 — Comparação entre as Figuras 9.8 e 9.9

Na Figura 9.8a, as transições indicadas correspondem às linhas espectrais que estão espaçadas igualmente, como mostrado na Figura 9.8b. O espectro real na Figura 9.9, entretanto, mostra linhas que se aproximam conforme a frequência aumenta. Por que o espaçamento das linhas espectrais reais difere do diagrama na Figura 9.8?

SOLUÇÃO

Na Figura 9.8, modelamos a molécula diatômica giratória como um corpo rígido (Capítulo 10 do Volume 1). Na realidade, entretanto, conforme a molécula se move mais e mais rápido, a mola efetiva na Figura 9.6a estica-se e fornece a força aumentada, associada com a maior aceleração centrípeta de cada átomo. Conforme a molécula se estica ao longo de seu comprimento, seu momento de inércia I aumenta. Portanto, a parte rotacional da expressão de energia na Equação 9.12 tem uma dependência extra de J no momento de inércia I. Como o momento de inércia crescente está no denominador, conforme J aumenta, as energias não aumentam tão rapidamente com J, como indicado na Equação 9.12. Com cada nível de energia mais alto sendo inferior ao indicado pela Equação 9.12, a energia associada com uma transição àquele nível é inferior, como é a frequência do fóton absorvido, destruindo o espaçamento regular das linhas espectrais e resultando no espaçamento irregular visto na Figura 9.9.

9.3 Ligação de sólidos

Um sólido cristalino consiste em um grande número de átomos dispostos em uma cadeia regular, formando uma estrutura periódica. Os íons no cristal de NaCl estão ligados ionicamente, como já visto, e os átomos de carbono em forma de diamante ligam-se uns aos outros. A ligação metálica descrita no fim dessa seção é responsável pela coesão de cobre, prata, sódio e outros metais sólidos.

Sólidos iônicos

Muitos cristais são formados por ligação iônica, na qual a interação dominante entre os íons é a força de Coulomb. Considere uma parte do cristal NaCl mostrado na Figura 9.11a. As esferas vermelhas representam os íons de sódio e as azuis os íons de cloro. Como mostrado na Figura 9.11b, cada íon de Na^+ tem seis íons Cl^- na vizinhança próxima. Do mesmo modo, na Figura 9.11c vemos que cada íon Cl^- tem seis íons Na^+ na vizinhança mais próxima. Cada íon Na^+ é atraído para seis vizinhos Cl^-. A energia potencial correspondente é $-6k_e e^2/r$, onde k_e é a constante de Coulomb e r, a distância de separação entre cada Na^+ e Cl^-. Além disso, há 12 íons seguintes na vizinhança mais próxima a uma distância de $\sqrt{2}\,r$ do íon Na^+ e esses 12 íons positivos exercem forças repulsivas no Na^+ central. Mais do que isso, além desses 12, há mais íons Cl^- que exercem uma força atrativa, e assim por diante. O efeito líquido de todas essas interações é uma energia potencial elétrica negativa resultante

$$U_{atrativa} = -\alpha k_e \frac{e^2}{r} \tag{9.16}$$

onde α é um número adimensional conhecido como **constante de Madelung**. O valor de α depende somente da estrutura cristalina específica do sólido. Por exemplo, $\alpha = 1{,}7476$ para a estrutura do NaCl. Quando os íons que fazem parte

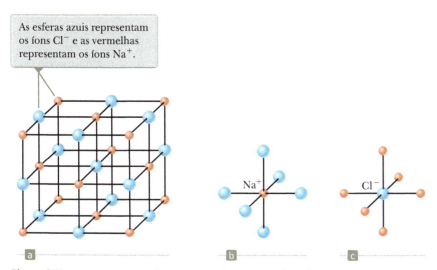
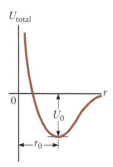

Figura 9.11 (a) Estrutura cristalina de NaCl. (b) Cada íon de sódio positivo é cercado por seis íons negativos de cloro. (c) Cada íon de cloro é cercado por seis íons de sódio.

Figura 9.12 Energia potencial total pela distância de separação de íon para um sólido iônico, onde U_0 é a energia de coesão iônica e r_0, a distância de separação de equilíbrio entre íons.

de um cristal são aproximados, há uma força repulsiva por causa das forças eletrostáticas e o princípio de exclusão, como discutido na Seção 9.1. O termo de energia potencial B/r^m na Equação 9.1 representa essa força repulsiva. Não incluímos vizinhos que não sejam os mais próximos porque as forças repulsivas ocorrem somente para íons que estão muito próximos (as camadas eletrônicas devem se sobrepor aos efeitos do princípio de exclusão para se tornarem importantes). Portanto, podemos expressar a energia potencial total do cristal como

$$U_{\text{total}} = -\alpha k_e \frac{e^2}{r} + \frac{B}{r^m} \tag{9.17}$$

onde m, nesta expressão, é um inteiro pequeno.

Uma representação gráfica da energia potencial total pela distância de separação dos íons é mostrada na Figura 9.12. A energia potencial atinge seu valor mínimo U_0 na separação do equilíbrio, quando $r = r_0$. É colocado como um problema (Problema 59) mostrar que

$$U_0 = -\alpha k_e \frac{e^2}{r_0}\left(1 - \frac{1}{m}\right) \tag{9.18}$$

Essa energia mínima U_0 é chamada **energia de coesão iônica** do sólido e seu valor absoluto representa a energia necessária para separar o sólido em um grupo de íons positivos e negativos isolados. Seu valor para NaCl é –7,84 eV por par de íons.

Para calcular a **energia atômica de coesão**, a energia de ligação relacionada à energia dos átomos neutros, devem ser acrescentados 5,14 eV ao valor da energia de coesão iônica para abranger a transição de Na⁺ para Na e devem ser subtraídos 3,62 eV para abranger a conversão de Cl⁻ para Cl. Portanto, a energia atômica de coesão de NaCl é

$$-7{,}84 \text{ eV} + 5{,}14 \text{ eV} - 3{,}62 \text{ eV} = -6{,}32 \text{ eV}$$

Em outras palavras, 6,32 eV de energia por par de íons é necessária para separar o sólido de átomos neutros isolados de Na e Cl.

Cristais iônicos formam cristais relativamente estáveis e duros. Eles não são bons condutores elétricos porque não contêm elétrons livres; cada elétron no sólido está bem limitado a um dos íons e, por isso, não é suficientemente móvel para transportar corrente. Os cristais iônicos têm altos pontos de fusão; por exemplo, o ponto de fusão do NaCl é 801 °C. Cristais iônicos são transparentes para radiação visível porque as camadas formadas pelos elétrons em sólidos iônicos estão tão bem ligadas que a radiação visível não tem energia suficiente para promover os elétrons para a próxima camada permitida. A radiação infravermelha é absorvida fortemente porque as vibrações dos íons têm frequências naturais ressonantes em uma região de radiação infravermelha de baixa energia.

Sólidos covalentes

O carbono sólido, na forma de diamante, é um cristal cujos átomos estão ligados covalentemente. Como o carbono atômico tem a configuração eletrônica $1s^2 2s^2 2p^2$, faltam quatro elétrons para preencher sua camada $n = 2$, que pode acomodar oito elétrons. Devido a essa estrutura de elétrons, dois átomos de carbono têm uma atração forte um em relação ao outro, com uma energia de coesão de 7,37 eV. Na estrutura do diamante, cada átomo de carbono é ligado covalentemente a outros quatro átomos de carbono localizados nos quatro vértices de um cubo, como mostrado na Figura 9.13a.

A estrutura cristalina do diamante é mostrada na Figura 9.13b. Note que cada átomo de carbono forma ligação covalente com quatro átomos de vizinhança mais próxima. A estrutura básica do diamante é chamada tetraédrica (cada átomo de carbono está no centro de um tetraedro regular) e o ângulo entre as ligações é de 109,5°. Outros cristais, como silício e germânio, têm a mesma estrutura.

Cilindro de silício (Si) cristalino praticamente puro, de aproximadamente 25 cm de comprimento. Esses cristais são cortados em pastilhas e processados para fazer vários dispositivos semicondutores.

O carbono é interessante porque pode formar vários tipos diferentes de estruturas. Além da do diamante, forma grafite, com propriedades completamente diferentes. Neste, os átomos de carbono formam camadas planas com cadeias hexagonais de átomos. Uma interação muito fraca entre as camadas permite que as camadas sejam removidas facilmente por atrito, como ocorre com o grafite utilizado no lápis.

Átomos de carbono também podem formar uma grande estrutura oca; neste caso, o composto é chamado **fulereno**, por causa do famoso arquiteto R. Buckminster Fuller, que inventou o domo geodésico. O formato único dessa molécula (Fig. 9.14) oferece uma "gaiola" para segurar outros átomos ou moléculas. Estruturas relacionadas, chamadas "nanotubos", devido a suas disposições cilíndricas longas e estreitas de átomos de carbono, podem oferecer a base para materiais extremamente fortes, embora de pouco peso.

Uma área atual de pesquisas ativas está nas propriedades e aplicações do **grafeno**. O grafeno consiste de uma monocamada de átomos de carbono, com os átomos arranjados em hexágonos, de modo que a monocamada se parece com uma cerca de galinheiro. Flocos de grafite que caem de um lápis enquanto se escreve contêm pequenos fragmentos de grafeno. Pioneiros na pesquisa sobre o grafeno incluem Andre Geim (nascido em 1958) e Konstantin Novoselov (nascido em 1974), da University of Manchester, que receberam o prêmio Nobel de Física em 2010 por seus experimentos. O grafeno tem interessantes propriedades eletrônicas, térmicas e ópticas que atualmente estão sendo investigadas. Suas propriedades mecânicas incluem uma força de ruptura 200 vezes maior que a do aço. Aplicações em potencial atualmente em estudo incluem nanofitas de grafeno, pontos quânticos, transistores, moduladores ópticos e circuitos integrados.

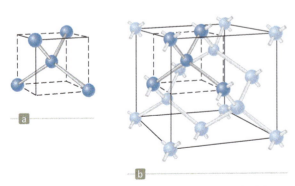

Figura 9.13 (a) Cada átomo de carbono em um cristal de diamante é ligado covalentemente a outros quatro átomos de carbono e assim a estrutura tetraédrica é formada.
(b) Estrutura de cristal do diamante mostrando a disposição de ligação tetraédrica.

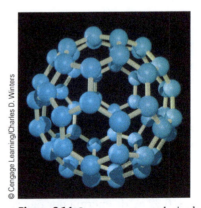

Figura 9.14 Imagem computadorizada de uma "bola de fulereno", ou molécula de fulereno. Essas estruturas moleculares praticamente esféricas que parecem bolas de futebol foram nomeadas em homenagem ao inventor do domo geodésico. Essa forma de carbono, C_{60}, foi descoberta por astrofísicos que investigavam o gás carbônico existente entre as estrelas. Os cientistas estão pesquisando ativamente as propriedades e os usos potenciais do fulereno e moléculas relacionadas.

As energias atômicas de coesão de alguns sólidos covalentes são apresentadas na Tabela 9.1. As grandes energias relacionam-se à dureza dos sólidos covalentes. O diamante é particularmente duro e tem ponto de fusão extremamente alto (por volta de 4.000 K). Sólidos covalentemente ligados são geralmente muito duros, têm energias de ligação muito altas e pontos de fusão altos, além de serem bons isolantes elétricos.

TABELA 9.1 *Energias atômicas de coesão de alguns sólidos covalentes*

Sólido	Energia de coesão (eV por par de íons)
C (diamante)	7,37
Si	4,63
Ge	3,85
InAs	5,70
SiC	6,15
ZnS	6,32
CuCl	9,24

Sólidos metálicos

Ligações metálicas são geralmente mais fracas que as iônicas ou covalentes. Os elétrons externos nos átomos de um metal são relativamente livres para se mover pelo material e o número desses elétrons móveis em um metal é grande. A estrutura metálica pode ser vista como um "mar" ou "gás" de elétrons praticamente livres que cercam uma estrutura de íons positivos (Fig. 9.15). O mecanismo de ligação em um metal é a força atrativa entre toda a coleção de íons positivos e o gás de elétrons. Os metais têm uma energia de coesão na faixa de 1 a 3 eV por átomo, o que é menos que as energias de coesão de sólidos iônicos ou covalentes.

A luz interage fortemente com os elétrons livres nos metais. Assim, a luz visível é absorvida e reemitida bastante próxima à superfície de um metal, o que é responsável pela natureza brilhante das superfícies metálicas. Além da alta condutividade elétrica dos metais produzida pelos elétrons livres, a natureza não direcional da ligação metálica permite que vários tipos diferentes de átomos de metal sejam dissolvidos em um metal hospedeiro em quantidades variáveis. As *soluções sólidas* resultantes, ou *ligas*, podem ser projetadas para ter propriedades específicas, como resistência à tração, ductilidade, condutividade elétrica e térmica, além de resistência à corrosão.

Como a ligação em metais está entre todos os elétrons e todos os íons positivos, os metais tendem a se curvar quando é aplicada uma tensão mecânica. Essa curvatura está em contraste com sólidos não metálicos, que tendem a quebrar quando é aplicada uma tensão mecânica. A quebra se dá porque a ligação em sólidos não metálicos é feita primariamente com os íons ou átomos da vizinhança mais próxima. Quando a distorção causa tensão suficiente entre um grupo de vizinhos mais próximos, acontece a quebra.

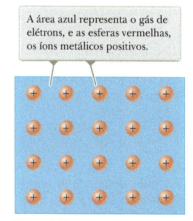

Figura 9.15 Diagrama altamente esquemático de um metal.

A área azul representa o gás de elétrons, e as esferas vermelhas, os íons metálicos positivos.

9.4 Teoria de elétrons livres em metais

Na Seção 5.3 do Volume 3, descrevemos uma teoria clássica de elétrons livres de condução elétrica em metais que levou à Lei de Ohm. De acordo com essa teoria, um metal é modelado como um gás clássico de elétrons de condução que se movem por uma estrutura fixa de íons. Embora ela preveja a forma funcional correta da Lei de Ohm, não prediz os valores corretos das condutividades elétrica e térmica.

Uma teoria de metais de elétrons livres de base quântica remedia as limitações do modelo clássico ao levar em conta a natureza ondulatória dos elétrons. Nesse modelo, os elétrons da camada externa estão livres para se mover pelo metal, mas presos em uma caixa tridimensional formada pelas superfícies metálicas. Portanto, cada elétron é representado como uma partícula em uma caixa. Como discutido na Seção 7.2, as partículas em uma caixa são restritas a níveis de energia quantificada.

A Física Estatística pode ser aplicada a um grupo de partículas em um esforço para relacionar propriedades microscópicas a macroscópicas, como vimos na teoria cinética de gases no Capítulo 7 do Volume 2. No caso dos elétrons, é necessário utilizar a *estatística quântica*, com o requisito de que cada estado do sistema possa ser ocupado por somente dois elétrons (um com spin para cima, outro com spin para baixo) como consequência do princípio de exclusão. A probabilidade de que um estado particular que tenha energia E esteja ocupado por um dos elétrons em um sólido é

$$f(E) = \frac{1}{e^{(E-E_F)/k_B T} + 1}$$ (9.19)

◀ **Função de distribuição de Fermi-Dirac**

onde $f(E)$ é chamada **função de distribuição de Fermi-Dirac** e E_F **energia de Fermi**. Uma representação gráfica de $f(E)$ versus E a $T = 0$ K é mostrada na Figura 9.16a. Note que $f(E) = 1$ para $E < E_F$ e $f(E) = 0$ para $E > E_F$. Isto é, em 0 K, todos os estados com energias inferiores à energia de Fermi são ocupados e todos com energias superiores à energia de Fermi

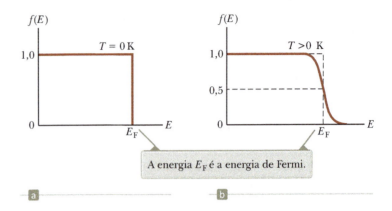

Figura 9.16 Representação gráfica da função distribuição de Fermi-Dirac *f(E)* pela energia em (a) $T = 0$ K e (b) $T > 0$ K.

A energia E_F é a energia de Fermi.

são vazios. Uma representação gráfica de *f(E)* *versus* *E* em uma temperatura T > 0 K é mostrada na Figura 9.16b. Essa curva mostra que, conforme *T* aumenta, a distribuição gira levemente. Por causa da excitação térmica, os estados próximos e abaixo de E_F perdem população e os próximos e acima de E_F ganham. A energia de Fermi E_F também depende da temperatura, mas a dependência é fraca em metais.

Vamos prosseguir com nossa discussão da partícula em uma caixa do Capítulo 7 para generalizar os resultados de uma caixa tridimensional. Lembre-se de que, se uma partícula de massa *m* tiver seu movimento restrito a uma caixa unidimensional de comprimento *L*, os estados permitidos têm níveis de energia quantificados pela Equação 7.14:

$$E_n = \left(\frac{h^2}{8mL^2}\right)n^2 = \left(\frac{\hbar^2\pi^2}{2mL^2}\right)n^2 \quad n = 1, 2, 3, \dots$$

Imagine, agora, um pedaço de metal no formato de um cubo sólido de lados *L* e volume L^3 e focalize em um elétron que esteja livre para se mover em qualquer lugar nesse volume. Assim, o elétron é modelado como uma partícula em uma caixa tridimensional. Neste modelo, precisamos que $\psi(x, y, z) = 0$ nos limites do metal. Pode ser mostrado (consulte o Problema 37) que a energia para esse elétron é

$$E = \frac{\hbar^2\pi^2}{2m_e L^2}(n_x^2 + n_y^2 + n_z^2) \tag{9.20}$$

onde m_e é a massa do elétron e n_x, n_y e n_z são números quânticos. Como esperávamos, as energias são quantificadas e cada valor permitido de energia é caracterizado por esse conjunto de três números quânticos (um para cada grau de liberdade) e pelo número quântico de spin m_s. Por exemplo, o estado fundamental, correspondente a $n_x = n_y = n_z = 1$, tem energia igual a $3\hbar^2\pi^2/2m_e L^2$ e pode ser ocupado por dois elétrons, correspondentes aos spins para cima e para baixo.

Devido ao tamanho macroscópico *L* da caixa, os níveis de energia dos elétrons estão bastante próximos. Como resultado, podemos tratar os números quânticos como variáveis contínuas. Com essa suposição, o número de estados permitidos por unidade de volume que têm energias entre *E* e *E* + *dE* é

$$g(E)\,dE = \frac{8\sqrt{2}\pi m_e^{3/2}}{h^3}E^{1/2}\,dE \tag{9.21}$$

(consulte o Exemplo 9.5). A função *g(E)* é chamada **função densidade de estados**.

Se um metal está em equilíbrio térmico, o número de elétrons por unidade de volume *N(E) dE*, que tem energia entre *E* e *E+dE*, é igual ao produto do número de estados permitidos e a probabilidade de que um estado seja ocupado; isto é, $N(E)\,dE = g(E)f(E)\,dE$:

$$N(E)\,dE = \left(\frac{8\sqrt{2}\pi m_e^{3/2}}{h^3}E^{1/2}\right)\left(\frac{1}{e^{(E-E_F)/k_B T}+1}\right)dE \tag{9.22}$$

Representações gráficas de *N(E)* por *E* para duas temperaturas são dadas na Figura 9.17.

Se n_e é o número total de elétrons por unidade de volume, necessitamos que

$$n_e = \int_0^\infty N(E)\,dE = \frac{8\sqrt{2}\pi m_e^{3/2}}{h^3}\int_0^\infty \frac{E^{1/2}\,dE}{e^{(E-E_F)/k_B T}+1} \tag{9.23}$$

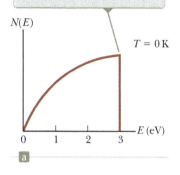
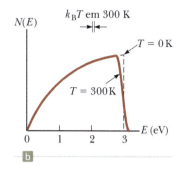

Figura 9.17 Representação gráfica da função distribuição de elétrons pela energia em um metal a (a) $T = 0$ K e (b) $T = 300$ K.

Podemos utilizar essa condição para calcular a energia de Fermi. Em $T = 0$ K, a função distribuição de Fermi-Dirac $f(E) = 1$ para $E < E_F$ e $f(E) = 0$ para $E > E_F$. Portanto, em $T = 0$ K, a Equação 9.23 se torna

$$n_e = \frac{8\sqrt{2}\,\pi m_e^{3/2}}{h^3} \int_0^{E_F} E^{1/2} dE = \frac{2}{3} \frac{8\sqrt{2}\,\pi m_e^{3/2}}{h^3} E_F^{3/2} \qquad (9.24)$$

A resolução da energia de Fermi em 0 K resulta em

$$E_F(0) = \frac{h^2}{2m_e}\left(\frac{3n_e}{8\pi}\right)^{2/3} \qquad (9.25)$$

◀ **Energia de Fermi de em $T = 0$ K**

As energias de Fermi para os metais estão na faixa de poucos elétrons-volt. Valores representativos para vários metais são dados na Tabela 9.2. É deixado como um exercício (Problema 39) mostrar que a energia média de um elétron livre em um metal em 0 K é

$$E_{\text{média}} = \tfrac{3}{5} E_F \qquad (9.26)$$

Em resumo, podemos considerar um metal um sistema que compreende um número muito grande de níveis de energia disponíveis para os elétrons livres. Esses elétrons preenchem os níveis de acordo com o princípio de exclusão de Pauli, começando com $E = 0$ e terminando com E_F. Em $T = 0$ K, todos os níveis abaixo da energia de Fermi são preenchidos e todos os acima estão vazios. A 300 K, uma pequena fração de elétrons livres é excitada acima da energia de Fermi.

Exemplo 9.4 — A energia de Fermi do ouro

Cada átomo de ouro (Au) contribui com um elétron livre para o metal. Obtenha a energia de Fermi para o ouro.

SOLUÇÃO

Conceitualização Imagine elétrons preenchendo níveis disponíveis em $T = 0$ K no ouro até o sólido ficar neutro. A energia mais alta preenchida é a de Fermi.

continua

TABELA 9.2 Valores calculados da energia de Fermi para metais a 300 K baseados na teoria de elétrons livres

Metal	Concentração de elétrons (m⁻³)	Energia de Fermi (eV)
Li	$4{,}70 \times 10^{28}$	4,72
Na	$2{,}65 \times 10^{28}$	3,23
K	$1{,}40 \times 10^{28}$	2,12
Cu	$8{,}46 \times 10^{28}$	7,05
Ag	$5{,}85 \times 10^{28}$	5,48
Au	$5{,}90 \times 10^{28}$	5,53

9.4 cont.

Categorização Avaliamos o resultado utilizando um resultado dessa seção; portanto, categorizamos esse exemplo como um problema de substituição.

Substitua a concentração de elétrons livres no ouro da Tabela 9.2 na Equação 9.25 para calcular a energia de Fermi em 0 K:

$$E_F(0) = \frac{(6{,}626 \times 10^{-34} \text{ J} \cdot \text{s})^2}{2(9{,}11 \times 10^{-31} \text{ kg})} \left[\frac{3(5{,}90 \times 10^{28} \text{ m}^{-3})}{8\pi}\right]^{2/3}$$

$$= 8{,}85 \times 10^{-19} \text{ J} = \boxed{5{,}53 \text{ eV}}$$

Exemplo 9.5 — Obtenção da Equação 9.21

Com base nos estados permitidos de uma partícula em uma caixa tridimensional, obtenha a Equação 9.21.

SOLUÇÃO

Conceitualização Imagine uma partícula confinada a uma caixa tridimensional, sujeita a condições de limite em três dimensões. Imagine também um *espaço numérico quântico* tridimensional cujos eixos representam n_x, n_y e n_z. Os estados permitidos neste espaço podem ser representados como pontos localizados em valores integrais dos três números quânticos, como mostra a Figura 9.18. Esse espaço não é um espaço tradicional em que um local é especificado pelas coordenadas *x*, *y* e *z*; em vez disso, é um espaço no qual os estados permitidos podem ser especificados por coordenadas representando os números quânticos. O número de estados permitidos que têm energias entre E e $E + dE$ corresponde ao número de pontos na concha esférica de raio n e espessura dn.

Categorização Categorizamos esse problema como um sistema quântico no qual as energias da partícula são quantificadas. Além do mais, podemos basear sua resolução em nossa compreensão da partícula de uma caixa unidimensional.

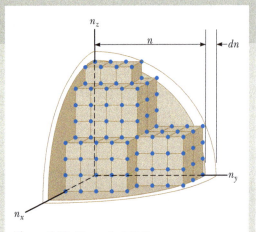

Figura 9.18 (Exemplo 9.5) Os pontos que representam os estados permitidos estão localizados nos valores inteiros de n_x, n_y e n_z e estão, portanto, nos vértices dos cubos com lados de "comprimento" 1.

Análise Como já visto, os estados permitidos da partícula em uma caixa tridimensional são descritos por três números quânticos n_x, n_y e n_z. Para uma amostra macroscópica de metal, é enorme o número de valores permitidos desses números quânticos, por isso, em uma escala macroscópica, os estados permitidos no espaço numérico podem ser modelados como contínuos.

Ao definir $E_0 = \hbar^2\pi^2/2m_eL^2$ e $n = (E/E_0)^{1/2}$, reescreva a Equação 9.20:

(1) $\quad n_x^2 + n_y^2 + n_z^2 = \dfrac{2m_eL^2}{\hbar^2\pi^2}E = \dfrac{E}{E_0} = n^2$

No espaço de números quânticos, a Equação (1) é a de uma esfera de raio n. Portanto, o número de estados permitidos com energias entre E e $E + dE$ é igual ao de pontos em uma camada esférica de raio n e espessura dn.

Encontre o "volume" dessa camada, que representa o número total de estados $G(E)\,dE$:

(2) $\quad G(E)\,dE = \frac{1}{8}(4\pi n^2 dn) = \frac{1}{2}\pi n^2\,dn$

Pegamos um oitavo do volume total porque estamos restritos ao oitante de um espaço tridimensional no qual todos os três números quânticos são positivos.

Substitua n na Equação (2) por seu equivalente em termos de E utilizando a relação $n^2 = E/E_0$ da Equação (1):

$$G(E)\,dE = \tfrac{1}{2}\pi\left(\frac{E}{E_0}\right)d\left[\left(\frac{E}{E_0}\right)^{1/2}\right] = \tfrac{1}{2}\pi\frac{E}{(E_0)^{3/2}}d\left[(E)^{1/2}\right]$$

> **9.5** cont.

Calcule a diferencial:

$$G(E)\,dE = \tfrac{1}{2}\pi\left[\frac{E}{(E_0)^{3/2}}\right]\left(\tfrac{1}{2}E^{-1/2}dE\right) = \tfrac{1}{4}\pi E_0^{-3/2}E^{1/2}dE$$

Substitua E_0 na sua definição acima:

$$G(E)\,dE = \tfrac{1}{4}\pi\left(\frac{\hbar^2\pi^2}{2m_eL^2}\right)^{-3/2}E^{1/2}\,dE$$

$$= \frac{\sqrt{2}}{2}\frac{m_e^{3/2}L^3}{\hbar^3\pi^2}E^{1/2}dE$$

Com $g(E)$ representando o número de estados por unidade de volume, onde L^3 é o volume V da caixa cúbica em espaço normal, encontre $g(E) = G(E)/V$:

$$g(E)\,dE = \frac{G(E)}{V}dE = \frac{\sqrt{2}}{2}\frac{m_e^{3/2}}{\hbar^3\pi^2}E^{1/2}dE$$

Substitua $\hbar = h/2\pi$:

$$g(E)\,dE = \frac{4\sqrt{2}\pi m_e^{3/2}}{h^3}E^{1/2}dE$$

Multiplique por 2 os dois possíveis estados de spin em cada estado de partícula em uma caixa:

$$g(E)\,dE = \frac{8\sqrt{2}\pi m_e^{3/2}}{h^3}E^{1/2}dE$$

Finalização Esse resultado é a Equação 9.21, que é o que queríamos derivar.

9.5 Teoria de bandas de sólidos

Na Seção 9.4, os elétrons em um metal foram modelados como partículas livres para se mover dentro de uma caixa tridimensional e ignoramos a influência dos átomos pai. Aqui, tornamos o modelo mais sofisticado ao incorporar a contribuição dos átomos pai que formam o cristal.

Lembre-se, da Seção 7.1, que a densidade de probabilidade $|\psi|^2$ para um sistema é fisicamente significativa, mas a amplitude de probabilidade ψ não. Vamos considerar como exemplo um átomo que tem um elétron simples s fora de uma camada fechada. As seguintes funções de onda são válidas para um átomo com número atômico Z:

$$\psi_s^+(r) = +Af(r)e^{-Zr/na_0} \quad \psi_s^-(r) = -Af(r)e^{-Zr/na_0}$$

onde A é a constante de normalização e $f(r)$ uma função[3] de r que varia com o valor de n. A escolha de qualquer uma das funções de onda leva ao mesmo valor de $|\psi|^2$, então, ambas são equivalentes. Uma diferença aparece, entretanto, quando dois átomos são combinados.

Se dois átomos idênticos estão muito separados, não interagem e seus níveis de energia eletrônicos podem ser considerados como aqueles dos átomos isolados. Suponha que os dois átomos sejam sódio, cada um com um único elétron $3s$ em um estado quântico bem definido. Como ambos são aproximados, suas funções de onda começam a se sobrepor para a ligação covalente na Seção 9.1. As propriedades do sistema combinado diferem dependendo se os dois átomos estão combinados com funções de onda $\psi_s^+(r)$ como na Figura 9.19a, ou se com uma função de onda $\psi_s^+(r)$ e outra $\psi_s^-(r)$, como na Figura 9.19b. A escolha de dois átomos com função de onda $\psi_s^-(r)$ é fisicamente equivalente àquela com duas funções de onda positivas e, portanto, não a consideramos separadamente. Quando duas funções de onda $\psi_s^+(r)$ são combinadas, o resultado é uma função de onda composta na qual as amplitudes de probabilidade se acrescentam entre os átomos. Se $\psi_s^+(r)$ se combina com $\psi_s^-(r)$, entretanto, as funções de onda entre os núcleos se subtraem. Portanto, as amplitudes de probabilidade compostas para as duas

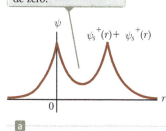

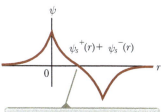

Figura 9.19 Funções de onda de dois átomos combinam-se para formar uma função de onda composta para o sistema de dois átomos quando são aproximados. (a) Dois átomos com funções de onda $\psi_s^+(r)$ se combinam. (b) Dois átomos com funções de onda $\psi_s^+(r)$ e $\psi_s^-(r)$ se combinam.

---
[3] As funções $f(r)$ são chamadas *polinômios de Laguerre*; podem ser encontrados no tratamento quântico do átomo de hidrogênio em livros-texto atuais de Física.

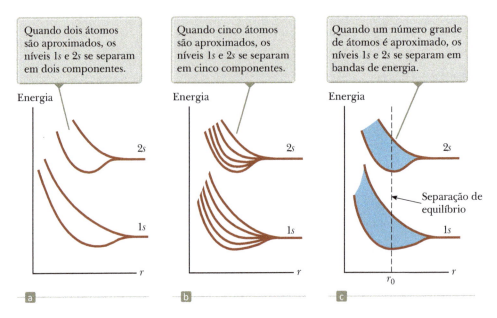

Figura 9.20 Energias dos níveis 1s e 2s no sódio como uma função da distância de separação r entre os átomos.

possibilidades são diferentes. Essas duas combinações de funções de onda representam dois estados possíveis do sistema de dois átomos. Interpretamos essas curvas como representando a amplitude de probabilidade de encontrar um elétron. A curva positiva-positiva apresenta alguma probabilidade de encontrar o elétron no ponto intermediário entre os átomos. A função positiva-negativa não apresenta essa probabilidade. Um estado com alta probabilidade de um elétron estar *entre* dois núcleos positivos deve ter energia diferente em relação a um estado com probabilidade de o elétron estar em outro lugar! Portanto, os estados são *divididos* em dois níveis de energia, devido aos dois modos de combinar as funções de onda. A diferença de energia é relativamente pequena, então ambos os estados estão próximos em uma escala de energia.

A Figura 9.20a mostra esse efeito separador como uma função da distância de separação. Para grandes separações r, as nuvens de elétrons não se sobrepõem e não há divisão. Conforme os átomos são aproximados, de forma que r diminui, as nuvens de elétrons se sobrepõem e precisamos considerar o sistema de dois átomos.

Quando um número grande de átomos é aproximado para formar um sólido, fenômeno semelhante ocorre. As funções de onda individuais podem ser aproximadas em várias combinações de $\psi_s^+(r)$ e $\psi_s^-(r)$, com cada combinação possível correspondendo a uma energia diferente. Conforme os átomos são aproximados, os vários níveis de energia do átomo isolado se separam em múltiplos de energia para o sistema composto. A separação em níveis para cinco átomos bastante próximos é mostrada na Figura 9.20b. Neste caso, há cinco níveis de energia que correspondem a cinco combinações diferentes de funções de onda de átomo isolado.

À medida que o número de átomos aumenta, também aumenta o número de combinações de funções de onda, assim como o número de energias possíveis. Se estendermos esse argumento ao grande número de átomos encontrados em sólidos (na ordem de 10^{23} átomos por centímetro cúbico), obteremos um grande número de níveis de energia variável, de espaçamento tão próximo que podem ser vistos como uma **banda** contínua de níveis de energia, como mostrado na Figura 9.20c. No caso do sódio, é comum referir-se às distribuições contínuas de níveis de energia permitidos como bandas s, porque essas se originam dos níveis s dos átomos de sódio individuais.

Cada nível de energia no átomo pode se expandir para uma banda quando os átomos são combinados em um sólido. A Figura 9.21 mostra as bandas de energia permitidas do sódio em uma distância de separação fixa entre os átomos. Note que os intervalos de energia, que correspondem às energias proibidas, ocorrem entre as bandas permitidas. Além disso, algumas bandas têm dispersão suficiente na energia, de modo que há uma sobreposição entre as bandas que surgem de diferentes estados quânticos (3s e 3p).

Como indicado pelas áreas de sombreamento azul na Figura 9.21, as bandas 1s, 2s e 2p de sódio estão, cada uma, cheia de elétrons, porque esses mesmos estados de cada átomo estão cheios. Um nível de energia no qual a quantidade de movimento

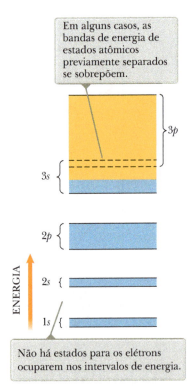

Figura 9.21 Bandas de energia de um cristal de sódio. O azul representa as bandas de energia ocupadas pelos elétrons de sódio quando o átomo está em seu estado fundamental. O laranja representa as bandas de energia que estão vazias.

angular orbital é ℓ pode manter $2(2\ell + 1)$ elétrons. O fator 2 surge de duas orientações possíveis de spin do elétron e o fator $2\ell + 1$ corresponde ao número de orientações possíveis da quantidade de movimento angular orbital. A capacidade de cada banda para um sistema de N átomos é $2(2\ell + 1) N$ elétrons. Portanto, as bandas 1s e 2s contêm, cada uma, $2N$ elétrons ($\ell = 0$) e a 2p, $6N$ elétrons ($\ell = 1$). Como o sódio tem somente um elétron 3s e há um total de N átomos no sólido, a banda 3s contém somente N elétrons e está parcialmente cheia, como indicado pela coloração azul na Figura 9.21. A banda 3p, que é a região mais alta das bandas de sobreposição, está completamente vazia (todo o laranja na figura).

A teoria de bandas permite que construamos modelos simples para entender o comportamento de condutores, isolantes e semicondutores, assim como em dispositivos semicondutores, como devemos discutir nas seções a seguir.

9.6 Condução elétrica em metais, isolantes e semicondutores

Condutores elétricos eficientes contêm alta densidade de portadores de carga livre; já nos isolantes, a densidade dos portadores de carga livre é próxima de zero. Os semicondutores, apresentados primeiro na Seção 1.2 do Volume 3, são uma classe de materiais tecnologicamente importantes, nos quais as densidades de portadores de carga são intermediárias entre as de isolantes e as de condutores. Nesta seção, discutiremos os mecanismos de condução nessas três classes de materiais em relação a um modelo baseado em bandas de energia.

Metais

Se o material for um condutor elétrico eficiente, os portadores de carga nele devem estar livres para se mover em resposta a um campo elétrico aplicado. Vamos considerar os elétrons em um metal como os portadores de carga. O movimento dos elétrons em resposta a um campo elétrico representa um aumento na energia do sistema (a estrutura metálica e os elétrons livres), que corresponde à energia cinética adicional dos elétrons móveis. O sistema é descrito pelo modelo de sistema não isolado para energia. A Equação 8.2 se torna $W = \Delta K$, onde o trabalho é realizado nos elétrons pelo campo elétrico. Portanto, quando um campo elétrico é aplicado a um condutor, os elétrons devem se mover para um estado de energia superior disponível em um diagrama de níveis de energia para representar a energia cinética adicional.

A Figura 9.22 mostra uma banda semipreenchida em um metal em $T = 0$ K, onde a região azul representa os níveis preenchidos com elétrons. Como os elétrons obedecem às estatísticas de Fermi-Dirac, todos os níveis abaixo da energia de Fermi são preenchidos com elétrons e todos os níveis acima da energia de Fermi estão vazios. A energia de Fermi fica na banda no estado preenchido mais alto. Em temperaturas pouco superiores a 0 K, alguns elétrons estão termicamente excitados a níveis acima de E_F, mas, sobretudo, há pouca mudança do caso 0 K. Se uma diferença de potencial for aplicada ao metal, entretanto, os elétrons com energias próximas da energia de Fermi requerem somente uma pequena quantidade de energia adicional do campo elétrico aplicado para atingir estados de energia praticamente vazios acima dessa energia. Portanto, os elétrons em um metal que experimente somente um campo elétrico aplicado estão livres para se mover porque vários níveis vazios estão disponíveis próximos aos de energia ocupada. O modelo de metais baseado na teoria de banda demonstra que os metais são condutores elétricos excelentes.

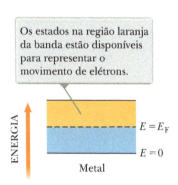

Figura 9.22 Banda preenchida pela metade de um metal condutor elétrico. Em $T = 0$ K, a energia de Fermi fica no meio da banda.

Isolantes

Considere agora as duas bandas de energia mais externas de um material nas quais a banda inferior é preenchida com elétrons e a superior está vazia em 0 K (Fig. 9.23). A banda inferior e preenchida é chamada **banda de valência** e a vazia superior, **banda de condução** (banda de condução é a que está parcialmente preenchida em um metal). É comum referir-se à separação de energia entre as bandas de valência e condução como **intervalo (gap) de energia** E_g do material. A energia de Fermi fica em algum lugar no intervalo de energia,[4] como mostrado na Figura 9.23.

Suponha que um material tenha intervalo de energia relativamente grande de, por exemplo, aproximadamente 5 eV. A 300 K (temperatura ambiente), $k_B T = 0{,}025$ eV,

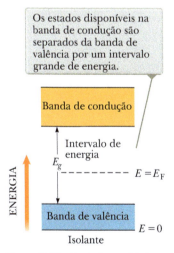

Figura 9.23 Um isolante elétrico em $T = 0$ K tem uma banda de valência preenchida e uma de condução vazia. O nível de Fermi fica em um ponto entre essas bandas na região conhecida como o intervalo de energia.

---

[4] Definimos a energia de Fermi como aquela do estado preenchido mais alto em $T = 0$, o que pode sugerir que a energia de Fermi deveria estar no topo da banda de valência na Figura 9.23. Um tratamento geral mais sofisticado dessa energia, entretanto, mostra que ela está localizada na energia na qual a probabilidade de ocupação está pela metade (consulte a Fig. 9.16b). De acordo com essa definição, a energia de Fermi fica no intervalo de energia entre as bandas.

TABELA 9.3

Valores do intervalo de energia para alguns semicondutores

Cristal	E_g (eV) 0 K	300 K
Si	1,17	1,14
Ge	0,74	0,67
InP	1,42	1,34
GaP	2,32	2,26
GaAs	1,52	1,42
CdS	2,58	2,42
CdTe	1,61	1,56
ZnO	3,44	3,2
ZnS	3,91	3,6

que é muito menor que o intervalo de energia. Nessas temperaturas, a distribuição de Fermi-Dirac prediz que poucos elétrons são excitados termicamente na banda de condução. Não há estados disponíveis que ficam perto da energia acima da banda de valência e nos quais os elétrons podem se mover para cima para abranger a energia cinética extra associada ao movimento pelo material em resposta ao campo elétrico. Em consequência, os elétrons não se movem; o material é um isolante. Embora um isolante tenha vários estados disponíveis em sua banda de condução que podem aceitar elétrons, esses estados são separados daqueles preenchidos por um intervalo grande de energia. Somente poucos elétrons ocupam esses estados, então a condutividade elétrica geral dos isolantes é muito pequena.

Semicondutores

Esses têm o mesmo tipo de estrutura de banda que um isolante, mas o intervalo de energia é muito menor, na ordem de 1 eV. A Tabela 9.3 mostra os intervalos de energia para alguns materiais representativos. A estrutura de bandas de um semicondutor é mostrada na Figura 9.24. Como o nível de Fermi está localizado próximo ao centro do intervalo de um semicondutor e E_g é pequeno, números consideráveis de elétrons são termicamente excitados a partir da banda de valência para a de condução. Devido aos vários níveis vazios acima dos níveis termicamente preenchidos na banda de condução, uma diferença de potencial pequena aplicada pode facilmente elevar a energia dos elétrons na banda de condução, resultando uma corrente moderada.

Em $T = 0$ K, todos os elétrons nesses materiais estão na banda de valência e nenhuma energia está disponível para excitá-los no intervalo de energia. Portanto, os semicondutores são maus condutores em temperaturas muito baixas. Como a excitação térmica dos elétrons no intervalo estreito é mais provável em temperaturas mais altas, a condutividade dos semicondutores aumenta rapidamente com a temperatura, contrastando muito com a condutividade dos metais, que diminui lentamente com o aumento da temperatura.

Portadores de carga em um semicondutor podem ser negativos, positivos, ou ambos. Quando um elétron se move da banda de valência para a de condução, deixa para trás um local disponível, chamado **lacuna** (buraco), na banda de valência antes preenchida. Esse buraco (local deficiente de elétron) atua como um portador de carga no sentido de que um elétron livre de um local vizinho pode se transferir para ele. Quando um elétron assim age, cria uma nova lacuna no local que abandonou. Portanto, o efeito líquido pode ser visto quando o buraco migra pelo material na direção oposta à do movimento do elétron. O buraco se comporta como se houvesse uma partícula com carga positiva $+e$.

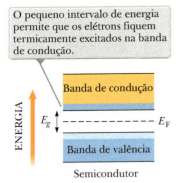

Figura 9.24 Estrutura de banda de um semicondutor em temperaturas normais ($T \approx 300$ K). O intervalo de energia é muito menor que em um isolante.

Um cristal semicondutor puro com somente um elemento ou um composto é chamado **semicondutor intrínseco**. Nesses semicondutores, há números iguais de elétrons de condução e buracos. Essas combinações de cargas são chamadas **pares elétron-buraco**. Na presença de um campo elétrico externo, os buracos se movem na direção do campo e os elétrons de condução na direção oposta ao campo (Fig. 9.25). Como elétrons e buracos têm sinais opostos, ambos os movimentos correspondem a uma corrente na mesma direção.

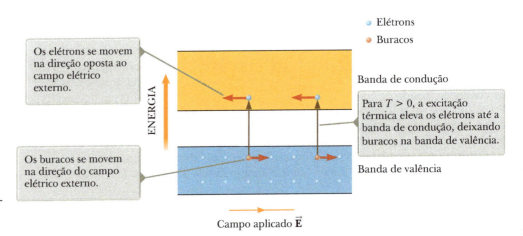

Figura 9.25 Movimento de cargas (buracos e elétrons) em um semicondutor intrínseco.

Teste Rápido 9.4 Considere os dados nos três materiais dados na Tabela.

Material	Banda de condução	E_g
A	Vazia	1,2 eV
B	Metade cheia	1,2 eV
C	Vazia	8,0 eV

Identifique cada material como condutor, isolante ou semicondutor.

Semicondutores dopados

Quando são acrescentadas impurezas a um semicondutor, suas estruturas de bandas e resistividade são modificadas. O processo de acréscimo de impurezas, chamado **dopagem**, é importante para controlar a condutividade dos semicondutores. Por exemplo, quando um átomo contendo cinco elétrons na camada externa, como o arsênio, é acrescentado a um semicondutor do grupo IV, dos quatro elétrons que formam ligações covalentes com os átomos do semicondutor, um é abandonado (Fig. 9.26a). Esse elétron extra está praticamente livre de seu átomo pai e pode ser modelado como tendo um nível de energia que fica no intervalo de energia, imediatamente abaixo da banda de condução (Fig. 9.26b). Esse átomo pentavalente doa um elétron para a estrutura, sendo, assim, chamado **átomo doador**. Como o espaçamento entre o nível de energia do elétron do átomo doador e a parte inferior da banda de condução é muito pequeno (tipicamente em torno de 0,05 eV), somente uma quantidade pequena de excitação térmica é necessária para fazer com que esse elétron se mova para a banda de condução. (Lembre-se de que a energia média de um elétron em temperatura ambiente é de aproximadamente $k_B T \approx 0,025$ eV.) Semicondutores dopados com átomos doadores são chamados **semicondutores de tipo n** porque a maior parte dos portadores de carga são elétrons, carregados *n*egativamente.

Se um semicondutor do grupo IV for dopado com átomos que contêm três elétrons na camada externa, como índio e alumínio, os três elétrons formam ligações covalentes com átomos semicondutores vizinhos, deixando uma deficiência de elétron – um buraco – onde a quarta ligação estaria se um elétron de um átomo de impureza estivesse disponível para formá-la (Fig. 9.27a). A situação pode ser modelada ao colocar um nível de energia no intervalo de energia imediatamente acima da banda de valência, como na Figura 9.27b. Um elétron da banda de valência tem energia suficiente em temperatura ambiente para preencher esse nível de impureza, deixando para trás um buraco nesta banda. Esse buraco pode transportar corrente na presença de um campo elétrico. Como um átomo trivalente aceita um elétron da banda de valência, essas impurezas são chamadas **átomos receptores**. Um semicondutor dopado com impurezas trivalentes (receptor) é conhecido como **semicondutor de tipo p**, porque a maior parte dos portadores de cargas são buracos *p*ositivamente carregadas.

Quando a condução em um semicondutor é o resultado de impurezas do receptor ou do doador, o material é chamado **semicondutor extrínseco**. A faixa típica das densidades de dopagem para semicondutores extrínsecos é de 10^{13} a 10^{19} partículas/cm³, enquanto a densidade de elétrons em um semicondutor típico é de aproximadamente 10^{21} partículas/cm³.

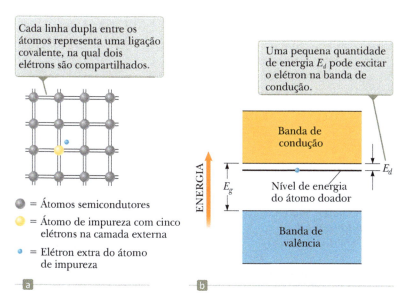

Figura 9.26 (a) Representação bidimensional de um semicondutor com átomos do grupo IV (cinza) e um átomo de impureza (amarelo) que tem cinco elétrons na camada externa. (b) Diagrama de bandas de energia para um semicondutor, no qual os elétrons praticamente livres do átomo de impureza ficam no intervalo de energia imediatamente abaixo da parte inferior da banda de condução.

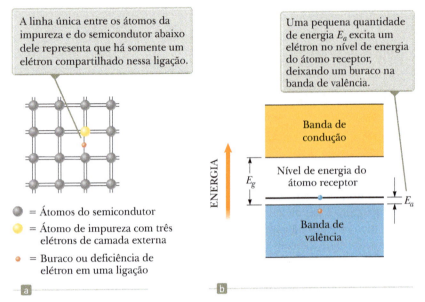

Figura 9.27 (a) Representação bidimensional de um semicondutor, consistindo em átomos de grupo IV (cinza) e de um átomo de impureza (amarelo), com três elétrons na camada externa. (b) Diagrama de bandas de energia para um semicondutor no qual o nível de energia associado ao átomo de impureza trivalente fica no intervalo de energia, imediatamente acima do topo da banda de valência.

9.7 Dispositivos semicondutores

A eletrônica da primeira metade do século XX baseou-se em tubos de vácuo, nos quais os elétrons passam pelo espaço vazio entre um catodo e um anodo. Vimos tubos de vácuo nas Figuras 7.6 (o tubo da imagem de televisão), 7.10 (feixe circular de elétrons), 7.15a (aparelho de Thomson para medição de e/m_e para o elétron), todas do Volume 3, e na Figura 6.9 (aparelho de efeito fotoelétrico).

O transistor foi inventado em 1948, levando a uma mudança dos tubos de vácuo em direção aos semicondutores como base dos dispositivos eletrônicos. Essa fase dos eletrônicos tem se desenvolvido por várias décadas. Como discutido no Capítulo 7, pode haver uma nova fase na eletrônica no futuro próximo com a utilização de dispositivos nanotecnológicos que empregam pontos quânticos e outras estruturas de escala nano.

Nesta seção, discutiremos dispositivos eletrônicos baseados em semicondutores que ainda estão em amplo uso e continuarão por vários anos.

O diodo de junção

A unidade fundamental de um dispositivo semicondutor é formada quando um semicondutor de tipo p é unido a um semicondutor de tipo n para formar uma **junção p-n**. **Diodo de junção** é um dispositivo baseado em uma junção simples p-n. A função de um diodo de qualquer tipo é permitir a passagem de corrente em uma direção, mas não na outra. Portanto, ele atua como uma válvula de sentido único para a corrente.

A junção p-n mostrada na Figura 9.28a consiste em três regiões distintas: uma p, uma n e uma área pequena que se estende por vários micrômetros para qualquer lado da interface, chamada *região de depleção*.

Essa região pode ser visualizada como surgindo quando as duas metades da junção são aproximadas. Os elétrons móveis do doador do lado n mais próximos da junção (área azul-escuro na Fig. 9.28a) se difundem para o lado p e preenchem os buracos ali localizados, deixando para trás os íons positivos imóveis. Enquanto esse processo ocorre, podemos modelar os buracos que estão sendo preenchidos como se difundindo para o lado n, deixando para trás uma região (área marrom na Fig. 9.28a) de íons negativos fixos.

Como os dois lados da região de depleção transportam em cada um uma carga líquida, há um campo elétrico interno na ordem de 10^4 a 10^6 V/cm na

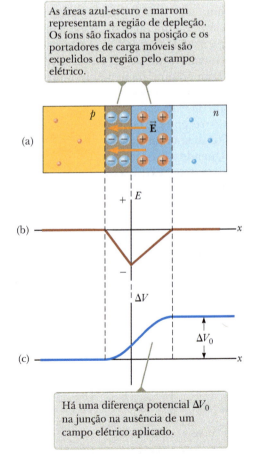

Figura 9.28 (a) Disposição física de uma junção p-n. (b) Módulo do campo elétrico interno em função de x para a junção p-n. (c) Diferença potencial elétrica ΔV em função de x para a junção p-n.

região de depleção (consulte a Fig. 9.28b). Esse campo produz uma força elétrica em qualquer portador de carga remanescente que os expele da região de depleção, chamada assim porque é uma região esvaziada de portadores de carga móveis. E, ainda, cria uma diferença potencial interna ΔV_0 que impede mais difusões de buracos e elétrons na junção e, assim, assegura corrente zero na junção quando nenhuma diferença potencial for aplicada.

A operação da junção como um diodo é mais fácil de entender em termos do gráfico de diferença potencial mostrado na Figura 9.28c. Se uma tensão ΔV for aplicada à junção de modo que o lado p seja conectado ao terminal positivo de uma fonte de tensão, como mostrado na Figura 9.29a, a diferença potencial interna ΔV_0 na junção diminui; o decréscimo resulta em uma corrente que aumenta exponencialmente com a tensão direta crescente, ou *sentido direto*. Para *sentido reverso* (onde o lado n da junção está conectado ao terminal positivo de uma fonte de tensão), a diferença potencial interna ΔV_0 aumenta com o sentido reverso crescente, como mostra a Figura 9.29b; o aumento resulta em uma corrente reversa muito pequena que rapidamente atinge um valor de saturação I_0. A relação corrente-tensão para um diodo ideal é

$$I = I_0(e^{e\Delta V/k_B T} - 1) \tag{9.27}$$

onde o primeiro e é a base do logaritmo natural, o segundo e representa o módulo da carga de elétrons, k_B é a constante de Boltzmann e T a temperatura absoluta. A Figura 9.29c mostra um diagrama I–ΔV característico de uma junção real p-n, demonstrando o comportamento do diodo.

Diodos emissores e absorvedores de luz

Diodos emissores de luz (LEDs – light-emitting diodes) e lasers semicondutores são exemplos comuns de dispositivos que dependem do comportamento dos semicondutores. LEDs são utilizados em aparelhos de televisão LCD, luz doméstica, lanternas e em flashes para câmeras. Lasers semicondutores, com frequência, são utilizados como apontadores em apresentações e em equipamentos de informações gravadas digitalmente.

Emissão e absorção de luz em semicondutores são semelhantes à emissão e absorção de luz por átomos gasosos, exceto que, na discussão de semicondutores, devemos incorporar o conceito de bandas de energia, em vez dos níveis de energia discretos em átomos simples. Como mostrado na Figura 9.30a, um elétron excitado eletricamente na banda de condução pode facilmente se recombinar com um buraco (especialmente se o elétron for injetado em uma região p). Quando essa recombinação acontece, um fóton de energia E_g é emitido. Com um design adequado de semicondutor e o encapsulamento plástico ou espelhos associados, a luz de um grande número dessas transições serve como a fonte de LED ou laser de semicondutor.

Inversamente, um elétron na banda de valência pode absorver um fóton de luz incidente e ser promovido para a banda de condução, deixando uma lacuna para trás (Fig. 9.30b). Essa energia pode ser utilizada para operar um circuito elétrico.

Um dispositivo que opera segundo esse princípio é a **célula solar fotovoltaica**, que aparece em várias calculadoras de mão. Uma das primeiras aplicações em larga escala de cadeias de células fotovoltaicas foi o suprimento de energia para

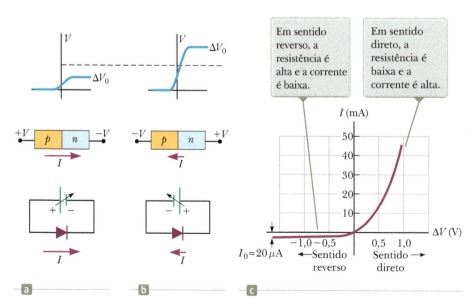

Figura 9.29 (a) Uma junção p-n com sentido direto. O diagrama do meio mostra os potenciais aplicados às extremidades da junção. Abaixo, há um diagrama de circuito mostrando uma bateria com uma tensão ajustável. O diagrama superior mostra como o potencial varia através da junção. A linha tracejada mostra a diferença potencial na junção sem orientação. (b) Quando a bateria é revertida e a junção p-n está em sentido reverso, a corrente é muito pequena. (c) A curva característica de uma junção p-n real.

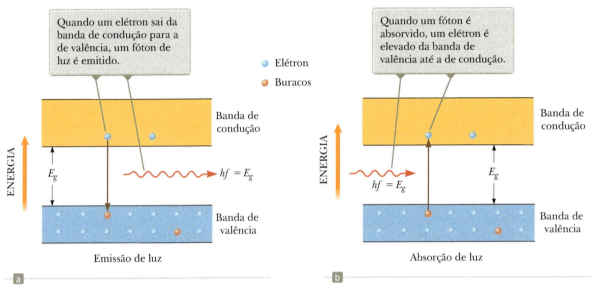

Figura 9.30 (a) Emissão de luz em um semicondutor. (b) Absorção de luz por um semicondutor.

orbitar uma espaçonave. Os painéis solares do telescópio espacial Hubble podem ser vistos na fotografia na abertura do Capítulo 4.

Nos primeiros anos deste século, a aplicação de células fotovoltaicas para geração de energia baseada no solo foi uma das tecnologias de maior crescimento do mundo. Na época do lançamento deste livro, a geração global de energia por meio de células fotovoltaicas estava acima de 70 GW. Um usuário residencial pode instalar cadeias de painéis fotovoltaicos no teto de sua casa e gerar energia suficiente para operar a resistência e alimentar o excesso de energia de volta para a rede elétrica. Várias usinas de força fotovoltaica foram instaladas incluindo o Projeto Agua Caliente Solar, no Arizona (com 200 MW concluídos em 2012, e o projeto 397 MW, ainda a serem concluídos), o Golmud Solar Park, na China (200 MW), e o Charanka Solar Park, na Índia (com 214 MW concluídos em 2012, e 500 MW projetados ainda a serem concluídos), e o último deles será localizado no Gujarat Solar Park, um conjunto de vários locais que se espera que forneçam eventualmente perto de 1 GW de energia.

Exemplo 9.6 | Onde está o controle remoto?

Estime o intervalo de banda do semicondutor no LED infravermelho de um controle remoto típico de televisão.

SOLUÇÃO

Conceitualização Imagine os elétrons na Figura 9.30a saindo da banda de condução para a de valência, emitindo fótons infravermelhos no processo.

Categorização Utilizamos os conceitos discutidos nesta seção; portanto, categorizamos esse exemplo como um problema de substituição.

No Capítulo 12 do Volume 3 aprendemos que o comprimento de onda da luz infravermelha varia de 700 nm a 1 mm. Vamos escolher um número que seja fácil de trabalhar, como 1.000 nm (que não é uma estimativa ruim, já que os controles remotos geralmente operam na faixa de 880 a 950 nm.)

Estime a energia hf dos fótons do controle remoto:
$$E = hf = \frac{hc}{\lambda} = \frac{1.240\,\text{eV}\cdot\text{nm}}{1.000\,\text{nm}} = \boxed{1,2\,\text{eV}}$$

Esse valor corresponde a um intervalo de energia hf de aproximadamente 1,2 eV no semicondutor do LED.

O transistor

A invenção do transistor por John Bardeen (1908-1991), Walter Brattain (1902-1987) e William Shockley (1910-1989), em 1948, revolucionou completamente o mundo da eletrônica. Por esse trabalho, eles ganharam o prêmio Nobel de Física de 1956. Até 1960, o transistor substituiu o tubo de vácuo em várias aplicações eletrônicas. Seu advento criou uma indústria multitrilionária que produz dispositivos populares, como reprodutores de MP3, calculadoras de mão, computadores, teclados sem fio, smartphones, leitores de e-books e tablets.

O **transistor de junção** consiste em um material semicondutor no qual uma região n muito estreita é sanduichada por duas regiões p, ou uma p por duas n. Em ambos os casos, o transistor é formado por duas junções p-n. Esses tipos foram amplamente utilizados nos primórdios da eletrônica de semicondutores.

Nos anos 1960, a indústria eletrônica converteu várias aplicações eletrônicas deste tipo para o **transistor de efeito de campo**, muito mais fácil de produzir e tão eficiente quanto o de junção. A Figura 9.31a mostra a estrutura de um dispositivo muito comum, o **MOSFET, ou transistor de efeito de campo de semicondutor de óxido de metal**. Você provavelmente está utilizando milhões de dispositivos MOSFET quando usa um computador.

Há três conexões metálicas (o M de MOSFET) para o transistor: *fonte*, *dreno* e *porta*. Os dois primeiros são conectados a regiões de semicondutor de tipo n (o S de MOSFET) em qualquer extremidade da estrutura. Essas regiões são conectadas por um canal estreito de material adicional de tipo n, o canal n. As regiões de fonte e dreno e o canal n são embutidos em um material de substrato do tipo p, formando uma região de depleção, como no diodo de junção, ao longo da parte inferior do canal n (também há regiões de depleção nas regiões abaixo das de fonte e dreno, mas as ignoraremos porque a operação do dispositivo depende primariamente do comportamento do canal).

A porta está separada do canal n por uma camada de dióxido de silício (o O, de óxido, em MOSFET). Portanto, ela não faz contato elétrico com o restante do material semicondutor.

Imagine que uma fonte de voltagem ΔV_{FD} seja aplicada entre a fonte e o dreno, como mostrado na Figura 9.31b. Nesta situação, os elétrons fluem pela região superior do canal n. Os elétrons não podem fluir pela região de depleção na parte inferior deste canal porque ela está esvaziada de portadores de carga. Agora, uma segunda tensão ΔV_{FP} é aplicada entre a fonte e a porta, como na Figura 9.31c. O potencial positivo no eletrodo da porta resulta em um campo elétrico abaixo da porta, que é direcionado descendentemente ao canal n (campo em "efeito de campo"). Esse campo elétrico exerce forças ascendentes nos elétrons na região abaixo da porta, fazendo com que se movam no canal n. Em consequência, a região de depleção se torna menor e aumenta a área pela qual há corrente entre o topo do canal n e a região de depleção. Conforme a área fica mais ampla, a corrente aumenta.

Se uma tensão variável, como a gerada pelas músicas armazenadas em um CD, for aplicada à porta, a área na qual a corrente fonte-dreno existe varia de tamanho de acordo com a tensão variável na porta. Uma pequena variação na tensão da porta resulta em uma grande variação na corrente e uma grande tensão correspondente no resistor na Figura 9.31c. Portanto, o MOSFET atua como um amplificador de tensão. Um circuito com uma cadeia desses transistores pode resultar um sinal inicial muito pequeno de um microfone sendo amplificado o suficiente para alimentar alto-falantes potentes em um concerto ao ar livre.

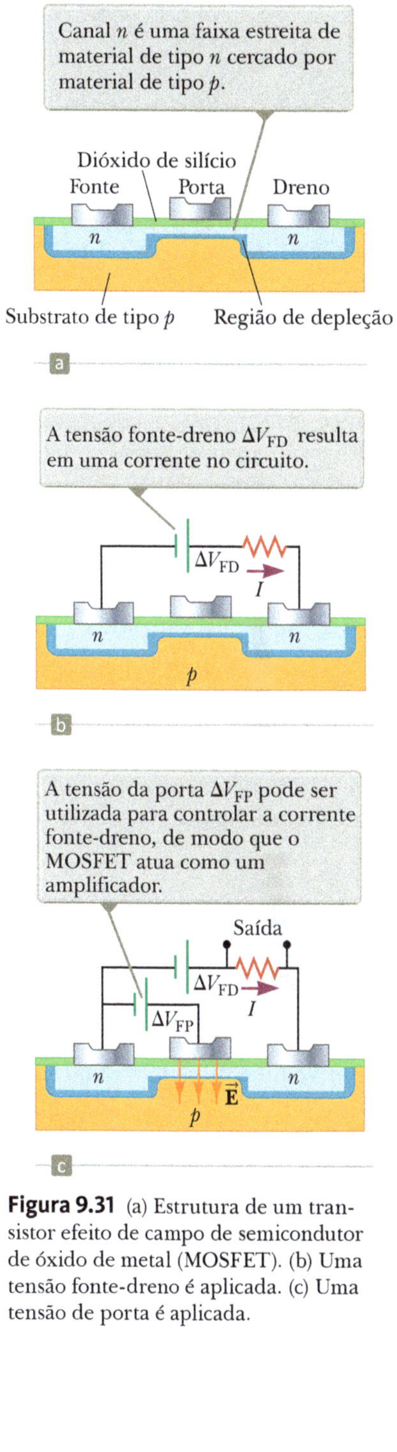

Figura 9.31 (a) Estrutura de um transistor efeito de campo de semicondutor de óxido de metal (MOSFET). (b) Uma tensão fonte-dreno é aplicada. (c) Uma tensão de porta é aplicada.

Circuito integrado

Inventado, de modo independente, por Jack Kilby (1923-2005, prêmio Nobel de Física de 2000) na Texas Instruments no final de 1958 e por Robert Noyce (1927-1990) na Fairchild Camera and Instrument no começo de 1959, o circuito integrado foi justamente chamado a "tecnologia mais notável que já atingiu a humanidade" (Fig. 9.32). Os circuitos integrados começaram uma "segunda revolução industrial", encontrados no interior de computadores, relógios, câmeras, automóveis, aeronaves, robôs, veículos espaciais e em toda espécie de rede de comunicação e comutação.

Simplificando, **circuito integrado** é um grupo de transistores, diodos, resistores e capacitores interconectados fabricado em um único pedaço de silício, conhecido como *chip*. Aparelhos eletrônicos modernos geralmente contêm vários circuitos inte-

Figura 9.32 Primeiro circuito integrado de Jack Kilby, testado em 12 setembro de 1958.

Figura 9.33 Os circuitos integrados são prevalentes em muitos dispositivos eletrônicos. Todos os elementos de circuito plano com superfícies recortadas em preto nesta fotografia são circuitos integrados.

grados (Fig. 9.33). Chips de última geração contêm facilmente vários milhões de componentes em uma área de 1 cm² e o número de componentes por centímetro quadrado tem aumentado constantemente desde que o circuito integrado foi inventado. Os grandes avanços na tecnologia de chips podem ser vistos quando se observa microchips fabricados pela Intel. O chip 4004, lançado em 1971, continha 2.300 transistores. Esse número aumentou para 3,2 milhões, anos mais tarde, em 1995, com o processador Pentium. Dezesseis anos depois, o processador Core i7 Sandy Bridge, lançado em novembro de 2011, continha 2.270 milhões de transistores.

Circuitos integrados foram inventados, em parte, para resolver o problema de interconexão trazido pelo transistor. Na era dos tubos de vácuo, considerações relacionadas à potência e ao tamanho de componentes individuais impunham limites modestos ao número de componentes que podiam ser interconectados em um dado circuito. Com o advento do transistor minúsculo, de baixa potência e altamente confiável, os limites de design no número de componentes desapareceram, substituídos então pelo problema da ligação de centenas de milhares de componentes. A magnitude deste problema pode ser vista quando consideramos que a segunda geração de computadores (que consiste em transistores discretos, em vez de circuitos integrados) continha várias centenas de milhares de componentes, que necessitavam de mais de um milhão de junções, que precisavam ser soldadas à mão e testadas.

Além de resolver o problema da interconexão, os circuitos integrados têm as vantagens da miniaturização e resposta rápida, dois atributos críticos para computadores de alta velocidade. Como o tempo de resposta de um circuito depende do intervalo necessário para que os sinais elétricos se movam com a velocidade da luz para passar de um componente a outro, a miniaturização e a proximidade entre os componentes resultam em tempos de resposta mais rápidos.

9.8 Supercondutividade

Aprendemos na Seção 5.5 do Volume 3 que há uma classe de metais e compostos conhecidos como **supercondutores**, cuja resistência elétrica diminui a quase zero abaixo de uma certa temperatura T_c, chamada *temperatura crítica* (Tabela 5.3 do Volume 3). Vamos olhar para esses materiais notáveis com mais atenção, utilizando o que já sabemos sobre as propriedades dos sólidos para ajudar na compreensão do comportamento dos supercondutores.

Começaremos examinando o efeito Meissner, apresentado na Seção 8.6 do Volume 3, como a exclusão do fluxo magnético do interior dos supercondutores. Esse efeito é ilustrado na Figura 9.34 em um material supercondutor na forma de cilindro longo. Note que o campo magnético penetra no cilindro quando sua temperatura é superior a T_c (Fig. 9.34a). Conforme a temperatura é baixada para menos que T_c, entretanto, as linhas de campo são espontaneamente expelidas do interior do supercondutor (Fig. 9.34b). Portanto, um supercondutor é mais que um condutor perfeito (resistividade $\rho = 0$); é também um diamagneto perfeito ($\vec{B} = 0$). A propriedade $\vec{B} = 0$ no interior de um supercondutor é tão fundamental quanto a de resistência zero. Se o módulo do campo magnético aplicado excede um valor crítico B_c, definido como o valor de B que destrói as propriedades supercondutoras de um material, o campo penetra novamente na amostra.

Como o supercondutor é um diamagneto perfeito, repele um ímã permanente. Na verdade, é possível realizar uma demonstração do efeito Meissner ao fazer um pequeno ímã permanente flutuar acima de um supercondutor e atingir levitação magnética.

Lembre-se, do nosso estudo sobre eletricidade, que um bom condutor expele campos elétricos estáticos ao mover cargas para sua superfície. Na verdade, as cargas de superfícies produzem um campo elétrico que cancela exatamente o campo aplicado externamente dentro do condutor. Do mesmo modo, um supercondutor expele campos magnéticos ao formar correntes de superfície. Para ver

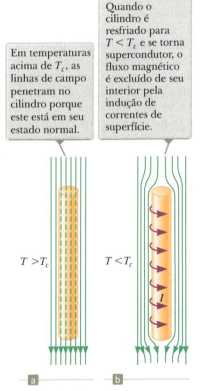

Figura 9.34 Supercondutor na forma de cilindro longo na presença de um campo magnético externo.

Moléculas e sólidos **301**

por que isto acontece, considere mais uma vez o supercondutor mostrado na Figura 9.34. Vamos supor que a amostra esteja inicialmente em uma temperatura $T > T_c$, como ilustrado na Figura 9.34a, com o campo magnético penetrando no cilindro. Conforme o cilindro é resfriado até uma temperatura $T < T_c$, o campo é expelido, como mostrado na Figura 9.34b. As correntes de superfície induzidas na superfície do supercondutor produzem um campo magnético que cancela exatamente o campo externamente aplicado dentro do supercondutor. Como esperado, as correntes de superfícies desaparecem quando o campo magnético externo é removido.

Uma teoria bem-sucedida para a supercondutividade nos metais foi publicada em 1957 por J. Bardeen, L. N. Cooper (1930-) e J. R. Schrieffer (1931-), em geral chamada teoria BCS – as primeiras letras dos seus sobrenomes –, que levou a um prêmio Nobel de Física para os três cientistas em 1972. Nesta teoria, dois elétrons podem interagir via distorções na cadeia de íons da estrutura, de modo que haja uma força atrativa líquida entre os elétrons.[5] Como resultado, os dois elétrons são ligados em uma entidade chamada *par de Cooper*, que se comporta como uma partícula com spin integral. As partículas com spin integral são chamadas *bósons* (como mostrado na Prevenção de Armadilhas 8.6, *férmions* formam outra classe de partículas, com meio spin). Uma função importante dos bósons é que eles não obedecem ao princípio de exclusão de Pauli. Por consequência, em temperaturas muito baixas é possível que todos os bósons em um grupo dessas partículas estejam no estado quântico mais baixo. Todo o grupo de pares de Cooper no metal é descrito por uma única função de onda. Acima do nível de energia associado a essa função de onda está um intervalo de energia igual à vinculante de um par de Cooper. Pela ação de um campo elétrico aplicado, os pares de Cooper sofrem uma força elétrica e se movem pelo metal. Um evento aleatório de disseminação de um par de Cooper de um íon de estrutura representaria a resistência à corrente elétrica. Essa colisão modificaria a energia do par de Cooper, porque alguma energia seria transferida para o íon de estrutura. Entrentanto, não há níveis de energia disponíveis abaixo do par de Cooper (ele já está no estado mais baixo) e nenhum disponível acima, devido ao intervalo de energia. Como resultado, não acontecem colisões e não há resistência ao movimento dos pares de Cooper.

Um desenvolvimento importante na Física, que provocou muita excitação na comunidade científica, foi a descoberta dos supercondutores de alta temperatura crítica com base de óxido de cobre. Seu início se deu com a publicação, em 1986, por J. Georg Bednorz (1950-) e K. Alex Müller (1927-), cientistas do laboratório de pesquisas da IBM em Zurique, Suíça. Em seu trabalho,[6] Bednorz e Müller relataram fortes evidências para supercondutividade a 30 K em um óxido de bário, lantânio e cobre. Eles receberam o prêmio Nobel de Física em 1987 por sua grande descoberta. Logo depois, uma nova família de compostos foi investigada e a atividade de pesquisa no campo da supercondutividade continuou com força. No começo de 1987, grupos das universidades do Alabama, em Huntsville e de Houston anunciaram a supercondutividade a aproximadamente 92 K em um óxido de ítrio, bário e cobre ($YBa_2Cu_3O_7$). No fim daquele ano, equipes de cientistas do Japão e Estados Unidos relataram a supercondutividade a 105 K em um óxido de bismuto, estrôncio, cálcio e cobre. Supercondutividade em temperaturas de até 150 K foi relatada em um óxido contendo mercúrio. Em 2006, cientistas japoneses descobriram a supercondutividade pela primeira vez em materiais com base de ferro, começando com LaFePO, com uma temperatura crítica de 4 K. A temperatura crítica mais alta relatada até agora nos materiais com base de ferro é 55 K, um marco atingido por SmFeAsO dopado com flúor. Esses materiais, recentemente descobertos, renovaram o campo da supercondutividade de alta T_c. Atualmente, não se pode descartar a possibilidade de supercondutividade em temperatura ambiente e os mecanismos responsáveis pelo comportamento dos supercondutores de alta temperatura ainda estão sob investigação. A busca por novos materiais supercondutores continua por razões científicas e porque aplicações práticas se tornam mais prováveis e disseminadas conforme a temperatura crítica aumenta.

Embora a teoria BCS tenha sido bem-sucedida na explicação da supercondutividade em metais, não há, no momento, nenhuma teoria amplamente aceita da supercondutividade de alta temperatura crítica, que permanece uma área de pesquisa ativa.

---

[5] Segue uma explicação altamente simplificada dessa atração entre os elétrons: a força atrativa de Coulomb entre um elétron e os íons de estrutura carregados positivamente ao redor faz com que os íons se movam para dentro levemente em direção ao elétron. Como resultado, há uma concentração mais alta de carga positiva nessa região que em qualquer outro lugar na estrutura. Um segundo elétron é atraído para a concentração mais alta de carga positiva.
[6] J. G. Bednorz e K. A. Müller, *Z. Phys. B* **64**:189, 1986.

302 Física para cientistas e engenheiros

Resumo

Conceitos e Princípios

Dois ou mais átomos se combinam para formar moléculas devido a uma força atrativa entre os átomos. Os mecanismos responsáveis pela ligação molecular podem ser assim classificados:

- **Ligações iônicas** se formam primariamente devido à atração de Coulomb entre íons carregados opostamente. Cloreto de sódio (NaCl) é um exemplo.
- **Ligações covalentes** se formam quando átomos constituintes de uma molécula compartilham elétrons. Por exemplo, os dois elétrons da molécula H_2 são igualmente compartilhados entre os dois núcleos.
- **Ligações de van der Waals** são ligações eletrostáticas fracas entre as moléculas ou entre os átomos que não formam ligações iônicas ou covalentes. São responsáveis pela condensação de átomos de gás nobre e moléculas não polares na fase líquida.
- **Pontes de hidrogênio** se formam entre a carga positiva em uma molécula polar que inclui um ou mais átomos de hidrogênio e o centro de carga negativa em outra molécula polar.

Os valores permitidos da energia rotacional de uma molécula diatômica são

$$E_{rot} = E_J = \frac{\hbar^2}{2I} J(J+1) \quad J = 0, 1, 2, \dots \quad \textbf{(9.6)}$$

onde I é o momento de inércia da molécula e J, um inteiro chamado **número quântico rotacional**. A regra de seleção para transições entre estados rotacionais é $\Delta J = \pm 1$.

Os valores permitidos de energia vibracional de uma molécula diatômica são

$$E_{vib} = (v + \tfrac{1}{2}) \frac{h}{2\pi} \sqrt{\frac{k}{\mu}} \quad v = 0, 1, 2, \dots \quad \textbf{(9.10)}$$

onde v é o **número quântico vibracional**, k é a constante de força da "mola eficiente" que liga a molécula e μ a **massa reduzida** da molécula. A regra de seleção para transições vibracionais é $\Delta v = \pm 1$ e a diferença de energia entre dois níveis adjacentes é a mesma, independente dos dois níveis envolvidos.

Mecanismos de ligação em sólidos podem ser classificados de modo semelhante aos esquemas das moléculas. Por exemplo, os íons Na^+ e Cl^- em NaCl formam **ligações iônicas**, enquanto os átomos de carbono no diamante formam **ligações covalentes**. **Ligação metálica** é caracterizada por uma força atrativa líquida entre núcleos positivos de íons e elétrons móveis livres de um metal.

Na **teoria de elétron livre de metais**, os elétrons livres preenchem os níveis quantificados de acordo com o princípio de exclusão de Pauli. Os números de estados por unidade de volume disponíveis para os elétrons de condução com energias entre E e $E + dE$ é

$$N(E)\, dE = \left(\frac{8\sqrt{2}\, \pi m_e^{3/2}}{h^3} E^{1/2} \right) \left(\frac{1}{e^{(E-E_F)/k_B T} + 1} \right) dE \quad \textbf{(9.22)}$$

onde E_F é a **energia de Fermi**. Em $T = 0$ K, todos os níveis abaixo de E_F são preenchidos, todos acima estão vazios, e

$$E_F(0) = \frac{h^2}{2m_e} \left(\frac{3n_e}{8\pi} \right)^{2/3} \quad \textbf{(9.25)}$$

onde n_e é o número total de elétrons de condução por unidade de volume. Somente os elétrons com energias próximas de E_F podem contribuir com a condutividade elétrica do metal.

Em um sólido cristalino, os níveis de energia do sistema formam um conjunto de **bandas**. Os elétrons ocupam os menores estados de energia com não mais que um por estado. Os intervalos de energia estão presentes entre as bandas dos estados permitidos.

Semicondutor é um material com intervalo de energia de aproximadamente 1 eV e banda de valência que é preenchida em $T = 0$ K. Devido ao pequeno intervalo de energia, um número significativo de elétrons pode ser termicamente excitado da banda de valência para a de condução. As estruturas de bandas e as propriedades elétricas de um semicondutor do grupo IV podem ser modificadas com o acréscimo de qualquer átomo doador com cinco elétrons de camada externa ou átomos de receptor com três elétrons na camada externa. Um semicondutor dopado com átomos de impureza de doador é chamado **semicondutor de tipo n** e um dopado com átomos de impureza de receptor, **semicondutor de tipo p**.

Perguntas Objetivas

1. Cada uma das afirmações a seguir é verdadeira ou falsa para um supercondutor abaixo de sua temperatura crítica? (a) Pode transportar corrente finita. (b) Deve transportar uma corrente diferente de zero. (c) Seu campo elétrico interior deve ser zero. (d) Seu campo magnético interior deve ser zero. (e) Não há energia interna quando transporta corrente elétrica.

2. Um espectro de absorção de infravermelho de uma molécula é mostrado na Figura PO9.2. Note que o maior pico em qualquer lado do intervalo é o terceiro. Após esse espectro ser tomado, a temperatura das moléculas é elevada a um valor muito mais alto. Em comparação com a Figura PO9.2, neste novo espectro o pico mais alto de absorção está (a) na mesma frequência, (b) longe do intervalo ou (c) mais próximo do intervalo?

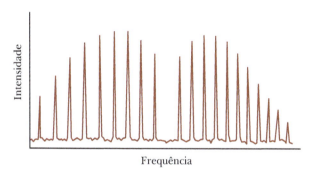

Figura PO9.2

3. Que tipo de ligação provavelmente mantém os átomos juntos nos sólidos (i), (ii) e (iii)? Escolha suas respostas a partir destas alternativas: (a) ligação iônica, (b) ligação covalente e (c) ligação metálica. (i) Sólido opaco, brilhante, flexível e condutor elétrico eficiente. (ii) Cristal transparente, frágil e solúvel em água. Condutor ruim de eletricidade. (iii) Cristal opaco, frágil, muito duro e isolante elétrico eficiente.

4. A energia de Fermi para a prata é 5,48 eV. Em um pedaço de prata sólida, os níveis de energia de elétron livre são medidos próximos a 2 eV e a 6 eV. (i) Próximo de quais dessas energias os níveis de energia estão mais próximos? (a) 2 eV, (b) 6 eV, (c) o espaçamento é o mesmo. (ii) Próximo de quais dessas energias mais elétrons ocupam níveis de energia? (a) 2 eV, (b) 6 eV, (c) o número de elétrons é o mesmo.

5. Como discutido no Capítulo 5 do Volume 3, a condutividade dos metais cai com a temperatura crescente devido a colisões de elétrons com átomos em vibração. Por outro lado, a condutividade dos semicondutores aumenta com a temperatura crescente. Qual propriedade de um semicondutor é responsável por esse comportamento? (a) Vibrações atômicas diminuem conforme a temperatura aumenta. (b) Os números de elétrons de condução e de buracos aumentam progressivamente com o aumento da temperatura. (c) O intervalo de energia diminui com a temperatura crescente. (d) Os elétrons não colidem com os átomos em um semicondutor.

6. (i) Você deve esperar que a condutividade de um semicondutor dopado de tipo n seja (a) maior, (b) menor ou (c) a mesma que em um intrínseco (puro)? (ii) Você deve esperar que a condutividade de um semicondutor de tipo p seja (a) maior, (b) menor ou (c) a mesma que em um intrínseco (puro)?

7. Considere um material típico composto de moléculas diatômicas covalentemente ligadas. Ordene as energias a seguir da maior para a menor em módulo. (a) O calor latente da fusão por molécula, (b) a energia molecular vinculante, (c) a energia do primeiro estado excitado da rotação molecular, (d) a energia do primeiro estado excitado da vibração molecular.

Perguntas Conceituais

Observação: As perguntas conceituais 5 e 6 do Capítulo 5 do Volume 3 podem ser respondidas com o auxílio deste capítulo.

1. As energias dos fótons de luz visível ficam entre os valores aproximados de 1,8 eV e 3,1 eV. Explique por que o silício, com um intervalo de energia de 1,14 eV em temperatura ambiente (consulte a Tabela 9.3), parece opaco, enquanto o diamante, com intervalo de energia de 5,47 eV, parece transparente.

2. Discuta as três formas principais de excitação de uma molécula (além do movimento translacional) e as energias relativas associadas com essas três formas.

3. Como a análise do espectro rotacional de uma molécula leva a uma estimativa do tamanho da molécula?

4. Átomos pentavalentes, como arsênio, são doadores em um semicondutor como silício, enquanto átomos trivalentes, como índio, são receptores. Consulte a Tabela Periódica no Apêndice D e determine quais outros elementos podem ser bons doadores ou receptores.

5. Quando um fóton é absorvido por um semicondutor, um par elétron-buraco é criado. Ofereça uma explicação física para essa afirmação utilizando o modelo de bandas de energia como base para sua descrição.

6. (a) Discuta as diferenças nas estruturas de banda de metais, isolantes e semicondutores. (b) Como o modelo de estrutura de banda possibilita que você compreenda melhor as propriedades elétricas desses materiais?

7. (a) Quais suposições essenciais são feitas na teoria de elétrons livres de metais? (b) Como o modelo de bandas de energia difere da teoria de elétrons livres na descrição das propriedades dos metais?

8. Como os níveis vibracional e rotacional do hidrogênio pesado (D_2) se comparam com as das moléculas de H_2?

9. Discuta modelos para os tipos diferentes de ligação que formam moléculas estáveis.

10. Discuta as diferenças entre sólidos cristalinos, sólidos amorfos e gases.

304 Física para cientistas e engenheiros

Problemas

WebAssign Os problemas que se encontram neste capítulo podem ser resolvidos *on-line* no Enhanced WebAssign (em inglês)

1. denota problema simples;

2. denota problema intermediário;

3. denota problema de desafio;

AMT *Analysis Model Tutorial* disponível no Enhanced WebAssign (em inglês);

M denota tutorial *Master It* disponível no Enhanced WebAssign (em inglês);

PD denota problema dirigido;

W solução em vídeo *Watch It* disponível no Enhanced WebAssign (em inglês).

Seção 9.1 Ligações moleculares

1. Uma força de dispersão de van der Waals entre átomos de hélio produz um poço de potencial bastante raso com profundidade na ordem de 1 meV. Em aproximadamente qual temperatura é esperado que o hélio se condense?

2. **W** **Revisão.** Um íon K^+ e um Cl^- são separados por uma distância de $5,00 \times 10^{-10}$ m. Supondo que ambos atuem como partículas carregadas, determine (a) a força que cada íon exerce no outro e (b) a energia potencial do sistema de dois íons em elétrons-volt.

3. O cloreto de potássio é uma molécula ionicamente ligada, vendida como substituto do sal para uso em uma dieta com pouco sódio. A afinidade de elétrons do cloro é 3,6 eV. Uma entrada de energia de 0,70 eV é necessária para formar íons K^+ e Cl^- a partir de átomos K e Cl separados. Qual é a energia de ionização de K?

4. Na molécula de iodeto de potássio (KI), suponha que os átomos K e I se ligam ionicamente pela transferência de um elétron de K a I. (a) A energia de ionização de K é 4,34 eV e a afinidade de elétrons de I é 3,06 eV. Qual energia é necessária para transferir um elétron de K a I para formar íons K^+ e I^- a partir de átomos neutros? Essa quantidade, por vezes, é chamada energia de ativação E_a. (b) Uma função energia potencial para a molécula KI é o potencial de Lennard-Jones:

$$U(r) = 4\varepsilon\left[\left(\frac{\sigma}{r}\right)^{12} - \left(\frac{\sigma}{r}\right)^{6}\right] + E_a$$

onde r é a distância de separação internuclear e ε e σ são parâmetros ajustáveis. O termo E_a é acrescentado para assegurar o comportamento assintótico correto para r grande. Na distância de separação de equilíbrio, $r = r_0 = 0,305$ nm, $U(r)$ é mínimo e $dU/dr = 0$. Além disso, $U(r_0)$ é o negativo da energia de dissociação: $U(r_0) = -3,37$ eV. Encontre σ e ε. (c) Calcule a força necessária para quebrar uma molécula KI. (d) Calcule a constante de força para pequenas oscilações em $r = r_0$. *Sugestão:* Tome $r = r_0 + s$, onde $s/r_0 \ll 1$, e expanda $U(r)$ nas potências de s/r_0 para termos de segunda ordem.

5. A descrição de energia potencial de uma molécula diatômica é dada pelo potencial de Lennard-Jones,

$$U = \frac{A}{r^{12}} - \frac{B}{r^{6}}$$

onde A e B são constantes e r, a distância de separação entre os átomos. Para a molécula H_2, pegue $A = 0,124 \times 10^{-120}$ eV $\cdot$ m^{12} e $B = 1,488 \times 10^{-60}$ eV $\cdot$ m^6. Encontre (a) a distância de separação r_0 na qual a energia da molécula

é mínima e (b) a energia E necessária para quebrar a molécula H_2.

6. A descrição da energia potencial de uma molécula diatômica é dada pelo potencial de Lennard-Jones,

$$U = \frac{A}{r^{12}} - \frac{B}{r^{6}}$$

onde A e B são constantes e r é a distância de separação entre os átomos. Encontre, em termos de A e B, (a) o valor r_0 no qual a energia é mínima e (b) a energia E necessária para quebrar uma molécula diatômica.

Seção 9.2 Estados de energia e espectros de moléculas

7. A molécula de CO faz a transição do estado rotacional $J = 1$ para $J = 2$ quando absorve um fóton de frequência $2,30 \times 10^{11}$ Hz. (a) Encontre o momento de inércia dessa molécula a partir desses dados. (b) Compare sua resposta com a obtida no Exemplo 9.1 e comente a relevância dos dois resultados.

8. A molécula de iodeto de césio (CsI) tem separação atômica de 0,127 nm. (a) Determine a energia do segundo estado rotacional excitado, com $J = 2$. (b) Encontre a frequência do fóton absorvido na transição de $J = 1$ para $J = 2$.

9. **M** Uma molécula de HCl é excitada para seu segundo nível de energia rotacional, correspondendo a $J = 2$. Se a distância entre seus núcleos é 0,1275 nm, qual é a velocidade angular da molécula em seu centro de massa?

10. A frequência de fóton que seria absorvida pela molécula NO em uma transição do estado de vibração $v = 0$ para $v = 1$, sem mudança no estado de rotação, é 56,3 THz. A ligação entre os átomos tem constante de mola eficiente de 1.530 N/m. (a) Use essa informação para calcular a massa reduzida da molécula NO. (b) Compute um valor para μ utilizando a Equação 9.4. (c) Compare seus resultados com as partes (a) e (b) e explique sua diferença, se houver.

11. Suponha que a distância entre os prótons na molécula H_2 seja $0,750 \times 10^{-10}$ m. (a) Encontre a energia do primeiro estado rotacional excitado, com $J = 1$. (b) Encontre o comprimento de onda emitido na transição de $J = 0$ para $J = 1$.

12. *Por que a seguinte situação é impossível?* A constante de força efetiva de uma molécula vibrante HCl é $k = 480$ N/m. Um feixe de radiação infravermelha de comprimento de onda $6,20 \times 10^3$ nm é direcionado por meio de um gás de moléculas HCl. Como resultado, as moléculas são excitadas do estado vibracional fundamental para o primeiro estado vibracional excitado.

13. **AMT** A constante de mola eficiente que descreve a energia potencial da molécula HI é 320 N/m, e para a molécula HF é 970 N/m. Calcule a amplitude mínima de vibração para as moléculas (a) HI e (b) HF.

14. O espectro rotacional da molécula de HCl contém linhas com comprimentos de onda de 0,0604, 0,0690, 0,0804, 0,0964 e 0,1204 mm. Qual é o momento de inércia da molécula?

15. Os átomos de uma molécula de NaCl são separados por uma distância de $r = 0,280$ nm. Calcule (a) a massa reduzida de uma molécula de NaCl, (b) seu momento de inércia, e (c) o comprimento de onda da radiação emitida quando uma molécula de NaCl sofre transição do estado $J = 2$ para o estado $J = 1$.

16. Uma molécula diatômica consiste em dois átomos com massas m_1 e m_2 separados por uma distância r. Mostre que o momento de inércia em um eixo que passa pelo centro de massa da molécula é dado pela Equação 9.3, $I = \mu r^2$.

17. Os núcleos da molécula de O_2 são separados por uma distância $1,20 \times 10^{-10}$ m. A massa de cada átomo de oxigênio na molécula é $2,66 \times 10^{-26}$ kg. (a) Determine as energias rotacionais de uma molécula em elétrons-volt para os níveis correspondendo a $J = 0$, 1 e 2. (b) A constante de força efetiva k entre os átomos na molécula de oxigênio é 1,177 N/m. Determine as energias vibracionais (em elétrons-volt) correspondendo a $v = 0$, 1 e 2.

18. A Figura P9.18 é um modelo de uma molécula de benzeno. Todos os átomos ficam em um plano e os de carbono ($m_C = 1,99 \times 10^{-26}$ kg) formam um hexágono regular, como os de hidrogênio ($m_H = 1,67 \times 10^{-27}$ kg). Os átomos de carbono estão a 0,110 nm separados centro a centro e os de carbono e hidrogênio adjacentes 0,100 de centro a centro. (a) Calcule o momento de inércia da molécula em relação a um eixo perpendicular ao plano do papel que passa pelo ponto do centro O. (b) Determine as energias rotacionais pelo seu eixo.

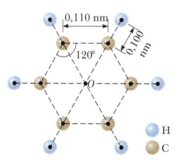

Figura P9.18

19. (a) Em uma molécula de HCl, considere o átomo de Cl como sendo o isótopo ^{35}Cl. A separação de equilíbrio dos átomos H e Cl é 0,12746 nm. A massa atômica do átomo de H é 1,007825 u e a do átomo ^{35}Cl é 34,968853 u. Calcule o comprimento de onda mais longo no espectro rotacional dessa molécula. (b) **E se?** Repita o cálculo na parte (a), mas considere o átomo Cl como sendo o isótopo ^{37}Cl, que tem massa atômica 36,965903 u. A distância de separação de equilíbrio é a mesma que na parte (a). (c) O cloro, de ocorrência natural, contém aproximadamente três partes de ^{35}Cl para uma de ^{37}Cl. Devido às duas massas diferentes de Cl, cada linha no espectro rotacional de micro-ondas de HCl é dividido em um dipolo, como mostrado na Figura P9.19. Calcule a separação em comprimento de onda entre as linhas de dipolo para o comprimento de onda mais longo.

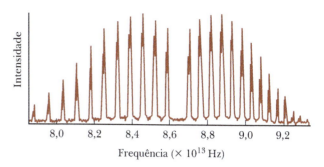

Figura P9.19 Problemas 19 e 20.

20. Estime o momento de inércia de uma molécula de HCl a partir de seu espectro de absorção infravermelho mostrado na Figura P9.19.

21. **W** Uma molécula de H_2 está em seus estados fundamentais vibracional e rotacional. Ela absorve um fóton de comprimento de onda de 2,2112 μm e faz transição ao nível de energia $v = 1, J = 1$. Então, cai para o nível de energia $v = 0, J = 2$, ao mesmo tempo emitindo um fóton de comprimento de onda 2,4054 μm. Calcule (a) o momento de inércia da molécula de H_2 em um eixo pelo centro de massa e perpendicular à ligação H-H, (b) a frequência vibracional da molécula de H_2 e (c) a distância de separação de equilíbrio para essa molécula.

22. Fótons de quais frequências podem ser emitidos espontaneamente por moléculas CO no estado com $v = 0$ e $J = 0$?

23. A maior parte da massa de um átomo está em seu núcleo. Modele a distribuição de massa em uma molécula diatômica como duas esferas de densidade uniforme, cada uma com raio $2,00 \times 10^{-15}$ m e massa $1,00 \times 10^{-26}$ kg, localizadas nos pontos ao longo do eixo y, como na Figura 9.5a e separadas por $2,00 \times 10^{-10}$ m. A rotação pelo eixo que une os núcleos na molécula diatômica é comumente ignorada devido ao fato de que o primeiro estado excitado teria uma energia que é muito alta para acessar. Para ver por que, calcule a relação da energia do primeiro estado excitado para a rotação no eixo y e da energia do primeiro estado excitado para a rotação pelo eixo x.

Seção 9.3 Ligação de sólidos

24. Use uma lupa para olhar os grãos de sal que saem de um saleiro. Compare o que você vê com a Figura 9.11a. A distância entre um íon de sódio e um cloro de vizinhança mais próxima é 0,261 nm. (a) Faça uma estimativa de ordem de grandeza do número N de átomos em um grão típico de sal. (b) **E se?** Suponha que você tenha um número de grãos de sal igual a esse número N. Qual seria o volume dessa quantidade de sal?

25. Utilize a Equação 9.18 para calcular a energia de coesão iônica para NaCl. Considere $\alpha = 1,7476$, $r_0 = 0,281$ nm e $m = 8$.

26. Considere uma cadeia unidimensional de íons alternados positivos e negativos simplesmente ionizados. Mostre que a energia potencial associada a um dos íons e suas interações com o resto de seu cristal hipotético é

$$U(r) = -k_e \alpha \frac{e^2}{r}$$

onde a constante de Madelung é $\alpha = 2$ e r é a distância entre íons. *Sugestão*: utilize a expansão em série para $\ln(1 + x)$.

306 Física para cientistas e engenheiros

Seção 9.4 Teoria de elétrons livres em metais

Seção 9.5 Teoria de bandas de sólidos

27. Calcule a energia de um elétron de condução na prata a 800 K, supondo que a probabilidade de encontrar um elétron naquele estado é de 0,950. A energia de Fermi da prata é 5,48 eV nesta temperatura.

28. (a) Mostre do que a energia de Fermi depende, de acordo com a teoria de elétrons livres em metais, e como ela depende dessa quantidade. (b) Mostre que a Equação 9.25 pode ser expressa como $E_F = (3,65 \times 10^{-19})\, n_e^{2/3}$, onde E_F está em elétrons-volt quando n_e está em elétrons por metro cúbico. (c) De acordo com a Tabela 9.2, por qual fator a concentração de elétrons livres em cobre excede a do potássio? (d) Qual desses metais tem a maior energia de Fermi? (e) Por qual fator a energia de Fermi é maior? (f) Explique se esse comportamento é previsto pela Equação 9.25.

29. Quando a prata sólida começa a derreter, qual é a fração aproximada dos elétrons de condução que são termicamente excitados acima do nível de Fermi?

30. (a) Encontre a velocidade típica de um elétron de condução em cobre, considerando sua energia cinética como igual à energia de Fermi, 7,05 eV. (b) Suponha que o cobre seja um fio transportador de corrente. Como a velocidade encontrada na parte (a) se compara à velocidade de deriva típica (consulte a Seção 5.1 do Volume 3) de elétrons no fio de 0,1 mm/s?

31. A energia de Fermi do cobre a 300 K é 7,05 eV. (a) Qual é a energia média de um elétron de condução em cobre a 300 K? (b) Em qual temperatura a energia translacional média de uma molécula em um gás ideal é igual à energia calculada na parte (a)?

32. **W** Considere um cubo de ouro de 1,00 mm de lado. Calcule o número aproximado dos elétrons de condução neste cubo, cujas energias ficam na faixa de 4,000 a 4,025 eV.

33. **M** Sódio é um metal monovalente com densidade de 0,971 g/cm^3 e massa molar de 23,0 g/mol. Utilize essas informações para calcular (a) a densidade dos portadores de carga e (b) a energia de Fermi do sódio.

34. *Por que a seguinte situação é impossível?* Um metal hipotético tem as seguintes propriedades: sua energia de Fermi é 5,48 eV, sua densidade é $4,90 \times 10^3$ kg/m^3, sua massa molar é 100 g/mol e tem um elétron livre por átomo.

35. Para o cobre a 300 K, calcule a probabilidade de que um estado com energia igual a 99,0% da de Fermi seja ocupado.

36. Para um metal em temperatura T, calcule a probabilidade de que um estado com energia igual a βE_F seja ocupado, onde β é uma fração entre 0 e 1.

37. **Revisão.** Um elétron move-se em uma caixa tridimensional de lado L e volume L^3. A função de onda da partícula é $\psi = A \operatorname{sen}(k_x x) \operatorname{sen}(k_y y) \operatorname{sen}(k_z z)$. Mostre que sua energia é dada pela Equação 9.20,

$$E = \frac{\hbar^2 \pi^2}{2m_e L^2}(n_x^2 + n_y^2 + n_z^2)$$

onde os números quânticos (n_x, n_y, n_z) são inteiros ≥ 1. *Sugestão*: A equação de Schrödinger em três dimensões pode ser assim escrita

$$\frac{\hbar^2}{2m}\left(\frac{\partial^2 \psi}{\partial x^2} + \frac{\partial^2 \psi}{\partial y^2} + \frac{\partial^2 \psi}{\partial z^2}\right) = (U - E)\psi$$

38. **M** (a) Considere um sistema de elétrons confinados em uma caixa tridimensional. Calcule a relação do número dos níveis de energia permitidos a 8,50 eV com o número a 7,05 eV. (b) **E se?** O cobre tem energia de Fermi de 7,05 eV a 300 K. Calcule a relação do número de níveis ocupados no cobre à energia de 8,50 eV com o número da energia de Fermi. (c) Como sua resposta à parte (b) se compara com a obtida na (a)?

39. Mostre que a energia cinética média de um elétron de condução em um metal a 0 K é $E_{\text{média}} = \frac{3}{5}E_F$. *Sugestão*: Em geral, a energia cinética média é

$$E_{\text{média}} = \frac{1}{n_e}\int_0^\infty EN(E)\, dE$$

onde n_e é a densidade de partículas, $N(E)\, dE$ é dado pela Equação 9.22 e a integral é por todos os valores possíveis da energia.

Seção 9.6 Condução elétrica em metais, isolantes e semicondutores

40. A maior parte da radiação solar tem comprimento de onda de 1 μm ou menos. (a) Qual intervalo de energia o material em uma célula solar tem se for absorver essa radiação? (b) O silício é um material apropriado para célula solar (veja a Tabela 9.3)? Explique sua resposta.

41. O intervalo de energia para o silício a 300 K é 1,14 eV. (a) Encontre o fóton de frequência mais baixa que pode promover um elétron da banda de valência para a de condução. (b) Qual é o comprimento de onda deste fóton?

42. A luz de um tubo de descarga de hidrogênio está incidente em um cristal CdS. (a) Quais linhas espectrais da série de Balmer são absorvidas e (b) quais são transmitidas?

43. Um diodo emissor de luz (LED) feito do semicondutor GaAsP emite luz vermelha ($\lambda = 650$ nm). Determine o intervalo da banda de energia E_g para esse semicondutor.

44. O comprimento de onda mais longo da radiação absorvida por um semicondutor é 0,512 μm. Calcule o intervalo de energia para esse semicondutor.

45. Você deve construir um instrumento científico que está termicamente isolado de sua vizinhança. O contêiner de isolação pode ser um calorímetro, mas seus critérios de projeto devem se aplicar a outros contêineres também. Você deve utilizar um laser externo ao contêiner para elevar a temperatura de um alvo dentro do instrumento. Você decide utilizar uma janela de diamante no contêiner. O diamante tem intervalo de energia de 5,47 eV. Qual é o comprimento de onda de laser mais curto que você pode utilizar para aquecer o alvo dentro do instrumento?

46. **PD** **Revisão.** Quando um átomo de fósforo é substituído por um de silício em um cristal, quatro dos elétrons de valência do fósforo formam ligações com átomos vizinhos e o elétron remanescente é vinculado de modo muito mais solto. Você pode modelar o elétron como livre para se mover pela estrutura do cristal. Entretanto, o núcleo de fósforo tem mais carga positiva que o núcleo de silício, então, o elétron extra, fornecido pelo átomo de fósforo, é atraído para uma carga nuclear única $+e$. Os níveis de energia do elétron extra são semelhantes àqueles do elétron no átomo de hidrogênio de Bohr com duas exceções importantes. Primeira, a atração de Coulomb entre o elétron e a carga positiva no núcleo do fósforo é reduzida a um fator de $1/k$ do que seria no espaço livre (consulte a Eq. 4.21 do Volume 3), onde k é a constante dielétrica do cristal. Como resultado, os raios da órbita são muito elevados em relação aos do átomo de hidrogênio. Segunda, a influência do potencial elétrico periódico da estrutura faz com que o elétron se mova como se tivesse uma massa efetiva m^*, que é bem diferente da massa m_e de um elétron livre. Você pode utilizar o modelo do átomo de hidrogênio de Bohr para obter valores relativamente precisos para os níveis permitidos de energia do elétron extra. Desejamos encontrar a energia típica desses estados doadores, que assumem uma função importante em dispositivos semicondutores. Suponha que $K = 11,7$ para o silício e $m^* = 0,220 \, m_e$. (a) Encontre uma expressão simbólica para o menor raio da órbita do elétron em termos de a_0, o raio de Bohr. (b) Substitua valores numéricos para encontrar o valor numérico do menor raio. (c) Encontre uma expressão simbólica para os níveis de energia E_n' do elétron nas órbitas de Bohr ao redor do átomo doador em termos de m_e, m^*, K e E_n, a energia do átomo de hidrogênio no modelo de Bohr. (d) Encontre o valor numérico da energia para o estado fundamental do elétron.

Seção 9.7 Dispositivos semicondutores

47. Supondo que $T = 300$ K, (a) para qual valor da tensão ΔV na Equação 9.27 resulta $I = 9,00 I_0$? (b) **E se?** E se $I = -9,00 I_0$?

48. Um diodo, um resistor e uma bateria estão conectados em um circuito em série. O diodo está na temperatura para a qual $k_B T = 25,0$ meV e o valor de saturação da corrente é $I_0 = 1,00$ μA. A resistência do resistor é $R = 745$ Ω e a bateria mantém uma diferença potencial constante de $\mathcal{E} = 2,42$ V entre seus terminais. (a) Utilize a regra das malhas de Kirchhoff para mostrar que

$$\mathcal{E} - \Delta V = I_0 R (e^{e\Delta V/k_B T} - 1)$$

onde ΔV é a tensão no diodo. (b) Para resolver essa equação transcendental para a tensão ΔV, faça um gráfico do lado esquerdo e do lado direito da equação acima como funções de ΔV e encontre o valor de ΔV no qual as curvas se cruzam. (c) Encontre a corrente I no circuito. (d) Encontre a resistência ôhmica do diodo, definido como a relação $\Delta V/I$ na tensão na parte (b). (e) Encontre a resistência dinâmica do diodo, que é definida como a derivada $d(\Delta V)/dI$, na tensão na parte (b).

49. **W** Você coloca um diodo em um circuito microeletrônico para proteger o sistema caso uma pessoa sem treinamento instale a bateria errado. Na situação correta de sentido direto, a corrente é de 200 mA com uma diferença potencial de 100 mV no diodo em temperatura ambiente (300 K). Se a bateria fosse invertida, de modo que a diferença potencial no diodo ainda fosse 100 mV, mas, com o sinal oposto, qual seria o módulo da corrente no diodo?

50. **M** Um diodo está em temperatura ambiente, de modo que $k_B T = 0,0250$ eV. Considerando as tensões aplicadas ao diodo como sendo +1,00 V (em sentido direto) e –1,00 V (em sentido reverso), calcule a relação da corrente direta com a corrente reversa se o diodo for descrito pela Equação 9.27.

Seção 9.8 Supercondutividade

Observação: O Problema 30 do Capítulo 8 e os Problemas 73 a 76 no Capítulo 10 (ambos do Volume 3) também podem ser resolvidos nesta seção.

51. Uma haste fina de material supercondutor de 2,50 cm de comprimento é posicionada em um campo magnético de 0,540 T com seu eixo cilíndrico ao longo das linhas de campo magnético. (a) Esboce as direções do campo aplicado e a corrente de superfície induzida. (b) Encontre o módulo da corrente de superfície na superfície curvada da haste.

52. Uma demonstração direta e relativamente simples da resistência zero pode ser realizada utilizando o método da sonda de quatro pontas. A sonda mostrada na Figura P9.52 consiste em um disco de $YBa_2Cu_3O_7$ (um supercondutor de alta T_c) para o qual quatro fios são conectados. A corrente é mantida pela amostra aplicando uma tensão CC entre os pontos a e b e medida com um amperímetro CC. A corrente pode ser variada com a resistência variável R. A diferença potencial ΔV_{cd} entre c e d é medida com um voltímetro digital. Quando a sonda é imersa em nitrogênio líquido, a amostra rapidamente resfria para 77 K, abaixo da temperatura crítica do material, 92 K. A corrente permanece aproximadamente constante, mas ΔV_{cd} *cai abruptamente para zero*. (a) Explique essa observação na base do que você sabe sobre supercondutores. (b) Os dados na tabela a seguir representam valores reais de ΔV_{cd} para diferentes valores de I tomados na amostra em temperatura ambiente no laboratório do autor. Uma bateria de 6 V em série com um resistor variável R forneceu a corrente. Os valores de R variavam de 10 Ω para 100 Ω. Faça uma representação $I - \Delta V$ dos dados e determine se a amostra se comporta de maneira linear. (c) A partir destes dados, obtenha um valor para a resistência CC da amostra em temperatura ambiente. (d) Em temperatura ambiente, foi descoberto que $\Delta V_{cd} = 2,234$ mV para $I = 100,3$ mA, mas depois a amostra foi resfriada para 77 K, $\Delta V_{cd} = 0$ e $I = 98,1$ mA. O que você acha que pode ter causado o pequeno decréscimo na corrente?

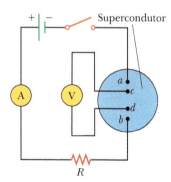

Figura P9.52

Corrente e diferença de potencial ΔV_{cd} medida em uma amostra de $YBa_2Cu_3O_{7-\delta}$ em temperatura ambiente

I (mA)	ΔV_{cd} (mV)
57,8	1,356
61,5	1,441
68,3	1,602
76,8	1,802
87,5	2,053
102,2	2,398
123,7	2,904
155	3,61

53. Um anel supercondutor metálico de nióbio de 2,00 cm de diâmetro é imerso em um campo magnético de 0,0200 T direcionado perpendicularmente a ele e não transporta corrente. Determine a corrente gerada no anel quando o campo magnético cai subitamente a zero. A indutância do anel é $3{,}10 \times 10^{-8}$ H.

Problemas Adicionais

54. A constante de mola eficiente associada com a ligação na molécula de N_2 é 2.297 N/m. Os átomos de nitrogênio têm, cada um, massa de $2{,}32 \times 10^{-26}$ kg e seus núcleos estão a 0,120 nm de distância. Suponha que a molécula seja rígida. O primeiro estado vibracional excitado da molécula está acima do estado fundamental vibracional por uma diferença de energia ΔE. Calcule o valor J do estado rotacional que está acima do estado fundamental rotacional pela mesma diferença de energia ΔE.

55. A molécula de hidrogênio se separa (dissocia) quando é excitada internamente por 4,48 eV. Supondo que essa molécula se comporte como um oscilador harmônico com frequência angular clássica $\omega = 8{,}28 \times 10^{14}$ rad/s, encontre o número quântico vibracional mais alto para um estado abaixo da energia de dissociação de 4,48 eV.

56. (a) Começando com a Equação 9.17, mostre que a força exercida em um íon em um sólido iônico pode ser formulada como

$$F = -\alpha k_e \frac{e^2}{r^2}\left[1 - \left(\frac{r_0}{r}\right)^{m-1}\right]$$

onde α é a constante de Madelung e r_0, a separação de equilíbrio. (b) Imagine que um íon no sólido é deslocado a uma pequena distância s de r_0. Mostre que as experiências de íons sofrem uma força restauradora $F = -Ks$, onde

$$K = \frac{\alpha k_e e^2}{r_0^3}(m-1)$$

(c) Utilize o resultado da parte (b) para encontrar a frequência de vibração de um íon Na^+ em NaCl. Considere $m = 8$ e utilize o valor $\alpha = 1{,}7476$.

57. Sob pressão, hélio líquido pode solidificar conforme cada átomo se liga com os outros quatro e cada ligação tem energia média de $1{,}74 \times 10^{-23}$ J. Encontre o calor latente da fusão para o hélio em joules por grama (a massa molar do He é 4,00 g/mol.)

58. A energia de dissociação do hidrogênio molecular no estado fundamental é 4,48 eV, mas são necessários somente 3,96 eV para dissociá-lo quando inicia em seu primeiro estado vibracional excitado com $J = 0$. Utilizando essas informações, determine a profundidade da função de energia potencial molecular para H_2.

59. Começando com a Equação 9.17, mostre que a energia iônica de coesão de um sólido ligado ionicamente é dada pela Equação 9.18.

60. A função de distribuição de Fermi-Dirac pode ser formulada como

$$f(E) = \frac{1}{e^{(E-E_F)/k_B T} + 1} = \frac{1}{e^{(E/E_F - 1)T_F/T} + 1}$$

onde T_F é a temperatura de Fermi, definida de acordo com

$$k_B T_F \equiv E_F$$

(a) Faça uma planilha para calcular e uma representação gráfica de $f(E)$ por E/E_F em uma temperatura fixa T. (b) Descreva as curvas obtidas para $T = 0{,}1T_F$, $0{,}2T_F$ e $0{,}5T_F$.

61. Uma partícula move-se unidimensionalmente por um campo para o qual a energia potencial do sistema partícula-campo é

$$U(x) = \frac{A}{x^3} - \frac{B}{x}$$

onde $A = 0{,}150$ eV $\cdot$ nm^3 e $B = 3{,}68$ eV $\cdot$ nm. A forma dessa função está mostrada na Figura P9.61. (a) Encontre a posição de equilíbrio x_0 da partícula. (b) Determine a profundidade U_0 desse poço de potencial. (c) Ao se mover ao longo do eixo x, qual força máxima em direção à negativa de x a partícula sofre?

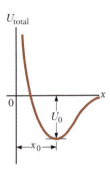

Figura P9.61 Problemas 61 e 62.

62. Uma partícula de massa m move-se unidimensionalmente por um campo para o qual a energia potencial do sistema partícula-campo é

$$U(x) = \frac{A}{x^3} - \frac{B}{x}$$

onde A e B são constantes. A forma geral dessa função é mostrada na Figura P9.61. (a) Encontre a posição de equilíbrio x_0 da partícula em termos de m, A e B. (b) Determine a profundidade U_0 desse poço potencial. (c) Ao se mover ao longo do eixo x, qual força máxima voltada para a direção negativa de x a partícula sofre?

Problemas de Desafio

63. **W** Como você aprenderá no Capítulo 10, o carbono 14 (^{14}C) é um isótopo instável de carbono. Ele tem as mesmas propriedades químicas e estrutura eletrônica que o isótopo muito mais abundante, carbono 12 (^{12}C), mas tem diferentes propriedades nucleares. Sua massa é 14 u, maior que a do carbono 12 devido aos dois nêutrons extra no núcleo do carbono 14. Suponha que a energia potencial molecular CO seja a mesma para ambos os isótopos de carbono e que os exemplos na Seção 9.2 contenham dados e resultados precisos para monóxido de carbono com átomos de carbono 12. (a) Qual é a frequência vibracional do ^{14}CO? (b) Qual é o momento de inércia do ^{14}CO? (c) Que comprimentos de onda de luz podem ser absorvidos por ^{14}CO no estado ($v = 0, J = 10$) que faz com que terminem no estado $v = 1$?

64. Como alternativa à Equação 9.1, outro modelo útil para a energia potencial de uma molécula diatômica é o potencial de Morse

$$U(r) = B[e^{-a(r-r_0)} - 1]^2$$

onde B, a e r_0 são parâmetros utilizados para ajustar a forma do potencial e sua profundidade. (a) Qual é a separação de equilíbrio dos núcleos? (b) Qual é a profundidade do poço de potencial, definido como a diferença da energia entre o valor mínimo do potencial e sua assíntota conforme r se aproxima do infinito? (c) Se μ é a massa reduzida do sistema de dois núcleos, e supondo que o potencial é praticamente parabólico no mínimo do poço, qual é a frequência vibracional da molécula diatômica em seu estado fundamental? (d) Qual quantidade de energia necessita ser fornecida à molécula no estado fundamental para separar os dois núcleos ao infinito?

capítulo

10

Estrutura nuclear

10.1 Algumas propriedades dos núcleos

10.2 Energia nuclear de ligação

10.3 Modelos nucleares

10.4 Radioatividade

10.5 O processo de decaimento

10.6 Radioatividade natural

10.7 Reações nucleares

10.8 Ressonância magnética nuclear e ressonância magnética por imagem

O ano de 1896 marca o nascimento da Física Nuclear, quando o físico francês Antoine-Henri Becquerel (1852-1908) descobriu a radioatividade em compostos de urânio. Essa descoberta incentivou os cientistas a investigar os detalhes da radioatividade e, posteriormente, a estrutura do núcleo. O trabalho pioneiro de Ernest Rutherford mostrou que a radiação emitida por substâncias radioativas é de três tipos – raios alfa, beta e gama –, classificados de acordo com a natureza de sua carga elétrica e sua habilidade de penetrar a matéria e ionizar o ar. Experimentos posteriores mostraram que raios alfa são núcleos de hélio, beta são elétrons, e gama, fótons de alta energia.

Em 1911, Rutherford, Hans Geiger e Ernest Marsden realizaram os experimentos de difusão de partículas alfa descritos na Seção 8.2. Esses experimentos estabeleceram que o núcleo de um átomo pode ser modelado como uma massa e carga pontuais, e que a maior parte da massa atômica está contida no núcleo. Estudos subsequentes revelaram a presença de um novo tipo de força, a nuclear de curto alcance, que é predominante nas distâncias de separação de partículas inferiores a aproximadamente 10^{-4} m e zero para longas distâncias.

Ötzi, o homem de gelo, um ser humano da Idade do Bronze, foi descoberto por turistas alemães nos Alpes italianos em 1991, quando uma geleira derreteu o suficiente para expor seus restos. A análise de seu corpo revelou sua última refeição, as doenças que teve e os locais onde viveu. A radioatividade foi utilizada para determinar que ele viveu por volta de 3300 a.C. Ötzi pode ser visto, atualmente, no Südtiroler Archäologiemuseum (Museu de Arqueologia do Tirol do Sul), em Bolzano, na Itália. *(© Vienna Report Agency/Sygma/Corbis)*

Neste capítulo, discutiremos as propriedades e a estrutura do núcleo atômico. Começaremos descrevendo as propriedades básicas dos núcleos, seguido por uma discussão das forças nucleares e a energia de ligação, os modelos nucleares e o fenômeno da radioatividade. Por último, exploraremos as reações nucleares e os vários processos pelos quais os núcleos decaem e meios pelos quais os núcleos podem reagir uns com os outros.

10.1 Algumas propriedades dos núcleos

Todos os núcleos são compostos de dois tipos de partículas: prótons e nêutrons. A única exceção é o do hidrogênio, que é um próton simples. Descrevemos o núcleo atômico pelo número de prótons e nêutrons que contém, utilizando as seguintes quantidades:

- o **número atômico** Z, que é igual ao número de prótons no núcleo (às vezes chamado *número de carga*)
- o **número de nêutrons** N, que é igual ao número de nêutrons no núcleo
- o **número de massa** $A = Z + N$, que é igual ao número de **núcleons** (nêutrons mais prótons) no núcleo

Nuclídeo é uma combinação específica de número atômico e de massa que representa um núcleo. Ao representar nuclídeos, é conveniente utilizar o símbolo $^{A}_{Z}\text{X}$ para abranger os números de prótons e nêutrons, onde X representa o símbolo químico do elemento. Por exemplo, $^{56}_{26}\text{Fe}$ (ferro) tem número de massa 56 e número atômico 26; portanto, contém 26 prótons e 30 nêutrons. Quando não houver probabilidade de confusões, omitimos o subscrito Z porque o símbolo químico pode sempre ser utilizado para determiná-lo. Portanto, $^{56}_{26}\text{Fe}$ é o mesmo que ^{56}Fe e também pode ser formulado como "ferro-56."

Os núcleos de todos os átomos de um elemento específico contêm o mesmo número de prótons, mas, geralmente, números diferentes de nêutrons. Os núcleos assim relacionados são chamados **isótopos**. Os isótopos de um elemento têm o mesmo valor Z, mas valores N e A diferentes.

A abundância natural dos isótopos pode diferir substancialmente. Por exemplo, $^{11}_{6}\text{C}$, $^{12}_{6}\text{C}$, $^{13}_{6}\text{C}$ e $^{14}_{6}\text{C}$ são quatro isótopos de carbono. A abundância natural do isótopo $^{12}_{6}\text{C}$ é de aproximadamente 98,9%, enquanto a do $^{13}_{6}\text{C}$ é cerca de 1,1% apenas. Alguns isótopos, como $^{11}_{6}\text{C}$ e $^{14}_{6}\text{C}$, não ocorrem naturalmente, mas podem ser produzidos por reações nucleares em laboratório ou por raios cósmicos.

Mesmo o elemento mais simples, hidrogênio, tem isótopos: $^{1}_{1}\text{H}$, o núcleo comum do hidrogênio; $^{2}_{1}\text{H}$, deutério; e $^{3}_{1}\text{H}$, trítio.

> **Prevenção de Armadilhas 10.1**
> **Número de massa não é massa atômica**
> O número de massa A não deve ser confundido com a massa atômica. Aquele é um inteiro específico a um isótopo e não tem unidades; é simplesmente uma contagem do número de núcleons. Massa atômica tem unidades e geralmente não é um inteiro, porque é uma média das massas dos isótopos que ocorrem naturalmente de um determinado elemento.

> *Teste Rápido* **10.1** Para cada parte deste Teste Rápido, escolha a partir das seguintes alternativas: (a) prótons (b) nêutrons (c) núcleons. **(i)** Os três núcleos ^{12}C, ^{13}N e ^{14}O têm o mesmo número de qual tipo de partícula? **(ii)** Os três núcleos ^{12}N, ^{13}N e ^{14}N têm o mesmo número de qual tipo de partícula? **(iii)** Os três núcleos ^{14}C, ^{14}N e ^{14}O têm o mesmo número de qual tipo de partícula?

Carga e massa

O próton transporta uma carga positiva única e, igual em módulo à carga $-e$ no elétron ($e = 1,6 \times 10^{-19}$ C). O nêutron é eletricamente neutro, como seu nome indica; por essa razão, foi difícil detectá-lo com os primeiros aparelhos e técnicas. Hoje em dia, nêutrons são facilmente detectados com dispositivos como cintiladores plásticos.

Massas nucleares podem ser medidas com grande precisão, utilizando um espectrômetro de massa (consulte a Seção 7.3 do Volume 3) e pela análise das reações nucleares. O próton é aproximadamente 1.836 vezes mais massivo que o elétron e as massas do próton e do nêutron são praticamente iguais. **Unidade de massa atômica** é definida de tal modo que a massa de um átomo do isótopo ^{12}C é exatamente 12 u, onde 1 u é igual a $1,660539 \times 10^{-27}$ kg. De acordo com essa definição, o próton e o nêutron, cada um, têm massa de aproximadamente 1 u e o elétron, somente uma pequena fração deste valor. As massas destas e de outras partículas que são relevantes para os fenômenos discutidos neste capítulo são mostradas na Tabela 10.1.

Você pode se perguntar como seis prótons e seis nêutrons, cada um com massa superior a 1 u, podem ser combinados com seis elétrons para formar um átomo de carbono 12, com massa de exatamente 12 u. O sistema vinculado de ^{12}C tem energia de repouso menor (Seção 5.8) que a de seis prótons separados e de seis nêutrons separados. De acordo com a Equação 5.24, $E_R = mc^2$, essa energia de repouso menor corresponde a uma massa menor para o sistema vinculado. A

312 Física para cientistas e engenheiros

TABELA 10.1 *Massas de partículas selecionadas em várias unidades*

Partícula	kg	Massa u	MeV/c²
Próton	$1,67262 \times 10^{-27}$	$1,007276$	$938,27$
Nêutron	$1,67493 \times 10^{-27}$	$1,008665$	$939,57$
Elétron (partícula β)	$9,10938 \times 10^{-31}$	$5,48579 \times 10^{-4}$	$0,510999$
Átomo $_1^1$H	$1,67353 \times 10^{-27}$	$1,007825$	$938,783$
Núcleo $_2^4$He (partícula α)	$6,64466 \times 10^{-27}$	$4,001506$	$3.727,38$
Átomo $_2^4$He	$6,64648 \times 10^{-27}$	$4,002603$	$3.728,40$
Átomo $_6^{12}$C	$1,99265 \times 10^{-27}$	$12,000000$	$11.177,9$

diferença na massa é responsável pela energia de ligação quando as partículas são combinadas para formar o núcleo. Discutiremos esse ponto mais detalhadamente na Seção 10.2.

Em geral, é conveniente formular a unidade de massa atômica em termos de seu *equivalente de energia de repouso*. Para uma unidade de massa atômica,

$$E_R = mc^2 = (1,660539 \times 10^{-27} \text{ kg}) (2,99792 \times 10^8 \text{ m/s})^2 = 931,494 \text{ MeV}$$

onde utilizamos a conversão $1 \text{ eV} = 1,602176 \times 10^{-19}$ J.

Com base na formulação de energia de repouso na Equação 5.24, com frequência físicos nucleares formulam a massa em termos da unidade MeV/c².

Exemplo **10.1**   A unidade de massa atômica

Utilize o número de Avogadro para mostrar que $1 \text{ u} = 1,66 \times 10^{-27}$ kg.

SOLUÇÃO

Conceitualização A partir da definição de mol apresentada na Seção 5.5 do Volume 2, sabemos que exatamente 12 g ($= 1$ mol) de ^{12}C contêm o número de Avogadro de átomos.

Categorização Avaliamos a unidade de massa atômica que foi apresentada nesta seção; portanto, categorizamos esse exemplo como um problema de substituição.

Encontre a massa m de um átomo ^{12}C:

$$m = \frac{0,012 \text{ kg}}{6,02 \times 10^{23} \text{ átomos}} = 1,99 \times 10^{-26} \text{ kg}$$

Como um átomo de ^{12}C é definido como tendo massa de 12,0 u, divida por 12,0 para encontrar a massa equivalente de 1 u:

$$1 \text{ u} = \frac{1,99 \times 10^{-26} \text{ kg}}{12,0} = 1,66 \times 10^{-27} \text{ kg}$$

Tamanho e estrutura dos núcleos

Nos experimentos de disseminação de Rutherford, núcleos positivamente carregados de átomos de hélio (partículas alfa) foram direcionados para um pedaço fino de lâmina metálica. Conforme as partículas alfa se moviam pela lâmina, frequentemente passavam próximas de um núcleo de metal. Devido à carga positiva nas partículas incidentes e nos núcleos, elas se desviavam dos seus caminhos em linha reta pela força repulsiva de Coulomb.

Rutherford utilizou o modelo de análise de sistema isolado (energia) para encontrar uma expressão para a distância de separação d na qual uma partícula alfa que se aproxima de um núcleo frontalmente é desviada pela repulsão de Coulomb. Nessa colisão frontal, a energia cinética da partícula incidente deve ser convertida completamente para energia potencial do sistema partícula alfa-núcleo quando a partícula parar momentaneamente no ponto de abordagem mais próximo (a configuração final do sistema) antes de se mover de volta ao longo do mesmo caminho (Fig. 10.1). Aplicando a Equação 8.2, do Volume 1, o princípio da conservação de energia resulta em

$$\Delta K + \Delta U = 0$$

$$\left(0 - \tfrac{1}{2}mv^2\right) + \left(k_e \frac{q_1 q_2}{d} - 0\right) = 0$$

onde m é a massa da partícula alfa e v, sua velocidade inicial. A solução de d resulta em

$$d = 2k_e \frac{q_1 q_2}{mv^2} = 2k_e \frac{(2e)(Ze)}{mv^2} = 4k_e \frac{Ze^2}{mv^2}$$

onde Z é o número atômico do núcleo-alvo. A partir desta expressão, Rutherford descobriu que as partículas alfa se aproximavam dos núcleos a $3,2 \times 10^{-14}$ m quando a lâmina era feita de ouro. Portanto, o raio do núcleo do ouro deve ser inferior a esse valor. A partir dos resultados dos experimentos de disseminação, Rutherford concluiu que a carga positiva em um átomo está concentrada em uma pequena esfera, chamada de núcleo, cujo raio não é superior a aproximadamente 10^{-14} m.

Como esses pequenos comprimentos são comuns em Física Nuclear, uma unidade de comprimento conveniente utilizada com frequência é o fentômetro (fm), chamado também **fermi**, definido como

$$1 \text{ fm} \equiv 10^{-15} \text{ m}$$

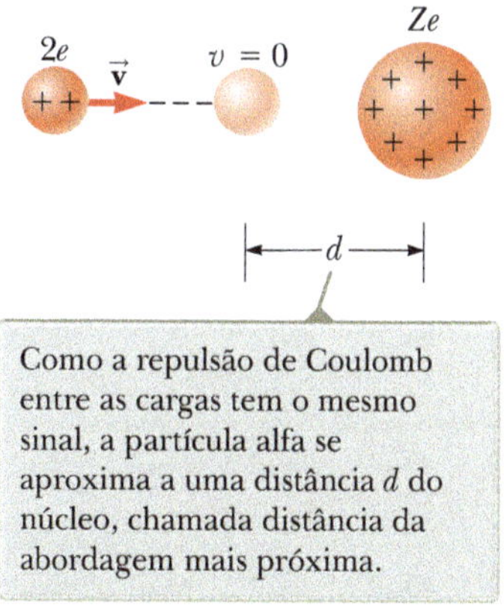

Como a repulsão de Coulomb entre as cargas tem o mesmo sinal, a partícula alfa se aproxima a uma distância d do núcleo, chamada distância da abordagem mais próxima.

Figura 10.1 Partícula alfa em curso de colisão frontal com um núcleo de carga Ze.

No começo dos anos 1920, foi descoberto que o núcleo de um átomo contém Z prótons e tem massa praticamente equivalente àquela dos prótons A, onde, em média, $A \approx 2Z$ para núcleos mais leves ($Z \leq 20$) e $A > 2Z$ para núcleos mais pesados. Para abranger a massa nuclear, Rutherford propôs que cada núcleo também deveria conter partículas neutras $A - Z$ que ele chamava de nêutrons. Em 1932, o físico britânico James Chadwick (1891-1974) descobriu o nêutron e ganhou o prêmio Nobel de Física em 1935 por esse importante trabalho.

Desde a época dos experimentos de disseminação de Rutherford, vários outros experimentos mostraram que a maior parte dos núcleos é aproximadamente esférica e tem raio médio dado por

$$r = aA^{1/3} \qquad (10.1) \qquad \blacktriangleleft \text{ Raio nuclear}$$

onde a é uma constante igual a $1,2 \times 10^{-15}$ m, e A é o número de massa. Como o volume de uma esfera é proporcional ao cubo do seu raio, temos, a partir da Equação 10.1, que o volume de um núcleo (supostamente esférico) é diretamente proporcional a A, o número total de núcleons. Essa proporcionalidade sugere que *todos os núcleos têm aproximadamente a mesma densidade*. Quando se combinam para formar um núcleo, agem como se fossem esferas bastante compactadas (Fig. 10.2). Esse fato levou a uma analogia entre o núcleo e uma gota líquida, na qual a densidade da gota é independente do seu tamanho. Discutiremos o modelo da gota de líquido do núcleo na Seção 10.3.

Figura 10.2 Um núcleo pode ser modelado como um grupo de esferas bem compactadas, onde cada uma é um núcleon.

Exemplo 10.2 Volume e densidade de um núcleo

Considere um núcleo de número de massa A.

(A) Encontre uma expressão aproximada para a massa do núcleo.

SOLUÇÃO

Conceitualização Imagine que o núcleo é um agrupamento de prótons e nêutrons, como mostrado na Figura 10.2. O número de massa A conta *tanto* prótons *quanto* nêutrons.

Categorização Suponha que A seja grande o suficiente, de modo que podemos imaginar o núcleo como sendo esférico.

Análise A massa do próton é aproximadamente igual à do nêutron. Portanto, se a massa de uma dessas partículas for m, a do núcleo será aproximadamente Am.

(B) Encontre uma formulação para o volume do seu núcleo em termos de A.

SOLUÇÃO

Suponha que o núcleo seja esférico e utilize a Equação 10.1: (1) $V_{\text{núcleo}} = \frac{4}{3}\pi r^3 = \frac{4}{3}\pi a^3 A$

continua

10.2 cont.

(C) Encontre um valor numérico para a densidade deste núcleo.

SOLUÇÃO

Utilize a Equação 1.1 do Volume 1 e substitua a (1):

$$\rho = \frac{m_{núcleo}}{V_{núcleo}} = \frac{Am}{\frac{4}{3}\pi a^3 A} = \frac{3m}{4\pi a^3}$$

Substitua os valores numéricos:

$$\rho = \frac{3(1{,}67 \times 10^{-27}\,\text{kg})}{4\pi(1{,}2 \times 10^{-15}\,\text{m})^3} = \boxed{2{,}3 \times 10^{17}\,\text{kg/m}^3}$$

Finalização A densidade nuclear é aproximadamente $2{,}3 \times 10^{14}$ vezes a densidade da água ($\rho_{água} = 1{,}0 \times 10^3$ kg/m³).

E SE? E se a Terra pudesse ser comprimida até que tivesse essa densidade? Qual seria seu tamanho?

Resposta Como a densidade é muito grande, prevemos que a Terra com essa densidade seria muito pequena.

Utilize a Equação 1.1 do Volume 1 e a massa da Terra para encontrar o volume da Terra comprimida:

$$V = \frac{M_E}{\rho} = \frac{5{,}97 \times 10^{24}\,\text{kg}}{2{,}3 \times 10^{17}\,\text{kg/m}^3} = 2{,}6 \times 10^7\,\text{m}^3$$

A partir deste volume, encontre o raio:

$$V = \tfrac{4}{3}\pi r^3 \rightarrow r = \left(\frac{3V}{4\pi}\right)^{1/3} = \left[\frac{3(2{,}6 \times 10^7\,\text{m}^3)}{4\pi}\right]^{1/3}$$

$$= 1{,}8 \times 10^2\,\text{m}$$

Com esse raio, essa é, na verdade, uma Terra pequena!

Estabilidade nuclear

Você pode esperar que as forças repulsivas de Coulomb muito grandes entre os prótons bem compactados em um núcleo devem fazer com que o núcleo vá para longe. Como isto não acontece, deve haver uma força atrativa em contraposição. A **força nuclear** é atrativa, de alcance muito curto (por volta de 2 fm), que age entre todas as partículas nucleares. Os prótons atraem uns aos outros por meio da força nuclear e, ao mesmo tempo, repelem-se uns aos outros pela força de Coulomb. A força nuclear também age entre pares de nêutrons e entre nêutrons e prótons. Ela domina a força repulsiva de Coulomb no núcleo (em distâncias curtas), de modo que núcleos estáveis possam existir.

A força nuclear é independente da carga. Em outras palavras, as forças associadas com as interações próton-próton, próton-nêutron e nêutron-nêutron são as mesmas, independente da força repulsiva de Coulomb adicional para a interação próton-próton.

Evidências para o alcance limitado das forças nucleares vêm dos experimentos de disseminação e dos estudos das energias nucleares vinculantes. Esse curto alcance é mostrado na representação gráfica da energia potencial nêutron--próton (n-p) da Figura 10.3a, obtida pela disseminação de nêutrons de um alvo que contém hidrogênio. A profundidade

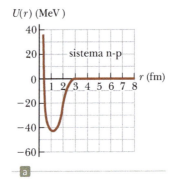
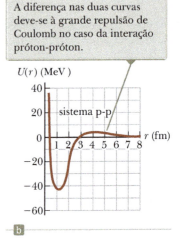

Figura 10.3 (a) Energia potencial pela distância de separação para um sistema nêutron-próton. (b) Energia potencial pela distância de separação para um sistema próton-próton. Para mostrar a diferença nas curvas desta escala, a altura do pico para a curva próton-próton foi aumentada por um fator de 10.

A diferença nas duas curvas deve-se à grande repulsão de Coulomb no caso da interação próton-próton.

do poço de energia potencial n-p é de 40 a 50 MeV e há uma componente repulsiva forte que impede que os núcleons se aproximem mais que 0,4 fm.

A força nuclear não afeta os elétrons, possibilitando que aqueles energéticos funcionem como sondas do tipo pontual dos núcleos. A independência da carga da força nuclear também significa que a diferença principal entre as interações n-p e p-p seja tal que a energia potencial p-p consiste em uma *superposição* de interações nucleares e de Coulomb, como mostrado na Figura 10.3b. Em distâncias inferiores a 2 fm, as energias potenciais p-p e n-p são praticamente idênticas, mas, para distâncias de 2 fm ou superiores, o potencial p-p tem uma barreira de energia positiva com um máximo de 4 fm.

A existência da força nuclear resulta em aproximadamente 270 núcleos estáveis; centenas de outros núcleos foram observados, mas instáveis. Uma representação gráfica do número de nêutrons N pelo número atômico Z para um número de núcleos estáveis é dado na Figura 10.4. Os núcleos estáveis são representados pelos pontos pretos que ficam em uma distância estreita chamada *linha de estabilidade*. Note que os núcleos estáveis leves contêm número igual de prótons e nêutrons, isto é, $N = Z$. Note também que, nos núcleos pesados estáveis, o número de nêutrons excede o de prótons: acima de $Z = 20$, a linha de estabilidade desvia para cima da que representa $N = Z$. Esse desvio pode ser compreendido ao reconhecer que, conforme o número de prótons aumenta, a força de Coulomb aumenta o que tende a quebrar o núcleo. Como resultado, mais nêutrons são necessários para manter o núcleo estável, porque os nêutrons sofrem somente a força nuclear atrativa. Eventualmente, as forças repulsivas de Coulomb entre os prótons não podem ser compensadas pelo acréscimo de mais nêutrons. Isto ocorre em $Z = 83$, significando que os elementos que contêm mais de 83 prótons não têm núcleos estáveis.

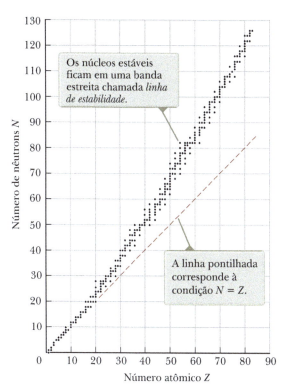

Figura 10.4 Número de nêutrons N em função do número atômico Z para núcleos estáveis (pontos pretos).

10.2 Energia nuclear de ligação

Como mencionado na discussão do ^{12}C na Seção 10.1, a massa total de um núcleo é inferior à soma das massas de seus núcleons individuais. Portanto, a energia de descanso do sistema vinculado (o núcleo) é inferior à combinada dos núcleons separados. Essa diferença na energia é chamada **energia de ligação** do núcleo e pode ser interpretada como a energia que deve ser acrescentada a um núcleo para quebrá-lo em seus componentes. Portanto, para separar um núcleo em prótons e nêutrons, energia deve ser fornecida para o sistema.

A conservação da energia e a relação de equivalência massa-energia de Einstein mostram que a energia de ligação E_l em MeV de qualquer núcleo é

$$E_l = [ZM(\text{H}) + Nm_n - M(^A_Z\text{X})] \times 931,494 \text{ MeV/u} \qquad (10.2)$$

◀ **Energia de ligação de um núcleo**

onde $M(\text{H})$ é a massa atômica do átomo neutro de hidrogênio, m_n é a massa do nêutron, $M(^A_Z\text{X})$ representa a massa atômica de um átomo do isótopo ^A_ZX e as massas estão todas nas unidades de massa atômica. A massa dos elétrons Z, incluída em $M(\text{H})$, se cancela com a dos elétrons Z incluída no termo $M(^A_Z\text{X})$ dentro de uma pequena diferença, associada com a energia atômica de ligação dos elétrons. Como as energias de ligações atômicas têm tipicamente vários elétrons-volt e as energias de ligações nucleares vários milhões de elétrons-volt, essa diferença é irrelevante.

Uma representação gráfica da energia de ligação por núcleon E_l/A como uma função do número de massa A para vários núcleos estáveis é mostrada na Figura 10.5. Note que, nesta figura, a energia de ligação atinge o pico na proximidade de $A = 60$. Isto é, os núcleos com números de massa superiores ou inferiores a 60 não são tão fortemente vinculados quanto os próximos do meio da Tabela Periódica. A diminuição na energia de ligação por núcleon para $A > 60$ implica que a energia é liberada quando um núcleo pesado se divide, ou se *fissiona*, em dois mais

Prevenção de Armadilhas 10.2

Energia de ligação
Quando núcleons separados são combinados para formar um núcleo, a energia do sistema é reduzida. Portanto, a mudança na energia é negativa. O valor absoluto dessa mudança é chamado energia de ligação. Essa diferença no sinal pode suscitar confusão. Por exemplo, um *aumento* na energia de ligação corresponde a um *decréscimo* na energia do sistema.

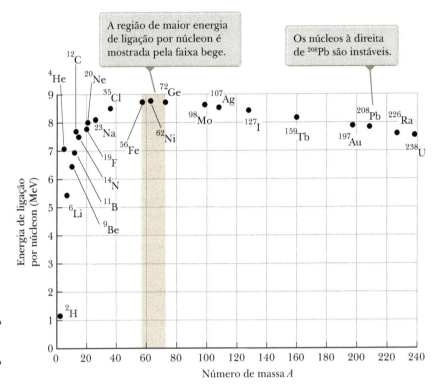

Figura 10.5 Energia de ligação por núcleon pelo número de massa para nuclídeos que ficam ao longo da linha de estabilidade na Figura 10.4. Alguns nuclídeos representativos aparecem como pontos pretos com identificações.

leves. A energia é liberada na fissão porque os núcleons em cada núcleo de produto são mais ligados uns aos outros que os núcleons no núcleo original. O importante processo de fissão e um segundo, também importante, de *fusão*, no qual a energia é liberada conforme os núcleos leves se combinam, serão considerados em detalhes no Capítulo 11.

Outra característica importante da Figura 10.5 é que a energia de ligação por núcleon é aproximadamente constante por volta de 8 MeV por núcleon para todos os núcleos com $A > 50$. Para esses núcleos, as forças nucleares são consideradas *saturadas*, o que significa que, na estrutura bem compactada mostrada na Figura 10.2, um núcleon específico pode formar ligações atrativas somente com um número limitado de outros núcleons.

A Figura 10.5 oferece base para questões fundamentais sobre a origem dos elementos químicos. No começo do Universo, os únicos elementos que existiam eram hidrogênio e hélio. Nuvens de gás cósmico se aglutinaram sob forças gravitacionais para formar estrelas. Quando uma estrela envelhece, produz elementos mais pesados a partir dos elementos mais leves nela contidos, começando a fusão de átomos de hidrogênio para formar o hélio.

Esse processo continua quando a estrela fica mais velha, gerando átomos com números atômicos cada vez maiores, até a faixa bege mostrada na Figura 10.5.

O núcleo $^{63}_{28}$Ni tem a maior energia de ligação por núcleon de 8,7945 MeV. É necessária energia adicional para criar elementos com números de massa superiores a 63, devido a suas energias de ligação menores por núcleon. Essa energia vem da explosão da supernova que ocorre no final da vida de algumas grandes estrelas. Portanto, todos os átomos pesados em seu corpo foram produzidos a partir das explosões de estrelas antigas. Você é literalmente feito de poeira estelar!

10.3 Modelos nucleares

Os detalhes da força nuclear ainda são uma área de pesquisa ativa. Vários modelos nucleares foram propostos, úteis para a compreensão das características gerais de dados nucleares experimentais e dos mecanismos responsáveis pela energia de ligação. Dois desses modelos, o da gota de líquido e o da concha, são discutidos a seguir.

O modelo da gota de líquido

Em 1936, Bohr propôs tratar os núcleons como moléculas em uma gota líquida. Neste **modelo da gota de líquido**, os núcleons interagem fortemente uns com os outros e sofrem colisões frequentes conforme se sacodem ao redor no núcleo. Esse movimento de sacudidela é análogo ao termicamente agitado das moléculas em uma gota líquida.

Quatro efeitos principais influenciam a energia de ligação do núcleo no modelo da gota de líquido:

- **De volume.** A Figura 10.5 mostra que, para $A > 50$, a energia de ligação por núcleon é aproximadamente constante, o que indica que a força nuclear em um núcleon específico se deve somente a poucos vizinhos mais próximos e não a todos os outros núcleons no núcleo. Na média, então, a energia de ligação associada com a força nuclear para cada núcleon é a mesma em todos os núcleos: a associada com uma interação com poucos vizinhos. Essa propriedade indica que a energia de ligação total do núcleo é proporcional a A e, portanto, ao volume nuclear. A contribuição à energia de ligação de todo o núcleo é $C_1 A$, onde C_1 é uma constante ajustável que pode ser determinada pela adequação da previsão ao modelo para resultados experimentais.

- **De superfície.** Como os núcleons na superfície da gota têm poucos vizinhos em relação àqueles no interior, reduzem a energia de ligação em uma quantidade proporcional ao seu número. Devido ao fato de o número de núcleons de superfície ser proporcional à área de superfície $4\pi r^2$ do núcleo (modelado como uma esfera) e porque $r^2 \propto A^{2/3}$ (Eq. 10.1), o termo de superfície pode ser formulado como $-C_2 A^{2/3}$, onde C_2 é uma segunda constante ajustável.
- **De repulsão de Coulomb.** Cada próton repele um ao outro no núcleo. A energia potencial correspondente por par de prótons que interagem é $k_e e^2/r$, onde k_e é a constante de Coulomb. A energia potencial elétrica total é equivalente ao trabalho necessário para reunir Z prótons, inicialmente separados infinitamente, em uma esfera de volume V. Essa energia é proporcional ao número Z de pares de prótons $Z(Z-1)/2$ e inversamente proporcional ao raio nuclear. Por consequência, a redução na energia de ligação que resulta do efeito de Coulomb é $-C_3 Z(Z-1)/A^{1/3}$, onde C_3 é outra constante ajustável.
- **Simétrico.** Outro efeito que diminui a energia de ligação está relacionado à simetria do núcleo em termos dos valores de N e Z. Para valores pequenos de A, os núcleos estáveis tendem a ter $N \approx Z$. Qualquer assimetria grande entre N e Z para núcleos leves reduz a energia de ligação e torna o núcleo menos estável. Para A maior, o valor de N para núcleos estáveis é naturalmente maior que Z. Esse efeito pode ser descrito por um termo da energia de ligação da forma $-C_4 (N-Z)^2/A$, onde C_4 é outra constante ajustável.[1] Para A pequeno, qualquer grande assimetria entre os valores de N e Z torna esse termo relativamente grande e reduz a energia de ligação. Já para A grande, é pequeno e possui pouco efeito na energia de ligação total.

O acréscimo dessas contribuições resulta na seguinte formulação da energia de ligação total:

$$E_l = C_1 A - C_2 A^{2/3} - C_3 \frac{Z(Z-1)}{A^{1/3}} - C_4 \frac{(N-Z)^2}{A} \quad (10.3)$$

Essa equação, geralmente chamada **fórmula da energia de ligação semiempírica**, contém quatro constantes que são ajustadas para adequar a formulação teórica aos dados experimentais. Para núcleos com $A \geq 15$, as constantes têm os valores

$$C_1 = 15,7 \text{ MeV} \qquad C_2 = 17,8 \text{ MeV}$$
$$C_3 = 0,71 \text{ MeV} \qquad C_4 = 23,6 \text{ MeV}$$

A Equação 10.3, juntamente com essas constantes, adapta-se aos valores de massa nuclear bem conhecidos, como mostrado pela curva teórica e pelos valores experimentais do modelo na Figura 10.6. O modelo da gota de líquido não abrange, contudo, alguns detalhes mais finos da estrutura nuclear, como as regras de estabilidade e quantidade de movimento angular. A Equação 10.3 é do tipo *teórica* para a energia de ligação com base no modelo da gota de líquido, enquanto as energias de ligação calculadas a partir da Equação 10.2 são *valores experimentais* com base em medições de massa.

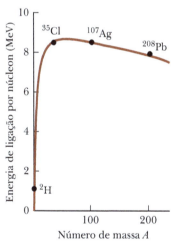

Figura 10.6 Curva da energia de ligação representada graficamente utilizando a fórmula da energia de ligação semiempírica (marrom-avermelhada). Para comparação com a curva teórica, valores experimentais para os quatros núcleos modelo são mostrados.

Exemplo 10.3 | Aplicação da fórmula de energia de ligação semiempírica

O núcleo ^{64}Zn tem energia de ligação tabulada de 559,09 MeV. Utilize a fórmula de energia de ligação semiempírica para gerar uma estimativa teórica da energia de ligação deste núcleo.

SOLUÇÃO

Conceitualização Imagine juntar os prótons e nêutrons separados para formar um núcleo ^{64}Zn. A energia de repouso do núcleo é inferior à das partículas individuais. A diferença na energia de repouso é a energia de ligação.

continua

---

[1] O modelo da gota de líquido *define* que os núcleos pesados têm $N > Z$. O modelo de concha, que veremos em breve, *explica* por que isto é verdadeiro com um argumento físico.

10.3 cont.

SOLUÇÃO

Categorização A partir do texto do problema, sabemos como aplicar o modelo da gota de líquido. Esse exemplo é um problema de substituição.

Para o núcleo ^{64}Zn, $Z = 30$, $N = 34$ e $A = 64$. Avalie os quatro termos da fórmula de energia de ligação semiempírica:

$$C_1 A = (15,7\,\text{MeV})(64) = 1.005\,\text{MeV}$$

$$C_2 A^{2/3} = (17,8\,\text{MeV})(64)^{2/3} = 285\,\text{MeV}$$

$$C_3 \frac{Z(Z-1)}{A^{1/3}} = (0,71\,\text{MeV})\frac{(30)(29)}{(64)^{1/3}} = 154\,\text{MeV}$$

$$C_4 \frac{(N-Z)^2}{A} = (23,6\,\text{MeV})\frac{(34-30)^2}{64} = 5,90\,\text{MeV}$$

Substitua esses valores na Equação 10.3:

$$E_l = 1.005\,\text{MeV} - 285\,\text{MeV} - 154\,\text{MeV} - 5,90\,\text{MeV} = \boxed{560\,\text{MeV}}$$

Esse valor difere do tabulado por menos que 0,2%. Note como os tamanhos dos termos diminuem do primeiro para o quarto termo. Esse último é particularmente pequeno para esse núcleo, que não tem um número excessivo de nêutrons.

O modelo de concha

O modelo da gota de líquido descreve relativamente bem o comportamento geral das energias de ligação nucleares. Quando as energias de ligação são estudadas mais a fundo, entretanto, descobrimos as seguintes características:

- A maior parte dos núcleos estáveis tem valor par de A. Além do mais, somente oito núcleos estáveis têm valores ímpares para Z e N.
- A Figura 10.7 mostra um gráfico da diferença entre a energia de ligação por núcleon calculada pela Equação 10.3 e a medida. Há evidência de picos regularmente espaçados nos dados que não são descritos pela fórmula de energia de ligação semiempírica. Os picos acontecem em valores de N ou Z, que ficaram conhecidos como **números mágicos**:

Números mágicos ▶ $\qquad Z$ ou $N = 2, 8, 20, 28, 50, 82 \qquad$ (10.4)

- Estudos de alta precisão dos raios nucleares mostram desvios da formulação simples na Equação 10.1. Gráficos de dados experimentais mostram picos na curva de raio por N em valores de N iguais aos números mágicos.
- Grupo de *isótonos* é um agrupamento de núcleos com o mesmo valor de N e valores variáveis de Z. Quando o número de isótonos estáveis é representado graficamente como uma função de N, há picos no gráfico, novamente nos números mágicos na Equação 10.4.
- Várias outras medições nucleares mostram comportamento anômalo nos números mágicos.[2]

---

[2] Para mais detalhes, consulte o Capítulo 5 de R. A. Dunlap, *The Physics of Nuclei and Particles*, Brooks/Cole, Belmont, CA, 2004.

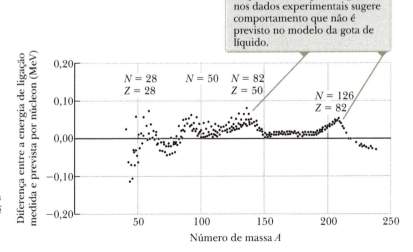

Figura 10.7 A diferença entre energias de ligação medidas e as calculadas a partir do modelo da gota de líquido é uma função de A (adaptada de R. A. Dunlap, *The Physics of Nuclei and Particles*, Brooks/Cole, Belmont, CA, 2004).

Esses picos em gráficos de dados experimentais são similares aos picos na Figura 8.20 para a energia de ionização dos átomos, que surgem devido à estrutura de concha do átomo. O **modelo da concha** do núcleo, também chamado **modelo de partícula independente**, foi desenvolvido, independentemente, por dois cientistas alemães: Maria Goeppert-Mayer, em 1949, e Hans Jensen (1907-1973), em 1950. Eles compartilharam o prêmio Nobel de Física de 1963 por seu trabalho. Nesse modelo, cada núcleon é suposto como existindo em uma concha, semelhante a uma concha atômica para um elétron. Os núcleons existem em estados quantificados de energia e há poucas colisões entre eles. Obviamente, as suposições desse modelo diferem muito daquelas feitas no modelo da gota de líquido.

Os estados quantificados ocupados pelos núcleons podem ser descritos por um conjunto de números quânticos. Como tanto próton quanto nêutron têm spin ½, o princípio de exclusão pode ser aplicado para descrever os estados permitidos (como para os elétrons no Capítulo 8). Isto é, cada estado pode conter somente dois prótons (ou dois nêutrons) com spins *opostos* (Fig. 10.8). Os estados de próton diferem daqueles dos nêutrons porque ambos se movem em poços de potenciais diferentes. Os níveis de energia dos prótons estão mais separados que os dos nêutrons porque aqueles sofrem uma superposição da força de Coulomb e da força nuclear, enquanto esses sofrem somente a força nuclear.

Um fator que influencia as características observadas dos estados nucleares fundamentais são os efeitos de *spin-órbita nucleares*. A interação atômica spin-órbita entre o spin de um elétron e seu movimento orbital em um átomo resulta no dubleto do sódio, discutido na Seção 8.6 e é magnético na origem. Por contraste, o efeito spin-órbita nuclear para núcleons deve-se à força nuclear. Ela é muito mais forte que no caso atômico e tem sinal oposto. Quando esses efeitos são levados em consideração, o modelo da concha pode abranger os números mágicos observados.

O modelo da concha também nos ajuda a compreender por que os núcleos contendo um número par de prótons e nêutrons são mais estáveis que outros núcleos (há 160 isótopos estáveis, par-par). Qualquer estado particular é preenchido quando contém dois prótons (ou dois nêutrons) com spins opostos. Um próton ou nêutron extra pode ser adicionado ao núcleo somente aumentando a energia do núcleo. Esse aumento leva a um núcleo que é menos estável que o original. Uma inspeção cuidadosa dos núcleos estáveis mostra que a maioria tem estabilidade especial quando seus núcleons se combinam em pares, o que resulta em quantidade de movimento angular zero.

O modelo da concha também nos ajuda a compreender por que os núcleos tendem a ter mais nêutrons que prótons. Como na Figura 10.8, os níveis de energia dos prótons são superiores aos dos nêutrons devido à energia extra associada à repulsão de Coulomb. Esse efeito acentua-se com o crescimento de Z. Por consequência, conforme Z cresce e estados superiores são preenchidos, um nível de próton para um determinado número quântico será muito maior em energia que o de nêutron para o mesmo número quântico. Na verdade, será ainda maior em energia que os níveis de nêutrons para números quânticos maiores. Assim, é energeticamente mais favorável para o núcleo se formar com nêutrons em níveis inferiores de energia do que com prótons em níveis mais altos, então o número de nêutrons é maior que o de prótons.

Maria Goeppert-Mayer
Cientista alemã (1906-1972)
Goeppert-Mayer nasceu e estudou na Alemanha. É mais conhecida por seu desenvolvimento do modelo da concha (modelo de partícula independente) do núcleo, publicado em 1950. Um modelo semelhante foi desenvolvido simultaneamente por Hans Jensen, outro cientista alemão. Goeppert-Mayer e Jensen ganharam o prêmio Nobel de Física em 1963 por seu trabalho extraordinário na compreensão da estrutura do núcleo.

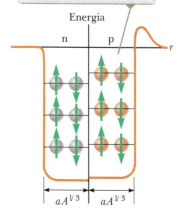

Figura 10.8 Poço de potencial quadrado contendo 12 núcleons. As esferas vermelhas representam os prótons e as cinza, nêutrons.

Modelos mais sofisticados do núcleo foram e continuam sendo desenvolvidos. Por exemplo, o *modelo coletivo* combina características dos da gota de líquido e da concha. O desenvolvimento de modelos teóricos do núcleo continua a ser uma área ativa de pesquisa.

10.4 Radioatividade

Em 1896, Becquerel descobriu acidentalmente que cristais de sulfeto de potássio de uranilo emitem radiação invisível que pode escurecer um negativo, mesmo que esse seja coberto para excluir a luz. Após uma série de experimentos, ele concluiu que a radiação emitida pelos cristais era de um tipo novo, que não requer estímulo externo e tão penetrante que podia escurecer negativos protegidos e ionizar gases. Esse processo de emissão espontânea de radiação por urânio viria a ser chamado, logo depois, de **radioatividade**.

Marie Curie
Cientista polonesa (1867-1934)
Em 1903, Marie Curie dividiu o prêmio Nobel de Física com seu marido, Pierre e Becquerel pelos estudos de substâncias radioativas. Em 1911, ganhou o prêmio Nobel de Química pela descoberta do rádio e do polônio.

> **Prevenção de Armadilhas 10.3**
> **Raios ou partículas?**
> No começo da história da Física Nuclear, o termo *radiação* era utilizado para descrever as emanações de núcleos radioativos. Sabemos que as radiações alfa e beta envolvem a emissão de partículas com energia de repouso diferente de zero. Embora não sejam exemplos de radiação eletromagnética, o uso do termo *radiação* para todos os três tipos de emissão está profundamente enraizado em nossa língua e na comunidade Física.

> **Prevenção de Armadilhas 10.4**
> **Aviso de representação**
> Na Seção 10.1, apresentamos o símbolo N como um inteiro que representa o número de nêutrons em um núcleo. Nessa discussão, o símbolo N representa o número de núcleos sem decaimento em uma amostra radioativa que permanece por um intervalo de tempo. Como você vai ler adiante, certifique-se de considerar o contexto para determinar o significado apropriado para o símbolo N.

Experimentos posteriores de outros cientistas mostraram que outras substâncias eram mais potentes radioativamente. As primeiras investigações mais significativas foram feitas por Marie e Pierre Curie (1859-1906). Após vários anos de processos cuidadosos e trabalhos de separação química de toneladas de pechblenda, minério radioativo, os Curies relataram a descoberta de dois elementos previamente desconhecidos, ambos radioativos, chamados polônio e rádio. Experimentos adicionais, incluindo o famoso trabalho de disseminação de partículas alfa de Rutherford, sugeriram que a radioatividade é o resultado do *decaimento*, ou desintegração, de núcleos instáveis.

Três tipos de decaimento radioativo ocorrem em substâncias radioativas: alfa (α), no qual as partículas emitidas são núcleos ^{4}He; beta (β), no qual as partículas emitidas são elétrons ou prótons; e gama (γ), no qual as partículas emitidas são fótons de alta energia. **Pósitron** é uma partícula como o elétron em todos os aspectos, a não ser pelo fato de que tem carga de $+e$ (pósitron é a *antipartícula* do elétron; consulte a Seção 12.2.) O símbolo e$^-$ é utilizado para designar um elétron; e$^+$ designa um pósitron.

Podemos distinguir entre essas três formas de radiação utilizando o esquema descrito na Figura 10.9. A radiação das amostras radioativas que emitem todos os três tipos de partículas é direcionada para uma região na qual há um campo magnético. O feixe de radiação divide-se em três componentes, dois curvando-se em direções opostas e o terceiro sem sofrer mudança na direção. Essa observação simples mostra que a radiação do feixe não desviado não transporta carga (raio gama), o componente desviado para cima corresponde a partículas carregadas positivamente (partículas alfa), e aquele desviado para baixo, a partículas carregadas negativamente (e$^-$). Se o feixe inclui um pósitron (e$^+$), é desviado para cima como a partícula alfa, mas segue uma trajetória diferente devido a sua massa menor.

Os três tipos de radiação têm forças de penetração bem diferentes. As partículas alfa mal penetram uma folha de papel, as beta podem penetrar alguns milímetros de alumínio e os raios gama podem penetrar vários centímetros de chumbo.

O processo de decaimento é probabilístico na natureza e pode ser descrito por cálculos estatísticos para uma substância radioativa de tamanho macroscópico que contém um número grande de núcleos radioativos. Para esses números grandes, a taxa na qual um processo de decaimento específico ocorre em uma amostra é proporcional ao número de núcleos radioativos presentes (isto é, o número de núcleos que ainda não decaíram). Se N for o número de núcleos radioativos sem decaimento presente em um instante, a taxa de variação de N com o tempo é

$$\frac{dN}{dt} = -\lambda N \qquad (10.5)$$

onde λ, chamado **constante de decaimento**, é a probabilidade de decaimento por núcleo por segundo. O sinal negativo indica que dN/dt é negativo; isto é, N cai com o tempo.

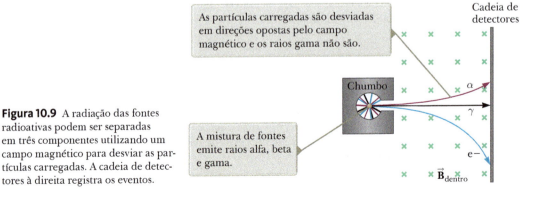

Figura 10.9 A radiação das fontes radioativas podem ser separadas em três componentes utilizando um campo magnético para desviar as partículas carregadas. A cadeia de detectores à direita registra os eventos.

A Equação 10.5 pode ser assim formulada

$$\frac{dN}{N} = -\lambda dt$$

o que, ao fazer a integral, resulta

$$N = N_0 e^{-\lambda t} \quad (10.6)$$

◀ **Comportamento exponencial do número de núcleos sem decaimento**

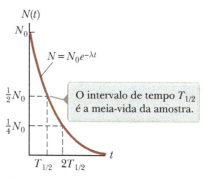

Figura 10.10 Representação gráfica do decaimento exponencial dos núcleos radioativos. O eixo vertical representa o número de núcleos radioativos sem decaimento presentes em qualquer tempo t e o eixo horizontal é o tempo.

onde a constante N_0 representa o número de núcleos radioativos sem decaimento em $t = 0$. A Equação 10.6 mostra que o número de núcleos radioativos sem decaimento em uma amostra aumenta exponencialmente com o tempo. A representação gráfica de N por t mostrada na Figura 10.10 ilustra a natureza exponencial do decaimento. A curva é similar àquela da variação temporal da carga elétrica em um capacitor de descarga em um circuito RC, como foi estudado na Seção 6.4, no Volume 3.

A **taxa de decaimento** R, que é o número de decaimentos por segundo, pode ser obtida ao combinar as Equações 10.5 e 10.6:

$$R = \left|\frac{dN}{dt}\right| = \lambda N = \lambda N_0 e^{-\lambda t} = R_0 e^{-\lambda t} \quad (10.7)$$

◀ **Comportamento exponencial da taxa de decaimento**

onde $R_0 = \lambda N_0$ é a taxa de decaimento em $t = 0$. A taxa de decaimento R de uma amostra é geralmente chamada sua **atividade**. Note que N e R diminuem exponencialmente com o tempo.

Outro parâmetro útil para caracterizar o decaimento nuclear é a **meia-vida** $T_{1/2}$:

> **Meia-vida** de uma substância radioativa é o intervalo de tempo durante o qual metade de um dado número dos núcleos radioativo decai.

Prevenção de Armadilhas 10.5
Meia-vida
Não é verdade que todos os núcleos originais decaem após duas meias-vidas! Em uma meia-vida, metade dos núcleos originais decairá. Na segunda meia-vida, metade daqueles remanescentes decairá, restando 1/4 do número original.

Para encontrar uma formulação para a meia-vida, configuramos primeiro $N = N_0/2$ e $t = T_{1/2}$ na Equação 10.6 para resultar

$$\frac{N_0}{2} = N_0 e^{-\lambda T_{1/2}}$$

Ao cancelar os N_0 e depois tomando o recíproco em ambos os lados, obtemos $e^{\lambda T_{1/2}} = 2$. Ao tomar o logaritmo natural de ambos os lados, temos

$$T_{1/2} = \frac{\ln 2}{\lambda} = \frac{0{,}693}{\lambda} \quad (10.8)$$

◀ **Meia-vida**

Após um intervalo de tempo igual a uma meia-vida, há $N_0/2$ núcleos radioativos remanescentes (por definição); após duas meias-vidas, metade desses núcleos remanescentes decai e $N_0/4$ núcleos radioativos sobram; após três meias-vidas, $N_0/8$ sobraram; e assim por diante. Em geral, após n meias-vidas, o número de núcleos radioativos remanescentes é

$$N = N_0 \left(\frac{1}{2}\right)^n \quad (10.9)$$

onde n pode ser um inteiro ou não.

Uma unidade de atividade frequentemente utilizada é o **curie** (Ci), definido como

$$1 \text{ Ci} \equiv 3{,}7 \times 10^{10} \text{ decaimentos/s}$$

◀ **Curie**

Esse valor foi originalmente selecionado por ser a atividade aproximada de 1 g de rádio. A unidade de atividade SI é o **becquerel** (Bq):

$$1 \text{ Bq} \equiv 1 \text{ decaimento/s}$$

◀ **Becquerel**

Portanto, 1 Curie = $3{,}7 \times 10^{10}$ Bq. Curie é uma unidade muito grande e as unidades de atividade utilizadas com mais frequência são milicurie e microcurie.

322 Física para cientistas e engenheiros

Teste Rápido **10.2** Em seu aniversário, você mede a atividade de uma amostra de ^{210}Bi, que tem meia-vida de 5,01 dias. A atividade medida é 1,000 μCi. Qual será a atividade desta amostra em seu próximo aniversário?
(a) 1,000 μCi **(b)** 0 **(c)** ~0,2 μCi **(d)** ~0,01 μCi **(e)** ~10^{-22} μCi.

Exemplo 10.4 Quantos núcleos restam?

O isótopo carbono 14, $^{14}_{6}$C, é radioativo e tem meia-vida de 5.730 anos. Se você começar com uma amostra de 1.000 núcleos de carbono 14, quantos núcleos permanecerão em decaimento em 25 mil anos?

SOLUÇÃO

Conceitualização O intervalo de tempo de 25 mil anos é muito maior que a meia-vida, então, somente uma pequena fração dos núcleos originalmente sem decaimento permanecerá.

Categorização O enunciado nos permite categorizar esse exemplo como um problema de substituição envolvendo decaimento radioativo.

Análise Divida o intervalo de tempo pela meia-vida para determinar o número de meias-vidas:

$$n = \frac{25.000 \text{ anos}}{5.730 \text{ anos}} = 4,363$$

Determine quantos núcleos sem decaimento restam após essas meias-vidas utilizando a Equação 10.9:

$$N = N_0 \left(\tfrac{1}{2}\right)^n = 1.000 \left(\tfrac{1}{2}\right)^{4,363} = \boxed{49}$$

Finalização Como mencionamos, decaimento radioativo é um processo probabilístico e previsões estatísticas precisas são possíveis somente com um número muito grande de átomos. A amostra original deste exemplo contém somente 1.000 núcleos, o que certamente não é muito grande. Portanto, se você contar o número de núcleos sem decaimento remanescentes após 25 mil anos, pode ser que não seja exatamente 49.

Exemplo 10.5 A atividade do carbono

No tempo $t = 0$, uma amostra radioativa contém 3,50 μg de $^{11}_{6}$C puro, que tem meia-vida de 20,4 min.

(A) Determine o número N_0 dos núcleos na amostra em $t = 0$.

SOLUÇÃO

Conceitualização A meia-vida é relativamente curta, então o número de núcleos sem decaimento cai rapidamente. A massa molar de $^{11}_{6}$C é aproximadamente 11,0 g/mol.

Categorização Avaliamos os resultados utilizando as equações desenvolvidas nesta seção; portanto, categorizamos esse exemplo como um problema de substituição.

Encontre o número de moles em 3,50 μg de $^{11}_{6}$C puro:

$$n = \frac{3,50 \times 10^{-6} \text{ g}}{11,0 \text{ g/mol}} = 3,18 \times 10^{-7} \text{ mol}$$

Encontre o número de núcleos sem decaimento nesta quantidade de $^{11}_{6}$C puro:

$$N_0 = (3,18 \times 10^{-7} \text{ mol})(6,02 \times 10^{23} \text{ núcleo/mol}) = \boxed{1,92 \times 10^{17} \text{ núcleos}}$$

(B) Qual é a atividade da amostra inicialmente e após 8,00 h?

SOLUÇÃO

Encontre a atividade inicial da amostra utilizando a Equação 10.7 e 10.8:

$$R_0 = \lambda N_0 = \frac{0,693}{T_{1/2}} N_0 = \frac{0,693}{20,4 \text{ min}} \left(\frac{1 \text{ min}}{60 \text{ s}}\right)(1,92 \times 10^{17})$$

$$= (5,66 \times 10^{-4} \text{ s}^{-1})(1,92 \times 10^{17}) = \boxed{1,09 \times 10^{14} \text{ Bq}}$$

Estrutura nuclear 323

> **10.5** *cont.*

Utilize a Equação 10.7 para encontrar a atividade em $t = 8,00\text{ h} = 2,88 \times 10^4$ s:

$$R_0 = R_0 e^{-\lambda t} = (1,09 \times 10^{14}\,\text{Bq})e^{-(5,66 \times 10^{-4}\,\text{s}^{-1})(2,88 \times 10^4\,\text{s})} = \boxed{8,96 \times 10^6\,\text{Bq}}$$

Exemplo 10.6 | Isótopo radioativo de iodo

Uma amostra do isótopo ^{131}I, que tem meia-vida de 8,04 dias, tem atividade de 5,0 mCi na hora do envio. Ao receber a amostra em um laboratório médico, a atividade é 2,1 mCi. Quanto tempo se passou entre as duas medições?

SOLUÇÃO

Conceitualização A amostra está decaindo continuamente enquanto em trânsito. A diminuição na atividade é de 58% durante o intervalo de tempo entre o embarque e o recebimento, então, esperamos que o tempo gasto seja maior que a meia-vida de 8,04 dias.

Categorização A atividade apresentada corresponde a vários decaimentos por segundo, então, N é grande e podemos categorizar esse problema como um no qual utilizamos nossa análise estatística da radioatividade.

Análise Resolva a Equação 10.7 quanto à relação da atividade final até a atividade inicial:

$$\frac{R}{R_0} = e^{-\lambda t}$$

Pegue o logaritmo natural em ambos os lados:

$$\ln\left(\frac{R}{R_0}\right) = -\lambda t$$

Resolva para o tempo t:

$$(1)\quad t = -\frac{1}{\lambda}\ln\left(\frac{R}{R_0}\right)$$

Utilize a Equação 10.8 para substituir λ:

$$t = -\frac{T_{1/2}}{\ln 2}\ln\left(\frac{R}{R_0}\right)$$

Substitua os valores numéricos:

$$t = -\frac{8,04\,\text{d}}{0,693}\ln\left(\frac{2,1\,\text{mCi}}{5,0\,\text{mCi}}\right) = \boxed{10\,\text{d}}$$

Finalização Esse resultado é de fato maior que a meia-vida, como esperado. Esse exemplo demonstra a dificuldade no envio de amostras radioativas com meias-vidas curtas. Se o embarque atrasar vários dias, somente uma pequena fração da amostra permanece quando do recebimento. Essa dificuldade pode ser combatida ao enviar uma combinação de isótopos, nos quais o desejado é o produto de um decaimento que ocorre na amostra. É possível que o isótopo desejado esteja em *equilíbrio*, cujo caso é criado na mesma taxa em que decai. Portanto, a quantidade do isótopo desejado permanece constante durante o processo de embarque e no armazenamento posterior. Quando necessário, o isótopo desejado pode ser separado do resto da amostra; seu decaimento da atividade inicial começa neste ponto em vez de começar no embarque.

10.5 O processo de decaimento

Como afirmamos na Seção 10.4, um núcleo radioativo decai espontaneamente por um de três processos: decaimentos alfa, beta ou gama. A Figura 10.11 mostra uma visualização próxima de uma parte da Figura 10.4 de $Z = 65$ a $Z = 80$. Os círculos pretos são os núcleos estáveis vistos na Figura 10.4. Além do mais, os núcleos estáveis acima e abaixo da linha de estabilidade para cada valor de Z são mostrados. Acima desta linha, os círculos azuis mostram núcleos instáveis que são ricos em nêutrons e sofrem um processo de decaimento beta no qual um elétron é emitido. Abaixo dos círculos pretos, há círculos vermelhos que correspondem aos núcleos instáveis ricos em prótons que sofrem primariamente um processo de decaimento beta, no qual um pósitron é emitido, ou um processo concorrente chamado captura de elétrons. O decaimento beta e a captura de elétrons são descritos mais detalhadamente a seguir. Bem abaixo da linha de estabili-

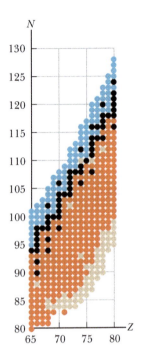

- Beta (elétron)
- Estável
- Beta (pósitron) ou captura de elétrons
- Alfa

Figura 10.11 Visualização próxima da estabilidade na Figura 10.4 de $Z = 65$ a $Z = 80$. Os pontos pretos representam núcleos estáveis, como na Figura 10.4. Os outros coloridos, os isótopos instáveis acima e abaixo da linha de estabilidade, com a cor do ponto indicando o meio primário de decaimento.

> **Prevenção de Armadilhas 10.6**
> **Outro Q**
> Já vimos o símbolo Q antes, mas esse uso tem um significado recente: a energia de desintegração. Neste contexto, não é calor, carga ou fator de qualidade para uma ressonância, para os quais já utilizamos Q.

dade (com poucas exceções), estão círculos beges, que representam núcleos muito ricos em prótons, para os quais o mecanismo primário de decaimento é o alfa, que discutiremos primeiro.

Decaimento alfa

Um núcleo que emite uma partícula alfa ($^{4}_{2}He$) perde dois prótons e dois nêutrons. Portanto, o número atômico Z diminui por 2, o de massa A por 4 e o de nêutrons por 2. O decaimento pode ser formulado por

$$^{A}_{Z}X \rightarrow \,^{A-4}_{Z-2}Y + \,^{4}_{2}He \quad (10.10)$$

onde X é chamado **núcleo pai** e Y, **núcleo filho**. Como regra geral, em qualquer formulação de decaimento como essa, (1) a soma dos números de massa A devem ser os mesmos em ambos os lados do decaimento e (2) a soma dos números atômicos Z deve ser a mesma em ambos os lados do decaimento. Como exemplos, ^{238}U e ^{226}Ra são ambos emissores alfa e decaem de acordo como os esquemas

$$^{238}_{92}U \rightarrow \,^{234}_{90}Th + \,^{4}_{2}He \quad (10.11)$$

$$^{226}_{88}Ra \rightarrow \,^{222}_{86}Rn + \,^{4}_{2}He \quad (10.12)$$

O decaimento de ^{226}Ra é mostrado na Figura 10.12.

Quando o núcleo de um elemento muda para o de outro, como acontece com o decaimento alfa, o processo é chamado **decaimento espontâneo**. Em qualquer decaimento espontâneo, a energia e o momento linear relativísticos do núcleos-pai como um sistema isolado devem ser conservados. Os componentes finais do sistema são os núcleos filhos e a partícula alfa. Se chamarmos de M_X a massa do núcleo pai, M_Y a massa do núcleo filho e M_α a massa da partícula alfa, podemos definir a **energia de desintegração** Q do sistema como

$$Q = (M_X - M_Y - M_\alpha)c^2 \quad (10.13)$$

A energia Q está em joules quando as massas estão em quilogramas e c é a velocidade da luz, $3,00 \times 10^8$ m/s. Quando as massas são formuladas em unidades de massa atômica u, contudo, Q pode ser calculada em MeV, utilizando a formulação

$$Q = (M_X - M_Y - M_\alpha) \times 931,494 \text{ MeV/u} \quad (10.14)$$

A Tabela 10.2 contém informações sobre isótopos selecionados, incluindo massas de átomos neutros que podem ser utilizadas na Equação 10.14 e em outras semelhantes.

A energia de desintegração Q é a quantidade de energia de repouso transformada e aparece na forma de energia cinética no núcleo filho e na partícula alfa, e às vezes é referida como o valor Q do decaimento nuclear. Considere o caso do decaimento de ^{226}Ra descrito na Figura 10.12. Se o núcleo pai estiver em repouso antes do decaimento, a energia cinética total dos produtos é 4,87 MeV

Figura 10.12 Decaimento alfa do rádio 226. O núcleo do rádio está inicialmente em repouso. Após o decaimento, ele tem energia cinética K_{Rn} e momento linear $\vec{p}_{Rn}$ e a partícula alfa tem energia cinética K_α e momento linear $\vec{p}_\alpha$.

Estrutura nuclear   325

TABELA 10.2 *Informações químicas e nucleares para isótopos selecionados*

Número atômico Z	Elemento	Símbolo químico	Número de massa A (* significa radioativo)	Massa do átomo neutro (u)	Abundância porcentual	Meia-vida, se radioativo $T_{1/2}$
−1	elétron	e^-	0	0,000549		
0	nêutron	n	1*	1,008665		614 s
1	hidrogênio	^{1}H = p	1	1,007825	99,9885	
	[deutério	^{2}H = D]	2	2,014102	0,0115	
	[trítio	^{3}H = T]	3*	3,016049		12,33 anos
2	hélio	He	3	3,016029	0,000137	
	[partícula alfa	$a = {}^4$He]	4	4,002603	99,999863	
			6*	6,018889		0,81s
3	lítio	Li	6	6,015123	7,5	
			7	7,016005	92,5	
4	berílio	Be	7*	7,016930		53,3 dias
			8*	8,005305		10^{-17}s
			9	9,012182	100	
5	boro	B	10	10,012937	19,9	
			11	11,009305	80,1	
6	carbono	C	11*	11,011434		20,4 min
			12	12,000000	98,93	
			13	13,003355	1,07	
			14*	14,003242		5.730 anos
7	nitrogênio	N	13*	13,005739		9,96 min
			14	14,003074	99,632	
			15	15,000109	0,368	
8	oxigênio	O	14*	14,008596		70,6 s
			15*	15,003066		122 s
			16	15,994915	99,757	
			17	16,999132	0,038	
			18	17,999161	0,205	
9	flúor	F	18*	18,000938		109,8 min
			19	18,998403	100	
10	neônio	Ne	20	19,992440	90,48	
11	sódio	Na	23	22,989769	100	
12	magnésio	Mg	23*	22,994124		11,3 s
			24	23,985042	78,99	
13	alumínio	Al	27	26,981539	100	
14	silício	Si	27*	26,986705		4,2 s
15	fósforo	P	30*	29,978314		2,50 min
			31	30,973762	100	
			32*	31,973907		14,26 dias
16	enxofre	S	32	31,972071	94,93	
19	potássio	K	39	38,963707	93,2581	
			40*	39,963998	0,0117	$1,28 \times 10^9$ anos
20	cálcio	Ca	40	39,962591	96,941	
			42	41,958618	0,647	
			43	42,958767	0,135	
25	manganês	Mn	55	54,938045	100	
26	ferro	Fe	56	55,934938	91,754	
			57	56,935394	2,119	

continua

326 Física para cientistas e engenheiros

TABELA 10.2 *Informações químicas e nucleares para isótopos selecionados (continuação)*

Número atômico Z	Elemento	Símbolo químico	Número de massa A (* significa radioativo)	Massa do átomo neutro (u)	Abundância porcentual	Meia-vida, se radioativo $T_{1/2}$
27	cobalto	Co	57*	56,936291		272 dias
			59	58,933195	100	
			60*	59,933817		5,27 anos
28	níquel	Ni	58	57,935343	68,0769	
			60	59,930786	26,2231	
29	cobre	Cu	63	62,929598	69,17	
			64*	63,929764		12,7 horas
			65	64,927789	30,83	
30	zinco	Zn	64	63,929142	48,63	
37	rubídio	Rb	87*	86,909181	27,83	
38	estrôncio	Sr	87	86,908877	7,00	
			88	87,905612	82,58	
			90*	89,907738		29,1 anos
41	nióbio	Nb	93	92,906378	100	
42	molibdênio	Mo	94	93,905088	9,25	
44	rutênio	Ru	98	97,905287	1,87	
54	xenônio	Xe	136*	135,907219		$2,4 \times 10^{21}$ anos
55	césio	Cs	137*	136,907090		30 anos
56	bário	Ba	137	136,905827	11,232	
58	cério	Ce	140	139,905439	88,450	
59	praseodímio	Pr	141	140,907653	100	
60	neodímio	Nd	144*	143,910087	23,8	$2,3 \times 10^{15}$ anos
61	promécio	Pm	145*	144,912749		17,7 anos
79	ouro	Au	197	196,966569	100	
80	mercúrio	Hg	198	197,966769	9,97	
			202	201,970643	29,86	
82	chumbo	Pb	206	205,974465	24,1	
			207	206,975897	22,1	
			208	207,976652	52,4	
			214*	213,999805		26,8 min
83	bismuto	Bi	209	208,980399	100	
84	polônio	Po	210*	209,982874		138,38 dias
			216*	216,001915		0,145 s
			218*	218,008973		3,10 min
86	radônio	Rn	220*	220,011394		55,6 s
			222*	222,017578		3,823 dias
88	rádio	Ra	226*	226,025410		1.600 anos
90	tório	Th	232*	232,038055	100	$1,40 \times 10^{10}$ anos
			234*	234,043601		24,1 dias
92	urânio	U	234*	234,040952		$2,45 \times 10^{5}$ anos
			235*	235,043930	0,7200	$7,04 \times 10^{8}$ anos
			236*	236,045568		$2,34 \times 10^{7}$ anos
			238*	238,050788	99,2745	$4,47 \times 10^{9}$ anos
93	netúnio	Np	236*	236,046570		$1,15 \times 10^{5}$ anos
			237*	237,048173		$2,14 \times 10^{6}$ anos
94	plutônio	Pu	239*	239,052163		24.120 anos

Fonte: G. Audi, A. H. Wapstra, e C. Thibault, "The AME2003 Atomic Mass Evaluation", *Nuclear Physics A* **729**: 337-676, 2003.

(consulte o Exemplo 10.7). A maior parte dessa energia cinética está associada com a partícula alfa, porque essa é muito menos massiva que o núcleo filho ^{222}Rn. Isto é, uma vez que o sistema também é isolado em termos de momento linear, a partícula alfa mais leve retrocede com uma velocidade muito maior que a do núcleo filho. Em geral, partículas menos massivas transportam a maior parte da energia em decaimentos nucleares.

Observações experimentais de energias de partículas alfa apresentam um número de energias discretas, em vez de uma única energia, devido a seu núcleo filho ser deixado em um estado quântico excitado após o decaimento. Como resultado, nem toda energia de desintegração está disponível como cinética da partícula alfa e do núcleo filho. A emissão de uma partícula alfa é seguida de um ou mais fótons de raio gama (discutido brevemente), conforme o núcleo excitado decai para o estado fundamental. As energias das partículas alfa discretas observadas representam evidência da natureza quantificada do núcleo e permitem uma determinação das energias dos estados quânticos.

Se supusermos que o ^{238}U (ou qualquer outro emissor alfa) decaia ao emitir um próton ou um nêutron, a massa dos produtos do decaimento excederia a do núcleo pai, correspondendo ao valor negativo de Q, indicando que esse decaimento proposto não ocorre espontaneamente.

Teste Rápido **10.3** Qual é o núcleo filho correto associado ao decaimento alfa de $^{157}_{72}$Hf? **(a)** $^{153}_{72}$Hf **(b)** $^{153}_{70}$Yb **(c)** $^{157}_{70}$Yb.

Exemplo **10.7** Energia liberada quando o rádio decai [MA]

O núcleo do ^{226}Ra sofre decaimento alfa de acordo com a Equação 10.12.

(A) Calcule o valor de Q para esse processo. Da Tabela 10.2, as massas são 226,025410 u para ^{226}Ra, 222,017578 u para ^{222}Rn e 4,002603 u para $^{4}_{2}$He.

SOLUÇÃO

Conceitualização Estude a Figura 10.12 para compreender o processo de decaimento alfa neste núcleo.

Categorização O núcleo pai é um *sistema isolado* que decai em uma partícula alfa e um núcleo filho. O sistema é isolado tanto em termos de *energia* como também do *momentum*.

Avalie Q utilizando a Equação 10.14:

$$Q = (M_X - M_Y - M_\alpha) \times 931{,}494 \text{ MeV/u}$$
$$= (226{,}025410 \text{ u} - 222{,}017578 \text{ u} - 4{,}002603 \text{ u}) \times 931{,}494 \text{ MeV/u}$$
$$= (0{,}005229 \text{ u}) \times 931{,}494 \text{ MeV/u} = \boxed{4{,}87 \text{ MeV}}$$

(B) Qual é a energia cinética da partícula alfa depois do decaimento?

Análise O valor de 4,87 MeV é a energia de desintegração para o decaimento; inclui a energia cinética da partícula alfa e do núcleo filho após o decaimento. Portanto, a energia cinética da partícula alfa seria *inferior* a 4,87 MeV.

Configure uma conservação de equação de momento linear, notando que o momento linear inicial do sistema é zero:

(1) $0 = M_Y v_Y - M_\alpha v_\alpha$

Configure a energia igual à soma das energias cinéticas da partícula alfa e o núcleo filho (supondo que o núcleo filho fica no estado fundamental):

(2) $Q = \tfrac{1}{2} M_\alpha v_\alpha^2 + \tfrac{1}{2} M_Y v_Y^2$

Resolva a Equação (1) para v_Y e substitua na (2):

$Q = \tfrac{1}{2} M_\alpha v_\alpha^2 + \tfrac{1}{2} M_Y \left(\dfrac{M_\alpha v_\alpha}{M_Y}\right)^2 = \tfrac{1}{2} M_\alpha v_\alpha^2 \left(1 + \dfrac{M_\alpha}{M_Y}\right)$

$Q = K_\alpha \left(\dfrac{M_Y + M_\alpha}{M_Y}\right)$

Resolva para a energia cinética da partícula alfa:

$K_\alpha = Q \left(\dfrac{M_Y}{M_Y + M_\alpha}\right)$

continua

10.7 cont.

Calcule essa energia cinética para o decaimento específico de ^{226}Ra que exploramos neste exemplo:

$$K_\alpha = (4,87 \text{ MeV})\left(\frac{222}{222+4}\right) = 4,78 \text{ MeV}$$

Finalização A energia cinética da partícula alfa é, na verdade, menor que a energia de desintegração, mas observe que a partícula alfa leva a *maior parte* da energia disponível no decaimento.

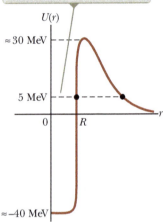

Classicamente, a energia de 5 MeV da partícula alfa não é suficientemente grande para ultrapassar a barreira de energia, então a partícula não deve ser capaz de escapar do núcleo.

Figura 10.13 Energia potencial em função da distância de separação para um sistema consistindo de uma partícula alfa e um núcleo filho. A partícula alfa escapa por tunelamento pela barreira.

Para compreender o mecanismo do decaimento alfa, modelaremos o núcleo pai como um sistema consistindo (1) da partícula alfa, já formada como uma entidade no núcleo e (2) do núcleo filho que resultará quando a partícula alfa for emitida. A Figura 10.13 mostra uma representação gráfica da energia potencial em função da distância de separação r entre a partícula alfa e o núcleo filho, onde a distância marcada R é o alcance da força nuclear. A curva representa os efeitos combinados (1) da força repulsiva de Coulomb, que resulta na parte positiva da curva para $r > R$ e (2) da força atrativa nuclear, que faz com que a curva seja negativa para $r < R$. Como mostrado no Exemplo 10.7, a energia típica de desintegração Q é aproximadamente 5 MeV, que é a energia cinética aproximada da partícula alfa, representada pela linha pontilhada inferior na Figura 10.13.

De acordo com a Física clássica, a partícula alfa é presa em um poço de potencial. Como, então, ela escapa do núcleo? A resposta a essa questão foi oferecida primeiro por George Gamow (1904-1968) em 1928 e, independentemente, por R. W. Gurney (1898-1953) e E. U. Condon (1902-1974) em 1929, utilizando a Mecânica Quântica. Na visão desta, há sempre alguma probabilidade de que uma partícula possa "tunelar" por uma barreira (Seção 7.5). E é exatamente como podemos descrever o decaimento alfa: a partícula alfa forma um túnel pela barreira na Figura 10.13, escapando do núcleo. Além do mais, esse modelo concorda com a observação de que as partículas alfa de energia mais alta vêm dos núcleos com meias-vidas mais curtas. Para partículas alfa de energia mais alta na Figura 10.13, a barreira fica mais estreita e a probabilidade de o tunelamento ocorrer é mais alta. A probabilidade mais alta se traduz em uma meia-vida mais curta.

Como exemplo, considere os decaimentos de ^{238}U e ^{226}Ra nas Equações 10.11 e 10.12, junto com as meias-vidas correspondentes e as energias de partícula alfa:

$$^{238}\text{U}: \quad T_{1/2} = 4,47 \times 10^9 \text{ anos} \quad K_\alpha = 4,20 \text{ MeV}$$

$$^{226}\text{Ra}: T_{1/2} = 1,60 \times 10^3 \text{ anos} \quad K_\alpha = 4,78 \text{ MeV}$$

Note que uma diferença relativamente pequena na energia de partícula alfa é associada a uma grande diferença de seis ordens de grandeza na meia-vida. A origem deste efeito pode ser compreendida como segue. A Figura 10.13 mostra que a curva abaixo de uma energia de partícula alfa de 5 MeV tem descida com módulo relativamente pequeno. Portanto, uma pequena diferença na energia no eixo vertical tem efeito relativamente grande na largura da barreira de potencial. Segundo, lembre-se da Equação 7.22, que descreve a dependência exponencial da probabilidade da transmissão na largura da barreira. Esses dois fatores se combinam para produzir a relação muito sensível entre a meia-vida e a energia de partícula alfa que os dados anteriores sugeriram.

Uma aplicação do decaimento alfa que salva vidas é o detector de fumaça residencial, mostrado na Figura 10.14. Esse equipamento consiste em uma câmara de ionização, um detector de corrente sensível e um alarme. Uma fonte radioativa fraca (geralmente de $^{241}_{95}$Am) ioniza o ar na câmara do detector, criando partículas carregadas. Uma tensão é mantida entre as placas dentro da câmara, configurando uma corrente pequena, mas detectável, no circuito externo devido aos íons que atuam nos transportadores de carga entre as placas. Enquanto a corrente for mantida, o alarme é desativado. Se a fumaça deriva para a câmara, entretanto, os íons se conectam às partículas de fumaça. Essas partículas mais pesadas não derivam tão prontamente quanto os íons mais leves, o que causa um decréscimo na corrente do detector. O circuito externo sente esse decréscimo na corrente e dispara o alarme.

Decaimento beta

Quando um núcleo radioativo sofre decaimento beta, o núcleo filho contém o mesmo número de núcleons que o pai, mas o número atômico é mudado por 1, o que significa que o número de prótons muda:

Estrutura nuclear 329

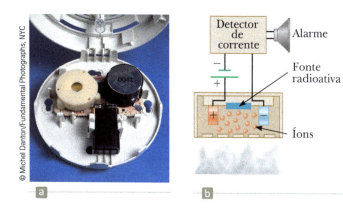

Figura 10.14 (a) O detector de fumaça utiliza decaimento alfa para determinar se há fumaça no ar. A fonte alfa está no cilindro preto à direita. (b) A fumaça que entra na câmera reduz a corrente detectada, fazendo com que o alarme dispare.

$$^A_Z X \rightarrow \, ^A_{Z+1}Y + e^- \quad \text{(formulação incompleta)} \quad (10.15)$$

$$^A_Z X \rightarrow \, ^A_{Z-1}Y + e^+ \quad \text{(formulação incompleta)} \quad (10.16)$$

onde, como mencionado na Seção 10.4, e^- designa um elétron e e^+ um pósitron, com a *partícula beta* sendo o termo geral que se refere a ambos. *Decaimento beta não é descrito por essas expressões.* Vamos apresentar razões para essa afirmação em breve.

Como no caso do decaimento alfa, o número de núcleons e a carga total são ambos conservados em decaimentos beta. Como A não muda, mas Z, sim, concluímos que no decaimento beta um nêutron muda para próton (Eq. 10.15) ou um próton muda para nêutron (Eq. 10.16). Note que o elétron ou o pósitron emitido nesses decaimentos não está presente antes no núcleo; ele é criado no processo do decaimento a partir da energia de repouso do núcleo em decaimento. Dois processos típicos de decaimento beta são

$$^{14}_6 C \rightarrow \, ^{14}_7 N + e^- \quad \text{(formulação incompleta)} \quad (10.17)$$

$$^{12}_7 N \rightarrow \, ^{10}_6 C + e^+ \quad \text{(formulação incompleta)} \quad (10.18)$$

Vamos considerar a energia do sistema sofrendo decaimento beta antes e depois do decaimento. Como no decaimento alfa, a energia do sistema isolado deve ser conservada. Experimentalmente, descobriu-se que as partículas beta de um único tipo de núcleo são emitidas por uma faixa contínua de energias (Fig. 10.15a), em oposição ao decaimento alfa, no qual as partículas alfa são emitidas com energias discretas (Fig. 10.15b). A energia cinética do sistema após o decaimento é igual à diminuição na energia de repouso do sistema, isto é, o valor de Q. Entretanto, como todos os núcleos em decaimento na amostra têm a mesma massa inicial, *o valor de Q deve ser o mesmo para cada decaimento.* Então, por que as partículas emitidas têm a faixa de energias cinéticas mostradas na Figura 10.15a? A lei de conservação de energia parece ter sido violada! E fica pior: uma análise posterior dos processos de decaimentos descrita pelas Equações 10.15 e 10.16 mostra que as leis da conservação do momento angular (spin) e a quantidade de momento linear também são violadas!

Após muita pesquisa experimental e teórica, Pauli, em 1930, propôs que uma terceira partícula deve estar presente nos produtos de decaimento para arrastar a energia e o momento "faltantes". Fermi, mais tarde, nomeou essa partícula de **neutrino** (pequeno neutro), porque ele tinha que ser eletricamente neutro e ter pouca ou nenhuma massa. Embora não fosse detectado por vários anos, o neutrino (símbolo ν, letra grega nu) foi finalmente detectado experimentalmente em 1956 por Frederick Reines (1918-1998), que ganhou o prêmio Nobel de Física por esse trabalho em 1995. O neutrino tem as seguintes propriedades:

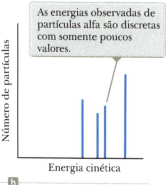

Figura 10.15 (a) Distribuição de energias de partículas beta em um decaimento beta típico. (b) Distribuição de energias de partículas alfa em um decaimento alfa típico.

- Carga elétrica zero.
- Sua massa é zero (neste caso, viaja na velocidade da luz) ou muito pequena; várias evidências experimentais persuasivas sugerem que a massa do neutrino não é zero. Experimentos atuais colocam a vinculação superior da massa do neutrino a aproximadamente 7 eV/c^2.
- Um spin de $\frac{1}{2}$, que permite que a lei de conservação do momento angular seja atendida em decaimento beta.
- Interage muito tenuamente com a matéria e é, portanto, muito difícil de detectar.

◀ **Propriedades do neutrino**

Podemos, agora, formular os processos de decaimento beta (Eqs. 10.15 e 10.16) em sua forma correta e completa:

$$^{A}_{Z}X \rightarrow \,^{A}_{Z+1}Y + e^{-} + \bar{\nu} \quad \text{(formulação completa)} \quad (10.19)$$

$$^{A}_{Z}X \rightarrow \,^{A}_{Z-1}Y + e^{+} + \nu \quad \text{(formulação completa)} \quad (10.20)$$

◀ **Processos de decaimento beta**

assim como para o carbono 14 e nitrogênio 12 (Eqs. 10.17 e 10.18):

$$^{14}_{6}C \rightarrow \,^{14}_{7}N + e^{-} + \bar{\nu} \quad \text{(formulação completa)} \quad (10.21)$$

$$^{12}_{7}N \rightarrow \,^{12}_{6}C + e^{+} + \nu \quad \text{(formulação completa)} \quad (10.22)$$

onde o símbolo $\bar{\nu}$ representa o **antineutrino**, a antipartícula do neutrino. Discutiremos mais sobre as antipartículas no Capítulo 12. No momento, é suficiente dizer que um neutrino é emitido em decaimento de pósitron e um antineutrino é emitido em decaimento de elétrons. Como no decaimento alfa, os decaimentos listados anteriormente são analisados ao se aplicarem leis de conservação, mas formulações relativísticas devem ser utilizadas para partículas beta, porque sua energia cinética é grande (tipicamente 1 MeV) em comparação com sua energia de descanso de 0,511 MeV. A Figura 10.16 mostra uma representação esquemática dos decaimentos descritos pelas Equações 10.21 e 10.22.

Na Equação 10.19, o número de prótons aumentou por um e o de nêutrons diminuiu por um. Podemos formular o processo fundamental do decaimento e^{-} em termos de um nêutron que muda para próton como segue:

$$n \rightarrow p + e^{-} + \bar{\nu} \quad (10.23)$$

O elétron e o antineutrino são ejetados do núcleo cujo resultado líquido é um ou mais prótons e um nêutron a menos, consistente com as mudanças em Z e $A - Z$. Processo semelhante ocorre no decaimento e^{+} com um próton mudando para nêutron, um pósitron e um neutrino. Esse último processo pode ocorrer somente no núcleo cujo resultado é a diminuição da massa nuclear. Não ocorre para um próton isolado, porque sua massa é inferior à do nêutron.

> **Prevenção de Armadilhas 10.7**
> **Número de massa do elétron**
> Uma representação alternativa para um elétron na Equação 10.24 é o símbolo $^{0}_{-1}e$, o que não implica que o elétron tenha energia de repouso zero. Entretanto, a massa do elétron é muito menor que a do núcleon mais leve, de modo que o aproximamos como zero no contexto dos decaimentos e reações nucleares.

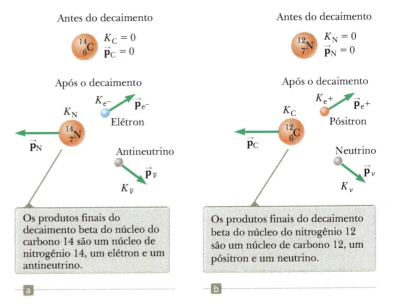

Figura 10.16 (a) Decaimento beta do carbono 14. (b) Decaimento beta do nitrogênio 12.

Um processo que compete com o decaimento e$^+$ é a **captura de elétrons**, que ocorre quando um núcleo pai captura um de seus próprios elétrons orbitais e emite um neutrino. O produto final após o decaimento é um núcleo cuja carga é $Z - 1$:

$$^A_Z X + ^{\,0}_{-1}e \rightarrow ^{\,\,\,A}_{Z-1} Y + \nu \qquad (10.24) \qquad \blacktriangleleft \text{ Captura de elétrons}$$

Na maior parte dos casos, um elétron da camada K é capturado e o processo é, por isso, chamado **captura K**. Um exemplo é a captura de um elétron por $^7_4$Be:

$$^7_4 \text{Be} + ^{\,0}_{-1}e \rightarrow ^7_3 \text{Li} + \nu$$

Como o neutrino é muito difícil de detectar, a captura de elétrons em geral é observada pelos raios X que saem como cascata de elétrons da camada superior para baixo para preencher a vaga criada pela camada K.

Por último, especificamos os valores de Q para os processos de decaimento beta. Os valores de Q para decaimento e$^-$ e captura de elétrons são dados por $Q = (M_X - M_Y)c^2$, onde M_X e M_Y são as massas dos átomos neutros. No decaimento e$^-$, o núcleo pai sofre um aumento no número atômico e, para que o átomo se torne neutro, um elétron deve ser absorvido por ele. Se o átomo pai neutro e um elétron (que se combinarão eventualmente com o filho para formar um átomo neutro) é o sistema inicial, e o final é o átomo filho neutro e o elétron ejetado beta, o sistema contém um elétron livre antes e depois do decaimento. Portanto, ao subtrair as massas inicial e final do sistema, essa massa de elétrons se cancela.

Os valores de Q para decaimento e$^+$ são dados por $Q = (M_X - M_Y - 2m_e)c^2$. O termo extra $-2m_ec^2$ nesta expressão é necessário porque o número atômico do pai diminui em um quando o filho é formado. Após ser formado pelo decaimento, o átomo filho descarrega um elétron para formar um átomo neutro. Portanto, os produtos finais são o átomo filho, o elétron descarregado e o pósitron ejetado.

Essas relações são úteis para determinar se um processo é energeticamente possível ou não. Por exemplo, o valor de Q para o decaimento proposto e$^+$ para um núcleo pai pode ser negativo. Neste caso, o decaimento não ocorre. O valor de Q para a captura de elétrons para esse núcleo pai, entretanto, pode ser um número positivo, então a captura de elétron pode ocorrer mesmo se o decaimento e$^+$ não for possível. Esse é o caso para o decaimento de $^7_4$Be mostrado anteriormente.

Teste Rápido **10.4** Qual é o núcleo filho correto associado ao decaimento beta de $^{184}_{72}$Hf? **(a)** $^{183}_{72}$Hf **(b)** $^{183}_{73}$Ta **(c)** $^{184}_{73}$Ta.

Datação de carbono

O decaimento beta do ^{14}C (Eq. 10.21) é comumente utilizado para datar amostras orgânicas. Raios cósmicos na atmosfera superior causam reações nucleares (Seção 10.7) que criam ^{14}C. A relação deste para ^{12}C nas moléculas de dióxido de carbono de nossa atmosfera tem valor constante de aproximadamente $r_0 = 1{,}3 \times 10^{-12}$. Os átomos de carbono em todos os organismos vivos têm a mesma relação r_0 ^{14}C/^{12}C porque os organismos trocam continuamente dióxido de carbono em seu entorno. Quando um organismo morre, entretanto, não absorve mais ^{14}C da atmosfera, então a relação ^{14}C/^{12}C diminui conforme ^{14}C decai com a meia-vida de 5.730 anos. Assim, é possível estimar a idade de um material ao medir sua atividade de ^{14}C. Utilizando essa técnica, cientistas foram capazes de identificar amostras de madeira, carvão, osso e concha como tendo vivido entre 1.000 e 25.000 anos atrás. Esse conhecimento nos ajudou a reconstruir a história dos organismos vivos – incluindo humanos – durante esse período.

Um exemplo particularmente interessante é a datação dos manuscritos do Mar Morto. Esse conjunto de manuscritos foi descoberto por um pastor em 1947. A tradução mostrou que eram documentos religiosos, incluindo a maior parte dos livros do Antigo Testamento. Devido a sua relevância histórica e religiosa, os estudiosos queriam saber sua idade. A datação de carbono aplicada ao material no qual foram embalados estabeleceu que sua idade era de aproximadamente 1.950 anos.

> *Exemplo conceitual* **10.8** **A idade do homem de gelo**
>
> Em 1991, turistas alemães descobriram os restos mortais bem preservados de um homem, chamado hoje em dia "Ötzi, o homem de gelo", envolto em uma geleira nos Alpes italianos (veja a fotografia na abertura deste capítulo). A datação radioativa com ^{14}C revelou que ele estava vivo a aproximadamente 5.300 anos atrás. Por que os cientistas dataram uma amostra de Ötzi utilizando ^{14}C em vez de ^{11}C, que é um emissor com uma meia-vida de 20,4 min?
>
> *continua*

332 Física para cientistas e engenheiros

10.8 *cont.*

SOLUÇÃO

Como ^{14}C tem uma meia-vida de 5.730 anos, a fração dos núcleos de ^{14}C que permanecem após milhares de anos é alta o suficiente para permitir medições precisas de mudanças na atividade da amostra. Como ^{11}C tem uma meia-vida curta, não é útil; sua atividade cai para um valor cada vez menor pela idade da amostra, tornando impossível detectar a idade da amostra.

Um isótopo utilizado para datar uma amostra deve estar presente em uma quantidade conhecida na amostra quando é formada. Como regra geral, o isótopo escolhido para esse tipo de datação também deve ter uma meia-vida que seja da mesma ordem de grandeza que a idade da amostra. Se a meia-vida for muito inferior à idade da amostra, não haverá atividade suficiente para medir, porque quase todos os núcleos radioativos originais terão decaído. Se muito maior, a quantidade de decaimento que aconteceu desde que a amostra morreu será pequena demais para medir. Por exemplo, se você tem um espécime estimado como tendo morrido 50 anos atrás, nem o ^{14}C (5.730 anos) nem o ^{11}C (20 min) serão adequados. Se souber que sua amostra contém hidrogênio, entretanto, poderá medir a atividade de ^{3}H (trítio), um emissor beta que tem meia-vida de 12,3 anos.

Exemplo 10.9 — Datação radioativa

Um pedaço de carvão com 25,0 g de carbono é encontrado em ruínas de uma cidade antiga. A amostra acusa uma atividade R de ^{14}C de 250 decaimentos/min. Há quanto tempo esse carvão está morto?

SOLUÇÃO

Conceitualização Como o carvão foi encontrado em ruínas antigas, esperamos que a atividade atual seja menor que a inicial. Se pudermos determinar a atividade inicial, podemos descobrir há quanto tempo a madeira morreu.

Categorização O enunciado nos ajuda a categorizar esse exemplo como um problema de datação de carbono.

Análise Resolva a Equação 10.7 para t:

$$(1) \quad t = -\frac{1}{\lambda} \ln\left(\frac{R}{R_0}\right)$$

Avalie a relação R/R_0 utilizando a Equação 10.7, o valor inicial r_0 da relação $^{14}C/^{12}C$, o número n de moles de carbono e o número de Avogadro N_A:

$$\frac{R}{R_0} = \frac{R}{\lambda N_0(^{14}C)} = \frac{R}{\lambda r_0 N_0(^{12}C)} = \frac{R}{\lambda r_0 n N_A}$$

Substitua o número de moles em termos da massa molar M do carbono e a massa m da amostra e substitua para a constante de decaimento λ:

$$\frac{R}{R_0} = \frac{R}{(\ln 2/T_{1/2}) r_0 (m/M) N_A} = \frac{R M T_{1/2}}{r_0 m N_A \ln 2}$$

Substitua os valores numéricos:

$$\frac{R}{R_0} = \frac{(250\,\text{min}^{-1})(12,0\,\text{g/mol})(5.730\,\text{anos})}{(1,3 \times 10^{-12})(25,0\,\text{g})(6,022 \times 10^{23}\,\text{mol}^{-1})\ln 2} \left(\frac{3,156 \times 10^7\,\text{s}}{1\,\text{ano}}\right)\left(\frac{1\,\text{min}}{60\,\text{s}}\right)$$

$$= 0,667$$

Substitua essa relação na Equação (1) e a constante de decaimento λ:

$$t = -\frac{1}{\lambda} \ln\left(\frac{R}{R_0}\right) = -\frac{T_{1/2}}{\ln 2} \ln\left(\frac{R}{R_0}\right)$$

$$= -\frac{5.730\,\text{anos}}{\ln 2} \ln(0,667) = \boxed{3,4 \times 10^3\,\text{anos}}$$

Finalização Note que o intervalo de tempo encontrado aqui é da mesma ordem de grandeza que a meia-vida, então o ^{14}C é um isótopo válido para utilizar nesta amostra, como discutido no Exemplo Conceitual 10.8.

Decaimento gama

Com muita frequência, o núcleo que sofre decaimento radioativo é colocado em um estado excitado de energia. E pode, então, sofrer um segundo decaimento até um estado de energia menor, talvez até o fundamental, ao emitir um fóton de alta energia:

$$^A_Z X^* \rightarrow ^A_Z X + \gamma \quad (10.25) \quad \blacktriangleleft \text{ Decaimento gama}$$

onde X* indica um núcleo em estado excitado. A meia-vida típica de um estado nuclear excitado é 10^{-10} s. Fótons emitidos neste processo de desexcitação são chamados raios gama, que têm energia muito alta (de 1 MeV a 1 GeV) relativa à da luz visível (aproximadamente 1 eV). Lembre-se, da Seção 8.3, que a energia de um fóton emitida ou absorvida por um átomo é igual à diferença em energia entre os dois estados eletrônicos envolvidos na transição. Do mesmo modo, um fóton de raio gama tem energia hf, que é igual à diferença de energia ΔE entre dois níveis nucleares de energia. Quando um núcleo decai ao emitir raio gama, a única mudança nele é tal que termina em um estado de energia mais baixo. Não há mudanças em Z, N ou A.

Um núcleo pode atingir o estado excitado como resultado de uma colisão violenta com outra partícula. O mais comum, entretanto, é que ele esteja em um estado excitado após ter sofrido decaimento alfa ou beta. A sequência de eventos a seguir representa uma situação típica na qual o decaimento gama ocorre:

$$^{12}_5 B \rightarrow ^{12}_6 C^* + e^- + \overline{\nu} \quad (10.26)$$

$$^{12}_6 C^* \rightarrow ^{12}_6 C + \gamma \quad (10.27)$$

A Figura 10.17 mostra o esquema de decaimento para ^{12}B, que sofre decaimento beta em qualquer um dos dois níveis de ^{12}C. Ele pode (1) decair diretamente até o estado fundamental de ^{12}C ao emitir um elétron de 13,4 MeV ou (2) sofrer decaimento beta até um estado excitado de ^{12}C* seguido por decaimento gama até o estado fundamental. Esse último processo resulta na emissão de um elétron de 9,0 MeV e um fóton de 4,4 MeV.

Os vários caminhos pelos quais um núcleo radioativo pode sofrer decaimento estão sumarizados na Tabela 10.3.

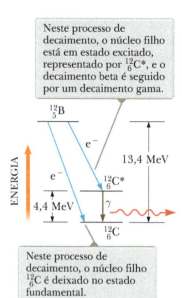

Figura 10.17 Diagrama de nível de energia mostrando o estado nuclear inicial de um núcleo de ^{12}B e dois estados de baixa energia possíveis do núcleo de ^{12}C.

10.6 Radioatividade natural

Núcleos radioativos, em geral, são classificados em dois grupos: (1) instáveis, encontrados na natureza, que produzem **radioatividade natural**; e (2) instáveis, produzidos no laboratório por meio de reações nucleares, que possuem **radioatividade artificial**.

Como a Tabela 10.4 mostra, há três séries de núcleos radioativos que ocorrem naturalmente. Cada uma inicia um isótopo radioativo de vida longa cuja meia-vida excede a de qualquer um de seus descendentes instáveis. Elas começam com os isótopos ^{238}U, ^{235}U e ^{232}Th e os produtos finais correspondentes são três isótopos de chumbo: ^{206}Pb, ^{207}Pb e ^{208}Pb. A quarta série na Tabela 10.4 começa com ^{237}Np e tem seu produto final estável ^{209}Bi. O elemento ^{237}Np é *transurânico* (que tem número atômico maior que o do urânio), não encontrado na natureza e tem meia-vida de "somente" $2,14 \times 10^6$ anos.

A Figura 10.18 mostra os decaimentos sucessivos para a série ^{232}Th. Primeiro, ^{232}Th sofre decaimento alfa de ^{228}Ra. Em seguida, esse sofre dois decaimentos beta sucessivos até ^{228}Th. A série continua e finalmente se ramifica quando atinge ^{212}Bi.

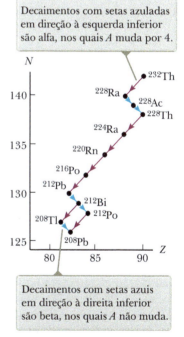

Figura 10.18 Decaimentos sucessivos para a série de ^{232}Th.

TABELA 10.3	Vários caminhos de decaimento
Decaimento alfa	$^A_Z X \rightarrow ^{A-4}_{Z-2} Y + ^4_2 He$
Decaimento beta (e^-)	$^A_Z X \rightarrow ^A_{Z+1} Y + e^- + \overline{\nu}$
Decaimento beta (e^+)	$^A_Z X \rightarrow ^A_{Z-1} Y + e^+ + \nu$
Captura de elétrons	$^A_Z X + e^- \rightarrow ^A_{Z-1} Y + \nu$
Decaimento gama	$^A_Z X^* \rightarrow ^A_Z X + \gamma$

TABELA 10.4 As quatro séries radioativas

Série		Isótopo de início	Meia-vida (anos)	Produto final estável
Urânio	⎫	$^{238}_{92}$U	$4,47 \times 10^9$	$^{206}_{82}$Pb
Actínio	⎬ Natural	$^{235}_{92}$U	$7,04 \times 10^8$	$^{207}_{82}$Pb
Tório	⎭	$^{232}_{90}$Th	$1,41 \times 10^{10}$	$^{208}_{82}$Pb
Netúnio		$^{237}_{93}$Np	$2,14 \times 10^6$	$^{209}_{83}$Bi

334 Física para cientistas e engenheiros

Neste ponto, há duas possibilidades de decaimento. A sequência mostrada na Figura 10.18 é caracterizada por uma diminuição no número de massa de 4 (para decaimentos alfa) ou 0 (para decaimentos beta ou gama). As duas séries de urânio são mais complexas que a série ^{232}Th. Além disso, vários isótopos radioativos que ocorrem naturalmente, como ^{14}C e ^{40}K, não são parte de nenhuma série de decaimento.

Por causa dessa série radioativa, nosso ambiente é constantemente preenchido com elementos radioativos que, de outro modo, teriam desaparecido. Por exemplo, como nosso sistema solar tem aproximadamente 5×10^9 anos de idade, o suprimento de ^{226}Ra (cuja meia-vida é de somente 1.600 anos) teria sido esvaziado pelo decaimento radioativo há bastante tempo, não fosse pela série radioativa começando com ^{238}U.

10.7 Reações nucleares

Estudamos a radioatividade, um processo espontâneo no qual a estrutura de um núcleo muda. Também é possível estimular mudanças na estrutura dos núcleos bombardeando-os com partículas energéticas. Essas colisões, que mudam a identidade dos núcleos-alvo, são chamadas **reações nucleares**. Rutherford foi o primeiro a observá-las, em 1919, utilizando fontes radioativas que ocorrem naturalmente quando do bombardeamento de partículas. Desde então, milhares de reações nucleares foram observadas, seguindo-se daí o desenvolvimento dos aceleradores de partículas carregadas nos anos 1930. Com a tecnologia avançada atual e os detectores de partículas, o Large Hadron Collider, ou Grande Colisor de Hádrons (veja a Seção 12.10), na Europa, pode obter energias de partícula de 14.000 GeV = 14 TeV. Essas partículas de alta energia são utilizadas para criar novas partículas cujas propriedades ajudam a resolver os mistérios do núcleo.

Considere uma reação na qual um núcleo-alvo X é bombardeado por uma partícula a, resultando em um núcleo filho Y e uma partícula de saída b:

Reação nuclear ▶

$$a + X \rightarrow Y + b \qquad (10.28)$$

Às vezes, essa reação é escrita na forma mais compacta

$$X(a, b)Y$$

Na Seção 10.5, o valor Q, ou energia de desintegração, de um decaimento radioativo foi definido como a energia de repouso transformada em cinética como resultado deste processo. Do mesmo modo, definimos **energia de reação** Q associada a uma reação nuclear como *a diferença entre a energia inicial e final de repouso resultante da reação*:

Energia de reação Q ▶

$$Q = (M_a + M_X - M_Y - M_b)c^2 \qquad (10.29)$$

Como exemplo, considere a reação ^{7}Li(p, α)^{4}He. A representação p indica um próton, um núcleo de hidrogênio. Portanto, podemos formular essa reação na forma expandida

$$^1_1\text{H} + {}^7_3\text{Li} \rightarrow {}^4_2\text{He} + {}^4_2\text{He}$$

O valor de Q para essa reação é 17,3 MeV. Uma reação como essa, para a qual Q é positivo, é chamada **exotérmica**. Uma reação para a qual Q é negativa é chamada **endotérmica**. Para atender à conservação do momento para o sistema isolado, uma reação endotérmica não acontece, a não ser que a partícula bombardeadora tenha energia cinética maior que Q (consulte o Problema 74). A energia mínima necessária para que essa reação aconteça é chamada **energia limiar**.

Se as partículas a e b em uma reação nuclear são idênticas, de modo que X e Y também sejam necessariamente idênticas, a reação é chamada **evento de disseminação**. Se a energia cinética do sistema (a e X) antes do evento for a mesma que a do sistema (b e Y) após o evento, é classificada como *disseminação elástica*. Se a energia cinética do sistema após o evento for inferior àquela antes do evento, a reação é chamada *disseminação não elástica*. Neste caso, o núcleo-alvo foi elevado a um estado excitado pelo evento, o que abrange a diferença na energia. O sistema final consiste, agora, de b e um núcleo excitado Y* e, eventualmente, se tornará b, Y e γ, onde γ é o fóton de raios gama emitido quando o sistema volta ao estado fundamental. Essas terminologias, elástica e não elástica, são idênticas à utilizada na descrição de colisões entre objetos macroscópicos, como discutido na Seção 9.4 do Volume 1.

Além da energia e da quantidade de movimento, a carga e o número totais de núcleons devem ser conservados em qualquer reação nuclear. Por exemplo, considere a reação ^{19}F(p, α)^{16}O, que tem valor Q de 8,11 MeV. Podemos mostrá-la mais completamente como

$$^1_1\text{H} + {}^{19}_9\text{F} \rightarrow {}^{16}_8\text{O} + {}^4_2\text{He} \qquad (10.30)$$

O número total de núcleons antes da reação (1 + 19 = 20) é igual ao total após a reação (16 + 4 = 20). Além disso, a carga total é a mesma antes (1 + 9) e depois (8 + 2).

10.8 Ressonância magnética nuclear e ressonância magnética por imagem

Nesta seção, descreveremos uma aplicação importante da Física Nuclear na medicina, chamada ressonância magnética por imagem. Para compreender essa aplicação, discutiremos primeiro o momento angular do spin do núcleo. Essa discussão tem paralelos com a do spin para elétrons atômicos.

No Capítulo 8, discutimos que o elétron tem quantidade de movimento angular intrínseca, chamada spin. Os núcleos também têm spin devido ao fato de suas partículas de componentes – nêutrons e prótons – terem, cada uma, spin $\frac{1}{2}$, assim como momento angular no núcleo. Todos os tipos de momento angular obedecem às regras quânticas que foram delineadas para o momento angular orbital e de spin no Capítulo 8. Em particular, dois números quânticos associados ao momento angular determinam os valores permitidos do módulo do vetor momento angular e sua direção no espaço. O módulo do momento angular é $\sqrt{I(I+1)}\,\hbar$, onde I é chamado **número quântico nuclear de spin**, e pode ser um inteiro ou meio inteiro, dependendo de como os spins individuais de prótons e nêutrons se combinam. O número quântico I é o análogo de ℓ para o elétron em um átomo, como discutido na Seção 8.6. Além do mais, há um número quântico m_I que é o análogo a m_ℓ, uma vez que as projeções permitidas do vetor momento angular de spin no eixo z são $m_I \hbar$. Os valores de m_I vão de $-I$ a $+I$ nos passos de 1 (na verdade, para *qualquer* tipo de spin com um número quântico S há um número quântico m_S que varia em valores de $-S$ até $+S$ nesses passos). Portanto, o valor máximo da componente z do vetor momento angular de spin é $I\hbar$. A Figura 10.19 é um modelo vetorial (consulte a Seção 8.6) que ilustra as orientações possíveis do vetor spin nuclear e suas projeções ao longo do eixo z no caso em que $I = \frac{3}{2}$.

O spin nuclear tem momento magnético nuclear associado semelhante ao do elétron. O momento magnético do spin de um núcleo é medido em termos do **magneton nuclear** μ_n, uma unidade de momento definida como

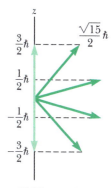

Figura 10.19 Modelo vetorial que mostra orientações possíveis do vetor momento angular de spin e de suas projeções ao longo do eixo z para o caso $I = \frac{3}{2}$.

$$\mu_n \equiv \frac{e\hbar}{2m_p} = 5{,}05 \times 10^{-27}\,\text{J/T} \qquad (10.31) \quad \blacktriangleleft \text{ Magneton nuclear}$$

onde m_p é a massa do próton. Essa definição é análoga à do magneton de Bohr μ_B, que corresponde ao momento magnético de spin de um elétron livre (consulte a Seção 8.6). Note que μ_n é menor que μ_B ($= 9{,}274 \times 10^{-24}$ J/T) por um fator de 1.836 devido à grande diferença entre as massas do próton e do elétron.

O momento magnético de um próton livre é $2{,}7928\mu_n$. Infelizmente, não há teoria geral de magnetismo nuclear que explique esse valor. O nêutron também tem momento magnético cujo valor é $-1{,}9135\mu_n$. O sinal negativo indica que esse momento é oposto ao momento angular do spin do nêutron. A existência de um momento magnético para o nêutron é surpreendente, tendo-se em mente que o nêutron permanece sem carga. Isto sugere que o nêutron não é uma partícula fundamental, mas, ao contrário, tem uma estrutura subjacente que consiste de partes integrantes carregadas. Vamos explorá-la no Capítulo 12.

A energia potencial associada ao momento magnético de dipolo $\vec{\mu}$ em um campo magnético $\vec{B}$ é dada por $\vec{\mu} \cdot \vec{B}$ (Eq. 7.18 do Volume 3). Quando o momento magnético $\vec{\mu}$ é alinhado com o campo o mais próximo que a Física Quântica permite, a energia potencial do sistema dipolo-campo atinge seu valor mínimo $E_{\text{mín}}$. Quando $\vec{\mu}$ for tão antiparalelo ao campo quanto possível, a energia possível atinge seu valor máximo $E_{\text{máx}}$. Em geral, há outros estados de energia entre esses valores que correspondem às direções quantificadas do momento magnético com relação ao campo. Para um núcleo com spin 1/2, há somente dois estados permitidos, com energias $E_{\text{mín}}$ e $E_{\text{máx}}$. Esses dois estados de energia são mostrados na Figura 10.20.

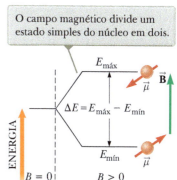

Figura 10.20 Um núcleo com spin ½ é posicionado em um campo magnético.

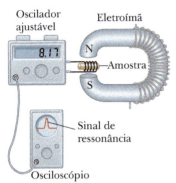

Figura 10.21 Disposição experimental da ressonância magnética nuclear. O campo magnético de radiofrequência criado pela bobina que envolve a amostra, fornecido pelo oscilador de frequência variável, está perpendicular ao campo magnético constante criado pelo eletroímã. Quando os núcleos na amostra atendem à condição de ressonância, eles absorvem a energia do campo de radiofrequência da bobina; essa absorção muda as características do circuito no qual a bobina está incluída. A maior parte dos espectrômetros de RMN modernos utiliza ímãs supercondutores em forças de campo fixo e operam em frequências de aproximadamente 200 MHz.

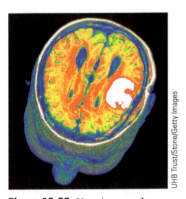

Figura 10.22 Uma imagem de RMI com cor melhorada de um cérebro humano, mostrando um tumor em branco.

É possível observar as transições entre esses dois estados de spin utilizando uma técnica chamada **RMN**, ou **ressonância magnética nuclear**. Um campo magnético constante ($\vec{B}$ na Fig. 10.20) é introduzido para definir um eixo z e dividir as energias dos estados de spin. Um segundo campo magnético oscilante, mais fraco, é então aplicado perpendicularmente a $\vec{B}$, criando uma nuvem de fótons de radiofrequência ao redor da amostra. Quando a frequência do campo oscilante é ajustada de modo que a energia do fóton se compatibiliza com a diferença de energia entre os estados de spin, há uma absorção líquida de fótons pelos núcleos que podem ser detectados eletronicamente.

A Figura 10.21 é um diagrama simplificado do aparelho utilizado na ressonância magnética nuclear. A energia absorvida pelos núcleos é fornecida pelo oscilador ajustável que produz o campo magnético oscilante. A ressonância magnética nuclear e uma técnica relacionada chamada *ressonância de spin de elétrons* são métodos extremamente importantes para o estudo de sistemas nucleares e atômicos e das maneiras como interagem com seu ambiente.

Uma técnica de diagnóstico médico amplamente utilizada chamada **RMI**, ou **ressonância magnética por imagem**, é baseada na ressonância magnética nuclear. Como praticamente dois terços dos átomos no corpo humano são hidrogênio (que emitem um forte sinal de RMN), a RMI funciona excepcionalmente bem para a visualização de tecidos internos. O paciente é posicionado dentro de um grande solenoide, que fornece um campo magnético constante no tempo, mas cuja intensidade varia espacialmente pelo corpo. Devido à variação no campo, os átomos de hidrogênio em pares diferentes do corpo têm divisões diferentes de energia entre os estados de spin, de modo que o sinal de ressonância pode ser utilizado para fornecer informações sobre as posições dos prótons. O computador é utilizado para analisar as informações de posicionamento, disponibilizando os dados para o desenvolvimento de uma imagem final. O contraste na imagem final entre diferentes tipos de tecidos é criado por análise computacional dos intervalos de tempo para que os núcleos retornem ao estado de spin de energia inferior entre os pulsos dos fótons de radiofrequência. Esse contraste pode ser melhorado com a utilização de agentes de contraste, como compostos de gadolínio ou nanopartículas de óxido de ferro, ingeridos por via oral ou injetados na veia. (Um equipamento de MRI mostrando detalhes incríveis da estrutura corporal interna é visto na Figura 10.22.)

A principal vantagem da RMI em relação a outras técnicas de imagens é que ela provoca um dano celular mínimo. Os fótons associados aos sinais de radiofrequência utilizados na RMI têm energias em torno de apenas 10^{-7} eV. Como as forças moleculares de ligação são muito maiores (aproximadamente 1 eV), a radiação de radiofrequência provoca pouco dano celular. Em comparação, os raios X têm energias entre 10^4 e 10^6 eV e podem causar dano celular considerável. Portanto, apesar de temores individuais em relação à palavra *nuclear* associada à RMI, a radiação de radiofrequência envolvida é surpreendentemente mais segura que os raios X, apesar da resistência das pessoas em aceitar prontamente esse fato. Uma desvantagem da RMI é que os equipamentos necessários para conduzir o procedimento são muito caros, tornando as imagens de RMI igualmente dispendiosas.

O campo magnético produzido pelo solenoide é suficiente para erguer um carro e o sinal de rádio tem mais ou menos a mesma intensidade que uma pequena estação transmissora de rádio comercial. Embora a RMI seja bastante segura em uso normal, o campo magnético forte do solenoide exige muito cuidado a fim de se garantir que nenhum material ferromagnético esteja localizado na sala próxima à máquina. Vários acidentes aconteceram, como no ano 2000, quando uma arma arrancada da mão de um policial descarregou ao atingir a máquina.

Estrutura nuclear **337**

Resumo

Definições

Um núcleo é representado pelo símbolo $_Z^A X$, onde A é o **número de massa** (número total de núcleons) e Z, o **número atômico** (número total de prótons). O número total de nêutrons em um núcleo é o **número de nêutrons** N, onde $A = N + Z$. Os núcleos com mesmo valor Z, mas com valores A e N diferentes, são **isótopos** um do outro.

O momento magnético de um núcleo é medido em termos do **magneton nuclear** μ_n, onde

$$\mu_n \equiv \frac{e\hbar}{2m_p} = 5,05 \times 10^{-27} \text{ J/T} \qquad \textbf{(10.31)}$$

Conceitos e Princípios

Supondo que os núcleos sejam esféricos, seu raio é dado por

$$r = aA^{1/3} \qquad \textbf{(10.1)}$$

onde $a = 1,2$ fm.

Os núcleos são estáveis por causa da **força nuclear** entre os núcleons. Essa força de curta distância domina a força repulsiva de Coulomb em distâncias inferiores a aproximadamente 2 fm e é independente da carga. Os núcleos estáveis leves têm números iguais de prótons e nêutrons. Núcleos estáveis pesados têm mais nêutrons que prótons. Os núcleos mais estáveis têm ambos, Z e N, pares.

A diferença entre a soma das massas de um grupo de núcleons separados e do núcleo composto que contém esses núcleons, quando multiplicada por c^2, resulta na **energia de ligação** E_b do núcleo. A energia de ligação de um núcleo pode ser calculada em MeV utilizando a expressão

$$E_b = [ZM(\text{H}) + Nm_n - M(_Z^A X)] \times 931,494 \text{ MeV/u} \qquad \textbf{(10.2)}$$

onde $M(\text{H})$ é a massa atômica do átomo neutro de hidrogênio, $M(_Z^A X)$ representa a massa atômica de um átomo do isótopo $_Z^A X$ e m_n é a massa do nêutron.

O **modelo da gota de líquido** da estrutura nuclear trata os núcleons como moléculas em uma gota de líquido. As quatro contribuições principais que influenciam a energia de ligação são os efeitos: de volume, de superfície, de Coulomb e de simetria. A soma dessas contribuições resulta na **fórmula de energia de ligação semiempírica**:

$$E_b = C_1 A - C_2 A^{2/3} - C_3 \frac{Z(Z-1)}{A^{1/3}} - C_4 \frac{(N-Z)^2}{A} \qquad \textbf{(10.3)}$$

O **modelo da concha**, ou **modelo de partícula independente**, supõe que cada núcleon existe em uma concha e pode ter somente valores discretos de energia. A estabilidade de certos núcleos pode ser explicada por esse modelo.

Uma substância radioativa decai por **decaimentos alfa**, **beta** ou **gama**. Uma partícula alfa é o núcleo de ^{4}He, uma beta é um elétron (e^-) ou um pósitron (e^+) e uma gama é um fóton de alta energia.

Se um material radioativo contém N_0 núcleos radioativos em $t = 0$, o número N de núcleos que permanecem após a passagem de um tempo t é

$$N = N_0 e^{-\lambda t} \qquad \textbf{(10.6)}$$

onde λ é a **constante de decaimento**, um número igual à probabilidade por segundo de que um núcleo decairá. A **taxa de decaimento**, ou **atividade**, de uma substância radioativa é

$$R = \left| \frac{dN}{dt} \right| = R_0 e^{-\lambda t} \qquad \textbf{(10.7)}$$

onde $R_0 = \lambda N_0$ é a atividade em $t = 0$. A **meia-vida** $T_{1/2}$ é o intervalo de tempo necessário para que metade de certo número de núcleos radioativos decaia, onde

$$T_{1/2} = \frac{0,693}{\lambda} \qquad \textbf{(10.8)}$$

No decaimento alfa, um núcleo de hélio é ejetado do núcleo pai com um conjunto discreto de energias cinéticas. Um núcleo que sofre decaimento beta emite um elétron (e^-) e um antineutrino ($\bar{\nu}$) ou um pósitron (e^+) e um neutrino (ν). O elétron ou pósitron é ejetado com uma faixa contínua de energias. Na **captura de elétrons**, o núcleo de um átomo absorve um de seus próprios elétrons e emite um neutrino. No decaimento gama, um núcleo em estado excitado decai até seu estado fundamental e emite um raio gama.

Reações nucleares podem acontecer quando um núcleo-alvo X é bombardeado por uma partícula a, resultando em um núcleo pai Y e uma partícula de saída b:

$$a + X \rightarrow Y + b \qquad \text{(10.28)}$$

A conversão de massa em energia nessa reação, chamada **energia de reação Q**, é

$$Q = (M_a + M_X - M_Y - M_b)c^2 \qquad \text{(10.29)}$$

Perguntas Objetivas

1. Na ressonância magnética nuclear, suponha que aumentemos o valor do campo magnético constante. Como resultado, a frequência dos fótons que são absorvidos em uma transição específica muda. Como a frequência dos fótons absorvidos está relacionada ao campo magnético? (a) Ela é proporcional ao quadrado do campo magnético. (b) É diretamente proporcional ao campo magnético. (c) É independente do campo magnético. (d) É inversamente proporcional ao campo magnético. (e) É proporcional à recíproca do quadrado do campo magnético.

2. Quando o núcleo $^{95}_{36}$Kr sofre decaimento beta ao emitir um elétron e um antineutrino, o núcleo filho (Rb) contém (a) 58 nêutrons e 37 prótons, (b) 58 prótons e 37 nêutrons, (c) 54 nêutrons e 41 prótons ou (d) 55 nêutrons e 40 prótons?

3. Quando $^{32}_{15}$P decai para $^{32}_{16}$S, qual das partículas a seguir é emitida? (a) Um próton, (b) uma partícula alfa, (c) um elétron, (d) um raio gama ou (e) um antineutrino.

4. A meia-vida do rádio 224 é por volta de 3,6 dias. Que fração aproximada de uma amostra se mantém sem decaimento após duas semanas? (a) $\frac{1}{2}$ (b) $\frac{1}{4}$ (c) $\frac{1}{8}$ (d) $\frac{1}{16}$ (e) $\frac{1}{32}$.

5. Duas amostras do mesmo nuclídeo radioativo são preparadas. A amostra G tem duas vezes a atividade inicial da H. **(i)** Como a meia-vida de G se compara com a de H? (a) É duas vezes maior. (b) É a mesma. (c) Tem metade do tamanho. **(ii)** Após cada uma passar cinco meias-vidas, como suas atividades se comparam? (a) G tem mais que duas vezes a atividade de H. (b) G tem duas vezes a atividade de H. (c) G e H têm a mesma atividade. (d) G tem atividade inferior a H.

6. Se um nuclídeo radioativo ^A_ZX decai ao emitir um raio gama, o que acontece? (a) O nuclídeo resultante tem valor Z diferente. (b) O nuclídeo resultante tem os mesmos valores A e Z. (c) O nuclídeo resultante tem valor A diferente.

(d) A e Z diminuem por um. (e) Nenhuma dessas afirmações está correta.

7. Um núcleo designado como $^{40}_{18}$X contém (a) 20 nêutrons e 20 prótons, (b) 22 prótons e 18 nêutrons, (c) 18 prótons e 22 nêutrons, (d) 18 prótons e 40 nêutrons ou (e) 40 prótons e 18 nêutrons?

8. Quando $^{144}_{60}$Nd decai para $^{140}_{58}$Ce, identifique a partícula que é liberada. (a) Um próton, (b) uma partícula alfa, (c) um elétron, (d) um nêutron ou (e) um neutrino.

9. Qual é o valor de Q para a reação ^{9}Be $+ \alpha \rightarrow {}^{12}$C $+$ n? (a) 8,4 MeV, (b) 7,3 MeV, (c) 6,2 MeV, (d) 5,7 MeV ou (e) 4,2 MeV.

10. **(i)** Para prever o comportamento de um núcleo em uma reação de fissão, qual modelo seria mais apropriado, (a) o da gota de líquido ou (b) o da concha? **(ii)** Qual seria mais bem-sucedido na previsão do momento magnético de um determinado núcleo? Escolha a partir das mesmas alternativas da parte (i). **(iii)** Qual explica melhor o espectro de raios gama de um núcleo excitado? Escolha a partir das mesmas alternativas da parte (i).

11. Um nêutron livre tem meia-vida de 614 s. Ele sofre decaimento beta ao emitir um elétron. Um próton livre pode sofrer decaimento semelhante? (a) Sim, o mesmo decaimento, (b) sim, mas ao emitir um pósitron, (c) sim, mas com uma meia-vida muito diferente, (d) não.

12. Qual das quantidades a seguir representa a energia de reação de uma reação nuclear? (a) (massa final – massa inicial)/c^2, (b) (massa inicial – massa final)/c^2, (c) (massa final – massa inicial)c^2, (d) (massa inicial – massa final)c^2, (e) nenhuma dessas quantidades.

13. No decaimento $^{234}_{90}$Th $\rightarrow {}^A_Z$Ra $+ {}^4_2$He, identifique o número de camadas e o números atômico do núcleo de Ra: (a) $A = 230$, $Z = 92$, (b) $A = 238$, $Z = 88$, (c) $A = 230$, $Z = 88$, (d) $A = 234$, $Z = 88$, (e) $A = 238$, $Z = 86$.

Perguntas Conceituais

1. Se um núcleo como ^{226}Ra, inicialmente em repouso, sofrer decaimento alfa, o que tem mais energia cinética após o decaimento, a partícula alfa ou o núcleo filho? Explique sua resposta.
2. "Se nenhuma pessoa nascesse mais, a lei do crescimento populacional lembraria muito a do decaimento radioativo." Discuta essa afirmação.
3. Um estudante diz que uma forma pesada de hidrogênio decai por emissão alfa. Como você responderia a isto?
4. No decaimento beta, a energia do elétron ou do pósitron emitida do núcleo fica em algum ponto em uma variedade relativamente grande de possibilidades. No decaimento alfa, entretanto, a energia da partícula alfa pode ter somente valores discretos. Explique essa diferença.
5. A datação do carbono 14 pode ser utilizada para medir a idade de uma pedra? Explique.
6. No decaimento de pósitron, um próton no núcleo se torna um nêutron e sua carga é positiva e repelida pelo pósitron. Um nêutron, entretanto, tem energia de repouso maior que um próton. Como isto é possível?
7. (a) Quantos valores de I_z são possíveis para $I = \frac{5}{2}$? (b) Para $I = 3$?
8. Por que praticamente todos os isótopos que ocorrem naturalmente ficam acima da linha $N = Z$ na Figura 10.4?
9. Por que núcleos muito pesados são instáveis?
10. Explique por que os núcleos que estão muito fora da linha de estabilidade na Figura 10.4 tendem a ser instáveis.
11. Considere dois núcleos pesados X e Y com números de massa semelhantes. Se X tem a maior energia de ligação, qual núcleo tende a ser mais instável? Explique sua resposta.
12. Qual fração de uma amostra radioativa decaiu após terem se passado duas meia-vidas?
13. A Figura PC10.13 mostra um relógio do início do século XX. Os números e os ponteiros têm uma meia-vida de aproximadamente $1,60 \times 10^3$ anos. Considerando que o sistema solar possui aproximadamente 5 bilhões de anos de idade, por que esse isótopo ainda estava disponível no século XX para uso neste relógio?

Figura PC10.13

14. Um núcleo pode emitir partículas alfa com energias diferentes? Explique.
15. No experimento de Rutherford, suponha que uma partícula alfa esteja direcionada diretamente ao núcleo de um átomo. Por que a partícula alfa faz contato físico com o núcleo?
16. Suponha que tenha sido mostrado que a intensidade de raios cósmicos na superfície da Terra era muito maior há 10 mil anos. Como essa diferença afetaria o que aceitamos como valores válidos de datação de carbono da idade de amostras antigas de matérias que foram vivas? Explique sua resposta.
17. Compare e faça o contraste das propriedades de um fóton e de um neutrino.

Problemas

> **WebAssign** Os problemas que se encontram neste capítulo podem ser resolvidos *on-line* no Enhanced WebAssign (em inglês)
>
> 1. denota problema simples;
> 2. denota problema intermediário;
> 3. denota problema de desafio;
>
> **AMT** *Analysis Model Tutorial* disponível no Enhanced WebAssign (em inglês);
>
> **M** denota tutorial *Master It* disponível no Enhanced WebAssign (em inglês);
>
> **PD** denota problema dirigido;
>
> **W** solução em vídeo *Watch It* disponível no Enhanced WebAssign (em inglês).

Seção 10.1 Algumas propriedades dos núcleos

1. Encontre os raios nucleares de (a) $^{2}_{1}$H, (b) $^{60}_{27}$Co, (c) $^{197}_{79}$Au e (d) $^{239}_{94}$Pu.
2. (a) Determine o número de massa de um núcleo cujo raio é aproximadamente igual a dois terços do de $^{230}_{88}$Ra. (b) Identifique o elemento. (c) Outras respostas são possíveis? Explique.
3. **M** (a) Utilize métodos de energia para calcular a distância da abordagem mais próxima para uma colisão entre uma partícula alfa com energia inicial de 0,500 MeV e um núcleo de ouro (^{197}Au) em repouso. Suponha que ele assim permaneça durante a colisão. (b) Com que velocidade inicial mínima a partícula alfa deve se aproximar de 300 fm do núcleo do ouro?

4. (a) Qual é a ordem de grandeza do número de prótons em seu corpo? (b) Do de nêutrons? (c) Do de elétrons?

5. Considere o núcleo do $^{65}_{29}$Cu. Encontre os valores aproximados para seu (a) raio, (b) volume e (c) densidade.

6. Utilizando $2,30 \times 10^{17}$ kg/m³ como a densidade da matéria nuclear, encontre o raio de uma esfera desta matéria que teria massa igual à de uma bola de beisebol, 0,145 kg.

7. Uma estrela no fim da vida com massa de quatro a oito vezes a do Sol deve entrar em colapso e depois sofrer o evento de supernova. No remanescente que não é repelido pela explosão da supernova, prótons e nêutrons se combinam para formar uma estrela de nêutrons com aproximadamente duas vezes a massa do Sol. Essa estrela pode ser pensada como um núcleo atômico gigantesco. Suponha que $r = aA^{1/3}$ (Eq. 10.1). Se uma estrela de massa $3,98 \times 10^{30}$ kg é composta inteiramente de nêutrons ($m_n = 1,67 \times 10^{-27}$ kg), qual seria seu raio?

8. A Figura P10.8 mostra a energia potencial de dois prótons como uma função da distância de separação. No texto, foi dito que, para ficar visível nesse gráfico, o pico na curva é aumentado por um fator de dez. (a) Encontre a energia potencial elétrica de um par de prótons separados por 4,00 fm. (b) Verifique se o pico na Figura P10.8 está aumentado por um fator de dez.

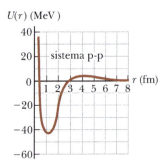

Figura P10.8

9. **AMT** **Revisão.** O carbono ionizado simples é acelerado por 1.000 V e passa por um espectrômetro de massa para determinar os isótopos presentes (consulte o Capítulo 7 do Volume 3). O módulo do campo magnético no espectrômetro é 0,200 T. O raio de órbita para um isótopo ^{12}C quando ele passa pelo campo é $r = 7,89$ cm. Encontre o raio da órbita de um isótopo ^{13}C.

10. **Revisão.** O carbono ionizado simples é acelerado por uma diferença potencial ΔV e passa por um espectrômetro de massa para determinar os isótopos presentes (consulte o Capítulo 7 do Volume 3). O módulo do campo magnético no espectrômetro é B. O raio de órbita para um isótopo de massa m_1 quando ele passa pelo campo é r_1. Encontre o raio da órbita de um isótopo de massa m_2.

11. **M** Uma partícula alfa (Z = 2, massa $56,64 \times 10^{-27}$ kg) aproxima-se para dentro $1,0 \times 10^{-14}$ m de um núcleo de carbono (Z = 6). Quais são (a) a magnitude da força máxima de Coulomb na partícula alfa, (b) o módulo da aceleração da partícula alfa no momento da força máxima, e (c) a energia potencial do sistema da partícula alfa e do núcleo de carbono neste momento?

12. No experimento de espalhamento de Rutherford, partículas alfa com energia cinética de 7,70 MeV são disparadas em direção a um núcleo de ouro que permanece em repouso durante a colisão. As partículas alfa se aproximam até 29,5 fm do núcleo do ouro antes de desviar. (a) Calcule o comprimento de onda de De Broglie para a partícula alfa de 7,70 MeV e o compare com a distância da abordagem mais próxima, 29,5 fm. (b) Com base nesta comparação, por que é correto tratar a partícula alfa como uma partícula e não como uma onda no experimento do espalhamento de Rutherford?

13. **Revisão.** Duas bolas de golfe têm cada uma, diâmetro de 4,30 cm, separadas por 1,00 m. Qual seria a força gravitacional exercida pelas bolas uma na outra se fossem feitas de matéria nuclear?

14. Suponha que um átomo de hidrogênio seja uma esfera com diâmetro de 0,100 nm e que uma molécula de hidrogênio consista de duas dessas esferas em contato. (a) Qual fração do espaço em um tanque de gás de hidrogênio a 0 °C e 1,00 atm é ocupada pelas moléculas de hidrogênio? (b) Qual fração do espaço em um átomo de hidrogênio é ocupada por seu núcleo, de raio 1,20 fm?

Seção 10.2 Energia nuclear de ligação

15. Calcule a energia de ligação por núcleon para (a) ^{2}H, (b) ^{4}He, (c) ^{56}Fe e (d) ^{238}U.

16. (a) Calcule a diferença na energia de ligação por núcleon para os núcleos $^{23}_{11}$Na e $^{23}_{12}$Mg. (b) O que é responsável pela diferença?

17. Um par de núcleos para os quais $Z_1 = N_2$ e $Z_2 = N_1$ são chamados *isóbaros espelhos* (números atômicos e de nêutrons intercambiados). As medições de energia de ligação neles podem ser utilizadas para obter evidências da independência de forças nucleares (isto é, as forças nucleares próton-próton, próton-nêutron e nêutron-nêutron são iguais). Calcule a diferença na energia de ligação para os dois isóbaros espelhos $^{15}_{8}$O e $^{15}_{7}$N. A repulsão elétrica entre oito prótons em vez de sete é responsável pela diferença.

18. O pico do gráfico da energia de ligação nuclear em função do núcleo acontece próximo de ^{56}Fe, o que é a razão pela qual o ferro é proeminente no espectro do Sol e das estrelas. Mostre que ^{56}Fe tem energia de ligação maior por núcleon que seus vizinhos ^{55}Mn e ^{59}Co.

19. Núcleos com mesmos números de massa são chamados *isóbaros*. O isótopo $^{139}_{57}$La é estável. Um isóbaro radioativo, $^{139}_{59}$Pr, está localizado abaixo da linha dos núcleos estáveis, como mostrado na Figura P10.19 e decai pela emissão de e^+. Outro isóbaro radioativo de $^{139}_{57}$La, $^{139}_{55}$Cs, decai pela emissão de e^- e está localizado acima da linha dos núcleos estáveis na Figura P10.19. (a) Qual desses três isóbaros tem a maior relação nêutron-próton? (b) Qual tem a maior energia de ligação por núcleon? (c) Qual você espera que seja mais pesado, $^{139}_{59}$Pr ou $^{139}_{55}$Cs?

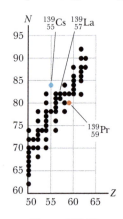

Figura P10.19

Estrutura nuclear **341**

20. A energia necessária para formar uma esfera uniformemente carregada de carga total Q e raio R é $U = 3k_eQ^2/5R$, onde k_e é a constante de Coulomb (consulte o Problema 77). Suponha que um núcleo ^{40}Ca contenha 20 prótons distribuídos uniformemente em um volume esférico. (a) Quanta energia é necessária para conter sua repulsão elétrica, de acordo com a equação acima? (b) Calcule a energia de ligação de ^{40}Ca. (c) Explique o que você pode concluir ao comparar o resultado da parte (b) com o da parte (a).

21. Calcule a energia mínima necessária para remover um nêutron do núcleo $^{43}_{20}$Ca.

Seção 10.3 Modelos nucleares

22. Utilizando o gráfico na Figura 10.5, estime quanta energia é liberada quando um núcleo de número de massa 200 se fissiona em dois, cada um de massa 100.

23. (a) Utilize a fórmula de energia de ligação semiempírica (Eq. 10.3) para computar a energia de ligação de $^{56}_{26}$Fe. (b) Qual porcentagem é contribuída para a energia de ligação pelos quatro termos?

24. (a) No modelo da gota de líquido da estrutura nuclear, por que o termo de efeito de superfície $-C_2A^{2/3}$ tem sinal negativo? (b) **E se?** A energia de ligação do núcleo aumenta conforme a relação volume-área de superfície aumenta. Calcule essa relação para formatos esféricos e cúbicos, e explique por que é mais plausível para os núcleos.

Seção 10.4 Radioatividade

25. Que intervalo é requerido para que a atividade de uma amostra do isótopo radioativo $^{72}_{33}$As diminua em 90,0% de seu valor original? A meia-vida do $^{72}_{33}$As é de 26 horas.

26. **M** Uma amostra recém-preparada de certo isótopo radioativo tem atividade de 10,0 mCi. Após 4,00 h, sua atividade é 8,00 mCi. Encontre (a) a constante de decaimento e (b) a meia-vida. (c) Quantos átomos do isótopo foram contidos na amostra recém-preparada? (d) Qual é a atividade da amostra após 30,0 h de seu preparo?

27. Uma amostra de material radioativo contém $1,00 \times 10^{15}$ átomos e atividade de $6,00 \times 10^{11}$ Bq. Qual é sua meia-vida?

28. A partir da equação que formula a lei do decaimento radioativo, obtenha as seguintes formulações úteis para a constante de decaimento e a meia-vida, em termos do intervalo de tempo Δt, durante o qual a taxa de decaimento caiu de R_0 para R:

$$\lambda = \frac{1}{\Delta t} \ln\left(\frac{R_0}{R}\right) \qquad T_{1/2} = \frac{(\ln 2)\Delta t}{\ln(R_0/R)}$$

29. **M** O isótopo radioativo ^{198}Au tem meia-vida de 64,8 h. Uma amostra contendo esse isótopo tem atividade inicial ($t = 0$) de 40,0 μCi. Calcule o número de núcleos que decaem no intervalo de tempo entre $t_1 = 10,0$ h e $t_2 = 12,0$ h.

30. Um núcleo radioativo tem meia-vida $T_{1/2}$. Uma amostra contendo esses núcleos tem atividade inicial R_0 em $t = 0$. Calcule o número de núcleos que decaem durante o intervalo entre os tempos posteriores t_1 e t_2.

31. A meia-vida de ^{131}I é de 8,04 dias. (a) Calcule a constante de decaimento para esse nuclídeo. (b) Encontre o número dos núcleos de ^{131}I necessário para produzir uma amostra com atividade de 6,40 mCi. (c) Uma amostra de ^{131}I com atividade inicial decai para 40,2 dias. Qual é a atividade no fim desse período?

32. O trítio tem meia-vida de 12,33 anos. Qual fração dos núcleos em uma amostra de trítio permanecerá após (a) 5,00 anos? (b) 10,0 anos? (c) 123,3 anos? (d) De acordo com a Equação 10.6, uma quantidade infinita de tempo é necessária para que toda a amostra decaia. Discuta se isto é realístico.

33. Considere uma amostra radioativa. Determine a relação do número de núcleos que decaem durante a primeira metade de sua meia-vida com o de núcleos que decaem durante a segunda metade de sua meia-vida.

34. (a) O núcleo filho formado no decaimento radioativo é geralmente radioativo. Considere N_{10} representando o número de núcleos pai no tempo $t = 0$, $N_1(t)$ o número de núcleos filhos no tempo t e λ_1 a constante de decaimento do pai. Suponha que o número de núcleos filhos no tempo $t = 0$ seja zero. Considere $N_2(t)$ como o número de núcleos filhos no tempo t e λ_2 como a constante de decaimento do filho. Mostre que $N_2(t)$ satisfaz à equação diferencial

$$\frac{dN_2}{dt} = \lambda_1 N_1 - \lambda_2 N_2$$

(b) Verifique, por substituição, que essa equação diferencial tem a solução

$$N_2(t) = \frac{N_{10}\lambda_1}{\lambda_1 - \lambda_2}(e^{-\lambda_2 t} - e^{-\lambda_1 t})$$

Essa equação é a lei dos decaimentos radioativos sucessivos. (c) ^{218}Po decai para ^{214}Pb com meia-vida de 3,10 min e ^{214}Pb decai para ^{214}Bi com meia-vida de 26,8 min. Nos mesmos eixos, faça as representações gráficas de $N_1(t)$ para ^{218}Po e $N_2(t)$ para ^{214}Pb. Configure $N_{10} = 1.000$ núcleos e escolha os valores de t de 0 a 36 min em intervalos de 2 min. (d) A curva para ^{214}Pb, obtida na parte (c), primeiro sobe até o máximo e depois começa a decair. Em qual instante t_m o número dos núcleos de ^{214}Pb está no máximo? (e) Ao aplicar a condição para um máximo dN_2/dt, obtenha uma equação simbólica para t_m em termos de λ_1 e λ_2. (f) Explique se o valor obtido na parte (c) concorda com essa equação.

Seção 10.5 O processo de decaimento

35. Determine quais decaimentos podem ocorrer espontaneamente. (a) $^{40}_{20}$Ca $\rightarrow$ e$^+$ + $^{40}_{19}$K (b) $^{98}_{44}$Ru $\rightarrow$ $^4_2$He + $^{94}_{42}$Mo (c) $^{144}_{60}$Nd $\rightarrow$ $^4_2$He + $^{140}_{58}$Ce

36. Um núcleo ^{3}H decai para ^{3}He ao criar um elétron e um antineutrino de acordo com a reação

$$^3_1\text{H} \rightarrow \, ^3_2\text{He} + \text{e}^- + \bar{\nu}$$

Determine a energia total liberada nesse decaimento.

37. O isótopo ^{14}C sofre decaimento beta de acordo com o processo resultado da Equação 10.21. Encontre o valor de Q para esse processo.

38. Identifique o nuclídeo ou partícula desconhecidos (X). (a) X $\rightarrow$ $^{65}_{28}$Ni + γ (b) $^{215}_{84}$Po $\rightarrow$ X + α (c) X $\rightarrow$ $^{55}_{26}$Fe + e$^+$ + ν

39. Encontre a energia emitida para o decaimento alfa

$$^{238}_{92}\text{U} \rightarrow \, ^{234}_{90}\text{Th} + \, ^4_2\text{He}$$

40. Uma amostra consiste de $1{,}00 \times 10^6$ núcleos radioativos com meia-vida de 10,0 h. Nenhum outro núcleo está presente no tempo $t = 0$. Núcleos filhos estáveis acumulam-se na amostra com o passar do tempo. (a) Obtenha uma equação, dando o número de núcleos filhos N_f como função do tempo. (b) Faça um esboço ou descreva um gráfico do número de núcleos filhos como uma função do tempo. (c) Quais são os números máximo e mínimo dos núcleos filhos e quando eles ocorrem? (d) Quais são as taxas máxima e mínima no número de núcleos filhos e quando eles ocorrem?

41. O núcleo $^{15}_{8}\text{O}$ decai pela captura de elétrons. A reação nuclear é assim formulada

$$^{15}_{8}\text{O} + e^- \rightarrow ^{15}_{7}\text{N} + \nu$$

(a) Formule o processo que ocorre para uma partícula simples dentro do núcleo. (b) Desconsiderando o retrocesso do filho, determine a energia do neutrino.

42. **PD W** Uma amostra viva em equilíbrio com a atmosfera contém um átomo de ^{14}C (meia-vida = 5.730 anos) para cada $7{,}70 \times 10^{11}$ átomos de carbono estáveis. Uma amostra arqueológica de madeira (celulose, $C_{12}H_{22}O_{11}$) contém 21,0 mg de carbono. Quando a amostra é posicionada dentro de um contador beta blindado com eficiência de contagem de 88,0%, 837 contagens são acumuladas em uma semana. Desejamos encontrar a idade da amostra. (a) Encontre o número de átomos de carbono na amostra. (b) Encontre o número de átomos de carbono 14 na amostra. (c) Encontre a constante de decaimento para carbono 14 em s^{-1}. (d) Encontre o número inicial de decaimentos por semana logo após a morte da amostra. (e) Encontre o número corrigido de decaimentos por semana da amostra atual. (f) Das respostas nas partes (d) e (e), encontre o intervalo de tempo em anos desde a morte da amostra.

Seção 10.6 Radioatividade natural

43. O urânio está naturalmente presente em rochas e no solo. Em uma passada nessa série de decaimentos radioativos, o ^{238}U produz o gás quimicamente inerte radônio 222, com meia-vida de 3,82 dias. O radônio vaza do chão para se misturar na atmosfera, em geral tornando o ar radioativo com atividade 0,3 pCi/L. Nas residências, o ^{222}Rn pode ser um poluente perigoso, acumulando-se para atingir atividades mais altas em espaços fechados, atingindo, às vezes, 4,00 pCi/L. Se sua radioatividade exceder 4,00 pCi/L, a Agência de Proteção ao Meio Ambiente dos Estados Unidos sugere que sejam tomadas ações para mitigá-lo, por exemplo, reduzindo a infiltração do ar do chão. (a) Converta a atividade 4,00 pCi/L para unidades de becquerels por metro cúbico. (b) Quantos átomos de ^{222}Rn estão em 1 m^3 de ar com essa atividade? (c) Qual fração da massa do ar o radônio constitui?

44. O isótopo de radônio mais comum é ^{222}Rn cuja meia-vida é de 3,82 dias. (a) Qual fração dos núcleos que estavam na Terra uma semana atrás está sem decaimento agora? (b) E daqueles que existiam um ano atrás? (c) Devido a esses resultados, explique por que o radônio ainda é um problema, contribuindo significativamente para nossa exposição de radiação de fundo.

45. Coloque o símbolo correto do nuclídeo em cada retângulo aberto bege na Figura P10.45, que mostra as sequências de decaimentos na série radioativa natural começando com o isótopo de urânio 235 de vida longa com o núcleo estável de chumbo 207.

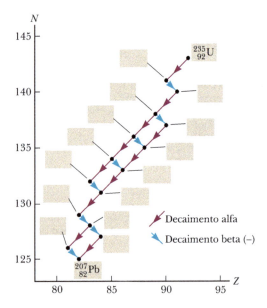

Figura P10.45

46. **W** Uma amostra de rocha contém traços de ^{238}U, ^{235}U, ^{232}Th, ^{208}Pb, ^{207}Pb e ^{206}Pb. Análises mostram que a relação da quantidade de ^{238}U para ^{206}Pb é 1,164. (a) Supondo que a rocha originalmente não continha chumbo, determine sua idade. (b) Quais deveriam ser as relações de ^{235}U com ^{207}Pb e de ^{232}Th com ^{208}Pb, de modo que resultassem na mesma idade para a rocha? Ignore as quantidades de minutos dos produtos intermediários de decaimento nas cadeias de decaimento. *Observação*: Essa forma de datação múltipla resulta em datas geológicas confiáveis.

Seção 10.7 Reações nucleares

47. **W** Um feixe de prótons de 6,61 MeV é incidente em um alvo de $^{27}_{13}\text{Al}$. Aqueles que colidem produzem a reação

$$p + ^{27}_{13}\text{Al} \rightarrow ^{27}_{14}\text{Si} + n$$

Ignorando qualquer retrocesso do núcleo do produto, determine a energia cinética dos nêutrons emergentes.

48. (a) Um método de produção de nêutrons para uso experimental é o bombardeamento de núcleos leves com partículas alfa. No método utilizado por James Chadwick em 1932, partículas alfa emitidas pelo polônio incidem nos núcleos de berílio:

$$^{4}_{2}\text{He} + ^{9}_{4}\text{Be} \rightarrow ^{12}_{6}\text{C} + ^{1}_{0}\text{n}$$

Qual é o valor de Q desta reação? (b) Os nêutrons também são geralmente produzidos por aceleradores de pequenas partículas. Em um design, os deutérios acelerados em um gerador Van de Graaff bombardeiam outros núcleons de deutério e causam a reação

$$^{2}_{1}\text{H} + ^{2}_{1}\text{H} \rightarrow ^{3}_{2}\text{He} + ^{1}_{0}\text{n}$$

Calcule o valor de Q da reação. (c) A reação na parte (b) é exotérmica ou endotérmica?

49. Identifique os nuclídeos e as partículas desconhecidos X e X' nas reações nucleares (a) $X + ^{4}_{2}\text{He} \rightarrow ^{24}_{12}\text{Mg} + ^{1}_{0}\text{n}$, (b) $^{235}_{92}\text{U} + ^{1}_{0}\text{n} \rightarrow ^{90}_{38}\text{Sr} + X + 2(^{1}_{0}\text{n})$ e (c) $2(^{1}_{1}\text{H}) \rightarrow ^{2}_{1}\text{H} + X + X'$.

50. O ouro natural tem somente um isótopo, $^{197}_{79}\text{Au}$. Se esse ouro é irradiado por um fluxo de nêutrons lentos, elétrons são emitidos. (a) Formule a equação da reação. (b) Calcule a energia máxima dos elétrons emitidos.

Estrutura nuclear 343

51. As reações a seguir são observadas:

$$^{9}_{4}\text{Be} + \text{n} \rightarrow {}^{10}_{4}\text{Be} + \gamma \qquad Q = 6{,}812 \text{ MeV}$$

$$^{9}_{4}\text{Be} + \gamma \rightarrow {}^{8}_{4}\text{Be} + \text{n} \qquad Q = -1{,}665 \text{ MeV}$$

Calcule as massas de ^{8}Be e ^{10}Be em unidades unificadas de massa com quatro casas decimais a partir desses dados.

Seção 10.8 Ressonância magnética nuclear e ressonância magnética por imagem

52. Faça um diagrama como o da Figura 10.19 para os casos quando I for igual a (a) $\frac{5}{2}$ e (b) 4.

53. A radiofrequência na qual um núcleo com momento magnético de módulo μ exibe absorção de ressonância entre estados de spin é chamada frequência de Larmor, dada por

$$f = \frac{\Delta E}{h} = \frac{2\mu B}{h}$$

Calcule a frequência de Larmor para (a) nêutrons livres em um campo magnético de 1,00 T, (b) prótons livres em um campo magnético de 1,00 T e (c) prótons livres no campo magnético da Terra em um local onde o módulo do campo é 50,0 μT.

Problemas Adicionais

54. **M** Um artefato de madeira é encontrado em uma antiga tumba. A atividade de seu carbono 14 ($^{14}_{6}$C) é medida como sendo 60,0% daquela de uma amostra fresca de madeira da mesma região. Supondo que a quantidade de ^{14}C que estava inicialmente presente no artefato é a mesma que agora está contida na amostra fresca, determine a idade do artefato.

55. **M** Uma amostra de 200,0 μCi de um isótopo radioativo é adquirida por uma casa de suprimentos médicos. Se a amostra tem uma meia-vida de 14,0 dias, quanto tempo vai se passar antes de sua atividade ser reduzida a 20,0 μCi?

56. *Por que a seguinte situação é impossível?* Um núcleo de ^{10}B é atingido por uma partícula alfa incidente. Como resultado, um próton e um núcleo de ^{12}C saem do local após a reação.

57. (a) Encontre o raio do núcleo de $^{12}_{6}$C. (b) Encontre a força de repulsão entre um próton na superfície de um núcleo de $^{12}_{6}$C e os cinco prótons remanescentes. (c) Quanto trabalho (em MeV) tem de ser feito para sobrepor essa repulsão elétrica no transporte do último próton de uma grande distância até a superfície do núcleo? (d) Repita as partes (a), (b) e (c) para $^{238}_{92}$U.

58. (a) Por que o decaimento beta p $\rightarrow$ n + e$^+$ + ν é proibido para um próton livre? (b) **E se?** Por que a mesma reação é possível se o próton estiver vinculado em um núcleo? Por exemplo, a seguinte reação acontece:

$$^{13}_{7}\text{N} \rightarrow {}^{13}_{6}\text{C} + \text{e}^+ + \nu$$

(c) Qual o valor da energia liberada na reação dada na parte (b)?

59. **Revisão.** Considere o modelo de Bohr do átomo de hidrogênio com o elétron no estado fundamental. O campo magnético no núcleo produzido pelo elétron orbitando tem valor de 12,5 T (Consulte o Problema 6 no Capítulo 8 do Volume 3). O próton pode ter seu momento magnético alinhado em qualquer uma das duas direções perpendiculares ao plano da órbita do elétron. A interação do momento magnético do próton com o campo magnético do elétron produz uma diferença na energia entre os estados com as duas orientações diferentes do momento magnético do próton. Encontre a diferença de energia em elétrons-volt.

60. Mostre que o isótopo de ^{238}U não pode emitir espontaneamente um próton ao analisar o processo hipotético

$$^{238}_{92}\text{U} \rightarrow {}^{237}_{91}\text{Pa} + {}^{1}_{1}\text{H}$$

Observação: O isótopo ^{237}Pa tem massa de 237,051144 u.

61. **Revisão.** (a) A massa de um átomo de hidrogênio em seu estado fundamental é maior ou menor que a soma das massas de um próton e um elétron? (b) Qual é a diferença de massa? (c) Qual é a diferença percentual da massa total? (d) Ela é grande o suficiente para afetar o valor da massa atômica listada com seis casas decimais na Tabela 10.2?

62. *Por que a seguinte situação é impossível?* Em um esforço para estudar o positrônio, um cientista coloca ^{57}Co e ^{14}C próximos. Os núcleos de ^{57}Co decaem por emissão de e$^+$, e os de ^{14}C por emissão de e$^-$. Alguns dos pósitrons e elétrons desses decaimentos se combinam para formar quantidades suficientes de positrônio para que o cientista reúna dados.

63. Um subproduto de alguns reatores de fissão é o isótopo $^{239}_{94}$Pu, um emissor alfa com meia-vida de 24.120 anos:

$$^{239}_{94}\text{Pu} \rightarrow {}^{235}_{92}\text{U} + \alpha$$

Considere uma amostra de 1,00 kg de $^{239}_{94}$Pu puro em $t = 0$. Calcule (a) o número dos núcleos de $^{239}_{94}$Pu presentes em $t = 0$ e (b) a atividade inicial na amostra. (c) **E se?** Em qual intervalo de tempo a amostra tem de ser armazenada se um nível de atividade "seguro" for 0,100 Bq?

64. Após a liberação repentina de radioatividade no acidente do reator nuclear de Chernobyl em 1986, a radioatividade do leite na Polônia subiu para 2.000 Bq/L devido ao iodo 131 presente na grama ingerida pelo gado leiteiro. O iodo radioativo, com meia-vida de 8,04 dias, é particularmente perigoso porque a glândula tireoide o concentra. O acidente de Chernobyl causou um aumento mensurável em câncer de tireoide entre crianças na Polônia e vários outros países do Leste Europeu. (a) Para comparação, encontre a atividade do leite devido ao potássio. Suponha que 1,00 litro de leite contenha 2,00 g de potássio, dos quais 0,0117% é o isótopo ^{40}K com meia-vida de $1{,}28 \times 10^9$ anos. (b) Após quanto tempo a atividade causada pelo iodo cairia abaixo da do potássio?

65. Uma teoria da astrofísica nuclear propõe que todos os elementos mais pesados que o ferro são formados em explosões de supernovas que encerram a vida das estrelas massivas. Suponha que quantidades iguais de ^{235}U e ^{238}U foram criadas na hora da explosão e que a relação atual ^{235}U/^{238}U na Terra é 0,00725. As meias-vidas de ^{235}U e ^{238}U são $0{,}704 \times 10^9$ anos e $4{,}47 \times 10^9$ anos, respectivamente. Há quanto tempo a(s) estrela(s) explodiu(ram) de modo a liberar os elementos que formaram a Terra?

66. A atividade de uma amostra radioativa foi medida por 12 h com as taxas de contagem líquidas mostradas na tabela a seguir. (a) Represente graficamente o logaritmo da taxa de contagem como uma função do tempo. (b) Determine a constante de decaimento e a meia-vida dos núcleos radioativos na amostra. (c) Qual taxa de contagem você esperaria para a amostra em $t = 0$? (d) Supondo que a eficiência do instrumento de contagem seja de 10,0%, calcule o número de átomos radioativos na amostra em $t = 0$.

Tempo (h)	Taxa de contagem (contagens/min)
1,00	3.100
2,00	2.450
4,00	1.480
6,00	910
8,00	545
10,0	330
12,0	200

67. Quando, após uma reação ou distúrbio de qualquer tipo, um núcleo é colocado em estado excitado, ele pode retornar ao seu estado normal (fundamental) por emissão de um fóton de raios gama (ou vários fótons). Esse processo é ilustrado pela Equação 10.25. O núcleo emissor deve retroceder para conservar a energia e o momento linear. (a) Mostre que a energia de retrocesso do núcleo é

$$E_r = \frac{(\Delta E)^2}{2Mc^2}$$

onde ΔE é a diferença na energia entre os estados excitado e fundamental de um núcleo de massa M. (b) Calcule a energia de retrocesso do núcleo de ^{57}Fe quando decai por emissão gama do estado excitado de 14,4 keV. Para esse cálculo, considere a massa como sendo 57 u. *Sugestão*: Suponha que $hf \ll Mc^2$.

68. Em um pedaço de rocha da Lua, o conteúdo de ^{87}Rb é analisado como sendo $1,82 \times 10^{10}$ átomos por grama de material e o de ^{87}Sr é encontrado como sendo $1,07 \times 10^9$ átomos por grama. O decaimento relevante relacionado a esses nuclídeos é ^{87}Rb $\rightarrow$ ^{87}Sr + e$^-$ + $\bar{\nu}$. A meia-vida do decaimento é $4,75 \times 10^{10}$ anos. (a) Calcule a idade da rocha. (b) **E se?** O material na rocha poderia, na verdade, ser muito mais antigo? Que suposição está implícita na utilização do método de datação radioativa?

69. **AMT** **M** Nêutrons livres têm uma meia-vida característica de 10,4 min. Qual fração de um grupo de nêutrons livres com energia cinética de 0,0400 eV decai antes de propagar-se a uma distância de 10,0 km?

70. Em 4 de julho de 1054, uma luz brilhante apareceu na constelação Taurus. A supernova, que podia ser vista à luz do dia em alguns dias, foi registrada por astrônomos árabes e chineses. Conforme desaparecia, permaneceu visível por anos, escurecendo com o tempo com a meia-vida de 77,1 dias do cobalto 56 radioativo que foi criado na explosão. (a) Os restos da estrela formam, agora, a nebulosa do caranguejo (veja a fotografia de abertura do Capítulo 12 do Volume 3). Nela, o cobalto 56 agora caiu a que fração de sua atividade original? (b) Suponha que um norte-americano, do povo chamado de Anasazi, tenha feito um desenho com carvão da supernova. O carbono 14 no carvão decaiu, agora, a qual fração de sua atividade original?

71. Quando um núcleo decai, pode sair de um núcleo filho em um estado excitado. O núcleo de $^{93}_{43}$Tc (massa molar 92,9102 g/mol) no estado fundamental decai pela captura de elétrons e emissão de e$^+$ para níveis de energia do filho (massa molar 92,9068 g/mol no estado fundamental) em 2,44 MeV, 2,03 MeV, 1,48 MeV e 1,35 MeV. (a) Identifique o nuclídeo filho. (b) Para qual dos níveis listados do filho a captura de elétrons e decaimento de e$^+$ de $^{93}_{43}$Tc são permitidos?

72. O isótopo radioativo ^{137}Ba tem meia-vida relativamente curta, que pode ser facilmente extraída de uma solução contendo seu pai ^{137}Cs. Esse isótopo de bário é comumente utilizado em um exercício de laboratório de graduação para demonstração da lei de decaimento radioativo. Estudantes de graduação que utilizam equipamentos experimentais simples usaram os dados apresentados na Figura P10.72. Determine a meia-vida para o decaimento de ^{137}Ba utilizando seus dados.

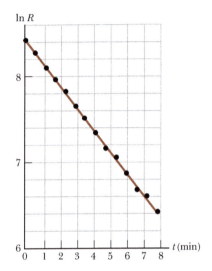

Figura P10.72

73. Como parte da descoberta do nêutron em 1932, James Chadwick determinou a massa da partícula recém-identificada ao disparar um feixe de nêutrons rápidos, todos com a mesma velocidade, em dois alvos diferentes, medindo as velocidades máximas de retrocesso dos núcleos-alvo. Velocidades máximas surgem quando uma colisão frontal elástica acontece entre um nêutron e um núcleo-alvo estacionário. (a) Represente as massas e as velocidades finais dos dois núcleos-alvo como m_1, v_1, m_2 e v_2, e suponha que a mecânica newtoniana se aplique. Mostre que a massa de nêutrons pode ser calculada a partir da equação

$$m_n = \frac{m_1 v_1 - m_2 v_2}{v_2 - v_1}$$

(b) Chadwick direcionou um feixe de nêutrons (produzidos de uma reação nuclear) em parafina, que contém hidrogênio. A velocidade máxima dos prótons ejetados foi descoberta como sendo $3,30 \times 10^7$ m/s. Como a velocidade dos nêutrons não pode ser determinada diretamente, um segundo experimento foi executado utilizando nêutrons da mesma fonte e núcleos de nitrogênio como o alvo. A velocidade máxima de retrocesso dos núcleos de nitrogênio foi descoberta como sendo $4,70 \times 10^6$ m/s. As massas de um núcleo de próton e nitrogênio foram consideradas 1,00 u e 14,0 u, respectivamente. Qual era o valor de Chadwick para a massa do nêutron?

74. Quando a reação nuclear representada pela Equação 10.28 é endotérmica, a energia de reação Q é negativa. Para que a reação prossiga, a partícula incidente deve ter uma energia mínima chamada energia limiar, E_L. Uma fração da energia da partícula incidente é transferida ao núcleo do composto para conservar o momento linear. Portanto, E_L deve ser superior a Q. (a) Mostre que

$$E_L = -Q\left(1 + \frac{M_a}{M_X}\right)$$

(b) Calcule a energia limiar da partícula alfa incidente na reação

$$\,_2^4\text{He} +\,_7^{14}\text{N} \rightarrow \,_8^{17}\text{O} +\,_1^1\text{H}$$

75. Em um experimento sobre o transporte de nutrientes em uma estrutura de raiz de planta, dois nuclídeos radioativos X e Y são utilizados. Inicialmente, 2,50 vezes mais núcleos do tipo X estão presentes que os do Y. Três dias depois, há 4,20 vezes mais núcleos do tipo X que do Y. O isótopo Y tem meia-vida de 1,60 dias. Qual é a meia-vida do isótopo X?

76. Em um experimento sobre o transporte de nutrientes em uma estrutura de raiz de planta, dois nuclídeos radioativos X e Y são utilizados. Inicialmente, a relação do número de núcleos do tipo X presentes com os do Y é r_1. Após um intervalo de tempo Δt, a relação do número de núcleos do tipo X presentes com os do Y é r_2. O isótopo Y tem meia-vida de T_Y. Qual é a meia-vida do X?

Problemas de Desafio

77. **Revisão.** Considere um modelo do núcleo no qual a carga positiva (Ze) é distribuída uniformemente por uma esfera de raio R. Ao integrar a densidade de energia $\frac{1}{2}\varepsilon_0 E^2$ por todo o espaço, mostre que a energia potencial elétrica pode ser formulada

$$U = \frac{3Z^2 e^2}{20\pi\varepsilon_0 R} = \frac{3k_e Z^2 e^2}{5R}$$

O Problema 72 no Capítulo 3 do Volume 3 obteve o mesmo resultado por um método diferente.

78. Após determinar que o Sol existiu por centenas de milhões de anos, mas antes da descoberta da Física Nuclear, os cientistas não podiam explicar por que o Sol continuava a queimar por um intervalo de tempo tão grande. Por exemplo, se ele fosse um fogo de carvão, teria queimado após 3.000 anos. Suponha que o Sol, cuja massa é igual a $1,99 \times 10^{30}$ kg, consistia no início inteiramente de hidrogênio e que sua potência total de saída era $3,85 \times 10^{26}$ W. (a) Supondo que o mecanismo de geração de energia do Sol seja a fusão de hidrogênio em hélio por meio da reação líquida

$$4(\,_1^1\text{H}) + 2(\text{e}^-) \rightarrow \,_2^4\text{He} + 2\nu + \gamma$$

calcule a energia (em joules) causada por essa reação. (b) Considere que a massa de um átomo de hidrogênio é igual a $1,67 \times 10^{-27}$ kg. Determine quantos átomos de hidrogênio formam o Sol. (c) Se a potência total de saída permanece constante, após qual intervalo de tempo todo o hidrogênio será convertido em hélio, fazendo com que o Sol morra? (d) Como a resposta para a parte (c) se compara com as estimativas atuais de expectativa de vida do Sol, que são de 4 a 7 bilhões de anos?

capítulo **11**

Aplicações da Física Nuclear

11.1 Interações envolvendo nêutrons
11.2 Fissão nuclear
11.3 Reatores nucleares
11.4 Fusão nuclear
11.5 Danos por radiação
11.6 Usos da radiação

Neste capítulo estudaremos dois meios para obtenção de energia de reações nucleares: fissão, na qual um grande núcleo divide-se em dois menores; e fusão, na qual dois pequenos núcleos fundem-se para formar um grande. Em ambos os casos, a energia liberada pode ser utilizada construtiva (em usinas elétricas) ou destrutivamente (em armas nucleares). Também examinaremos os modos nos quais a radiação interage com a matéria e discutiremos a estrutura de reatores de fissão e fusão. O capítulo se encerra com uma discussão sobre algumas aplicações industriais e biológicas de radiação.

Neste capítulo, estudaremos a fissão nuclear e a fusão nuclear. A estrutura acima é a montagem do alvo para o procedimento de confinamento inercial com a finalidade iniciar a fusão por laser no National Ignition Facility, em Livermore, na Califórnia. Os protetores em formato de triângulo protegem os grânulos de combustível e, em seguida, abrem alguns segundos antes que os lasers muito potentes bombardeiem o alvo. (*Cortesia de Lawrence Livermore National Library*)

11.1 Interações envolvendo nêutrons

Fissão nuclear é o processo que ocorre nos reatores nucleares atuais, resultando em energia fornecida a uma comunidade por transmissão elétrica. Fusão nuclear é uma linha de pesquisa ativa, mas ainda sem desenvolvimento comercial para o fornecimento de energia. Primeiro, discutiremos a fissão, e exploraremos a fusão na Seção 11.4.

Para compreender a fissão nuclear e a Física dos reatores nucleares, devemos primeiro entender como os nêutrons interagem com os núcleos. Devido à neutralidade de sua carga,

Aplicações da Física Nuclear **347**

nêutrons não estão sujeitos às forças de Coulomb e, como resultado, não interagem eletricamente com elétrons ou com o núcleo. Portanto, podem facilmente penetrar profundamente em um átomo e colidir com o núcleo.

Um nêutron rápido (com energia superior a aproximadamente 1 MeV) que se move pela matéria sofre várias colisões com os núcleos, abandonando parte de sua força cinética em cada colisão. Para nêutrons rápidos em alguns materiais, há a dominância de colisões elásticas. Materiais em que essas ocorrem são chamados **moderadores**, porque diminuem (ou moderam) os nêutrons originalmente energéticos de modo eficiente. Os núcleos do moderador devem ter massa pequena o suficiente para que uma grande quantidade de energia cinética possa ser transferida para eles nessas colisões. Por essa razão, os materiais que são abundantes em hidrogênio, como parafina e água, são bons moderadores para os nêutrons.

Eventualmente, a maior parte dos nêutrons que bombardeia um moderador se torna **nêutrons térmicos**, o que significa que perderam grande quantidade de sua energia que está em equilíbrio térmico com o material moderador. Sua energia cinética média em temperatura ambiente é, com base na Equação 7.19 do Volume 2,

$$K_{\text{méd}} = \tfrac{3}{2} k_{\text{B}} T \approx \tfrac{3}{2}(1{,}38 \times 10^{-23} \text{ J/K})(300 \text{ K}) = 6{,}21 \times 10^{-21} \text{ J} \approx 0{,}04 \text{ eV}$$

que corresponde a uma velocidade média quadrática de nêutrons de aproximadamente 2.800 m/s. Nêutrons térmicos têm distribuição de velocidade, assim como as moléculas em um contêiner de gás (consulte o Capítulo 7 do Volume 2). Nêutrons de alta energia, com energia de vários MeV, *termalizam* (isto é, sua energia média atinge $K_{\text{méd}}$) em menos de 1 ms, quando incidentes em um moderador.

Uma vez que os nêutrons se termalizaram e a energia de um nêutron específico é suficientemente baixa, há uma grande probabilidade de que esse seja capturado por um núcleo, evento que é acompanhado pela emissão de um raio gama. Essa reação de **captura de nêutrons** pode ser formulada

$$^{1}_{0}\text{n} + ^{A}_{Z}\text{X} \;\rightarrow\; ^{A+1}_{\ \ Z}\text{X*} \;\rightarrow\; ^{A+1}_{\ \ Z}\text{X} + \gamma \qquad \text{(11.1)} \qquad \blacktriangleleft \text{ Reação da captura de nêutrons}$$

Quando o nêutron é capturado, o núcleo $^{A+1}_{\ \ Z}\text{X*}$ está em estado excitado por um tempo muito curto antes de sofrer decaimento gama. O núcleo produto $^{A+1}_{\ \ Z}\text{X}$ é, em geral, radioativo e decai por emissão beta.

A taxa de captura de nêutrons para nêutrons que passam por qualquer amostra depende do tipo dos átomos na amostra e da energia dos nêutrons incidentes. A interação dos nêutrons com a matéria aumenta com a energia decrescente dos nêutrons, uma vez que um nêutron lento gasta um intervalo de tempo maior na proximidade dos núcleos-alvo.

11.2 Fissão nuclear

Como mencionado na Seção 10.2, **fissão** nuclear ocorre quando um núcleo pesado, como o ^{235}U, divide-se em dois núcleos menores. A fissão começa quando um núcleo pesado captura um nêutron térmico, como descrito no primeiro passo da Equação 11.1. A absorção do nêutron cria um núcleo que é instável e pode mudar para uma configuração de energia mais baixa ao se dividir em dois menores. Nessa reação, a massa combinada dos núcleos filhos é inferior à da massa do núcleo pai e a diferença em massa é chamada **defeito de massa**. A multiplicação do defeito da massa por c^2 resulta no valor numérico da energia emitida. Essa energia está na forma da cinética associada com o movimento dos nêutrons e dos núcleos filhos após o evento da fissão. A energia emitida devida à energia de ligação por núcleon dos núcleos filhos é aproximadamente 1 MeV superior à do núcleo pai (consulte a Fig. 10.5).

A fissão nuclear foi observada pela primeira vez em 1938 por Otto Hahn (1879-1968) e Fritz Strassmann (1902-1980), seguindo alguns estudos básicos de Fermi. Após bombardear o urânio com nêutrons, Hahn e Strassmann descobriram, entre os produtos da reação, dois elementos de massa média, bário e lantânio. Logo em seguida, Lise Meitner (1878-1968) e seu sobrinho Otto Frisch (1904-1979) explicaram o que tinha acontecido. Após absorver um nêutron, o núcleo do urânio se dividiu em dois fragmentos praticamente iguais, além de vários nêutrons. Essa ocorrência foi de considerável interesse para os físicos que tentavam compreender o núcleo, mas teve consequências ainda mais abrangentes. Medições mostraram que aproximadamente 200 MeV de energia foi liberada em cada fissão, fato esse que alterou o curso da história na Segunda Guerra Mundial.

A fissão do ^{235}U por nêutrons térmicos pode ser representada pela reação

> **Prevenção de Armadilhas 11.1**
>
> **Lembrete sobre a energia de ligação**
> Lembre-se, do Capítulo 10, que energia de ligação é o valor absoluto da energia do sistema, relacionada com a massa do sistema. Portanto, ao considerar a Figura 10.5, imagine colocá-la de cabeça para baixo em um gráfico que represente a massa do sistema. Em uma reação de fissão, a massa do sistema diminui. Esse decréscimo na massa aparece no sistema como energia cinética dos produtos da fissão.

$$^{1}_{0}\text{n} + ^{235}_{\ 92}\text{U} \;\rightarrow\; ^{236}_{\ 92}\text{U*} \;\rightarrow\; \text{X} + \text{Y} + \text{nêutrons} \qquad \text{(11.2)}$$

onde ^{236}U* é um estado excitado intermediário que dura aproximadamente 10^{-12} s antes de se dividir em núcleos de massa média X e Y, chamados **fragmentos de fissão**. Em qualquer reação de fissão, há muitas combinações de X e Y que atendem aos requisitos de conservação de energia e carga. No caso do urânio, por exemplo, aproximadamente 90 núcleos filhos podem ser formados.

Fissão também resulta na produção de diversos nêutrons, geralmente dois ou três. Na média, cerca de 2,5 nêutrons são liberados por ocorrência. Uma reação típica da fissão do urânio é

$$^{1}_{0}n + ^{235}_{92}U \rightarrow ^{141}_{56}Ba + ^{92}_{36}Kr + 3(^{1}_{0}n) \quad (11.3)$$

A Figura 11.1 mostra uma representação esquemática da ocorrência da fissão na Equação 11.3.

A Figura 11.2 é um gráfico da distribuição dos produtos da fissão pelo número de massa A. Os produtos mais prováveis têm números de massa $A \approx 95$ e $A \approx 140$. Suponha que esses produtos sejam $^{95}_{39}$Y (com 56 nêutrons) e $^{140}_{53}$I (com 87 nêutrons). Se esses núcleos estiverem localizados no gráfico da Figura 10.4, pode-se ver que ambos estão bem acima da linha de estabilidade. Como esses fragmentos são muito instáveis devido a seu nível atipicamente alto de nêutrons, emitem quase instantaneamente dois ou três nêutrons.

Vamos calcular a energia de desintegração Q emitida em um processo de fissão típico. Na Figura 10.5, vemos que a energia de ligação por núcleon é de aproximadamente 7,2 MeV para núcleos pesados ($A \approx 240$) e aproximadamente 8,2 MeV para núcleos de massa intermediária. A quantidade de energia emitida é 8,2 MeV – 7,2 MeV = 1 MeV por núcleon. Como há um total de 235 núcleons em $^{235}_{92}$U, a energia emitida por fissão é de aproximadamente 235 MeV, uma grande quantidade de energia em relação à emitida no processo químico. Por exemplo, a energia emitida na combustão de uma molécula de octano usada em motores a gasolina é por volta de um milionésimo da emitida em uma única fissão!

Antes da fissão, um nêutron lento se aproxima de um núcleo de ^{235}U.

^{235}U

Antes da fissão

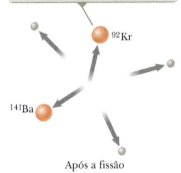

Após a fissão, há dois núcleos mais leves e três nêutrons.

^{92}Kr

^{141}Ba

Após a fissão

Figura 11.1 Fissão nuclear.

> *Teste Rápido* **11.1** Quando um núcleo sofre fissão, em geral os dois núcleos filhos são radioativos. Por qual processo a probabilidade de decaimento é maior? **(a)** decaimento alfa **(b)** decaimento beta (e^-) **(c)** decaimento beta (e^+)

> *Teste Rápido* **11.2** Quais reações de fissão são possíveis entre as opções a seguir?
> **(a)** $^{1}_{0}n + ^{235}_{92}U \rightarrow ^{140}_{54}Xe + ^{94}_{38}Sr + 2(^{1}_{0}n)$
> **(b)** $^{1}_{0}n + ^{235}_{92}U \rightarrow ^{132}_{50}Sn + ^{101}_{42}Mo + 3(^{1}_{0}n)$
> **(c)** $^{1}_{0}n + ^{239}_{94}Pu \rightarrow ^{137}_{53}I + ^{97}_{41}Nb + 3(^{1}_{0}n)$

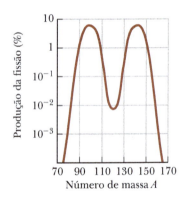

Figura 11.2 Distribuição dos produtos da fissão pelo número de massa para a fissão de ^{235}U bombardeado com nêutrons térmicos. Note que o eixo vertical é logarítmico.

Exemplo 11.1 — Energia emitida na fissão do ^{235}U

Calcule a energia emitida quando 1,00 kg de ^{235}U fissiona-se, considerando a energia de desintegração por ocorrência como $Q = 208$ MeV.

SOLUÇÃO

Conceitualização Imagine um núcleo de ^{235}U absorvendo um nêutron e depois se dividindo em dois núcleos menores e vários nêutrons, como na Figura 11.1.

Categorização O enunciado do problema nos diz para categorizar esse exemplo como um problema que envolve análise de energia de fissão nuclear.

11.1 *cont.*

Análise Como $A = 235$ para o urânio, um mol desse isótopo tem massa $m = 235$ g.

Encontre o número de núcleos em nossa amostra em termos do número de mols n e do número de Avogadro e, depois, da massa da amostra m e da massa molar M de ^{235}U:

$$N = nN_A = \frac{m}{M}N_A$$

Encontre a energia total emitida quando todos os núcleos sofrem fissão:

$$E = NQ = \frac{m}{M}N_A Q = \frac{1{,}00 \times 10^3 \text{g}}{235 \text{ g/mol}}(6{,}02 \times 10^{23} \text{mol}^{-1})(208 \text{ MeV})$$

$$= 5{,}33 \times 10^{26} \text{MeV}$$

Finalização Converta essa energia para kWh:

$$E = (5{,}32 \times 10^{26} \text{MeV})\left(\frac{1{,}60 \times 10^{-13} \text{J}}{1 \text{MeV}}\right)\left(\frac{1 \text{kWh}}{3{,}60 \times 10^6 \text{J}}\right) = 2{,}37 \times 10^7 \text{kWh}$$

que, se emitida lentamente, é suficiente para manter uma lâmpada de 100 W operando por 30 mil anos! Se a energia de fissão disponível em 1 kg de ^{235}U fosse liberada subitamente, equivaleria à detonação de aproximadamente 20 mil toneladas de dinamite.

11.3 Reatores nucleares

Na Seção 11.2, aprendemos que, quando o ^{235}U se fissiona, um nêutron incidente resulta em uma média de 2,5 nêutrons emitidos por ocorrência. Esses podem ativar a fissão de outros núcleos. Como, nesta ocorrência, mais nêutrons são produzidos do que absorvidos, existe a possibilidade de uma reação em cadeia sempre progressiva (Fig. 11.3). A experiência mostra que, se a reação em cadeia não for controlada (isto é, se não progredir lentamente), pode resultar em uma explosão violenta com a emissão repentina de uma enorme quantidade de energia. Entretanto, quando controlada, a energia emitida pode ser usada de modo construtivo. Nos Estados Unidos, por exemplo, em torno de 20% da eletricidade gerada a cada ano vêm de usinas nucleares e a energia nuclear é utilizada extensivamente em vários outros países, como França, Rússia e Índia.

Reator nuclear é um sistema projetado para manter o que é chamado **reação em cadeia autossustentável**. Esse importante processo foi realizado pela primeira vez em 1942, por Enrico Fermi e sua equipe na Universidade de Chicago,

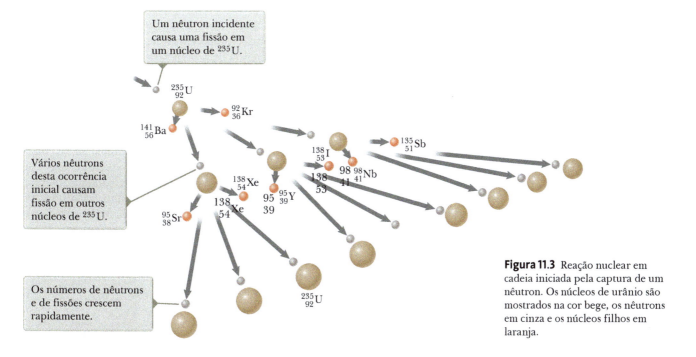

Figura 11.3 Reação nuclear em cadeia iniciada pela captura de um nêutron. Os núcleos de urânio são mostrados na cor bege, os nêutrons em cinza e os núcleos filhos em laranja.

Figura 11.4 Realização do artista do primeiro reator nuclear do mundo. Por causa de segredo da guerra, existem poucas fotografias do reator completo, que foi composto de camadas de grafite moderada intercaladas com urânio. Uma reação em cadeia autossustentada foi realizada pela primeira vez em 2 de dezembro de 1942. O sucesso foi comunicado a Washington, DC, com a mensagem: "O navegador italiano desembarcou no Novo Mundo e encontrou os nativos muito amigáveis". O evento histórico ocorreu em um laboratório improvisado sob as arquibancadas da pista de corrida do Stagg Field da Universidade de Chicago, e o navegador italiano era Enrico Fermi.

Enrico Fermi
Físico italiano (1901-1954)
Fermi ganhou o prêmio Nobel de Física em 1938 pela produção de elementos transurânicos por irradiação de nêutrons e por sua descoberta das reações nucleares surgidas dos nêutrons térmicos. Foi ainda responsável por outras grandes descobertas na Física, incluindo sua teoria do decaimento beta, a dos elétrons livres em metais e o desenvolvimento do primeiro reator de fissão do mundo em 1942. Fermi era um físico teórico e experimental talentoso. E também conhecido por sua habilidade em apresentar a Física de maneira clara e emocionante.

utilizando urânio de ocorrência natural como combustível.[1] No primeiro reator nuclear (Fig. 11.4), Fermi colocou tijolos de grafite (carbono) entre o combustível. Os núcleos de carbono são por volta de 12 vezes mais maciços que os nêutrons, mas, após várias colisões com os núcleos de carbono, um nêutron diminui o suficiente para aumentar sua possibilidade de fissão com o ^{235}U. Neste design, o carbono é o moderador; a maioria dos reatores modernos utiliza água como moderador.

A maior parte dos reatores atualmente em operação utiliza urânio como combustível. Contudo, esse elemento químico de ocorrência natural contém somente 0,7% do isótopo ^{235}U, sendo que os 99,3% restantes são ^{238}U. Esse fato é importante para a operação de um reator, porque o ^{238}U quase nunca se fissiona. Pelo contrário, tende a absorver nêutrons com uma fissão subsequente, produzindo netúnio e plutônio. Por essa razão, o combustível do reator deve ser *enriquecido* artificialmente a fim de que contenha pelo menos uma pequena porcentagem de ^{235}U.

Para conseguir uma reação em cadeia autossustentável, uma média de um nêutron emitido em cada fissão de ^{235}U deve ser capturada por outro núcleo de ^{235}U e fazer com que o núcleo sofra fissão. Um parâmetro útil para descrever o nível de operação do reator é a **constante de reprodução** K, definida como **o número médio de nêutrons de cada fissão que causa outra fissão**. Como vimos, K tem valor médio de 2,5 na fissão sem controle do urânio.

Uma reação em cadeia autossustentável e controlada é atingida quando $K = 1$. Nesta condição, o reator é considerado **crítico**. Quando $K < 1$, o reator está subcrítico e a reação termina. Quando $K > 1$, está supercrítico e uma reação não controlada acontece. Em um reator nuclear utilizado para fornecer energia a uma empresa de serviços públicos, é necessário manter o valor de K próximo a 1. Se K ficar acima deste valor, a energia de repouso transformada em energia interna na reação poderá derreter o reator.

Vários tipos de sistemas de reator permitem que a energia cinética dos fragmentos de fissão sejam transformadas em outros tipos de energia e transferidas da planta do reator por transmissão elétrica. O reator mais comum em uso nos Estados Unidos é o de água pressurizada (Fig. 11.5). Examinaremos esse tipo porque suas partes principais são comuns a todos os designs de reator. As fissões no **combustível** de urânio no núcleo do reator aumentam a temperatura da água contida no circuito primário, que é mantida sob alta pressão para impedir que ferva (essa água também serve como moderadora para diminuir a velocidade dos nêutrons emitidos nas fissões com energia de aproximadamente 2 MeV). A água quente é bombeada por um trocador de calor, onde a energia interna da água é transferida por condução para a contida no circuito secundário. A água quente no circuito secundário é convertida em vapor, o que produz trabalho para acionar um sistema de turbina-gerador, que cria energia elétrica. A água no circuito secundário é isolada da contida no circuito primário para evitar contaminação da secundária e do vapor por núcleos radioativos do núcleo do reator.

Em qualquer reator, uma fração dos nêutrons produzidos na fissão vaza do combustível de urânio antes de induzir outras fissões. Se essa fração vazada é grande demais, o reator não vai operar. A porcentagem perdida é grande se o combustível for muito pequeno, porque o vazamento é uma função da relação da área pelo volume da superfície. Portanto, uma característica crítica do design do reator é a relação eficiente área-volume do combustível.

---

[1] Embora o de Fermi seja o primeiro reator nuclear produzido, há evidências de que uma reação de fissão natural possa ter se sustentado por talvez centenas de milhares de anos em um depósito de urânio no Gabão, na África ocidental. Consulte G. Cowan, "A Natural Fission Reactor", *Scientific American* **235**(5): 36, 1976.

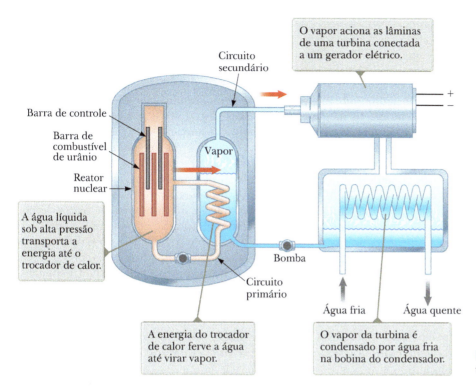

Figura 11.5 Componentes principais de um reator nuclear de água pressurizada.

Controle do nível de potência

A segurança é criticamente importante para a operação de um reator nuclear. A constante de reprodução K não deve subir acima de 1 para não acontecer uma reação não controlada. Por consequência, o design do reator deve incluir um meio de controlar o valor de K.

O design básico de um núcleo de reator nuclear é mostrado na Figura 11.6. O combustível consiste em urânio que foi enriquecido no isótopo ^{235}U. Para controlar o nível de potência, **barras de controle** são inseridas no núcleo do reator. Elas são feitas de materiais como cádmio, muito eficiente na absorção de nêutrons. Ao ajustar o número e a posição das barras de controle no núcleo do reator, o valor de K pode variar e qualquer nível de potência no limite do design do reator pode ser atingido.

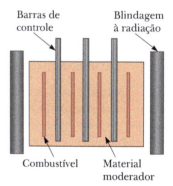

Figura 11.6 Seção transversal de um núcleo de reator mostrando as barras de controle, o combustível com uma parte enriquecida e o material moderador, todos cercados por uma blindagem à radiação.

 Teste Rápido **11.3** Para reduzir o valor da constante de reprodução K, você **(a)** empurra as barras de controle para baixo no interior ou **(b)** puxa as barras de controle para fora?

Segurança e tratamento de rejeitos

O acidente de 1986 no reator de Chernobyl na Ucrânia e o desastre nuclear de 2011 causado pelo terremoto e o *tsunami* no Japão concentraram sua atenção na segurança do reator. Infelizmente, em Chernobyl a atividade dos materiais emitidos imediatamente após o acidente totalizou aproximadamente $1,2 \times 10^{19}$ Bq e resultou na evacuação de 135 mil pessoas. Trinta pessoas morreram durante o acidente ou logo em seguida e dados do Instituto Radiológico da Ucrânia sugerem que mais de 2.500 mortes podem ser atribuídas ao acidente de Chernobyl. No período 1986-1997, houve um aumento de dez vezes no número de crianças que contraíram câncer na tireoide pela ingestão de iodo radioativo do leite de vacas que ingeriram grama contaminada. A conclusão de uma conferência internacional que estudou o acidente ucraniano foi que as principais causas do acidente de Chernobyl se deram pela coincidência de deficiências graves no projeto físico do reator e pela violação de procedimentos de segurança. A maior parte dessas deficiências foi constatada em usinas com projeto semelhante na Rússia e nos países vizinhos da antiga União Soviética.

352   Física para cientistas e engenheiros

O acidente ocorrido em março de 2011 no Japão foi causado por uma infeliz combinação de um terremoto massivo e de um subsequente *tsunami*. A usina de energia mais duramente atingida, a Fukushima I, foi desativada automaticamente depois do terremoto. A desativação de uma usina nuclear, no entanto, não é um processo instantâneo. A água de resfriamento continua a circular para transportar para fora do núcleo do reator a energia gerada pelo decaimento beta dos subprodutos da fissão. Infelizmente, a água do *tsunami* rompeu a conexão da grade de energia, deixando a usina sem suporte elétrico externo para a circulação da água. Embora a usina tivesse geradores de emergência para controlar essa situação, o *tsunami* inundou as salas dos geradores, tornando-os inoperantes. Três dos seis reatores em Fukushima derreteram, e houve várias explosões. Um grande volume de radiação foi liberado no ambiente.

Reatores comerciais tornam-se seguros por meio de um projeto cuidadoso e rígido protocolo de operação; somente quando essas variáveis são comprometidas é que se tornam um perigo. A exposição à radiação e os riscos potenciais à saúde a ela associados são controlados por três camadas de contenção. O combustível e os produtos da fissão radioativa são contidos dentro do recipiente do reator. Se esse se romper, o edifício do reator funciona como uma segunda estrutura de contenção para impedir que material radioativo contamine o ambiente. Por último, as instalações do reator devem estar em um local remoto a fim de proteger o público em geral da exposição caso venha a escapar radiação do edifício.

Uma preocupação permanente quanto aos reatores de fissão nuclear é o tratamento seguro do material radioativo quando o núcleo é substituído. Esses rejeitos contêm isótopos de longa vida e altamente radioativos, e devem ser armazenados por longos períodos de tempo, de modo que não haja possibilidade de contaminação ambiental. Atualmente, lacrar rejeitos radioativos em contêineres à prova de água e enterrá-los em repositórios geológicos profundos parece ser a melhor solução.

O transporte de combustível e rejeitos do reator apresenta mais riscos para a segurança. Acidentes durante o transporte de combustível nuclear podem expor pessoas a perigosos níveis de radiação. O Departamento de Energia dos Estados Unidos exige testes rígidos de colisão de todos os contêineres utilizados para esse transporte. Os fabricantes de contêineres devem demonstrar que seus produtos não se romperão no caso de colisões em alta velocidade.

Apesar desses riscos, há vantagens no uso da energia nuclear e, portanto, essas devem ser ponderadas em relação àqueles. Por exemplo, usinas nucleares não produzem poluição do ar e gases de efeito estufa, como aquelas de combustível fóssil; e o estoque de urânio na Terra é previsto para durar mais que o de combustíveis fósseis. Para cada fonte de energia – seja nuclear, hidroelétrica, de combustível fóssil, solar, eólica ou outra –, os riscos devem ser ponderados em relação aos benefícios e à disponibilidade da fonte de energia.

11.4   Fusão nuclear

No Capítulo 10, vimos que a energia de ligação para os núcleos leves ($A < 20$) é muito menor que a para núcleos mais pesados, o que sugere um processo contrário da fissão. Como mencionado na Seção 5.8, quando dois núcleos leves se combinam para formar um núcleo mais pesado, o processo é chamado **fusão** nuclear. Como a massa do núcleo final é inferior às massas combinadas dos originais, há uma perda da massa, acompanhada por emissão de energia.

A seguir, dois exemplos dessas reações de fusão liberadora de energia:

$$_{1}^{1}H + _{1}^{1}H \rightarrow _{1}^{2}H + e^{+} + \nu$$

$$_{1}^{1}H + _{1}^{2}H \rightarrow _{2}^{3}H + \gamma$$

Essas reações acontecem no núcleo de uma estrela e são responsáveis pela saída de energia da estrela. A segunda reação é seguida pela fusão hidrogênio-hélio ou hélio-hélio:

$$_{1}^{1}H + _{2}^{3}He \rightarrow _{2}^{4}He + e^{+} + \nu$$

$$_{2}^{3}He + _{2}^{3}He \rightarrow _{2}^{4}H + _{1}^{1}H + _{1}^{1}H$$

Essas reações de fusão são as básicas no **ciclo próton-próton**, considerado um dos ciclos básicos pelo qual a energia é gerada no Sol e em outras estrelas que contêm hidrogênio em abundância. A maior parte da produção de energia acontece no interior do Sol, onde a temperatura é de aproximadamente $1,5 \times 10^7$ K. Porque essas temperaturas altas são necessárias para acionar as reações, são chamadas **reações termonucleares de fusão**. Todas as reações no ciclo próton-próton são exotérmicas. Uma visão geral do ciclo mostra que quatro prótons se combinam para gerar uma partícula alfa, pósitrons, raios gama e neutrinos.

> **Prevenção de Armadilhas 11.2**
>
> **Fissão e fusão**
> As palavras *fissão* e *fusão* parecem semelhantes, mas correspondem a processos diferentes. Considere o gráfico de energia de ligação na Figura 10.4. Há duas direções a partir das quais você pode abordar o pico do gráfico quando a energia é emitida: ao combinar dois núcleos leves, ou fusão; ao separar um núcleo pesado em dois mais leves, ou fissão.

Aplicações da Física Nuclear **353**

Teste Rápido **11.4** No interior de uma estrela, os núcleos de hidrogênio se combinam em reações de fusão. Quando o hidrogênio se exaure, a fusão dos núcleos de hélio pode ocorrer. Se uma estrela é suficientemente maciça, a fusão de núcleos cada vez mais pesados pode acontecer quando o hélio estiver esgotado. Considere uma reação de fusão envolvendo dois núcleos com o mesmo valor de A. Para que essa reação seja exotérmica, quais dos seguintes valores de A são impossíveis? **(a)** 12 **(b)** 20 **(c)** 28 **(d)** 64.

Exemplo 11.2 — Energia emitida na fusão

Encontre a energia total emitida nas reações de fusão no ciclo próton-próton.

SOLUÇÃO

Conceitualização O resultado nuclear líquido do ciclo próton-próton é a fusão de quatro prótons para formar uma partícula alfa. Estude as reações anteriores para o ciclo próton-próton para se certificar de entender como quatro prótons se tornam uma partícula alfa.

Categorização Utilizamos conceitos discutidos nesta seção; portanto, categorizamos esse exemplo como um problema de substituição.

Encontre a massa inicial do sistema utilizando a massa atômica do hidrogênio da Tabela 10.2:

$$4(1,007825 \text{ u}) = 4,031300 \text{ u}$$

Encontre a mudança na massa do sistema como esse valor menos a massa do átomo do ^{4}He:

$$4,031300 \text{ u} - 4,002603 \text{ u} = 0,028697 \text{ u}$$

Converta essa mudança de massa em unidades de energia:

$$E = 0,028697 \text{ u} \times 931,494 \text{ MeV/u} = \boxed{26,7 \text{ MeV}}$$

Essa energia é compartilhada entre a partícula alfa e outras, como pósitrons, raios gama e neutrinos.

Reações de fusão terrestre

A enorme quantidade de energia emitida nas reações de fusão sugere a possibilidade de aproveitar essa energia para fins úteis. Muito esforço tem sido feito atualmente para desenvolver um reator termonuclear sustentável e controlável de energia de fusão. A fusão controlada é geralmente chamada fonte de energia de ponta devido à disponibilidade de sua fonte de combustível: água. Por exemplo, se o deutério fosse utilizado como combustível, dele 0,12 g seria extraído de 1 galão de água a um custo de aproximadamente quatro centavos de dólar. Essa quantidade emitiria aproximadamente 10^{10} J se todos os núcleos sofressem fusão. Comparando, 1 galão de gasolina emite aproximadamente 10^8 J na queima e custa bem mais que quatro centavos.

Outra vantagem dos reatores de fusão é que, comparativamente, poucos rejeitos radioativos são formados. Para o ciclo próton-próton, por exemplo, o produto final é hélio, seguro e não radioativo. Infelizmente, um reator nuclear que possa fornecer uma saída de alimentação líquida por intervalo de tempo razoável ainda não é realidade e várias dificuldades têm que ser solucionadas antes de um dispositivo bem-sucedido ser construído.

A energia do Sol baseia-se, em parte, em um conjunto de reações nas quais o hidrogênio é convertido em hélio. Entretanto, a interação próton-próton não é adequada para uso em um reator de fusão, porque requer temperaturas e densidades muito altas. O processo funciona no Sol somente devido à densidade extremamente alta dos prótons no seu interior.

Reações que parecem mais promissoras para um reator de potência por fusão envolvem o deutério ($^2_1$H) e o trítio ($^3_1$H):

$$
\begin{aligned}
^2_1\text{H} + {}^2_1\text{H} &\rightarrow {}^3_2\text{He} + {}^1_0\text{n} \quad & Q = 3,27 \text{ MeV} \\
^2_1\text{H} + {}^2_1\text{H} &\rightarrow {}^3_1\text{H} + {}^1_1\text{H} \quad & Q = 4,03 \text{ MeV} \\
^2_1\text{H} + {}^3_1\text{H} &\rightarrow {}^4_2\text{H} + {}^1_0\text{n} \quad & Q = 17,59 \text{ MeV}
\end{aligned}
$$

(11.4)

Como já mostrado, o deutério está disponível em quantidades praticamente ilimitadas em nossos lagos e oceanos e é muito barata sua extração. Trítio, entretanto, é radioativo ($T_{1/2} = 12,3$ anos) e sofre decaimento beta para ^{3}He; por esse motivo, não ocorre naturalmente em grande quantidade e tem de ser produzido artificialmente.

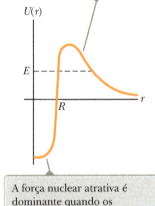

A força repulsiva de Coulomb é dominante para grandes distâncias de separação entre os dêuterons.

A força nuclear atrativa é dominante quando os dêuterons estão próximos.

Figura 11.7 Energia potencial como função da distância de separação entre dois dêuterons. R está na ordem de 1 fm. Se desconsiderarmos o tunelamento, os dois dêuterons necessitam de uma energia E superior à altura da barreira para sofrer fusão.

Um grande problema em obter energia da fusão nuclear é que a força repulsiva de Coulomb entre os dois núcleos, que transportam cargas positivas, deve ser sobreposta antes de se fundirem. A Figura 11.7 mostra um gráfico da energia potencial como função da distância de separação entre dois dêuterons (núcleos de deutério, cada um com carga $+e$). A energia potencial é positiva na região $r > R$, onde a força repulsiva de Coulomb domina ($R \approx 1\,\text{fm}$) e negativa em $r < R$, onde a força nuclear domina. O problema fundamental, então, é disponibilizar aos dois núcleos energia cinética suficiente para sobrepor essa força repulsiva. Isto pode ser atingido ao se elevar o combustível a temperaturas extremamente altas (até aproximadamente 10^8 K, bem acima da temperatura interior do Sol). Nessas altas temperaturas, os átomos são ionizados e o sistema consiste em um agrupamento de elétrons e núcleos, geralmente chamado *plasma*.

Exemplo 11.3 — Fusão dos dêuterons

Para que a força nuclear sobreponha a repulsiva de Coulomb, a distância de separação entre dois dêuterons deve ser de aproximadamente $1,0 \times 10^{-14}$ m.

(A) Calcule a altura da barreira potencial devida à força repulsiva.

SOLUÇÃO

Conceitualização Imagine mover dois dêuterons um em direção ao outro. Conforme eles se aproximam, a força de repulsão de Coulomb fica mais forte. Deve ser realizado trabalho no sistema para empurrar contra essa força, e esse trabalho aparece no sistema de dois dêuterons como energia elétrica potencial.

Categorização Categorizamos esse exemplo como um problema que envolve a energia potencial elétrica de um sistema de duas partículas carregadas.

Análise Avalie a energia potencial associada a duas cargas separadas por uma distância r (Eq. 3.13 do Volume 3) para dois dêuterons:

$$U = k_e \frac{q_1 q_2}{r} = k_e \frac{(+e)^2}{r} = (8,99 \times 10^9\,\text{N} \cdot \text{m}^2/\text{C}^2)\frac{(1,60 \times 10^{-19}\,\text{C})^2}{1,0 \times 10^{-14}\,\text{m}}$$

$$= 2,3 \times 10^{-14}\,\text{J} = \boxed{0,14\,\text{MeV}}$$

(B) Estime a temperatura necessária para que um dêuteron sobreponha a barreira de potencial, supondo uma energia de $\tfrac{3}{2}k_B T$ por dêuteron (onde k_B é a constante de Boltzmann).

SOLUÇÃO

Como a energia total de Coulomb do par é 0,14 MeV, a energia de Coulomb por dêuteron é igual a 0,07 MeV $= 1,1 \times 10^{-14}$ J.

Configure essa energia igual à da média por dêuteron: $\tfrac{3}{2}k_B T = 1,1 \times 10^{-14}\,\text{J}$

Resolva para T:
$$T = \frac{2(1,1 \times 10^{-14}\,\text{J})}{3(1,38 \times 10^{-23}\,\text{J/K})} = \boxed{5,6 \times 10^8\,\text{K}}$$

(C) Encontre a energia emitida na reação deutério-deutério

$$^{2}_{1}\text{H} + {}^{2}_{1}\text{H} \rightarrow {}^{3}_{1}\text{H} + {}^{1}_{1}\text{H}$$

SOLUÇÃO

A massa de um átomo simples de deutério é igual a 2,014102 u. Portanto, a massa total do sistema antes da reação é 4,028204 u.

11.3 cont.

Encontre a soma das massas após a reação: 3,016049 u + 1,007825 u = 4,023874 u

Encontre a mudança na massa e converta em unidades de energia: 4,028204 u − 4,023874 u = 0,00433 u

$$= 0{,}00433 \text{ u} \times 931{,}494 \text{ MeV/u} = \boxed{4{,}03 \text{ MeV}}$$

Finalização A temperatura calculada na parte (B) é muito alta porque as partículas no plasma têm distribuição maxwelliana de velocidade (Seção 7.5 do Volume 2); portanto, algumas reações de fusão são causadas pelas partículas na parte posterior da alta energia desta distribuição. Além do mais, mesmo essas partículas que não têm energia suficiente para sobrepor a barreira têm a mesma probabilidade de tunelamento (Seção 7.5). Quando esses efeitos são levados em consideração, uma temperatura de "somente" 4×10^8 K parece adequada para fundir dois dêuterons em um plasma. Na parte (C), note que o valor de energia é consistente com o dado na Equação 11.4.

E SE? Suponha que o trítio resultante da reação na parte (C) reaja com outro deutério na reação

$$^{2}_{1}\text{H} + ^{3}_{1}\text{H} \rightarrow ^{4}_{2}\text{H} + ^{1}_{0}\text{n}$$

Quanta energia é emitida na sequência das duas reações?

Resposta O efeito geral da sequência das duas reações é que três núcleos de deutério se combinaram para formar um núcleo de hélio, um núcleo de hidrogênio e um nêutron. A massa inicial é 3(2,014102 u) = 6,042306 u. Após a reação, a soma das massas é 4,002603 u + 1,007825 u + 1,008665 = 6,019093 u. A massa de excesso é igual a 0,023213 u, equivalente a uma energia de 21,6 MeV. Note que esse valor é a soma dos valores de Q para a segunda e terceira reações na Equação 11.4.

A temperatura na qual a taxa de geração de energia em qualquer reação por fusão excede a taxa de perda é chamada **temperatura crítica de ignição** T_{ig}. Essa temperatura para a reação deutério-deutério (D–D) é 4×10^8 K. A partir da relação $E \approx \frac{3}{2} k_B T$, a temperatura de ignição é equivalente a aproximadamente 52 keV. A temperatura crítica de ignição para a reação deutério-trítio (D–T) é aproximadamente $4{,}5 \times 10^7$ K, ou somente 6 keV. Uma representação gráfica da potência gerada (P_g) pela fusão *versus* a temperatura das duas reações é mostrada na Figura 11.8. A linha reta verde representa a potência perdida (P_p) pelo mecanismo de radiação, conhecida como bremsstrahlung (Seção 8.8). Nesse mecanismo principal de perda de energia, a radiação (primariamente raios X) é emitida como resultado das colisões elétron-íon no plasma. As intersecções da linha P_p com as curvas P_g produzem as temperaturas críticas de ignição.

Além dos requisitos de alta temperatura, dois outros parâmetros críticos determinam se um reator termonuclear é bem-sucedido ou não: a **densidade de íons** n e o **tempo de confinamento** τ, o intervalo de tempo durante o qual a energia injetada no plasma permanece nele. O físico inglês J. D. Lawson (1923-2008) mostrou que a densidade de íons e o tempo de confinamento devem ser grandes o suficiente para assegurar que mais energia de fusão seja liberada além da quantidade necessária para elevar a temperatura do plasma. Para um valor específico de n, a probabilidade de fusão entre duas partículas aumenta conforme τ aumenta. Para um valor específico de τ, a taxa de colisão entre os núcleos aumenta conforme n aumenta. O produto $n\tau$ é chamado **número de Lawson** de uma reação. Um gráfico do valor de $n\tau$ necessário para atingir uma saída de energia líquida para as reações D–T e D–D em temperaturas diferentes é mostrado na Figura 11.9. Em particular, o **critério de Lawson** afirma que uma saída de energia líquida é possível para valores de $n\tau$ que atendem às seguintes condições:

$$n\tau \geq 10^{14} \text{ s/cm}^3 \quad \text{(D–T)} \tag{11.5}$$

$$n\tau \geq 10^{16} \text{ s/cm}^3 \quad \text{(D–D)}$$

Esses valores representam os mínimos das curvas na Figura 11.9.

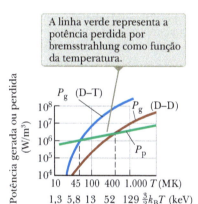

Figura 11.8 Potência gerada pela temperatura para a fusão deutério-deutério (D–D) e deutério-trítio (D–T). Quando a taxa de geração excede a de perda, acontece a ignição.

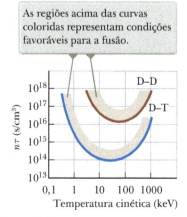

Figura 11.9 O número de Lawson $n\tau$, no qual a saída de energia é possível em função da temperatura para as reações de fusão D–T e D–D.

O critério de Lawson surgiu da comparação da energia necessária para elevar a temperatura específica de um plasma com aquela gerada pelo processo de fusão.[2] A energia necessária para elevar a temperatura do plasma (E_e) é proporcional à densidade de íons n, que podemos expressar como $E_e = C_1 n$, onde C_1 é uma constante. A energia gerada pelo processo de fusão é proporcional a $n^2\tau$, ou $E_g = C_2 n^2 \tau$. Essa dependência pode ser compreendida ao se notar que a energia emitida na fusão é proporcional à taxa na qual os íons que interagem colidem ($\alpha\, n^2$) e o tempo de confinamento τ. A energia líquida é produzida quando $E_g > E_e$. Quando as constantes C_1 e C_2 são calculadas para reações diferentes, a condição $E_g \geq E_e$ leva ao critério de Lawson.

Esforços atuais estão focados em atender ao critério de Lawson em temperaturas que excedam T_{ig}. Embora as densidades mínimas de plasma requeridas tenham sido alcançadas, o problema do tempo de confinamento é mais difícil. Duas técnicas básicas sob investigação para resolução deste problema são os *confinamentos magnético* e *inercial*.

Confinamento magnético

Vários experimentos com plasma relacionados à fusão utilizam **confinamento magnético** para contê-lo. Um dispositivo toroidal chamado **tokamak**, desenvolvido em princípio na Rússia, é mostrado na Figura 11.10a. Uma combinação de dois campos magnéticos é utilizada para confinar e estabilizar o plasma: (1) um campo toroidal forte produzido pela corrente nos enrolamentos toroidais ao redor de uma câmara a vácuo em forma de uma rosquinha e (2) um campo "poloidal" mais fraco produzido pela corrente toroidal. Além de confinar o plasma, essa corrente é utilizada para elevar sua temperatura. As linhas resultantes do campo magnético de hélice entram em espiral ao redor do plasma e o impedem de tocar as paredes da câmara de vácuo (se o plasma tocá-las, sua temperatura é reduzida e as impurezas ejetadas das paredes o "envenenam", levando a grandes perdas de potência).

Um grande avanço no confinamento magnético na década de 1980 aconteceu na área de entrada de energia auxiliar para atingir temperaturas de ignição. Experimentos mostraram que injetar um feixe de partículas energéticas neutras no plasma é um método muito eficiente para elevá-lo até temperaturas de ignição. A entrada de energia de radiofrequência provavelmente será necessária para plasmas de tamanhos de reatores.

Quando estava em operação, de 1982 a 1997, o reator de teste de fusão tokamak (TFTR, Fig. 11.10b), na Universidade Princeton, relatou temperaturas de íon centrais de 510 milhões de graus Celsius, mais de 30 vezes superior à temperatura no centro do Sol. Os valores de $n\tau$ no TFTR para a reação D–T estavam muito acima de 10^{13} s/cm^3 e próximos do valor requerido pelo critério de Lawson. Em 1991, as taxas de reação de 6×10^{-17} fusões D–T por segundo foram atingidas no tokamak Joint European Torus (JET), em Abington, Inglaterra.

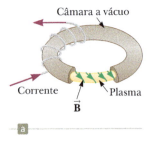

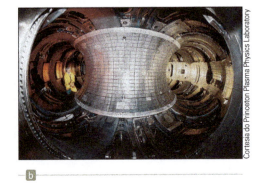

Figura 11.10 (a) Diagrama de um tokamak utilizado no esquema de confinamento magnético. (b) Visualização interior do recipiente do reator fechado de teste de fusão tokamak (TFTR) no Princeton Plasma Physics Laboratory. (c) Experimento nacional esférico de toro (NSTX) que começou a operação em março de 1999.

---

[2] O critério de Lawson desconsidera a energia necessária para configurar o campo magnético forte utilizado para confinar o plasma quente em uma abordagem de confinamento magnético. Essa energia deve ser por volta de 20 vezes maior que a necessária para elevar a temperatura do plasma. É, portanto, necessário ter um sistema magnético de recuperação de energia ou utilizar ímãs supercondutores.

Aplicações da Física Nuclear **357**

O experimento nacional esférico de toro (National Spherical Torus Experiment – NSTX) do Princeton Plasma Physics Laboratory, mostrado na Figura 11.10c, faz parte da nova geração de experimentos de fusão. Esse reator foi colocado em operação em fevereiro de 1999 e desde então tem feito esse tipo de experimento. Em vez do plasma em forma de rosquinha de um tokamak, o NSTX produz um plasma esférico que tem um furo em seu centro. A grande vantagem da configuração esférica é sua habilidade de confinar o plasma a uma pressão mais alta em um campo magnético específico. Essa abordagem pode levar ao desenvolvimento de reatores de fusão menores e mais econômicos.

Um esforço colaborativo internacional, envolvendo Estados Unidos, União Europeia, Japão, China, Coreia do Sul, Índia e Rússia, está atualmente em desenvolvimento visando à construção de um reator de fusão chamado ITER (International Thermonuclear Experimental Reactor) – reator experimental termonuclear internacional, embora nos últimos tempos a ênfase tenha mudado para interpretar "iter" em termos do seu significado em latim, "o caminho". Uma razão proposta para essa mudança é evitar a confusão entre as pessoas em razão de conotações negativas relacionadas à palavra *termonuclear*. Essa instalação abordará os problemas científicos e tecnológicos restantes relacionados à viabilidade da potência de fusão. O projeto está completo e Cadarache, na França, foi escolhida, em junho de 2005, como local do reator. A construção iniciou em 2007 e serão necessários cerca de 10 anos, com a operação de fusão projetada para começar em 2019. Se o dispositivo planejado funcionar como esperado, o número de Lawson do ITER será aproximadamente seis vezes maior que o atual recordista, o tokamak JT-60U, no Japão. Espera-se que o ITER produza uma energia resultante dez vezes maior que a energia inicial de potência e o conteúdo de energia das partículas alfa dentro do reator será tão intenso que essas sustentarão a reação de fusão, permitindo que fontes auxiliares de energia sejam desligadas quando a reação for iniciada.

Exemplo **11.4**	**Dentro de um reator de fusão**

Em 1998, o tokamak JT-60U do Japão operou com uma densidade de plasma D–T de $4,8 \times 10^{13}$ cm^{-3} à temperatura (em unidades de energia) de 24,1 keV. Ele confinou esse plasma dentro de um campo magnético por 1,1 s.

(A) Esses dados atendem ao critério de Lawson?

SOLUÇÃO

Conceitualização Com a ajuda da terceira reação da Equação 11.4, imagine várias dessas reações ocorrendo em um plasma de alta temperatura e alta densidade.

Categorização Utilizamos o conceito do número de Lawson discutido nesta seção; portanto, categorizamos esse exemplo como um problema de substituição.

Avalie o número de Lawson para o JT-60U:
$$n\tau = (4,8 \times 10^{13}\,\text{cm}^{-3})(1,1\,\text{s}) = 5,3 \times 10^{13}\,\text{s/cm}^3$$

Esse valor está próximo de atender ao critério de Lawson de 10^{14} s/cm^3 para um plasma D–T dado na Equação 11.5. Na verdade, cientistas registraram um ganho de potência de 1,25, indicando que o reator operava um pouco acima do ponto de equilíbrio e produzia mais energia que o necessário para manter o plasma.

(B) Como a densidade do plasma se compara com a dos átomos em um gás ideal quando esse está em condições padrão ($T = 0\,°\text{C}$ e $P = 1$ atm)?

SOLUÇÃO

Encontre a densidade dos átomos em uma amostra de gás ideal ao avaliar N_A/V_{mol}, onde N_A é o número de Avogadro e V_{mol} o volume molar de um gás ideal em condições padrão, $2,24 \times 10^{-2}$ m^3/mol:

$$\frac{N_A}{V_{mol}} = \frac{6,02 \times 10^{23}\,\text{átomos/mol}}{2,24 \times 10^{-2}\,\text{m}^3/\text{mol}} = 2,7 \times 10^{25}\,\text{átomos/m}^3$$
$$= 2,7 \times 10^{19}\,\text{átomos/cm}^3$$

Esse valor é mais de 500 mil vezes superior à densidade do plasma no reator.

Confinamento inercial

Essa segunda técnica para confinar plasma, chamada **confinamento inercial**, utiliza um alvo D–T que tem densidade de partículas muito alta. Neste esquema, o tempo de confinamento é muito curto (geralmente de 10^{-11} a 10^{-9} s) e, devido a sua própria inércia, as partículas não têm muita chance de se mover de suas posições iniciais. Portanto, o critério de Lawson pode ser atendido ao combinar a densidade de partícula com um tempo curto de confinamento.

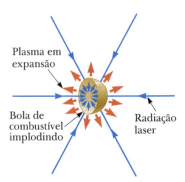

Figura 11.11 No confinamento inercial, uma bola de combustível D–T funde-se quando atingida simultaneamente por vários feixes de laser de alta intensidade.

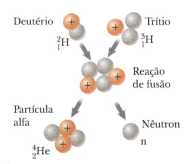

Figura 11.12 Fusão deutério-trítio. Oitenta por cento da energia emitida está no nêutron de 14 MeV.

Fusão a laser é a forma mais comum de confinamento inercial. Uma pequena bola D–T, de aproximadamente 1 mm de diâmetro, é atingida simultaneamente por vários feixes de laser focados e de alta intensidade, resultando em um grande pulso de energia de entrada que faz que a superfície da bola de combustível evapore (Fig. 11.11). As partículas que escapam exercem uma força de reação no núcleo da bola, com base na terceira Lei de Newton, resultando em uma onda de choque compressiva, forte e movendo-se para dentro. Essa onda aumenta a pressão e a densidade do núcleo e produz um aumento correspondente na temperatura. Quando a temperatura do núcleo atinge a de ignição, acontecem reações de fusão.

Um dos maiores laboratórios de fusão a laser nos Estados Unidos é a instalação Omega da Universidade de Rochester, em Nova York, que focaliza 24 feixes de laser no alvo. Atualmente em construção no Lawrence Livermore National Laboratory, em Livermore, Califórnia, há a National Ignition Facility. Seus aparelhos de pesquisa incluirão 192 feixes a laser que podem ser focalizados em uma bola de deutério-trítio. A construção terminou no começo de 2009 e um disparo de teste dos lasers em março de 2012 quebrou o recorde referente a lasers, fornecendo 1,87 MJ para um alvo. Essa energia é fornecida em tão pouco tempo que a potência é imensa: 500 trilhões de watts, mais de 1.000 vezes a energia utilizada nos Estados Unidos em qualquer momento.

Design do reator de fusão

Na reação de fusão D–T

$$^{2}_{1}H + ^{3}_{1}H \rightarrow ^{4}_{2}He + ^{1}_{0}n \quad Q = 17{,}59 \text{ MeV}$$

a partícula alfa transporta 20% da energia e o nêutron, 80% ou aproximadamente 14 MeV. Um diagrama da reação de fusão deutério-trítio é mostrado na Figura 11.12. Como as partículas alfa são carregadas, são absorvidas primariamente pelo plasma, fazendo que a temperatura deste aumente. Por outro lado, os nêutrons de 14 MeV, sendo eletricamente neutros, passam pelo plasma e são absorvidos por um material de manta envolvente, onde a grande energia cinética é extraída e utilizada para gerar potência elétrica.

Um esquema é utilizar lítio metálico derretido como o material absorvedor neutro e circulá-lo em um circuito fechado de troca de calor, produzindo assim vapor e acionamento de turbinas, como em uma usina convencional. A Figura 11.13 mostra um diagrama deste reator. Estima-se que uma manta de lítio de aproximadamente 1 m de espessura será capaz de capturar quase 100% dos nêutrons da fusão de uma pequena bola D–T.

A captura dos nêutrons por lítio é descrita pela reação

$$^{1}_{0}n + ^{6}_{3}Li \rightarrow ^{3}_{1}H + ^{4}_{2}He$$

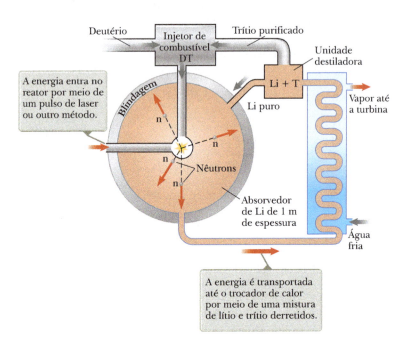

Figura 11.13 Diagrama de um reator de fusão.

Aplicações da Física Nuclear **359**

onde as energias cinéticas do trítio carregado ^3_1H e a partícula alfa são transformadas em energia interna no lítio derretido. Uma vantagem extra de utilizar o lítio como meio de transferência de energia é que o trítio produzido pode ser separado do lítio e devolvido como combustível para o reator.

Vantagens e problemas da fusão

Se a potência de fusão puder um dia ser aplicada, vai oferecer diversas vantagens em relação à potência gerada por fissão: (1) baixo custo e abundância de combustível (deutério), (2) impossibilidade de acidentes não controlados e (3) risco diminuído de radiação. Alguns dos possíveis problemas e desvantagens são (1) escassez do lítio, (2) estoque limitado de hélio, necessário para resfriar os ímãs supercondutores utilizados para produzir campos fortes de confinamento, e (3) danos estruturais e radioatividade induzida causada por bombardeamento de nêutrons. Se esses problemas e os fatores de projeto de engenharia puderem ser solucionados, a fusão nuclear pode se tornar uma fonte viável de energia até a metade do século XXI.

11.5 Danos por radiação

No Capítulo 12 do Volume 3 aprendemos que a radiação eletromagnética está a nossa volta na forma de ondas de rádio, de luz, micro-ondas e assim por diante. Nesta seção, descreveremos as formas de radiação que podem causar sérios danos conforme passam pela matéria, como a radiação resultante dos processos radioativos e aquela em forma de partículas energéticas, como nêutrons e prótons.

O grau e o tipo de dano dependem de vários fatores, incluindo o tipo e a energia da radiação e as propriedades da matéria. Os metais utilizados nas estruturas do reator nuclear podem ser fragilizados seriamente por altos fluxos de nêutrons energéticos, porque esses altos fluxos geralmente levam à fadiga do metal. O dano nessas situações acontece na forma de deslocamentos atômicos, geralmente resultando em grandes alterações nas propriedades do material.

Os danos por radiação em organismos biológicos devem-se primariamente aos efeitos da ionização nas células. A operação normal de uma célula pode ser interrompida quando íons altamente reativos forem formados como resultado da radiação ionizante. Por exemplo, o hidrogênio e o radical hidroxila OH^- produzidos a partir de moléculas de água podem induzir reações químicas que podem quebrar as ligações nas proteínas e outras moléculas vitais. Além do mais, a radiação ionizante pode, diretamente, afetar moléculas vitais ao remover elétrons de sua estrutura. Altas doses de radiação são especialmente perigosas porque o dano a um grande número de moléculas em uma célula pode fazê-la morrer. Embora, em geral, a morte de uma única célula não seja um problema, a morte de várias pode resultar danos irreversíveis ao organismo. As células que se dividem rapidamente, como as do trato digestivo, órgãos reprodutivos e folículos capilares, são especialmente suscetíveis. Além disso, as células que sobrevivem podem se tornar defeituosas e produzir mais células defeituosas e levar ao câncer.

Em sistemas biológicos, é comum separar os danos por radiação em duas categorias: somáticos e genéticos. *Dano somático* é aquele associado a qualquer célula, exceto as reprodutivas. Pode levar ao câncer ou alterar seriamente as características de organismos específicos. *Dano genético* afeta somente as células reprodutivas. Danos aos genes em células reprodutoras podem levar a uma descendência defeituosa. É importante estar ciente do efeito dos tratamentos diagnósticos, como raios X e outras formas de exposição à radiação e confrontar os benefícios significativos do tratamento com seus efeitos danosos.

Danos causados pela radiação também dependem da potência penetrante da radiação. Partículas alfa causam danos extensivos, mas penetram somente a uma profundidade superficial em um material devido à forte interação com outras partículas carregadas. Nêutrons não interagem via força elétrica e, assim, penetram mais profundamente, causando danos relevantes. Raios gama são fótons de alta energia que podem causar sérios danos, mas, em geral, passam pela matéria sem interação.

Várias unidades foram utilizadas historicamente para medir a quantidade, ou dose, de qualquer radiação que interaja com uma substância.

> **Roentgen** (R) é a quantidade de radiação ionizante que produz uma carga elétrica de $3,33 \times 10^{-10}$ C em 1 cm^3 de ar em condições padrão.

De modo equivalente, roentgen é também a quantidade de radiação que aumenta a energia de 1 kg de ar por $8,76 \times 10^{-3}$ J. Para a maior parte das aplicações o roentgen foi substituído pelo rad (*dose absorvida de radiação*):

> **Rad** é a quantidade de radiação que aumenta a energia de 1 kg de material absorvedor por 1×10^{-2} J.

Embora o rad seja uma unidade física perfeitamente eficiente, não é a melhor para medir o grau do dano biológico produzido pela radiação, porque esse não depende somente da dose, mas também do tipo da radiação. Por exemplo,

360 Física para cientistas e engenheiros

uma dose específica de partículas alfa causa por volta de dez vezes mais danos biológicos que uma dose igual de raios X. O fator **RBE** (relative biological effectiveness/efetividade biológica relativa) para um tipo de radiação específica é **o número de rads da radiação X ou gama que produz o mesmo dano biológico que 1 rad da radiação sendo utilizada**. Os fatores RBE para diferentes tipos de radiação são apresentados na Tabela 11.1, cujos valores são somente aproximados, porque variam com a energia da partícula e a forma do dano. Esse fator deve ser considerado somente um guia de primeira aproximação com os efeitos reais da radiação.

Finalmente, **rem** (radiation equivalent in man/equivalente de radiação no homem) é o produto da dose em rad e fator RBE:

Dose de radiação em rem ▶
$$\text{Dose em rem} \equiv \text{dose em rad} \times \text{RBE} \tag{11.6}$$

De acordo com essa definição, 1 rem de dois tipos de radiação produz a mesma quantidade de dano biológico. A Tabela 11.1 mostra que uma dose de 1 rad de nêutrons rápidos representa uma dose efetiva de 10 rem, mas 1 rad de radiação gama é equivalente a uma dose de somente 1 rem.

Essa discussão tem como foco medições de dosagem de radiação em unidades como rads e rems, porque essas ainda são amplamente utilizadas. Contudo, elas foram formalmente substituídas por novas unidades do SI. O rad foi substituído pelo *gray* (Gy), que é igual a 100 rads, e o rem foi substituído pelo *sievert* (Sv), que é igual a 100 rem. A Tabela 11.2 resume as unidades de dosagem de radiação mais antigas e atuais do SI.

TABELA 11.1 *Fatores RBE para vários tipos de radiação*

Radiação	Fator RBE
Raios X e gama	1,0
Partículas beta	1,0–1,7
Partículas alfa	10–20
Nêutrons térmicos	4–5
Nêutrons e prótons rápidos	10
Íons pesados	20

Nota: RBE = efetividade biológica relativa.

TABELA 11.2 *Unidades de dosagem de radiação*

Quantidade	Unidade SI	Símbolo	Relações com outras unidades SI	Unidade antiga	Conversão
Dose absorvida	gray	Gy	$= 1$ J/kg	rad	1 Gy = 100 rad
Dose equivalente	sievert	Sv	$= 1$ J/kg	rem	1 Sv = 100 rem

A radiação de nível baixo de fontes naturais, como raios cósmicos e rochas radioativas, causam-nos uma dose de aproximadamente 2,4 rem/ano. Essa radiação, chamada *radiação de fundo*, varia com a geografia, sendo seus principais fatores a altitude (exposição a raios cósmicos) e geologia (gás de radônio emitido por algumas formações rochosas, depósitos de minerais naturalmente radioativos).

O limite superior da taxa de dose de radiação recomendada pelo governo dos Estados Unidos (independentemente da radiação de fundo) é de aproximadamente 0,5 rem/ano. Várias atividades envolvem exposições muito mais altas à radiação e, por isso, um limite superior de 5 rem/ano foi ajustado para exposição combinada de corpo inteiro. Limites superiores mais altos são permitidos para certas partes do corpo, como mãos e antebraços. Uma dose de 4 a 5 rem resulta em uma taxa de mortalidade de aproximadamente 50% (ou seja, metade das pessoas expostas a esse nível de radiação morrem). A forma mais perigosa de exposição para a maior parte das pessoas é ingestão ou inalação de isótopos radioativos, especialmente aqueles cujos elementos o corpo retém e concentra, como ^{90}Sr.

11.6 Usos da radiação

As aplicações da Física Nuclear estão extremamente disseminadas na indústria, na Medicina e na Biologia. Nesta seção, apresentaremos algumas dessas aplicações e as teorias subjacentes que as suportam.

Rastreamento

Rastreadores radioativos são utilizados para detectar produtos químicos que fazem parte de várias reações. Um dos seus usos mais valiosos está na medicina. Por exemplo, o iodo, nutriente necessário para o corpo humano, é obtido em grande quantidade pela ingestão de sal iodado e frutos do mar. Para avaliar o desempenho da tireoide, o paciente bebe uma quantidade muito pequena de iodeto de sódio radioativo contendo ^{131}I, um isótopo de iodo produzido artificialmente (o isótopo natural não radioativo é o ^{127}I). A quantidade de iodo na glândula tireoide é determinada como uma função do tempo pela medição da intensidade da radiação na área do pescoço. A quantidade restante do isótopo ^{131}I na tireoide é a medida do bom funcionamento ou não da glândula.

Uma segunda aplicação médica é indicada na Figura 11.14. Uma solução contendo sódio radioativo é injetada em uma veia da perna, e o tempo no qual o radioisótopo chega até outra parte do corpo é detectado com um contador de radiação. O tempo gasto é um bom indicador da presença ou ausência de constrições no sistema circulatório.

Rastreadores também são úteis em pesquisas agrícolas. Suponha que o melhor método de fertilização de uma planta precise ser determinado. Um elemento específico em um fertilizante como o nitrogênio pode ser *rotulado* (identificado) com um de seus isótopos radioativos. O fertilizante é, então, borrifado em um grupo de plantas, espalhado no chão para um segundo grupo e plantado no solo para um terceiro. Um contador Geiger é utilizado para rastrear o nitrogênio em cada um dos três grupos.

As técnicas de rastreamento têm alcance tão grande quanto a engenhosidade humana permite. Hoje em dia, as aplicações vão desde verificar como os dentes absorvem o flúor, o monitoramento de como os produtos de limpeza contaminam os equipamentos de processamento de alimentos, até o estudo da deterioração interna de um motor de automóvel. No último caso, um material radioativo é utilizado na fabricação dos anéis do pistão do carro e o óleo é verificado quanto à radioatividade para determinar a quantidade de desgaste nos anéis.

Análise de materiais

Por séculos, um método padrão de identificação de elementos em uma amostra de material tem sido a análise química, que envolve a determinação de como o material reage a vários produtos químicos. Outro é a análise espectral, que funciona porque cada elemento, quando excitado, emite seu próprio conjunto característico de comprimentos de onda eletromagnética. Esses métodos são agora suplementados por uma terceira técnica, **análise por ativação de nêutrons**. Uma desvantagem dos métodos químico e espectral é que uma amostra razoavelmente grande do material deve ser destruída para a análise. Além do mais, quantidades extremamente pequenas de um elemento podem passar despercebidas por qualquer um dos métodos. A análise por ativação de nêutrons tem uma vantagem em relação às análises química e espectral em ambas as situações.

Quando um material é irradiado com nêutrons, os núcleos no material absorvem os nêutrons e são carregados em isótopos diferentes, sendo a maioria deles radioativa. Por exemplo, o ^{65}Cu absorve um nêutron para se tornar ^{66}Cu, que sofre decaimento beta:

$$^{1}_{0}n + ^{65}_{29}Cu \rightarrow ^{66}_{29}Cu \rightarrow ^{66}_{30}Zn + e^{-} + \bar{\nu}$$

A presença do cobre pode ser deduzida porque é sabido que o ^{66}Cu tem meia-vida de 5,1 min e decai com a emissão de partículas beta com energia máxima de 2,63 MeV. Também é emitido neste decaimento um raio gama de 1,04 MeV. Ao

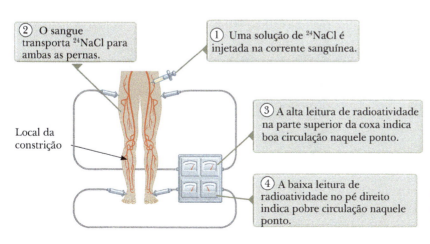

Figura 11.14 Técnica de rastreamento para determinação da condição do sistema circulatório humano.

examinar a radiação emitida por uma substância após ter sido exposta à irradiação de nêutrons, é possível nela detectar quantidades extremamente pequenas de um elemento.

A análise por ativação de nêutrons é utilizada rotineiramente em várias indústrias. Na aviação comercial, por exemplo, é usada para inspecionar bagagens a fim de detectar explosivos escondidos. Um uso não rotineiro tem interesse histórico. Napoleão morreu na ilha de St. Helena em 1821, supostamente de causas naturais. Com o passar dos anos, passaram a surgir suspeitas desta naturalidade. Após sua morte, sua cabeça foi raspada e cachos de seu cabelo foram vendidos como suvenires. Em 1961, a quantidade de arsênico em uma amostra de seu cabelo foi medida pela análise por ativação de nêutrons e uma quantidade extraordinariamente grande de arsênio foi encontrada (a análise por ativação é tão sensível que pedaços muito pequenos de um único fio de cabelo puderam ser analisados). Os resultados mostraram que arsênio havia sido administrado a ele regularmente. Na verdade, o padrão de concentração de arsênio correspondia às flutuações na gravidade da doença de Napoleão, como determinado em registros históricos.

Historiadores da arte utilizam a análise por ativação de nêutrons para detectar falsificações. Os pigmentos utilizados em tintas mudaram historicamente e tanto os novos quanto os antigos reagem de modo diferente à ativação de nêutrons. O método pode até revelar obras de arte escondidas, porque uma camada mais antiga de tinta reage de forma diferente que a da superfície à ativação de nêutrons.

Terapia por radiação

A radiação causa muitos danos ao dividir rapidamente as células. Portanto, é útil no tratamento de câncer porque as células do tumor assim se dividem. Vários mecanismos podem ser utilizados para fornecer radiação a um tumor. Na Seção 8.8, discutimos o uso de raios X de alta energia no tratamento de tecidos cancerosos. Outros protocolos de tratamento são o uso de feixes estreitos de radiação de uma fonte radioativa. Como exemplo, a Figura 11.15 mostra uma máquina que usa o ^{60}Co como fonte. O isótopo ^{60}Co emite raios gama com energias de fótons superiores a 1 MeV.

Em outras situações, a técnica chamada *braquiterapia* é utilizada. Neste tratamento, agulhas radioativas finas, chamadas *sementes*, são implantadas no tecido canceroso. A energia emitida das sementes é fornecida diretamente ao tumor, reduzindo a exposição do tecido vizinho aos danos da radiação. No caso do câncer na próstata, os isótopos ativos utilizados na braquiterapia são ^{125}I e ^{103}Pd.

Preservação de alimentos

O uso da radiação como meio de preservação de alimentos tem aumentado porque a exposição a altos níveis de radiação pode destruir ou incapacitar as bactérias e os esporos de mofo (Fig. 11.16). As técnicas incluem exposição dos alimentos a raios gama, feixes de elétrons de alta energia e raios X. O alimento preservado por essa exposição pode ser colocado em um recipiente lacrado (para afastar novos agentes destruidores) e armazenado por longos períodos de tempo. Há pouca ou nenhuma evidência sobre efeitos adversos no sabor ou no valor nutricional do alimento devido à radiação. A segurança de alimentos irradiados foi endossada pela Organização Mundial da Saúde, pelo Centro de Controle e Prevenção de Doenças, pelo Departamento de Agricultura e pela Administração de Drogas e Alimentos (FDA) dos Estados Unidos. A irradiação de alimentos é permitida, atualmente, em mais de 50 países. Algumas estimativas colocam a quantidade de alimentos irradiados no mundo em torno de 500 mil toneladas métricas por ano.

Figura 11.15 Essa grande máquina está sendo configurada para fornecer uma dose de radiação de ^{60}Co em um esforço para destruir um tumor canceroso. As células cancerosas são especialmente suscetíveis a esse tipo de terapia porque tendem a se dividir com mais frequência do que as células do tecido saudável nas proximidades.

Figura 11.16 Os morangos à esquerda não foram tratados e mofaram. Os morangos intactos à direita foram irradiados. A radiação matou ou incapacitou os esporos de mofo que estragaram os da esquerda.

Aplicações da Física Nuclear **363**

Resumo

Conceitos e Princípios

A probabilidade de que nêutrons sejam capturados conforme se movem pela matéria geralmente aumenta com a energia decrescente do nêutron. **Nêutron térmico** é aquele que se move lentamente e tem alta probabilidade de ser capturado por um núcleo em um **evento de captura de nêutrons**:

$$_{0}^{1}\mathrm{n} + {}_{Z}^{A}\mathrm{X} \rightarrow {}_{Z}^{A+1}\mathrm{X}^* \rightarrow {}_{Z}^{A+1}\mathrm{X} + \gamma \tag{11.1}$$

onde ${}_{Z}^{A+1}\mathrm{X}^*$ é um núcleo intermediário excitado que emite rapidamente um fóton.

Fissão nuclear acontece quando um núcleo muito pesado, como o ${}^{235}\mathrm{U}$, se divide em dois **fragmentos de fissão** menores. Os nêutrons térmicos podem criar fissão no ${}^{235}\mathrm{U}$:

$$_{0}^{1}\mathrm{n} + {}_{92}^{235}\mathrm{U} \rightarrow {}_{92}^{236}\mathrm{U}^* \rightarrow \mathrm{X} + \mathrm{Y} + \text{nêutrons} \tag{11.2}$$

onde ${}^{236}\mathrm{U}^*$ é um estado intermediário excitado e X e Y são fragmentos de fissão. Na média, 2,5 nêutrons são emitidos por fissão. Os fragmentos, então, sofrem uma série de decaimentos beta e gama em vários isótopos estáveis. A energia emitida por fissão é de aproximadamente 200 MeV.

Constante de reprodução K é o número médio de nêutrons emitidos de cada fissão que causa outro evento. Em um reator de fissão, é necessário manter $K \approx 1$. O valor de K é afetado por fatores como geometria e energia média do reator e probabilidade de captura de nêutrons.

Na **fusão nuclear**, dois núcleos leves fundem-se para formar um núcleo mais pesado e emitir energia. O maior obstáculo na obtenção de energia útil da fusão é a grande força repulsiva de Coulomb entre os núcleos carregados em pequenas distâncias de separação. A temperatura necessária para produzir fusão é da ordem de 10^8 K e, nesta temperatura, toda a matéria ocorre como um plasma.

No reator de fusão, a temperatura do plasma deve atingir a **temperatura crítica de ignição**, na qual a potência gerada pelas reações da fusão excede a perdida no sistema. A reação mais promissora é a D–T, que tem temperatura crítica de ignição de aproximadamente $4,5 \times 10^7$ K. Dois parâmetros críticos no projeto do reator de fusão são a **densidade de íons** n e o **tempo de confinamento** τ, o intervalo de tempo durante o qual as partículas interativas devem ser mantidas a $T > T_{\text{ig}}$. O **critério de Lawson** afirma que, para a reação D–T, $n\tau \geq 10^{14}$ s/cm^3.

▌Perguntas Objetivas

1. Em certa reação de fissão, um núcleo de ${}^{235}\mathrm{U}$ captura um nêutron. Esse processo resulta na criação dos produtos ${}^{137}\mathrm{I}$ e ${}^{96}\mathrm{Y}$ juntamente com quantos nêutrons? (a) 1, (b) 2, (c) 3, (d) 4, (e) 5.

2. Qual partícula é mais provável de ser capturada por um núcleo de ${}^{235}\mathrm{U}$ e fazer com que sofra fissão? (a) Próton energético, (b) nêutron energético, (c) partícula alfa de movimento lento, (d) nêutron de movimento lento, (e) elétron de movimento rápido.

3. No primeiro teste de armas nucleares realizado no Novo México, Estados Unidos, a energia emitida foi equivalente a aproximadamente 17 quilotoneladas de dinamite. Estime a diminuição da massa no combustível nuclear que representa a energia convertida a partir da de repouso em outras formas nesse evento. *Observação*: Uma tonelada de dina-

mite tem energia equivalente a $4,2 \times 10^9$ J. (a) 1 μg, (b) 1 mg, (c) 1 g, (d) 1 kg, (e) 20 kg.

4. Ao trabalhar com materiais radioativos em um laboratório por um ano, (a) Tom recebeu 1 rem de radiação alfa, (b) Karen, 1 rad de nêutrons rápidos, (c) Paul, 1 rad de nêutrons térmicos como uma dose de corpo inteiro e (d) Ingrid, 1 rad de nêutrons térmicos somente em suas mãos. Ordene essas quatro doses de acordo com a quantidade provável de dano biológico do maior para o menor, destacando os casos de igualdade.

5. Se o moderador, de repente, fosse removido de um reator nuclear em uma estação de geração de eletricidade, qual seria a consequência mais provável? (a) O reator ficaria em estado supercrítico, e ocorreria uma reação desenfreada. (b) A reação nuclear continuaria da mesma maneira, mas o

reator ficaria sobreaquecido. (c) O reator ficaria em estado subcrítico e a reação se extinguiria. (d) Não ocorreria nenhuma mudança na operação do reator.

6. Você pode utilizar a Figura 10.5 para responder a essa questão. Três reações nucleares acontecem, cada uma envolvendo 108 núcleons: (1) dezoito núcleos de ^{6}Li se fundem em pares para formar nove núcleos de ^{12}C, (2) quatro núcleos, cada um com 27 núcleons, se fundem em pares para formar dois núcleos com 54 núcleons, e (3) um núcleo com 108 núcleons se fissiona para formar dois núcleos com 54 núcleons. Ordene essas três reações do maior valor positivo de Q (representando a energia de saída) até o maior valor negativo (representando a entrada de energia). Inclua também $Q = 0$ no seu ranking para deixar claro qual das reações expele e qual absorve energia. Destaque qualquer caso de igualdade em seu ranking.

7. Um dispositivo denominado *câmara de bolhas* utiliza um líquido (geralmente, hidrogênio líquido) mantido próximo de seu ponto de ebulição. Os íons produzidos por partículas carregadas recebidas de decaimentos nucleares deixam trilhas de bolhas, que podem ser fotografadas. A Figura PO11.7 mostra caminhos de partículas em uma câmara de bolhas imersa em um campo magnético. Os caminhos são geralmente espirais, em vez de seções de círculos. Qual é a razão primária para esse formato? (a) O campo magnético não está perpendicular à velocidade das partículas. (b) O campo magnético não é uniforme no espaço. (c) As forças nas partículas aumentam com o tempo. (d) As velocidades das partículas diminuem com o tempo.

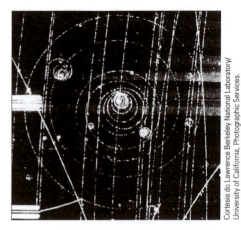

Figura PO11.7

8. Se uma partícula alfa e um elétron têm a mesma energia cinética, qual sofre maior deflexão quando passa por um campo magnético? (a) A partícula alfa. (b) O elétron. (c) Eles sofrem a mesma deflexão. (d) Nenhum sofre deflexão.

9. Qual das seguintes condições de combustível *não* é necessária para operar um reator de fusão controlada autossustentável? (a) Deve estar em uma temperatura suficientemente alta. (b) Deve ser radioativo. (c) Deve estar em uma densidade suficientemente alta. (d) Deve estar confinado por um período de tempo suficientemente longo. (e) As condições de (a) a (d) são todas necessárias.

Perguntas Conceituais

1. Quais fatores fazem com que uma reação de fusão terrestre seja difícil de ser atingida?

2. O critério de Lawson afirma que o produto da densidade do íon e o tempo de confinamento devem exceder certo número antes de a reação de fusão de equilíbrio ocorrer. Por que esses dois parâmetros deveriam determinar o resultado?

3. Por que um reator de fusão produziria menos rejeitos radioativos que outro de fissão?

4. Discuta as vantagens e desvantagens dos reatores de fissão do ponto de vista da segurança, poluição e recursos. Faça uma comparação com a potência gerada a partir da queima de combustíveis fósseis.

5. Discuta as semelhanças e diferenças entre fusão e fissão.

6. Se um núcleo capturar um nêutron de movimento lento, o produto é deixado em estado altamente excitado, com energia de aproximadamente 8 MeV acima do estado fundamental. Explique a fonte da energia de excitação.

7. Discuta as vantagens e desvantagens da potência de fusão do ponto de vista da segurança, poluição e recursos.

8. Um cristal de cintilação pode ser um detector de radiação quando combinado com um tubo fotomultiplicador (Seção 6.2). O cintilador geralmente é um material sólido ou líquido, cujos átomos são facilmente excitados pela radiação. Os átomos excitados emitem fótons quando retornam ao estado fundamental. O design de um tubo fotomultiplicador (Fig. PC11.8) pode sugerir que qualquer número de dinodos pode ser utilizado para amplificar um sinal fraco. Que fatores você supõe que limitariam a amplificação nesse dispositivo?

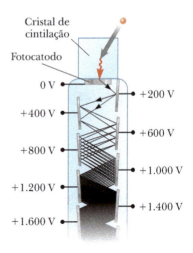

Figura PC11.8

9. Por que a água é uma proteção melhor contra os nêutrons que o chumbo ou o aço?

Aplicações da Física Nuclear **365**

Problemas

WebAssign Os problemas que se encontram neste capítulo podem ser resolvidos *on-line* no Enhanced WebAssign (em inglês)

1. denota problema simples;

2. denota problema intermediário;

3. denota problema de desafio;

AMT *Analysis Model Tutorial* disponível no Enhanced WebAssign (em inglês);

M denota tutorial *Master It* disponível no Enhanced WebAssign (em inglês);

PD denota problema dirigido;

W solução em vídeo *Watch It* disponível no Enhanced WebAssign (em inglês).

Seção 11.1 Interações envolvendo nêutrons

Seção 11.2 Fissão nuclear

Observação: Os Problemas 57 do Capítulo 3, Volume 3, e 22 e 78 do Capítulo 10 podem ser resolvidos neste capítulo.

1. **M** Se a energia média liberada em um evento de fissão for 208 MeV, encontre o número total de eventos de fissão necessários para operar uma lâmpada de 100 W por 1,0 h.

2. A queima de uma tonelada métrica (1.000 kg) de carvão pode produzir energia de $3,30 \times 10^{10}$ J. A fissão de um núcleo de urânio 235 produz uma média de aproximadamente 200 MeV. Qual massa de urânio produz a mesma energia na fissão que a queima de uma tonelada métrica de carvão?

3. O estrôncio 90 é um produto de fissão do ^{235}U especialmente perigoso, porque é radioativo e substitui o cálcio nos ossos. Quais outros produtos diretos de fissão acompanham a fissão induzida de nêutrons do ^{235}U? *Observação*: Essa reação pode emitir dois, três ou quatro nêutrons.

4. Uma típica usina nuclear de fissão produz aproximadamente 1,00 GW de energia elétrica. Suponha que essa usina tenha uma eficiência geral de 40,0% e que cada reação de fissão produza 200 MeV de energia. Calcule a massa de ^{235}U consumida por dia.

5. Faça uma lista das reações nucleares necessárias para produzir ^{233}U de ^{232}Th com bombardeamento de nêutrons rápidos.

6. A reação de fissão a seguir é típica das que ocorrem em uma usina nuclear de geração elétrica:

$$^{1}_{0}\mathrm{n} + {}^{235}_{92}\mathrm{U} \ \rightarrow \ {}^{141}_{56}\mathrm{Ba} + {}^{92}_{36}\mathrm{Kr} + 3({}^{1}_{0}\mathrm{n})$$

(a) Encontre a energia emitida na reação. As massas dos produtos são 140,914411 u para $^{141}_{56}$Ba e 91,926156 u para $^{92}_{36}$Kr. (b) No sistema, qual fração da energia inicial de repouso é transformada em outras formas?

7. Encontre a energia emitida na reação de fissão

$$^{1}_{0}\mathrm{n} + {}^{235}_{92}\mathrm{U} \ \rightarrow \ {}^{88}_{38}\mathrm{Sr} + {}^{136}_{54}\mathrm{Xe} + 12({}^{1}_{0}\mathrm{n})$$

8. Um nêutron de 2,00 MeV é emitido em um reator de fissão. Se ele perder metade de sua energia cinética em cada colisão com um átomo moderador, quantas colisões sofrerá quando se tornar um nêutron térmico com energia de 0,039 eV?

9. Encontre a energia emitida na reação de fissão

$$^{1}_{0}\mathrm{n} + {}^{235}_{92}\mathrm{U} \ \rightarrow \ {}^{98}_{40}\mathrm{Zr} + {}^{135}_{52}\mathrm{Te} + 3({}^{1}_{0}\mathrm{n})$$

As massas atômicas dos produtos de fissão são 97,912735 u para $^{98}_{40}$Zr e 134,916450 u para $^{135}_{52}$Te.

10. A água do mar contém 3,00 mg de urânio por metro cúbico. (a) Como a profundidade média do oceano tem por volta de 4,00 km e a água cobre dois terços da superfície da Terra, estime a quantidade de urânio dissolvida no oceano. (b) Por volta de 0,700% do urânio de ocorrência natural é o isótopo fissionável ^{235}U. Estime por quanto tempo o urânio nos oceanos poderia suprir as necessidades energéticas mundiais com o uso atual de $1,50 \times 10^{13}$ J/s. (c) De onde o urânio dissolvido vem? (d) Ele é uma energia renovável?

11. **AMT** **M** **Revisão.** Suponha que a água do mar exerça uma força de resistência média de $1,00 \times 10^5$ N em um navio movido a energia nuclear. Seu combustível consiste em urânio enriquecido contendo 3,40% do isótopo fissionável $^{235}_{92}$U e seu reator tem eficiência de 20,0%. Supondo que 200 MeV sejam emitidos por fissão, qual distância o navio pode viajar por quilograma de combustível?

Seção 11.3 Reatores nucleares

12. **M** Suponha que o solo comum contém urânio natural em uma quantidade de 1 parte por milhão em massa. (a) Quanto urânio está a 1,00 m da superfície do solo em um terreno de 1 acre (43.560 pés^2), assumindo que a gravidade específica do solo é de 4,00? (b) Quanto do isótopo ^{235}U, apropriado como combustível do reator nuclear, está neste solo? *Dica*: Veja a Tabela 10.2 para conhecer a abundância percentual do $^{235}_{92}$U.

13. Se a constante de reprodução é 1,00025 para uma reação em cadeia em um reator de fissão e o intervalo de tempo médio entre fissões sucessivas é 1,20 ms, por qual fator a taxa de reação aumenta em um minuto?

14. Para minimizar o vazamento de nêutrons de um reator, a relação da área de superfície do volume deve ser mínima. Para um volume específico V, calcule essa relação para (a) uma esfera, (b) um cubo e (c) um paralelepípedo de dimensões $a \times a \times 2a$. (d) Qual dessas formas teria vazamento mínimo? Qual teria vazamento máximo? Explique suas respostas.

15. A probabilidade de uma reação nuclear aumenta dramaticamente quando a partícula incidente tem energia acima da "barreira de Coulomb", que é a energia potencial elétrica dos dois núcleos quando suas superfícies mal se tocam. Calcule a barreira de Coulomb para a absorção de uma partícula alfa por um núcleo de ouro.

16. Um grande e potente reator nuclear produz aproximadamente 3.000 MW de potência em seu núcleo. Três meses após o reator ser desligado, a potência do núcleo de sub-

366   **Física para cientistas e engenheiros**

produtos radioativos é 10,0 MW. Supondo que cada emissão fornece 1,00 MeV de energia para a potência, encontre a atividade em becquerels três meses após o desligamento.

17. **PD** De acordo com uma estimativa, há $4{,}40 \times 10^6$ toneladas métricas de reservas de urânio extraível a \$ 130/kg ou menos. Desejamos determinar se essas reservas são suficientes para suprir todas as necessidades energéticas mundiais. Por volta de 0,700% de urânio de ocorrência natural é o isótopo fissionável ^{235}U. (a) Calcule a massa do ^{235}U em gramas. (b) Encontre o número de moles do ^{235}U. (c) Encontre o número dos núcleos do ^{235}U. (d) Supondo que 200 MeV sejam obtidos de cada reação de fissão e que toda essa energia seja capturada, calcule a energia total em joules que podem ser extraídas. (e) Supondo que a taxa do consumo mundial de energia permaneça constante a $1{,}5 \times 10^{13}$ J/s, por quantos anos a reserva de urânio atenderia às necessidades energéticas mundiais? (f) Que conclusão pode ser obtida?

18. *Por que a seguinte situação é impossível?* Um engenheiro que trabalha com energia nuclear faz uma descoberta que permite controlar a criação de núcleos filhos em uma reação de fissão. Ao controlar cuidadosamente o processo, é capaz de restringir as reações de fissão para somente essa única possibilidade: o núcleo de urânio 235 absorve um nêutron lento e se divide em lantânio 141 e bromo 94. Utilizando essa descoberta, o engenheiro é capaz de projetar e construir um reator nuclear bem-sucedido no qual somente esse processo único ocorre.

19. **M** Uma casa totalmente funcional com energia elétrica utiliza aproximadamente 2.000 kWh de energia elétrica por mês. Quanto urânio-235 deveria ser fornecido para essa casa para suprir suas necessidades de energia por um ano? Suponha 100% de eficiência de conversão e 208 MeV liberados por fissão.

20. Em geral, uma partícula não pode ser localizada em distâncias muito inferiores ao seu comprimento de onda de De Broglie. Esse fato pode ser tomado para significar que um nêutron lento parece ser maior que a partícula alvo do que o nêutron rápido no sentido de que o primeiro tem probabilidade de ser encontrado em um volume maior de espaço. Para um nêutron térmico em temperatura ambiente de 300 K, encontre (a) o momento linear e (b) o comprimento de onda de De Broglie. (c) Mostre como esse tamanho efetivo se compara com as dimensões nucleares e atômicas.

Seção 11.4 Fusão nuclear

21. Quando uma estrela exauriu seu combustível de hidrogênio, ela pode fundir outros combustíveis nucleares. Em temperaturas acima de $1{,}00 \times 10^8$ K, a fusão do hélio pode ocorrer. Considere os processos a seguir. (a) Duas partículas alfa fundem-se para produzir um núcleo A e um raio gama. O que é o núcleo A? (b) O núcleo A da parte (a) absorve uma partícula alfa para produzir o núcleo B e um raio gama. O que é o núcleo B? (c) Encontre a energia total emitida na sequência das reações dadas nas partes (a) e (b).

22. Uma residência totalmente elétrica utiliza 2.000 kWh de energia elétrica por mês. Supondo que toda a energia emitida da fusão possa ser capturada, quantos eventos descritos pela reação $^2_1\text{H} + ^3_1\text{H} \rightarrow ^4_2\text{He} + ^1_0\text{n}$ seriam necessários para suprir essa residência por um ano?

23. Encontre a energia emitida na reação de fusão

$$^1_1\text{H} + ^2_1\text{H} \rightarrow ^3_2\text{He} + \gamma$$

24. Dois núcleos com números atômicos Z_1 e Z_2 aproximam-se um do outro com energia total E. (a) Quando estão separados, interagem somente por repulsão elétrica. Se se aproximam a uma distância de $1{,}00 \times 10^{-14}$ m, a força nuclear subitamente predomina para fazê-los se fundir. Encontre o valor mínimo de E, em termos de Z_1 e Z_2, necessário para produzir a fusão. (b) Mostre como E depende dos números atômicos. (c) Se $Z_1 + Z_2$ tiver certo valor alvo como 60, seria energeticamente favorável tomar $Z_1 = 1$ e $Z_2 = 59$ ou $Z_1 = Z_2 = 30$, ou alguma outra opção? Explique sua resposta. (d) Calcule a partir da sua expressão a energia mínima para a fusão para as reações D–D e D–T (a primeira e a terceira reações na Eq. 11.4).

25. (a) Considere um gerador de fusão construído para criar 3,00 GW de potência. Determine a taxa de queima de combustível em gramas por hora se a reação D–T for utilizada. (b) Faça o mesmo para a reação D–D, supondo que os produtos da reação sejam divididos igualmente entre (n, ^{3}He) e (p, ^{3}H).

26. **Revisão.** Considere a reação de fusão deutério-trítio com o núcleo do trítio em repouso:

$$^2_1\text{H} + ^3_1\text{H} \rightarrow ^4_2\text{He} + ^1_0\text{n}$$

(a) Suponha que os núcleos reagentes se fundam espontaneamente se suas superfícies se tocam. A partir da Equação 10.1, determine a distância necessária da abordagem mais próxima entre seus centros. (b) Qual é a energia potencial elétrica (em elétrons-volt) nessa distância? (c) Suponha que o dêuteron seja diretamente disparado para um núcleo de trítio originalmente estacionário com energia suficiente apenas para atingir a distância necessária da abordagem mais próxima. Qual é a velocidade comum dos núcleos de deutério e trítio, em termos da velocidade inicial do dêuteron, v_i, quando eles se tocam? (d) Utilize métodos de energia para encontrar a energia mínima inicial do dêuteron necessária para atingir a fusão. (e) Por que a reação da fusão acontece realmente em energias de dêuteron muito inferiores à calculada na parte (d)?

27. De todo o hidrogênio nos oceanos, 0,0300% da massa é deutério. Os oceanos têm um volume de 317 milhões de mi^3. (a) Se a fusão nuclear fosse controlada e todo o deutério nos oceanos fosse fundido para $^4_2$He, quantos joules de energia seriam emitidos? (b) **E se?** O consumo mundial de energia é de aproximadamente $1{,}50 \times 10^{13}$ W. Se fosse 100 vezes maior, quantos anos a energia calculada na parte (a) duraria?

28. Foi sugerido que os reatores de fusão estão seguros da explosão porque o plasma nunca contém energia suficiente para causar muitos danos. (a) Em 1992, o reator TFTR, com um volume de plasma de aproximadamente 50,0 m^3, atingiu temperatura de íons de $4{,}00 \times 10^8$ K, densidade de íons de $2{,}00 \times 10^{13}$ cm^{-3} e tempo de confinamento de 1,40 s. Calcule a quantidade de energia armazenada no plasma deste reator. (b) Quantos quilogramas de água a 27,0 °C poderiam ser fervidos por essa quantidade de energia?

29. **M** Para compreender por que a contenção de plasma é necessária, considere a taxa na qual um plasma não confinado seria perdido. (a) Estime a velocidade rqm dos dêuterons em um plasma na temperatura de $4{,}00 \times 10^8$ K. (b) **E se?** Estime a ordem de grandeza do intervalo de tempo durante o qual esse plasma permaneceria em um cubo de 10,0 cm se não fosse tomada nenhuma ação para contê-lo.

30. Outra série de reações nucleares que pode produzir energia no interior das estrelas é o ciclo de carbono, em prin-

Aplicações da Física Nuclear **367**

cípio proposto, em 1939, por Hans Bethe, prêmio Nobel de Física de 1967. Esse ciclo é mais eficiente quando a temperatura central em uma estrela estiver acima de 1,6 × 10^7 K. Como a temperatura no centro do Sol é somente 1,5 × 10^7 K, o ciclo a seguir produz menos de 10% da sua energia. (a) Um próton de alta energia é absorvido por ^{12}C. Outro núcleo, A, é produzido na reação, junto com um raio gama. Identifique o núcleo A. (b) Esse decai pela emissão de pósitrons para formar o núcleo B. Identifique esse núcleo. (c) O núcleo B absorve um próton para produzir o núcleo C e um raio gama. Identifique esse último núcleo. (d) O núcleo C absorve um próton para produzir o núcleo D e um raio gama. Identifique esse núcleo. (e) O núcleo D decai por emissão de pósitrons para produzir o núcleo E. Identifique-o. (f) O núcleo E absorve um próton para produzir o núcleo F mais uma partícula alfa. Identifique esse núcleo. (g) Qual é a relevância do núcleo final no último passo do ciclo descrito na parte (f)?

31. **Revisão**. Para confinar um plasma estável, a densidade de energia magnética no campo magnético (Eq. 10.14 do Volume 3) deve exceder a pressão $2nk_BT$ do plasma por um fator de pelo menos 10. Neste problema, suponha um tempo de confinamento $\tau = 1,00$s. (a) Utilizando o critério de Lawson, determine a densidade de íons requerida para a reação D–T. (b) A partir do critério ignição-temperatura, determine a pressão requerida do plasma. (c) Determine o módulo do campo magnético necessário para conter o plasma.

Seção 11.5 Danos por radiação

32. Suponha que um técnico de raios X realize uma média de oito raios X por dia de trabalho e receba uma dose de 5,0 rem/ano como resultado. (a) Estime a dose em rem por raios X. (b) Explique como a exposição do técnico se compara com a radiação de fundo de baixo nível.

33. Quando raios gama são incidentes na matéria, sua intensidade quando passam pelo material varia com a profundidade x como $I(x) = I_0e^{-\mu x}$, onde I_0 é a intensidade da radiação na superfície do material (em $x = 0$) e μ é o coeficiente de absorção linear. Para raios gama de 0,400 MeV no chumbo, o coeficiente linear de absorção é 1,59 cm^{-1}. (a) Determine a "meia espessura" para o chumbo, isto é, a espessura do chumbo que absorveria metade dos raios gama incidentes. (b) Qual espessura reduz a radiação por um fator de 10^4?

34. Quando raios gama são incidentes na matéria, sua intensidade quando passam pelo material varia com a profundidade x com $I(x) = I_0e^{-\mu x}$, onde I_0 é a intensidade da radiação na superfície do material (em $x = 0$) e μ é o coeficiente de absorção linear. (a) Determine a "meia espessura" para um material com coeficiente de absorção linear μ, isto é, a espessura do material que absorveria metade dos raios gama incidentes. (b) Qual espessura modifica a radiação por um fator de f?

35. **Revisão**. Uma fonte radioativa específica produz 100 mrad de raios gama de 2,00 MeV por hora a uma distância de 1,00 m da fonte. (a) Por quanto tempo uma pessoa ficaria a essa distância antes de acumular uma dose intolerável de 1,00 rem? (b) **E se?** Supondo que a fonte radioativa seja do tipo pontual, a que distância uma pessoa receberia uma dose de 10,0 mrad/h?

36. **M** Uma pessoa cuja massa é de 75,0 kg é exposta a uma dose total de 0,250 Gy (*grays*). Quantos joules de energia são depositados no corpo da pessoa?

37. **Revisão**. O perigo de uma alta dose de raios gama para o corpo não se deve à quantidade da energia absorvida; ao contrário, deve-se à natureza ionizante da radiação. Como ilustração, calcule a elevação na temperatura corporal resultante se uma dose "letal" de 1.000 rad for absorvida estritamente como energia interna. Considere o calor específico do tecido vivo como 4.186 J/kg · °C.

38. **Revisão**. *Por que a seguinte situação é impossível?* Um técnico "esperto", durante sua pausa de 20 min, ferve água para seu café com uma máquina de raios X. A máquina produz 10,0 rad/s e a temperatura da água em uma xícara isolada é inicialmente de 50,0 °C.

39. **W** Um pequeno edifício foi contaminado acidentalmente com radioatividade. O material de vida mais longa no edifício é o estrôncio 90 ($^{90}_{38}$Sr tem massa atômica de 89,9077 u e sua meia-vida é de 29,1 anos. É particularmente perigoso porque substitui o cálcio nos ossos). Suponha que o edifício contivesse inicialmente 5,00 kg desta substância distribuídos por sua área uniformemente, e que o nível seguro é definido como inferior a 10,0 decaimento/min (pequeno, se comparado com a radiação de fundo). Por quanto tempo o edifício será inseguro?

40. Tecnécio 99 é utilizado em alguns procedimentos de diagnóstico médico. Suponha que 1,00 × 10^{-8} g de ^{99}Tc sejam injetados em um paciente de 60,0 kg e metade dos raios gama de 0,140 MeV sejam absorvidos pelo corpo. Determine a dose total de radiação recebida pelo paciente.

41. **W** Para destruir um tumor cancerígeno, uma dose de radiação gama com energia total de 2,12 J deve ser ministrada em 30,0 dias com cápsulas lacradas implantadas contendo paládio 103. Suponha que esse isótopo tenha meia-vida de 17,0 dias e emita raios gama de energia 21,0 keV, que são inteiramente absorvidos pelo tumor. (a) Encontre a atividade inicial do conjunto de cápsulas. (b) Encontre a massa total do paládio radioativo que essas "sementes" deveriam conter.

42. O estrôncio 90, do teste das bombas nucleares, ainda pode ser encontrado na atmosfera. Cada decaimento de ^{90}Sr emite 1,10 MeV de energia para os ossos de uma pessoa na qual o estrôncio substituiu seu cálcio. Suponha que uma pessoa de 70,0 kg tenha recebido 1,00 ng de ^{90}Sr de leite contaminado. Considere a meia-vida do ^{90}Sr como sendo de 29,1 anos. Calcule a taxa de dose absorvida (em joules por quilograma) em um ano.

Seção 11.6 Usos da radiação

43. **M** Quando raios gama são incidentes na matéria, a intensidade daqueles que passam pelo material varia com a profundidade x com $I(x) = I_0e^{-\mu x}$, onde I_0 é a intensidade da radiação na superfície do material (em $x = 0$) e μ, o coeficiente de absorção linear. Para raios gama de energia baixa, considere o coeficiente de absorção como sendo 0,720 mm^{-1}. (a) Determine a "meia espessura" para o aço, isto é, a espessura que absorveria metade dos raios gama incidentes. (b) Em um moinho de aço, a espessura do aço em folha que passa por um rolo é medida pelo monitoramento da intensidade da radiação gama que atinge um detector abaixo do metal, que se move rapidamente de uma pequena fonte imediatamente acima dele. Se a espessura da folha mudar de 0,800 mm para 0,700 mm, por qual porcentagem a intensidade dos raios gama mudam?

44. Um método chamado *análise por ativação de nêutrons* pode ser utilizado para análise química no nível dos isótopos. Quando uma amostra é irradiada pelos nêutrons, os átomos radioativos são produzidos continuamente e depois decaem de acordo com suas meia-vidas características. (a) Suponha que uma espécie de núcleos radioativos seja produzida a uma taxa constante R e seu decaimento seja descrito pela lei de decaimento radioativo convencional. Supondo que a irradiação comece no tempo $t = 0$, mostre que o número de átomos radioativos acumulados no tempo t é

$$N = \frac{R}{\lambda}(1 - e^{-\lambda t})$$

(b) Qual é o número máximo de átomos radioativos que podem ser produzidos?

45. Você deseja encontrar quantos átomos do isótopo ^{65}Cu que estão em uma pequena amostra de material. Você bombardeia a amostra com nêutrons para assegurar que na ordem de 1% desses núcleos de cobre absorvam um nêutron. Após a ativação, você desliga o fluxo de nêutron e depois utiliza um detector altamente eficiente para monitorar a radiação gama que sai da amostra. Suponha que metade dos núcleos de ^{66}Cu emita um raio gama de 1,04 MeV em seu decaimento (a outra metade dos núcleos ativados decaem diretamente ao estado fundamental de ^{66}Ni). Se, após 10 min (duas meia-vidas), você detectou $1,00 \times 10^4$ MeV de energia do fóton em 1,04 MeV, (a) aproximadamente quantos átomos de ^{65}Cu estão na amostra? (b) Suponha que a amostra contenha cobre natural. Consulte as abundâncias isotópicas listadas na Tabela 10.2 e estime a massa total do cobre na amostra.

Problemas Adicionais

46. Uma reação de fusão considerada uma fonte de energia é a absorção de um próton por um núcleo de boro 11 para produzir três partículas alfa:

$$^{1}_{1}\text{H} + ^{11}_{5}\text{B} \rightarrow 3(^{4}_{2}\text{He})$$

Essa reação é uma possibilidade atrativa porque o boro é facilmente obtido na crosta terrestre. Uma desvantagem é que seus prótons e núcleos devem ter energias cinéticas grandes para que a reação aconteça. Esse requisito contrasta com o início da fissão do urânio por nêutrons lentos. (a) Quanta energia é emitida em cada reação? (b) Por que as partículas reagentes têm altas energias cinéticas?

47. **Revisão.** Um nêutron muito lento (com velocidade aproximada igual a zero) pode iniciar a reação

$$^{1}_{0}\text{n} + ^{10}_{5}\text{B} \rightarrow ^{7}_{3}\text{Li} + ^{4}_{2}\text{He}$$

A partícula alfa move-se com velocidade de $9,25 \times 10^6$ m/s. Calcule a energia cinética do núcleo de lítio. Utilize equações não relativísticas.

48. **Revisão.** A primeira bomba nuclear foi uma massa fissionada de plutônio 239, que explodiu no teste de Trinity antes da madrugada de 16 de julho de 1945, em Alamogordo, Novo México, Estados Unidos. Enrico Fermi estava a 14 km de distância, deitado no chão em uma instalação em direção oposta à bomba. Após todo o céu ter piscado com brilho inacreditável, Fermi se levantou e começou a jogar pedaços de papel no chão, que primeiro caíram a seus pés no ar calmo e silencioso. Após a onda de choque passar, por volta de 40 s após a explosão, o papel, agora em voo, pulou aproximadamente a 2,5 m do hipocentro. (a) A Equação 3.10 do Volume 2 descreve a relação entre a amplitude de pressão $\Delta P_{\text{máx}}$ de uma onda de compressão de ar senoidal e a amplitude de deslocamento $s_{\text{máx}}$. O pulso de compressão produzido pela explosão da bomba não era uma onda senoidal, mas vamos utilizar a mesma equação para computar uma estimativa para a amplitude da pressão, considerando $\omega \sim 1$ s^{-1} uma estimativa para a frequência angular na qual o pulso vai para cima e para baixo. (b) Encontre a variação no volume ΔV de uma esfera de raio de 14 km quando seu raio aumentar por 2,5 m. (c) A energia transportada pela onda de explosão é o trabalho realizado por uma camada de ar até a próxima conforme o pico de onda passa. Uma extensão da lógica utilizada para obter a Equação 6.8 do Volume 2 mostra que esse trabalho é dado por $(\Delta P_{\text{máx}})(\Delta V)$. Faça uma estimativa para essa energia. (d) Suponha que a onda de explosão seja transportada na ordem de um décimo da energia da explosão. Faça uma estimativa de ordem de grandeza da produção da bomba. (e) Uma tonelada de dinamite explodindo emite 4,2 GJ de energia. Qual era a ordem de grandeza da energia do teste de Trinity em toneladas de dinamite equivalentes? O conhecimento imediato de Fermi da produção da bomba concordou com aquele determinado, dias depois, por análise de medições elaboradas.

49. Em 6 de agosto de 1945, os Estados Unidos jogaram sobre Hiroshima uma bomba nuclear que liberou 5×10^{13} J de energia, equivalentes à energia de 12.000 toneladas de TNT. A fissão de um núcleo de $^{235}_{92}$U libera uma média de 208 MeV. Estime (a) o número de núcleos fissionados, e (b) a massa deste $^{235}_{92}$U.

50. (a) Uma estudante quer medir a meia-vida de uma substância radioativa utilizando uma pequena amostra. Cliques consecutivos de seu contador de radiação são aleatoriamente espaçados no tempo decorrido. O contador registra 372 contagens durante um intervalo de 5,00 minutos e 337 contagens durante os 5,00 minutos seguintes. A taxa média de fundo é de 15 contagens por minuto. Determine o valor mais provável para a meia-vida. (b) Estime a incerteza na determinação da meia-vida na parte (a). Explique seu raciocínio.

51. **M** Em um tubo de Geiger-Mueller para detecção de radiação (veja o Problema 68, no Capítulo 3 do Volume 3), a tensão entre os eletrodos geralmente é de 1,00 kV e o impulso da corrente descarrega um capacitor de 5,00 pF. (a) Qual é a amplificação de energia deste dispositivo para um elétron de 0,500-MeV? (b) Quantos elétrons participam na avalanche causada pelo único elétron inicial?

52. **Revisão.** Considere um núcleo, em repouso, que se divide espontaneamente em dois fragmentos de massas m_1 e m_2. (a) Mostre que a fração da energia cinética total transportada pelo fragmento m_1 é

$$\frac{K_1}{K_{\text{tot}}} = \frac{m_2}{m_1 + m_2}$$

e a fração transportada por m_2 é

$$\frac{K_2}{K_{\text{tot}}} = \frac{m_1}{m_1 + m_2}$$

supondo que as correções relativísticas possam ser ignoradas. Um núcleo de $^{236}_{92}$U fissiona-se espontaneamente em dois fragmentos primários, $^{87}_{35}$Br e $^{149}_{57}$La. (b) Calcule a energia de desintegração. As massas atômicas necessárias são 86,920711 u para $^{87}_{35}$Br, 148,934370 u para $^{149}_{57}$La e 236,045562 u para $^{236}_{92}$U. (c) Como a energia de desintegração se divide entre os dois fragmentos primários? (d) Calcule a velocidade de cada fragmento imediatamente após a fissão.

53. Considere o ciclo do carbono no Problema 30. (a) Calcule o valor de Q para cada uma das seis etapas do ciclo de carbono listados no Problema 30. (b) Na segunda e quinta etapas do ciclo, o pósitron que é ejetado combina com um elétron para formar dois fótons. As energias desses fótons devem ser incluídas na energia liberada no ciclo. Quanta energia é liberada por essas aniquilações em cada uma das duas etapas? (c) Qual é a energia global lançada no ciclo do carbono? (d) Você acha que a energia levada pelos neutrinos é depositada na estrela? Explique.

54. Um reator de fissão é atingido por um míssil, e $5,00 \times 10^6$ Ci de ^{90}Sr, com meia-vida de 29,1 anos, evaporam no ar. O estrôncio cai em uma área de 10^4 km^2. Após qual intervalo de tempo a atividade do ^{90}Sr atinge o nível agronômico "seguro" de 2,00 μCi/m^2?

55. W Emissor de plutônio 238 alfa ($^{238}_{94}$Pu, massa atômica 238,049560 u, meia-vida de 87,7 anos) foi utilizado em uma fonte de energia nuclear no pacote de experimentos de superfície lunar da Apollo (Fig. P11.55). A fonte de energia, chamada radioisótopo gerador termoelétrico. Suponha que a fonte contenha 3,80 kg de ^{238}Pu e a eficiência para conversão da energia de decaimento radioativo em energia transferida por transmissão elétrica seja de 3,20%. Determine a potência de saída da fonte.

Figura P11.55

56. A meia-vida do trítio é de 12,3 anos. (a) Se o reator de fusão TFTR continha 50,0 m^3 de trítio em uma densidade igual a $2,00 \times 10^{14}$ íons/cm^3, quantos curies de trítio estavam no plasma? (b) Mostre como esse valor se compara com um inventário de fissão (suprimento estimado de material fissionável) de $4,00 \times 10^{10}$ Ci.

57. **Revisão**. Uma usina de energia nuclear opera utilizando a energia emitida na fissão nuclear para converter 20 °C de água em 400 °C de vapor. Quanto de água pode teoricamente ser convertido em vapor pelo fissionamento completo de 1,00 g de ^{235}U em 200 MeV/fissão?

58. **Revisão**. Uma usina de energia nuclear opera utilizando a energia emitida em fissão nuclear para converter água líquida em T_a até o vapor em T_v. Quanto de água pode teoricamente ser convertido para vapor pelo fissionamento completo de uma massa m de ^{235}U se a energia emitida por fissão for E?

59. Considere as duas reações nucleares

$$A + B \rightarrow C + E$$
$$C + D \rightarrow F + G$$

(a) Mostre que a energia de desintegração líquida para essas duas reações ($Q_{líq} = Q_I + Q_{II}$) é idêntica àquela para a reação líquida

$$A + B + D \rightarrow E + F + G$$

(b) Uma cadeia de reações no ciclo próton-próton no núcleo do Sol é

$$^1_1H + ^1_1H \rightarrow ^2_1H + ^0_1e + \nu$$
$$^0_1e + ^0_{-1}e \rightarrow 2\gamma$$
$$^1_1H + ^2_1H \rightarrow ^3_2He + \gamma$$
$$^1_1H + ^3_2He \rightarrow ^4_2He + ^0_1e + \nu$$
$$^0_1e + ^0_{-1}e \rightarrow 2\gamma$$

Com base na parte (a), qual é a $Q_{líq}$ para essa sequência?

60. Urânio natural deve ser processado para produzir urânio enriquecido em ^{235}U para armas e usinas de energia. O processamento produz grande quantidade de urânio ^{238}U praticamente puro como subproduto, chamado "urânio empobrecido". Devido a sua alta densidade de massa, ^{238}U é utilizado em balas blindadas de artilharia. (a) Encontre a dimensão da face de um cubo de 70,0 kg de ^{238}U ($\rho = 19,1 \times 10^3$ kg/m^3). (b) O isótopo ^{238}U tem meia-vida longa de $4,47 \times 10^9$ anos. Assim que um núcleo decai, uma série relativamente rápida de 14 passos começa e juntos constituem a reação líquida

$$^{238}_{92}U \rightarrow 8(^4_2He) + 6(^0_{-1}e) + ^{206}_{82}Pb + 6\bar{\nu} + Q_{líq}$$

Encontre a energia líquida de decaimento (consulte a Tabela 10.2). (c) Argumente que uma amostra radioativa com taxa de decaimento R e energia de decaimento Q tem potência de saída $P = QR$. (d) Considere uma bala de artilharia com cobertura de 70,0 kg de ^{238}U. Encontre sua potência de saída devida à radioatividade do urânio e seus filhos. Suponha que a bala seja velha o suficiente, de modo que os filhos atingiram quantidades de estado estacionário. Expresse a potência em joules por ano. (e) **E se?** Um soldado de 17 anos com massa de 70,0 kg trabalha em um arsenal onde várias balas de artilharia são armazenadas. Suponha que essa exposição à radiação seja limitada a 5,00 rem por ano. Encontre a taxa em joules por ano na qual ele pode absorver energia de radiação. Suponha um fator RBE médio de 1,10.

61. Suponha que o alvo em um reator de fusão a laser seja uma esfera de hidrogênio sólido com diâmetro de 105×10^{-4} m e densidade de 0,200 g/cm^3. Suponha que metade dos núcleos seja ^{2}H e metade ^{3}H. (a) Se 1,00% de um pulso de laser de 200 kJ for entregue para essa esfera, qual temperatura ela atinge? (b) Se todo o hidrogênio se funde de acordo com a reação D–T, quantos joules de energia são emitidos?

62. Quando os fótons passam pela matéria, a intensidade I do feixe (medida em watts por metro quadrado) cai exponencialmente de acordo com

$$I = I_0 e^{-\mu x}$$

onde I é a intensidade do feixe que acabou de passar por uma espessura x do material e I_0 é a intensidade do feixe

370 Física para cientistas e engenheiros

incidente. A constante μ é conhecida como o coeficiente de absorção linear e seu valor depende do material absorvedor e do comprimento de onda do feixe de fótons. Essa dependência do comprimento de onda (ou energia) permite que filtremos comprimentos de onda indesejados de um feixe de raios X de espectro amplo. (a) Dois feixes de raios X de comprimentos de onda λ_1 e λ_2 e intensidades incidentes iguais passam pela mesma placa de metal. Mostre que a relação das intensidades do feixe emergente é

$$\frac{I_2}{I_1} = e^{-(\mu_2 - \mu_1)x}$$

(b) Calcule a relação das intensidades que emergem de uma placa de alumínio de 1,00 mm de espessura se o feixe incidente contiver intensidades iguais de raios X de 50 pm e 100 pm. Os valores de μ para o alumínio nesses dois comprimentos de onda são $\mu_1 = 5,40$ cm^{-1} em 50 pm e $\mu_2 = 41,0$ cm^{-1} em 100 pm. (c) Repita a parte (b) para uma placa de alumínio de 10,0 mm de espessura.

63. Suponha que um dêuteron e um tríton estejam em repouso quando se fundem de acordo com a reação

$$^2_1\text{H} + ^3_1\text{H} \rightarrow ^4_2\text{He} + ^1_0\text{n}$$

Determine a energia cinética adquirida pelo nêutron.

64. (a) Calcule a energia (em kilowatts-hora) emitida se 1,00 kg de ^{239}Pu sofrer fissão completa e a energia emitida por fissão for 200 MeV. (b) Calcule a energia (em elétrons-volt) emitida na reação de fusão deutério-trítio

$$^2_1\text{H} + ^3_1\text{H} \rightarrow ^4_2\text{He} + ^1_0\text{n}$$

(c) Calcule a energia (em kilowatts-hora) emitida se 1,00 kg de deutério sofrer fusão de acordo com essa reação. (d) **E se?** Calcule a energia (em kilowatts-hora) emitida pela combustão de 1,00 kg de carbono no carvão se cada reação $C + O_2 \rightarrow CO_2$ produzir 4,20 eV. (e) Faça uma lista das vantagens e desvantagens de cada um desses métodos de geração de energia.

65. Considere uma amostra de 1,00 kg de urânio natural composto primariamente de ^{238}U, uma quantidade menor (0,720% por massa) de ^{235}U e um traço (0,00500%) de ^{234}U, que tem meia-vida de $2,44 \times 10^5$ anos. (a) Encontre a atividade em curies devida a cada um dos isótopos. (b) Qual fração da atividade total se deve a cada isótopo? (c) Explique se a atividade da amostra é perigosa.

66. Aproximadamente 1 em cada 3.300 moléculas de água contém um átomo de deutério. (a) Se todos os núcleos de deutério em 1 L de água forem fundidos em pares, de acordo com a reação de fusão D–D, $^2\text{H} + ^2\text{H} \rightarrow ^3\text{He} + \text{n} + 3,27$ MeV, quanta energia em joules é liberada? (b) **E se?** A queima de gasolina produz aproximadamente $3,40 \times 10^7$ J/L. Mostre como a energia obtida da fusão do deutério em 1 L de água se compara com a liberada na queima de 1 L de gasolina.

67. Detonações de carbono são reações nucleares potentes que separam temporariamente os núcleos dentro de estrelas maciças na parte final de suas vidas. Essas explosões são produzidas pela fusão de carbono, o que requer uma temperatura de aproximadamente 6×10^8 K para sobrepor a forte repulsão de Coulomb entre os núcleos de carbono. (a) Estime a barreira de energia repulsiva para a fusão utilizando a temperatura necessária para a fusão de carbono (em outras palavras, qual é a energia cinética média de um núcleo de carbono em 6×10^8 K?). (b) Calcule a energia (em MeV) emitida em cada uma das reações de "queima de carbono":

$$^{12}\text{C} + ^{12}\text{C} \rightarrow ^{20}\text{Ne} + ^4\text{He}$$
$$^{12}\text{C} + ^{12}\text{C} \rightarrow ^{24}\text{Mg} + \gamma$$

(c) Calcule a energia em kilowatts-hora liberada quando 2,00 kg de carbono se fundirem completamente de acordo com a primeira reação.

68. Uma cápsula lacrada com fósforo 32 radiofarmacêutico, um emissor e^-, é implantada no tumor de um paciente. A energia cinética média das partículas beta é 700 keV. A atividade inicial é 5,22 MBq. Suponha que as partículas beta sejam completamente absorvidas por 100 g de tecido. Determine a dose absorvida durante um período de 10,0 dias.

69. Certa usina nuclear gera energia interna a uma taxa de 3,065 GW e transfere energia para fora por transmissão elétrica a uma taxa de 1,000 GW. Da energia residual, 3,0% são ejetados para a atmosfera e o restante é passado em um rio. Há leis que requerem que a água do rio seja aquecida por não mais que 3,50 °C quando lhe for devolvida. (a) Determine a quantidade da água de resfriamento necessária (em quilogramas por hora e metros cúbicos por hora) para resfriar a usina. (b) Suponha que a fissão gere $7,80 \times 10^{10}$ J/g de ^{235}U. Determine a taxa de queima de combustível (em quilogramas por hora) de ^{235}U.

70. O sol irradia energia na taxa de $3,85 \times 10^{26}$ W. Suponha a reação líquida $4(^1_1\text{H}) + 2(^0_{-1}\text{e}) \rightarrow ^4_2\text{He} + 2\nu + \gamma$ que abrange toda a energia emitida. Calcule o número de prótons fundidos por segundo.

Problemas de Desafio

71. Durante a fabricação de um componente de motor de aço, ferro radioativo (^{59}Fe) com meia-vida de 45,1 dias é incluído na massa total de 0,200 kg. O componente é posicionado em um motor de testes quando a atividade devida a esse isótopo é 20,0 μCi. Após um período de testes de 1.000 h, uma parte do óleo lubrificante é removida do motor e descoberta como contendo ^{59}Fe para produzir 800 desintegrações/min/L de óleo. O volume total de óleo no motor é 6,50 L. Calcule a massa total usada do componente do motor por hora de operação.

72. (a) No tempo $t = 0$, uma amostra de urânio é exposta a uma fonte de nêutrons que faz com que os núcleos N_0 sofram fissão. A amostra está em estado supercrítico com uma constante de reprodução $K > 1$. Uma reação em cadeia ocorre para proliferar a fissão pela massa de urânio. Essa reação pode ser pensada como uma sucessão de *gerações*. As fissões N_0 são produzidas inicialmente na geração zero das fissões. A partir desta geração, nêutrons N_0K são liberados para produzir fissão dos novos núcleos de urânio. As fissões de N_0K que acontecem subsequentemente são a primeira geração de fissões e, desta, os nêutrons N_0K^2 vão em busca dos núcleos de urânio nos quais causam fissão. As fissões subsequentes N_0K^2 são a segunda geração. Esse processo pode continuar até todos os núcleos de urânio terem fissionado. Mostre que o total cumulativo de fissões N que aconteceram incluindo até a n-ésima geração após a geração zero é dada por

$$N = N_0 \left(\frac{K^{n+1} - 1}{K - 1} \right)$$

(b) Considere uma arma hipotética de urânio feita de 5,50 kg de ^{235}U isotopicamente puro. A reação em cadeia tem constante de reprodução de 1,10 e começa com uma geração zero de 1,00 × 10²⁰ fissões. O intervalo médio de tempo entre uma geração de fissão e a próxima é de 10,0 ns. Quanto tempo, após a geração zero, leva para o urânio nessa arma fissionar completamente? (c) Suponha que o módulo de massa volumétrica do urânio seja 150 GPa. Encontre a velocidade do som no urânio. Você pode ignorar a diferença de densidade entre o ²³⁵U e o urânio natural. (d) Encontre o intervalo de tempo necessário para que uma onda de compressão atravesse o raio de uma esfera de urânio de 5,50 kg. Esse intervalo indica a rapidez com que o movimento da explosão começa. (e) A fissão deve ocorrer em um intervalo de tempo que é curto comparado com a parte (d); por outro lado, a maior parte do urânio dispersará em pequenos pedaços não fissionados. A arma considerada na parte (b) pode emitir energia explosiva de todo seu urânio? Se sim, quanta energia é emitida em toneladas equivalentes de dinamite? Suponha que uma tonelada de dinamite emita 4,20 GJ e cada fissão de urânio libere 200 MeV de energia.

73. Suponha que um tubo fotomultiplicador tenha sete dinodos com potenciais de 100, 200, 300, ..., 700 V, como mostrado na Figura P11.73. A energia média necessária para liberar um elétron da superfície do dinodo é 10,0 eV. Suponha que somente um elétron seja incidente e que o tubo funcione com 100% de eficiência. (a) Quantos elétrons são liberados no primeiro dinodo a 100 V? (b) Quantos elétrons são coletados no último dinodo? (c) Qual é a energia disponível no contador para todos os elétrons que chegam ao último dinodo?

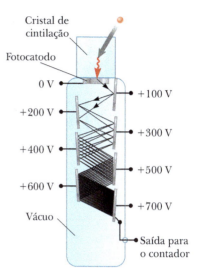

Figura P11.73

capítulo 12

Física de Partículas e cosmologia

12.1   Forças fundamentais da natureza
12.2   Pósitrons e outras antipartículas
12.3   Mésons e o início da Física de Partículas
12.4   Classificação de partículas
12.5   Leis de conservação
12.6   Partículas estranhas e estranheza
12.7   Descoberta de padrões em partículas
12.8   Quarks
12.9   Quarks multicoloridos
12.10 Modelo-padrão
12.11 Conexão cósmica
12.12 Problemas e perspectivas

Uma das áreas de pesquisas mais intensas atualmente é a procura pelo bóson de Higgs, discutido na Seção 12.10. A foto mostra um evento gravado no Large Hadron Collider (Grande Colisor de Hádrons), em julho de 2012, mostrando partículas consistentes com a criação de um bóson de Higgs. Mas os dados não são inteiramente conclusivos, e a busca continua. *(CERN)*

A palavra *átomo* vem do grego *atomos*, que significa "indivisível". Os gregos antigos acreditavam que os átomos eram partes indivisíveis da matéria; isto é, viam-os como partículas elementares. Após 1932, os físicos viam toda a matéria como consistindo de três partículas constituintes: elétrons, prótons e nêutrons. No começo dos anos 1940, várias "novas" partículas foram descobertas em experimentos que envolviam colisões de alta energia entre as já conhecidas. Essas novas partículas são caracteristicamente muito instáveis e têm meias-vidas muito curtas, entre 10^{-6} s e 10^{-23} s. Até agora, mais de 300 delas já foram catalogadas.

Até os anos 1960, físicos surpreenderam-se com o grande número e variedade de partículas subatômicas sendo descobertas. E perguntavam-se se não tinham relação sistemática que as conectavam ou se um padrão estava emergindo, oferecendo uma compreensão melhor da estrutura elaborada no mundo subatômico. Por exemplo, o fato de o nêutron ter um momento magnético, apesar de sua

Física de Partículas e cosmologia **373**

carga elétrica zero (Seção 10.8), sugere uma estrutura subjacente a ele. A Tabela Periódica explica como mais de 100 elementos podem ser formados de três tipos de partículas (elétrons, prótons e nêutrons), o que faz pensar que há, talvez, um meio de formar mais de 300 partículas subatômicas de um pequeno número de elementos básicos.

Lembre-se da Figura 1.2 do Volume 1, que ilustrou os diversos níveis de estrutura na matéria. Estudamos a estrutura atômica da matéria no Capítulo 8 e no 10 investigamos a subestrutura do átomo descrevendo a estrutura do núcleo. Como mencionado na Seção 1.2 do Volume 1, prótons e nêutrons no núcleo e um hospedeiro de partículas exóticas são agora considerados compostos de seis variedades diferentes de partículas chamadas *quarks*. Neste capítulo de conclusão, examinaremos a teoria atual de partículas elementares, na qual toda matéria é construída a partir de somente duas famílias de partículas, quarks e léptons. Também discutiremos como os esclarecimentos desses modelos podem ajudar os cientistas a compreender o nascimento e a evolução do Universo.

12.1 Forças fundamentais da natureza

Como mostrado na Seção 5.1 do Volume 1, todos os fenômenos naturais podem ser descritos por quatro forças fundamentais entre as partículas. Em ordem decrescente, são elas: nuclear, eletromagnética, fraca e gravitacional.

A força nuclear discutida no Capítulo 10 é do tipo atrativa entre os núcleons; tem um alcance muito curto e é irrelevante para as distâncias de separação entre os núcleons superior a aproximadamente 10^{-15} m (por volta do tamanho do núcleo). A força eletromagnética, que une os átomos e moléculas para formar a matéria ordinária, tem força de aproximadamente 10^{-2} vezes a da nuclear. Essa força de longo alcance diminui em intensidade com o inverso do quadrado da separação entre as partículas interativas. A força fraca é de curto alcance, que tende a produzir instabilidade em certos núcleos. É responsável pelos processos de decaimento e sua intensidade tem por volta de 10^{-5} vezes a da força nuclear. Por último, a força gravitacional é de longo alcance, que tem intensidade de somente 10^{-39} vezes a da nuclear. Embora essa interação familiar seja a força que mantém os planetas, estrelas e galáxias unidos, seu efeito em partículas elementares é irrelevante.

Na Seção 13.3 do Volume 1 discutimos a dificuldade que, antes, os cientistas tinham com a noção de força gravitacional que agia a certa distância, sem contato físico entre os objetos interativos. Para resolver essa dificuldade, o conceito de campo gravitacional foi introduzido. Do mesmo modo, no Capítulo 1 do Volume 3 apresentamos o campo elétrico para descrever a força elétrica que age entre objetos carregados e prosseguimos com uma discussão sobre o campo magnético no Capítulo 7 do Volume 3. Para cada um desses tipos de campos, desenvolvemos um modelo de análise de partícula em um campo. Na Física Moderna, a natureza da interação entre as partículas vai um passo além. Essas interações são descritas em termos da troca das entidades chamadas **partículas de campo**, que também são chamadas **bósons de calibre**,[1] ou **partículas de troca**. As partículas interativas emitem e absorvem continuamente as de campo. A emissão de uma partícula de campo por uma partícula e sua absorção por outra manifesta uma força entre as duas partículas interativas. No caso da interação eletromagnética, por exemplo, as partículas de campo são fótons. Na linguagem da Física Moderna, diz-se que a força eletromagnética é *mediada* por fótons e esses são as partículas do campo eletromagnético. Do mesmo modo, a força nuclear é mediada por partículas de campo chamadas *glúons*. A força fraca é mediada pelas partículas de campo chamadas *bósons W e Z*, e a força gravitacional é proposta como mediada pelas partículas de campo chamadas *grávitons*. Essas interações, seus alcances e suas forças relativas estão resumidos na Tabela 12.1.

TABELA 12.1 *Interações de partículas*

Interação	Intensidade relativa	Alcance da força	Partícula do campo mediador	Massa da partícula de campo (GeV/c^2)
Nuclear	1	Curto ($\approx$ 1 fm)	Glúon	0
Eletromagnética	10^{-2}	∞	Fóton	0
Fraca	10^{-5}	Curto ($\approx 10^{-3}$ fm)	W$^{\pm}$, bósons Z^0	80,4; 80,4; 91,2
Gravitacional	10^{-39}	∞	Gráviton	0

---

[1] A palavra *bósons* sugere que as partículas de campo têm spin inteiro, como discutido na Seção 9.8. A palavra *calibre* vem da *teoria de calibre*, uma análise matemática sofisticada que está além do escopo deste livro.

12.2 Pósitrons e outras antipartículas

Paul Adrien Maurice Dirac
Físico inglês (1902-1984)
Dirac foi fundamental para a compreensão da antimatéria e a unificação da Mecânica Quântica e da Relatividade. Ele fez várias contribuições para o desenvolvimento da Física Quântica e da cosmologia. Em 1933, ganhou um prêmio Nobel de Física.

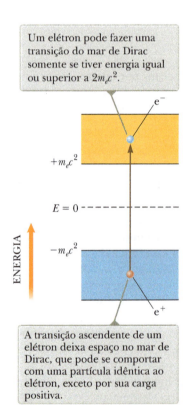

Figura 12.1 Modelo de Dirac para a existência de antielétrons (pósitrons). A energia mínima para um elétron existir na banda dourada é sua energia de repouso $m_e c^2$. A banda azul de energias negativas é preenchida com elétrons.

Prevenção de Armadilhas 12.1

Antipartículas
Uma antipartícula não é identificada somente com base na carga oposta; mesmo partículas neutras têm antipartículas, definidas em termos de outras propriedades, como spin, por exemplo.

Nos anos 1920, Paul Dirac desenvolveu uma descrição quantomecânica-relativística do elétron que explicava com sucesso a origem do spin do elétron e seu momento magnético. Entretanto, essa teoria tinha um grande problema: sua equação de onda relativística exigia soluções que correspondiam aos estados de energia negativa e, se esses existissem, um elétron em estado de energia positiva teria de fazer uma transição rápida para um desses estados, emitindo um fóton no processo.

Dirac evitou essa dificuldade ao postular que todos os estados de energia negativa estão preenchidos. Os elétrons que ocupam esses estados são chamados, coletivamente, *mar de Dirac*, onde os elétrons (a área azul na Fig. 12.1) não são diretamente observáveis, porque o princípio de exclusão de Pauli não permite que reajam a forças externas; não há estados disponíveis para os quais um elétron possa fazer uma transição em resposta a uma força externa. Portanto, um elétron neste estado atua como um sistema isolado, a não ser que uma interação com o ambiente seja forte o suficiente para excitá-lo até um estado de energia positiva. Essa excitação faz com que um dos estados de energia negativa esteja vazio como na Figura 12.1, deixando um buraco no mar de estados preenchidos. Esse processo é descrito pelo modelo de sistema não isolado: à medida que a energia entra no sistema por algum mecanismo de transferência, a energia do sistema aumenta e o elétron é excitado para um nível de energia superior. *O buraco pode reagir a forças externas e é observável*, e reage de modo similar ao elétron, exceto pelo fato de ter uma carga positiva: ele é a *antipartícula* do elétron.

Essa teoria sugeria que *uma antipartícula existe para cada partícula*, não somente para férmions, como elétrons, mas também para bósons. Foi verificado, logo depois, que praticamente toda partícula elementar conhecida tem uma antipartícula distinta. Entre as exceções estão o fóton e o píon neutro (π^0; consulte a Seção 12.3). A partir da construção dos aceleradores de alta energia nos anos 1950, várias outras antipartículas foram reveladas. Entre elas estavam o antipróton, descoberto por Emilio Segré (1905-1989) e Owen Chamberlain (1920-2006) em 1955, e o antinêutron, descoberto logo em seguida. A antipartícula de uma partícula carregada tem a mesma massa que essa, mas carga oposta.[2] Por exemplo, a antipartícula do elétron (o *pósitron* mencionado na Seção 10.4) tem energia de repouso de 0,511 MeV e carga positiva de $+1,60 \times 10^{-19}$ C.

Carl Anderson (1905-1991) observou o pósitron experimentalmente em 1932 e por esse feito ganhou um prêmio Nobel de Física em 1936. Ele descobriu o pósitron enquanto examinava os caminhos criados em uma câmara de nuvens por partículas do tipo elétron de carga positiva (esses experimentos iniciais utilizavam raios cósmicos – na maior parte prótons energéticos que passavam pelo espaço interestelar – para iniciar reações de alta energia na ordem de vários GeV). Para discriminar entre cargas positivas e negativas, Anderson posicionou a câmara de nuvens em um campo magnético, fazendo com que as cargas móveis seguissem caminhos curvados. Ele notou que alguns desses caminhos tipo elétron se desviavam em uma direção correspondente a uma partícula carregada positivamente.

Desde a descoberta de Anderson, pósitrons foram observados em vários experimentos. Uma fonte comum de pósitrons é a **produção de pares**. Neste processo, um fóton de raios gama com energia alta suficiente interage com um núcleo e um elétron – o par de pósitrons é criado a partir do fóton (a presença do núcleo permite que o princípio de conservação do momento linear seja atendido). Como a energia total de repouso do par elétron-pósitron é $2m_e c^2 = 1{,}02$ MeV (onde m_e é a massa do elétron), o fóton deve ter pelo menos essa quantidade de energia para criar um par elétron-pósitron. A energia de um fóton é convertida para a de repouso do elétron e do pósitron de acordo com a relação de Einstein $E_R = mc^2$. Se o fóton de raios gama tiver em excesso a energia de repouso do par elétron-pósitron, esse excesso aparece como energia cinética das duas partículas. A Figura 12.2 mostra as observações ini-

---

[2] Antipartículas de partículas sem carga, como o nêutron, são um pouco mais difíceis de descrever. Um processo básico que pode detectar a existência de uma antipartícula é a aniquilação de pares. Por exemplo, um nêutron e um antinêutron podem se aniquilar para formar dois raios gama. Como o fóton e o píon neutro não têm antipartículas distintas, a aniquilação de pares não é observada em nenhuma dessas partículas.

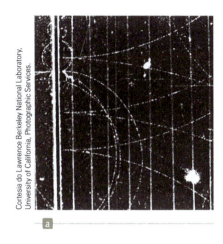 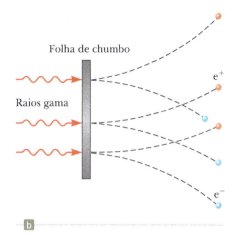

Figura 12.2 (a) Caminhos em câmara de bolhas de pares elétron-pósitron produzidos por raios gama de 300 MeV atingindo uma folha de chumbo a partir da esquerda. (b) Eventos pertinentes de produção de pares. Os pósitrons desviam-se de modo ascendente e os elétrons de modo descendente em um campo magnético aplicado.

ciais dos caminhos dos pares elétron-pósitron em uma câmara de bolhas criada por raios gama de 300 MeV que atingem uma folha de chumbo.

Teste Rápido 12.1 Dada a identificação das partículas na Figura 12.2b, a direção do campo magnético externo na Figura 12.2a é **(a)** para a página, **(b)** para fora da página ou **(c)** impossível de determinar?

O processo inverso também pode acontecer. Em condições apropriadas, um elétron e um pósitron podem aniquilar um ao outro para produzir dois fótons de raios gama que têm uma energia combinada de pelo menos 1,02 MeV:

$$e^- + e^+ \rightarrow 2\gamma$$

Como o momento linear inicial do sistema elétron-pósitron é aproximadamente zero, os dois raios gama viajam em direções opostas após a aniquilação, atendendo ao princípio de conservação do momento linear para o sistema.

A aniquilação elétron-pósitron é utilizada na técnica de diagnóstico médico chamada *tomografia de emissão de pósitrons* (positron-emission tomography – PET). É injetada no paciente uma solução de glicose contendo uma substância radioativa que decai por emissão de pósitrons e o material é transportado através do corpo pelo sangue. Um pósitron emitido durante um evento de decaimento em um dos núcleos radioativos na solução de glicose aniquila um elétron no tecido vizinho, resultando em dois fótons de raios gama emitidos em direções opostas. Um detector gama que envolve o paciente aponta a fonte dos fótons e, com a ajuda de um computador, exibe uma imagem dos locais nos quais a glicose se acumula (a glicose metaboliza-se rapidamente em tumores cancerígenos e se acumula nesses locais, disponibilizando um sinal forte para um sistema detector PET). As imagens de uma tomografia podem indicar uma diversidade de problemas no cérebro, como o mal de Alzheimer (Fig 12.3). Além do mais, como a glicose metaboliza-se mais rapidamente em áreas ativas do cérebro, esse exame pode indicar áreas relacionadas à atividade nas quais o paciente está envolvido no momento da tomografia, como uso de linguagem, música e visão.

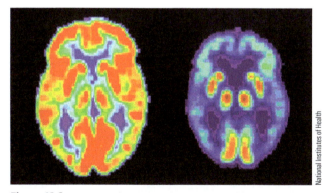

Figura 12.3 PET scan do cérebro de uma pessoa idosa saudável (*esquerda*) e de um paciente que tem mal de Alzheimer (*direita*). As regiões mais claras contêm concentrações mais elevadas de glicose radioativa, indicando maiores índices de metabolismo e, portanto aumento da atividade cerebral.

12.3 Mésons e o início da Física de Partículas

Os físicos, em meados dos anos 1930, tinham uma visão muito simples da estrutura da matéria. Os elementos básicos eram próton, elétron e nêutron. Três outras partículas eram conhecidas ou postuladas na época: fóton, neutrino e pósitron. Juntas, as seis eram consideradas as partes fundamentais da matéria. Com esse quadro simples, entretanto, ninguém conseguia responder à seguinte questão importante: os prótons em qualquer núcleo deveriam repelir fortemente um

Hideki Yukawa
Físico japonês (1907-1981)
Yukawa ganhou o prêmio Nobel de Física em 1949 pela previsão da existência dos mésons. Yukawa chegou à Universidade de Columbia em 1949 após seu início de carreira no Japão.

ao outro por suas cargas terem o mesmo sinal, então, qual é a natureza da força que mantém o núcleo junto? Os cientistas reconheciam que essa força misteriosa devia ser muito mais potente que qualquer coisa encontrada na natureza até aquela época. Essa força é a nuclear, discutida na Seção 10.1 e examinada em perspectiva histórica nos parágrafos a seguir.

A primeira teoria que explicava a natureza da força nuclear foi proposta em 1935 pelo físico japonês Hideki Yukawa, em um esforço que lhe rendeu o prêmio Nobel de Física em 1949. Para compreender a teoria de Yukawa, lembre-se da introdução das partículas de campo na Seção 12.1, que afirma que cada força fundamental é mediada por uma partícula de campo trocada entre as partículas interativas. Yukawa utilizou essa ideia para explicar a força nuclear, propondo a existência de uma nova partícula cuja troca entre núcleons no núcleo causasse a força nuclear. Ele estabeleceu que o alcance dessa força é inversamente proporcional à massa dessa partícula, e previu que a massa é aproximadamente 200 vezes a do elétron (Yukawa previu que a partícula *não* é o glúon, mencionado na Seção 12.1, que não tem massa e é considerado, atualmente, a partícula de campo para a força nuclear). Como a nova partícula teria uma massa entre aquela do elétron e a do próton, foi chamada de **méson** (do grego *meso*, "meio").

Num esforço para substanciar as previsões de Yukawa, os físicos começaram a realizar buscas experimentais do méson ao estudar os raios cósmicos que entravam na atmosfera terrestre. Em 1937, Carl Anderson e seus colaboradores descobriram uma partícula de massa 106 MeV/c^2, aproximadamente 207 vezes a do elétron, que foi considerada o méson de Yukawa. Experimentos posteriores, entretanto, mostraram que a partícula interagia de modo muito fraco com a matéria e, assim, não podia ser a partícula de campo para a força nuclear. Essa situação intrigante inspirou vários teóricos a propor dois mésons com massas pouco diferentes, de aproximadamente 200 vezes a do elétron, um descoberto por Anderson e o outro, ainda não descoberto, previsto por Yukawa. Essa ideia foi confirmada em 1947 com a descoberta do **méson pi** (π), ou simplesmente **píon**. A partícula descoberta por Anderson em 1937, que foi inicialmente considerada o méson de Yukawa, não é realmente um méson (discutiremos as características dos mésons na Seção 12.4). Pelo contrário, faz parte das interações fracas e eletromagnéticas somente e é chamado, atualmente, **múon** (μ).

O píon tem três variedades, de acordo com os três estados de carga: π^+, π^- e π^0. As partículas π^+ e π^- (π^- é a antipartícula de π^+) têm, cada uma delas, massa de 139,6 MeV/c^2 e a massa de π^0 é 135,0 MeV/c^2. Existem dois múons: μ^- e sua antipartícula μ^+.

Píons e múons são partículas muito instáveis. Por exemplo, o π^-, que tem vida útil média de $2,6 \times 10^{-8}$ s, decai para um múon e um antineutrino.[3] O múon, que tem vida útil média de 2,2 μs, decai para um elétron, um neutrino e um antineutrino:

$$\pi^- \rightarrow \mu^- + \overline{\nu}$$
$$\mu^- \rightarrow e^- + \nu + \overline{\nu} \qquad (12.1)$$

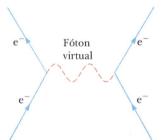

Figura 12.4 Diagrama de Feynman representando um fóton controlando a força eletromagnética entre dois elétrons.

Para partículas sem carga (assim como para algumas carregadas, como o próton), uma barra sobre o símbolo indica uma antipartícula, como no neutrino no decaimento beta (consulte a Seção 10.5). Outras antipartículas, como e^+ e μ^+, utilizam marcação diferente.

A interação entre duas partículas pode ser representada em um diagrama simples chamado **diagrama de Feynman**, desenvolvido pelo físico norte-americano Richard P. Feynman. A Figura 12.4 é esse diagrama da interação eletromagnética entre dois elétrons. Diagrama de Feynman é um gráfico qualitativo de tempo no eixo vertical em função do espaço no eixo horizontal. É qualitativo no sentido de que os valores reais de tempo e espaço não são importantes, mas a aparência geral do gráfico oferece uma representação gráfica do processo.

No caso simples da interação elétron-elétron da Figura 12.4, um fóton (partícula de campo) controla a força eletromagnética entre os elétrons. Note que toda a interação é representada no diagrama como acontecendo em um único ponto no tempo. Portanto, os caminhos dos elétrons parecem sofrer uma mudança descontínua na direção e no momento da interação. Os caminhos dos elétrons mostrados nessa figura são diferentes dos *reais*, que devem ser curvados devido à troca contínua de grandes números de partículas de campo.

Na interação elétron-elétron, o fóton, que transfere energia e momento linear de um elétron para outro, é chamado *fóton virtual*, porque desaparece durante a

Richard Feynman
Físico norte-americano (1918-1988)
Inspirado por Dirac, Feynman desenvolveu a eletrodinâmica quântica, a teoria da interação da luz e da matéria em uma base relativística e quântica. Em 1965, ganhou o prêmio Nobel de Física, dividido com Julian Schwinger e Sin Itiro Tomonaga. No começo de sua carreira, Feynman foi um dos líderes da equipe que desenvolveu a primeira arma nuclear no Projeto Manhattan. No final dela, trabalhou na comissão que investigou a tragédia de 1986 da Challenger e demonstrou os efeitos das baixas temperaturas nos anéis de borracha utilizados no ônibus espacial.

---

[3] Antineutrino é outra partícula de carga zero para a qual a identificação da antipartícula é mais difícil que para a partícula carregada. Embora os detalhes estejam além do escopo deste livro, neutrino e antineutrino podem ser diferenciados por meio da relação entre os momentos linear angular de spin das partículas.

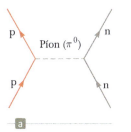 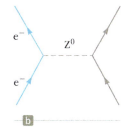

Figura 12.5 (a) Diagrama de Feynman representando um próton e um nêutron que interagem por meio da força nuclear, com um píon neutro fazendo o controle da força (esse *não* é o modelo atual de interação nuclear). (b) Diagrama de Feynman para um elétron e um neutrino que interagem por meio da força fraca, com um bóson Z^0 controlando a força.

interação sem ter sido detectado. No Capítulo 6, discutimos que um fóton tem energia $E = hf$, onde f é sua frequência. Por consequência, para um sistema de dois elétrons inicialmente em repouso, o sistema tem energia $2m_e c^2$ antes de um fóton virtual ser emitido e $2m_e c^2 + hf$ após ele ser emitido (mais qualquer energia cinética do elétron resultante da emissão do fóton). Isto é uma violação da lei de conservação de energia para um sistema isolado? Não. Esse processo *não* viola essa lei porque o fóton virtual tem vida útil curta Δt, que torna a incerteza na energia $\Delta E \approx \hbar/2\Delta t$ do sistema superior à da energia do fóton. Portanto, dentro dos limites do princípio da incerteza, a energia do sistema é conservada.

Considere agora um píon trocado entre um próton e um nêutron de acordo com o modelo de Yukawa (Fig. 12.5a) A energia ΔE_R necessária para criar um píon de massa $m\pi$ é dada pela equação de Einstein $\Delta E_R = m_\pi c^2$. Assim como acontece com o fóton na Figura 12.4, a própria existência do píon pareceria violar a lei de conservação de energia se a partícula existisse por um período maior do que $\Delta t \approx \hbar/2\Delta E_R$ (a partir do princípio da incerteza), onde Δt é o intervalo requerido para que o píon seja transferido de um núcleo para outro. Portanto,

$$\Delta t \approx \frac{\hbar}{2\Delta E_R} = \frac{\hbar}{2m_\pi c^2}$$

e o restante da energia de píon é

$$m_\pi c^2 = \frac{\hbar}{2\Delta t} \tag{12.2}$$

Como o píon não pode se mover mais rápido que a velocidade da luz, a distância máxima d que ele percorre em um intervalo de tempo Δt é $c\,\Delta t$. Portanto, utilizando a Equação 12.2 e $d = c\,\Delta t$, encontramos

$$m_\pi c^2 \approx \frac{\hbar c}{2d} \tag{12.3}$$

A partir da Tabela 12.1, sabemos que o alcance da força nuclear está na ordem de 10^{-15} fm. Utilizando esse valor para d na Equação 12.3, estimamos que a energia de repouso do píon é

$$m_p c^2 \approx \frac{(1{,}055 \times 10^{-34}\,\text{J}\cdot\text{s})(3{,}00 \times 10^8\,\text{m/s})}{2(1 \times 10^{-15}\,\text{m})}$$
$$= 1{,}6 \times 10^{-11}\,\text{J} \approx 100\,\text{MeV}$$

que corresponda a uma massa de 100 MeV/c^2 (aproximadamente, 200 vezes a massa do elétron). Esse valor está em razoável concordância com a massa do píon observada.

O conceito agora descrito é bastante revolucionário. Na verdade, afirma que um sistema de dois núcleos pode mudar para dois núcleons mais um píon, contanto que retorne a seu estado original em um intervalo de tempo muito curto (lembre-se de que essa descrição é o modelo histórico mais antigo, que supõe que o píon é a partícula de campo da força nuclear; o glúon é a partícula de campo real nos modelos atuais). Os físicos costumam dizer que um núcleon sofre *flutuações* quando emite e absorve partículas de campo. Essas flutuações são consequência de uma combinação da Mecânica Quântica (por meio do princípio da incerteza) com a relatividade especial (por meio da relação massa-energia de Einstein $E_R = mc^2$).

Nessa seção, discutimos as partículas de campo que foram originalmente propostas para controlar a força nuclear (píons) e aquelas que controlam a força eletromagnética (fótons). O gráviton, a partícula de campo da força gravitacional, ainda tem de ser observado. Em 1983, as partículas W$^\pm$ e Z^0, que fazem o controle da força fraca, foram descobertas pelo físico italiano Carlo Rubbia (1934-) e colaboradores, utilizando um colisor próton-antipróton. Rubbia e Simon van der Meer

> **Prevenção de Armadilhas 12.2**
> **Força nuclear e força forte**
> A força nuclear discutida no Capítulo 10 foi historicamente chamada força forte. Uma vez que a teoria dos quarks (Seção 12.8) foi estabelecida, entretanto, a expressão *força forte* ficou reservada para a força entre os quarks. Seguiremos essa convenção: a força forte está entre quarks ou partículas construídas a partir de quarks e a força nuclear está entre núcleons em um núcleo. Essa última é um resultado secundário da força forte discutida na Seção 12.9. Ela é chamada, às vezes, *força residual forte*. Devido ao desenvolvimento histórico dos nomes dessas forças, outros livros se referem à força nuclear como força forte.

378 Física para cientistas e engenheiros

TABELA 12.2 *Algumas partículas e suas propriedades*

Categoria	Nome da partícula	Símbolo	Anti-partícula	Massa (MeV/c^2)	B	L_e	L_μ	L_τ	S	Vida útil (s)	Spin
Léptons	Elétron	e^-	e^+	0,511	0	+1	0	0	0	Estável	$\frac{1}{2}$
	Elétron-neutrino	ν_e	$\overline{\nu}_e$	$< 2\text{eV}/c^2$	0	+1	0	0	0	Estável	$\frac{1}{2}$
	Múon	μ^-	μ^+	105,7	0	0	+1	0	0	$2,20 \times 10^{-6}$	$\frac{1}{2}$
	Múon-neutrino	ν_μ	$\overline{\nu}_\mu$	$< 0,7$	0	0	+1	0	0	Estável	$\frac{1}{2}$
	Tau	τ^-	τ^+	1.784	0	0	0	+1	0	$< 4 \times 10^{-13}$	$\frac{1}{2}$
	Tau-neutrino	ν_τ	$\overline{\nu}_\tau$	< 18	0	0	0	+1	0	Estável	$\frac{1}{2}$
Hádrons **Mésons**	Píon	π^+	π^-	139,6	0	0	0	0	0	$2,60 \times 10^{-8}$	0
		π^0	Próprio	135,0	0	0	0	0	0	$0,83 \times 10^{-16}$	0
	Kaon	K^+	K^-	493,7	0	0	0	0	+1	$1,24 \times 10^{-8}$	0
		K^0_S	$\overline{K}^0_S$	497,7	0	0	0	0	+1	$0,89 \times 10^{-10}$	0
		K^0_L	$\overline{K}^0_L$	497,7	0	0	0	0	+1	$5,2 \times 10^{-8}$	0
	Eta	η	Próprio	548,8	0	0	0	0	0	$< 10^{-18}$	0
		η'	Próprio	958	0	0	0	0	0	$2,2 \times 10^{-21}$	0
Bárions	Próton	p	$\overline{\text{p}}$	938,3	+1	0	0	0	0	Estável	$\frac{1}{2}$
	Nêutron	n	$\overline{\text{n}}$	939,6	+1	0	0	0	0	614	$\frac{1}{2}$
	Lambda	Λ^0	$\overline{\Lambda}^0$	1.115,6	+1	0	0	0	−1	$2,6 \times 10^{-10}$	$\frac{1}{2}$
	Sigma	Σ^+	$\overline{\Sigma}^-$	1.189,4	+1	0	0	0	−1	$0,80 \times 10^{-10}$	$\frac{1}{2}$
		Σ^0	$\overline{\Sigma}^0$	1.192,5	+1	0	0	0	−1	6×10^{-20}	$\frac{1}{2}$
		Σ^-	$\overline{\Sigma}^+$	1.197,3	+1	0	0	0	−1	$1,5 \times 10^{-10}$	$\frac{1}{2}$
	Delta	Δ^{++}	$\overline{\Delta}^{--}$	1.230	+1	0	0	0	0	6×10^{-24}	$\frac{3}{2}$
		Δ^+	$\overline{\Delta}^-$	1.231	+1	0	0	0	0	6×10^{-24}	$\frac{3}{2}$
		Δ^0	$\overline{\Delta}^0$	1.232	+1	0	0	0	0	6×10^{-24}	$\frac{3}{2}$
		Δ^-	$\overline{\Delta}^+$	1.234	+1	0	0	0	0	6×10^{-24}	$\frac{3}{2}$
	Chi	Ξ^0	$\overline{\Xi}^0$	1.315	+1	0	0	0	−2	$2,9 \times 10^{-10}$	$\frac{1}{2}$
		Ξ^-	Ξ^+	1.321	+1	0	0	0	−2	$1,64 \times 10^{-10}$	$\frac{1}{2}$
	Ômega	Ω^-	Ω^+	1.672	+1	0	0	0	−3	$0,82 \times 10^{-10}$	$\frac{3}{2}$

(1925-2011), ambos do CERN,[4] compartilharam o prêmio Nobel de Física de 1984 pela descoberta das partículas $W^\pm$ e Z^0 e pelo desenvolvimento do colisor próton-antipróton. A Figura 12.5b mostra um diagrama de Feynman para uma interação fraca controlada por um bóson Z^0.

12.4 Classificação de partículas

Todas as partículas, além das de campo, podem ser classificadas em duas categorias amplas, *hádrons* e *léptons*. O critério para separação dessas partículas em categorias é se interagem ou não por meio da força forte. A força nuclear entre os núcleons em um núcleo é uma manifestação específica da força forte, mas utilizaremos o termo *força forte* para nos referirmos a qualquer interação entre partículas formadas de quarks (para mais detalhes sobre quarks e força forte, consulte a Seção 12.8.) A Tabela 12.2 oferece um resumo das propriedades dos hádrons e léptons.

---

[4] CERN significava, originalmente, Conseil Européen pour la Recherche Nucléaire; o nome foi alterado para Organização Europeia de Pesquisa Nuclear, e o laboratório operado pelo CERN é chamado Laboratório Europeu de Física de Partículas. A abreviação CERN foi mantida e é comumente utilizada para se referir tanto à organização quanto ao laboratório.

Hádrons

Partículas que interagem por meio de força forte (e por outras forças fundamentais) são chamadas **hádrons**. As duas classes de hádrons, *mésons* e *bárions*, se distinguem por suas massas e spins.

Mésons têm, todos, spin zero ou inteiro (0 ou 1). Como indicado na Seção 12.3, o nome vem da expectativa de que a massa do méson proposto por Yukawa ficasse entre as massas do elétron e do próton. Várias massas do méson ficam nessa faixa, embora mésons com massas superiores às do próton tenham sido encontrados.

Todos os mésons decaem em elétrons, pósitrons, neutrinos e fótons. Píons são os mésons mais leves e têm massas de aproximadamente $1,4 \times 10^2$ MeV/c^2 e todos os três píons – π^+, π^- e π^0 – têm um spin de 0 (essa característica de spin 0 indica que a partícula descoberta por Anderson em 1937, o múon, não é um méson. O múon tem spin $\frac{1}{2}$ e pertence à classificação *lépton*.

Bárions, a segunda classe de hádrons, têm massas iguais ou superiores à do próton (o nome *bárion* significa "pesado" em grego) e seu spin é sempre um valor de meio inteiro ($\frac{1}{2}$, $\frac{3}{2}$...). Prótons e nêutrons são bárions, como várias outras partículas. Com a exceção do próton, todos os bárions decaem de tal modo que os produtos finais incluem um próton. Por exemplo, o bárion chamado híperon Ξ^0 (letra grega chi) decai para o bárion Λ^0 (letra grega lambda) em aproximadamente 10^{-10} s. O Λ^0 em seguida decai para um próton e um π^- em aproximadamente 3×10^{-10} s.

Atualmente, acredita-se que os hádrons não são partículas elementares, mas compostos de unidades mais elementares chamadas quarks, de acordo com a Seção 12.8.

Léptons

Léptons (do grego *leptos*, que significa "pequeno" ou "leve") são partículas que não interagem por meio da força forte. Todos os léptons têm spin $\frac{1}{2}$. Diferente dos hádrons, que têm tamanho e estrutura, léptons parecem ser verdadeiramente elementares, o que significa que não têm estrutura e são do tipo pontuais.

Ao contrário dos hádrons, o número de léptons conhecidos é pequeno. Atualmente, os cientistas acreditam que somente seis existam: elétron, múon, tau e um neutrino associado a cada um: e^-, μ^-, τ^-, ν_e, ν_μ e ν_τ. O lépton tau, descoberto em 1975, tem massa de aproximadamente duas vezes a do próton. Evidência experimental direta do neutrino associado com o tau foi anunciada pelo Fermi National Accelerator Laboratory (Fermilab) em julho de 2000. Cada um dos seis léptons tem uma antipartícula.

Estudos atuais indicam que os neutrinos têm massa pequena, mas diferente de zero. Se não tiverem massa, não podem se mover à velocidade da luz. Além do mais, como existem muitos neutrinos, sua massa combinada pode ser suficiente para fazer com que a matéria no Universo eventualmente entre em colapso em um único ponto, que pode então explodir e criar um Universo completamente diferente! Discutiremos essa possibilidade detalhadamente na Seção 12.11.

12.5 Leis de conservação

As leis de conservação de energia, momentos linear e angular e carga elétrica nos oferecem um conjunto de regras que todos os processos devem seguir. No Capítulo 10, aprendemos que as leis de conservação são importantes para a compreensão da razão de certos decaimentos radioativos e reações nucleares acontecerem e outros não. No estudo de partículas elementares, várias leis adicionais de conservação são importantes. Embora as duas aqui descritas não tenham fundamentação teórica, são suportadas por várias evidências empíricas.

Número bariônico

Resultados experimentais mostram que, quando um bárion é criado em um decaimento ou reação nuclear, um antibárion também é. Esse esquema pode ser quantificado ao designar para cada partícula um número quântico, o **número bariônico**, como segue: $B = +1$ para todos os bários, $B = -1$ para todos os antibárions e $B = 0$ para todas as outras partículas (consulte a Tabela 12.2.) A **lei de conservação do número bariônico** afirma que

> toda vez que acontecer uma reação nuclear ou decaimento, a soma dos números bariônicos antes do processo deve ser igual à destes números após o processo.

◀ **Conservação do número bariônico**

Se o número bariônico for conservado, o próton deve estar absolutamente estável. Por exemplo, um decaimento do próton para um pósitron e para um píon neutro atenderia à conservação de energia, momento linear e carga elétrica. Entretanto, esse decaimento nunca foi observado. A lei da conservação do número bariônico seria consistente com a ausência de decaimento, porque o decaimento proposto envolveria a perda de um bárion. Com base nas observações experimentais, como apontado no Exemplo 12.2, podemos dizer que, no momento, todos os prótons têm meia-vida de pelo menos 10^{33} anos (a idade estimada do Universo é de somente 10^{10} anos). Algumas teorias recentes, entretanto, preveem que o próton é instável. De acordo com elas, o número bariônico não é absolutamente conservado.

Teste Rápido 12.2 Considere os decaimentos **(i)** n → $\pi^+ + \pi^- + \mu^+ + \mu^-$ e **(ii)** n → p + π^-. A partir das opções a seguir, quais leis de conservação são violadas em cada decaimento? (a) Energia (b) carga elétrica (c) número bariônico (d) momento angular (e) nenhuma lei de conservação.

Exemplo 12.1 — Verificação de números bariônicos

Utilize a lei de conservação do número bariônico para determinar se cada uma das reações a seguir pode ocorrer:

(A) p + n → p + p + n + $\bar{p}$

SOLUÇÃO

Conceitualização A massa à direita é maior que a à esquerda. Portanto, podemos ser tentados a dizer que a reação viola a conservação de energia. Entretanto, a reação pode ocorrer se as partículas iniciais tiverem energia cinética suficiente para permitir o aumento da energia de repouso do sistema.

Categorização Utilizamos a lei de conservação desenvolvida nessa seção; portanto, categorizamos esse exemplo como um problema de substituição.

Avalie o número bariônico total para o lado esquerdo da reação:	1 + 1 = 2
Avalie o número bariônico total para o lado direito da reação:	1 + 1 + 1 + (–1) = 2

Portanto, o número bariônico é conservado e a reação pode acontecer.

(B) p + n → p + p + $\bar{p}$

SOLUÇÃO

Avalie o número bariônico total para o lado esquerdo da reação:	1 + 1 = 2
Avalie o número bariônico total para o lado direito da reação:	1 + 1 + (–1) = 1

Como o número bariônico não é conservado, a reação não pode acontecer.

Exemplo 12.2 — Detecção de decaimentos de prótons

Medições feitas em duas instalações de detecção de neutrinos, no detector de Irvine-Michigan-Brookhaven (Figura 12.6) e no Super Kamiokande, no Japão, indicam que a meia-vida de prótons é de pelo menos 10^{33} anos.

(A) Estime por quanto tempo teríamos de observar, em média, para ver um próton em um copo de água decair.

SOLUÇÃO

Conceitualização Imagine o número de prótons em um copo de água. Embora esse número seja enorme, a probabilidade de um único próton sofrer decaimento é pequena; então, devemos esperar um intervalo longo de tempo antes de observar um decaimento.

Categorização Como a meia-vida está disponibilizada no problema, categorizamos esse exemplo como um problema em que podemos aplicar nossas técnicas de análise estatísticas da Seção 10.4.

Figura 12.6 (Exemplo 12.2) Um mergulhador nada em águas ultrapuras no detector de neutrinos de Irvine-Michigan-Brookhaven. Esse detector retém quase 7.000 toneladas métricas de água e está alinhado com mais de 2.000 tubos fotomultiplicadores, muitos dos quais são visíveis na fotografia.

Física de Partículas e cosmologia **381**

> **12.2** *cont.*

Análise Vamos estimar que um copo padrão tem um número de moles n de água, com massa de $m = 250$ g de água, com massa molar $M = 18$ g/mol.

Encontre o número de moléculas de água no copo:

$$N_{\text{moléculas}} = nN_{\text{A}} = \frac{m}{M}N_{\text{A}}$$

Cada molécula de água contém um próton em cada um de seus dois átomos de hidrogênio mais oito prótons de oxigênio, para um total de dez prótons. Portanto, há $N = 10\,N_{\text{moléculas}}$ de prótons em um copo de água.

Encontre a atividade dos prótons da Equação 10.7:

$$(1) \quad R = \lambda N = \frac{\ln 2}{T_{1/2}}\left(10\,\frac{m}{M}N_{\text{A}}\right) = \frac{\ln 2}{10^{33}\,\text{anos}}(10)\left(\frac{250\,\text{g}}{18\,\text{g/mol}}\right)(6{,}02 \times 10^{23}\,\text{mol}^{-1})$$

$$= 5{,}8 \times 10^{-8}\,\text{anos}^{-1}$$

Finalização A constante de decaimento representa a probabilidade de *um* próton decair em um ano. A probabilidade de que *qualquer* próton em nosso copo de água decaia no intervalo de um ano é dada pela equação (1). Portanto, devemos observar nosso copo de água por $1/R \approx$ 17 milhões de anos! Como esperado, esse é um intervalo de tempo longo.

(B) A instalação de neutrinos Super Kamiokande contém 50 mil toneladas métricas de água. Estime o intervalo médio de tempo entre decaimentos de prótons detectados nessa quantidade de água se a meia-vida de um próton é 10^{33} anos.

SOLUÇÃO

Análise A taxa de decaimento de prótons R em uma amostra de água é proporcional ao número N de prótons. Configure uma relação da taxa de decaimento na instalação Super Kamiokande com a do copo de água:

$$\frac{R_{\text{Kamiokande}}}{R_{\text{copo}}} = \frac{N_{\text{Kamiokande}}}{N_{\text{copo}}} \rightarrow R_{\text{Kamiokande}} = \frac{N_{\text{Kamiokande}}}{N_{\text{copo}}}R_{\text{copo}}$$

O número de prótons é proporcional à massa da amostra; então, expresse a taxa de decaimento em termos da massa:

$$R_{\text{Kamiokande}} = \frac{m_{\text{Kamiokande}}}{m_{\text{copo}}}R_{\text{copo}}$$

Substitua os valores numéricos:

$$R_{\text{Kamiokande}} = \left(\frac{50.000\ \text{toneladas métricas}}{0{,}250\ \text{kg}}\right)\left(\frac{1.000\ \text{kg}}{1\ \text{tonelada métrica}}\right)(5{,}8 \times 10^{-8}\,\text{ano}^{-1}) \approx 12\ \text{anos}^{-1}$$

Finalização O intervalo médio de tempo entre decaimentos é por volta de um doze avos de um ano, ou aproximadamente um mês. Isto é muito mais curto que o intervalo de tempo na parte (A) devido à enorme quantidade de água na instalação do detector. Apesar dessa previsão otimista de decaimento de um próton por mês, um decaimento de próton nunca foi observado. Isto sugere que a meia-vida do próton pode ser superior a 10^{33} anos, ou, simplesmente, que o decaimento do próton não acontece.

Número leptônico

Há três leis de conservação envolvendo esses números, uma para cada variedade de lépton. A **lei de conservação do número leptônico de elétron** afirma que

> sempre que uma reação nuclear ou decaimento acontecer, a soma dos números leptônicos de elétron antes do processo deve ser igual à destes números após o processo.

◀ **Conservação do número leptônico de elétron**

É atribuído ao elétron e ao neutrino do elétron um número leptônico de elétron $L_e = +1$ e aos antiléptons e^+ e $\bar{\nu}_e$ um número leptônico de elétron $L_e = -1$. Para todas as outras partículas, $L_e = 0$. Por exemplo, considere o decaimento do nêutron:

$$n \rightarrow p + e^- + \bar{\nu}_e$$

382 Física para cientistas e engenheiros

Antes do decaimento, o número leptônico de elétron é $L_e = 0$; e, após, é $0 + 1 + (-1) = 0$. Portanto, o número leptônico de elétron é conservado (o número bariônico também deve ser conservado, claro; e é: antes do decaimento, $B = +1$ e após o decaimento, $B = +1 + 0 + 0 = +1$).

Do mesmo modo, quando um decaimento envolve múons, o número leptônico de múon L_μ é conservado. É atribuído um número leptônico de múon μ^- a ν_μ e $L_\mu = +1$ e um número leptônico de múon $L_\mu = -1$ aos antímuons μ^+ e $\bar{\nu}_\mu$. Para todas as outras partículas, $L_\mu = 0$.

Por último, o número leptônico de tau L_τ é conservado, com atribuições semelhantes feitas para o lépton do tau, seu neutrino e suas duas antipartículas.

> **Teste Rápido 12.3** Considere o decaimento a seguir: $\pi^0 \rightarrow \mu^- + e^+ + \nu_\mu$. Quais leis de conservação são violadas por ele? **(a)** Energia **(b)** momento angular **(c)** carga elétrica **(d)** número bariônico **(e)** número leptônico de elétron **(f)** número leptônico de múon **(g)** número leptônico de tau **(h)** nenhuma lei de conservação é violada.

> **Teste Rápido 12.4** Suponha que seja feita uma afirmação de que o decaimento do nêutron é dado por $n \rightarrow p + e^-$. Quais leis de conservação são violadas por ele? **(a)** Energia **(b)** momento angular **(c)** carga elétrica **(d)** número bariônico **(e)** número leptônico de elétron **(f)** número leptônico de múon **(g)** número leptônico de tau **(h)** nenhuma lei de conservação é violada.

Exemplo 12.3 | Verificação de números leptônicos

Utilize a lei da conservação dos números leptônicos para determinar se cada um dos esquemas de decaimento (A) e (B) a seguir podem ocorrer:

(A) $\mu \rightarrow e^- + \bar{\nu}_e + \nu_\mu$

SOLUÇÃO

Conceitualização Como esse decaimento envolve um múon e um elétron, L_μ e L_e devem, cada um, ser conservados separadamente se o decaimento for acontecer.

Categorização Utilizamos uma lei de conservação nessa seção; portanto, categorizamos esse exemplo como um problema de substituição.

Avalie os números leptônicos antes do decaimento: $L_\mu = +1 \quad L_e = 0$

Avalie os números leptônicos totais após o decaimento: $L_\mu = 0 + 0 + 1 = +1 \quad L_e = +1 + (-1) + 0 = 0$

Portanto, ambos os números são conservados e, nessa base, o decaimento é possível.

(B) $\pi^+ \rightarrow \mu^+ + \nu_\mu + \nu_e$

SOLUÇÃO

Avalie os números leptônicos antes do decaimento: $L_\mu = 0 \quad L_e = 0$

Avalie os números leptônicos totais após o decaimento: $L_\mu = -1 + 1 + 0 = 0 \quad L_e = 0 + 0 + 1 = 1$

O decaimento não é possível, porque o número leptônico de elétron não é conservado.

12.6 Partículas estranhas e estranheza

Várias partículas descobertas nos anos 1950 foram produzidas pela interação de píons com prótons e nêutrons na atmosfera. Um grupo deles – partículas káon (K), lambda (Λ) e sigma (Σ) – possuía propriedades incomuns tanto quando eram criadas como quando decaíam; por isso foram chamadas *partículas estranhas*.

Uma propriedade incomum de partículas estranhas é que são sempre produzidas em pares. Por exemplo, quando um píon colide com um próton, o resultado altamente provável é a produção de duas partículas neutras estranhas (Fig. 12.7):

$$\pi^- + p \rightarrow K^0 + \Lambda^0$$

A reação $\pi^- + p \rightarrow K^0 + n$, onde somente uma das partículas finais é estranha, entretanto, nunca ocorre, embora nenhuma lei de conservação seja violada e ainda que a energia do píon seja suficiente para iniciar a reação.

Física de Partículas e cosmologia   383

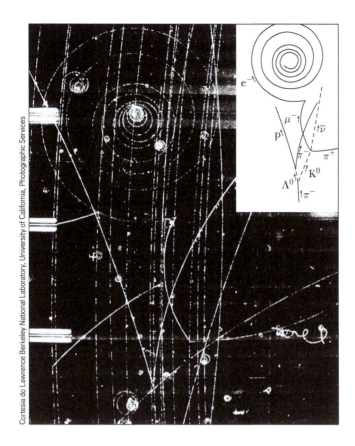

Figura 12.7 Essa fotografia da câmara de bolhas mostra vários eventos; o anexo é um desenho de caminhos identificados. As partículas estranhas Λ^0 e K^0 são formadas na parte inferior conforme uma partícula π^- interage com um próton na reação $\pi^- + p \rightarrow K^0 + \Lambda^0$ (note que as partículas neutras não deixam percursos, como indicado pelas linhas pontilhadas no anexo). Λ^0 decai, em seguida, na reação $\Lambda^0 \rightarrow \pi^- + p$, e K^0 na reação $K^0 \rightarrow \pi^+ + \mu^- + \overline{\nu}_\mu$.

A segunda característica peculiar das partículas estranhas é que, embora sejam produzidas em reações envolvendo a interação forte a uma alta taxa, não decaem em partículas que interagem por meio da força forte a uma alta taxa. Ao contrário, elas decaem muito lentamente, o que é característica da interação fraca. Suas meias-vidas estão na faixa de 10^{-10} s a 10^{-8} s, enquanto a maior parte das partículas que interagem pela força forte tem vida útil muito mais curta, na ordem de 10^{-23} s.

Para explicar essas propriedades das partículas estranhas, um novo número quântico S, chamado **estranheza**, foi introduzido, juntamente com uma lei de conservação. Os números de estranheza para algumas partículas são dados na Tabela 12.2. A produção de partículas estranhas em pares é tratada automaticamente ao se atribuir $S = +1$ a uma das partículas, $S = -1$ a outra e $S = 0$ para todas as partículas não estranhas. A **lei de conservação da estranheza** afirma que

◀ **Conservação da estranheza**

em uma reação nuclear ou decaimento que acontece por meio da força forte, a estranheza é conservada; isto é, a soma dos números de estranheza antes do processo deve ser igual à soma destes números após o processo. Em processos que acontecem por meio da interação fraca, a estranheza pode não ser conservada.

A baixa taxa de decaimento das partículas estranhas pode ser explicada ao supor-se que as interações fortes e eletromagnéticas obedecem às leis de conservação da estranheza, mas a interação fraca não. Como o decaimento de uma partícula estranha envolve a perda de uma partícula estranha, viola a conservação da estranheza e, assim, prossegue lentamente por meio da interação fraca.

Exemplo 12.4 | A estranheza é conservada?

(A) Utilize a lei da conservação de estranheza para determinar se a reação $\pi^0 + n \rightarrow K^+ + \Sigma^-$ ocorre.

SOLUÇÃO

Conceitualização Reconhecemos que existem partículas estranhas que aparecem nessa reação, então vemos que precisaremos investigar a conservação da estranheza.

continua

> **12.4** cont.
>
> **Categorização** Utilizamos uma lei de conservação desenvolvida nessa seção; portanto, categorizamos esse exemplo como um problema de substituição.
>
> Avalie a estranheza para o lado esquerdo da reação utilizando a Tabela 12.2: $S = 0 + 0 = 0$
>
> Avalie a estranheza para o lado direito da reação: $S = +1 - 1 = 0$
>
> Portanto, a estranheza é conservada, e a reação permitida.
>
> **(B)** Mostre que a reação $\pi^- + p \rightarrow \pi^- + \Sigma^+$ não conserva a estranheza.
>
> **SOLUÇÃO**
>
> Avalie a estranheza para o lado esquerdo da reação: $S = 0 + 0 = 0$
>
> Avalie a estranheza para o lado direito da reação: $S = 0 + (-1) = -1$
>
> Portanto, a estranheza não é conservada.

12.7 Descoberta de padrões em partículas

Uma ferramenta que os cientistas utilizam é a detecção de padrões em dados, padrões esses que contribuem para nossa compreensão da natureza. Por exemplo, a Tabela 7.2 do Volume 2 mostra um padrão de calores específicos molares de gases que nos permitem compreender as diferenças entre gases monoatômicos, diatômicos e poliatômicos. A Figura 8.20 mostra um padrão de picos na energia de ionização de átomos que está relacionado com os níveis de energia quantizados nos átomos. A Figura 10.7 mostra um padrão de picos na energia de ligação, que sugere uma estrutura de concha dentro do núcleo. Um dos melhores exemplos do uso dessa ferramenta é o desenvolvimento da Tabela Periódica, que disponibiliza uma compreensão fundamental do comportamento químico dos elementos. Como mencionado na introdução, essa tabela explica como mais de 100 elementos podem ser formados a partir de três partículas: elétron, próton e nêutron. A tabela de nuclídeos, mostrada em parte na Tabela 10.2, contém centenas deles, mas todos podem ser construídos a partir de prótons e nêutrons.

O número de partículas observadas pelos físicos especialistas está na casa de centenas. É possível que exista um pequeno número de entidades a partir das quais todas essas partículas possam ser construídas? Inspirando-nos no sucesso da Tabela Periódica e na tabela de nuclídeos, vamos explorar a busca histórica por padrões entre as partículas.

Vários esquemas de classificação foram propostos para agrupamentos de partículas em famílias. Considere, por exemplo, os bárions listados na Tabela 12.2 que têm spin $\frac{1}{2}$: p, n, Λ^0, Σ^+, Σ^0, Σ^-, Ξ^0 e Ξ^-. Se fizermos uma representação gráfica da estranheza pela carga desses bárions utilizando um sistema de coordenadas verticais, como na Figura 12.8a, um padrão fascinante é observado: seis dos bárions formam um hexágono e os dois restantes ficam no centro do hexágono.

Como segundo exemplo, considere os nove mésons de spin zero listados na Tabela 12.2: π^+, π^0, π^-, K^+, K^0, K^-, η, η' e a antipartícula $\overline{K}^0$. A Figura 12.8b é uma representação gráfica da estranheza pela carga para essa família. Novamente, um padrão hexagonal surge. Neste caso, cada partícula no perímetro do hexágono fica oposta à sua antipartícula e

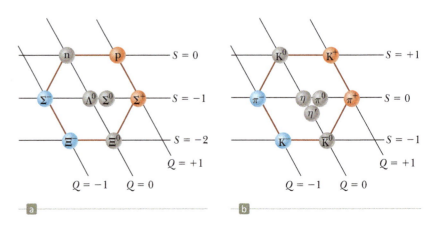

Figura 12.8 (a) Padrão hexagonal do caminho do octeto para os oitos bárions de spin $\frac{1}{2}$. Essa representação gráfica da estranheza pela carga utiliza um eixo vertical para o número de carga Q e outro horizontal para a estranheza S.
(b) Padrão do caminho do octeto para os nove mésons de spin zero.

as três restantes (que formam suas próprias antipartículas) ficam no centro do hexágono. Esses padrões e outros simétricos relacionados foram desenvolvidos, de modo independente, em 1961, por Murray Gell-Mann e Yuval Ne'eman (1925-2006). Gell-Mann chamava os padrões de **caminho do octeto**, em referência ao das oito vias até o nirvana do budismo.

Murray Gell-Mann
Físico norte-americano (1929-)
Em 1969, Murray Gell-Mann recebeu o prêmio Nobel de Física por seus estudos teóricos relacionados com partículas subatômicas.

Grupos de bárions e mésons podem ser dispostos em vários outros padrões simétricos dentro da estrutura do caminho do octeto. Por exemplo, a família dos bárions de spin $\frac{3}{2}$, descoberta em 1961, contém nove partículas dispostas em um padrão do mesmo tipo que os pinos em uma pista de boliche, como na Figura 12.9 (as partículas Σ^{*+}, Σ^{*0}, Σ^{*-}, Ξ^{*0} e Ξ^{*-} são estados excitados das Σ^{+}, Σ^{0}, Σ^{-}, Ξ^{0} e Ξ^{-}. Nestes estados de alta energia, os spins dos três quarks – consulte a Seção 12.8 – que compõem a partícula são alinhados de forma que o spin total da partícula é $\frac{3}{2}$). Quando esse padrão foi proposto, nele ocorria um ponto vazio (na posição inferior), relativo à partícula que nunca havia sido observada. Gell-Mann previu que a partícula que faltava, que chamou de ômega menos (Ω^-), deveria ter spin $\frac{3}{2}$, carga –1, estranheza –3 e energia de repouso de aproximadamente 1.680 MeV. Logo em seguida, em 1964, cientistas no Brookhaven National Laboratory encontraram a partícula que faltava por meio de análises meticulosas de fotografias da câmara de bolhas (Fig. 12.10) e confirmaram todas as suas propriedades previstas.

A previsão da partícula faltante no caminho do octeto tem muito em comum com a dos elementos faltantes na Tabela Periódica. Quando ocorre um espaço livre em um padrão organizado de informações, os cientistas experimentais têm um guia para suas investigações.

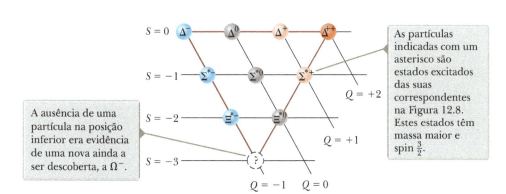

Figura 12.9 Padrão para bárions de massa maior e spin $\frac{3}{2}$ descobertos na época em que o padrão foi proposto.

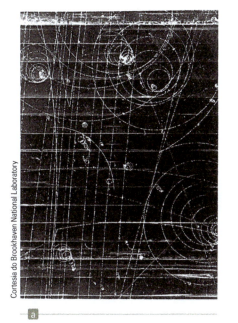
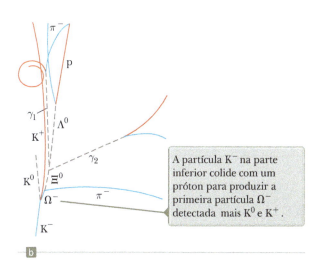

Figura 12.10 Descoberta da partícula Ω^-. A fotografia à esquerda mostra os caminhos originais da câmara de bolhas. O desenho à direita isola os caminhos dos eventos importantes.

12.8 Quarks

Como já mencionado, os léptons parecem ser partículas verdadeiramente elementares por ter somente poucos tipos e experimentos indicam que não têm tamanho mensurável ou estrutura interna. Os hádrons, por exemplo, são partículas complexas com tamanho e estrutura. A existência dos padrões de estranheza-carga do caminho do octeto sugere que os hádrons têm subestrutura. Além do mais, existem centenas de tipos de hádrons e muitos decaem para outros hádrons.

O modelo original de quarks

Em 1963, Gell-Mann e George Zweig (1937-) propuseram, de modo independente, um modelo para a subestrutura dos hádrons. De acordo com esse modelo, todos os hádrons são compostos de duas ou três partes elementares chamadas **quarks** (Gell-Mann tomou a palavra *quark* do trecho "Three quarks for Muster Mark" do livro *Finnegans Wake*, de James Joyce. No modelo de Zweig, as partes eram chamadas "azes"). O modelo tem três tipos de quarks, designados pelos símbolos u, d e s, que recebem os nomes arbitrários **up** (para cima), **down** (para baixo) e **strange** (estranho). Os vários tipos de quarks são chamados **sabores**. A Figura 12.11 é uma representação esquemática das composições de quark de vários hádrons.

Uma propriedade incomum dos quarks é que transportam uma carga elétrica fracionária. Os u, d e s têm cargas de $+2e/3$, $-e/3$ e $-e/3$, respectivamente, onde e é a carga elementar $1{,}60 \times 10^{-19}$ C. Estas e outras propriedades dos quarks e dos antiquarks são mostradas na Tabela 12.3. Os quarks têm spin $\frac{1}{2}$, o que significa que todos eles são férmions, definidos como qualquer partícula com spin semi-inteiro, como mostrado na Seção 9.8. Como a Tabela 12.3 mostra, associado a cada quark está um antiquark de carga, número bariônico e estranheza opostos.

As composições de todos os hádrons conhecidos quando Gell-Mann e Zweig apresentaram seu modelo podem ser especificadas completamente por três regras simples:

- Um méson consiste em um quark e de um antiquark, que confere um número bariônico de 0, como necessário.

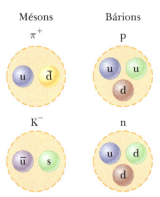

Figura 12.11 Composição de quarks de dois mésons e dois bárions.

TABELA 12.3 Propriedades de quarks e antiquarks

Quarks

Nome	Símbolo	Spin	Carga	Número bariônico	Estranheza	Charme	Inferioridade	Superioridade
Up	u	$\frac{1}{2}$	$+\frac{2}{3}e$	$\frac{1}{3}$	0	0	0	0
Down	d	$\frac{1}{2}$	$-\frac{1}{3}e$	$\frac{1}{3}$	0	0	0	0
Strange	s	$\frac{1}{2}$	$-\frac{1}{3}e$	$\frac{1}{3}$	-1	0	0	0
Charmed	c	$\frac{1}{2}$	$+\frac{2}{3}e$	$\frac{1}{3}$	0	$+1$	0	0
Bottom	b	$\frac{1}{2}$	$-\frac{1}{3}e$	$\frac{1}{3}$	0	0	$+1$	0
Top	t	$\frac{1}{2}$	$+\frac{2}{3}e$	$\frac{1}{3}$	0	0	0	$+1$

Antiquarks

Nome	Símbolo	Spin	Carga	Número bariônico	Estranheza	Charme	Inferioridade	Superioridade
Antiup	$\bar{u}$	$\frac{1}{2}$	$-\frac{2}{3}e$	$-\frac{1}{3}$	0	0	0	0
Antidown	$\bar{d}$	$\frac{1}{2}$	$+\frac{1}{3}e$	$-\frac{1}{3}$	0	0	0	0
Antistrange	$\bar{s}$	$\frac{1}{2}$	$+\frac{1}{3}e$	$-\frac{1}{3}$	$+1$	0	0	0
Anticharmed	$\bar{c}$	$\frac{1}{2}$	$-\frac{2}{3}e$	$-\frac{1}{3}$	0	-1	0	0
Antibottom	$\bar{b}$	$\frac{1}{2}$	$+\frac{1}{3}e$	$-\frac{1}{3}$	0	0	-1	0
Antitop	$\bar{t}$	$\frac{1}{2}$	$-\frac{2}{3}e$	$-\frac{1}{3}$	0	0	0	-1

- Um bárion consiste em três quarks.
- Um antibárion consiste em três antiquarks.

A teoria estabelecida por Gell-Mann e Zweig é chamada *modelo original de quarks*.

 Teste Rápido 12.5 Ao utilizar um sistema de coordenadas, como o da Figura 12.8, faça um diagrama do caminho do octeto para os três quarks no modelo original de quarks.

Charme e outros desenvolvimentos

Embora o modelo original de quarks tenha sido altamente bem-sucedido na classificação de partículas em famílias, algumas discrepâncias aconteceram entre suas previsões e algumas taxas experimentais de decaimento. Em consequência, vários físicos propuseram um quarto sabor de quark em 1967. Argumentaram que, se existem quatro tipos de léptons (como se considerava na época), deveria haver, também, quatro sabores de quarks em razão da simetria subjacente na natureza. O quarto quark, designado c, teve uma propriedade atribuída chamada **charm (charme)**. Um quark com charme tem carga $+2e/3$, como o quark *up*, mas seu charme se distingue dos outros três. Isto introduz um novo número quântico C, representando o charme. O novo quark tem *charm* $C = +1$, seu antiquark tem *charm* $C = -1$ e todos os outros têm $C = 0$. O charme, como a estranheza, é conservado em interações fortes e eletromagnéticas, mas não em interações fracas.

Evidências de que o quark com charme existe começaram a se acumular em 1974, quando um méson pesado chamado partícula J/Ψ (ou simplesmente Ψ – a letra grega psi) foi descoberto independentemente por dois grupos, um deles liderado por Burton Richter (1931-), no Stanford Linear Accelerator (SLAC) e o outro liderado por Samuel Ting (1936-), no Brookhaven National Laboratory. Em 1976, Richter e Ting receberam o prêmio Nobel de Física por esse trabalho. A partícula J/Ψ não se encaixa no modelo de três quarks; pelo contrário, tem propriedades de uma combinação do quark com charme proposto e de seu antiquark ($c\bar{c}$). Ela é muito mais maciça que os outros mésons conhecidos (~ 3.100 MeV/c^2), e sua vida útil é muito mais longa que as das partículas que interagem por meio da força forte. Logo, mésons relacionados foram descobertos, correspondendo a essas combinações de quark como $\bar{c}d$ e $c\bar{d}$, todas com massas grandes e vidas úteis longas. A existência desses novos mésons forneceu evidência sólida para o quarto sabor de quark.

Em 1975, pesquisadores da Universidade de Stanford relataram evidências sólidas para o lépton tau (τ), de massa 1.784 MeV/c^2. Esse quinto tipo de lépton fez que os físicos propusessem que mais sabores de quarks deveriam existir com base nos argumentos de simetria semelhantes aos que levaram à proposta do quark com charme. Essas propostas levaram a modelos mais elaborados de quarks e à previsão de dois novos, **top** (superior) (t) e **bottom** (inferior) (b) (alguns físicos preferem *truth* (verdade) e *beauty* (beleza)). Para distinguir esses quarks dos outros, números quânticos chamados *superioridade* e *inferioridade* (que permitiam valores +1, 0, –1) foram atribuídos a todos os quarks e antiquarks (consulte a Tabela 12.3). Em 1977, pesquisadores do Fermi National Laboratory, sob a direção de Leon Lederman (1922-), relataram a descoberta de um novo méson muito maciço Y (letra grega ipsilon), cuja composição é considerada $b\bar{b}$, fornecendo evidência para o quark *bottom*. Em março de 1995, pesquisadores do Fermilab anunciaram a descoberta do quark *top* (supostamente o último a ser descoberto), que tem massa de 173 GeV/c^2.

A Tabela 12.4 lista as composições de quarks dos mésons formados a partir dos quarks *up*, *down*, *strange*, *charm* e *bottom*. Já a 12.5 mostra as combinações de quarks para os bárions listados na Tabela 12.2. Note que somente dois sabores de quarks, u e d, estão contidos em todos os hádrons encontrados na matéria comum (prótons e nêutrons).

As descobertas das partículas acabarão um dia? Quantas partes fundamentais da matéria existem realmente? No momento, os físicos acreditam que as partículas elementares na natureza são seis quarks e seis léptons, juntamente com

TABELA 12.4 *Composição de quarks de mésons*

		Antiquarks								
		$\bar{b}$		$\bar{c}$		$\bar{s}$		$\bar{d}$		$\bar{u}$	
Quarks	b	Y	($b\bar{b}$)	B_c^-	($\bar{c}b$)	$\bar{B}_s^0$	($\bar{s}b$)	$\bar{B}_d^0$	($\bar{d}b$)	B^-	($\bar{u}b$)
	c	B_c^+	($\bar{b}c$)	J/Ψ	($\bar{c}c$)	D_s^+	($\bar{s}c$)	D^+	($\bar{d}c$)	D^0	($\bar{u}c$)
	s	B_s^0	($\bar{b}s$)	D_s	($\bar{c}s$)	η, η'	($\bar{s}s$)	$\bar{K}^0$	($\bar{d}s$)	K^-	($\bar{u}s$)
	d	B_d^0	($\bar{b}d$)	D^-	($\bar{c}d$)	K^0	($\bar{s}d$)	π^0, η, η'	($\bar{d}d$)	π^-	($\bar{u}d$)
	u	B^+	($\bar{b}u$)	$\bar{D}^0$	($\bar{c}u$)	K^+	($\bar{s}u$)	π^+	($\bar{d}u$)	π^0, η, η'	($\bar{u}u$)

Observação: O quark top não forma mésons porque decai muito rapidamente.

TABELA 12.5 — Composição de quarks de vários bárions

Partícula	Composição de quarks
p	uud
n	udd
Λ^0	uds
Σ^+	uus
Σ^0	uds
Σ^-	dds
Δ^{++}	uuu
Δ^+	uud
Δ^0	udd
Δ^-	ddd
Ξ^0	uss
Ξ^-	dss
Ω^-	sss

Observação: Alguns bárions têm a mesma composição de quarks, como p e Δ^+ e n e Δ^0. Nestes casos, as partículas Δ são consideradas estados excitados do próton e do nêutron.

TABELA 12.6 — Partículas elementares e suas energias em repouso e cargas

Partícula	Energia de repouso aproximada	Carga
Quarks		
u	2,4 MeV	$+\frac{2}{3}e$
d	4,8 MeV	$-\frac{1}{3}e$
s	104 MeV	$-\frac{1}{3}e$
c	1,27 GeV	$+\frac{2}{3}e$
b	4,2 GeV	$-\frac{1}{3}e$
t	173 GeV	$+\frac{2}{3}e$
Léptons		
e^-	511 keV	$-e$
μ^-	105,7 MeV	$-e$
τ^-	1,78 GeV	$-e$
ν_e	< 2 eV	0
ν_μ	< 0,17 MeV	0
ν_τ	< 18 MeV	0

suas antipartículas e as quatro partículas de campo listadas na Tabela 12.1. A Tabela 12.6 lista as energias em repouso e as cargas dos quarks e dos léptons.

Apesar do grande esforço experimental, nenhum quark isolado jamais foi observado. Os físicos acreditam, agora, que, em temperaturas normais, os quarks estão permanentemente confinados dentro de partículas comuns devido a uma força excepcionalmente forte que impede que escapem, chamada (apropriadamente) **força forte**[5] (que apresentamos no início da Seção 12.4 e discutiremos na Seção 12.10). Essa força aumenta com a distância de separação, semelhante à exercida por uma mola esticada. Existem esforços atuais para formar um **plasma de quark-glúon**, um estado de matéria no qual os quarks são liberados dos nêutrons e dos prótons. Em 2000, cientistas do CERN anunciaram evidência para um plasma de quark-glúon formado pela colisão de núcleos de chumbo. Em 2005, experimentos no Colisor Relativístico de Íons (Relativistic Heavy Ion Collider – RHIC), em Brookhaven, sugeriram a criação de um plasma de quark-glúon. Nenhum dos laboratórios ofereceu dados definitivos para verificar a existência deste plasma. Os experimentos continuam e o projeto ALICE (A Large Ion Collider Experiment, ou Um Grande Experimento com Colisor de Íons) do Large Hadron Collider (Grande Colisor de Hádrom) do CERN juntou-se à busca.

Teste Rápido **12.6** Bárions duplamente carregados, como o Δ^{++}, são considerados existentes. Verdadeiro ou falso: mésons duplamente carregados também existem.

12.9 Quarks multicoloridos

Logo após a proposição do conceito de quarks, cientistas reconheceram que algumas partículas tinham composições de quark que violavam o princípio de exclusão. Na Seção 8.7, aplicamos o princípio de exclusão aos elétrons nos átomos. Entretanto, o princípio é mais geral e se aplica a todas as partículas com spin semi-inteiro ($\frac{1}{2}$, $\frac{3}{2}$ etc.), que são coletivamente chamados férmions. Como todos os quarks são férmions com spin $\frac{1}{2}$, espera-se que satisfaçam o princípio de exclusão. Exemplo de uma partícula que parece violar o princípio de exclusão é o bárion Ω^- (sss), que contém três quarks estranhos com spins paralelos, com um spin total $\frac{3}{2}$. Todos os três quarks têm o mesmo número quântico de spin, violando o princípio de exclusão. Outros exemplos de bárions formados de quarks idênticos com spins paralelos são Δ^{++} (uuu) e Δ^- (ddd).

---

[5] Para lembrar, o significado original do termo *força forte* era a força atrativa de curta distância entre os núcleons, que chamamos *força nuclear*. A força nuclear entre os núcleons é um efeito secundário da força forte entre os quarks.

Para resolver esse problema, foi sugerido que os quarks possuem uma propriedade adicional chamada **carga de cores**, que é semelhante em muitos aspectos à carga elétrica, exceto que acontece em seis variedades em vez de duas. As cores atribuídas aos quarks são vermelho, verde e azul e os antiquarks têm as cores antivermelho, antiverde e antiazul. Portanto, as três primeiras servem como "números quânticos" para a cor do quark. Para satisfazer ao princípio de exclusão, os três quarks em qualquer bárion devem ter cores diferentes. Veja novamente os quarks nos bárions da Figura 12.11 e repare nas cores. As três cores "neutralizam-se" para branco. Um quark e um antiquark em um méson devem ser de uma cor e da anticor correspondente, e irão, por consequência, se neutralizar para branco, de modo semelhante a como as cargas elétricas + e – se neutralizam para carga líquida zero (veja os mésons na Fig. 12.11). A violação aparente do princípio de exclusão no bárion Ω^- é removida porque os três quarks na partícula têm cores diferentes.

A nova propriedade da cor aumentou o número de quarks por um fator de 3, porque cada um dos seis quarks vem em três cores. Embora o conceito de cor no modelo de quarks tenha sido originalmente concebido para atender ao princípio de exclusão, também ofereceu uma teoria mais lógica para a explicação de alguns resultados experimentais. Por exemplo, a teoria modificada prevê corretamente a vida útil do méson π^0.

A teoria de como os quarks interagem um com o outro é chamada **cromodinâmica quântica**, ou QCD, em paralelo ao nome *eletrodinâmica quântica* (a teoria da interação elétrica entre a luz e a matéria). Na QCD, cada quark transporta uma carga de cores, em analogia à carga elétrica. A força forte entre os quarks é geralmente chamada **força de cores**. Portanto, os termos *força forte* e *força de cores* são utilizados um no lugar do outro.

Na Seção 12.1, afirmamos que a interação nuclear entre os hádrons é mediada por partículas de campo sem massa, chamadas **glúons**. Como mencionado, a força nuclear é, na verdade, um efeito secundário da força forte entre os quarks. Os glúons são os mediadores da força forte. Quando um quark emite ou absorve um glúon, sua cor pode mudar. Por exemplo, um quark azul que emite um glúon pode se tornar um vermelho e um quark vermelho que absorve esse glúon pode se tornar um azul.

A força de cores entre os quarks é análoga à elétrica entre as cargas: partículas com a mesma cor se repelem e as com cores opostas se atraem. Portanto, dois quarks verdes se repelem, mas um quark verde é atraído para um antiverde. A atração entre quarks de cor oposta para formar um méson (q$\bar{\text{q}}$) é indicada na Figura 12.12a. Quarks de cores diferentes também se atraem, embora com menos intensidade que o quark e o antiquark de cores opostas. Por exemplo, um grupo de quarks vermelhos, azuis e verdes atrai todos para formar um bárion como na Figura 12.12b. Portanto, cada bárion contém três quarks de três cores diferentes.

Embora a força nuclear entre dois hádrons sem cor seja irrelevante em grandes separações, a força forte líquida entre seus quarks não é exatamente zero em separações pequenas. Essa força forte residual é a nuclear que vincula prótons e nêutrons para formar núcleos. É semelhante à força entre dois dipolos elétricos. Cada dipolo é eletricamente neutro. Entretanto, um campo elétrico cerca os dipolos por causa da separação das cargas positiva e negativa (consulte a Seção 1.6 do Volume 3). Como resultado, acontece uma interação elétrica entre os dipolos que é mais fraca que a força entre cargas únicas. Na Seção 9.1 exploramos como essa interação resulta na força de Van der Waals entre moléculas neutras.

> **Prevenção de Armadilhas 12.3**
>
> **Carga de cor não é realmente cor**
> A descrição de cor para um quark não tem nada a ver com a sensação visual da luz. É simplesmente um nome conveniente para uma propriedade que é análoga à carga elétrica.

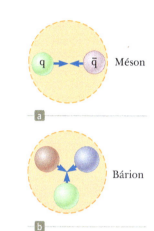

Figura 12.12 (a) Um quark verde é atraído para um antiverde. Isto forma um méson cuja estrutura de quarks é (q$\bar{\text{q}}$). (b) Três quarks de cores diferentes se atraem para formar um bárion.

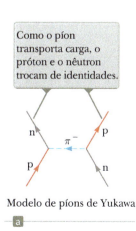

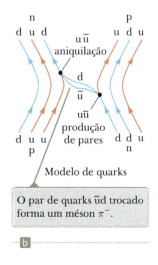

Figura 12.13 (a) Interação nuclear entre um próton e um nêutron explicada com relação ao modelo de troca de píons de Yukawa. (b) A mesma interação explicada no que se refere a quarks e glúons.

De acordo com a QCD, uma explicação mais básica para a força nuclear pode ser dada em termos de quarks e glúons. A Figura 12.13a mostra a interação nuclear entre um nêutron e um próton por meio do píon de Yukawa; neste caso, um π^-. Esse desenho é diferente da Figura 12.5a, na qual a partícula de campo é um π^0; não há transferência de carga de um núcleo para o outro na Figura 12.5a. Já na 12.13a, o píon carregado transporta carga de um núcleo para o outro, então os núcleons mudam de identidade com o próton tornando-se um nêutron e esse um próton.

Vamos olhar para a mesma interação do ponto de vista do modelo de quarks, mostrado na Figura 12.13b. Nesse diagrama de Feynman, próton e nêutron são representados por seus quarks. Neles, cada quark está emitindo e absorvendo continuamente prótons. A energia de um glúon pode resultar na criação de pares quark-antiquark. Esse processo é semelhante à criação dos pares elétron-pósitron na produção de pares, que investigamos na Seção 12.2. Quando o nêutron e o próton se aproximam a 1 fm um do outro, esses glúons e quarks podem ser trocados entre os dois núcleons, e essas trocas produzem a força nuclear. A Figura 12.13b descreve uma possibilidade para o processo mostrado na 12.13a. Um quark *down* no nêutron à direita emite um glúon. A energia do glúon é então transformada para criar um par u$\bar{u}$. O quark u permanece no núcleon (que agora mudou para um próton) e o d retrocedente e o antiquark $\bar{u}$ são transmitidos ao próton no lado esquerdo do diagrama. Aqui, o $\bar{u}$ aniquila um quark u no próton e o d é capturado. O efeito líquido é alterar um quark u para um d e o próton à esquerda muda para um nêutron.

Conforme o quark d e o antiquark $\bar{u}$ na Figura 12.13b se transferem entre os núcleons, d e $\bar{u}$ trocam glúons um com o outro e podem ser considerados ligados um ao outro por meio da força forte. Olhando novamente para a Tabela 12.4, vemos que essa combinação é um π^- ou a partícula de campo de Yukawa! Portanto, o modelo de quarks de interações entre os núcleons é consistente com o modelo de troca de píons.

12.10 Modelo-padrão

Os cientistas agora acreditam que há três classificações de partículas verdadeiramente elementares: léptons, quarks e partículas de campo, que foram mais tarde classificadas como férmions ou bósons. Quarks e léptons têm spin $\frac{1}{2}$ e, assim, são férmions, enquanto as partículas de campo têm spin inteiro 1 ou superior e são bósons.

Lembre-se, da Seção 12.1, que a força fraca é considerada controlada pelos bósons W$^+$, W$^-$ e Z^0. Essas partículas são tidas como tendo *força fraca*, assim como os quarks têm carga de cores. Portanto, cada partícula elementar pode ter massa, cargas elétricas, de cores e fraca. Claro, uma ou mais podem ser zero.

Em 1979, Sheldon Glashow (1932-), Abdus Salam (1926-1996) e Steven Weinberg (1933-) ganharam o prêmio Nobel de Física pelo desenvolvimento de uma teoria que unifica as interações eletromagnéticas e fracas. Essa **teoria eletrofraca** postula que as interações fracas e eletromagnéticas têm a mesma força quando as partículas envolvidas têm energias muito altas. Ambas as interações são vistas como manifestações diferentes de uma única interação eletrofraca unificadora. A teoria faz várias previsões, mas talvez a mais espetacular seja a das partículas das massas de W e Z em aproximadamente 82 GeV/c^2 e 93 GeV/c^2, respectivamente. Essas previsões estão próximas das massas na Tabela 12.1 determinadas por experimento.

A combinação da teoria eletrofraca e da QCD para a interação forte é mencionada na Física de alta energia como **modelo-padrão**. Embora os detalhes deste modelo sejam complexos, seus ingredientes essenciais podem ser resumidos com a ajuda da Fig. 12.14 (embora o modelo-padrão, atualmente, não inclua a força gravitacional, inserimos a gravidade nessa figura porque os físicos esperam, eventualmente, incorporá-la em uma teoria unificada). Esse diagrama mostra que os quarks participam de todas as forças fundamentais e que os léptons participam de todas, menos da forte.

O modelo-padrão não responde a todas as perguntas. Uma grande questão ainda por responder é por que, dos dois mediadores da interação eletrofraca, o fóton não tem massa, mas os bósons W e Z sim. Por causa dessa diferença de massa, as forças eletromagnética e fraca são bem distintas em energias baixas, mas se tornam semelhantes em energias muito altas, quando a energia de repouso é irrelevante em relação à total. O comportamento das energias altas para as baixas é chamado *quebra de simetria*, porque as forças são semelhantes, ou simétricas, em altas energias, mas

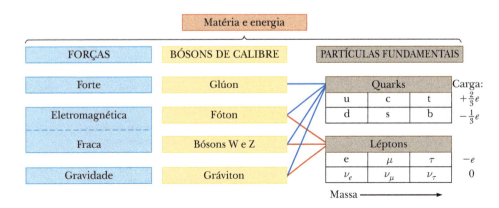

Figura 12.14 Modelo-padrão da Física de Partículas.

muito diferentes em baixas. As energias de repouso diferentes de zero dos bósons W e Z levantam a questão da origem das massas das partículas. Para resolver esse problema, foi proposta uma partícula hipotética chamada **bóson de Higgs**, que oferece um mecanismo para quebrar a simetria eletrofraca. O modelo-padrão, modificado para incluir o bóson de Higgs, oferece uma explicação logicamente consistente da natureza maciça dos bósons W e Z. Em julho de 2012, anúncios sobre os experimentos ATLAS (A Toroidal LHC Apparatus) e CMS (Compact Muon Solenoid) no Large Hadron Collider (LHC), realizados no CERN, reivindicaram a descoberta de uma nova partícula com propriedades consistentes com a de um bóson de Higgs. A massa da partícula é de 125-127 GeV dentro da gama de previsões feitas com base em considerações teóricas usando o modelo-padrão.

Devido à energia limitada disponível em aceleradores convencionais que utilizam alvos fixos, é necessário empregar aceleradores de colisão de feixes, chamados **colisores**, cujo conceito é simples. As partículas com massas e energias cinéticas iguais que se propagam em direções opostas em um anel acelerador colidem frontalmente para produzir a reação necessária e formar novas partículas. Como a quantidade de movimento total das partículas interativas é zero, toda a sua energia cinética está disponível para a reação.

Vários colisores forneceram dados importantes para a compreensão do modelo-padrão na última parte do século XX e na primeira década do século XXI: o Grande Colisor de Elétrons-Pósitrons (Large Electron Synchrotron – LEP) e o Super Síncotron de Prótons (Super Proton Synchrotron), no CERN, o Colisor Linear de Stanford (Standford Linear Collider), e o Tevatron, no Fermi National Laboratory, em Illinois. O Colisor Relativístico Íons Pesados (Relativistic Heavy Ion Collider), no Brookhaven National Laboratory é o único colisor que ainda continua em operação nos Estados Unidos. O Grande Colisor de Hádrons (Large Headron Collider), no CERN, que iniciou as operações de colisão, em março de 2010, assumiu a liderança nos estudos de partículas devido a suas capacidades de energia extremamente elevadas. O limite superior esperado para o LHC é uma energia central de massa de 14 TeV.

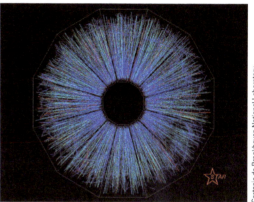

Figura 12.15 Um chuveiro de rastros de partículas a partir de uma colisão frontal de núcleos de ouro, cada um se movendo com energia de 100 GeV. Essa colisão ocorreu no Relativistic Heavy Ion Collider (RHIC), no Brookhaven National Laboratory, e foi registrada com o detector STAR (Solenoidal Tracker at RHIC). Os rastros representam muitas partículas fundamentais surgindo a partir da energia da colisão.

Além de aumentar as energias em aceleradores modernos, técnicas de detecção se tornaram cada vez mais sofisticadas. Já vimos, neste capítulo, fotografias de câmara de bolhas que necessitam de horas de análise manuais. A Figura 12.15 mostra um moderno visor de detecção das vias de partícula; após uma reação, as vias são analisadas rapidamente pelo computador. A fotografia no início deste capítulo mostra um conjunto complexo de vias de uma colisão de núcleos de ouro.

12.11 Conexão cósmica

Nessa seção, descreveremos uma das teorias mais fascinantes em toda a ciência – a do Big Bang, da criação do Universo – e a evidência experimental que a suporta. Essa teoria da cosmologia afirma que o Universo tinha um início e, além disso, que esse era tão cataclísmico que seria impossível olhar para trás além dele. De acordo com essa teoria, o Universo se irrompeu de uma singularidade infinitamente densa por volta de 14 bilhões de anos atrás. Os primeiros momentos após o Big Bang sofreram energia tão extremamente alta que se acredita que todas as quatro interações da Física foram unificadas e toda a matéria estava contida em um plasma de quark-glúon.

A evolução das quatro forças fundamentais do Big Bang até o presente é mostrada na Figura 12.16. Durante os primeiros 10^{-43} s (a época ultraquente, $T \sim 10^{32}$ K), é suposto que as forças fortes, eletrofracas e gravitacionais foram reunidas para formar uma força completamente unificada. Nos primeiros 10^{-35} s após o Big Bang (a época quente $T \sim 10^{29}$ K), a quebra de simetria aconteceu na gravidade, enquanto as forças fortes e eletrofracas permaneceram unificadas. Foi um período quando as energias eram tão grandes (> 10^{16} GeV) que partículas muito maciças, assim como quarks, léptons e suas antipartículas, existiam. Em seguida, após 10^{-35} s, o Universo expandiu-se rapidamente e se resfriou (a época morna $T \sim 10^{29}$ K a 10^{15} K) e as forças fortes e eletrofracas se separaram. Conforme o Universo continuava a esfriar, a força eletrofraca se dividiu em fraca e eletromagnética de aproximadamente 10^{-10} s após o Big Bang.

Após alguns minutos, prótons e nêutrons se condensaram do plasma. Por meia hora, o Universo sofreu detonação termonuclear, explodindo como uma bomba de hidrogênio e produzindo a maior parte dos núcleos de hélio que existem hoje. O Universo continuou a se expandir, e sua temperatura caiu. Até aproximadamente 700 mil anos após o Big Bang, o Universo foi dominado pela radiação. A radiação energética impediu que a matéria formasse átomos simples de hidrogênio, porque as colisões ionizariam instantaneamente qualquer átomo que eventualmente se formasse. Os fótons sofreram contínua disseminação de Compton dos grandes números de elétrons livres, resultando em um ambiente que

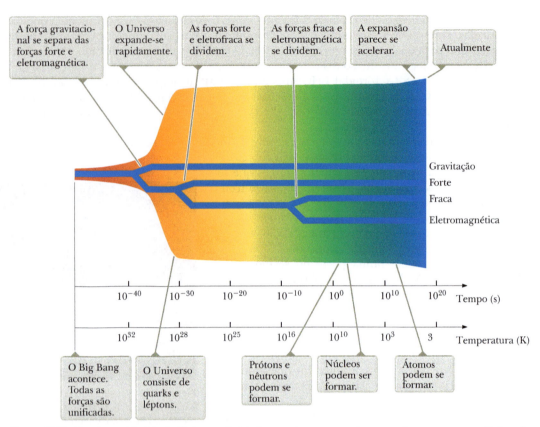

Figura 12.16 Uma breve história do Universo, do Big Bang até o presente. As quatro forças se tornam distinguíveis durante o primeiro nanossegundo. A partir daí, todos os quarks se combinam para formar partículas que interagem por meio da força nuclear. Os léptons, entretanto, permanecem separados e até hoje existem como partículas individuais e observáveis.

estava opaco à radiação. Na época em que o Universo tinha por volta de 700 mil anos de idade, expandiu-se e se resfriou até aproximadamente 3.000 K e os prótons puderam se vincular a elétrons para formar átomos neutros de hidrogênio. Devido às energias quantificadas dos átomos, muito mais comprimentos de onda de radiação não foram absorvidos pelos átomos que eram absorvidos e o Universo subitamente se tornou transparente aos fótons. A radiação não dominava mais o Universo e pedaços de matéria neutra cresciam constantemente: primeiros os átomos; depois, as moléculas, nuvens de gás, estrelas, e, finalmente, as galáxias.

Observação da radiação da bola de fogo primordial

Em 1965, Arno A. Penzias (1933-) e Robert W. Wilson (1936-), do Bell Laboratories, estavam testando um receptor sensível de micro-ondas e realizaram uma descoberta surpreendente. Um sinal insignificante produzindo um fraco chiado de fundo estava interferindo com seus experimentos de comunicação por satélite. A corneta de micro-ondas que serviu como antena de recepção é mostrada na Figura 12.17. O envio de um grupo de pombos à corneta de 6 metros e o resfriamento do detector de micro-ondas falharam em remover o sinal.

A intensidade do sinal detectada permaneceu imóvel conforme a antena era apontada em direções diferentes. O fato de a radiação ter forças iguais em todas as direções sugeria que todo o Universo era sua fonte. Finalmente, tornou-se claro que eles estavam detectando radiação de fundo de micro-ondas (a um comprimento de onda de 7,35 cm), que representava o "brilho" remanescente do Big Bang. Por meio de uma conversa informal, Penzias e Wilson descobriram que um grupo na Universidade de Princeton previra a radiação residual do Big Bang e estava planejando um experimento para tentar confirmar a teoria. A excitação na comunidade científica foi grande quando Penzias e Wilson anunciaram que já haviam observado um fundo de micro-ondas em excesso com uma fonte de corpo negro de 3 K, que era consistente com a temperatura prevista do Universo nesse período após o Big Bang.

Como Penzias e Wilson fizeram suas medições em um único comprimento de onda, não confirmaram completamente a radiação como radiação de corpo

Figura 12-17 Robert W. Wilson (à esquerda) e Arno A. Penzias com a corneta refletora usada como antena, nos laboratórios da Bell Phone.

negro de 3 K. Experimentos posteriores de outros grupos acrescentaram dados de intensidade em comprimentos de onda diferentes, como mostrado na Figura 12.18. Os resultados confirmam que a radiação é a de um corpo negro a 2,7 K. Esse número é talvez a evidência mais clara da teoria do Big Bang. O prêmio Nobel de Física de 1978 foi dado a Penzias e Wilson por essa importante descoberta.

Nos anos seguintes à descoberta de Penzias e Wilson, outros pesquisadores fizeram medições em diferentes comprimentos de onda. Em 1989, o satélite COBE (COsmic Background Explorer) foi lançado pela NASA e acrescentou medições importantes em comprimentos de onda inferiores a 0,1 cm. Os resultados dessas medições levaram ao prêmio Nobel de Física para os principais investigadores em 2006. Diversos pontos de dados do COBE são mostrados na Figura 12.18. A Wilkinson Microwave Anisotropy Probe (Sonda de Anisotropia de Micro-ondas de Wilkinson), lançada em junho de 2001, exibe dados que permitem a observação de diferenças de temperatura no cosmos na amplitude de microkelvins. Observações contínuas também estão sendo realizadas a partir de instalações sediadas na Terra, associadas com projetos como QUaD, Qubic, e o Telescópio do Polo Sul. Além disso, o satélite Planck foi lançado em maio de 2009 pela Agência Espacial Europeia. Esse observatório espacial baseado no espaço tem medido a radiação de fundo cósmico com maior sensibilidade que a sonda de Wilkinson. As séries de medições realizadas desde 1965 são consistentes com a radiação térmica associada com uma temperatura de 2,7 K. A história completa da temperatura cósmica é um exemplo notável de ciência sendo aplicada: construção de um modelo, realização de uma predição, registro de medições e testes das medidas em relação às previsões.

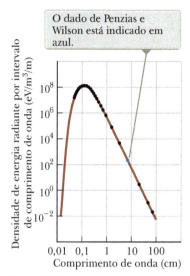

Figura 12.18 Corpo negro teórico (curva marrom) e espectros de radiação medidos (pontos pretos) do Big Bang. A maior parte dos dados foi coletada pelo satélite explorador cósmico de fundo ou COBE.

Outras evidências da expansão do Universo

A teoria do Big Bang da cosmologia prevê que o Universo está se expandindo. A maior parte das principais descobertas que suportam essa teoria de um Universo em expansão foi feita no século XX. Vesto Melvin Slipher (1875-1969), um astrônomo norte-americano, relatou em 1912 que a maioria das galáxias estava retrocedendo da Terra em velocidades de até vários milhões de quilômetros por hora. Slipher foi um dos primeiros cientistas a utilizar os deslocamentos de Doppler (consulte a Seção 3.4 do Volume 2) em linhas espectrais para medir as velocidades da galáxia.

No fim dos anos 1920, Edwin P. Hubble (1889-1953) afirmou, com ousadia, que todo o Universo estava se expandindo. De 1928 a 1936, até atingir os limites do telescópio de 100 polegadas, Hubble e Milton Humason (1891-1972) trabalharam no Monte Wilson na Califórnia para provar essa afirmação. Os resultados deste trabalho e de sua continuação com o uso de um telescópio de 200 polegadas no fim dos anos 1940 mostrou que as velocidades nas quais as galáxias retrocedem da Terra aumentam na proporção direta R a partir de nós. Essa relação linear, conhecida como **Lei de Hubble**, pode ser assim formulada

$$v = HR \qquad (12.4) \quad \blacktriangleleft \text{Lei de Hubble}$$

onde H, chamado **constante de Hubble**, tem o valor aproximado

$$H \approx 22 \times 10^{-3} \text{ m/s} \cdot \text{anos-luz}$$

Exemplo 12.5 | Recessão de um quasar MA

Quasar é um objeto que se parece com uma estrela e está muito distante da Terra. Sua velocidade pode ser determinada a partir das medições dos deslocamentos de Doppler na luz que ele emite. Um quasar se afasta da Terra a uma velocidade de $0,55c$. A que distância ele está?

SOLUÇÃO

Conceitualização Uma representação mental comum para a Lei de Hubble é a do pão de passas assando em um forno. Imagine-se no centro do pão. Conforme todo o pão se expande ao se aquecer, as passas próximas a você se movem lentamente na sua direção. As passas longe de você, na borda do pão, movem-se a uma velocidade mais alta.

Categorização Utilizamos um conceito desenvolvido nessa seção; portanto, categorizamos esse exemplo como um problema de substituição.

Encontre a distância por meio da Lei de Hubble: $$R = \frac{v}{H} = \frac{(0,55)(3,00 \times 10^8 \text{ m/s})}{22 \times 10^{-3} \text{ m/s} \cdot \text{anos-luz}} = 7,5 \times 10^9 \text{ anos-luz}$$

\continua

12.5 cont.

E SE? Suponha que o quasar tenha se movido nessa velocidade desde o Big Bang. A partir disto, estime a idade do Universo.

Resposta Vamos aproximar a distância da Terra ao quasar como a distância em que o quasar se moveu da singularidade desde o Big Bang. Podemos então encontrar o intervalo de tempo da partícula no modelo de velocidade constante: $\Delta t = d/v = R/v = 1/H \approx 14$ bilhões de anos, o que está em concordância aproximada com outros cálculos.

O Universo se expandirá para sempre?

Nos anos 1950 e 1960, Allan R. Sandage (1926-2010) utilizou o telescópio de 200 polegadas no Monte Palomar para medir as velocidades das galáxias a distâncias de até 6 bilhões de anos-luz da Terra. Essas medições mostraram que as galáxias muito distantes estavam se movendo aproximadamente 10.000 km/s mais rápido do que a Lei de Hubble previu. De acordo com esse resultado, o Universo se expandiu mais rapidamente há 1 bilhão de anos e, por consequência, concluímos, a partir desses dados, que a taxa de expansão está diminuindo.[6] Atualmente, astrônomos e físicos estão tentando determinar a taxa de expansão. Se a densidade média da massa do Universo for inferior a um valor crítico ρ_c, as galáxias diminuirão sua precipitação externa, mas ainda assim escaparão para o infinito. Se a densidade média exceder o valor crítico, a expansão eventualmente vai parar e a contração se iniciará, possivelmente levando a um estado superdenso seguido por outra expansão. Neste cenário, temos um Universo oscilante.

Exemplo 12.6 — Densidade crítica do Universo MA

(A) Começando da conservação de energia, obtenha uma expressão para a massa crítica do Universo ρ_c em termos das constantes de Hubble H e gravitacional universal G.

SOLUÇÃO

Conceitualização A Figura 12.19 mostra uma seção ampla do Universo contida em uma esfera de raio R. A massa total nesse volume é M. Uma galáxia de massa $m \ll M$, que tem velocidade v a uma distância R do centro da esfera, escapará para o infinito (e sua velocidade se aproximará de zero) se a soma de sua energia cinética e a energia potencial gravitacional do sistema for zero.

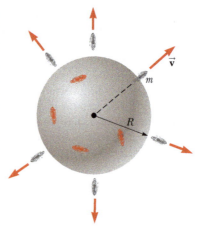

Figura 12.19 (Exemplo 12.6) A galáxia marcada com a massa m está escapando de um grupo grande de galáxias contidas em um volume esférico de raio R. Somente a massa contida em R diminui a velocidade da galáxia.

Categorização O Universo pode ser infinito em extensão espacial, mas a Lei de Gauss para a gravitação (análoga à Lei de Gauss para os campos elétricos do Capítulo 2 do Volume 3) implica que somente a massa M dentro da esfera contribui para a energia potencial gravitacional do sistema galáxia-esfera. Portanto, categorizamos esse problema como um dos que aplicamos a Lei de Gauss para a gravitação. Modelamos a esfera na Figura 12.19 e a galáxia que escapa como um sistema isolado para *energia*.

Análise Escreva uma redução apropriada da Equação 8.2 (do Volume 1), assumindo que a galáxia deixa o volume esférico enquanto se desloca com velocidade de escape:

$$\Delta K + \Delta U = 0$$

$$(0 - \tfrac{1}{2}mv^2) + \left[0 - \left(-\frac{GmM}{R}\right)\right] = 0$$

Substitua a massa M contida na esfera pelo produto de densidade crítica e o volume da esfera:

$$\tfrac{1}{2}mv^2 = \frac{Gm\left(\tfrac{4}{3}\pi R^3 \rho_c\right)}{R}$$

---

[6] Os dados em grandes distâncias têm grandes incertezas observacionais e podem recair sistematicamente em erro por causa de efeitos como o brilho anormal nos grupos visíveis mais distantes.

Física de Partículas e cosmologia **395**

12.6 *cont.*

Resolva para a densidade crítica:

$$\rho_c = \frac{3v^2}{8\pi GR^2}$$

A partir da Lei de Hubble, substitua na relação $v/R = H$:

$$(1) \quad \rho_c = \frac{3}{8\pi G}\left(\frac{v}{R}\right)^2 = \boxed{\frac{3H^2}{8\pi G}}$$

(B) Estime um valor numérico para a densidade crítica em gramas por centímetro cúbico.

SOLUÇÃO

Na equação (1), substitua os valores numéricos em H e G:

$$\rho_c = \frac{3H^2}{8\pi\,G} = \frac{3\left[22 \times 10^{-3}\,\text{m/s} \cdot \text{ano-luz}\right]^2}{8\pi\,(6,67 \times 10^{-11}\,\text{N} \cdot \text{m}^2/\text{kg}^2)} = 8,7 \times 10^5\,\text{kg/m} \cdot (\text{ano-luz})^2$$

Adapte as unidades, convertendo anos-luz em metros:

$$\rho_c = 8,7 \times 10^5\,\text{kg/m} \cdot (\text{ano-luz})^2 \left(\frac{1\,\text{ano-luz}}{9,46 \times 10^{15}\,\text{m}}\right)^2$$

$$= 9,7 \times 10^{-27}\,\text{kg/m}^3 = \boxed{9,7 \times 10^{-30}\,\text{g/cm}^3}$$

Finalização Como a massa de um átomo de hidrogênio é $1,67 \times 10^{-24}$ g, esse valor de ρ_c corresponde a 6×10^{-6} átomos de hidrogênio por centímetro cúbico ou 6 átomos por metro cúbico.

Massa oculta no Universo?

A matéria luminosa nas galáxias tem média para a densidade do Universo por volta de 5×10^{-33} g/cm³. A radiação no Universo tem massa equivalente de aproximadamente 2% da matéria luminosa. A massa total de toda a matéria não luminosa (como gás interestelar e buracos negros) pode ser estimada a partir das velocidades das galáxias que orbitam uma em relação à outra em um grupo. Quanto maiores as velocidades da galáxia, maior a massa no grupo. Medições no grupo de galáxias Coma indicam, surpreendentemente, que a quantidade de matéria não luminosa é de 20 a 30 vezes a quantidade da matéria luminosa presente nas estrelas em nuvens de gás luminosas. Mas até mesmo essa componente grande e invisível de *matéria escura* (consulte a Seção 13.6 do Volume 1), se extrapolado do Universo como um todo, deixa para a densidade de massa observada um fator de 10 menor que o ρ_c calculado no Exemplo 12.6. O déficit, chamado *massa oculta*, tem sido objeto de intensos trabalhos teóricos e experimentais, com partículas exóticas como áxions, fotinos e partículas de supercorda, sugeridas como candidatas à massa oculta. Alguns pesquisadores fizeram uma proposta mais mundana, de que a massa oculta está presente nos neutrinos. De fato, os neutrinos são tão abundantes que sua energia de repouso minúscula, da ordem de somente 20 eV, forneceria a massa oculta e "fecharia" o Universo. Experimentos atuais desenvolvidos para medir a energia de repouso do neutrino terão efeito nas previsões sobre o futuro do Universo.

Energia misteriosa no Universo?

Uma virada surpreendente na história do Universo surgiu em 1998 com a observação de uma classe de supernovas que têm brilho absoluto fixo. Ao combinar o brilho aparente e o deslocamento para o vermelho da luz dessas explosões, sua distância e velocidade de recessão da Terra podem ser determinadas. Essas observações levaram à conclusão de que a expansão do Universo não está diminuindo, mas acelerando! Observações por outros grupos também levaram à mesma interpretação.

Para explicar essa aceleração, os físicos propuseram a *energia escura*, que é aquela possuída pelo vácuo do espaço. No início do Universo, a gravidade dominava a energia escura. Conforme o Universo se expandia e a força gravitacional entre as galáxias se tornava menor devido às grandes distâncias entre elas, a energia escura – que resulta de uma força repulsiva efetiva que faz com que a taxa de expansão aumente[7] – se tornava mais importante.

---

[7] Para uma visão geral da energia escura, consulte S. Perlmutter, "Supernovae, Dark Energy, and the Accelerating Universe", *Physics Today* **56**(4): 53-60, abril 2003.

Embora haja algum nível de certeza sobre o início do Universo, não temos certeza de como a história terminará. O Universo continuará a se expandir para sempre, ou algum dia entrará em colapso e depois se expandirá novamente, talvez em uma série sem-fim de oscilações? Os resultados e as respostas a essas questões permanecem inconclusivos e a grande controvérsia continua.

12.12 Problemas e perspectivas

Enquanto os físicos de partículas têm explorado o campo do muito pequeno, os cosmologistas exploram a história cósmica de volta ao primeiro microssegundo do Big Bang. A observação dos eventos que ocorrem quando duas partículas colidem em um acelerador é essencial para a reconstrução dos primeiros momentos na história cósmica. Por essa razão, talvez a chave para a compreensão do início do Universo seja entender, primeiro, o mundo das partículas elementares. Cosmologistas e físicos agora acham que têm vários objetivos em comum e estão se unindo para tentar compreender o mundo físico em seu nível mais fundamental.

Nossa compreensão da Física em distâncias curtas está longe de ser completa. A Física de Partículas enfrenta várias questões. Por que existe tão pouca antimatéria no Universo? É possível unificar as teorias fortes e eletrofraca de modo lógico e consistente? Por que os quarks e léptons formam três famílias semelhantes, mas distintas? Os múons são como os elétrons, a não ser por sua diferença de massa, ou eles têm outras sutis diferenças que não foram detectadas? Por que algumas partículas são carregadas e outras neutras? Por que os quarks transportam uma carga fracionária? O que determina as massas das partes elementares da matéria? Os quarks isolados podem existir? Por que elétrons e prótons têm exatamente a mesma intensidade de carga quando um deles é uma partícula verdadeiramente fundamental e o outro é construído a partir de partículas menores?

Uma questão importante e óbvia que permanece é se os léptons e quarks têm uma estrutura subjacente. Se tiverem, podemos antever um número infinito de níveis estruturais mais profundos. Entretanto, se eles realmente forem as partes finais da matéria, os cientistas esperam desenvolver uma teoria final da estrutura da matéria, como Einstein sonhou em fazer. Essa teoria, curiosamente chamada Teoria do Tudo, é uma combinação do modelo-padrão com a teoria quântica da gravidade.

Teoria de Cordas: uma nova perspectiva

Vamos discutir brevemente o esforço atual para responder a algumas dessas perguntas, propondo uma nova perspectiva sobre as partículas. Ao ler esse livro, você pode se lembrar de começar com o modelo de *partículas* no Capítulo 2 do Volume 1 e praticar um pouco de Física com ele. No Capítulo 2 do Volume 2, introduzimos o modelo de ondas, e havia mais da Física a ser investigado por meio das propriedades das ondas. Utilizamos um modelo de *ondas* para a luz, no Capítulo 1; contudo, no Capítulo 6, vimos a necessidade de voltar ao modelo de *partículas* para a luz. Além do mais, descobrimos que partículas materiais tinham características semelhantes às das *ondas*. O modelo de partícula quântica, discutido no Capítulo 6, nos permitiu construir partículas fora das ondas, sugerindo que uma *onda* é a entidade fundamental. Neste capítulo, porém, introduzimos as *partículas* elementares como as entidades fundamentais. Parece que não conseguimos nos decidir! Nessa última seção, discutimos um esforço de pesquisa atual para construir partículas fora das ondas e vibrações em cordas!

A **Teoria de Cordas** é um esforço para unificar as quatro forças fundamentais ao modelar todas as partículas como vários modos vibracionais quantificados de uma única entidade, uma corda incrivelmente pequena. O comprimento típico dessa corda é da ordem de 10^{-35} m, chamado **comprimento de Planck**. Já vimos os modos quantificados nas frequências das cordas vibrantes da guitarra, no Capítulo 4 do Volume 2 e os níveis de energia quantificada dos átomos no Capítulo 8. Na Teoria de Cordas, cada modo quantificado de vibração da corda corresponde a uma partícula elementar diferente no modelo-padrão.

Um fator complicador na Teoria de Cordas é que requer que o espaço-tempo tenha dez dimensões. Apesar das dificuldades teóricas e conceituais em lidar com dez dimensões, a Teoria de Cordas promete incorporar a gravidade com as outras forças. Quatro das dez dimensões – três espaciais e uma temporal – nos são visíveis. As outras seis são consideradas *compactadas*, isto é, estão curvadas tão apertadamente que não são visíveis no mundo macroscópico.

Como analogia, considere um canudo para refrigerante. Você pode fazer um cortando um pedaço retangular de papel (Fig. 12.20a), que claramente tem duas dimensões, e enrolá-lo em um pequeno tubo (Fig. 12.20b). De longe, o canudo parece uma linha reta unidimensional. A segunda dimensão foi enrolada e não está visível. A

Figura 12.20 (a) Um pedaço de papel é cortado em formato retangular. (b) O papel é enrolado em um canudo para refrigerante.

Teoria de Cordas afirma que as seis dimensões espaço-tempo estão curvadas de um modo análogo à curvatura do tamanho do comprimento de Planck e impossível de se ver do nosso ponto de vista.

Outro fator complicador nessa teoria é que é difícil para os teóricos de cordas guiarem cientistas experimentais sobre o que procurar em um experimento. O comprimento de Planck é tão pequeno que a experimentação direta nas cordas é impossível. Enquanto a teoria não se desenvolver mais, os teóricos de cordas estão limitados a aplicar a teoria a resultados conhecidos e testar quanto à consistência.

Uma das previsões dessa teoria, chamada **supersimetria**, ou SUSY, sugere que cada partícula elementar tem um superparceiro que ainda não foi observado. Acredita-se que a supersimetria é uma simetria quebrada (como a simetria eletrofraca quebrada em energias baixas) e as massas dos superparceiros estão acima de nossas capacidades atuais de detecção por aceleradores. Alguns teóricos dizem que a massa dos superparceiros é a massa oculta discutida na Seção 12.11. Mantendo a tendência peculiar na nomeação de partículas e de suas propriedades, os superparceiros recebem nomes como *squark* (o superparceiro de um quark), o *selétron* (elétron) e o *gluíno* (glúon).

Outros teóricos estão trabalhando na **Teoria M**, de onze dimensões, baseada nas membranas e não nas cordas. De certo modo reminiscente do princípio de correspondência, pode-se dizer que essa teoria é reduzida para a de cordas se for compactada de onze dimensões para dez.

As questões relacionadas no início dessa seção continuam. Devido aos rápidos avanços e às novas descobertas no campo da Física de Partículas, várias dessas questões podem ser resolvidas na próxima década e outras questões novas podem surgir.

Resumo

Conceitos e Princípios

Antes de a teoria dos quarks ser desenvolvida, as quatro forças fundamentais da natureza eram identificadas como nuclear, eletromagnética, fraca e gravitacional. Todas as interações das quais essas forças participam são controladas por **partículas de campo**. A interação eletromagnética é controlada por fótons; a interação fraca, pelos bósons $W^\pm$ e Z^0; a interação gravitacional, por grávitons; e a interação nuclear, por glúons.

Uma partícula carregada e sua **antipartícula** têm a mesma massa, mas carga oposta e outras propriedades têm valores opostos, como os números leptônico e bariônico. É possível produzir pares partícula-antipartícula em reações nucleares se a energia disponível for superior a $2mc^2$, onde m é a massa da partícula (ou antipartícula).

Partículas que não são de campo são classificadas como hádrons ou léptons. Os **hádrons** interagem por meio de todas as quatro forças fundamentais, têm tamanho e estrutura e não são partículas elementares. Há dois tipos, **bárions** e **mésons**. Bárions, que geralmente são as partículas mais maciças, têm **número bariônico** zero e spin de $\frac{1}{2}$ ou $\frac{3}{2}$. Mésons têm número bariônico zero e spin zero ou inteiro.

Léptons não têm estrutura ou tamanho e são considerados verdadeiramente elementares. Interagem somente por meio das forças fraca, gravitacional ou eletromagnética. Existem seis tipos de léptons: elétron e^-, múon μ^-, tau τ^- e seus neutrinos ν_e, ν_μ e ν_τ.

Em todas as reações e decaimentos, quantidades como energia, momento linear, momento angular, carga elétrica, números bariônico e leptônico são estritamente conservados. Algumas partículas têm propriedades chamadas **estranheza** e **charme**. Essas propriedades incomuns são conservadas em todos os decaimentos e reações nucleares, exceto naquelas que acontecem por meio da força fraca.

Os teóricos em Física de Partículas Elementares postularam que todos os hádrons são compostos de unidades menores, conhecidas como **quarks** e evidências experimentais concordam com esse modelo. Quarks têm carga elétrica fracionária e seis **sabores**: *up* (u), *down* (d), *strange* (s), *charm* (c), *top* (t) e *bottom* (b). Cada bárion contém três quarks e cada méson um quark e um antiquark.

continua

398 Física para cientistas e engenheiros

De acordo com a teoria da **cromodinâmica quântica**, os quarks têm uma propriedade chamada **cor**; a força entre quarks é referida com **força forte**, ou **força de cores**, agora considerada uma força fundamental. A força nuclear, que foi considerada originalmente fundamental, é agora compreendida como um efeito secundário da força forte devido às trocas de glúon entre os hádrons.

As forças eletromagnética e fraca são agora consideradas manifestações de uma força única, chamada **força eletrofraca**. A combinação da cromodinâmica quântica e da teoria eletrofraca é chamada **modelo-padrão**.

A radiação de micro-ondas de fundo descoberta por Penzias e Wilson sugere fortemente que o Universo iniciou com um Big Bang por volta de 14 bilhões de anos atrás. A radiação de fundo é equivalente à do corpo negro a 3 K. Várias medições astronômicas sugerem fortemente que o Universo está se expandindo. De acordo com a **Lei de Hubble**, galáxias distantes estão se afastando da Terra a uma velocidade $v = HR$, onde H é a **constante de Hubble**, $H \approx 22 \times 10^{-3}$ m/s · ano-luz e R é a distância da Terra até a galáxia.

Perguntas Objetivas

1. Quais interações afetam os prótons em um núcleo atômico? Mais de uma resposta pode estar correta. (a) Nuclear, (b) fraca, (c) eletromagnética, (d) gravitacional.

2. Em um experimento, duas bolas de argila de massa igual movem-se com a mesma velocidade v em direção uma da outra. Elas colidem frontalmente e chegam ao repouso. Em um segundo experimento, duas bolas de argila de mesma massa são utilizadas novamente. Uma delas é suspensa em repouso do telhado por um fio. A outra é atirada em direção à primeira com velocidade v, colide, gruda na primeira bola e continua a se mover para a frente. A energia cinética que é transformada em energia interna no primeiro experimento é (a) um quarto do que no segundo experimento, (b) metade do que no segundo experimento, (c) a mesma que no segundo experimento, (d) duas vez mais que no segundo experimento ou (e) quatro vezes mais que no segundo experimento?

3. A partícula Ω^- é um bárion com spin $\frac{3}{2}$. A partícula Ω^- tem (a) três estados possíveis de spin em um campo magnético, (b) quatro estados possíveis de spin, (c) três vezes a carga de uma partícula de spin $-\frac{1}{2}$, (d) três vezes a massa de uma partícula de spin $-\frac{1}{2}$ ou (e) nenhuma dessas alternativas está correta?

4. Qual dos campos das partículas a seguir faz o controle da força forte? (a) Fóton, (b) glúon, (c) gráviton, (d) bósons W^+ e Z, (e) nenhuma delas.

5. Um múon estacionário isolado decai para um elétron, um antineutrino de elétron e um neutrino de múon. A energia cinética total dessas três partículas é (a) zero, (b) pequena, (c) grande em relação a suas energias de repouso ou (d) nenhuma dessas alternativas é possível?

6. Defina a densidade média do sistema solar ρ_{SS} como a massa total do Sol, planetas, satélites, anéis, asteroides, maciços de gelo e cometas dividida pelo volume de uma esfera ao redor do Sol grande o suficiente para conter todos esses objetos. A esfera se estende até por volta do meio do caminho até a estrela mais próxima, com um raio de aproximadamente 2×10^{16} m, por volta de dois anos-luz. Como essa densidade média do sistema solar se compara com a densidade crítica ρ_c necessária para que o Universo pare sua expansão pela Lei de Hubble? (a) ρ_{SS} é muito superior a r_c (b) ρ_{SS} é aproximada ou precisamente igual a ρ_c (c) ρ_{SS} é muito inferior a ρ_c (d) É impossível determinar.

7. Quando um elétron e um pósitron se encontram com velocidade baixa no espaço vazio, anulam-se para produzir dois raios gama de 0,511 MeV. Que lei seria violada se eles produzissem um raio gama com uma energia de 1,02 MeV? (a) Conservação de energia, (b) conservação de momento, (c) conservação de carga, (d) conservação do número bariônico, (e) conservação do número leptônico do elétron.

8. Coloque os eventos a seguir na sequência correta do primeiro na história do Universo até o último. (a) Átomos neutros se formam. (b) Prótons e nêutrons não se anulam mais com a mesma velocidade com que se formam. (c) O Universo é uma sopa de quarks-glúons. (d) O Universo é, hoje, como o núcleo de uma estrela normal, formando hélio por fusão nuclear. (e) O Universo é, hoje, como a superfície de uma estrela quente, consistindo de um plasma de átomos ionizados. (f) Moléculas poliatômicas se formam. (g) Materiais sólidos se formam.

Perguntas Conceituais

1. Os bósons W e Z foram produzidos primeiro no CERN em 1983 ao fazer com que um feixe de prótons e outro de antiprótons se encontrassem com alta energia. Por que essa descoberta foi importante?

2. Quais são as diferenças entre hádrons e léptons?

3. Átomos neutros não existiam até centenas de milhares de anos após o Big Bang. Por quê?

Física de Partículas e cosmologia 399

4. Descreva as propriedades dos bárions e dos mésons e as diferenças importantes entre eles.

5. A partícula Ξ^0 decai pela interação fraca de acordo com o modo de decaimento $\Xi^0 \rightarrow \Lambda^0 + \pi^0$. Você espera que esse decaimento seja rápido ou lento? Explique.

6. Na teoria da cromodinâmica quântica, os quarks possuem três cores. Como você justificaria a afirmação de que "todos os bários e mésons não possuem cor"?

7. Um antibárion interage com um méson. Um bárion pode ser produzido nessa interação? Explique.

8. Descreva as características do modelo-padrão da Física de Partículas.

9. Quantos quarks estão em cada um dos que segue: (a) um bárion, (b) um antibárion, (c) um méson, (d) um antimé-son? (e) Como você explica que os bárions têm spins semi-inteiros, enquanto os mésons têm spins de 0 ou 1?

10. As leis de conservação do número bariônico, número lep-tônico e estranheza são baseadas nas propriedades fundamentais da natureza (como as leis da conservação do momento linear e energia, por exemplo)? Explique.

11. Nomeie as quatro interações fundamentais e a partícula de campo que faz o controle de cada uma delas.

12. Como Edwin Hubble determinou, em 1928, que o Universo está se expandindo?

13. Káons decaem, todos, para estados finais que não contêm prótons ou nêutrons. Qual é o número bariônico para os káons?

Problemas

WebAssign Os problemas que se encontram neste capítulo podem ser resolvidos *on-line* no Enhanced WebAssign (em inglês)

1. denota problema simples;

2. denota problema intermediário;

3. denota problema de desafio;

AMT *Analysis Model Tutorial* disponível no Enhanced WebAssign (em inglês);

M denota tutorial *Master It* disponível no Enhanced WebAssign (em inglês);

PD denota problema dirigido;

W solução em vídeo *Watch It* disponível no Enhanced WebAssign (em inglês).

Seção 12.1 Forças fundamentais da natureza

Seção 12.2 Pósitrons e outras antipartículas

1. Modele uma moeda com 3,10 g de cobre puro. Considere uma antimoeda cunhada com 3,10 g de antiátomos de cobre, cada uma com 29 pósitrons em órbita ao redor de um núcleo composto de 29 antiprótons e 34 ou 36 antinêu-trons. (a) Encontre a energia emitida se as duas moedas colidirem. (b) Encontre o valor dessa energia ao preço unitário de $ 0,11/kWh, taxa de varejo representativa da energia da companhia elétrica.

2. Dois fótons são produzidos quando um próton e um anti-próton se anulam. No referencial no qual o centro da massa do sistema próton-antipróton está estacionário, quais são (a) a frequência mínima e (b) o comprimento de onda correspondente de cada fóton?

3. Um fóton produz um par próton-antipróton de acordo com a reação $\gamma \rightarrow p + \bar{p}$. (a) Qual é a frequência mínima possível do fóton? (b) Qual é seu comprimento de onda?

4. Em algum ponto em sua vida, você pode se encontrar em um hospital para uma tomografia por emissão de pósi-trons, ou, simplesmente, tomografia. No procedimento, um elemento radioativo que sofre decaimento e^+ é introduzido no seu corpo. O equipamento detecta os raios gama que resultam da aniquilação de pares quando o pósitron emitido encontra um elétron no tecido do seu corpo. Durante a tomografia, suponha que você receba uma injeção de glicose contendo a ordem de 10^{10} átomos de ^{14}O, com meia-vida de 70,6 s. Suponha que o oxigênio remanescente, após 5 min, esteja distribuído uniformemente por 2 L de sangue. Qual é, então, a ordem de grandeza da atividade dos átomos de oxigênio em 1 cm^3 do sangue?

5. **M** Um fóton com energia $E_\gamma = 2,09$ GeV cria um par próton-antipróton no qual o próton tem uma energia cinética de 95,0 MeV. Qual é a energia cinética do antipróton? *Observação*: $m_p c^2 = 938,3$ MeV.

Seção 12.3 Mésons e o início da Física de Partículas

6. Um mediador da interação fraca é o bóson Z^0 com massa 91 GeV/c^2. Utilize essas informações para encontrar a ordem de grandeza da faixa da interação fraca.

7. (a) Prove que a troca de uma partícula de massa m pode estar associada à força com uma faixa dada por

$$d \approx \frac{1.240}{4\pi mc^2} = \frac{98,7}{mc^2}$$

onde d está em nanômetros e mc^2 em elétrons-volt. (b) Formule o padrão de dependência da faixa na massa. (c) Qual é a faixa da força que pode ser produzida pela troca virtual de um próton?

Seção 12.4 Classificação de partículas

Seção 12.5 Leis de conservação

8. A primeira das duas reações seguintes pode ocorrer, mas a segunda não pode. Explique.

$K_S^0 \rightarrow \pi^+ + \pi^-$ (pode ocorrer)

$\Lambda^0 \rightarrow \pi^+ + \pi^-$ (não pode ocorrer)

9. Um píon neutro em repouso decai em dois fótons de acordo com $\pi^0 \rightarrow \gamma + \gamma$. Encontre a (a) energia, (b) o momento linear e (c) a frequência de cada fóton.

10. Quando um próton ou píon de alta energia que se move próximo à velocidade da luz colide com um núcleo, per-

400 Física para cientistas e engenheiros

corre uma distância média de 3×10^{-15} m antes de interagir. A partir dessas informações, encontre a ordem de grandeza do intervalo de tempo necessário para que aconteça interação forte.

11. Cada uma das reações a seguir é proibida. Determine quais leis de conservação são violadas para cada uma delas.
(a) $p + \overline{p} \to \mu^+ + e^-$
(b) $\pi^- + p \to p + \pi^+$
(c) $p + p \to p + p + n$
(d) $\gamma + p \to n + \pi^0$
(e) $\nu_e + p \to n + e^+$

12. (a) Mostre que o número bariônico e a carga são conservados nas reações a seguir de um píon com um próton:
$$(1) \quad \pi^+ + p \to K^+ + \Sigma^+$$
$$(2) \quad \pi^+ + p \to \pi^+ + \Sigma^+$$
(b) A primeira reação é observada, mas a segunda nunca acontece. Explique.

13. As reações ou decaimentos a seguir envolvem um ou mais neutrinos. Em cada caso, forneça o neutrino (ν_e, ν_μ ou ν_τ) ou antineutrino que falta.
(a) $\pi^- \to \mu^- + ?$ (b) $K^+ \to \mu^+ + ?$
(c) $? + p \to n + e^+$ (d) $? + n \to p + e^-$
(e) $? + n \to p + \mu^-$ (f) $\mu^- \to e^- + ? + ?$

14. Determine o tipo de neutrino ou antineutrino envolvido em cada um dos processos a seguir.
(a) $\pi^+ \to \pi^0 + e^+ + ?$ (b) $? + p \to \mu^- + p + \pi^+$
(c) $\Lambda^0 \to p + \mu^- + ?$ (d) $\tau^+ \to \mu^+ + ? + ?$

15. Determine quais das reações a seguir podem acontecer. Para aquelas que não podem, determine a lei (ou leis) de conservação violada.
(a) $p \to \pi^+ + \pi^0$ (b) $p + p \to p + p + \pi^0$
(c) $p + p \to p + \pi^+$ (d) $\pi^+ \to \mu^+ + \nu_\mu$
(e) $n \to p + e^- + \overline{\nu}_e$ (f) $\pi^+ \to \mu^+ + n$

16. Ocasionalmente, múons de alta energia colidem com elétrons e produzem dois neutrinos de acordo com a reação $\mu^+ + e^- \to 2\nu$. Que tipo de neutrinos eles são?

17. Uma partícula K_S^0 em repouso decai para π^+ e π^-. A massa dessa partícula é 497,7 MeV/c^2 e a de cada méson π é 139,6 MeV/c^2. Qual é a velocidade de cada píon?

18. (a) Mostre que o decaimento do próton $p \to e^+ + \gamma$ não pode acontecer porque viola a conservação do número bariônico. (b) **E se?** Imagine que essa reação acontece e que o próton está inicialmente em repouso. Determine as energias e módulos do momento linear do pósitron e do fóton após a reação. (c) Determine a velocidade do pósitron após a reação.

19. Uma partícula Λ^0 em repouso decai para um próton e um méson π^-. (a) Utilize os dados da Tabela 12.2 para encontrar o valor em MeV de Q para esse decaimento. (b) Qual é a energia cinética total compartilhada pelo próton e pelo méson π^- após o decaimento? (c) Qual é o momento linear total compartilhado pelo próton e pelo méson π^-? (d) O próton e o méson π^- têm momentos lineares com a mesma intensidade após o decaimento. Eles têm energias cinéticas iguais? Explique.

Seção 12.6 Partículas estranhas e estranheza

20. O méson neutro ρ^0 decai pela interação forte em dois píons:
$$\rho^0 \to \pi^+ + \pi^- \qquad (T_{1/2} \sim 10^{-23}\ s)$$
O káon neutro também decai em dois píons:
$$K_S^0 \to \pi^+ + \pi^- \qquad (T_{1/2} \sim 10^{-10}\ s)$$
Como você explica a diferença em meias-vidas?

21. Quais dos processos a seguir são permitidos pela interação forte, interação eletromagnética, interação fraca ou por nenhuma reação?
(a) $\pi^- + p \to 2\eta$ (b) $K^- + n \to \Lambda^0 + \pi^-$
(c) $K^- \to \pi^- + \pi^0$ (d) $\Omega^- \to \Xi^- + \pi^0$
(e) $\eta \to 2\gamma$

22. Para cada um dos decaimentos proibidos a seguir, determine quais leis de conservação são violadas.
(a) $\mu^- \to e^- + \gamma$ (b) $n \to p + e^- + \nu_e$
(c) $\Lambda^0 \to p + \pi^0$ (d) $p \to e^+ + \pi^0$
(e) $\Xi^0 \to n + \pi^0$

23. Preencha a partícula que falta. Suponha que a reação (a) aconteça por meio da interação e que as reações fortes (b) e (c) envolvam a interação fraca. E, ainda, que a estranheza total mude por uma unidade se a estranheza não for conservada.
(a) $K^+ + p \to ? + p$
(b) $\Omega^- \to ? + \pi^-$
(c) $K^+ \to ? + \mu^+ + \nu_\mu$

24. Identifique as quantidades conservadas nos processos a seguir.
(a) $\Xi^- \to \Lambda^0 + \mu^- + \nu_\mu$ (b) $K_S^0 \to 2\pi^0$
(c) $K^- + p \to \Sigma^0 + n$ (d) $\Sigma^0 \to \Lambda^0 + \gamma$
(e) $e^+ + e^- \to \mu^+ + \mu^-$ (f) $\overline{p} + n \to \overline{\Lambda}^0 + \Sigma^-$
(g) Quais reações não acontecem? Por quê?

25. Determine se a estranheza é conservada ou não nos decaimentos e reações a seguir.
(a) $\Lambda^0 \to p + \pi^-$ (b) $\pi^- + p \to \Lambda^0 + K^0$
(c) $\overline{p} + p \to \overline{\Lambda}^0 + \Lambda^0$ (d) $\pi^- + p \to \pi^- + \Sigma^+$
(e) $\Xi^- \to \Lambda^0 + \pi^-$ (f) $\Xi^0 \to p + \pi^-$

26. **PD** O decaimento de partículas $\Sigma^+ \to \pi^+ + n$ é observado em uma câmara de bolhas. A Figura P12.26 representa as vias curvadas das partículas Σ^+ e π^+ e a invisível do nêutron na presença de um campo magnético uniforme de 1,15 T direcionado para fora da página. Os raios medidos de curvatura são 1,99 m para a partícula Σ^+ e 0,580 m para a π^+. A partir dessas informações, queremos determinar a massa da partícula Σ^+. (a) Encontre os módulos dos momentos lineares das partículas Σ^+ e π^+ em unidades de MeV/c. (b) O ângulo entre os momentos lineares das partículas Σ^+ e π^+ no momento do decaimento é $\theta = 64,5°$. Encontre o módulo do momento linear do nêutron. (c) Calcule a energia total da partícula π^+ e do nêutron a partir de suas massas conhecidas ($m_\pi = 139,6$ MeV/c^2, $m_n = 939,6$ MeV/c^2) e a relação energia-momento linear relativística.

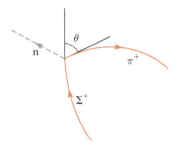

Figura P12.26

(d) Qual é a energia total da partícula Σ^+? (e) Calcule a massa da partícula Σ^+. (f) Compare a massa com o valor na Tabela 12.2.

27. **M** Se um méson K_S^0 em repouso decai em $0{,}900 \times 10^{-10}$ s, por qual distância esse méson viaja se estiver se movendo a $0{,}960c$?

Seção 12.7 Descoberta de padrões em partículas
Seção 12.8 Quarks
Seção 12.9 Quarks multicoloridos
Seção 12.10 Modelo-padrão

Observação: O Problema 89 do Capítulo 5 pode ser resolvido com a Seção 12.10.

28. As composições de quark das partículas K^0 e Λ^0 são $d\bar{s}$ e uds, respectivamente. Mostre que a carga, número bariônico e estranheza dessas partículas são iguais às somas desses números para as partes do quark.

29. A reação $\pi^- + p \rightarrow K^0 + \Lambda^0$ acontece com alta probabilidade, enquanto a $\pi^- + p \rightarrow K^0 + n$ nunca acontece. Analise essas reações no nível dos quarks. Mostre que a primeira conserva o número total de cada tipo de quark e a segunda não.

30. Identifique as partículas correspondentes aos estados de quark (a) suu, (b) $\bar{u}d$, (c) $\bar{s}d$ e (d) ssd.

31. A composição de quark do próton é uud, enquanto a do nêutron é udd. Mostre que a carga, número bariônico e estranheza dessas partículas são iguais à soma desses números para seus quarks.

32. Analise cada uma das reações a seguir em termos de quarks e mostre que cada tipo de quark é conservado. (a) $\pi^+ + p \rightarrow K^+ + \Sigma^+$ (b) $K^- + p \rightarrow K^+ + K^0 + \Omega^-$ (c) Determine os quarks na partícula final para essa reação: $p + p \rightarrow K^0 + p + \pi^+$? (d) Na reação da parte (c), identifique a partícula misteriosa.

33. Qual é a carga elétrica dos bárions com as composições de quark (a) $\bar{u}\bar{u}\bar{d}$ e (b) $\bar{u}\bar{d}\bar{d}$? (c) Como esses bárions são chamados?

34. **M** Determine o número de elétrons e de cada espécie de quark em 1 L de água.

35. Uma partícula Σ^0 que se move pela matéria atinge um próton; em seguida, Σ^+ e um raio gama, assim como uma terceira partícula surge. Utilize o modelo de quarks para cada um a fim de determinar a identidade da terceira partícula.

36. **E se?** Imagine que as energias de ligação pudessem ser ignoradas. Encontre as massas dos quarks u e d a partir das massas do próton e do nêutron.

Seção 12.11 Conexão cósmica

Observação: O Problema 21 do Capítulo 5 pode ser resolvido nessa seção.

37. **Revisão.** Consulte a Seção 5.4. Prove que o deslocamento de Doppler no comprimento de onda das ondas eletromagnéticas é descrito por

$$\lambda' = \lambda \sqrt{\frac{1 + v/c}{1 - v/c}}$$

onde λ' é o comprimento de onda medido por um observador que se move com a velocidade v para fora da fonte que irradia ondas de comprimento de onda λ.

38. Gravitação e as outras forças impedem que a Lei de Hubble aconteça, exceto em sistemas maiores que grupos de galáxias. **E se?** Imagine que essas forças pudessem ser ignoradas e que todas as distâncias se expandissem a uma taxa descrita por uma constante de Hubble de 22×10^{-3} m/s · ano-luz. (a) A qual taxa a altura de um jogador de basquete de 1,85 m aumentaria? (b) A qual taxa a distância entre a Terra e a Lua estaria crescendo?

39. **Revisão.** A radiação cósmica de fundo é radiação de corpo negro de uma fonte à temperatura de 2,73 K. (a) Utilize a Lei de Wien para determinar o comprimento de onda no qual a radiação atinge sua intensidade máxima. (b) Em qual parte do espectro eletromagnético está o pico da distribuição?

40. Suponha que a matéria escura exista no espaço com uma densidade uniforme de $6{,}00 \times 10^{-28}$ kg/m³. (a) Encontre a quantidade dessa matéria escura dentro de uma esfera centralizada no Sol com a órbita terrestre como seu equador. (b) Explique se o campo gravitacional dessa matéria escura teria um efeito mensurável na revolução da Terra.

41. No início, o Universo era denso com fótons de raios gama de energia $\sim k_B T$ e tinha temperatura tão alta que os prótons e antiprótons foram criados pelo processo $\gamma \rightarrow p + \bar{p}$ tão rapidamente quanto se anulavam uns aos outros. Quando o Universo se esfriava em expansão adiabática, sua temperatura caiu abaixo de certo valor e a produção de par de prótons se tornou rara. Naquele período, existia um pouco mais de prótons do que antiprótons e essencialmente todos os prótons no Universo hoje datam daquela época. (a) Estime a ordem de grandeza da temperatura do Universo quando os prótons se condensaram. (b) Estime a ordem de grandeza da temperatura do Universo quando os elétrons se condensaram.

42. Se a densidade média do Universo for pequena comparada com a densidade crítica, a expansão do Universo descrita pela Lei de Hubble ocorre com velocidades que são praticamente constantes com o tempo. (a) Prove que, neste caso, a idade do Universo é dada pelo inverso da constante de Hubble. (b) Calcule $1/H$ e expresse em anos.

43. **Revisão.** Uma estrela que se afasta da Terra a $0{,}280c$ emite radiação que medimos como sendo mais intensa no comprimento de onda de 500 nm. Determine a temperatura da superfície dessa estrela.

44. **Revisão.** Utilize a Lei de Stefan para encontrar a intensidade da radiação cósmica de fundo emitida pela bola de fogo do Big Bang a uma temperatura de 2,73 K.

45. **M** O primeiro quasar a ser identificado e o mais brilhante encontrado até a data, 3C 273 na constelação de Virgem, foi observado se afastando da Terra a uma velocidade tão alta

que a linha azul observada de hidrogênio de 434 nm H_γ é Doppler deslocada para 510 Nm, na porção verde do espectro. (a) Quão rápido é o quasar recuando? (b) Edwin Hubble descobriu que todos os objetos fora do grupo local de galáxias estão se afastando de nós com velocidades v proporcionais às suas distâncias. A Lei de R. Hubble é expressa como $v = HR$, onde a constante Hubble tem o valor aproximado $H \approx 22 \times 10^{-3}$ m / (s · anos-luz). Determine a distância da Terra para esse quasar.

46. As várias linhas espectrais observadas na luz de um quasar distante têm comprimentos de onda λ'_n mais longos que os λ_n medidos na luz de uma fonte estacionária. Aqui, n é um índice com valores diferentes para linhas espectrais diferentes. A mudança fracionária no comprimento de onda em direção ao vermelho é a mesma para todas as linhas espectrais. Isto é, o parâmetro Z do deslocamento em vermelho de Doppler definido por

$$Z = \frac{\lambda'_n - \lambda_n}{\lambda_n}$$

é comum a todas as linhas espectrais para um objeto. Em termos de Z, utilize a Lei de Hubble para determinar (a) a velocidade da recessão do quasar e (b) a distância da Terra até esse quasar.

47. **W** Utilizando a Lei de Hubble, encontre o comprimento de onda da linha do sódio de 590 nm emitido das galáxias (a) $2,00 \times 10^6$ anos-luz, (b) $2,00 \times 10^8$ anos-luz e (c) $2,00 \times 10^9$ anos-luz em direção oposta à Terra.

48. A seção visível do Universo é uma esfera centrada na ponta do seu nariz, com raio de 13,7 bilhões de anos-luz. (a) Explique por que o Universo visível está ficando maior com seu raio aumentando em um ano-luz a cada ano. (b) Encontre a taxa na qual o volume da seção visível do Universo está aumentando.

49. Na Seção 13.6 do Volume 1, discutimos a matéria escura junto com uma proposta para a origem da matéria escura: WIMPs, ou *weakly interacting massive particles* (*partículas maciças fracamente interativas*). Outra proposta é que a matéria escura consiste em grandes objetos do tamanho de planetas, chamados MACHOs, ou *massive astrophysical compact halo objects* (*objetos astrofísicos maciços compactos brilhantes*), que derivam pelo espaço interestelar e não estão ligados ao sistema solar. Seja com WIMPs ou MACHOs, suponha que os astrônomos executem cálculos teóricos e determinem a densidade média do Universo observável como sendo 1,20 ρ_c. Se esse valor estivesse correto, quantas vezes maior o Universo se tornará antes de começar a entrar em colapso? Isto é, por qual fator a distância entre as galáxias remotas aumentará no futuro?

Seção 12.12 Problemas e perspectivas

50. A relatividade geral clássica visualiza a estrutura do espaço-tempo como determinista e bem definida em distâncias arbitrariamente pequenas. Por outro lado, a relatividade geral quântica proíbe distâncias inferiores ao comprimento de Planck, dadas por $L = (\hbar G/c^3)^{1/2}$. (a) Calcule o valor do comprimento de Planck. A limitação quântica sugere que, após o Big Bang, quando toda seção observável do Universo no momento estava contida em uma singularidade de tipo pontual, nada poderia ser observado até que a singularidade crescesse além do comprimento de Planck. Como o tamanho da singularidade crescia na velocidade da luz, podemos inferir que nenhuma observação era possível durante o intervalo de tempo necessário para que a luz percorresse o comprimento de Planck. (b) Calcule esse intervalo de tempo, conhecido como tempo T de Planck e formule como ele se compara com a época ultraquente mencionada no texto.

Problemas Adicionais

51. Para cada um dos decaimentos ou reações a seguir, nomeie pelo menos uma lei de conservação que impede sua ocorrência.
    (a) $\pi^- + p \rightarrow \Sigma^+ + \pi^0$
    (b) $\mu^- \rightarrow \pi^- + \nu_e$
    (c) $p \rightarrow \pi^+ + \pi^+ + \pi^-$

52. Identifique a partícula desconhecida no lado esquerdo da reação a seguir:
    $$? + p \rightarrow n + \mu^+$$

53. Assuma que a meia-vida de nêutrons livres seja de 614 s. Que fração de um grupo de nêutrons térmicos livres com energia cinética 0,040 0 eV decairá antes de percorrer uma distância de 10,0 km?

54. *Por que a seguinte situação é impossível?* Um fóton de raio gama com energia de 1,05 MeV atinge um elétron estacionário, fazendo com que a reação a seguir aconteça:
    $$\gamma + e^- \rightarrow e^- + e^- + e^+$$
    Suponha que todas as três partículas finais se movam com a mesma velocidade na mesma direção após a reação.

55. **Revisão.** A Supernova Shelton 1987A, localizada aproximadamente a 170 mil anos-luz da Terra, é estimada como tendo emitido uma rajada de neutrinos transportando energia $\sim 10^{46}$ J (Fig. P12.55). Suponha que a energia média do neutrino seja 6 MeV e que o corpo da sua mãe apresente área de seção transversal de 5.000 cm². Para uma ordem de grandeza, quantos desses neutrinos passaram por ela?

Figura P12.55 Problemas 55 e 72.

56. **M** O fluxo de energia transportado por neutrinos do Sol é estimado por volta de 0,400 W/m² na superfície terrestre. Estime a perda fracionária de massa do Sol por 10⁹ anos devido à emissão de neutrinos. A massa do Sol é 1,989 × 10³⁰ kg. A distância da Terra para o Sol é igual a 1,496 × 10¹¹ m.

57. A Lei de Hubble pode ser formulada em forma vetorial como $\vec{v} = H\vec{R}$. Fora do grupo local das galáxias, todos os objetos estão se movendo em direção contrária a nós com velocidades proporcionais a suas posições em relação a nós. Dessa forma, parece que nossa localização no Universo é especialmente privilegiada. Prove que a Lei de Hubble é igualmente verdadeira para um observador em qualquer outro lugar do Universo. Proceda como segue. Suponha que estejamos na origem das coordenadas, um grupo de galáxias esteja no local $\vec{R}_1$ e tenha velocidade $\vec{v}_1 = H\vec{R}_1$ relativa a nós e outro grupo tenha vetor de posição $\vec{R}_2$ e velocidade $\vec{v}_2 = H\vec{R}_2$. Suponha que as velocidades sejam não relativísticas. Considere o referencial de um observador no primeiro desses grupos de galáxias. (a) Mostre que nossa velocidade em relação a ele, juntamente com o vetor de posição do grupo de galáxia em relação a ele, atende à Lei de Hubble. (b) Mostre que a posição e a velocidade do grupo 2 em relação ao 1 atendem à Lei de Hubble.

58. Um méson π^- no repouso decai de acordo com $\pi^- \to \mu^- + \bar{\nu}_\mu$. Suponha que o antineutrino não tenha massa e se mova com a velocidade da luz. Tome $m_\pi c^2 = 139{,}6$ MeV e $m_\mu c^2 = 105{,}7$ MeV. Qual é a energia transportada pelo neutrino?

59. **AMT** Uma partícula instável, inicialmente em repouso, decai para um próton (energia de repouso de 938,3 MeV) e um píon negativo (energia de repouso de 139,6 MeV). Existe um campo magnético uniforme de 0,250 T perpendicular às velocidades das partículas criadas. O raio da curvatura de cada via é encontrado como sendo 1,33 m. Qual é a massa da partícula instável original?

60. Uma partícula instável, inicialmente em repouso, decai para uma partícula positivamente carregada de carga $+e$ e energia de repouso E_+ e uma partícula negativamente carregada de carga $-e$ e energia de repouso E_-. Existe um campo magnético uniforme de módulo B perpendicular às velocidades das partículas criadas. O raio da curvatura de cada via é r. Qual é a massa da partícula instável original?

61. (a) Quais processos são descritos pelos diagramas de Feynman na Figura P12.61? (b) Qual é a partícula trocada em cada processo?

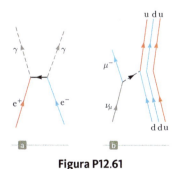

Figura P12.61

62. Identifique os controladores das duas interações descritas nos diagramas de Feynman mostrados na Figura P12.62.

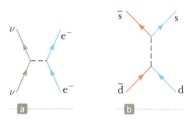

Figura P12.62

63. **Revisão.** A energia necessária para excitar um átomo é da ordem de 1 eV. Quando a temperatura do Universo caiu abaixo de certo limiar, os átomos neutros puderam formar o plasma e o Universo se tornou transparente. Utilize a função de distribuição de Boltzmann e^{-E/k_BT} para encontrar a ordem de grandeza da temperatura limiar na qual 1,00% de uma população de fótons tem energia superior a 1,00 eV.

64. Uma partícula Σ^0 em repouso decai de acordo com $\Sigma^0 \to \Lambda^0 + \gamma$. Encontre a energia dos raios gama.

65. Dois prótons se aproximam um do outro frontalmente, cada um com 70,4 MeV de energia cinética e formam uma reação na qual um próton e um píon positivo emergem no repouso. Qual terceira partícula, obviamente descarregada e, portanto, difícil de detectar, deve ter sido criada?

66. Dois prótons se aproximam um do outro com velocidades de módulo igual em direções opostas. Qual é a energia cinética mínima de cada próton se ambos forem produzir um méson π^+ em repouso na reação $p + p \to p + n + \pi^+$?

Problemas de Desafio

67. Determine as energias cinéticas do próton e do píon resultantes do decaimento de um Λ^0 em repouso:

$$\Lambda^0 \to p + \pi^-$$

68. Uma partícula de massa m_1 é arremessada em outra, estacionária, de massa m_2 e acontece uma previsão na qual novas partículas são criadas da energia cinética incidente. Tomadas juntas, as partículas produto têm massa total m_3. A energia cinética mínima que a partícula bombardeadora tem de ter para induzir a reação é chamada energia limiar. Nessa energia, a energia cinética dos produtos é mínima, então, a fração da energia cinética incidente que está disponível para criar novas partículas é máxima. Essa condição é atendida quando todas as partículas produto têm a mesma velocidade e as partículas não têm energia cinética ou movimento relativos uma à outra. (a) Ao utilizar a conservação da energia relativística, o momento linear e a relação relativística energia-momento linear, mostre que a energia cinética limiar é

$$K_{\text{mín}} = \frac{[m_3^2 - (m_1 + m_2)^2]c^2}{2m_2}$$

Calcule a energia cinética limiar para cada uma das reações a seguir: (b) $p + p \to p + p + p + \bar{p}$ (um dos prótons iniciais está em repouso e antiprótons são produzidos); (c) $\pi^- + p \to K^0 + \Lambda^0$ (o próton está em repouso e partículas estranhas são produzidas); (d) $p + p \to p + p + \pi^0$ (um dos prótons iniciais está em repouso e são produzidos píons); e (e) $p + \bar{p} \to Z^0$ (uma das partículas iniciais está em repouso e partículas Z^0 de massa 91,2 GeV/c^2 são produzidas).

69. **W** Um nêutron livre beta decai ao criar um próton, um elétron e um antineutrino de acordo com a reação $n \to p + e^- + \bar{\nu}$. **E se?** Imagine que um nêutron livre fosse decair ao

criar um próton e elétron de acordo com a reação n → p + e⁻ e suponha que o nêutron esteja inicialmente em repouso no laboratório. (a) Determine a energia emitida nessa reação. (b) A energia e o momento linear são conservados na reação. Determine as velocidades do próton e do elétron após a reação. (c) Alguma dessas partículas está se movendo a uma velocidade relativística? Explique.

70. Os raios cósmicos de energia mais alta são, na maior parte, prótons, acelerados por fontes desconhecidas. Seu espectro mostra um corte em uma energia na ordem de 10^{20} eV. Acima dessa energia, um próton interage com um fóton de radiação cósmica de micro-ondas para produzir mésons, por exemplo, de acordo com p + γ → p + π^0. Demonstre esse fato ao seguir esses passos: (a) Encontre a energia mínima de fóton necessária para produzir essa reação no quadro de referência onde a quantidade de movimento total do sistema fóton-próton é zero. A reação foi observada experimentalmente nos anos 1950 com fótons de algumas centenas de MeV. (b) Utilize a lei de deslocamento de Wien para encontrar o comprimento de onda de um fóton no pico do espectro de corpo negro da radiação primordial de fundo de micro-ondas com uma temperatura de 2,73 K. (c) Encontre a energia desse fóton. (d) Considere a reação na parte (a) em um quadro móvel de referência de modo que o fóton seja o mesmo que na parte (c). Calcule a energia do próton nesse quadro, que representa o de referência da Terra.

71. Suponha que a densidade média do Universo seja igual à densidade crítica. (a) Prove que a idade do Universo é dada por $2/(3H)$. (b) Calcule $2/(3H)$ e expresse em anos.

72. A supernova mais recente vista a olho nu foi a Supernova Shelton 1987A (Fig. P12.55). Ela está a 170 mil anos-luz na Grande Nuvem de Magalhães, uma galáxia satélite da Via Láctea. Aproximadamente 3 h antes de seu brilho óptico ser percebido, dois experimentos de detecção de neutrino registraram simultaneamente os primeiros neutrinos de uma fonte identificada além do Sol. O experimento de Irvine-Michigan-Brookhaven em uma mina de sal em Ohio registrou oito neutrinos em um período de 6 s e o experimento Kamiokande II em uma mina de zinco no Japão contou 11 neutrinos em 13 s (como a supernova está muito ao sul no céu, esses neutrinos entraram nos detectores de baixo e passaram pela Terra antes de ser absorvidos, por acaso, pelos núcleos nos detectores). As energias do neutrino estavam aproximadamente entre 8 MeV e 40 MeV. Se os neutrinos não tiverem massa, neutrinos de todas as energias devem se mover juntos na velocidade da luz; os dados são consistentes com essa possibilidade. Os tempos de entrada podem variar simplesmente porque os neutrinos foram criados em instantes diferentes porque o núcleo da estrela entrou em colapso até uma estrela de nêutrons. Se os neutrinos tiverem massa diferente de zero, neutrinos de energia mais baixa devem se mover comparativamente de modo lento. Os dados são consistentes com um neutrino de 10 MeV que necessita, no máximo, por volta de 10 s mais que um fóton necessitaria para percorrer da supernova até nós. Encontre o limite superior que essa observação configura na massa de um neutrino (outras evidências configuram limites ainda mais próximos).

73. Um motor de foguete para viagem espacial utilizando acionamento de fóton e anulação matéria-antimatéria foi sugerido. Suponha que o combustível para uma queimadura de curta duração consista em N prótons e N antiprótons, cada um com massa m. (a) Suponha que todo o combustível seja anulado para produzir fótons. Quando os fótons forem ejetados do foguete, que momento linear poderá sair daí? (b) **E se?** Se metade dos prótons e antiprótons se anular um ao outro e a energia emitida for utilizada para ejetar as partículas remanescentes, qual momento linear poderá ser dado para o foguete? (c) Que esquema resultará na maior mudança da velocidade do foguete?

apêndice A
Tabelas

TABELA A.1 *Fatores de conversão*

	m	cm	km	pol	pé	mi
1 metro	1	10^2	10^{-3}	39,37	3,281	$6,214 \times 10^{-4}$
1 centímetro	10^{-2}	1	10^{-5}	0,3937	$3,281 \times 10^{-2}$	$6,214 \times 10^{-6}$
1 quilômetro	10^3	10^5	1	$3,937 \times 10^4$	$3,281 \times 10^3$	0,6214
1 polegada	$2,540 \times 10^{-2}$	2,540	$2,540 \times 10^{-5}$	1	$8,333 \times 10^{-2}$	$1,578 \times 10^{-5}$
1 pé	0,3048	30,48	$3,048 \times 10^{-4}$	12	1	$1,894 \times 10^{-4}$
1 milha	1.609	$1,609 \times 10^5$	1,609	$6,336 \times 10^4$	5.280	1

Massa

	kg	g	slug	u
1 quilograma	1	10^3	$6,852 \times 10^{-2}$	$6,024 \times 10^{26}$
1 grama	10^{-3}	1	$6,852 \times 10^{-5}$	$6,024 \times 10^{23}$
1 slug	14,59	$1,459 \times 10^4$	1	$8,789 \times 10^{27}$
1 unidade de massa atômica	$1,660 \times 10^{-27}$	$1,660 \times 10^{-24}$	$1,137 \times 10^{-28}$	1

Nota: 1 ton métrica = 1.000 kg.

Tempo

	s	min	h	dia	ano
1 segundo	1	$1,667 \times 10^{-2}$	$2,778 \times 10^{-4}$	$1,157 \times 10^{-5}$	$3,169 \times 10^{-8}$
1 minuto	60	1	$1,667 \times 10^{-2}$	$6,994 \times 10^{-4}$	$1,901 \times 10^{-6}$
1 hora	3.600	60	1	$4,167 \times 10^{-2}$	$1,141 \times 10^{-4}$
1 dia	$8,640 \times 10^4$	1.440	24	1	$2,738 \times 10^{-5}$
1 ano	$3,156 \times 10^7$	$5,259 \times 10^5$	$8,766 \times 10^3$	365,2	1

Velocidade

	m/s	cm/s	pé/s	mi/h
1 metro por segundo	1	10^2	3,281	2,237
1 centímetro por segundo	10^{-2}	1	$3,281 \times 10^{-2}$	$2,237 \times 10^{-2}$
1 pé por segundo	0,3048	30,48	1	0,6818
1 milha por hora	0,4470	44,70	1,467	1

Nota: 1 mi/min = 60 mi/h = 88 pé/s.

Força

	N	lb
1 newton	1	0,2248
1 libra	4,448	1

(Continua)

A-2 Física para cientistas e engenheiros

TABELA A.1 *Fatores de conversão (continuação)*

Energia, transferência de energia

	J	pé· lb	eV
1 joule	1	0,7376	$6,242 \times 10^{18}$
1 pé-libra	1,356	1	$8,464 \times 10^{18}$
1 elétron-volt	$1,602 \times 10^{-19}$	$1,182 \times 10^{-19}$	1
1 caloria	4,186	3,087	$2,613 \times 10^{19}$
1 unidade térmica inglesa	$1,055 \times 10^3$	$7,779 \times 10^2$	$6,585 \times 10^{21}$
1 quilowatt-hora	$3,600 \times 10^6$	$2,655 \times 10^6$	$2,247 \times 10^{25}$

	cal	Btu	kWh
1 joule	0,2389	$9,481 \times 10^{-4}$	$2,778 \times 10^{-7}$
1 pé-libra	0,3239	$1,285 \times 10^{-3}$	$3,766 \times 10^{-7}$
1 elétron-volt	$3,827 \times 10^{-20}$	$1,519 \times 10^{-22}$	$4,450 \times 10^{-26}$
1 caloria	1	$3,968 \times 10^{-3}$	$1,163 \times 10^{-6}$
1 unidade térmica inglesa	$2,520 \times 10^2$	1	$2,930 \times 10^{-4}$
1 quilowatt-hora	$8,601 \times 10^5$	$3,413 \times 10^2$	1

Pressão

	Pa	atm	
1 pascal	1	$9,869 \times 10^{-6}$	
1 atmosfera	$1,013 \times 10^5$	1	
1 centímetro de mercúrio[a]	$1,333 \times 10^3$	$1,316 \times 10^{-2}$	
1 libra por polegada quadrada	$6,895 \times 10^3$	$6,805 \times 10^{-2}$	
1 libra por pé quadrado	47,88	$4,725 \times 10^{-4}$	

	cm Hg	lb/pol²	lb/pé²
1 pascal	$7,501 \times 10^{-4}$	$1,450 \times 10^{-4}$	$2,089 \times 10^{-2}$
1 atmosfera	76	14,70	$2,116 \times 10^3$
1 centímetro de mercúrio[a]	1	0,1943	27,85
1 libra por polegada quadrada	5,171	1	144
1 libra por pé quadrado	$3,591 \times 10^{-2}$	$6,944 \times 10^{-3}$	1

[a]A 0 °C e em um local onde a aceleração da gravidade tem seu valor "padrão", 9,80665 m/s².

TABELA A.2 *Símbolos, dimensões e unidades de quantidades físicas*

Quantidade	Símbolo comum	Unidade[a]	Dimensões[b]	Unidade em termos de unidades base SI
Aceleração	$\vec{a}$	m/s²	L/T^2	m/s²
Quantidade de substância	n	MOL		mol
Ângulo	θ, ϕ	radiano (rad)	1	
Aceleração angular	$\vec{\alpha}$	rad/s²	T^{-2}	s^{-2}
Frequência angular	ω	rad/s	T^{-1}	s^{-1}
Momento angular	$\vec{L}$	kg · m²/s	ML^2/T	kg · m²/s
Velocidade angular	$\vec{\omega}$	rad/s	T^{-1}	s^{-1}
Área	A	m²	L^2	m²
Número atômico	Z			
Capacitância	C	farad (F)	Q^2T^2/ML^2	A² · s⁴/kg · m²
Carga	q, Q, e	coulomb (C)	Q	A · s

(continua)

Apêndice A | Tabelas   **A-3**

> **TABELA A.2**   *Símbolos, dimensões e unidades de quantidades físicas (continuação)*

Quantidade	Símbolo comum	Unidade[a]	Dimensões[b]	Unidade em termos de unidades base SI
Densidade de carga				
Linha	λ	C/m	Q/L	$A \cdot s/m$
Superfície	σ	C/m^2	Q/L^2	$A \cdot s/m^2$
Volume	ρ	C/m^3	Q/L^3	$A \cdot s/m^3$
Condutividade	σ	$1/\Omega \cdot m$	Q^2T/ML^3	$A^2 \cdot s^3/kg \cdot m^3$
Corrente	I	AMPÈRE	Q/T	A
Densidade de corrente	J	A/m^2	Q/TL^2	A/m^2
Densidade	ρ	kg/m^3	M/L^3	kg/m^3
Constante dielétrica	κ			
Momento de dipolo elétrico	$\vec{p}$	$C \cdot m$	QL	$A \cdot s \cdot m$
Campo elétrico	$\vec{E}$	V/m	ML/QT^2	$kg \cdot m/A \cdot s^3$
Fluxo elétrico	Φ_E	$V \cdot m$	ML^3/QT^2	$kg \cdot m^3/A \cdot s^3$
Força eletromotriz	ε	volt (V)	ML^2/QT^2	$kg \cdot m^2/A \cdot s^3$
Energia	E, U, K	joule (J)	ML^2/T^2	$kg \cdot m^2/s^2$
Entropia	S	J/K	ML^2/T^2K	$kg \cdot m^2/s^2 \cdot K$
Força	$\vec{F}$	newton (N)	ML/T^2	$kg \cdot m/s^2$
Frequência	f	hertz (Hz)	T^{-1}	s^{-1}
Calor	Q	joule (J)	ML^2/T^2	$kg \cdot m^2/s^2$
Indutância	L	henry (H)	ML^2/Q^2	$kg \cdot m^2/A^2 \cdot s^2$
Comprimento	ℓ, L	METRO	L	m
Deslocamento	$\Delta x, \Delta \vec{r}$			
Distância	d, h			
Posição	$x, y, z, \vec{r}$			
Momento de dipolo magnético	$\vec{\mu}$	$N \cdot m/T$	QL^2/T	$A \cdot m^2$
Campo magnético	$\vec{B}$	tesla (T) (= Wb/m^2)	M/QT	$kg/A \cdot s^2$
Fluxo magnético	Φ_B	weber (Wb)	ML^2/QT	$kg \cdot m^2/A \cdot s^2$
Massa	m, M	QUILOGRAMA	M	kg
Calor específico molar	C	$J/mol \cdot K$		$kg \cdot m^2/s^2 \cdot mol \cdot K$
Momento de inércia	I	$kg \cdot m^2$	ML^2	$kg \cdot m^2$
Quantidade de movimento	$\vec{p}$	$kg \cdot m/s$	ML/T	$kg \cdot m/s$
Período	T	s	T	s
Permeabilidade do espaço livre	μ_0	N/A^2 (= H/m)	ML/Q^2	$kg \cdot m/A^2 \cdot s^2$
Permissividade do espaço livre	ϵ_0	$C^2/N \cdot m^2$ (= F/m)	Q^2T^2/ML^3	$A^2 \cdot s^4/kg \cdot m^3$
Potencial	V	volt (V)(= J/C)	ML^2/QT^2	$kg \cdot m^2/A \cdot s^3$
Potência	P	watt (W)(= J/s)	ML^2/T^3	$kg \cdot m^2/s^3$
Pressão	P	pascal (Pa)(= N/m^2)	M/LT^2	$kg/m \cdot s^2$
Resistência	R	ohm (Ω)(= V/A)	ML^2/Q^2T	$kg \cdot m^2/A^2 \cdot s^3$
Calor específico	c	$J/kg \cdot K$	L^2/T^2K	$m^2/s^2 \cdot K$
Velocidade	υ	m/s	L/T	m/s
Temperatura	T	KELVIN	K	K
Tempo	t	SEGUNDO	T	s
Torque	$\vec{\tau}$	$N \cdot m$	ML^2/T^2	$kg \cdot m^2/s^2$
Velocidade	$\vec{v}$	m/s	L/T	m/s
Volume	V	m^3	L^3	m^3
Comprimento de onda	λ	m	L	m
Trabalho	W	joule (J)(= $N \cdot m$)	ML^2/T^2	$kg \cdot m^2/s^2$

[a]As unidades bases SI são mostradas em letras maiúsculas.

[b]Os símbolos M, L, T, K e Q denotam massa, comprimento, tempo, temperatura e carga, respectivamente.

apêndice B
Revisão matemática

Este apêndice serve como uma breve revisão de operações e métodos. Desde o começo deste curso, você deve estar completamente familiarizado com técnicas algébricas básicas, geometria analítica e trigonometria. As seções de cálculo diferencial e integral são mais detalhadas e voltadas para alunos que têm dificuldade com a aplicação dos conceitos de cálculo para situações físicas.

B.1 Notação científica

Várias quantidades utilizadas pelos cientistas geralmente têm valores muito grandes ou muito pequenos. A velocidade da luz, por exemplo, é por volta de 300.000.000 m/s, e a tinta necessária para fazer o pingo no i neste livro-texto tem uma massa de aproximadamente 0,000000001 kg. Obviamente, é bastante complicado ler, escrever e acompanhar esses números. Evitamos este problema utilizando um método que incorpora potências do número 10:

$$10^0 = 1$$
$$10^1 = 10$$
$$10^2 = 10 \times 10 = 100$$
$$10^3 = 10 \times 10 \times 10 = 1.000$$
$$10^4 = 10 \times 10 \times 10 \times 10 = 10.000$$
$$10^5 = 10 \times 10 \times 10 \times 10 \times 10 = 100.000$$

e assim por diante. O número de zeros corresponde à potência à qual dez é colocado, chamado **expoente** de dez. Por exemplo, a velocidade da luz, 300.000.000 m/s, pode ser expressa como $3,00 \times 10^8$ m/s.

Neste método, alguns números representativos inferiores à unidade são:

$$10^{-1} = \frac{1}{10} = 0,1$$

$$10^{-2} = \frac{1}{10 \times 10} = 0,01$$

$$10^{-3} = \frac{1}{10 \times 10 \times 10} = 0,001$$

$$10^{-4} = \frac{1}{10 \times 10 \times 10 \times 10} = 0,0001$$

$$10^{-5} = \frac{1}{10 \times 10 \times 10 \times 10 \times 10} = 0,00001$$

Nestes casos, o número de casas que o ponto decimal está à esquerda do dígito 1 é igual ao valor do expoente (negativo). Os números expressos como uma potência de dez multiplicados por outro número entre um e dez são considerados em **notação científica**. Por exemplo, a notação científica para 5.943.000.000 é $5,943 \times 10^9$, e para 0,0000832 é $8,32 \times 10^{-5}$.

Quando os números expressos em notação científica estão sendo multiplicados, a regra geral a seguir é muito útil:

$$10^n \times 10^m = 10^{n+m} \tag{B.1}$$

onde n e m podem ser *quaisquer* números (não necessariamente inteiros). Por exemplo, $10^2 \times 10^5 = 10^7$. A regra também se aplica se um dos expoentes for negativo: $10^3 \times 10^{-8} = 10^{-5}$.

Ao dividir os números formulados em notação científica, note que

$$\frac{10^n}{10^m} = 10^n \times 10^{-m} = 10^{n-m}$$

(B.2)

Exercícios

Com a ajuda das regras anteriores, verifique as respostas nas equações a seguir:

1. $86.400 = 8,64 \times 10^4$

2. $9.816.762,5 = 9,8167625 \times 10^6$

3. $0,0000000398 = 3,98 \times 10^{-8}$

4. $(4,0 \times 10^8)(9,0 \times 10^9) = 3,6 \times 10^{18}$

5. $(3,0 \times 10^7)(6,0 \times 10^{-12}) = 1,8 \times 10^{-4}$

6. $\dfrac{75 \times 10^{-11}}{5,0 \times 10^{-3}} = 1,5 \times 10^{-7}$

7. $\dfrac{(3 \times 10^6)(8 \times 10^{-2})}{(2 \times 10^{17})(6 \times 10^5)} = 2 \times 10^{-18}$

B.2 Álgebra

Algumas regras básicas

Quando operações algébricas são executadas, aplicam-se as leis da aritmética. Símbolos como x, y e z em geral são utilizados para representar quantidades não especificadas, chamadas **desconhecidas**.

Primeiro, considere a equação

$$8x = 32$$

Se desejarmos resolver x, podemos dividir (ou multiplicar) cada lado da equação pelo mesmo fator sem destruir a igualdade. Neste caso, se dividirmos ambos os lados por 8, temos

$$\frac{8x}{8} = \frac{32}{8}$$

$$x = 4$$

Em seguida, consideramos a equação

$$x + 2 = 8$$

Neste tipo de expressão, podemos adicionar ou subtrair a mesma quantidade de cada lado. Se subtrairmos 2 de cada lado, temos

$$x + 2 - 2 = 8 - 2$$

$$x = 6$$

Em geral, se $x + a = b$, então $x = b - a$.

Considere agora a equação

$$\frac{x}{5} = 9$$

Se multiplicarmos cada lado por 5, temos x à esquerda por ele mesmo e 45 à direita:

$$\left(\frac{x}{5}\right)(5) = 9 \times 5$$

$$x = 45$$

A-6 Física para cientistas e engenheiros

Em todos os casos, *qualquer operação que for feita no lado esquerdo da igualdade também deve sê-lo no lado direito.*

As regras a seguir para multiplicação, divisão, adição e subtração de frações devem ser lembradas, onde a, b, c e d são quatro números:

	Regra	Exemplo
Multiplicação	$\left(\dfrac{a}{b}\right)\left(\dfrac{c}{d}\right) = \dfrac{ac}{bd}$	$\left(\dfrac{2}{3}\right)\left(\dfrac{4}{5}\right) = \dfrac{8}{15}$
Divisão	$\dfrac{(a/b)}{(c/d)} = \dfrac{ad}{bc}$	$\dfrac{2/3}{4/5} = \dfrac{(2)(5)}{(4)(3)} = \dfrac{10}{12}$
Adição	$\dfrac{a}{b} \pm \dfrac{c}{d} = \dfrac{ad \pm bc}{bd}$	$\dfrac{2}{3} - \dfrac{4}{5} = \dfrac{(2)(5) - (4)(3)}{(3)(5)} = -\dfrac{2}{15}$

Exercícios

Nos exercícios a seguir, resolva para x.

Respostas

1. $a = \dfrac{1}{1 + x}$ $x = \dfrac{1 - a}{a}$

2. $3x - 5 = 13$ $x = 6$

3. $ax - 5 = bx + 2$ $x = \dfrac{7}{a - b}$

4. $\dfrac{5}{2x + 6} = \dfrac{3}{4x + 8}$ $x = -\dfrac{11}{7}$

Potências

Quando potências de determinada quantidade x são multiplicadas, a regra a seguir se aplica:

$$x^n \, x^m = x^{n+m} \tag{B.3}$$

Por exemplo, $x^2 x^4 = x^{2+4} = x^6$.

Ao dividir as potências de determinada quantidade, a regra é

$$\frac{x^n}{x^m} = x^{n-m} \tag{B.4}$$

Por exemplo, $x^8/x^2 = x^{8-2} = x^6$.

Uma potência que é uma fração, como $\frac{1}{3}$, corresponde a uma raiz como segue:

$$x^{1/n} = \sqrt[n]{x} \tag{B.5}$$

Por exemplo, $4^{1/3} = \sqrt[3]{4} = 1{,}5874$. (Uma calculadora científica é útil nesses cálculos.)

Finalmente, qualquer quantidade x^n elevada à m-ésima potência é

$$\left(x^n\right)^m = x^{nm} \tag{B.6}$$

TABELA B.1

A Tabela B.1 resume as regras dos expoentes.

Regras dos expoentes

$$x^0 = 1$$
$$x^1 = x$$
$$x^n \, x^m = x^{n+m}$$
$$x^n / x^m = x^{n-m}$$
$$x^{1/n} = \sqrt[n]{x}$$
$$\left(x^n\right)^m = x^{nm}$$

Exercícios

Verifique as equações a seguir:

1. $3^2 \times 3^3 = 243$

2. $x^5 x^{-8} = x^{-3}$

3. $x^{10}/x^{-5} = x^{15}$

Apêndice B | Revisão matemática **A-7**

4. $5^{1/3} = 1.709.976$ (use a calculadora)

5. $60^{1/4} = 2.783.158$ (use a calculadora)

6. $(x^4)^3 = x^{12}$

Fatoração

Algumas fórmulas úteis para fatorar uma equação são:

$ax + ay + az = a(x + y + z)$ fator comum

$a^2 + 2ab + b^2 = (a + b)^2$ quadrado perfeito

$a^2 - b^2 = (a + b)(a - b)$ diferença de quadrados

Equações quadráticas

A forma geral de uma equação quadrática é

$$ax^2 + bx + c = 0 \tag{B.7}$$

onde x é a quantidade desconhecida; a, b e c são fatores numéricos chamados **coeficientes** da equação. Esta equação tem duas raízes, dadas por

$$x = \frac{-b \pm \sqrt{b^2 - 4ac}}{2a} \tag{B.8}$$

Se $b^2 \geq 4ac$, as raízes são reais.

Exemplo B.1

A equação $x^2 + 5x + 4 = 0$ tem as seguintes raízes que correspondem aos dois sinais do termo de raiz quadrada:

$$x = \frac{-5 \pm \sqrt{5^2 - (4)(1)(4)}}{2(1)} = \frac{-5 \pm \sqrt{9}}{2} = \frac{-5 \pm 3}{2}$$

$$x_+ = \frac{-5 + 3}{2} = \boxed{-1} \quad x_- = \frac{-5 - 3}{2} = \boxed{-4}$$

onde x_+ refere-se à raiz que corresponde ao sinal positivo, e x_- à raiz que corresponde ao sinal negativo.

Exercícios

Resolva as seguintes equações quadráticas:

Respostas

1. $x^2 + 2x - 3 = 0$ $x_+ = 1$ $x_- = -3$

2. $2x^2 - 5x + 2 = 0$ $x_+ = 2$ $x_- = \frac{1}{2}$

3. $2x^2 - 4x - 9 = 0$ $x_+ = 1 + \sqrt{22}/2$ $x_- = 1 - \sqrt{22}/2$

Equações Lineares

Uma equação linear tem a forma geral

$$y = mx + b \tag{B.9}$$

onde m e b são constantes. Esta equação é chamada linear porque o gráfico de y por x é uma linha reta, como mostra a Figura B.1. A constante b, chamada **coeficiente linear**, representa o valor de y no qual a linha reta se intersecciona com o eixo y. A constante m é igual ao **coeficiente angular (inclinação)** da linha reta. Se dois pontos quaisquer na linha reta

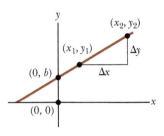

Figura B.1 Linha reta representada graficamente em um sistema de coordenadas xy. A inclinação da linha é a razão entre Δy e Δx.

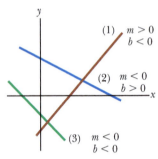

Figura B.2 A linha (1) tem uma inclinação positiva e um ponto de intersecção com y negativo. A linha (2) tem uma inclinação negativa e um ponto de intersecção com y positivo. A linha (3) tem uma inclinação negativa e um ponto de intersecção com y negativo.

forem especificados pelas coordenadas (x_1, y_1) e (x_2, y_2), como na Figura B.1, a inclinação da linha reta pode ser expressa como

$$\text{Inclinação} = \frac{y_2 - y_1}{x_2 - x_1} = \frac{\Delta y}{\Delta x} \quad \text{(B.10)}$$

Note que m e b podem ter valores positivos ou negativos. Se $m > 0$, a linha reta tem uma inclinação *positiva*, como na Figura B.1. Se $m < 0$, a linha reta tem uma inclinação *negativa*. Na Figura B.1, m e b são positivos. Três outras situações possíveis são mostradas na Figura B.2.

Exercícios

1. Desenhe os gráficos das linhas retas a seguir:
   (a) $y = 5x + 3$ (b) $y = -2x + 4$ (c) $y = -3x - 6$
2. Encontre as inclinações das linhas retas descritas no Exercício 1.

Respostas (a) 5, (b) -2, (c) -3

3. Encontre as inclinações das linhas retas que passam pelos seguintes conjuntos de pontos: (a) $(0, -4)$ e $(4, 2)$, (b) $(0, 0)$ e $(2, -5)$, (c) $(-5, 2)$ e $(4, -2)$

Respostas (a) $\frac{3}{2}$ (b) $-\frac{5}{2}$ (c) $-\frac{4}{9}$

Resolução de equações lineares simultâneas

Considere a equação $3x + 5y = 15$, que tem duas incógnitas, x e y. Ela não tem uma solução única. Por exemplo, $(x = 0, y = 3)$, $(x = 5, y = 0)$ e $(x = 2, y = \frac{9}{5})$ são todas soluções para esta equação.

Se um problema tem duas incógnitas, uma solução única é possível somente se tivermos *duas* informações. Na maioria dos casos, elas são equações. Em geral, se um problema tem n incógnitas, sua solução necessita de n equações. Para resolver essas duas equações simultâneas que envolvem duas incógnitas, x e y, resolvemos uma delas para x em termos de y e substituímos esta expressão na outra equação.

Em alguns casos, as duas informações podem ser (1) uma equação e (2) uma condição nas soluções. Por exemplo, suponha que tenhamos a equação $m = 3n$ e a condição que m e n devem ser os menores inteiros diferentes de zero possíveis. Então, a equação simples não permite uma solução única, mas a adição da condição resulta que $n = 1$ e $m = 3$.

Exemplo **B.2**

Resolva as duas equações simultâneas

$$(1) \quad 5x + y = -8$$
$$(2) \quad 2x - 2y = 4$$

Solução Da Equação (2), $x = y + 2$. A substituição desta na Equação (1) resulta

$$5(y + 2) + y = -8$$
$$6y = -18$$
$$y = \boxed{-3}$$
$$x = y + 2 = \boxed{-1}$$

Solução alternativa Multiplique cada termo na Equação (1) pelo fator 2 e adicione o resultado à Equação (2):

$$10x + 2y = -16$$
$$\underline{2x - 2y = 4}$$
$$12x \quad\quad = -12$$
$$x = \boxed{-1}$$
$$y = x - 2 = \boxed{-3}$$

Duas equações lineares com duas incógnitas também podem ser resolvidas por um método gráfico. Se as linhas retas que correspondem às duas equações forem representadas graficamente em um sistema convencional de coordenadas, a intersecção das duas linhas representa a resolução. Por exemplo, considere as duas equações

$$x - y = 2$$
$$x - 2y = -1$$

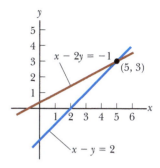

Figura B.3 Solução gráfica para duas equações lineares.

Estas estão representadas graficamente na Figura B.3. A intersecção das duas linhas tem as coordenadas $x = 5$ e $y = 3$, o que representa a resolução para as equações. Você deve conferir essa resolução pela técnica analítica discutida anteriormente.

Exercícios

Resolva os pares a seguir de equações simultâneas que envolvem duas incógnitas:

Respostas

1. $x + y = 8$ $\quad x = 5, y = 3$
   $x - y = 2$
2. $98 - T = 10a$ $\quad T = 65, a = 3{,}27$
   $T - 49 = 5a$
3. $6x + 2y = 6$ $\quad x = 2, y = -3$
   $8x - 4y = 28$

Logaritmos

Suponha que uma quantidade x seja expressa como uma potência de uma quantidade a:

$$x = a^y \tag{B.11}$$

O número a é chamado número **base**. O **logaritmo** de x em relação à base a é igual ao expoente para o qual a base deve ser elevada para atender à expressão $x = a^y$:

$$y = \log_a x \tag{B.12}$$

Do mesmo modo, o **antilogaritmo** de y é o número x:

$$x = \text{antilog}_a y \tag{B.13}$$

Na prática, as duas mais utilizadas são a base 10, chamada base de logaritmo *comum*, e a base $e = 2{,}718282$, chamada constante de Euler, ou base de logaritmo *natural*. Quando logaritmos comuns são utilizados,

$$y = \log_{10} x \quad (\text{ou } x = 10^y) \tag{B.14}$$

Quando logaritmos naturais são utilizados,

$$y = \ln x \quad (\text{ou } x = e^y) \tag{B.15}$$

Por exemplo, $\log_{10} 52 = 1{,}716$, então antilog$_{10}$ $1{,}716 = 10^{1{,}716} = 52$. Do mesmo modo, $\ln 52 = 3{,}951$, então $3{,}951 = e^{3{,}951} = 52$. Em geral, note que você pode converter entre a base 10 e a base e com a expressão

$$\ln x = (2{,}302\,585) \log_{10} x \tag{B.16}$$

Finalmente, algumas propriedades úteis de logaritmos são:

$$\left. \begin{array}{l} \log(ab) = \log a + \log b \\ \log(a/b) = \log a - \log b \\ \log(a^n) = n \log a \end{array} \right\} \text{qualquer base}$$

$$\ln e = 1$$
$$\ln e^a = a$$
$$\ln\left(\frac{1}{a}\right) = -\ln a$$

B.3 Geometria

A **distância** d entre dois pontos com coordenadas (x_1, y_1) e (x_2, y_2) é

$$d = \sqrt{(x_2 - x_1)^2 + (y_2 - y_1)^2} \tag{B.17}$$

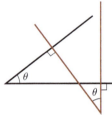

Dois ângulos são iguais se seus lados estiverem perpendiculares, lado direito com lado direito e esquerdo com esquerdo. Por exemplo, os dois ângulos marcados θ na Figura B.4 são os mesmos devido à perpendicularidade dos lados dos ângulos. Para distinguir os lados esquerdo e direito de um ângulo, imagine-se em pé e de frente para o vértice do ângulo.

Medida do radiano: O comprimento do arco s de um arco circular (Fig. B.5) é proporcional ao raio r para um valor fixo de θ (em radianos):

Figura B.4 Os ângulos são iguais em razão de seus lados estarem perpendiculares.

$$s = r\theta$$
$$\theta = \frac{s}{r} \tag{B.18}$$

A Tabela B.2 mostra as **áreas** e os **volumes** de várias formas geométricas utilizadas neste texto.

Figura B.5 O ângulo θ em radianos é a relação do comprimento do arco s com o raio r do círculo.

TABELA B.2 *Informações úteis para geometria*

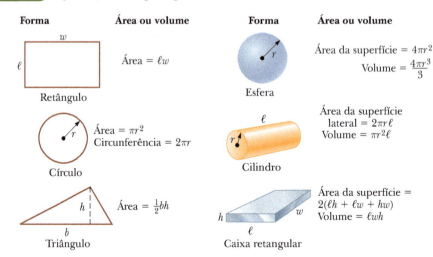

A equação de uma **linha reta** (Fig. B.6) é

$$y = mx + b \tag{B.19}$$

onde b é o ponto de intersecção em y, e m é a inclinação da linha.
A equação de um **círculo** de raio R centralizado na origem é

$$x^2 + y^2 = R^2 \quad \text{(B.20)}$$

A equação de uma **elipse** com a origem no seu centro (Fig. B.7) é

$$\frac{x^2}{a^2} + \frac{y^2}{b^2} = 1 \quad \text{(B.21)}$$

onde a é o comprimento do semieixo principal (mais longo), e b o comprimento do semieixo secundário (mais curto).
A equação de uma **parábola**, cujo vértice está em $y = b$ (Fig. B.8), é

$$y = ax^2 + b \quad \text{(B.22)}$$

A equação de uma **hipérbole retangular** (Fig. B.9) é

$$xy = \text{constante} \quad \text{(B.23)}$$

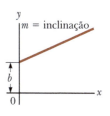

Figura B.6 Linha reta com uma inclinação de m e um ponto de intersecção em y de b.

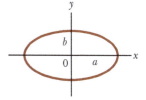

Figura B.7 Elipse com semieixos principal a e secundário b.

B.4 Trigonometria

Chama-se trigonometria a área da matemática baseada nas propriedades especiais do triângulo retângulo. Este, por definição, é um triângulo com um ângulo de 90°. Considere o triângulo retângulo mostrado na Figura B.10, onde o cateto (lado) a está oposto ao ângulo θ, o cateto b está adjacente ao ângulo θ, e o lado c é a hipotenusa do triângulo. As três funções básicas definidas por esse triângulo são o seno (sen), cosseno (cos) e tangente (tg). Em termos do ângulo θ, essas funções são assim definidas:

$$\text{sen }\theta = \frac{\text{cateto oposto a }\theta}{\text{hipotenusa}} = \frac{a}{c} \quad \text{(B.24)}$$

$$\cos\theta = \frac{\text{cateto adjacente a }\theta}{\text{hipotenusa}} = \frac{b}{c} \quad \text{(B.25)}$$

$$\text{tg }\theta = \frac{\text{cateto oposto a }\theta}{\text{cateto adjacente a }\theta} = \frac{a}{b} \quad \text{(B.26)}$$

O teorema de Pitágoras oferece a seguinte relação entre os lados do triângulo retângulo:

$$c^2 = a^2 + b^2 \quad \text{(B.27)}$$

A partir das definições anteriores e do teorema de Pitágoras, temos que

$$\text{sen}^2\,\theta + \cos^2\theta = 1$$

$$\text{tg }\theta = \frac{\text{sen }\theta}{\cos\theta}$$

As funções cossecante, secante e cotangente são definidas por

$$\text{cossec }\theta = \frac{1}{\text{sen }\theta} \quad \sec\theta = \frac{1}{\cos\theta} \quad \text{cotg}\,\theta = \frac{1}{\text{tg }\theta}$$

As relações a seguir são derivadas diretamente do ângulo reto mostrado na Figura B.10:

$$\text{sen }\theta = \cos(90° - \theta)$$

$$\cos\theta = \text{sen}(90° - \theta)$$

$$\text{cotg}\,\theta = \text{tg}(90° - \theta)$$

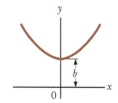

Figura B.8 Parábola com seu vértice em $y = b$.

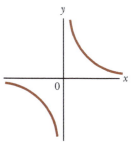

Figura B.9 Hipérbole.

a = cateto oposto a θ
b = cateto adjacente a θ
c = hipotenusa

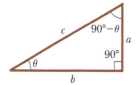

Figura B.10 Triângulo retângulo, utilizado para definir as funções básicas da trigonometria.

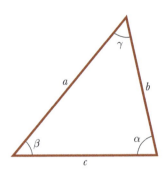

Figura B.11 Um triângulo arbitrário, não retângulo.

Algumas propriedades das funções trigonométricas são:

$$\text{sen}(-\theta) = -\text{sen}\,\theta$$
$$\cos(-\theta) = \cos\theta$$
$$\text{tg}(-\theta) = -\text{tg}\,\theta$$

As relações a seguir aplicam-se a *qualquer* triângulo, como mostrado na Figura B.11:

$$\alpha + \beta + \gamma = 180°$$

Lei dos cossenos $\begin{cases} a^2 = b^2 + c^2 - 2bc\cos\alpha \\ b^2 = a^2 + c^2 - 2ac\cos\beta \\ c^2 = a^2 + b^2 - 2ab\cos\gamma \end{cases}$

Lei dos senos $\quad \dfrac{a}{\text{sen}\,\alpha} = \dfrac{b}{\text{sen}\,\beta} = \dfrac{c}{\text{sen}\,\gamma}$

A Tabela B.3 relaciona várias identidades trigonométricas úteis.

Exemplo B.3

Considere o triângulo retângulo na Figura B.12, no qual $a = 2{,}00$, $b = 5{,}00$ e c é incógnita. A partir do teorema de Pitágoras, temos que

$$c^2 = a^2 + b^2 = 2{,}00^2 + 5{,}00^2 = 4{,}00 + 25{,}0 = 29{,}0$$
$$c = \sqrt{29{,}0} = \boxed{5{,}39}$$

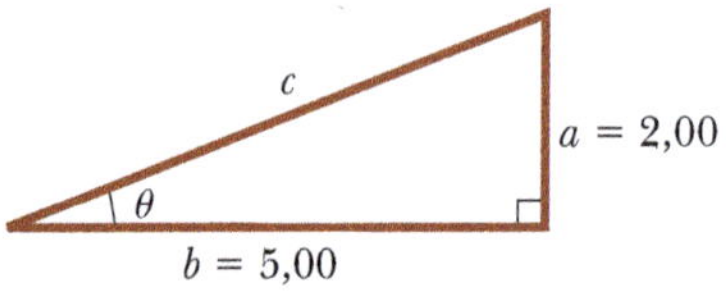

Figura B.12 (Exemplo B.3)

Para encontrar o ângulo θ, note que

$$\text{tg}\,\theta = \frac{a}{b} = \frac{2{,}00}{5{,}00} = 0{,}400$$

Utilizando uma calculadora, temos

$$\theta = \text{tg}^{-1}(0{,}400) = \boxed{21{,}8°}$$

onde tg^{-1}(0,400) é a representação de "ângulo cuja tangente é 0,400", expresso às vezes como arctg (0,400).

TABELA B.3 *Algumas identidades trigonométricas*

$\text{sen}^2\theta + \cos^2\theta = 1 \qquad\qquad \text{cossec}^2\theta = 1 + \text{cotg}^2\theta$

$\sec^2\theta = 1 + \text{tg}^2\theta \qquad\qquad \text{sen}^2\dfrac{\theta}{2} = \tfrac{1}{2}(1 - \cos\theta)$

$\text{sen}\,2\theta = 2\,\text{sen}\,\theta\cos\theta \qquad\qquad \cos^2\dfrac{\theta}{2} = \tfrac{1}{2}(1 + \cos\theta)$

$\cos 2\theta = \cos^2\theta - \text{sen}^2\theta \qquad\qquad 1 - \cos\theta = 2\,\text{sen}^2\dfrac{\theta}{2}$

$\text{tg}\,2\theta = \dfrac{2\,\text{tg}\,\theta}{1 - \text{tg}^2\theta} \qquad\qquad \text{tg}\,\dfrac{\theta}{2} = \sqrt{\dfrac{1 - \cos\theta}{1 + \cos\theta}}$

$\text{sen}(A \pm B) = \text{sen}\,A\cos B \pm \cos A\,\text{sen}\,B$

$\cos(A \pm B) = \cos A\cos B \mp \text{sen}\,A\,\text{sen}\,B$

$\text{sen}\,A \pm \text{sen}\,B = 2\,\text{sen}\left[\tfrac{1}{2}(A \pm B)\right]\cos\left[\tfrac{1}{2}(A \mp B)\right]$

$\cos A + \cos B = 2\cos\left[\tfrac{1}{2}(A + B)\right]\cos\left[\tfrac{1}{2}(A - B)\right]$

$\cos A - \cos B = 2\,\text{sen}\left[\tfrac{1}{2}(A + B)\right]\text{sen}\left[\tfrac{1}{2}(B - A)\right]$

Exercícios

1. Na Figura B.13, identifique (a) o cateto oposto a θ, (b) o cateto adjacente a ϕ e, depois, encontre (c) cos θ, (d) sen ϕ e (e) tg ϕ.

Respostas (a) 3 (b) 3 (c) $\frac{4}{5}$ (d) $\frac{4}{5}$ (e) $\frac{4}{3}$

2. Em determinado triângulo retângulo, os dois catetos que estão perpendiculares um ao outro têm 5,00 m e 7,00 m de comprimento. Qual é o comprimento da hipotenusa?

Resposta 8,60 m

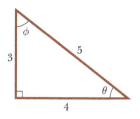

Figura B.13 (Exercício 1)

3. Um triângulo retângulo tem uma hipotenusa de 3,0 m de comprimento, e um de seus ângulos é 30°. (a) Qual é o comprimento do cateto oposto ao ângulo de 30°? (b) Qual é o cateto adjacente ao ângulo de 30°?

Respostas (a) 1,5 m (b) 2,6 m

B.5 Expansões de séries

$$(a+b)^n = a^n + \frac{n}{1!}a^{n-1}b + \frac{n(n-1)}{2!}a^{n-2}b^2 + \cdots$$

$$(1+x)^n = 1 + nx + \frac{n(n-1)}{2!}x^2 + \cdots$$

$$e^x = 1 + x + \frac{x^2}{2!} + \frac{x^3}{3!} + \cdots$$

$$\ln(1 \pm x) = \pm x - \tfrac{1}{2}x^2 \pm \tfrac{1}{3}x^3 - \cdots$$

$$\left. \begin{aligned} \operatorname{sen} x &= x - \frac{x^3}{3!} + \frac{x^5}{5!} - \cdots \\ \cos x &= 1 - \frac{x^2}{2!} + \frac{x^4}{4!} - \cdots \\ \operatorname{tg} x &= x + \frac{x^3}{3} + \frac{2x^5}{15} + \cdots \quad |x| < \frac{\pi}{2} \end{aligned} \right\} x \text{ em radianos}$$

Para $x \ll 1$, as aproximações a seguir podem ser utilizadas:[1]

$$(1+x)^n \approx 1 + nx \qquad \operatorname{sen} x \approx x$$
$$e^x \approx 1 + x \qquad \cos x \approx 1$$
$$\ln(1 \pm x) \approx \pm x \qquad \operatorname{tg} x \approx x$$

B.6 Cálculo diferencial

Em várias ramificações da ciência é necessário, às vezes, utilizar as ferramentas básicas do cálculo, inventado por Newton, para descrever fenômenos físicos. O uso do cálculo é fundamental no tratamento de vários problemas da mecânica newtoniana, eletricidade e magnetismo. Nesta seção, simplesmente expomos algumas propriedades básicas e regras fundamentais que devem ser uma revisão útil para os alunos.

Primeiro, uma **função** que relaciona uma variável a outra deve ser especificada (por exemplo, uma coordenada como função do tempo). Suponha que uma das variáveis seja chamada de y (a variável dependente) e a outra de x (a variável independente). Podemos ter uma relação de funções como

$$y(x) = ax^3 + bx^2 + cx + d$$

Se a, b, c e d são constantes específicas, y pode ser calculado para qualquer valor de x. Geralmente, lidamos com funções contínuas, isto é, aquelas para as quais y varia "suavemente" com x.

---

[1] A aproximação para as funções sen x, cos x e tg x são para $x \leq 0,1$ rad.

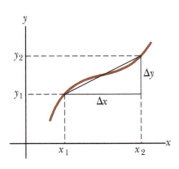

Figura B.14 Os comprimentos Δx e Δy são utilizados para definir a derivada desta função em um ponto.

A **derivada** de y com relação a x é definida como o limite conforme Δx se aproxima de zero na curva de y por x. Matematicamente, expressamos esta definição como

$$\frac{dy}{dx} = \lim_{\Delta x \to 0} \frac{\Delta y}{\Delta x} = \lim_{\Delta x \to 0} \frac{y(x + \Delta x) - y(x)}{\Delta x} \quad \text{(B.28)}$$

onde Δy e Δx são definidos como $\Delta x = x_2 - x_1$ e $\Delta y = y_2 - y_1$ (Fig. B.14). Note que dy/dx não significa dy dividido por dx, mas é simplesmente uma notação do processo limitador da derivada, como definido pela Equação B.28.

Uma expressão útil para lembrar quando $y(x) = ax^n$, onde a é uma *constante* e n é *qualquer* número positivo ou negativo (inteiro ou fração), é

$$\frac{dy}{dx} = nax^{n-1} \quad \text{(B.29)}$$

Se $y(x)$ for uma função polinomial ou algébrica de x, aplicamos a Equação B.29 para *cada* termo no polinômio e supomos $d\,[\text{constante}]/dx = 0$. Nos Exemplos B.4 a B.7, avaliamos as derivadas de várias funções.

Propriedades especiais da derivada

A. Derivada do produto de duas funções Se uma função $f(x)$ é dada pelo produto de duas funções – digamos, $g(x)$ e $h(x)$ –, a derivada de $f(x)$ é definida como

$$\frac{d}{dx} f(x) = \frac{d}{dx}[g(x)h(x)] = g\frac{dh}{dx} + h\frac{dg}{dx} \quad \text{(B.30)}$$

B. Derivada da soma de duas funções Se uma função $f(x)$ for igual à soma de duas funções, a derivada da soma é igual à soma das derivadas:

$$\frac{d}{dx} f(x) = \frac{d}{dx}[g(x) + h(x)] = \frac{dg}{dx} + \frac{dh}{dx} \quad \text{(B.31)}$$

C. Regra da cadeia do cálculo diferencial Se $y = f(x)$ e $x = g(z)$, então dy/dz pode ser formulado como o produto de duas derivadas:

$$\frac{dy}{dz} = \frac{dy}{dx}\frac{dx}{dz} \quad \text{(B.32)}$$

D. Segunda derivada A segunda derivada de y em relação a x é definida como a derivada da função dy/dx (derivada da derivada). Ela é, em geral, formulada como

$$\frac{d^2 y}{dx^2} = \frac{d}{dx}\left(\frac{dy}{dx}\right) \quad \text{(B.33)}$$

Algumas das derivadas de funções utilizadas mais comumente estão listadas na Tabela B.4.

TABELA B.4 *Derivada para várias funções*

$\frac{d}{dx}(a) = 0$

$\frac{d}{dx}(ax^n) = nax^{n-1}$

$\frac{d}{dx}(e^{ax}) = ae^{ax}$

$\frac{d}{dx}(\text{sen}\,ax) = a\cos ax$

$\frac{d}{dx}(\cos ax) = -a\,\text{sen}\,ax$

$\frac{d}{dx}(\text{tg}\,ax) = a\sec^2 ax$

$\frac{d}{dx}(\text{cotg}\,ax) = -a\,\text{cossec}^2 ax$

$\frac{d}{dx}(\sec x) = \text{tg}\,x \sec x$

$\frac{d}{dx}(\text{cossec}\,x) = -\text{cotg}\,x\,\text{cossec}\,x$

$\frac{d}{dx}(\ln ax) = \frac{1}{x}$

$\frac{d}{dx}(\text{sen}^{-1} ax) = \frac{a}{\sqrt{1-a^2 x^2}}$

$\frac{d}{dx}(\cos^{-1} ax) = \frac{-a}{\sqrt{1-a^2 x^2}}$

$\frac{d}{dx}(\text{tg}^{-1} ax) = \frac{a}{1+a^2 x^2}$

Nota: Os símbolos a e n representam constantes.

Exemplo B.4

Suponha que $y(x)$ (isto é, y como uma função de x) seja dado por

$$y(x) = ax^3 + bx + c$$

onde a e b são constantes. Daí, temos que

$$y(x + \Delta x) = a(x + \Delta x)^3 + b(x + \Delta x) + c$$
$$= a(x^3 + 3x^2\,\Delta x + 3x\,\Delta x^2 + \Delta x^3) + b(x + \Delta x) + c$$

Apêndice B | Revisão matemática   **A-15**

B.4 *cont.*

Então,

$$\Delta y = y(x + \Delta x) - y(x) = a(3x^2\,\Delta x + 3x\,\Delta x^2 + \Delta x^3) + b\,\Delta x$$

A substituição disto na Equação B.28 resulta em

$$\frac{dy}{dx} = \lim_{\Delta x \to 0} \frac{\Delta y}{\Delta x} = \lim_{\Delta x \to 0} \left[3ax^2 + 3ax\,\Delta x + a\,\Delta x^2 \right] + b$$

$$\frac{dy}{dx} = \boxed{3ax^2 + b}$$

Exemplo B.5

Encontre a derivada de

$$y(x) = 8x^5 + 4x^3 + 2x + 7$$

Solução Ao aplicar a Equação B.29 a cada termo independentemente e lembrar que d/dx (constante) = 0, temos

$$\frac{dy}{dx} = 8(5)x^4 + 4(3)x^2 + 2(1)x^0 + 0$$

$$\frac{dy}{dx} = \boxed{40x^4 + 12x^2 + 2}$$

Exemplo B.6

Encontre a derivada de $y(x) = x^3/(x + 1)^2$ com relação a x.

Solução Podemos reformular essa função como $y(x) = x^3(x + 1)^{-2}$ e aplicar a Equação B.30.

$$\frac{dy}{dx} = (x + 1)^{-2} \frac{d}{dx}(x^3) + x^3 \frac{d}{dx}(x + 1)^{-2}$$

$$= (x + 1)^{-2}\,3x^2 + x^3\,(-2)(x + 1)^{-3}$$

$$\frac{dy}{dx} = \boxed{\frac{3x^2}{(x + 1)^2} - \frac{2x^3}{(x + 1)^3} = \frac{x^2(x + 3)}{(x + 1)^3}}$$

Exemplo B.7

Uma fórmula útil que vem da Equação B.30 é a derivada do quociente das duas funções. Mostre que

$$\frac{d}{dx}\left[\frac{g(x)}{h(x)}\right] = \frac{h\dfrac{dg}{dx} - g\dfrac{dh}{dx}}{h^2}$$

Solução Podemos formular o quociente como gh^{-1} e depois aplicar as Equações B.29 e B.30:

$$\frac{d}{dx}\left(\frac{g}{h}\right) = \frac{d}{dx}(gh^{-1}) = g\frac{d}{dx}(h^{-1}) + h^{-1}\frac{d}{dx}(g)$$

$$= -gh^{-2}\frac{dh}{dx} + h^{-1}\frac{dg}{dx}$$

$$= \frac{h\dfrac{dg}{dx} - g\dfrac{dh}{dx}}{h^2}$$

B.7 Cálculo integral

Pensamos na integração como o inverso da diferenciação. Por exemplo, considere a expressão

$$f(x) = \frac{dy}{dx} = 3ax^2 + b \tag{B.34}$$

que foi o resultado da diferenciação da função

$$y(x) = ax^3 + bx + c$$

no Exemplo B.4. Podemos expressar a Equação B.34 como $dy = f(x)dx = (3ax^2 + b)dx$ e obter $y(x)$ ao "somar" todos os valores de x. Matematicamente, expressamos esta operação inversa como

$$y(x) = \int f(x)\, dx$$

Para a função $f(x)$ dada pela Equação B.34, temos

$$y(x) = \int (3ax^2 + b)\, dx = ax^3 + bx + c$$

onde c é uma constante da integração. Este tipo de integral é chamada *integral indefinida*, porque seu valor depende da escolha de c.

Uma **integral indefinida** geral $I(x)$ é definida como

$$I(x) = \int f(x)\, dx \tag{B.35}$$

onde $f(x)$ é chamado *integrando* e $f(x) = dI(x)/dx$.

Para uma função *contínua geral* $f(x)$, a integral pode ser interpretada geometricamente como a área abaixo da curva limitada por $f(x)$ e pelo eixo x, entre dois valores específicos de x, digamos, x_1 e x_2, como na Figura B.15.

A área do elemento azul na Figura B.15 é aproximadamente $f(x_i)\Delta x_i$. Se somarmos todos esses elementos de área entre x_1 e x_2 e supormos o limite desta soma como $\Delta x_i \to 0$, obtemos a área *verdadeira* abaixo da curva limitada por $f(x)$ e pelo eixo x, entre os limites x_1 e x_2:

$$\text{Área} = \lim_{\Delta x_i \to 0} \sum_i f(x_i)\Delta x_i = \int_{x_1}^{x_2} f(x)\, dx \tag{B.36}$$

As integrais do tipo definido pela Equação B.36 são chamadas **integrais definidas.**

Uma integral comum que surge de situações práticas tem a forma

$$\int x^n\, dx = \frac{x^{n+1}}{n+1} + c \quad (n \neq -1) \tag{B.37}$$

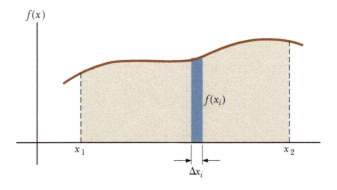

Figura B.15 A integral definida de uma função é a área abaixo da curva da função entre os limites x_1 e x_2.

Apêndice B | Revisão matemática   **A-17**

Este resultado é óbvio e a diferenciação do lado direito em relação a x resulta em $f(x) = x^n$ diretamente. Se os limites da integração forem conhecidos, essa integral se torna uma *integral definida* e é assim formulada

$$\int_{x_1}^{x_2} x^n \, dx = \frac{x^{n+1}}{n+1} \bigg|_{x_1}^{x_2} = \frac{x_2^{\,n+1} - x_1^{\,n+1}}{n+1} \quad (n \neq -1) \tag{B.38}$$

Exemplos

1. $\int_0^a x^2 \, dx = \frac{x^3}{3}\bigg]_0^a = \frac{a^3}{3}$

2. $\int_0^b x^{3/2} \, dx = \frac{x^{5/2}}{5/2}\bigg]_0^b = \tfrac{2}{5} b^{5/2}$

3. $\int_3^5 x \, dx = \frac{x^2}{2}\bigg]_3^5 = \frac{5^2 - 3^2}{2} = 8$

Integração parcial

Às vezes, é útil aplicar o método da *integração parcial* (também chamado "integração por partes") para avaliar algumas integrais. Este método utiliza a propriedade

$$\int u \, dv = uv - \int v \, du \tag{B.39}$$

onde u e v são *cuidadosamente* escolhidos para reduzir uma integral complexa para uma mais simples. Em muitos casos, várias reduções têm que ser feitas. Considere a função

$$I(x) = \int x^2 \, e^x \, dx$$

que pode ser avaliada ao integrar por partes duas vezes. Primeiro, se escolhemos $u = x^2$, $v = e^x$, obtemos

$$\int x^2 \, e^x \, dx = \int x^2 \, d(e^x) = x^2 \, e^x - 2\int e^x \, x \, dx + c_1$$

Agora, no segundo termo, escolhemos $u = x$, $v = e^x$, que resulta

$$\int x^2 \, e^x \, dx = x^2 \, e^x - 2x \, e^x + 2\int e^x \, dx + c_1$$

ou

$$\int x^2 \, e^x \, dx = x^2 \, e^x - 2xe^x + 2e^x + c_2$$

A diferencial perfeita

Outro método útil para lembrar é o da *diferencial perfeita*, no qual procuramos por uma alteração da variável de tal modo que a diferencial da função seja a diferencial da variável independente que aparece na integral. Por exemplo, considere a integral

$$I(x) = \int \cos^2 x \, \text{sen}\, x \, dx$$

Essa integral se torna fácil de avaliar se reformularmos a diferencial como $d(\cos x) = -\text{sen}\, x \, dx$. A integral então se torna

$$\int \cos^2 x \, \text{sen}\, x \, dx = -\int \cos^2 x \, d(\cos x)$$

Se agora mudarmos as variáveis, com $y = \cos x$, obtemos

$$\int \cos^2 x \, \text{sen}\, x \, dx = -\int y^2 \, dy = -\frac{y^3}{3} + c = -\frac{\cos^3 x}{3} + c$$

A Tabela B.5 relaciona algumas integrais indefinidas úteis; e a Tabela B.6 apresenta a integral de probabilidade de Gauss e outras integrais definidas. Uma lista mais completa pode ser encontrada em vários manuais, como *The Handbook of Chemistry and Physics* (Boca Raton, FL: CRC Press, publicada anualmente).

A-18   Física para cientistas e engenheiros

TABELA B.5   *Algumas integrais indefinidas (uma constante arbitrária deve ser adicionada a cada uma dessas integrais)*

$$\int x^n \, dx = \frac{x^{n+1}}{n+1} \text{ (desde que } n \neq 1)$$

$$\int \frac{dx}{x} = \int x^{-1} \, dx = \ln x$$

$$\int \frac{dx}{a+bx} = \frac{1}{b} \ln (a+bx)$$

$$\int \frac{x \, dx}{a+bx} = \frac{x}{b} - \frac{a}{b^2} \ln (a+bx)$$

$$\int \frac{dx}{x(x+a)} = -\frac{1}{a} \ln \frac{x+a}{x}$$

$$\int \frac{dx}{(a+bx)^2} = -\frac{1}{b(a+bx)}$$

$$\int \frac{dx}{a^2+x^2} = \frac{1}{a} \text{tg}^{-1} \frac{x}{a}$$

$$\int \frac{dx}{a^2-x^2} = \frac{1}{2a} \ln \frac{a+x}{a-x} \, (a^2-x^2 > 0)$$

$$\int \frac{dx}{x^2-a^2} = \frac{1}{2a} \ln \frac{x-a}{x+a} \, (x^2-a^2 > 0)$$

$$\int \frac{x \, dx}{a^2 \pm x^2} = \pm \tfrac{1}{2} \ln (a^2 \pm x^2)$$

$$\int \frac{dx}{\sqrt{a^2-x^2}} = \text{sen}^{-1} \frac{x}{a} = -\cos^{-1} \frac{x}{a} \, (a^2-x^2 > 0)$$

$$\int \frac{dx}{\sqrt{x^2 \pm a^2}} = \ln (x + \sqrt{x^2 \pm a^2})$$

$$\int \frac{x \, dx}{\sqrt{a^2-x^2}} = -\sqrt{a^2-x^2}$$

$$\int \frac{x \, dx}{\sqrt{x^2 \pm a^2}} = \sqrt{x^2 \pm a^2}$$

$$\int \sqrt{a^2-x^2} \, dx = \tfrac{1}{2} \left(x\sqrt{a^2-x^2} + a^2 \text{sen}^{-1} \frac{x}{|a|} \right)$$

$$\int x\sqrt{a^2-x^2} \, dx = -\tfrac{1}{3} (a^2-x^2)^{3/2}$$

$$\int \sqrt{x^2 \pm a^2} \, dx = \tfrac{1}{2} \left[x\sqrt{x^2 \pm a^2} \pm a^2 \ln (x + \sqrt{x^2 \pm a^2}) \right]$$

$$\int x(\sqrt{x^2 \pm a^2}) \, dx = \tfrac{1}{3} (x^2 \pm a^2)^{3/2}$$

$$\int e^{ax} \, dx = \frac{1}{a} e^{ax}$$

$$\int \ln ax \, dx = (x \ln ax) - x$$

$$\int xe^{ax} \, dx = \frac{e^{ax}}{a^2} (ax - 1)$$

$$\int \frac{dx}{a+be^{cx}} = \frac{x}{a} - \frac{1}{ac} \ln (a + be^{cx})$$

$$\int \text{sen} \, ax \, dx = -\frac{1}{a} \cos ax$$

$$\int \cos ax \, dx = \frac{1}{a} \text{sen} \, ax$$

$$\int \text{tg} \, ax \, dx = -\frac{1}{a} \ln (\cos ax) = \frac{1}{a} \ln (\sec ax)$$

$$\int \text{cotg} \, ax \, dx = \frac{1}{a} \ln (\text{sen} \, ax)$$

$$\int \sec ax \, dx = \frac{1}{a} \ln (\sec ax + \text{tg} \, ax) = \frac{1}{a} \ln \left[\text{tg} \left(\frac{ax}{2} + \frac{\pi}{4} \right) \right]$$

$$\int \text{cossec} \, ax \, dx = \frac{1}{a} \ln (\text{cossec} \, ax - \text{cotg} \, ax) = \frac{1}{a} \ln \left(\text{tg} \, \frac{ax}{2} \right)$$

$$\int \text{sen}^2 \, ax \, dx = \frac{x}{2} - \frac{\text{sen} \, 2ax}{4a}$$

$$\int \cos^2 ax \, dx = \frac{x}{2} + \frac{\text{sen} \, 2ax}{4a}$$

$$\int \frac{dx}{\text{sen}^2 \, ax} = -\frac{1}{a} \text{cotg} \, ax$$

$$\int \frac{dx}{\cos^2 ax} = \frac{1}{a} \text{tg} \, ax$$

$$\int \text{tg}^2 \, ax \, dx = \frac{1}{a} (\text{tg} \, ax) - x$$

$$\int \text{cotg}^2 \, ax \, dx = -\frac{1}{a} (\text{cotg} \, ax) - x$$

$$\int \text{sen}^{-1} ax \, dx = x(\text{sen}^{-1} ax) + \frac{\sqrt{1-a^2 x^2}}{a}$$

$$\int \cos^{-1} ax \, dx = x(\cos^{-1} ax) - \frac{\sqrt{1-a^2 x^2}}{a}$$

$$\int \frac{dx}{(x^2+a^2)^{3/2}} = \frac{x}{a^2 \sqrt{x^2+a^2}}$$

$$\int \frac{x \, dx}{(x^2+a^2)^{3/2}} = -\frac{1}{\sqrt{x^2+a^2}}$$

Apêndice B | Revisão matemática **A-19**

TABELA B.6 *Integral de probabilidade de Gauss e outras integrais definidas*

$$\int_0^\infty x^n \, e^{-ax} \, dx = \frac{n!}{a^{n+1}}$$

$$I_0 = \int_0^\infty e^{-ax^2} \, dx = \frac{1}{2}\sqrt{\frac{\pi}{a}} \quad \text{(Integral de probabilidade de Gauss)}$$

$$I_1 = \int_0^\infty xe^{-ax^2} \, dx = \frac{1}{2a}$$

$$I_2 = \int_0^\infty x^2 \, e^{-ax^2} \, dx = -\frac{dI_0}{da} = \frac{1}{4}\sqrt{\frac{\pi}{a^3}}$$

$$I_3 = \int_0^\infty x^3 \, e^{-ax^2} \, dx = -\frac{dI_1}{da} = \frac{1}{2a^2}$$

$$I_4 = \int_0^\infty x^4 \, e^{-ax^2} \, dx = \frac{d^2 I_0}{da^2} = \frac{3}{8}\sqrt{\frac{\pi}{a^5}}$$

$$I_5 = \int_0^\infty x^5 \, e^{-ax^2} \, dx = \frac{d^2 I_1}{da^2} = \frac{1}{a^3}$$

$$\vdots$$

$$I_{2n} = (-1)^n \frac{d^n}{da^n} I_0$$

$$I_{2n+1} = (-1)^n \frac{d^n}{da^n} I_1$$

B.8 Propagação da incerteza

Em experimentos de laboratório, uma atividade comum é utilizar medições que atuam como dados brutos. Essas medições são de vários tipos – comprimento, intervalo de tempo, temperatura, tensão e assim por diante –, feitas por vários instrumentos. Independente da medição e da qualidade da instrumentação, **há sempre incerteza associada com uma medição física**. Esta incerteza é uma combinação daquela associada ao instrumento e a relacionada com o sistema que está sendo medido.

Um exemplo da primeira incerteza é a incapacidade de determinar a posição de uma medição entre as linhas em uma régua. Um exemplo da incerteza relacionada com o sistema sendo medido é a variação de temperatura em uma amostra de água, de modo que uma única temperatura para a amostra seja difícil de determinar.

As incertezas podem ser expressas de dois modos. A **absoluta** refere-se a uma incerteza expressa nas mesmas unidades que a medição. Portanto, o comprimento de uma etiqueta pode ser expressa como $(5,5 \pm 0,1)$ cm. Entretanto, a incerteza de $\pm 0,1$ cm por si mesma não é descritiva o suficiente para alguns objetivos. Essa incerteza é grande se a medição for de 1,0 cm, mas pequena se for de 100 m. Para uma representação mais descritiva da incerteza, a **fracionária** ou **percentual** é utilizada. Neste tipo de descrição, a incerteza é dividida pela medição real. Portanto, o comprimento da etiqueta do disquete poderia ser expressa como

$$\ell = 5,5 \text{ cm} \pm \frac{0,1 \text{ cm}}{5,5 \text{ cm}} = 5,5 \text{ cm} \pm 0,018 \quad \text{(incerteza fracionária)}$$

ou como

$$\ell = 5,5 \text{ cm} \pm 1,8\% \quad \text{(incerteza percentual)}$$

Ao combinar as medições em um cálculo, a incerteza percentual no resultado final é geralmente maior que aquela nas medições individuais. Isto é chamado **propagação da incerteza**, e é um dos desafios da Física Experimental.

Algumas regras simples podem oferecer uma estimativa razoável da incerteza em um resultado calculado:

Multiplicação e divisão: Quando medições com incertezas são multiplicadas ou divididas, acrescente as *percentuais* para obter a incerteza percentual no resultado.

Exemplo: a área de um prato retangular

$$A = \ell w = (5,5 \text{ cm} \pm 1,8\%) \times (6,4 \text{ cm} \pm 1,6\%) = 35 \text{ cm}^2 \pm 3,4\%$$
$$= (35 \pm 1) \text{ cm}^2$$

Adição e subtração: Quando medições com incertezas forem acrescentadas ou subtraídas, adicione as *absolutas* para obter a incerteza absoluta no resultado.

Exemplo: uma mudança na temperatura

$$\Delta T = T_2 - T_1 = (99,2 \pm 1,5) \,^{\circ}\text{C} - (27,6 \pm 1,5) \,^{\circ}\text{C} = 72,6 \pm 3,0 \,^{\circ}\text{C}$$
$$= 71,6 \,^{\circ}\text{C} \pm 4,4\%$$

Potências: Se uma medição for uma potência, a incerteza percentual é multiplicada por aquela potência para obter a incerteza percentual no resultado.

Exemplo: o volume de uma esfera

$$V = \tfrac{4}{3}\pi r^3 = \tfrac{4}{3}\pi (6,20 \text{ cm} \pm 2,0\%)^3 = 998 \text{ cm}^3 \pm 6,0\%$$
$$= (998 \pm 60) \text{ cm}^3$$

Para cálculos complexos, várias incertezas são adicionadas, o que pode fazer com que a incerteza no resultado final seja indesejavelmente grande. Devem ser desenvolvidos experimentos para que os cálculos sejam os mais simples possíveis.

Note que as incertezas em um cálculo sempre adicionam. Como resultado, um experimento que envolve uma subtração deve ser evitado, se possível, especialmente se as medições subtraídas estiverem próximas. O resultado deste cálculo é uma pequena diferença nas medições e incertezas que se adicionam. É possível que a incerteza no resultado possa ser maior que o próprio resultado!

apêndice C
Unidades do SI

TABELA C.1 *Unidades do SI*

Quantidade base	Unidade base SI Nome	Símbolo
Comprimento	metro	m
Massa	quilograma	kg
Tempo	segundo	s
Corrente elétrica	ampère	A
Temperatura	kelvin	K
Quantidade de substância	mol	mol
Intensidade luminosa	candela	cd

TABELA C.2 *Algumas unidades do SI derivadas*

Quantidade	Nome	Símbolo	Expressão em termos de unidades base	Expressão em termos de outras unidades do SI
Ângulo plano	radiano	rad	m/m	
Frequência	hertz	Hz	s^{-1}	
Força	newton	N	$kg \cdot m/s^2$	J/m
Pressão	pascal	Pa	$kg/m \cdot s^2$	N/m^2
Energia	joule	J	$kg \cdot m^2/s^2$	$N \cdot m$
Potência	watt	W	$kg \cdot m^2/s^3$	J/s
Carga elétrica	coulomb	C	$A \cdot s$	
Potencial elétrico	volt	V	$kg \cdot m^2/A \cdot s^3$	W/A
Capacitância	farad	F	$A^2 \cdot s^4/kg \cdot m^2$	C/V
Resistência elétrica	ohm	Ω	$kg \cdot m^2/A^2 \cdot s^3$	V/A
Fluxo magnético	weber	Wb	$kg \cdot m^2/A \cdot s^2$	$V \cdot s$
Campo magnético	tesla	T	$kg/A \cdot s^2$	
Indutância	henry	H	$kg \cdot m^2/A^2 \cdot s^2$	$T \cdot m^2/A$

apêndice D
Tabela periódica dos elementos

Grupo I   Grupo II   Elementos de transição

Símbolo — **Ca**   20 — Número atômico
Massa atômica[†] — 40,078
$4s^2$ — Configuração eletrônica

Grupo I	Grupo II							
H 1 1,007 9 $1s$								
Li 3 6,941 $2s^1$	**Be** 4 9,0122 $2s^2$							
Na 11 22,990 $3s^1$	**Mg** 12 24,305 $3s^2$							
K 19 39,098 $4s^1$	**Ca** 20 40,078 $4s^2$	**Sc** 21 44,956 $3d^1 4s^2$	**Ti** 22 47,867 $3d^2 4s^2$	**V** 23 50,942 $3d^3 4s^2$	**Cr** 24 51,996 $3d^5 4s^1$	**Mn** 25 54,938 $3d^5 4s^2$	**Fe** 26 55,845 $3d^6 4s^2$	**Co** 27 58,933 $3d^7 4s^2$
Rb 37 85,468 $5s^1$	**Sr** 38 87,62 $5s^2$	**Y** 39 88,906 $4d^1 5s^2$	**Zr** 40 91,224 $4d^2 5s^2$	**Nb** 41 92,906 $4d^4 5s^1$	**Mo** 42 95,94 $4d^5 5s^1$	**Tc** 43 (98) $4d^5 5s^2$	**Ru** 44 101,07 $4d^7 5s^1$	**Rh** 45 102,91 $4d^8 5s^1$
Cs 55 132,91 $6s^1$	**Ba** 56 137,33 $6s^2$	57–71*	**Hf** 72 178,49 $5d^2 6s^2$	**Ta** 73 180,95 $5d^3 6s^2$	**W** 74 183,84 $5d^4 6s^2$	**Re** 75 186,21 $5d^5 6s^2$	**Os** 76 190,23 $5d^6 6s^2$	**Ir** 77 192,2 $5d^7 6s^2$
Fr 87 (223) $7s^1$	**Ra** 88 (226) $7s^2$	89–103**	**Rf** 104 (261) $6d^2 7s^2$	**Db** 105 (262) $6d^3 7s^2$	**Sg** 106 (266)	**Bh** 107 (264)	**Hs** 108 (277)	**Mt** 109 (268)

*Série dos lantanídeos

La 57 138,91 $5d^1 6s^2$	**Ce** 58 140,12 $5d^1 4f^1 6s^2$	**Pr** 59 140,91 $4f^3 6s^2$	**Nd** 60 144,24 $4f^4 6s^2$	**Pm** 61 (145) $4f^5 6s^2$	**Sm** 62 150,36 $4f^6 6s^2$

**Série dos actinídeos

Ac 89 (227) $6d^1 7s^2$	**Th** 90 232,04 $6d^2 7s^2$	**Pa** 91 231,04 $5f^2 6d^1 7s^2$	**U** 92 238,03 $5f^3 6d^1 7s^2$	**Np** 93 (237) $5f^4 6d^1 7s^2$	**Pu** 94 (244) $5f^6 7s^2$

Nota: Os valores de massa atômica são obtidos pela média dos isótopos nas porcentagens nas quais eles existem na natureza.

† Para um elemento instável, o número de massa do isótopo conhecido mais estável é mostrado entre parênteses.

†† Os elementos 113, 115, 117 e 118 não foram oficialmente nomeados ainda. Apenas pequenos números atômicos desses elementos foram observados.

Apêndice D | Tabela periódica dos elementos **A-23**

	Grupo III	Grupo IV	Grupo V	Grupo VI	Grupo VII	Grupo 0
					H 1 1,007 9 $1s^1$	**He** 2 4,002 6 $1s^2$
	B 5 10,811 $2p^1$	**C** 6 12,011 $2p^2$	**N** 7 14,007 $2p^3$	**O** 8 15,999 $2p^4$	**F** 9 18,998 $2p^5$	**Ne** 10 20,180 $2p^6$
	Al 13 26,982 $3p^1$	**Si** 14 28,086 $3p^2$	**P** 15 30,974 $3p^3$	**S** 16 32,066 $3p^4$	**Cl** 17 35,453 $3p^5$	**Ar** 18 39,948 $3p^6$
Ni 28 58,693 $3d^84s^2$	**Cu** 29 63,546 $3d^{10}4s^1$	**Zn** 30 65,41 $3d^{10}4s^2$	**Ga** 31 69,723 $4p^1$	**Ge** 32 72,64 $4p^2$	**As** 33 74,922 $4p^3$	**Se** 34 78,96 $4p^4$	**Br** 35 79,904 $4p^5$	**Kr** 36 83,80 $4p^6$
Pd 46 106,42 $4d^{10}$	**Ag** 47 107,87 $4d^{10}5s^1$	**Cd** 48 112,41 $4d^{10}5s^2$	**In** 49 114,82 $5p^1$	**Sn** 50 118,71 $5p^2$	**Sb** 51 121,76 $5p^3$	**Te** 52 127,60 $5p^4$	**I** 53 126,90 $5p^5$	**Xe** 54 131,29 $5p^6$
Pt 78 195,08 $5d^96s^1$	**Au** 79 196,97 $5d^{10}6s^1$	**Hg** 80 200,59 $5d^{10}6s^2$	**Tl** 81 204,38 $6p^1$	**Pb** 82 207,2 $6p^2$	**Bi** 83 208,98 $6p^3$	**Po** 84 (209) $6p^4$	**At** 85 (210) $6p^5$	**Rn** 86 (222) $6p^6$
Ds 110 (271)	**Rg** 111 (272)	**Cn** 112 (285)	113[††] (284)	**Fe** 114 (289)	115[††] (288)	**Lv** 116 (293)	117[††] (294)	118[††] (294)

Eu 63 151,96 $4f^76s^2$	**Gd** 64 157,25 $4f^75d^16s^2$	**Tb** 65 158,93 $4f^85d^16s^2$	**Dy** 66 162,50 $4f^{10}6s^2$	**Ho** 67 164,93 $4f^{11}6s^2$	**Er** 68 167,26 $4f^{12}6s^2$	**Tm** 69 168,93 $4f^{13}6s^2$	**Yb** 70 173,04 $4f^{14}6s^2$	**Lu** 71 174,97 $4f^{14}5d^16s^2$
Am 95 (243) $5f^77s^2$	**Cm** 96 (247) $5f^76d^17s^2$	**Bk** 97 (247) $5f^86d^17s^2$	**Cf** 98 (251) $5f^{10}7s^2$	**Es** 99 (252) $5f^{11}7s^2$	**Fm** 100 (257) $5f^{12}7s^2$	**Md** 101 (258) $5f^{13}7s^2$	**No** 102 (259) $5f^{14}7s^2$	**Lr** 103 (262) $5f^{14}6d^17s^2$

Respostas aos testes rápidos e problemas ímpares

Capítulo 1

Respostas aos testes rápidos

1. (d)
2. Feixes ② e ④ são refletidos; feixes ③ e ⑤ são refratados.
3. (c)
4. (c)
5. (i) (b) (ii) (b)

Respostas aos problemas ímpares

1. (a) $2,07 \times 10^3$ eV (b) 4,14 eV
3. 114 rad/s
5. (a) $4,74 \times 10^{14}$ Hz (b) 422 nm (c) $2,00 \times 10^8$ m/s
7. 22,5°
9. (a) $1,81 \times 10^8$ m/s (b) $2,25 \times 10^8$ m/s (c) $1,36 \times 10^8$ m/s
11. (a) 29,0° (b) 25,8° (c) 32,0°
13. 86,8°
15. 158 Mm/s
17. (a) $\theta_{1i} = 30°$, $\theta_{1r} = 19°$, $\theta_{2i} = 41°$, $\theta_{2r} = 77°$ (b) Primeira superfície: $\theta_{\text{reflexão}} = 30°$; segunda superfície: $\theta_{\text{reflexão}} = 41°$
19. $\sim 10^{-11}$ s, $\sim 10^3$ comprimentos de onda
21. (a) 1,94 m (b) 50,0° acima da horizontal
23. 27,1 ns
25. (a) $2,0 \times 10^8$ m/s (b) $4,74 \times 10^{14}$ Hz (c) $4,2 \times 10^{-7}$ m
27. 3,39 m
29. (a) 41,5° (b) 18,5° (c) 27,5° (d) 42,5°
31. 23,1°
33. 1,22
35. $\text{tg}^{-1}(n_g)$
37. 0,314°
39. 4,61°
41. 62,5°
43. 27,9°
45. 67,1°
47. 1,00007
49. (a) $\dfrac{nd}{n-1}$. (b) $R_{\text{mín}} \to 0$. Sim; para d muito pequeno, a luz atinge a interface em ângulos de incidência muito grandes. (c) $R_{\text{mín}}$ diminui. Sim; conforme n aumenta, o ângulo crítico se torna menor. (d) $R_{\text{mín}} \to \infty$ (mín). Sim; quando $n \to 1$, o ângulo crítico fica perto de 90° e qualquer curvatura permitirá que a luz escape. (e) 350 μm
51. 48,5°
53. 2,27 m
55. 25,7°
57. (a) 0,0426 ou 4,26% (b) nenhuma diferença
59. (a) 334 μs (b) 0,0146%
61. 77,5°
63. 2,00 m
65. 27,5°
67. 3,79 m
69. 7,93°
71. $\text{sen}^{-1}\left[\dfrac{L}{R^2}(\sqrt{n^2R^2 - L^2} - \sqrt{R^2 - L^2})\right]$ ou

$\text{sen}^{-1}\left[n\,\text{sen}\left(\text{sen}^{-1}\dfrac{L}{R} - \text{sen}^{-1}\dfrac{L}{nR}\right)\right]$

73. (a) 38,5° (b) 1,44
75. (a) 53,1° (b) $\theta_1 \geq 38,7°$
77. (a) 1,20 (b) 3,40 ns
79. (a) 0,172 mm/s (b) 0,345 mm/s (c) e (d) para o norte e para baixo a 50,0° abaixo da horizontal
81. 62,2%
83. (a) $\left(\dfrac{4x^2 + L^2}{L}\right)\omega$ (b) 0 (c) $L\omega$ (d) $2L\omega$ (e) $\dfrac{\pi}{8\omega}$
87. 70,6%

Capítulo 2

Respostas aos testes rápidos

1. falso
2. (b)
3. (b)
4. (d)
5. (a)
6. (b)
7. (a)
8. (c)

Respostas aos problemas ímpares

1. 89,0 cm
3. (a) mais novo (b) $\sim 10^{-9}$ s mais novo
5. (a) $p_1 + h$, atrás do espelho inferior (b) virtual (c) acima à direita (d) 1,00, (e) não
7. (a) 1,00 m atrás do espelho mais próximo; (b) a palma da mão; (c) 5,00 m atrás do espelho mais próximo; (d) as costas da mão dela; (e) 7,00 m atrás do espelho mais próximo; (f) a palma da mão; (g) são imagens virtuais.
9. (i) (a) 13,3 cm (b) real (c) invertida (d) −0,333. (ii) (a) 20,0 cm, (b) real (c) invertida (d) −1,00. (iii) (a) ∞ (b) nenhuma imagem formada (c) nenhuma imagem formada (d) nenhuma imagem formada
11. (a) −12,0 cm; 0,400 (b) −15,0 cm; 0,250 (c) ambos acima, à direita
13. (a) −7,50 cm (b) acima, à direita (c) 0,500 cm
15. 3,33 m a partir do ponto mais profundo no nicho
17. 0,790 cm
19. (a) 0,160 m (b) −0,400 m
21. (a) convexo (b) na marca de 30,0 cm (c) −20,0 cm
23. (a) 15,0 cm (b) 60,0 cm
25. (a) côncavo (b) 2,08 m (c) 1,25 m do objeto
27. (a) 25,6 m (b) 0,0587 rad (c) 2,51 m (d) 0,0239 rad (e) 62,8 m
29. (a) 45,1 cm (b) −89,6 cm (c) −6,00 cm
31. (a) 1,50 m (b) 1,75 m
33. 4,82 cm
35. 8,57 cm
37. 1,50 cm/s
39. (a) 6,40 cm (b) −0,250 (c) convergente
41. (a) 39,0 mm (b) 39,5 mm
43. 20,0 cm
45. (a) 20,0 cm da lente no lado frontal (b) 12,5 cm da lente no lado frontal (c) 6,67 cm da lente no lado frontal (d) 8,33 cm da lente no lado frontal
47. 2,84 cm

R-1

49. (a) 16,4 cm (b) 16,4 cm
51. (a) 1,16 mm/s (b) em direção à lente
53. 7,47 cm na frente da segunda lente, 1,07 cm, virtual, vertical
55. 21,3 cm
57. 2,18 mm distante do CCD
59. (a) 42,9 cm (b) +2,33 dióptros
61. 23,2 cm
63. (a) –0,67 dióptros (b) +0,67 dióptros
65. (a) Sim, se as lentes forem bifocal (b) $f = 56,3$ cm, $P = +1,78$ dióptros (c) –1,18 dióptros
67. –575
69. 3,38 min
71. (a) 267 cm (b) 79,0 cm
73. –40,0 cm
75. (a) 1,50 (b) 1,90
77. (a) 160 cm à esquerda da lente (b) –0,800, (c) invertido
79. (a) 32,1 cm à direita da segunda superfície (b) real
81. (a) 25,3 cm à direita do espelho (b) virtual (c) acima, à direita (d) +8,05
83. (a) 1,40 kW/m^2 (b) 6,91 mW/m^2 (c) 0,164 cm (d) 58,1 W/m^2
87. 8,00 cm
89. +11,7 cm
91. (a) 1,50 m na frente do espelho (b) 1,40 cm
93. (a) 0,334 m ou maior (b) $Ra/R = 0,0255$ ou maior
95. (a) $n = 1,99$ (b) 10,0 cm à esquerda da lente (c) –2,50 (d) invertido
97. $d = p$ e $d = p + 2f_M$

Capítulo 3
Respostas aos testes rápidos
1. (c)
2. O gráfico é mostrado aqui. A largura do máximo primário é um pouco mais estreita que a largura do primário $N = 5$, mas é mais larga que o primário $N = 10$. Como $N = 6$, o máximo secundário tem $\frac{1}{36}$ da intensidade do primário.

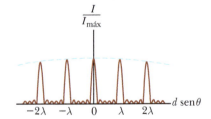

3. (a)

Respostas aos problemas ímpares
1. 641
3. 632 nm
5. 1,54 mm
7. 2,40 μm
9. (a) 2,62 mm (b) 2,62 mm
11. Máxima a 0°, 29,1° e 76,3°; mínima a 14,1° e 46,8°
13. (a) 55,7 m (b) 124 m
15. 0,318 m/s
17. 148 m
21. (a) 1,93 μm (b) 3,00 λ (c) Corresponde ao máximo. A diferença do caminho é um múltiplo inteiro do comprimento de onda.

23. 0,968
25. 48,0 μm
27. (a) 1,29 rad (b) 99,6 nm
29. (a) 7,95 rad (b) 0,453
31. 512 nm
33. 0,500 cm
35. 290 nm
37. 8,70 μm
39. 1,31
41. 1,20 mm
43. 1,001
45. 1,25 m
47. 1,62 cm
49. 78,4 μm
51. $x_1 - x_2 = (m - \frac{1}{48})650$, onde x_1 e x_2 são dados em nanômetros e $m = 0, 1, -1, 2, -2, 3, -3, \ldots$
53. $\dfrac{\lambda}{2(n-1)}$
55. $5,00 \times 10^6$ m^2 = 5,00 km^2
57. 2,50 mm
59. 113
61. (a) 72,0 m (b) 36,0 m
63. (a) 70,6 m (b) 136 m
65. (a) 14,7 μm (b) 1,53 cm (c) –16,0 m
67. 0,505 mm
69. 3,58°
71. 115 nm
73. (a) $m = \dfrac{\lambda_1}{2(\lambda_1 - \lambda_2)}$ (b) 266 nm
75. 0,498 mm

Capítulo 4
Respostas aos testes rápidos
1. (a)
2. (i)
3. (b)
4. (a)
5. (c)
6. (b)
7. (c)

Respostas aos problemas ímpares
1. (a) 1,1 m (b) 1,7 mm
3. (a) quatro (b) $\theta = \pm 28,7°, \pm 73,6°$
5. 91,2 cm
7. $2,30 \times 10^{-4}$ m
9.

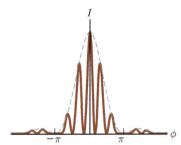

11. $1,62 \times 10^{-2}$
13. 462 nm

15. 2,10 m
17. 0,284 m
19. 30,5 m
21. 0,40 μrad
23. 16,4 m
25. 1,81 μm
27. (a) três (b) 0°, +45,2°, −45,2°
29. 74,2 ranhuras/mm
31. 2
33. 514 nm
35. (a) 3,53 × 10^3 linhas/cm (b) 11
37. (a) 5,23 μm (b) 4,58 μm
39. 0,0934 nm
41. (a) 0,109 nm (b) quatro
43. (a) 54,7° (b) 63,4° (c) 71,6°
45. 0,375
47. (a) seis (b) 7,50°
49. 60,5°
51. 6,89 unidades
53. (a) 0,0450 (b) 0,0162
55. 5,51 m, 2,76 m, 1,84 m
57. 632,8 nm
59. (a) 7,26 μrad, 1,50 segundo de arco (b) 0,189 anos-luz (c) 50,8 μrad (d) 1,52 m
61. (a) 25,6°, (b) 18,9°
63. 545 nm
65. 13,7°
67. 15,4
69. (b) 3,77 nm/cm
71. (a) ϕ = 4,49 comparado com a previsão a partir da aproximação de 1,5π = 4,71 (b) ϕ = 7,73 comparado com a previsão a partir da aproximação de 2,5π = 7,85
73. (b) 0,00190 rad = 0,109°
75. (b) 15,3 μm
77. (a) 41,8° (b) 0,592 (c) 0,262 m

Capítulo 5
Respostas aos testes rápidos
1. (c)
2. (d)
3. (d)
4. (a)
5. (a)
6. (c)
7. (d)
8. (i) (c); (ii) (a)
9. (a) $m_3 > m_2 = m_1$, (b) $K_3 = K_2 > K_1$, (c) $u_2 > u_3 = u_1$

Respostas aos problemas ímpares
1. 10,0 m/s em direção à esquerda na Figura P5.1
3. 5,70 × 10^{-3} graus ou 9,94 × 10^{-5} rad
5. 0,917c
7. 0,866c
9. 0,866c
11. 0,220c
13. 5,00 s
15. O observador do lado da via mede o comprimento como sendo 31,2 m, então considera que o supertrem cabe no túnel, com 18,8 m de folga.
17. (a) 25,0 anos (b) 15,0 anos (c) 12,0 anos-luz
19. 0,800c
21. (b) 0,0504c
23. (c) 2,00 kHz (d) 0,075 m/s ≈ 0,17 mi/h
25. 1,55 ns
27. (a) 2,50 × 10^8 m/s (b) 4,98 m (c) −1,33 × 10^{-8} s
29. (a) 17,4 m (b) 3,30°
31. O evento B ocorre primeiro, 444 ns antes de A
33. 0,357c
35. 0,998 c para a direita
37. (a) $\dfrac{2\sqrt{2}}{3}c = 0,943c = 2,83 \times 10^8$ m/s (b) O resultado seria o mesmo.
39. (a) 929 MeV/c (b) 6,58 × 10^3 MeV/c (c) Não
41. 4,51 × 10^{-14}
43. 0,285c
45. (a) 3,07 MeV (b) 0,986c
47. (a) 938 MeV (b) 3,00 GeV (c) 2,07 GeV
49. (a) 5,37 × 10^{-11} J = 335 MeV (b) 1,33 × 10^{-9} J = 8,31 GeV
51. 1,63 × 10^3 MeV/c
53. (a) menor (b) 3,18 × 10^{-12} kg (c) A fração de 9,00 g é muito pequena para ser medida.
55. 4,28 × 10^9 kg/s
57. (a) 8,63 × 10^{22} J (b) 9,61 × 10^5 kg
59. (a) 0,979c (b) 0,0652c (c) 15,0, (d) 0,99999997c; 0,948c; 1,06
61. (a) 4,08 MeV (b) 29,6 MeV
63. 2,97 × 10^{-26} kg
65. (a) 2,66 × 10^7 m (b) 3,87 km/s (c) −8,35 × 10^{-11} (d) 5,29 × 10^{-10} (e) +4,46 × 10^{-10}
67. 0,712%
69. (a) 13,4 m/s em direção à estação e 13,4 m/s distante da estação (b) 0,0567 rad/s
71. (a) v/c = 1 − 1,12 × 10^{-10} (b) 6,00 × 10^{27} J (c) \$ 2,17 × 10^{20}
73. (a) 21,0 anos (b) 14,7 anos-luz (c) 10,5 anos-luz (d) 35,7 anos
75. (a) 6,67 × 10^4 (b) 1,97 h
77. (a) ∼ 10^2 ou 10^3 s (b) ∼ 10^8 km
79. (a) 0,905 MeV (b) 0,394 MeV (c) 0,747 MeV/c = 3,99 × 10^{-22} kg · m/s (d) 65,4°
81. (b) 1,48 km
83. (a) 0,946c (b) 0,160 anos-luz (c) 0,114 anos (d) 7,49 × 10^{22} J
85. (a) 229 s (b) 174 s
87. 1,83 × 10^{-3} eV
91. (a) 0,800c (b) 7,51 × 10^3 s (c) 1,44 × 10^{12} m (d) 0,385c (e) 4,88 × 10^3 s

Capítulo 6
Respostas aos testes rápidos
1. (b)
2. Lâmpada de sódio, micro-ondas, rádio FM, rádio AM.
3. (c)
4. A expectativa clássica (que não se compatibilizava com o experimento) produz um gráfico como o desenho a seguir:

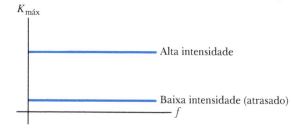

5. (d)
6. (c)

7. (b)
8. (a)

Respostas aos problemas ímpares

1. 6,85 μm, que é a região do infravermelho do espectro
3. (a) raio: $\sim 10^{-7}$ m; explosão: $\sim 10^{-10}$ m (b) raio: ultravioleta; explosão: raios X e raios gama
5. $5{,}71 \times 10^3$ fótons/s
7. (a) $\approx 2{,}99 \times 10^3$ K (b) $\approx 2{,}00 \times 10^4$ K
9. $5{,}18 \times 10^3$ K
11. $1{,}30 \times 10^{15}$ fótons/s
13. (a) 0,263 kg (b) 1,81 W (c) $-0{,}0153$ °C/s $= -0{,}919$ °C/mín (d) 9,89 μm (e) $2{,}01 \times 10^{-20}$ J (f) $8{,}99 \times 10^{19}$ fótons/s
15. $1{,}34 \times 10^{31}$
17. (a) 295 nm, 1,02 PHz (b) 2,69 V
19. (a) 1,89 eV (b) 0,216 V
21. (a) 1,38 eV (b) $3{,}34 \times 10^{14}$ Hz
23. $8{,}34 \times 10^{-12}$ C
25. $1{,}04 \times 10^{-3}$ nm
27. $p_e = 22{,}1$ keV/c, $K_e = 478$ eV
29. 70,0°
31. (a) 43,0° (b) $E = 0{,}601$ MeV; $p = 0{,}601$ MeV/$c = 3{,}21 \times 10^{-22}$ kg · m/s (c) $E = 0{,}279$ MeV; $p = 0{,}279$ MeV/$c = 3{,}21 \times 10^{-22}$ kg · m/s
33. (a) $4{,}89 \times 10^{-4}$ nm (b) 268 keV (c) 31,8 keV
35. (a) 0,101 nm (b) 80,8°
37. Para obter energia fotônica igual a 10 eV ou maior, de acordo com esta definição, a radiação de ionização é a luz ultravioleta, raios X e raios γ com comprimento de onda menor do que 124 nm, isto é, com frequência maior do que $2{,}42 \times 10^{15}$ Hz.
39. (a) $1{,}66 \times 10^{-27}$ kg · m/s (b) 1,82 km/s
41. (a) 14,8 keV ou, ignorando a correção relativística, 15,1 keV (b) 124 keV
43. 0,218 nm
45. (a) $3{,}91 \times 10^4$ (b) 20,0 GeV/$c = 1{,}07 \times 10^{-17}$ kg · m/s (c) $6{,}20 \times 10^{-17}$ m (d) O comprimento de onda é duas ordens de grandeza menor que o tamanho do núcleo.
47. (a) $\dfrac{\gamma}{\gamma - 1}\dfrac{u}{c}$, onde $\gamma = \dfrac{1}{\sqrt{1 - u^2/c^2}}$ (b) 1,60 (c) sem alteração (d) $2{,}00 \times 10^3$ (e) 1 (f) ∞
49. (a) $v_{\text{fase}} = \dfrac{u}{2}$ (b) É diferente da velocidade u na qual a partícula transporta massa, energia e impulso.
51. (a) 989 nm (b) 4,94 mm (c) Não, não há maneira de identificar a fenda pela qual o nêutron passou. Mesmo quando um nêutron por vez for incidente no par de fendas, um padrão de interferência ainda se desenvolve no detector. Portanto, cada nêutron, na verdade, passa por ambas as fendas.
53. 105 V
55. Dentro de 1,16 mm para o elétron, $5{,}28 \times 10^{-32}$ m para a bala
57. 3×10^{-29} J $\approx 2 \times 10^{-10}$ eV
61. 1,36 eV
63. (a) 19,8 μm (b) 0,333 m
65. (a) 1,7 eV (b) $4{,}2 \times 10^{-15}$ V · s (c) $7{,}3 \times 10^2$ nm
67. (a) $2{,}82 \times 10^{-37}$ m (b) $1{,}06 \times 10^{-32}$ J (c) $2{,}87 \times 10^{-35}$%
69. (a) $8{,}72 \times 10^{16}$ $\dfrac{\text{elétrons}}{\text{s} \cdot \text{cm}^2}$ (b) 14,0 mA/cm² (c) A corrente real será menor do que na parte (b).
71. (a) 0,143 nm (b) Esta é a mesma ordem de grandeza que a do espaçamento entre átomos em um cristal (c) Como o comprimento de onda é aproximadamente igual ao espaçamento, efeitos de difração deverão ocorrer.
73. (a) O deslocamento de Doppler aumenta a frequência aparente da luz incidente. (b) 3,86 eV (c) 8,76 eV

Capítulo 7

Respostas aos testes rápidos

1. (d)
2. (i) (a) (ii) (d)
3. (c)
4. (d)
5. (a), (c), (f)

Respostas aos problemas ímpares

1. (a) 126 pm (b) $5{,}27 \times 10^{-24}$ kg · m/s (c) 95,3 eV
3. (a) $A = \sqrt{3}$ (b) 0,0370 (c) 0,750
5. (a) 0,511 MeV, 2,05 MeV, 4,60 MeV (b) Sim, MeV é a unidade natural para a energia irradiada por um núcleo atômico.
7. (a)

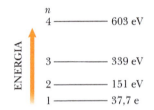

(b) 2,20 nm, 2,75 nm, 4,12 nm, 4,71 nm, 6,59 nm, 11,0 nm
9. 0,795 nm
11. (a) 6,14 MeV (b) 202 fm (c) raios gama
13. (a) 0,434 nm (b) 6,00 eV
15. (a) $(15\, h\lambda/8\, m_e c)^{1/2}$ (b) 12,5λ
17. (a) $A = \dfrac{2}{\sqrt{L}}$ (b) 0,409
19. (a) $\dfrac{L}{2}$ (b) $5{,}26 \times 10^{-5}$ (c) $3{,}99 \times 10^{-2}$
   (d) No gráfico de $n = 2$, na Figura 7.4(b) do livro, é mais provável encontrar a partícula próximo de $x = L/4$ ou $x = 3L/4$ do que no centro, onde a probabilidade de densidade é igual a zero. Mesmo assim, a simetria da distribuição significa que a posição média é $x = L/2$.
21. (a) 0,196 (b) A probabilidade clássica é 0,333, que é significativamente maior. (c) 0,333 tanto para o modelo clássico quanto para o quântico
23. (a) 0,196 (b) 0,609
25. (b) $\dfrac{\hbar^2 k^2}{2m}$
27. (a) $U = \dfrac{\hbar^2}{mL^2}\left(\dfrac{2x^3}{L^2} - 3\right)$
   (b)

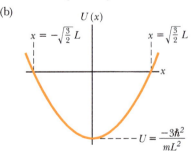

29. (a)

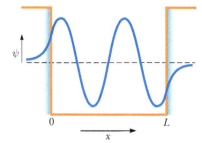

(b)

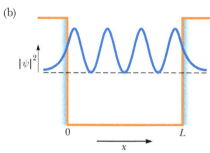

31. (a) 0,0103 (b) 0,990
33. 85,9
35. 3,92%
37. 600 nm
39. (a) $B = \left(\dfrac{m\omega}{\pi\hbar}\right)^{1/4}$ (b) $\delta\left(\dfrac{m\omega}{\pi\hbar}\right)^{1/2}$
43. (a) $2{,}00 \times 10^{-10}$ m (b) $3{,}31 \times 10^{-24}$ kg · m/s (c) 0,171 eV
45. 0,250
47. (a) 0,903 (b) 0,359 (c) 0,417 (d) $10^{-6{,}59 \times 10^{32}}$
49. (a) 435 THz (b) 689 nm (c) 165 peV ou mais
51. (a) $L = \left(\dfrac{h\lambda}{m_e c}\right)^{1/2}$ (b) $\lambda' = \tfrac{8}{5}\lambda$
53. (a) $K_n = \sqrt{\left(\dfrac{nhc}{2L}\right)^2 + (mc^2)^2} - mc^2$ (b) $4{,}68 \times 10^{-14}$ J
(c) 28,6% maior
55. (a)

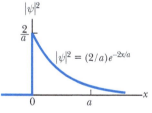

(b) 0 (d) 0,865
57. (a) 0 (b) 0 (c) $\dfrac{1}{\sqrt{2a}} = \sqrt{\dfrac{\hbar}{2m\omega}}$
59. (b) 0,0920 (c) 0,908
61. (a) 0,200 (b) 0,351 (c) 0,376 eV (d) 1,50 eV
63. (a) $\tfrac{3}{2}\hbar\omega$ (b) $x=0$ (c) $x = \pm\sqrt{\dfrac{\hbar}{m\omega}}$ (d) $B = \left(\dfrac{4m^3\omega^3}{\pi\hbar^3}\right)^{1/4}$
(e) 0 (f) $8\delta e^{-4}\sqrt{\dfrac{m\omega}{\pi\hbar}}$

Capítulo 8
Respostas aos testes rápidos
1. (c)
2. (a)
3. (b)
4. (a) cinco (b) nove
5. (c)
6. verdadeiro

Respostas aos problemas ímpares
1. (a) 121,5 nm, 102,5 nm, 97,20 nm (b) ultravioleta
3. 1,94 μm
5. (a) 5 (b) não (c) não
7. (a) $5{,}69 \times 10^{-14}$ m (b) 11,3 N
9. (a) 13,6 eV (b) 1,51 eV
11. (a) 0,968 eV (b) 1,28 μm (c) $2{,}34 \times 10^{14}$ Hz
13. (a) $2{,}19 \times 10^6$ m/s (b) 13,6 eV (c) −27,2 eV
15. (a) $2{,}89 \times 10^{34}$ kg · m²/s (b) $2{,}74 \times 10^{68}$ (c) $7{,}30 \times 10^{-69}$
17. (a) 0,476 nm (b) 0,997 nm
19. (a) 3 (b) 520 km/s
21. (a) $E_n = -54{,}4$ eV/n^2 para $n = 1, 2, 3, \ldots$

(b) 54,4 eV
23. (b) 0,179 nm
25.

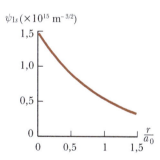

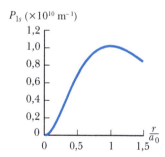

27. $4a_0$
29. 797
31. $\ell = 4$
33. (a) $\sqrt{6}\hbar = 2{,}58 \times 10^{-34}$ J · s (b) $2\sqrt{3}\hbar = 3{,}65 \times 10^{-34}$ J · s
35. $3\hbar$

37. $\sqrt{6}\hbar = 2{,}58 \times 10^{-34}$ J · s
39. $n = 3$; $\ell = 2$; $m_\ell = -2, -1, 0, 1$ ou 2; $s = 1$; $m_s = -1, 0$ ou 1 para um total de 15 estados
41. (a) $-1s^2 2s^2 2p^3$

(b)

n	ℓ	m_ℓ	m_s
1	0	0	$\frac{1}{2}$
1	0	0	$-\frac{1}{2}$
2	1	1	$\frac{1}{2}$
2	1	1	$-\frac{1}{2}$
2	1	0	$\frac{1}{2}$
2	1	0	$-\frac{1}{2}$
2	1	-1	$\frac{1}{2}$
2	1	-1	$-\frac{1}{2}$
2	0	0	$\frac{1}{2}$
2	0	0	$-\frac{1}{2}$

43. Alumínio
45. (a) 30 (b) 36
47. 18,4 T
49. 17,7 kV
51. (a) 14 keV (b) $8{,}8 \times 10^{-11}$ m
53. (a) Se $\ell = 2$, então $m_\ell = 2, 1, 0, -1, -2$; se $\ell = 1$, então $m_\ell = 1, 0, -1$; se $\ell = 0$, então $m_\ell = 0$ (b) $-6{,}05$ eV
55. 0,068 nm
57. Gálio
59. (a) 28,3 THz (b) 10,6 μm (c) infravermelho
61. $3{,}49 \times 10^{16}$ fótons
63. (a) $4{,}24 \times 10^{15}$ W/m^2 (b) $1{,}20 \times 10^{-12}$ J
65. (a) 3,40 eV (b) 0,136 eV
67. (a) $1{,}57 \times 10^{14}$ m$^{-3/2}$ (b) $2{,}47 \times 10^{28}$ m^{-3} (c) $8{,}69 \times 10^{8}$ m^{-1}
69. 9,80 GHz
71. ~ entre 10^4 K e 10^5 K; utilize a Equação 7.19 do Volume 2 e defina a energia cinética igual às energias de ionização típicas.
73. $\dfrac{1}{a_0}$, não
75. (a) 609 μeV (b) 6,9 μeV (c) 147 GHz (d) 2,04 mm
77. $\dfrac{\sqrt{3}}{2}a_0 = 0{,}866 a_0$
79. (a) 486 nm (b) 0,815 m/s
81. (a) $\dfrac{r^2}{8a_0^3}\left(2 - \dfrac{r}{a_0}\right)^2 e^{-r/a_0}$

(b) $\dfrac{r^2}{8a_0^5}\left(2 - \dfrac{r}{a_0}\right)e^{-r/a_0}(r^2 - 6a_0 r + 4a_0^2)$

(c) $r = 0$, $r = 2a_0$ e $r = \infty$ (d) $r = (3 \pm \sqrt{5})a_0$

(e) $r = (3 + \sqrt{5})a_0$ onde $P = 0{,}191/a_0$
83. (a) 4,20 mm (b) $1{,}05 \times 10^{19}$ fótons (c) $8{,}84 \times 10^{16}$ mm^{-3}
85. $\dfrac{3h^2}{3mL^2}$
87. 0,125
89. (a) $r_n = 0{,}106 n^2$, onde r_n está dado em nanômetros e $n = 1, 2, 3...$ (b) $E_n = -\dfrac{6{,}80}{n^2}$, onde E_n está dado em elétron-volt e $n = 1, 2, 3...$
91. A frequência clássica é $4\pi^2 m_\ell k_e^2 e^4 / h^3 n^3$.

Capítulo 9
Respostas aos testes rápidos
1. (a) van der Waals (b) iônica (c) hidrogênio (d) covalente
2. (c)
3. (a)
4. A: semicondutor; B: condutor; C: isolante

Respostas aos problemas ímpares
1. ~ 10 K
3. 4,3 eV
5. (a) 74,2 pm (b) 4,46 eV
7. (a) $1{,}46 \times 10^{-16}$ kg · m^2 (b) Os resultados são os mesmos, sugerindo que o tamanho da ligação da molécula não se altera mensuravelmente entre as duas transições.
9. $9{,}77 \times 10^{12}$ rad/s
11. (a) 0,0147 eV (b) 84,1 μm
13. (a) 12,0 pm (b) 9,22 pm
15. (a) $2{,}32 \times 10^{-26}$ kg (b) $1{,}82 \times 10^{-45}$ kg · m^2 (c) 1,62 cm
17. (a) 0, $3{,}62 \times 10^{-4}$ eV; $1{,}09 \times 10^{-3}$ eV, (b) 0,0979 eV, 0,294 eV, 0,490 eV
19. (a) 472 μm (b) 473 μm (c) 0,715 μm
21. (a) $4{,}60 \times 10^{-48}$ kg · m^2 (b) $1{,}32 \times 10^{14}$ Hz (c) 0,0741 nm
23. $6{,}25 \times 10^9$
25. $-7{,}83$ eV
27. 5,28 eV
29. 2%
31. (a) 4,23 eV, (b) $3{,}27 \times 10^4$ K
33. (a) $2{,}54 \times 10^{28}$ m^{-3} (b) 3,15 eV
35. 0,939
41. (a) 276 THz (b) 1,09 μm
43. 1,91 eV
45. 227 nm
47. (a) 59,5 mV (b) $-59{,}5$ mV
49. 4,18 mA
51. (a)

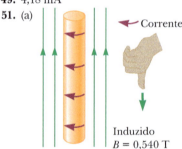

(b) 10,7 kA
53. 203 A para produzir um campo magnético na direção do campo original
55. 7
57. 5,24 J/g
61. (a) 0,350 nm (b) $-7{,}02$ eV (c) $-1{,}20\hat{\mathbf{i}}$ nN
63. (a) $6{,}15 \times 10^{13}$ Hz (b) $1{,}59 \times 10^{-46}$ kg · m^2 (c) 4,78 μm ou 4,96 μm

Capítulo 10
Respostas aos testes rápidos
1. (i) (b) (ii) (a) (iii) (c)
2. (e)
3. (b)
4. (c)

Respostas aos problemas ímpares

1. (a) 1,5 fm (b) 4,7 fm (c) 7,0 fm (d) 7,4 fm

3. (a) 455 fm (b) $6,05 \times 10^6$ m/s

5. (a) 4,8 fm (b) $4,7 \times 10^{-43}$ m^3 (c) $2,3 \times 10^{17}$ kg/m^3

7. 16 km

9. 8,21 cm

11. (a) 27,6 N (b) $4,16 \times 10^{27}$ m/s^2 (c) 1,73 MeV

13. $6,1 \times 10^{15}$ N um em direção ao outro

15. (a) 1,11 MeV (b) 7,07 MeV (c) 8,79 MeV (d) 7,57 MeV

17. Maior para $^{15}_{7}$N por 3,54 MeV

19. (a) $^{139}_{55}$Cs (b) $^{139}_{57}$La (c) $^{139}_{55}$Cs

21. 7,93 MeV

23. (a) 491 MeV (b) termo 1: 179%; termo 2: –53,0%; termo 3: –24,6%; termo 4: –1,37%

25. 86,4 h

27. $1,16 \times 10^3$ s

29. $9,47 \times 10^9$ núcleos

31. (a) 0,0862 d^{-1} = $3,59 \times 10^{-3 \text{h}-1}$ = $9,98 \times 10^{-7}$ s^{-1} (b) $2,37 \times 10^{14}$ núcleos (c) 0,200 mCi

33. 1,41

35. (a) não pode ocorrer (b) não pode ocorrer (c) pode ocorrer

37. 0,156 MeV

39. 4,27 MeV

41. (a) e$^-$ + p $\rightarrow$ n + ν (b) 2,75 MeV

43. (a) 148 Bq/m^3 (b) $7,05 \times 10^7$ átomos/m^3 (c) $2,17 \times 10^{-17}$

45.

47. 1,02 MeV

49. (a) $^{21}_{10}$Ne (b) $^{144}_{54}$Xe (c) e$^+$ + ν

51. 8,0053 u; 10,0135 u

53. (a) 29,2 MHz (b) 42,6 MHz (c) 2,13 kHz

55. 46,5 d

57. (a) 2,7 fm (b) $1,15 \times 10^2$ N (c) 2,6 MeV (d) $r = 7,4$ fm; $F = 3,8 \times 10^2$ N; $W = 18$ MeV

59. 2,20 μeV

61. (a) menor (b) $1,46 \times 10^{-8}$ u (c) $1,45 \times 10^{-6}$ % (d) não

63. (a) $2,52 \times 10^{24}$ (b) $2,29 \times 10^{12}$ Bq (c) $1,07 \times 10^6$ anos

65. 5,94 G anos

67. (b) $1,95 \times 10^{-3}$ eV

69. 0,401%

71. (a) $^{93}_{42}$Mo (b) captura de elétrons: todos os níveis; emissão e^+: somente 2,03 MeV, 1,48 MeV e 1,35 MeV

73. (b) 1,16 u

75. 2,66 d

Capítulo 11

Respostas aos testes rápidos

1. (b)

2. (a), (b)

3. (a)

4. (d)

Respostas aos problemas ímpares

1. $1,1 \times 10^{16}$ fissões

3. $^{144}_{54}$Xe, $^{143}_{54}$Xe e $^{142}_{54}$Xe

5. $^1_0$n, + ^{232}Th $\rightarrow$ ^{233}Th; ^{233}Th $\rightarrow$ ^{233}Pa + e$^-$ + $\bar{\nu}$; ^{233}Pa $\rightarrow$ ^{233}U + e$^-$ + $\bar{\nu}$

7. 126 MeV

9. 184 MeV

11. $5,58 \times 10^6$ m

13. $2,68 \times 10^5$

15. 26 MeV

17. (a) $3,08 \times 10^{10}$ g (b) $1,31 \times 10^8$ mol (c) $7,89 \times 10^{31}$ núcleos (d) $2,53 \times 10^{21}$ J (e) 5,34 anos (f) A fissão não é suficiente para abastecer o mundo inteiro com energia a um preço de $ 130 ou menos por quilograma de urânio.

19. 1,01 g

21. (a) $^8_4$Be (b) $^{12}_6$C (c) 7,27 MeV

23. 5,49 MeV

25. (a) 31,9 g/h (b) 123 g/h

27. (a) $2,61 \times 10^{31}$ J (b) $5,50 \times 10^8$ anos

29. (a) $2,23 \times 10^6$ m/s (b) $\sim 10^{-7}$ s

31. (a) 10^{14} cm^{-3} (b) $1,2 \times 10^5$ J/m^3 (c) 1,8 T

33. (a) 0,436 cm (b) 5,79 cm

35. (a) 10,0 h (b) 3,16 m

37. $2,39 \times 10^{-3}$ °C, o que é irrelevante

39. $1,66 \times 10^3$ anos

41. (a) 421 MBq (b) 153 ng

43. (a) 0,963 mm (b) Aumenta em 7,47%.

45. (a) $\sim 10^6$ átomos (b) $\sim 10^{-15}$ g

47. 1,01 MeV

49. (a) $1,5 \times 10^{24}$ núcleos (b) 0,6 kg

51. (a) $3,12 \times 10^7$, (b) $3,12 \times 10^{10}$ elétrons

53. (a) 1,94 MeV, 1,20 MeV, 7,55 MeV, 7,30 MeV, 1,73 MeV, 4,97 MeV (b) 1,02 MeV (c) 26,7 MeV (d) A maioria dos neutrinos deixa a estrela diretamente depois de sua criação, sem interagir com quaisquer outras partículas.

55. 69,0 W

57. $2,57 \times 10^4$ kg

59. (b) 26,7 MeV

61. (a) $5,67 \times 10^8$ K (b) 120 kJ

63. 14,0 MeV ou, ignorando a correção relativística, 14,1 MeV

65. (a) $3,4 \times 10^{-4}$ Ci, 16 μCi, $3,1 \times 10^{-4}$ Ci (b) 50%, 2,3%, 47% (c) É perigoso, principalmente se o material for inalado em forma de pó. Com precauções para minimizar o contato humano, entretanto, fontes de microcurie são rotineiramente utilizadas em laboratórios.

67. (a) 8×10^4 eV (b) 4,62 MeV e 13,9 MeV (c) $1,03 \times 10^7$ kWh

69. (a) $4,92 \times 10^8$ kg/h $\rightarrow$ $4,92 \times 10^5$ m^3/h (b) 0,141 kg/h

71. $4,44 \times 10^{-8}$ kg/h

73. (a) 10^1 elétrons (b) 10^6 (c) 10^8 eV

Capítulo 12
Respostas aos testes rápidos
1. (a)
2. (i) (c), (d) (ii) (a)
3. (b), (e), (f)
4. (b), (e)
5.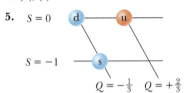
6. Falso

Respostas aos problemas ímpares
1. (a) $5,57 \times 10^{14}$ J (b) \$ $1,70 \times 10^7$
3. (a) $4,54 \times 10^{23}$ Hz (b) $6,61 \times 10^{-16}$ m
5. 118 MeV
7. (b) O alcance é inversamente proporcional à massa da partícula de campo. (c) $\sim 10^{-16}$ m
9. (a) 67,5 MeV (b) 67,5 MeV/c (c) $1,63 \times 10^{22}$ Hz
11. (a) Número leptônico de múon e número leptônico de elétron (b) carga (c) número bariônico (d) carga (e) número leptônico de elétron
13. (a) $\bar{\nu}_\mu$ (b) ν_μ (c) $\bar{\nu}_e$ (d) ν_e (e) ν_μ (f) $\bar{\nu}_e + \nu_\mu$
15. (a) Não pode ocorrer porque viola a conservação do número bariônico. (b) Pode ocorrer. (c) Não pode ocorrer porque viola a conservação do número bariônico. (d) Pode ocorrer. (e) Pode ocorrer. (f) Não pode ocorrer porque viola a conservação do número bariônico, a conservação do número leptônico de múon e a conservação de energia.
17. $0,828c$
19. (a) 37,7 MeV (b) 3,77 MeV (c) 0 (d) Não. A massa do méson π^- é muito menor que a do próton, por isso, ela carrega muito mais energia cinética. A análise correta utilizando conservação de energia relativística mostra que a energia cinética do próton é 5,35 MeV, ao passo que a do méson π^- é de 32,3 MeV.
21. (a) Não é permitido porque o número bariônico não é conservado. (b) interação forte (c) interação fraca (d) interação fraca (e) interação eletromagnética
23. (a) K^+ (evento de espalhamento) (b) Ξ^0, (c) π^0
25. (a) A estranheza não é conservada. (b) A estranheza é conservada. (c) A estranheza é conservada. (d) A estranheza não é conservada. (e) A estranheza não é conservada. (f) A estranheza não é conservada.
27. 9,25 cm
33. (a) $-e$ (b) 0 (c) antipróton; antinêutron
35. A partícula desconhecida é um nêutron, udd.
39. (a) 1,06 mm (b) micro-ondas
41. (a) $\sim 10^{13}$ K (b) $\sim 10^{10}$ K
43. $7,73 \times 10^3$ K
45. 6,00
47. (a) 590,09 nm (b) 599 nm (c) 684 nm
51. (a) A carga não é conservada. (b) Energia, número leptônico de múon e número leptônico de elétron não são conservados. (c) O número bariônico não é conservado.
53. 0,407%
55. $\sim 10^{14}$
59. 1,12 GeV/c^2
61. (a) Aniquilação de elétron-pósitron; e^- (b) Um neutrino colide com um nêutron, produzindo um próton e um múon; W^+.
63. $\sim 10^3$ K
65. Nêutron
67. 5,35 MeV e 32,3 MeV
69. (a) 0,782 MeV (b) $v_e = 0,919c$, $v_p = 382$ km/s (c) O elétron é relativístico, o próton não.
71. (b) 9,08 G anos
73. (a) $2Nmc$ (b) $\sqrt{3}Nmc$ (c) método (a)

Índice Remissivo

A

A lei de refração de Snell, 16, 18, 31, 43, 117
A lei de Stefan, 172, 175
Aberração cromática, 57
Aberração esférica, 36, 37
Aberrações, em lentes, 56-58
Abertura circular, resolução por, 106-109
Abertura de uma única fenda, resolução através, 83, 120
Absorção estimulada, 259, 260
Absorção, estimulada, 259, 260
Ácaro do queijo (*Tyrolichus casei*), 188
Aceleração (a), em condições relativísticas, 153
Acelerador linear de Stanford (SLAC), 387
Acidente da usina nuclear de Chernobyl, 351
Acidente Nuclear de Fukushima (Japão), 352
Acomodação, 59
Actínio, série radioativa, 333
Adição
    derivada da soma de duas funções, A-14
    de frações, A-6
    e incerteza, A-19
Afinidade eletrônica, 274
Agência Espacial Europeia, 393
Água
    índice de refração, 11
    ondas na, 186
    vista debaixo d', 45
Álcool, índice de refração, 11
Álgebra, revisão de, A-5-A-10
ALICE (Experimento do Grande Colisor de Íons), 388
Alimento
    análise da contaminação por metais pesados em, 235
    irradiação para preservar, 362
Alto-falantes, redes de crossover em, 78
Altura da barreira (U), 217
Altura da imagem (h'), convenções de sinais para, 38, 44, 49
Alumínio (Al)
    função trabalho de, 180
    isótopos de, 325
Ampliação lateral (M)
    espelhos, 33, 34
        convenções de sinais, 38

lentes, 49, 62-63
    microscópio, 62-63
Ampliação
    angular (m), 61, 64
    lateral
        convenções de sinais, 38
        espelhos, 33
    lupa (lupa simples), 61
    microscópio, composto, 62-63
    por combinações de lentes delgadas, 49
    por lentes delgadas, 48
    telescópio, 63-65
Analisadora, 115
Análise da ativação de nêutrons, 361
Análise de tensão óptica, 118
Análise dos modelos
    onda sob reflexão, 5-9
    onda sob refração, 9-14
    partícula quântica nas condições de contorno, 208-213
Análise espectral de materiais, 361
Análise matemática, A-4-A-20
Anderson, Carl, 374, 376
Anéis de Newton, 86
Ângulo crítico, 18, 19
Ângulo de Brewster, 117
Ângulo de desvio (δ), 14
Ângulo de incidência, 6
Ângulo de polarização (θ_p), 117, 120
Ângulo de reflexão, 6
Ângulo de refração, 9-14
Ângulo de vértice (Φ), 14
Ângulo(s)
    crítico, 18, 19
    igualdade de, A-10, A-10
Ângulo-limite de resolução, para abertura circular, 106-109
Aniquilação de par, 374
Antena parabólica, 37
Antibárions, 379
Antiléptons, 381
Antilogaritmo, A-9
Antimuons, 382
Antineutrinos ([s]), 376
Antinêutrons, 374
Antipartículas, 374-375
Antiprótons, 374
Antiquark do encanto, 386
Antiquark estranho, 386
Antiquark inferior, 386
Antiquark superior, 386
Antiquarks, 386
Apollo 11, 8

Aquecimento global, efeito estufa e, 284
Ar
    índice de refração, 11
Arago, Dominique, 101
Arco-íris, 1, 2, 16-17
Área, de formas geométricas, A-11
Argônio (Ar), configuração eletrônica, 255, 256
Ástano (At), configuração eletrônica, 256
Astigmatismo, 61
Astronomia e astrofísica
    análise espectral das estrelas, 235
    distorção de espaço-tempo por gravidade, 89
Atividade óptica, 119
Atividade, de substância radioativa, 321
    unidades de, 321
ATLAS (Um Aparato Toroidal do LHC), 391
Atmosfera, terrestre
    níveis de dióxido de carbono, 283
Átomo doador, 295
Átomo(s) de hidrogênio
    diagrama de nível de energia para, 239
    função de densidade de probabilidade radial, 245
    função de onda (Ψ) para, 245-247
        estado 2s, 247
        estado fundamental, 245
    importância do entendimento, 233-234
    interpretação física do, 247-253
    ligação covalente entre, 275-276
    massa do, 312
    Modelo Bohr (semiclássico) de, 237-242, 247, 258
    modelo quântico do, 242-244
    números quânticos, 242-244
    para estado $n = 2$, 241
    quantização espacial para, 248
    transições permitidas, 257
Átomos (s)
    etimologia de, 372
    história do conceito de, 372
    ionização de, 239
    modelos
        Bohr (semiclássico), 237-242, 247, 258
        planetário, 236, 237
        quântico, 242-244
    quantização de energia em

I-1

I-2 **Física para cientistas e engenheiros**

camadas, 243, 244
subcamadas, 243, 244
Átomos de Rydberg, 241
Automóveis
espelhos retrovisores
convexos, 38
configuração diurna/noturna
em, 35
lanternas traseiras, 8
Áxions, 395

B

Bairro de Ginza, Tóquio, 233
Balmer, Johann Jacob, 235, 239
Banda de condução, 293
Banda de valência, 293-294
Banda, 292
bandas, 291-293
Bardeen, John, 298, 301
Bário (Ba), isótopos, 326
Barion (s)
antipartículas, 378, 379
composição, 386
padrões em, 384-385
propriedades, 378, 379
Barras de controle, de reator nuclear,
351
Barreira (s), 217
aplicações, 219-221
quadrada, 217
tunelamento por, 219, 328
Barreiras quadradas, 217
Base de logaritmos, A-9
Base e, A-9-A-10
Becquerel (Bq), 320
Becquerel, Antoine-Henri, 310, 319
Bednorz, J. Georg, 301
Beija-flor, cor das penas de, 76
Berílio (Be)
configuração eletrônica, 255
isótopos, 325
Betelgeuse (estrela), cor de, 172
Bismuto (Bi), isótopos, 326
Bisturi laser, 262
Bohr, Niels, 237, 238
Bombardeio de elétrons CCD câmera,
181
Born, Max, 205
Boro (B)
configuração eletrônica, 255
decaimento de, 333
isótopos, 325
Bóson de Higgs, 391
Bóson W, 390-391
Bósons de calibre (partículas de
campo), 373
no modelo-padrão, 390-391
Bósons Z, 390-391
Bosons, 301
calibre (partículas de campo), 373,
376
Higgs, 391
no modelo-padrão, 390-391
Boyle, Willard S., 181
Bragg, W.L., 113
Branco
dispersão e, 16-17

Braquiterapia, 362
Brattain, Walter, 298
Brewster, David, 117
Briquetes de carvão vegetal, cor de
brilho de, 171
Bromino (Br), configuração
eletrônica, 256Laboratório
Nacional de Brookhaven, 385, 387,
388
Buraco, em banda de valência, 294
Buracos negros, 159

C

Cálcio (Ca), isótopos, 325
Calcita, como birrefringência, 117
Cálculo diferencial, A-13-A-15
Cálculo integral, A-16-A-19
Cálculo
derivadas, A-13-A-15
propriedades, A-14
segunda, A-14
diferencial, A-13-A-15
integral definida, A-16
integral indefinida, A-16integral,
A-16-A-19
Calor específico molar, do gás
hidrogênio, 223
Camadas, atômicas, 243
preenchimento de, 254, 255, 256
Câmaras de bolhas, 385, 391
Câmaras de nuvem, 374
Câmera (s), 57-58
CCD de bombardeamento de
elétrons, 181
digital, 57-58
Câmeras digitais, 57-58, 181
Câncer, radiação e, 359
Captação de nêutrons, 352
Captura de elétrons, 331, 333
Captura K, 331
Carbono (C)
unidade de massa atômica e, 311
C_{60} (fulereno), 286
ligação covalente de, 286-287
configuração eletrônica, 255
isótopos, 311, 325
e datação de carbono, 331-332
decaimento de, 323
massa de átomo, 311, 312
Carga de cor, 388, 389
Célula solar
absorção de fótons, 280
geração de energia com, 297-298
revestimento não reflexivo, 87, 297
Células solares fotovoltaicas
Centro de Controle e Prevenção de
Doenças, EUA, 362
Cério (Ce), isótopos, 326
Césio (Cs)
configuração eletrônica, 256
isótopos, 326
Céu, cor do, 1, 119
Chadwick, James, 313
Chamberlain, Owen, 374
Charon (lua de Plutão), 109
Chu, Steven, 262
Chumbo (Pb)

função trabalho do, 180
isótopos, 326
Ciclo próton-próton, 314
análise da ativação de nêutrons,
361
atividade óptica, 119
materiais birrefringentes, 117
telas de cristal líquido, 119
Cintiladores de plástico, 311
Circuitos integrados, 299-300
Círculos, A-10
Cirurgia ocular Lasik, 262
Cloreto de sódio (NaCl)
componentes químicos, 256
cristais, 113 - 114
índice de refração, 11, 114
ligação iônica, 274-275
ponto de fusão de 285,
Cloro (Cl), configuração eletrônica,
256
Cobalto (Co)
isótopos, 326
em terapia por radiação, 362
Cobre (Cu)
Energia de Fermi, 289
isótopos, 326
análise por ativação de nêutrons
e, 361
função de trabalho de, 180
Coeficiente (s), A-7
Coeficiente de reflexão (R), 217
Coeficiente de transmissão (T), 217-
218
Colisões, 390-391
Colisor Linear de Stanford, 391
Combustíveis fósseis, e efeito estufa,
284
Complementaridade, princípio da,
186
Comprimento de onda (λ)
Compton (λ_C), 183, 199
da partícula quântica em uma
caixa, 208-212
da radiação de raios X, 182, 183,
188
da radiação do corpo negro, 171,
177
de corte (l_c), 179-180
de De Broglie, 185-186
de ondas eletromagnéticas, 236
e cor, 119, 171
medição, 136
modelo de partículas e, 182
Comprimento de onda Compton
(AC), 183
Comprimento de onda De Broglie,
186-188
Comprimento de onda de corte (λ_c),
180
Comprimento de Planck, 396
Compton, Arthur Holly, 182
Condições de contorno
analogia às ondas estacionárias,
212
equação de Schrödinger e, 213-215
modelo de análise para, 213
partículas clássicas em, 208
partículas quânticas em, 208-213

Índice Remissivo I-3

poço de altura finita, 215-217
poço de altura infinita, 208-212
teoria de elétrons livres em metais,
287-291
Condições de normalização, na
função de onda, 209
Condon, EU, 328
Condução elétrica
teoria de bandas de sólidos e, 291-293
modelo
quântico, 182, 218, 242-244
supercondutores, 300-301
alta temperatura, 301
efeito Meissner em, 300
Cone de luz, 1207
Cones, em olho, 59
Confinamento inercial, de plasma,
357-358
Confinamento magnético, de plasma,
356-357
Conselho Europeu para a Pesquisa
Nuclear, 129
Conservação da estranheza, 383
Conservação de charme, 386
Conservação de energia
em situações relativísticas, 157
princípio da incerteza e, 377
Conservação do número bariônico,
379
Conservação do número de léptons,
381
Conservação do número de léptons
muon, 381
Conservação do número de léptons
tau, 381
Conservação do número leptônico
com elétrons, 381
Constante de decaimento, 320
Constante de Hubble, 393
Constante de Madelung (α), 284
Constante de Planck (h), 3, 173, 175,
180, 195
Constante de reprodução (K), 350
Constante de Rydberg (R_H), 235
Constante de Stefan-Boltzmann (σ),
172
Constante gravitacional, universal (G),
158
Contaminação de alimentos por
metais pesados, análise de, 235
Conversão de unidades, A-1-A-2
Cooper, L. N., 301
Coordenadas de espaço-tempo, 147
Coordenadas esféricas, 213
Coordenadas polares esféricas, 242
Córnea, 59
Coroide, 59
Corpo negro, 171
Cosecante (csc), A-11, A-12
Cosmologia, questões remanescentes
em, 394
Cosseno (cos), A-11-A-12
Cotangente (cotg), A-11, A-12
Criptônio (Kr), configuração
eletrônica, 256
Cristal(is)

birrefringente (dupla refração),
117, 118
ligação iônica em, 284-285
difração de raio X por, 113
Critério de Rayleigh, 106
Critérios de Lawson, 355, 356
Cromodinâmica quântica (QCD), 389,
398
Curie (Ci), 321
Curie, Marie, 320

D

Dano de radiação somática, 359-362
Danos na radiação genética, 359-360
Datação de carbono, 331-332
Davisson, C. J., 186
De Broglie, Louis, 171, 185
Debye, Peter, 182
Decaimento alfa (a), 324
caminho de decaimento, 333
como exemplo de tunelamento,
219, 328
e danos por radiação, 359-360
Decaimento beta (β), 328-331
caminhos de decaimento, 333
e análise por ativação de nêutrons,
361
e datação de carbono, 331-332
Decaimento espontâneo, 324
Decaimento gama (γ), 332-333
caminhos de decaimento, 333
e conservação de alimentos, 362
e dano de radiação, 1433, 1434f
e terapia de radiação, 362
Decaimento radioativo
decaimento alfa (α),219, 324
caminho de decaimento, 333
como exemplo de tunelamento,
219, 328
e danos por radiação, 359-360
decaimento beta (β), 323, 328, 329
caminhos de decaimento, 333
e análise de ativação de
nêutrons, 361
e danos celulares, 360
e datação do carbono, 331-332
pesquisa inicial em, 322
decaimento gama (γ), 332, 333
caminhos de decaimento, 333
e conservação de alimentos, 362
e dano de radiação, 359-360
e terapia de radiação, 362
mudança de massa em, 353
séries radioativas, 333-334
taxa de, 321
tipos de, 320
Defeito de massa, 347
Delta (Δ) [partícula], 378
Densidade de íons (n), 355
Densidade de probabilidade ($|y|^2$),
209
do elétron de hidrogênio, 245, 247
Departamento de Energia, EUA, 352
Derivada, Segunda, A-14
Derivadas, A-14, A-14-A-16
propriedades, A-14
segunda, A-14

Desastre do ônibus espacial
Challenger, 376
Detecção de falsificação de arte, 362
Detector CMS (Compact Muon
Solenoid), 129, 391
Detector Solenoide de Múon
Compacto (CMS), 129
Detector STAR (Detector Solenoidal
no RHIC), 391
Detectores de fumaça, 328, 329
Detectores nucleares, 181
Deutério, fusão e, 157, 354-355
Diagrama de Feynman, 376
Diagramas de nível de energia, 173
molecular, 282
Diagramas de raios
para espelhos, 38-41
para lentes delgadas, 48
Diamagnetismo
supercondutores e, 300
Diamantes
brilho de, 18
índice de refração, 11
Diferença de caminho (δ), 82, 85
Diferenças dos quadrados, A-7
Diferenciação, A-13-A-15
Diferenciais, perfeitos, A-17
Diferencial perfeita, A-17
Difração, 5, 78
de elétrons, 186-188
de raios X por cristais, 113
interferência e, 78
Dinodo, de tubo fotomultiplicador,
181
Diodo (s)
absorvente de luz, 297-298
emissores de luz (LEDs), 297-298
junção, 296-297
Diodos a laser, 262
Diodos de junção, 296-297
Diodos emissores de luz (LEDs), 297-298
Diodos que absorvem a luz, 297-298
Dioptria, 61
Dióxido de carbono (CO_2)
como gás de efeito estufa, 284
índice de refração, 11
Dirac, Paul A. M., 251, 374
Direção da polarização, 114
Disco óptico, 59
Discos compactos (CDs), como rede
de difração, 110-111
Dispersão, de ondas de luz, 16-17
Dispositivo de carga acoplada (CCD),
57, 181
Dispositivo digital de microespelho, 8
Dispositivos de tunelamento
ressonante, 220-221
Dispositivos eletrônicos
câmeras digitais, 57-58
células solares, 87-88
detectores de fumaça, 328, 329
medidor de luz, na câmera, 181
ponteiros laser, 262
projetores de filmes digitais, 58
tecnologia dos chips, avanços em,
300
telas de cristal líquido, 119

I-4 Física para cientistas e engenheiros

Dispositivos semicondutores, 181
Disseminação elástica, 334
Disseminação não elástica, 334
Distância (d), A-10
Distância da imagem (q), 33
  convenções de sinais para, 36, 39, 44
Distância do objeto, 33
  convenções de sinais para, 38, 39
  para imagens refratadas, 43
Distância focal (f)
  convenções de sinais, 38
  da combinação de lentes delgadas, 55
  de espelho côncavo, 38
  de lentes delgadas, 48, 49
  do microscópio composto, 63
Divisão
  de forças, A-6
  de frações, A-6
  e incerteza, A-19
  em notação científica, A-5
Divisores de facho, 88
Dopagem, 295
Dreno, de transistor de efeito de campo, 299

E

Efeito Compton, 182-184
Efeito de repulsão, Coulomb, no modelo nuclear da gota líquida, 316-318
Efeito de superfície, no modelo da gota de líquido do núcleo, 317
Efeito de volume, no modelo da gota de líquido do núcleo, 316
Efeito Doppler relativístico, 147
Efeito Doppler, relativístico, 147
Efeito estufa, e aquecimento global, 284
Efeito fotoelétrico, 3, 177, 178, 196
  aplicações do, 178-179
  equação para, 180
  previsão clássica vs. resultados experimentais, 177-178
Efeito Meissner, 300
Efeito Zeeman, 249-250
Efeitos de órbitas de rotação, nuclear, 327
Efeitos nucleares spin-órbita, 319
Einstein, Albert, 136
  e a teoria geral da relatividade, 136
  e mecânica quântica, 170
  e teoria da relatividade especial, 136-147
  em efeito fotoelétrico, 177-181
  no momento do fóton, 184
Eixo de transmissão, 115
Eixo óptico, 117
Eixo principal, de espelho, 36, 37
Elementos do Grupo I, 255
Elementos transurânicos, 350
Elementos
  energia de ionização vs. número atômico, 256
  espectroscopia de absorção de, 234-235

origem de, 316
Eletromagnetismo
  evolução do, na origem do Universo, 392
  no modelo-padrão, 390-391
  partículas de campo para, 373
  teoria eletrofraca e, 390
Elétron(s)
  antipartículas, 374-375
  como lépton, 379
  comprimento de onda De Broglie, 186-188
  energia em repouso, 1218, 386
  força nuclear e, 314
  massa do, 311-312
  momento relativístico do, 152-153
  padrões de interferência de fenda dupla, 191-192
  propriedades, 378
  propriedades da onda do, 185-186
  tunelamento por, 220
Elipse, A-10
Emissão espontânea, 260
Emissão estimulada, 260
Emissão
  espontânea, 260
  estimulada, 260
  largura de linha de, 194
Charme (C), 386
Energia (E)
  coesiva atômica
    de sólidos covalentes, 286
    de sólidos iônicos, 284-285
  coesiva iônico, de sólidos iônicos, 284-285
  da partícula quântica em uma caixa, 208-212
  escura, no Universo, 395
  massa como forma de, 153-157
  relativística, 153-157
  unidades, A-2
Energia cinética (K)
  da partícula alfa, 324-328
  da partículas beta, 329
  da partícula quântica em uma caixa, 208-209
  dos elétron, em efeito fotoelétrico, 178-179
  relativística, 153-157
Energia coesiva atômica
  de sólidos covalentes, 286
  de sólidos iônicos, 284-285
Energia coesiva, atômica
  de sólidos covalentes, 286
  de sólidos iônicos, 284-285
Energia de coesão iônica, de sólidos, 285
  Ionização
    de átomos, 239
    de células, por radiação, 359
Energia de desintegração (Q), 324, 327
Energia de dissociação, 274
Energia de Fermi, 1356, 287
  isolantes, 293-294
  metais, 287, 289
Energia de ionização, 239
  vs. número atômico, 256

Energia de ligação, nuclear, 315-316
  no modelo da gota de líquido, 316-318
Energia de reação (Q), 334
Energia em repouso, 154-155
Energia escura, 395
Energia limiar, 334
Energia no estado fundamental, 210
Energia nuclear de ligação, 315-316
  em modelo da gota de líquido, 316-318
Energia solar
Energia total, 153-157
Energia, A-6-A-7
  e incerteza, A-19
Energias proibidas, 292
Enriquecimento, de urânio, 350
Enxofre (S)
  isótopos, 325
Equação de deslocamento Compton, 182-184
Equação de onda, linear, 205, 225
Equação de Schrödinger
  independente do tempo, 213, 214
Equação de Schrödinger, 213, 214
  e modelo quântico do átomo de hidrogênio, 242-244
Equação dos espelhos, 37
Equação dos fabricantes de lentes, 48
Equação(es)
  coeficientes de, A-7
  de fabricante de lentes, 48
  efeito fotoelétrico, 180
  equação de lente delgada, 48
  equação de Schrödinger, 213-215
    e modelo quântico do átomo de hidrogênio, 242-244
  equação dos espelhos, 38
  Equações de transformação entre espaço-tempo Lorentz, 147-149
  Equações de transformação galileanas, 132
  Equações de Maxwell, 84
  linear, A-7-A-9
  quadrática, A-7
  Transformação de velocidade de Lorentz, equações, 149-150
Equações de Maxwell, 131
Equações de transformação de velocidade de Lorentz, 149-152
Equações de transformação de
  Galileu, 133-134
  Lorentz, 147-150
Equações de transformação entre espaço-tempo de Lorentz, 147-149
Equações de transformação espaço--tempo
  Galileu, 132
  Lorentz, 147-151
Equações de transformação espaço-tempo
  Galileu, 132
  Lorentz, 147
  velocidade
    Galileu, 132
    Lorentz, 149
Equações lineares, A-7-A-9
Equações quadráticas, A-7

Índice Remissivo I-5

Equivalência, princípio da, 159
Esferas compactadas, 313
Espaço-tempo
  distorção por gravidade, 159
  Teoria das Cordas e, 396-397
Espectro atômico, dos gases, 234-235
  divisão de, em campo magnético, 240
Espectro de luz visível, 63, 234 -235
Espectro de raios X, 257-259
Espectrômetro de rede de difração, 111
Espectros de linha
  atômico, 1297-1299, 1298, 257-259
    molecular, 282-284
    raios X, 1322, 257-259
Espectros moleculares, 282-284
Espectroscopia atômica, 111
Espectroscopia de absorção, 234, 235
Espectroscopia de emissão, 234-235, 257-259
Espectroscopia no infravermelho por transformada de Fourier, 89
Espectroscopia, atômica, 234, 235
Espelho de Lloyd, 84
Espelho(s) convexo(s), 38
  diagramas de raios para, 38-39
Espelho(s)
  aberração esférica em, 56-57
  ampliação lateral, 49
    convenções de sinais, 38
  côncavo, 36-38
    diagramas de raios para, 38-39
    em telescópios, 64
  convenções de sinais para, 38
  convexo, 38
    diagramas de raios para, 38-39
  diagramas de raio para, 38-39
  divergentes, 38
  equação dos espelhos, 37
  imagens múltiplas em, 36
  parabólico, 64
  plano, 33-36
  reversão de imagem em, 34, 35
Espelhos côncavos, 36-38
  diagramas de raios para, 38, 39
  em telescópios, 64
Espelhos divergentes, 38
Espelhos esféricos, formação de imagens em
  espelhos côncavos, 36-38
  em espelhos convexos, 38
Estado fundamental, 210
Estados de energia das moléculas, 277-284
  e espectros moleculares, 282-284
Estados estacionários, 237, 257
Estados excitados, 210
Estados metaestáveis, 260
Estados quânticos, 173
  permitido, 254, 256, 255
Estatísticas quânticas, 287
Estranheza, 382-383
  conservação da, 379, 386, 399
Estrelas
  fusão em, 392
  Estrela HR8799, 65
Estrôncio, isótopos, 326

Eta (η) [partícula], propriedades, 378
Éter, 133-134
Evento de disseminação, 334
  polarização por, 334
Expansão em séries, A-13
Experimento de Davisson-Germer, 186-187
Experimento de Michelson-Morley, 134-135
Experimento de Stern-Gerlach, 250-253
Experimento do Grande Colisor de Íons (ALICE), 388
Experimento Nacional Esférico de Toro (NSTX), 356, 357
Experimento Phipps-Taylor, 251, 252
Explorador do Fundo Cósmico (COBE), 393
Expoentes, A-4
  e incerteza, A-19
  regras de, A-6-A-7

F

Fase
  diferença em, em experimento de fenda dupla, 82
  mudança de, em reflexão, 84
Fator comum, A-7
Fator de potência (cos ϕ), 115
Fatoração, A-7
Feixes de luz não polarizados, 13, 144
Fermi (fentômetro; fm), 313
Fermi, Enrico, 349, 350
Férmions, 301
  princípio da exclusão e, 253-254
  quarks como, 386
Ferro (Fe)
  função trabalho, 180
  isótopos, 325
Feynman, Richard P., 376
Fibra óptica, 19-20
Fibras ópticas, 19-20
Filmes, fino, interferência em, 86
  estratégia de resolução de problemas, 87
Física Atômica, 129
Física da Matéria Condensada, 129
Física de Partículas
  história da, 375-378
  perguntas restantes em, 395-396
Física do Estado Sólido, 129, 173
Física Moderna, 129
Física Nuclear, 310
Física
  Atômica, 129
  Estado sólido, 273
  Matéria Condensada, 129, 273
  Moderna, 129
  Nuclear, 129
  Partículas, perguntas restantes em, 395-396
Fissão nuclear, 347-349
  energia emitida em, 348-349
  energia nuclear de ligação e, 315
Fissão, 347-349
  energia liberada em, 348-349
Fizeau, Armand H. L., 4

Fluorina (F)
  configuração eletrônica, 256
Fontes de luz coerente, 78
Fontes de luz incoerentes, 78
Fontes de luz monocromática, 78
Força (s) ($\vec{F}$)
  força de cor, 389
  força de dipolo induzido, 276
  força de dispersão, 276
  força dipolo-dipolo, 276
  relativística, 152
  unidades de, A-1
Força de cores, 389
Força de dipolo induzido, 276
Força de dispersão, 276
Força dipolo-dipolo, 276
Força eletrofraca, 390
Força forte residual, 389
Força forte
  como força fundamental, 376, 398
  definição de 389
  e classificação de partículas, 389
  evolução da, na origem do Universo, 395
  partículas de campo para, 373, 378, 389
Força fraca
  como força fundamental, 398
  no modelo-padrão, 390-391
  partículas de campo para, 390, 397
  teoria eletrofraca e, 390
Força gravitacional ($\vec{F}_g$)
  buracos negros, 159
  como força fundamental, 373
  e relatividade geral, 158-159
  evolução da, na origem do Universo, 392
  no modelo-padrão, 390
  partículas de campo para, 373
Força nuclear, 314
  partículas de campo para, 373
  vs. força forte, 377, 378
Forças fundamentais, 373
  evolução de, na origem do Universo, 392
  partículas de campo para, 373
  no modelo-padrão, 390
  Teoria de Cordas e, 396-397
  força forte como, 379, 388
Forças Van der Waals, 276
Formação da imagem
  ampliação angular, 61, 64
  ampliação lateral
    lentes, 49
    microscópio, 62-63
    espelhos, 34, 49
  análise do diagrama de raios de
    para espelhos, 38-39
    para lentes delgadas, 50-56
  convenções de sinais, 38
  convenções de sinais
    reflexão, 39
    refração, 44
  convexo, 38
  em espelhos côncavos, 36-38
    diagramas de raios, 38-39
  em espelhos convexos, 38
    diagramas de raios, 38-39

I-6 Física para cientistas e engenheiros

em espelhos planos, 33-36
em microscópios, 62-63
em espelhos esféricos
    côncavo, 36-38
em telescópios, 63-65
para lentes delgadas, 48
por refração, 43-47
Formas geométricas, área e volume
    de, A-10-A-11
Fórmula semiempírica da energia de
    ligação, 315
Fósforo (P), isótopos, 325
Fotinos, 395
Fotoelétrons, 177
Fotometria fotoelétrica, 181
Fóton(s), 3, 179
    absorção estimulada de, 259, 260
    absorvido na transição entre níveis
        de energia molecular, energia
        de, 278, 279-281
    antipartícula, perda de, 374
    como partículas de campo, 373,
        375
    e a produção de pares, 374
    e efeito fotoelétrico, 177-181
    emissão espontânea de, 260
    emissão estimulada de, 260
    energia de, 3
    energia total de, 154-155
    história do conceito, 175
    modelo de onda de luz e, 182
    momento angular de, 257
    momento de, 182
    virtual, 376
Fóvea, 59
Frações, multiplicação, divisão e
    adição, A-6
Fragmentos de fissão, 348
Frâncio (Fr), configuração eletrônica,
    256
Franjas, 103-104, 110
Frentes de onda, 5, 27, 117
Frequência (f)
    angular (ω)
    da luz
        modelo de partículas e, 182
        e efeito fotoelétrico, 177-178
    da partícula, 182
    do fóton emitido por átomo de
        hidrogênio, 237, 239
    quantização de, 212-213
Fresnel, Augustin, 101
Frisch, Otto, 347
Fuller, R. Buckminster, 286
Função da energia potencial de
    Lennard-Jones, 274
Função de densidade de
    probabilidade radial, 245, 247
Função de distribuição de
    comprimentos de onda de Planck,
    175
Função de energia potencial (U)
    para molécula diatômica, 277
    para o sistema de dois átomos, 274
Função de onda (amplitude de
    probabilidade; Ψ), 243-245
    condições de contorno para,
        247,250

da partícula na caixa, 208-212
de ligação covalente, 275-276
do oscilador harmônico simples, 222
Normalizada, 247
para hidrogênio, 234
    estado fundamental, 210
    estado 2s, 243, 247
para partícula num poço de altura
    finita , 215
teoria das bandas e, 291-293
unidimensional, 209-210
valor esperado, 206
Função de onda normalizada, 209
    para partícula em uma caixa, 208
Função densidade de estados, 288
Função trabalho (ϕ), de metal, 180
Funções, A-13-A-14
Fusão a laser, 357
Fusão, nuclear, 352-359
    energia liberada em, 352-354
    energia nuclear de ligação e, 315
    nas estrelas, 352
    temperatura crítica de ignição
        (T_{ig}), 355
    tunelamento e, 219

G

Gabor, Dennis, 112
Galilei, Galileo, 3
Gamow, George, 328
Gás de hidrogênio, calor específico
    molar de, 223-224
Gás(es)
    espectro atômico de, 1297-1299,
        1298, 257-259
    índices de refração em, 11
    ligação de van der Waals em, 276
    nobre, 255-256
Gases inertes, 255
Gases nobres, 255
    ligação de van der Waals em, 276
Geiger, Hans, 236, 310
Geim, Andre, 286
Gell-Mann, Murray, 385, 386
Gelo
    ponte de hidrogênio em, 276-277
    índice de refração, 11
Geometria, A-10-A-11
Gerlach, Walter, 251
Germânio (Ge)
    valor de faixa isolante, 295
    estrutura do, 286
Germer, L. H., 186
Glashow, Sheldon, 390
Glúons, 390
Goeppert-Mayer, Maria, 319
Goudsmit, Samuel, 250, 251
Grafeno, 286
Gráficos de espaço-tempo, 144-147
Gráficos espaço-tempo, 144,
Grafite
    vista microscópica da superfície,
        219-220
    estrutura do, 286
Grande Colisor de Elétrons-Pósitrons
    (LEP), 391

Grande Colisor de Hádrons (LHC),
    129, 334, 391
Gravitons, 373
Gray (Gy), 360
Gurney, R. W., 328

H

Hadrons, 378, 379
    estrutura de, 386
    propriedades, 378
Hafele, J. C., 140
Hahn, Otto, 347
    de isótopos selecionados, 325-326
    Meia-vida ($T_{1/2}$)
    para decaimento radioativo, 319-322
Halogênio, 255
Heisenberg, Werner, 192, 193, 203
Hélio (He)
    configuração eletrônica, 256
    descoberta do, 235
    isótopos, 325
    massa do núcleo, 312
Hidrogênio (H)
    configuração eletrônica, 255, 256
    espectro de absorção, 234
    espectro de emissão, 234
    frequência do fóton emitido de,
        237, 239
    isótopos, 1381, 325
Hipérbole retangular, A-11
Hipérbole, retangular, A-11
Hipermetropia (hipermetropia), 60
Hipermetropia (hipermetrópico), 60
Holografia, 112
Holograma do arco-íris, 17
Hubble, Edwin P., 147, 393
Humason, Milton, 393
Humor aquoso, 59
Humor Vítreo, 59
Huygens, Christian, 3

I

Imagem real, 34
Imagem virtual, 34, 39
Imagem(s), 33
    real, 34
    virtual, 34
Incerteza absoluta, A-19
Incerteza em porcentagem, A-19
Incerteza fracionária, A-19
Incerteza
    estimativa de, A-19-A-20
    propagação de, A-19-A-20
Inclinação, A-8, A-11
Inferioridade, 387
Instalação de detecção de neutrinos
    Irvine-Michigan-Brookhaven,
    380-381
Instalação de detecção de neutrinos
    Super Kamiokande, 380
Instalação Nacional de Energia
    (Laboratório Nacional de Lawrence
    Livermore), 346, 358
Instituto de Estudos Avançados,
    Copenhague, 238
Instituto Radiológico da Ucrânia, 351

Índice Remissivo **I-7**

Instrumentação
  colisores, 391
  divisores de feixe, 88
  interferômetros, 88-90, 134
Integração parcial, A-17
Integração, A-16-A-19
  Integral de probabilidade de
    Gauss, A-18
  parcial, A-17
Integrais indefinidas, A-16, A-18-A-19
Integral de probabilidade de Gauss,
  A-19
Integral definida, A-17, A-19
Integral
  definida, A-17, A-17, A-19
  indefinida, A-16, A-18,
Integrando, A-16
Intensidade (I)
  do padrão de interferência de
    grade de difração, 109
  do padrão de interferência de
    fenda dupla, 82-84
  do feixe polarizado (Lei de Malus),
    115
  do padrão de interferência de
    fenda única, 103
Intensidade luminosa, unidades de,
  A-21
  série Lyman, 235, 239
Interferência construtiva, de ondas de
  luz, 77, 78, 79, 80, 83, 87
Interferência destrutiva, de ondas de
  luz, 77, 79, 85
Interferências
  Anéis de Newton, 86
  condições para, 79
  construtiva, de ondas de luz, 76-
    78, 79, 85
  destrutiva, de ondas de luz, 77,
    79, 85
  de elétrons, 191-192
  de ondas de luz, 76-90
  em filmes finos, 86
    estratégia de resolução de
      problemas, 87
  experimento de fenda dupla
    (Young), 76-78
  fendas múltiplas, 83
  modelo de ondas na análise de
    interferência, 78-82
  ondas na água, 77
  padrão de difração como, 101
  padrões de interferência de fenda
    dupla, 82-84
Interferograma, 89
Interferômetro de Michelson, 88-90,
  134
Interferômetro, 88-90, 134
Interpretação probabilística da
  Mecânica Quântica, 170, 203
Inversão populacional, 261
Io, lua de Júpiter, 3
Iodo (I)
  configuração eletrônica, 256
  isótopos
    atividade de, 323
    em rastreamento radioativo, 361
    em terapia por radiação, 362

Íon(s), danos pesados de radiação de,
  360
Iridescência, 76
Íris, do olho, 59
Isolantes
  teoria da banda e, 293-294
Isótonos, 318
Isótopos do netúnio (Np), 326
  série radioativa, 333
Isótopos, 1381, 325-326

J

Japão, acidente nuclear de Fukushima
  no, 352
Jaqueta, de cabo de fibra óptica, 20
Jensen, Hans, 319
Joint European Torus (JET), 356
junção p-n, 296, 297
Júpiter, luas de, 3

K

Kao, Charles K., 19
Kaons (K), 378
Keating, R. E., 140
Kilby, Jack, 299

L

Laboratório de fusão a laser Ômega,
  358
Laboratório Nacional Fermi
  (Fermilab), 379
Lacuna de energia, 294
Lambda (Λ^0) [partícula], 378, 379,
  382
Lâmpadas de halogênio, 255
Lâmpadas incandescentes
  comprimento de onda de radiação
    da, 238, 239
  halogênio, 255
Land, E. H., 115
Largura da linha das emissões
  atômicas, 194
Laser a gás hélio-neônio, 261
Laser de dióxido de carbono, 262
Laser de excimer, 262
Lasers de íons argônio, 262
Lasers semicondutores, 297
Lasers
  aplicações, 262-263
  armadilha de átomos com, 262
  em confinamento inercial de
    plasma, 357-358
  geração de luz por, 260-261
  semicondutor, 297
Lateral máxima, 34, 49
Laue, Max von, 113
Lawson, J. D., 355
Lederman, Leon, 387
Lei da conservação da estranheza,
  383
Lei da conservação do número
  bariônico, 379
Lei da conservação do número
  leptônico de elétrons, 381
    Lei da conservação do número de
      lépton-múon, 381

Lei da reflexão, 6
  aplicações, 7-8
Lei da refração, 11
Lei de Bragg, 113
Lei de Brewster, 117
Lei de conservação do número de tau
  lépton, 381
Lei de deslocamento de Wien, 172
Lei de Hubble, 393
Lei de Malus, 115
Lei de Rayleigh-Jeans, 172-173
Lei dos cossenos, A-12
Lei dos senos, A-12
Lente côncava-convexa, 49
Lente plano-côncava, 48-49
Lente plano-convexa, 48-49
Lente(s)
  aberrações em, 56-58
  convergência
    aberração esférica em, 36
    ampliação por, 49
    em câmeras, 57-58
    formação de imagem em, 36-37
    pontos focais, 48
  delgada, 47-56
    ampliação por, 49
    combinação de, 54-56
    convenção de sinais para, 49
    diagramas de raios para, 49
    equação de lentes delgadas, 48
  divergência
    aberração cromática em, 57
    formação de imagem em, 36-37
    pontos focais, 48
  em câmeras, 57-58
  equação dos fabricantes de lentes, 48
  espesso, 51
  Fresnel, 50
  formatos, 49
  gravitacional, 159
  teste de, 86
Lentes bicôncavas, 49
Lentes biconvexas, 49
Lentes Fresnel, 50
Lentes gravitacionais, 159
Lépton(s), 379
  em modelo-padrão, 390-391
  energia e carga em repouso, 388
  propriedades, 378
Levitação, magnética,
  supercondutores e, 300
Ligação covalente, 275-276
  em sólidos, 286
Ligação de van der Waals em, 276
Ligação iônica, 274-275
  em sólidos, 284-285
Ligações energeticamente favoráveis,
  275
Ligações moleculares, 274-277
  covalente, 275, 286
  em sólidos, 284-287
  hidrogênio, 276-277
  iônica, 274-275
  metálica, 287
  van der Waals, 276
Ligas, metálicas, 287
LIGO avançado, 90
Limite da série, 235

I-8 Física para cientistas e engenheiros

Linha (s), equações para, A-7-A-9
Linha de estabilidade, 315
Linhas espectrais, 234, 235, 240, 248, 393
Líquido(s), índices de refração em, 11
Lítio (Li)
    configuração eletrônica, 256
    Energia de Fermi, 289
    isótopos, 325
    reatores de fusão e, 358-359
Logaritmos comuns, A-9-A-10
Logaritmos naturais, A-9-A-10
Logaritmos, A-9-A-10
Longe, do olho, 57
Lorentz, Hendrik A., 148
Lua, distância para, medição de, 3
Luz solar
    polarização da, 75, 88, 176
Luz
    deflexão por campo gravitacional, 159
    e a vida na Terra, 2
    fontes coerentes de, 78
    fontes incoerentes de, 78
    fontes monocromáticas de, 78
    natureza de, 2-3
    modelo de onda da, 3
    modelo de partículas de, 2-3
    modelos iniciais de, 2-3
    quantização de, 3
    velocidade da (c)
        experimento de Michelson--Morley, 134-135
        medição da, 3-4
        relatividade e, 133-134

M

Magnésio (Mg), isótopos, 325
Magneton nuclear (μ_n), 335
Mal de Alzheimer, 375
Manganês (Mn), isótopos, 325
Manuscritos do Mar Morto, data de, 331
Marsden, Ernest, 236, 310
Massa (m)
    como forma de energia, 153-157
    em decaimento radiativo, 157-158
    invariante, 155
    na teoria da relatividade geral, 158-159
    origem da, 391
    perdida, no Universo, 395
    relativístico, 152
    unidades de, A-11, A-21
Massa atômica, A-22t-A-23t
    vs. número de massa, 311
Massa invariante, 155
Massa oculta, no Universo, 395
Massa reduzida, de molécula diatômica, 278, 279
Matéria escura, 395
Matéria, origem da, 393
Materiais birrefringentes, 117, 118
Materiais de refração dupla, 117-118
Material radioativo, descarte de, 352
Máximo central, 83
Máximo de ordem zero, 79

Máximo de primeira ordem, 110
Máximo
    central, 101
    lateral, 101
    secundário, 101
Máximos secundários, 83
Maxwell, James Clerk, 3, 129
Mecânica matricial, 193
Mecânica Quântica
    e indeterminação do futuro, 219
    e movimento harmônico simples, 279-280, 281
    Efeito Compton, 182-184
    efeito fotoelétrico, 3, 177-178, 296
    Einstein e, 3, 129-130, 136
    estranheza da, 383
    história da, 171, 203
    impacto da, 171
    interpretação probabilística da, 205
    modelo de átomo, 236-240
    modelos da luz como partícula e onda, 182
    princípio da correspondência, 240
    propriedades de ondas das partículas, 185-188
    sobre radiação de corpo negro, 392-393
    teoria de elétrons livres em metais, 287-291
Mecânica
    Clássica, 132
Medição
    incerteza em, A-19
    Unidades SI (Sistema Internacional); Unidades
Medicina e Biofísica
    dano de radiação, 359-360
    lasers em, 262-263
    rastreadores radioativos, 361
    raios X
        e danos celulares, 1409, 336, 359-360
    terapia por radiação, 362
    tomografia por emissão de pósitrons (PET), 375
Medida radiana, A-10
Medidor de luz, na câmera, 181
Meitner, Lise, 347
Melaço óptico, 262
Mercúrio (Hg)
    como contaminante de alimentos, 235
    espectro de emissão, 234
    isótopos, 326
    vapor, em "néon" e iluminação fluorescente, 234
Méson Y, 375
Mésons, 375-378
    composição, 387
    energia de Fermi, 287, 288, 289, 293
    função trabalho de, 180
    ligações metálicas, 287
    Metal(is)
        ligações, 287
        condução elétrica em
    propriedades, 378
        padrões em, 384-385

teoria da banda e, 291-293
Metais alcalinos, 255
Michelson, Albert A., 80, 88, 90
Microchips Intel, melhoria tecnológica em, 300
Microscópio composto, 62-63
Microscópio eletrônico de transmissão, 187
Microscópios de elétrons, 187-188
Microscópios
    composto, 62-63
    eletrônico, 187-188
    óptico, limitações de, 220
    tunelamento por varredura (STM), 219
Mínimo, 101
Miopia, 60
Modelo coletivo de núcleo, 319
Modelo de análise de onda sob reflexão, 5-9
Modelo de camadas do núcleo, 254, 258, 262
Modelo de núcleo da gota líquida, 316-318
Modelo de partícula
    de luz, vs. modelo de onda, 182
    e princípio de complementaridade, 186
    propriedades de ondas das partículas e, 185-188
Modelo vetorial, 248
Modelo
    de luz, vs. modelo de partículas, 182
    de partículas, 185-188
    e princípio de complementaridade, 186
Modelo-padrão, 390-391
Moderadores, 350, 351
Molécula de água
    ligação de hidrogênio em, 276
Molécula de HCl, espectro de absorção, 282
Molécula(s)
    comprimento da ligação de, 279
    estados de energia de, 277-284
        e espectros moleculares, 282-284
    movimento rotacional de, 277-278
    movimento vibracional de, 279-284
Moléculas de DNA, ligação de hidrogênio em, 276-277
Moléculas de hidrogênio, princípio de exclusão e, 276
Molibdênio (Mo), isótopos, 326
Momento angular de rotação, 252, 264
    do núcleo,
Momento angular orbital
    quantização de, 250-253
Momento angular rotacional, valores permitidos de, para molécula diatômica, 237
Momento de dipolo magnético (μ)
    de elétron, 276
    nuclear, 335-336

Índice Remissivo **I-9**

Momento de inércia (I), para
  molécula diatômica, 281
Momento magnético de spin de, 252
Monóxido de carbono (CO)
  rotação de, 279
  vibração de, 281
Morley, Edward W., 134
Moseley, Henry G. J., 259
MOSFET (Transistor de efeito de
  campo de semicondutor de óxido
  metálico), 299
Movimento harmônico simples, ponto
  de vista quântico, 280, 281
Mudança para vermelho
  de luz no campo gravitacional, 159
  de objetos astronômicos, 57
Muller, K. Alex, 301
Multiplicação
  derivada do produto de duas
    funções, A-14
  de frações, A-5
  de forças, A-6
  e incerteza, A-19
  em notação científica, A-4-A-5
Múon (μ), 376
  como lépton, 379
  e dilatação do tempo, 137-140
  energia e carga de repouso, 388
  propriedades, 378
Músculo ciliar, 59

N

Nanotecnologia, 216
Napoleão, causa da morte, 362
NASA (Administração Nacional da
  Aeronáutica e Espaço), 393
Navegação solar, 159, 352
Ne'eman, Yuval, 385
NEMS (sistema ressonador nanoeletromecânico), 273
Neodímio (Nd), isótopos, 326
Neônio (Ne)
  configuração eletrônica, 256
  espectro de emissão, 234
  isótopos, 325
Nervo óptico, 59
Múon-neutrino (v_μ), 378
Elétron-neutrino (n_e), 378, 379,
Neutrinos (v), 329
  e massa oculta do Universo, 395
Nêutron (s)
  absorção e emissão de partículas
    de campo, 373
  como bárion, 379
  composição do, 386
  decaimento do, 375
  descoberta do, 313
  interações com núcleos, 353
  massa do, 312
  momento dipolo magnético do,
    335
  propriedades, 378
  térmicas, 352
Newton, Isaac, 2, 16, 86, A-13
Nióbio (Nb), isótopos, 326
Níquel (Ni)

energia nuclear de ligação, 315-
  316
isótopos, 326
Nitrogênio (N)
  configuração eletrônica, 255
  isótopos, 325
    decaimento do, 330
Níveis de energia
  divisão de, em sistemas de átomos,
    292
  do oscilador harmônico simples,
    222-223
  energias proibidas, 292
  estado fundamental, 210
  estados excitados, 210
  permitido, a equação de
    Schrödinger e, 213
  quantização de, 209-210
    no modelo Bohr, 237-242
    no modelo quântico, 242-244
  teoria de bandas dos sólidos, 291-
    293
Notação científica, A-4-A-5
Notação
  para núcleos atômicos, 311
  para quantidades, A-2-A-3
  para reações nucleares, 334
Novoselov, Konstantin, 286
Noyce, Robert, 299
NSTX
  semicondutores do tipo n, 296, 299
Núcleo derivado, 324
Núcleo principal, 324
Núcleo, atômico
  carga e massa, 311-312
  densidade do, 313
  estabilidade, 314-315
  interações de nêutrons com, 353
  modelos
    modelo coletivo, 319
    história de, 236
    modelo da gota líquida, 316-
      318
  notação para, 311
  propriedades de, 311-315
  raio, 317, 318, 320
  spin de, 335-336
  tamanho e estrutura, 312-314
Núcleos, 311
  absorção e emissão de partículas
    de campo, 373
  carga e massa, 311-312
  energia de ligação por, 315-316
  quantificação de estados de
    energia, 319
Nuclídeo, 311
Número atômico (Z), 311, 315, A-22t-
  A-23t
  Dados de Moseley em, 259
  vs. energia de ionização, 256
  vs. número de nêutrons, para
    núcleos estáveis, 311, 315
Número bariônico, 379
  lei de conservação de, 379
Número de Euler (e), A-9
Número de Lawson ($n\tau$), 355, 357
Número leptônico de múon,
  conservação de, 382

Número de massa (A), 311
Número de nêutrons (N), 311
  vs. número atômico, para núcleos
    estáveis, 315, 324
Número de ordem (m), 79
número f, 57-58
  aberração esférica em, 56-57
  revestimentos das lentes, 87-88
Número leptônico, leis de
  conservação, 381-382
número quântico espacial, 173, 174
Número quântico magnético de
  rotação (m_s), 252-254
  interpretação física de, 252-254
Número quântico magnético do spin,
  252
Número quântico orbital (l), 243
  interpretação física de, 247
  valores permitidos, 244, 247
Número quântico orbital magnético
  (m_l), 243
  interpretação física de, 250-253
  valores permitidos, 244, 250
Número quântico principal (n), 243,
  244
Número quântico rotacional (J), 278
Número quântico vibracional (v), 280
Número(s) quântico(s), 173
  carga de cor como, 388, 389
  do átomo de hidrogênio, 186, 193,
    213
    para o estado $n = 2$, 244
    interpretação física de, 247-250
  encantocharme (c), 386
  inferioridade, 387
  interpretação física de, 250
  magnético orbital (m_ℓ), 248
    valores permitidos, 248-249
    interpretação física de, 247
  orbital (ℓ), 109
    valores permitidos, 209, 216,
      243-244
    interpretação física de, 247
  principal (n), 243
  princípio de exclusão e, 234-239
  rotacional (J), 278
  spin magnético (m_s), 247
    interpretação física de, 247-248
  spin nuclear (I), 335
  superior, 387
  vibracional (v), 277
Números mágicos, 318
Nuvem de elétrons, 245

O

O número leptônico Tau, conservação
  de, 381-382
Objetivo, 65
Objeto virtual, 39
Observatório de onda gravitacional
  por interferômetro laser (LIGO),
  89
Observatório de Yerkes, 65
Observatório Keck, 65
Observatório Monte Palomar, 394
Observatório Monte Wilson, 393
Obturador, da câmera, 57

I-10 Física para cientistas e engenheiros

Ocular, 62
Óculos de Sol
 polarizado, 117
Olho (s)
 anatomia do, 59
 aplicações médicas a laser para, 262
 condições do, 59
 resolução do, 106-109
 visão em, 59
Ômega (Ω) [partícula], 378
Ômega menos (Ω^-), 378, 385
Onda (s)
 análise de Fourier de, 89
 construindo partículas a partir de, 188-191
 esférica, 15, 118
 na água, 27
 polarizada linearmente, 100
Onda sob refração, 9-14
Ondas de luz
 como radiação eletromagnética, 3
 comprimento de onda da
  modelo de partículas e, 182
 dispersão de, 16-17
 espectro visível, 16
 não polarizada, 114
 natureza transversal de, 114
Ondas eletromagnéticas senoidais, 82, 215, 217
Ondas gravitacionais, esforços para detecção, 89-90
Ondas linearmente polarizadas, 114
Ondas no modelo de análise de interferência, 78,
Ondulação, 186
Óptica de raios (geométrica), 4-5
 aproximação de raios em, 4
Óptica de raios, 4-5
Óptica Física, 76
Óptico
 aproximação de raios em, 4-5
 Física, 76
 onda, 76
 raio, 76
Orbital, 254
 princípio de exclusão e, 253
Órbitas de Bohr, raios de, em hidrogênio, 239
Organização Europeia de Pesquisa Nuclear (CERN), 129, 140, 372, 378
Organização Mundial da Saúde, 362
Órion (constelação), cor das estrelas em, 172
Ötzi, o homem de gelo (restos da Idade do Bronze), 310, 331-332
Ouro (Au)
 Energia de Fermi, 289
 isótopos, 326
Oxigênio (O)
 configuração eletrônica, 255
 isótopos, 325

P

Pacote de onda, 188-190, 193
 velocidade de grupo do, 190-191

velocidade de fase do, 190
Padrão de difração de fenda dupla,
 distribuição de intensidade de luz, 117-118
 posição das franjas, 103-104
Padrão de difração de Fraunhofer, 102
Padrão de Laue, 113
Padrões de difração de fenda única, 104, 106
 distribuição de intensidade da luz, 83
 posição de franjas, 79-80
Padrões de difração, 100-101
 como interferência, 101
 de objeto circular com passagem de luz, 101
 de borda de objeto que passa luz, 101
 fendas múltiplas, 83
 fendas simples, 101-105
  distribuição de intensidade da luz, 104-105
 posição de franjas, 103-104
Padrões de interferência de fenda dupla, 82-84
 condições para a interferência, 78
 distribuição da intensidade de luz, 82-84
 em feixes de elétrons, 188, 192
 Experimento da dupla-fenda de Young, 76-78
 posição de franjas, 81-82
Paládio (Pd), em terapia por radiação, 362
Par de Cooper, 301
Parábolas, A-11
Paradoxo da vara no celeiro, 145,
Paradoxo dos gêmeos, 142, 144
Parque Solar de Charanka, 298
Parque Solar Golmud, 298
Parque Solar Gujarat, 298
Partícula beta, 329
Partícula J/Ψ, 387
Partícula quântica sob modelo de análise de condições de contorno, 208-213
Partícula(s)
 busca por padrões em, 384-385
 classificação de, 378-379
 construção a partir da onda, 188-191
 detecção de, 384-385
 e massa oculta no Universo, 395
 energia de repouso de, 154-155
 energia total de, 153-157
 fundamentais
  busca por, 376
  classificação de, 390
 leis de conservação para, 379-382
 propriedades, 378
 propriedades da onda de, 185-188
Partículas de campo (troca de partículas; bósons de calibre, 373
 no modelo-padrão, 390-391
Partículas de supercordas, 395
Partículas estranhas, 382-383
Partículas quânticas, 188-191

equação de onda para (equação de Schrödinger), 213, 252
densidade de probabilidade de, 205
nas condições de contorno, 208-212
 analogia às ondas estacionárias, 212
 Equação de Schrödinger e, 213-215
 modelo de análise para, 213
 poço de altura finita, 215-217
 poço de altura infinita, 208-212
 experiência eletrônica de fenda dupla, 191-192
 teoria de elétrons livres em metais, 287-291
Princípio de incerteza de Heisenberg e, 192-193
propriedades da onda de, 185-188
quantização de energia, 209-210
tunelamento por, 219, 328
 aplicações, 346
valor esperado de, 206
Pauli, Wolfgang, 250, 253
Peixe
 imagem aparente de, 46
 vista subaquática, 19
Penzias, Arno A., 392-393
Pesquisa agrícola, rastreadores radioativos em, 361
Phipps, T. E., 251
Pinça óptica, 263
Píons (π), 375-378
 modelo de troca de píon, 389, 390
 neutro, falta de antipartícula, 374
Placas, de capacitor, 299
Planck, Max, 129, 171, 173
Plano de polarização, 115,117
Plasma de quarks e glúons, 388
Plasma, 354
 confinamento inercial de, 357, 358
 confinamento magnético de, 356
 quark glúon, 388
Plástico, qualidades birrefringentes, 117-118
Platina (Pt)
 função trabalho de, 180
 resistividade, 295, 300
Plutão, imagem do telescópio de, 109,
Plutônio (Pu), isótopos, 326
Poço quadrado
 de altura finita, partícula, 214, 215
Poços de potencial, 214
Poços, 214, 216, 319
 as partículas quânticas em, 208-212
 analogia às ondas estacionárias, 84
 de altura finita, partícula, 212-215
 equação de Schrödinger e, 213-215
 modelo de análise para, 92, 102
 nanotecnologia e, 216
 poço de altura finita, 212-215
 poço de altura infinita, 208-212
 quadrado, 214
 teoria de elétrons livres em metais, 287-291
Poisson, Simeon, 101
Polarização inversa, 148

Índice Remissivo **I-11**

Polarização
  da molécula de água, 359
  de ondas de luz, 114-115
    ângulo de polarização, 117, 120
    direção de polarização, 118
    Lei de Malus, 115
    luz solar, 101
    plano de polarização, 115, 117
    por absorção seletiva, 115
    por espalhamento, 101, 118
    por reflexão, 117, 118
    por refração dupla, 117-118
  e atividade óptica, 119
Polarizador, 115-116
Polaroid, 116
Polinômios de Laguerre, 291
Polônio (Po)
  decaimento do, 320
  descoberta do, 320
  isótopos, 326
Ponte de hidrogênio, 276-277
Ponteiro a laser, 262
Ponto próximo, do olho, 59
Ponto quântico, 216-217
Ponto(s) focal
  das lentes delgadas, 48
  de espelho côncavo, 36
Porta, de transistor de efeito de
  campo, 299
Porta, de transistor de efeito de
  campo, 299
Pósitrons (e^+), 352, 374
Potássio (K)
  configuração eletrônica, 256
  Energia de Fermi, 289
  isótopos, 325,
Potência (P)
  das lentes, 61, 63
Potencial de parada, 178
Prata (Ag)
  energia de Fermi, 289
  função trabalho de, 180
Prêmio Nobel em Física, 19, 112, 173,
  179, 181, 182, 185, 193, 236, 238,
  263, 286, 298, 299, 301, 313, 319,
  320, 329, 350, 374, 376, 378, 385
Presbiopia, 60
Pressão (P), unidades de, A-2
Pressão de radiação, de ondas
  eletromagnéticas, 182
Princípio da correspondência, 240
Princípio da equivalência, 159
Princípio da incerteza de Heisenberg,
  192-194
Princípio da incerteza. Veja o
  princípio da incerteza de
  Heisenberg, 192
Princípio da relatividade galileana,
  131-134
Princípio da relatividade, 130,
Princípio de complementaridade, 186
Princípio de exclusão, 253-256
  bósons e, 301
  quarks e, 386-388
Princípio de Huygens, 14-16
Prisma
  dispersão em 16
  refração em 15

Probabilidade
  e indeterminação do futuro, 219
  e integral gaussiana, A-19
Problema de partícula em uma caixa
  partículas clássicas, 208
  partículas quânticas, 208-213
    analogia às ondas estacionárias,
      212
    caixa tridimensional, 287
    Equação de Schrödinger e,
      213-215
    teoria de elétrons livres em
      metais, 287-291
Produção de pares, 374
Profundidade de campo, 58
Projeto Agua Caliente Solar, 298
Projeto QUaD, 393
Projeto Qubic, 393
Projetores de filmes digitais, 8
Projetores de filmes, digital, 58
Projetores, digital, 58
Promécio (Pm), isótopos, 326
Próton(s)
  absorção e emissão de partículas
    de campo, 373, 377, 388
  como bárion, 378
  composição, 325-326
  decaimento, detecção de, 320
  energia total, 374
  estabilidade, 275, 314-315
  massa, 695t, 335
  mudança de nêutrons para, 372
  mudança de/para nêutrons, 372,
    379
  propriedades, 378
Pupila, 59

Q

Quadrado perfeito, A-7
Quantidade de léptons em elétrons,
  conservação de, 381
Quantidades
  derivadas, A-21
  notação para, A-2-A-3
Quantização espacial, 248, 250-252
Quantização
  do momento angular orbital
    atômico, 264, 329-330
  dos níveis de energia, 209-210
    no modelo Bohr, 237-242
    no modelo quântico, 242-244
  da energia da partícula em uma
    caixa, 208-212
  da frequência, 239
  da luz, 175
  do movimento rotacional
    molecular, 277
  do movimento vibracional
    molecular, 279-280
  do spin nuclear, 253, 335
  dos estados de energia de núcleos,
    315
  espaço, 171, 188, 192-193,
Quark charme (c), 386
Quark estranheza (s), 388
Quark inferioridade (b), 386

Quark inferioridade (d), 386
Quark inferioridade, 386
Quark superioridade (t), 386
Quarks, 386
  carga de cores, 388, 389
  em bárions, 386
  em mésons, 386
  interação de (cromodinâmica
    quântica), 389
  no modelo-padrão, 390-391
  modelo original, 386-387
  propriedades, 386
  sabores, 386
Quebra de simetria, 390-391
Queimadura solar, 196

R

Rad (dose absorvida por radiação),
  359-360
Radiação de fundo em micro-ondas,
  392
Radiação de fundo, 360
Radiação de prótons, danos de, 359-
  360
Radiação dos corpos negros, 171
  abordagem Mecânica Quântica,
    170
  previsão clássica *versus* resultados
    experimentais, 171-177
Radiação por nêutron
  dano de, 359-360
  e análise de ativação de nêutrons,
    361
Radiação térmica
  efeitos quânticos em, 171, 177
Radiação, partículas
  como termo, 170
  dano por, 360
  de fundo 360
  descoberta da, 392
  doses fatais, 359
  recomendações de taxa de dose,
    360
  unidades para, 359-360
  usos de, 360-362
Rádio (Ra)
  decaimento de, 333-334
  descoberta do, 320
  isótopos, 326
Radioatividade artificial, 333
Radioatividade natural, 333-334
Radioatividade, 319-322
  artificial, 333
  natural, 333-334
Rádiotelescópios, 108
Radônio (Rn)
  configuração eletrônica, 256
  isótopos, 326
Raio de Bohr (a_0), 239
Raio ordinário (O), 117
Raio refratado, 9
Raio X característico, 257-259
Raio(s), 1-2
  extraordinário(s) (E), 117
  ordinário (O), 117
Raios alfa, 320
Raios beta, 310

I-12 Física para cientistas e engenheiros

Raios extraordinários (E), 117
Raios gama, 333
Raios paraxiais, 36
Raios X, 182, 186
  bremsstrahlung, 257, 258
  característico, 257
  e danos celulares, 1408, 359-360
  e preservação de alimentos, 362
  espalhamento de elétrons, Efeito
    Compton em, 182-184
  espectro de linha, 257
Raízes, A-6
Rastreadores radioativos, 361
Rastreadores radioativos, 361
RBE (efetividade biológica relativa),
  360
Reação em cadeia autossustentada,
  350
Reação em cadeia, nuclear, 349
  autossustentado, 350
  crítica, subcrítica e supercrítica,
    350
Reações de fusão termonuclear, 352,
  353, 355
Reações endotérmicas, 334
Reações exotérmicas, 334
Reações nucleares, 334-335
Reator de água pressurizada, 350-351
Reatores de fissão, 349-352
  controle de, 351
  história do, 350
  projeto de, 352
  segurança e descarte de resíduos,
    351-352
  vantagens de, 352
Reatores de fusão, 353-356
  confinamento inercial do plasma,
    357-358
  confinamento magnético do
    plasma, 356-357
  projeto de, 359
  vantagens e desvantagens de, 359
Reatores nucleares
  dano de radiação em, 359
  fissão, 347-349
    controle de, 351
    projeto principal, 351-352
    história de, 350
    segurança e descarte de
      resíduos, 351-352
    vantagens de, 352
  fusão, 353-356
    confinamento inercial de
      plasma, 357-358
    confinamento magnético, de
      plasma, 356-357
    vantagens e desvantagens da,
      359
  projeto de, 349
Rede de reflexão, 109
Rede de transmissão, 109
Rede(s) de difração, 109-112
  aplicações, 111-112
  distribuição da intensidade da luz,
    110
  localização das franjas, 110
Reflexão difusa, 6
Reflexão especular, 9

Reflexão interna total, 18-20
  aplicações, 19-20
Reflexão, 6
  aplicações, 8
  convenções de sinais para, 38, 39,
    44
  difusa, 5
  e pressão de radiação, 182
  especular, 109
  interna total, 18, 19
    aplicações, 17, 18
  lei de reflexão, 6
  mudança de fase na, 84
  onda sob modelo de análise de
    reflexão, 5-9
  polarização da luz por, 76, 116
  retrorreflexão, 7-8, 21
Refração
  dupla, polarização por, 117-118
  e dispersão, 16-17
  formação de imagem por, 43-44
  lei da 11
  Lei de Snell, 11
  no olho, 5, 17
  por superfície plana, 44
  onda sob um modelo de análise de
    refração, 18, 20, 21
Refrigeração a laser, 262
Região de depleção, de função de
  diodo, 298
Regra da cadeia do cálculo
  diferencial, A-14
Regra de Hund, 254, 255
Regras de seleção, para transições
  atômicas permitidas, 257
Reines, Frederick, 329
Relatividade galileana, 131-134
Relatividade, especial
  concordância e discordâncias do
    observador, 137
  conservação de energia e, 157
  contração de comprimento, 394
  efeito Doppler relativístico, 147
  energia relativística, 153-157
  energia cinética relativística, 153-
    157
  Equações de transformação entre
    espaço-tempo de Lorentz, 147-
    148
  Equações de transformação de
    velocidade de Lorentz, 148
  Equações de Maxwell e, 84, 213
  Experimento de Michelson-Morley,
    134
  e tempo
    dilatação do, 137, 170
    intervalo apropriado de tempo,
      138
    relatividade do, 137
  e velocidade da luz, 147, 149, 150
  gráficos espaço-tempo, 144, 146
  história da teoria, 170
  limitações da, 320
  massa e, 152
  momento linear relativístico, 152-
    153, 154-157
  paradoxo duplo, 142
  princípio da relatividade, 152

relação energia-momento, 155
Relatividade, Galileu, 131-134
  limitações da, 135
Relatividade, geral, 158-159
  em ondas gravitacionais, 134
  história da teoria, 136
rem (radiação equivalente no
  homem), 360
Resolução
  abertura circular, 106-109
  abertura de fenda única, 106
Ressonância magnética nuclear
  (RMN), 336
Retina, 59, 60
Retrorreflexão, 7, 8
Revestimento, 19
Richter, Burton, 387
Rígel (estrela), cor de, 172
RMN (ressonância magnética
  nuclear), 335
Roemer, Ole, 3
Röentgen (R), 359
Roentgen, Wilhelm, 113
Rubbia, Carlo, 377
Rubídio (Rb), isótopos, 255, 326
Rubisco, 113
Rutênio (Ru), isótopos, 326
Rutherford, Ernest, 236, 310, 334
Rydberg, Johannes, 235

S

Sabão
  filmes, fino, interferência em, 85,
    86, 87
Sabores, Quarks, 386
Salam, Abdus, 390
Sandage, Allan R., 394
Satélite COBE, 393
Satélite Planck, 393
Schrieffer, J. R., 301
Schrödinger, Erwin, 171, 203, 205, 213
Schwinger, Julian, 376
Sclera, 59
Secante (sec), A-11, A-12
Segre, Emilio, 374
Segunda lei do movimento, Newton,
  forma relativística de, 153
Selectrons, 396
Sementes (dispositivos de terapia de
  radiação), 362
Semicondutor intrínseco, 294-295
Semicondutores dopados, 295-296
Semicondutores extrínsecos, 295
Semicondutores, 294-295
  dopados, 295-296
  extrínseco, 295
  intrínseco, 294
  tipo n, 295
  tipo p, 295
Seno (sen), A-11-A-12
Separador de células, laser, 262
Série de Brackett, 235
Série Paschen, 235, 239
Séries Balmer, 235, 239
Shockley, William, 298
Sievert (Sv), 360
Sigma (σ) [partícula], 378, 382

Silício (Si)
cristais, 286
isótopos, 325
valor do intervalo de energia, 294
Simultaneidade e teoria da
relatividade, 136, 137
Sinais de neônio, 235
Sinais de trânsito, revestimento
reflexivo de, 28
Sistema Ressonador
Nanoeletromecânico (NEMS), 273
Sistema Solar, partículas de pó, 63,
65, 159, 219
Sistemas de coordenadas
coordenadas de espaço-tempo, 147
coordenadas polares esféricas, 242
Sistemas de referência, e princípio da
relatividade de Galileu, 131-134
SLAC (Acelerador Linear de
Stanford), 387
Slipher, Vesto Melvin, 393
Smith, George E., 181
Snell, Willebrord, 11
Sódio (Na)
bandas de energia do, 291-293
configuração eletrônica, 254 -256
energia Fermi, isótopos 289, 325
efeito fotoelétrico para, 177 - 181
espectro de emissão, 235, 250, 282
função trabalho do, 180
Sol
atmosfera, análise dos gases em,
284
comprimento de onda da radiação,
89, 93, 258
Sólido (s)
amorfo, 117, 273
cristalino, 80, 117, 302 273, 284
índices de refração em, 11
ligações em, 287, 295
covalente, 275-276, 295
iônica, 275-276
sólidos metálicos, 287
teoria das bandas dos sólidos,
291-293
e condução elétrica, 287, 293
Sólidos amorfos, 273
Sólidos cristalinos, 117
Soluções sólidas metálicas, 287
Sonda de anisotropia de micro-ondas
Wilkinson, 393
Spin para baixo, 287
Spin para cima, 287
Stern, Otto, 251
Strassman, Fritz, 347
Subcamadas, atômicas, 244
preenchimento de, 293-294
Subtração
de frações, A-6
e incerteza, A-19
Superioridade, 387
Supersimetria (SUSY), 397

T

Tabela Periódica dos elementos, 253-
256, A-22-A-23

Tangente (tan), A-11-A-12
Tau (τ^-), 378
Tau-neutrino (v_τ), 378
Taxa de decaimento (R), 321
Taylor, J. B., 251
Tecnologia de chips, avanços em, 300
Telas de cristal líquido, 119
Telescópio do Polo Sul, 393
Telescópio espacial Hubble, 100, 109,
298
Telescópio refletor, 64, 65
Telescópio refratado, 63-64
Telescópios
ampliação em, 63-65
fotometria fotoelétrica e, 181
observatório de Yerkes, 65, 73
observatório Keck, 65
rádio, 183,194
telescópio espacial Hubble, 100,
109, 298
Televisão em cores, 59
Televisão
controle remoto, LED
infravermelho, 145, 298
produção de cores em, 1
Temperatura crítica de ignição (T_{ig}),
355
Tempo (t)
e a relatividade geral, 158-159
equações de transformação entre
espaço-tempo de Lorentz, 147-
149
gráficos espaço-tempo, 144
dilatação do, 137-141
Intervalo de tempo apropriado,
149
relatividade do, 137
unidades de, A-11, A-21
Tempo de confinamento (τ), 355
Tempo de exposição, de câmera, 57-58
Tempo de vida (τ), de estado
excitado, 194
Tensão de trabalho do capacitor, 299,
321
Teorema de Pitágoras, A-12, 138
Teorema do trabalho-energia cinética,
forma relativística de, 153-154
Teoria BCS, 301
Teoria da eletrodinâmica quântica, 253
Teoria das bandas de sólidos, 291-293
e condução elétrica, 293-296
Teoria de cordas, 396
Teoria de elétrons livres em metais
quântica, 287-291
Teoria do Big Bang, 393
e expansão do Universo, 394
radiação cósmica de fundo de,
392-393
Teoria do tudo, 396
RBE fatores para, 360
Teoria do vento de éter, 133-134
Teoria eletrofraca, 390
Teoria M, 397
Termômetros auriculares, 175
Tevatron, 391
Thomson, GP, 186
Thomson, Joseph John, 236
Ting, Samuel, 387

Tokamak JT-60U (Japão), 357
Tokamak, 356-357
Tomografia por emissão de pósitrons
(PET), 375
Tomonaga, Sin Itiro, 376
Tório (Th)
Isótopos, 326
série radioativa, 334,
Transformação de Fourier, 89
Transições permitidas, 257
Transições proibidas, 257
Transições
absorção estimulada, 259, 260
de moléculas, entre níveis de
energia rotacional, 277-278
emissões espontâneas, 260, 320
emissão estimulada, 260
permitidas, 173, 257
proibidas, 257
Transistor de efeito de campo de
semicondutor de óxido metálico
(MOSFET), 299
Transistor de efeito de campo, 299
Transistor de junção, 299
Transistores de tunelamento
ressonantes, 221
Transistores, 298-299
Triângulo (s), propriedades
geométricas de, A-11
Triângulo retângulo, A-11
Trigonometria, A-11-A-13
Identidades para, A-12
Trítio, fusão e, 311, 325, 332, 353,
355, 358
Tubos de vácuo, 296, 300
Tubos fotomultiplicadores, 181
Tunelamento por, 219, 328
aplicações, 255
Tungstênio
em filamentos de lâmpadas, 171

U

Uhlenbeck, George, 250-251
Um Aparato Toroidal do LHC
(ATLAS), 391
Unidade de energia em repouso
equivalente à massa atômica, 311
Unidade de massa atômica (u), 311-
312
equivalente de energia de repouso,
312
Unidades derivadas, A-21
Unidades
conversão de, A-1-A-2
Universo
densidade crítica do 394-395
energia escura, 395
expansão do, 393-395
massa oculta no, 395
matéria escura, 395
origem, teoria do Big Bang, 393
Urânio (U)
decaimento do, 326
em reatores de fissão, 352
enriquecimento de, 333, 334
fissão, 371

isótopos, 326, 334
série radioativa, 334
Usinas fotovoltaicas, 298

V

Valor esperado, 211-212
Válvula reticulada de luz (GLV), 111
Van der Meer, Simon, 377
Veículos espaciais
telescópio espacial Hubble, 298
Velocidade (v)
da luz (c)
medição da, 3, 136
experiência de Michelson-
Morley, 134-135
relatividade e, 136-137
unidades de, A-4
velocidade angular (ω), de carga no
campo magnético, 237

Velocidade de fase, de pacote de
onda, 190
Velocidade de grupo, de pacote de
onda, 190-191
Vidro
índice de refração, 11
qualidades birrefringentes, 117
VIRGO, 90
Visão escotópica, 59
Volume (V), de formas geométricas,
A-11

W

Watt (W), 358, A-3, A-21
Weber (Wb), A-3, A-21
Weinberg, Steven, 390
Wilson, Charles, 182
Wilson, Robert W., 392

X

Xenônio (Xe)
configuração eletrônica, 256
isótopos, 326
Xi (Ξ) [partícula], 378

Y

Young, Thomas, 76
Yukawa, Hideki, 376

Z

Zinco (Zn)
isótopos, 326
função trabalho de, 180
Zircônia cúbica, 11
Zweig, George, 386, 387

Conversões

Comprimento
1 pol. = 2,54 cm (exatamente)
1 m = 39,37 pol. = 3,281 pé
1 pé = 0,3048 m
12 pol = 1 pé
3 pé = 1 yd
1 yd = 0,914.4 m
1 km = 0,621 mi
1 mi = 1,609 km
1 mi = 5.280 pé
$1 \mu m = 10^{-6} m = 10^3 nm$
$1 \text{ ano-luz} = 9,461 \cdot 10^{15} m$

Área
$1 m^2 = 10^4 cm^2 = 10,76 pé^2$
$1 pé^2 = 0,0929 m^2 = 144 pol^2$
$1 pol.^2 = 6,452 cm^2$

Volume
$1 m^3 = 10^6 cm^3 = 6,102 \cdot 10^4 pol^3$
$1 pé^3 = 1.728 pol^3 = 2,83 \cdot 10^{-2} m^3$
$1 L = 1.000 cm^3 = 1,057.6 qt = 0,0353 pé^3$
$1 pé^3 = 7,481 gal = 28,32 L = 2,832 \cdot 10^{-2} m^3$
$1 gal = 3,786 L = 231 pol^3$

Massa
1.000 kg = 1 t (tonelada métrica)
1 slug = 14,59 kg
$1 u = 1,66 \cdot 10^{-27} kg = 931,5 MeV/c^2$

Força
1 N = 0,2248 lb
1 lb = 4,448 N

Velocidade
1 mi/h = 1,47 pé/s = 0,447 m/s = 1,61 km/h
1 m/s = 100 cm/s = 3,281 pé/s
1 mi/min = 60 mi/h = 88 pé/s

Aceleração
$1 m/s^2 = 3,28 pé/s^2 = 100 cm/s^2$
$1 pé/s^2 = 0,3048 m/s^2 = 30,48 cm/s^2$

Pressão
$1 bar = 10^5 N/m^2 = 14,50 lb/pol^2$
1 atm = 760 mm Hg = 76,0 cm Hg
$1 atm = 14,7 lb/pol^2 = 1,013 \cdot 10^5 N/m^2$
$1 Pa = 1 N/m^2 = 1,45 \cdot 10^{-4} lb/pol^2$

Tempo
$1 \text{ ano} = 365 \text{ dias} = 3,16 \cdot 10^7 s$
$1 \text{ dia} = 24 h = 1,44 \cdot 10^3 min = 8,64 \cdot 10^4 s$

Energia
$1 J = 0,738 pé \cdot lb$
1 cal = 4,186 J
$1 Btu = 252 cal = 1,054 \cdot 10^3 J$
$1 eV = 1,602 \cdot 10^{-19} J$
$1 kWh = 3,60 \cdot 10^6 J$

Potência
$1 hp = 550 pé \cdot lb/s = 0,746 kW$
$1 W = 1 J/s = 0,738 pé \cdot lb/s$
1 Btu/h = 0,293 W

Algumas aproximações úteis para problemas de estimação

1 m ≈ 1 yd
1 kg ≈ 2 lb
$1 N ≈ \frac{1}{4} lb$
$1 L ≈ \frac{1}{4} gal$

1 m/s ≈ 2 mi/h
$1 \text{ ano} ≈ \pi \chi 10^7 s$
60 mi/h ≈ 100 pé/s
$1 km ≈ \frac{1}{2} mi$

Obs.: Veja a Tabela A.1 do Apêndice A para uma lista mais completa.

O alfabeto grego

Alfa	A	α	Iota	I	ι	Rô	P	ρ
Beta	B	β	Capa	K	κ	Sigma	Σ	σ
Gama	Γ	γ	Lambda	Λ	λ	Tau	T	τ
Delta	Δ	δ	Mu	M	μ	Upsilon	Y	υ
Épsilon	E	ε	Nu	N	ν	Fi	Φ	φ
Zeta	Z	ζ	Csi	Ξ	ξ	Chi	X	χ
Eta	H	η	Omicron	O	o	Psi	Ψ	ψ
Teta	Θ	θ	Pi	Π	π	Ômega	Ω	ω